Astronomischer Jahresbericht

1899 gegründet von Walter Wislicenus

60. Band

Die Literatur des Jahres 1960

Herausgegeben vom

Astronomischen Rechen-Institut in Heidelberg

Bearbeitet von

W. Lohmann F. Henn

Walter de Gruyter & Co.

vormals G. J. Göschen'sche Verlagshandlung — J. Guttentag, Verlagsbuchhandlung — Georg Reimer — Karl J. Trübner — Veit & Comp.

Berlin 1962

Druck bei G. Braun (vorm. G. Braunsche Hofbuchdruckerei und Verlag) G.m.b.H., Karlsruhe in Baden · Auflage 500 · April 1962

Mit alleinigem Vertrieb beauftragt W. de Gruyter & Co., Berlin
Archiv-Nr. 18 01 61 · Preis 72.— DM

Printed in Germany

Vorwort

Der vorliegende Band des Astronomischen Jahresberichts (AJB) ist der 60. der 1899 von W. F. Wislicenus in Straßburg gegründeten Bibliographie des astronomischen Schrifttums. Er enthält Angaben über die Literatur des Jahres 1960 zur Astronomie und deren Randgebieten, außerdem Nachträge aus früheren Jahren.

Die im vorausgegangenen 59. Band gewählte sachliche Einteilung und Anordnung der Arbeiten und Artikel ist, von einer Ausnahme abgesehen, im wesentlichen beibehalten worden. Diese Ausnahme betrifft § 13. Die früher dort summarisch aufgeführten einzelnen Beiträge in Tagungspublikationen wurden in die entsprechenden Sachparagraphen übernommen.

Um den Beginn der Drucklegung des vorliegenden Bandes durch das Warten auf verspätet eingehende Literatur nicht unnötig zu verzögern, wurden die nach Anfang Oktober 1961 erhaltenen Arbeiten und Artikel in einem Nachtrag gesondert erfaßt. Es ist bedauerlich, daß sich trotz aller Empfehlungen der Internationalen Astronomischen Union, die erschienenen Veröffentlichungen dem Astronomischen Rechen-Institut rechtzeitig zuzusenden, die Erstellung eines Nachtrages notwendig gemacht hat.

Die Transliteration russischer und russisch geschriebener Namen ist wiederum auf die seither übliche Art und Weise ins Deutsche erfolgt. Einzelheiten hierzu vermittelt die Tabelle auf Seite XVI. Hiervon ist nur selten aus besonderen sprachlichen Gründen abgewichen worden. Für diejenigen Benutzer des AJB, denen Transliterationen russischer Namen ins Englische vertrauter sind, enthält die Tabelle außerdem noch die in den Mathematical Reviews und Physics Abstracts verwandten Transliterationen.

Inhalts- und Sachverzeichnis sind in deutscher und englischer Sprache gegeben.

Bei der Bearbeitung des Manuskripts ist uns von zahlreichen Kolleginnen und Kollegen des In- und Auslands tatkräftig geholfen worden. Manuskriptteile, Übersetzungen und Referate stellten zur Verfügung:

J. Bouška, Praha/Prag (J. B.), aus der tschechischen und slowakischen Literatur,

B. Cester, Trieste/Triest (B. C.), aus der italienischen Literatur,

D. Eksinger, Beograd/Belgrad (Eks.), aus der in Jugoslawien erscheinenden Zeitschrift „Vasiona",

H.-C. Freiesleben, Hamburg (Frlb.), aus dem Gebiet der Navigation,

C. Luplau Janssen, København/Kopenhagen (C. L. J.), aus skandinavischen und englischen Zeitschriften,

N. Matsunami, Tokio, aus der japanischen Zeitschrift „The Heavens",

L. Mavridis, Athen (Mav.), aus dem griechischen Schrifttum,

B. Onderlička, Brno/Brünn (Ond.), aus sowjetischen Zeitschriften über künstliche Erdsatelliten und über Astronomie,

E. Rybka, Kraków/Krakau (E. R.), aus der polnischen Literatur und

V. Weidemann, Braunschweig (V. W.), aus verschiedenen physikalischen Zeitschriften des In- und Auslandes.

Als Referenten haben mitgewirkt:

Georg-Heinrich Thiessen †
19. Januar 1914 — 3. Juli 1961

U. Baehr, Heidelberg
B. Baschek, Kiel (Bk.)
M. Beyer, Hamburg (Bey.)
S. Böhme, Heidelberg (Böh.)
W. Dieckvoss, Hamburg (Dv.)
W. Dieminger, Lindau (Dmg.)
H. Elsässer, Göttingen (Els.)
G. Elste, Göttingen (Ee.)
W. Fricke, Heidelberg (W. F.)
L. Fritzová, Ondřejov (L. Fr.)
W. Gliese, Heidelberg (Gli.)
H.-G. Groth, Hamburg
O. Günther, Potsdam (O. G.)
U. Güntzel-Lingner, Potsdam (Gü-Li)
A. Güttler, München (Gü.)
J. Hardorp, Hamburg (Har.)
U. Haug, Tübingen
W. D. Heintz, München (hz)
C. Hoffmeister, Sonneberg (C. H.)
J. Hoppe, Jena (Ho.)
K. Jung, Kiel
T. Lederle, Heidelberg (T. L.)
J. P. Mehltretter, Heidelberg (J.P.M.)
H. Müller, Zürich (H. M.)
L. Oster, New Haven
L. Perek, Praha/Prag
W. Petri, München
H. H. Rabben, Freiburg i. B. (HHR)
K. Rohlfs, Bonn (Rfs.)
F. Schmeidler, München (FS)
K.-H. Schmidt, Jena (Sm.)
K. W. Schrick, Frankfurt/M. (Schr.)
B. Sticker, Hamburg (Sti.)
P. Stumpff, Heidelberg (Stu.)
H. H. Voigt, Hamburg
J. Zähringer, Heidelberg (Zä.)
G. Zimmermann, Frankfurt/M. (Zi.)

Ab Anfang November 1961 hat Herr U. Güntzel-Lingner an der Bearbeitung des AJB teilgenommen.

Allen diesen Mitarbeitern sei an dieser Stelle aufs herzlichste gedankt. Ganz besonderen Dank aber möchten wir unseren beiden unermüdlichen technischen Helferinnen, Frl. M. Koch und Frau H. Osterwald, aussprechen.

Abschließend sei noch allen Autoren, Sternwarten, Instituten, Verlagen, Gesellschaften und Akademien für die rechtzeitige Zusendung ihrer Veröffentlichungen vielmals gedankt.

Heidelberg, im März 1962

W. Lohmann, F. Henn

Inhaltsverzeichnis

Seite

VIII. Erde

IX. Planeten. Monde

X. Interplanetare Objekte

XI. Sterne

Contents

Verzeichnis der Abkürzungen

AA	Acta Astronomica
AAS	American Astronomical Society
AAVSO	American Association of Variable Star Observers
Abh.	Abhandlungen
Abstr.	Abstract
Abt.	Abteilung
AC	Astronomisches Zirkular der UdSSR
Acad.	Academy etc.
Accad.	Accadémia
AFCRC...	Air Force Cambridge Research Center — Technical Notes... Space Track
AG	Astronomische Gesellschaft
AJ	Astronomical Journal
AJB	Astronomischer Jahresbericht
AJ UdSSR	Astronomisches Journal der UdSSR
Akad.	Akademie
AN	Astronomische Nachrichten
An.	Anales etc.
angew.	angewandt
Ann.	Annalen etc.
ApJ	Astrophysical Journal
Arch.	Archiv
Ark Astr	Arkiv för Astronomi
As.	Asociación
ASP	Astronomical Society of the Pacific
Ass.	Association
Astronaut.	Astronautik etc.
Astr.	Astronomie etc.
Astrophys.	Astrophysik etc.
Atmosph.	Atmosphäre etc.
BA	Bulletin Astronomique
BAA	British Astronomical Association
BAA Circ	British Astronomical Association Circular
BAAH	British Astronomical Association Handbook
BAB	Bulletin Astronomique de l'Observatoire Royal de Belgique
BAC	Bulletin of the Astronomical Institutes of Czechoslovakia
BAN	Bulletin of the Astronomical Institutes of the Netherlands
BAV Rundbrief	Mitteilungsblatt der Berliner Arbeitsgemeinschaft für Veränderliche Sterne
Beob.	Beobachtungen etc.
Ber.	Berichte
BIA	Bulletin des Instituts für Theoretische Astronomie, Leningrad
BMI	Bulletin de Mesures Ionosphériques
Bol.	Boletín
BSAF	L'Astronomie. Bulletin de la Société Astronomique de France
Bull.	Bulletin
Bull hor	Bulletin horaire
Bull KE	Bulletin der Stationen zur optischen Beobachtung künstlicher Erdsatelliten
bzw.	beziehungsweise
Ci.	Ciencia
Circ.	Circular etc.
Cl.	Classe
Coll.	Collection etc.
Commun.	Communications
Comun.	Comunicazioni
Contr.	Contributions etc.
CR	Comptes Rendus Académie des Sciences, Paris
C.S.I.R.O.	Commonwealth Scientific and Industrial Research Organization
DAN	Berichte (Doklady) der Akademie der Wissenschaften der UdSSR, Moskau-Leningrad
Dep.	Department
dgl.	desgleichen
d. h.	das heißt
Diss.	Dissertation
Div.	Division
EB	Eigenbewegung
Ergebnisse KE	Ergebnisse der Beobachtungen sowjetischer künstlicher Erdsatelliten
FHD	Farben-Helligkeitsdiagramm
Fis.	Fisica etc.

Gaz astr	Gazette astronomique
gek.	gekürzt
Geophys.	Geophysik etc.
Geod.	Geodäsie etc.
Geogr.	Geographie etc.
Geol.	Geologie etc.
Ges.	Gesellschaft
Gravimetr.	Gravimetrie etc.
Harv Ann	Annals of Harvard College Observatory
Harv Card	Harvard College Observatory Announcement Card
Harv Circ	Harvard College Observatory Circular
Harv Repr	Harvard Reprint
Harv Repr (2)	Harvard Reprint Series II
HRD	Hertzsprung-Russell-Diagramm
Hydrogr.	Hydrographie etc.
Hydrol.	Hydrologie etc.
IAU	International Astronomical Union
ICSU	International Council of Scientific Unions
Industr.	Industrie etc.
Ing.	Ingenieur etc.
Inst.	Institut etc.
Ionosph.	Ionosphäre etc.
J.	Journal
JAMPC	Japanese Minor Planet Circular
JBAA	Journal of the British Astronomical Association
JO	Journal des Observateurs
J RAS Canada	Journal of the Royal Astronomical Society of Canada
KE	Künstliche Erdsatelliten
Kl.	Klasse
Kop Akt Medd	Aktuelle Meddelelser fra Astronomisk Selskab, København
Lab.	Laboratorium etc.
Mag.	Magazine
Math.	Mathematik etc.
McDC	Contributions from the McDonald Observatory
Med.	Mededelingen
Medd.	Meddelande, Meddelelser
Mém.	Mémoires
Mem.	Memoirs etc.
Mem RAS	Memoirs of the Royal Astronomical Society
Mem SA It	Memorie della Societá Astronomica Italiana
Meteorol.	Meteorologie etc.
Mitt.	Mitteilungen
MN	Monthly Notices of the Royal Astronomical Society
MN ASSA	Monthly Notes of the Astronomical Society of Southern Africa
MPC	Minor Planet Circular
MVS	Mitteilungen über Veränderliche Sterne, Sonneberg
Nachr.	Nachrichten
Nat.	Natur etc.
NAT	Nordisk Astronomisk Tidsskrift
Naut.	Nautik etc.
(NF)	Neue Folge
(NR)	Neue Reihe
(NS)	Neue Serie
Obs.	Observatorium etc.
Obs	The Observatory
Oss.	Osservatorio, Osservazioni
PAT	Populär Astronomisk Tidskrift
Phil.	Philosophical
Phys.	Physik etc.
planet.	planetarisch etc.
Proc.	Proceedings
Proc IRE	Proceedings of the Institute of Radio Engineers
Progr.	Progress etc.
Pubbl.	Pubblicazioni
Publ.	Publikationen etc.
Publ ASP	Publications of the Astronomical Society of the Pacific
Rap.	Raportoj
RAS	Royal Astronomical Society
Rech.	Recherches
Ref.	Referat
Rend.	Rendiconti
Rep.	Report
Repr.	Reprint
Res.	Research
Rev.	Review etc.
RG	Radialgeschwindigkeit
RH	Říše Hvězd
Ric.	Ricerche etc.
RJ UdSSR	Referatjournal. Astronomie, Geodäsie. Akademie der Wissenschaften der UdSSR
Roy.	Royal etc.
SAO	Smithsonian Institution. Astrophysical Observatory
Sci.	Science etc.
Sect.	Section
Ser.	Série etc.
Sér.	Serie
Sitzber.	Sitzungsberichte
Sky Tel.	Sky and Telescope
Soc.	Society etc.
SSR	Sozialistische Sowjetrepublik

Sternw.	Sternwarte
Suppl.	Supplement
T.	Tidskrift etc.
TAB	Tokyo Astronomical Bulletin
Techn.	Technik etc.
TH	Technische Hochschule
theoret.	theoretisch etc.
Trans.	Transactions
ü.	übersetzt
UAI Circ	Union Astronomique Internationale. Circulaire
UC, Union Circ	Circular of the Union Observatory
Univ.	Universität etc.
VdS Nachr.	Nachrichtenblatt der Vereinigung der Sternfreunde, Berlin
Verf.	Verfasser(in)
Verh.	Verhandlungen
Veröff.	Veröffentlichungen
vgl.	vergleiche
VJS	Vierteljahrsschrift
VS Bull	Veränderliche Sterne, Bulletin
Wet.	Wetenschappen
Wiss.	Wissenschaften
YC	Yamamoto Circular
Z.	Zeitschrift
z. B.	zum Beispiel
ZfA	Zeitschrift für Astrophysik
ZfMG	Zentralblatt für Mathematik und ihre Grenzgebiete
ZiS	Zemlja i Svemir
( )	(Serie, Folge, Reihe)

Transliteration des russischen Alphabets

Russisch	AJB	Math.Rev.	Phys. Abstracts
а	a	a	a
б	b	b	b
в	w	v	v
г	g	g	g
д	d	d	d
е	e, je, jo	e	e, ë
ж	sh	ž	zh
з	s	z	z
и	i	i	i
й	j	ĭ	ĭ
к	k	k	k
л	l	l	l
м	m	m	m
н	n	n	n
о	o	o	o
п	p	p	p
р	r	r	r
с	ss, s	s	s
т	t	t	t
у	u	u	u
ф	f	f	f
х	ch	h	kh
ц	z	c	ts
ч	tsch	č	ch
ш	sch	š	sh
щ	schtsch	šč	shch
ы	y	y	ȳ
ь	—, j	'	'
э	e, é	è	é
ю	ju	yu	yu
я	ja	ya	ya

Beispiel: Зверев = Swerew (AJB) = Zverev (Math. Rev.)
= Zverev (Physics Abstracts)

I. Geschichte. Tätigkeit

§ 1

Bibliographie

Quellennachweis zum vorliegenden Band des Astronomischen Jahresberichts

Im nachfolgenden Quellennachweis sind nur die von der Schriftleitung des AJB vollständig durchgesehenen Zeitschriften, Akademieabhandlungen etc. aufgeführt. Darüber hinaus enthält der AJB aber noch zahlreiche Hinweise auf Arbeiten in weiteren Zeitschriften, die der Schriftleitung etwa als Sonderdruck oder als bibliographische Mitteilung von anderer Seite bekannt geworden sind.

Zeitschriften aus den Gebieten der Geodäsie, des Vermessungswesens sowie Rechenmaschinen-Zeitschriften, die nur gelegentlich astronomische Arbeiten enthalten, sind nicht aufgenommen.

Die Veröffentlichungen von Sternwarten sind in § 4 aufgeführt.

101. Abhandlungen der Deutschen Akademie der Wissenschaften zu Berlin. Klasse Mathematik, Physik und Technik. Berlin, Akademie-Verlag. — Jahrgang 1960 Nr. 1—7, 9.

102. Bayerische Akademie der Wissenschaften. Mathematisch-Naturwissenschaftliche Klasse. Abhandlungen. Neue Folge. München, Verlag der Bayerischen Akademie der Wissenschaften. — Heft 103.

103. Abhandlungen der Lettischen Staatsuniversität Riga. — Tom **38**.

104. Physics Abstracts. Section A of Science Abstracts (Physics). Edited and issued monthly by the Institution of Electrical Engineers, London. — Vol. **63** Nr. 745—756.

105. Geochimica et Cosmochimica Acta. London, Pergamon Press Ltd. — Vol. **18** Nr. 1—4, Vol. **19** Nr. 1—4, Vol. **20** Nr. 1—4.

106. Acta Astronomica. Warszawa — Kraków, Polska Akademia Nauk. — Vol. **10** Nr. 1—4.

107. Astronautica Acta. Wien, Springer-Verlag; London—Paris—New York, I. R. Maxwell & Co., Ltd. — Vol. **6** Fasc. 1—6.

108. Actas de la Academia Nacional de Ciencias Exactas, Físicas y Naturales de Lima. — Vol. **23** Fasc. 1—3.

109. Annalen der Physik. Leipzig, Verlag Johann Ambrosius Barth. — Band (7) **5** = **460** Heft 3—8, Band (7) **6** = **461** Heft 1—8.

110. Annales Françaises de Chronométrie. Rédaction et Administration: Observatoire de Besançon. — 2me Série Tome **14** Trim. 1—4.

111. Annales d'Astrophysique. Publiée par le Centre National de la Recherche Scientifique et éditée par son Service d'Astrophysique, Paris. — Tome **23** Nr. 1—6.

112. Annales de Géophysique. Publiée par le Centre National de la Recherche Scientifique, Paris. — Tome **16** Nr. 1—4.

113. Annales de Physique. Paris, Masson et Cie, Editeurs. — Série 13 Tome **5** Nr. 1—12.

114. Annals of Physics. New York—London, Academic Press. — Vol. **9** Nr. 1—4, Vol. **10** Nr. 1—4, Vol. **11** Nr. 1—4.

115. Anzeiger. Österreichische Akademie der Wissenschaften. Mathematisch-Naturwissenschaftliche Klasse. Wien, Springer-Verlag. — **97**. Jahrgang Nr. 1—14.

116. Archives des Sciences. Editées par la Société de Physique et d'Histoire Naturelle de Genève. — Vol. **13** Fasc. 1—4.

117. Astrophysica Norvegica. Edited by the Institute of Theoretical Astrophysics, University of Oslo. — Vol. **6** Nr. 11—14, Vol. **7** Nr. 1.

118. Beiträge zur Physik der Atmosphäre. Frankfurt am Main, Akademische Verlagsgesellschaft m. b. H. — Band **32** Heft 3—4, Band **33** Heft 1—2.

119. Gerlands Beiträge zur Geophysik. Leipzig, Akademische Verlagsgesellschaft Geest & Portig K.-G. — Band **69** Heft 1—6.

120. Physikalische Berichte. Braunschweig, Friedrich Vieweg & Sohn. — Band **39** Heft 1—12.

121. Berichte (Doklady) der Akademie der Wissenschaften der UdSSR. Moskau, Verlag der Akademie der Wissenschaften der UdSSR. — Tom **130** Nr. 1—6, Tom **131** Nr. 1—6, Tom **132** Nr. 1—6, Tom **133** Nr. 1—6, Tom **134** Nr. 1—6, Tom **135** Nr. 1—6.

122. Physikalische Blätter. Mosbach (Baden), Physik Verlag. — **16**. Jahrgang Heft 1—12.

123. Asociación Argentina de Astronomía, La Plata. Boletín. Buenos Aires, Consejo Nacional de Investigaciones Cientificas y Técnicas. — Nr. 2.

124. Boletín de la Academia de Ciencias Físicas, Matemáticas y Naturales, Republica de Venezuela. — Año 20 Tomo **17** Nr. 52.

125. Boletín de la Asociación Peruana de Astronomía. Lima. — Vol. **5** Nr. 118, 119.

126. Académie royale de Belgique. Bulletin de la Classe des Sciences. 5e Série. Bruxelles. — Tome **46** Nr. 1—11.

127. Bulletin of the Astronomical Institutes of the Netherlands. Haarlem. — Vol. **15** Nr. 494—504.

128. L'Astronomie et Bulletin de la Société Astronomique de France. Rédaction: Observatoire de Juvisy. — **74**e année, Jan.—Déc.

129. Bulletin der Astronomisch-Geodätischen Gesellschaft der UdSSR. Moskau, Verlag der Akademie der Wissenschaften der UdSSR. — Nr. 26 (33) — 28 (35).

130. Bulletin der Stationen zur optischen Beobachtung künstlicher Erdsatelliten. Herausgegeben vom Astronomischen Rat der Akademie der Wissenschaften der UdSSR, Moskau. — Nr. 1, 2, 1958, Nr. 3—10, 1959, Nr. 1—8, 1960.

131. Veränderliche Sterne. Bulletin. Moskau, Verlag der Akademie der Wissenschaften der UdSSR. — Tom **12** Nr. 5, 6, Tom **13** Nr. 1.

132. Bulletin Astronomique. Publié par l'Observatoire de Paris. — Tome **23** Fasc. 2, 3.

133. Bulletin horaire du Bureau International de l'Heure. Observatoire de Paris. — Série 5 Nr. 7—12, Série G Nr. 6, 1959, Nr. 7—9.

134. Bulletin géodésique. Nouvelle Série. Herausgegeben vom Bureau Central de l'Association Internationale de Géodésie, Paris. — Nr. 55—58.

135. Bulletin Signalétique. Section II A. Astronomie — Astrophysique. Herausgegeben vom Centre de Documentation du Centre National de la Recherche Scientifique, Paris. — Vol. **21** Nr. 1—12.

136. Bulletin d'Information Ionosphériques & Géophysiques. Herausgegeben vom Centre National d'Etudes des Télécommunications. — Vol. **2** Fasc. TAF 2, 1957, Vol. **3** Nr. 11—12, 1958, Nr. TAF 3, 1958.

137. Bulletin de Mesures Ionosphériques. Herausgegeben vom Centre National d'Etudes des Télécommunications. — Vol. **1** Nr. 7—12, 1959, Vol. **2** Nr. 1—6.

138. Bulletin of the Astronomical Institutes of Czechoslovakia. Praha, Publishing House of the Czechoslovak Academy of Sciences. — Vol. **11** Nr. 1—6.

139. Appendix to the Bulletin of the Astronomical Institutes of Czechoslovakia. Praha, Publishing House of the Czechoslovak Academy of Sciences. — Zu Vol. **11** Nr. 1.

140. Bulletin Scientifique. Conseil des Académies de la RPF de Yougoslavie. Zagreb, Conseil des Académies de la RPF. — Tome **5** Nr. 2—4.

141. Ciel et Terre. Bulletin de la Société Belge d'Astronomie, de Météorologie et de Physique du Globe. Uccle—Bruxelles. — Année **76** Nr. 1—12.

142. Circulaire d'Information. Union Astronomique Internationale. Commission des Etoiles Doubles. Observatoire de Meudon. — Nr. 20—22.

143. British Astronomical Association Circular. Hailsham, Sussex. — Nr. 417—429.

144. Royal Astronomical Society of New Zealand. Variable Star Section. Circular. Rarotonga, Cook Islands, South Pacific. — Nr. 98—108.

145. Yamamoto Circular. Herausgegeben vom Yamamoto Observatory, Seta, Shiga-ken, Japan. — Nr. 1558—1561, 1563—1576.

146. Coelum. Proprietario e responsabile: G. Horn-d'Arturo, Bologna. — Vol. **28** Nr. 1—12.

147. Sterrekundig Colloquium van de Nederlandse Astronomenclub. — Nr. 16.

148. Comptes Rendus hebdomadaires des Séances de l'Académie des Sciences. Paris. — Tome **250** Nr. 1—26, Tome **251** Nr. 1—25.

149. Endeavour. Eine vierteljährlich in fünf Sprachen erscheinende Übersicht über Fortschritte der Wissenschaft im Dienste der Menschheit. Herausgegeben von Imperial Chemical Industries, Ltd., London. — Band **19** Nr. 73—76.

150. Ergebnisse der Beobachtungen sowjetischer künstlicher Erdsatelliten. Herausgegeben vom Institut für Theoretische Astronomie, Leningrad, und dem

Astronomischen Rat der UdSSR, Moskau. — Nr. 1, 2, 1958, Nr. 3—12, 1959, Nr. 13—28.

151. Fortschritte der Physik. Berlin, Akademie-Verlag. — Band **8** Heft 1—12.

152. Gazette astronomique. Bulletin de la Société d'Astronomie d'Anvers. — 42e année Nr. 469—480.

153. Glasnik Matematičko-Fizički i Astronomski. Herausgegeben von der Društvo matematičara i fizičara N. R. Hrvatske, Zagreb. — Serija 2 T. **15** Nr. 1—4.

154. The Heavens. Herausgegeben von der Oriental Astronomical Association. Yamamoto Observatory, Seta-cho, Shiga-ken, Japan. — Vol. **41** Nr. 1 (416)—11 (426).

155. Hemel en Dampkring. Orgaan van de Nederlandse Vereniging voor Weer- en Sterrenkunde en van de Vereniging voor Sterrenkunde, Meteorologie, Geophysica en aanverwante Wetenschappen in België, Den Haag—Mariaburg—Antwerpen. — **58**. Jaargang Afl. 1—12.

156. The Astronomical Herald. Herausgegeben von der Astronomical Society of Japan. Mitaka, Tokyo Astronomical Observatory. — Vol. **53** Nr. 1—12.

157. The Astrophysical Journal. Chicago, Ill., The University of Chicago Press. — Vol. **131** Nr. 1—3, Vol. **132** Nr. 1—3.

158. The Astrophysical Journal. Supplement Series. Chicago, Ill., The University of Chicago Press. — Vol. **4** Nr. 42—45, Vol. **5** Nr. 46, 47.

159. Journal of Atmospheric and Terrestrial Physics. London—New York—Paris—Los Angeles, Pergamon Press. — Vol. **17** Nr. 3, 4, Vol. **18** Nr. 1—4, Vol. **19** Nr. 1—4.

160. Journal of the British Interplanetary Society. With Astronautical Abstracts. London. — Vol. **17** Nr. 7—12.

161. The Geophysical Journal of the Royal Astronomical Society. London. — Vol. **3** Nr. 1—4.

162. The Journal of the Institute of Navigation. London. — Vol. **13** Nr. 1—4.

163. The Quarterly Journal of the Royal Astronomical Society. Published and sold by the Royal Astronomical Society, London. — Vol. **1** Nr. 1, 2.

164. Journal des Observateurs. Publié par l'Observatoire de Marseille. — Vol. **43** Nr. 1—12.

165. Australian Journal of Physics. Published by the Commonwealth Scientific and Industrial Research Organization, Melbourne, Victoria. — Vol. **13** Nr. 1—4.

166. The Journal of the Astronomical Society of Victoria. Melbourne. — Vol. **13** Nr. 1—6.

167. Astronomisches Journal. Moskau, Verlag der Akademie der Wissenschaften der UdSSR. — Tom **37** Nr. 1—6. — Die im AJB aufgeführten Arbeiten aus dieser Zeitschrift enthalten keine Hinweise auf die Stellen, an denen die Arbeiten in «Soviet Astronomy AJ» übersetzt sind. Vgl. hierzu Ref. 168.

168. Soviet Astronomy AJ. A translation of the Astronomical Journal of the Academy of Sciences of the USSR. New York, American Institute of Physics, Inc. — Vol. **3** Nr. 4—6, Vol. **4** Nr. 1—3. — Russisches Original Tom **36** Nr. 4—6, Tom **37** Nr. 1—3.

169. The Astronomical Journal. Published for the American Astronomical Society by the American Institute of Physics, Inc., New York. — Vol. **65** Nr. 1 (1276) — 10 (1285).

170. The Journal of the Astronautical Sciences. Published by the American Astronautical Society, New York. — Vol. **7** Nr. 1—4.

171. Canadian Journal of Physics. Published by The National Research Council, Ottawa, Canada. — Vol. **38** Nr. 1—12.

172. The Journal of the British Astronomical Association. Printed and published for the Association by the Vincent-Baxter Press, Oxford. — Vol. **70** Nr. 1—8.

173. Journal de Physique et Le Radium. Publication de la Société Française de Physique, Paris. — Tome **21** Nr. 1—12, Suppl. Nr. 3, 7, 11.

174. The Journal of the Royal Astronomical Society of Canada. Toronto, Ontario. — Vol. **54** Nr. 1—6, Gesamtnummer 442—447.

175. Journal of Geophysical Research. Published by the American Geophysical Union, Washington, D. C. — Vol. **65** Nr. 1—12.

176. Journal of the Optical Society of America. National Bureau of Standards, Washington, D. C. — Vol. **50** Nr. 1—12.

177. Künstliche Erdsatelliten. Moskau, Verlag der Akademie der Wissenschaften der UdSSR. — Nr. 1, 2, 1958, Nr. 3, 1959, Nr. 4, 5.

178. Leaflet, Astronomical Society of the Pacific. San Francisco, California. — Nr. 367—378, Neudruck von Nr. 325.

179. Astronomical News Letter. Publié et distribué par le Laboratoire d'Astronomie de Lille. — Nr. 98—101.

180. Astronomy News Letter. Herausgegeben von der Taipei Amateur Astronomers Association. — Vol. **13** Nr. 1—7. — Nicht referiert.

181. The Philosophical Magazine. London, Taylor & Francis, Ltd. — (8) Vol. **5** Nr. 49—60.

182. Memorie della Società Astronomica Italiana. Nuova Serie. Pavia, Industria Grafica Mario Ponzio. — Vol. **31** Nr. 1—3.

183. Atti della Accademia Nazionale dei Lincei. Anno CCCLVII, 1960. Serie Ottava. Memorie. Classe di Scienze fisiche, matematiche e naturali. Sezione I^{a}. Roma, Accademia Nazionale dei Lincei. — Vol. **6** Fasc. 1, 2.

184. Meteoritika. Moskau, Verlag der Akademie der Wissenschaften der UdSSR. — Nr. 18, 19.

185. Mitteilungen (Iswestija) der Kommission für Planetenphysik. Charkow, Verlag der Gorkij-Staatsuniversität. — Nr. 2.

186. Mitteilungen für Planetenbeobachter. Herausgegeben für die Sektion Mond- und Planetenbeobachtung in der «Vereinigung der Sternfreunde eV» Berlin, München. — **13**. Jahrgang Nr. 1—4.

187. Zeiss Planetariums-Mitteilungen. Oberkochen/Württ., Carl Zeiss. — Heft 1, 2.

188. BAV Rundbrief. Mitteilungsblatt der Berliner Arbeitsgemeinschaft für Veränderliche Sterne, Berlin-Schöneberg. — Jahrgang **9** Nr. 1—3.

189. Monatsberichte der Deutschen Akademie der Wissenschaften zu Berlin. Berlin, Akademie-Verlag. — Band **2** Heft 1—12.

190. Astronomische Nachrichten. Bulletin der Griechischen Astronomischen Gesellschaft, Athen. — Jahrgang **10** Nr. 37.

191. Astronomische Nachrichten. Berlin, Akademie-Verlag. — Band **285** Heft 4—6, Band **286** Heft 1.

192. Nachrichten der Akademie der Wissenschaften in Göttingen. II. Mathematisch-Physikalische Klasse. Göttingen, Vandenhoeck & Ruprecht. — Jahrgang 1960 Nr. 1—14.

193. Nachrichtenblatt der Vereinigung der Sternfreunde e. V. Redaktion: Wilhelm-Foerster-Sternwarte, Berlin-Schöneberg. — **9**. Jahrgang Nr. 1—12, Schnellmitteilung Nr. 1—3.

194. Nature. London, Macmillan & Co., Ltd.; New York, St. Martin's Press, Inc. — Vol. **185** Nr. 4705—4717, Vol. **186** Nr. 4718—4730, Vol. **187** Nr. 4731—4743, Vol. **188** Nr. 4744—4757.

195. La Nature. Paris, Dunod, Editeur. — Vol. **88** Nr. 3297—3308.

196. Die Naturwissenschaften. Berlin—Göttingen—Heidelberg, Springer-Verlag. — **47**. Jahrgang, Heft 1—24.

197. Navigation. Journal of the Institute of Navigation. Los Angeles; Washington. Editorial and Publication Offices: Studio City, Calif. — Vol. **6** Nr. 8, Vol. **7** Nr. 1—4.

198. Navigation. Revue Technique de Navigation Maritime, Aérienne et Spatiale. Paris, Institut Français de Navigation. — Vol. **8** Nr. 1—4.

199. Monthly Notes of the Astronomical Society of Southern Africa. Cape of Good Hope, Royal Observatory. — Vol. **19** Nr. 1—11.

1100. Monthly Notices of the Royal Astronomical Society. London. — Vol. **120** Nr. 1—6, Vol. **121** Nr. 1—6.

1101. Il Nuovo Cimento. Bologna, Nicola Zanichelli Editore. — (10) Vol. **14** Suppl. Nr. 1, 2, 1959, Vol. **15** Nr. 1—6, Suppl. Nr. 1—3, Vol. **16** Nr. 1—6, Vol. **17** Nr. 1—6, Vol. **18** Nr. 1—6.

1102. The Observatory. Herstmonceux Castle, Hailsham, Sussex, Royal Greenwich Observatory. — Vol. **80** Nr. 914—919.

1103. Optik. Stuttgart, Wissenschaftliche Verlagsgesellschaft mbH. — Band **17** Heft 1—12.

1104. Orion. Mitteilungen der Schweizerischen Astronomischen Gesellschaft. Bulletin de la Société Astronomique de Suisse. Sekretariat: Schaffhausen. — Band **5** Nr. 67—70.

1105. Photographie und Wissenschaft. Herausgegeben von der Agfa-Aktiengesellschaft, Leverkusen. — Jahrgang **9** Heft 1, 2.

1106. Photographie und Forschung. Herausgegeben von der Zeiss Ikon AG., Stuttgart. — Band **8** Heft 4.

1107. Physica. Redactie: Kamerlingh Onnes Laboratorium, Leiden. — Deel **26** Nr. 1—12.

1108. Planetary and Space Science. New York—London—Paris—Los Angeles, Pergamon Press. — Vol. **2** Nr. 2—4.

1109. Pokroky matematiky, fysiky a astronomie. Prag, Verlag der Akademie der Wissenschaften. — Band **5** Nr. 1—6.

1110. Postępy Astronomii. Kraków, Państwowe Wydawnictwo Naukowe. — Tom **8** Nr. 1—4.

1111. Priroda (Natur). Moskau, Verlag der Akademie der Wissenschaften der UdSSR. — Tom **49** Nr. 1—12.

1112. Proceedings. Series B, Physical Sciences. Koninklijke Nederlandse Akademie van Wetenschappen. Amsterdam. — Vol. **63** Nr. 1—6.

1113. Proceedings of the Royal Society. Series A, Mathematical and Physical Sciences. Published by the Royal Society, London. — Vol. **254** Nr. 1276—1279, Vol. **255** Nr. 1280—1283, Vol. **256** Nr. 1284—1287, Vol. **257** Nr. 1288—1291, Vol. **258** Nr. 1292—1295, Vol. **259** Nr. 1296—1298.

1114. Proceedings of the Physical Society. London, The Physical Society. — Vol. **75** Part 1—6, Vol. **76** Part 1—6.

1115. Proceedings of the Cambridge Philosophical Society (Mathematical and Physical Sciences). London. — Vol. **56** Part 1—4.

1116. Proceedings of IRE. Published monthly by the Institute of Radio Engineers, New York. — Vol. **48** Nr. 1—8, 10—12.

1117. Proceedings of the National Academy of Sciences of the United States of America. Washington, D. C. — Vol. **46** Nr. 1—12.

1118. Missile Test Project. RCA Data Processing Technical Report. Herausgegeben vom Air Force Missile Test Center, Air Research and Development Command, United States Air Force, Patrick Air Force Base, Florida. — Nr. 57—59, 65.

1119. Project Space Track. Air Force Cambridge Research Center. Technical Notes. Bedford, Mass., Air Research and Development Command United States Air Force. — 232 (I—III) GRDST—11, 233 GRDST—12.

1120. Publications of the Astronomical Society of the Pacific. San Francisco, California. — Vol. **72** Nr. 424—429.

1121. Publications of the Astronomical Society of Japan. Office of the Society: Tokyo Astronomical Observatory, Mitaka, Tokyo. — Vol. **12** Nr. 1—4.

1122. Science Record. New Series. Published by Science-Press, Peking. — Vol. **4** Nr. 1—6.

1123. Referatjournal. Astronomie, Geodäsie. Herausgegeben vom Institut für wissenschaftliche Information der Akademie der Wissenschaften der UdSSR, Moskau. — 1960 Nr. 1—12, Registerheft.

1124. Atti della Accademia Nazionale dei Lincei. Anno CCCLVII, 1960. Serie Ottava. Rendiconti. Classe di Scienze fisiche, matematiche e naturali. Roma, Accademia Nazionale dei Lincei. — Vol. **28** Nr. 1—6, Vol. **29** Nr. 1—5.

1125. Annual Report of the Board of Regents of The Smithsonian Institution showing the operations, expenditures, and condition of the Institution for the year ended June 30, 1959.

1126. Reports on Progress in Physics. Published by the Physical Society, London. — Vol. **23**.

1127. The Science Reports of the Tôhoku University. First Series (Physics, Chemistry, Astronomy). Published by the Faculty of Science, Tôhoku University, Sendai, Japan. — Vol. **44** Nr. 1.

1128. The Physical Review. Series 2. Published for the American Physical Society by the American Institute of Physics, Lancaster, Pa., and New York, N. Y. — Vol. **117** Nr. 1—6, Vol. **118** Nr. 1—6, Vol. **119** Nr. 1—6, Vol. **120** Nr. 1—6.

1129. The Review of Scientific Instruments. New Series. Published by the American Institute of Physics, Lancaster, Pa., and New York, N. Y. — Vol. **31** Nr. 1—12.

1130. Empire Survey Review. London, Crown Agents for Oversea Governments and Administrations. — Vol. **15** Nr. 115—118.

1131. The International Hydrographic Review. Monte-Carlo, International Hydrographic Bureau. — Vol. **37** Nr. 1, 2.

1132. Astronautical Sciences Review. Published quarterly by the American Astronautical Society, New York, N. Y. — Vol. **2** Nr. 3, 4.

1133. Reviews of Modern Physics. Published for the American Physical Society by the American Institute of Physics, Lancaster, Pa., and New York, N. Y. — Vol. **32** Nr. 1—4.

1134. Mathematical Reviews. Published by the American Mathematical Society, Providence, R. I. — Vol. **21** Nr. 1—11.

1135. Revista Astronomica. Organo de la Asociación Argentina Amigos de la Astronomía, Buenos Aires. — Nr. 152.

1136. La Ricerca Scientifica. Direzione ed Amministrazione: Consiglio Nazionale delle Ricerche, Roma. — Vol. **30** Nr. 1—12.

1137. Říše hvězd. Prag, Verlag Orbis. — Band **41** Nr. 1—12.

1138. Astronomisches Sammelwerk der Franko-Staatsuniversität Lwow (Lemberg). Verlag der Universität Lwow. — Nr. 3—4.

1139. Science. Herausgegeben von der American Association for the Advancement of Science, Washington, D. C. — Vol. **131** Nr. 3392—3417, Vol. **132** Nr. 3418—3444.

1140. Der Seewart. Nautische Zeitschrift für die Deutsche Seeschiffahrt. Hamburg, Deutsches Hydrographisches Institut und Seewetteramt. — Band **21** Heft 1—6.

1141. Sitzungsberichte der Deutschen Akademie der Wissenschaften zu Berlin. Klasse für Mathematik, Physik und Technik. Berlin, Akademie-Verlag. — Jahrgang 1960 Nr. 1—3.

1142. Bayerische Akademie der Wissenschaften. Mathematisch-Naturwissenschaftliche Klasse. Sitzungsberichte. München, Verlag der Bayerischen Akademie der Wissenschaften. — Jahrgang 1960.

1143. Sky and Telescope. Published by Sky Publishing Corporation, Harvard College Observatory, Cambridge, Mass. — Vol. **19** Nr. 3—8, Vol. **20** Nr. 1—6.

1144. Sonnendaten. Bulletin. Moskau—Leningrad, Verlag der Akademie der Wissenschaften der UdSSR. — 1959 Nr. 9—12, 1960 Nr. 1—7.

1145. Southern Stars. The Journal of the Royal Astronomical Society of New Zealand, Carter Observatory, Wellington. — Vol. **18** Nr. 5 (135)—8 (138).

1146. Spaceflight. Published by the British Interplanetary Society, London. — Vol. **2** Nr. 5—8.

1147. Space Track. Bedford, Mass., Air Force Command and Control Development Division, Air Research and Development Command United States Air Force. — TN 60—34, 60—52.

1148. Die Sterne. Leipzig, Verlag Johann Ambrosius Barth. — **36**. Jahrgang Heft 1—12.

1149. Der Sternenbote. Monatsschrift für Österreichs Amateurastronomen, Wien. — **3**. Jahrgang Nr. 1—12.

1150. The Strolling Astronomer. The Association of Lunar and Planetary Observers. Edinburg, Texas, Pan American College Observatory. — Vol. **14** Nr. 1—12.

1151. Studia geophysica et geodaetica. Prag, Verlag der Akademie der Wissenschaften. — Band **4** Nr. 1—4.

1152. Tellus. Editorial Office: Stockholm. — Vol. **12** Nr. 1—4.

1153. Populär Astronomisk Tidskrift. Utgiven av Svenska Astronomiska Sällskapet, Stockholms Observatorium, Saltsjöbaden. — Årgång **41** Häfte 1—4.

1154. Nordisk Astronomisk Tidsskrift. Udgivet af Astronomisk Selskab, København. — 1960 Nr. 1—4.

1155. El Universo. Organo de la Sociedad Astronómica de México, México, D. F. — Vol. **14** (Nr. 50—53).

1156. Urania. Revista de Astronomía y Ciencias Afines. Organo de Sciedad Astronómica de España y América, Barcelona, und der Unión Nacional de Astronomía y Ciencias Afines, Madrid. — Año **44** Nr. 249, 1959, Año **45** Nr. 251.

1157. Urania. Herausgegeben vom Urania Observatoriet, København. — Aargang **17** Nr. 1—12.

1158. Urania. Organ Polskiego Towarzystwa Miłośników Astronomii, Kraków. — Rok **31** Nr. 1—12.

1159. Vasiona. Bulletin de la Société Astronomique «R. Bošković» et de la Société Astronautique de l'Union Aéronautique de Yougoslavie, Beograd. — Année **8** Nr. 1—4.

1160. Physikalische Verhandlungen. Mosbach/Baden, Physik Verlag. — **11**. Jahrgang Nr. 1—11.

1161. Vesmír. Prag, Verlag der Akademie der Wissenschaften. — Band **39** Nr. 1—12.

1162. Zeitschrift für Astrophysik. Berlin—Göttingen—Heidelberg, Springer-Verlag. — Band **49** Heft 1—4, Band **50** Heft 1—4, Band **51** Heft 1.

1163. Zeitschrift für angewandte Physik. Berlin—Göttingen—Heidelberg, Springer-Verlag. — **12**. Band Heft 1—12.

1164. Zeitschrift für Physik. Berlin—Göttingen—Heidelberg, Springer-Verlag. — Band **157** Heft 4, 5, Band **158** Heft 1—5, Band **159** Heft 1—5, Band **160** Heft 1—5.

1165. Wissenschaftliche Zeitschrift der Humboldt-Universität zu Berlin. Mathematisch-Naturwissenschaftliche Reihe. Herausgegeben vom Rektor der Humboldt-Universität zu Berlin. — Jahrgang **9** Nr. 2—5.

1166. Zeitschrift für Instrumentenkunde. Braunschweig, Friedrich Vieweg & Sohn. — **68.** Jahrgang Heft 1—12.

1167. Weltraumfahrt. Zeitschrift für Astronautik und Raketentechnik. Frankfurt/M., Umschau Verlag KG. — Jahrgang **11** Nr. 1—4.

1168. Deutsche Hydrographische Zeitschrift. Hamburg, Deutsches Hydrographisches Institut. — Jahrgang **13** Heft 1—6.

1169. Wissenschaftliche Zeitschrift der Friedrich-Schiller-Universität Jena/Thüringen. Mathematisch-Naturwissenschaftliche Reihe. Veröffentlicht im Selbstverlag der Friedrich-Schiller-Universität, Jena. — Jahrgang **9** Nr. 1—5.

1170. Zeitschrift für Naturforschung. Tübingen, Verlag der Zeitschrift für Naturforschung. — Band **15a** Heft 1—12.

1171. Zeitschrift für Geophysik. Würzburg, Physica-Verlag. — Band **26** Heft 1—6.

1172. Zemlja i Svemir. Časopisi Astronomske sekcije Hrvatskog prirodoslovnog društva, Zagreb. — Band **1** Nr. 1—4, 1958, Band **2** Nr. 1—4, 1959, Band **3** Nr. 1—4.

1173. Zentralblatt für Mathematik und ihre Grenzgebiete. Berlin—Göttingen—Heidelberg, Springer-Verlag. — Band **73** Heft 2, Band **74** Heft 1, Band **82** Heft 1, 2, Band **83** Heft 1, 2, Band **84** Heft 1, 2.

1174. Astronomisches Zirkular. Herausgegeben vom Büro für astronomische Mitteilungen der Akademie der Wissenschaften der UdSSR, Moskau. — Nr. 208—217.

1175. Zvaigžņotā Debess. Rīgā, Latvijas PSR Zinātņu akadēmijas izdevniecība. — 1960. gada ziema, pavasaris.

Bibliographische Veröffentlichungen

1176. Astronomischer Jahresbericht. 1899 gegründet von Walter Wislicenus. 58. Band. Die Literatur des Jahres 1958. Herausgegeben vom Astronomischen Rechen-Institut in Heidelberg. Bearbeitet von K. Heinemann, F. Henn, W. Lohmann. Berlin, Walter de Gruyter & Co., 1960. 43 + 567 S. Preis DM 60.00.

1177. **E. K. Charadse, D. G. Tschipaschwili,** Bibliographie der wissenschaftlichen und populären Literatur zur Astronomie (1921—1959). Bull. Astrophys. Obs. Abastumani Nr. 25 S. 25—90 (hauptsächlich russ. und georg.). — Verzeichnisse der im obigen Zeitraum veröffentlichten Arbeiten und Artikel georgischer Astronomen im In- und Ausland. Loh.

* * **J. E. Merrill,** Bibliography for eclipsing binaries. Vgl. Ref. **12247**.

1178. **C. M. Minnis,** Literature on Solar Eclipses and the Ionosphere. Oxford—London—New York—Paris, Pergamon Press, 1960. 6 S.

1179. **W. G. Neuschild, B. N. Panowkin,** Radioastronomie. Bibliographie der in- und ausländischen Literatur von 1932 bis 1958. Moskau, Verlag Akad. Wiss. UdSSR, 1960. 216 S. Preis 7 R. (russ.).

1180. **J. G. Perel,** Wissenschaftliche und populäre Bucherscheinungen 1958—1959. Priroda **49** Nr. 5 S. 115—118 (russ.).

1181. **S. Ross,** Abstracts of technical literature in the astronautical sciences. Astronaut. Sci. Rev. **2** Nr. 3 S. 25—26, Nr. 4 S. 28—29.

1182. Astronautical Abstracts. Edited by H. Humphries, J. Foley. J. British Interplanetary Soc. **17** 36—40, 65—76, 108—111, 150—155, 174—192, 225—236, 339—348, 418—428.

1183. Rassegna delle Riviste e notizie brevi. Herausgegeben von P. Maffei. Coelum **28** 29—32, 59—62, 92—96, 123—127, 154—158, 185—189.

1184. Viaggi Interplanetari. Bibliografia delle ricerche sulla propulsione a reazione e sul volo extraplanetare. Herausgegeben von G. Nebbia. Coelum **28** 159—160.

1185. Bücher über physikalisch-mathematische Wissenschaften des Verlags der Akademie der Wissenschaften der UdSSR, die 1960 erscheinen werden. AJ UdSSR **37** 603—608 (russ.).

1186. Hochschulnachrichten. Radiophysik. Mitteilungen über astrophysikalische Arbeiten im Band 3 Nr. 1 und 2, 1960. AJ UdSSR **37** 1144—1145 (russ.).

1187. Verzeichnis der Arbeiten und Autoren in den Bulletins des Astrophysikalischen Observatoriums Abastumani Nr. 1—25 (1937—1960). Bull. Astrophys. Obs. Abastumani Nr. 25 S. 165—174 (russ.).

1188. Abstracts and references. Compiled by the Radio Research Organization of the Department of Scientific and Industrial Research, London, England, and published by arrangement with that Department and the Electronic and Radio Engineer, incorporating Wireless Engineer, London, England. Proc IRE **48** 131—144, 274—288, 417—430, 829—843, 973—987, 1197—1211, 1357—1371, 1517—1531, 1805—1819, 1933—1947, 2055—2069.

1189. Abstracts of IRE Transactions. Proc IRE **48** 127—130, 269—273, 412—416, 825—828, 966—972, 1189—1196, 1352—1356, 1511—1516, 1796—1804, 1929—1932, 2049—2054.

1190. Summaries of original papers published in Monthly Notices, Volume 120. Quarterly J. RAS **1** 115—121.

1191. Summary of contents of Geophysical Journal Vol. 3, Nos. 1 and 2. Quarterly J. RAS **1** 122—125.

1192. Bibliography for eclipsing binaries (Soviet Union). Sonderdruck Franklin Inst., 1960. 5 S. — 1959 Okt.—1960 Sept.

1193. Archive for History of Exact Sciences. Herausgegeben von C. Truesdell. Berlin—Göttingen—Heidelberg, Springer-Verlag, 1960. — Neue Zeitschrift über die Geschichte der exakten Wissenschaften. — Besprechung in ZfA **51** 297 (P. Lorenzen).

1194. Tätigkeitsbericht über die Arbeit der Redaktion des Astronomischen Journals in der Abteilung der physikalisch-mathematischen Wissenschaften der Akademie der Wissenschaften der UdSSR. AJ UdSSR **37** 1141—1143 (russ.).

1195. The Irish Astronomical Journal. Gaz astr **42** 15.

1196. Quarterly Journal of the Royal Astronomical Society. Nature **188** 783. — Neue Zeitschrift.

1197. Royal Astronomical Society — Quarterly Journal. Obs **80** 168. — Neue Zeitschrift.

1198. Neue Planetariums-Literatur. Zeiss Planetariums-Mitt. 1960 S. 24, 54.

§ 2

Geschichte

201. **T. Breider,** Planeti otkriveni «vrškom pera». ZiS **2** 4—6, 1959.

202. **P. Brosche,** Eine Goethe-Zeichnung des Zodiakallichts. Sterne **36** 235—238, mit einer Bemerkung von C. Hoffmeister.

203. **E. Brüche,** 100 Jahre Spektralanalyse. Phys. Blätter **16** 320—323.

204. **J. J. Burckhardt,** Zwei griechische Ephemeriden. Osiris **13** 79—92, 1958. — Ref. in ZfMG **87** 4.

205. **I. Capasso,** La data della visione dantesca discussa secondo le indicazioni astronomiche e le notizie storico-cronologiche. Atti Accad. Pontaniana (NS) **9,** 30 S. = Oss. Astr. Capodimonte-Napoli Contr. Sci. (NS) Nr. 19.

206. **F. H. Clift,** New Zealand as a backward nation. Southern Stars 18 97—103.

* * **B. Danilović,** Prethodnice i nasljednice. Vgl. Ref. **1834.**

207. **G. Darsenius,** Charles Messier och hans katalog. PAT **41** 99—104.

208. **P. Duhem,** Le système du monde. Histoire des doctrines cosmologiques de Platon à Copernic. Tome IX, X. Paris, Hermann & Cie., 1958, 1959. 442 bzw. 528 S. — Besprechung in ZfMG **84** 242—243 (H. Hermelink).

209. **D. Eksinger,** Three and a half century of lunar observations. Vasiona **8** 70—71 (serb.).

210. **B. Falkiewicz,** Astronomia żeglarska. Urania Kraków **31** 327—334. — Verf. berichtet in allgemeinverständlicher Weise über die Entwicklung der nautischen Astronomie vom Altertum bis in das 19. Jahrhundert. E. R.

211. **A. Fresa,** Un po' di storia sulle doppie fotometriche con particolare riguardo alle ricerche fatte in Italia. Oss. Astr. Capodimonte-Napoli Contr. Sci. (NS) Nr. 20, 16 S. — Historischer Überblick über die photometrischen Beobachtungen von veränderlichen Sternen mit besonderer Berücksichtigung der in Italien durchgeführten Arbeiten. B. C.

212. **A. Fresa,** Un po' di storia sulle doppie fotometriche con particolare riguardo alle ricerche fatte in Italia. Vgl. Ref. **1343** S. 142—155.

213. **O. Gingerich,** Abbe Lacaille's list of clusters and nebulae. Sky Tel. **19** 207—208 = Harv Repr (2) Nr. 156.

214. **O. Gingerich,** The missing Messier objects. Sky Tel. **20** 196—199.

215. **W. Gleissberg,** Der Wandel des astronomischen Weltbildes. Hess. Hochschulwochen für staatswiss. Fortbildung **25/26** 32—47.

* * **E. M. Grosser,** David Rittenhouse and European astronomy. Vgl. Ref. **313.**

216. **F. S. Gun Bayer,** Zyklen und Perioden in der Geophysik. Aus dem Tagebuch eines Forschers. Rev. Universitaria **44/45** 69—130 = Sonderdruck Inst. Phys. Astr. Catholic Univ. Santiago, Chile.

217. **J. B. S. Haldane,** Pasteur and cosmic asymmetry. Nature **185** 87.

218. **N. R. Hanson,** The mathematical power of epicyclical astronomy. Isis **51** 150—158.

219. **C. D. Hellman,** Maurolyco's «lost» essay on the new star of 1572. Isis **51** 322—336.

220. **R. E. Henryson,** Gravitation. ASP Leaflet Nr. 378, 8 S.

221. **G. van Herk,** Meridianastronomiens stilling i dag. NAT 1960 S. 85—93.

222. **H. Hermelink,** Bestimmung der Himmelsrichtungen aus einer einzigen Schattenbeobachtung nach al-Bīrūnī. Sudhoffs Arch. **44** 329—332. — Eine sehr ökonomische Konstruktion mit Zirkel, Lineal und Zeichendreieck. Sti.

223. **J. Herrmann,** Vor 350 Jahren entdeckte Galileo Galilei die Jupitermonde. VdS Nachr. **9** 69—71.

* * **J. Hopmann,** Altes und neues in der Doppelsternforschung. Vgl. Ref. **11109.**

224. **J. Incer Barquero,** Evolución mitológica de las constelaciones. Bol. As. Peruana Astr. **5** 341—346.

225. **M. Irbins,** Kā izcēlās lieldienu svētki un kā noteica Kristus dzimšanas gadu. Zvaigžņotā Debess 1960. gada pavasaris S. 40—47.

* * **B. Jaffe,** Michelson and the Speed of Light. Vgl. Ref. **315.**

226. **M. Jammer,** Concepts of Space. New York, Harper, 1960. 208 S. Preis $ 1.40. — Besprechung in Sky Tel. **21** 111.

227. **C. Luplau Janssen,** Universets tilblivelse. Urania København **17** 85—92.

228. **H. Spencer Jones,** The early years of the Royal Society. J. Inst. Navigation **13** 365—382.

229. **M. Kamieński,** Halley's comet in the time of Hammurabi. JBAA **70** 304—313. — Zur Nachprüfung zweier Berichte über auffallende Kometenerscheinungen im Altertum werden die Sichtbarkeitsverhältnisse des Halleyschen Kometen in den Jahren −1933, −1929 und −1783/1782 untersucht. Die Positionen des Kometen sind mit Bahnelementen berechnet, die Verf. für das Altertum abgeleitet hat. Da in einem der vorliegenden Berichte die Beobachtung des Kometen mit einer Episode aus dem Leben Abrahams in Verbindung gebracht wird, wird unter Zuhilfenahme neuer historischer und archäologischer Forschungsergebnisse eine Zeittafel entworfen, die die Regierungszeit Hammurabis, die Lebenszeit Abrahams und die Erscheinung des Halleyschen Kometen chronologisch einander zuordnet. U. Baehr

230. **M. Kamieński,** Unknown comet about 2008 B. C. was probably Halley's comet. JBAA **70** 314—317. — Es wird untersucht, ob ein nach der Überlieferung Anno Mundi 1944 beobachteter heller Komet mit dem Halleyschen Kometen identisch ist. Die nicht eindeutig mögliche Reduktion des Datums ergibt im Mittel das Jahr 2014 v. Chr. Der dieser Zeit nächstliegende Periheldurchgang des Halleyschen Kometen fällt in das Jahr 2008 v. Chr. Der für 2008 v. Chr. Dez. 16 berechnete Kometenort und die für die anschließende Zeit berechnete Bewegung des Kometen zeigen Übereinstimmung mit der überlieferten Beobachtung. U. Baehr

231. **E. S. Kennedy, M. Agha,** Planetary visibility tables in Islamic astronomy. Centaurus **7** 134—140. — Zusammenstellung der Lösungsversuche aus der Zeit des 9.—15. Jahrhunderts. Sti.

232. **E. S. Kennedy,** Bīrunī's graphical determination of the local meridian. Scripta Math. **24** 251—255, 1959. — Ref. in ZfMG **89** 4.

233. **H. Kienle,** Astronomische Forschung im Wandel und Fortschritt der Wissenschaft. Studium Generale **13** 127—129.

234. **H. C. King,** The Background of Astronomy. London, Tavistock Publications, 1959. 254 S. Preis 18 s. — Besprechung in La Nature **88** 445.

235. **S. N. Korytnikow,** Über den Anfang des Astronomie-Unterrichts an der Kasaner Universität. Mitt. Astr. Engelhardt-Obs. Kasan Nr. 32 S. 3—10 (russ.).

236. **P. Kunitzsch,** Arabische Sternnamen in Europa. Vgl. AJB **59** Ref. 226. — Weitere Besprechung in Sky Tel. **20** 294—295 (G. A. Davis jr.).

237. **G. B. Lacchini,** Cenni storici sulla rappresentazione del cielo stellato: dai primordi all'epoca presente. Coelum **28** 101—103.

238. **P. S. Laurie,** The buildings and old instruments of the Royal Observatory, Greenwich. Obs **80** 13—22.

239. **N. I. Leonow,** Die wissenschaftliche Großtat der Samarkander Astronomen des 15. Jahrhunderts. Moskau, Phys.-Math. Staatsverlag, 1960. 118 S. Preis 1 R. 85 Kop. (russ.).

240. **S. G. Lindberg,** Från skapelsetro till naturlagar, Idéhistorisk översikt över banbrytande bokverk i Hjalmar Sjögrens bibliotek. Stockholm, Ingeniörsvetenskapsakademien, 1959. 115 S. Preis 15:00. — Besprechung in PAT **41** 168—169 (G. Larsson-Leander).

241. **J. Lohne,** Hooke versus Newton. An analysis of the documents in the case on free fall and planetary motion. Centaurus **7** 6—52. — Hooke hat sich 15 Jahre mit dem Problem des freien Falls und der Planetenbewegung befaßt und ist unabhängig von Newton, mit dem er in lebhafter Auseinandersetzung stand, zu den gleichen Prinzipien gelangt. (Auswertung von Tagebuchnotizen und Briefen von H.). Sti.

242. **P. Lorenzen,** Die Entstehung der exakten Wissenschaften. Berlin—Göttingen—Heidelberg, Springer-Verlag, 1960. 5 + 163 S. Preis DM 8.80. — Besprechung in Math. Rev. **22** 424 (E. J. Dijksterhuis), VdS Nachr. **9** 85 (J. Herrmann).

243. **A. C. B. Lovell,** Investigation of the universe by radio astronomy. Nature **188** 13—14.

244. **L. A. Mayer,** Islamic Astrolabists and Their Works. Genf, A. Kundig, 1956. 26 + 123 S. — Besprechung in Deutsche Literaturzeitung **78,** 2 S. (E. Zinner).

245. **K. Mayrhofer,** Zur Geschichte der Planetoidenforschung. Sternenbote **3** 124—126.

246. **O. Melnikovas,** Istoriniai astrospektroskopijos bruožai. Astr. Obs. Biul. Vilnius Nr. 2 S. 11—16 (russ. mit litau. und engl. Ref.).

247. **H. Michel,** Méthodes astronomiques des hautes époques chinoises. Paris, Université de Paris, 1959. 22 S. — Ref. in ZfMG **87** 4.

248. **M. Miller,** Aristarch von Samos als Vorläufer des Kopernikus: Aristarchs Schrift über die Größe und Entfernung von Sonne und Mond. Wiss. Z. Hochsch. Verkehrswes. Dresden **6** 257—265, 1959. — Ref. in Math. Rev. **22** 259—260, ZfMG **84** 242.

249. **G. Mish,** Descrizione mancese di un'ecclissi lunare. Coelum **28** 41—45.

250. **O. C. Mohler,** The growth of solar spectroscopy. Southern Stars **18** 129—134.

251. **P. Moore,** A defence of Schröter. JBAA **70** 363—368.

252. **J. Needham, W. Ling, D. J. de Solla Price,** Heavenly Clockwork. The Great Astronomical Clocks of Medieval China. Cambridge, University Press, 1960. 15 + 254 S. Preis $ 12.50 bzw. 65 s. — Besprechung in Endeavour **19** 234 (C. B. Drover), Nature **186** 834 (F. A. B. Ward), Science **131** 1802 (R. Multhauf).

253. **T. Nicolini,** Sulla posizione del sole al tempo dell'azione del poema dantesco. Atti Accad. Pontaniana (NS) **9,** 6 S. = Oss. Astr. Capodimonte-Napoli Contr. Sci. (NS) Nr. 17.

254. **N. V. E. Nordenmark,** Astronomiens historia i Sverige intill år 1800. Vgl. AJB **59** Ref. 239. — Weitere Besprechung in NAT 1960 S. 73—76 (K.-G. Hagstroem).

255. **W. Petri,** Das Weltbild im Wandel der Zeiten. Hannover, C. Jaeger & Co., 1960. 36 S. Preis DM 1.00.

256. **L. Prenant,** Sur les références de Leibniz à Kepler contre Descartes. Arch. Internationales d'Histoire Sci. **13** 3—88.

257. **T. Przypkowski,** Astronomia w Kaliszu. Poznań, Osiemnaście wieków Kalisza, Tom I S. 157—206, 1960. — Besprechung in Postępy Astr. **9** 57—58 (E. Rybka).

258. **T. Przypkowski,** Zainteresowania matematyczno-astronomiczne Braci Polskich. Warszawa, Studia nad arianizmem S. 391—424, 1959. — Besprechung in Postępy Astr. **9** 57—58 (E. Rybka).

259. **I. Rabinovičs,** Astronomijas vēstures pētnieku konference. Zvaigžņotā Debess 1960. gada ziema S. 37—38.

260. **F. Ravier,** L'astronomie de la préhistoire à Copernic. Orion Schaffhausen **5** 767—784.

261. **M. Remeš,** Einige Beiträge zur Geschichte der Astronomie in Mähren und Schlesien. Acta Univ. Pal. Olom., Naturwiss. Fak. **3** 65—70 (tschech.).

262. **V. Ronchi,** Dall'ottica fisica alla fisica delle radiazioni. Vgl. Ref. **1324** S. 29—39.

263. **L. Rosino,** Nel 350° anniversario delle prime osservazioni celesti col cannocchiale di Galileo. Vgl. Ref. **1324** S. 17—27.

264. **G. D. Roth,** Die Astronomie der Araber. Orion Schaffhausen **5** 785—786.

265. **P. Rousseau,** Man's Conquest of the Stars. Vgl. AJB **59** Ref. 250. — Weitere Besprechung in Obs **80** 203 (C. Ronan).

266. **E. Rybka,** Z dziejów astronomii krakowskiej. Problemy **16** 641—647. — Kurzer Grundriß der Geschichte der Astronomie auf der Krakauer Universität. E. R.

267. **A. Sachs, O. Neugebauer,** A procedure text concerning solar and lunar motion: B. M. 36712. J. Cuneiform Studies **10** 131—136, 1956. — Ref. in ZfMG **74** 4.

268. **A. Sayili,** Ghiyâth al Dîns's Letter on Ulugh Bey and the Scientific Activity in Samarqand. Ankara, Turkish Historical Society, 1960. 115 S. — Besprechung in Ciel et Terre **76** 327 (H. Michel).

269. **A. Sayili,** The Observatory in Islam. Ankara, Turkish Historical Society, 1960. 472 S. — Besprechung in Ciel et Terre **76** 327 (H. Michel).

270. **J. V. Schiaparelli,** La Astronomía en el Antiguo Testamento. Übersetzung aus dem Italienischen von R. Resta. Buenos Aires—México, Espasa-Calpe Argentina, 1945. 167 S. — Besprechung in Mem SA It (NS) **31** 523—524 (A. Masotti).

271. **C. J. Schneer,** The search for order. New York, Harper & Brothers, 1960. 398 S. Preis $ 6.00. — Besprechung in Sky Tel. **20** 43.

272. **C. H. Smiley,** The antiquity and precision of Mayan astronomy. J RAS Canada **54** 222—226. — Es wird gezeigt, daß die Mayas bereits im Jahr −3391 einen genauen Kalender besaßen. Eine neue Korrelation zwischen dem Maya-Kalender und dem Gregorianischen ist nachgewiesen (im Jahre 344 n. Chr.). C. L. J.

273. **F. Soják,** Astronomie hilft der Archäologie. Vesmír **39** 244 (tschech.).

274. **V. Somenzi,** La scienza nel suo sviluppo storico. Torino, Edizioni della Radiotelevisione italiana, 1960. 175 S. Preis L. 350. — Besprechung in Coelum **28** 87—88.

275. **W. H. Steavenson,** Sir William Herschels instrumenter. NAT 1960 S. 17—23.

276. **O. Struve,** A historic debate about the universe. Sky Tel. **19** 398—401.

277. **M. F. Subbotin,** C. F. Gauß' Schaffen auf dem Gebiet der Astronomie und Geodäsie. Fragen zur Geschichte, Naturwiss., Techn. 1956 Nr. 1 S. 64—69 (russ.). — Ref. in ZfMG **74** 8.

278. **M. F. Subbotin,** Leonhard Euler and the astronomical problems of his time. Fragen zur Geschichte, Naturwiss., Techn. **7** 58—66, 1959 (russ.).

279. **L. Thorndike,** Some tracts on comets, 1456—1500. Arch. International Hist. Sci. **11** 225—250, 1959. — Ref. in ZfMG **86** 3.

280. **L. Thorndike,** Note upon some medieval astronomical, astrological and mathematical manuscripts at Florence, Milan, Bologna and Venice. Isis **50** 33—50, 1959. — Ref. in ZfMG **87** 4.

* * **C. W. Tombaugh,** Reminiscences of the discovery of Pluto. Vgl. Ref. 8905.

281. **W. L. Tschenakal,** Das Astronomische Observatorium der Petersburger Akademie der Wissenschaften im 18. und Anfang des 19. Jahrhunderts. Sterne **36** 72—81.

282. **T. Villarsen,** Om Tycho Brahe. Urania København **17** 38—40. — Populär gehaltene Übersicht über die von Brahe erhaltenen Resultate. Verf. ist der Ansicht, daß Brahes Mondbeobachtungen und die aus ihnen folgenden Resultate alle seine übrigen Arbeiten an Bedeutung übertreffen. C. L. J.

283. **S. W. Visser,** Christiaan Huygens en de Stockholmse halo van 20 april 1535. Hemel en Dampkring **58** 89—94.

284. **B. L. van der Waerden,** Die Handlichen Tafeln des Ptolemaios. Osiris **13** 54—78, 1958. — Ref. in ZfMG **87** 4.

285. **H. Werner,** Die Sternbilder Cepheus und Cassiopeia. Zeiss Planetariums-Mitt. 1960 S. 39—43.

286. **M. L. West,** Anaxagoras and the meteorite of 467 B. C. JBAA **70** 368—369.

287. **H. Woolf,** The Transits of Venus. A Study of Eighteenth-Century Science. Vgl. AJB **59** Ref. **261**. — Weitere Besprechung in Obs **80** 164 (C. Ronan).

288. **B. A. Woronzow-Weljaminow,** Abriß der Geschichte der Astronomie in der UdSSR. Moskau, Phys.-Math. Staatsverlag, 1960. 228 S. Preis 75 Kop. (russ.). — Besprechung in AJ UdSSR **38** 568 (M. S. Eigenson), Priroda **50** Nr. 5 S. 118—119 (J. G. Perel).

289. **F. Wünschmann,** Die alte Berliner Sternwarte um 1800 unter Johann Elert Bode. Monatsber. Deutsch. Akad. Wiss. Berlin **2** 250—257 = Mitt. Sternw. Babelsberg Nr. 11.

290. **F. Wünschmann,** Überlieferung und Koordinaten der ersten Berliner Sternwarte. Sterne **36** 194—199.

291. **E. Zinner,** Kalender. Sonderdruck aus Merker-Stammler, Reallexikon der Deutschen Literaturgeschichte **1** 806—808, 1958.

292. **E. Zinner,** Forschungen in Spanien und Portugal. Sonderdruck Naturforsch. Ges. Bamberg **37** 1—8.

293. **E. Zinner,** Die Bücher Regiomontans in Spanien. Sonderdruck Naturforsch. Ges. Bamberg **37** 9.

294. **E. Zinner,** Der Sternhimmel mit den Planetenherrschern. Sonderdruck Naturforsch. Ges. Bamberg **37** 10—11.

295. **E. Zinner,** Über die niederländische Astronomie am Ende des Mittelalters. Sonderdruck Naturforsch. Ges. Bamberg **37** 12—13.

296. The Sidereal Messenger of Galileo Galilei and a Part of the Preface to Kepler's Dioptrics. Übersetzt von E. S. Carlos. London, Dawson's of Pall Mall, 1960. 16 + 111 S. Preis £ 2 12 s. 6 d. — Besprechung in Publ ASP **72** 431.

297. The Controversy on the Comets of 1618. Übersetzt von S. Drake, C. D. O'Malley. Philadelphia, University of Pennsylvania Press, 1960. 25 + 380 S. Preis $ 6 bzw. DM 25.20. — Besprechung in Nature **191** 314 (C. A. Ronan).

298. Geschichte der Naturwissenschaften in Rußland. Band 2. Physikalisch-mathematische und chemische Wissenschaften (2. Hälfte des XIX. — Anfang des XX. Jahrhunderts). Herausgegeben von N. A. Figurowskij. Moskau, Verlag Akad. Wiss. UdSSR, 1960. 702 S. Preis 4 R. 20 Kop. (russ.). — Besprechung in RJ UdSSR 1961 4A21 (J. Perel).

299. The Planetary Equatorium of Jamshid Ghiyath al-Din al-Kashi. Übersetzt von E. S. Kennedy. Princeton, N. J., University Press, 1960. 267 S. Preis $ 7.50. — Besprechung in JBAA **71** 253—254 (H. C. King), Sky Tel. **20** 298, 363—367 (F. A. Stebbins).

2100. Historisch-astronomische Untersuchungen. Band 6. Redigiert von P. G. Kulikowskij. Moskau, Phys.-Math. Staatsverlag, 1960. 428 S. Preis 13 R. 40 Kop. (russ.). — Besprechung in RJ UdSSR 1961 5A23.

2101. The Autobiography of Science. Herausgegeben von F. R. Moulton, J. J. Schifferes. New York — Garden City, Doubleday Anchor Books, 1960. 748 S. Preis $ 5.95. — Besprechung in Sky Tel. **21** 112.

2102. Études Newtoniennes. Arch. Internationales d'Histoire Sci. **13** 3—78. — Enthält: I. A. Koyré, Les regulae philosophandi; II. A. Koyré, Les quéries de l'optique; III. V. Ronchi, I dubii di Isacco Newton circa la universalità della legge dell'attrazione; IV. A. R. Hall, Newton's first book; V. J. W. Herivel, Halley's first visit to Newton; VI. J. W. Herivel, On the date of composition of the first version of Newton's tract de Motu; VII. J. W. Herivel, Suggested identification of the missing original of a celebrated communication of Newton's to the Royal Society.

2103. Aux origines de l'astrophysique: l'observation des taches solaires. BSAF **74** 265—267.

2104. Über die Entwicklung der wissenschaftlichen Untersuchungen zur Astronomie an der Akademie der Wissenschaften der Ukrainischen Sowjetrepublik. Dopowidi Akad. Wiss. Ukrain. SSR 1960 Nr. 7 S. 986 (ukrain.).

2105. Discovery of Neptune. Heavens **41** 247—251 (japan.).

2106. Remembering device of historical dates. Heavens **41** 275 (japan.).

2107. Da Hansen bragte Gauss i forlegenhed. NAT 1960 S. 112—113.

2108. Aus der Jugend des Fernrohrs. Zur Erinnerung an J. Hewelcke, geb. 28. Jan. 1611, gest. 28. Jan. 1687. Phys. Blätter **16** 28—29.

2109. Tycho Brahe's theory of the solar system. Sky Tel. **19** 282.

2110. Copernicus and Calvin. Sky Tel. **20** 271.

2111. The observatory of Ulug-Beg. Southern Stars **18** 137—139.

2112. The time-ball at Greenwich. Southern Stars **18** 172.

2113. Die Sternmythe von der Weberprinzessin und dem Kuhhirten und ihre Erklärung. Zeiss Planetariums-Mitt. 1960 S. 21—22.

§ 3

Biographie

301. **G. Abetti,** Father Angelo Secchi, a noble pioneer in astrophysics. ASP Leaflet Nr. 368, 8 S.

302. **B. J. Bok,** Two famous Dutch astronomers. Sky Tel. **20** 74—76. — Betrifft A. Pannekoek und P. van Rhijn.

303. **I. S. Bowen,** John A. Anderson, astronomer and physicist. Science **131** 649—650.

304. **S. R. Brzostkiewicz,** Jeszcze o Heweliuszu. Urania Kraków **31** 185. — Mitteilungen über die Geschwister von J. Hevelius. E. R.

305. **M. Butorac,** Konstantin Eduardovič Ciolkovski. ZiS **1** 29—31, 1958.

306. **M. Caspar,** Kepler. Übersetzt aus dem Deutschen und herausgegeben von C. D. Hellman. Vgl. AJB **59** Ref. 304. — Weitere Besprechung in Obs **80** 164—165 (C. Ronan), Southern Stars **19** 34—36.

307. **J. Coulomb,** En souvenir de Camille Flammarion. BSAF **74** 416—418.

308. **A. P. Denissow,** Nikolaj Gawrilowitsch Kurganow (1726—1796). Publ. Inst. Geschichte Naturwiss. Techn. Akad. Wiss. UdSSR **34** 360—383 (russ.). — Ref. in RJ UdSSR 1961 7A12.

309. **W. Dziewulski,** W 150 rocznicę śmierci Marcina Poczobuta. Urania Kraków **31** 87—88. — Zum Gedenken des 150. Todestages von M. Poczobut einschließlich der Erwähnung seiner hauptsächlichen wissenschaftlichen und organisatorischen Verdienste. E. R.

310. **D. Eksinger,** Žene-astronomi. ZiS **3** 12—15.

311. **J. Fleissner,** Österreichische Pioniere der Raketentechnik aus anderem Blickwinkel. Veröff. Urania-Sternw. Wien Nr. 3 S. 23—25.

312. **G. M. Golubew,** Ulugbek. Usbekischer Astronom, 1394—1449. Moskau, Verlag «Junge Garde», 1960. 200 S. Preis 4 R. 85 Kop. (russ.).

313. **E. M. Grosser,** David Rittenhouse and European astronomy. Publ ASP **72** 377—386.

314. **O. W. Issakowa,** Grigorij Abramowitsch Schajn (1892—1956). Bibliographie. Moskau, Verlag Akad. Wiss. UdSSR, 1960. 70 S. Preis 1 R. 40 Kop. (russ.).

315. **B. Jaffe,** Michelson and the Speed of Light. New York, Doubleday, 1960. 197 S. Preis 95 cents. — Besprechung in Sky Tel. **20** 372.

316. **E. S. Kennedy,** A Letter of Jamshîd al-Kâshî to His Father. Rome, Commentarii Periodici Pontificii Instituti Biblici, 1960. — Besprechung in Ciel et Terre **76** 328 (H. Michel).

317. **A. Koestler,** The Watershed. New York, Doubleday and Co., Inc., 1960. 280 S. Preis 95 cents. — Besprechung in Sky Tel. **20** 372.

318. **K. Komatsuzaki,** Zum Gedächtnis von Dr. Toyohiko Kagawa. Heavens **41** 163 (japan.).

319. **S. N. Korytnikow,** M. F. Bartels — Astronomielehrer an der Kasaner Universität. Mitt. Astr. Engelhardt-Obs. Kasan Nr. 32 S. 11—19 (russ.).

320. **S. N. Korytnikow,** Die ersten Arbeiten I. M. Simonows über die höhere Schulbildung. Mitt. Astr. Engelhardt-Obs. Kasan Nr. 32 S. 20—28 (russ.).

321. **S. N. Korytnikow,** I. M. Simonow — Gründer des Observatoriums, des Spisharnij-Hauses. Mitt. Astr. Engelhardt-Obs. Kasan Nr. 32 S. 29—39 (russ.).

322. **S. N. Korytnikow,** Unterlagen zur Biographie M. W. Ljapunows. Mitt. Astr. Engelhardt-Obs. Kasan Nr. 32 S. 40—50 (russ.).

323. **S. N. Korytnikow,** Briefe S. K. Kostinskijs an D. I. Dubjago und M. A. Gratschew (1897—1920). Mitt. Astr. Engelhardt-Obs. Kasan Nr. 32 S. 51—65 (russ.).

324. **J. Maeyama,** Astronomer: Yoshitoki Takahashi (1764—1804). Astr. Herald **53** 39 (japan.).

325. **K. Mayrhofer,** Zum 100. Geburtstag von Julius Bauschinger. Sternenbote **3** 2—3.

326. **A. A. Michajlow,** Ein hervorragender amerikanischer Astrophysiker. Priroda **49** Nr. 5 S. 107 (russ.). — Kurze Biographie über J. Young (1834—1908).

327. **A. A. Michajlow,** Tireless explorer of the universe (the 125th birthday anniversary of Simon Newcomb). Priroda **49** Nr. 11 S. 42—45 (russ.).

328. **P. Mirseps,** Bernhards Šmidts (1879—1935) — 20. gs. ievērojamais optiķis. Zvaigžņotā Debess 1960. gada pavasaris S. 21—26.

329. **H. Mucke,** Österreichische Astronomen. Wien, Astronomische Volksbildungsstelle, 1960. 21 S. — Besprechung in Sternenbote **3** 146—147.

330. **R. A. Naef,** Zum 50. Todestag von G. V. Schiaparelli. Orion Schaffhausen **5** 970.

331. **S. Orth,** Georg Busch, Maler und Astronom. Sterne **36** 150—152.

332. **T. Przypkowski,** Jeszcze o wodociągach Kopernika. Urania Kraków **31** 56.

333. **T. Przypkowski,** Jeszcze o potomkach Heweliusza. Urania Kraków **31** 152—153.

334. **J. J. Raimond jr.,** Prof. Mr. Dr. G. van den Bergh neemt afscheid als hoogleraar aan de gemeentelijke Universiteit te Amsterdam. Hemel en Dampkring **58** 182—183.

335. **H. Q. Rasmusen,** Julie Vinter Hansen og komet Comas Solá. NAT 1960 S. 83—85.

* * **F. Rigaux,** Les Observatoires Astronomiques et les Astronomes. Vgl. Ref. 4189.

336. **E. Roemer,** Jean Louis Pons, discoverer of comets. ASP Leaflet Nr. 371, 8 S.

337. **P. Rybka,** Wincenty Wiśniewski (1781—1855). Problemy **16** 529—530. — Biographie von Wincenty Wiśniewski (1781—1855), Professor der Astronomie an der Petersburger Universität. E. R.

338. **F. Schmeidler,** Il lascito scientifico di Wilhelm Rabe. Vgl. Ref. **1343** S. 139—141.

339. **K. Stołyhwo,** Wspomnienia z pierwszego etapu działalności pedagogicznej i naukowej Tadeusza Banachiewicza w zakresie astronomii. Postępy Astr. **8** 67—70. — Es wird an die pädagogische Tätigkeit von Banachiewicz als Vortragender des 1905 in Warschau gegründeten Vereins für wissenschaftliche Bildung erinnert. E. R.

340. **A. K. Suslow,** C. Flammarion — ein Wegbereiter der Astrobiologie. Publ. Sektor Astrobotanik Akad. Wiss. Kasach. SSR **8** 250—257 (russ.). — Ref. in RJ UdSSR 1961 Nr. 3 S. 3.

341. **B. Tannenbaum, M. Stillman,** Isaac Newton. New York, McGraw-Hill Book Co., 1959. 128 S. Preis $ 3.00. — Besprechung in Sky Tel. **20** 224, 227 (M. D. Ashbrook).

342. **J. Ułanowicz, J. Gadomski,** Mikołaj Kopernik — budowniczy wodociągów. Urania Kraków **31** 26—27.

343. **M. Wähnl,** Österreichische Pioniere der Raketentechnik und Weltraumfahrt. Veröff. Uraniasternw. Wien Nr. 3 S. 14—23.

344. **F. Zagar,** Manifestazioni per il cinquantenario della morte di G. V. Schiaparelli. Mem SA It (NS) **31** 373—374. — Bericht über die in Mailand im Oktober 1960 stattgefundene Versammlung anläßlich der fünfzigjährigen Wiederkehr des Todestages von Schiaparelli. B. C.

345. **F. Zagar,** Giovanni Schiaparelli nel cinquantenario della morte. Vgl. Ref. **1343** S. 15—35 = Contr. Oss. Astr. Milano-Merate (NS) Nr. 161.

346. J. C. Poggendorff, Biographisch-Literarisches Handwörterbuch der Exakten Naturwissenschaften. Herausgegeben von der Sächsischen Akademie der Wissenschaften zu Leipzig. Redigiert von R. Zaunick, H. Salié. Band VIIa, Teil 3: L—R, sechste—achte Lieferung; Band VIIa, Teil 4: S—Z, erste—dritte Lieferung. Berlin, Akademie-Verlag, 1959/60. 622 S. Preis DM 90.00.

347. Explorers of astronomy. Heavens **41** 75—77 (japan.). — E. Halley.

348. Pioneers in astronomy. Heavens **41** 104, 160—163, 192—193, 219—220 (japan.). — J. F. Encke, A. M. Clerke, A. Secchi, W. Parsons, E. Roemer, Albategnius, J. H. Schröter, J. B. L. Foucault, J. N. Lockyer.

349. Chronology of astronomers. Heavens **41** 272—274, 299—301 (japan.).

350. De Gouden Ganzeveer uitgereikt aan Prof. Oort. Hemel en Dampkring **58** 252—255.

351. The scientific papers of Andrew McKellar. J RAS Canada **54** 227—230.

* * Aus der Jugend des Fernrohrs. Zur Erinnerung an J. Hewelcke, geb. 28. Jan. 1611, gest. 28. Jan. 1687. Vgl. Ref. **2108.**

352. Astronom i Dr. medicine Heinrich Olbers. ZiS **3** 68.

353. Nekrologe und Todesanzeigen

W. I. Abbott, † 1960 März 7. Strolling Astr. **14** 190.

A. Ali, 1906 Juli 16—1960 Febr. 7. Obs **80** 123, Publ ASP **72** 226.

J. A. Anderson, 1876 Aug. 7—1959 Dez. 2. Obs **80** 123, Publ ASP **72** 71, 94—96 (I. S. Bowen), Science **131** 649—650 (I. S. Bowen), Sky Tel. **19** 218.

S. Asklöf, † 1959 Dez. 26. PAT **41** 91 (B. Lindblad).

W. Baade, 1893 März 24—1960 Juni 25. AN **285** 286, NAT 1960 S. 115—116, Nature **187** 1075 (F. Hoyle), Obs **80** 166, PAT **41** 172, Phys. Blätter **16** 428, Publ ASP **72** 434, Science **132** 137, Sky Tel. **20** 76, Sterne **36** 204—207 (A. A. Wachmann), Veröff. Uraniasternw. Wien Nr. 3 S. 70—74 (M. Wähnl).

J. Baillaud, 1876 Jan. 14—1960 Nov. 28. CR **251** 2617—2619 (C. Maurain), 2806—2807.

W. Bauersfeld, 1879 Jan. 23—1959 Okt. 28. AN **285** 286, Orion Schaffhausen **5** 766 (R. A. Naef), Österreich. Z. Vermessungswesen **48** 27 (H. Schmid), PAT **41** 92, Sky Tel. **19** 146, Zeiss Planetariums-Mitt. 1960 S. 3.

W. T. Beda, 1903—1959 Okt. 30. Circ. Astr. Obs. Taschkent Nr. 304 S. 19 (E. Lejbowitsch, russ.).

A. Bracic, † 1959 Dez. 25. Sternenbote **3** 48 (W. Jaschek).

J. Cabannes, 1885—1959 Okt. 31. Ann d'Astrophys **23** 499—503 (J. Dufay), Ann. Géophys. **16** 299—303 (J. Dufay), Ann. Physique (13) **5** 5—9 (A. Kastler), BSAF **74** 281—284 (J. Dufay).

B. H. Dawson, † 1960 Juni 18. Science **132** 342, Sky Tel. **20** 189.

M. Dehalu, † 1960. CR **251** 2816.

A. Dittrich, † 1959 Dez. 15. RH **41** 53—54 (tschech.).

F. Dörr, † 1960 Juni 25. BAV Rundbrief **9** 25 (R. Rudolph).

A. H. Farnsworth, † 1960 Okt. 1. Sky Tel. **20** 262.

E. L. Forsyth, † 1960 April 24. Strolling Astr. **14** 111—113 (W. H. Haas).

H. Gartmann, 1917 Dez. 12—1960 Aug. 18. Phys. Blätter **16** 535 (W. Westphal), Science **132** 611, Weltraumfahrt **11** 67—68 (W. Büdeler).

K. Gerhard, † 1959 Sept. 10. Mitt. Archenhold-Sternw. Berlin-Treptow Nr. 56.

D. T. Germain-Jones, 1906—Jan. 1960. Quarterly J. RAS **1** 238—239 (A. B. Malone).

J. Goldberg, 1885 Febr. 18—1960 Okt. 15. Glasnik **15** 311—314 (B. Maksić).

C. S. Gum, † 1960 April 29. Nature **186** 932 (J. L. Pawsey), Obs **80** 123, Publ ASP **72** 226—227, Sky Tel. **19** 472.

B. Gutenberg, 1889 Juni 4—1960 Jan. 25. Quarterly J. RAS **1** 239—242 (H. Jeffreys).

W. J. Helm, † 1960 Juni 5. J RAS Canada **54** 297 (W. R. Hossack).

A. Hnatek, 1876 Juni 7—1960 Okt. 16. Sternenbote **3** 132, 147—148 (K. Ferrari d'Occhieppo).

A. Höß, 1878 Aug. 29—1959 Dez. 23. Sternenbote **3** 34—36 (O. Thomas).

F. A. Jenkins †. Obs **80** 208.

H. Spencer Jones, 1890 März 29—1960 Nov. 3. CR **251** 1949, 2261—2264 (A. Danjon), 2813, MN ASSA **19** 146—149, NAT 1960 S. 155, Nature **188** 895 (R. v. d. R. Woolley), Obs **80** 248.

A. S. King, † 1957 April 25. J. Optical Soc. America **50** 90—91.

A. Kopff, 1882 Febr. 5—1960 April 25. AN **285** 284—286 (W. Fricke), NAT 1960 S. 114, Obs **80** 123, PAT **41** 92, Publ ASP **72** 227, Ruperto-Carola **27** 224—225 (W. Fricke), Sky Tel. **20** 28.

O. Kostka, † 1960 Aug. 3. RH **41** 194—195, Vesmír **39** 371 (tschech.).

F. C. Leonard, 1896 März—1960 Juni 23. Obs **80** 208, PAT **41** 172, Publ ASP **72** 434, Science **132** 137, Sky Tel. **20** 76.

E. Maier, 1889—1960 März 31. Orion Schaffhausen **5** 898 (H. Rohr).

D. O. McCoy, 1911 März 18—1960 Febr. 3. Navigation Los Angeles **6** 547—548.

A. McKellar, 1910 Febr. 2—1960 Mai 6. J RAS Canada **54** 153—156 (C. S. Beals), Nature **186** 1014 (R. O. Redman), Obs **80** 123, PAT **41** 172, Publ ASP **72** 227, 469—470 (G. Herzberg), Sky Tel. **20** 8.

C. E. K. Mees, † 1960 Aug. 16. Obs **80** 208, Publ ASP **72** 435.

S. A. Mitchell, 1874 April 29—1960 Febr. 22. J RAS Canada **54** 245—246 (A. V. Douglas), Nature **186** 200—201 (F. J. M. Stratton), Obs **80** 40, PAT **41** 92, Publ ASP **72** 227, 288—290 (C. P. Olivier), Quarterly J. RAS **1** 236—238 (H. L. Alden), Science **132** 281—282 (P. van de Kamp), Sky Tel. **19** 333.

N. D. Moissejew, 1902 Dez. 16—1955 Dez. 6. Publ. Staatl. Astr. Sternberg-Inst. Moskau **28** 3—9 (russ.).

M. E. Nabokow, 1887 April 25—1960 März 14. AC Nr. 210 S. 34 (J. G. Perel, russ.), Bull. Astr.-Geod. Ges. UdSSR Nr. 28 S. 60—62 (russ.).

C. M. Noble, † 1959 Nov. 30. Strolling Astr. **14** 1.

A. Pannekoek, 1873 Jan. 2—1960 April 28. AN **285** 286, Hemel en Dampkring **58** 99, 105—107 (G. B. van Albada), NAT 1960 S. 114—115, Obs **80** 208, PAT **41** 172, Publ ASP **72** 227.

P. P. Parenago, 1906 März 20—1960 Jan. 5. AC Nr. 208 S. 31—32 (russ.), AJ UdSSR **37** 191—192 (russ.), AN **285** 286, BAV Rundbrief **9** 7, Bote Univ. Moskau (Math., Mechan., Astr., Phys., Chem.) 1959 Nr. 3 S. 229—330 (russ.), Obs **80** 40, PAT **41** 92, Postępy Astr. **8** 174 (W. Zonn), Publ ASP **72** 71, RH **41** 54 (tschech.), Sky Tel. **19** 219, VS Bull **13** 3—5 (B. W. Kukarkin, russ.).

A. Patry, 1902 Nov. 22—1960 Juni 20. JO **43** 156 (H. Fabre).

P. J. van Rhijn, 1886 März 24—1960 Mai 9. AN **285** 286, Hemel en Dampkring **58** 99, 137—139 (A. Blaauw, J. J. Raimond jr.), NAT 1960 S. 115, Obs **80** 208, PAT **41** 172, Publ ASP **72** 227, Science **131** 1661.

C. P. Richards, 1881 Juli 11—1960 April 26. Strolling Astr. **14** 111—113 (W. H. Haas).

F. E. Ross, † 1960 Sept. 21. Sky Tel. **20** 251.

W. Schaub, 1901 April 27—1959 Sept. 14. AN **285** 199—200 (A. Kopff), Weltraumfahrt **11** 2.

F. J. Sellers, 1875 Jan. 7—1959 Okt. 22. JBAA **70** 235—237 (A. M. Newbegin), Quarterly J. RAS **1** 242—244 (H. W. Newton).

C. K. Seyfert, 1911 Febr. 11—1960 Juni 13. AN **285** 286, Obs **80** 208, PAT **41** 172, Publ ASP **72** 434, Sky Tel. **20** 76.

C. A. Shain, † 1960 Febr. 11. Nature **186** 594—595 (J. L. Pawsey), Quarterly J. RAS **1** 244—245 (J. L. Pawsey).

A. W. Solowjow, 1892—1959 Aug. 23. VS Bull **13** 5—7 (A. M. Bacharew, russ.).

C. O. Stevens, 1864—1959 Juni 16. JBAA **70** 103—104.

F. J. M. Stratton, 1881 Okt. 16—1960 Sept. 2. CR **251** 1253—1256 (A. Danjon), 2814, MN ASSA **19** 130 (A. D. Thackeray), NAT 1960 S. 155, Nature **188** 450—451 (R. O. Redman, A. V. Hill), Obs **80** 208.

G. A. Tichow, 1875 Mai 1—1960 Jan. 25. Bote Akad. Wiss. Kasach. SSR 1960 Nr. 2 S. 100—101 (N. U. Basanowa, S. B. Baischew, R. A. Borukajew, russ.), Bull. Astr.-Geod. Ges. UdSSR Nr. 28 S. 56—59 (M. A. Milchiker, M. A. Daskal, russ.), Obs **80** 40, RH **41** 55 (tschech.), Zvaigžņotā Debess 1960. gada pavasaris S. 16—20 (D. Kondratjewa).

J. M. Vinter Hansen, 1890 Juli 20—1960 Juli 27. NAT 1960 S. 81—82 (M. Edelberg), Obs **80** 208, PAT **41** 171—172 (C. Schalén), Publ ASP **72** 435, Sky Tel. **20** 328.

H. P. Wilkins, 1896 Dez. 4—1960 Jan. 23. JBAA **70** 237—238 (P. Moore), J. British Interplanetary Soc. **17** 337 (P. Moore), Mitt. Planetenbeobachter **13** 1, 3 (P. Moore), Nature **185** 577 (P. Moore), Obs **80** 40, PAT **41** 172, Sky Tel. **19** 280, Strolling Astr. **14** 27—28 (W. H. Haas), 110—111 (P. Moore).

R. E. Wilson, † 1960 März 25. Publ ASP **72** 434.

W. M. Witchell, 1879 April 26—1959 Dez. 6. Obs **80** 40, Quarterly J. RAS **1** 245—246 (H. Spencer Jones).

W. H. Wright, † 1959 Mai 16. Southern Stars **18** 109.

I. Yamamoto, 1889 Mai 27—1959 Jan. 16. Heavens **41** 12—13 (M. Tsuda, japan.).

354. Personalien

J. Abdala, Direktor des Observatoriums Cagigal in Caracas (Venezuela). AN **285** 286.

V. A. Ambarzumjan erhielt die Goldmedaille der Royal Astronomical Society. MN **120** 1, Nature **185** 144, Quarterly J. RAS **1** 23—25 (R. O. Redman).

V. A. Ambarzumjan erhielt die Catherine Wolfe Bruce-Goldmedaille. Obs **80** 167, Publ ASP **72** 68, 73—75 (N. U. Mayall).

R. d'E. Atkinson erhielt die Eddington-Medaille der Royal Astronomical Society. MN **120** 1, Nature **185** 144, Quarterly J. RAS **1** 26 (R. O. Redman).

F. M. Bateson erhielt die Jackson Gwilt-Medaille der Royal Astronomical Society. MN **120** 1, Nature **185** 144, Quarterly J. RAS **1** 27 (R. O. Redman), Southern Stars **18** 125—126.

G. van den Bergh, 70. Geburtstag. Hemel en Dampkring **58** 99 (J. J. Raimond jr.).

W. H. van den Bos erhielt die Gill-Medaille der Astronomical Society of Southern Africa. MN ASSA **19** 77—78, Obs **80** 207, Sky Tel. **20** 328.

J. W. Chamberlain, Associate director des Yerkes Observatoriums. Sky Tel. **19** 463.

F. N. Edmonds jr., Associate director des McDonald Observatoriums. Sky Tel. **19** 463.

W. H. Haas, Direktor am Pan American College Observatory, Edinburg, Texas. Mitt. Planetenbeobachter **13** 13 (G. D. Roth).

Y. Hagihara erhielt die James Craig Watson-Medaille. Obs **80** 207.

L. G. Henyey, Direktor des Leuschner Observatory. PAT **41** 92, Sky Tel. **19** 151.

J. A. Hynek, Direktor des Dearborn Observatory, Evanston, Ill. PAT **41** 92, Science **132** 948.

H. Jeffreys erhielt die Copley-Medaille der Royal Society. Nature **188** 536, 974, Obs **80** 248, Proc. Roy. Soc. (A) **259** 285.

A. F. A. L. Jones erhielt die Jackson Gwilt-Medaille der Royal Astronomical Society. MN **120** 1, Nature **185** 144, Quarterly J. RAS **1** 27 (R. O. Redman), Southern Stars **18** 125—126.

G. P. Kuiper, Direktor des Lunar and Planetary Laboratory in Tucson. Hemel en Dampkring **58** 257.

G. G. Kusmin, Direktor des Astronomischen Observatoriums Tartu. AC Nr. 215 S. 33 (russ.).

A. C. B. Lovell erhielt die Royal-Medaille. Nature **188** 624, 974—975, Obs **80** 248, Proc. Roy. Soc. (A) **259** 286—287.

A. C. B. Lovell, Direktor der Jodrell Bank Experimental Station, University of Manchester, England. Science **132** 213.

L. N. Mavridis, Direktor des Research and Computing Centre der Academy of Sciences of Athens. Obs **80** 208.

N. U. Mayall, Direktor des Kitt Peak National Observatory in Arizona. Obs **80** 207, Sky Tel. **20** 88.

C. Moore Sitterly erhielt die Exceptional Service Gold-Medaille des U. S. Department of Commerce. Obs **80** 167.

W. W. Morgan, Direktor des Yerkes Observatory, Williams Bay, Wisc. und des McDonald Observatory, Fort Davis, Texas. Obs **80** 124, PAT **41** 92, Sky Tel. **19** 463.

V. Nechvíle, 70. Geburtstag. RH **41** 74—76 (V. Vanýsek, tschech.).
J. H. Oort, 60. Geburtstag. Hemel en Dampkring **58** 99 (J. J. Raimond jr.).
E. J. Öpik erhielt die J. Lawrence Smith-Medaille. Nature **186** 280, Obs **80** 124, Sky Tel. **19** 463.
J. L. Pawsey erhielt die Hughes-Medaille der Royal Society of London. Nature **188** 536, 975—976, Obs **80** 248, Proc. Roy. Soc. (A) **259** 288—289, Science **132** 1652.
J. A. Ratcliffe, Direktor der Radio Research Station in Slough. Obs **80** 40.
W. O. Roberts, Direktor des National Center for Atmospheric Research. Publ ASP **72** 433—434.
J. R. Rossiter, Direktor des Liverpool Observatory. Nature **188** 709.
F. Schmid, 90. Geburtstag. Orion Schaffhausen **5** 837—839 (E. F. Schlaepfer, R. A. Naef).
A. E. Slettebak, Direktor des Perkins Observatory. PAT **41** 92, Publ ASP **72** 71, Sky Tel. **19** 282.
K. Strand, Direktor des US Naval Observatory's Astrometry and Astrophysics Division. Science **132** 948.
W. F. G. Swann erhielt die Elliot Cresson Medaille. Science **132** 1006.
R. Tousey erhielt die Ives-Medaille. Obs **80** 248.
A. G. P. Velghe, Direktor des Boyden Observatory. MN ASSA **19** 61, Obs **80** 208.

§ 4

Sternwarten, Institute

Das nachfolgende Verzeichnis enthält unter anderem die am Astronomischen Rechen-Institut bis zu Beginn der Zusammenstellung dieses AJB erhaltenen Veröffentlichungen, Publikationen etc. von Sternwarten und Instituten. Befindet sich in einer Zeitschrift, Journal etc. ein Hinweis darauf, daß eine bestimmte Arbeit auch als Veröffentlichung, Publikation etc. einer Sternwarte oder eines Instituts erscheinen wird, als solche aber noch nicht dem Astronomischen Rechen-Institut zugeschickt worden ist, dann ist sie im nachfolgenden Verzeichnis nicht mit enthalten. Die Zitierung einer solchen Arbeit im zuständigen Sachparagraphen enthält aber als Quellenangabe beide Erscheinungsweisen.

Die Sternwarten und Institute sind hier alphabetisch nach dem Ort aufgeführt. Da bei Literaturangaben oft nur der Name bzw. die Bezeichnung einer Sternwarte oder eines Instituts ohne Nennung des Orts erfolgt, ist zur Aufsuchung der Ort der nachfolgenden Liste zu entnehmen.

Name der Sternwarte	Ort
Allegheny Observatory	Pittsburgh
Archenhold Sternwarte	Berlin-Treptow
Arthur J. Dyer Observatory	Nashville, Tenn.
Astronomisches Hauptobservatorium der Akademie der Wissenschaften der Ukrainischen Sowjetrepublik	Golossejewo
Bosscha Observatory	Lembang
Boyden Observatory	Bloemfontain
Bureau International de l'Heure	Paris
Cajigal Observatory	Caracas

Name der Sternwarte	Ort
California Institute of Technology	Pasadena
Cape of Good Hope	Cape Town
Carter Observatory	Wellington, N. Z.
Cavendish Laboratory	Cambridge, Engl.
Československá Akademie Věd Astronomický Ústav	Prag
Chamberlin Observatory, University of Denver	Denver, Col.
Commonwealth Observatory	Canberra
David Dunlap Observatory, University of Toronto	Richmond Hill
Dearborn Observatory	Evanston, Ill.
Department of Astronomy and Observatory, University of California	Los Angeles
Division Radiophysics, C. S. I. R. O., University Grounds	Chippendale
Dominion Astrophysical Observatory	Victoria, Canada
Dominion Observatory	Ottawa, Ont.
Dominion Radio Astrophysical Observatory	White Lake
Dunsink Observatory	Dublin
Engelhardt-Observatorium	Kasan
Flower and Cook Observatories, University of Pennsylvania	Philadelphia
Fraunhofer-Institut	Freiburg i. Br.
Free School Lane	Cambridge, Engl.
Georgetown Observatory	Washington
Goethe Link Observatory of Indiana University	Bloomington
Griffith Observatory	Los Angeles
Harvard College Observatory	Cambridge, Mass.
High Altitude Observatory of the University of Colorado	Boulder and Climax
Institute of Theoretical Astrophysics Blindern	Oslo
Kapteyn Astronomical Laboratory	Groningen
Koninklijk Nederlands Meteorologische Instituut	De Bilt
Kwasan Observatory	Kyoto
Leander McCormick Observatory of the University of Virginia	Charlottesville
Leuschner Observatory	Berkeley
Lick Observatory	Mount Hamilton
Lockheed Solar Observatory	Burbank, Cal.
Louisiana State University Observatory	Baton Rouge
Lowell Observatory	Flagstaff, Ariz.
Max-Planck-Institut für Physik und Astrophysik	München
McDonald Observatory	Fort Davis, Texas
McMath Hulbert Observatory	Pontiac, Mich.
Mullard Radio Astronomy Observatory	Cambridge, Engl.
National Bureau of Standards	Washington
National Observatory/USA	Kitt Peak
National Radio Astronomy Observatory	Green Bank
Nizamiah Observatory	Hyderabad
Norman Lockyer Observatory	Exeter
Nuffield Radio Astronomy Laboratories Jodrell Bank, University of Manchester	Manchester
Observatoire de Paris, Section d'Astrophysique de Meudon, Station de Radioastronomie	Nançay
Observatoire Royale de Belgique	Uccle
Observatorio de Cartuja	Granada
Observatorio del Ebro	Tortosa
Observatorio Fabra	Barcelona
Observatory of the University of Michigan	Ann Arbor
Ohio State University Radio Observatory	Columbus

Name der Sternwarte	Ort
Olbers-Sternwarte	Bremen
Ole Romer-Observatoriet	Århus
Perkins Observatory of the Ohio State and Wesleyan Universities	Delaware, Ohio
Purple Mountain Observatory	Nanking
Radcliffe Observatory	Pretoria
Radiophysics Laboratory, C. S. I. R. O.	Sydney
Remeis-Sternwarte	Bamberg
Rensselaer Observatory	Troy, N. Y.
Royal Radar Establishment, Radio Astronomy Division	Malvern
Rutherford Observatory of Columbia University	New York
Sagamore Hill Radio Observatory	Bedford, Mass.
Smithsonian Institution	Washington
Specola Astronomica Vaticana	Castel Gandolfo
Sproul Observatory	Swarthmore, Penn.
Staatliches Astronomisches Sternberg-Institut	Moskau
Steward Observatory of the University of Arizona	Tucson
Ulugh-Bek International Latitude Station	Kitab
Union Observatory	Johannesburg
United States Naval Observatory	Washington
University of Florida Radio Observatory	Gainesville, Florida
University of Illinois Observatory	Urbana
U. S. Naval Research Laboratory	Washington
Uttar Pradesh State Observatory	Naini Tal
Van Vleck Observatory	Middletown, Conn.
Warner and Swasey Observatory	Cleveland, Ohio
Washburn Observatory	Madison, Wisc.
Wilhelm Förster-Sternwarte	Berlin
Yale Columbia Southern Station	Mount Stromlo
Yale University Observatory	New Haven
Yerkes Observatory	Williams Bay, Wisc.

401. Abastumani

Bull. Astrophys. Obs. Abastumani Nr. 25 S. 175 (russ.). Chronik. — Tätigkeitsbericht 1958—1960.
Bulletin des Astrophysikalischen Observatoriums Abastumani auf dem Kanobili Nr. 25.

402. Alma-Ata

Mitteilungen (Iswestija) des Astrophysikalischen Instituts Tom **9**, **10**.

403. Amherst, Mass.

AJ **65** 505—506. Amherst College Observatory. Amherst, Massachusetts. A. P. Linnell.

404. Ann Arbor

AJ **65** 539—543. The Observatories of the University of Michigan, Ann Arbor and Pontiac, Michigan. The Observatory, Ann Arbor, Michigan. L. Goldberg.
Sky Tel. **20** 189. Building plans at Michigan.

405. Arcetri

Relazione sull'attività dell'Osservatorio Astrofisico di Arcetri durante l'anno 1959. 19 S. G. Righini.
Osservatorio Astrofisico Arcetri. Contributi Nr. 37, 38, 40—42, 44—46.

406. Armagh

Quarterly J. RAS **1** 91—92. Armagh Observatory. E. M. Lindsay.
Armagh Observatory Leaflet Nr. 52—54.
Contributions from the Armagh Observatory Nr. 29—31.

407. Asiago

Contributi dell'Osservatorio Astrofisico dell'Università di Padova in Asiago Nr. 108, 109, 112.

408. Athen

Bull. milit. geogr. Amt **20**, 15 S. (griech.). National Observatory, Astronomical Institute in 1958. S. Plakidis.
Contributions from the Research and Computing Center, Academy of Sciences of Athens. Series I Nr. 4—6.
Publications of the Laboratory of Astronomy, University of Athens, Greece. Series I Nr. 13.
Publications of the Laboratory of Astronomy, University of Athens, Greece. Series II Nr. 6.

409. Babelsberg

Monatsber. Deutsch. Akad. Wiss. Berlin **2** 250—257. Die alte Berliner Sternwarte um 1800 unter Johann Elert Bode. F. Wünschmann. — Vgl. Ref. 289.
Mitteilungen der Sternwarte Babelsberg Nr. 9—13.
Veröffentlichungen der Sternwarte Babelsberg Band **13** Heft 1, 5, 6.

410. Bamberg

Sternenbote **3** 7. 70 Jahre Remeis-Sternwarte.
Kleine Veröffentlichungen der Remeis-Sternwarte Bamberg Nr. 27, 29, 30.
Veröffentlichungen der Remeis-Sternwarte Bamberg Band **5** Nr. 5—9.

411. Basel

Mitteilungen der Astronomisch-Meteorologischen Anstalt der Universität Basel Nr. 10—15.

412. Baton Rouge

AJ **65** 536—537. Louisiana State University Observatory, Baton Rouge, Louisiana. R. T. Grenchik.

413. Bedford

AJ **65** 555—556. Sagamore Hill Radio Observatory, Electronics Research Directorate, Air Force Cambridge Research Laboratories, Bedford, Massachusetts. J. Aarons.

414. Beirut

American University Observatory. Monthly Bulletin. Astronomical Section 1959 May—1960 Oct.

415. Belgrad

Bull. Obs. Astr. Beograd **24** Nr. 3—4 S. 42—46. Rapport annuel sur l'état et les travaux de l'Observatoire en 1959. M. B. Protitch.

Vasiona 8 68—70 (serb.). The Astronomical Observatory in Beograd. P. Djurković. — Zur Geschichte der Sternwarte.

Bulletin de l'Observatoire Astronomique de Beograd Vol. **24** Nr. 1—4.

416. Berkeley

AJ **65** 528—531. Leuschner Observatory, University of California, Berkeley, California. L. G. Henyey.

Berkeley Reprint Nr. 168, 169, 171—179, 181, 183, 184.

417. Berlin

VdS Nachr. **9** 77—78. Tätigkeitsbericht der Wilhelm-Förster-Sternwarte Berlin 1959. J. Herrmann.

Veröffentlichung der Wilhelm-Foerster-Sternwarte Nr. 14, 15.

Mitt. Archenhold-Sternw. Berlin-Treptow Nr. 55, 13 S. Jahresbericht 1959. D. Wattenberg.

Astronomische Veranstaltungen und Mitteilungen für Sternfreunde. Archenhold-Sternwarte Berlin-Treptow. Nr. 1—12.

Mitteilungen der Archenhold-Sternwarte Berlin-Treptow Nr. 55, 56.

Vorträge und Schriften der Archenhold-Sternwarte Berlin-Treptow Nr. 4.

418. Besançon

Ann. Françaises Chronométrie (2) **14** 40—43. Compte-rendu d'activité du service chronométrique du 1er avril 1958 au 31 mars 1959. A. Remond.

Annales de l'Observatoire de Besançon Tome **6** Fasc. 1.

419. Bjurakan

Mitteilungen (Soobschtschenija) des Observatoriums Bjurakan Nr. 28.

* * **Blindern.** Siehe Oslo

420. Bloomington

AJ **65** 516—517. Goethe Link Observatory, Indiana University, Bloomington, Indiana. F. K. Edmondson.

Goethe Link Observatory of Indiana University. Reprint Nr. 21.

421. Bologna

Pubblicazioni dell'Osservatorio Astronomico Universitario di Bologna Vol. **7** Nr. 10—17.

422. Bonn

Mitteilungen der Universitäts-Sternwarte Bonn Nr. 28, 29, 31—34, 36.

Veröffentlichungen der Universitäts-Sternwarte zu Bonn Nr. 53, 55—58.

423. Bordeaux

Obs. Univ. Bordeaux 1958, 8 S. Rapport présenté au Conseil de l'Université. Année scolaire 1957—1958. P. Sémirot.

Obs. Univ. Bordeaux 1959, 8 S. Rapport présenté au Conseil de l'Université. Année scolaire 1958—1959. P. Sémirot.

Obs. Univ. Bordeaux 1960, 8 S. Rapport présenté au Conseil de l'Université. Année scolaire 1959—1960. P. Sémirot.

Publications de l'Observatoire de l'Université de Bordeaux. Nouvelle Série Nr. 15.
Observatoire de l'Université de Bordeaux. Série A Nr. 9—13.

424. Borowiec

Vgl. Ref. **1307** S. 95—101. Latitude and longitude observations made at the Latitude Station of the Polish Academy of Sciences at Borowiec ($\lambda = 1^h\,8^m\,18^s\!.45$, $\varphi = +52°\,16'\,38''\!.0$). J. Witkowski.
Polska Akademia Nauk. Astronomiczna Stacja Szerokościowa w Borowcu Cyrkularz Nr. 1—10.
Polish Academy of Sciences. Astronomical Latitude Station Borowiec. Reprint Nr. 5—8.

425. Boulder

AJ **65** 521—524. High Altitude Observatory of the University of Colorado, Boulder and Climax, Colorado. R. G. Athay.

* * **Breslau.** Siehe Wrocław

426. Bruxelles

Université de Bruxelles. Institut d'Astronomie. 2e Série Nr. 119.

427. Bucarest

Observations solaires. Rotations 1396—1421.

428. Budapest-Szabadsághegy

Mitteilungen der Sternwarte der Ungarischen Akademie der Wissenschaften Budapest-Szabadsághegy Nr. 45—48.

429. Burbank, Cal.

AJ **65** 648—649. Lockheed Solar Observatory, Lockheed Aircaft Corporation, Burbank, California. G. E. Moreton.

430. Cambridge, Engl.

University of Cambridge. Report of the Observatories Syndicate for the year ending 1960 September 30, 5 S.
Quarterly J. RAS **1** 10—22 = Cambridge Obs. Repr. Nr. 43. The work of the Cambridge Observatories. R. O. Redman.
Quarterly J. RAS **1** 92—96. Cambridge Observatories. R. O. Redman.
Quarterly J. RAS **1** 96—100. Mullard Radio Astronomy Observatory, Cavendish Laboratory. M. Ryle.
Contributions from the Cambridge Observatories Nr. 31—35.
Cambridge Observatories Reprints Nr. 39, 40, 42, 43.

431. Cambridge, Mass.

AJ **65** 517—521. Harvard College Observatory, Cambridge, Massachusetts. D. H. Menzel.
Harvard Astronomical Observatory. Annual report 1959. Published by the University Cambridge, Mass. 11 S. D. H. Menzel.
Publ ASP **72** 70. From Harvard College Observatory.
Sky Tel. **19** 282. New Harvard-Smithsonian research building.

Harvard College Observatory. Announcement Card 1463—1518.
Harvard Reprint Nr. 538, 542, 544—567.
Harvard Reprint Series II Nr. 156—168.

AAVSO Abstracts.
AAVSO Bulletin Nr. 21—23.
AAVSO Quarterly Report Nr. 24.

432. Cape Town

Quarterly J. RAS 1 85—91. Royal Observatory, Cape of Good Hope. R. H. Stoy.
AJ **65** 199—203. The Cape photographic and meridian programs. R. H. Stoy. — Vgl. Ref. **1317**.
Nature **187** 464. Integration of the Cape and Royal Greenwich Observatories.
Royal Observatory Bulletins. Vgl. Greenwich.

* * **Capodimonte.** Siehe Napoli

433. Caracas

AJ **65** 197. Report on the Cajigal Observatory. J. Abdala. — Vgl. Ref. **1317**.

434. Castel Gandolfo

Specola Vaticana. Comunicazione Nr. 25, 26.
Specola Astronomica Vaticana. Ricerche Astronomiche Vol. **6** Nr. 9, 10.

435. Catania

Osservatorio Astrofisico di Catania. Pubblicazioni. Nuova Serie Nr. 27, 29—38.

436. Charkow

Vgl. Ref. **1307** S. 71—72. Astrometrical Department of the Astronomical Observatory of the Charkow University. K. N. Kusmenko.
Zirkular des Astronomischen Observatoriums der Gorkij-Staatsuniversität Charkow Nr. 21, 22.

437. Charlottesville

Publications of the Leander McCormick Observatory of the University of Virginia Vol. **11** Part 19, Vol. **14** Part 2.

438. Chippendale

Division of Radiophysics, C. S. I. R. O., University Grounds, Chippendale, N. S. W. Sonderdrucke.

439. Christchurch

Quarterly J. RAS 1 221. Geophysical Observatory, Christchurch, N. Z. J. W. Beagley.

440. Cincinnati

Minor Planet Circular 1961—2040.

441. Cleveland

AJ **65** 567—569. Warner and Swasey Observatory, Case Institute of Technology, Cleveland, Ohio. S. W. McCuskey.

NAT 1960 S. 127—134. Några anteckningar från en vistelse i USA. C. Schalén.
Warner and Swasey Observatory. Case Institute of Technology Reprint Nr. 98—105.
Hamburger Sternwarte, Warner and Swasey Observatory. Sonderdruck.

442. Columbus, Ohio

AJ **65** 552—553. The Observatories of the Ohio State and Ohio Wesleyan Universities, Columbus and Delaware, Ohio. Radio Observatories. J. D. Kraus.

443. Córdoba

AJ **65** 197—198. Report on the Córdoba Observatory program. L. Gratton. — Vgl. Ref. **1317**.
Boletin del Instituto de Matematica, Astronomia y Fisica. Universidad Nacional de Córdoba. Vol. **1** Nr. 3.
Observatorio de Córdoba. Tirada Aparte Nr. 73, 74, 76.

444. Delaware

AJ **65** 551—552. The Observatories of the Ohio State and Ohio Wesleyan Universities, Columbus and Delaware, Ohio. Perkins Observatory. A. Slettebak.
AJ **65** 54. The Ohio State University 360-foot radio telescope. J. D. Kraus. — Ref. AAS.
Obs **80** 166. Perkins Observatory.
Publ ASP **72** 68—69. Perkins telescope to be moved.
Sky Tel. **19** 281. Perkins 69-inch telescope to be moved to Arizona.
Contributions from the Perkins Observatory. Series I Nr. 56.

445. Denver

AJ **65** 506—508. Chamberlin Observatory, University of Denver, Denver 10, Colorado. A. W. Recht.

* * **Dorpat.** Siehe Tartu

446. Dublin

Quarterly J. RAS **1** 168—171. Dunsink Observatory. M. A. Ellison.
Dunsink Observatory Publications Vol. **1** Nr. 1, 2.
Dunsink Observatory Reprints Nr. 13—18.

447. Edinburgh

Quarterly J. RAS **1** 79—85. Royal Observatory, Edinburgh. H. A. Brück.
Report of the Astronomer Royal for Scotland for the year ending 31st March 1960, 8 S. H. A. Brück.
Communications from the Royal Observatory Edinburgh Nr. 18, 19.
Publications of the Royal Observatory Edinburgh Vol. **2** Nr. 5.

448. Evanston

AJ **65** 509. Dearborn Observatory, Northwestern University, Evanston, Illinois. K. G. Henize.

449. Exeter

Quarterly J. RAS **1** 166—167. Norman Lockyer Observatory, University of Exeter. D. R. Barber.

450. Flagstaff

AJ **65** 537—539. Lowell Observatory, Flagstaff, Arizona. J. S. Hall.

Sky Tel. **20** 335. Astrometric reflector. — Ref. AAS.
Lowell Observatory Bulletin Vol. **4** Nr. 17, Vol. **5** Nr. 1—3.

451. **Fort Davis**

AJ **65** 572—579. Yerkes Observatory, University of Chicago, Williams Bay, Wisconsin, and McDonald Observatory, University of Texas, Fort Davis, Texas Joint Department of Astronomy of the University of Chicago and the University of Texas. W. W. Morgan.
Publ ASP **72** 147—148. From Yerkes and McDonald Observatories.
Contributions from the McDonald Observatory, Fort Davis, Texas, Nr. 310—325.

452. **Freiburg i. Br.**

Fraunhofer-Institut. Map of the Sun 1960.
Mitteilungen aus dem Fraunhofer-Institut Freiburg Nr. 43—45, 47.

453. **Gainesville**

AJ **65** 512—513. University of Florida Radio Observatory, University of Florida, Gainesville, Florida. A. G. Smith.

454. **Genf**

Orion Schaffhausen **5** 883—885. Inauguration de la lunette du Martheray à la Societé Astronomique de Genève. E. Antonini.
Orion Schaffhausen **5** 971—974. Description de la station — Observatoire de Montfleury, Genève. M. Keller.

455. **Gent**

Universiteit te Gent. Sterrenkundig Instituut Nr. 23.

456. **Glasgow**

Quarterly J. RAS **1** 100—101. University Observatory, Glasgow. P. A. Sweet.
Glasgow University Observatory Reprint Nr. 50.

457. **Golossejewo**

Vgl. Ref. **1307** S. 49—50. Astrometrical work at the Central Astronomical Observatory of the Ukrainian Academy of Sciences at Golossejewo. A. A. Jakowkin.
Vgl. Ref. **1307** S. 186—196. The investigation of the unsteadiness of star images at Golossejewo. I. G. Koltschinskij.
Mitteilungen (Iswestija) des Astronomischen Hauptobservatoriums der Akademie der Wissenschaften der Ukrainischen Sowjetrepublik Tom **3** Nr. 1.

458. **Gorkij**

Bull. Astr.-Geod. Ges. UdSSR Nr. 27 S. 48—51 (russ.). Die Dubrowskij-Breitenstation Gorkij. S. G. Kulagin.
Vgl. Ref. **1307** S. 80—82. The Dubrovsky Latitude Station of the Gorky Branch of the Astronomical and Geodesical Society of the USSR. S. G. Kulagin.

459. **Gothenburg**

University of Gothenburg, Sweden. Section of Astronomy. Astronomical Notes Nr. 3, 4.

460. Göttingen

Veröffentlichungen der Universitäts-Sternwarte zu Göttingen Nr. 128.

461. Graz

Mitteilungen der Universitäts-Sternwarte Graz Nr. 2.

462. Green Bank

AJ **65** 546—551. National Radio Astronomy Observatory, Green Bank, West Virginia. O. Struve.

Nature **187** 910. New American observatories. V. C. Reddish.

Publ ASP **72** 70. From the National Radio Observatory.

Publ ASP **72** 177—187. The National Radio Astronomy Observatory: the outlook in 1960. O. Struve.

Publ ASP **72** 494—497 = National Radio Astr. Obs. Repr. (B) Nr. 16. The position-determination program of the National Radio Astronomy Observatory. F. D. Drake. — Mit dem 85 ft-Radioteleskop konnten bei $\lambda = 3.75$ cm die Positionen von 30 Radioquellen mit einer Genauigkeit von 10′ festgelegt werden. Groth

Trans. New York Acad. Sci. (2) **22** 419—425 = National Radio Astr. Obs. Green Bank Repr. (B) Nr. 3. Radio astronomy and the new National Observatory. R. M. Emberson.

Zvaigžņotā Debess 1960. gada pavasaris S. 26—28. Jauna Radioastronomijas Observatorija. N. Cimahoviča.

National Radio Astronomy Observatory Reprint. Series B Nr. 3—7, 10, 12, 15, 16.

463. Greenwich

Quarterly J. RAS **1** 73—79. Royal Greenwich Observatory. R. v. d. R. Woolley. — Ref. in Sky Tel. **21** 22.

Report of the Astronomer Royal to the Board of Visitors of the Royal Greenwich Observatory. 24 S. R. v. d. R. Woolley. — 1959 April 1 bis 1960 März 31.

ASP Leaflet Nr. 373, 8 S. From Greenwich to Herstmonceux. A. Hunter.

Nature **187** 464. Integration of the Cape and Royal Greenwich Observatories.

Obs **80** 13—22. The buildings and old instruments of the Royal Observatory, Greenwich. P. S. Laurie.

Obs **80** 122—123. Work on the AGK_3R programme at the Royal Greenwich Observatory. L. S. T. Symms.

Greenwich Astronomical Results 1955.

Royal Greenwich Observatory Bulletins Nr. 17—20.

Royal Observatory Bulletins. Joint Publications of the Royal Greenwich Observatory, Herstmonceux, Royal Observatory, Cape of Good Hope. Nr. 22, 23.

464. Groningen

Publications of the Kapteyn Astronomical Laboratory at Groningen Nr. 61.

465. Hamburg

Astronomische Abhandlungen der Hamburger Sternwarte Band **5** Nr. 5—9.

Mitteilungen der Hamburger Sternwarte in Bergedorf Band **10** Nr. 110—113, Band **23** Nr. 271.

Hamburger Sternwarte, Warner and Swasey Observatory. Sonderdruck.

Deutsches Hydrographisches Institut Hamburg. Jahresbericht Nr. 14 für das Jahr 1959. 83 S. G. Böhnecke.

466. Harestua

NAT 1960 S. 41—54. Radioastronomi ved solobservatoriet på Harestua. Ø. Elgarøy. — Vgl. Ref. 4120.

467. Hartebeespoortdam

Hemel en Dampkring 58 11—18. De zuidelijke afdeling van de Leidse Sterrewacht te Hartebeespoortdam. A. B. Muller.
Sky Tel. 19 205. Instruments at the Leiden southern station.

468. Haute-Provence

Publications de l'Observatoire de Haute-Provence Vol. 4 Nr. 53—57, 59, 60, Band 5 Nr. 1—30.

469. Heidelberg

Astronomisches Rechen-Institut in Heidelberg. Mitteilungen Serie A Nr. 13, 14.
Astronomisches Rechen-Institut in Heidelberg. Mitteilungen Serie B Nr. 3.
Veröffentlichungen des Astronomischen Rechen-Instituts Heidelberg Nr. 8.

Mitteilungen der Landessternwarte Heidelberg Nr. 112—117, 119.
Veröffentlichungen der Landessternwarte Heidelberg-Königstuhl Band 17.

470. Helsinki

Publications of the Astronomical Observatory Helsinki, Finnland, Nr. 75—82.
Reprints from the Radio Astronomy Station, University of Helsinki, Nr. 7, 8.

471. Hyderabad

Quarterly J. RAS 1 189—191. Nizamiah Observatory, Hyderabad. A. Ali.

472. Irkutsk

Vgl. Ref. 1307 S. 77—79. Astrometrical work at the Astronomical Observatory of the Irkutsk University (1956—1958). A. I. Jasew.
Vgl. Ref. 1307 S. 86—87. Irkutsk Laboratory of time and frequency of the All-Union Institute of Physical-Technical and Radio-Technical Measurements (1955—1957). L. N. Nadejew.

473. Istanbul

Publications of the Istanbul University Observatory Nr. 65—68.

474. Jena

Mitteilungen der Universitäts-Sternwarte zu Jena Nr. 43—45.

475. Johannesburg

Quarterly J. RAS 1 184—185. Union Observatory, Johannesburg. W. S. Finsen.
Circular of the Union Observatory Vol. 6 Part 9 (Nr. 119).

476. Kanzelhöhe

Sternenbote 3 26—30. Das Sonnenobservatorium Kanzelhöhe der Universität Graz. H. Haupt.
Veröff. Uraniasternw. Wien Nr. 3 S. 3—10. Österreichs Sonnenobservatorium auf der Kanzelhöhe in Kärnten. M. Wähnl.

Beobachtungen des Sonnen-Observatoriums Kanzelhöhe der Universität Graz 1960 Nr. 1—11.
Mitteilungen des Sonnenobservatoriums Kanzelhöhe Nr. 16, 17.

477. Kasan

Mitt. Astr. Engelhardt-Obs. Kasan Nr. 32 S. 70—77 (russ.). Die Tätigkeit des Astronomischen Observatoriums der Universität Kasan in den vergangenen 40 Jahren. L. J. Ananjewa.
Mitt. Astr. Engelhardt-Obs. Kasan Nr. 32 S. 66—69 (russ.). Ein unbekannter Plan über die Evakuierung des Pulkowoer Observatoriums nach Kasan (1917). S. N. Korytnikow.
Mitt. Astr. Engelhardt-Obs. Kasan Nr. 32 S. 78—82 (russ.). Fünfundzwanzig Jahre Bibliographie von Bedeckungsveränderlichen am Astronomischen Engelhardt-Observatorium (1932—1957). S. N. Korytnikow, M. I. Lawrow.
Vgl. Ref. **1307** S. 66—68. Astrometric Department of the Engelhardt Observatory (Dec. 1955—May 1958). A. A. Nefedjew.
Bulletin des Astronomischen Engelhardt-Observatoriums der Lenin-Staatsuniversität Kasan Nr. 34, 35.
Mitteilungen (Iswestija) des Astronomischen Engelhardt-Observatoriums der Lenin-Staatsuniversität Kasan Nr. 32.

478. Kiel

10 Sonderdrucke der Sternwarte Kiel.

479. Kiew

Vgl. Ref. **1307** S. 69—70. Astrometry at the Astronomical Observatory of the Kiew University. W. K. Drofa.

480. Kingston/Ontario

J RAS Canada **54** 82—83. Queen's University. G. A. Harrower.

481. Kitab

Vgl. Ref. **1307** S. 58—59. Ulugh-Bek International Latitude Station, Kitab (Dec. 1955—April 1958). A. M. Kalmykow.

482. Kitt Peak

AJ **65** 525—528. Kitt Peak National Observatory, Tucson, Arizona. C. D. Shane.
Kitt Peak National Observatory. Tucson, Arizona, 1960. 24 S.
J. Optical Soc. America **50** 88. Eighty-four-inch telescope mirror blank completed.
J. Optical Soc. America **50** 630—631. Kitt Peak National Observatory dedicated.
NAT 1960 S. 127—134. Några anteckningar från en vistelse i USA. C. Schalén.
Nature **187** 910. New American observatories. V. C. Reddish.
PAT **41** 93—98. Ett nytt observatorium i Arizona. C. Schalén.
Publ ASP **72** 146. Kitt Peak Observatory dedication.
Publ ASP **72** 224, 432. From Kitt Peak National Observatory.
Science **131** 717—718. Kitt Peak National Observatory to be dedicated next week.
Sky Tel. **19** 218. 84-inch mirror blank being ground in Tucson.
Sky Tel. **19** 392—397. New National Observatory dedicated at Kitt Peak.
Sky Tel. **20** 64—67, 132—135. The large solar telescope at Kitt Peak. R. R. McMath, A. K. Pierce.
Kitt Peak National Observatory. Contribution Nr. 1—3.

483. **København**

Aktuelle Meddelelser fra Astronomisk Selskab Nr. 409—414.
Union Astronomique Internationale. Circulaire Nr. 1706—1748.

484. **Kodaikanal**

Quarterly J. RAS **1** 192—196. Kodaikanal Observatory, Kodaikanal. A. K. Das.

485. **Krim**

Mitt. Astrophys. Obs. Krim **23** 138—147 (russ. mit engl. Ref.). Automatization of the Ionospheric Station of the Crimean Astrophysical Observatory. A. N. Abramenko.
Mitteilungen (Iswestija) des Astrophysikalischen Observatoriums auf der Krim Tom **22**—**24**.

486. **Kyoto**

Heavens **41** 28, 57, 84, 107, 140, 168, 197, 252, 280, 309 (japan.). Note from the Kwasan Observatory.
Contributions from the Institute of Astrophysics and Kwasan Observatory Nr. 87—98.

487. **La Plata**

AJ **65** 195. Notes on the Southern Station of La Plata Observatory and on future astrometric work in the southern hemisphere. S. J. Slaucitajs. — Vgl. Ref. **1317**.
Sky Tel. **19** 333. Big reflector planned for Argentina.
Observatorio Astronómico de la Universidad Nacional de La Plata. Serie Astronómica Tomo **25** Nr. 2, 3.
Observatorio Astronómico de la Universidad Nacional de La Plata. Serie Circular Nr. 16.
Observatorio Astronómico de la Universidad Nacional de La Plata. Serie Espécial Nr. 21.
Separata Astronómica Nr. 14, 17—24 Observ. Astr. — La Plata — Argentina.

488. **Leiden**

Annalen van de Sterrewacht te Leiden Deel **21** Stuk 5—7.

489. **Lembang**

Annals of the Bosscha Observatory Lembang, Java, Vol. **9** Part 2, Nachtrag.
Institute of Technology Bandung. Contributions from the Bosscha Observatory Nr. 7, 8.

* * **Lemberg.** Siehe Lwow

490. **Leningrad**

Vgl. Ref. **1307** S. 44—48. Astrometrical work at the Institute for Theoretical Astronomy (Dec. 1955 to May 1958). M. F. Subbotin.
Vgl. Ref. **1307** S. 64—65. The Time Service of the Astronomical Observatory of the Leningrad University (Jan. 1, 1956—May 1, 1958). A. W. Schirjajew.
Vgl. Ref. **1307** S. 88—89. The Time Service of the Mendeleyew's Institute of Metrology in Leningrad (1956—May 1958). S. S. Towtschigretschko.
Zvaigžņotā Debess 1960. gada ziema S. 28—31. Teorētiskās Astronomijas Institūts. D. Kondratjewa.
Bulletin des Instituts für Theoretische Astronomie Tom **7** Nr. 7 (90) — 10 (93)

491. Liège

Université de Liège (Belgique). Institut d'Astrophysique, Cointe-Sclessin, Collection in 4° Nr. 98—114.
Université de Liège (Belgique). Institut d'Astrophysique, Cointe-Sclessin, Collection in 8° Nr. 410—414, 416.

492. Liverpool

Nature **188** 709. Liverpool Observatory and Tidal Institute.

493. London

Quarterly J. RAS **1** 101—103. University of London Observatory. C. W. Allen.
Communications from the University of London Observatory Nr. 39.

J. Inst. Navigation **13** 118—121. Thirteenth Annual General Meeting.

494. Los Angeles

Sky Tel. **20** 15. Griffith 25th anniversary.

495. Lund

Meddelande från Lunds Astronomiska Observatorium Serie I Nr. 195, 196.

496. Lwow (Lemberg)

Zirkular des Astronomischen Observatoriums der Franko-Staatsuniversität Lwow Nr. 35—36.

497. Madison

AJ **65** 569—572. Washburn Observatory, University of Wisconsin, Madison, Wisconsin. A. C. Code.

498. Madrid

Universidad de Madrid — Facultad de Ciencias. Seminario de Astronomía y Geodesia. Publicación Nr. 44—49.

499. Malvern

Quarterly J. RAS **1** 103. Royal Radar Establishment, Ministry of Aviation, Malvern.

4100. Manchester

MN **119** 373—379 = Astr. Contr. Univ. Manchester (2) Jodrell Bank Repr. Nr. 201. Jodrell Bank Experimental Station, University of Manchester. A. C. B. Lovell. — Vgl. AJB **59** Ref. 488.
Quarterly J. RAS **1** 104—112 = Astr. Contr. Univ. Manchester (2) Jodrell Bank Repr. Nr. 224. Jodrell Bank Experimental Station, University of Manchester. A. C. B. Lovell.
Nature **186** 13. Cost of the radio telescope at Jodrell Bank.
Obs **80** 167. Radio astronomy at Manchester.
Astronomical Contributions from the University of Manchester. Series I. Jodrell Bank Annals Vol. **1** Nr. 6.
Astronomical Contributions from the University of Manchester. Series II. Jodrell Bank Reprint Nr. 191, 192, 197, 199—201, 204, 208, 210—218, 220, 224, 228, 230, 231, 233, 234.
Astronomical Contributions from the University of Manchester. Series III Nr. 76—83.

4101. **Medicina**

Nuovo Cimento (10) **17** 614—615 = Pubbl. Oss. Astr. Univ. Bologna **7** Nr. 12. Operation at the «Medicina Station» of a 327 MHz radiotelescope. A. Braccesi, M. Ceccarelli, G. Mannino, G. Setti, G. Sinigaglia.

4102. **Melbourne**

Southern Stars **18** 141—143. The great Melbourne telescope.

4103. **Middletown**

AJ **65** 566—567. Van Vleck Observatory, Wesleyan University, Middletown, Connecticut. T. Page.
Publications of the Van Vleck Observatory Vol. **3**.

4104. **Milano-Merate**

Circolari del Servizio Orario dell'Osservatorio Astronomico di Milano-Merate Nr. 5, 6.
Contributi dell'Osservatorio Astronomico di Milano-Merate. Nuova Serie Nr. 150—167, 169.

4105. **Minneapolis**

Publications of the Astronomical Observatory, University of Minnesota, Vol. **2** Nr. 14, 15.
2 Sonderdrucke des Astronomical Observatory, University of Minnesota, Minneapolis.

4106. **Montevideo**

Departamento de Astronomía de la Facultad de Humanidades y Ciencias, Universidad de la República, Montevideo—Uruguay. Publicación Nr. 5, 6.

4107. **Moskau**

Vgl. Ref. **1307** S. 60—63. Astrometrical work at the Sternberg Astronomical Institute (Moscow University) during 1956—1958. W. W. Podobed.
Vgl. Ref. **1307** S. 83—85. The Time Service of the Institute of Physical-Technical and Radio-Technical Measurements in Moscow (1956—1958). A. I. Konstantinow.
Vgl. Ref. **1307** S. 90—92. The Department of Astronomy of the Moscow Institute for Engineers of Geodesy, Aerophotography and Cartography. A. N. Kusnezow.
Mitteilungen (Soobschtschenija) des Staatlichen Astronomischen Sternberg-Instituts Nr. 103, 107—110, 115.
Publikationen (Trudy) des Staatlichen Astronomischen Sternberg-Instituts Tom **28**.

4108. **Mount Hamilton**

AJ **65** 531—536. Lick Observatory, University of California, Mt. Hamilton, California. A. E. Whitford.
AJ **65** 207—208. The Lick proper motion program. S. Vasilevskis. — Vgl. Ref. **1317**.
AJ **65** 389—390. Notice concerning the Lick-Observatory double-star catalogue projects. H. M. Jeffers.
Publ ASP **72** 225. From Lick Observatory.
Sky Tel. **20** 4—7, 83, 136—137, 195, 268—270, 338—340. Lick 120-inch photographs.

Lick Observatory Bulletin Nr. 563—569.
Contributions from the Lick Observatory. Series II Nr. 93—107.

4109. Mount Palomar

Carnegie Inst. Washington Year Book **59**, 40 S. Annual report of the director Mount Wilson and Palomar Observatories. 1959—1960.
National Geographic Society and Palomar Observatory Sky Survey. Catalogue of Plates, 1960.
Publ ASP **72** 70, 225—226, 432—433. From Mount Wilson and Palomar Observatories and the California Institute of Technology.

4110. Mount Stromlo

Quarterly J. RAS **1** 202—210. Mount Stromlo Observatory, Australian National University. B. J. Bok.
Memoirs of the Mount Stromlo Observatory Vol. **3** Nr. 14 S. 37—40, Nr. 15.
Mount Stromlo Observatory Reprints Nr. 18, 24, 28, 29, 33, 34.

4111. Mount Wilson

Carnegie Inst. Washington Year Book **59**, 40 S. Annual report of the director Mount Wilson and Palomar Observatories. 1959—1960.
Publ ASP **72** 70, 225—226, 432—433. From Mount Wilson and Palomar Observatories and the California Institute of Technology.

4112. München

Mitteilungen der Sternwarte München Band **1** Nr. 11.
Veröffentlichungen der Sternwarte München Band **5** Nr. 8, 10—12.

Naturwissenschaften **47** 588. Max-Planck-Institut für Physik und Astrophysik. Institut für Astrophysik. L. Biermann. — Tätigkeitsbericht.
Phys. Blätter **16** 432—433. MPI Physik und Astrophysik in München-Freimann.

4113. Naini Tal

Quarterly J. RAS **1** 197—201. Uttar Pradesh State Observatory, Naini Tal. M. K. V. Bappu.
Uttar Pradesh State Observatory Reprint Nr. 4—6.

4114. Napoli

Osservatorio Astronomico di Capodimonte-Napoli. Contributi Astronomici Vol. **5** Nr. 5—9.
Osservatorio Astronomico di Capodimonte-Napoli. Contributi Scientifici. Nuova Serie Nr. 16, 17, 19, 20.
Osservatorio Astronomico di Capodimonte-Napoli. Osservazioni Vol. **1** Nr. 6, 7, 9, 10.

4115. Nashville

AJ **65** 510—512. Dyer Observatory, Vanderbilt University, Nashville, Tennessee. R. H. Hardie.
The Arthur J. Dyer Observatory Vanderbilt University, Nashville, Tennessee. Reprint Nr. 11.

4116. Neuchâtel

Observatoire Cantonal de Neuchâtel. Rapport annuel du directeur sur l'exercice 1959 et rapport sur le concours chronométrique 1959. 39 S. mit 4 Anhängen. J.-P. Blaser, R. Payot.

Observatoire de Neuchâtel (Suisse). Bulletin Série A—D Jan.—Dez.
Observatoire de Neuchâtel. Circulaire Nr. 4, 5.

4117. **New Haven**

Publ ASP **72** 147. Institute in Dynamical Astronomy.

4118. **Odessa**

Vgl. Ref. **1307** S. 73—74. Astrometrical work at the Astronomical Observatory of the Odessa University (Jan. 1956—May 1958). B. W. Nowopaschenny.

4119. **Ondřejov**

RH **41** 7—11 (tschech.). Solar radioastronomy on the Observatory Ondřejov. A. Tlamicha.
Urania Kraków **31** 206—207. Radiowe obserwacje Slońca w Ondrzejowie.
Vesmír **39** 186—187 (tschech.). About the new reflector for the Observatory Ondřejov. P. Procházka.

4120. **Oslo**

NAT 1960 S. 41—54 = Inst. Teoret. Astrofys. Blindern-Oslo Småtrykk Nr. 33. Radioastronomi ved solobservatoriet på Harestua. Ø. Elgarøy.
The Institute of Theoretical Astrophysics Blindern-Oslo. Report Nr. 11.
The Institute of Theoretical Astrophysics Blindern-Oslo. Reprint Nr. 31—33.
Institutt for Teoretisk Astrofysikk Blindern-Oslo. Småtrykk Nr. 32—35.

4121. **Ottawa**

Quarterly J. RAS **1** 172—174. Dominion Observatory, Ottawa. C. S. Beals.
J RAS Canada **54** 79—82. Dominion Observatory. M. M. Thomson, I. Halliday.
J RAS Canada **54** 147—148, 291—292. Dominion Observatory, Ottawa, Ontario. M. S. Burland.
Contributions from the Dominion Observatory Ottawa Vol. **3** Nr. 23—28, 30, Vol. **4** Nr. 1—5, Vol. **5** Nr. 1, 4.
Publications of the Dominion Observatory Ottawa Vol. **21** Nr. 5, 6, Vol. **24** Nr. 1—6, 8.

4122. **Oxford**

Quarterly J. RAS **1** 113—114. University Observatory, Oxford. H. H. Plaskett.
Communications from the University Observatory, Oxford Nr. 70—72.

4123. **Padova**

Osservatorio Astronomico di Padova. Pubblicazione Nr. 118—120.
Osservatorio Astronomico di Padova. Comunicazioni e Rassegne Nr. 9, 10, 13—16.

4124. **Paris**

Observatoire de Paris. Section d'Astrophysique à Meudon. Cartes synoptiques Vol. **3** Fasc. 1.

Sonderdruck Centre National de la Recherche Scientifique 1960, 30 S. Institut d'Astrophysique.
Contributions de l'Institut d'Astrophysique de Paris. Série A Nr. 254—262.
Contributions de l'Institut d'Astrophysique de Paris. Série B Nr. 175, 192, 193, 195, 198—210, 212, 213.

Bull hor (5) Nr. 12 S. 257—269. Rapport annuel sur les travaux du Bureau International de l'Heure en 1960.
BSAF **74** 289—304. Le rôle du Bureau International de l'Heure dans l'Année Géophysique Internationale. A. Danjon.

4125. **Pasadena**

Publ ASP **72** 70, 225—226, 432—433. From Mount Wilson and Palomar Observatories and the California Institute of Technology.

4126. **Perth**

Quarterly J. RAS **1** 220. Perth Observatory. H. S. Spigl.
AJ **65** 196. Perth Observatory. H. S. Spigl. — Vgl. Ref. **1317**.

4127. **Philadelphia**

AJ **65** 513—515. Flower and Cook Observatory, University of Pennsylvania, Philadelphia, Pennsylvania. F. B. Wood.
Publications of the University of Pennsylvania. Flower and Cook Observatory Reprint Nr. 109, 110, 114 (1959), 117—126.

4128. **Pittsburg**

AJ **65** 505. Allegheny Observatory, University of Pittsburgh, Pittsburgh, Pennsylvania. N. E. Wagman.

4129. **Poltawa**

Vgl. Ref. **1307** S. 51—55. Poltawa Gravimetrical Observatory of the Ukrainian Academy of Sciences (Dec. 1, 1955—May 1, 1958). S. N. Axentjewa.
Vgl. Ref. **1307** S. 301—312. The organization of azimuth observations at Poltawa. N. A. Popow.

4130. **Pontiac**

AJ **65** 543—545. The Observatories of the University of Michigan, Ann Arbor and Pontiac, Michigan. McMath-Hulbert Observatory, Lake Angelus, Pontiac, Michigan. R. R. McMath.

4131. **Potsdam**

Mitteilungen des Astrophysikalischen Observatoriums Potsdam Nr. 84—91, Nr. 206, 207.

4132. **Prag**

Publications de l'Institut astronomique de l'Université Charles de Prague. Série II Nr. 25—28.
Československá Akademie Věd. Astronomický Ústav. Publikace Nr. 43—47.
Astronomický Ústav ČSAV Československo — Praha. Zeitdienst Nr. I—XII.

4133. **Pretoria**

Quarterly J. RAS **1** 186—188. Radcliffe Observatory, Pretoria. A. D. Thackeray.
Communications from the Radcliffe Observatory, Pretoria Nr. 48, 49, 51—54.
Radcliffe Observatory Reprint Nr. 15—18.

4134. **Princeton**

AJ **65** 553—555. Princeton University Observatory, Princeton, New Jersey. L. Spitzer jr.

4135. Pulkowo

Mitt. Astr. Engelhardt-Obs. Kasan Nr. 32 S. 66—69 (russ.). Ein unbekannter Plan über die Evakuierung des Pulkowoer Observatoriums nach Kasan (1917). S. N. Korytnikow.

Vgl. Ref. **1307** S. 31—40. Astrometrical work at the Pulkowo Observatory (Dec. 1955—May 1958). M. S. Swerew.

Vgl. Ref. **1307** S. 41—43. Astrometrical work at the Nikolayev Branch of the Pulkowo Observatory (Jan. 1956—April 30, 1958). J. E. Gordon.

Vgl. Ref. **1307** S. 179—181. Results of observations of Minor Planets at Pulkowo during 1949—1958. O. N. Tschudowitschewa.

Mitteilungen (Iswestija) des Astronomischen Hauptobservatoriums Pulkowo Tom **21** Nr. 4 (163) — 6 (165), Tom **22** Nr. 1 (166).

4136. Richmond Hill

AJ **65** 508—509. David Dunlap Observatory, University of Toronto, Richmond Hill, Ontario. J. F. Heard.

J RAS Canada **54** 42, 187—188. David Dunlap Observatory, Richmond Hill, Ontario. J. F. Heard.

Publications of the David Dunlap Observatory, University of Toronto Vol. **2** Nr. 6, 7.

4137. Riga

Abh. Lett. Staatsuniv. Riga **38** 107—116 (russ. mit engl. und lett. Ref.). Report of the Astronomical Observatory of Peteris Stučka Latvian State University (1944—1960). K. A. Steins.

Vgl. Ref. **1307** S. 75—76. Astronomical Observatory of the Latvian State University. K. A. Steins.

Zvaigžņotā Debess 1960. gada ziema S. 1—5. Astronomu sanāksme Rīgā. J. Ikaunieks.

4138. Rio de Janeiro

Observatório Nacional. Publicaçoes do Serviço Astronómico Nr. 7—13.

4139. Roma

Osservatorio Astronomico di Roma. Circolare Nr. 25—36.

Osservatorio Astronomico di Roma. Monte Mario — Monte Porzio — Stazione Astrofisica sul Gran Sasso. Contributi Scientifici Serie III Nr. 6.

4140. San Juan

AJ **65** 198. Observatory at San Juan. J. Nissen. — Vgl. Ref. **1317**.

4141. Santiago

AJ **65** 193—194. The Observatory in Santiago. F. Rutllant. — Vgl. Ref. **1317**.

1 Sonderdruck des Institute of Physics and Astronomy of the Catholic University of Chile.

4142. Sendai

Sendai Astronomiaj Raportoj Nr. 69, 72.

4143. Sonneberg

Mitteilungen der Sternwarte zu Sonneberg Nr. 51.

Mitteilungen über veränderliche Sterne Nr. 430—524.

Deutsche Akademie der Wissenschaften zu Berlin. Sternwarte Sonneberg, Sammlung von Abdrucken Heft 12.
Deutsche Akademie der Wissenschaften zu Berlin. Veröffentlichungen der Sternwarte in Sonneberg Band 4 Heft 5.

4144. Stalinabad

Bulletin des Instituts für Astrophysik Nr. 29.

4145. St. Andrews

Quarterly J. RAS 1 164—165. University Observatory, St. Andrews. D. W. N. Stibbs.

4146. Stanford

Science **132** 1140. Stanford Radio Astronomy Institute.

4147. Stockholm

Stockholms Observatoriums Annaler Band **20** Nr. 9, Band **21** Nr. 1—5.
Stockholms Observatorium. Meddelande Nr. 118—121, 124—126.

4148. Sugar Grove

AJ **65** 57. The 600-foot radio telescope. J. H. Trexler. — Ref. AAS.
El Universo **14** 143. El mayor radiotelescopio movil.
Hemel en Dampkring **58** 25—29. Een radiotelescoop met een middellijn van 180 meter. G. W. Rougoor.
Science **132** 1386. Radio telescope delayed.
Sternenbote **3** 71. 200 m-Radioteleskop in den USA.

4149. Swarthmore

AJ **65** 557. Sproul Observatory, Swarthmore College, Swarthmore, Pennsylvania. P. van de Kamp.
Sproul Observatory Reprint Nr. 111—116, 118.

4150. Sydney

Quarterly J. RAS **1** 211. Sydney Observatory. H. Wood.
AJ **65** 189—193. The astrometric program at Sydney Observatory. H. Wood. — Vgl. Ref. **1317**.
Southern Stars **18** 186—189. Sydney Observatory. H. Wood.

Nature **188** 528—529. The new Radio Astronomy Centre of the University of Sydney. H. Messel.
Quarterly J. RAS **1** 212—219. Radiophysics Laboratory, Sydney. E. G. Bowen.

4151. Tartu (Dorpat)

Tartu Astronoomia Observatooriumi Publikatsioonid Köide **33** Nr. 4.

4152. Taschkent

Circ. Astr. Obs. Taschkent Nr. 305 S. 13—14 (russ.). Chronik.
Vgl. Ref. **1307** S. 56—57. Astrometrical work at the Taschkent Astronomical Observatory (1956—1957). W. P. Schtscheglow.
Zirkular des Astronomischen Observatoriums Taschkent Nr. 301—305.

4153. **Tautenburg**

Hemel en Dampkring 58 281—284. De grootste teleskoop van Europa. M. G. J. Minnaert.
Mem SA It (NS) **31** 375—377. Inaugurazione del nuovo Osservatorio dell'Accademia delle Scienze di Berlino e Convegno della Società Astronomica Germanica a Weimar e Jena. F. Zagar. — Bericht über die Eröffnung der neuen Sternwarte in Tautenburg und über die 45. Versammlung der Deutschen Astronomischen Gesellschaft in Jena und Weimar. B. C.
NAT 1960 S. 146—148. 2 m spejlkikkerten ved Jena. E. Høg.

4154. **Thessaloniki**

Contributions from the Astronomical Department of the University of Thessaloniki Nr. 6.

* * **Thorn.** Siehe Toruń

4155. **Tokyo**

Annals of the Tokyo Astronomical Observatory, University of Tokyo. Second Series Vol. **6** Nr. 4.
Tokyo Astronomical Bulletin. Second Series Nr. 124—133.
Tokyo Astronomical Observatory. Bulletin of Solar Phenomena Vol. **11** Nr. 4, Vol. **12** Nr. 1, 2.
Contributions from the Department of Astronomy, University of Tokyo, Nr. 2—11.
Tokyo Astronomical Observatory Reprints Nr. 191—205.

4156. **Tomsk**

Sammlung Sibir. Phys.-Techn. Inst. Univ. Tomsk 1959 Nr. 37 S. 280—290 (russ.). Die Radarstation des Polytechnischen Instituts Tomsk (TPI—1) zur Untersuchung von Meteorspuren. E. K. Nemirowa, F. I. Peregudow. — Ref. in RJ UdSSR 1961 Nr. 3 S. 49.

4157. **Tonantzintla y Tacubaya**

Boletin de los Observatorios Tonantzintla y Tacubaya Nr. 19, 20.

4158. **Torino**

Contributi dell'Osservatorio Astronomico di Torino (Pino Torinese). Nuova Serie Nr. 26—29.
Osservatorio Astronomico di Torino (Pino Torinese). Studi Monografici Nr. 2.

4159. **Toronto**

Quarterly J. RAS **1** 175—177. David Dunlap Observatory, University of Toronto. J. F. Heard.
J RAS Canada **54** 83—87. David Dunlap Observatory — University of Toronto. J. F. Heard, H. Sawyer Hogg, L. Searle, S. van den Bergh, D. A. MacRae.

4160. **Toruń** (Thorn)

Bulletin of the Astronomical Observatory of N. Copernicus University in Toruń Nr. 23, 24.

4161. **Treviso**

Osservatorio Privato Specola «Ariel» Treviso. Pubblicazione Nr. 18—25.

4162. Trieste

Osservatorio Astronomico di Trieste Nr. 295, 296.

4163. Troy

Rensselaer Observatory Publications Nr. 15—20.

4164. Tübingen

Mitteilungen des Astronomischen Instituts der Universität Tübingen Nr. 40, 43—45, 48—51.

4165. Tucson

Steward Observatory of the University of Arizona. Reprints Nr. 32—38.

4166. Turku

Astronomia-Optika Institucio, Universitato de Turku. Informo Nr. 19, 20.

4167. Uccle

Commun. Obs. Roy. Belgique Nr. 158, 20 S. Rapport sur les travaux scientifiques effectués pendant l'année 1958. P. Bourgeois.

Commun. Obs. Roy. Belgique Nr. 166, 20 S. Rapport sur les travaux scientifiques effectués pendant l'année 1959. P. Bourgeois.

Commun. Obs. Roy. Belgique Nr. 168, 4 S. Les recherches en physique solaire à l'Observatoire Royal de Belgique. A. Koeckelenbergh.

Ciel et Terre **76** 249—278. Les stations géophysiques souterraines et les pendules horizontaux de l'Observatoire Royal de Belgique. J. Verbaandert, P. Melchior.

Annales de l'Observatoire Royal de Belgique. Troisième Série Tome 8 Fasc. 4.

Bulletin Astronomique de l'Observatoire Royal de Belgique, à Uccle. Vol. **5** Nr. 1.

Communications de l'Observatoire Royal de Belgique Nr. 158—173.

4168. Ulan-Bator

Mitt. Astr. Hauptobs. Pulkowo **21** Nr. 6 (165) S. 73—82 (russ. mit engl. Ref.). The selection of a site for an astronomical observatory near Ulan-Bator. A. N. Dadajew.

4169. Uppsala

Uppsala Astronomiska Observatorium. Meddelande Nr. 127—133.

Uppsala Astronomiska Observatoriums Annaler Band **4** Nr. 7—9.

4170. Urbana

AJ **65** 524—525. University of Illinois Observatory, Urbana, Illinois. G. C. McVittie.

Trans. IRE MIL-**4** 14—18. A radio-astronomy project at the University of Illinois. G. C. McVittie. — Ref. in Phys. Ber. **39** 1890.

4171. Utrecht

Sterrewacht «Sonnenborgh» Utrecht. Overdruk Nr. 38, 42, 43.

Sterrewacht «Sonnenborgh» Utrecht. Overdruk Quarto Nr. 16—24.

Recherches Astronomiques de l'Observatoire d'Utrecht Vol. **14** Part 3, Vol. **15**, **16** Part 1.

4172. **Victoria, B. C.**

Quarterly J. RAS **1** 178—183. Dominion Astrophysical Observatory, Victoria. R. M. Petrie.
Astr. Herald **53** 193 (japan.). Vom Victoria Observatory in Kanada. Y. Fujita.
J RAS Canada **54** 88, 253. Dominion Astrophysical Observatory, Victoria, B. C.
Contributions from the Dominion Astrophysical Observatory Victoria, B. C., Nr. 64—69.
Publications of the Dominion Astrophysical Observatory Victoria, B. C., Vol. **10** Nr. 26, Vol. **11** Nr. 6—17.

4173. **Vilnius**

Astr. Obs. Biul. Vilnius Nr. 1 S. 1—2 (lit., russ., engl.). The activity of Vilnius Astronomical Observatory.
Astronomijos Observatorijos Biuletenis Nr. 1, 2.

4174. **Warszawa**

Postępy Astr. **8** 41—42. Prace Obserwatorium Astronomiczno-Geodezyjnego Politechniki Warszawskiej w ramach Operacji Długości III-go Międzynarodowego Roku Geofizycznego. W. Opalski. — Tätigkeitsbericht des Astronomisch-Geodätischen Observatoriums der TH Warschau über die Durchführung des Längenprogramms im Internationalen Geophysikalischen Jahr im Rahmen des Zeitdienstes. Die Beobachtungen werden seit dem 21. 2. 1958 durchgeführt. E. R.
Astronomical Observatory of the Warsaw University. Reprint Nr. 97, 98, 100—105.

4175. **Washington**

AJ **65** 557—560 = U. S. Naval Obs. Repr. Nr. 16. United States Naval Observatory, Washington, D. C. B. L. Gurnette.
United States Naval Observatory Circular Nr. 88—90.
U. S. Naval Observatory Washington, D. C. Reprint Nr. 4, 8—12, 15, 16.

AJ **65** 515 = Georgetown Obs. Repr. (2) Nr. 7. Georgetown College Observatory, Washington, D. C. F. J. Heyden.
Georgetown Observatory Reprint Nr. 24—26.
Georgetown Observatory Reprint Series II Nr. 4, 5, 7.
Georgetown Observatory Monograph Nr. 14—17.

Smithsonian Report for 1959 S. 96—110. Report on the Astrophysical Observatory for the year ended June 30, 1959. F. L. Whipple, L. Carmichael.
Smithsonian Contributions to Astrophysics Vol. **3** Nr. 9, Vol. **4** Nr. 1, Vol. **5** Nr. 1—3.
Smithsonian Institution. Publication Nr. 4390, 4394—4396.

AJ **65** 545—546. National Bureau of Standards, Washington, D. C. and Boulder, Colorado. C. E. Moore.
AJ **65** 557. United States Coast and Geodetic Survey, Washington, D. C. C. Pierce.
AJ **65** 560—566. U. S. Naval Research Laboratory, Washington, D. C. H. Friedman, R. Tousey, T. A. Chubb, E. F. McClain jr.
AJ **65** 649—650. National Aeronautics and Space Administration, Washington 25, D. C. N. G. Roman.
Nature **186** 207—208. The Carnegie Institution of Washington.

4176. Wendelstein

Forschungsberichte der Kommission Observatorium Wendelstein der Bayerischen Akademie der Wissenschaften Nr. 24, 25.

4177. White Lake

J RAS Canada **54** 269—272. Official opening of the Dominion Radio Astrophysical Observatory, White Lake, Penticton, B. C., June 20, 1960. G. J. Odgers.

4178. Wien

Veröffentlichungen der Urania-Sternwarte Nr. 3.

4179. Williams Bay

AJ **65** 572—579. Yerkes Observatory, University of Chicago, Williams Bay, Wisconsin, and McDonald Observatory, University of Texas, Fort Davis, Texas Joint Department of Astronomy of the University of Chicago and the University of Texas. W. W. Morgan.

Publ ASP **72** 147—148. From Yerkes and McDonald Observatories.

Publications of the Yerkes Observatory Vol. **9** Part 1, 2.

4180. Wrocław (Breslau)

Wrocław Astronomical Observatory. Reprint Nr. 19, 20.

4181. Zürich

Tätigkeitsbericht der Eidgenössischen Sternwarte Zürich für das Jahr 1959, 7 S. M. Waldmeier.

Astronomische Mitteilungen der Eidgenössischen Sternwarte Zürich Nr. 226—233.

Publikationen der Eidgenössischen Sternwarte Zürich Band **11** Heft 4.

Quarterly Bulletin on Solar Activity Nr. 121—124.

4182. **B. J. Bok,** A search for new observatory sites in Australia. J RAS Canada **54** 257—268 = Mt. Stromlo Obs. Repr. Nr. 33.

4183. **H. Bühler,** Eine Keplerforschungsstelle in Weil der Stadt. VdS Nachr. **9** 118—119.

4184. **T. C. Constanten,** Report on the Pan American College Summer Institute in the astro-sciences. Strolling Astr. **14** 140—146. — Edinburg, Texas.

4185. **D. S. Evans,** Some aspects of South African astronomy. Vgl. Ref. **1318** S. 436—438.

4186. **J. Halenka,** The Heliogeophysical Department of the Geophysical Institute of the Czechoslovak Academy of Sciences. RH **41** 71—74 (tschech.).

4187. **D. H. McNamara,** Astronomy at Brigham Young University. Sky Tel. **19** 274.

4188. **G. O. Rawstron,** A photographically equipped observatory. JBAA **70** 142—144.

4189. **F. Rigaux,** Les Observatoires Astronomiques et les Astronomes. Vgl. AJB **59** Ref. **4175**. — Weitere Besprechung in ZfA **51** 70 (K. H. Böhm).

4190. **W. Sandner,** Verteilung der Sternwarten nach geographischer Breite. Sterne **36** 215.

4191. **W. Sandner,** Sternwarten beim nördlichen Polarkreis. Sternenbote **3** 131.

4192. **A. P. Sawruchin,** Die Arbeit des Astrophysikalischen Laboratoriums über die Vorbereitung photographischer Beobachtungen künstlicher Erdsatelliten. Publ. Inst. Phys. Geophys. Akad. Wiss. Turkmen. SSR **6** 6—10, 1959 (russ.). — Ref. in RJ UdSSR 1961 8A135.

4193. **K. Serkowski, J. Stodółkiewicz, Z. Gorberg, B. Górska, E. Górski, A. Michałowska, S. Piątkowski, J. Starosielec, E. Synoradzki, B. Ulasiewicz-Grzędzielska,** A study of the micro-climate in the region south and east of Warsaw. AA **10** 189—204 = Astr. Obs. Warsaw Univ. Repr. Nr. 104. — Bericht über die von 1953 Okt. 2—1955 Sept. 12 gewonnenen Ergebnisse über die Beobachtungsbedingungen an den Stationen Mała Wieś, Ostrowik, Reducin und Wola Rafałowska.

4194. **J. Simmons,** Actividades del laboratorio y taller de optica. Vgl. Ref. **1323** S. 67.

4195. **J. Smak,** Obserwatoria Astronomiczne na Świecie. Urania Kraków **31** 244—246, 278—279, 310—311, 341, 375—377. — Kurzer Bericht über die Verteilung der Sternwarten in Polen, Afrika, Südamerika, Australien und Nordamerika. E. R.

4196. **B. Svenonius, H. Hvatum,** Die Universität von Göteborg in Schweden und das Onsala Radarobservatorium. Veröff. Uraniasternw. Wien Nr. 3 S. 34—36.

4197. **J. Verbaandert, P. Melchior,** La station de pendules horizontaux de Sclaigneaux (Province de Namur). Bull. Cl. Sci. Acad. roy. Belgique (5) **45** 1084—1086, **46** 75—78 = Commun. Obs. Roy. Belgique Nr. 170 = Série Géophys. Nr. 54.

4198. **P. L. Willmore,** The new seismograph station at Resolute, Northwest Territories. Publ. Dominion Obs. Ottawa **24** 101—111.

4199. Die kosmische Hochgebirgsstation in Georgien. Bote Akad. Wiss. UdSSR 1960 Nr. 12 S. 42 (russ.). — Ref. in RJ UdSSR 1961 6A35.

4200. Op zoek naar de gunstigste plaats voor de Europese Sterrenwacht in Zuid-Afrika. Hemel en Dampkring **58** 256.

4201. The Scotch College Observatory. J. Astr. Soc. Victoria **13** 80—82.

4202. Atmospheric Research Center to have Colorado headquarters. Science **132** 1751—1752. — Die Einrichtung soll auf dem Table Mountain in der Nähe von Boulder erfolgen. Direktor: W. O. Roberts.

4203. New southern observatories planned. Europe and America both look southward. Southern Stars **18** 122—123.

4204. A future High Altitude Observatory. Strolling Astr. **14** 195—196.

4205. «Uszy» i «oczy» świata. Urania Kraków **31** 279—280.

4206. Der Gmündner Meridianstein knapp vor seiner Fertigstellung. Veröff. Uraniasternw. Wien Nr. 3 S. 38—39.

4207. Feierliche Enthüllung des Meridiansteines in Gmünd. Veröff. Uraniasternw. Wien Nr. 3 S. 40—46.

4208. Privat- und Volkssternwarten

BSAF **74** 87—88. Réunion amicale d'inauguration de l'Observatoire Astrophysique. G. Florsch.

Hemel en Dampkring **58** 242—245. Volkssterrenwachten en volksontwikkeling in Duitsland en Zwitserland. B. Ernst.

Orion Schaffhausen **5** 869. Neue Sternwarte in Schaffhausen.

Orion Schaffhausen **5** 871—882. Die neue Schul- und Volkssternwarte in Schaffhausen. B. Bachmann, J. Keefer, H. Lustenberger, H. Rohr. — Ref. in Sternenbote **3** 129—130.

Orion Schaffhausen **5** 882—883. L'observatoire scolaire et populaire de Schaffhouse.

Orion Schaffhausen **5** 913. Einweihung der Feriensternwarte Calina in Carona/Lugano. R. A. Naef.

Priroda **49** Nr. 10 S. 96—98 (russ.). Ein bemerkenswertes Schulobservatorium. J. E. Migatsch. — Nowaja Praga, Ukrain. SSR, Kirowograder Gebiet.

Quarterly J. RAS **1** 222. Mr J. D. Bestwick's Observatory, Leek, Staffordshire.

Quarterly J. RAS **1** 222. Dr J. L. Haughton's Observatory, Littleton, Hampshire.

Quarterly J. RAS **1** 222. Mr F. M. Holborn's Observatory, Peaslake, Surrey.

Quarterly J. RAS **1** 222. Mr Patrick Moore's Observatory, East Grinstead, Sussex.

Quarterly J. RAS **1** 222—223. Mr G. E. Patston's Observatory, Eastbourne, Sussex.

Quarterly J. RAS **1** 223. Dr R. L. Waterfield's Observatory, Ascot.

Sky Tel. **20** 128—129. A new public observatory in Switzerland. H. Rohr.

Sterne **36** 39—41. Die neue Volkssternwarte München. H. Oberndorfer.

Sterne **36** 42—43. Eine neue Privatsternwarte für Forschungszwecke. R. Brück.

Sterne **36** 43. Zehn Jahre Volkssternwarte Coburg. C. Hoffmeister.

Sterne **36** 43—45. 50-Jahrfeier der Urania-Volkssternwarte Jena. H. Wolf.

Sterne **36** 127. Die Volkssternwarte auf dem Königstuhl bei Heidelberg. E. Kollnig.

Sterne **36** 220—221. Die Privatsternwarte Eulbach. F. Graf zu Erbach.

Sterne **36** 249—250. Eine Keplerforschungsstelle in Weil der Stadt. H. Bühler.

Sternenbote **3** 68—70. Sechs Jahre Flakturm-Astronomie in Wien.

Sternenbote **3** 88—93. Die Sternwarte Kremsmünster. K. Mayrhofer.

VdS Nachr. **9** 24—25. Zur Tätigkeit der Volkssternwarte München im Jahre 1959. H. Oberndorfer.

VdS Nachr. **9** 62—63. Köln baut eine Volkssternwarte. G. Doebel.

VdS Nachr. **9** 77. Aus der Arbeit der Volkssternwarte Stuttgart. H. Bühler.

VdS Nachr. Beilage Dez., 12 S. Arbeitsbericht der Privatsternwarte Rüdiger Brück für die Zeit vom 26. 10. 1959 bis 26. 10. 1960. R. Brück.

Veröff. Uraniasternw. Wien Nr. 3 S. 49—51. Amateur-Astronomie in Greifswald. E. Strübing.

Weltraumfahrt **11** 111—114. Drei Jahre Satellitenbeobachtung an der Volkssternwarte München. E. Klee.

§ 5

Planetarien

501. **A. J. Doig,** Dunedin's orrery. Southern Stars **18** 166—168.

502. **G. Eiby,** From star-globe to planetarium. Southern Stars **18** 151—160.

503. **C. Ellyett,** The Canterbury planetarium. Southern Stars **18** 163—166.

504. **G. Hansen,** Zur Geschichte des Zeiss-Planetariums. Zeiss Planetariums-Mitt. 1960 S. 47—49.

505. **H. Letsch,** Captured Stars. Vgl. AJB **59** Ref. 524. — Weitere Besprechung in Sky Tel. **21** 290, **22** 40—41 (A. F. Jenzano), Southern Stars **19** 30—31 (R. D. Adams), Sterne **37** 132.

506. **R. A. McIntosh,** Living with a planetarium. Southern Stars **18** 168—170.

507. **O. Obůrka,** Das neue Planetarium in Brno (Brünn). Vesmír **39** 58—59 (tschech.).

508. **J. L. Perdrix,** A planetarium for Melbourne. J. Astr. Soc. Victoria **13** 20—25.

509. **W. Petri,** Das neue Zeiss-Planetarium Modell IV. Umschau **60** 264—266. — Ref. in Zeiss Planetariums-Mitt. 1960 S. 53.

510. **E. W. Seredina,** Das Planetarium — ein Herd der wissenschaftlich-atheistischen Propaganda. Kursk, Planetarium, 1960. 78 S. Preis 1 R. 50 Kop. (russ.).

511. **W. M. Swinburn,** The Nelson planetarium. Southern Stars **18** 162—163.

512. **M. Wähnl,** Das Kleinplanetarium der Optischen Werke Jena, aus der Geschichte der Planetarien, aus der Himmelsmechanik und sphärischen Astronomie. Veröff. Uraniasternw. Wien Nr. 3 S. 52—69.

513. Il planetario Zeiss della città di Roma. Coelum **28** 89.

514. Inauguración del planetario de la A. P. A. Bol. As. Peruana Astr. **5** 347—351.

515. Datos principales del planetario de la A. P. A. Bol. As. Peruana Astr. **5** 351—355.

516. ¿Qué nos enseña el Planetario? El Universo **14** 38.

517. Planetarium in Auckland. JBAA **70** 243.

518. Johannesburg planetarium. MN ASSA **19** 114.

519. Planetarium in Auckland. Obs **80** 39.

520. The trajectories of artificial satellites in a planetarium. Priroda **49** Nr. 11 S. 112—113 (russ.). — Ref.

521. Two eastern planetariums re-equipped. Sky Tel. **19** 271—274.

522. Planetarium notes. Sky Tel. **19** 288, **20** 280.

523. Planetarium endowment. Sky Tel. **19** 472.

524. Peking planetarium. Sky Tel. **20** 262.

525. New York planetarium's 25th anniversary. Sky Tel. **20** 271.

526. Małe Planetarium Zeissowskie. Urania Kraków **31** 137—142.

527. Auckland's planetarium. Southern Stars **18** 160—161.

528. Nowy typ projektora planetarium. Urania Kraków **31** 313.

529. Die wichtigsten Planetariums-Ereignisse im Jahre 1959. Zeiss Planetariums-Mitt. 1960 S. 4—7.

530. Berichte aus der Arbeit der Zeiss-Planetarien. Zeiss Planetariums-Mitt. 1960 S. 8—11, 31—36.

531. Instrumentelle Neuerungen. Zeiss Planetariums-Mitt. 1960 S. 12—20.

532. Grundsätzliches über die Konstruktion der Planetengetriebe in einem Planetariumsgerät. Zeiss Planetariums-Mitt. 1960 S. 22—23.

533. Wichtige Planetariumsereignisse. Zeiss Planetariums-Mitt. 1960 S. 26—30.

534. Zwei neue kosmographische Diapositive für den Zeiss-Universal-Lichtbild-Projektor (Sternbildfigurenprojektor). Zeiss Planetariums-Mitt. 1960 S. 37—38.

535. Darstellung der Bewegung des Marsmondes Phobos am rotierenden Marshimmel mittels des Zeiss-Satelliten-Projektors. Zeiss Planetariums-Mitt. 1960 S. 38.

536. Ansprachen bei der Einweihung des neuen Planetariumsgerätes in New York. Zeiss Planetariums-Mitt. 1960 S. 44—46.

§ 6

Gesellschaften, Organisationen

601. American Association of Variable Star Observers

AAVSO Abstr. Oct. 1960 S. 1. 49th annual meeting of the AAVSO. R. N. Mayall. — Springfield, Mass. 1960 Okt. 14—15.

Annual report of the director of the AAVSO for the year ending September 30, 1960. 7 S. M. W. Mayall.

Membership list of the American Association of Variable Star Observers. Cambridge Mass., December 1960, 16 S.

Officers, councillors, and committee members of the American Association of Variable Star Observers as of January 1960. 1 S.

602. American Astronautical Society

American Astronaut. Soc., 22 S. Membership directory 1960—1961.

Astronaut. Sci. Rev. **2** Nr. 3 S. 21—24, 26, Nr. 4 S. 25—27, 30. AAS news.

J. Astronaut. Sci. **7** 98. AAS news.

603. American Astronomical Society

Sky Tel. **20** 184—188. Astronomers visit Mexico.

Sky Tel. **20** 271. Christmas meetings.

Sterne **36** 85—89. Berichte der Amerikanischen Astronomischen Gesellschaft. W. Seitter.

604. American Meteor Society

Flower and Cook Obs. Repr. Nr. 119, 19 S. Meteor reports for 1959. C. P. Olivier.

605. Asociación Argentina «Amigos de la Astronomía»

Bol. As. Peruana Astr. **5** 338—340. Viernes astronomicos.

606. Astronomical Society of the Pacific

Publ ASP **72** 149—152, 228—236, 329—330, 436—438. Activities of the Society. S. Einarsson, K. C. Gordon.

Publ ASP **72** 436—437. The Eugene meeting of the Astronomical Society of the Pacific. K. C. Gordon.

Publ ASP **72** 519—524. Activities of the Society. Annual report of the secretary-treasurer for the year ended December 31, 1959. S. Einarsson, V. Graves.

607. Astronomical Society of Southern Africa

MN ASSA **19** 1, 19, 29, 41—42, 57—58, 77—78, 98, 114, 126. Notices.

MN ASSA **19** 79—93. The Astronomical Society of Southern Africa. P. Smits.

MN ASSA **19** 99—109. Annual reports. Astronomical Society of Southern Africa.

MN ASSA **19** 127—129. Annual report of the Port Elizabeth Centre for the year July 1959 — June 1960. W. L. Schlesinger, E. Blignaut.

608. Astronomical Society of Victoria

J. Astr. Soc. Victoria **13** 1—8. Annual report, 1959. K. W. Murphy, G. A. Duncan.

J. Astr. Soc. Victoria **13** 17—18. Annual general meeting 18th February, 1960.

J. Astr. Soc. Victoria **13** 18—19, 37—38, 53—54, 73—74, 89—90, 94. General meetings.

J. Astr. Soc. Victoria **13** 60—61. The exhibition meeting.

609. Astronomische Gesellschaft

Mem SA It (NS) **31** 375—377. Inaugurazione del nuovo Osservatorio dell'Accademia delle Scienze di Berlino e Convegno della Società Astronomica Germanica a Weimar e Jena. F. Zagar.

Phys. Verhandlungen **11** 205—220. Astronomentagung in Weimar und Jena. H. Strassl.

Sterne **36** 104—112. Die 44. Tagung der Astronomischen Gesellschaft vom 22. bis 26. September 1959 in Kiel. P. Ahnert.

Sterne **36** 225—230. Die 45. Versammlung der Astronomischen Gesellschaft. C. Hoffmeister.

VdS Nachr. **9** 8—11. Die Tagung der Astronomischen Gesellschaft 1959 in Kiel. 2. Bericht. J. Herrmann.

Veröff. Uraniasternw. Wien Nr. 3 S. 26—33. Die Tagung der Astronomischen Gesellschaft 1959 in Kiel. J. Fleissner.

610. Astronomisch-Geodätische Gesellschaft der UdSSR

AC Nr. 210 S. 35—36 (russ.). III. congress of the Astronomical and Geodetical Society of the USSR. E. K. Straut.

Astr.-Geod. Ges. UdSSR. Sonderdruck, 16 S. (russ.). Resolutionen der 3. Tagung der Astronomisch-Geodätischen Gesellschaft der UdSSR vom 6.—11. April 1960 in Kiew.

Bull. Astr.-Geod. Ges. UdSSR Nr. 28 S. 51—55 (russ.). Über die Arbeit der geodätischen Sektion der Kujbyschewer Abteilung der WAGO. K. A. Lossew.

611. Astronomisk Selskab København

NAT 1960 S. 78—80. Den ordinære generalforsamling. — 1960 Febr. 23.
NAT 1960 S. 116. Den ekstraordinære generalforsamling.

612. British Astronomical Association

JBAA **70** 1—3. The annual general meeting of the Association, held on Wednesday, 1959 October 28 at Burlington House, London.
JBAA **70** 4—20. Presidential address. H. C. King.
JBAA **70** 20—23, 69—78, 113—122, 157—166, 203—213, 247—251, 277—293, 346—348. Report of the ordinary general meetings of the Association.
JBAA **70** 65—67. Officers and Council 1959—1960.
JBAA **70** 66—67, 107—112, 152—155, 200—201, 245—246, 275—276, 319—322, 371—372. Notices of the Association.
JBAA **70** 167—173. The future of the Mercury and Venus Section. P. Moore.
JBAA **70** 323—345. Report of the Council on the work of the session 1959 July 1 to 1960 June 30 to be presented to members of the Association at the annual general meeting, 1960 October 26.
JBAA **70** 348—351. The annual exhibition meeting of the Association. D. A. Campbell. — 1960 Juni 29.
Nature **188** 900—901. Work of the Radio-Electronics Section. J. Heywood.
Southern Stars **18** 175—176. Amateur radio astronomy.

613. British Interplanetary Society

J. British Interplanetary Soc. **17** 34—35, 63, 106—107, 145—146, 218—224, 334—337, 387—388, 417, 462—463. B. I. S. news.
J. British Interplanetary Soc. **17** 328—330. A space programme for the U. K. A memorandum from the British Interplanetary Society.
J. British Interplanetary Soc. **17** 332—333. Fifteenth annual general meeting. L. J. Carter.
J. British Interplanetary Soc. **17** 412—414. Report of the Council for the year ended 31 December, 1959. L. R. Shepherd.
J. British Interplanetary Soc. **17** 414—415. Fifteenth annual general meeting. — London, 1960 Juli 15.

614. International Astronomical Union

IAU Information Bull. Nr. 3, 7 S. D. H. Sadler.
IAU Information Bull. Nr. 4, 12 S. D. H. Sadler.
Publ ASP **72** 327—328. Invitations to the Berkeley I. A. U. meeting. F. K. Edmondson.
Sky Tel. **20** 271. Invitations to Berkeley IAU meeting in 1961.
Transactions of International Astronomical Union. Vol. X. Tenth General Assembly held at Moscow 12—20 August 1958. Herausgegeben von D. H. Sadler. Cambridge, University Press, 1960. 9 + 774 S. — Besprechung in Nature **189** 175 (D. McNally), Sky Tel. **20** 163, ZfA **50** 311—312 (P. ten Bruggencate).
Urania København **17** 7—15, 24—31, 41—47, 59—63, 70—76. Til Kongres i Sovjet-Unionen. A. Luplau Janssen.
Urania Kraków **31** 86—87. XI Kongres Międzynarodowej Unii Astronomicznej. J. Gadomski.

615. Internationale Astronautische Föderation

Bote Akad. Wiss. UdSSR 1960 Nr. 12 S. 45—46 (russ.). Der Astronautische Kongreß in Stockholm vom 15.—20. August 1960. L. I. Sedow, W. I. Krassowskij.
Vasiona **8** 90—91. XI kongres Međunarodne Astronautičke Federacije. V. Genčić.

Weltraumfahrt **11** 53. 11. Internationaler Astronautischer Kongreß vom 15. bis 20. August in Stockholm.

Weltraumfahrt **11** 69—72. Elfter Kongreß der Internationalen Astronautischen Föderation (I. A. F.). W. Büdeler.

Weltraumfahrt **11** 123. I. A. F. Satelliten-Komitee erweitert.

616. Meteoritical Society

Science **131** 1824—1831 = Harv Repr (2) Nr. 167. Program for collecting meteorites. E. L. Fireman. — Bericht über die Tagung der Gesellschaft in Cambridge, Mass., 1959 Sept. 10—11.

617. Nederlandse Vereniging voor Weer- en Sterrenkunde

Hemel en Dampkring **58** 20—22, 47—54, 100, 131—132, 158, 187—191. Nederlandse Vereniging voor Weer- en Sterrenkunde.

Hemel en Dampkring **58** 46. De afdeling Utrecht in het zilver. J. Oldeman.

618. Oriental Astronomical Association

Heavens **41** 108 (japan.). Jupiter & Saturn section.

Heavens **41** 109, 142, 170, 198 (japan.). Lunar section.

Heavens **41** 308 (japan.). Proceeding, O. A. A. annual general meeting.

619. Polskie Towarzystwo Miłośników Astronomii

Urania Kraków **31** 18. Nowy teleskop w Oddziale Warszwaskim P. T. M. A. J. Erdman. — K. Czetyrbok hat für die Warschauer Abteilung der P. T. M. A. ein 25 cm-Spiegelteleskop angefertigt. E. R.

Urania Kraków **31** 25—26, 216, 343—344. Kronika PTMA.

Urania Kraków **31** 57—59. Prace konstruktorskie w Oddziale P. T. M. A. w Gdańsku. L. Wohlfeil. — Es wird über 22 Spiegel berichtet, die 16 Liebhaber der Astronomie nach einem Schleiflehrgang an der Volkssternwarte Gdańsk (Gdingen) geschliffen haben. E. R.

Urania Kraków **31** 238—242. Kwestionariusz obserwacyjny Sekcji Obserwacji Specjalnych Oddziału Warszawskiego PTMA. M. Bielicki.

620. Royal Astronomical Society

Obs **80** 1—12, 41—47, 78—93, 125—136, 209—215. Meetings of the Royal Astronomical Society. R. O. Redman.

Obs **80** 48—63. Anniversary meeting of the Royal Astronomical Society. R. O. Redman.

Obs **80** 81—87. Ordinary meeting and annual general meeting of the Royal Astronomical Society. R. O. Redman.

Publ ASP **72** 147. Royal Astronomical Society.

Quarterly J. RAS **1** 5—9. Reports of meetings. R. O. Redman.

Quarterly J. RAS **1** 131—135. Reports of meetings. R. O. Redman. — Betrifft 1960 März 11, März 11 (annual general meeting), April 8, Mai 13.

Quarterly J. RAS **1** 136—139. Report of the Council to the hundred and fortieth annual general meeting of the Society. — 1959.

Quarterly J. RAS **1** 140. Progress and present state of the Society.

Quarterly J. RAS **1** 141. Report of the honorary auditors for the year 1959. K. H. Fea, P. L. Byard.

Quarterly J. RAS **1** 142—149. Treasurer's accounts for the year ending 1959 December 31.

Quarterly J. RAS **1** 249—250. Officers and Council, 1960—61.

621. Royal Astronomical Society of Canada

J RAS Canada **54** 140—143. Royal Astronomical Society of Canada. F. L. Troyer.

622. Royal Astronomical Society of New Zealand

Roy. Astr. Soc. New Zealand Variable Star Sect. Circ. Nr. 105, 2 S. A note on the policy of the Section. F. M. Bateson.
Southern Stars **18** 110—114. Annual general meeting. Ideas and exhibits meet in Wellington.
Southern Stars **18** 114—117. Annual report of Council for the year ended 1959 Sept. 30. F. H. Clift.
Southern Stars **18** 117—121. Reports of Sections. Lunar and Planetary Section, P. A. Read; Telescope-making Section, R. B. Orton; Computing Section, L. P. Lee; Variable Star Section, F. M. Bateson.

623. Schweizerische Astronomische Gesellschaft

Orion Schaffhausen **5** 803—804. Bilder-Dienst der SAG.
Orion Schaffhausen **5** 805. Astronomischer Photowettbewerb 1959.
Orion Schaffhausen **5** 917—920. 18. Generalversammlung der Schweizerischen Astronomischen Gesellschaft 21./22. Mai 1960 in Winterthur. E. Leutenegger.
Orion Schaffhausen **5** 923—928. Communication du «Groupement planétaire S. A. S.» S. Cortesi, N. Cramer.

624. Sociedad Astronómica de España y América

Urania Barcelona **44** 141—147, 1959. Actividades de la Sociedad Astronómica de España y America durante el año 1958. A. Paluzíe Borrell.

625. Sociedad Astronómica de México

El Universo **14** 30—34, 94—95, 144—146, 191. Actividades de la Sociedad.
El Universo **14** 35—37. Comentarios de los Socios. E. Della Longa.

626. Società Astronomica Italiana

Atti Convegno Astr. Padova Asiago 1960 S. 3—4. La VI^{a} Riunione della Società Astronomica Italiana. — 1959 Okt. 16—19.
Atti Convegno Astr. Padova Asiago 1960 S. 5—7. Assemblea generale dei Soci per l'anno 1959.
Atti Convegno Astr. Padova Asiago 1960 S. 9—15. Discorso inaugurale. F. Zagar. — Eröffnungsrede anläßlich der 6. Versammlung der italienischen astronomischen Gesellschaft im Okt. 1959.

627. Société Astronomique de France

BSAF **74** 17—21, 82—86, 129—131, 178—180, 209—211, 256—258, 530—534. Société Astronomique de France.
BSAF **74** 22—23, 87—88, 181—183, 429—431, 472—473. Société Astronomique de France. Groupe de Lorraine. G. Florsch.
BSAF **74** 24, 271—273, 473. Commission solaire. G. Florsch.
BSAF **74** 92—93. Activité de la cinémathèque S. A. F. en 1959. J. Leclerc.
BSAF **74** 221—224, 385—388, 432—434, 461—468. Commission des instruments. J. Texereau, G. Collette.
BSAF **74** 305—311. Assemblée générale annuelle de la Société Astronomique de France du 22 juin 1960.
BSAF **74** 318—321. La vie de la Société Astronomique de France (1959—1960).

BSAF **74** 535—537. Allocution de M. J. Coulomb.
BSAF **74** 537—538. Allocution de M. A. Lallemand.
VdS Nachr. **9** 129. Die «Société Astronomique de France». A. Oberstatter.

628. Société Astronomique «R. Bošković»

Vasiona **8** 11, 43—45. Vesti iz Društava. — Berichte der Astronomischen Gesellschaft «R. Bošković».

629. Société Astronomique de la Côte d'Azur

La Nature **88** 540. Société astronomique de la Côte d'Azur. — Gründung der Gesellschaft.

630. Société Chronométrique de France

Ann. Françaises Chronométrie (2) **14** 59—62. Assemblée générale du samedi 21 novembre 1959.

631. Svenska Astronomiska Sällskapet

PAT **41** 1—4. Anförande vid Svenska Astronomiska Sällskapets fyrtioårsjubileum. N. V. E. Nordenmark.
PAT **41** 55—75. Svenska Astronomiska Sällskapets astronomdag i Lund den 10 Oktober 1959.
PAT **41** 76—80. Svenska Astronomiska Sällskapet. Styrelsens berättelse för år 1959. G. Malmquist, P. O. Lindblad.

632. **R. M. Adams,** Progress report of the A. L. P. O. Lunar meteor search project in 1958—59. Strolling Astr. **14** 21—26.

633. **A. Alksnis,** Vissavienības astronomijas un ģeodēzijas biedrības centrālās padomes plēnums Rīgā. Zvaigžņotā Debess 1960, gada pavasaris S. 52—53.

634. **C. de Bièvre, A. Dermul, L. Michiels, W. de Kort,** Société d'Astronomie d'Anvers. Quarantième rapport 1959, 12 S.

635. **J.-P. Blaser,** Protokolle der 105. und der 106. Sitzung der Schweiz. Geodätischen Kommission vom 4. September 1959 in Bad Balgach und vom 2. April 1960 im Parlamentsgebäude in Bern mit Auszügen aus den Berichten über die Tätigkeit im Jahre 1959. Neuchâtel, Schweiz. Naturforschende Gesellschaft, 1960. 27 S.

636. **P. Bourgeois, J. F. Cox,** Rapport sur l'activité du Comité National d'Astronomie, au cours des années 1958 et 1959. Bull. Cl. Sci. Acad. roy. Belgique (5) **46** 281—282.

637. **M. Butorac,** Svemir i međunarodna saradnja. ZiS **3** 32.

638. **R. M. Camp jr.,** Southwest region convention of the Astronomical League. Strolling Astr. **14** 126—128. — Fort Worth, Texas, 1960 Juni 10—11.

639. **A. N. Deutsch,** Report of the sub-commission on photographic astrometry (Dec. 1955—May 1958). Vgl. Ref. **1307** S. 19—22.

640. **M. Dīriķis,** Vissavienības apspriede par sudrabainajiem mākoņiem. Zvaigžņotā Debess 1960. gada pavasaris S. 50—52.

641. **E. P. Fedorow,** Report of the sub-commission on latitude. Vgl. Ref. **1307** S. 23—26.

642. **A. A. Jakowkin,** Report of the sub-commission on the study of the figure and motion of the Moon (1955—1958). Vgl. Ref. **1307** S. 29—30.

643. **F. Kälin,** Astronomische Gesellschaft Rheintal. Orion Schaffhausen **5** 992—994. — Auszug aus dem Jahresbericht des Präsidenten für 1959.

644. **N. N. Pawlow,** Report of the sub-commission on the problem of time determination. Vgl. Ref. **1307** S. 27—28.

645. **E. Pohl,** 10 Jahre BAV. BAV Rundbrief **9** 1—2.

646. **I. Rabinovičs,** Baltijas dabzinātņu un tehnikas vēstures pētnieku sanāksme Viļņā. Zvaigžņotā Debess 1960. gada pavasaris S. 53—54.

647. **L. J. Robinson,** Some suggestions for a public star party. Sky Tel. **20** 15. — Betr. Astr. Soc. Los Angeles.

648. **L. J. Robinson,** Concerning the methods and goals of the A. L. P. O. Strolling Astr. **14** 81—83.

649. **L. J. Robinson,** The sixth convention of the Association of Lunar and Planetary Observers. Strolling Astr. **14** 156—159.

650. **N. G. Roman,** Vehicles and plans. Vgl. Ref. **1326** S. 240—241.

651. **G. D. Roth,** Bericht über die 4. ordentliche Mitgliederversammlung der «Vereinigung der Sternfreunde e. V.» in Kiel. Sterne **36** 171—172.

652. **N. Ryde, G. Darsenius,** Göteborgs Astronomiska Klubb. Styrelsens berättelse för år 1959. PAT **41** 81—82.

653. **C. K. Seyfert,** The Barnard Astronomical Society of Nashville, Tennessee. J. Tennessee Acad. Sci. **35** 124—125.

654. **W. E. Shawcross,** The A. L. P. O. photoduplication service. Strolling Astr. **14** 26—27.

655. **W. Stein,** Jahresbericht der Olbers-Gesellschaft Bremen. VdS Nachr. **9** 39.

656. **M. S. Swerew,** Report of the Presidium of the Astrometrical Commission of the Astronomical Council of the Academy of Sciences, USSR. Vgl. Ref. **1307** S. 11—18.

657. **O. Thomas,** Wiener Referatsabende. VdS Nachr. **9** 104—105. — Bericht über Veranstaltungen des Astronomischen Vereins Wien.

658. **F. Voith,** «Gmünder Weltraumfreunde» an der Arbeit. Veröff. Uraniasternw. Wien Nr. 3 S. 37—38.

659. Das Zeitproblem. Zusammengestellt von R. Zaunick. Bericht über die Jahresversammlung der Deutschen Akademie der Naturforscher Leopoldina, 9.—12. Mai 1959 in Halle/Saale. Nova Acta Leopoldina (NF) **21** Nr. 143, 313 S., 1959. — Besprechung in Sterne **37** 134—135 (C. Hoffmeister).

660. Apie TSRS Mokslų akademijos Astronominės tarybos išvažiuojamosios sesijos darbą Vilniuje 1960 metų rugpiūčio mėn. 23—26 d. Astr. Obs. Biul. Vilnius Nr. 2 S. 1—3 (russ., litau., engl.).

661. Rapport annuel du Comité National Belge de l'Année Géophysique Internationale en 1959. Bull. Cl. Sci. Acad. roy. Belgique (5) **46** 291.

662. Rapport du Comité National des Recherches Spatiales. Bull. Cl. Sci. Acad. roy. Belgique (5) **46** 292.

663. Assemblée Générale de l'Union Radio-Scientifique Internationale (Londres 1960). Bull hor 1960 (5) S. 163—166.

664. The Gordon Astronomical Society, Geelong. J. Astr. Soc. Victoria **13** 103—105.

665. Abstracts of the papers presented at the forty-first annual meeting, American Geophysical Union Washington, D. C., April 27—30, 1960. J. Geophys. Res. **65** 2471—2534.

666. Verzeichnis der Mitglieder der Vereinigung der Sternfreunde e. V. Stand Sommer 1960. München, 1960. 39 S.

667. The Nantucket Maria Mitchell Association. Fifty-eighth annual report for the year ending December 31, 1959. Nantucket, Mass., Memorial House, 1960. 52 S.

668. U. S. Planning Committee on Planetary Sciences. Nature **185** 658.

669. Commissione nazionale per l'astronomia. Ric. Sci. **30** 1614.

670. Amateur astronomers. Sky Tel. **19** 159—160, 224, 287, 350—355, 413, 476—477, **20** 26, 68—69, 138—139, 206, 272—273, 325.

671. International Academy of Astronautics. Sky Tel. **20** 8.

672. Here and there with amateurs. Sky Tel. **20** 209—213.

673. 9. Raketen- und Raumfahrttagung der Deutschen Raketen-Gesellschaft e. V. Weltraumfahrt **11** 72.

674. 12. Jahreshauptversammlung der DGRR vom 23.—26. Mai in Heidelberg. Weltraumfahrt **11** 84—86.

675. Die neunte Jahrestagung der Deutschen Raketengesellschaft e. V. Weltraumfahrt **11** 115—117. — Hannover, 1960 Aug. 26—28.

676. Rad i program Astronautičkog Društva Split. ZiS **3** 47.

677. Rad pionirske astronautičke grupe na VI. osmogodišnjoj školi u Splitu. ZiS **3** 48.

678. Astronomska izložba Astronautičkog Društva Split. ZiS **3** 72.

679. Selenografska sekcija Astronautičkog Društva Split. ZiS **3** 72.

§ 7

Tagungen, Ausstellungen

701. **K. M. Alexejewa,** Die dritte erweiterte Vollsitzung des Meteoriten-Komitees der Akademie der Wissenschaften der Ukrainischen Sowjetrepublik. Kiew, 1959. Dopowidi Akad. Wiss. Ukrain. SSR 1960 Nr. 1 S. 122—123 (ukrain.). — Ref. in RJ UdSSR 1961 Nr. 1 S. 67.

702. **R. L. F. Boyd,** Space Science. Nature **186** 749—751. — Symposium in Nizza, Jan. 1960.

703. **D. Brouwer,** Report on the first Inter-American conference on Astronomy at La Plata and Cordoba, October 30 to November 3, 1959. AJ **65** 235—238.

704. **W. Büdeler,** Erstes internationales Symposium über Raumforschung. Weltraumfahrt **11** 19—20.

705. **W. Carnuth,** Kolloquium der Mond- und Planetenbeobachter in Nürnberg. VdS Nachr. **9** 75—76. — 11. Juni 1960.

706. **C. R. Chapman,** The seventh convention of the A. L. P. O. in Haverford, Pennsylvania. Strolling Astr. **14** 179—185.

707. **P. N. Cholopow,** Vollsitzung der Kommission für veränderliche Sterne in Rostow am Don vom 22. bis 25. Juni 1960. Bote Akad. Wiss. UdSSR 1960 Nr. 9 S. 99—100 (russ.). — Ref. in RJ UdSSR 1961 5A24.

708. **J. Dick,** Die Astronomie auf dem Internationalen Kongreß für Chronometrie in München. Sterne **36** 52—64.

709. **A. Donat,** Le Congrès International de Chronométrie München 19—23 juin 1959. Ann. Françaises Chronométrie (2) **14** 51—54.

710. **M. Eichhorn,** Veränderlichen-Kolloquium in Bamberg. Sterne **36** 23—27.

711. **K. Gerke,** Bericht über das 3. Internationale Symposium für Erdgezeiten in Triest vom 6. bis 12. Juli 1959. Nachr. Karten-Vermessungswesen (1) Nr. 15 S. 5—9.

712. **K. Gerke,** Bericht über das Symposium der Internationalen Assoziation für Geodäsie über dreidimensionale Geodäsie in Venedig vom 16. bis 19. Juli 1959. Nachr. Karten-Vermessungswesen (1) Nr. 15 S. 10—15.

713. **W. G. Gorbazkij,** Die erste Tagung der Kommission für Physik der Sterne und Nebel. AJ UdSSR **37** 360—362 (russ.). — Lemberg, 1959 Juli 17—19.

714. **E. A. Grebenikow,** Tagung über Fragen der mathematischen Theorie der Bewegung künstlicher Himmelskörper. AJ UdSSR **37** 362—368 (russ.). — Moskau, 1959 Dezember 22—25.

715. **N. I. Grischin,** The sixth conference on the noctilucent clouds. AC Nr. 209 S. 46—47 (russ.). — Riga, 1959 Okt. 22—24.

716. **A. Güttler,** Das Veränderlichen-Colloquium Bamberg 1959. VdS Nachr. **9** 50—51.

717. **W. K. Hartmann,** Convention at Haverford. Sky Tel. **20** 266—267. — 1960 Sept. 3—5.

718. **T. Hatanaka,** Report of the 3rd general meeting of the Committee on Space Research. Astr. Herald **53** 77 (japan.).

719. **G. A. W. C. Baron van Hemert tot Dingshof,** Vijftiende bijeenkomst van werkende sterrenkundige amateurs. Hemel en Dampkring **58** 43—44. — Leiden, 1959 Nov. 21.

720. **M. S. Jarow-Jarowoj,** Die Tagung über die mathematische Theorie der Bewegung künstlicher Himmelskörper vom 22.—25. Dezember 1959. Bote Univ. Moskau (Phys., Astr.) 1960 Nr. 2 S. 76—80 (russ.). — Moskau.

721. **N. P. Jerpyljow,** Die auswärtige Tagung des Astronomischen Rats in Wilnjus vom 23.—26. Aug. 1960. Bote Akad. Wiss. UdSSR 1960 Nr. 11 S. 122—123 (russ.). — Ref. in RJ UdSSR 1961 4A27.

722. **L. A. Katassjow,** Die Erforschung der höheren Atmosphärenschichten mit meteorischen Methoden. Bote Akad. Wiss. UdSSR 1960 Nr. 3 S. 98 (russ.). — Ref. in RJ UdSSR 1960 Nr. 9 S. 3. — Seminar in Aschchabad, 1959 Dez. 11—14.

723. **M. Kneissl, G. Kirschmer,** Bericht über das Symposium für die Neuausgleichung der europäischen Triangulationen vom 19. bis 24. April 1960 in Lissabon. Deutsche Geod. Kommission Bayer. Akad. Wiss. (B) Nr. 68, 48 S. — Auf den S. 17—27 befindet sich ein Bericht über den «Stand der astronomisch-geodätischen Messungen» und über «Beobachtungsmethoden und Instrumente für Winkelmessungen I. O. und für astronomische Messungen auf Laplace-Punkten».

724. **E. L. Krinow,** Die Untersuchung der Meteorite. Bote Akad. Wiss. UdSSR 1960 Nr. 9 S. 113—115 (russ.). — Ref. in RJ UdSSR 1961 5A481. — Kiew, 1960 Juni 2—4.

725. **N. P. Kukarkina,** 13. Vollsitzung der Kommission Veränderlicher Sterne des Astronomischen Rats der Akademie der Wissenschaften der UdSSR. AC Nr. 213 S. 30—31 (russ.). — Rostow/Don, 1960 Juni 22—25.

726. **R. L. Leadabrand,** Radar astronomy symposium report. J. Geophys. Res. **65** 1103—1118. — San Diego, Calif., 1959 Okt. 19—21.

727. **P. Ledoux,** Note sur le neuvième Colloque International d'Astrophysique tenu à Liège, les 6, 7 et 8 juillet 1959. Bull. Cl. Sci. Acad. roy. Belgique (5) **46** 731—732.

728. **B. J. Lewin,** Seminar über Kometen, Tartu, 4. bis 5. Juli 1960. Bote Akad. Wiss. UdSSR 1960 Nr. 9 S. 100—101 (russ.). — Ref. in RJ UdSSR 1961 Nr. 3 S. 4.

729. **J. Maple,** Great Lakes Region 1960 convention. Strolling Astr. **14** 184. — Detroit, Michigan 1960 Juli 30—31.

730. **A. McClure,** Convention at San Jose. Sky Tel. **20** 204—206.

731. **P. Muller,** Le congrès de l'espace à Nice. BSAF **74** 171—177, 213—218.

732. **A. C. Munyan,** Polar wandering and continental drift. Science **132** 1264—1266. — Tagungsbericht.

733. **O. Namba, M. Kanno,** Über die beiden internationalen Kolloquien in Lüttich und Meudon. Astr. Herald **53** 250 (japan.).

734. **A. A. Orlow,** Meeting on the theory of the motion of artificial celestial bodies. AC Nr. 209 S. 44—46 (russ.). — Moskau, 1959 Dez. 22—25.

735. **A. Paluzíe Borrell,** La investigación astronómica en 1958. Urania Barcelona **44** 11—19, 1959. — Konferenz, 1959 Febr. 1.

736. **J. G. Perel,** Sitzung der Kommission für Geschichte der Astronomie. AJ UdSSR **37** 600—601 (russ.). — Moskau, 1960 Jan. 27—30.

737. **J. G. Perel,** Fragen der Geschichte der Astronomie auf der Interhochschulkonferenz über die Geschichte der physikalisch-mathematischen Wissenschaften. AJ UdSSR **37** 942—944 (russ.). — Moskau, 1960 Mai 25—Juni 3.

738. **E. Pohl,** Tagung über Veränderliche in Bamberg. BAV Rundbrief **9** 10.

739. **B. G. Pressey,** Rocket and satellite instrumentation. Nature **188** 265—266 — Bericht über ein Symposium, das am 1. Sept. 1960 in London stattfand.

740. **E. Proverbio,** I convegni delle Società Cronometriche di Francia e Svizzera. Mem SA It (NS) **31** 371—372. — Grenoble, 1960 Mai 14—16; Bern, 1960 Juni 11—12.

741. **E. Regöczi,** Les travaux géodésiques en Hongrie. Rapport établi à l'occasion de l'assemblée générale de l'Union Géodésique et Géophysique Internationale à Helsinki, 1960. Acta Techn. Acad. Sci. Hungaricae **30** Fasc. 1—2, 9 S.

742. **G. D. Roth,** Philipp-Fauth-Kolloquium in München. Mitt. Planetenbeobachter **13** 27—30. — 28. Mai 1960.

743. **G. D. Roth,** Kolloquium für Sternfreunde am 11. und 12. Juni 1960 in Nürnberg. Sterne **36** 218—219.

744. **W. I. Sacharow,** Die vierte Breitenkonferenz und die Hauptprobleme der Erforschung der Bewegung der Erdpole. AJ UdSSR **37** 595—600 (russ.). — Pulkowo, 1959 Dez. 9—12.

745. **W. S. Safronow,** Viertes Symposium zur Dynamik kosmischer Objekte, 18—29. Aug. 1960. Bote Akad. Wiss. UdSSR 1960 Nr. 11 S. 109 (russ.). — Ref. in RJ UdSSR 1961 4A26. — Varenna.

746. **W. Sandner,** Le colloque des observateurs planétaires à Nuremberg. Gaz astr **42** 21—24. — 1960 Juni 11.

747. **W. Sandner,** Planeten-Colloquium in Nürnberg. Orion Schaffhausen **5** 989—991. — 1960 Juni 11—12.

748. **H. Schmidt,** Planetarische Radiostrahlung. Sterne **36** 81—83. — Im Zusammenhang mit der 101. Versammlung der American Astr. Soc. fand im Dezember 1958 in Gainesville ein Symposium über planetarische Radioastronomie statt. Verf.

749. **K. Serkowski,** Wrażenia z konferencji polaryzacyjnej w Tucson (Arizona). Postępy Astr. 8 177—180. — Tucson, 1960 Febr. 6.

750. **S. F. Singer,** Space science symposium. American J. Phys. **28** 612—613. — Ref. in Phys. Abstr. (A) **63** 1630.

751. **A. E. Slater,** Astronautics in London. Spaceflight **2** 141—143. — Bericht über das Commonwealth Spaceflight Symposium vom 27.—29. August 1959 und den zehnten International Astronautical Congress vom 31. August bis 5. September 1959.

752. **W. A. Tolskaja,** Tagung der Leiter der Stationen zur visuellen Beobachtung künstlicher Erdsatelliten. Bull KE Nr. 7 S. 1—2, 1959 (russ.).

753. **J. Witkowski,** Trzecie międzynarodowe Sympozjum przypływów skorupy ziemskiej. Postępy Astr. 8 65—67. — Triest, 1959 Juli 6—11; Symposium über Gezeiten der Erdkruste. E. R.

754. **B. A. Woronzow-Weljaminow,** Kolloquium über galaktische und außergalaktische Astronomie und Elektronenphotographie. AJ UdSSR **37** 357—360 (russ.). — Paris, 1959 Juni 30—Juli 3.

755. **W. Zonn,** O pierwszym międzynarodowym sympozjum poświęconym nauce o przestrzeni kosmicznej. Urania Kraków **31** 98—102. — Nizza, 1960 Jan.

756. Konferenz über Radioastronomie. AC Nr. 217 S. 18 (russ.). — Moskau, 1960 Nov. 22—28.

757. Internationales Mond-Symposium. AC Nr. 217 S. 18 (russ.). — Leningrad, 1960 Dez. 6—10.

758. VII. Vollsitzung des Zentralrats der Astronomisch-Geodätischen Gesellschaft der UdSSR. AC Nr. 217 S. 18 (russ.). — Moskau, 1960 Dez. 20—21.

759. XV. Astrometrische Konferenz. AC Nr. 217 S. 18 (russ.). — Pulkowo, 1960 Dez. 13—17.

760. Informe sobre la primera conferencia interamericana de astronomía, realizada en La Plata y Córdoba, de octubre 30 a noviembre 3 de 1959. As. Argentina Astr. Bol. Nr. 2 S. 68—74.

761. Tagung über die Breitenschwankung. Astr. Herald **53** 236 (japan.).

762. Ergebnisse der Beratung zur Untersuchung der Bewegung künstlicher Erdsatelliten. BIA **7** 501—502 (russ.). — Leningrad, 1959 Mai 13—14.

763. Zweite Tagung über die Erforschung der Bewegung künstlicher Erdsatelliten. BIA **7** 741—742 (russ.). — Leningrad, 1959 Mai 13—14.

764. Colloque du Comité National Français d'Astronomie «Soleil et relations Soleil-Terre». BSAF **74** 481—521. — Paris, 1960 Juni 8—10.

765. Astronomie géodésique. Bull. géod. (NS) Nr. 58 S. 394—397. — Bericht über die Sitzungen der Sektion III der Internationalen Union für Geodäsie und Geophysik während der Versammlung in Helsinki 1960 Juli 26—Aug. 6.

766. Geoïde. Bull. géod. (NS) Nr. 58 S. 402—405. — Tagungsbericht der Sektion V der Internationalen Union für Geodäsie und Geophysik, Helsinki 1960 Juli 26 bis Aug. 6.

767. Seminar über Fragen der photographischen Beobachtung künstlicher Erdsatelliten. Bull KE Nr. 3 S. 1—2, 1959 (russ.).

768. The first international space science symposium, Nice, 1960 January. Geophys. J. RAS **3** 133—136.

769. XII general assembly of the International Union of Geodesy and Geophysics. Helsinki, 1960 July 26 to August 6. Geophys. J. RAS **3** 462—475.

770. European symposium on space technology. J. British Interplanetary Soc. **17** 463—464.

771. The American Institute of Navigation. J. Inst. Navigation **13** 473—475. — Bericht über die 16. Versammlung des American Institute of Navigation in Colorado vom 23.—25. Juni 1960.

772. Transactions of the Joint Commission for Spectroscopy. Minutes of the Moscow Meeting, August 12—15, 1958. J. Optical Soc. America **50** 396—417.

773. Veränderlichen-Colloquium Bamberg 1959. Kleine Veröff. Remeis-Sternw. Bamberg Nr. 27, 41 S.

774. Die Arbeitstagung der Mond- und Planetenbeobachter am 11. und 12. Juni 1960 in Nürnberg. Mitt. Planetenbeobachter **13** 21—26, 32—35, 44—46.

775. The opening of Flamsteed House by Her Majesty the Queen. Obs **80** 206.

776. Symposium on Cosmical Gas Dynamics: Aerodynamic Phenomena in Stellar Atmospheres. Ric. Sci. **30** 41. — Symposium in Varenna vom 18.—31. Aug. 1960.

777. U. S. scientists participate in international space symposium. Science **131** 148. — Nizza, 1960 Jan. 11—15.

778. Preview of programs at AAAS New York meeting. Science **132** 1259—1260.

779. Symposium on subdwarfs. Sky Tel. **19** 467—469. — Ref. AAS.

780. NSF tenth anniversary. Sky Tel. **19** 472.

781. Astronautics in Warsaw. Spaceflight **2** 157. — Ausstellung im Sommer 1959.

782. Arbeitstagung der Mond- und Planetenbeobachter am 11. und 12. Juni 1960 in Nürnberg. Sternenbote **3** 97.

783. Coloquio sobre estrellas dobles y estrellas variables. Urania Barcelona **45** 104—106. — 1959 Juni 23—24.

784. Wystawa UNESCO — «Ziemia w kosmosie». Urania Kraków **31** 271—272.

785. Internationale astronomische Ausstellung in Barcelona. VdS Nachr. **9** 88.

786. Resolution der 14. astrometrischen Konferenz der UdSSR. Vgl. Ref. **1307** S. 425—429.

§ 8

Internationale Zusammenarbeit, gegenwärtige Situation, Fortschritte

Internationale Zusammenarbeit

801. **A. A. Dmitrijew,** Einige wissenschaftliche Ergebnisse der Dienstreise zur Sternwarte der Tschechoslowakischen Akademie der Wissenschaften in Ondřejov. Vgl. Ref. **1305** S. 57—62.

802. **A. A. Dmitrijew, W. K. Shaworonkina,** Über die Dienstreise zur Sternwarte der Tschechoslowakischen Akademie der Wissenschaften in Ondřejov im Jahre 1957. Vgl. Ref. **1305** S. 51—56.

803. **J. W. Findlay,** The protection of frequencies for radio astronomy. AJ **65** 344. — Ref. AAS.

804. **A. W. Frutkin,** Co-operation in space-research. Spaceflight **2** 247—251.

805. **M. Kanno, O. Namba,** Ein Brief aus Utrecht. Astr. Herald **53** 252 (japan.).

806. **F. von Marnitz, E. Mädlow,** Sternbeobachtungen in südlicher Breite gelegentlich der Sonnenfinsternis-Reise. VdS Nachr. **9** 57—60.

807. **D. C. Rose,** Space science organizations and the scope of planned programmes. Vgl. Ref. **1336** S. 201—207.

808. **Takahashi, M. Ishizuka,** Ein Brief aus Peru. Astr. Herald **53** 248 (japan.).

809. Plans of space exploration of U. S. A. Heavens **41** 128—129 (japan.).

810. Radio frequencies and space communications. Nature **187** 373.

811. East-west exchange. Sky Tel. **20** 265.

812. Störungsfreie Radioastronomie. Sternenbote **3** 96.

Gegenwärtige Situation, Fortschritte

813. **G. A. Bakos, L. Campbell jr.,** Moonwatch progress report and results obtained. AJ **65** 482—483. — Ref. AAS.

814. **D. Barbier,** Les voies nouvelles de l'astronomie. Scientia **95** 257—260 = Contr. Inst. d'Astrophys. Paris (A) Nr. 259.

815. **P. Couderc,** Faits divers. BSAF **74** 523—529. — Bericht über einige neuere Forschungsergebnisse.

816. **J. Coulomb,** Les progrès récents de l'astronomie. BSAF **74** 312—317.

817. **J. B. Irwin,** AAAS astronomy highlights. Sky Tel. **19** 347—349. — Ref. in VdS Nachr. **10** 50—51.

818. **F. Kadavý,** Progress of amateur astronomy in Czechoslovakia after the world war II. RH **41** 81—82 (tschech.).

819. **T. R. Kaiser,** Progress in aeronomy. Nature **188** 712—713.

* * **A. C. B. Lovell,** Investigation of the universe by radio astronomy. Vgl. Ref. **243**.

820. **C. A. Lundquist,** Progress in design and implementation of scientific spacecraft. Vgl. Ref. **1330** S. 540—562.

821. **A. Maxwell,** Recent developments in solar radio astronomy. Proc. National Acad. Sci. USA **46** 1260—1269 = Harv Repr Nr. 560.

822. **S. K. Mitra,** Upper atmosphere and space exploration with artificial satellites. Science Culture **25** 498—511. — Ref. in Phys. Abstr. (A) **63** 1619.

823. **W. W. Morgan,** Some vistas of astronomical discovery. Publ ASP **72** 153—158 = Contr. Kitt Peak National Obs. Nr. 3.

824. **W. W. Morgan,** Some vistas of astronomical discovery. Science **132** 73—75.

825. **J. H. Oort,** Radio astronomy — a window on the universe. American Sci. **48** 160—178 = National Radio Astr. Obs. Green Bank Repr. (B) Nr. 4.

826. **H. K. Paetzold,** Neue Forschungsergebnisse durch Erdsatelliten und Raumsonden. Phys. Blätter **16** 325—333.

827. **T. Page,** Recent statistical studies in astronomy. Science **132** 1870—1875.

828. **A. Paluzíe Borrell,** El año astronómico 1959. Urania Barcelona **45** 40—57.

829. **W. Priester,** Radioastronomie. Ein Überblick über ihre Probleme. Orion Schaffhausen **5** 947—955. — Bericht über den Vortrag vor der Schweizerischen Astronomischen Gesellschaft anläßlich der Generalversammlung 1960 in Winterthur.

830. **D. Rendić,** Radioastronomija otkriva nam novu sliku svemira. ZiS **1** 14—16, 31—34, 1958.

831. **T. S. Ringnes,** Astronomiske begivenheter i 1958. Naturen 1960 S. 259—282 = Inst. Teoret. Astrofys. Blindern-Oslo Småtrykk Nr. 32.

832. **W. O. Roberts, H. Zirin,** Recent progress in solar physics. J. Geophys. Res. **65** 1645—1659.

833. **K. Rudnicki,** Metoda morfologiczna w astronomii. Postepy Astr. **8** 3—13. — Verf. arbeitet die in Zwickys Morphologischer Astronomie (vgl. AJB **57** Ref. **12004**) enthaltenen Leitgedanken heraus und weist darauf hin, daß die morphologische Analyse und Methode unlängst von sowjetischen Astronomen angewandt wurde. E. R.

834. **H. J. Smith,** The Story of the Universe. Unit II: The Solar System. New Haven, Conn., Films for Education, 1960. 6 Filme. Preis $ 42.00. — Besprechung in Sky Tel. **20** 159—160, 163 (V. A. Roberts).

835. **P. Swings,** Problems of astronomical spectroscopy. Sitzber. Heidelberger Akad. Wiss. Math.-naturwiss. Kl. 1960 S. 47—65 = Inst. d'Astrophys. Univ. Liège Coll. 8° Nr. 412.

836. **F. B. Wood,** Photoelectric photometry in astronomical studies. Science **132** 1123—1127 = Flower and Cook Obs. Repr. Nr. 126. — Überblick über Fortschritte auf verschiedenen Gebieten der Astronomie durch Verwendung photometrischer Methoden. Es wird über Bedeckungsveränderliche, Cepheiden, Untersuchungen der Galaxis sowie Probleme der Sternentwicklung berichtet. Henn

837. Vistas in Astronomy. Vol. 3. Edited by A. Beer. London—Oxford—New York—Paris, Pergamon Press, 1960. 345 S. Preis £ 6.00. — Besprechung in AJ UdSSR **38** 567—568 (P. W. Schtscheglow), Ann d'Astrophys **23** 678 (D. Barbier), J. Atmosph. Terr. Phys. **19** 294 (H. A. Brück), J RAS Canada **55** 45 (A. V. Douglas), La Nature **88** 445, Mem SA It (NS) **31**

382—383 (M. G. Fracastoro), Nuovo Cimento (10) **18** 1311 (L. Rosino), Publ ASP **72** 516—517 (A. H. Batten), Sky Tel. **20** 43, ZfA **51** 149—150 (M. Minnaert), ZfMG **86** 237 (W. Strohmeier).

838. On the Present State and the Future of Latitude Investigations. Collection of Papers. Herausgegeben von E. P. Fedorow. Moskau, Astronomischer Rat Akad. Wiss. UdSSR, 1960. 120 S. Preis 5 R. (russ., engl. oder französ.).

839. Science Survey — 1. Herausgegeben von A. W. Haslett, J. S. John. New York, Macmillan Co., 1960. 360 S. Preis $ 5.75. — Besprechung in Sky Tel. **20** 228.

840. Smithsonian Treasury of Science. Herausgegeben von W. P. True. New York, Simon & Schuster, 1960. 1208 S. Preis $ 15.00. — Besprechung in Sky Tel. **21** 290.

841. Neues vom Himmel. Heavens **41** 102 (japan.).

842. Annual summary of progress in navigational science, 1959. Navigation Washington **7** 57—62.

843. In Memoriam. Pio XII y la Astronomía. Urania Barcelona **44** 3—10, 1959.

844. Novosti i beleške. Vasiona **8** 12—15, 45—46, 72—78, 114—119.

845. Kurzberichte. Weltraumfahrt **11** 24—28, 58—62, 86—91.

846. Novosti i zanimljivosti. ZiS **1** 16—18, 38—43, 64—70, 90—96, 1958.

847. Novosti i zanimljivosti. ZiS **2** 16—22, 40—48, 68—70, 87—95, 1959.

848. Sitne vijesti. ZiS **3** 19—22, 44—45.

849. Uspjesi i perspektive radarske astronomije. ZiS **3** 94—96. — Ref.

Astronomie in verschiedenen Ländern

850. **F. M. Bateson,** Astronomical trends in the southern hemisphere. Southern Stars **18** 103—108.

851. **Y.-c. Chang,** The development of astrometry in China. Vgl. Ref. 1307 S. 93—94.

852. **E. K. Charadse,** Die Astronomie in der Georgischen Sowjetrepublik. Zum 40. Jahrestag der Sowjetmacht in Georgien. Bull. Astrophys. Obs. Abastumani Nr. 25 S. 3—24 (russ. mit georg. Ref.).

853. **J. Gallo,** Panorama de la Astronomía en México. 1960. 44 S. — Besprechung in El Universo **15** 46—48.

854. **R. H. Garstang,** Astronomy in Canada. Nature **188** 282—283.

855. **G. Herzberg, A. E. Covington, P. M. Millman, T. R. Hartz, R. M. Petrie, W. Wehlau,** Astronomy in Canada. J RAS Canada **54** 126—139.

856. **J. C. Jaeger, R. F. Thyer,** Geophysics in Australia. Geophys. J. RAS **3** 450—461.

857. **K. G. Malmquist,** Den Svenska astronomiens utveckling under de senaste 40 åren. PAT **41** 5—23.

858. **S. Piotrowski,** Z planów rozwoju astronomii polskiej. Urania Kraków **31** 34—37. — Verf. erörtert die Planungen und Perspektiven der polnischen Astronomie bis 1975. E. R.

859. **S. M. Plakidis,** Astronomy in Modern Greece. Publ. Lab. Astr. Univ. Athen (2) Nr. 6, 53 S. — Ausführlicher Bericht über die Begründung, Entwicklung und den heutigen Stand der verschiedenen astronomischen Institute in Griechenland. Mav.

860. **L. Randić,** Jugoslavenski astronomi u Sovjetskom Savezu. ZiS **1** 5—7, 1958.

861. **L. I. Sedow,** Die Entwicklung der kosmischen Forschungen in der UdSSR. Bote Akad. Wiss. UdSSR 1960 Nr. 11 S. 10—14 (russ.).

862. **B. Šternberk,** Development of astronomy in Czechoslovakia 1945—1960. BAC **11** 119—120 (russ. mit engl. Ref.).

863. **B. Šternberk,** Tschechoslowakische Astronomie 1945—1960. Vesmír **39** 167—168 (tschech.).

864. **W. Witkewitsch,** Einige Fragen über die Entwicklung der Radioastronomie in den USA. AJ UdSSR **37** 1131—1141 (russ.).

865. Die Astronomie in der UdSSR in den vierzig Jahren von 1917—1957. Redigiert von A. A. Michajlow. Moskau, Phys.-Math. Staatsverlag, 1960. 728 S. Preis 38 R. 90 Kop. (russ.). — Besprechung in Priroda **49** Nr. 12 S. 118—119 (J. G. Perel), RJ UdSSR 1961 6A22 (J. Perel).

866. La radioastronomie en Australie. Gaz astr **42** 55.

867. Astronomy in Australia. Nature **186** 270—271.

868. Astronomy in Thailand. Sky Tel. **20** 262.

Astronomie im Unterricht

869. **H. Abischew,** Zur Methodik beim Unterricht über das Thema «Zeitmessung» im Astronomiekursus. Abh. Staatl. Pädagog. Inst. Alma Ata **12** Nr. 2 S. 58—61, 1958/1959.

870. **S. Boulter,** Films and film strips on astronomy. JBAA **70** 219—225.

871. **K. Cuypers,** Sterrenkunde op school. Hemel en Dampkring **58** 35—37.

872. **J. Herrmann,** Probleme der astronomischen Volksbildung in der Gegenwart. VdS Nachr. **9** 91—94.

873. **B. N. Himmelfarb,** Zur Darstellungsweise der Gesetze der Planetenbewegung im Schulkursus für Astronomie. Abh. Staatl. Pädagog. Inst. Archangelsk 1959 Nr. 4 S. 177—190 (russ.).

874. **B. N. Himmelfarb,** Über die rationellen Bezeichnungen in den Elementen der sphärischen Astronomie. Abh. Staatl. Pädagog. Inst. Archangelsk 1959 Nr. 4 S. 191—193 (russ.).

875. **M. L. Kobus, J. J. Raimond jr.,** Sterrenkunde voor Middelbaar en Gymnasiaal onderwijs. Groningen, J. B. Wolters, 1959. 222 S. Preis f 5.25 bzw. f 5.90. — Besprechung in Hemel en Dampkring **58** 129 (L. M. de Haan).

876. **D. J. Martynow,** Die Popularisierung der astronomischen Erkenntnisse. Bote Akad. Wiss. UdSSR 1960 Nr. 7 S. 97—98 (russ.).

877. **S. S. Moissejew,** Ein gut wirkendes Modell der Himmelskugel zur gleichzeitigen Demonstration der täglichen und jährlichen Bewegung der Sonne. Abh. Staatl. Pädagog. Inst. Mogilew 1959 Nr. 5 S. 267—310 (russ.).

878. **W. A. Schischakow,** Zur Hilfe des Astronomielehrers an der Mittelschule. Moskau, Lehr-pädagogischer Staatsverlag, 1960. 2. Auflage. 168 S. Preis 2 R. 35 Kop. (russ.).

879. **W. P. Tscherpakow,** Die Verwendung der beweglichen Sternkarte im astronomischen Praktikum des pädagogischen Instituts. Abh. Staatl. Pädagog. Inst. Welikoluk **4** Nr. 1 S. 53—61, 1959.

880. **H. Wolf,** Der Astronomie-Unterricht in der Schule. Sterne **36** 95—96.

881. Universe. New York, National Film Board of Canada, 1960. Preis $ 130.00. — Besprechung in Sky Tel. **21** 47.

882. Astronomy for preparatory schools. JBAA **70** 370.

883. Planet Earth film series completed. Science **132** 1539.

884. Texas summer workshop for high school students. Sky Tel. **19** 282.

885. Promoting American education in astronomy. Sky Tel. **20** 183.

886. Förderung des Astronomieunterrichtes in der DDR. Sternenbote **3** 85.

887. Astronomische Schulfunk-Sendereihe im italienischen Rundfunk. VdS Nachr. **9** 25.

II. Schrifttum zur Astronomie im allgemeinen. Randgebiete

§ 11

Astronomie und Astrophysik

1101. **G. Abetti, M. Hack,** Le nebulose e gli universi - isole. Vgl. AJB **59** Ref. 1102. — Weitere Besprechung in Nature **189** 867 (J. B. Alexander).

1102. **C. W. Allen,** Astrophysical Quantities. Vgl. AJB **55** Ref. 502. Ins Russische übersetzt. Redaktion und Vorwort von D. J. Martynow. Moskau, Verlag für ausländische Literatur, 1960. 304 S. Preis 19 R. 45 Kop.

1103. **K. V. Bailey,** Telescopes and Observatories. London, Frederick Muller Ltd., 1960. 144 S. Preis 9 s. 6 d. — Besprechung in JBAA **71** 221, Sky Tel. **21** 290.

1104. **R. H. Baker,** Astronomy. A Textbook for University and College Students. Vgl. AJB **59** Ref. 1104. — Weitere Besprechung in Obs **80** 239—241 (G. A. Wilkins).

1105. **F. Becker,** Einführung in die Astronomie. I. Methodische Grundlagen. Mannheim, Bibliographisches Institut, 1960. 4. umgearbeitete Auflage. 143 S. Preis DM 3.80. — Besprechung in VdS Nachr. **10** 91 (J. Herrmann).

1106. **P. Bergsøe,** Människan och universum. Stockholm, Forum, 1960. 349 S. Preis 31 : 50 bzw. 36 : 50. — Besprechung in PAT **41** 168 (G. Larsson-Leander).

1107. **A. Boischot,** La radioastronomie et son apport nouveau à la connaissance de l'Univers. Paris, Masson et Cie., 1960. 8 + 126 S. Preis 13 NF. — Besprechung in Ann d'Astrophys **24** 261 (J.-L. Steinberg), BSAF **75** 276, Gaz astr **42** 35—36, J. Astr. Soc. Victoria **13** 84—85, Mem SA It (NS) **32** 105 (G. Righini), Orion Schaffhausen **5** 1001—1002 (M. Golay), PAT **41** 169—170 (G. Larsson-Leander), Sky Tel. **20** 228.

1108. **I. F. Bojartschenko,** In die Tiefen des Weltalls. Lugansk, Gebietsverlag, 1960. 120 S. Preis 1 R. 20 Kop. (russ.).

1109. **H. Bondi,** The Universe at Large. New York — Garden City, Doubleday and Co., Inc., 1960. 154 S. Preis 95 cents. — Besprechung in Sky Tel. **20** 372, **22** 158 (H. Shapley).

1110. **W. Brunner,** Die Welt der Sterne. Würzburg, Physica-Verlag, 1960. 288 S. Zweite, unveränderte Auflage. Preis DM 16.00.

1111. **J. M. Cavanaugh,** Introduction to Space Age Astronomy. Washington 6, D. C., Educational Services, 1960. 166 S. Preis $ 2.75. — Besprechung in Sky Tel. **21** 356.

1112. **P. Couderc,** The Wider Universe. London, Arrow Books, Ltd.; New York, Harper & Brothers, 1960. 128 S. Preis 10 s. 6 d. bzw. $ 2.25. — Besprechung in Nature **190** 64 (G. R. Noakes), Obs **81** 32 (D. H. P. Jones), Sky Tel. **21** 112.

1113. **E. M. Dolgich,** «Geschweifte» Sterne und Steine vom Himmel. Kemerowo, Buchverlag, 1960. 43 S. Preis 55 Kop. (russ.).

1114. **C. G. Dolmage,** El Cielo. Barcelona, Ediciones Ave, 1959. Aus der Enzyklopädie «Historia Natural de la Creación», 172 S. — Besprechung in Urania Barcelona **45** 125—126.

1115. **J. Gauzit,** Images du ciel. Paris, Dunod, 1960. 66 S. und 89 Photos. Preis 18.50 NF. — Besprechung in BSAF **74** 143, La Nature **88** 398, Sky Tel. **20** 228.

1116. **M. Hack,** La radioastronomia alla scoperta di un nuovo aspetto del'Universo. Bari, Laterza, 1960. 268 S. Preis L. 2000. — Besprechung in Coelum **28** 88.

1117. **G. H. Herbig, C. E. Worley,** Some basic astronomical data. 1960 erschienener Neudruck von ASP Leaflet Nr. 325, 16 S. (vgl. AJB **56** Ref. 537).

1118. **J. Herrmann,** Astronomie. Eine moderne Sternkunde. Gütersloh, Bertelsmann Verlag, 1960. 2. Auflage. 400 S. Preis DM 11.80. — Besprechung in Gaz astr **42** 36—37, Orion Schaffhausen **6** 70, Sky Tel. **21** 48, **22** 158—159 (R. A. Naef), Sterne **37** 45 (C. Hoffmeister), Sternenbote **4** 128, VdS Nachr. **9** 121 (G. D. Roth), **10** 73 (U. Wendler).

1119. **G. Horn-d'Arturo, P. Tempesti,** Piccola Enciclopedia astronomica. Bologna, Tipografia Compositori, 1960. 8 + 365 S. Preis L. 4000. — Besprechung in Coelum **28** 122, Mem SA It (NS) **31** 526—527 (L. Rosino), Orion Schaffhausen **6** 69—70.

1120. **S. H. Jar-Muchamedow,** Wörterbuch astronomischer Fachausdrücke (russisch-kirgisisch). Frunse, Terminologische Kommission Akad. Wiss. Kirgis. SSR, 1960. 61 S. Preis 65 Kop.

1121. **J. Jeans,** The Universe Around Us. Neudruck des in AJB **45** Ref. 828 zitierten Buches. New York—London, Cambridge University Press, 1960. 297 S. Preis $ 1.95. — Besprechung in Sky Tel. **20** 298.

1122. **M. Karpowicz, K. Rudnicki,** Zadania z astronomii ogólnej. Warszawa, Państwowe Wydawnictwo Naukowe, 1960. — Besprechung in Postępy Astr. **9** 55—56 (W. Zonn), Urania Kraków **31** 311—312 (W. Zonn).

1123. **H. C. King,** Astronomy. New York, Franklin Watts, Inc., 1960. 256 S. Preis $ 4.95. — Besprechung in Sky Tel. **21** 111, 228, 231 (I. M. Levitt).

1124. **M. Kopecký, V. Letfus, B. Valníček,** Co víme o vesmíru. Prag, Verlag Lidová demokracie, 1960. 139 S. (tschech.).

1125. **A. C. B. Lovell,** Universums uppkomst. Übersetzung des in AJB **59** Ref. 1128 zitierten Buches ins Dänische von L. Edberg. Stockholm, Natur och Kultur, 1960. 109 S. Preis 7 : 50 bzw. 11 : 00. — Besprechung in PAT **42** 77—78 (G. Larsson-Leander).

1126. **F. A. Lugo,** El Hombre ante el Universo. Barcelona, Editorial Exclusivas Ferma, 1960. 545 S. Preis 160 Pts. — Besprechung in BSAF **75** 276, Sky Tel. **21** 111—112, Strolling Astr. **14** 154—155 (C. E. Rost), Urania Barcelona **45** 127.

1127. **T. Maloney,** The Sky is our Window. Sterling, 1960. 128 S. Preis $ 3.95. — Besprechung in Sky Tel. **19** 372.

1128. **D. J. Martynow,** Lehrbuch der praktischen Astrophysik. Moskau, Phys.-Math. Staatsverlag, 1960. 508 S. Preis 11 R. 50 Kop. (russ.).

1129. **R. N. Mayall, M. W. Mayall,** A Beginner's Guide to the Skies. New York, G. P. Putnam's Sons, 1960. 184 S. Preis $ 2.50. — Besprechung in J RAS Canada **54** 298 (R. J. Northcott), Sky Tel. **20** 43, 223—224, Strolling Astr. **15** 103 (K. Steinmetz).

1130. **T. G. Mehlin,** Astronomy. Vgl. AJB **59** Ref. 1130. — Weitere Besprechung in Obs **80** 239—241 (G. A. Wilkins), Phys. Blätter **16** 345—346 (H. Siedentopf).

1131. **P. Moore,** A Guide to the Stars. London, Eyre and Spottiswoode; New York, W. W. Norton & Co., Inc., 1960. 222 S. Preis 31 s. 9 d. bzw. $ 4.95. — Besprechung in El Universo **14** 210, J. Astr. Soc. Victoria **13** 101—102, Sky Tel. **20** 228, **21** 232 (M. W. Schiffmann).

1132. **R. E. Moore,** L'avventura della terra nel tempo. Übersetzt von V. Vialli. Milano, Martello, 1958. 396 S.

1133. **E. J. Öpik,** The Oscillating Universe. Mentor Books, 1960. 144 S. Preis 50 c. — Besprechung in Sky Tel. **19** 501.

1134. **A. E. Osorio,** Radioastronomía. Buenos Aires, 1960. 48 S.

1135. **J.-C. Pecker, E. Schatzman,** Astrophysique Générale. Vgl. AJB **59** Ref. 1139. — Weitere Besprechung in Math. Rev. **21** 1440 (G. C. McVittie),

Nature **188** 348—349 (R. O. Redman), Publ ASP **72** 427—429 (R. L. Sears), Urania Barcelona **45** 126—127.

1136. **J.-C. Pecker,** Le ciel. Paris, Delpire, 1960. 112 S. Preis 20 NF. — Besprechung in Ann d'Astrophys **23** 678—679 (M. Minnaert).

1137. **J. I. Perelman,** Huvitav astronoomia. Tallinn, E. R. K., 1958. 208 S. Preis 5 R. (estn.).

1138. **J. S. Pickering,** 1001 Questions Answered About Astronomy. London, Lutterworth Press, 1960. 420 S. Preis 17 s. 6 d. — Besprechung in Spaceflight **3** 144.

1139. **M. Plavec,** Člověk a hvězdy. Prag, Verlag Orbis, 1960. 408 S. Preis Kčs. 29.50 (tschech.). — Besprechung in RH **42** 63.

1140. **H. C. Plummer,** An Introductory Treatise on Dynamical Astronomy. New York, Dover Publications, Inc., 1960. Neudruck des im Jahre 1918 erschienenen Buches (vgl. AJB **20** Ref. **2501**). 19 + 343 S. Preis $ 2.35. — Besprechung in Sky Tel. **21** 48.

1141. **P. I. Popow, K. L. Bajew, B. A. Woronzow-Weljaminow, R. W. Kunizkij,** Astronoomia. Tallinn, E.R.K., 1959. 523 S. Preis 15 R. 50 Kop. (estn.).

1142. **R. S. Richardson,** The Fascinating World of Astronomy. New York—Toronto—London, McGraw-Hill Book Co., 1960. 274 S. Preis $ 5.95. — Besprechung in Sky Tel. **20** 228, 367—368 (C. H. LeRoy).

1143. **L. Rudaux, G. de Vaucouleurs,** Larousse Encyclopedia of Astronomy. Vgl. AJB **59** Ref. **1148**. — Weitere Besprechung in RH **41** 142—143, Strolling Astr. **14** 153—154 (K. Steinmetz).

1144. **I. S. Schklowskij,** Cosmic Radio Waves. Übersetzung aus dem Russischen von R. B. Rodman, C. M. Varsavsky. Cambridge, Mass., Harvard University Press; Toronto, S. J. Reginald Saunders and Company, 1960. 16 + 444 S. Preis $ 12.50 bzw. $ 14.50. — Besprechung in J RAS Canada **55** 91—92 (J. Galt), Sky Tel. **20** 163, **21** 349—350 (F. D. Drake).

1145. **E. Schussler, R. Schussler,** Starbound. New York, G. P. Putnam's Sons, 1960. 160 S. Preis $ 2.95. — Besprechung in Sky Tel. **21** 108 (J. Gardner).

1146. **M. Skyba,** O věčnosti vesmíru. Prag, Verlag SNPL, 1960. 127 S. Preis Kčs. 3.70 (tschech.).

1147. **F. G. Smith,** Radio Astronomy. Baltimore, Penguin, 1960. 265 S. Preis $ 1.65. — Besprechung in AJ **66** 191, Sky Tel. **21** 232, **22** 41 (W. E. Howard).

1148. **A. Spitz, F. Gaynor,** Dictionary of Astronomy and Astronautics. Vgl. AJB **59** Ref. **1155**. — Weitere Besprechung in Math. Rev. **21** 1161, Strolling Astr. **15** 34 (K. Steinmetz).

1149. **J. L. Steinberg, J. Lequeux,** Radioastronomie. Les méthodes radioélectriques au service de l'astrophysique. Mit einem Vorwort von A. Danjon. Paris, Ed. Dunod, 1960. 11 + 294 S. Preis 19 NF. — Besprechung in BSAF **74** 390, La Nature **88** 398, Mem SA It (NS) **31** 384—385 (M. Hack), Sky Tel. **20** 43, Sterne **37** 45 (C. Hoffmeister).

1150. **O. Struve, B. Lynds, H. Pillans,** Elementary Astronomy. Vgl. AJB **59** Ref. **1156**. — Weitere Besprechung in Obs **80** 239—241 (G. A. Wilkins), PAT **41** 170 (C. Schalén).

1151. **K. A. Thernøe,** Universet omkring os. Vgl. AJB **59** Ref. 1157. — Weitere Besprechung in NAT 1960 S. 38.

1152. **B. Valníček,** Malá astronomická praxe. Prag, Verlag Mladá fronta, 1960. 103 S. Preis Kčs. 4.70 (tschech.). — Besprechung in RH **41** 241, Vesmír **39** 378.

1153. **T. de Vries, B. Ernst,** Encyclopédie de l'Univers. Übersetzt und herausgegeben von J. Meeus, mit einem Vorwort von E. Schatzman. Paris—Brüssel, Éditions Sequoia, 1960. 232 S. Preis 330 f. b. bzw. 33 NF. — Besprechung in Ann d'Astrophys **24** 181—182, BSAF **75** 138, Ciel et Terre **76** 427 (H. Michel), Gaz astr **42** 55—56.

1154. **A. Weigert, H. Zimmermann,** ABC der Astronomie. Hanau/Main, Edition Leipzig und Verlag Werner Dausien, 1960. 400 S. + 16 Tafeln. Preis DM 12.60. — Besprechung in Orion Schaffhausen **6** 140—141, Sky Tel. **21** 232, Sternenbote **4** 75, VdS Nachr. **10** 19 (U. Langenbeck).

1155. **H. Werner,** Vom Polarstern bis zum Kreuz des Südens. Stuttgart, Gustav Fischer Verlag, 1960. 3. umgearbeitete und erweiterte Auflage. 18 + 240 S. Preis DM 34.00. — Besprechung in Ciel et Terre **76** 207 (H. Michel), Mitt. Planetenbeobachter **13** 52 (G. D. Roth), Optik **17** 448, Phys. Blätter **16** 543, Weltraumfahrt **11** 95, ZfA **50** 312 (G. Traving).

1156. **I. Zabeļins,** Astroģeografija. Rīgā, Latvijas Valsts izdevniecība, 1959. — Besprechung in Zvaigžņotā Debess 1960. gada pavasaris S. 48—49 (M. Zepe).

1157. Geophysik. Herausgegeben von J. Bartels. Frankfurt/M., Fischer Bücherei, 1960. 373 S. Preis DM 3.30. — Besprechung in ZfA **52** 227 (K. Jung).

1158. Science. Herausgegeben von J. Bronowski. New York, Doubleday Anchor Books, 1960. 367 S. Preis $ 9.95. — Besprechung in Sky Tel. **20** 228.

1159. From Nucleus to Universe. A Course of Selected Lectures in Physics and Astronomy, University of Sydney, January 11—22, 1960. Herausgegeben von S. T. Butler, H. Messel. Sydney, Shakespeare Head Press, Pty., 1960. 335 S. Preis 84 s. — Besprechung in Nature **186** 748 (G. R. Noakes).

1160. Die neue Astronomie. Wissenschaft und Technik erobern den Kosmos. Aus dem Amerikanischen übertragen und herausgegeben von A. Bruzek. Wiesbaden, Rheinische Verlags-Anstalt, 1960. 255 S. Preis DM 13.80. — Sechzehn Beiträge führender amerikanischer und europäischer Wissenschaftler. — Besprechung in Sternenbote **4** 140, VdS Nachr. **10** 34 (J. Herrmann).

1161. Handbuch der Physik. Herausgegeben von S. Flügge. Band 53. Astrophysik IV: Sternsysteme. Vgl. AJB **59** Ref. 1172. — Weitere Besprechung in Obs **80** 37 (R. H. Garstang).

1162. Meyers Handbuch über das Weltall. Herausgegeben und bearbeitet von S. von Hoerner und K. Schaifers. Mannheim, Bibliographisches Institut, 1960. 370 S. mit einem Sternatlas. Preis DM 12.60. — Besprechung in Mitt. Planetenbeobachter **14** 31—32 (W. Carnuth), Orion Schaffhausen **6** 71, Sky Tel. **21** 356, Sternenbote **4** 64, VdS Nachr. **10** 18—19 (J. Herrmann), Weltraumfahrt **12** 32.

1163. The Radio Noise Spectrum. Herausgegeben von D. H. Menzel. Cambridge, Mass., Harvard University Press, 1960. 8 + 183 S. Preis $ 7.50 bzw. 60 s. — Besprechung in JBAA **71** 164—167, Obs **81** 110 (A. Hewish), Sky Tel. **20** 228, **21** 45—46 (J. V. Evans).

1164. Handbuch für Sternfreunde. Wegweiser für die praktische astronomische Arbeit. Herausgegeben von G. D. Roth unter Mitwirkung von A. Güttler, W.-D. Heintz, W. Jahn, R. Kühn, R. Müller, W. Petri, W. Sandner, F. Schmeidler, K. Schütte. Berlin—Göttingen—Heidelberg, Springer-Verlag, 1960. 11 + 360 S. Preis DM 48.00. — Besprechung in Ann d'Astrophys **24** 261 (D. Barbier), Coelum **29** 118, JBAA **71** 219—220 (M. B. B. Heath), Mitt. Planetenbeobachter **13** 66—67, 72—73 (W. Carnuth), NAT 1960 S. 153—154, PAT **42** 78—79 (G. Larsson-Leander), Phys. Blätter **17** 194 (H. Kienle), Sky Tel. **21** 290, **22** 42, Sterne **37** 86—87 (C. Hoffmeister), Sternenbote **4** 74 (H. Mucke), VdS Nachr. **10** 17—18 (J. Herrmann), ZfA **52** 148 (G. Traving).

1165. Source Book in Astronomy 1900—1950. Herausgegeben von H. Shapley. Cambridge, Mass., Harvard University Press, 1960. 15 + 423 S. Preis $ 10.00 bzw. DM 42.00. — Besprechung in Sky Tel. **21** 48, 165—167 (O. Gingerich).

1166. The World around Us. Herausgegeben von G. Sutton. New York, Macmillan, 1960. 122 S. Preis $ 3.95. — Besprechung in Sky Tel. **21** 290.

1167. Beobachtungen des Mondes, des Mars, des Uranus und der Sterne. Optische Eigenschaften der Pflanzen. Alma-Ata, Sektor Astrobotanik Akad. Wiss. Kasach. SSR, 1960. 264 S. Preis 17 R. 60 Kop. (russ.).

1168. Mil aspectos de la Tierra y del Espacio. Barcelona, Instituto Gallach de Librería y Ediciones, 1959. 2. Auflage. 320 S. — Besprechung in Urania Barcelona **45** 126.

1169. Lidstvo, věda a vesmír. Prag, Verlag Orbis, 1960. 160 S. Preis Kčs. 6.90. — Besprechung in RH **41** 223, Vesmír **39** 318.

1170. Do blízkého i vzdáleného vesmíru. Prag, Verlag Orbis, 1960. 320 + 6 S. Preis Kčs. 21.40 (tschech.).

1171. Mala astronomska enciklopedija. ZiS **1** 22—24, 46—48, 70—72, 1958.

§ 12

Gesammelte Werke

1201. V. A. Ambarzumjan, Wissenschaftliche Abhandlungen in zwei Bänden. Redigiert von W. W. Sobolew. Erewan, Verlag Akad. Wiss. Armen. SSR, 1960. 430 + 362 S. (russ.).

1202. Nicolaus Copernicus, Über die Kreisbewegungen der Weltkörper (De Revolutionibus Orbium Caelestium). 1. Buch. Vgl. AJB **59** Ref. 1201. — Weitere Besprechung in Coelum **29** 119.

1203. Three Copernican Treatises. Translated with introduction and notes by E. Rosen. Vgl. AJB **59** Ref. 1202. — Weitere Besprechung in Publ ASP **72** 431, Sterne **37** 136 (C. Hoffmeister), ZfA **51** 148 (A. Unsöld).

1204. Leonhardus Eulerus, Opera omnia. Series secunda. Opera mechanica et astronomica. Vol. XXII. Theoria motuum lunae nova methodo pertractata. Herausgegeben von L. Courvoisier. Lausanne, Soc. Sci. Nat. Helveticae, 1958. 30 + 412 S. — Besprechung in Math. Rev. **21** 1303—1304 (C. Truesdell).

1205. L. Eulerus, Opera omnia. Series secunda. Opera mechanica et astronomica. Vol. XXVIII. Commentationes astronomicae ad theoriam motuum planetarum et cometarum pertinentes. Herausgegeben von L. Courvoisier, Zürich, Societas Scientiarum Naturalium Helveticae, 1959. 11 + 332 S. — Besprechung in Math. Rev. **22** 425 (O. Schmidt).

1206. G. A. Tichow, Hauptwerke (in 5 Bänden). Band 5. Botanik. Mars. Leben im Weltall. Physik, Astrophysik und atmosphärische Optik. Redigiert von M. I. Ussanowitsch. Alma Ata, Akad. Wiss. Kasach. SSR, 1960. 339 S. Preis 12 R. 25 Kop. (russ.).

1207. K. E. Ziolkowskij, Der Weg zu den Sternen. Sammlung wissenschaftlich-phantastischer Werke. Moskau, Verlag Akad. Wiss. UdSSR, 1960. 352 S. Preis 1 R. 20 Kop. (russ.). — Besprechung in Priroda **50** Nr. 4 S. 122—123.

1208. Maurolyco's «Lost» essay on the new star of 1572. Übersetzt und herausgegeben von C. D. Hellman. Isis **51** 322—336.

§ 13

Tagungspublikationen

1301. Abhandlungen der zweiten Tagung der Astronomisch-Geodätischen Gesellschaft der UdSSR. Moskau, Verlag Akad. Wiss. UdSSR, 1960. 152 S. Preis 8 R. 50 Kop. (russ.). — 1955 Jan. 25—31.

1302. Vorträge aus Anlaß der 150-Jahr-Feier des staatlichen Vermessungswesens in Österreich 4.—9. Juni 1956. Teil 2: Über Höhere Geodäsie. Österreich. Z. Vermessungswesen Sonderveröff. 19 Teil 2, 28 S., 1957. Preis S 34.00. — 1956 Juni 4—9.

1303. Electromagnetic Phenomena in Cosmical Physics. Herausgegeben von B. Lehnert. Vgl. AJB **58** Ref. **1160**. — Weitere Besprechung in J. Atmosph. Terr. Phys. **18** 345 (H. A. Brück).

1304. Stellar Populations. Herausgegeben von D. J. K. O'Connell. Vgl. AJB **58** Ref. **1169**. — Weitere Besprechung in Naturwissenschaften **47** 612 (H. Elsässer).

1305. Vorträge der Tagung über Probleme der Sonnenaktivität und der solar-terrestrischen Beziehungen vom 25. bis 28. Oktober 1957 in Lwow (Lemberg). Astr. Sammelwerk Franko-Staatsuniv. Lwow Nr. 3—4, 205 S. (russ.).

1306. Vorträge und Diskussionen beim Kolloquium über Bildwandler und Bildspeicherröhren. Herausgegeben von H. Siedentopf. Sitzber. Heidelberger Akad. Wiss. Math.-naturwiss. Kl. 1959 Nr. 5, 78 S. — Heidelberg 1958 April 28—29.

1307. Publikationen der 14. astrometrischen Konferenz der UdSSR (Kiew, 27.—30. Mai 1958). Redigiert von M. S. Swerew. Moskau—Leningrad, Verlag Akad. Wiss. UdSSR, 1960. 440 S. Preis 12 R. (russ. mit engl. Ref.). — Inhalt: Vorwort S. 3—5; Ansprache des Vorsitzenden des Astronomischen Rates der Akademie der Wissenschaften der UdSSR, A. A. Michajlow. — Die weiteren Beiträge sind in den zuständigen Sachparagraphen aufgeführt.
Loh.

1308. Publikationen der achten Meteoritenkonferenz. Meteoritika Nr. 18 S. 3—122 (russ.). — Die Tagung war vom Komitee für Meteorite Akad. Wiss. UdSSR veranstaltet worden und fand in Moskau vom 3.—5. Juni 1958 statt. Loh.

1309. Symposium of Plasma Dynamics. Herausgegeben von F. H. Clauser. London—Reading, Mass., Addison-Wesley Publishing Company, Inc., 1960. 9 + 369 S. Preis $ 12.50. — 1958 Juni 9—13. — Besprechung in Astronaut. Sci. Rev. **3** Nr. 2 S. 21.

1310. Rendiconti del VI Corso che nella Villa Monastero a Varenna dal 23 Giugno al 5 Luglio 1958, fu tenuto a cura della Scuola Internazionale di Fisica della Società Italiana di fisica sulla Fisica del Plasma e relative Applicazioni Astrofisiche. Vgl. AJB **59** Ref. **1317**. — Weitere Besprechung in Phys. Ber. **39** 1664—1665 (W. Behnsch).

1311. Publikationen der Konferenz über Magnet-Hydrodynamik. Riga, Verlag Akad. Wiss. Lett. SSR, 1959. 343 S. Preis 12 R. 65 Kop. (russ.). — Riga, 1958 Juli 2—10.

1312. Paris Symposium on Radio Astronomy. Herausgegeben von R. N. Bracewell. Vgl. AJB **59** Ref. **1304**. — Weitere Besprechung in Obs **80** 203—204 (A. Hewish), Rev. Sci. Instruments **31** 469—470 (O. Struve), ZfMG **89** 240 (S. Ueno).

1313. Symposium International sur les relations entre phénomènes solaires et terrestres en chimie-physique et en biologie. (Uccle-Bruxelles, oct. 1958). Bruxelles, Presses Académiques Européennes, 1960. — Besprechung in Ann d'Astrophys **24** 262.

1314. Physics and Medicine of the Atmosphere and Space. Herausgegeben von O. O. Benson jr., H. Strughold. New York, J. Wiley & Sons, Inc., 1960. 645 S. Preis $ 12.50. — San Antonio, Texas, 1958 Nov. — Besprechung in Sky Tel. **20** 296—298 (H. Laskey).

1314a. Symposium on astronomical aspects of cosmic rays. Herausgegeben von M. P. Savedoff mit einer Einleitung von P. Morrison. ApJ Suppl **4** 369—422. — Rochester, N. Y., 1959 März 30—April 2.

1315. Publikationen der wissenschaftlich-technischen Konferenz über Heliotechnik in Erewan vom 7. bis 9. April 1959. Herausgegeben von der Wissenschaftlich-Technischen Gesellschaft für Energiewirtschaft der Armen. SSR. Erewan, 1959. 93 S. (russ.).

1316. The Exploration of Space. A Symposium on Space Physics (April 29—30, 1959). Herausgegeben von R. Jastrow. New York, Macmillan Co., 1960. 160 S. Preis $ 5.50. — Besprechung in AJ **66** 191, J. British Interplanetary Soc. **18** 128 (D. Rosen), Nature **188** 1058—1059 (D. G. King-Hele), Planet. Space Sci. **5** 329 (J. W. Dungey), Sky Tel. **20** 163, **21** 46—47 (C. A. Whitney).

1317. The second astrometric conference. A conference sponsored by the National Science Foundation, and the University of Cincinnati, Cincinnati, Ohio, May 17—21, 1959. Edited by K. A. Strand, O. G. Franz. AJ **65** 167—234.

1318. Les recherches galactiques et extragalactiques et la photographie électronique. Colloques Internationaux du Centre National de la Recherche Scientifique, Paris 30 juin — 3 juillet 1959. Ann d'Astrophys **23** 305—466.

1319. Publikationen der internationalen Konferenz über die kosmische Strahlung im Juli 1959. Band 3. Der Strahlungsgürtel der Erde. Die primäre kosmische Strahlung, ihre Eigenschaften und Entstehung. Moskau, Verlag Akad. Wiss. UdSSR, 1960. 259 S. Preis 15 R. (russ.). — Ref. in Phys. Abstr. (A) **63** 726.

1320. Publikationen der internationalen Konferenz über kosmische Strahlung im Juli 1959. Band 4. Die Variation der Intensität der kosmischen Strahlung. Moskau, Verlag Akad. Wiss. UdSSR, 1960. 363 S. Preis 21 R. (russ.). — Besprechung in Phys. Abstr. (A) **63** 726.

1321. Third International Symposium on Earth Tides, organized by the University of Trieste and the Osservatorio Geofisico Sperimentale-Trieste. Trieste, July 6—11, 1959. Trieste, Istituto di Topegrafia e Geodesia and Osservatorio Geofisico Sperimentale, 1960. 284 S.

1322. X. Internationaler Astronautischer Kongreß. Herausgegeben unter der Schriftleitung von F. Hecht. Wien, Springer-Verlag, 1960. Vol. 1: 504 S., Vol. 2: 441 S. Preis DM 230.00. — Besprechung in Coelum **28** 183, Weltraumfahrt **12** 126.

1323. Actas de la Segunda reunión scientífica de la Asociación Argentina de Astronomía, realizada en el Observatorio Astronómico de La Plata, los días 23, 24 y 25 de setiembre de 1959. As. Argentina Astr. Bol. Nr. 2 S. 1—67.

1324. Società Astronomica Italiana. Atti del Convegno Astronomico di Padova-Asiago Ottobre 1959. Pavia, Industria Grafica Mario Ponzio, 1960. 92 S.

1325. Symposium on Radio Astronomy. Delivered before the Autumn Meeting National Academy of Sciences Indiana University, Bloomington, November 17, 1959. Mit einer Einleitung von M. A. Tuve. Sonderdruck aus Proc. National Acad. Sci. 1960, 39 S. Preis $ 1.50.

1326. Conference on Astronomical Observations from Above the Earth's Atmosphere sponsored by the American Astronomical Society and the National Science Foundation December 30, 1959 Case Institute of Technology. AJ **65** 239—290.

1327. Séminaire de mécanique analytique et de mécanique céleste dirigé par Maurice Janet; 2e année: 1958/59. Paris, Faculté des Sciences, Secrétariat mathématique, 1959. 173 S. — Besprechung in Math. Rev. **22** 601—602 (M. Kiveliovitch).

1328. Rival Theories of Cosmology. A Symposium and Discussion of Modern Theories of the Structure of the Universe. Herausgegeben von H. Bondi, W. B. Bonnor, R. A. Lyttleton, G. J. Whitrow. London—New York, Oxford University Press, 1960. 12 + 61 S. Preis 9 s. 6 d. net. bzw. $ 2.25. — Besprechung in AJ **66** 104, J. Atmosph. Terr. Phys. **21** 219 (H. A. Brück), MN ASSA **20** 24—25 (D. S. Evans), Nature **189** 867 (J. B. Alexander), Sky Tel. **21** 232, **22** 41—42 (I. R. King).

1329. Proceedings of Symposia in Applied Mathematics. Vol. IX: Orbit Theory. Herausgegeben von G. Birkhoff, R. E. Langer. Providence, R. I., American Mathematical Society, 1959. 5 + 195 S. Preis $ 7.20. — Besprechung in Sky Tel. **20** 228.

1330. Space Research. Proceedings of the First International Space Science Symposium. Nice, January 11—16, 1960. Herausgegeben von H. Kallmann Bijl. Amsterdam, North-Holland Publishing Company; New York—London, Interscience Publishers, 1960. 16 + 1195 S. Preis Gld. 90.— bzw. $ 24.00 bzw. 170 s. — Besprechung in Hemel en Dampkring **58** 289—290 (J. J. Raimond jr.), J. Atmosph. Terr. Phys. **20** 222 (E. V. Appleton), Nature **189** 346—347 (R. L. F. Boyd), Proc IRE **49** 691 (G. E. Mueller), ZfA **51** 302—304 (A. Unsöld).

1331. Magneto-Fluid Dynamics. Proceedings of a Symposium sponsored by the International Union of Theoretical and Applied Mechanics in cooperation with the National Academy of Sciences — National Research Council. Edited by F. N. Frenkiel and W. R. Sears. Rev. Modern Phys. **32** 693—1028. — Williamsburg, Virginia und Washington, D. C., Januar 1960.

1332. Polarization of starlight by the interstellar medium. A Conference sponsored by the National Science Foundation and the Lowell Observatory, held at the Kitt Peak and Steward Observatories at Tucson, Arizona, on February 6, 1960. Lowell Obs. Bull. **4** 264—321.

1333. Symposium: Subdwarf stars. Moderated and edited by M. Schwarzschild. AJ **65** 391—403. — Symposium anläßlich der 105. Versammlung der American Astronomical Society in Pittsburgh, Pennsylvania, April 18—21, 1960. — Ref. in VdS Nachr. **10** 53—54, 56.

1334. Collected Papers on Planetary and Space Sciences. Herausgegeben von G. J. F. MacDonald. J. Geophys. Res. **65** 3025—3115.

1335. Symposium on the Exosphere and Upper F Region. Herausgegeben von C. O. Hines. J. Geophys. Res. **65** 2563—2636.

1336. Symposium on space. J RAS Canada **54** 201—221. — Kingston, Ontario, 1960 Juni 8.

1337. The Astronomical Distance Scale: a symposium, held at the Eugene meeting of the Astronomical Society of the Pacific, June 13, 1960. Publ ASP **72** 459—468.

1338. Symposium on the July 1959 Events and Associated Phenomena. Union Géodésique et Géophysique Internationale Monograph. No. 7. Paris, Institut Géographique National, 1960. 157 S. Preis NF 12.50. — Helsinki, Juli 1960.

1339. Recent advances in astro-geophysics. A topical symposium based on lectures delivered at the summer conference for college professors of physics and astronomy. Herausgegeben von M. P. Thekaekara. Georgetown Obs. Monograph Nr. 14, 80 S. — 1960 Aug. 1—24.

1340. The Profiles of Stellar Spectral Lines. Informal Colloquium of the IAU Subcommission 29a (Theory of Stellar Atmospheres), held in Meudon, 3, 5 September 1960. Mit einer Einführung von C. de Jager. Ann d'Astrophys **23** 805—978.

1341. International Geological Congress. Report of the Twenty-First Session Norden 1960. Part XXI. København, Det Berlingske Bogtrykkeri, 1960. — Die drei darin enthaltenen Beiträge über den Mond und die Planeten sind in den entsprechenden Sachparagraphen aufgeführt.

1342. A discussion on the results of the Royal Society's expedition to Halley Bay, Antarctica, during the International Geophysical Year. Proc. Roy. Soc. (A) **256** 145—244.

1343. Atti del Convegno per le Celebrazioni del Cinquantenario della Morte di G. V. Schiaparelli, 1—3 ottobre 1960. Milano, Istituto Lombardo-Accad. Sci. Lettere; Oss. Astr. Brera, 1960. 230 S.

§ 14

Mathematik

1401. **G. M. Bashenow,** Rechenschema zur Auffindung eines Polynoms, das die beste Tschebyschewsche Annäherung an eine gegebene Funktion in einem vorgegebenen Argumentintervall liefert. Circ. Astr. Obs. Charkow Nr. 22 S. 76—79 (russ.).

1402. **G. Ferrarese,** Su un sistema di equazioni differenziali ordinarie singolari riguardante l'equilibrio d'una massa stellare. Lincei Rend. Sci. fis. mat. nat. (8) **29** 170—175.

1403. **M. Mendes,** Sur les groupes de transformations canoniques. J. Math. pures appl. **39** 165—171 = Publ. Obs. Univ. Bordeaux (NS) Nr. 15.

1404. **G. H. Rosenfield,** A general least squares pitch and yaw reduction for wide angle fixed cameras. Missile Test Project. RCA Data Processing Techn. Rep. Nr. 59, 57 S.

1405. **B. M. Schtschigolew,** Über die von der Abrundung herrührenden Interpolationsfehler in einer Funktionstabelle. Mitt. Staatl. Astr. Sternberg-Inst. Moskau Nr. 103 S. 3—18 (russ.).

1406. **B. M. Schtschigolew,** Über die Abschätzung des Fehlers einer Summe genäherter Zahlen. Mitt. Staatl. Astr. Sternberg-Inst. Moskau Nr. 103 S. 19—49 (russ.).

1407. Jahnke-Emde-Lösch, Tafeln höherer Funktionen. Neubearbeitet von F. Lösch. Stuttgart, B. G. Teubner Verlagsgesellschaft, 1960. Sechste Auflage. 12 + 318 S. Preis DM 58.80. — Besprechung in ZfA **51** 71 (K. H. Böhm).

§ 15

Rechenmaschinen

1501. **E. J. Bugoslawskaja, A. K. Sosnowa,** L'emploi de la machine de calcul électronique pour la solution de quelques problèmes astrométriques. Vgl. Ref. **1307** S. 182—185.

1502. **C. Chadeau,** Programmes disponibles sur I. B. M. 650. Vgl. Ref. **1340** S. 861—864.

1503. **M. I. Jessipowa, D. W. Sagrebin,** The compilation of a catalogue of right ascensions of stars, using punch-card machines. Vgl. Ref. **1307** S. 332—334.

1504. **A. Kranjc,** Le calcolatrici elettroniche. (Continuazione e fine). Coelum 28 16—18.

1505. **P. O. Lindblad,** Matematikmaskiner och spiralnebulosor. Ett försök att med hjälp av datamaskiner illustrera uppkomsten och utvecklingen av galaxernas spiralstruktur. PAT 41 132—149. — Populär gehaltener Artikel, in dem zuerst die Prinzipien des Rechnens mit Elektronenmaschinen erklärt werden. Mit der Maschine Besk werden die Strukturänderungen in einem Modell eines Spiralnebels aus 192 Punkten untersucht. Es zeigt sich, daß sich im Laufe der Jahrmillionen viele der bekannten beobachteten Konfigurationen ergeben, wie normale Spiralen, Balkenspiralen und fast strukturlose Gebilde. Die Rechnungen erstrecken sich über 896 Millionen Jahre. Die Frage, ob die Spiralarme schleppen oder führen, hat noch keine endgültige Lösung gefunden. C. L. J.

1506. **P.-J. Melchior,** Programmation des calculs des observations du Service de l'Heure sur ordinateur électronique IBM 650. Commun. Obs. Roy. Belgique Nr. 162, 15 S. = Série Géophys. Nr. 51. — An Hand des Flußdiagramms wird ausführlich beschrieben, wie die Reduktion von Beobachtungen an Passageninstrumenten zur Zeitbestimmung mit Hilfe der IBM-650 erfolgen kann (einschließlich Format der Ein- und Ausgabekarten sowie Steuerung im einzelnen mit Schaltern und Kennziffern). Böh.

* * **D. D. Poloshenzew,** The compilation of a program for the Talcott method by means of punch-card machines. Vgl. Ref. 3722.

1507. **N. G. Polosowa,** Anwendung elektronischer Rechenmaschinen zum Aufbau analytischer Bewegungstheorien der Planeten. BIA 7 599—638 (russ. mit deutsch. Ref.). — Die vorliegende Arbeit ist dem Aufbau analytischer Bewegungstheorien Kleiner Planeten nach der Hillschen Methode gewidmet; dabei werden zur Ausführung der umfangreichen Rechnungen elektronische Rechenmaschinen verwendet. Alle Stadien der Rechnungen werden ausführlich behandelt und entsprechende Programme zusammengestellt; als Beispiel wird die Berechnung von Störungen erster Ordnung des Planeten Ceres durch Saturn auf der Maschine «Strela» angeführt. Verf.

1508. **W. A. Schor,** The use of high-speed computers for the solution of the restricted three-body problem by Hill-Brown method. Part 1. Calculation of the righthand members of non-homogeneous equations. BIA 7 639—675. — Als Vorarbeit für Untersuchungen über die Bewegungen einiger Jupitermonde, bei denen Lösungen des problème restreint nach der Methode von Hill-Brown gebraucht werden, wird in dieser Arbeit nach einer Zusammenstellung der Formeln ausführlich die Programmierung für die elektronische Rechenmaschine «Pfeil» besprochen. Die Ausführungen sind so allgemein gehalten, daß die Programmierung weitgehend auf andere elektronische Rechengeräte mit ähnlicher Speicherkapazität (2047 Zellen) übertragen werden kann. Auch die Möglichkeiten für Vernachlässigungen und für Kontrollrechnungen werden diskutiert. O. G.

1509. **D. H. Schulte,** A small computer for astronomical data reduction. AJ 65 500. — Ref. AAS.

1510. **W. M. Wassiljew, D. D. Poloshenzew,** On the application of punch-card machines for calculations of the Time Service. Vgl. Ref. 1307 S. 328—331.

1511. **K. Žukauskas,** Automatinis kreivių gavimas iš skaitmeninių duomenų. Astr. Obs. Biul. Vilnius Nr. 2 S. 17—20 (russ. mit litau. und engl. Ref.).

§ 16

Physik

1601. **C. W. Allen,** Oscillator strengths of neutral atoms of the iron-group. MN **121** 299—332.

1602. **D. S. Allen, R. J. Ordway,** Physical Science. Princeton, N. J., D. van Nostrand, Inc., 1960. 825 S. Preis $ 8.25. — Besprechung in Sky Tel. **22** 99—100 (R. T. Mathews).

1603. **V. A. Ambarzumjan, G. S. Saakjan,** On degenerate superdense gas of elementary particles. AJ UdSSR **37** 193—209 (russ. mit engl. Ref.). — Es wird die Zusammensetzung eines entarteten Gases untersucht, dessen Dichte in der Größenordnung der Dichte von Atomkernen und darüber liegt, und dessen Temperatur so niedrig ist, daß alle Arten von Fermionen entartet sind. Wie gezeigt wird, müssen bei zunehmender Gasdichte nacheinander verschiedene Hyperonen auftreten und an Zahl zunehmen. Auf Grund des Pauli-Prinzips müssen sie stabil sein. Die Schwellendichten werden für die verschiedenen Hyperonen berechnet. Paradoxerweise hat nicht das Λ-Hyperon (dessen Ruhemasse am kleinsten ist), sondern das Σ^--Hyperon die geringste Schwellendichte. Eine entartete kosmische Masse sollte demnach bei gewissen Massebeträgen im Gravitationsgleichgewicht folgende Konfiguration bilden: Hyperonenkern, Neutronenzwischenschicht und äußere Hülle gewöhnlicher Zusammensetzung (Elektronen, Protonen und α-Teilchen). Verf. (ü.)

1604. **M. A. Arakeljan,** The application of the probabilistic method to the determination of absorption line profiles. AJ UdSSR **37** 1012—1020 (russ. mit engl. Ref.).

1605. **F. C. Auluck, N. K. Nayyar,** On the stability of a gravitating cylinder in the presence of a magnetic field. Proc. National Inst. Sci. India (A) **26** 469—477.

1606. **F. C. Auluck, N. K. Nayyar,** The stability of a gravitating cylinder in the presence of magnetic fields. ZfA **50** 7—13.

1607. **A. Baglin,** Sur la propagation des ondes dans un milieu partiellement ionisé. CR **251** 684—685 = Contr. Inst. d'Astrophys. Paris (A) Nr. 261.

1608. **H. Barrell, L. Essen,** Atomic standards of length and time. Sci. Progr. **47** 209—229, 1959. — Ref. in Phys. Ber. **39** 1894—1895.

1609. **G. D. Bell, R. B. King,** Absolute f-value of the Pb I line, λ 2833. AJ **65** 483. — Ref. AAS.

* * **M. E. Bojartschuk, A. A. Bojartschuk,** Oscillator strengths determined on the basis of the study of stellar spectra. Vgl. Ref. **10415**.

1610. **R. G. Breene jr.,** The bound free continuum for C^-. Planet. Space Sci. **2** 10—16, 1959. — Ref. in Phys. Ber. **39** 1832.

1611. **A. Burgess, M. J. Seaton,** A general formula for the calculation of atomic photo-ionization cross sections. MN **120** 121—151. — Es wird eine Methode zur näherungsweisen Berechnung von Photo-Ionisationsquerschnitten angegeben, die der Methode von Bates und Damgaard für gebunden-gebundene Übergänge ähnlich ist. Die asymptotischen Formen der Wellenfunktionen für die gebundenen und die Kontinuumszustände werden aus den bekannten Energieniveaus des inneren Atomsystems erhalten. Die Ergebnisse der umfangreichen numerischen Rechnungen werden in Tabellen zusammengefaßt, welche die rasche Berechnung der Übergangsintegrale für gebunden-freie und gebunden-gebundene Übergänge erlauben, wenn die Energieniveaus bekannt sind. Die Ergebnisse werden mit den von anderen Autoren auf andere Weise erhaltenen verglichen. Die Übereinstimmung ist in fast allen Fällen gut. Groth

1612. **A. Burgess, M. J. Seaton,** Radiative recombination of He. MN **121** 471—473.

1613. **B. F. Burke,** The radio-frequency spectrum of H_2^+. ApJ **132** 514—515.

1614. **B. B. Chakraborty, P. Ramamoorthy,** On the pulsations of an infinite cylinder with a force-free magnetic field. ZfA **49** 186—191. — Es wird die radiale Pulsation eines unendlich langen Zylinders unendlicher elektrischer Leitfähigkeit in Gegenwart eines kraftfreien Magnetfeldes untersucht. Numerische Berechnungen zeigen, daß mit wachsender Magnetfeldstärke die Pulsationsperiode der Grundschwingung abnimmt. Thi.

1615. **M. S. Chochlow,** An experimental determination of the oscillator strengths of lead lines by the absorption method. Mitt. Astrophys. Obs. Krim **22** 118—127 (russ. mit engl. Ref.).

1616. **E. Clementi,** Transition probabilities for low-lying electronic states in C_2. ApJ **132** 898—904.

1617. **M. H. Cohen,** Magnetoionic mode coupling at high frequencies. ApJ **131** 664—680. — Die Theorie der Kopplung der verschiedenen Typen magnetoionischer Wellen wird auf den Fall ausgedehnt, in welchem das überlagerte Magnetfeld seine Größe und Richtung ändert. Die Lösungen werden für eine Reihe von Spezialfällen angegeben. Die Anwendung der Theorie auf die Polarisation solarer Stöße und auf Probleme der Ionosphäre und des interplanetaren Gases wird kurz behandelt. Groth

1618. **M. Czerny,** Ein Verfahren zum vereinfachten Rechnen mit dem Planckschen Strahlungsgesetz. Optik **17** 671—677. — Es wird eine graphische Methode angegeben, um ein Integral der Form $\int_{\lambda_1}^{\lambda_2} E(\lambda, T)\, D(\lambda)\, d\lambda$ oder $\int_{\lambda_1}^{\lambda_2} E(\lambda, T)\, V(\lambda)\, D(\lambda)\, d\lambda$ rasch und anschaulich auswerten zu können, wenn $E(\lambda, T)$ die bekannte Funktion des Planckschen Strahlungsgesetzes, T die absolute Temperatur des Strahlers, $D(\lambda)$ die spektrale Durchlässigkeitsverteilung eines beliebigen Farbfilters und $C(\lambda)$ die Empfindlichkeitsverteilung des Auges ist. Das erste Integral wird benötigt, wenn nach dem Strahlungsstrom gefragt wird, den das Filterglas hindurchläßt; das zweite, wenn es um den Helligkeitseindruck dieses Strahlungsstromes auf das Auge geht. Verf.

1619. **S. P. Davis,** Hyperfine structure, Zeeman effects, and separation of lines in terbium spectra. ApJ **132** 486—492.

1620. **A. E. Douglas, J. R. Morton,** An extension of the $^1\Pi - ^1\Sigma$ system of CH^+ and the identification of the λ 3579 interstellar line. ApJ **131** 1—7. — Die interstellare Linie λ 3579 wird als Linie des CH^+ identifiziert. Sm.

1621. **R. J. Fallon, E. A. Mason, J. T. Vanderslice,** Energies of various interactions between hydrogen and helium atoms and ions. ApJ **131** 12—14. — Es werden die Wechselwirkungen zwischen Wasserstoff- und

Helium-Atomen und Ionen zusammengestellt, deren Potentialkurven experimentell oder theoretisch gut bekannt sind. Groth

1622. **A. M. Garofalo,** New set of variables for astronomical problems. AJ **65** 117—121.

1623. **R. H. Garstang,** Transition probabilities for forbidden lines of Ne IV. MN **120** 201—203.

1624. **I. N. Gluschnewa,** Über die Bestimmung der Durchmesser der an der Bildung von Streulicht teilnehmenden Teilchen. Mitt. Staatl. Astr. Sternberg-Inst. Moskau Nr. 107 S. 16—22 (russ.).

* * **G. Godoli, M. Santoro,** Le funzioni di Voigt nella descrizione, correzione ed interpretazione dei profili delle righe di Fraunhofer. Vgl. Ref. **6417.**

1625. **L. Gratton,** A comment on the equation of state for a degenerated gas. Vgl. Ref. **1323** S. 21—22.

1626. **J. M. Greenberg, N. E. Pedersen,** Measurements on the extinction and polarization of light by nonspherical particles. AJ **65** 52. — Ref. AAS.

1627. **H. R. Griem,** Stark broadening of higher hydrogen and hydrogen-like lines by electrons and ions. ApJ **132** 883—893.

1628. **J. Groeneveld,** Einige physikalische Fragen in mathematischer Behandlung. Praxis Math. **1** 37—41, 1959. — Ref. in Phys. Ber. **39** 1454. — Es werden unter anderem 3. Keplersches Gesetz, Sonnenenergie und Solarkonstante behandelt.

1629. **A. M. Gutman, I. B. Lewinson,** Non-uniform vector couplings in atomic spectra. AJ UdSSR **37** 86—87 (russ. mit engl. Ref.).

1630. **R. Hefferlin, B. Cobb, D. Hall, C. Lehman,** Laboratory high-excitation relative f-values for titanium I. ApJ **132** 259—263.

1631. **G. Herzberg,** A new spectrum of CH_2 in the region 6000—9000 Å. AJ **65** 53. — Ref. AAS.

1632. **G. Herzberg, A. Monfils,** The dissociation energies of the H_2, HD, and D_2 molecules. J. Molecular Spectroscopy **5** 482—498 = Inst. d'Astrophys. Univ. Liège Coll. 8° Nr. 416.

1633. **R. Hilsch, G. v. Minnigerode,** Zur Demonstration der Kepler-Ellipse. Naturwissenschaften **47** 505—507. — Der Vorführung einer Planetenbewegung mit einem dynamisch richtigen Modell stehen zwei Schwierigkeiten entgegen. Man muß die Zentralkraft $K = const/r^2$ recht genau verwirklichen und jeden Energieverlust durch Reibung vermeiden. Im folgenden soll ein Modell beschrieben werden, mit dem es gelingt, einen Körper von etwa 1 kg Masse die Bahn einer Kepler-Ellipse mehrmals durchlaufen zu lassen. Verf.

1634. **W. R. Hindmarsh,** Collision broadening and shift in the λ 6573 line of calcium. MN **121** 48—51.

1635. **Ø. Holter,** On the effect of a magnetic field upon extremely low frequency (ELF) wave packets. Astrophys. Norvegica **6** 131—145.

1636. **J. L. Honsaker,** Levels of N^{15} near 7-Mev excitation from N^{14} (d,p') N^{15*}. ApJ **132** 516—517.

1637. **J. Hunaerts,** La vie moyenne des états de rotation de l'état fondamental de la molécule CN. Vgl. AJB **59** Ref. **1626** = Commun. Obs. Roy. Belgique Nr. 165.

1638. **K. Hunger, R. W. Larenz,** Critical remarks on the theory of pressure broadening of spectral lines. Vgl. Ref. **1340** S. 853—855.

1639. **G. S. Iwanow-Cholodny, G. M. Nikolskij, R. A. Guljajew,** Ionization and excitation of hydrogen. AJ UdSSR **37** 799—811 (russ. mit engl. Ref.).

1640. **C. de Jager,** Asymptotic widening parameters for the hydrogen lines. Vgl. Ref. **1340** S. 889—896 = Sterrewacht «Sonnenborgh» Utrecht Overdruk 4° Nr. 24.

1641. **J. T. Jefferies,** Thermally broadened Stark profiles of some high Balmer lines. ApJ **131** 690—694.

1642. **T. L. John,** Exchange effects on the photodetachment cross-section of H^-. ApJ **131** 743—744.

1643. **T. L. John,** The photo-detachment of H^-. MN **121** 41—47.

1644. **A. Jucys, J. Vizbaraitė,** Uždraustųjų spektro linijų skaičiavimo patikslinimo klausimu. Astr. Obs. Biul. Vilnius Nr. 2 S. 3—6 (russ. mit litau. und engl. Ref.).

1645. **N. S. Kalitzin,** Näherungstheorie des rotationssymmetrischen Kreisels mit veränderlicher Masse. Nuovo Cimento (10) **15** Suppl. Nr. 3 S. 282—289. — Die Theorie des Kreisels mit veränderlicher Masse ist wenig entwickelt. Sie wird eine Anwendung finden bei den rotierenden Sternen, deren Masse sich durch Ausfluß von Materie rasch ändert und bei den Raketen, welche durch Rotation um ihre Längsachse stabilisiert werden. Bei den Supernovae und auch bei einigen Atomraketen, welche schon ihre Verwirklichung finden, fließt die Materie aus dem Grundkörper mit relativistischen Geschwindigkeiten aus. Es ist daher von Interesse, eine Theorie des Kreisels mit veränderlicher Masse zu haben, bei welcher die relativistischen Geschwindigkeiten der ausfließenden Materie berücksichtigt werden. Wir wollen hier eine Näherungstheorie des rotationssymmetrischen Kreisels mit veränderlicher Masse entwickeln, wobei wir zunächst den Fall der unrelativistischen Geschwindigkeiten des Massenzuwachses betrachten werden, und dann uns zu dem Fall der relativistischen Geschwindigkeiten wenden werden. Verf.

1646. **F. Kamijo,** Vibrational transition probabilities of the $^1\Pi_u - {}^1\Sigma_g^+$ system (Phillips system) of carbon molecule. Publ. Astr. Soc. Japan **12** 420—426 = Contr. Dep. Astr. Univ. Tokyo Nr. 10.

1647. **C. C. Kiess, M. P. Thekaekara,** Revised term values of Ti I. Vgl. AJB **59** Ref. **1631** = Georgetown Obs. Repr. Nr. 24.

1648. **M. Kimura, T. Ôki,** Determination of electron temperature from multiply charged ions in an arc discharge. Sci. Rep. Tôhoku Univ. (1) **44** 1—4 = Sendai Astr. Rap. Nr. 72.

1649. **M. Kopecký,** Experimental proof of the gravitation's law. RH **41** 46—47 (tschech.).

1650. **A. I. Kornilow,** Bemerkungen über die Oszillatorenstärken der FeI-Linien. Mitt. Staatl. Astr. Sternberg-Inst. Moskau Nr. 107 S. 3—15 (russ.).

1651. **W. A. Krat,** Über die Verletzung der stationären Zustandsverteilung der Helium- und Wasserstoffatome. Sonnendaten 1960 Nr. 2 S. 58—61 (russ.).

1652. **M. K. Krogdahl,** Note on the Stark effect for large quantum numbers. ApJ **132** 906—907.

1653. **G. S. S. Ludford, J. D. Murray,** On the flow of a conducting fluid past a magnetized sphere. J. Fluid Mechanics **7** 516—528 = Harv Repr Nr. 546.

1654. **N. N. Makejew,** One generalization of the Eddington — Poincaré equation. AJ UdSSR **37** 1125—1127 (russ. mit engl. Ref.).

1655. **F. B. Malik, E. Trefftz,** Elastic scattering of low energy electrons by atomic hydrogen. ZfA **50** 96—109.

1656. **S. N. Milford,** Approximate cross-sections for inelastic collisions of electrons with atoms. I. Allowed transitions. ApJ **131** 407—412.

1657. **M. G. J. Minnaert,** Sub-Commission on intensity tables. Report on determinations of f values. Trans. IAU **10** 220—225 = Sterrewacht «Sonnenborgh» Utrecht Overdruk 4° Nr. 16.

1658. **A. Misiūnas,** Temperatūros įtaka spektro linijos savajam slėgiminiam išplitimui. Astr. Obs. Biul. Vilnius Nr. 2 S. 6—11 (russ. mit litau. und engl. Ref.).

1659. **L. A. Mitrofanowa,** The determination of the relative $g_n f$ values for nickel by the emission method. Mitt. Astr. Hauptobs. Pulkowo **21** Nr. 4 (163) S. 185—189 (russ. mit engl. Ref.).

1660. **M. Mizushima,** Theory of the radio-frequency spectra of the H_2^+ molecule-ion. ApJ **132** 493—501.

1661. **D. I. Nagirner,** Die Punktlichtquelle im halbunendlichen Medium. Bote Univ. Leningrad 1960 Nr. 13 S. 147—151 (russ. mit engl. Ref.). — Ref. in RJ UdSSR 1961 Nr. 3 S. 30.

1662. **R. W. Nicholls, P. A. Fraser, W. R. Jarmain, R. P. McEachran,** Vibrational transition probabilities of diatomic molecules: Collected results. IV. BeO, BO, CH^+, CO, NO, SH, O_2, O_2^+. ApJ **131** 399—406.

1663. **G. Noci,** La funzione di ripartizione del sodio neutro. Mem SA It (NS) **31** 3—9 = Oss. Astrofis. Arcetri Contr. Nr. 37.

1664. **R. S. Oganessjan,** Gravitational instability of a layer relative to two-dimensional transversal perturbations. AJ UdSSR **37** 458—463 (russ. mit engl. Ref.).

1665. **T. Ohmura, H. Ohmura,** Free-free absorption coefficient of the negative hydrogen ion. ApJ **131** 8—11. — Verf. berechnen den Frei-frei Absorptionskoeffizienten von H^- unter Einschluß von Elektronenaustausch und Polarisierung. Ihre Werte liegen um 40—50 % unter den Werten von Chandrasekhar und Breen (ApJ **104** 430—445, vgl. AJB **45** Ref. 3510), die mit Hartree-Funktionen gerechnet hatten. Oster

1666. **Y. Ôno, S. Sakashita, H. Yamazaki,** Propagation of shock waves in inhomogeneous gases. I. Progr. Theoret. Phys. **23** 294—304. — Ref. in Phys. Abstr. (A) **64** 268, Phys. Ber. **40** 29.

1667. N. S. Orlowa, Klassifikation des reflektierten Lichts matter Oberflächen. Mitt. Kommission Phys. Planeten Nr. 2 S. 55—58 (russ.).

1668. J. P. Raiser, Restionisierung eines Gases bei der Expansion ins Vakuum. J. Experim. Theoret. Phys. **37** 580—582, 1959 (russ.). — Ref. in Phys. Ber. **39** 815.

1669. J. P. Raiser, Die Kondensation in einer Wolke verdampfter Materie bei der Expansion im Vakuum. J. Experim. Theoret. Phys. **37** 1741—1750, 1959 (russ.). — Ref. in Phys. Ber. **39** 2132.

1670. P. K. Raju, Y. K. Verma, Reflection and refraction of hydromagnetic plane waves at the boundary of two compressible media. ZfA **50** 29—34.

1671. H. van Regemorter, Electron impact excitation of positive ions: application to Ca^+ 4s—4p and 3d—4p. MN **121** 213—231.

1672. H. van Regemorter, Méthodes de calcul des sections d'excitation par chocs électroniques. Vgl. Ref. **1340** S. 817—822.

* * **D. Robinson, R. W. Nicholls,** Intensity measurements on the CO^+ comet tail, and the BOα and β molecular band systems. Vgl. Ref. **9120.**

1673. H. Scheffler, Strahlenoptische Ausbreitung in Medien mit statistisch verteilten Inhomogenitäten. III. Strahlenverlauf und Intensitätsschwankungen als Markoff-Prozeß. AN **285** 153—160 = Mitt. Astrophys. Obs. Potsdam Nr. 85. — Der Verlauf der Richtungen und seitlichen Verschiebungen von Strahlen beim Durchsetzen eines Mediums mit statistisch verteilten Brechungsindexschwankungen wird als vierdimensionaler Markoff-Prozeß behandelt. Die Verteilung der Streuwinkel und Strahlversetzungen ist als Übergangswahrscheinlichkeit des Prozesses Lösung der Kolmogoroff-Gleichung und wird für den Fall kleiner Strahlablenkungen ermittelt. Hieran schließt sich die in ähnlicher Weise mögliche Gewinnung der Verteilung der Intensitätsschwankungen am Ende der turbulenten Schicht für den Fall kleiner Streuwinkel und die Berechnung der Korrelationsfunktion der räumlichen Struktur der Intensitätsschwankungen in Ebenen senkrecht zur Einfallsrichtung der Strahlen. Abschließend wird der Übergang zu einem beliebigen anisotropen Feld der Brechungsindexschwankungen und dessen Spektraldarstellung an Stelle der Beschreibung durch Korrelationsfunktionen ausgeführt. Verf.

1674. G. F. Sitnik, General principles for the realization of a black body at high temperature. AJ UdSSR **37** 75—85 (russ. mit engl. Ref.). — Es werden die allgemeinen Grundsätze zur Schaffung des Modells eines Schwarzen Körpers betrachtet, das als Urnormal zur Kalibrierung spektroskopischer Messungen in absoluten Einheiten dienen kann. Die Faktoren, von denen es abhängt, wieweit das praktische Modell einem absolut Schwarzen Körper entspricht, werden diskutiert. Der Einfluß inhomogener Temperatur auf die Genauigkeit wird erneut betrachtet. Auf Grund theoretischer Überlegungen kann ein rationeller Weg zur Schaffung eines Modells gefunden werden, wo die Strahlungsintensität der Intensität von Gleichgewichtsstrahlung entsprechender Temperatur gleich ist. Verf. (ü.)

1675. E. A. Spiegel, G. Veronis, On the Boussinesq approximation for a compressible fluid. ApJ **131** 442—447.

1676. W. E. Stepanow, The absorption coefficient in the reverse Zeeman effect for arbitrary multiplet splitting and the transfer equation for light with mutually perpendicular polarization. AJ UdSSR **37** 631—641 (russ. mit engl. Ref.).

1677. **W. E. Stepanow,** The absorption coefficient of atoms in the reverse Zeeman effect for arbitrary multiplicity. Mitt. Astrophys. Obs. Krim **24** 293—300 (russ. mit engl. Ref.).

1678. **T. L. Swihart,** The photoionization cross section of negative hydrogen. AJ **65** 502. — Ref. AAS.

1679. **J. W. Tatom,** Steady-state behavior of extended surfaces in space. J. American Rocket Soc. **30** 118—119. — Ref. in Phys. Ber. **39** 1892.

1680. **G. Traving,** Über die Theorie der Druckverbreiterung von Spektrallinien. Vgl. AJB **59** Ref. **1666.** — Weitere Besprechung in ZfMG **86** 439—440 (H. Pfennig).

1681. **S. K. Trehan,** Oscillations of an incompressible fluid sphere of varying density. ApJ **132** 264—268.

1682. **S. K. Trikha,** A note on the theories of metals and of pressure ionization. Progr. Theoret. Phys. **21** 212—214, 1959. — Ref. in Phys. Ber. **39** 1948.

1683. **M. S. Vardya,** Pressure dissociation. ApJ **132** 905 = Berkeley Repr. Nr. 179. — Bei großen Drucken fließen die hohen Energieniveaus der Moleküle mit dem Kontinuum zusammen, so daß das effektive Dissoziationspotential sinkt. Die Zustandssummen hängen dann also auch vom Druck ab. Har.

1684. **C. M. Varsavsky,** Transition probabilities and collisional cross sections for ultraviolet lines. AJ **65** 58. — Ref. AAS.

1685. **H. Wilhelmsson,** On the excitation of stationary waves in a circular electron ring current by means of an incident plane electromagnetic wave. Univ. Gothenburg Astr. Notes Nr. 3 S. 3—9.

1686. **H. Wilhelmsson,** On the possibility of oscillatory instability in time of a ring current. Univ. Gothenburg Astr. Notes Nr. 3 S. 10—14.

1687. **H. Wilhelmsson, M. Fischer,** On force-free magnetic fields. Univ. Gothenburg Astr. Notes Nr. 3 S. 29—31.

1688. **H. Wilhelmsson,** The diffraction of electromagnetic waves by an electron beam. Univ. Gothenburg Astr. Notes Nr. 4 S. 11—23.

1689. **C. Zwaan,** Note on partition functions. Vgl. Ref. **1340** S. 811—816 = Sterrewacht «Sonnenborgh» Utrecht Overdruk 4° Nr. 20.

1690. Molecular spectra. Sky Tel. **19** 415.

1691. Brookhaven accelerator attains 30 BeV. Sky Tel. **20** 135. — Ref. in VdS Nachr. **10** 51.

1692. Die Lichtgeschwindigkeit. VdS Nachr. **9** 123—124. — Ref.

Plasma

1693. **H. Alfvén,** Collision between a nonionized gas and a magnetized plasma. Vgl. Ref. **1331** S. 710—713.

1694. **P. J. Kellogg, H. Liemohn,** Instability of contra-streaming plasmas. Phys. Fluids **3** 40—44. — Ref. in Phys. Ber. **40** 8.

1695. **O. W. Konstantinow, W. I. Perel,** Die Stöße von Teilchen in einem hochtemperierten Plasma. J. Experim. Theoret. Phys. **39** 861—871 (russ. mit engl. Ref.). — Ref. in RJ UdSSR 1961 Nr. 3 S. 34.

1696. B. Lehnert, Energy balance and confinement of a magnetized plasma. Vgl. Ref. **1331** S. 1012—1019.

1697. O. Lucke, Die dynamischen Gleichungen des Plasmas in der Magnetosphäre. Z. Geophys. **26** 105—137. — Die Voraussetzungen dafür werden angegeben, daß großräumige Bewegungen des Plasmas der Magnetosphäre durch dynamische Gleichungen beschrieben werden können. Diese Gleichungen führen bei stationären Verhältnissen zu magnetischen Ringströmen, die in der Hauptphase der magnetischen Stürme verstärkt werden, aber auch sonst vorhanden sind. Sie sind am stärksten in den Regionen ausgebildet, in denen das aufgeprägte Magnetfeld durch den Diamagnetismus des Plasmas am meisten deformiert ist. In diesen Regionen erreicht die Dichte der elektrisch geladenen Partikel, deren magnetisches Moment bei der Transversalbewegung um die magnetischen Kraftlinien als adiabatische Invariante zu betrachten ist, maximale Werte. Die transversale kinetische Energiedichte ist dann gleich 3/2 der Energiedichte des magnetischen Feldes. Die maximalen Partikeldichten werden berechnet; sie befinden sich in plausibler Übereinstimmung mit den gemessenen Werten. Die Ergebnisse zeigen, daß die Theorie der magnetischen Stürme noch weiter zu bearbeiten ist. Verf.

1698. P. A. G. Scheuer, The absorption coefficient of a plasma at radio frequencies. MN **120** 231—241. — Untersuchungen der Frei-frei-Strahlung von Elektronen in einem Plasma führen zu dem Ergebnis, daß, abgesehen von den Frequenzen gerade eben oberhalb der Plasmafrequenz, die Formeln von Elwert für einfache Zweierbegegnungen (Elektron-Ion) anwendbar sind. Es wird ferner die Strahlung bei der Begegnung zwischen Elektronen und Raumladungen untersucht. Thi.

1699. J. M. Schwarz, Eine Methode zur Bestimmung des elektrischen Potentials in einem Plasma befindlicher Körper. KE Nr. 4 S. 161—164 (russ.).

16100. W. N. Shigulew, On magnetic «pressing-off» in a collision-free plasma (on the theory of streamline flow of solar corpuscules past the magnetic dipole of the Earth). DAN **135** 1364—1366 (russ.). — Es wird das Problem gelöst, wie ein Strom des Plasmas der von Zusammenstößen freien Moleküle Körper mit einem eigenen Magnetfeld umfließt. Dieses Problem knüpft eng an das Problem an, wie die Sonnenkorpuskularströme den magnetischen Dipol umfließen. L. Fr.

16101. R. Simon, Sur l'équation de dispersion d'un plasma de faible densité. Bull. Soc. Belge Phys. (2) 1960 S. 259—262 = Inst. d'Astrophys. Univ. Liège Coll. 8° Nr. 411.

§ 17

Astronautik

1701. J. A. van Allen, Über die Strahlungsgefährdung bei kosmischen Flügen. Fortschritte Phys. Wiss. **70** 715—724 (russ.). — Ref. in RJ UdSSR 1961 Nr. 2 S. 27.

1702. H. Bastian, Safari im Weltenraum. Berlin, Safari-Verlag, 1960. 387 S. Preis DM 24.80. — Besprechung in VdS Nachr. **10** 33—34 (J. Herrmann), Weltraumfahrt **12** 62 (H. K. Kaiser).

1703. **R. H. Battin,** The determination of round-trip planetary reconnaissance trajectories. J. Aero/Space Sci. **26** 545—567, 1959. — Ref. in Math. Rev. **21** 1161.

1704. **D. J. Benney,** Escape from a circular orbit using tangential thrust. Jet Propulsion **28** 167—169, 1958. — Ref. in Phys. Ber. **39** 1892.

1705. **G. van den Bergh,** Ruimtevaart of Luchtkasteel? Amsterdam, N. V. De Arbeiderspers, 1960. 23 S. Preis f 0.95. — Besprechung in Hemel en Dampkring **58** 185 (W. de Graaff jr.).

1706. **M. Bielicki,** Niektóre problemy torów lotów księżycowych. Postępy Astr. **8** 73—100. — Beim Raketenflug ist zwischen dem Flug mit oder ohne Antrieb zu unterscheiden. Das Hauptproblem dieser Art Himmelsmechanik besteht darin, wie sich der Flug auf Grund der Anfangsbedingungen gestaltet und welche Abweichungen auf Grund der Änderungen dieser Bedingung entstehen. Von Mondflügen spricht Verf., wenn die Rakete in den Wirkungsbereich des Mondes eintritt. Im Zusammenhang hiermit gibt Verf. eine Zusammenfassung über eine Arbeit von W. A. Jegorow (vgl. AJB **57** Ref. **13415**), wobei er auch fehlerhafte Formeln bei Jegorow verbessert. Über die von Jegorow bearbeiteten Flugmöglichkeiten in der Ebene der Mondbahn hinaus erörtert Verf. das Problem der Bildung eines künstlichen Mondsatelliten. Hierbei geht er auch auf die Betrachtungen Buchheims ein (Artificial Satellites of the Moon, The Rand Corporation, Santa Monica, Cal., U.S.A., 1956). Schließlich weist Verf. auf einige fehlerhafte Formulierungen in der Presse und in der populär-wissenschaftlichen Literatur hin. E. R.

1707. **J. Bouška,** New successes of astronautics. RH **41** 188—190 (tschech.).

1708. **R. L. F. Boyd,** Space Research by Rocket and Satellite. London, Arrow Books Ltd., 1960. 128 S. Preis 5 s. — Besprechung in J. Atmosph. Terr. Phys. **21** 296 (E. V. Appleton), MN ASSA **20** 24.

1709. **W. Büdeler,** Das Raumforschungsprogramm der UdSSR. Weltraumfahrt **11** 78—79.

1710. **R. W. Bussard,** Galactic matter and interstellar flight. Astronaut. Acta **6** 179—194. — Diese Arbeit beschreibt ein Fahrzeug, welches das interstellare Gas als Energiequelle (durch Kernfusion) und als Arbeitsmedium benutzt. Relativistische Untersuchungen dieses interstellaren Staustrahlantriebes zeigen, daß maximale Fahrzeugeigenbeschleunigungen von der Größenordnung der Erdbeschleunigung nur dann erreicht werden können, wenn die frontale Flächendichte kleiner oder höchstens gleich 10^{-8} g/cm^2 für jedes reagierende Nukleon ist. Diagramme zeigen die Wirkungsweise eines solchen Antriebes für verschiedene Werte dieses Parameters. Verf.

1711. **M. Butorac,** Pobjeda nad prostorom. ZiS **3** 42—43.

1712. **G. M. Clemence,** Interplanetary navigation. Proc IRE **48** 497—499. — Im Prinzip sind die Methoden der interplanetaren Navigation den terrestrischen ähnlich; der Hauptunterschied besteht darin, daß zusätzlich die Gravitation berücksichtigt werden muß. Eine weitgehende Automatisierung sowohl der Reduktion der Beobachtungen als auch des Navigationssystems, besonders bei Abflug und Landung, ist dabei unumgänglich. T. L.

1713. **M. Codr,** Cesta ke hvězdám. Prag, Verlag Naše vojsko, 1960. 369 S. Preis Kčs. 14.10. — Besprechung in RH **41** 140—141, Vesmír **39** 286.

1714. **D. M. Cole,** Extraterrestrial colonies. Navigation Washington **7** 83—98.

1715. **P. T. de Corkhill, R. A. Hoffman,** Detection and evaluation of space radiations. Trans. IRE **MIL-3** 160—162, 1959. — Ref. in Phys. Ber. **39** 2299.

1716. **R. Cornog,** Selected problems in interstellar navigation. Navigation Washington **7** 99—105. — Voraussetzungen des Aufsatzes sind Raumfahrzeuge mit einer Bevölkerung von rund 10000 Einzelwesen, um eine über Jahrtausende stabile Bevölkerung zu gewährleisten, Antrieb durch Atomspaltung oder -vereinigungsenergie, technisch unbegrenzte Möglichkeiten wie Bau und Entsendung weit entfernter Hilfsstationen in den Weltraum. Die letztgenannte Möglichkeit gestattet eine Triangulation zu näheren Sternen; dazu kommen Geschwindigkeitsbestimmungen durch Doppler-Effekte an Spektrallinien. Die gegenseitige Verständigung weit voneinander entfernter Raumfahrzeuge und die Bedingungen für eine Raumfahrt im Gravitationsfeld weißer Zwerge bilden weitere Einzelheiten des Aufsatzes, der Gedanken verschiedener Autoren aus den letzten Jahren zusammenfaßt. Frlb.

1717. **E. Dolezal,** Die Astronauten. Wien—München, Österreichischer Bundesverlag. 170 S. — Besprechung in Mitt. Planetenbeobachter **13** 49 (W. Carnuth).

1718. **H. L. Dryden,** Atoms and space. Spaceflight **2** 226—229.

1719. **L. A. DuBridge,** Introduction to Space. New York, Columbia University Press; London, Oxford University Press, 1960. 12 + 93 S. Preis 20 s. net. — Besprechung in Nature **189** 5 (A. Dalgarno), Obs **81** 33 (H. E. Butler), Spaceflight **3** 105—106 (K. Fea).

1720. **L. A. DuBridge,** Fun in space. American J. Phys. **28** 719—723. — Ref. in Phys. Abstr. (A) **63** 1857.

1721. **J. Dvořák,** Do kosmického prostoru. Prag, Verlag Práce, 1960. 130 S. Preis Kčs. 7.00.

1722. **J. Dvořák, P. K. Isakov, J. Hospodář,** Člověk v meziplanetárním prostoru. Prag, Verlag Orbis, 1960. 217 S. Preis Kčs. 9.50. — Besprechung in RH **42** 23, Vesmír **40** 30.

1723. **K. A. Ehricke,** Space flight. I. Environment and Celestial Mechanics. London—New York—Princeton, N. J. — Toronto, D. Van Nostrand Ltd., 1960. 13 + 513 S. Preis $ 14.50. — Besprechung in Proc IRE **48** 1350 (H. S. Seifert), Sky Tel. **19** 372, Weltraumfahrt **11** 95.

1724. **K. A. Ehricke,** Zur Auswahl von Flugbahnen für bemannte Raumfahrzeuge zu den Planeten Mars und Venus. Raketentechn. Raumfahrtforsch. **4** 17—22. — Ref. in Phys. Ber. **39** 1234.

1725. **W. G. Fessenkow,** Raumschiff und Astrophysik. Priroda **49** Nr. 9 S. 6—9 (russ.).

1726. **D. A. Frank-Kamenezkij,** Raumschiff und Wissenschaft. Priroda **49** Nr. 6 S. 3—4 (russ.).

1727. **H. Gartmann,** Raumfahrtforschung. Phys. Blätter **16** 461—469.

1728. **R. L. Garwin,** Solar sailing. — A practical method of propulsion within the solar system. Jet Propulsion **28** 188—190, 1958. — Ref. in Phys. Ber. **39** 1892.

* * **P. Gauroy,** Les Mondes du Ciel. Vgl. Ref. **1935.**

1729. **F. Gaynor,** Aerospace Dictionary. New York, Philosophical Library, 1960. 10 + 260 S. Preis $ 6.00. — Besprechung in Publ ASP **72** 431, Sky Tel. **20** 103.

1730. **F. Godwin,** The Exploration of the Solar System. London, Chapman and Hall, Ltd., 1960. 200 S. Preis 35 s. — Besprechung in J. Atmosph. Terr. Phys. **18** 345 (E. V. Appleton), Nature **187** 811 (D. G. King-Hele), Sky Tel. **20** 163.

1731. **M. J. E. Golay,** Velocity of light and measurement of interplanetary distances. Science **131** 31—32. — Verf. weist darauf hin, daß es in Zukunft möglich sein wird, durch gleichzeitige Verwendung von Atomuhren und künstlichen Planetoiden, die in eine Bahn um die Sonne gebracht werden, die interplanetaren Entfernungen wesentlich genauer festzulegen. Da die in diesem Fall erforderlichen Messungen dann nicht mehr von der geringen Genauigkeit der Lichtgeschwindigkeit beeinflußt werden, ließe sich eine Verbesserung der Werte bis $\approx 10^{-9}$ erreichen. Henn

1732. **S. W. Greenwood,** A note on relay satellites. J. British Interplanet. Soc. **17** 360—361. — Clarkes Vorschlag für die Entsendung von stationären Relaissatelliten in eine äquatoriale 24^h-Bahn wird auf andere Planeten erweitert. Allgemeine Ausdrücke für Bahnradius und für vom Satelliten aus sichtbare Planetenoberfläche werden abgeleitet. Für jeden Planeten werden numerische Werte mitgeteilt. Verf. (ü.)

1733. **E. Heckscher,** Vom Unternehmen «Saturn». VdS Nachr. **9** 115—117.

1734. **J. Herrmann,** Künstliche Satelliten um weiße Zwergsterne. VdS Nachr. **9** 105—106.

1735. **A. M. Hughes,** Spaceflight on film. Spaceflight **2** 146—147.

1736. **N. Janković,** About three new hypothesis. Vasiona **8** 5—8 (serb.).

1737. **H. E. Kallmann,** Method and means of rotating large satellites. Proc IRE **48** 122—123.

1738. **M. G. Karimow,** Die hauptsächlichsten Errungenschaften der Sowjetwissenschaft in der Eroberung des kosmischen Raums. Bote Akad. Wiss. Kasach. SSR 1959 Nr. 11 S. 12—14 (russ.).

1739. **J. M. J. Kooy, J. Berghuis,** On the numerical computation of free trajectories of a lunar space vehicle. Astronaut. Acta **6** 115—143. — Durch die von «Bull Nederland», Amsterdam, angebotene Verwendung einer elektronischen Rechenmaschine ergab sich die Möglichkeit, einige numerische Bahnberechnungen für Mondraketen durchzuführen. Als erster Fall wurde eine dreidimensionale Bahn berechnet, wobei sich das Raumfahrzeug dem Mond bis auf etwa 11000 km nähert und die Rückseite des Mondes beobachtet werden kann. Nach Durchlaufen einer Schleife kommt das Fahrzeug wieder in Erdnähe. In diesem Falle wurde der Startplatz am Äquator angenommen und beim letzten Brennschluß wurde eine sogenannte ballistische Anfangsgeschwindigkeit vorausgesetzt, die gerade ausreichen soll, um das Raumfahrzeug auf Mondentfernung zu bringen. Bei einer weiteren Untersuchung wurde der Startplatz in nördlicher Breite (Cape Canaveral) gewählt und beim letzten Brennschluß eine hyperbolische Geschwindigkeit angenommen. Die Auswirkung einer Bremsrakete in der Nähe des Mondes wurde studiert. Bahnen, die es nach Abbremsen gestatten, den Mond zu treffen, sowie Bahnen für die Mondumfahrung mit darauffolgender Rückkehr zur Erdoberfläche wurden berechnet. Weiter wurde die Möglichkeit untersucht, durch geeignetes Bremsen in der Mondnähe einen Mondsatelliten zu bekommen. Eine entsprechende Bahn wurde bestimmt. Bei allen Untersuchungen wurden auch die Störungen der Sonne berücksichtigt. Es stellte sich heraus, daß die Kepler-Bewegung des Mondsatelliten in bezug auf ein selenozentrisches Koordinatensystem sehr stark durch die kombinierte Wirkung von Erde und Sonne gestört wird. Verf.

1740. **D. Kotsakis,** Exploration of Space. Artificial Satellites — Cosmic Rockets — Interplanetary Stations. Athen, 1960. 150 S. = Publ. Lab. Astr. Univ. Athen Nr. 13. (griech.).

1741. **B. Kukarkin,** Početak ere međuplanetarnih letova. ZiS **2** 25—27, 1959.

1742. **W. H. Langham,** Some radiation problems of space conquest. Astronaut. Sci. Rev. **2** Nr. 4 S. 9—18.

1743. **D. F. Lawden, R. S. Long,** The theory of correctional manoeuvres in interplanetary space. Astronaut. Acta **6** 48—60. — Es wird gezeigt, daß die Bestimmung von Bahnkorrekturen unabhängig von den schwachen Störungskräften erfolgen kann, so daß die Bahn des Raumfahrzeuges als Kepler-Bahn, allein der Anziehungskraft der Sonne unterliegend, angesehen werden kann. Die Berechnung kann auf das Einsetzen der beobachteten Abweichungen von der vorausberechneten Bahn in gegebene Formeln zurückgeführt werden. Die Koeffizienten können vorher bestimmt und in der Rechenmaschine gespeichert werden. Verf.

1744. **D. F. Lawden,** Optimal programme for correctional manoeuvres. Astronaut. Acta **6** 195—205. — Es wird der Einfluß von Korrekturmanövern auf den Sollbahnfehler, auf die Position und Geschwindigkeit eines Raumfahrzeuges und die Anwendung von Geschwindigkeitskorrekturen untersucht. Ferner wird eine optimale Folge von Korrekturen angegeben. Verf.

1745. **M. A. Lawrentjew,** Über das Problem des Raumflugs bei kosmischen Geschwindigkeiten. KE Nr. 3 S. 61—65, 1959 (russ.).

1746. **A. Liu,** Normal lunar impact analysis. J. Astronaut. Sci. **7** 35—39.

1747. **M. Ljubić,** Mjesec — prva etapa na putu u svemir. ZiS **2** 58—67, 1959.

1748. **R. S. Long,** Transfer between non-coplanar elliptical orbits. Astronaut. Acta **6** 167—178. — Es wird das Problem des «Zwei-Impulsüberganges» einer Rakete von einer elliptischen Bahn auf eine andere elliptische, jedoch mit der ersten nicht koplanaren Bahn betrachtet, wobei der Treibstoffaufwand bei diesen Übergängen ein Minimum sein soll. Unter der Annahme, daß die Exzentrizitäten der vorgegebenen Bahnen klein sind, wird eine Näherungslösung erster Ordnung erhalten. Verf. (gek.)

1749. **A. M. Losinskij,** On the photography of cosmic rockets. AJ UdSSR **37** 937—938 (russ. mit engl. Ref.).

1750. **A. C. B. Lovell,** The exploration of outer space. J. Roy. Soc. Arts **108** 496—518 = Astr. Contr. Univ. Manchester (2) Jodrell Bank Repr. Nr. 213. — Allgemein verständlicher Vortrag über Forschungsergebnisse mit Raketen, künstlichen Satelliten und Radioteleskopen. Einige neuere Erkenntnisse über Mond, Planeten und interplanetare Materie werden mitgeteilt und auch die Frage nach Leben im Kosmos erörtert. W. F.

1751. **A. C. B. Lovell,** The exploration of outer space. Obs **80** 64—72.

1752. **A. C. B. Lovell,** The exploration of outer space. Spaceflight **2** 194—203. — Vortrag über Methoden und Ergebnisse der Raumfahrt. Böh.

1753. **G. Marx,** Über Energieprobleme der interstellaren Raumfahrt. Astronaut. Acta **6** 366—372. — Die prinzipiellen Energieverhältnisse der interstellaren Raumfahrt werden vom physikalischen Standpunkt aus diskutiert. Der Erhaltungssatz für Baryonenladung verhindert die Verwirklichung von relativistischen Raketenprogrammen mit chemischen oder nuklearen Treibstoffen. Die Antimaterie scheint die einzige Möglichkeit zu bieten, andere Sternsysteme im Rahmen eines Menschenlebens zu erreichen. Verf.

1754. **A. Masani,** L'uomo nello spazio. Milano, Parenti, 1960. 16 + 259 S. Preis L. 1.400. — Besprechung in Coelum **28** 121.

1755. **V. Matović,** Postignuća i perspektive astronautike. Vasiona **8** 25—29.

1756. **J. Meeus,** Gunstige of ongunstige maanreizen? Hemel en Dampkring **58** 45.

1757. **P. M. Millman,** Space astronomy. Vgl. Ref. **1336** S. 216—221.

1758. **H. Munick, R. McGill, G. E. Taylor,** Analytic solutions to several optimum orbit transfer problems. J. Astronaut. Sci. **7** 73—77.

1759. **W. N. Neat,** Man on the Moon. Spaceflight **2** 219—224.

1760. **H. E. Newell, J. E. Naugle,** Radiation environment in space. Science **132** 1465—1472.

1761. **H. E. Newell,** Capabilities for space research. Vgl. Ref. **1316** S. 52—69.

1762. **H. E. Newell jr.,** The space environment. Science **131** 385—390.

1763. **N. Nikolić,** Ishrana kozmičkog putnika. ZiS **2** 73—78, 1959.

1764. **M. Oswalden,** Zeitdilatation und Weltraumfahrt. Sternenbote **3** 4—6.

1765. **A. Parry,** Russia's Rockets and Missiles. New York — Garden City, Doubleday Anchor Books, 1960. 382 S. Preis $ 4.95. — Besprechung in Sky Tel. **21** 111.

1766. **R. Pešek, M. Smetana,** Die Astronautik gestern, heute und morgen. Vesmír **39** 6—12 (tschech.).

1767. **J. G. Porter, D. J. Cashmore, C. N. Gordon,** Manned navigation and guidance in the solar system. J. British Interplanet. Soc. **17** 382—384.

1768. **J. G. Porter, D. J. Cashmore,** Space navigation. J. Inst. Navigation **13** 333—342. — Für die Raumfahrtnavigation ist die Bestimmung der Geschwindigkeit noch wichtiger als die der Position. Man kann sie aus Positionsdifferenzen oder durch Aufsummierung der Beschleunigung erhalten. Der Autor schlägt hierfür ein umfangreiches Automationssystem vor. T. L.

1769. **B. W. Rauschenbach, E. N. Tokar,** Einige Steuerungsfragen im interplanetaren Raum. KE Nr. 5 S. 41—53 (russ.).

1770. **J. S. Rinehart,** Stresses associated with lunar landings. J. British Interplanetary Soc. **17** 431—436.

1771. **R. E. Roberson,** Astronavigation — guidance and control in space. J. Astronaut. Sci. **7** 87—95.

1772. **D. H. Robey,** Radiation shield requirements for two large solar flares. Astronaut. Acta **6** 206—224. — Der Flare der Klasse +3 vom 10. Mai 1959 und der der Klasse +4 vom 23. Februar 1956 wurden untersucht, um den für einen Menschen in diesem Falle benötigten Strahlungsschutz zu bestimmen, wenn sich der Mensch beim Ausbruch eines solchen Flares gerade im Weltraum aufhält. Der erste Flare war der größte des betreffenden Jahres und der zweite überhaupt der größte bisher bekannte. Kohlenstoff wurde als Abschirmungsmaterial angenommen. Ein kugelförmiger Schild aus Kohlenstoff mit einem inneren Hohlraum von 90 cm Radius wurde beiden Fällen zugrunde gelegt. Es ergab sich, daß für den Flare der Klasse +4 alle Protonen mit Energien unter 1.4 Bev abgebremst werden müssen, um die Protonenstrahlungsdosis auf 25 rem (RBE = 1) zu beschränken. Eine optimistische Schätzung des Gewichtes der Abschirmung ergab ungefähr 379 Tonnen. Verf.

1773. **P. Römer,** Put na Mjesec. ZiS **1** 34—38, 1958.

1774. **S. M. Rytow,** Was sieht und womit gerät der fast mit Lichtgeschwindigkeit fliegende Astronaut aneinander? Priroda **49** Nr. 4 S. 64—70 (russ.).

1775. **E. Schatzman,** Les applications de l'astronautique à l'astrophysique. Astronaut. Acta **6** 159—166 = Contr. Inst. d'Astrophys. Paris (A) Nr. 258. — Es werden Probleme der Astrophysik, der Astronomie und der Kosmogonie angeführt, bei deren Lösung die Astronautik eine große Rolle spielen wird. Verf.

1776. **H. Scheffler,** Exploración del espacio. El Universo **14** 4—7.

1777. **K. Schütte,** La Astronáutica en marcha. Übersetzung des in AJB **58** Ref. **13478** zitierten Buches «Die Weltraumfahrt hat begonnen». Barcelona, Herder, 1959. 212 S. — Besprechung in Urania Barcelona **44** 148.

1778. **K. Schütte,** Die ersten und zweiten Differentialquotienten in der elliptischen Bewegung als Funktionen des Geschwindigkeitsvektors. Astronaut. Acta **6** 144—150. — Die Bahn eines Raumfahrzeuges oder künstlichen Satelliten ist im Zweikörperproblem bekanntlich durch den Geschwindigkeitsvektor in jedem beliebigen Bahnpunkte eindeutig bestimmt. Jede Änderung dieses Geschwindigkeitsvektors, z. B. durch zusätzlichen Antrieb oder auch bei Störungen durch einen anderen Körper, ändert die oskulierende Bahn. Es werden einfache Formeln für die ersten und zweiten Differentialquotienten nur als Funktionen des in einen Skalar und einen Winkel zerlegten Geschwindigkeitsvektors abgeleitet, und zwar für die Bahnelemente große Halbachse a, Umlaufszeit U, Exzentrizität e und wahre Anomalie v. Verf.

1779. **K. Schütte,** Himmelsmechanische Probleme der Raumfahrt. II. Die ersten Bahnberechnungen zum Mond und um den Mond sowie die ersten Mondstarts. Flugkörper 1960 S. 10—15.

1780. **L. I. Sedow,** Orbits of cosmic rockets towards the Moon. J. American Rocket Soc. **30** 14—21.

1781. **L. I. Sedow,** Bahnen kosmischer Raketen in Richtung zum Mond. KE Nr. 5 S. 3—15 (russ.).

1782. **R. C. Spencer,** The astronautic chart. Proc IRE **48** 528—531. — Beschreibung eines Nomogramms zum Ablesen von Bahngeschwindigkeit, Masse, mittlerem Abstand, Umlaufszeit und mittlerer Beschleunigung für beliebige Zweikörpersysteme (Sonne — Planet oder Planet — natürlicher oder künstlicher Satellit). Aus einer zusätzlichen Figur können speziell die kleinstmöglichen Satellitenbahnen entnommen werden. T. L.

1783. **A. Spilhaus,** Satellite del Sole. Aus dem Englischen übersetzt von G. C. Ciappei. Firenze, Sansoni, 1960. 32 + 112 S. Preis Lire 1000. — Besprechung in Coelum **29** 90.

1784. **E. V. Stearns, W. E. Frye,** Interplanetary navigation: an extension of an ancient art. Navigation Los Angeles **6** 526—535. — Bestandsaufnahme der Daten im Sonnensystem, die für Weltraumfahrten von Planet zu Planet wichtig sind; Untersuchung von Bahnen, falls Kraftreserven für einen Raketenschub unterwegs verfügbar sind, sowie der Orts- und Geschwindigkeitsbestimmung auf solchen Reisen, um den Schub richtig zu erteilen; Möglichkeiten für den Übergang aus einer interplanetaren in eine Satelliten-Bahn. Frlb.

1785. **A. Šternfelds,** Mākslīgie pavadoņi. Rīgā, Latvijas Valsts izdevniecība, 1959. — Besprechung in Zvaigžņotā Debess 1960. gada pavasaris S. 49 (N. Cimahoviča).

1786. **E. W. Still,** High altitude chambers and pressure suits and their part in manned flight to the Moon. J. British Interplanetary Soc. **17** 239—276.

1787. **J. Taillé,** La Terre et la Lune. Paris, Presses Universitaires de France, 1960. 128 S. Preis 2 NF. — Besprechung in Ciel et Terre **77** 351—352 (J. Meeus), La Nature **88** 445.

1788. **C.-C. Troebst,** Assalto alla Luna. Übersetzung aus dem Deutschen von M. Carlà. Vgl. AJB **59** Ref. **1754**. — Weitere Besprechung in Boll. Geod. Sci. affini **19** 127—129 (C. Trombetti).

1789. **C.-C. Troebst,** Kapløbet til Maanen. Übersetzt aus dem Deutschen von M. Boisen. København, Nordisk Forlag, 1960. Preis Kr. 24.50. — Besprechung in Urania København **17** 31—32 (C. Luplau Janssen).

1790. **C.-C. Troebst,** Språnget mot månen, öst och väst i tävlan om världsrymden. Stockholm, Bonniers, 1960. 230 S. Preis 23:50 Kr. — Besprechung in PAT **41** 89 (U. Sinnerstad).

1791. **T. C. Tsu,** Requirements of interstellar flight. Astronaut. Acta **6** 247—255.

1792. **I. Úlehla,** Über die Zeitverlängerung in den kosmischen Raketen. Pokroky **5** 573—582 (tschech.).

1793. **M. Vertregt,** Graphical plotting of interplanetary orbits. J. British Interplanet. Soc. **17** 351—359. — Es wird ein Verfahren angegeben, einen Kegelschnitt aus Geraden zu konstruieren, und an vielen Beispielen gezeigt, auf welche einfache konstruktive Weise für die Bewegung auf interplanetaren Bahnen wichtige Größen ermittelt werden können. Böh.

1794. **N. Vichney,** Les décisives expériences spatiales d'août 1960. La Nature **88** 409—413.

1795. **P. V. H. Weems,** Space piloting. Navigation Washington **7** 63—64. — In der Nähe der Erde ist die beste Methode einer Standortbestimmung für Raumflüge die Beobachtung der Richtung zur Erde und die Feststellung der Entfernung zur Erdoberfläche auf der so festgelegten Bezugsrichtung durch Messung des scheinbaren Erddurchmessers. Zwei oder mehr solcher Messungen in genügendem zeitlichen Abstand legen die Bahnebene fest, solche über 180° Richtungsänderung die vollständige elliptische Bahn. Frlb.

1796. **K. Ziolkowskij,** Beyond the Planet Earth. Übersetzung aus dem Russischen von K. Syers. London—New York, Pergamon Press Inc., 1960. 190 S. Preis $ 3.75. — Besprechung in J RAS Canada **55** 144 (M. G. Whillans), Sky Tel. **21** 48, 167—168.

1797. Vistas in Astronautics. Volume 2. Herausgegeben von M. Alperin und H. F. Gregory. Vgl. AJB **59** Ref. 1761. — Weitere Besprechung in Publ ASP **72** 429 (A. B. Meinel).

1798. Das Bildbuch der Weltraumfahrt. Herausgegeben von H. Gartmann. Frankfurt am Main, Umschau-Verlag, 1960. 144 S. Preis DM 16.80. — Besprechung in Sternenbote **4** 127—128, VdS Nachr. **10** 48—49 (J. Herrmann), Weltraumfahrt **12** 31.

1799. Advances in Space Science. Vol. 2. Herausgegeben von F. I. Ordway III. New York—London, Academic Press, 1960. 13 + 450 S. Preis $ 13.00. — Besprechung in Nature **188** 885 (D. R. Bates), Proc IRE **48** 2047 (C. H. Hoeppner), Sky Tel. **20** 228, **21** 46—47 (C. A. Whitney).

17100. Handbuch der Astronautik. Band I, Heft 3—6. Herausgegeben von K. Schütte, H. K. Kaiser. Konstanz, Akademische Verlagsgesellschaft Athenaion, 1960. 128 S. Preis DM 20.80. — Besprechung in VdS Nachr. **9** 132, **10** 73 (J. Herrmann), Weltraumfahrt **12** 31—32, 126.

17101. The Space Encyclopædia. A Guide to Astronomy and Space Research. Horsham, The Artemis Press, 1960. Zweite, revidierte Auflage. 288 S. Preis 35 s. — Besprechung in Nature **190** 76 (R. H. Merson).

17102. Le blindage nécessaire des habitacles interplanétaires. La Nature **88** 413.

17103. USA-Weltraumforschung. Phys. Blätter **16** 131.

17104. The NASA space sciences program. Proc IRE **48** 438—450.

17105. The NASA space sciences. Spaceflight **2** 143—146, 174—175, 178—180, 255—259.

17106. Moon-landing probe. Spaceflight **2** 234.

17107. Astronautik. Weltraumfahrt **11** 27—28.

17108. Fotonskim jedrom kroz Svemir. ZiS **3** 93—94. — Ref.

§ 18

Künstliche Erdsatelliten und Planetoiden

1801. **I. Almar, D. Pal,** Eine neue Methode zur visuellen Beobachtung künstlicher Erdsatelliten mit Hilfe der Fernrohre AT—I. Bull KE 1960 Nr. 5 S. 14—16 (russ.).

1802. **E. P. Axenow,** Über die Bewegung eines künstlichen Trabanten im nichtzentralen Feld der Erdgravitation. BIA **7** 850—858 (russ. mit deutsch. Ref.). — In diesem Artikel sind die Störungen in der Bewegung eines künstlichen Trabanten enthalten, die durch die Form der Erde und die Distribution ihrer Masse hervorgerufen werden. Das Potential der Erdanziehungskraft wird nach sphärischen Funktionen entwickelt. Das Problem wird unter Verwendung Keplerscher oskulierender Elemente gelöst; dabei gibt es für die unabhängigen Veränderlichen eine ungestörte, wahre Anomalie. — In diesem Artikel wird ein konkretes Beispiel angeführt. Verf.

1803. **E. P. Axenow,** Fast kreisförmige Bewegungen eines Teilchens im Schwerefeld eines rotierenden Körpers. Bote Univ. Moskau (Phys., Astr.) 1960 Nr. 5 S. 94—102 (russ.). — Ref. in RJ UdSSR 1961 4A175.

1804. **A. Bailie, R. Bryant,** Osculating elements derived from the modified Hansen theory for the motion of an artificial satellite. AJ **65** 451—453. — Es werden nach der durch P. Musen modifizierten Hansenschen Theorie Formeln zur Bestimmung der oskulierenden Elemente der Bahn eines künstlichen Erdsatelliten abgeleitet. Ein Vergleich der Formeln mit denen anderer Theorien wird ermöglicht. Gü-Li

1805. **A. Bailie, R. Bryant,** Osculating elements derived from the modified Hansen theory for the motion of an artificial satellite. AJ **65** 482. — Ref. AAS.

1806. **B. Balázs,** Observation of satellites with the visual TZK telescope supplied with a photocamera for photographing the limbs. Bull KE 1960 Nr. 8 S. 8—9 (russ.).

1807. **G. M. Bashenow,** Bahnbestimmung künstlicher Erdsatelliten. BIA 7 757—765 (russ. mit deutsch. Ref.). — Bahnbestimmung eines künstlichen Satelliten aus drei Beobachtungen, die durch genügend große Zeitintervalle getrennt sind. Verf.

1808. **J. W. Batrakow,** Some results obtained from the evaluation of optical observations of the earth's satellites at the Institute for Theoretical Astronomy of the Academy of Sciences of the USSR. BIA 7 503—510 (russ. mit engl. Ref.). — Es werden visuelle und photographische Beobachtungen ausgewertet und elliptische Elemente sowie nichtlineare Glieder in der mittleren täglichen Bewegung abgeleitet. Die mittlere tägliche Bewegung der Rakete des dritten Sputniks wird gegeben. Das Glied zweiter Ordnung hat eine wachsende Tendenz, ist aber mit vielen Schwankungen behaftet, die durch die Unregelmäßigkeiten von rund 10% in der Luftdichte im Perigäum verursacht wurden. Mehr Beobachtungen von der südlichen Halbkugel und eine größere Anzahl von genauen photographischen Beobachtungen sind erwünscht. Perek

1809. **J. W. Batrakow,** Determination of the preliminary orbits of artificial satellites from observations with time approximately known. BIA 7 570—580 (russ. mit engl. Ref.). — Ref. in Postępy Astr. 8 269. — Es wird gezeigt, daß die vorläufige Bahn aus mehr als drei zu demselben Umlauf gehörenden Beobachtungen bestimmt werden kann, wobei einige Zeitangaben fehlen. Der Fall von vier Beobachtungen mit nur zwei genauen Zeiten führt zu befriedigenden Ergebnissen. Dagegen ist der Fall von fünf Positionen mit einer einzigen genauen Zeitangabe beinahe ohne praktische Bedeutung. Perek

1810. **J. W. Batrakow, W. F. Proskurin,** Über die durch den Luftwiderstand verursachten Bahnstörungen künstlicher Erdsatelliten. KE Nr. 3 S. 39—46, 1959 (russ.).

1811. **W. I. Belenko, I. A. Chassanow,** Die Zeitbestimmung bei Positionsaufnahmen eines künstlichen Erdsatelliten mit Hilfe der Kamera mit beweglichem Film nach der Konstruktion von Panaiotow. Bull KE 1960 Nr. 5 S. 10—12 (russ.).

1812. **W. W. Belezkij,** Die Bewegung eines künstlichen Erdsatelliten relativ zum Massenzentrum. KE Nr. 1 S. 25—43, 1958 (russ.).

1813. **W. W. Belezkij,** Über die Libration des künstlichen Erdsatelliten. KE Nr. 3 S. 13—31, 1959 (russ.).

1814. **P. L. Besag, J. T. Anderson,** Determination of the orbit of an artificial satellite. Proc IRE **48** 950.

1815. **M. Bielicki,** Obserwacje pozycyjne sztucznych satelitów Ziemi. Postępy Astr. **8** 163—167. — Verf. berichtet über die Instrumente, mit denen, in künstliche Erdsatelliten eingebaut, Untersuchungen verschiedener Art durchgeführt wurden. Weiter weist er auf die mannigfachen Ursachen der Abweichungen der Bewegung künstlicher Erdsatelliten von der Keplerschen Bewegung hin. Die Wichtigkeit von Positionsbeobachtungen künstlicher Erdsatelliten wird betont. E. R.

1816. **L. Blitzer, D. G. King-Hele,** Secular and periodic motions of the node of an artificial earth-satellite. Nature **186** 874—875.

1817. **J. Bournazel, E. Vassy,** Etude expérimentale de l'effet Doppler des satellites artificiels. Vgl. Ref. **1330** S. 492—501.

1818. **J. L. Brenner, G. E. Latta,** The theory of satellite orbits, based on a new co-ordinate system. Proc. Roy. Soc. (A) **258** 470—485. — Für diese Theorie der Bewegung eines erdnahen Satelliten wird das Gravitationspotential als axialsymmetrisch und bis zu den Gliedern 4. Ordnung nach Kugelfunktionen entwickelt angesetzt, jedoch werden andere äußere Einwirkungen nicht berücksichtigt. Die Lösung wird aus sukzessiven Näherungen mit der wahren Anomalie als unabhängiger Veränderlicher aufgebaut. Die (variable) Fundamentalebene (eine Verfeinerung der von King-Hele eingeführten) wird so angesetzt, daß die analytischen Ausdrücke für Knotenlänge und Neigung (in bezug auf den Äquator) so einfach wie möglich werden. Böh.

1819. **M. H. Brockman, H. R. Buchanan, R. L. Choate, L. R. Malling,** Extraterrestrial radio tracking and communication. Proc IRE **48** 643—654.

1820. **L. Broglio,** Similar solutions in re-entry lifting trajectories. Vgl. Ref. **1330** S. 564—577.

1821. **D. Brouwer, G.-I. Hori,** Theoretical evaluation of atmospheric drag effects in the motion of an artificial satellite. AJ **65** 342. — Ref. AAS.

1822. **L. T. Buchanzew,** Über die Beobachtung schwacher künstlicher Erdsatelliten mit dem Fernrohr TSK. Bull KE 1960 Nr. 1 S. 6—7 (russ.).

1823. **M. Butorac,** Na redu je fotografiranje Marsa i Venere. ZiS **3** 15—17.

* * **M. Butorac,** Umjetni planeti u svijetu planeta. Vgl. Ref. **8501.**

1824. **J. P. Carstens, T. N. Edelbaum,** Optimum two impulse ascents to circular orbits. J. Astronaut. Sci. **7** 96—97.

1825. **H. H. C. Chang, M. C. Smith,** On the drag of a spherical satellite moving in a partially ionized atmosphere. J. British Interplanetary Soc. **17** 199—205.

1826. **A. F. Charwat,** Possible aerodynamic lift and moment at the perigees of low altitude satellites. Phys. Fluids **3** 829—830. — Ref. in Phys. Abstr. (A) **63** 1858.

1827. **R. L. Chotinok,** Über einen Fall der Bestimmung genauer Koordinaten künstlicher Erdsatelliten aus Photographien mit azimutalen Instrumenten. Bull KE Nr. 9 S. 1—5, 1959 (russ.).

1828. **A. D. Code,** Stellar astronomy from a space vehicle. Vgl. Ref. 1326 S. 278—284.

* * **C. J. Cohen, E. C. Hubbard,** An algorithm applicable to numerical integration of orbits in multirevolution steps. Vgl. Ref. **4206**.

1829. **A. H. Cook,** Resonant orbits of artificial satellites. Vgl. Ref. 1330 S. 476—480.

1830. **G. E. Cook, D. G. King-Hele, D. M. C. Walker,** The contraction of satellite orbits under the influence of air drag. I. With spherically symmetrical atmosphere. Proc. Roy. Soc. (A) **257** 224—249. — Ref. in Phys. Abstr. (A) **64** 6.

1831. **G. E. Cook, R. N. A. Plimmer,** The effect of atmospheric rotation on the orbital plane of a near-earth satellite. Proc. Roy. Soc. (A) **258** 516—528.

1832. **J. A. Crane,** On the motion of a particle about an oblate spheroid. III. Parabolic and highly elliptic orbits. J. British Interplanetary Soc. **17** 437—440. — Für parabolische und parabelnahe Bahnen werden die große Halbachse und die Exzentrizität durch die Perigäumsdistanz und den Kegelschnittparameter ersetzt. Dann kann die von Ewart für Ellipsenbahnen abgeleitete Lösung für die Bewegung eines Partikels um ein abgeplattetes Ellipsoid im Vakuum nach der Methode der Variation der Elemente (vgl. AJB **59** Ref. **1831**) auch auf solche Bahnen angewendet werden. T. L.

1833. **I. W. Danilenko,** Berechnung der optischen Grenze. Bull KE Nr. 2 S. 1—2, 1958 (russ.).

1834. **B. Danilović,** Prethodnice i nasljednice. ZiS **3** 1—3.

1835. **D. DeBra,** Comment on the note by Carstens and Edelbaum: Optimum two impulse ascents to circular orbits. J. Astronaut. Sci. **7** 97.

* * **H. Debrunner, F. G. Houtermans,** Correlation between Forbush decreases of cosmic radiation and satellite drag. Vgl. Ref. **13510**.

1836. **H. Dubner,** Long range detection by star occultation. J. Astronaut. Sci. **7** 1—6. — Von einer extra-atmosphärischen Raumstation aus sollen die Verfinsterungen von Fixsternen durch künstliche Satelliten oder andere Flugkörper beobachtet werden können, um aus geeigneten Messungen die Bahn dieser Objekte abzuleiten. Es wird untersucht, auf welche Weise und in welchen Grenzen diese Idee verwirklicht werden kann, und ein geeignetes Instrumentarium skizziert. Böh.

1837. **G. N. Duboschin,** Über die Rotationsbewegung künstlicher Himmelskörper. BIA **7** 511—520 (russ. mit deutsch. Ref.). — Im vorliegenden Artikel wird das Problem über die Bewegung eines künstlichen Himmelskörpers behandelt, welcher einen Hauptplaneten umläuft und eine Rotationsbewegung um den eigenen Schwerpunkt ausführt. Unter einigen genau ausbedingten Voraussetzungen läßt dieses Problem einfache spezielle Lösungen zu, die von praktischem Interesse sein können. Bei diesen von uns als «reguläre Bewegungen» bezeichneten Lösungen bewegt sich der Schwerpunkt des Körpers um den Planeten in einer Keplerschen Kreisbahn, der Körper selbst aber bleibt bezüglich dieser Bahn unverändert orientiert. Ferner wird die Stabilität der gefundenen regulären Bewegungen bezüglich der Eulerschen Winkel des Körpers und deren ersten zeitlichen Ableitungen untersucht. Es werden zwei Arten von künstlichen Körpern betrachtet, und zwar ein «langgestreckter» Körper, im Grenzfall ein homogener materieller Abschnitt, und ein «abgeplatteter» Körper — im Grenzfall eine materielle flache Scheibe. Es wird festgestellt, daß in den meisten Fällen ein langgestreckter und ein abgeplatteter Körper sich in entgegengesetzter Weise bezüglich einer Stabilität der regulären Bewegungen verhalten, d. h. wo der Stab stabil ist, ist die Scheibe instabil, und umgekehrt. Zum Schluß wird die Frage über den Einfluß der Abplattung des zentralen Körpers auf die regulären Bewegungen des um denselben umlaufenden künstlichen Himmelskörpers betrachtet. Verf.

1838. **R. L. Easton, J. J. Fleming,** The Navy space surveillance system. Proc IRE 48 663—669.

1839. **J. E. Einasto, U. Weissmann,** Vorläufige Ergebnisse über die Verwendung der automatischen Registrierung von Theodolitbeobachtungen künstlicher Erdsatelliten. Bull KE Nr. 6 S. 11—12, 1959 (russ.).

1840. **J. E. Einasto,** Versuch einer automatischen Registrierung der Ablesungen von Theodolitbeobachtungen künstlicher Erdsatelliten. Bull KE 1960 Nr. 1 S. 3—5 (russ.).

1841. **J. E. Einasto,** Über die Beobachtungen künstlicher Erdsatelliten in Ungarn. Bull KE 1960 Nr. 4 S. 8—12 (russ.).

1842. **P. E. Eliasberg,** Die Abhängigkeit der säkularen Änderungen der Bahnelemente vom Luftwiderstand. KE Nr. 3 S. 54—60, 1959 (russ.).

1843. **T. M. Enejew, A. K. Platonow, R. K. Kasakowa,** Bestimmung der Bahnparameter eines künstlichen Erdsatelliten aus Messungen von der Erdoberfläche. KE Nr. 4 S. 43—55 (russ.).

1844. **R. M. Evan-Iwanowski,** On tracking of space vehicles by the Doppler effect. Ric. Sci. **30** 2397—2406. — Zwei Methoden zur Bestimmung der Lage und des Geschwindigkeitsvektors von im mittleren Schwerefeld bewegten Raumfahrzeugen mittels des Doppler-Effektes werden beschrieben. Eine Methode betrifft den Fall, daß die Beobachtungen des Doppler-Effektes für eine gewisse Zeitspanne oder für einige nebeneinanderliegende Zeitspannen von einer einzigen Station geliefert werden, die andere Methode betrifft den Fall, daß die Beobachtungen von einigen Beobachtungsstationen mit verschiedenen geographischen Örtern ausgeführt sind. Auch die Kombination beider Methoden ist möglich. Verf. (gek.)

1845. **D. G. Ewart,** On the motion of a particle about an oblate spheroid. II. Calculation of the time of flight. J. British Interplanetary Soc. **17** 393—397. — Verf. korrigiert die in seiner Theorie der Bewegung eines Körpers um ein abgeplattetes Sphäroid (vgl. AJB **59** Ref. **1831**) aufgestellte Gleichung für die Flugdauer wegen eines Fehlers, der beim Vergleich der aus dieser Theorie folgenden Ergebnisse mit denen einer direkten numerischen Integration entdeckt worden war, und gibt den verbesserten Ausdruck für die Flugdauer. Böh.

1846. **B. A. Firago,** Die Helligkeitsabnahme eines künstlichen Erdsatelliten bei seinem Eintritt in den Erdschatten. Bull KE Nr. 8 S. 13—14, 1959 (russ.).

1847. **B. A. Firago,** Über die Übereinstimmung der Genauigkeit der Koordinatenbestimmung und die Genauigkeit der Zeitregistrierung bei Beobachtungen künstlicher Erdsatelliten. Bull KE Nr. 9 S. 14—16, 1959 (russ.).

1848. **B. A. Firago,** Bestimmung der topo- und geozentrischen Entfernung eines künstlichen Erdsatelliten und seiner Höhe über der Erdoberfläche. Bull KE Nr. 10 S. 11—16, 1959 (russ.).

1849. **B. A. Firago, D. E. Schtschegolew,** Über die Genauigkeit einer eiligen Bearbeitung von Aufnahmen künstlicher Erdsatelliten. Bull KE 1960 Nr. 1 S. 9—10 (russ.).

1850. **B. A. Firago,** Über die Berücksichtigung der täglichen Drehung des Himmels bei der Koordinatenbestimmung künstlicher Erdsatelliten mit Hilfe azimutaler Kameras. Bull KE 1960 Nr. 5 S. 12—14 (russ.).

1851. **A. S. Fomin,** Über die Verwendung des Kollimatorsuchers bei teleskopischen Beobachtungen künstlicher Erdsatelliten. Bull. Astr.-Geod. Ges. UdSSR Nr. 26 S. 64—67 (russ.).

1852. **H. Friedman,** Recent experiments from rockets and satellites. Vgl. Ref. **1326** S. 264—271.

1853. **J. Gadomski,** Nowe ciała niebieskie stworzone w r. 1959. Urania Kraków **31** 83—85. — Liste der 1959 gestarteten künstlichen Erdsatelliten. E. R.

1854. **J. Gadomski,** Nowe ciała niebieskie stworzone w 1960 r. Urania Kraków **31** 302—304. — Verzeichnis der zwölf im Jahre 1960 bis Ende Aug. gestarteten künstlichen Erdsatelliten. E. R.

1855. **B. Garfinkel,** On the motion of a satellite in the vicinity of the critical inclination. AJ **65** 624—627. — Die Arbeit — sie basiert wesentlich auf Entwicklungen des Verf. in AJ **64** 353 (vgl. AJB **59** Ref. **1834**) und Brouwers in AJ **64** 378 (vgl. AJB **59** Ref. 1821) — gibt eine nichtsinguläre Lösung des Satellitenproblems in der Nachbarschaft der kritischen Neigung. Dadurch, daß aus der Hamiltonschen Funktion die kurzperiodischen Glieder nach der Methode von Zeipels entfernt werden und das Energieintegral in eine Reihe entwickelt wird, lassen sich die Differentialgleichungen für die Delaunayschen Variablen G' und g' mit Hilfe elliptischer Funktionen entwickeln (analog zur Bewegung eines Pendels). Diese Form der Lösung macht obendrein die wesentlichen Züge der Bewegung sichtbar: Libration, asymptotische Bahn, Stabilitätsaustausch mit Vorzeichenwechsel des Vinti-Index. Böh.

1856. **K. W. Gatland,** The robot explorers. Spaceflight **2** 212—219.

1857. **F. T. Geyling,** Satellite perturbations from extra-terrestrial gravitation and radiation pressure. J. Franklin Inst. **269** 375—407. — Ref. in Phys. Abstr. (A) **63** 1041.

1858. **M. Golay,** Quelques résultats obtenus avec les satellites artificiels. Orion Schaffhausen **5** 787—788.

1859. **L. Goldberg,** Astronomy from artificial satellites. Smithsonian Rep. 1959 S. 285—297 = Smithsonian Inst. Publ. 4395.

1860. **L. Goldberg,** Astronomy from satellites and space vehicles. Vgl. Ref. **1316** S. 119—132.

1861. **J. Golubić,** Raketa. ZiS **3** 27—30.

1862. **E. A. Grebenikow,** On the application of the Hill's method in the investigation of the motion of an artificial earth satellite.

BIA **7** 811—814 (russ. mit engl. Ref.). — Untersucht wird die Frage, wie die Anfangsbedingungen zu wählen sind, damit die Störungen in den Koordinaten eines künstlichen Erdsatelliten auf Grund des Potentials des Erdsphäroids möglichst klein bleiben. W. F.

1863. **W. M. Grigorewskij,** Über die Methoden zur Photometrie künstlicher Erdsatelliten. Bull KE Nr. 7 S. 14—17, 1959 (russ.).

1864. **W. M. Grigorewskij,** Bestimmung der Orientierung künstlicher Erdsatelliten im Raum aus photometrischen Angaben. Bull KE Nr. 10 S. 1—3, 1959 (russ.).

1865. **W. M. Grigorewskij,** Über die Bestimmung der Orientierung eines länglichen Sputniks im Raum aus dem Helligkeitsmaximum. Bull KE Nr. 10 S. 8—9, 1959 (russ.).

1866. **G. V. Groves,** Motion of a satellite in the earth's gravitational field. Proc. Roy. Soc. (A) **254** 48—65. — Unter Berücksichtigung von Präzession und Nutation werden die Bewegungsgleichungen eines Erdsatelliten in allgemeiner Form hergeleitet. Der Einfluß des Gravitationspotentials der Erde wird durch Hinzuziehen der Harmonischen höherer Ordnung berücksichtigt. Durch Differentiation der Lagrangeschen Bewegungsgleichungen werden Ausdrücke für die Änderungen der Bahnelemente gewonnen. Dabei wird auf die säkularen Terme, die von den Harmonischen 1. bis 4. Ordnung herrühren, besonders eingegangen. Henn

1867. **W. H. Guier,** The tracking of satellites by Doppler methods. Vgl. Ref. **1330** S. 481—491.

1868. **B. H. Gundel,** Satellite coverages. Astronaut. Sci. Rev. **2** Nr. 4 S. 19—23.

1869. **U. Güntzel-Lingner,** Ein notwendiger Rückblick. Wiss. Fortschritt **10** 369—373. — Eine Zusammenstellung von historischen und technischen Daten über alle bis 1960 August 19 gestarteten Erdsatelliten und Raketen wird mitgeteilt, und es werden Angaben über die scheinbaren Helligkeiten der einzelnen Objekte gemacht. Verf.

1870. **O. W. Gurko,** Bestimmung der Sichtbarkeitsbedingungen kosmischer Raketen. KE Nr. 5 S. 54—59 (russ.).

1871. **R. E. Gussejnow,** Photographische Beobachtungen künstlicher Erdsatelliten an der Astronomischen Station der Aserbajdshanischen Staatsuniversität. Abh. Aserbajdshan. Univ. (Phys.-Math., Chem.) 1959 Nr. 5 S. 33—44 (aserbajdshan. mit russ. Ref.). — Ref. in RJ UdSSR 1961 Nr. 3 S. 18.

1872. **T. Hall,** Satelliter och rymdfärder. Stockholm, Bonniers, 1960. 137 S. Preis Kr. 14:75. — Besprechung in PAT **41** 168 (U. Sinnerstad).

1873. **B. N. Himmelfarb, A. D. Tschirzow,** Ein Schaltschema zur Registrierung der Zeit bei visuellen Beobachtungen künstlicher Erdsatelliten. Bull KE 1960 Nr. 1 S. 1—3 (russ.).

1874. **G.-I. Hori,** The critical inclination case of the motion of an artificial satellite. AJ **65** 53. — Ref. AAS.

1875. **G.-I. Hori,** The motion of an artificial satellite in the vicinity of the critical inclination. AJ **65** 291—300 = Space Track AFCCDD-TN-60-52. — Das Studium der Bewegung eines künstlichen Erdsatelliten nahe der kritischen Bahnneigung führt auf verschiedene Bewegungstypen, unter anderen auch auf eine Libration. Gü-Li

1876. **I. G. Izsak,** Periodic drag perturbations of artificial satellites. AJ **65** 348. — Ref. AAS.

1877. **I. G. Izsak,** Periodic drag perturbations of artificial satellites. AJ **65** 355—357. — Verf. untersucht den Einfluß der durch den Luftwiderstand hervorgerufenen kurzperiodischen Störungen auf die Bewegung künstlicher Erdsatelliten. Der wesentliche Teil der Methode besteht darin, daß die rechten Seiten der Differentialgleichungen für a, e, ω und M in Fourier-Reihen entwickelt werden. Die mittlere Dichteverteilung in der Atmosphäre wird in der Form $\varrho = 10^{-1.35} (h - 55)^{-5}$ (ϱ = Dichte, h = Höhe) approximiert. Die Störungen erster Ordnung werden abgesehen von säkularen Gliedern in den Elementen a, e und M in Form von Fourier-Reihen gewonnen. Die Rechnungen wurden mit einer IBM 704 durchgeführt. Henn

1878. **L. Jacchia,** In orbita. (Continuazione e fine). Coelum **28** 7—15. — Verf. berichtet über die Organisation der NASA (National Aeronautics and Space Administration) zur Beobachtung künstlicher Erdsatelliten. Sodann wird über den Zusammenhang von Bewegungsschwankungen künstlicher Satelliten und Dichteschwankungen der Erdatmosphäre in Abhängigkeit von der Sonnentätigkeit (insbesondere von UV- und korpuskularer Strahlung) berichtet. Zum Schluß werden einige Betrachtungen neuerer Ergebnisse über die birnenförmige Gestalt der Erde angestellt. B. C.

1879. **L. G. Jacchia,** Artificial earth satellites. Scientia **95** 279—286. — Ref. in Phys. Abstr. (A) **64** 6.

1880. **N. W. Jakowlew,** On the application of mirror-lens objectives for the photography of artificial earth satellites. AJ UdSSR **37** 550—554 (russ. mit engl. Ref.).

1881. **R. Janiczek,** Dwie metody wyprowadzania równań ruchu radialnego w polu grawitacyjnym. Zeszyty Naukowe Politechniki Częstochowskicj Nr. 7 S. 1—26. — Um die einfachste Gestalt der Formeln für die Radialbewegung der Raketen im Schwerefeld zu erlangen, wurden zwei Methoden angewandt, von denen eine in der Integration der Bewegungsgleichung besteht, die andere die Radialbewegung als Grenzfall der Bewegung in einer elliptischen, parabolischen oder hyperbolischen Bahn betrachtet. In beiden Fällen wurden identische Relationen zwischen Entfernung, Geschwindigkeit und Zeit erhalten. Das Bild der Abhängigkeit wurde graphisch dargestellt. E. R.

1882. **G. Järnefelt,** Über die visuellen Beobachtungen künstlicher Erdsatelliten in Finnland. Bull KE Nr. 3 S. 17—18, 1959 (russ.).

1883. **G. Järnefelt,** Om den nuvarande rymdtrafiken och om i Finland utförda observationer av Jordsatelliter. NAT 1960 S. 1—16.

1884. **M. S. Jarow-Jarowoj,** Über die Konvergenz von Reihen, die die Bewegung künstlicher Erdsatelliten darstellen. BIA **7** 552—553 (russ. mit deutsch. Ref.). — Die vorliegende Arbeit behandelt die Aufstellung von Reihen, welche die Bewegung künstlicher Erdsatelliten darstellen, wenn in der Entwicklung des Erdpotentials nur die von den Inertialmomenten der Erde abhängigen Glieder bis zur zweiten Ordnung berücksichtigt werden. Die Konvergenz solcher Reihen ist auf zweifache Weise bewiesen; auf Grund des bekannten Theorems von A. M. Ljapunow über die Entwicklung der Lösungen von Differentialgleichungen nach Potenzen der Ausgangsdaten und mit Hilfe einer Aufstellung strengerer verschärfender (majoranter) Reihen. Außerdem ist die Konvergenz dieser Reihen in dem Falle, wo im Erdpotential eine beliebige endliche Zahl der Glieder, die von der Rotation der Erde unabhängig sind, berücksichtigt wird, bewiesen. Verf.

1885. **W. Jaschek,** Zur photographischen Beobachtung künstlicher Erdmonde. Sternenbote **3** 52—55.

1886. **I. M. Jazunskij,** Bestimmung der Beleuchtungsbedingungen und der Verweilzeit eines künstlichen Erdsatelliten im Schatten und in der Sonne. KE Nr. 4 S. 35—42 (russ.).

1887. **A. W. Jegorowa,** The perturbations in the motion of an artificial earth satellite due to the moon, the sun and earth's oblateness. BIA **7** 815—821 (russ. mit engl. Ref.). — Die Störungen erster Ordnung in den Elementen der Satellitenbahn auf Grund der Erdabplattung werden ermittelt. Die säkularen Störungen auf Grund der Erdabplattung werden bis zu Effekten zweiter Ordnung in der Abplattung bestimmt. Die säkularen Störungen durch Mond und Sonne werden bis zur zweiten Ordnung im Verhältnis der mittleren Bewegungen von Mond und Sonne zur mittleren Bewegung der Satelliten ermittelt. Numerische Abschätzungen der maximalen säkularen Störungen werden für den Bereich von 1.2 bis 10 Erdradien vorgenommen. W. F.

1888. **W. I. Jeserskij, W. H. Plushnikow, E. F. Tschajkowskij,** Über die Arbeit der Station zur Beobachtung künstlicher Erdsatelliten in Charkow. Bull KE Nr. 8 S. 15—16, 1959 (russ.).

1889. **W. D. Kahn,** Determination of corrections to Mark II Minitrack station coordinates from artificial satellite observations. J. Geophys. Res. **65** 845—849.

1890. **S. A. Kaplan, A. I. Klimowskaja,** Über die Bewegungsgleichung eines künstlichen Erdsatelliten in horizontalen Koordinaten. Bull KE 1960 Nr. 1 S. 10—12 (russ.).

1891. **D. G. King-Hele,** Satellites and Scientific Research. London, Routledge and Kegan Paul, Ltd., 1960. 12 + 180 S. Preis 21 s. — Besprechung in Nature **187** 268—269 (H. Spencer Jones).

1892. **D. G. King-Hele,** Method for determining the changes in satellite orbits due to air drag. Vgl. Ref. **1330** S. 8—23.

1893. **P. G. Kirmser, I. Wakabayashi,** Triangulation — a precise method for satellite tracking. J. Franklin Inst. **268** 337—351, 1959. — Ref. in Phys. Ber. **39** 1450, Math. Rev. **21** 1306.

1894. **A. A. Kisselew,** Über die Fehler des optischen Zentrums und die Distorsion in der Interpolationsmethode bei der genauen Bearbeitung von Aufnahmen künstlicher Erdsatelliten. Bull KE Nr. 3 S. 6—10, Nr. 4 S. 1—5, 1959 (russ.).

1895. **A. A. Kisselew,** Über die Genauigkeit photographischer Beobachtungen künstlicher Erdsatelliten mit der Kamera NAFA-3s/25. Bull KE Nr. 9 S. 9—14, 1959 (russ.).

1896. **A. A. Kisselew, B. A. Firago,** Determination of the scale of stellar photographies and the angular velocity of a fast moving celestial body. Bull KE 1960 Nr. 8 S. 3—6 (russ.).

1897. **M. D. Kisslik,** Die Bewegung eines künstlichen Erdsatelliten im normalen Gravitationsfeld der Erde. KE Nr. 4 S. 3—17 (russ.).

18098. **I. E. Klimenko, B. D. Fomenko,** Einige Fragen zur Beobachtungsmethodik künstlicher Erdsatelliten. Bull KE Nr. 6 S. 8—10, 1959 (russ.).

18099. **I. A. Klimischin, A. A. Kopystjanskij,** Einige Bemerkungen zum Bearbeitungsverfahren visueller und photographischer Beobachtungen künstlicher Erdsatelliten. Bull KE Nr. 3 S. 15—16, 1959 (russ.).

18100. **I. A. Klimischin,** Eine graphische Methode zur Berechnung der Sichtbarkeit künstlicher Erdsatelliten. Bull KE Nr. 8 S. 3—6, 1959 (russ.).

18101. **W. M. Kondratenko, G. N. Kondratenko,** Die Bestimmung der Höhe eines künstlichen Erdsatelliten über der Erdoberfläche aus seinem Eintritt in den Erdschatten. Bull KE Nr. 8 S. 12—13, 1959 (russ.).

18102. **W. M. Kondratenko,** Über die visuellen Beobachtungen künstlicher Erdsatelliten. Wiss. Jahrbuch für 1957 Univ. Tschernowzy S. 469—470, 1958 (russ.). — Ref. in RJ UdSSR 1961 7A110.

18103. **A. I. Konstantinow,** Über den Anschluß photographischer Beobachtungen künstlicher Erdsatelliten an die astronomische Zeit. Bull KE Nr. 4 S. 9—11, 1959 (russ.).

* * **Z. Kopal,** Figures of Equilibrium of Celestial Bodies with Emphasis on Problems of Motion of Artificial Satellites. Vgl. Ref. 5429.

18104. **W. A. Kosterin,** Ein visuelles Photometer zur Beobachtung künstlicher Erdsatelliten. Bull KE Nr. 4 S. 8—9, 1959 (russ.).

18105. **W. A. Kotelnikow, W. M. Dubrowin, W. A. Morosow, O. N. Rshiga, A. M. Schachowskoj,** Die Ausnutzung des Doppler-Effekts zur Bestimmung der Bahnparameter künstlicher Erdsatelliten. KE Nr. 1 S. 50—61, 1958 (russ.).

18106. **D. Kotsakis,** Probleme bezüglich der künstlichen Erdsatelliten. Astr. Nachr. Athen **10** 1—7 (griech.). — Die Grundbegriffe bezüglich der Entweichgeschwindigkeit, Bahn und Bewegung, Form der Satellitenbahn werden erläutert. Mav.

18107. **J. Kovalevsky,** Influence des termes du second ordre sur la théorie du mouvement d'un satellite artificiel. Vgl. Ref. **1330** S. 458—465.

18108. **Y. Kozai,** Effect of precession and nutation on the orbital elements of a close earth satellite. AJ **65** 621—623. — Verf. berechnet den Einfluß von Präzession und Nutation auf die Bahnlage eines nahen Erdsatelliten als indirekte Störungen durch Mond und Sonne und schließt aus den Ergebnissen, daß es zweckmäßig ist, Neigung und Argument des Perigäums auf den momentanen Äquator zu beziehen, die Knotenlänge dagegen von einem Fixpunkt auf einem festen Äquator bis zum aufsteigenden Knoten des momentanen und von da an auf diesem zu zählen. Böh.

18109. **W. I. Krassowskij,** Results of scientific investigations made by Soviet sputniks and cosmic rockets. Astronaut. Acta **6** 32—47. — Es wird ein Überblick über die Ergebnisse der diesbezüglichen sowjetischen Forschungen gegeben. In Zusammenhang damit werden bisher unveröffentlichte Angaben über Messungen in den obersten Atmosphärenschichten sowie im kosmischen Raum gemacht. Verf.

18110. **J. D. Kraus,** Evidence of satellite-induced ionization effects between hemispheres. Proc IRE **48** 1913—1914.

18111. **J. D. Kraus, R. C. Higgy,** The relation of the satellite ionization phenomenon to the radiation belts. Proc IRE **48** 2027—2028.

18112. **D. K. Kulikow, J. W. Batrakow,** Method for improving orbits of artificial satellites of the earth, using observations when time is only approximately known. BIA **7** 554—569 (russ. mit engl. Ref.). — Da eine der abgeleiteten Bedingungsgleichungen von den Fehlern der Zeitbestimmung unabhängig ist, ist es möglich, aus zenitnahen Durchgängen die Bahnneigung, die Länge des aufsteigenden Knotens, die mittlere tägliche Bewegung und die Exzentrizität ohne Einfluß der Fehler der Zeitbestimmung und ohne Einfluß der störenden Wirkung der Atmosphäre auf die Satellitenbewegung zu bestimmen. Ein numerisches Beispiel wird beigefügt. Perek

18113. **W. I. Kuryschew,** Ein Verfahren zur Beobachtung von Satelliten im horizontalen Koordinatensystem. Abh. Staatl. Pädagog. Inst. Rjasan **24** 75—82 (russ.). — Ref. in RJ UdSSR 1961 7A111.

18114. **W. I. Kuryschew,** Über die Meßgenauigkeit der horizontalen Koordinaten künstlicher Erdsatelliten mit Hilfe des modernisierten Fernrohrs AT-I. Bull KE Nr. 4 S. 5—7, 1959 (russ.).

18115. **S. A. Kutschaj,** Der durch kleine Lecks in der Hülle eines künstlichen Erdsatelliten hervorgerufene Manometerfehler. KE Nr. 3 S. 113—117, 1959 (russ.).

18116. **L. LaPaz,** On the magnetic damping of rotation of artificial satellites of the earth. J. Geophys. Res. **65** 2201—2202.

18117. **G. Leitmann,** Establishment of a circular satellite orbit by double impulse. J. British Interplanetary Soc. **17** 194—198.

18118. **G. G. Lengauer,** Zur Methodik der genauen photographischen Bestimmungen der Örter künstlicher Erdsatelliten. Bull KE Nr. 6 S. 6—7, 1959 (russ.).

18119. **G. G. Lengauer,** On the possibility of optical observations of sputniks at night. Mitt. Astr. Hauptobs. Pulkowo **21** Nr. 6 (165) S. 83—113 (russ. mit engl. Ref.).

18120. **A. L. Licht,** The drag on a charged satellite. J. Geophys. Res. **65** 3493.

18121. **F. Link,** Phénomènes astronomiques observables du satellite artificiel. BAC **11** 234—238. — Die folgenden Erscheinungen, die für einen künstlichen Satelliten von Bedeutung sind, werden untersucht: die Phasen der Erde; Tag und Nacht auf dem Satelliten; Aussehen der Erde bei Tag und bei Nacht. Besonders interessant ist hierbei die Aufhellung der «Neuerde» durch leuchtende Nachtwolken und Zusammenballungen künstlicher Lichtquellen. T. L.

18122. **M. Ljubić,** Osvajanje svemirskog prostora. ZiS **2** 27—36, 1959.

18123. **J. I. Logatschew,** Untersuchung der Strahlung bei Flügen künstlicher Erdsatelliten und kosmischer Raketen. Moskau, Phys. Inst. Akad. Wiss. UdSSR, 1960 (russ.). — Diss. Ref.

18124. **A. M. Losinskij,** Zum Anschluß der photographischen Beobachtungen künstlicher Erdsatelliten an die astronomische Zeit. Bull KE Nr. 4 S. 11—12, 1959 (russ.).

18125. **A. Lundbak,** Some simple formulas for latitude effects and lifetimes of satellites. Planet. Space Sci. **2** 212—213.

18126. **Lu Ting,** Optimum orbital transfer by serveral impulses. Astronaut. Acta **6** 256—265. — Der Übergang von einer gegebenen Bahn zu einer anderen, deren geometrische Eigenschaften bekannt sind, wird behandelt. Die Verbindungsbahn, die während der Anwendung von Korrekturimpulsen durchflogen wird, soll hierbei nur wenig von einer Kombination mehrerer Hohmann-Bahnen abweichen. Es wird gezeigt, daß in Abhängigkeit von diesen Bahnkombinationen der benötigte Gesamtimpuls reduziert oder auch nicht reduziert werden kann, wenn man drei Impulse an Stelle von zwei Impulsen verwendet. Durch Anwendung von mehr als drei Impulsen kann der Gesamtimpuls für die Korrektur nicht weiter verringert werden. Verf.

18127. **D. Mace, L. H. Thomas,** An extrapolation formula for stepping the calculation of the orbit of an artificial satellite several revolutions ahead at a time. AJ **65** 300—303. — Verf. beschreiben eine Methode zur Lösung der Bewegungsgleichungen für einen künstlichen Erdsatelliten. Liegen die Knoten aufeinanderfolgender Umläufe nahe beieinander, so können aus einem Umlauf ohne Verlust an Genauigkeit mehrere Umläufe extrapoliert werden. Dadurch reduziert sich die Rechenarbeit beträchtlich. Die Methode wird an einem Beispiel erprobt; sie liefert die vorausgesagte Genauigkeit. Henn

18128. **M. S. Macrakis,** A possible long-range communications link between ground and low-orbiting satellites. J. Atmosph. Terr. Phys. **19** 260—271.

18129. **J. Meeus,** Astronautique 1957—1960. Ciel et Terre **76** 291—316. — Überblick über die bis 15. Okt. 1960 gestarteten Satelliten.

18130. **M. Melin,** Observing the satellites. Sky Tel. **19** 157—158, 222—223, 283—284, 346, 409—412, 459—462, **20** 19, 84—87, 130—131, 200—203, 274—275, 336—337.

18131. **P. J. Message,** On Mr. King-Hele's theory of the effect of the earth's oblateness on the orbit of a close satellite. MN **121** 1—4. — Ref. in Geophys. J. RAS **3** 479. — Es wird eine Modifikation der King-Heleschen Theorie für die Bewegung eines erdnahen künstlichen Satelliten im Gravitationsfeld der abgeplatteten Erde gegeben. Gü-Li

18132. **A. Miele,** Theorem of image trajectories in the earth-moon space. Astronaut. Acta **6** 225—232. — Die Bewegung eines Raumfahrzeuges im Erde-Mond-Raum ist ein Fall des restringierten Dreikörperproblems. In Verbindung damit gibt es zwei weitere Theoreme: Das Irreversibilitätsproblem und das Theorem der Bildbahnen. Das Irreversibilitätstheorem sagt aus, daß, wenn eine Bahn physikalisch möglich ist, die umgekehrt durchlaufene Bahn physikalisch unmöglich ist. Das Theorem der Bildbahnen sagt aus, daß, wenn eine Bahn (z. B. im Erde-Mond-Raum) möglich ist, drei Bildbahnen (Spiegelung einer Bahn an bestimmten Ebenen bzw. Achsen) ebenfalls physikalisch möglich sind. Nämlich folgende: a) Die Bildbahn, bezogen auf die Ebene, die die Verbindungsgerade Erde—Mond enthält und ferner senkrecht zur Rotationsachse des Systems Erde-Mond steht; b) die Bildbahn, die die Verbindungsgerade Erde—Mond und die Rotationsachse des Systems Erde-Mond enthält; c) die Bildbahn, gespiegelt an der Verbindungsgeraden Erde—Mond. Die erste dieser Bildbahnen muß in derselben Richtung durchlaufen werden wie die Grundbahn, während die beiden anderen in entgegengesetzter Richtung durchlaufen werden müssen. Auf diese Weise wird die Zeit, die benötigt wird, um Bahnen von der Erde zum Mond und zurück zu bestimmen, wesentlich herabgesetzt, da, wenn eine Bahn, die Basisbahn, bestimmt ist, sofort mittels Transformation drei weitere Bahnen gewonnen werden können, von denen zwei Rückflugbahnen sind. Verf.

18133. **B. A. Mirtow,** Die durch den Flug eines künstlichen Erdsatelliten hervorgerufene Anregung eines gasförmigen Mediums. KE Nr. 2 S. 17—25, 1958 (russ.).

18134. **P. Muller,** Au-delà des satellites: Pionniers et Luniks. BSAF **74** 1—7, 49—56.

18135. **P. Muller,** Des objets nouveaux dans le ciel. Les satellites lancés par les hommes. BSAF **74** 201—206.

18136. **P. Muller, F. Barlier,** Sur les méthodes de l'observation photographique des satellites artificiels à l'Observatoire de Meudon. CR **251** 2886—2888. — Es wird eine Methode zur photographischen Beobachtung heller Satelliten beschrieben, bei der die Kamera der täglichen Bewegung der Sterne nachgeführt wird und während des Durchgangs des Satelliten kurze, mit dem Chronographen synchronisierte Ablenkungen in δ-Richtung erfährt, die sich als Zacken in der fortlaufenden Spur des Satelliten auf der Platte markieren. Zur Auswertung der Platte (etwa 20° Felddurchmesser) wird auf einer IBM 650 aus den gemessenen Positionen von Sternen mit bekanntem Ort für die ganze Platte das System der Plattenkonstanten bis zur dritten Ordnung einschließlich berechnet. Die Örter des Satelliten lassen sich so mit einer Genauigkeit von $\pm 2'$ bestimmen. J. P. M.

18137. **P. Musen,** The influence of the solar radiation pressure on the motion of an artificial satellite. J. Geophys. Res. **65** 1391—1396. — Es wird gezeigt, daß der solare Strahlungsdruck die Bahnbewegung von künstlichen Erdsatelliten mit großem Verhältnis Querschnitt : Masse merklich beeinflußt. Die Hauptglieder dieser Störungen verursachen eine tägliche Abnahme der Distanz im Perigäum von 1 bis 2 km. Auf eine diesbezügliche Diskrepanz zwischen der berechneten und beobachteten Bahn des Satelliten Vanguard 1 (1958 β_2) wird hingewiesen. Gü-Li

18138. **P. Musen,** On the motion of a satellite in an asymmetrical gravitational field. J. Geophys. Res. **65** 2783—2792. — Eine frühere Arbeit des Verf. (vgl. AJB **59** Ref. 1880) wird dahin erweitert, daß bei der Anwendung der Hansenschen Methode auf die Bewegung eines Erdsatelliten das Erdpotential nach tesseralen Kugelfunktionen entwickelt angesetzt wird (statt wie bisher mit Rücksicht auf Dauer und Genauigkeit der Beobachtungen nach zonalen Kugelfunktionen), wodurch auch der Einfluß von Schwereanomalien berücksichtigt werden kann. Das Verfahren ist zur Verwendung elektronischer Rechenmaschinen eingerichtet und gibt die rechtwinkligen Koordinaten des Positionsvektors in Form trigonometrischer Reihen mit in der exzentrischen Anomalie linearen Argumenten. Böh.

18139. **P. Musen,** Contributions to the theory of satellite orbits. Vgl. Ref. **1330** S. 434—447.

18140. **M. E. Nabokow,** Ein Verfahren zur schnellen Berechnung der Sichtbarkeit künstlicher Erdsatelliten. Bull KE Nr. 1 S. 7—8, 1958 (russ.).

18141. **H. E. Newell jr.,** Guide to Rockets, Missiles, and Satellites. London—New York—Toronto, McGraw-Hill Book Co., 1958. 64 S. Preis $ 2.50. — Besprechung in Spaceflight **3** 68 (M. F. Allward).

18142 **T. Nicolini,** Considerazioni preliminari alla osservazione dei satelliti artificiali. La Ricerca (2) **11** Nr. 2, 15 S. = Oss. Astr. Capodimonte-Napoli Contr. Astr. **5** Nr. 8. — Es werden einige elementare Betrachtungen angestellt, um Beobachtungen künstlicher Erdsatelliten für nicht zu kurze Zeitintervalle und ohne Ephemeriden, ausgehend von einer Reihe momentaner Bahnelemente, durchführen zu können. B. C.

18143. **M. M. Niţă,** On the motion of artificial satellites taking into account the resistance of the medium. Rev. Méc. Appl. **3** Nr. 1 S. 57—76, 1958. — Ref. in Math. Rev. **22** 245.

18144. **P. Notni, H. Oleak,** Die Bewegung eines rotierenden zylinderförmigen Satelliten in der Atmosphäre. Veröff. Sternw. Babelsberg **13** Heft 5, 45 S. — Ref. in Sterne **37** 44—45.

18145. **J. A. O'Keefe,** Satellite tracking. Vgl. Ref. **1339** S. 30—34.

18146. **A. A. Orlow,** Berechnung von Gliedern zweiter Ordnung bezüglich der Abplattung der Erde in den Koordinaten künstlicher Satelliten. BIA **7** 549—551 (russ. mit deutsch. Ref.). — Vorliegende Notiz enthält eine kurze Darlegung der Bestimmung analytischer Ausdrücke der Koordinaten eines Satelliten der sphäroidalen Erde unter Berücksichtigung von Gliedern zweiter Ordnung bezüglich ihrer Abplattung. Verf.

18147. **M. W. Ovenden,** Artificial Satellites. Baltimore, Penguin, 1960. 128 S. Preis $ 1.25. — Besprechung in Sky Tel. **22** 43.

18148. **H. K. Paetzold, H. Zschörner,** Bearings of Sputnik III and the variable acceleration of satellites. Vgl. Ref. **1330** S. 24—36.

18149. **L. A. Panaiotow,** Die Beobachtungen künstlicher Erdsatelliten in der Polnischen Volksrepublik. Bull KE 1960 Nr. 1 S. 12—14 (russ.).

18150. **R. W. Parkinson, H. M. Jones, I. I. Shapiro,** Effects of solar radiation pressure on earth satellite orbits. Science **131** 920—921. — Rechnungen zufolge übt der Strahlungsdruck in einer mittleren Höhe von 1600 km auf die Bahnen künstlicher Satelliten je nach ihrer Größe einen unterschiedlichen, aber durchaus merklichen Einfluß aus, der unter gewissen Resonanzbedingungen auf die Lebensdauer eines Satelliten von besonderer Bedeutung ist. Loh.

18151. **D. G. Parkyn,** Satellite orbits in an oblate atmosphere. J. Geophys. Res. **65** 9—17. — Aus dem Verhalten der Größe $(ae)^2$ eines Erdsatelliten als Funktion der Zeit wird auf eine Abhängigkeit der Atmosphärendichte von der geographischen Breite geschlossen, und aus den Beobachtungsdaten von drei Satelliten werden Zahlen für das Verhältnis der polaren zur äquatorialen Dichte abgeleitet. Böh.

18152. **W. Petri,** Raumsonden 1959. Naturwiss. Rundschau 1960 S. 46—50.

18153. **W. P. Petrow,** Raketen und Sputniki. Kiew, 1958. 263 S. Preis 4 R. 50 Kop. (ukrain.).

18154. **G. W. Petrowitsch,** Raumschiffe auf den Bahnen künstlicher Erdsatelliten. Bote Akad. Wiss. UdSSR 1960 Nr. 9 S. 3—12 (russ.). — Ref. in RJ UdSSR 1961 Nr. 1 S. 71.

18155. **C. M. Petty, J. V. Breakwell,** Satellite orbits about a planet with rotational symmetry. J. Franklin Inst. **270** 259—282. — Ref. in Phys. Abstr. (A) **63** 1857.

18156. **F. V. Pohle,** Error analysis of satellite orbits in the presence of drag. J. Astronaut. Sci. **7** 40—44. — Verf. untersucht den Einfluß des Luftwiderstandes auf die Höhe eines Erdsatelliten am Ende eines halben Umlaufs mit Hilfe analytischer Ausdrücke für die Störungen 1. Ordnung in der Bahnphase vor dem Eintauchen. Böh.

18157. **W. F. Proskurin, J. W. Batrakow,** Perturbations in the motion of artificial satellites due to the earth's flattening. BIA **7** 537—548 (russ. mit engl. Ref.). — Störungen erster Ordnung der Bahnelemente von Erdsatelliten bis zur ersten Potenz der Erdabplattung und zur fünften Potenz der Bahnexzentrizität wurden abgeleitet. Die Bahnneigung geht in die Koeffizienten mittels trigonometrischer Polynome ein. Genauere Ausdrücke werden für säkulare Störungen erster Ordnung in der Knotenlänge, im Abstand des Perigäums und in der mittleren Anomalie angegeben. Ein numerisches Beispiel wird beigefügt. Perek

18158. **W. F. Proskurin, J. W. Batrakow,** Die durch die Abplattung der Erde hervorgerufenen Störungen erster Ordnung in der Bewegung künstlicher Erdsatelliten. KE Nr. 3 S. 32—38, 1959 (russ.).

18159. **W. L. Rae,** Satellites and radio astronomy. Spaceflight **2** 137—139.

18160. **H. L. Richter jr., W. F. Sampson, R. Stevens,** Microlock: A minimum weight radio instrumentation system for a satellite. Jet Propulsion **28** 532—540, 1958. — Ref. in Phys. Ber. **39** 1892.

18161. **A. C. Robinson, A. J. Besonis,** On the problems of re-entry into the earth's atmosphere. J. Astronaut. Sci. **7** 7—21.

18162. **R. S. Roger, J. H. Thomson,** Faraday effect in the transmissions from fast spinning satellites. Nature **186** 622—623 = Astr. Contr. Univ. Manchester (2) Jodrell Bank Repr. Nr. 217.

18163. **S. Romero,** Die Beleuchtung künstlicher Erdsatelliten. Bull KE Nr. 6 S. 16—17, 1959 (russ.).

18164. **A. Rükl,** About the orbits of cosmical rockets. RH **41** 25—28 (tschech.).

18165. **G. Schiffner,** Anregung für Satellitenbeobachtungen mit einfachen elektronischen Geräten. Astronaut. Acta **6** 266—268.

18166. **G. M. Schindler,** Satellite librations in the vicinity of equilibrium solutions. Astronaut. Acta **6** 233—240. — Die ebene Bewegung eines länglich geformten Körpers in einem zentralen Gravitationsfeld wird unter der Annahme behandelt, daß der Körper idealisiert werden kann als ein System von zwei Massenpunkten, deren gegenseitiger Abstand konstant ist. Die Gleichgewichtslösungen werden bestimmt, und das Verhalten dieses dynamischen Systems in der Nähe der Gleichgewichtszustände wird untersucht. Verf.

18167. **I. S. Schklowskij,** Optische Methoden zur Beobachtung künstlicher Erdsatelliten. KE Nr. 1 S. 44—49, 1958 (russ.).

18168. **I. S. Schklowskij,** Ein künstlicher Komet als Methode der optischen Beobachtungen kosmischer Raketen. KE Nr. 4 S. 195—204 (russ.).

18169. **D. E. Schtschegolew,** Vergleich der Beobachtungen künstlicher Erdsatelliten mit Hilfe der Theodoliten ST-I und der Fernrohre AT-I. Bull KE Nr. 1 S. 13—14, 1958 (russ.).

18170. **P. Sconzo,** Miglioramento di un' orbita Kepleriana osculatrice di un satellite artificiale. Vgl. Ref. **1324** S. 51—53.

18171. **L. I. Sedow,** The orbits of cosmic rockets towards the moon. Astronaut. Acta **6** 16—31. — Es wird die Anwendbarkeit kosmischer Raketen zur Erforschung der der Erde abgewandten Seite des Mondes diskutiert. Mit Hilfe neuer Methoden werden Bahnen studiert, die einer Bahn zum Zentrum benachbart sind. Ein sechsparametriger Satz von Bahnen wird in einen zweiparametrigen transformiert. Die Eigenschaften gewisser Bahnen werden diskutiert, die es gestatten, die Rückseite des Mondes zu photographieren, und welche ferner günstige Empfangsbedingungen für Radiosignale bieten. Die Beobachtungen sowie die fundamentalen Meßergebnisse wurden im Jahre 1959 erhalten. Sowohl die photographischen Aufnahmen von der Rückseite des Mondes als auch die Übermittlung von Radiosignalen zur Erde mit Hilfe der automatischen interplanetaren Station waren erfolgreich. Verf.

18172. **L. I. Sedow,** Dynamische Effekte in der Bewegung künstlicher Erdsatelliten. KE Nr. 2 S. 3—9, 1958 (russ.).

18173. **L. Sehnal,** The influence of the equatorial ellipticity of the earth's gravitational field on the motion of a close satellite. BAC **11** 90—93. — Die Störungen, die ein künstlicher Erdsatellit durch die Elliptizität der Erde in der Äquatorebene erfährt, werden diskutiert. Sie sind ausschließlich von periodischer Natur. Eine numerische Betrachtung mit Bezugnahme auf den langperiodischen Bahnumlauf von Explorer 6 (1959 δ_2) zeigt, daß die Störungen mit den besten optischen Beobachtungen nachweisbar sind. Gü-Li

18174. **L. Sehnal,** The perturbations of the orbit of the stationary satellite of the earth. BAC **11** 132—135. — Es wird gezeigt, daß die Störungen in der Bahnbewegung eines stationären Erdsatelliten (Periode $P = 86164.1$ s mittlerer Zeit, Radius der Kreisbahn über dem Äquator $r = 42163.8$ km), hervorgerufen durch die Exzentrizität des Erdäquators, durch die Mondstörungen und durch Abweichungen von der Äquatorebene klein sind und maximal 2°3 pro Jahr betragen können. Größere Änderungen werden hervorgerufen, wenn die Periode nur um wenige Sekunden von dem Wert $P = 86164.1$ s abweicht. Gü-Li

18175. **I. D. Shongolowitsch, W. M. Amelin,** Sammlung von Tafeln und Nomogrammen zur Bearbeitung der Beobachtungen künstlicher Erdsatelliten. Moskau—Leningrad, Verlag Akad. Wiss. UdSSR, 1960. 196 S. Preis 23 R. 40 Kop. (russ.). — Ins Englische übersetzt von P. Basu. Oxford—London—New York—Paris, Pergamon Press, 1961. 188 S. Preis £ 5 net.

18176. **I. D. Shongolowitsch,** Perturbations du satellite artificiel dans le champ gravitationnel de la Terre. BIA **7** 743—756 (russ. mit französ. Ref.). — Es werden Formeln für die Störungen in den Bahnelementen eines künstlichen Erdsatelliten hergeleitet, welche von den Parametern c_{20} bis c_{60} in der Reihenentwicklung für das Potential des Erdfeldes abhängen. In einem numerischen Beispiel wird der Einfluß der einzelnen Parameter demonstriert. W. F.

18177. **I. D. Shongolowitsch, W. M. Amelin, T. B. Sabanina,** Über die Berechnung der Ephemeride eines künstlichen Erdsatelliten. Bull KE Nr. 5, 45 S., 1959 (russ.).

18178. **W. I. Siforow,** Radioelektronik im Kosmos. Priroda **49** Nr. 2 S. 5—7 (russ.). — Allgemeinverständlicher Bericht über die Stromversorgung und damit zusammenhängender technischer Fragen von Sputniks. Loh.

18179. **W. I. Siforow,** Automati u kozmosu. ZiS **3** 30—31.

18180. **F. F. Slack, A. A. Sandberg,** Tracking and display of earth satellites. Proc IRE **48** 655—663.

18181. **W. Slotemaker,** Overzicht van kunstmanen. Hemel en Dampkring **58** 279—280.

18182. **J. W. Sonow,** Über die Wechselwirkung eines künstlichen Erdsatelliten mit dem Magnetfeld der Erde. KE Nr. 3 S. 118—124, 1959 (russ.).

18183. **W. A. Sorokin,** Über einen Arbeitsversuch zur Beobachtung künstlicher Erdsatelliten. Bull KE Nr. 2 S. 6—7, 1958 (russ.).

18184. **P. L. Sowerby,** The development of the extra-terrestrial observatory. JBAA **70** 226—234. — Verf. berichtet über Beobachtungen von Ballons, Raketen und Satelliten aus, über die verwendeten Instrumente, anschließend über Erwägungen betreffs eines Beobachtungssatelliten, seine Bahn, mitzunehmende Instrumente, Fernrohrorientierung und -stabilisierung. hz

18185. **A. Sternfeld,** Künstliche Satelliten. Aus dem Russischen übersetzt von F. Bartels, R. Ziegenbein. Leipzig, B. G. Teubner Verlagsgesellschaft, 1960. 268 S. Preis DM 12.90. — Besprechung in Sternenbote **4** 127, Weltraumfahrt **11** 95.

18186. **R. J. Stirton,** The upper atmosphere and satellite drag. Smithsonian Contr. Astrophys. **5** 9—15.

18187. **A. G. Suchanow,** Ein einfaches Verfahren zur Vorhersage der Sichtbarkeitsperioden eines künstlichen Erdsatelliten auf den Beobachtungsstationen. Bull KE Nr. 8 S. 10—11, 1959 (russ.).

18188. **J. L. Synge,** On the behaviour, according to Newtonian theory, of a plumb line or pendulum attached to an artificial satellite. Proc. Roy. Irish Acad. (A) **60,** 6 S., 1959. — Ref. in Math. Rev. **22** 245.

18189. **G. P. Taratynowa,** Methoden zur numerischen Lösung von Differenzengleichungen und ihre Anwendung auf die Bahnbestimmung künstlicher Erdsatelliten. KE Nr. 4 S. 56—81 (russ.).

18190. **J. W. R. Taylor,** Rockets and Satellites Work Like This. London, Phoenix House Ltd.; New York, Roy Publishers, 1960. 71 S. Preis 9 s. 6 d. — Besprechung in Spaceflight **2** 252 (H. E. Ross).

18191. **W. A. Tolskaja,** Über den Einfluß der Flutkräfte auf die Haltbarkeit von Hüllensputniks. Bull KE Nr. 10 S. 16—17, 1959 (russ.).

18192. **K. Toman,** The minimum-range equation and the maximum Doppler-frequency shift for satellites. Proc IRE **48** 1339—1340.

18193. **M. Torao,** The various kinds of artificial satellites. Astr. Herald **53** 149 (japan.).

18194. **R. Tousey,** Ultraviolet studies from rockets. Vgl. Ref. **1339** S. 45—50.

18195. **J. W. Townsend jr.,** Experimental research program in the space sciences. Vgl. Ref. 1316 S. 133—141.

18196. **W. N. Tschernow, W. I. Jakowlew,** Wissenschaftliche Untersuchungen beim Flug eines Lebewesens in einem künstlichen Erdsatelliten. KE Nr. 1 S. 80—94, 1958 (russ.).

18197. **B. E. Tumanjan,** Künstliche Erdsatelliten. Erewan, Ajpetrat, 1958. 115 S. Preis 1 R. 60 Kop. (armen.).

18198. **L. A. Urassin,** Die Höhenbestimmung eines künstlichen Erdsatelliten über der Erdoberfläche bei seiner Kreuzung der Meridianebene unter rechtem Winkel. Bull KE Nr. 8 S. 6—7, 1959 (russ.).

18199. **L. A. Urassin,** Die Höhenbestimmung eines künstlichen Erdsatelliten über der Erdoberfläche aus der Beobachtung seines Eintritts in den Erdschatten. Bull KE Nr. 8 S. 7—9, 1959 (russ.).

18200. **L. G. Vargo,** Orbital patterns for satellite systems. J. Astronaut. Sci. **7** 78—86.

18201. **É. Vassy,** Nouveau principe de mesure de l'absorption ionosphérique. CR **250** 4189—4190. — Es wird eine Methode skizziert, die es erlaubt, aus der gemessenen Feldstärke eines Satellitensenders die mittlere Absorption der durchlaufenen ionosphärischen Schichten zu ermitteln. J. P. M.

18202. **J. P. Vinti,** Theory of the orbit of an artificial satellite with use of spheroidal coordinates. AJ **65** 353—354. — Ref. AAS.

18203. **W. M. Wachnin, W. W. Belezkij,** Über die Beobachtung eines künstlichen Erdsatelliten nach der Erwartungsmethode. KE Nr. 3 S. 47—53, 1959 (russ.).

18204. **R. H. Wilson jr.,** Nomographic solutions for position relations between a close earth satellite and its observer. American Math. Monthly **66** 393—401, 1959. — Ref. in Math. Rev. **22** 58—59.

18205. **R. H. Wilson jr.,** Magnetic field effects on artificial satellites. Sky Tel. **20** 77—79.

18206. **J. F. Wolfe, D. DeBra,** Two maneuver ascents to circular orbits. J. Astronaut. Sci. **7** 47—48. — Zu der Aufgabe, einen Erdsatelliten mit zwei Manövern in eine Kreisbahn zu bringen, werden Daten für bestimmte Parameter angegeben. Böh.

18207. **A. Wróblewski,** Trzydzieści sztucznych satelitów Ziemi. Urania Kraków **31** 13. — Verzeichnis der in den Jahren 1957—1959 aufgestiegenen 30 künstlichen Erdsatelliten. E. R.

18208. **P. J. Wyatt,** Induction drag on a large negatively charged satellite moving in a magnetic-field-free ionosphere. J. Geophys. Res. **65** 1673—1678.

18209. **W. P. Zessewitsch,** Über die Helligkeitsänderung einer Trägerrakete. Bull KE Nr. 7 S. 3—8, 1959 (russ.).

18210. Avionics Research: Satellites and Problems of Long Range Detection and Tracking. Herausgegeben von E. V. D. Glazier, E. Rechtin, J. Voge. London—New York, Pergamon Press, 1960. 257 S. Preis $ 10.00.

18211. Artificial Earth Satellites. Vol. 1 and 2. Herausgegeben von L. W. Kurnossowa. Übersetzung aus dem Russischen. London, Chapman and Hall; New York, Plenum Press, 1960. 107 S. Preis $ 9.50. — Besprechung in Science **131** 1434—1435 (S. F. Singer).

18212. Künstliche Erdsatelliten. Übersetzung aus dem Russischen. Deutsche Redaktion durch H. Reichardt und E. A. Niekisch unter Mitwirkung von J. Auth, L. Jantscher, H. Meyer, E. Schmutzer, G. Schwartze, O. Singer, H. Stiller, R. Sulanke. Vgl. AJB **59** Ref. **18137**. — Weitere Besprechung in Sterne **37** 85—86 (G. Richter).

18213. Stationen im Kosmos. Sammlung von Aufsätzen. Moskau, Verlag Akad. Wiss. UdSSR, 1960. 445 S. Preis 7 R. 20 Kop.

18214. Die wissenschaftliche Ausnutzung künstlicher Erdsatelliten. Sammlung von Aufsätzen. Übersetzung aus dem Englischen. Moskau, Verlag für Ausländische Literatur, 1960. 401 S. Preis 15 R. 50 Kop. (russ.).

18215. Beobachtungen künstlicher Erdsatelliten in Rjasan. Abh. Staatl. Pädagog. Inst. Rjasan **24** 235—236 (russ.). — Ref. in RJ UdSSR 1961 7A113.

18216. Visual satellite observations. BAA Circ 418. — Aufruf an Beobachter.

18217. Artificial satellites still in orbit. BAA Circ 423.

18218. Recent satellites injected into orbit. BAA Circ 424.

18219. Artificial satellites. Recent launchings. BAA Circ 428. — Betrifft Explorer 8 (1960 ξ); Discoverer 17 (1960 o); Tiros 2 (1960 π); Sputnik 6 (1960 ϱ); Discoverer 18 (1960 σ); 1960 ζ_2; 1960 μ; 1960 ϱ_1, ϱ_2.

18220. Der Flug des zweiten Raumschiffs. Bote Akad. Wiss. UdSSR 1960 Nr. 10 S. 99—102 (russ.).

18221. Ergebnisse photographischer Beobachtungen künstlicher Erdsatelliten. Bull KE Nr. 2 S. 10—15, 1958; Nr. 3 S. 19, Nr. 4 S. 18—23, Nr. 6 S. 18—23, Nr. 7 S. 25—28, Nr. 8 S. 17—24, Nr. 9 S. 16—24, Nr. 10 S. 17—24, 1959; 1960 Nr. 1 S. 14—22, Nr. 4 S. 17—24, Nr. 5 S. 16—17, Nr. 7 S. 14—28, Nr. 8 S. 20—23 (russ.).

18222. Anleitung zur Bestimmung der Koordinaten künstlicher Erdsatelliten aus Aufnahmen mit den Kameras NAFA-3s/25-S. Bull KE 1960 Nr. 3, 35 S. (russ.).

18223. Kurzer Rechenschaftsbericht des Astronomischen Rates der Akademie der Wissenschaften der UdSSR über die visuellen und photographischen Beobachtungen künstlicher Erdsatelliten von 1957 bis 1959. Bull KE 1960 Nr. 6, 26 S. (russ.).

18224. Satelliti lanciati nello spazio. Coelum **28** 182. — Zusammenstellung der bis Juni 1960 gestarteten Satelliten.

18225. Datos principales de los satelites artificiales. El Universo **14** 11—12.

18226. Stationary artificial satellite. Heavens **41** 67—71 (japan.).

18227. Artificial satellites. MN ASSA **19** 18.

18228. Joint U. S.—Canadian satellite project. Nature **186** 13.

18229. Satellites in orbit. Science **132** 1301. — Liste; Stichtag 1960 Nov. 1.

18230. Space vehicle ephemeris and differential correction program unified theory. Space Track. Air Force Command and Control Development Division U. S. Air Force 496L SPO, 44 S. — Um die Bewegung im Zweikörperproblem mit einem für alle Bahnformen einheitlichen Formelsystem darzustellen, wird die mittlere Bewegung durch ihren parabolischen Ausdruck definiert. Die übrigen Gleichungen wurden entsprechend abgeändert (einschließlich der Bewegung in einer Geraden durch Modifikation des Einheitsvektors q). Anschließend wurden entwickelt: die Formeln zur Berechnung von speziellen Störungen nach Encke, die differentiellen Beziehungen zwischen den Inkrementen des Orts- und Geschwindigkeitsvektors in Abhängigkeit von denen der Bahnelemente und Formeln zur Bahnverbesserung. Zahlentabellen am Ende zeigen die Brauchbarkeit dieser einheitlichen Bahntheorie. Böh.

18231. Die bis Oktober 1959 gestarteten Erdsatelliten. Sternenbote **3** 19—20.

18232. Approximate positions of artificial satellites obtained with the Baker-Nunn Schmidt camera (4). TAB (2) Nr. 133 S. 1679—1694. — Betrifft 1958 α, 1958 β_1, 1958 β_2, 1958 δ_2, 1959 α_1, 1959 α_2, 1959 δ_2, 1959 η, 1959 ι_1, 1959 λ.

18233. Die hauptsächlichsten Entdeckungen mit Raketen, Satelliten und Weltraumsonden. Vasiona **8** 35—38 (serb.).

18234. Kako brzo proračunati orbite satelita i planeta. Vasiona **8** 64—67.

18235. Die künstlichen Satelliten der Erde. Weltraumfahrt **11** 82—83. — Liste nach dem Stand vom 22. 6. 1960.

18236. Umjetni sateliti i kozmičke rakete lansirani u 1959. Godini. ZiS **3** Nr. 1, 3. Umschlagseite.

18237. Jaunas spēcīgas raķetes. Zvaigžņotā Debess 1960. gada pavasaris S. 29. — Ref.

Einzelne künstliche Erdsatelliten und Planetoiden

18238. **1957 α (Sputnik 1)**

Arkhimedes 1958 Nr. 2 S. 41—49 (finn. mit engl. Ref.). A single-station Doppler determination of the orbit of Sputnik I. M. Nurmia.

Bote Akad. Wiss. UdSSR 1960 Nr. 11 S. 9—24 (russ.). Zur dreijährigen Wiederkehr des Starts des ersten künstlichen Erdsatelliten. — Ref. in RJ UdSSR 1961 Nr. 3 S. 73.

Českosl. Akad. Věd Astr. Ústav Publ. Nr. 47, 47 S. = Publ. Astr. Inst. Prague-Ondřejov Nr. 47. The visual observations of artificial satellites 1957 α_1, α_2, 1957 β and 1958 δ_1, δ_2. V. Guth, L. Sehnal.

J. Atmosph. Terr. Phys. **18** 344. Fading of satellite transmissions and ionospheric irregularities. J. Mawdsley.

JBAA **70** 79—89. Amateur radio measurements of Soviet satellites I and II. J. Heywood.

KE Nr. 5 S. 71—73 (russ.). Die Änderung der Albedo des ersten künstlichen Erdsatelliten auf Grund des Einflusses äußerer Faktoren. I. M. Jazunskij, O. W. Gurko.

Spaceflight **2** 158. Satellite close-up. C. A. Cross.

ZiS **1** 2—5, 1958. Prvi umjetni pratioci Zemlje. M. Butorac.

18239. **1957 β (Sputnik 2)**

Astr. Herald **53** 18 (japan.). The 2nd and 3rd Sputnik of USSR. T. Takenouchi.

Bull KE Nr. 3 S. 3—6, 1959 (russ.). Berechnung der Etalonzeit bei Beobachtungen des künstlichen Erdsatelliten 2 (1957 β). B. A. Firago.

Bull KE Nr. 6 S. 1—5, 1959 (russ.). Beobachtungen des zweiten künstlichen Erdsatelliten (1957 β) an der Station 039 (Pulkowo). G. W. Panowa, T. E. Syschtschenko, B. A. Firago, D. E. Schtschegolew.

Bull KE Nr. 10 S. 4—7, 1959 (russ.). Über die Orientierung des künstlichen Erdsatelliten 2 im Raum. W. M. Grigorewskij.

Bull KE 1960 Nr. 8 S. 14—20 (russ.). Variation of the period of rotation of Sputnik II. W. M. Grigorewskij.

Českosl. Akad. Věd Astr. Ústav Publ. Nr. 47, 47 S. = Publ. Astr. Inst. Prague-Ondřejov Nr. 47. Vgl. 1957 α.

JBAA **70** 79—89. Amateur radio measurements of Soviet satellites I and II. J. Heywood.

Mitt. Astr. Hauptobs. Pulkowo **22** Nr. 1 (166) S. 197—208 (russ. mit engl. Ref.). The registration of standard time during photographic observations of the second Sputnik (1957 β) at Pulkowo. B. A. Firago.

18240. 1958 α (Explorer 1)

MN ASSA **19** 58—59. Observations made by the Cape Town Moon Watch Team, February to May 1960.

TAB (2) Nr. 127 S. 1539—1553, Nr. 130 S. 1621—1643. Approximate positions of artificial satellites obtained with the Baker-Nunn Schmidt camera (2), (3). K. Tomita, T. Takenouchi, H. Hirose.

18241. 1958 β (Vanguard 1)

AJ **65** 342. Perturbations in perigee height of Vanguard I. R. Bryant, A. Bailie, P. Musen. — Ref. AAS.

Harv Card 1472. Radiation pressure perturbation on satellite 1958 β_2. P. Musen, R. Bryant, A. Bailie.

MN ASSA **19** 58—59. Vgl. 1958 α.

Science **131** 355—357. Magnetic damping of rotation of the Vanguard I satellite. L. LaPaz, R. H. Wilson jr.

Science **131** 935—936. Perturbations in perigee height of Vanguard I. P. Musen, R. Bryant, A. Bailie. — Frühere Betrachtungen des Einflusses der dritten Harmonischen und der lunaren und solaren Gravitationsstörungen offenbarten eine unerklärliche Diskrepanz zwischen den beobachteten und berechneten Werten der Höhe im Perigäum. Nach Berücksichtigung des Einflusses des Strahlungsdruckes gelang es, für Vanguard I eine vollständige Übereinstimmung zwischen Beobachtung und Theorie zu erzielen. Loh.

Space Research S. 502—514. Effet Doppler et dérive de fréquence des satellites 1958 β_2 et 1959 δ. H. Carru, R. Gendrin, M. Reyssat. — Vgl. Ref. **1330**.

TAB (2) Nr. 127, 130. Vgl. 1958 α.

Weltraumfahrt **11** 27, 59. Vanguard 1.

YC Nr. 1565 (japan. und engl.). Radiation pressure perturbation on satellite 1958 β_2. P. Musen, R. Bryant, A. Bailie.

18242. 1958 δ (Sputnik 3)

AFCRC — TN — 60 — 232 (I—III) ST 11, 775 S. A catalogue of positional data of the Russian artificial earth satellite Delta I (Sputnik III rocket body). Tabulation of individual observations, and Air Force sightings, 16 May to 30 November 1958. W. S. Ripley.

American J. Phys. **28** 64—66. Flash period of 1958 Delta I. P. H. Carr, R. M. Stewart jr., J. H. Senne. — Ref. in Phys. Abstr. (A) **63** 3.

Astr. Herald **53** 18 (japan.). Vgl. Sputnik II.

Astr. News Letter Taipei Obs. **13** 7 (chines.). 1958 Delta 2 (Sputnik III).

BAA Circ 418, 420, 422. Sputnik 3 1958 δ_2.

BAB **5** 22—24, 1959. Observations de la fusée porteuse du Spoutnik III (1958 δ_1). E. Vandekerkhove.

BIA **7** 766—769 (russ. mit engl. Ref.). Treatment of the observations of Sputnik 3 at the Institute for Theoretical Astronomy of the Academy of Sciences of the USSR. J. W. Batrakow. — Kurze Beschreibung der mit BESM durchgeführten Reduktion der Beobachtungen. Graphische Darstellung von n′, dem Koeffizienten von t^2 in dem für die mittlere Anomalie abgeleiteten Ausdruck. T. L.

BSAF **74** 167—170. L'étude photométrique de Sputnik III (1958 δ_2). Révèle son troisième mouvement. P. Neirinck.

Bull KE Nr. 2 S. 8—9, 1958 (russ.). Photometrie der Trägerrakete des dritten künstlichen Erdsatelliten. A. N. Sergejewa, E. N. Sandakowa.

Bull KE Nr. 4 S. 12—16, 1959 (russ.). Helligkeitsbeobachtungen der Rakete des dritten künstlichen Erdsatelliten an der Sternwarte Pulkowo. M. I. Jessipowa, M. S. Swerew.

Bull KE Nr. 4 S. 16—17, 1959 (russ.). Photometrische Beobachtungen des künstlichen Erdsatelliten 1958 δ_1. D. Mur.

Bull KE Nr. 7 S. 8—14, 1959 (russ.). Über die Rotationsperiode der Trägerrakete des dritten sowjetischen künstlichen Erdsatelliten. W. P. Zessewitsch.

Bull KE Nr. 7 S. 18—19, 1959 (russ.). Zu den Beobachtungen der Helligkeitsänderungen der Trägerrakete des dritten künstlichen Erdsatelliten. B. N. Himmelfarb, W. Artemowa.

Bull KE Nr. 7 S. 24, 1959 (russ.). Das Verfahren zur Photographierung der Trägerrakete des dritten künstlichen Erdsatelliten mit Kleinbildkameras. F. Poroschin.

Bull KE Nr. 10 S. 10—11, 1959 (russ.). Die scheinbare Helligkeit des dritten künstlichen Erdsatelliten und ihre Veränderung. U. Güntzel-Lingner.

Bull KE 1960 Nr. 7 S. 3—6 (russ.). Vorläufige Bahnelemente des dritten sowjetischen künstlichen Erdsatelliten (1958 δ_2). J. W. Batrakow.

Bull KE 1960 Nr. 7 S. 6—13 (russ.). Die Bewegung der Trägerrakete des dritten sowjetischen Erdsatelliten (1958 δ_1) und die Größe der Erdabplattung. J. W. Batrakow, A. S. Sotschilina.

Bull KE 1960 Nr. 7 S. 13—14 (russ.). Über die aus photographischen Beobachtungen abgeleiteten Bahnelemente der Trägerrakete des dritten sowjetischen künstlichen Erdsatelliten (1958 δ_1). N. P. Jerpyljow.

Bull KE 1960 Nr. 7 S. 14—28 (russ.). Vergleich der verschiedenen Systeme der Bahnelemente des dritten sowjetischen künstlichen Erdsatelliten 1958 δ_2. N. P. Slowochotowa.

Bull KE 1960 Nr. 8 S. 12—14 (russ.). Period of the brightness variation of the rocket of Sputnik III observed in the Sofia Astronomical Observatory. N. S. Nikolow, M. P. Kalinkow.

Českosl. Akad. Věd Astr. Ústav Publ. Nr. 47, 47 S. = Publ. Astr. Inst. Prague-Ondřejov Nr. 47. Vgl. 1957 α.

Ergebnisse KE Nr. 1—2, 1958, Nr. 3—12, 1959, Nr. 13—28 (russ.). Beobachtungen von 1958 δ_1 und 1958 δ_2.

Ergebnisse KE Nr. 29—31 (russ.). Beobachtungen von 1958 δ_2.

Canadian J. Phys. 38 882. Measurements of the last few periods of Sputnik III by a radio direction finder. J. L. Wolfe.

J. Atmosph. Terr. Phys. 18 75—78. Scintillations of the 20 MHz signal from the earth satellite 1958 δ_2. J. Frihagen, J. Trøim.

J. Geophys. Res. 65 1135—1138. Radiation information from 1958 δ_2. R. P. Basler, R. N. DeWitt, G. C. Reid. — Strahlungsmessungen des Sputnik III konnten bei 62 Vorübergängen in College (Alaska) ausgewertet werden. Zwischen 250 und 500 km Höhe wurde eine ungefähr lineare Zunahme der Strahlungsintensität festgestellt. Beziehungen zur ionosphärischen, erdmagnetischen und solaren Aktivität ließen sich nicht mit Sicherheit ermitteln. Jung

J. Geophys. Res. 65 4210—4212. Sudden amplitude variations of Sputnik III signals. H. Whitney, H. Strick, J. Aarons, J. Mott.

KE Nr. 2 S. 59—60, 1958 (russ.). Die Entdeckung von Korpuskeln mit Hilfe des dritten künstlichen Erdsatelliten. W. I. Krassowskij, J. M. Kuschnir, G. A. Bordowskij, G. F. Sacharow, E. M. Swetlizkij.

KE Nr. 4 S. 135—160 (russ.). Die Magnetometereinrichtung des dritten sowjetischen künstlichen Erdsatelliten. S. S. Dolginow, L. N. Shusgow, W. A. Seljutin.

KE Nr. 5 S. 66—70 (russ.). Die Beobachtungen der Signale des dritten sowjetischen künstlichen Erdsatelliten am Kap Tscheljuskin. L. P. Kuperow.

Kop Akt Medd 412. Sputnik 3.

MN ASSA **19** 58—59. Vgl. 1958 α.

Nature **185** 729—730. The approaching descent of Sputnik 3 (1958 δ_2). B. R. May.

Nature **187** 456—458. Final months and descent of satellite Sputnik 3. B. R. May, D. E. Smith.

Nature **187** 926—927. Effect of upper atmosphere wind on the rotation of satellite 1958 δ I. C. R. Faulkner. — Die Besonderheiten in der Eigenrotation von 1958 δ (Rakete von Sputnik 3) werden damit erklärt, daß sich das Perigäum allmählich in das Gebiet der dichteren Atmosphäre über dem Äquator verlagerte, in dem starke westliche Winde herrschen sollen. Dmg.

Postępy Astr. **8** 245—249. Próba przybliżonego wyznaczenia spłaszczenia Ziemi na podstawie obserwacji sztucznego satelity 1958 δ_1. W. Baran, W. Żukowski. — Auf Grund der veröffentlichten Beobachtungen der Örter des letzten Raketengliedes des dritten sowjetischen Satelliten 1958 δ_1 wurden die geozentrischen Koordinaten des Satelliten und die Zeit des Knotendurchgangs berechnet. Ferner wurde die Größe $J = \varepsilon - \frac{m}{2} - \varepsilon \left(\frac{\varepsilon}{2} - \frac{m}{7}\right)$, wo ε die Erdabplattung und $m = \omega^2 a'^3 (1 - \varepsilon) / f m'$ ist, berechnet. E. R.

Proc IRE **48** 2028—2030. Some characteristics of the signal received from 1958 δ_2. F. de Mendonca, O. G. Villard jr., O. K. Garriott.

Publ. Astr. Obs. Helsinki Nr. 75, 62 S. Observations of satellites, 1958 δ_2 (Sputnik III), 1959 ε (Discoverer V), 1959 ζ (Discoverer VI) and 1959 λ (Discoverer VIII), during the time 1959 August—1960 January at the Meteorological Observatory in Jokioinen. Observations of celestial bodies at the Meteorological Observatory Jokioinen. G. Järnefelt.

Publ. Astr. Obs. Helsinki Nr. 78, 12 S. Observations of satellites, 1958 δ_2 (Sputnik III) and 1959 λ (Discoverer VIII), during the time 1960 February—1960 April 6 at the Meteorological Observatory in Jokioinen. Observations of celestial bodies at the Meteorological Observatory in Jokioinen. G. Järnefelt.

Space Research S. 24—36. Bearings of Sputnik III and the variable acceleration of satellites. H. K. Paetzold, H. Zschörner. — Vgl. Ref. **1330.**

Sternenbote **3** 58—59. Sputnik III verglüht.

TAB (2) Nr. 127, 130. Vgl. 1958 α.

Weltraumfahrt **11** 26, 59. Sputnik 3.

18243. 1958 ε (Explorer 4)

Bull KE Nr. 1 S. 3—7, 1958 (russ.). Eine graphische Methode zur Ermittlung der Sichtbarkeitsbedingungen des amerikanischen künstlichen Erdsatelliten 1958 ε. M. A. Lurje, W. A. Tolskaja.

Space Research S. 466—475. Orbital elements of the artificial satellite 1958 Epsilon. T. Takenouchi. — Vgl. Ref. **1330.**

TAB (2) Nr. 127, 130. Vgl. 1958 α.

18244. 1958 ϑ Pioneer 3

Space Research S. 518—531. Tracking the moon probes. M. Eimer, A. R. Hibbs, R. Stevens. — Vgl. Ref. **1330.**

18245. 1958 ζ (Atlas-Score)

AFCRC — TN — 60 — 233 ST 12, 134 S. A catalogue of positional data of the U. S. earth satellite 1958 Zeta (Project Score). W. S. Ripley.

TAB (2) Nr. 127. Vgl. 1958 α.

18246. 1959 μ Lunik 1

Obs **80** 235. Observations of Lunik I. H. V. Griffiths.

18247. 1959 α (Vanguard 2)

MN ASSA **19** 58—59. Vgl. 1958 α.

Science **131** 223—225. Geomagnetic rotational retardation of satellite 1959 α_1 (Vanguard II). R. H. Wilson jr. — Die elektromagnetischen Momente, die durch leitfähige und magnetisierbare Teile des Satelliten Vanguard II verursacht sind, werden sorgfältig berechnet. Die Abbremsung der Rotation des Satelliten, die durch Radiobeobachtungen festgestellt wurde, wird der Wirkung des erdmagnetischen Feldes auf diese Momente zugeschrieben. Es ergibt sich daraus ein Wert des Erdfeldes in der Höhe des Satelliten, der dem aus Bodenbeobachtungen extrapolierten Wert sehr nahe kommt (0.158 Gauß). Dmg.

TAB (2) Nr. 127, 130. Vgl. 1958 α.

Weltraumfahrt **11** 59. Die Beobachtung von Vanguard 2.

18248. 1959 ν Pioneer 4

Space Research S. 518—531. Tracking the moon probes. M. Eimer, A. R. Hibbs, R. Stevens. — Vgl. Ref. **1330**.

18249. 1959 δ (Explorer 6)

Space Research S. 502—514. Effet Doppler et dérive de fréquence des satellites 1958 β_2 et 1959 δ. H. Carru, R. Gendrin, M. Reyssat. — Vgl. Ref. **1330**.

Urania Kraków **31** 86. Osobliwy satelita. J. Gadomski.

Urania Kraków **31** 113—114. Baterie słoneczne. J. Gadomski. — Bericht über die in Explorer 6 eingebaute Sonnenbatterie. E. R.

18250. 1959 ε (Discoverer 5)

BAA Circ 420. Discoverer 5 capsule (1959 ε_2).

Bull KE 1960 Nr. 4 S. 7—8 (russ.). Über die Bahnneigung des Erdsatelliten 1959 ε. B. N. Himmelfarb.

Publ. Astr. Obs. Helsinki Nr. 75, 62 S. Vgl. 1958 δ.

18251. 1959 ζ (Discoverer 6)

Publ. Astr. Obs. Helsinki Nr. 75, 62 S. Vgl. 1958 δ.

18252. 1959 ξ Lunik 2

BAC **11** 207—213. Impact of rocket Lunik II on the moon. M. Vocel. — Vgl. Ref. **8386**.

Bull KE 1960 Nr. 4 S. 1—7 (russ.). Über die im Augenblick des Aufsturzes der zweiten sowjetischen kosmischen Rakete auf den Mond beobachteten Erscheinungen. O. B. Dlushnewskaja.

DAN **130** 517—520 (russ.). Radiation measurement during the flight of the second space rocket. S. N. Wernow, A. E. Tschudakow, P. W. Wakulow, J. I. Logatschew, A. G. Nikolajew. — Die Geräte der zweiten kosmischen Rakete werden beschrieben. Die Deformation des äußeren Strahlungsgürtels, die aus einem Vergleich der Messungen der ersten und zweiten Rakete hervorgeht, wird durch die Veränderlichkeit der Korpuskularströme aus der Sonne erklärt. Zwei Gruppen von Elektronen mit Energien um 20 keV und 1 MeV, die wahrscheinlich auf verschiedene Arten entstehen, wurden gefunden. Ein Strahlungsgürtel um den Mond wurde nicht festgestellt. Perek

DAN **132** 85—88 (russ.). Radioastronomical observations of the second Soviet space rocket. W. W. Witkewitsch, A. D. Kusmin, R. L. Sorotschenko, W. A. Udalzow.

El Universo **14** 7. Impacto en la Luna. H. Scheffler.

KE Nr. 5 S. 24—29 (russ.). Strahlungsmessungen während des Fluges der zweiten kosmischen Rakete. S. N. Wernow, A. E. Tschudakow, P. W. Wakulow, J. I. Logatschew, A. G. Nikolajew.

Mitt. Astrophys. Inst. Alma-Ata **10** 35—38 (russ. mit engl. Ref.). Bestimmung der Koordinaten des künstlichen Kometen. E. J. Bugoslawskaja, K. G. Dshakuschewa, M. G. Karimow, A. W. Kurtschakow, W. S. Matjagin, D. A. Roshkowskij, M. A. Swetschnikow.

Mitt. Sternw. Ungar. Akad. Wiss. Budapest-Szabadsághegy Nr. 45, 10 S. Bericht über optische Beobachtungen anläßlich der Landung der sowjetischen Mondrakete Lunik II. L. Detre. — Ref. in Nature **189** 186. — Am 13. Sept. 1959 nach $21^h2^m30^s$ UT wurde von M. Lovas an der Sternwarte Budapest-Szabadsághegy und von M. Ill an der Satelliten-Station Baja (Südungarn) ein expandierender dunkler Fleck auf der Mondoberfläche nördlich der Apenninen und südlich vom Krater Autolycus bemerkt, dessen Entwicklung von mehreren ungarischen Astronomen beobachtet werden konnte. Verf.

NAT 1960 S. 149—150. Lunik 2's landing på Månen.

Nature **185** 11. Observations related to the impact of Lunik II. G. Fielder.

Sky Tel. **20** 265. Lunik II's landing on the moon.

Soviet Booklet Nr. 62, 54 S., 1959. Soviet moon rockets. A report on the flight and scientific results of the second and third space rocket. — Ref. in Obs **80** 78.

Sterne **36** 246—247. Die Landung der sowjetischen Mondrakete Lunik II. W. Wenzel.

Strolling Astr. **14** 32. Two apparent observations of the impact of the Lunik II carrier rocket.

Strolling Astr. **14** 64. Impact of Lunik II on September 13, 1959.

Urania København **17** 66—67. De kunstige jorddrabanter. H. Stub.

ZiS **3** 23—24. Gdje je na Mjesecu pala kozmička raketa. M. Butorac.

Zvaigžņotā Debess 1960. gada ziema S. 20—21. Padomju kosmiskā raķete uz Mēness. — Ref.

18253. 1959 η (Vanguard 3)

Spaceflight **2** 190. Vanguard III.

Space Research S. 982—999. Project Vanguard magnetic field instrumentation and measurements. J. P. Heppner, J. D. Stolarik, I. R. Shapiro, J. C. Cain. — Vgl. Ref. **1330**.

Weltraumfahrt **11** 27. Vanguard 3.

18254. 1959 ϑ (Lunik 3)

El Universo **14** 117—119. Lunik III.

Hemel en Dampkring **58** 57—71. De eerste tocht rond de maan. J. J. Raimond jr.

Soviet Booklet Nr. 62. Vgl. Lunik 2.

VdS Nachr. **9** Nr. 3 S. 5. Absturz von Lunik III für Ende März erwartet. J. Herrmann.

Weltraumfahrt **11** 59. Lunik 3.

Wiss. Fortschritt **10** 46—48. Die Bahnbewegung der sowjetischen Rakete Lunik 3. U. Güntzel-Lingner. — Aus den Positionsangaben der amtlichen TASS-Meldungen wird der Bahnweg des Lunik 3 graphisch ermittelt, und es werden provisorische Elemente für die Ellipse der Endbahn abgeleitet. Verf.

18255. 1959 ι (Explorer 7)

Bull KE 1960 Nr. 4 S. 16—17 (russ.). Explorer VII (1959 ι).

J. Geophys. Res. **65** 1119—1124. Corpuscular radiation experiment of satellite 1959 Iota (Explorer VII). G. H. Ludwig, W. A. Whelpley. — Explorer VII enthält Geiger-Zähler zur Messung der kosmischen und der im Strahlungsgürtel eingeschlossenen Strahlung. Die Bahnelemente werden angegeben und die Strahlungsmeßapparate werden mit Hinweis auf die Notwendigkeit internationaler Teilnahme an den Beobachtungen beschrieben. Jung

MN ASSA **19** 58—59. Vgl. 1958 α.
Sternenbote **3** 56—57. Explorer VII.

18256. **1959 λ (Discoverer 8)**

BAA Circ 420. Discoverer 8 (1959 λ).
Publ. Astr. Obs. Helsinki Nr. 75, 62 S. Vgl. 1958 δ.
Publ. Astr. Obs. Helsinki Nr. 78, 12 S. Vgl. 1958 δ.

18257. **1960 α (Pioneer 5)**

BAA Circ 420. Pioneer 5.
BAA Circ 422. Pioneer 5 (1960 α 1, 1960 α 2).
BSAF **74** 225—227. Les premiers lancers américains du programme spatial 1960. P. Muller.
El Universo **14** 119—121. Pioneer V.
J. Geophys. Res. **65** 1862—1863. Preliminary results from the space probe Pioneer V. C. Y. Fan, P. Meyer, J. A. Simpson. — In der Raumsonde Pionier V wurde mittels eingebauter Detektoren die Intensität von Protonen mit $E \geq 75$ MeV, von Elektronen mit $E \geq 15$ MeV und die Bremsstrahlung von Elektronen und γ-Strahlen gemessen und mit den Ergebnissen von 4 Neutronen-Registrieranlagen auf dem Boden verglichen. Zu einer Zeit, als Pionier V etwa 8×10^6 km von der Erde entfernt war, trat eine Reihe von solaren Störungen auf, die deutliche Änderungen der beobachteten Intensitäten hervorriefen. Aus dem Vergleich der verschiedenen Registrierungen wird gefolgert: 1.) Der Forbush-Effekt ist nicht auf Erdnähe beschränkt. 2.) Außer Protonen werden auch Elektronen bzw. γ-Strahlen beobachtet, die von Flares abgestrahlt werden. Aus der Dauer der Intensitätszunahme in der Raumsonde — verglichen mit ihrer terrestrischen Wirkung — folgt, daß keine Speicherung der Partikel in Erdnähe stattfindet. 3.) Energiereiche Elektronen können auch von anderen Prozessen als Flares produziert werden. Dmg.
Kop Akt Medd 412. Pioneer 5.
La Nature **88** 143. Pionnier V, record de distance de liaison radio. N. Vichney.
Nature **185** 810. Pioneer 5.
Science **131** 815—816. United States satellite launched into orbit around sun.
Urania København **17** 66—67. De kunstige jorddrabanter. H. Stub.
Vasiona **8** 3—5. Nova veštačka planeta «Pionir V».
Weltraumfahrt **11** 52—53. Pionier 5, der dritte künstliche Planetoid.

18258. **1960 β (Tiros 1)**

BAA Circ 422. Tiros 1 (1960 β 1, 1960 β 2).
BSAF **74** 225—227. Les premiers lancers américains du programme spatial 1960. P. Muller.
El Universo **14** 121—122. Tiros I.
J. Geophys. Res. **65** 2992—2995. Angular motion of the spin axis of the Tiros I meteorological satellite due to magnetic and gravitational torques. W. R. Bandeen, W. P. Manger.
La Nature **88** 185—188. Tiros I, prélude à un réseau de satellites météorologiques. N. Vichney.
MN ASSA **19** 58—59. Vgl. 1958 α.
Science **131** 1031—1032. U. S. meteorological satellite cameras photograph cloud cover.
Science **132** 212. Weather satellite.
Vasiona **8** 33. Televizioni satelit Tiros I.
Weltraumfahrt **11** 41—42. Tiros 1 — Wettersatellit.
Weltraumfahrt **11** 73—77. Die wissenschaftliche Bedeutung des Wettersatelliten Tiros 1. H. Faust.
Weltraumfahrt **11** 123. 22952 Bilder von Tiros I.

18259. 1960 γ (Transit 1 B)

BAA Circ 422. Transit IB (1960 γ 1, 1960 γ 2).
BAA Circ 427. Satellite 1960 γ.
BSAF **74** 393—397. Satellites 1960: Faisons le point. P. Muller.
El Universo **14** 122—123. Transit IB.
MN ASSA **19** 58—59. Vgl. 1958 α.
Navigation Washington **7** 106—116. Project Transit: a navigation satellite. R. F. Freitag.
Science **131** 1198. United States launches two more satellites.
Science **132** 807—808. Verification of earth's «pear shape» gravitational harmonic. C. J. Cohen, R. J. Anderle. — Die Vorausberechnungen der Bahn von Transit 1 B waren systematisch fehlerhaft, bis die Harmonische 3. Ordnung der Gravitationsstörungen berücksichtigt wurde. Die Verwendung der von O'Keefe für diese Harmonische für Vanguard 1 abgeleitete Amplitude liefert gute Ergebnisse, obwohl die Beobachtungsmethoden für die beiden Satelliten sehr verschieden waren. Henn
Weltraumfahrt **11** 60. Der Satellit Transit 1B.

18260. 1960 δ (Discoverer 11)

BAA Circ 424. Discoverer 11 (1960 δ).
BSAF **74** 393. Vgl. 1960 γ.
Science **131** 1198. United States launches two more satellites.
Weltraumfahrt **11** 60. Discoverer 11.

18261. 1960 ε (Sputnik 4)

BAA Circ 423, 424. Sputnik 4 (1960 ε).
BAA Circ 426. Sputnik 4 casing (1960 ε_1).
BAA Circ 427. Satellite 1960 ε.
BSAF **74** 393—394. Vgl. 1960 γ.
Nature **186** 598. Earth satellite 1960 ε.
Nature **187** 866—867. The sudden discontinuity in the orbital period of Sputnik 4 satellite. B. R. May, D. E. Smith.
Priroda **49** Nr. 9 S. 14 (russ.). Der vierte Sputnik im Flug. N. P. Slowochotowa.
Science **131** 1510—1511. U. S. S. R. launches experimental space ship.
Spaceflight **2** 230. Sputnik IV.
Vasiona **8** 29. Lansiranje prvog vasionskog broda.

18262. 1960 ζ (Midas 2)

BSAF **74** 394. Vgl. 1960 γ.

18263. 1960 η_1 (Transit 2 A)

BSAF **74** 394. Vgl. 1960 γ.
La Nature **88** 288. Deux satellites américains lancés avec la même fusée.
Science **132** 25. New satellite working «fantastically well», says the Navy.

18264. 1960 η_2 Greb

La Nature 88 288. Vgl. 1960 η_1.

18265. 1960 ϑ (Discoverer 13)

BAA Circ 426. Discoverer 13 (1960 ϑ).
BAA Circ 427. Satellite 1960 ϑ.
BSAF **74** 394—397. Vgl. 1960 γ.

Nature **187** 741. Recovery of capsules from Discoverer satellites.
Science **132** 457. Instrument capsule recovered from orbiting Discoverer XIII; first balloon satellite launched.

18266. **1960 ι (Echo 1)**

AAVSO Abstr. Oct. 1960 S. 6. Conjunction of Vega and Echo. J. H. Carlisle III.
BAA Circ 425, 426, 427. Echo 1 (1960 ι).
BSAF **74** 395. Vgl. 1960 γ.
BSAF **74** 398—402. Photographies de passages du satellite «Écho 1». R. Weber.
BSAF **74** 403—404. Le ballon satellite américain «Écho 1». C. Roques, E. Roques, J. M. Roques, P. Levert.
BSAF **74** 405—406. Satellite artificiel U. S. «Écho 1». R. Rohard, Viau, E. Geneslay.
BSAF **74** 407. Le ballon satellite «Écho 1». R. Futaully.
BSAF **74** 407—408. Le passage du satellite artificiel «Écho 1» dans notre ciel.
Canadian J. Phys. **38** 1713. Spin rate of the satellite Echo I as determined by a tracking radar. G. E. K. Lockwood.
Coelum **28** 149—150. Osservazioni del pallone satellite americano Eco. P. Senigalliesi.
Coelum **28** 179—180. Osservazioni romane del pallone Echo. R. Viotti.
Coelum **28** 180—181. Osservazioni del pallone Echo eseguite a Mariano Comense. M. Romagnoli.
El Universo **14** 169. Eco I.
Gaz astr **42** 52—53. Observation du satellite «Echo». J. M. Falise.
Hemel en Dampkring **58** 261—278. Kunstmaan Echo I. J. J. Raimond jr.
J. Geophys. Res. **65** 3512—3513. Variations in the orbit of the Echo satellite. R. Jastrow, R. Bryant.
Nature **187** 741. The satellite Echo I (1960 ι).
Nature **187** 901—902. Reflexion of signals from Echo I.
Orion Schaffhausen **5** 996—1000. Le satellite américain «Echo».
Science **132** 1484—1486. Perturbations of the orbit of the Echo balloon. I. I. Shapiro, H. M. Jones.
Science **132** 1487. Observed solar pressure perturbations of Echo I. D. O. Muhleman, R. H. Hudson, D. B. Holdridge, R. L. Carpenter, K. C. Oslund.
Sternenbote **3** 131. Ballonsatellit Echo I als Scheibe beobachtet.
Vasiona 8 60 (serb.). Two successes more in astronautics.
VdS Nachr. **9** 125—126. Bahnspuraufnahmen des künstlichen Satelliten «Echo I». R. Hanke.
Weltraumfahrt **11** 123. Der Ballon-Satellit Echo I.

18267. **1960 κ (Discoverer 14)**

BAA Circ 426. Discoverer 14 (1960 κ).
BSAF **74** 396. Vgl. 1960 γ.
Nature **187** 741. Vgl. 1960 ϑ.

18268. **1960 λ (Sputnik 5)**

BAA Circ 425. Sputnik 5 (1960 λ).
BAA Circ 426. Sputnik 5 rocket (1960 λ_2).
BSAF **74** 396. Vgl. 1960 γ.
Nature **187** 830. The Russian earth satellite 1960 λ.
Nature **188** 21. The Russian earth satellite 1960 λ.
Priroda **49** Nr. 9 S. 3 (russ.). Der Triumph der sowjetischen Wissenschaft und Technik. Start und Rückkehr des 2. Raumschiffs zur Erde.

Priroda **49** Nr. 9 S. 4—5 (russ.). Der Mensch fliegt in den Kosmos. P. K. Issakow.

Priroda **49** Nr. 9 S. 5 (russ.). Automatik hoher Genauigkeit und Sicherheit. M. S. Jarow-Jarowoj.

Priroda **49** Nr. 9 S. 9 (russ.). Der Raketenträger setzte seine Bewegung fort.

Spaceflight **2** 225. Triumph of Sputnik V. — Ref. in Bol. As. Peruana Astr. **5** 346.

Vasiona **8** 60 (serb.). Two successes more in astronautics.

Vasiona **8** 110—112 (serb.). The second Soviet space ship-satellite.

18269. **1960 μ (Discoverer 15)**

BAA Circ 426. Discoverer 15 (1960 μ).

Science **132** 798. Discoverer XV.

Weltraumfahrt **11** 123. Discoverer XV. — Start 1960 Sept. 13.

18270. **1960 ν (Courier I B)**

BAA Circ 426. Courier I B (1960 ν_1, ν_2).

La Nature **88** 505—506. Le satellite stratégique Courrier l'emporte sur Écho, même à des fins civiles. N. Vichney.

Science **132** 1002. U. S. Courier satellite marks third anniversary of Sputnik I; inter-agency rivalry emerging.

Weltraumfahrt **11** 123. Courier I B. — Start 1960 Okt. 4.

18271. **Discoverer 16**

Weltraumfahrt **11** 123. Discoverer XVI. — Start 1960 Okt. 26 (mißglückt).

18272. **1960 ξ (Explorer 8)**

Science **132** 1385—1386. Explorer VIII launched.

Weltraumfahrt **11** 123. Explorer VIII. — Start 1960 Nov. 3.

18273. **1960 o (Discoverer 17)**

Weltraumfahrt **11** 123. Discoverer XVII. — Start 1960 Nov. 12.

18274. **1960 π (Tiros 2)**

Weltraumfahrt **11** 123. Tiros II. — Start 1960 Nov. 23.

Weltraumfahrt **11** 123. Weltweite Wetterbeobachtung mit Tiros II.

18275. **1960 ϱ (Sputnik 6)**

Weltraumfahrt **11** 123. Sputnik VI. — Start 1960 Dez. 1.

§ 19

Miscellanea

1901. **J. Ashbrook,** Astronomical scrapbook. Sky Tel. **19** 213, 342—343, 463, **20** 87—88, 207, 324, 329.

1902. **E. A. Beet,** The Sky and Its Mysteries. New York, Dover Publ., 1960. 238 S. Preis $ 3.00. — Besprechung in Sky Tel. **21** 112.

1903. **A. Biskupski,** Geometria nieeuklidesowa a astronomia. Urania Kraków **31** 364—370.

1904. **W. Brunner-Hagger,** Astrognosie. Sinn und Herkunft der Sternbild- und Sternnamen. Orion Schaffhausen **5** 840—845.

1905. **P. Couderc,** L'astrologie. BSAF **74** 113—119.

1906. **M. Daisomont,** Camille Flammarion et la philosophie religieuse. Brügge, «De Tempel», 1960. 15 S. — Besprechung in Gaz astr **42** 58.

1907. **R. Danić,** Astronomija u Danteovoj Božanstvenoj komediji. Vasiona **8** 30—33.

1908. **R. Drössler,** Entstehung und Geschichte der Astrologie. Sterne **36** 65—72.

1909. **K. Ferrari-d'Ochieppo,** Tierkreisbilder — Tierkreiszeichen — Tierkreisbereiche. Sternenbote **3** 76—79.

1910. **E. H. Graul, H. Milde,** Raumfahrt und Atomkernenergie im Spiegel der Briefmarke. Weltraumfahrt **11** 3—8.

1911. **S. Grzędzielski,** Siły we Wszechświecie. Urania Kraków **31** 203—206. — Behandelt die im Weltraum auftretenden Kräfte: Schwerkraft, Strahlungsdruck und elektromagnetische Kräfte. E. R.

1912. **C. Hoffmeister,** Unendlichkeit. Sterne **36** 112—116.

1913. **H. Kienle,** Prinzipien der Ordnung im Kosmos. Phys. Blätter **16** 49—60.

1914. **M. Kopecký, J. Rajchl,** Is the universe finite? RH **41** 185—188 (tschech.).

1915. **D. Malcolm,** Philatelic safari. In search of stamps of the I. G. Y. Spaceflight **2** 235—236.

1916. **Mougenot,** Orion, le joyau de nos belles soirées d'hiver. BSAF **74** 89—91.

1917. **S. Nakayama,** Are there contributions of astrology to astronomy? Astr. Herald **53** 96 (japan.).

1918. **H. Oberndorfer,** Wo ist die Hohlwelttheorie geblieben? VdS Nachr. **9** 106—107.

1919. **W.-E. Peuckert,** Astrologie, Geschichte der Geheimwissenschaften. I. Stuttgart, Verlag W. Kohlhammer, 1960. 279 S. Preis DM 19.80. — Besprechung in VdS Nachr. **10** 28—29 (G. D. Roth).

1920. **J. Pokrzywnicki,** Czy istnieją gwiazdy zielone? Urania Kraków **31** 48—49. — Verf. vertritt die Meinung, daß manche Sterne auch eine gewisse grünliche Farbtönung haben können. E. R.

1921. **J. Schlatter,** La donna e la scienza. Coelum **28** 47, 82—83.

1922. **U. Schönfellinger,** Die Orientierung der Vögel nach den Sternen. Sternenbote **3** 17—19.

1923. **O. Thomas,** Verbindungslinien von Stern zu Stern. Ein Normierungsvorschlag. Sternenbote **3** 64—68.

1924. **E. Zinner,** Astronomia e astrologia. Enciclopedia Universale dell'Arte **2** 101—148.

1925. **D. Zurlinden,** Religiöse Astrologie. Unterhaching/München, Verlag Die Rose, 1959. 194 S. Preis DM 14.80. — Besprechung in VdS Nachr. **10** 28—29 (G. D. Roth).

1926. Stamp commemorates Echo. Astronaut. Sci. Rev. **2** Nr. 4 S. 25.

1927. Astro-Fragen-Ecke. Orion Schaffhausen **5** 865—866, 928—930.

1928. Getting acquainted with astronomy. Sky Tel. **19** 221, 275, 416—417, **20** 27—28, 145—146, 277—278.

1929. Svemir u bojama. ZiS **3** 66—67.

Leben im Kosmos

1930. **M. H. Briggs,** Other astronomers in the universe? Southern Stars **18** 147—151.

1931. **M. Calvin, S. K. Vaughn,** Extraterrestrial life: Some organic constituents of meteorites and their significance for possible extraterrestrial biological evolution. Vgl. Ref. **1330** S. 1171—1191.

1932. **A. Dollfus,** Recherches concernant la vie sur les planètes. Vgl. Ref. **1330** S. 1146—1152.

1933. **F. J. Dyson,** Search for artificial stellar sources of infrared radiation. Science **131** 1667.

1934. **J. Gadomski,** W poszukiwaniu ożywionych planet (IV). Ekosfery gwiazd zmiennych. Urania Kraków **31** 166—171. — Verf. setzt hier seine Betrachtungen über Sternökosphären (vgl. AJB **59** Ref. **1943** etc.) fort. Von 406 veränderlichen Sternen wurde die Veränderlichkeit des Ökosphärenbereichs berechnet. Verf. ist der Meinung, daß die veränderlichen Sterne der späten Spektralklassen sehr wohl von Planetensystemen umgeben sein können. E. R.

1935. **P. Gauroy,** Les Mondes du Ciel. Paris, Arthène Fayard, 1960. 304 S. Preis 12 NF. — Besprechung in Ciel et Terre **77** 350 (H. Michel).

1936. **S.-s. Huang,** Life-supporting regions in the vicinity of binary systems. Publ ASP **72** 106—114. — Ref. in PAT **41** 164.

1937. **S.-s. Huang,** The sizes of habitable planets. Publ ASP **72** 489—493.

1938. **J. Lederberg,** Exobiology: approaches to life beyond the earth. Science **132** 393—400.

1939. **J. Lederberg,** Exobiology, experimental approaches to life beyond the earth. Vgl. Ref. **1330** S. 1153—1170.

1940. **R. T. Mann,** Chi vive sugli altri mondi? Coelum **28** 166—173.

1941. **W. Pons,** Leben — ein irdisches oder ein kosmisches Prinzip? Weltraumfahrt **11** 109—110. — Die jüngsten astronomischen Überlegungen führen zu der These, daß es im Weltall eine große Zahl bewohnbarer Himmelskörper geben muß. Biologische und naturphilosophische Gesichtspunkte machen es wahrscheinlich, daß das Leben im Universum weit verbreitet ist und daß es neben uns noch andere intelligente Lebewesen gibt. Verf.

1942. I. S. Schklowskij, Ist eine Verbindung mit vernünftigen Wesen anderer Planeten möglich? Priroda **49** Nr. 7 S. 21—30 (russ.). — Zunächst werden die Frage der Existenz anderer Planetensysteme und die Bedingungen für die Entstehung organischen Lebens behandelt. Dann wird die Reichweite von Radiosignalen im interstellaren Raum abgeschätzt, die durch die Ankündigung praktischer amerikanischer Versuche akut geworden ist. Petri

1943. N. I. Suworow, Fragen der Astrobiologie auf dem internationalen Symposium über das Problem der Entstehung des Lebens auf der Erde. Publ. Sektor Astrobotanik Akad. Wiss. Kasach. SSR 1960 S. 258—262 (russ.). — Ref. in RJ UdSSR 1961 8A3.

1944. R. Tocquet, La vie sur les planètes. Paris, Editions du Seuil, 1960. 190 S. — Besprechung in BSAF **75** 46, Ric Sci. **30** 55* (M. Nanni).

1945. W. H. Vale, The existence of life in the universe. J. Astr. Soc. Victoria **13** 39—43.

1946. A. Wróblewski, Poszukiwanie inteligentnych społeczeństw we Wszechświecie. Urania Kraków **31** 78—81. — Bemerkungen über die Suche nach intelligenten Gemeinschaften im Weltall in Anlehnung an einen Artikel von G. Cocconi und P. Morrison in Nature 1957. E. R.

1947. Is the existence of life on Venus certain? Heavens **41** 130 (japan.).

III. Instrumente

§ 21

Optik, Technik, Beobachtungspraxis

* * **N. R. Andrejenko,** Systematic and accidental errors of observers of the Freiberg-Kondratjew zenith-telescope at Pulkowo. Vgl. Ref. **2203**.

2101. K. Blattner, Die Prüfung von Parabolspiegeln mit Hilfe eines Planspiegels. Orion Schaffhausen **5** 982—988.

2102. E.-J. Blum, Les mesures spectrales en radioastronomie. CR **250** 3279—3281. — Beobachtungen etwa der Wasserstofflinie bei einer Frequenz von 1420 MHz wurden bisher nach einem Verfahren gemacht, bei dem — den optischen Spektrographen analog — ein enges Filter über dem zu messenden Spektralbereich verschoben wird. Es wird demgegenüber in kurzen Grundzügen ein anderes Verfahren dargestellt, bei dem — analog zu der optischen Interferenzspektroskopie — mit Hilfe von n Verzögerungskanälen die Fourier-Transformierte des Spektrums an n Stellen gemessen wird. Dieses Verfahren könnte gegenüber dem allgemein üblichen den Vorzug einfacheren Aufbaus und höherer Stabilität haben. Allerdings benötigt es einen Analogrechner zur Umwandlung der gemessenen Daten in das gesuchte Spektrum. J. P. M.

2103. J. Borgman, Anwendung der Fernsehtechnik zur Auffindung veränderlicher Sterne. Philips Techn. Rundschau **19** 133—135, 1958.

2104. **R. J. Bracey,** The Technique of Optical Instrument Design. New York, Macmillan Co., 1960. 316 S. Preis $ 9.00 bzw. 35 s. — Besprechung in AJ **66** 191, Sky Tel. **21** 290, **22** 159 (H. H. Selby).

2105. **H. J. J. Braddick,** Photoelectric photometry. Rep. Progr. Phys. **23** 154—175.

2106. **W. Bragg,** The Universe of Light. Unveränderter Neudruck des 1931 erschienenen Buches. New York, Dover Publications, Inc., 1959. 283 S. Preis $ 1.85. — Besprechung in Phys. Blätter **16** 602, Publ ASP **72** 431, Sterne **37** 133 (C. Hoffmeister), ZfA **51** 148 (A. Unsöld).

2107. **R. Devoto,** Estudio comparativo de las formulas de Hartmann y de Colacevich. Vgl. Ref. **1323** S. 58—61.

2108. **M. Djokić,** On the observation in astronomy. Vasiona 8 1 (serb.).

2109. **B. Ernst,** Het is veel eenvoudiger dan u denkt! Hemel en Dampkring 58 210—214.

2110. **C. F. Fernald,** Footsteps on the way to 100.000 observations. AAVSO Abstr. Oct. 1960 S. 1—4.

2111. **R. Fogelquist, B. Malm,** Inventering av amatörinstrument. PAT 41 166.

2112. **M. Gaj,** Ein lichtstarkes Objektiv mit geringem Astigmatismus. Optik **17** 365—382. — Es wurde ein neues apochromatisches Linsen-Spiegel-Objektiv mit einer asphärischen Fläche berechnet, das sich durch eine gute Korrektion aller Aberrationen, einen Feldwinkel 2 u = 20° und das Öffnungsverhältnis 1 : 0.7 bei einer Brennweite f' = - 100 mm auszeichnet. Der Feldwinkel kann mit Rücksicht auf den sehr kleinen Astigmatismus noch vergrößert werden, jedoch wächst zugleich die Abschirmung der zentralen Zone. Das berechnete System kann bei der Photographie von Röntgen-Bildern, der nächtlichen Geländephotographie sowie bei Photographie von Himmelsausschnitten in der Astronomie Anwendung finden. Weiterhin kann es Spezialanwendung bei der Photographie von Meteoren finden, wobei das Sehfeld vergrößert werden kann. Verf.

2113. **M. Gaj,** Astronomiczne układy optyczne. Postępy Astr. 8 211—237. — In dieser Übersicht über die astronomische Optik werden Objektive für Fernrohre, Spiegel für Teleskope, Okulare für diese Instrumente und weitere besondere Anordnungen, wie z. B. das Michelsonsche Interferometer, besprochen. Der Arbeit sind zahlreiche bibliographische Hinweise beigegeben, außerdem numerische Tafeln für verschiedene Systeme. E. R.

2114. **T. Gehrels,** The wavelength dependence of polarization. I. Instrumental polarization. AJ **65** 466—469 = Publ. Goethe Link Obs. Nr. 40. — Messungen an nichtpolarisierten Sternen ergaben bei drei Spiegelteleskopen große Unterschiede in der instrumentellen Polarisation, die jedoch in jedem Falle zum Ultraviolett hin anwächst. Auf eine Methode zur Vermeidung von instrumentell bedingten photometrischen und polarimetrischen Fehlern wird Bezug genommen. Depolarisationsmessungen gaben Anlaß zur Ableitung kleiner Korrektionen wegen unvollständiger Wirkung der Depolarisationsscheiben und des Wollastonprismas. Schr.

2115. **C. H. Giffen,** The practicability of colored filters for visual photometry. AAVSO Abstr. Oct. 1960 S. 9—10.

2116. **J. Grygar,** A photographic photometry of diffuse objects. Vgl. AJB **59** Ref. **2112** = Publ. Inst. astr. Univ. Prague (2) Nr. 25.

2117. **O. Hachenberg,** Die Meßmethoden der Radioastronomie. Studium Generale **13** 146—155.

2118. **H. Haffner,** Photographische und photoelektrische Methoden der astronomischen Photometrie. Studium Generale **13** 169—174.

2119. **J. Hahn,** Ögats fysiologi och astronomiska observationer. PAT **41** 47—54.

2120. **J. P. Hamilton,** Back supports for mirrors. J. Astr. Soc. Victoria **13** 25—30, 45—50, 62—66.

2121. **J. P. Hamilton,** A further note on mirror supports. J. Astr. Soc. Victoria **13** 97.

2122. **F. J. Heyden,** The tools of the modern astronomer. Vgl. Ref. **1339** S. 1—5.

2123. **E. Ingelstam,** Fotoner och elektroner — NY optik med elektroniska hjälpmedel. PAT **41** 32—46.

2124. **W. Jaschek,** Prüfung photographischer Objektive mit Sternaufnahmen. Phys. Verhandlungen **11** 95—96. — Ref.

2125. **L. Kohoutek, J. Grygar,** Sensitivity of the eye to stationary point sources. BAC **11** 248—250.

2126. **Z. Kvíz,** Amateurs — your observations are needed. RH **41** 41—45 (tschech.).

2127. **D. Lichtenknecker,** Für den Spiegelschleifer. VdS Nachr. **9** 117—118.

2128. **K. Locher,** Zur Beobachtung extrem südlicher Sterne in der Schweiz. Orion Schaffhausen **5** 859.

2129. **S. M. Luria,** Absolute visual threshold and age. J. Optical Soc. America **50** 86—87. — An 13 Versuchspersonen wurde die Abhängigkeit der absoluten Sehschwelle mit dem Alter untersucht. Bei Versuchspersonen jünger als 40 Jahre war der Schwellenwert konstant (219 $\mu\mu$L), um dann mit dem Alter zuzunehmen (700 $\mu\mu$L bei 70 Jahren). Rfs.

2130. **G. E. Manville,** Cleaning of mirrors and lenses. Obs **80** 237—238.

2131. **A. Marks,** Wykorzystanie zwierząt do badań astronomicznych. Urania Kraków **31** 108—111.

2132. **S. Matoušek,** The silvering of mirrors. RH **41** 210—213 (tschech.).

2133. **N. Mayall, M. Mayall, J. Wyckoff,** The Sky Observer's Guide. Vgl. AJB **59** Ref. **2125**. — Weitere Besprechung in J. Astr. Soc. Victoria **13** 66.

2134. **N. Mayall, M. Mayall, J. Wyckoff,** Amatörastronomens guide. Übersetzung des in AJB **59** Ref. **2125** zitierten Buches ins Schwedische. Folket i Bilds Förlag, 1960. 125 S. Preis Kr. 16 : 75.

2135. **A. H. Mikesell,** Star visibility in daylight at high altitudes. J. Optical Soc. America **50** 85. — Bei einem bemannten Ballonaufstieg am 6.—7. Mai 1958 bis zu 40000 ft war Jupiter über der ersten Tropopause bei 36000 ft. am Himmel sofort ohne Suchen sichtbar. Spika (3^m schwächer, $<4°$ Abstand von Jupiter) und Arktur (20° Abstand) waren am Taghimmel nicht sichtbar. Es wurde bestätigt, daß es in diesen Höhen keine nautische Dämmerung gibt; die astronomische Dämmerung dauert nach lichtelektrischen Messungen nur 70 Minuten. Rfs.

2136. **H.-G. Müller,** Meßmethoden in der Radioastronomie. Z. Instrumentenkunde **68** 117—124. — Die Radioastronomie ist heute ein selbständiger Zweig der Naturwissenschaften. Obwohl die Zielsetzung im wesentlichen die gleiche wie in der optischen Astronomie ist, sind im Radiobereich andere Meßverfahren erforderlich. Die grundsätzlichen Aufgaben und Meßmethoden werden in dieser Übersicht behandelt. Verf.

2137. **J. Rösch,** Des limites de l'observation astronomique, schéma théorique. Nucleus 1960 S. 401—404.

2138. **R. Rudolph,** Anleitung zum Beobachten Veränderlicher Sterne. BAV Rundbrief **9** 22.

2139. **A. Rybarski,** Opis metalowego zwierciadła astronomicznego. Urania Kraków **31** 339—341. — Verf. beschreibt einen von ihm konstruierten parabolischen Metallspiegel von 25 cm Durchmesser, dessen Oberfläche aluminisiert worden ist. E. R.

2140. **J. B. Saunders,** Applications of interferometry to astronomy. AJ **65** 56. — Ref. AAS.

2141. **W. W. Schmeling,** Ein Gerät zur Übung von Beobachtern und zur Untersuchung ihrer persönlichen Fehler. Bull KE Nr. 2 S. 2, 1958 (russ.).

2142. **H. Schmidt,** Photographische Photometrie von Sternspektren mit dem Interferenzmikroskop. Veröff. Sternw. Babelsberg **13** Heft 1, 48 S. — Es wird über Erfahrungen bei der Ausmessung schmaler Sternspektren nach dem Schwärzungsplastikverfahren (Lau und Krug) berichtet. Durch Interferenzmethoden wird die Höhe des Silberberges einer geschwärzten Stelle über dem 0-Niveau der klaren Schicht bestimmt, die unter gewissen Bedingungen ein brauchbares Maß für die Schwärzung darstellt. Vorteile: es läßt sich ein größerer Schwärzungsumfang überbrücken, geringer Zeitaufwand. Nachteilig: kleinere Genauigkeit, komplizierter photographischer Prozeß zur Erzeugung interferenzfähiger Schichten. Thi.

2143. **W. Schröder,** Helligkeitsbestimmungen ohne Meßinstrumente. BAV Rundbrief **9** 12—13.

2144. **H. Siedentopf,** Die Anforderungen an Bildspeicherverfahren in der astronomischen Meßtechnik. Vgl. Ref. **1306** S. 4—16.

2145. **P. Sindel,** Helligkeits-Koma und Blenden-Koma bei rotationssymmetrischen optischen Systemen (I). Optik **17** 289—314. — Aus der Forderung, daß die exakte geometrisch-optische Helligkeitsverteilung in den Bildern eines auf der optischen Achse und eines unendlich benachbart strahlenden Objekt-Flächenelements bei voll geöffneter Blende die gleiche ist, werden notwendige und hinreichende Bedingungen hergeleitet, die bei den vom Achsenpunkt der Objektebene ausgehenden und in der Meridianebene laufenden «sphärischen» Strahlen erfüllt sein müssen. Bei allen durch die Blende gehenden sphärischen Strahlen ist die notwendige und hinreichende Bedingung für verschwindende «Helligkeits-Koma» zu erfüllen, und bei dem den Blendenrand berührenden sphärischen Strahl ist zusätzlich die notwendige und hinreichende Bedingung für verschwindende «Blenden-Koma» zu erfüllen. Verf. (gek.)

2146. **J. R. Smith,** The utilization of high-altitude balloons for astronomical observation stations. AJ **65** 501—502. — Ref. AAS.

2147. **G. B. Tait,** Identification of stars by learners. Empire Survey Rev. **15** 277—281.

2148. **M. P. Thekaekara,** Spectroscopic methods in astromony. Vgl. Ref. **1339** S. 9—16.

2149. **H. Thorey,** Der Ronchi-Test zum Prüfen von Teleskopspiegeln. VdS Nachr. **9** 37—38.

2150. **H. Thorey,** Über die Dicke von Glasplatten für Teleskopspiegel. VdS Nachr. **9** 127—128.

2151. **W. T. Welford,** On the limiting sensitivity of the star test for optical instruments. J. Optical Soc. America **50** 21—23. — Aus der Lichtverteilung der extrafokalen Bilder eines künstlichen Sterns wird abgeschätzt, daß man mit dieser Methode noch Aberrationen von der Größenordnung $\lambda/60$—$\lambda/20$ nachweisen kann. Die erste Zahl gilt für Systeme, in denen sich die Aberrationen abrupt ändern, während die zweite Angabe für solche Systeme gilt, in denen die Aberrationen einen langsamen Gang haben. Die Prüfungsmethode mit Hilfe des künstlichen Sterns ist besonders gut geeignet, um schlechte Politur und Streulicht durch auskristallisierte optische Oberflächen zu entdecken. Rfs.

2152. **F. L. Whipple, R. J. Davis,** Proposed stellar and interstellar survey. Vgl. Ref. **1326** S. 285—290 = Harv Repr (2) Nr. 163.

2153. **J. R. Winckler,** Balloon study of high-altitude radiations during the International Geophysical Year. J. Geophys. Res. **65** 1331—1359. — 85 Ballons hielten sich auf ihrem Flug 2 bis 24 Stunden lang im 10 mbar-Niveau auf. Jeder trug eine Ionisationskammer, einen Geiger-Zähler und Platten mit Photo-Emulsionen. Die meisten starteten bei Minneapolis (Minnesota). Als wesentlichstes wurde festgestellt, daß die primäre kosmische Strahlung von 1956 bis 1958 erheblich abgenommen hat, übereinstimmend mit Neutronen-Messungen in Meereshöhe. Beobachtet wurden solare Ultrastrahlung und solare Gammastrahlung in kurzen Schauern, ferner Röntgen-Strahlen, die von einfallenden Elektronen bei starken Polarlichtern erzeugt wurden, und mehrere radioaktive Schichten in der unteren Atmosphäre bei Atombomben-Versuchen. Das ganze Programm, instrumentelle Einzelheiten und Auswertungsmethoden werden mitgeteilt. Jung

2154. Figure of a telescopic mirror. Heavens **41** 207—209 (japan.).

2155. Technical notes. J. Astronaut. Sci. **7** 21—24, 45—48, 96—97.

2156. Détection des étoiles variables par télévision. La Nature **88** 5—6.

2157. Studiengruppe für Astro-Technik, -Optik und -Photographie. Orion Schaffhausen **5** 797—798, 862—864.

2158. Observer's page. Sky Tel. **19** 169—172, 227—235, 292—299, 357—365, 418—427, 479—482, 487—492, **20** 30—36, 91—96, 149—157, 214—220, 282—290, 341—348.

2159. Gleanings for ATM'S. Herausgegeben von R. E. Cox. Sky Tel. **19** 185—188, 246—251, 310—316, 374—377, 438—442, 502—505, **20** 47—50, 107—110, 166—171, 232—239, 302—306, 376—380.

2160. Optical testing on stars. Sky Tel. **19** 282.

2161. Lightweight mirrors of fused silica. Sky Tel. **20** 80.

2162. Project Westford. Sky Tel. **20** 329. — Ref. in Bol. As. Peruana Astr. **5** 356, 372.

2163. Metal mirrors again? Experiments with beryllium. Southern Stars 18 122.

2164. Für unsere Anfänger. Vasiona 8 16—17, 79—81 (serb.).

2165. Naša zvjezdarnica. ZiS 1 21—22, 43—45, 1958, 2 71—72, 95—96, 1959.

§ 22

Beobachtungsinstrumente

Optische Instrumente

2201. **M. K. Abel,** The utilization of long-focus cameras for the determination of the coordinates of faint artificial satellites. AJ UdSSR 37 140—145 (russ. mit engl. Ref.).

2202. **A. von Alvensleben,** Steuerungsaufgaben an astronomischen Instrumenten. Conti Elektro-Ber. 6 310—313. — Mit der Erschließung neuer Zweige der Astronomie (Radioastronomie und Astronautik) und der Entwicklung neuer Instrumente haben sich die Anforderungen an die Steuerung astronomischer Instrumente beträchtlich erweitert. Die heutigen Aufgaben und einige Lösungsmöglichkeiten werden in Umrissen dargestellt. Verf.

2203. **N. R. Andrejenko,** Systematic and accidental errors of observers of the Freiberg-Kondratjew zenith-telescope at Pulkowo. Mitt. Astr. Hauptobs. Pulkowo 22 Nr. 1 (166) S. 129—134 (russ. mit engl. Ref.).

2204. **N. R. Andrejenko,** The investigation of the periodic and progressive errors of the ZTL-180 at Pulkowo. Vgl. Ref. 1307 S. 270—275.

2205. **P. Andrenelli,** La costruzione di un telescopio per dilettanti. Coelum 28 75—79, 111—115, 136.

2206. **P. E. Argyle,** The automatic guider of the Dominion Astrophysical Observatory. Publ. Dominion Astrophys. Obs. Victoria 11 201—208. — Zum Gebrauch mit dem Cassegrain-Spektrographen des 72''-Spiegels des Dominion Astrophys. Obs. wurde ein lichtelektrisches Nachführgerät gebaut. Das Instrument benutzt eine rotierende Messerschneide und nach der Verstärkung des Photostroms einen rotierenden Gleichrichter, der den Photostrom phasenrichtig gleichrichtet. Durch diese vier Gleichstromkomponenten werden die Feinbewegungen gesteuert. Die Zellenspannung wird durch eine Gegenkopplung in der Spannungsversorgung automatisch der Sternhelligkeit angepaßt, so daß für alle Sterne mit einer Verstärkerstellung gearbeitet werden kann. Das Nachführgerät, das bei Sternen bis zu 11^m verwendet werden kann, läßt ein gleichzeitiges visuelles Nachführen zu. Rfs.

2207. **J. Arsenijević,** The stratoscope — the newest instrument for the photography of the solar photosphere. Vasiona 8 39—40 (serb.).

2208. **B. K. Bagildinskij,** The investigation of the division errors of the Pulkowo vertical circle. Mitt. Astr. Hauptobs. Pulkowo 22 Nr. 1 (166) S. 49—82 (russ. mit engl. Ref.).

2209. **O. I. Belkowitsch, L. A. Urassin,** Untersuchung der Apparatur zur photographischen Beobachtung künstlicher Erdsatelliten. Bull KE Nr. 3 S. 10—15, 1959 (russ.).

2210. **I. M. Borodizkij,** Der mittlere Temperaturkoeffizient der Kollimation des Taschkenter Meridiankreises. Nachr. Akad. Wiss. Usbek. SSR (Phys.-Math.) 1960 Nr. 3 S. 60—62 (russ.). — Ref. in RJ UdSSR 1961 5A92.

2211. **I. I. Boshko,** Untersuchung des Pulkowoer Repsoldschen Meridiankreises in Nikolajew. Leningrad, Astr. Hauptobs. Pulkowo. — Diss. Ref.

2212. **I. I. Boshko, J. E. Gordon,** The investigation of the pivots of Nikolajew meridian circle. Mitt. Astr. Hauptobs. Pulkowo **22** Nr. 1 (166) S. 83—89 (russ. mit engl. Ref.).

2213. **R. Brandt,** Das Fernrohr des Sternfreundes. Vgl. AJB **58** Ref. 2106. — Weitere Besprechung in NAT 1960 S. 154.

2214. **G. A. Brealey,** The Ottawa mirror-transit telescope. AJ **65** 484. — Ref. AAS.

2215. **Z. M. Brkić,** Une méthode pour la détermination des irrégularités des tourillons de l'instrument des passages d'observations mêmes. Bull. Obs. Astr. Beograd **24** Nr. 3—4 S. 13—19.

2216. **Z. M. Brkić,** L'examen des variations saisonnières de l'azimut et de l'inclinaison de l'instrument de passage. Bull. Obs. Astr. Beograd **24** Nr. 3—4 S. 38—41.

2217. **D. Brouwer,** The use of a very wide-angle camera for catalogue work. Vgl. Ref. **1317** S. 228—229.

2218. **A. S. Charin,** The new photoelectric transit instrument of the Time Service of the Nikolajew Observatory. Mitt. Astr. Hauptobs. Pulkowo **22** Nr. 1 (166) S. 107—122 (russ. mit engl. Ref.). — Der lichtelektrische Meßkopf von S. Iwanenko wird beschrieben. Die Verzögerungszeit des Instruments wurde zu 0^s467 bestimmt. Sie ist unabhängig von der Helligkeit und der Winkelgeschwindigkeit des Sterns. Weiter werden Beobachtungs- und Reduktionsverfahren mitgeteilt. Die Genauigkeit, mit der ein Durchgang gemessen werden kann, ist etwa ebenso gut wie bei visueller Beobachtung, aber schlechter als bei der Spiegelgitter-Methode von Pawlow. Sie beträgt im Mittel $\pm\ 0^s006$. Rfs.

2219. **S. Cortesi,** Petit équatorial portatif. Orion Schaffhausen **5** 914—917.

2220. **A. Couder,** Le grand télescope du C. N. R. S. Description générale. Vgl. Ref. **1318** S. 311—319 = Publ. Obs. Haute-Provence **5** Nr. 21.

2221. **A. Danjon,** Problems of dividing accurately the circles of meridian instruments. Vgl. Ref. **1317** S. 227—228.

2222. **P. Darnell,** Astronomiske instrumenter til undervisning og amatørbrug. NAT 1960 S. 135—144.

2223. **W. Dieckvoss,** The Bergedorf 32″ conventional Schmidt telescope as an astrometric instrument. Vgl. Ref. **1317** S. 214—217.

2224. **S. W. Drosdow,** The zenith point on the micrometer head as a means of investigating the behavior of a meridian instrument. Vgl. Ref. **1307** S. 292—297.

2225. **R. Dumont,** Description d'un dispositif à miroirs de 120° de champ pour la photométrie photographique des sources célestes étendues. Vgl. AJB **59** Ref. 2211 = Publ. Obs. Univ. Bordeaux (A) Nr. 12.

2226. **J. E. Einasto,** Ein halbautomatisches Teleskop zur Beobachtung eines künstlichen Erdsatelliten. Bull KE 1960 Nr. 5 S. 6—10 (russ.).

2227. **K. Fea,** Design for remote operation of a small reflector. JBAA **70** 90—94.

2228. **J. D. Fernie, W. J. Rosenberg,** Some photometric characteristics of the Cape Victoria refractors. MN ASSA **19** 173—175.

2229. **M. Gailis,** Kā pašam izgatavot teleskopu. Zvaigžņotā Debess 1960. gada ziema S. 32—35.

2230. **W. I. Garasha, E. F. Tschajkowskij,** Reconstruction and investigation of the shutter of the camera NAFA 3c/25 in Charkow. Bull KE 1960 Nr. 8 S. 6—8 (russ.).

2231. **R. S. Gnewyschewa,** Der Spektroheliograph der Astronomischen Bergstation des Astronomischen Hauptobservatoriums der Akademie der Wissenschaften der UdSSR. Sonnendaten 1960 Nr. 7 S. 65—68 (russ.).

2232. **H. Haffner,** Über die Wahl eines Prismas beim Schmidt-Spiegel. AN **286** 28—34 = Mitt. Sternw. Hamburg-Bergedorf **10** Nr. 112. — Die Aufgabe, das für einen Schmidt-Spiegel passende Objektivprisma anzugeben, ist wegen der Fülle seiner astronomischen Anwendungsmöglichkeiten nicht eindeutig definiert. Immerhin lassen sich gewisse, allgemeingültige, einfache Zusammenhänge zwischen den Dimensionen der Schmidt-Prismen-Kombination einerseits und verschiedenen Dispersionsangaben andererseits (lineare und Winkeldispersion, Länge und Höhe der Spektren, Grenzgrößen, Überdeckungen) formulieren. In einer Tabelle sind die diesbezüglichen Daten von 8 repräsentativen Schmidt-Prismenkameras zusammengestellt. Sie werden mittels der angegebenen Beziehungen diskutiert, vor allem hinsichtlich des Informationsgehaltes der Spektren. Dabei tritt der kurzbrennweitige Schmidt-Spiegel wegen seiner hohen spektralen Auflösung bei sonst gleicher linearer Dispersion bemerkenswert hervor. Hinsichtlich Reichweite und Überdeckungen bietet die große Brennweite in einigen Fällen Vorteile. Verf.

2233. **H. Haffner,** Adjusting the polar axis of an astronomical telescope. MN ASSA **19** 30—40.

2234. **J. Hewitt,** A camera for recording satellite positions with high accuracy. Vgl. Ref. **1330** S. 425—433.

2235. **E. Høg,** Proposal for a photoelectric meridian circle and a new principle of instrumental design. Astr. Abh. Sternw. Hamburg-Bergedorf **5** 264—272. — Zur Messung der Position eines Sterns relativ zu einem groben Gitter in der Fokalebene eines Meridiankreises zu festen von einer Quarzuhr gesteuerten Zeiten wird die Intensität des Sterns mit einem photonenzählenden Photometer gemessen. Die undurchsichtigen Teile des Gitters markieren sich als starke Helligkeitsabnahme des Sterns. Eine Abschätzung der Intensitäts- und Richtungsszintillation der Sterne zeigt, daß mit einem solchen Gerät bei 18 cm Öffnung noch Sterne mit $m_V = 10$ mit großer Genauigkeit gleichzeitig in α und δ gemessen werden können. Die hier vorgeschlagene Methode des schnellen, repetierenden Messens kann auch bei anderen Meßaufgaben angewendet werden. Einige Beispiele werden angeführt. Rfs.

2236. **W. I. Iwanikow,** Photometric error of the camera «NAFA SS/25» field. AC Nr. 208 S. 19—20 (russ.).

2237. **W. Jahrens,** Vom Regenrohr zum Refraktor. VdS Nachr. **9** 11—12.

2238. **W. P. Jegorow,** Nachführungssysteme mit einem Umwandler sphärischer Koordinaten in Anwendung auf astronomische Aufgaben. Sammelwerk Inst. Elektromechanik Akad. Wiss. UdSSR 1960 Nr. 4 S. 174—188 (russ.). — Ref. in RJ UdSSR 1961 5A520.

2239. **R. Jobst,** Le télescope universel de 2 m du VEB Carl Zeiss à Jena. Gaz astr **42** 65—68.

2240. **K. N. Kan,** Ein teleskopischer Sucher aus dem Fernrohr AT-I für kleinformatige Photoapparate. Bull KE Nr. 2 S. 5—6, 1958 (russ.).

2241. **I. I. Kanajew,** The investigation of the objective of the 26″ Pulkowo refractor. Mitt. Astr. Hauptobs. Pulkowo **22** Nr. 1 (166) S. 176—179 (russ. mit engl. Ref.).

2242. **W. A. Knox,** A Canadian-built birefringent monochromator. J RAS Canada **54** 284—290. — Das Instrumentarium der Privatsternwarte Vista del Cielo wird kurz beschrieben. Neben einem 10″-Reflektor und einem 5″-Refraktor bildet ein 3″5-Koronograph das Hauptinstrument des Sonnenobservatoriums. Der Koronograph hat einen Quarzmonochromator von 1″ Durchmesser, bestehend aus 7 Quarzplatten und 8 Polaroidfiltern in einem Thermostaten. Alle Instrumente wurden vom Autor selbst gebaut. Rfs.

2243. **H. Köhler,** Ein neues komafreies Cassegrain-System. Phys. Verhandlungen **11** 93. — Ref.

2244. **A. König, H. Köhler,** Die Fernrohre und Entfernungsmesser. Vgl. AJB **59** Ref. **2219**. — Weitere Besprechung in Ann d'Astrophys **24** 87 (S. Weniger), Phys. Ber. **39** 1445 (H. Ebert), Phys. Blätter **16** 491 (N. Günther), Naturwissenschaften **48** 30—31 (H. Elsässer).

2245. **K. W. Kostylew, J. A. Pupyschew, W. W. Sidorow,** Die Apparatur des Astronomischen Engelhardt-Observatoriums zur Radarbeobachtung von Meteoren. Bull. Astr. Engelhardt-Obs. Kasan Nr. 35 S. 1—18 (russ.).

2246. **G. E. Kron,** Periodic error in worm and gear telescope drives. Publ ASP **72** 505—506 = Contr. Lick Obs. (2) Nr. 115.

2247. **N. F. Kuprewitsch,** An experimental television telescope of the Pulkowo Observatory. Mitt. Astr. Hauptobs. Pulkowo **21** Nr. 4 (163) S. 133—165 (russ. mit engl. Ref.). — Es werden die Versuche beschrieben, die mit einem Cassegrain-Teleskop (285 mm Spiegeldurchmesser, f = 9.5—125 m) und einem Superorthikon angestellt wurden. Die übliche Fernsehnorm von 625 Linien und 50 Bilder/sec wurde verwendet. Erste Versuche wurden am Mond (f = 18 m) und an einzelnen Sternbildern (f = 125 m) durchgeführt. Zum Schluß werden Versuche mitgeteilt, die Speicherzeit des Superorthikons auf 5 sec zu verlängern. Rfs.

2248. **W. I. Kuryschew,** Die Modernisierung der astronomischen Fernrohre AT-I zur Bestimmung der horizontalen Koordinaten künstlicher Erdsatelliten. Bull KE Nr. 1 S. 9—12, 1958 (russ.).

2249. **J. Landi Dessy,** Los telescopios aplanaticos. Vgl. Ref. **1323** S. 30—32.

2250. **M. Lijgant, S. Einasto,** On the theory of automatic satellite tracking telescopes. AJ UdSSR **37** 1087—1095 (russ. mit engl. Ref.). — Es wird die Theorie von Satelliten-Kameras untersucht. Zwei Fälle werden näher betrachtet: 1. eine Kamera mit drei Achsen. Die Satellitenbahn wird dadurch mit einem Großkreis approximiert und 2. eine Kamera mit 4 Achsen, die einen beliebigen Kleinkreis als Approximation zuläßt. Die zweite Kamera ist zwar konstruktiv komplizierter, dafür werden aber die Geräte zur Steuerung wesentlich einfacher. Rfs.

2251. **A. M. Losinskij,** Über die Steuerung der Funktion des NAFA-3s-Kameraverschlusses von Uhr- und Chronometerkontakten. Bull KE Nr. 2 S. 9—10, 1958 (russ.).

2252. **S. N. Mamedowa,** Computing mechanisms for automatic operation of a telescope. Mitt. Astrophys. Obs. Krim **24** 220—228 (russ. mit engl. Ref.). — Eine Beschreibung von drei Analogrechnern nach dem Prinzip rotierender Transformatoren wird gegeben. Die Rechengeräte dienen zur laufenden Berechnung von z, p und A sowie der Korrektur der Fernrohrlage wegen der mittleren Refraktion. Rfs.

2253. **A. Marks,** Proste montaże małych lunet. Urania Kraków **31** 377—378. — Beschreibung einer einfachen, vom Verf. vorgeschlagenen Montierung für kleine Liebhaberfernrohre. E. R.

2254. **N. U. Mayall, S. Vasilevskis,** Quantitative tests of the Lick Observatory 120-inch mirror. AJ **65** 304—317 = Lick Obs. Bull. Nr. 567. — Bei Kontrollmessungen während der Herstellung des 120″-Spiegels vom Lick-Obs. wurde eine Verallgemeinerung der Hartmannschen Prüfmethode angewendet. Die Kombination von radialen und tangentialen Profilen des abgebildeten Musters ermöglicht eine Schichtliniendarstellung der Spiegelfläche und eine Abschätzung der Lichtkonzentration im Bildpunkt. Die Versuche wurden mit Hilfe von Sternen unter normalen Beobachtungsbedingungen durchgeführt und ergaben im günstigsten Fall folgende Lichtkonzentration: 70, 95 bzw. 97 % innerhalb Bilddurchmesser von 25, 50 bzw. 100 μ oder 0.″34, 0.″68 bzw. 1.″35. Schr.

2255. **W. A. Merkuschew,** Ein Schutzansatz für den Spiegel des Fernrohrs AT-I. Bull KE 1960 Nr. 1 S. 8—9 (russ.).

2256. **W. M. Moshsherin,** Ein einfaches Visier zum Fernrohr AT-I. Bull KE 1960 Nr. 1 S. 7—8 (russ.).

2257. **A. A. Nemiro,** A new transit instrument for absolute determinations of right ascensions of stars. Mitt. Astr. Hauptobs. Pulkowo **22** Nr. 1 (166) S. 3—20 (russ. mit engl. Ref.). — Beschreibung eines Passageninstruments, in welchem die Sternposition vor und nach dem Meridiandurchgang automatisch registriert und das arithmetische Mittel gebildet wird. Die verschiedenen Fehlerquellen werden im einzelnen diskutiert, Planskizzen sind beigefügt. Öster

2258. **P. W. Nikolajew,** Ein photoelektrisches System zur automatischen Nachführung von Fernrohren. Sammelwerk Inst. Elektromechanik Akad. Wiss. UdSSR 1960 Nr. 4 S. 189—201 (russ.). — Ref. in RJ UdSSR 1961 5A518.

2259. **H. Oberndorfer,** Eine Spezial-Kamera für Mond-Planetenphotographie. Mitt. Planetenbeobachter **13** 46—47.

2260. **S. S. Omarow,** Über die Genauigkeit der Bestimmung des optischen Zentrums des Pulkowoer Normalastrographen. Nachr. Akad. Wiss. Aserbajdshan. SSR (Phys.-Math., Techn.) 1959 Nr. 6 S. 133—137 (russ. mit aserbajdshan. Ref.). — Ref. in RJ UdSSR 1960 Nr. 12 S. 16.

2261. **E. Pajares Díaz,** Sobre el mecanismo diferencial de un celóstato. Urania Barcelona **45** 58—64 = Publ. Sem. Astr. Geod. Univ. Madrid Nr. 49.

2262. **T.-H. Pan,** The investigation of optical systems of mirror telescopes. Mitt. Astr. Hauptobs. Pulkowo **21** Nr. 6 (165) S. 152—162 (russ. mit engl. Ref.).

2263. **H. I. Potter,** The photographic zenith tube of the Pulkowo Observatory. Vgl. Ref. **1307** S. 298—300.

2264. **J. I. Prodan, T. I. Golikowa, W. W. Nesterow,** The ZTL-180 of the Sternberg Astronomical Institute. Vgl. Ref. **1307** S. 276—283.

2265. **K. Purbosiswojo,** The Bamberg refractor. Contr. Bosscha Obs. Lembang Nr. 8, 7 S.

2266. **W. A. Rense,** Recent advances in space solar observatory instrumentation. J. American Rocket Soc. **30** 313—322. — Ref. in Phys. Ber. **40** 205.

2267. **J. Rösch, M. Hugon,** Dispositifs destinés à remplacer l'héliomètre pour la mesure des écarts angulaires de l'ordre d'une fraction de degré. CR **250** 3452—3454. — Für selenographische Zwecke werden drei verschiedene Ausführungen von Doppelbildmikrometern angegeben. Bei der Konstruktion ist Wert darauf gelegt, die Verwendung doppelbrechender Kristalle und diejenigen Nachteile zu vermeiden, welche beim Heliometer aus der Trennung der beiden Eintrittspupillen entspringen. König

2268. **J. A. Sabinin, W. P. Jegorow,** A system for the automatic coordination of the rotation of the dome with the movement of an equatorially mounted telescope. Mitt. Astrophys. Obs. Krim **22** 275—297 (russ. mit engl. Ref.).

2269. **J. A. Sabinin, E. N. Beljajew, W. A. Mjasnikow,** Alternating current photoguides with analyzing optics for telescopes of small diameter. Mitt. Astrophys. Obs. Krim **23** 174—183 (russ. mit engl. Ref.). — Prinzip und Arbeitsweise eines lichtelektrischen Nachführgeräts für eine und zwei Koordinaten werden beschrieben. Das Instrument verwendet eine Lichtteilvorrichtung (Prisma oder Pyramide), jeder Teilstrahl wird durch einen Unterbrecher phasenkonstant moduliert, so daß nur eine Photozelle benötigt wird. An einem Leitrohr mit 100 mm Durchmesser arbeitet das Gerät noch befriedigend mit Sternen von 5^m. Die Versuche wurden am 16″-Doppelastrographen und am 20″-Maxutow-Spiegel des Astrophys. Obs. Krim durchgeführt. Rfs.

2270. **J. A. Sabinin, P. W. Nikolajew,** A system with a semi-disk modulator of light beam for automatic guiding of telescopes. Mitt. Astrophys. Obs. Krim **24** 203—219 (russ. mit engl. Ref.). — Es wird die Konstruktion und Wirkungsweise eines lichtelektrischen Nachführgeräts angegeben, das mit einer rotierenden Messerschneide arbeitet. An Hand praktischer Versuche wird gezeigt, daß ein solches Gerät für einen weiten Bereich astrophysikalischer Anwendungen ohne menschlichen Eingriff scharfe Aufnahmen erzielen kann. Insbesondere ist es auch für direkte Photographie brauchbar. Rfs.

2271. **W. I. Sacharow, I. F. Korbut,** A new zenith-telescope for the Soviet latitude service and its investigation at Pulkowo. Vgl. Ref. **1307** S. 246—267.

2272. **L. M. Saziorskij,** Der Umbau der Kamera NAFA-3 s/25 in Pulkowo. Bull KE Nr. 6 S. 13—15, 1959 (russ.).

2273. **L. M. Saziorskij, B. A. Firago,** Bestimmung der Verzögerung der Standardkamera und des Druckchronographen. Bull KE Nr. 9 S. 7—9, 1959 (russ.).

2274. **W. N. Schischkina,** The investigation of the pivots of the large transit instrument of the Pulkowo Observatory by means of the Uwerskij interferometer. Mitt. Astr. Hauptobs. Pulkowo **22** Nr. 1 (166) S. 90—100 (russ. mit engl. Ref.).

2275. **M. L. Shechet,** Lightweight suntracker for balloon applications. Rev. Sci. Instruments **31** 546—550.

2276. **J. L. Sibol,** The determination of Askania cine-theodolite calibration coefficients (U). Missile Test Project. RCA Data Processing Techn. Rep. Nr. 58, 148 S.

2277. **J. P. O. Silberstein, B. I. Green,** Deformation of telescope mirrors. Obs **80** 234—235.

2278. **G. F. Sitnik,** Die Sonneneinrichtung des Kutschinoer Astrophysikalischen Observatoriums des Sternberg-Instituts. Mitt. Staatl. Astr. Sternberg-Inst. Moskau Nr. 109 S. 63—81 (russ.).

2279. **S. J. Slaucitajs,** El astrolabio registrador de Danjon y los resultados obtenidos en las observaciones de las estrellas fundamentales. Vgl. Ref. **1323** S. 7—20.

2280. **L. Spitzer jr.,** Space telescopes and components. Vgl. Ref. **1326** S. 242—263.

2281. **K. A. Strand,** The 60-inch astrometric reflector of the U. S. Naval Observatory. AJ **65** 502. — Ref. AAS.

2282. **L. A. Sucharew,** On the theory of a horizontal meridian instrument. Mitt. Astr. Hauptobs. Pulkowo **22** Nr. 1 (166) S. 38—48 (russ. mit engl. Ref.). — Die Theorie des horizontalen Meridiankreises wird entwickelt, aus der Formeln für die Reduktion der Beobachtungen und für die Reduktionsparameter abgeleitet werden können. Die Justierung des Instruments ist diskutiert. Verf. kündigt weitere Untersuchungen, insbesondere über thermische Phänomene im Instrument selbst, an. Oster

2283. **M. S. Swerew,** A photographic vertical circle. Mitt. Astr. Hauptobs. Pulkowo **22** Nr. 1 (166) S. 21—37 (russ. mit engl. Ref.). — In der Arbeit wird die Konstruktion eines photometrischen Vertikalkreises vorgeschlagen, in dem die Sternbahnen vor und nach der Kulmination photographiert und die entsprechenden Mikrometerablesungen etc. automatisch mitaufgezeichnet werden. Oster

2284. **W. M. Tijt,** Das neue Instrument LUN-3 zur Beobachtung künstlicher Erdsatelliten. Bull KE 1960 Nr. 5 S. 1—6 (russ.).

* * **N. A. Tschernega,** Katalog der Rektaszensionen von Sternen des Fundamentalkatalogs Schwacher Sterne und Untersuchung des Meridiankreises des Astronomischen Observatoriums der Universität Kiew. Vgl. Ref. **3213.**

2285. **N. A. Tschudowitschewa,** The new zenith-telescope of the Engelhardt Astronomical Observatory and the first series of observations. Vgl. Ref. **1307** S. 284—286.

2286. **O. N. Tschudowitschewa,** The determination of the photometric field error of the Pulkowo normal astrograph. Mitt. Astr. Hauptobs. Pulkowo **22** Nr. 1 (166) S. 161—164 (russ. mit engl. Ref.).

2287. **B. E. Tumanjan,** Ein grobes Visier für das Fernrohr AT-I. Bull KE Nr. 2 S. 3—5, 1958 (russ.).

2288. **M. Valdez,** El Telescopio. Antofagasta, Chile, Miguel Valdez, 1960. 162 S. Preis $ 1.75. — Besprechung in Sky Tel. **22** 43.

2289. **E. Vandekerkhove,** Combined Schmidt telescopes. Obs **80** 200—202.

2290. **H. K. Zimmermann,** Biegungsfreier Vertikalkreis. Vgl. Ref. **1307** S. 155—161.

2291. Stars and Stellar Systems. Compendium of Astronomy and Astrophysics. Vol. 1: Telescopes. Herausgegeben von G. P. Kuiper, B. M. Middlehurst. Chicago, University of Chicago Press, 1960. 15 + 255 S. Preis $ 8.50. — Besprechung in AJ **66** 191, Ann d'Astrophys **24** 180—181, Mem SA It (NS) **32** 106—109 (G. Godoli), Sky Tel. **21** 232, **22** 157—158 (J. B. Irwin).

2292. Gegenwärtige und zukünftige Teleskope mäßiger Dimensionen. Sammlung von Aufsätzen. Übersetzung aus dem Englischen. Mit einem Vorwort von P. W. Schtscheglow. Moskau, Verlag für Ausländische Literatur, 1960. 279 S. Preis 11 R. (russ.).

2293. Astronomische Amateurgeräte, Beschreibung und Gebrauchsanleitung. Jena, VEB Carl Zeiss, 1960. 64 S. — Besprechung in NAT 1960 S. 113—114.

2294. Der Sternfreund und sein Instrument. Monatsbeilage VdS Nachr. **9** Nr. 1—2, 6 S.

2295. Grant for astrograph in southern hemisphere. Science **132** 132—133. — Stiftung der Ford Foundation.

2296. Southern astrograph. Sky Tel. **20** 143.

2297. The observation of solar prominences. A simple coronagraph. Southern Stars **18** 177—179.

2298. Neues Spiegelteleskop in der UdSSR. Sternenbote **3** 58.

2299. Schmidt-Teleskopet. Urania København **17** 22—24.

22100. Sovjetski teleskop kolos od 6 metara promjera. ZiS **3** 68. — Ref.

22101. Automātisks teleskops starpplanētu telpā. Zvaigžņotā Debess 1960. gada pavasaris S. 29—31. — Ref.

Radioastronomische Instrumente

22102. **G. P. Apuschkinskij,** A broadband radiometer with a superheterodyne scheme. Mitt. Astr. Hauptobs. Pulkowo **21** Nr. 5 (164) S. 153—161 (russ. mit engl. Ref.). — Konstruktionsbeschreibung einer Radioempfangsanlage für 3 cm mit hoher Empfindlichkeit. Als Arbeitsbeispiel werden Messungen des Crab-Nebels angeführt. Oster

22103. **M. E. Bair, A. H. Barrett, J. J. Cook, L. G. Cross, R. W. Terhune,** Preliminary results with a maser radiometer at λ 3.45 cm. AJ **65** 340. — Ref. AAS.

22104. **N. A. Bolschakow, J. N. Parijskij,** Receivers in 10-cm wavelength region for radio astronomical applications. Mitt. Astr. Hauptobs. Pulkowo **21** Nr. 5 (164) S. 162—164 (russ. mit engl. Ref.).

22105. **E. G. Bowen,** Problems involved in the design of a giant radio telescope. Australasian Engineer 1960 S. 45—49 = Division Radiophys. C.S.I.R.O. Chippendale. — Das neue Radioteleskop für Australien wird beschrieben und der geplante Verwendungszweck, die Faktoren, die zu seiner Planung führten, und die Probleme, auf die man während der Planung stieß, werden erörtert. Die Antenne für das neue Instrument, die 300 km westlich von Sydney (bei Parkes) bis Ende April 1961 errichtet werden soll, wird etwa folgende Eigenschaften haben: Form: Parabolspiegel von 65 m Durchmesser mit Dipolerreger; Montierung: azimutal; Keulenbreite: 12′ bei $\lambda = 21$ cm; Elevationswinkelbereich: 30° bis 95°; Gewicht der auf einer Rundschiene umlaufenden Teile: 800 t, Gesamtgewicht einschließlich des Eisenbetonturmes: 1350 t; Preis: DM 8 Millionen. Besonders elegant wurde das Problem der genauen Einstellung und Nachführung der Antenne gelöst: Durch ein Regelsystem wird der ganze Parabolspiegel in die Richtung gesteuert, die von einem kleinen parallaktisch montierten Planspiegel (8×10 cm^2) vorgegeben wird. Dieser läßt sich leicht und präzise in die gewünschte Himmelsrichtung bringen. HHR

22106. **A. Braccesi, M. Ceccarelli, G. Mannino, G. Setti, G. Sinigaglia,** Operation at the «Medicina Station» of a 327 MHz radiotelescope. Nuovo Cimento (10) **17** 614—615. — Kurze Beschreibung des neuen Radioteleskops von Medicina. Breite: +44°30′26″, Länge: $-0^h46^m39^s$. B. C.

22107. **J. Budějický,** A solar radio telescope for the wavelengths of 56 and 130 cm. Českosl. Akad. Věd Astr. Ústav Publ. Nr. 44, 44 S. — Ein Radioteleskop mit einer 7.5 m-Parabolantenne (Würzburg-Riese) zur Sonnenbeobachtung bei den Wellenlängen 56 und 130 cm wird in allen Einzelheiten beschrieben und seine Meßgenauigkeit diskutiert. HHR

22108. **E. S. Burunsusjan,** Erkennbarkeitsschwelle und Grenzempfindlichkeit von Radioteleskopen. Nachr. Akad. Wiss. Armen. SSR (Phys.-Math.) **13** Nr. 1 S. 141—152 (russ. mit armen. Ref.). — Ref. in RJ UdSSR 1961 5A329.

22109. **E. S. Burunsusjan,** Über die Verläßlichkeit der Entdeckung diskreter Quellen der kosmischen Radiostrahlung. Nachr. Akad. Wiss. Armen. SSR (Phys.-Math.) **13** Nr. 3 S. 123—132 (russ. mit armen. Ref.). — Ref. in RJ UdSSR 1961 5A330.

22110. **K. P. Butussow, W. J. Golnew, A. S. Mechtijew,** A broadband radiometer of the large Pulkowo radio telescope at wavelength $\lambda = 33$ cm. Mitt. Astr. Hauptobs. Pulkowo **21** Nr. 5 (164) S. 165—167 (russ. mit engl. Ref.). — Beschreibung eines breitbandigen Empfängers für das große Radioteleskop in Pulkowo. Bei einer Wellenlänge von 33 cm und einer Bandbreite von 60 MHz wird eine Empfängerempfindlichkeit von 1° K bei 1 sec Zeitkonstante erreicht. Oster

22111. **T. D. Carr,** A corner reflector array for the reception of planetary radio radiation. JBAA **70** 185—190. — Diese Antenne in Gainesville, Florida, besteht aus zwei ebenen Reflektoren von etwa 32×15 m^2 Größe, welche einen Winkel von 60° gegeneinander bilden; in dem Winkel sind 4 Dipole montiert. Die Antenne wird näher beschrieben. Sie soll zum Empfang planetarer Radiostrahlung dienen. W. F.

22112. **S. E. Chajkin, N. L. Kajdanowskij,** Ein neues Radioteleskop mit einem großen Wirkungsgrad. Experim. Vorrichtungen und Techn. Experim. 1959 Nr. 2 S. 19—24 (russ.). — Ref. in Phys. Ber. **39** 1448—1449.

22113. **S. E. Chajkin, N. L. Kajdanowskij, N. A. Jessepkina, O. N. Schiwris,** The large Pulkowo radio telescope. Mitt. Astr. Hauptobs. Pulkowo **21** Nr. 5

(164) S. 3—26 (russ. mit engl. Ref.). — Das neue große Radioteleskop in Pulkowo wird beschrieben und einige damit gemachte Beobachtungen werden mitgeteilt. Das Teleskop besteht aus flachen Reflektoren, die eine polygonale Tangentialfläche an eine Ellipse bilden. Dadurch werden die ankommenden ebenen Radiowellen in eine zylindrische Wellenfront mit vertikaler Achse umgeformt, die in der Mitte des Systems durch ein Sekundär-Paraboloid in eine sphärische Wellenfront umgeformt wird. Das Teleskop kann auf jeden Teil des Himmels durch Neigen und Verschieben der Reflektoren und des Wellenleiters ausgerichtet werden. Geometrie der Reflektoren, Richtungscharakteristik des Instruments und Kinematik des Bewegungsmechanismus werden ausführlich diskutiert. Rfs.

22114. **C. H. Costain, F. G. Smith,** The radio telescope for 7.9 metres wavelength at the Mullard Observatory. MN **121** 405—412. — Ein neues Radioteleskop, das nach dem Prinzip der Apertursynthese arbeitet und dadurch bei 38 MHz ($\lambda = 7.9$ m) eine Auflösung von 0°.8 × 0°.8 erreicht, wird beschrieben. Zur Prüfung seiner Leistungsfähigkeit diente eine Durchmusterung des Himmels zwischen $\alpha = 5^h$ bis 17^h und $\delta = +10°$ bis $+50°$. Eine beigefügte Karte dieses Gebiets zeigt Einzelheiten des Ausläufers der Radiostrahlung bei der galaktischen Länge $l' = 0°$ und einige diskrete Quellen, einschließlich des Coma-Nebelhaufens. HHR

22115. **A. E. Covington,** A compound interferometer. J RAS Canada **54** 17—28. — Durch die Kombination von mehreren Interferenzsystemen wurde ein Radiointerferometer konstruiert, das nur eine einzige Empfangskeule besitzt. Das Interferometer besteht aus mehreren Elementen, die verschiedene Keulenform haben: eine kontinuierliche, lineare Anordnung, die nur eine einzige, breite Empfangskeule hat, und einem Antennengitter aus vier Elementen. Durch Überlagerung dieser beiden Systeme entsteht nur eine Hauptkeule mit einer Halbwertsbreite von 2° N-S und 1'.2 E-W-Ausdehnung bei einer Wellenlänge von 10 cm. Aus mehreren Registrierungen über die Sonnenscheibe scheint zu folgen, daß die E-W-Ausdehnung der aktiven Zonen der Sonne im Radiogebiet selten kleiner als 1'.5 ist. Rfs.

22116. **A. E. Covington,** A compound interferometer. J RAS Canada **54** 58—68. — Das praktische Verhalten des Interferometers mit einer einzelnen, fächerförmigen Empfangskeule der Halbwertsbreiten 2° N-S und 1'.2 E-W wurde untersucht. Die mit diesem Instrument hergestellten Registrierkurven geben direkt die Fourier-Reihen-Approximation, wobei die höchsten räumlichen Frequenzen durch die Baulänge des Interferometers gegeben sind. Die Erprobung des Interferometers wurde durch tägliche Durchgangsregistrierungen der Sonne durchgeführt; die Resultate sind zufriedenstellend. Es gibt eine minimale Verbreiterung der Registrierungen. Diese kann als eine kleinste Ausdehnung der aktiven Regionen der Sonne in Ost-West-Richtung gedeutet werden. Sie ergibt sich zu 1'.5 bei einem linearen Ost-West-Modell, während sie bei einem kreisförmigen Modell zu 1'.8 folgt. Rfs.

22117. **R. D. Davies, R. C. Jennison,** A radiometer for hydrogen-line extragalactic studies and for continuum observations. Astr. Contr. Univ. Manchester (1) Jodrell Bank Ann. **1** 351—362. — Ein zur Untersuchung der rotverschobenen Wasserstofflinie im Radiofrequenzgebiet der Radioquelle Cygnus A konstruiertes Spektrometer wird beschrieben. Das Instrument wurde auch für galaktische Absorptionsmessungen und zur Bestimmung der totalen Intensität ausgewählter Objekte benutzt. Das Gerät wurde am 250 ft-Radioteleskop verwandt. Thi.

22118. **M. P. Doluchanow,** Über ein Verfahren zur Abschätzung der Intensität der von der Mondoberfläche reflektierten Radiosignale. Radiotechn. **15** Nr. 5 S. 5—8 (russ.). — Ref. in RJ UdSSR 1961 Nr. 3 S. 48.

22119. **E. I. Fialko,** Über die Meßgenauigkeit der Parameter eines für Meteorbeobachtungen bestimmten Radiolokators. Radiotechn. **15** Nr. 6 S. 67—69 (russ.). — Ref. in RJ UdSSR 1961 Nr. 3 S. 49.

* * **E. I. Fialko,** The dependence of the mean hourly rates of registered meteors on the parameters of meteor bodies, the atmosphere and radio-echo apparatus. Vgl. Ref. **9323**.

22120. **B. R. Goddard, A. Watkinson, B. Y. Mills,** An interferometer for the measurement of radio source sizes. Australian J. Phys. **13** 665—675 = Division Radiophys. C. S. I. R. O. Chippendale. — Das Mills-Cross-Interferometer in Sydney wurde durch eine zusätzliche Antenne ergänzt, so daß es jetzt eine Auflösung von 10″ × 1′ hat. Durch eine weitere Antenne in Richtung NS 10 km W des Kreuzes wird die Hauptkeule des Instruments von Interferenzstreifen durchbrochen, die in EW einen Abstand von 1!2 und in NS von 2° haben. Die Verstärkung der Antennen wird durch eine besondere Anlage angepaßt und konstant gehalten. Eine veränderliche Phasenverzögerung zwischen den Antennen gestattet, bei Durchlaufbeobachtungen die Integrationszeiten bis auf 1 min auszudehnen, die ohne diese Einrichtung nur 5 sec betragen würden. Rfs.

22121. **F. Horner,** Extra-terrestrial radio noise as a source of interference in the frequency range 30—1000 MHz. Proc. Inst. Electr. Engineers (B) **107** 373—376. — Ref. in Phys. Ber. **40** 400.

22122. **P. Hugon,** Un radio-sextant pour sous-marines. Navigation Paris **8** 297—299.

22123. **W. G. Istomin,** Ein Radiofrequenz-Massenspektrometer zur Erforschung des Ionenbestandes der höheren Atmosphäre. KE Nr. 3 S. 98—112, 1959 (russ.).

22124. **N. N. Jerjuschew, A. I. Smirnow,** The registration of the intensity of atmospherics on 27 kHz with a directional antenna system. Mitt. Astrophys. Obs. Krim **24** 32—40 (russ. mit engl. Ref.).

22125. **K. O. Kiepenheuer, H. H. Rabben,** Der Freiburger Radiospektrograph (48—165 MHz). ZfA **49** 61—67 = Mitt. Fraunhofer-Inst. Nr. 43. — Ref. in Sternenbote **4** 69—70. — Der Freiburger Radiospektrograph zur Beobachtung von solaren Radioausbrüchen hat einen Frequenzbereich von 48 bis 165 MHz. Bei einer Bandbreite von 300 kHz ergeben sich 390 Informationen je Spektrum. Die empfangene Radiostrahlung (Grenzempfindlichkeit etwa 2×10^{-21} W m^{-2} Hz^{-1}) wird nach Verstärkung und Gleichrichtung zur Intensitätssteuerung der Kathodenstrahlen eines Dreifach-Oszillographen verwendet. Dabei werden die Kathodenstrahlen synchron mit der Empfängerabstimmung horizontal ausgelenkt. Auf diese Weise wird das Radiospektrum als eine helligkeitsmodulierte Leuchtlinie dargestellt. Die zeitlichen Änderungen des Sonnenspektrums werden dadurch registriert, daß man alle halbe Sekunde quer über einen kontinuierlich von oben nach unten laufenden Film eine das Spektrum darstellende Linie schreiben läßt. Man erhält also in flächenhafter Darstellung eine zeitliche Folge von Augenblicksspektren mit Frequenzachse quer zum Film und mit Zeitachse in Filmrichtung. HHR

22126. **G. Koch,** Einige Bemerkungen zur Richtcharakteristik von Parabolspiegeln im Zusammenhang mit der Nachführung radioastronomischer Geräte. Jenaer Jahrb. 1959 Teil 2 S. 474—479. — Ref. in Phys. Ber. **40** 606.

22127. **D. W. Korolkow, W. N. Umezkij,** A balanced slit mixer for microwave receivers. Mitt. Astr. Hauptobs. Pulkowo **21** Nr. 5 (164) S. 176—178 (russ. mit engl. Ref.).

22128. **G. Mannino, G. Setti,** Il radiotelescopio di Medicina. Coelum **28** 129—133, 162—166.

22129. **I. G. Moissejew, J. F. Jurowskij,** Some methods of registration of rapid processes on the sun by means of a multielement radio interferometer. Mitt. Astrophys. Obs. Krim **24** 26—31 (russ. mit engl. Ref.). — Kurze Diskussion einer interferometrischen Meßanordnung für rasch variierende Störungen auf der Sonne im Radiogebiet. Verf. geben Blockdiagramme und Meßergebnisse über Winkelauflösung an. Oster

22130. **J. N. Parijskij, S. E. Chajkin,** On requirements to be put to large radio telescopes from the point of view of radioastronomy. Mitt. Astr. Hauptobs. Pulkowo **21** Nr. 5 (164) S. 27—44 (russ. mit engl. Ref.). — Die Eigenschaften von zwei Antennentypen werden diskutiert: Systeme mit symmetrischer Richtungscharakteristik und asymmetrische Systeme, bei denen die Antennendiagramme in vertikaler Richtung gestreckt sind. Es wird bewiesen, daß ein solches asymmetrisches System bezüglich seines Auflösungsvermögens einer symmetrischen Antenne äquivalent ist, die einen Durchmesser hat, der gleich dem größeren der beiden Durchmesser des asymmetrischen Systems ist. Rfs.

22131. **G. Righini,** Il radiotelescopio solare di Arcetri. Vgl. Ref. **1324** S. 55—61.

22132. **M. Ryle, A. Hewish,** The synthesis of large radio telescopes. MN **120** 220—230. — Zur Erhöhung des Auflösungsvermögens von Radiointerferometern und pencil-beam-Teleskopen ohne Vergrößerung der Antennenfläche können zwei gekoppelte Antennensysteme benutzt werden, von denen das eine ortsfest ist, das andere von einer Messung zur nächsten nach Maßgabe eines Rasters innerhalb einer großen Fläche weiterbewegt wird. Aus den so erhaltenen Informationen kann durch einen der Umkehrung der Fourier-Transformation entsprechenden Prozeß dasselbe Ergebnis errechnet werden, wie man es bei Empfang mit der ganzen Fläche als Antenne erhalten hätte. Außerdem erhält man auf dem gleichen Wege unter Verwendung geeigneter Phasenkoeffizienten die verschiedenen Orientierungen dieser «synthetischen Antenne» entsprechenden Ergebnisse, wodurch dieses Verfahren keine Vergrößerung der Beobachtungsdauer bedeutet. Zwei ausgeführte Anordnungen werden beschrieben, bei denen unter Ausnutzung der täglichen Bewegung das behandelte Verfahren mit eindimensionaler Antennenverschiebung angewandt wurde. Gü.

22133. **O. Struve, R. M. Emberson, J. W. Findlay,** The 140-foot radio telescope of the National Radio Astronomy Observatory. Publ ASP **72** 439—458 = National Radio Astr. Obs. Repr. (B) Nr. 15. — Planung und Konstruktion eines großen Radioteleskops werden diskutiert. Als Antenne wurde ein Parabolspiegel von 43 m Durchmesser und 18 m Brennweite gewählt. Der Spiegel wird parallaktisch montiert. Die geometrische Genauigkeit seiner Oberfläche und der Erregerposition, sowie die Einstell- und Nachführgenauigkeit erlauben eine optimale Ausnutzung der Antenne bis zu 3 cm Wellenlänge. Da die Spiegeloberfläche aus Aluminiumplatten besteht, ist auch der Empfang noch kürzerer Wellen (bei kleinerem Wirkungsgrad) möglich. HHR

22134. **G. Swarup, K. S. Yang,** Monitoring paraboloidal reflector antennas. Proc IRE **48** 1918—1919.

22135. **A. Wróblewski,** Nowe radioteleskopy. Urania Kraków **31** 85. — Mitteilung über die in West-Virginia (Sugar Grove) und Australien im Bau befindlichen Radioteleskope. E. R.

22136. Neue riesige Radioteleskope. Bote Akad. Wiss. UdSSR 1960 Nr. 3 S. 100 (russ.). — Ref. in RJ UdSSR 1961 6A398.

22137. South African radiotelescope. Science **132** 1240. — Plan zum gemeinsamen Bau eines Radioteleskops 20 Meilen von Pretoria durch Südafrika und die Vereinigten Staaten.

22138. Pioneer radio telescope. Sky Tel. **19** 143. — Bemerkung zu G. Rebers Instrument.

22139. Range of radio telescopes. Sky Tel. **19** 282.

22140. Neues Radioteleskop in der UdSSR. Sternenbote **3** 119.

22141. Ein neues 75-Meter-Radioteleskop in den USA. Sternenbote **3** 132. — Ref.

22142. **R. N. Bracewell,** Communications from superior galactic communities. Nature **186** 670—671.

22143. **S. Chandra,** Optimum frequency selection for interplanetary communication. J. British Interplanet. Soc. **17** 362—365. — Die günstigsten Verhältnisse für den Radioverkehr von der Erde zu verschiedenen planetarischen Körpern (Mond, Venus, Mars, Jupiter) werden hinsichtlich Leistung und Frequenz untersucht. Stu.

22144. **F. D. Drake,** How can we detect radio transmissions from distant planetary systems? Sky Tel. **19** 140—143. — Die Frage, ob auf irgendeinem Himmelskörper in der Nähe unseres Sonnensystems intelligente Lebewesen existieren, läßt sich durch optische Beobachtungen von der Erde aus nicht beantworten. Die einzige zur Zeit realisierbare Methode, die hier Aussicht auf Erfolg hätte, setzt voraus, daß die gesuchten Lebewesen ebenfalls Kontakt suchen und technisch mindestens ebenso erfahren sind wie wir. Diese Methode, die auf der Annahme beruht, daß die kontaktsuchenden Lebewesen bei bestimmten Frequenzen Funksignale aussenden, besteht darin, solche Funksignale mit speziellen hochempfindlichen Radioteleskopen aufzufangen. Die Eigenschaften, die dazu geeignete Radioteleskope besitzen müßten, sowie die Erfolgsaussichten der Kontaktsuche werden in allen Einzelheiten diskutiert. HHR

* * **F. J. Dyson,** Search for artificial stellar sources of infrared radiation. Vgl. Ref. **1933**.

22145. **C. Hoffmeister,** Ein Versuch, Radiozeichen von fernen Planetensystemen aufzunehmen. Sterne **36** 126.

* * **I. S. Schklowskij,** Ist eine Verbindung mit vernünftigen Wesen anderer Planeten möglich? Vgl. Ref. **1942**.

22146. L'espace nous donne-t-il signe de vie? La Nature **88** 343.

Sonstige Instrumente

22147. **A. V. Baez,** A proposed Röntgen-ray telescope for the 1- to 100-Å region. J. Geophys. Res. **65** 3019—3020.

* * **H. S. Bridge, C. Dilworth, B. Rossi, F. Scherb, E. F. Lyon,** An instrument for the investigation of interplanetary plasma. Vgl. Ref. **9503**.

22148. **R. Giacconi, B. Rossi,** A «telescope» for soft Röntgen-ray astronomy. J. Geophys. Res. **65** 773—775.

22149. **A. A. Stepanjan,** The meson cubic telescope of the Crimean Astrophysical Observatory. Mitt. Astrophys. Obs. Krim **24** 313—319 (russ. mit engl. Ref.).

§ 23

Zusatz- und Auswertegeräte

2301. **R. Aikens, G. Barton, J. A. Hynek, W. A. Baum, J. Kimmel,** The use of telescope-image orthicon systems with hypersensitization at readout. AJ **65** 339—340. — Ref. AAS.

2302. **T. S. van Albada, J. Borgman,** A standard light-source for photoelectric photometry based on Čerenkov radiation. ApJ **132** 511—512. — Aus einer Quelle für relativistische Elektronen (1 mC Sr^{90} in Silber) und einem transparenten Medium (10 mm Perspex (Polymethyl-methacrylat)) wurde eine Standardlichtquelle für lichtelektrische Photometrie konstruiert. Die Elektronen senden im transparenten Medium Čerenkov-Strahlen aus. Die Strahlungsintensität ist unabhängig von der Feuchtigkeit und nur in dem Maße temperaturabhängig, in dem sich der Brechungsindex des transparenten Materials ändert. Die Lichtquelle kann auf dem Filterschlitten montiert werden. Rfs.

2303. **N. R. Andrejenko,** The investigation of the Talcott levels of the ZTL-180 at Pulkowo. Vgl. Ref. **1307** S. 268—269.

2304. **A. K. Ångström, A. J. Drummond,** Transmission of «cutoff» glass filters employed in solar radiation research. II. J. Optical Soc. America **50** 974—979.

2305. **S. Archer,** A simple photoelectric microphotometer. JBAA **70** 183—184.

2306. **A. N. Argue,** Digital recording and reduction in photographic photometry. Obs **80** 73—74 = Cambridge Obs. Repr. Nr. 40.

2307. **R. d'E. Atkinson,** The use of a pentag with a transit-circle. MN **120** 505—514. — Zur Beurteilung der Brauchbarkeit von Pentaprismen für Biegungsbestimmungen wurde ein vierzölliges Quarz-Pentaprisma am 7'-Cooke-Meridiankreis montiert. Bei Befestigung des Prismas unabhängig vom Fernrohr gehen nur kleine Orientierungsfehler, zusammen mit einem Winkelfehler des Prismas, als Sekundäreffekte in die beobachteten Deklinationen ein. Der Autor beschreibt die Bestimmung dieser Fehler und gibt Korrektionsgleichungen an. Schr.

2308. **W. A. Baum,** The potentialities of photoelectronic imaging devices for astronomical observations. Advances Electronics **12** 1—3.

2309. **F. Bertola,** Sulla misura automatica di spettri e di posizioni stellari con apparecchio elettronico e registrazione su schede perforate. Ric. Sci. **30** 379—383 = Contr. Oss. Astrofis. Asiago Nr. 108. — Es wird hier kurz ein Lochkarten für elektronische Rechenmaschinen produzierender Registrierapparat für die Messung von Kernspuren, sowie seine Anwendung auf das Studium von Sternspektren und astronomischen Platten beschrieben. Außerdem wird seine größere Präzision und Schnelligkeit im Vergleich zu den traditionellen Meßmethoden besprochen. Verf.

2310. **J. Borgman,** A D. C. amplifier for photoelectric photometry. BAN **15** 251—254. — Es wird die Schaltung eines stark gegengekoppelten Gleichstromverstärkers für lichtelektrische Photometrie angegeben. Die starke Gegenkopplung sichert eine gute Linearität. Durch ausgesuchte Einzelteile kann eine Nullpunktsdrift von weniger als 1 mV/h erreicht werden. Eine einfache Modifikation wandelt den Verstärker in einen Integrator um. Rfs.

2311. G. W. Borodina, A computation of the flux of stellar radiation on the slit of the spectrograph. AJ UdSSR **37** 897—901 (russ. mit engl. Ref.). — Es wird berechnet, welcher Prozentsatz des Lichts eines Sterns durch einen Spektrographenspalt gegebener Breite unter der Annahme fällt, daß die Intensitätsverteilung im «seeing-disc» einer Gauß-Verteilung folgt. Rfs.

2312. A. V. Bruns, V. Bumba, A photoelectric spectrocomparator. Mitt. Astrophys. Obs. Krim **22** 134—143 (russ. mit engl. Ref.). — Die Einstellung auf eine Spektrallinie geschieht durch das Verschieben von zwei fest verbundenen Spalten auf den Flügeln der Spektrallinie. Die Gleichheit der durch die beiden Spalte durchgehenden Lichtströme bestimmt die Symmetrieachse der Flügel. Mit diesem Verfahren wurde eine um eine Größenordnung höhere Genauigkeit gegenüber der visuellen Einstellung erzielt. Perek

2313. L. T. Buchanzew, W. M. Charaput, A device for registration of a satellite's brightness and determination of its variation. Bull KE 1960 Nr. 8 S. 9—12 (russ.).

2314. E. J. Bugoslawskaja, Eine spezielle Sputnik-Kassette. Bull KE Nr. 7 S. 22—23, 1959 (russ.).

2315. G. Cocito, A. Masani, Il fotometro fotoelettrico dell'Osservatorio Astronomico di Torino. Mem SA It (NS) **31** 135—145 = Contr. Oss. Astr. Torino (NS) Nr. 26. — Ein lichtelektrisches Photometer für den 30 cm-Merz-Refraktor der Sternwarte in Turin wird beschrieben; der Photomultiplier ist vom Lallemand-Typ; seine spektrale Empfindlichkeit wurde mittels eines Quarzmonochromators geeicht; als Registrierapparat diente ein Speedomax. Die Apparatur ist mit 4 Interferenz- und 5 Farbfiltern ausgerüstet. Die Messungen wurden nach der Methode «charge-integrating» ausgeführt. Die Durchlässigkeit der Filter wurde mittels eines Monochromators erhalten. B. C.

2316. G. Courtès, P. Cruvellier, Recherche de l'émission monochromatique dans les régions de forte concentration stellaire. Vgl. Ref. **1318** S. 416—418 = Publ. Obs. Haute-Provence **5** Nr. 10.

2317. J. Dachs, Bildverstärkung durch Halbleiter. Vgl. Ref. **1306** S. 44—49.

2318. J. Dachs, Kurzbericht über amerikanische, englische und französische Arbeiten zur Verwendung von Bildspeicherröhren und Bildverstärkern bei astronomischen Beobachtungen. Vgl. Ref. **1306** S. 54—58. — Ref. in Phys. Abstr. (A) **64** 492.

2319. J. Davis, An instrument for measuring angles on curved photographic plates. Astr. Contr. Univ. Manchester (1) Jodrell Bank Ann. **1** 274—279. — Mit dem hier beschriebenen Instrument ist die Messung von Winkeln ohne die bei der Mertonschen Methode erforderliche Rechnung möglich. Trotzdem ist der Fehler mit 2″ für einen Winkel von 1° von der gleichen Größenordnung. T. L.

2320. J. H. DeWitt jr., A report on experiments with the image orthicon as a light receiver. AJ **65** 343—344. — Ref. AAS.

2321. N. A. Dimow, An integrating stellar spectrophotometer. AJ UdSSR **37** 464—468 (russ. mit engl. Ref.). — Gekoppelt mit dem Abtastspalt des Spektrographen läuft ein Schalter, der den Photostrom auf nacheinander 49 Kondensatoren integriert. Ein Bereich von 110 Å kann auf einmal überfahren werden. Durch mehrfaches Abtasten können Durchsichtsschwankungen unschädlich gemacht werden. Nach Beendigung der Messung wird das Ladungsbild der gemessenen spektralen Einzelheit durch einmaliges Abfragen registriert. Für Sterne von 3^m — 4^m kann mit einem 50 cm-Spiegel bei einer Dispersion des Spektrographen von 25 Å/mm in 4—8 Minuten eine Genauigkeit von 1 % erreicht werden. Rfs.

2322. **N. A. Dimow,** The application of the modulation of the amplification factor of a photomultiplier for the measurement of weak light fluxes. Mitt. Astrophys. Obs. Krim **22** 9—11 (russ. mit engl. Ref.). — Um bei länger andauernden Messungen die Stabilität der Verstärkung zu gewährleisten, wurde eine Regelungsautomatik geschaffen, die zwischen Dynode 6 und 7 des 13stufigen Sekundärelektronenvervielfachers angreift. Durch Wechselstromverstärkung wird die bei Gleichstrom nachteilige Nullpunktsverschiebung vermieden. Petri

2323. **P. P. Dobronrawin,** On the application of «double T» selective filters. Mitt. Astrophys. Obs. Krim **24** 229—234 (russ. mit engl. Ref.). — Einige praktische Methoden für die Verwendung von «Doppel-T-Filtern» werden beschrieben. Verf. (ü.)

2324. **W. K. Drofa, N. A. Tschernega,** The photography of the divisions of a limb. Vgl. Ref. **1307** S. 162—164.

2325. **C. Fehrenbach,** Le nouveau spectrographe installé au foyer Coudé du télescope de 1 m 93 de l'Observatoire de Haute-Provence. BSAF **74** 193—200.

2326. **C. Fehrenbach,** Le nouveau spectrographe installé au foyer Coudé du télescope de 1.93 m de l'Observatoire de Haute Provence. JO **43** 85—100 = Publ. Obs. Haute-Provence **5** Nr. 1. — Es wird der neue Coudé-Spektrograph des Observatoriums Haute-Provence beschrieben. Erste Ergebnisse werden mitgeteilt. Groth

2327. **C. Fehrenbach,** Le nouveau spectrographe installé au foyer Coudé du télescope de 1.93 m de l'Observatoire de Haute-Provence. J. Phys. Radium **21** 111 S. — Ref. Soc. française Physique.

2328. **C. Fehrenbach,** Quelques recherches à développer grâce à la photographie électronique. Vgl. Ref. **1318** S. 335—343 = Publ. Obs. Haute-Provence **4** Nr. 60.

2329. **M. Fluckiger,** Étoiles à sursauts lumineux ou flare-stars, caméra à enregistrement continu pour leur surveillance photographique. Orion Schaffhausen **5** 891—898.

2330. **J. G. Frischmann,** Registrierung von Nordlichtspektren mit Hilfe eines lichtelektrischen Spektrometers. Optika Spektroskop. **7** 574—575, 1959 (russ.). — Ref. in Phys. Ber. **40** 651.

2331. **J. E. Geake, J. Ring, N. J. Woolf,** The Fabry-Perot monochromator. Vgl. AJB **59** Ref. **2319** = Astr. Contr. Univ. Manchester (3) Nr. 76.

2332. **T. Gehrels, T. M. Teska,** A Wollaston photometer. Publ ASP **72** 115—122 = Goethe Link Obs. Repr. Nr. 23. — Ein an der McDonald Sternwarte vorhandenes UBV-Photometer wurde modifiziert, so daß es jetzt gestattet, Polarisationen zu messen. An Stelle des Kühlkastens für die 1P21 kann ein anderer Kühlkasten gesetzt werden, der das Wollaston-Prisma und die RCA 7102 oder RCA 7265 für die Messung der Polarisation enthält. Das ganze Gehäuse kann um eine in Kugellagern gelagerte hohle Achse gedreht werden. Der Photostrom der Zellen wird mit zwei Weitbrecht-Integratoren integriert und auf einem Brown-Rekorder aufgezeichnet. Der wahrscheinliche Fehler einer gemessenen Polarisation beträgt ±0.07 % oder ±0ᵐ0015, für den Positionswinkel ±2°7. Die Reduktionen der Messungen werden auf einer IBM 650 durchgeführt. Rfs.

2333. **U. Gerhardt,** Bemerkungen zum Sterninterferometer nach Michelson. Feingerätetechn. **9** 337—340. — Ref. in Phys. Ber. **40** 650.

2334. **R. E. Gerschberg, W. I. Pronik, S. I. Korkin,** An oscillographic attachment to the microphotometer MΦ-4 for recording intensities. Mitt. Astrophys. Obs. Krim **22** 166—175 (russ. mit engl. Ref.).

2335. **S. G. Gordeladse, G. G. Ljubtschenko,** Über eine schnell arbeitende Maschine zur Helligkeits- und Koordinatenmessung von Sternen auf Astronegativen. Dopowidi Akad. Wiss. Ukrain. SSR 1960 Nr. 6 S. 766—769 (ukrain. mit russ. und engl. Ref.). — Ref. in RJ UdSSR 1961 Nr. 3 S. 22.

2336. **S. Guidarelli,** Il nuovo spettrografo stellare dell'Osservatorio astronomico di Merate. Atti Fondaz. Ronchi **14** 535—554, 1959.

2337. **B. Guinot,** Comment on note l'instant précis d'un phénomène astronomique. Micromètres impersonnels et chronographes. BSAF **74** 157—164.

2338. **K. Güssow, G. Wanie, A. Weigert,** Photoelektrische Spektralphotometrie des Kontinuums. Wiss. Z. Univ. Jena (Math.-Naturwiss.) **9** 49—53 = Mitt. Univ.-Sternw. Jena Nr. 44. — Die Konstruktion und Erprobung eines lichtelektrischen Spektralphotometers in Verbindung mit einer Spiegelprismenkamera wird beschrieben. Die hiermit durchgeführten Messungen des Kontinuums erweisen sich der photographischen Methode in bezug auf Genauigkeit, Beobachtungs- und Auswertezeit überlegen. Ho.

2339. **G. Hansen,** Zur Photometrie der elektrischen Bildwandler. Vgl. Ref. **1306** S. 17—28.

2340. **D. M. Hunten,** Interference filters. J RAS Canada **54** 177—186.

2341. **S. W. Jaroschewitsch,** Ein mit dem Fernrohr AT-I arbeitendes Rechengerät. Bull KE Nr. 7 S. 19—22, 1959 (russ.).

2342. **A. A. Jefimow, J. M. Otrjaschenkow,** A photoelectric method for recording circle readings of meridian instruments. AJ UdSSR **37** 146—150 (russ. mit engl. Ref.). — Mit Hilfe einer lichtelektrischen Methode werden Kreisablesungen mit einer Genauigkeit von ±0.1 μ automatisch registriert. Der Ablesefehler hängt nur von der Qualität der Teilstriche ab, die gegen den Hintergrund einen möglichst starken Kontrast bilden sollen. Der Strahlengang, das Schaltschema und die Arbeitsweise der Apparatur sind beschrieben. Schr.

2343. **A. A. Jefimow, J. M. Otrjaschenkow, L. A. Sucharew,** Photoelectric method for reading the circle of the meridian instrument. Vgl. Ref. **1307** S. 165—168.

2344. **W. F. Jessipow,** Photography of stars with an image converting telescope. AJ UdSSR **37** 588—589 (russ. mit engl. Ref.). — 1959 wurden auf dem Krim-Observatorium Aufnahmen mit einem Elektronenteleskop mit Kontaktphotographie gemacht. Dazu wurde eine Sb-Cs-Photokathode benutzt. Der Gewinn ist im Vergleich mit direkter Photographie 30—40fach. Nur bei dem Elektronenteleskop nach Lallemand ist der Gewinn größer. Die Apparatur des Verf. ist dafür bedeutend einfacher und ermöglicht, 100—1000 Aufnahmen zu erhalten. Der einzige Nachteil ist ein kleines Gesichtsfeld (6—10 mm). Das Auflösungsvermögen der Apparatur wird auf einer Spektralaufnahme mit dem Fabry-Perot-Interferometer demonstriert. Ond.

2345. **S. B. Joffe, N. M. Dritschko,** A birefringent filter for astrophysical studies of the sun in the K line of ionized calcium. AJ UdSSR **37** 1096—1101 (russ. mit engl. Ref.).

2346. **J. Junkes,** Some further notes concerning the loss of energy by diffraction in a spectrograph. Atti Fondaz. G. Ronchi **15** 526—536 = Specola Vaticana Comun. Nr. 26.

2347. **I. I. Kanajew, Wan Lai,** An investigation of the measuring machine KIM-3 No 550002. Mitt. Astr. Hauptobs. Pulkowo **22** Nr. 1 (166) S. 180—183 (russ. mit engl. Ref.).

2348. **E. Keil,** A simple replica-grating spectroscope. Sky Tel. **19** 343—345.

2349. **C. C. Kiess,** Astrophysical research with high dispersion instruments. Vgl. Ref. **1339** S. 6—8.

2350. **P. P. Kosak,** Eine neue Methode zur Registrierung des Spektrums im Spektralelektrophotometer. Circ. Astr. Obs. Lwow Nr. 35—36 S. 61—63 (russ.).

2351. **P. P. Kosak,** Das neue Spektralelektrophotometer des Astronomischen Observatoriums Lwow. Vgl. Ref. **1305** S. 35—46.

2352. **P. P. Kosak,** Die Eigenschaften des Vervielfachers FEU—19 M. Vgl. Ref. **1305** S. 47—50.

2353. **L. M. Kotljar,** A new design of a differential photometer for a solar magnetograph. AJ UdSSR **37** 469—475 (russ. mit engl. Ref.). — Ein neues Differentialphotometer für einen Sonnenmagnetographen wird beschrieben, das nur einen Photomultiplier benötigt, da das Licht durch einen elektrooptischen Kristallmodulator moduliert wird. Für die Transformation des Lichtstrahls im Instrument werden analytische Ausdrücke angegeben. Rfs.

2354. **L. M. Kotljar,** A registering microphotometer with automatic transformation of negative density to corresponding intensities. AJ UdSSR **37** 888—896 (russ. mit engl. Ref.).

2355. **L. M. Kotljar,** The solar magnetograph of the Pulkowo Observatory. Part I. Mitt. Astr. Hauptobs. Pulkowo **21** Nr. 4 (163) S. 73—87 (russ. mit engl. Ref.). — Ein neuer solarer Magnetograph wird beschrieben, der nach ganz ähnlichem Prinzip arbeitet wie das Gerät von Babcock. Zum Unterschied von diesem hat das neue Gerät eine automatische Kompensation der Doppler-Verschiebung der Spektrallinien. Die magnetische Feldstärke und die Linienverschiebung werden mit einem Potentiometerschreiber aufgezeichnet. Die Justierung und die Kalibrierung wie auch das Beobachtungsverfahren werden ausführlich beschrieben. Mit dem Instrument kann mit Spalthöhen von 0.5—10 mm (6″—120″) gemessen werden; die Zeitkonstanten lassen sich von 0.5—6 sec variieren. Rfs.

2356. **L. M. Kotljar,** Verschluß und Zeitrelais des Spektrographen des horizontalen Sonnenteleskops. Sonnendaten 1960 Nr. 2 S. 61—65 (russ.).

2357. **E. N. Kotowa,** Untersuchung der Polarisationseigenschaften des überlichtstarken Nebelspektrographen. Mitt. Staatl. Astr. Sternberg-Inst. Moskau Nr. 107 S. 23—36 (russ.).

2358. **G. E. Kron, I. I. Papiashvili,** An image-tube experiment at the Lick Observatory. II. III. Publ ASP **72** 353—354, 502—503 = Contr. Lick Obs. (2) Nr. 114.

2359. **D. Kuschbert,** Die Anwendung elektronischer Regeltechnik bei einem Irisblendenphotometer. AN **286** 39—46 = Mitt. Astr. Inst. Univ. Tübingen Nr. 51. — Der Meßvorgang am Irisblendenphotometer der Firma Sartorius wurde durch den nachträglichen Einbau eines elektronisch gesteuerten Servomechanismus weitgehend automatisiert. Eine Fehlerdiskussion gibt Aufschluß über die damit erreichbare Meßgenauigkeit. Verf.

2360. **A. Lallemand, M. Duchesne, M. F. Walker,** The electronic camera, its installation, and results obtained with the 120-inch reflector of the Lick Observatory. Publ ASP **72** 268—287 = Contr. Lick Obs. (2) Nr. 107. — Die in Paris entwickelte elektronische Kamera wurde im Herbst 1959 an der Lick-Sternwarte ausprobiert. Die Vorteile der Kamera sind a) Nachweisbarkeit einzelner Photoelektronen, b) lineare «Schwärzungskurve» bis S = 3, c) Auflösungsvermögen besser als bei einer Platte der Sorte 103 aO, d) Empfindlichkeit für kurze Belichtungen (1 sec) etwa 1000 mal so groß wie 103 aO, für lange Belichtungen (1 h) etwa 30—40 mal. Die praktische Erprobung wurde mit dem 36″-Refraktor an direkten Aufnahmen, mit dem 120″-Reflektor mit Spektralaufnahmen im Coudé-Fokus vorgenommen. Die Dispersion der Spektren betrug 65 Å/mm, Sterne bis m_{pg} = 14 konnten erreicht werden. Eine neue Kamera sollte bei einer Dispersion von 250 Å/mm Sterne mit m_{pg} = 16—17 erreichen. Rfs.

2361. **A. Lallemand, M. Duchesne, G. Wlérick, R. Augarde, M. F. Dupré,** Les possibilités actuelles de la photographie électronique. Vgl. Ref. **1318** S. 320—330 = Publ. Obs. Haute-Provence **5** Nr. 6.

2362. **A. D. Lara,** Construya Ud. su propio Clinómetro. El Universo **14** 51—53.

2363. **E. H. Linfoot,** Informational considerations in the design of astronomical spectrographs. MN **121** 115—122 = Contr. Cambridge Obs. Nr. 35. — Die Frage der optimalen Ausnutzung der Beobachtungszeit von Spektrographen bei beliebigen Spektralverteilungen mit schwachem Kontrast wird im allgemeinen Rahmen für achsennahe Strahlen diskutiert. Die Einflüsse der optischen Aberration, photographischen Streuung und Körnung sowie der Änderung der Spaltbreite werden betrachtet, und die Bedeutung der Grenzen des Spektralbereichs von optischen Bildern im Hinblick auf die instrumentelle Durchlässigkeit wird dargelegt. Ein genäherter Ausdruck für den Ausnutzungsgrad wurde im speziellen Fall eines aberrationsfreien Spektrographen erhalten. Schr.

* * **M. Lunel,** Recherches de photométrie stellaire dans l'infrarouge au moyen d'une cellule au sulfure de plomb. Vgl. Ref. **10322**.

2364. **E. A. Makarowa,** Die Verwendung der optischen Bank OSK-3 für einige Untersuchungen des Spektrographenspalts und von Objektiven. Mitt. Staatl. Astr. Sternberg-Inst. Moskau Nr. 107 S. 37—47 (russ.).

2365. **A. W. Markow,** A new method for increasing the precision of polarimetric measurements of planetary details. Mitt. Astr. Hauptobs. Pulkowo **21** Nr. 6 (165) S. 163—169 (russ. mit engl. Ref.). — Um die hohe Genauigkeit der lichtelektrischen Einzelmessungen von Helligkeit und Polarisation nicht durch Führungsfehler und Identifizierungsfehler zu verschlechtern, wurde ein neues Polarimeter an der Sternwarte Pulkowo gebaut. Das Photometer gestattet, gleichzeitig die Polarisation zu messen und die Meßblende mit dem Bild des Planeten zu photographieren. Es wird eine Beschreibung des Photometers gegeben, und es werden Meßbeispiele mitgeteilt. Rfs.

2366. **J. P. Mehltretter,** Ein primärer spektralphotometrischer Standard hoher Genauigkeit. ZfA **51** 32—48 = Mitt. Landessternw. Heidelberg-Königstuhl Nr. 119. — Es wird ein System von Standardlichtquellen zur absoluten Kalibrierung von spektralphotometrischen Vergleichslichtquellen im Bereich λ 3000 bis 12000 Å beschrieben. Das System enthält als primären Standard einen Schwarzen Körper von 2500°, bei dem die Abweichungen vom Planckschen Gesetz unter 0.3 % liegen. Seine Temperatur kann mit einer direkten photoelektrischen Methode auf $\pm$ 2° — einschließlich nahezu aller systematischen Fehler — bestimmt werden. Mehrere an den Schwarzen Körper angeschlossene Wolframbandlampen dienen als sekundäre Arbeitsstandards. Verf.

2367. **A. W. Merkulow,** A statical spectroheliograph. Part II. Mitt. Astr. Hauptobs. Pulkowo **21** Nr. 4 (163) S. 17—34 (russ. mit engl. Ref.). — Das Gerät besteht im wesentlichen aus zwei Fabry-Perot-Interferometern, zwischen die ein abbildendes System der Vergrößerung Γ gesetzt wird. Durch die Interferometer wird in einem Feld beliebiger Winkelausdehnung eine diskrete Serie von (Γ^2—1) Bändern ausgesondert. Ein beliebiges dieser Bänder kann durch Ausblenden des Interferenzbildes isoliert werden. Die Durchlaßkurve kann in λ durch die Veränderung des Lichtwegs in einem oder in beiden Interferometern verschoben werden. Dadurch ist eine lichtelektrische Registrierung des Spektrums möglich. Ein experimentelles Modell eines statischen Spektroheliographen, das auf diesem Prinzip beruht, wird beschrieben. Es ist möglich, mit diesem Instrument bis zu Halbwertsbreiten von 0.05 Å und weniger zu messen, ohne durch den Helligkeitsverlust des Bildes gestört zu werden. Rfs.

2368. **A. W. Merkulow,** Some new modifications of the Fabry-Perot interferometer and their astrophysical applications. Part I, II. Mitt. Astr. Hauptobs. Pulkowo **21** Nr. 4 (163) S. 35—72 (russ. mit engl. Ref.). — Die Theorie von zwei neuen Modifikationen des Fabry-Perot-Interferometers, die für astrospektroskopische Zwecke brauchbar sind, wird entwickelt. Das gesamte Licht wird in Beugungsringen des durchfallenden Lichts konzentriert; im reflektierten Licht entsteht keine Interferenz. Hierdurch ist es möglich, die Helligkeit des Interferenzbildes um einen Faktor von mehreren Hundert im Vergleich zu einem üblichen Fabry-Perot-Interferometer zu steigern. Anschließend wird die Theorie eines Hilfsmonochromators für dieses Instrument gegeben. Das Gerät kann auf die Spektroskopie von Sonne und Sternen angewandt werden. Die Kombination der beiden Instrumente ergibt ein Gerät, das die Eigenschaften des Fabry-Perot-Interferometers, der Lummer-Gehrcke-Platte und des Beugungsgitters vereint. Rfs.

2369. **L. Mertz,** Comment on interferometric spectral analyzers. ApJ **131** 519.

2370. **J. Meurers,** Über Erfahrungen mit einem neuen Koordinatenmeßgerät. Z. Instrumentenkunde **68** 130—134 = Mitt. Univ-Sternw. Bonn Nr. 36. — Es wird über Erfahrungen berichtet, welche an der Sternwarte Bonn mit dem Koordinatenmeßapparat der Fa. Jenoptik Jena gemacht wurden, und über eine Untersuchung des Instrumentes. Vergleiche mit anderen Apparaten werden gezogen. Verf.

2371. **G. R. Miczaika, J. Nunn,** A goniometric measuring engine for curved film. AJ **65** 494. — Ref. AAS.

2372. **G. E. Moreton,** Report an a new program in H α solar cinematography. Publ ASP **72** 356—357. — Ref. ASP.

2373. **E. P. Ney, W. F. Huch, R. W. Maas, R. B. Thorness,** Eclipse polarimeter. ApJ **132** 812—820. — Zur Verwendung bei totalen Sonnenfinsternissen wurde eine Apparatur gebaut, um Licht der Korona nach Polarisation in Größe und Richtung sowie absoluter Intensität zu messen. In je 30 Sekunden wird mit Hilfe einer optisch-elektronischen Anordnung an etwa 1000 Punkten der Korona die Polarisation bei effektiven Wellenlängen von 4750 und 8300 Å erhalten. Zusätzlich kann sekündlich die Intensität und mittlere Polarisation des Lichts in einem Ring zwischen 5 und 13 Sonnenradien gemessen werden. Die Apparatur wurde bei der Finsternis 1959 Okt. 2 in Westafrika erfolgreich eingesetzt. Schr.

2374. **N. S. Nikulin,** Some improvements of the magnetograph of the Crimean Astrophysical Observatory. Mitt. Astrophys. Obs. Krim **22** 3—8 (russ. mit engl. Ref.). — Durch den — mit Schaltschema und technischen Angaben näher erläuterten — Einbau zweier Sekundärelektronenvervielfacher EMI 6256 B wurde die Leistung des zur gleichzeitigen Aufzeichnung von Magnetfeldern, Radialgeschwindigkeiten und Helligkeiten auf kleinen Teilen der Sonnenoberfläche bestimmten Gerätes in vielfacher Hinsicht wesentlich verbessert. Petri

2375. **Y. Öhman, B. Ahnström-Sandgren,** A solare flare photometer using a Savart polariscope. Ark Astr **2** 427—428 = Stockholms Obs. Medd. Nr. 125. — Interferenzfilter und Wollaston-Prisma geben zwei geringfügig versetzte, senkrecht zueinander polarisierte Sonnenbilder. Durch Drehung des Prismas verändert man die relative Intensität der Bilder so, daß der Flare im einen Bild gleich der Photosphäre im anderen Bild wird. Der Vergleich läßt sich mit Hilfe einer Savart-Platte recht genau durchführen. Ee.

2376. **L. A. Panaiotow,** The compensation of refraction effects by means of a vacuum prism. AJ UdSSR **37** 336—341 (russ. mit engl. Ref.).

2377. **A. D. Petford,** Micrometer measurement of high dispersion spectra. MN **121** 519—524.

2378. **R. P. Platzeck, J. Landi Dessy,** La cámara de Meinel telecentrica. Vgl. Ref. **1323** S. 33—36.

2379. **G. A. Pljugin,** The restoration and investigation of the L. Sucharew coordinate measuring machine. Mitt. Astr. Hauptobs. Pulkowo **22** Nr. 1 (166) S. 184—196 (russ. mit engl. Ref.).

2380. **A. I. Pljugina,** An experimental application of the photoelectric registration of star transits at the large transit instrument of the Pulkowo Observatory. Mitt. Astr. Hauptobs. Pulkowo **22** Nr. 1 (166) S. 101—106 (russ. mit engl. Ref.). — Ein lichtelektrischer Meßkopf für die automatische Registrierung von Meridiandurchgängen von Sternen wird beschrieben. Der Meßkopf ist für große Passageninstrumente geeignet. Die praktischen Versuche vom 15. 7.—2. 8. 1957 zeigten, daß das Gerät für Sterne bis zu $8^{m}.5$ und 89° Deklination verwendbar ist. Rfs.

2381. **P. Příhoda,** The using of the position micrometer for the Mars observation. RH **41** 173—174 (tschech.).

2382. **E. Proverbio,** Nuovo studio di un apparato esaminatore di livelle Bamberg. Mem SA It (NS) **31** 237—249 = Contr. Oss. Astr. Milano-Merate (NS) Nr. 158.

2383. **P. M. Rabinskij,** Bestimmung des Parswertes der Libelle des neuen Talcott-Zenitteleskops STL-180 am Astronomischen Engelhardt-Observatorium. Bull. Astr. Engelhardt-Obs. Kasan Nr. 35 S. 24—33 (russ.).

2384. **M. Le Ray,** Étude du spectrographe de 9 mètres de l'Observatoire de Paris-Meudon. Ann d'Astrophys **23** 986—994.

2385. **M. Richartz,** On the measurement of skylight polarization. J. Optical Soc. America **50** 302—303.

2386. **B. J. Robinson, C. L. Seeger, K. J. van Damme, J. T. de Jager,** On stabilizing of gain of varactor amplifiers. Proc IRE **48** Nr. 9, 1 S. = RPP 614.

2387. **B. Rompolt,** Autokolimacyjny pryzmatyczny spektrohelioskop Obserwatorium Wrocławskiego. Postępy Astr. 8 45. — An der Sternwarte Wrocław (Breslau) wurde ein Spektrohelioskop nach dem Prinzip der rotierenden Prismen auf Grund des Littrowschen Autokolimationsvorgangs konstruiert. E. R.

2388. **G. H. Rosenfield,** A least squares pitch and yaw reduction for narrow angle tracking cameras. Missile Test Project. RCA Data Processing Techn. Rep. Nr. 57, 65 S.

2389. **N. F. Ryshkow,** Stabilization of the gain of a h. f. amplifier by means of the negative feedback on the direct current. Mitt. Astr. Hauptobs. Pulkowo **21** Nr. 5 (164) S. 168—175 (russ. mit engl. Ref.).

2390. **P. W. Schtscheglow,** Photography of nebulae with an image converting telescope. AJ UdSSR **37** 586—588 (russ. mit engl. Ref.). — Schwache Nebel wurden mit einem Elektronenteleskop im Licht von Hα photographiert. Dazu wurde ein Interferenzfilter mit einer Halbwertsbreite von 40 Å benutzt. Befriedigende Ergebnisse sind im genannten Spektralgebiet mit Sb-Cs- oder Sb-K-Na-Cs-Kathoden zu erreichen. Eine Aufnahme des Gebiets bei γ-Cyg ist wiedergegeben. Ond.

2391. **G. G. Shepherd,** A Fabry-Perot spectrometer for auroral and airglow observations. Canadian J. Phys. **38** 1560—1569.

2392. **Č. Šiler,** About the construction of the curtain aperture for the solar camera. RH **41** 175—178 (tschech.).

2393. **G. F. Sitnik,** A black body model operable at high temperature. AJ UdSSR **37** 1076—1086 (russ. mit engl. Ref.). — Die Arbeit ist eine Fortsetzung einer Studie des Verf. (vgl. Ref. **1674**). Ein Rohrmodell eines schwarzen Körpers aus Graphit wird beschrieben. Der elektrische Ofen nach King wurde benutzt, das Heizrohr hat jedoch eine veränderliche Dicke. Dadurch wurde eine sehr gleichförmige Temperatur dem Rohr entlang erreicht (Gradient 3 Grad/cm). Heizrohre für den Temperaturbereich 1336°—2700° K wurden konstruiert. Die Strahlung eines schwarzen Körpers konnte mit einer Genauigkeit von 0.1% dargestellt werden. Ond.

2394. **G. F. Sitnik,** Die Verwendung von Elektronenvervielfachern zur absoluten Spektralphotometrie und Pyrometrie. Mitt. Staatl. Astr. Sternberg-Inst. Moskau Nr. 109 S. 3—17 (russ.).

2395. **K. E. Skorik, E. S. Chejlo,** Ein Mikrophotometer mit Vervielfacher. Mitt. Astr. Hauptobs. Golossejewo **3** Nr. 2 S. 132—137 (russ.).

2396. **N. N. Stefanowitsch,** Untersuchung des Interferenz-Polarisationsfilters des Kutschinoer Observatoriums des Sternberg-Instituts. Mitt. Staatl. Astr. Sternberg-Inst. Moskau Nr. 107 S. 48—53 (russ.).

* * **W. E. Stepanow,** The dependence of the readings of the solar magnetograph on the strength and direction of the field. Vgl. Ref. **6903.**

2397. **G. Teleki,** L'examen des niveaux de la lunette zénithale par la méthode de Vassiliev. Bull. Obs. Astr. Beograd **24** Nr. 1—2 S. 25—28. — Ausführlicher Bericht über die Untersuchung der drei Libellen am Zenitteleskop der Belgrader Sternwarte und Diskussion der Ergebnisse. Böh.

2398. **G. Teleki,** Sur la conformité de la détermination de la constante micrométrique à l'aide des couples zénithales du catalogue de Washington. Bull. Obs. Astr. Beograd **24** Nr. 1—2 S. 29—32. — Verf. bestimmt für das Mikrometer des Belgrader Zenitteleskops den Schraubenwert aus 20 Paaren des Katalogs von Washington (vgl. AJB **45** Ref. **7113**) und schließt aus den Ergebnissen, daß der Katalog verbessert werden muß. Böh.

2399. **R. Theile,** Spezielle Speicherröhren zur Verwendung in der Astronomie. Vgl. Ref. **1306** S. 50—53. — Ref. in Phys. Abstr. (A) **64** 492.

23100. **S. S. Towtschigretschko,** The improvement of the contact micrometer of a transit instrument. Vgl. Ref. **1307** S. 366—371.

23101. **J. Tremko, B. Růžičková,** Spectral characteristics of multiplier phototubes equipped with antimony-caesium photocathodes. BAC **11** 75—81.

23102. **H. Urbarz,** Parametrische Verstärker. Nachrichtentechn. Z. **13** Heft 2 S. 1—7 = Mitt. Astr. Inst. Univ. Tübingen Nr. 44.

23103. **H. Urbarz,** Angepaßte, durchstimmbare Hohlräume als Bauelemente von Hohlleiterfiltern. Nachrichtentechn. Z. **13** Heft 8 S. 383 —391 = Mitt. Astr. Inst. Univ. Tübingen Nr. 50.

23104. **B. Valníček,** Šolc' birefringent filter composed of a large number of plates. BAC **11** 162—164. — Nach einigen allgemeineren Ausführungen über Šolc-Filter werden Eigenschaften eines Filters für Hα-Beobachtungen mit 80 Platten von je 2.219 mm Dicke angegeben. Die Halbwertsbreite des Hauptmaximums ist 3.3 Å. Bei Vorsetzen eines Schott-Filters SIF 656 treten keine störenden weiteren Maxima auf, außer einem Nebenmaximum von 5.7 % im roten Flügel des Hauptmaximums. Der wesentliche Vorteil des Šolc-Filters im Vergleich mit Lyot-Filtern ist die hohe Durchlässigkeit. O. G.

23105. **B. Valníček,** New type of interference-polarization filter and its application in astronomy. Českosl. Akad. Věd Astr. Ústav Publ. Nr. 45, 43 S. = Publ. Astr. Inst. Prague-Ondřejov Nr. 45. — Die Verwendung des Šolc-Interferenz-Polarisations-Filters für die Sonnenbeobachtung wird geprüft. Da das Filter nur aus 2 Polaroidfolien und einer größeren Anzahl gleich dicker Quarzplatten besteht, ist die Lichtstärke sehr groß. An Quarzkristall wird erheblich weniger als für ein Lyot-Filter und dazu noch in Form dünnerer Stücke gebraucht. Nachteilig sind für gewisse Probleme die große Intensität der sekundären Maxima und gewisse Schwierigkeiten bei sehr kleinen Halbwertsbreiten des ausgefilterten Bereiches. Thi.

23106. **S. Vasilevskis,** Automatic measurement of astrographic plates. Vgl. Ref. **1317** S. 208—212.

23107. **F. Volz,** Photometer mit Selen-Photoelement zur spektralen Messung der Sonnenstrahlung und zur Bestimmung der Wellenlängenabhängigkeit der Dunsttrübung. Arch. Meteorol. Wien (B) **10** 100—131, 1959. — Ref. in Phys. Ber. **39** 1006.

23108. **M. Walker, A. Lallemand, M. Duchesne,** Sur quelques résultats obtenus à l'Observatoire Lick avec la caméra électronique. CR **250** 975—977. — Es wird über Beobachtungen mit der elektronischen Kamera am 36″-Refraktor und am 3 m-Spiegel des Lick-Observatoriums berichtet. Am ersten Instrument konnte bei einer Belichtungszeit von 45 Minuten und der Verwendung von GG 11 und OG 1 Filtern (zur Unterdrückung des sekundären Spektrums) je nach Sichtbedingungen eine Grenzgröße 18^m erreicht werden. Am zweiten Instrument wurden Spektren des Kernes vom M31 bei H und K mit einer Dispersion von 48 Å/mm (und einem Empfindlichkeitsgewinn zwischen 20 und 25 gegenüber einer 103 aO-Platte) gewonnen, aus denen die Rotationsgeschwindigkeit des Kernes und des umgebenden Halos bestimmt wurden. Ergebnisse dieser Messungen, sowie eine daraus folgende Abschätzung der Gesamtmasse des Kernes werden mitgeteilt. J. P. M.

23109. **L. Wohlfeil,** Nowy przyrząd do obserwacji Słońca. Urania Kraków **31** 247—249. — Verf. beschreibt ein Instrument bzw. Gerät, das eine gleichzeitige Beobachtung der Sonne direkt visuell und durch Projektion ermöglicht. E. R.

23110. Ein originales astronomisches Gerät. Bote Akad. Wiss. UdSSR 1960 Nr. 6 S. 101 (russ.). — Ref. in RJ UdSSR 1961 Nr. 1 S. 20. — Betrifft ein am Astrophys. Inst. Akad. Wiss. Kasach. SSR konstruiertes Gerät zum Betrachten und Vergleichen photographischer Negative. Loh.

23111. Light-beam amplifier. Sky Tel. **20** 203.

Ausnutzung der Sonnenenergie

23112. **W. A. Baum, A. S. Ochotin,** Die Methodik zur Berechnung solarer thermoelektrischer Generatoren. Ing.-Phys. J. **2** Nr. 11 S. 29—34, 1959 (russ.). — Ref. in RJ UdSSR 1961 Nr. 1 S. 56.

23113. **E. G. Bylander, A. J. Hodges, J. A. Roberts,** Characteristics of a high solar conversion efficiency gallium arsenide p—n junction. J. Optical Soc. America **50** 983—985.

23114. **A. F. Daniel,** Solar batteries. Proc IRE **48** 636—641.

23115. **J. F. Elliott, R. E. Hysell, V. Meikleham,** Laboratory sun. J. Optical Soc. America **50** 713—717. — Davis and Gibson liquid filters and a tungsten lamp are used to provide a radiation source that approximates the sun's irradiation and spectral distribution. The source is particularly useful for investigations of photovoltaic solar energy converters. Verf.

23116. **H. Tabor,** Radiation, convection and conduction coefficients in solar collectors. Bull. Res. Council Israel (C) **6** 155—176, 1958.

23117. **W. S. Wawilow, A. P. Landsman, W. K. Subaschijew,** Sonnenbatterien. KE Nr. 2 S. 75—80, 1958 (russ.).

23118. **M. Wolf,** Limitations and possibilities for improvement of photovoltaic solar energy converters. Part I: Considerations for earth's surface operation. Proc IRE **48** 1246—1263. — Verschiedene technische Begrenzungen der Geräte zur photoelektrischen Umwandlung von Sonnenenergie werden diskutiert; insbesondere Fragen der geeigneten Materialwahl. Für bestimmte geometrische Anordnungen werden die Nutzeffekte experimentell bestimmt. Oster

23119. Sonnenenergie für Erdsatelliten. Orion Schaffhausen **5** 795.

23120. Ein Sonnen-Elektrizitätswerk. Priroda **49** Nr. 10 S. 111—112 (russ.).

23121. Solar heating. Sky Tel. **20** 8.

§ 24

Chronometrie

2401. **M. K. Ābele,** A mean time frequency transformer on stellar time frequency. Abh. Lett. Staatsuniv. Riga **38** 37—40 (russ. mit engl. und lett. Ref.).

2402. **P. M. Afanassjewa,** The influence of wind on results of astronomical time determinations. Vgl. Ref. **1307** S. 345—348.

2403. **G. Albarella,** Il servizio telefonico dell'ora esatta. Boll. Geod. Sci. Affini **18** 435—448, 1959 = Oss. Astr. Capodimonte-Napoli Contr. Astr. **5** Nr. 5. — Kurze Beschreibung des automatischen Zeitdienstes durch das städtische Telefonnetz. B. C.

2404. **L. Arbey,** Une application de la réception sur oscilloscope des signaux de fréquence «MSF». Ann. Françaises Chronométrie (2) **14** 63—68. — Der Empfang der Frequenz MSF (5 MHz) mit Zeitzeichenoszillograph hat den Vergleich der Zeitskalen von Teddington und Bagneux während der ersten Hälfte 1959 mit einer Genauigkeit von 0.3 und 0.5 ms pro Tag ermöglicht. Dann wurde der Gang einiger Quarznormalzeitanlagen mit der Standardfrequenz Teddington verglichen. Verf.

2405. **M. Arditi,** Application des principes de la double résonance à la réalisation d'horloges atomiques. Ann. Physique (13) **5** 973—1025. — Verf. untersucht die Hyperfeinstrukturübergänge von ^{23}Na und ^{173}Cs auf ihre Eignung zum Bau von Gaszellen-Atomuhren. Die theoretischen Untersuchungen erstrecken sich u. a. auf Linienbreite, Signal-Rausch-Verhältnis sowie auf den Nachweis der Übergänge durch optische bzw. Mikrowellenmethoden. Abschließend wird ein Modell für eine Gaszellen-Atomuhr beschrieben. Henn

2406. **P. I. Bakulin, W. W. Podobed,** Some problems of Time Service work in the USSR. Vgl. Ref. **1307** S. 319—323.

2407. **D. J. Belozerkowskij,** The problem of longitudes of Time Services. Vgl. Ref. **1307** S. 313—318.

2408. **J. B. Blythe,** Star clock. Hydrogr. Rev. **37** Nr. 2 S. 123—125.

2409. **Z. Brkić,** Analiza sistematskih razlika časovnikovih stanja izvedenih iz večernjih i jutarnjih posmatranja. Zbornik Geod. Inst. Beograd Nr. 2 S. 5—16, 1959. — Es wird die Bedeutung der Untersuchungen über die systematischen Einflüsse auf die astronomische Zeitbestimmung hervorgehoben, besonders in der heutigen Zeit, die durch ein Streben nach sprunghaftem Wuchs der Genauigkeit, dank dem Gebrauch von elektronischer Apparatur, gekennzeichnet ist. Es werden einige Arbeiten angeführt, die sich mit den systematischen Unterschieden ΔCp zwischen den Abend- (Cpv) und Morgenbeobachtungen (Cpj) (ΔCp = Cpv — Cpj) befassen, die aber zu keinen endgültigen Schlüssen geführt haben. Es wird noch darauf hingewiesen, daß der Gegenstand dieser Arbeit eine Untersuchung dieser systematischen Unterschiede darstellt, welche von zwei Beobachtern aus den beobachteten Meridiandurchgängen an der Belgrader Sternwarte in den Jahren 1952 und 1953 gemacht wurde. Verf. (gek.)

2410. **Z. Brkić,** Unutrašnja i spoljašnja tačnost određivanja vremena iz meridijanskih prolaza. Zbornik Geod. Inst. Beograd Nr. 2 S. 65—78, 1959. — Durch eine Analyse der im Jahre 1953 an der Belgrader Sternwarte gemachten Beobachtungen wird die innere und äußere Genauigkeit des Zeitdienstes dieser Sternwarte auf verschiedene Weisen bewertet und mit derjenigen, an den anderen Sternwarten erreichten, verglichen. Verf. (gek.)

2411. **L. I. Chruschtschow,** A comparison of time determinations made with different instruments. Vgl. Ref. **1307** S. 337—339.

2412. **J. Delhaye,** Détermination astronomique de l'heure et de la latitude à l'astrolabe impersonnel et heures demi-définitives de réception des signaux horaires en 1959. Ann. Obs. Besançon **6** Fasc. 1, 11 S.

2413. **T. Dobrowolski, J. Walker,** Time analyser using a crystal-controlled trochotron tube. J. Sci. Instrum. **37** 289—291. — Ref. in Phys. Abstr. (A) **63** 1433.

2414. **I. Domiński,** Performance of the quartz clock Z 3 of the Latitude Station of the Polish Academy of Sciences in the year 1958. AA **10** 205—208 = Polish Acad. Sci. Astr. Latitude Station Borowiec Repr. Nr. 8. — Die von S. Cierniewski für die Breitenstation konstruierte Quarzuhr Z 3 wurde durch Vergleich mit verschiedenen Zeitsignalen untersucht. Die absoluten Werte der Abweichungen des Gangs betragen $| E |_{\text{mittel}} = 0.00031$ sec/Tag /Monat. E. R.

2415. **M. Dukwicz,** Zegary atomowe i cząsteczkowe. Postępy Astr. **8** 251—254. — Ref. der in AJB **58** Ref. **2343** zitierten Arbeit von Verbaandert. E. R.

2416. **L. Essen,** The international co-ordination of time signals and standard frequency transmissions. Nature **187** 452—453.

2417. **L. Essen,** Accurate measurement of time. Proc. K. Nederl. Akad. Wet. (B) **63** 221—227.

2418. **B. A. Firago,** Systematische Fehler beim Drucken der hundertstel Sekunde des Druckchronographen. Bull KE Nr. 6 S. 15—16, 1959 (russ.).

* * **B. Guinot,** Comment on note l'instant précis d'un phénomène astronomique. Micromètres impersonnels et chronographes. Vgl. Ref. **2337**.

2419. **J. Haag, R. Chaléat,** Problèmes de théorie générale des oszillations et de chronométrie. Paris, Gauthier-Villars, 1960. 412 S. Preis NF 38.00. — Besprechung in Phys. Blätter **17** 51 (G. Glaser).

2420. **O. Heckmann,** Zeitmessung und Zeitbegriff in der Astronomie. Vgl. Ref. **659** S. 31—45.

2421. **S. Iijima,** Frequency determination of the maser in Tokyo (Radio Research Laboratories) as compared with the atomichron (Naval Research Laboratory). Publ. Astr. Soc. Japan **12** 445—447 = Tokyo Astr. Obs. Repr. Nr. 203.

2422. **S. Iijima, Y. Ohki, I. Oguma,** Frequency change due to Doppler shift in WWVH signals as received at Tokyo. II. TAB (2) Nr. 125 S. 1525—1536.

2423. **S. Iijima, G. Shibutani, S. Katahara,** Precise determination of travel time of radio signals between Hawaii and Tokyo. TAB (2) Nr. 128 S. 1555—1604.

2424. **S. Iijima, K. Fujiwara,** Travel time of radio signals between Buenos-Aires and Tokyo which are located very near the antipodal points with each other. TAB (2) Nr. 132 S. 1653—1675.

2425. **M. A. Ischtschenko, J. P. Platonow, W. B. Suchow,** An oscillographic device for the reception of time signals. AJ UdSSR **37** 156—160 (russ. mit engl. Ref.). — Kurze Notiz, in der ein neues Gerät zum Empfang von Zeitsignalen beschrieben wird, welches auf dem Prinzip zirkularer Durchmusterung mit einem Oszillographen beruht und es ermöglicht, die Position eines Signals festzustellen. Ein Blockdiagramm und Beispiele mittlerer Fehler werden angegeben (0.3—0.6 msec). Oster

2426. **J. M. Kletnieks,** Reduction of the data of time determination to the principal system in the period 1957, August 1—1959, December 31. Abh. Lett. Staatsuniv. Riga **38** 41—68 (russ. mit engl. und lett. Ref.).

2427. **A. Marks,** Praktyczne zastosowania astronomii. (I). Służba czasu. Urania Kraków **31** 41—47. — Allgemeines über den astronomischen Zeitdienst. E. R.

* * **P.-J. Melchior,** Programmation des calculs des observations du Service de l'Heure sur ordinateur électronique IBM 650. Vgl. Ref. **1506.**

2428. **W. Mussetter,** A new astronomical chronograph. Sky Tel. **19** 209—212.

2429. **L. N. Nadejew,** Preliminary results of time determinations by the chain method. Vgl. Ref. 1307 S. 324—327.

* * **C. J. A. Penny,** Comparison of time determined by the rotation of the Earth with time obtained from atomic frequency standards. Vgl. Ref. 3821.

2430. **W. Pohl,** Von Zeit und Zeitmessung in alter und neuer Zeit. Sonderdruck Schweiz. Techn. Z. Nr. 28/29, 20 S. — Bericht vom 6. Internationalen Kongreß für Chronometrie, München 1959.

2431. **G. R. Possoschkow,** Applications of the multiplier «FEU-25» in the Time Service of Charkow Observatory. AC Nr. 208 S. 17—19 (russ.).

2432. **G. R. Possoschkow,** Electronic chronograph for transit telescope. AC Nr. 216 S. 9—12 (russ.).

2433. **J. de Prins, J. Bonanomi, P. Kartaschoff,** État des travaux en chronométrie atomique au Laboratoire Suisse de Recherches Horlogères. Ann. Françaises Chronométrie (2) **14** 137—146. — Die seit Juni 1959 erzielten Resultate werden im folgenden Artikel mitgeteilt. Die Untersuchung der Caesium- und Ammoniak-Frequenznormale wurde weitergeführt. Der Hohlraumresonator der Caesium-Uhr wurde verbessert, so daß damit eine mit einer Genauigkeit von 3×10^{-11} reproduzierbare Normalfrequenz erzeugt werden kann. Die im Ammoniak-Maser ausnutzbaren Linienbreiten wurden gemessen. Die Verwendung der Linie mit $J = K = 3$ des isotopen Ammoniaks $N^{15}H_3$ ist am besten geeignet. Die Messung der Eigenfrequenz eines solchen Masers erfolgt mit einer Genauigkeit von 3×10^{-11}. Die Frequenzen der Caesium- und Ammoniak-Frequenznormale wurden während mehreren Wochen miteinander verglichen; die Übereinstimmung ist ausgezeichnet. Der Vergleich unserer Zeitskala TA1 mittels Radio-Zeitsignalen mit derjenigen von Washington (A1) zeigt keine größeren Abweichungen als 2.5 msec über eine Dauer von mehr als 2 Jahren. Der Vergleich der entsprechenden Genauigkeiten der atomaren mit der astronomischen Zeitbestimmung läßt den Schluß zu, daß es früher oder später nötig sein wird, die Sekunde neu zu definieren und auf ein atomares Zeitnormal zu beziehen. Verf.

2434. **E. Proverbio,** La détermination théorique et expérimentale des retards dans la comparaison des signaux horaires. Ann. Françaises Chronométrie (2) **14** 1—13 = Contr. Oss. Astr. Milano-Merate (NS) Nr. 150. — Es werden die systematischen Verspätungen der auf der Sternwarte Brera (Mailand) benutzten Apparate zur Vergleichung der lokalen und auswärtigen Zeitzeichen untersucht. Die in Betracht gezogenen Geräte sind: a) Registrierchronographen, b) Elektronische Chronometer, c) Oszillographische Geräte. Für jeden Apparat wird die absolute Verspätung relativ zu den lokalen Zeichen (auf quadratischer Welle) und den modulierten Zeitzeichen berechnet; die Verspätung betreffend den Anfang des Signals (Zeit der Steigung des Signals) wird vernachlässigt. Zum Schluß werden diese Verspätungen mit der inneren Genauigkeit jeder Methode verglichen. Verf.

2435. **E. Proverbio,** Analisi dei risultati del Servizio dell'Ora dell'Osservatorio di Brera durante l'anno di C. G. I. 1959. Circ. Servizio Orario Oss. Astr. Milano-Merate Nr. 6, 23 S.

2436. **E. Proverbio,** Les signaux de temps et leur utilisation à l'Observatoire Astronomique de Brera-Milano. Contr. Oss. Astr. Milano-Merate (NS) Nr. 162, 12 S.

2437. **E. Proverbio,** Il problema della determinazione del tempo. Kronos **2** Nr. 3, 2 S.

2438. **E. Proverbio,** Il Servizio Cronometrico del Centro di Cronometria dell'Osservatorio Astronomico di Brera in Milano. La Clessidra **16** Nr. 7, 7 S.

2439. **E. Proverbio,** L'importanza e l'attività del nuovo Centro di Cronometria all'Osservatorio Astronomico di Brera. L'Orafo Italiano Nov. 1960, 4 S.

2440. **E. Proverbio,** Il Servizio dell'Ora all'Osservatorio Astronomico di Brera-Milano. Mem SA It (NS) **31** 93—105 = Contr. Oss. Astr. Milano-Merate (NS) Nr. 154.

2441. **Y. Requième,** Application de l'amplificateur de temps Belin à la réception des signaux horaires. Vgl. AJB **57** Ref. **2347** = Publ. Obs. Univ. Bordeaux (A) Nr. 9.

2442. **Y. Requième,** Diviseur-déphaseur à dékatrons pour la réception des signaux horaires sur oscillographe. Vgl. AJB **58** Ref. **2333** = Publ. Obs. Univ. Bordeaux (A) Nr. 11.

* * **L. M. Saziorskij, B. A. Firago,** Bestimmung der Verzögerung der Standardkamera und des Druckchronographen. Vgl. Ref. **2273**.

2443. **W. P. Schtscheglow,** An investigation of the rate of the clock Shortt No. 39 from observations made in 1952. Vgl. Ref. **1307** S. 372—375.

2444. **J. A. Skrin, K. A. Cirulis,** Device for oscilloscopic comparison of quartz clock readings and time radiosignals. Abh. Lett. Staatsuniv. Riga **38** 21—28 (russ. mit engl. und lett. Ref.).

2445. J. A. Skrin, K. A. Steins, On the use of a photoelectric device with the printing chronograph 21-P. Abh. Lett. Staatsuniv. Riga **38** 29—36 (russ. mit engl. und lett. Ref.).

2446. E. I. Smirnow, W. S. Stepanow, S. S. Towtschigretschko, A solar-sidereal synchronous motor (type SESD—1). AJ UdSSR **37** 927—930 (russ. mit engl. Ref.). — Es wird die Konstruktion eines Reduktionsgetriebes zur Umwandlung von Sonnenzeit in Sternzeit angegeben. Einer allgemeinen Anwendung dieser Konstruktion steht jedoch der Umstand entgegen, daß als wesentlicher Umstand der Konstruktion die Verwendung einer zufällig vorhandenen Quarzuhr mit einem Gang von 0.068 sec/d eingeht. Hierdurch wurde es möglich, das Getriebe einfacher zu halten. Rfs.

2447. M. D. Sopelnikow, I. W. Baulin, A spark chronoscope for the oscillographic reception of time signals. AJ UdSSR **37** 151—155 (russ. mit engl. Ref.). — Verf. stellen einleitend fest, daß eine visuelle Beurteilung der Form von Zeitsignalen auf dem Oszilloskop die Empfangsgenauigkeit wesentlich erhöht und beschreiben Konstruktionsdaten und Fehlerquellen eines zu diesem Zweck in Charkow entwickelten Gerätes. Oster

2448. K. A. Steins, L. F. Rose, On the estimation of precision for the calculation of the clock correction. Abh. Lett. Staatsuniv. Riga **38** 5—20 (russ. mit engl. und lett. Ref.).

2449. A. Stoyko, La précision des Services Horaires de 43 observatoires en 1959. Bull hor 1959 (G) Nr. 6 S. 169—175.

2450. A. Stoyko, Heure définitive (TU2) des signaux horaires en 1960. Bull hor 1960 (G) S. 207—211.

2451. A. Stoyko, Temps atomique intégré. Bull hor 1960 (G) Nr. 8 S. 241, 245, 275—276.

2452. N. Stoyko, Temps uniforme et fréquence constante pour l'année 1961. Bull hor 1960 (5) S. 201.

2453. N. A. Telpuchowskij, A new device for the reception of time signals. Vgl. Ref. **1307** S. 349—359.

2454. S. S. Towtschigretschko, A precision synchronoscope. Vgl. Ref. **1307** S. 360—365.

* * **W. M. Wassiljew, D. D. Poloshenzew,** On the application of punchcard machines for calculations of the Time Service. Vgl. Ref. **1510.**

2455. Chronometrische Bemerkungen. Astr. News Letter Taipei Obs. **13** 6 (chines.).

2456. Réception de signaux horaires. Obs. Neuchâtel Circ. Nr. **4,** 3 S.

2457. Modifications du Service Horaire dès janvier 1960. Obs. Neuchâtel Circ. Nr. 5, 2 S. — Betrifft Änderungen in Neuchâtel.

2458. National standards of time and frequency in the United States. Proc IRE **48** 105—106.

2459. Regelmäßige Zeitdienstmitteilungen

AC, Astr. Latitude Station Polish Acad. Sci. Borowiec Circ., Astr. Ústav ČSAV Praha, Bull. Obs. Astr. Beograd, Bull hor, Bull. Zeitdienst Astr. Hauptobs. Pulkowo, Circ. Astr. Obs. Taschkent, Circ. Servizio Orario Oss. Astr. Milano-Merate, Greenwich Astr. Results, Obs. Neuchâtel Bull. (A), (B), (C), (D), RH, Roy. Greenwich Obs. Bull., UAI Circ.

Sonnenuhren

2460. **D. Babcock,** A modern equatorial sun-dial. J RAS Canada **54** 12—16. — Die vom Verf. konstruierte Sonnenuhr besteht aus einem äquatorial montierten Ring mit Stundeneinteilung und einer dazu senkrechten, in der Meridianebene liegenden Halbkreisscheibe. Während auf dem Äquatorring die wahre Sonnenzeit abgelesen wird, trägt die Halbkreisscheibe mehrere Skalen, die folgende Ablesungen gestatten: Die Länge der Sonne, das Tierkreiszeichen, in dem die Sonne verweilt, und den Tag des bürgerlichen Jahres. U. Baehr

2461. **H. H. Egger,** A new universal sundial design. Sky Tel. **19** 470—471.

2462. **G. Haslinde,** Das Horologium Achaz und andere merkwürdige Formen von Sonnenuhren. Sterne **36** 152—160.

2463. **L. M. Loske,** Die Sonnenuhren, Kunstwerke der Zeitmessung und ihre Geheimnisse. Vgl. AJB **59** Ref. **2442.** — Weitere Beprechung in VdS Nachr. **10** 93 (J. Herrmann).

2464. **E. Zinner,** Europäische Sonnenuhren. Sonderdruck Naturforsch. Ges. Bamberg **37** 14—16.

§ 25

Photographie

2501. **P. N. Bojko,** Untersuchung einiger Eigenschaften von Photoplatten. Mitt. Astrophys. Inst. Alma-Ata **10** 49—51 (russ. mit engl. Ref.).

2502. **I. I. Brejdo, A. A. Markelowa,** The hypersensitization of photographic emulsions by triethanolamine. Mitt. Astr. Hauptobs. Pulkowo **21** Nr. 4 (163) S. 190—199 (russ. mit engl. Ref.). — Die Empfindlichkeit photographischer Emulsionen für lange Belichtungen kann durch Triäthanolamin, ähnlich wie durch Ammoniak, auf das Zwei- bis Dreifache gesteigert werden, ohne daß sich der Kontrastwert merklich ändert. Der Einfluß auf den Gang der spektralen Empfindlichkeit ist bei den Emulsionen unterschiedlich und zum Teil unmerklich. Petri

2503. **O. D. Dokutschajewa, E. B. Kostjakowa,** First tests of the experimental astronomical film Panchrom with λ-limit 660 mμ. AC Nr. 211 S. 17—20 (russ.).

2504. **W. A. Feibelman,** Evaporated selenium films for use in Hα photography. Publ ASP **72** 510—511.

2505. **G. Haase, H. Müller,** Untersuchungen zum Diffusionslichthof photographischer Schichten. Optik **17** 1—24. — Aus der Diffusionsnäherung der allgemeinen Transporttheorie, die die Ausbreitung des Lichtes in streuenden und absorbierenden Medien beschreibt, wird eine einfache Theorie des Diffusionslichthofes entwickelt, die trotz der starken Vereinfachung des physikalischen Geschehens in der photographischen Schicht eine Reihe von experimentellen Erfahrungen physikalisch befriedigend zu deuten und zu verknüpfen vermag. Die Ansätze werden insbesondere in bezug auf einige experimentelle Ergebnisse der Frieserschen Arbeiten über den Diffusionslichthof diskutiert. Verf.

2506. **K. A. Hämeen-Anttila,** Die Feinkorntechnik und die photographische Spektralphotometrie der Sterne. Ann. Acad. Sci. Fennicae (A) VI. Phys. Nr. 47, 14 S. = Publ. Astr. Obs. Helsinki Nr. 76. — Es wird der Informationsgehalt von Spektren auf feinkörnigen mit dem auf grobkörnigen Platten verglichen. Die Theorie wird speziell auf die Spektren angewendet, die mit dem Teleskop der Sternwarte Helsinki aufgenommen wurden (Typus Schmidt-Väisälä, Brennweite 68.8 cm, Öffnung 31 cm; Objektivprismen mit 1000 bzw. 500 Å/mm bei λ 4000 Å). Bk.

2507. **G. Hampl,** Himmelsphotographie mit Amateur-Instrumenten. Sternenbote **3** 40—47.

2508. **R. Hanke,** Die Photographie der Sternschnuppen. Beilage VdS Nachr. Dez. 1960, 6 S.

2509. **K. Hermann-Otavský,** Some problems of the astronomical photography. RH **41** 29—32 (tschech.).

2510. **A. A. Hoag,** Low-temperature modification of reciprocity failure in astronomical photography. Publ ASP **72** 352—353. — Ref. ASP.

2511. **W. F. Jessipow,** On increasing the sensitivity of photoemulsions used in photography with long exposures. AJ UdSSR **37** 1102—1106 (russ. mit engl. Ref.).

2512. **A. L. Kartushanskij, L. I. Schur,** Activation energy of the thermal dissolution of a latent photographic image. DAN **131** 64—67 (russ.).

2513. **E. Lau, G. Hess,** Photographische Großflächenphotometrie. Monatsber. Deutsch. Akad. Wiss. Berlin **2** 678—679. — Ref.

2514. **W. S. Matjagin,** Über die Berücksichtigung des Untergrundes bei der fokalen photographischen Photometrie der Sterne. Mitt. Astrophys. Inst. Alma-Ata **9** 40—52 (russ. mit engl. Ref.). — Bei Mikrophotometrie mit konstanter runder Blendenöffnung kann der Einfluß ungleichmäßiger Untergrundschwärzung auf die effektive Korndichte der Sternbildchen durch einen an die Untergrunddichte anzubringenden empirischen Faktor $k \leqq 1$ in näher dargelegter Weise berücksichtigt werden. Petri

* * **D. D. Meisel,** The astrophotography of comets. Vgl. Ref. **9116**.

2515. **G. A. Nassyrow,** Die Hypersensibilisierung von Photoemulsionen durch Quecksilberdämpfe. Publ. Inst. Phys. Geophys. Akad. Wiss. Turkmen. SSR **6** 151—160, 1959 (russ. mit engl. Ref.). — Ref. in RJ UdSSR 1961 Nr. 1 S. 18.

2516. **H. E. Paul,** Outer Space Photography for the Amateur. New York, Amphoto, 1960. 124 S. Preis $ 2.50. — Besprechung in Sky Tel. **21** 112, 288—289 (G. T. Keene).

2517. **N. Pavani,** Dispositivo per una accurata messa a fuoco nelle fotografie astronomiche ingrandite all'oculare. Coelum **28** 73—74.

2518. **T. Rackham,** Astronomical Photography at the Telescope. Vgl. AJB **59** Ref. **2512**. — Weitere Besprechung in La Nature **88** 445.

2519. **G. Romano,** Applicazioni astronomiche della fotografia a colori. Coelum **28** 19—20 = Oss. Privato Specola «Ariel» Treviso Pubbl. Nr. 18 = Oss. Astr. Padova Comun. Rassegne Nr. 13.

2520. **S. Rösch,** Farbphotographie von Sternen. Photographie und Wissenschaft **9** 34—36.

2521. **D. A. Roshkowskij,** Polarigraph summarizing the multiple expositions. AC Nr. 216 S. 7—9 (russ.).

2522. **W. Sandner,** Himmelsphotographie des Sternfreundes. Sternenbote **3** 83—84.

2523. **B. Valníček,** Properties of emulsions used for photographing the chromosphere. BAC **11** 81—83.

2524. La photographie du ciel avec un appareil fixe. BSAF **74** 120, 207—208, 268—269.

2525. Color en el Universo. El Universo **14** 167—169.

2526. Astronomische Farbphotographien. Sterne **36** 84—85. — Ref.

IV. Positionsastronomie

§ 31

Astrometrie

3101. **S. Arend, F. Rigaux, Laugier, J. Kordylewski, Z. Kordylewski,** Observations photographiques de Petites Planètes et de Pluton. Effectuées en 1957 à l'astrographe double de 40 cm. BAB **5** 7—11, 1959.

* * **S. Böhme,** Methoden und Hauptaufgaben der Positionsastronomie. Vgl. Ref. **3302.**

3102. **Z. M. Brkić,** L'influence de la réfraction zénithale sur la détermination du temps des passages méridiennes. Bull. Obs. Astr. Beograd **24** Nr. 3—4 S. 35—37.

* * **E. J. Bugoslawskaja, A. K. Sosnowa,** L'emploi de la machine de calcul électronique pour la solution de quelques problèmes astrométriques. Vgl. Ref. **1501.**

3103. **S. T. Chabibullin,** A method for the reduction of photographs of the moon obtained with a Markowitz camera. Vgl. Ref. **1307** S. 395—397.

3104. **W. Chauvenet,** A Manual of Spherical and Practical Astronomy. New York, Dover Publications Inc., 1960. Neudruck des im Jahre 1863 erschienenen Werkes. Vol. **1:** 708 S., Vol. **2:** 631 S. Preis $ 2.75 je Band. — Besprechung in Ciel et Terre **76** 427, Sky Tel. **21** 107.

3105. **S. H. Chussainow, S. Karatajew,** Tafel zur Umwandlung horizontaler Koordinaten in äquatoriale. Bull KE Nr. 6 S. 10—11, 1959 (russ.).

3106. **A. Danjon,** Observation on the astrolabe of fundamental stars of both hemispheres. Vgl. Ref. **1317** S. 180—185.

3107. **H.-M. Dufour, A. Fontaine,** Formules pratiques pour le calcul électronique des coordonnées des étoiles. BA **23** 117—126. — Verf. beschreiben eine Methode, die schon vom «Institut Géographique National» geprüft wurde, um mit elektronischen Maschinen die verschiedenen in der Positionsastronomie benutzten Arten von Sternkoordinaten zu berechnen. Sie schlagen die Benutzung von ekliptikalen Koordinaten und rechtwinkligen Achsentransformationen (durch endliche Formeln ausgedrückt) vor: es ergeben sich daraus ganz allgemeine Arbeitsmethoden, welche nur eine einzige Kartei benötigen und deren Programme leicht für elektronisches Rechnen aufzustellen sind. Verf.

3108. **H. K. Eichhorn,** On the reduction of photographic star positions and proper motions. AJ **65** 488. — Ref. AAS.

3109. **H. K. Eichhorn,** Über die Reduktion von photographischen Sternpositionen und Eigenbewegungen. AN **285** 233—237. — Um die Genauigkeit von photographischen Sternörtern aus vielen, sich teilweise überdeckenden Aufnahmen zu erhöhen oder ohne Verlust an Genauigkeit mit weniger Anhaltsternen auszukommen, entwickelt Verf. ein Verfahren, bei dem in den Beobachtungsgleichungen nicht nur die Plattenkonstanten, sondern auch die gesuchten Koordinaten der Feldsterne als Unbekannte auftreten und gibt die Lösung des daraus resultierenden, selbst mit einer großen elektronischen Rechenmaschine nicht direkt zu bewältigenden Systems von Normalgleichungen an. Böh.

3110. **D. Gadd,** A graphical method of selecting stars for astronomical observations. Empire Survey Rev. **15** 277—283.

3111. **I. W. Gawrilow,** Photographic observations of the moon and surrounding stars for the determination of the precise coordinates of the moon. Vgl. Ref. **1307** S. 380—384.

3112. **L. Gratton,** A note on the color effect on astrometric plates. Vgl. Ref. **1317** S. 213—214.

3113. **F. Gulisano, E. Proverbio,** Riduzioni delle posizioni apparenti stellari per mezzo di un calcolatore IBM 650. Ric. Sci. **30** 2449—2457. — Da am Meridiankreis in Brera auch Sterne aus dem FK3 Supp und dem GC beobachtet werden, wurde ein Programm zur Berechnung scheinbarer Sternörter aufgestellt. Die praktische Durchführung erfolgte auf der IBM 650 (Programmierung im Bell-System). Eine für einen FK3-Stern damit gerechnete Ephemeride wurde mit den in den A. P. F. S. und im Astr. Jahrbuch der UdSSR gegebenen verglichen. T. L.

3114. **A. Güttler,** J. Dicks Tafeln zur Berechnung der Mondparallaxe. Mitt. Planetenbeobachter **13** 63—65.

3115. **F. Kępiński,** Stacjonarność geocentrycznego ruchu planet. Postępy Astr. 8 151—153. — Die von W. M. Smart im Text-Book on Spherical Astronomy (Cambridge, 1944) angegebene Stationaritätsbedingung der geozentrischen Planetenbewegung für eine Kreisbewegung verlangt zur Lösung noch eine nachträgliche Bedingung. Diese Bedingung kann die gemeinsame Periodizität für die Größen φ und ψ (Bahnwinkelabstände der Erde und des betrachteten Planeten vom Knoten beider Bahnen) bilden. Bei bekannter Exzentrizität des Planeten kann die Lösung nur durch Annäherungen erzielt werden. E. R.

3116. **K. N. Kusmenko, W. H. Plushnikow,** Bestimmung der Rektaszensionen der Großen Planeten am Meridiankreis des Astronomischen

Observatoriums Charkow 1959. Circ. Astr. Obs. Charkow Nr. 21 S. 19—20 (russ.). — Mars, Jupiter, Saturn, Uranus, Neptun.

3117. **P. Kustaanheimo,** Time derivatives of the components of proper motions of stars. AJ **65** 46—47 = Publ. Astr. Obs. Helsinki Nr. 79. — Eine einfache Herleitung mittels Vektoren liefert die Formeln der zeitlichen Änderungen von EB-Komponenten. In einigen Lehrbüchern stehen die Formeln fehlerhaft (wegen Vernachlässigung der Radialgeschwindigkeit). hz

3118. **P. Kustaanheimo,** On vector methods in spherical astronomy. II. Commentat. Phys.-Math. Soc. Sci. Fennica **24** Nr. 7, 13 S. = Publ. Astr. Obs. Helsinki Nr. 77.

3119. **J. Lagrula, G. Billaud, B. Milet, A. Pourcelot,** Premiers résultats obtenus à l'Observatoire d'Alger au moyen de l'astrolabe impersonnel de A. Danjon. BA **23** 231—258. — Die von Ende 1957 bis Anfang 1959 am Danjon-Astrolab am Observatorium Algier erhaltenen Beobachtungen werden in bezug auf systematische Beobachtungsfehler und Fehler des FK3 sowie auf die Änderung der Polhöhe untersucht; die Anlage der Beobachtungen und die Form der Diskussion sind dabei die gleichen wie für den Pariser Astrolaben. Böh.

3120. **E. López L.,** Oposición de Marte. El Universo **14** 200.

3121. **W. J. Luyten,** Astrometric problems in the southern hemisphere, desiderata on parallaxes and proper motions. Vgl. Ref. **1317** S. 203—206.

3122. **J. Meeus,** Les conjonctions Jupiter—Saturne de 1961 et de 1981. Ciel et Terre **76** 407—408.

3123. **J. Meeus,** Occultations of bright stars by planets. JBAA **70** 174—183. — Ref. in VdS Nachr. **10** 52. — Venus-Regulus-Bedeckungen treten durchschnittlich einmal in 530 Jahren ein. Mit dieser Rechnung übereinstimmend findet Verf. im Zeitraum 600—2600 n. Chr. vier Bedeckungsdaten (3 sichere, 1 streifende), davon nur 1959 eine in Westeuropa sichtbar. Die wenigen anderen gegenwärtig überhaupt möglichen Bedeckungen von Sternen 1. Größe durch Planeten (Regulus/Merkur oder Neptun, Spika/Merkur oder Venus, Antares/Venus) sind alle noch weniger wahrscheinlich. hz

3124. **S. Nakano, H. Yasuda, H. Hara,** Meridian observations of the right ascensions of the moon and planets during the year 1959. TAB (2) Nr. 131 S. 1645—1651.

3125. **A. A. Nefedjew,** Photographic observations of the moon with Markowitz cameras at the Engelhardt Observatory. Vgl. Ref. **1307** S. 376—379.

3126. **A. I. Nefedjewa,** The systematic errors of star declinations derived from M. A. Grachev's observations. Vgl. Ref. **1307** S. 121—130.

3127. **A. A. Nemiro, M. S. Swerew,** A plan of U. S. S. R. participation in astrometric observation in the southern hemisphere. Vgl. Ref. **1317** S. 226—227.

3128. **S. Newcomb,** A Compendium of Spherical Astronomy with its Applications to the Determination and Reduction of Positions of the Fixed Stars. New York, Dover Publications, Inc., 1960. Neudruck des im Jahre 1906 erschienenen Buches (vgl. AJB **8** Ref. **357**). 18 + 444 S. Preis $ 2.25. — Besprechung in Ciel et Terre **76** 427, Math. Rev. **22** 1108, Sky Tel. **21** 48.

3129. **S. Nowak,** Corrections of right ascensions of planets in 1959 from transit observations. AA **10** 135—138 = Polish Acad. Sci. Astr. Latitude Station Borowiec Repr. Nr. 7. — Betrifft Venus, Mars, Jupiter, Uranus.

3130. **A. B. Onegina,** The precision of measurements of galaxies on plates taken with the 400 mm astrograph at Golossejewo. Vgl. Ref. **1307** S. 175—178.

3131. **J. H. Oort,** Very accurate positions of selected stars. Vgl. Ref. **1317** S. 229—231.

3132. **G. P. Pilnik,** Collimation errors in astronomical observations. AJ UdSSR **37** 567—578 (russ. mit engl. Ref.). — Bei der Beobachtung von Kollimatoren im Zenit und am Horizont mit zwei Passagengeräten wurden in der Lage der Visierlinie beträchtliche Fehler gefunden. Ein Vergleich der Beobachtungen von Kollimatoren und Sternen führt zu dem Schluß, daß in astrometrischen Messungen die Kollimationsfehler die wichtigsten sind. Einige möglichen Ursachen für die Variation der Kollimation werden erwähnt. Verf. (ü.)

3133. **H. I. Potter,** The method used at Pulkowo for the reduction of photographic observations of the moon with a Markowitz camera. Vgl. Ref. **1307** S. 385—394.

3134. **E. Proverbio,** Determinazioni di ascensioni rette e semidiametri del pianeta Marte. Mem SA It (NS) **31** 75—81 = Contr. Oss. Astr. Milano-Merate (NS) Nr. 153. — Brera, 1959 Jan. 5 — März 2.

3135. **P. Rybka,** O zmianach nachylenia instrumentu przejściowego Repsolda Instytutu Astronomicznego Uniwersytetu Wrocławskiego. Postępy Astr. **8** 47—49. — Aus Differenzbeobachtungen von Sternen des Fundamentalkatalogs Schwacher Sterne in Wrocław (Breslau) von 1950 bis 1953 folgen Änderungen der Größen m und n der Besselschen Formel im jährlichen Zeitraum. Die Änderungen sind mit dem Niveau des Grundwassers korreliert. E. R.

3136. **B. Ševarlić, G. Teleki, Z. Petović, M. Djokić,** Observations à la lunette zénithale (de 110 mm) du Service de Latitude de l'Observatoire. Bull. Obs. Astr. Beograd **24** Nr. 3—4 S. 6.

3137. **B. Ševarlić, G. Teleki,** Le programme de détermination de déclinaisons de 36 étoiles à la lunette zénithale. Bull. Obs. Astr. Beograd **24** Nr. 3—4 S. 27—30.

3138. **S. J. Slaucitajs,** Fundamentos de la determinación de la corrección del reloj o ascensiones rectas de las estrellas. Obs. Astr. Univ. Nacional La Plata (Espécial) Nr. 21, 45 S.

3139. **W. M. Smart,** Text-Book on Spherical Astronomy. Neudruck des in AJB **45** Ref. 2108 zitierten Buches. New—York—London, Cambridge University Press, 1960. 430 S. Preis $ 3.95. — Besprechung in Sky Tel. **22** 102.

3140. **M. S. Swerew, G. M. Timaschkowa,** New programs for meridian observations. Vgl. Ref. **1307** S. 147—154.

3141. **L. Tartois,** Les conjonctions Jupiter-Saturne. BSAF **74** 414—415.

3142. **G. E. Taylor,** Planetary appulses and occultations in 1961. Strolling Astr. **14** 161—162. — Betrifft Venus, Mars, Jupiter.

3143. **N. A. Tschernega,** Corrections of right ascensions for some FK3 stars. AC Nr. 210 S. 15—16 (russ.).

3144. **L. F. Tschernijew,** Catalogue of declinations of 64 stars of zenith-telescope program of V. P. Engelhardt Astronomical Observatory in Kasan. Bull. Astr. Engelhardt-Obs. Kasan Nr. 34 S. 3—28, 1959 (russ. mit engl. Ref.).

3145. **L. F. Tschernijew,** The determination of declinations of stars of the new Pulkowo latitude program with the Odessa meridian circle. Mitt. Astr. Hauptobs. Pulkowo **22** Nr. 1 (166) S. 123—128 (russ. mit engl. Ref.). — Ein Katalog gibt die Deklinationen von 74 Sternen im FK3-System im Äquinoktium 1950.0, die mit dem Meridiankreis in Odessa zur mittleren Epoche 1955.5 beobachtet wurden. Die Sterne sind 4. bis 8. Größe und stehen zwischen 40° und 80° Deklination. Der mittlere Fehler einer Katalogposition beträgt ±0″10, der einer einzelnen Beobachtung ±0″27. Gli.

3146. **K. Tuzi, K. Nagane,** Meridian observation of right ascension of moon's limb made with Repsold transit instrument. Report No. 4. TAB (2) Nr. 129 S. 1605—1618.

3147. **S. Vasilevskis,** Large-field photographic astrometry. Photogrammetric Engineering **25** 461—468, 1959 = Contr. Lick Obs. (2) Nr. 97.

3148. **A. Vassallo,** Determinazioni di ascensione retta del pianeta Saturno 1959. Mem SA It (NS) **31** 39—42 = Oss. Astr. Capodimonte-Napoli Oss. **1** Nr. 6. — Capodimonte, 1959 Aug. 17—Sept. 22.

3149. **W. Weiss,** Übertragung ortsabhängiger Zeiten in Österreich. Korrekturdaten für jeden Ort des Bundesgebietes. Sternenbote **3** 136—144.

3150. **A. J. Wickens, H. E. Jones,** Computing precise star co-ordinates. MN **121** 399—404. — Es wird ein Programm für die IBM 650 erläutert, bei dem scheinbare Sternörter, ausgehend von der Epoche eines Fundamentalkatalogs mit genügender Genauigkeit, für mehrere Jahrzehnte berechnet werden können. Der Zeitbedarf beträgt pro Stern etwa 10 Sekunden. Es wird gezeigt, über welche Zeiträume und bis zu welchen Deklinationen das Programm ausreichende Genauigkeit liefert. Gli.

3151. La ronde des étoiles. BSAF **74** 269—270.

3152. Photographic zenith tube 1959. Roy. Greenwich Obs. Bull. Nr. 18, 26 S.

3153. Occultations of bright stars by planets. Sky Tel. **20** 80—81.

3154. **Zweifelhafte Objekte**

BSAF **74** 85—86, 534. Objets suspects.
Harv Card 1491. Fast moving object. C. Hoffmeister.
Harv Card 1495. Fast moving object. C. Hoffmeister, J. Schubart.
Harv Card 1505. Fast moving object. H. L. Giclas.
Harv Card 1508. Giclas object. S. W. McCuskey, A. R. Upgren.
Harv Card 1510. Giclas object. H. L. Giclas, R. Burnham jr.
Harv Card 1511. Giclas object. H. L. Giclas, L. E. Cunningham.
Harv Card 1512. Giclas object. B. G. Marsden, H. L. Giclas.
Harv Card 1515. Giclas object. B. G. Marsden.

UAI Circ 1732. Fast moving object. C. Hoffmeister. — Auf Boyden-Platten (1959 Juni 5—12) hat Verf. ein Objekt entdeckt, das vielleicht ein kleiner Planet vom Typ Icarus ist. Loh.

UAI Circ 1735. Object Hoffmeister. C. Hoffmeister, J. Schubart. — Beobachtungen 1959 Juni 5—11, Elemente und Ephemeride.

UAI Circ 1741. Fast moving object. Giclas.
UAI Circ 1743. Fast moving object Giclas. Finnerty, Upgren.
UAI Circ 1744. Object Giclas. H. L. Giclas, E. Roemer.
UAI Circ 1745. Object Giclas. B. G. Marsden.
VdS Nachr. **9** 96. Objekt Hoffmeister.
VdS Nachr. **9** 130. Schnell bewegtes Objekt Giclas.

§ 32

Sternkataloge, Sternkarten

Sternkataloge

3201. **D. Brouwer,** A method of constructing a revised General Catalogue. Vgl. Ref. **1317** S. 186—189.

3202. **E. J. Bugoslawskaja,** A propos d'étoiles doubles dans le catalogue AGK3. Vgl. Ref. **1307** S. 143—146.

3203. **M. Cavedon,** Ricerche sul catalogo fondamentale FK3 con l'astrolabio a prisma. Vgl. Ref. **1324** S. 91—92.

3204. **W. Dieckvoss,** Progress on the AGK3. Vgl. Ref. **1317** S. 171—174.

3205. **H. Enslin,** Bestimmung systematischer Korrektionen für die Rektaszensionen des revidierten 3. Fundamentalkatalogs des Berliner Astronomischen Jahrbuchs (FK3R). Deutsche Hydrogr. Z. **13** 28—33. — Aus den Zeitbestimmungen des Deutschen Hydrogr. Inst. während des Internat. Geophys. Jahres 1957/8 werden für 24 Gruppen von Sternen systematische Korrektionen abgeleitet. Frlb.

3206. **W. Gliese,** The Fundamental Catalogues of the Rechen-Institut. MN ASSA **19** 2—9. — Nach einem Überblick über die Entstehung der Fundamentalkataloge von Auwers und des NFK wird die Herleitung des FK3 beschrieben. Nach einem Hinweis auf die inzwischen entdeckten systematischen Fehler im FK3 geht Verf. genauer auf die Arbeiten zur Verbesserung des RA-Systems ein und weist dabei auf die Bedeutung der Meridianastronomie am Südhimmel hin. Gli.

3207. **A. P. Guljajew,** The investigation of the system of right ascensions of FK3 stars in the circumpolar region derived from observations with the Moscow meridian circle. Vgl. Ref. **1307** S. 116—120.

3208. **O. Heckmann,** Der gegenwärtige Stand des Dritten AG-Katalogs (AGK3). AN **286** 35—38 = Mitt. Sternw. Hamburg-Bergedorf **10** Nr. 113. — Der Stand der Arbeiten am AGK3 wird kurz beschrieben: Die Meridianbeobachtungen der Anhaltssterne sind im Durchschnitt zu 77% vollendet, die Reduktionen auf 1950.0 für alle Beobachtungen fortlaufend berechnet. Die photographischen Aufnahmen für die 180000 Programmsterne werden ausschließlich in Bergedorf gewonnen, vermessen und ausgewertet. Von im Ganzen 1939 notwendigen Platten sind 1500 aufgenommen und 1120 vermessen. Eine graphische Übersicht zeigt den Stand der photographischen Arbeiten im Einzelnen. Besondere Sorgfalt wird verwendet auf die Vermeidung bzw. Bestimmung von Objektivfehlern, die Helligkeits- und Farbfehler erzeugen können. Schließlich werden einige zusätzliche Arbeiten beschrieben, die spezielle Sterntypen betreffen. Verf.

* * **M. I. Jessipowa, D. W. Sagrebin,** The compilation of a catalogue of right ascensions of stars, using punch-card machines. Vgl. Ref. 1503.

3209. **W. J. Luyten,** On the completion of the Carte du Ciel. Vgl. Ref. **1317** S. 232.

3210. **K. S. Mansurowa,** Declination systems obtained from latitude observations. Vgl. Ref. **1307** S. 131—138.

3211. **F. P. Scott,** Report on the AGK3R. Vgl. Ref. **1317** S. 175—176.

3212. **M. S. Swerew, D. D. Poloshenzew,** An investigation of the system of the PFKSZ. Vgl. Ref. **1307** S. 107—115.

3213. **N. A. Tschernega,** Katalog der Rektaszensionen von Sternen des Fundamentalkatalogs Schwacher Sterne und Untersuchung des Meridiankreises des Astronomischen Observatoriums der Universität Kiew. Leningrad, Astr. Hauptobs. Pulkowo, 1960 (russ.). — Diss. Ref.

3214. Geschichte des Fixsternhimmels, enthaltend die Sternörter der Kataloge des 18. und 19. Jahrhunderts. Abteilung II. Der südliche Sternhimmel. Band **20.** 19^h Rektaszension. Erste Lieferung bearbeitet von G. Felsmann. Herausgegeben von der Deutschen Akademie der Wissenschaften zu Berlin, Sternwarte Babelsberg (Astronomisches Recheninstitut). Berlin, Akademie-Verlag, 1960. 15 + 200 S.

3215. Geschichte des Fixsternhimmels, enthaltend die Sternörter der Kataloge des 18. und 19. Jahrhunderts. Band **21.** 20^h Rektaszension. Erste Lieferung. Vgl. AJB **59** Ref. **3222.** — Weitere Besprechung in Sterne **37** 132 (C. Hoffmeister).

3216. Catalogo Astrofotografico Internazionale 1900.0. Zona di Catania fra le declinazioni +46° e +55°. Volume II. Parte 2ª. Declinazione da +47° a +49°, ascens. retta da 3^h a 6^h (Fascicolo N. 10). Scuola Salesiana del Libro di Catania—Barriera, 1960. 48 S. — Neudruck des im AJB **32** Ref. **7128** zitierten Kataloges.

3217. Individuelle Verbesserungen FK3R—FK3 für die Jahre 1960 bis 1962. Veröff. Astr. Rechen-Institut Heidelberg Nr. 8, 16 S.

3218. Nyt positionskatalog. NAT 1960 S. 113.

Sternkarten

3219. **A. Bečvář,** Atlas Coeli II — Katalog 1950.0. Vgl. AJB **59** Ref. **3227.** — Weitere Besprechung in AJ UdSSR **38** 383—384 (P. G. Kulikowskij), Hemel en Dampkring **58** 290 (J. Meeus), Obs **80** 163 (J. G. Porter).

3220. **G. Bernasconi, A. Bernasconi,** Carta del cielo boreale, contenente le stelle visibili ad occhio nudo. Varese, Libreria Bono di Saronno. 10 S. und 1 Sternkarte. Preis L. 850. — Besprechung in Coelum **28** 183.

3221. **A. Brandenberger, H. B. Wackernagel,** On the design of a photographic star map with coordinate grid. AJ **65** 484. — Ref. AAS.

3222. **V. de Callataÿ,** Goldmanns Himmelsatlas. Ins Deutsche übersetzt und herausgegeben von W. Jahn. München, Wilhelm Goldmann Verlag, 1959. Preis DM 50. — Besprechung in VdS Nachr. **9** 122 (G. D. Roth).

3223. **W. I. Iwanow,** Eine drehbare Sternkarte zur Berechnung der optischen Grenze. Bull KE Nr. 8 S. 1—3, 1959 (russ.).

3224. **J. Klepešta,** Otáčivá mapa severní hvězdné oblohy. Prag, Verlag ÚSGK, 1960. Preis Kčs. 9.50 (tschech.). — Besprechung in Vesmír **40** 94.

3225. **J. Klepešta, A. Rükl,** Mapa jižní hvězdné oblohy. Prag, Verlag ÚSGK, 1960. Preis Kčs. 10.00 (tschech.). — Besprechung in Vesmír **40** 94.

3226. **O. Kohl, G. Felsmann,** Atlas des gestirnten Himmels. Stuttgart, Franckhsche Verlagshandlung, 1960. Preis DM 19.80. — Besprechung in VdS Nachr. **9** 133 (J. Herrmann).

3227. **G. B. Lacchini,** Atlante celeste spettroscopico e galattico: N. XLI. Zu beziehen durch den Verf., Faenza (Ravenna), Via Cicognani 10. Preis L. 4.300 bzw. 4.500. — Besprechung in Coelum **28** 121—122.

3228. **A. Rükl,** Mapa severní hvězdné oblohy. Prag, Verlag ÚSGK, 1960. Preis Kčs. 10.00 (tschech.). — Besprechung in Vesmír **40** 94.

3229. **C. D. Shane,** A new sky atlas. Vgl. AJB **58** Ref. **9151** = Contr. Lick Obs. (2) Nr. 93.

3230. **A. G. Suchanow,** Über den Maßstab der Photokopien des Sternatlasses von Bečvář. Bull KE 1960 Nr. 1 S. 5—6 (russ.).

3231. Philips' Chart of the Stars. Herausgegeben von E. O. Tancock. Vgl. AJB **58** Ref. **9154**. — Weitere Besprechung in J RAS Canada **54** 256 (R. J. Northcott).

3232. Schurig/Götz, Himmelsatlas. Herausgegeben und neu bearbeitet von K. Schaifers. Mannheim, Bibliographisches Institut, 1960. 8. Auflage 4 S. + 9 Sterntafeln. Preis DM 9.80. — Besprechung in Mitt. Planetenbeobachter **14** 15 (W. Sandner), Phys. Blätter **17** 433, Sterne **37** 132—133 (C. Hoffmeister), Sternenbote **4** 100, VdS Nachr. **10** 18 (G. D. Roth).

3233. Nachtleuchtende Sternkarte für jedermann. Stuttgart, Franckhsche Verlagshandlung, 1959. Preis DM 4.80. — Besprechung in VdS Nachr. **9** 55 (J. Herrmann).

3234. Photographic star atlas. Sky Tel. **20** 335. — Ref. AAS.

§ 33

Astronomische Konstanten, Fundamentalsystem

3301. **A. Blaauw, C. S. Gum, J. L. Pawsey, G. Westerhout,** The new I. A. U. system of galactic coordinates (1958 revision). (Paper I). MN **121** 123—131.

* * **A. Blaauw,** Optical determinations of the galactic pole. (Paper IV). Vgl. Ref. **14402**.

3302. **S. Böhme,** Methoden und Hauptaufgaben der Positionsastronomie. Studium Generale **13** 129—137 = Astr. Rechen-Institut Heidelberg Mitt. (B) Nr. 3.

3303. **N. W. Fattschichin, A. A. Latypow,** Katalog von Galaxien in der Zone von -5° bis -25° Deklination, ausgesucht zur Bestimmung absoluter Eigenbewegungen von Sternen. Circ. Astr. Obs. Taschkent Nr. 302, 16 S. (russ.).

3304. **N. W. Fattschichin,** On the reference of stars to galaxies. Vgl. Ref. **1307** S. 169—174.

3305. **W. Fricke,** The system of fundamental stars in the southern hemisphere. Vgl. Ref. **1317** S. 177—180.

3306. **B. Guinot, G. Jumarie,** Notes sur l'aberration annuelle des fixes. BA **23** 143—148. — Entwicklung verschiedener Formeln, um die Mond- und Planetenglieder in die Berechnung der jährlichen Fixstern-Aberrationskorrektionen einzuführen. Verf.

* * **W. D. Heintz,** Die Doppelsterne im FK4. Vgl. Ref. **11221**.

* * **J. Lagrula, G. Billaud, B. Milet, A. Pourcelot,** Premiers résultats obtenus à l'Observatoire d'Alger au moyen de l'astrolabe impersonnel de A. Danjon. Vgl. Ref. **3119**.

3307. **W. W. Morgan,** Some characteristics of galaxies which bear on their use as a fundamental astrometric frame of reference. Vgl. Ref. **1317** S. 222—223.

3308. **A. A. Nemiro,** Reference stars in the southern hemisphere. Vgl. Ref. **1317** S. 233—234.

3309. **N. I. Pantschenko,** On the damping of free nutation. Vgl. Ref. **1307** S. 232—243.

* * **Y. Sato,** Investigation on some astronomical constants adopted in Brown's lunar tables. Vgl. Ref. **8372**.

3310. **J. Schilt,** The correction to the motion of the equinox. Vgl. Ref. **1317** S. 218—221.

3311. **B. M. Ševarlić,** La détermination de la constante d'aberration des variations observées de la latitude de l'Observatoire de Beograd. Bull. Obs. Astr. Beograd **24** Nr. 3—4 S. 32—34.

* * **S. J. Slaucitajs,** El astrolabio registrador de Danjon y los resultados obtenidos en las observaciones de las estrellas fundamentales. Vgl. Ref. **2279**.

3312. **M. S. Swerew,** An investigation of the PFKSZ. Vgl. Ref. **1317** S. 223—225.

3313. **G. Teleki,** Nouvelles formules et tables pour le calcul des variations annuelles des constantes de Bessel. Bull. Obs. Astr. Beograd **24** Nr. 3—4 S. 30—31.

3314. Un nuovo sistema di coordinate galattiche. Coelum **28** 49—52.

3315. Galaktische Koordinaten. Sterne **36** 165. — Ref.

§ 34

Jahrbücher, Kalender

3401. Der Sternenhimmel 1961. Kleines astronomisches Jahrbuch für Sternfreunde. Herausgegeben von R. A. Naef. Aarau, Verlag H. R. Sauerländer & Co., 1960. 142 S. Preis Fr. 7.80.

3402. The Indian Ephemeris and Nautical Almanac for the year 1961. Office of preparation: Nautical Almanac Unit Regional Meteorological Centre, Alipore, Calcutta. Published by the Manager of Publications, Civil Lines, Delhi, 1960. 28 + 448 S. Preis 19 s. 6 d.

3403. Annuario per il 1961. Osservatorio Astrofisico di Arcetri, 1960. 116 S.

3404. Annuaire de notre ciel pour l'an 1961. Herausgegeben von V. V. Michkovitch. Beograd, Académie Serbe des Sciences et des Arts, Section d'Astronomie Théorique et Appliquée de l'Institut Mathématique. Publ. Astr. Tome **12**, 141 S.

3405. Nautisches Jahrbuch für das Jahr 1961. 1. Halbband. Berlin, Akademie-Verlag, 1960.

3406. Astronomischer Grundkalender 1961. Berlin, VEB Deutscher Zentralverlag, 1960. 40 S.

3407. Blick in die Sternenwelt 1961. Astronomischer Kalender der Archenhold-Sternwarte. Bearbeitet von H. Winkler. Vorträge und Schriften Archenhold-Sternw. Berlin-Treptow Nr. 4, 48 S.

3408. Almanacco Astronomico della rivista Coelum per l'anno comune 1961. Zusammengestellt von G. B. Lacchini, M. Baruzzi. Bologna, Tipografia Compositori, 1960. 68 S. Preis L. 600.

3409. Annuaire de l'Observatoire Royal de Belgique. Jaarboek van de Koninklijke Sterrenwacht van België 1961. Bruxelles, Imprimerie Hayez, 1960. 207 S.

3410. Efemerides Astronomicas y Manual del Aficionado para el Año 1960. Herausgegeben von der Asociación Argentina Amigos de la Astronomia, Buenos Aires. Rev. Astr. Nr. 152, 64 S.

3411. Annuario 1961. Oss. Astrofis. Catania Pubbl. (NS) Nr. 34, 62 S.

3412. Efemérides Astronómicas para o ano de 1961. Observatório Astronómico da Universidade de Coimbra, 1960. 13 + 238 S.

3413. Nautisches Jahrbuch oder Ephemeriden und Tafeln für das Jahr 1961 zur Bestimmung der Zeit, Länge und Breite zur See nach astronomischen Beobachtungen. Herausgegeben vom Deutschen Hydrographischen Institut, Hamburg, 1960. **110**. Jahrgang.

3414. Scheinbare Örter der Fundamentalsterne 1961, enthaltend die 1535 Sterne des Dritten Fundamental-Katalogs (FK3). Hergestellt unter der Schirmherrschaft der Internationalen Astronomischen Union. Heidelberg, Astronomisches Rechen-Institut, 1960. 43 + 510 S. Preis DM 25.00.

3415. Astronomische Grundlagen für den Kalender 1962. Herausgegeben vom Astronomischen Rechen-Institut in Heidelberg. Karlsruhe, Verlag G. Braun G. m. b. H., 1960. 98 S. Preis DM 15.00.

3416. The Handbook of the British Astronomical Association 1961. Herausgegeben von C. Dinwoodie. Hounslow West, Middlesex, British Astronomical Association, 1960. 72 S. Preis $ 1.40.

3417. Annuaire astronomique et météorologique Camille Flammarion pour 1961. Publiée par l'Observatoire de Juvisy, 1960. 398 S. Preis 16 N. F.

3418. Kalender für Sternfreunde 1960. Herausgegeben von P. Ahnert. Leipzig, Verlag Johann Ambrosius Barth, 1960. 191 S. Preis DM 4.00.

3419. The Astronomical Ephemeris for the Year 1962. Issued by Her Majesty's Nautical Almanac Office, London; Nautical Almanac Office United States Naval Observatory, Washington. London, Her Majesty's Stationery Office, 1960. 8 + 514 S. Preis £ 1 15 s. net.

3420. The Nautical Almanac for the Year 1962. Issued by Her Majesty's Nautical Almanac Office, London, and United States Naval Observatory, Washington. London, Her Majesty's Stationery Office, 1960. A4 + 276 + 35 S. Preis 15 s.

3421. The Star Almanac for Land Surveyors for the Year 1961. Prepared by H. M. Nautical Almanac Office. Published by order of The Lords Commissioners of the Admiralty. London, Her Majesty's Stationery Office, 1960. 14 + 70 S. Preis 4 s. 6 d. net.

3422. The Air Almanac 1961. London, Her Majesty's Stationery Office; Washington, United States Naval Observatory, 1960. 732 + 180 S. Preis 48 s.

3423. Anuario del Observatorio Astronómico de Madrid para 1961. Madrid, Instituto Geográfico y Catastral, 1960. 372 S. Preis 50 pesetas.

3424. Astronomisches Jahrbuch der UdSSR für das Jahr 1962. Unter Redaktion von M. F. Subbotin vom Institut für Theoretische Astronomie der Akademie der Wissenschaften der UdSSR herausgegeben. Moskau—Leningrad, Verlag Akad. Wiss. UdSSR, 1960. 647 S. Preis 61 R. (russ.).

3425. Astronomischer Kalender. Veränderlicher Teil. 1961. Redigiert von P. I. Bakulin. Moskau, Phys.-Math. Staatsverlag, 1960. 331 S. Preis 6 R. 55 Kop. (russ.).

3426. Connaissance des Temps ou des mouvements célestes, à l'usage des astronomes et des navigateurs, pour l'an 1961, publiée par Le Bureau des Longitudes. Paris, Gauthier-Villars, 1960. 32 + 679 S.

3427. Annuaire pour l'an 1961. Publié par Le Bureau des Longitudes, avec un supplément pour l'an 1962. Paris, Gauthier-Villars, 1960. 8 + 576 + A10 + B38 + C7 + D13 + E17 + F63 S.

3428. Éphémérides Nautiques pour l'an 1961. Ouvrage publié par Le Bureau des Longitudes spécialement à l'usage des marins. Paris, Gauthier-Villars, 1960. 473 S.

3429. Hvězdářská Ročenka 1961. Zusammengestellt von J. Bouška, V. Guth, B. Onderlička. Praha, Nakladatelství Československé Akademie Věd, 1960. 206 S. Preis Kčs 9.20.

3430. Astronomiskais Kalendārs 1960. gadam. Riga, Latvijas PSR Zinātņu akadēmijas izdevniecība, 1960. 132 S. Preis 1.90 R. (lett.).

3431. Almanaque Náutico para 1961. Rio de Janeiro, Marinha do Brasil, Hidrografia e Navegação, 1960. 3 + 276 + 35 S. Preis Cr$ 100.00.

3432. Efemérides Astronómicas año 1961, publicadas de orden de la superioridad por el Instituto y Observatorio de Marina de San Fernando (Cádiz). San Fernando (Cádiz), Observatorio de Marina, 1960. 12 + 458 S. Preis 100 Pesetas.

3433. Almanaque Náutico para uso de los navegantes año 1961, publicado de orden de la superioridad por el Instituto y Observatorio de Marina de San Fernando (Cádiz) para el meridiano de Greenwich. San Fernando (Cádiz), Observatorio de Marina, 1960. 416 S. Preis 85 Pesetas.

3434. Anuario del Observatorio Astronomico Nacional de la Universidad de Chile para el año 1961. Santiago de Chile, 1960. 114 S.

3435. Anuário do Observatório de S. Paulo para 1961. Universidade de São Paulo, Instituto Astronômico e Geofísico, 1960. 10 + 226 + 19 S.

3436. Das Himmelsjahr. Sonne, Mond und Sterne im Jahre 1961. Zusammengestellt von M. Gerstenberger. Stuttgart, Franckh'sche Verlagshandlung, 1960. 102 S. Preis DM 4.80.

3437. Nautical Almanac 1961. Tokyo, Japanese Hydrographic Office, 1960. Pub. No. 681. 4 + 464 S. und 3 Karten.

3438. Abridged Nautical Almanac 1961. Tokyo, Japanese Hydrographic Office, 1960. Pub. No. 683. 4 + 233 S. und 3 Karten.

3439. Japanese Ephemeris 1961. Tokyo, Maritime Safety Board, Japan. Pub. No. 684. 6 + 529 S.

3440. The Observer's Handbook 1961. Herausgegeben von R. J. Northcott. Toronto, The Royal Astronomical Society of Canada, 1960. 90 S. Preis $ 1.00.

3441. Annuario astronomico per l'anno 1961 con numerose tabelle, grafici, nonchè tavole f. t. Le carte del cielo. Oss. Astr. Trieste Nr. 296, 68 S. Preis L. 800.

3442. Astronominis kalendorius 1959. Vilnius, Valst. polit. ir moksl. lit. leidykla, 1958. 171 S. Preis 3 R. 80 Kop.

3443. Rocznik Astronomiczny na Rok 1961. Herausgegeben vom Instytut Geodezji i Kartografii. Warszawa, Państwowe Przedsiębiorstwo Wydawnictw Kartograficznych, 1960. 111 S. Preis zł 56.10.

3444. The American Ephemeris and Nautical Almanac for the Year 1962. Washington, United States Government Printing Office, 1960. 8 + 514 S. Preis $ 4.00.

3445. Himmelskalender 1961. Ein astronomisches Jahrbuch für Österreich. Herausgegeben von H. Mucke. Wien, Astronomische Volksbildungsstelle der Volkshochschule Wien-West, 1960.

3446. Instructions for the use of the planetgraph, 1961. J. Astr. Soc. Victoria **13** 103.

3447. De store planeter i 1961. NAT 1960 S. 117.

3448. Planeterna 1961. PAT **41** 161—163.

3449. Graphic time table of the heavens — 1960. Sky Tel. **19** 165—167.

3450. Standard dates for ephemerides. UAI Circ 1746. — Betrifft 1961 Jan.—Dez.

3451. **S. Aoki,** Revision of the astronomical ephemeris. Astr. Herald **53** 15 (japan.).

3452. **G. M. Clemence, D. H. Sadler,** Unification of astronomical and navigational ephemerides. ICSU Rev. **2** 1—5 = U. S. Naval Obs. Repr. Nr. 9.

3453. **G. M. Clemence,** The practical use of ephemeris time. Sky Tel. **19** 148—149.

3454. **C. H. Cleminshaw,** The heavens for 1961: a summary. Publ ASP **72** 498—499.

3455. **C. H. Cleminshaw,** The heavens in 1961. Sonderdruck ASP 1960, 4 S.

3456. **M. M. Dagajew,** Die hauptsächlichsten astronomischen Beobachtungen im Jahre 1961. Priroda **49** Nr. 12 S. 125—128 (russ.).

3457. **F. Gondolatsch,** Die Neuorganisation der astronomischen Jahrbücher. Z. Vermessungswesen **85** 56—57.

3458. **K. Kanda,** Astronomical phenomena in 1960. Heavens **41** 4—5, 17—19 (japan.).

3459. **L. P. Lee,** Visibility of the planets, 1961. Southern Stars **18** 190—191.

3460. **A. Marks,** Mały kalendarz astronomiczny. Warszawa, Wiedza Powszechna, 1960. Preis zł. 20. — Astronomischer Kalender für Sternfreunde für 1960, enthaltend numerische Daten für 1960, Hilfstafeln und eine Anweisung für die einfachsten astronomischen Beobachtungen. E. R.

3461. **P. Rybka,** Przegląd zjawisk astronomicznych. Wszechświat Nr. 6 (1910) S. 159—162. — Die astronomischen Erscheinungen 1960.

§ 35

Finsternisse, Chronologie, Kalenderwesen

3501. **P. Ahnert,** Astronomisch-chronologische Tafeln für Sonne, Mond und Planeten. Leipzig, Johann Ambrosius Barth, 1960. 42 S. Preis DM 10.20. — Besprechung in Gaz astr **42** 14—15, JBAA **71** 38 (M. B. B. Heath), RH **41** 158—159, Sky Tel. **19** 501, Sterne **37** 131—132 (F. Gondolatsch), Sternenbote **3** 61, VdS Nachr. **9** 133 (J. Herrmann).

3502. **J. Arsenijević,** About eclipses of the sun in general. Vasiona **1** 8—11 (serb.).

3503. **Chauve-Bertrand,** N'est-il pas opportun de reparler d'un calendrier unique pour tous les peuples? Bull. Cl. Sci. Acad. roy. Belgique (5) **46** 140—142.

3504. **J. Gadomski,** Kalendarz dla Księżyca w szkicu. Urania Kraków **31** 37—41. — Es wird dargelegt, wie ein Kalender für Beobachter auf dem Mond aussehen sollte. E. R.

3505. **J. Gallo,** Períodos de eclipses. El Universo **14** 175—178.

3506. **E. H. Geneslay,** Le Saros et la succession des éclipses. BSAF **74** 329—335.

3507. **F. Jaeger,** Kalenderreform nicht aufzuhalten. Schema des Volkskalenders. Hassmersheim a. Neckar, Sonderdruck, 2 S. — Seiner inneren Struktur nach steht der «Volkskalender» im Einklang mit dem «Weltkalender», über dessen Einführung 1955 beim Ökonomischen und Sozialen Rat der Vereinten Nationen beraten wurde. Der Volkskalender strebt jedoch außerdem eine bessere Anpassung der Jahreszeiten an den Sonnenlauf an. So fällt der 1. März auf den Frühlingsanfang, mit dem gleichzeitig das Jahr beginnt. Damit wird die Zeit zwischen Weihnachten und dem Frühlingsanfang um 18 Tage verkürzt und gleichzeitig erreicht, daß Handels- und Wirtschaftsjahre sich mit den Kalenderjahren decken. Als Nebenergebnis erhalten die Bezeichnungen der Monate September bis Dezember wieder ihren ursprünglichen Sinn als siebenter bis zehnter

Monat. Mit dem festen Ostertermin am 19. April, d. h. sieben Wochen nach Frühlingsanfang, fällt Ostern stets auf denselben jahreszeitlich späten Termin.
U. Baehr

3508. **E. Klier, J. Štingl,** Graphische Berechnung der Sonnenfinsternis. Pokroky **5** 75—83 (tschech.).

3509. **A. Peřina,** About the leap-year. RH **41** 32—36 (tschech.).

3510. **C. H. Smiley,** Orientation and units of length in Aztec and Mayan pyramids. AJ **65** 501. — Ref. AAS.

3511. **C. H. Smiley,** A new correlation of the Mayan and Christian calendars. Nature **188** 215—216. — Es wird angenommen, daß das Anfangsdatum der Venus-Tafeln des Dresdener Kodex die Bedeutung einer in Amerika sichtbaren Sonnenfinsternis hat und daß zur gleichen Zeit Venus in Konjunktion stand. Das gleiche soll für ein 33 280 Tage entfernt liegendes Datum gelten. Ferner wird vorausgesetzt, daß der Fehler der Spindenkorrelation 100 Jahre nicht übersteigt. Es ergibt sich dann die Korrelation A = 482 699, und aus dieser Korrelation folgt, daß sechs ausgezeichnete Daten auf den Seiten 46 bis 50 des Dresdener Kodex gleichzeitig Daten von Finsternissyzygien und Venuskonjunktionen sind. Ferner läßt sich auf Grund der neuen Korrelation mit ziemlicher Sicherheit der Schluß ziehen, daß die Maya Finsternisbeobachtungen zur Korrektion ihrer Mondberechnung benutzten. U. Baehr

* * **C. H. Smiley,** The antiquity and precision of Mayan astronomy. Vgl. Ref. 272.

3512. Improvement of the calendar. Heavens **41** 14—16 (japan.).

3513. On the reform of calendar. Heavens **41** 72—74 (japan.).

3514. On calendar reform. Heavens **41** 276—279 (japan.).

3515. Par vispasaules kalendāru. Zvaigžņotā Debess 1960. gada pavasaris S. 35—39. — Ref.

§ 36

Geodätische Astronomie, Navigation

3601. **D. E. Adams,** Intertial methods in hybrid navigation systems. J. Inst. Navigation **13** 61—70. — Im Zuge einer automatisierten Navigation, die sich auf ein Trägheitssystem stützt, wird die Kontrolle durch Gestirnsbeobachtungen kurz besprochen. Frlb.

3602. **A. Berroth, W. Hofmann,** Kosmische Geodäsie. Karlsruhe, G. Braun, 1960. 16 + 356 S. Preis DM 70. — Besprechung in Österreich. Z. Vermessungswesen **49** 58—59 (K. Ledersteger), Phys. Blätter **17** 337 (H. Kienle), VdS Nachr. **10** 47—48 (J. Herrmann).

3603. **J. C. Bhattacharji,** Simultaneous determination of latitude, azimuth and time by observation of a pair of stars. Empire Survey Rev. **15** 243—244. — Bemerkungen zu einem gleichnamigen Aufsatz von V. N. S. Murthy, Empire Survey Rev. **15** 15—22, 1959. Frlb.

3604. **J. C. Bhattacharji,** A method of determining astronomical latitude and longitude by observing only time and horizontal angles between pairs of stars. Proc. National Inst. Sci. India (A) **26** 195—214.

3605. **D. C. Brown,** Results in geodetic photogrammetry II — A study of the feasibility of a photogrammetric survey of AMR to an accuracy of 1 part in 10^6. Missile Test Project. RCA Data Processing Techn. Rep. Nr. 65, 45 S.

3606. **A. W. Butkewitsch,** The application of geodetic principles in practical astronomy. AJ UdSSR **37** 161—172 (russ. mit engl. Ref.), mit einer Bemerkung von N. N. Pawlow in AJ UdSSR **37** 781. — Drei Beispiele für die enge Verbindung zwischen zwei verwandten Zweigen der Wissenschaft werden betrachtet: Die Anwendung des Legendreschen Theorems für die Berechnung von Azimut und Breite aus Polarisbeobachtungen, die Verwendung des Prinzips des arithmetischen Mittels bei der Berechnung und Schätzung der Genauigkeit von Uhrkorrektionen und die Bestimmung des Schraubenwerts einer Mikrometerschraube mit Hilfe von Verbesserungen von Richtungen und Winkeln. Schr.

3607. **C. M. Cade,** The use of radio sextants in automatic navigation systems. J. Inst. Navigation **13** 70—76. — Nach einer Übersicht über möglicherweise mit dem Radiosextanten beobachtbare Objekte wird eine Kombination eines automatischen Radio-Infrarot-Sextanten vorgeschlagen, der die Angaben eines Trägheits-Koppelsystems überwacht und berichtigt. Frlb.

3608. **J. F. Caliguri,** The navigation system for the Polaris submarine. Navigation Washington **7** 3—10. — Das weitgehend automatisierte Navigationszentrum bestimmter Unterseeboottypen umfaßt auch Beobachtungsmöglichkeiten von Gestirnen mittels Licht- oder Funkwellen, um das Trägheitsnavigationssystem des Schiffes zu überwachen. Frlb.

* * **G. M. Clemence,** Interplanetary navigation. Vgl. Ref. **1712**.

3609. **A. Corpacius,** Hiran geodesy and photographic observations. J. Geophys. Res. **65** 2837—2838 = Georgetown Obs. Repr. Nr. 25.

3610. **R. F. Freitag,** Project Transit: a navigation satellite. Navigation Washington **7** 106—116. — Instruktiv bebilderte kurze Darstellung des Projektes, Doppler-Effekte beim Vorübergang von Satelliten zur Standortbestimmung von Schiffen (und eventuell Flugzeugen) auf der Erde zu beobachten. Voraussetzung ist die genaue Kenntnis der Bahn des Satelliten, der Zeit der Beobachtungen und das Ausschalten von Störungen durch die Ionosphäre; das letzte läßt sich durch Beobachten zweier Frequenzen erreichen. Bei Erscheinen des Aufsatzes gab es bereits zwei Satelliten der geplanten Art für Versuchszwecke und ein Netz von 7 Stationen, die diese regelmäßig beobachten. Der Aufbau der Satelliten wird beschrieben. Frlb.

3611. **B. R. Gardner,** Doppler navigation and tracking. Proc IRE **48** 2016—2017.

3612. **P. Gaudillère,** Satellites et navigation. Navigation Paris **8** 141—148. — Skizze der Möglichkeiten, die künstliche Satelliten für die Navigation bieten, Überlegungen über günstige Höhen über der Erdoberfläche, Sichtbarkeit, Verteilung mehrerer Satelliten, optische und Funkbeobachtungen. Frlb.

3613. **A. Gennaro, G. Pinto, V. Tomelleri,** Risultati della campagna astronomico-geodetica 1957. Mem SA It (NS) **31** 83—92 = Oss. Astr. Padova Pubbl. Nr. 118. — Kurzer Bericht über die 1957 mit Hilfe eines Wild T 4-Theodoliten für fünf trigonometrische Punkte erster Ordnung sowie für den Turm der Sternwarte von Padua durchgeführten Längen- und Breitenbestimmungen. B. C.

3614. A. Gougenheim, Remarks on the computation of equal-altitude observations. Hydrogr. Rev. **37** Nr. 1 S. 79—81. — Vergleich der vom Verf. 1958 (vgl. AJB **58** Ref. **2412**) vorgeschlagenen Methode der Reduktion von Beobachtungen verschiedener Sterne gleicher Höhe mit einem Verfahren von Delambre, Conn. Temps 1812; bei grundsätzlicher Verwandtschaft bietet letzteres größere Unbequemlichkeiten. Frlb.

3615. W. H. Guier, G. C. Weiffenbach, A satellite Doppler navigation system. Proc IRE **48** 507—516. — Die Reduktion einer beobachteten Doppler-Kurve der von einem künstlichen Satelliten ausgesendeten Frequenz gestattet die Standortbestimmung mit einer Genauigkeit von $^1/_2$ sm. Die hauptsächlichen Fehlerquellen liegen in der ionosphärischen Refraktion, den Frequenzinstabilitäten auf der Sende- und Empfangsseite sowie in der Eigengeschwindigkeit des Schiffes. T. L.

3616. W. A. Heiskanen, The latest achievements of physical geodesy. J. Geophys. Res. **65** 2827—2836.

3617. R. Hervieu, Détermination expéditive du point observé par la droite de vitesse ascensionnelle d'un astre. Navigation Paris **8** 57—68. — Vorschlag zur Standortbestimmung aus der Beobachtung der Höhe eines Gestirns und seiner Höhenänderung. Für diese wird ein Standlinienverfahren entwickelt. Ihr Wert wird durch eine zweite Höhenbeobachtung und Anbringen eines Korrekturwertes aus dem Koppelort gewonnen, der $\Delta H/\Delta t$ in dh/dt umwandelt. Frlb.

3618. W. K. Hristow, Tabellen für die Transformation mit Rechenmaschinen zwischen den 3°igen Gaußschen Koordinatensystemen auf dem Ellipsoid F. N. Krassowskijs nach den Formeln W. K. Hristows für alle Breiten. Sofia, Verlag Bulgar. Akad. Wiss., 1959. 224 S. Preis 27.45 Leva.

3619. P. Hugon, Dispositif d'observation et de détermination des éléments de la droite de hauteur en navigation sous-marine à l'aide d'un périscope. CR **251** 335—337. — Es wird ein Verfahren skizziert, nach dem Beobachtungen zur Astronavigation von einem getauchten Unterseeboot durch das Periskop gemacht werden können. Man benötigt einen Analogrechner und eine Kreiselanlage zur Festlegung der wahren Zenitlinie und zur Kompensation der Schlingerbewegungen des Bootes. J. P. M.

3620. P. Hugon, Dispositif de l'observation et de détermination des éléments de la droite de hauteur en navigation maritime à l'aide d'un périscope. Navigation Paris **8** 23—41. — Entwurf einer optischen Beobachtungseinrichtung am U-Boot-Sehrohr, verbunden mit einem künstlichen Horizont nach Art des Anschützschen Zweikreiselhorizontes, der Meßspiegel und Fadenkreuz im Kopf des Sehrohrs stabilisiert; letzteres bedeutet die Zenitrichtung, mit der das gespiegelte Gestirnsbild deshalb nicht zusammenfällt, weil gegißter und wahrer Schiffsort nicht übereinstimmen. Die Beobachtung liefert unmittelbar Höhenunterschied und Azimut des Gestirns. Frlb.

3621. R. Irving, Celestial sighting through the submarine periscope. Navigation Washington **7** 140—144. — Beschreibung der Wirkungsweise eines astronomischen Beobachtungsgerätes für U-Boote (Star tracker eleven periscope), das durch das Periskop Höhe und Azimut eines Gestirns zu beobachten gestattet, um die Angaben eines Trägheitsnavigationssystems (SINS) zu überwachen. Die als NAVDAC (navigation data assimilation computer) bezeichnete Digitalrechenanlage rechnet für den gekoppelten Ort die Beobachtungsgrößen aus und stellt das Beobachtungsgerät darauf ein; durch Einstellen des Gestirns auf die Mitte des Fadenkreuzes löst der Beobachter Korrektursignale aus, die die Angabe des

Koppelortes auf die des wahren Standortes verbessern. Die stabilisierte Plattform des Trägheitssystems korrigiert die Stellung des Periskops gegen Schiffsbewegungen; die azimutal komplizierte Vorrichtung hierfür wird kurz beschrieben. Frlb.

3622. **B. W. Jassewitsch,** Bestimmung der Länge der Ulugbek-Breitenstation Kitab. Nachr. Akad. Wiss. Usbek. SSR (Phys.-Math.) 1960 Nr. 2 S. 96—100 (russ. mit usbek. Ref.). — Ref. in RJ UdSSR 1961 Nr. 1 S. 12.

3623. **N. N. Jeshow,** The selection of a celestial body for determining the compass correction in case of errors in dead reckoning. AJ UdSSR **37** 173—181 (russ. mit engl. Ref.). — Zur Bestimmung der Kompaßkorrektion als einer Kursverbesserung wird ein Himmelskörper gewählt, dessen Zenitdistanz gleich der Bogenlänge des Schiffsweges auf diesem Kurs ist, wobei das Gestirn im Zenit des Ankunftsortes stehen soll. In diesem Falle wird die Bestimmung des richtigen Kurses vereinfacht und auf das Anzielen dieses Objekts reduziert. — Zur Ortsbestimmung mit Hilfe zweier Positionslinien ist die Wahl eines Himmelskörpers mit geringer Höhe günstig. Schr.

3624. **R. W. Kunizkij,** The simultaneous determination of latitude and longitude from absolute measurements of the altitude of two stars. AJ UdSSR **37** 1114—1121 (russ. mit engl. Ref.).

3625. **W. P. Lawrence,** Navigation sous-marine. Navigation Paris 8 134—140. — Enthält unter anderem Vorschläge zur Beobachtung von Gestirnshöhen bei dunkler Nacht über der Kimm, die ein Beobachter mit völlig auf Dunkelheit adaptierten Augen mit dem gewöhnlichen Sextanten ausführen kann. Frlb.

3626. **A. Marks,** Praktyczne zastosowania astronomii (II). Nawigacja astronomiczna. Urania Kraków **31** 73—78. — Allgemeines über die astronomische Navigation. E. R.

3627. **A. Marks,** Praktyczne zastosowania astronomii (III). Astronomia geodezyjna. Urania Kraków **31** 133—137. — Allgemeines über geodätische Astronomie. E. R.

3628. **R. B. Michell,** Autoplot, ein Hilfsmittel zur raschen Standlinienzeichnung. Seewart **21** 4—14. — Das Zeichnen astronomischer Standlinien kann bei Auswertung mit Höhentafeln wie AP 3270 mit Hilfe eines Spezialgerätes erleichtert werden, so daß Beobachtungsergebnisse sehr rasch vorliegen, obwohl mehrere Beobachtungen getrennt ausgewertet werden können. Frlb.

3629. **A. B. Moody,** Perspectives sur les satellites de navigation. Navigation Paris 8 376—384. — Zusammenfassende Darstellung der Möglichkeiten einer Navigation mit künstlichen Satelliten auf Grund von optischen und Funkbeobachtungen. Frlb.

3630. **A. B. Moody,** Navigation using signals from high-altitude satellites. Proc IRE **48** 500—506. — Neben der Echolotung mit Radar und der Messung des Doppler-Effekts der gesendeten Frequenz können künstliche Satelliten nach den Methoden der klassischen astronomischen Navigation zur Standortbestimmung benutzt werden. Diese Anwendung empfiehlt sich besonders, wenn die Position des Satelliten mit dem Radiosextanten gemessen werden kann. Trotz der langsameren Bewegung ist wegen des größeren Sichtbarkeitsbereichs und der besseren Bahnstabilität ein Abstand der Satelliten von der Erde zwischen 1000 und 12000 sm am günstigsten. T. L.

3631. **F. Múgica,** Un nuevo método para la determinación de la latitud. Vgl. AJB **59** Ref. **3645** = Publ. Sem. Astr. Geod. Univ. Madrid Nr. 46.

3632. **F. Mühlig,** Grundlagen und Beobachtungs-Verfahren der astronomisch-geodätischen Ortsbestimmung. Berlin, Herbert Wichmann Verlag, 1960. 131 S. Preis DM 26.00. — Besprechung in J. Inst. Navigation **13** 478 (H. C. Freiesleben), Math. Rev. **22** 413 (J. A. O'Keefe), Österreich. Z. Vermessungswesen **49** 60 (W. Embacher), PAT **42** 78 (L. Pettersson), Sterne **37** 133 (J. Schubart).

3633. **R. R. Newton,** Geodetic measurements by analysis of the Doppler frequency received from a satellite. Vgl. Ref. **1330** S. 532—539.

3634. **J. A. O'Keefe,** Satelliten-Methoden in der Geodäsie. Nachr. Karten- Vermessungswesen (3) Nr. 11 S. 5—11. — Übersetzung aus Surveying and Mapping **18** 418—422, 1958.

3635. **V. R. Ölander,** Vergleichende Azimutbeobachtungen mit vier Instrumenten. Veröff. Finn. Geod. Inst. Nr. 52, 46 S.

3636. **G. P. Pilnik, A. A. Totschilina, N. S. Blinowa,** The determination of the longitude of the Sternberg Astronomical Institute. Vgl. Ref. **1307** S. 340—344.

3637. **W. L. Polhemus,** Navigating the supersonic B-58. J. Inst. Navigation **13** 406—418. — Die Navigation sehr rasch fliegender Flugzeuge erfordert weitgehende Automation aller Beobachtungs- und Auswertevorgänge. Die Entwicklung der Kreiseltechnik ermöglicht stabilisierte Plattformen, die astronomische Höhenmessungen gestatten. Damit werden die Standorte, die mechanisch aus Kurs und Geschwindigkeit errechnet werden, berichtigt, die Eingabegrößen dieser Berechnung korrigiert und etwaige Fehler der Stabilisierung bemerkt. Die technischen Einzelheiten der Anlage der amerikanischen Luftwaffe werden natürlich nicht dargelegt; die sinnvolle Kombination von Inertial-, Doppler- und automatisierter Astronavigation, deren Möglichkeiten in den letzten Jahren sehr weit entwickelt wurden, werden aber durch den Aufsatz eindringlich vorgeführt.
Frlb.

3638. **H. I. Potter,** The application of the moon observations for a geodetic connection of points in the USSR. Vgl. Ref. **1307** S. 419—421.

3639. **A. A. Ratschkow,** Praktische nautische Astronomie. Leningrad, Staatl. Schiffsindustrieverlag, 1960. 126 S. Preis 4 R. 50 Kop. (russ.).

3640. **A. R. Robbins,** Personal equation in the determination of geodetic azimuth. Bull. géod. (NS) Nr. 57 S. 311—319.

3641. **D. Schoeps,** Formeln und Tafeln zur Lösung der 1. geodätischen Hauptaufgabe auf dem Ellipsoid von Krassowskij. Veröff. Geod. Inst. Potsdam Nr. 15, 64 S. — Die vorliegende Veröffentlichung enthält Tafeln zur numerischen Berechnung geographischer Koordinaten.

3642. **E. H. Sharkey,** Survival position location using star sighting. Navigation Los Angeles **6** 516—525. — Beschreibung einer Methode der astronomischen Ortsbestimmung mit einfachsten Hilfsmitteln, die speziell für Schiffbrüchige gedacht ist.
T. L.

3643. **D. H. Shinn,** Navigation using the transit of an artificial satellite. J. Inst. Navigation **13** 467—470. — Einwände gegen das sogenannte Transit-Programm der Navigationssatelliten, bei dem aus der Art der Doppler-Verschiebung der Sendefrequenzen der Satelliten bei An- und Abflug der Augenblick des kürzesten Abstands und diese Entfernung bestimmt werden können. Die Einwände sind durch die inzwischen erzielten Erfolge, vor allem mit der Konstanz der Frequenzen, weitgehend entkräftet.
Frlb.

3644. **R. Sigl,** Astronomische Ortsbestimmung. Die von 1957 bis 1960 ausgeführten astronomisch-geodätischen Azimut-, Längen- und Breitenbestimmungen. Deutsche Geod. Kommission Bayer. Akad. Wiss. (B) Nr. 69 S. 17—22. — Im Zuge des Neuaufbaues eines einheitlichen europäischen Hauptdreiecksnetzes (RETRIG) sind entsprechend den Empfehlungen der Internationalen Union für Geodäsie und Geophysik auch in den Jahren 1957—1960 weitere astronomische Azimut-, Längen- und Breitenbestimmungen auf Laplace-Punkten ausgeführt worden; des weiteren sind Längen- und Breitenbestimmungen auf Lotabweichungsstationen durchgeführt worden. Über beide Arbeiten ist im folgenden kurz zu berichten. Darüber hinaus ist über einige neue Beobachtungsverfahren, verfahrenstechnische Verbesserungen, instrumentelle Neuentwicklungen, fehlertheoretische und instrumentelle Untersuchungen zu berichten. Verf.

3645. **A. M. Sinzi,** Lambert conformal conic projection and astronomical navigation. Contr. Marine Res. Lab. Hydrograph. Office Japan **1** 20—26, 1959.

3646. **A. M. Sinzi, N. Owaki,** Studies on abnormal refraction over sea surface, I. Observation of dip of sea horizon. Contr. Marine Res. Lab. Hydrograph. Office Japan **1** 63—82.

3647. **F. G. Smith,** A new navigation system using artificial earth satellites. J. Inst. Navigation **13** 109—111. — Die Messung der Abweichungen der empfangenen Frequenz von der Sendefrequenz eines künstlichen Satelliten kann bei bekannter Bahn zur Standortbestimmung verwendet werden. Die Genauigkeit wird zwischen $1^1/_2$ und 30 sm je nach der scheinbaren Höhe des Satelliten angegeben. T. L.

3648. **L. N. Sucharew,** A simultaneous determination of latitude and clock correction from observations of four stars at equal altitudes. AJ UdSSR **37** 555—566 (russ. mit engl. Ref.). — Die Idee von Gauß einer gleichzeitigen Bestimmung der Breite und der Zeitkorrektion aus Beobachtungen von Sternen in gleichen Höhen wird weiter entwickelt. Es wird gezeigt, daß die günstigste Anzahl der Sterne vier ist. Formeln für die Wahl der Sterne und ihre nomographische Lösung werden mitgeteilt. Die Methoden von Zinger und Pewzow sind Spezialfälle der vorgeschlagenen Methode. Verf. (gek., ü.)

3649. **J. Šuráň,** Über die Auswahl der Sterne bei der Methode der gleichen Höhen. Studia **4** 6—19.

3650. **B. H. Swett,** «No-sweat» celestial navigation. Navigation Washington **6** 545—546. — Hinweise eines praktischen Fliegers. Frlb.

3651. **F. Tamás,** Azimutberechnung aus geographischen Koordinaten. Geodézia és Kartográfia **12** 173—175 (ungar. mit deutschem Ref.). — Die Abhandlung befaßt sich mit einem Teil der zweiten Hauptaufgabe der Geodäsie, mit der Berechnung des Azimuts des Normalschnitts und Gegennormalschnitts aus geographischen Koordinaten und gibt strenge, geschlossene Zusammenhänge der gesuchten Größen, sowohl auf dem Rotationsellipsoid wie auf der Kugel. Verf.

3652. **E. O. Weber,** Die Berechnung langer geodätischer Linien mit Anwendung auf die geodätische Hauptaufgabe für große Entfernungen. Deutsche Geod. Kommission Bayer. Akad. Wiss. (A) Nr. 33, 44 S.

3653. **J. F. Wesselow,** Über die Berücksichtigung des Einflusses der täglichen Aberration bei der Methode gleicher Höhen. Geod. Kartographie 1960 Nr. 10 S. 18—22 (russ.). — Ref. in RJ UdSSR 1961 6A115.

3654. **B. A. Wolynskij,** Die gleichzeitige genäherte Bestimmung des astronomischen Azimuts und der Ortssternzeit. Bull. Astr.-Geod. Ges. UdSSR Nr. 28 S. 42—50 (russ.).

3655. Arbeitsephemeriden von Zingerschen Paaren für die Breiten 40—50°. Epoche 1965.0. Band 2. Moskau, Geodät. Staatsverlag, 1960. 140 S. Preis 11 R. 60 Kop. (russ.).

3656. Höhen und Azimute von Gestirnen. Band 1. Für die Breiten 0° bis 19°. Moskau, Hydrograph. Dienst Kriegsflotte, 1960. 296 S. Preis 54 R. (russ.).

§ 37

Breitendienst, Polschwankung

3701. **A. Danjon,** Le mouvement du pôle. Principes, définitions, méthodes et instruments. BA **23** 187—230. — Monographie, verfaßt für die Teilnehmer des Symposiums 1960 über den Internationalen Breitendienst, welche sich besonders um präzise Definitionen sowie um Klarheit in den methodischen und instrumentellen Forderungen der Messungen der Polhöhenschwankungen bemüht und Empfehlungen für die Arbeiten des Internationalen Breitendienstes aufstellt. Böh.

* * **J. Delhaye,** Détermination astronomique de l'heure et de la latitude à l'astrolabe impersonnel et heures demi-définitives de réception des signaux horaires en 1959. Vgl. Ref. **2412**.

3702. **M. Dobrzycka, J. Dobrzycki,** Results of the latitude determination. Astr. Latitude Station Polish Acad. Sci. Borowiec Circ. Nr. 1—10.

3703. **J. Dobrzycki,** Latitude variations of Borowiec in the period 1957.8—1960. I. AA **10** 123—133 = Polish Acad. Sci. Astr. Latitude Station Borowiec Repr. Nr. 6. — Bericht über die mit dem 135 mm-Zenitteleskop durchgeführten Beobachtungen. Die mittlere Breite dieser Station der Polnischen Akademie bei Poznań (Posen) beträgt 52°16′37.″992 ± 0.″011. E. R.

3704. **G. Eiby,** The variation in latitude. Southern Stars **18** 179—185.

3705. **E. P. Fedorow, J. I. Prodan, D. N. Ponomarew,** The list of stars of latitude programs for observations with meridian circles. Vgl. Ref. **1307** S. 139—142.

3706. **E. P. Fedorow,** Some considerations on the reorganisation of the latitude investigations. Vgl. Ref. **1307** S. 203—209.

3707. **E. P. Fedorow, A. P. Zapowa,** On the reduction of I L S results to a uniform system. Vgl. Ref. **1307** S. 210—219.

3708. **B. Guinot, S. Débarbat,** Détermination de la polhodie chandlérienne par un seul observatoire. CR **250** 2124—2126. — Für den Zeitraum 1956.2 bis 1959.5 werden aus den Zeit- und Breitenbestimmungen mit dem Astrolab von Danjon und aus Zeitvergleichen mit dem Caesium-Frequenzstandard von Essen und Parry Phase und Amplitude der Chandlerschen Polbewegung abgeleitet. J. P. M.

3709. **T. Hattori,** The future of the International Latitude Service. Astr. Herald **53** 120 (japan.).

3710. **M. I. Jessipowa,** The calculation of ephemerides of apparent right ascensions of stars of Time Service programs. Vgl. Ref. [1307 S. 335—336.

3711. **A. G. Komarow,** Die säkulare Bewegung der Erdpole. Priroda **49** Nr. 2 S. 8—14 (russ.). — Verf. diskutiert vom geologischen Standpunkt aus die Möglichkeit einer säkularen Wanderung der Erdpole in Verbindung mit Klimaschwankungen durch die einzelnen geologischen Epochen. Loh.

3712. **S. G. Kulagin, A. I. Kalatschew,** Study of latitude variations by means of optical analyzer. AC Nr. 209 S. 18—20 (russ.).

3713. **S. G. Kulagin, E. G. Demidowitsch, L. D. Kowbassjuk,** Some results of observations of bright zenith stars and latitude observations of the Poltawa type program (1957.3—1958.4). Vgl. Ref. **1307** S. 287—291.

* * **J. Lagrula, G. Billaud, B. Milet, A. Pourcelot,** Premiers résultats obtenus à l'Observatoire d'Alger au moyen de l'astrolabe impersonnel de A. Danjon. Vgl. Ref. **3119.**

3714. **W. Markowitz,** Secular and librational motions of the pole. AJ **65** 349. — Ref. AAS.

3715. **W. Markowitz,** Latitude and longitude, and the secular motion of the pole. U. S. Naval Obs. Repr. Nr. 11, 37 S. — Zunächst wird eine Übersicht über die Beobachtungsmethoden und -instrumente zur Bestimmung der Polbewegung gegeben. Die Resultate des Internationalen Breitendienstes 1900—1959 werden sodann diskutiert. Für den mittleren Pol, den man nach Abzug der bekannten Schwankungen mit den Perioden von 12 und 14 Monaten erhält, ergibt sich eine Bewegung, die sich in eine Libration mit einer 24jährigen Periode und eine säkulare Verlagerung (0.″0032 pro Jahr entlang des Meridians 60° W) zerlegen läßt. Die Ursache für diese beiden Komponenten, deren Realität sich durch die unabhängigen Stationen zu bestätigen scheint, ist noch unbekannt. T. L.

3716. **W. Markowitz,** International determination of the total motion of the pole. Sonderdruck U. S. Naval Obs., 13 S. — Vortrag während des Symposiums des Internationalen Breitendienstes in Helsinki im Juli 1960.

3717. **E. I. Obreskowa,** Die Änderungen der mittleren Breite von Mizusawa, Carloforte und Ukiah von 1900 bis 1934. Leningrad, Astr. Hauptobs. Pulkowo, 1960 (russ.). — Diss. Ref.

3718. **E. I. Obreskowa,** The change of the mean latitudes of the three International Stations. Vgl. Ref. **1307** S. 244—245.

3719. **N. I. Pantschenko,** Die Bewegung des Erdpols von 1946 bis 1954 nach Ergebnissen von Breitenbeobachtungen. Leningrad, Astr. Hauptobs. Pulkowo, 1960 (russ.). — Diss. Ref.

3720. **K. Poder,** Determinations of latitude 1956. Geod. Inst. København Skrifter (3) **33**, 36 S. — Breitenbestimmungen für 7 Stationen in Dänemark zur Feststellung der Lotabweichungen. Beobachtungen nach Horrebow-Talcott mit dem Wild T4; mittlerer Fehler einer Breite ±0.″1. T. L.

3721. **D. D. Poloshenzew,** Neue Arbeitsephemeriden für das Talcottsche Verfahren für Breiten von +30° bis +65°. Geodäsie und Kartographie 1960 Nr. 10 S. 15—18 (russ.). — Ref. in RJ UdSSR 1961 5G69.

3722. **D. D. Poloshenzew,** The compilation of a program for the Talcott method by means of punch-card machines. Mitt. Astr. Hauptobs. Pulkowo **22** Nr. 1 (166) S. 135—137 (russ. mit engl. Ref.).

3723. **A. A. Rubaschewskij,** The Labrouste method and the comparison of the selectivity of the combinations of A. J. Orlow and P. Melchior. Vgl. Ref. **1307** S. 220—226.

3724. **N. Sekiguchi, J. Matsumoto,** Polar tube observations during 1959. TAB (2) Nr. 126 S. 1537—1538.

3725. **B. Ševarlić, G. Teleki, Z. Petović, M. Djokić,** Observations à la lunette zénithale. Bull. Obs. Astr. Beograd **24** Nr. 1—2 S. 2—3.

3726. **B. Ševarlić, G. Teleki,** Le projet d'un nouveau programme pour le Service de Latitude de l'Observatoire. Bull. Obs. Astr. Beograd **24** Nr. 3—4 S. 19—27.

3727. **B. Ševarlić,** Harmoniska analiza opažanih promena geografske širine Beograda od 1949.0—1957.0. Zbornik Geod. Inst. Beograd Nr. 2 S. 17—46, 1959. — Der Zweck dieser Abhandlung ist, aus den an der Belgrader Sternwarte in der Zeit von 1949.0—1957.0 gemachten Beobachtungen, die in einer früheren Abhandlung sorgfältig bearbeitet und von allen bekannten systematischen Einflüssen befreit wurden, gewisse Schlüsse über die polaren und nicht polaren Breitenänderungen der Belgrader Sternwarte zu ziehen, die für weitere Untersuchungen darüber von Bedeutung sein könnten, wie auch für die noch ungelösten Probleme der polaren und nicht polaren geographischen Breitenänderungen.
Verf. (gek.)

3728. **B. Ševarlić,** Jedna metoda za racunanje polhodije iz opazanja samo na iednoj stanici. Zbornik Geod. Inst. Beograd Nr. 2 S. 79—88, 1959. — Durch Anwendung der Orlowschen Methode zur Berechnung der Polkoordinaten aus Beobachtungen an einer einzigen Beobachtungsstation wird aus den an der Sternwarte Belgrad beobachteten Breitenänderungen die Polbahn bestimmt und mit derjenigen, die aus den Messungen im Rahmen des Internationalen Breitendienstes folgt, verglichen. Zuerst wird die Orlowsche Methode erläutert. Danach werden beide Polbahnen numerisch und graphisch nach Berechnungen von A. und N. Stoyko aus dem kurzfristigen Internationalen Breitendienst gegeben. Die gute Übereinstimmung der Belgrader mit der internationalen Polbahn in den bearbeiteten Chandlerschen Perioden (1954.0—1955.2 und 1955.2—1956.4) tritt dabei deutlich hervor. Verf. (gek.)

3729. **N. A. Tschudowitschewa, W. P. Kapralow, P. M. Rabinskij, I. A. Urassina,** Latitude variations of the Astronomical Observatory in Kasan. AC Nr. 210 S. 14 (russ.). — 1959.

3730. Coordonnées du pôle instantané. Bull hor 1960 (5) S. 166, 183, 204, 221, 239, 270.

3731. Déterminations astronomiques de l'heure et de la latitude. Obs. Neuchâtel Bull. (B), 23 S.

3732. Vorläufige Ergebnisse der Untersuchungen der Breitenschwankungen und der Polbewegung. Moskau, Verlag Akad. Wiss. UdSSR, 1960. 98 S. (russ.).

§ 38

Erdrotation, Zeitmaße

3801. **H. J. Abraham,** Variations in the earth's rotation. J. Astr. Soc. Victoria **13** 91—94 mit einer Ergänzung der Redaktion S. 98—100.

3802. **S. Aoki,** Effect of equinox correction on the determination of the ephemeris time. Publ. Astr. Soc. Japan **12** 106—109 = Tokyo Astr. Obs. Repr. Nr. 194. — Bei der Herleitung des Ausdruckes für ΔT durch Spencer Jones bezog sich die mittlere Länge des Mondes auf das Newcombsche Äquinoktium. Dies muß daher auch in allen Diskussionen beibehalten werden, bei denen die Ephemeridenzeit aus dem Vergleich der Mondbeobachtungen mit der Theorie abgeleitet wird, um sie im Einklang mit ihrer Definition aus der mittleren Sonnenlänge zu erhalten. Das bedeutet, daß zu einem in Verbindung mit der Improved Lunar Ephemeris bestimmten ΔT_0 je nachdem, ob sich die verwendeten Mondbeobachtungen auf das System des FK3 oder des ZC beziehen, $1^s\!.21$ oder $1^s\!.34$ zu addieren sind. T. L.

3803. **H. Bachmann,** Zur Einführung der Ephemeridenzeit. Orion Schaffhausen **5** 886—890.

3804. **P. Bernard,** Sur le bilan mécanique de l'influence solaire sur les phénomènes terrestres. CR **250** 2738—2739. — Es werden Beziehungen zwischen der Rotationsperiode der Erde, der Sonnenaktivität, der Mikroseismik und den geomagnetischen Störungen aufgezeigt, aus denen folgt, daß die Rotationsperiode der Erde über eine Veränderung der Strömungen in der hohen Atmosphäre durch solare Einflüsse in einer der Beobachtung entsprechenden Größenordnung verändert werden kann. Der Mechanismus wäre im Laufe eines Sonnenzyklus ein ähnlicher wie bei den jahreszeitlichen Schwankungen der Erdrotation. J. P. M.

3805. **L. D. Brysshew, A. J. Lejkin, M. D. Sopelnikow,** A determination of the frequency of a molecular generator and the irregularities of the earth's rotation. AJ UdSSR **37** 579—583 (russ. mit engl. Ref.). — Die Ergebnisse der Frequenzmessungen eines molekularen Generators in astronomischen Zeitsystemen UT-1 und UT-2 werden beschrieben. Der vorläufige Wert der Frequenz ist 23870129.395 $\pm$ 0.013 kHz. Die Amplitude und Phase der abgeleiteten Unregelmäßigkeiten der Erdrotation im Jahre 1958 sind nicht verschieden von den 1955—1950 mittels einer Caesium-Atomuhr gemessenen. Die Moleküluhr liefert dieselbe Genauigkeit wie die Caesium-Atomuhr. Verf. (gek., ü.)

3806. **L. Cagniard,** Relation empirique approximative entre la variation séculaire magnétique et les fluctuations de la rotation terrestre. CR **251** 1142—1144. — Es wird eine Näherungsformel für den Zusammenhang zwischen den säkularen Änderungen der Erdrotation und der z-Komponente des zentralen geomagnetischen Dipolmoments aufgestellt und an Hand einiger Beispiele plausibel gemacht. Die Formel enthält 4 Konstanten, die für eine jeweilige Station charakteristisch sind und von denen zunächst lediglich das Vorzeichen festzulegen ist. J. P. M.

3807. **G. D. Chisanaschwili,** Die Dynamik der Rotationsachse der Erde und des Meeresspiegels. Tiflis, Staatsverlag für Lehr-Pädagogische Literatur, 1960 (russ.). — Besprechung in AJ UdSSR **38** 568—570 (E. P. Fedorow).

3808. **G. M. Clemence,** Efemeridetid i praktisk anvendelse. NAT 1960 S. 100—105.

* * **J. F. Cox,** Sur une relation possible entre les éruptions solaires et la variation aléatoire de la durée du jour. Vgl. Ref. **6616.**

3809. **A. Danjon,** Sur un changement du régime de la rotation de la Terre survenu au mois de juillet 1959. CR **250** 1399—1402. — Fortlaufende Vergleiche zwischen der mit dem Prismenastrolab bestimmten Zeit und dem Cäsium-Frequenznormal zeigen, daß um den 21. Juli 1959 eine plötzliche Änderung der Tagesdauer um 0.85 msec auftrat. Seitdem nimmt die Tagesdauer um 3.7 μsec pro Tag ab. Dieses Verhalten wird mit dem extrem starken geomagnetischen Sturm am 15. Juli in Verbindung gebracht; wahrscheinlich wird der Effekt durch elektromagnetische Vorgänge in der hohen Atmosphäre verursacht.
J. P. M.

3810. **A. Danjon,** L'éruption solaire du 29 mars 1960 et la rotation de la Terre. CR **251** 308. — Die Messungen mit dem unpersönlichen Astrolabium in Paris weisen darauf hin, daß zu der Zeit der großen Eruption vom 29. 3. 1960 die Tageslänge sprunghaft um etwa 0.5 msec zugenommen hat.
J. P. M.

3811. **A. Danjon,** Variations de la rotation de la Terre liées aux éruptions solaires du 23 février 1956 et des 10—14—16 juillet 1959. Vgl. Ref. **1338** S. 5—7.

3812. **G. Eiby,** Changes in the earth's rotation. Southern Stars **18** 135—137.

3813. **L. Essen, J. V. L. Parry, J. M. Steele,** Frequency variations of quartz oscillators and the earth's rotation in terms of the N.P.L. caesium standard. Proc. Inst. Electr. Engineers (B) **107** 229—232. — Ref. in Phys. Ber. **39** 1908.

3814. **W. I. Fillmore,** A Foucault pendulum. Sky Tel. **19** 144—146.

3815. **T. P. Gabhard,** Ephemeris time. J. Astronaut. Sci. **7** 58—63.

3816. **J. Herrmann,** Ephemeridenzeit. VdS Nachr. **9** 63.

3817. **W. Markowitz,** Lunar and solar earth-tides and the rotation of the earth. Abstr. Proc. Third International Symposium Earth Tides 1959, 2 S. = U. S. Naval Obs. Repr. Nr. 12.

3818. **W. H. Munk, G. J. F. MacDonald,** The Rotation of the Earth. New York—London, Cambridge University Press, 1960. 323 S. Preis $ 13.50. — Besprechung in AJ **66** 191, Nature **191** 313—314 (S. K. Runcorn), Sky Tel. **21** 232, **22** 100—101 (T. Gold).

3819. **C. A. Murray,** On the determination of ephemeris time: a correction. MN **120** 515—516. — Veranlaßt durch eine Untersuchung S. Aokis (vgl. Ref. **3802**) über den Zusammenhang zwischen der aus Mondbeobachtungen abgeleiteten Ephemeridenzeit und dem Äquinoktium, teilt Verf. eine Berichtigung zu seiner früheren Arbeit (vgl. AJB **59** Ref. **3814**) mit. Böh.

3820. **N. N. Parijskij,** The influence of earth tides on the secular retardation of the earth's rotation. AJ UdSSR **37** 543—549 (russ. mit engl. Ref.). — Die beobachtete Phasenverschiebung der Gezeiten des Erdkörpers gegenüber der ideal elastischen Erde beträgt 1° bis 4°. Eine neue Methode zur Bestimmung des Einflusses dieser Verschiebung auf die Verzögerung der Erdrotation wird vorgeschlagen. Es zeigt sich, daß starre Gezeiten zu der säkularen Verzögerung der Erdrotation beitragen können. Mit Rücksicht auf die säkulare Beschleunigung des Mondes, der Sonne und der Erde entspricht der Gesamteffekt der säkularen Erdrotationsverzögerung einer Phasenverschiebung der täglichen Flutwelle um 2°.1 und der halbtäglichen um 4°.2. Verf. (gek., ü.)

3821. **C. J. A. Penny,** Comparison of time determined by the rotation of the Earth with time obtained from atomic frequency standards. Vgl. Ref. **1338** S. 7—10.

3822. **M. G. Rochester,** Geomagnetic westward drift and irregularities in the earth's rotation. Phil. Transactions (A) **252** 531—555. — Ref. in Phys. Abstr. (A) **64** 767.

3823. **E. Schatzman,** Sur le nouveau régime de rotation de la Terre, établi en juillet 1959. Ann. Géophys. **16** 495—506 = Contr. Inst. d'Astrophys. Paris (B) Nr. 213. — Versuche, die (nach Danjon) plötzliche, wahrscheinlich 1959 Juli 21 erfolgte Zunahme der Tageslänge um 0.89 ms physikalisch zu erklären. Böh.

3824. **E. Schatzman,** Sur le nouveau régime de la rotation de la Terre établi en juillet 1959. CR **250** 2680—2682 = Contr. Inst. d'Astrophys. Paris (A) Nr. 257. — Es wird abgeschätzt, daß der Einfang einer von einer Eruption ausgesandten Protonenwolke durch das geomagnetische Feld — nach der etwas modifizierten Theorie von Ferraro — imstande ist, die beobachtete Bremsung der Erdrotation zu verursachen. J. P. M.

3825. **E. Schatzman,** Sur la théorie de Holmberg de l'entretien de la rotation terrestre. CR **250** 4413—4414. — Die Relaxationszeit der Erdrotation durch Wechselwirkung mit der halbtäglichen Gezeitenbewegung der Erdatmosphäre wird unter vereinfachten Annahmen zu etwa 3×10^5 Jahren abgeschätzt. Es erscheint nach diesem Ergebnis ausgeschlossen, daß die von Danjon mitgeteilten Änderungen zweiter Ordnung der Rotationsdauer der Erde von diesem Mechanismus herrühren. J. P. M.

3826. **N. Stoyko,** L'irrégularité saisonnière de la rotation de la Terre et son extrapolation pour le 1er trimestre 1961. Bull hor 1960 (5) S. 202—203.

3827. **N. Stoyko,** L'extrapolation de la variation saisonnière de la rotation de la Terre pour la deuxième partie de l'année 1961. Bull hor 1960 (5) S. 237—238.

3828. **S. Takagi,** Theory of rotation of an earth model. Publ. Astr. Soc. Japan **12** 299—313.

3829. **I. Žongolovičius,** Dabartinių metodų žemės formai ir sukimosi nevienodumui nustatyti iš jos palydovų stebėjimų istorija. Astr. Obs. Biul. Vilnius Nr. 2 S. 20—28 (russ. mit litau. und engl. Ref.).

3830. Tempo delle effemeridi e tempo universale. Coelum **28** 53.

3831. Ephemeris time. Heavens **41** 1 (japan.).

3832. Ephemeris time. Astr. News Letter Taipei Obs. **13** 7 (chines.).

3833. Die Erde rotiert ungleichmäßig. Priroda **49** Nr. 4 S. 70 (russ.).

3834. Beschleunigung der Erddrehung. Sternenbote **3** 6.

3835. O vrtnji Zemlje. ZiS **3** 65—66. — Ref.

V. Theoretische Astronomie

§ 41

Himmelsmechanik, Störungstheorie

4101. **E. P. Axenow,** Über die periodischen Bewegungen eines Teilchens im Schwerefeld eines rotierenden Körpers. Bote Univ. Moskau (Phys., Astr.) 1960 Nr. 4 S. 86—95 (russ.). — Ref. in RJ UdSSR 1961 9A86.

4102. **E. P. Axenow,** Über die Librationspunkte im Gravitationsfeld eines rotierenden Körpers. Mitt. Staatl. Astr. Sternberg-Inst. Moskau Nr. 115 S. 44—53 (russ.).

4103. **A. V. Baez,** Graphical derivation of the inverse-square law of gravitation from an elliptic orbit and Kepler's law of areas. American J. Phys. **28** 254—259. — Ref. in Phys. Abstr. (A) **63** 348.

4104. **R. M. L. Baker jr., M. W. Makemson,** An Introduction to Astrodynamics. New York—London, Academic Press Inc., 1960. 14 + 358 S. Preis $ 7.50. — Besprechung in Endeavour **20** 168 (A. P. Willmore), Sky Tel. **21** 48, 350, 352—353 (M. S. Davis).

4105. **D. Brouwer,** Comments on general theories of planetary orbits. Proc. Sympos. Appl. Math. **9** 152—166, 1959. — Ref. in Math. Rev. **22** 912.

4106. **W. A. Brumberg,** Trajectories of double collision in the restricted problem of three bodies. BIA **7** 833—843 (russ. mit engl. Ref.). — Eine neue Methode wird zur Bestimmung der Stoßbahnen mit beiden endlichen Massen im zweidimensionalen eingeschränkten Dreikörperproblem vorgeschlagen. Die Methode besteht in der Lösung einer Differentialgleichung mit zwei Endpunktbedingungen durch sukzessive Approximation. W. F.

4107. **R. P. Cesco,** Sobre las soluciones homograficas del problema de los tres cuerpos. Obs. Astr. Univ. Nacional La Plata (Astr.) **25** Nr. 2, 11 S. — Es wird gezeigt, welche homographischen Lösungen des Dreikörperproblems im Falle von Anziehungskräften existieren, die proportional $r^{-\alpha}$ sind. W. F.

4108. **R. P. Cesco,** On the homographic solutions of the three-body problem. Vgl. Ref. **1323** S. 23.

4109. **G. M. Clemence,** Controlled experiments in celestial mechanics. Vgl. Ref. **1326** S. 272—273 = U. S. Naval Obs. Repr. Nr. 15.

4110. **G. Colombo,** Sui satelliti del sistema Terra—Luna. Lincei Rend. Sci. fis. mat. nat. (8) **28** 169—172. — Für den speziellen Fall des Dreikörperproblems beweist Verf., daß untere und obere Konjunktion in bezug auf das System Erde—Mond exakte Lösungen darstellen, auch wenn Störungen weiterer Himmelskörper berücksichtigt werden. Dabei bleiben die gleichseitigen Konfigurationen nicht bestehen. Verf. zeigt, daß nur ein kleiner Energieverbrauch notwendig ist, um einen künstlichen Satelliten in diesen Positionen zu halten, da nur eine geringe stabilisierende Wirkung erforderlich ist, um zufällige Störungen auszugleichen. B. C.

4111. **G. Colombo, L. Rebolia,** Due speciali orbite di un satellite terrestre da parte della Luna. Vgl. Ref. 1324 S. 81—87.

4112. **W. G. Demin,** On orbits in the problem of two fixed centers. AJ UdSSR **37** 1068—1075 (russ. mit engl. Ref.). — Die Bewegungsgleichungen in verallgemeinerten Thieleschen Variablen wurden für die Bewegung im Raum aufgestellt, und das Problem wurde auf Quadraturen zurückgeführt. Die Bahngleichungen für die Bewegung in einer Ebene wurden für einige Bewegungsarten in einer für praktische Zwecke geeigneten Form abgeleitet. Verf. (gek., ü.)

4113. **W. G. Demin,** On the class of periodic orbits in the restricted three body problem. BIA **7** 844—849 (russ. mit engl. Ref.). — Mit Hilfe der Poincaréschen Methode wird die Existenz einer Klasse von periodischen Bahnen aufgezeigt, welche die beiden gravitierenden Massen einschließen. W. F.

4114. **W. G. Demin,** Über die Stabilität von Kreisbahnen. Bote Univ. Moskau (Phys., Astr.) 1960 Nr. 1 S. 76—79 (russ.). — Ref. in RJ UdSSR 1961 Nr. 1 S. 8.

4115. **W. G. Demin, E. P. Axenow,** Über die periodischen Bewegungen eines Teilchens im Schwerefeld eines langsam rotierenden Körpers. Bote Univ. Moskau (Phys., Astr.) 1960 Nr. 6 S. 87—92 (russ.). — Ref. in RJ UdSSR 1961 7A48.

4116. **W. G. Demin,** Über die elliptischen Bahnen des Problems zweier fester Zentren. Mitt. Staatl. Astr. Sternberg-Inst. Moskau Nr. 115 S. 35—43 (russ.).

4117. **G. N. Duboschin,** Sur l'intégration des équations différentielles du mouvement de rotation des corps célestes artificiels. BIA **7** 798—804 (russ. mit französ. Ref.). — Behandelt wird das Problem der Integration der Differentialgleichungen der Rotationsbewegung. Die Eulerschen Winkel werden durch Potenzreihenentwicklung nach $\sigma = 1—C/A$ dargestellt, wobei A und C die Trägheitsmomente des Körpers sind. W. F.

4118. **G. N. Duboschin,** Über einige partielle Lösungen des Problems der fortschreitend-rotierenden Bewegung zweier Körper. Mitt. Staatl. Astr. Sternberg-Inst. Moskau Nr. 108 S. 3—18 (russ.).

4119. **Z. Gábos,** Contributions à l'étude de l'interaction gravitationnelle des corps sphériques en rotation. An. Şti. Univ. «Al. I. Cuza» Iaşi. Şect. I (NS) **5** 101—112, 1959 (rumän.). — Ref. in Math. Rev. **22** 603.

4120. **J. Grémillard,** Sur l'expression de certaines solutions périodiques de troisième sorte du problème des trois corps. CR **251** 2121—2123.

4121. **W. W. Heinrich,** On new short period and secular solutions of the problem of the moon and satellites. BAC **11** 121—129. — Es werden die Bahnen von künstlichen Satelliten diskutiert, die sich an der Grenze der Wirkungssphäre der Erdgravitation um die Sonne bewegen. Dabei wird die Erde als störender Körper betrachtet. Es ergeben sich schleifenförmige Bahnen, deren Schleifen relativ zur Erde Ellipsen sind. Gleichartige Untersuchungen werden für Satelliten im Bereich des Erde-Mond-Systems durchgeführt. Gü-Li

4122. **C. E. Herrick,** On the computation of nearly parabolic two-body orbits. AJ **65** 386—388. — Die Schwierigkeiten und Unzulänglichkeiten, die bei der Beschreibung der Bewegung in parabelnahen Ellipsen mit Hilfe der exzentrischen Anomalie auftreten, überwindet Verf. dadurch, daß er die Zeit als Funktion der wahren Anomalie (von $x = \mathrm{tg}\, v/2$) in eine Potenzreihe entwickelt; die Lösung ist auch für hyperbolische Bahnen geeignet. Böh.

4123. **S.-s. Huang,** Very restricted four-body problem. AJ **65** 347. — Ref. AAS.

4124. **M. S. Jarow-Jarowoj,** On the explicit expression of first order secular perturbations through elements. AJ UdSSR **37** 764—777 (russ. mit engl. Ref.). — Explizite Ausdrücke für säkulare Störungen erster Ordnung wurden mittels Entwicklungen in Reihen nach Potenzen der Exzentrizität und des Sinus der halben gegenseitigen Bahnneigung untersucht. Die analytische Methode führt zu den Ergebnissen ebenso schnell wie die Methode von Halphen-Gorjatschew, hat aber einige Vorteile und kann bis zu einem Verhältnis der großen Achsen von 0.8 angewendet werden. Die Methode wird an den säkularen Störungen von Ceres durch acht Planeten illustriert. Innerhalb der Genauigkeitsgrenzen stimmen die analytisch abgeleiteten Störungen mit den empirischen überein. Perek

4125. **M. S. Jarow-Jarowoj,** On the application of Hansen's ideal coordinates. AJ UdSSR **37** 908—917 (russ. mit engl. Ref.). — Integralgleichungen für die Störungen der die Lage der Ebene der Oskulationsbahn bestimmenden Elemente und der idealen rechtwinkligen Koordinaten in dieser Ebene wurden für niedrige sowie hohe Werte der Neigung abgeleitet. Ferner werden Integralgleichungen für die Störungen in den idealen polaren Koordinaten für den Fall mitgeteilt, daß die Integrationsveränderliche entweder die Zeit oder die wahre Anomalie der ungestörten Bewegung ist. Die vorgeschlagene Methode kann zum Aufbau einer analytischen Theorie der Bewegung der künstlichen sowie natürlichen Himmelskörper verwendet werden. Verf. (ü.)

4126. **M. S. Jarow-Jarowoj,** On expansion of the force function of the attraction of two bodies in the moments of inertia for non-principal and non-central axes of inertia. Bote Univ. Moskau (Math., Mechan., Astr., Phys., Chem.) 1959 Nr. 3 S. 55—62 (russ.). — Ref. in Math. Rev. **22** 753.

4127. **M. S. Jarow-Jarowoj,** Über die Entwicklung der Kraftfunktion der Anziehung zweier Körper unter gewissen Annahmen über ihre Dichteverteilung. Bote Univ. Moskau (Math., Mechan., Astr., Phys., Chem.) 1959 Nr. 6 S. 58—63 (russ.). — Ref. in Math. Rev. **22** 753, RJ UdSSR 1961 Nr. 2 S. 8.

4128. **W. A. Jegorow,** Über den Einfang im eingeschränkten Dreikörperproblem. KE Nr. 3 S. 3—12, 1959 (russ.).

4129. **P. van de Kamp,** Elements of astromechanics. J RAS Canada **54** 1—11, 69—78, 110—125, 167—176, 231—244, 275—283 = Sproul Obs. Repr. Nr. 118.

4130. **W. T. Kondurar,** Das Problem der Bewegung zweier Ellipsoide unter der Wirkung der gegenseitigen Anziehung. Mitt. Staatl. Astr. Sternberg-Inst. Moskau Nr. 115 S. 3—34 (russ.).

4131. **Z. Kopal,** Numerical problems of contemporary celestial mechanics. Wisconsin, Frontiers Numerical Mathematics Symposium, 1960 S. 45—53. — Ref. in Phys. Abstr. (A) **63** 1631.

4132. **D. K. Kulikow,** Integration equations of motion of celestial mechanics by Cowell's method with automatical choice of the step on electronic computing machines. BIA **7** 770—797 (russ. mit engl. Ref.). — Bei der maschinellen Durchführung der Integration nach der Cowellschen Methode muß die Möglichkeit der Verdopplung oder Halbierung des Intervalls im Programm vorgesehen sein. Um diese Entscheidung zu automatisieren, werden die entsprechenden Kriterien aufgestellt und die Formeln für die Integration bei Änderung der Schrittlänge gegeben. T. L.

4133. **R. Kurth,** Introduction to the Mechanics of the Solar System. Vgl. AJB **59** Ref. **4120**. — Weitere Besprechung in J RAS Canada **54** 254 (R. W. Tanner), Math. Rev. **21** 1440 (D. Brouwer), Nature **188** 88—89 (P. J. Message), Publ ASP **72** 430—431 (P. Herget).

4134. **R. Kurth,** On the foundations of celestial mechanics. AN **285** 229—232. — Die Bewegungsgleichungen der Himmelsmechanik werden aus den Beobachtungen «induziert». Verf.

4135. **J. E. Littlewood,** On the equilateral configuration in the restricted problem of three bodies. Proc. London Math. Soc. (3) **9** 343—372, 1959. — Ref. in Math. Rev. **21** 1441.

4136. **J. E. Littlewood,** Lagrange configuration in celestial mechanics. Proc. London Math. Soc. (3) **9** 525—543, 1959, **10** 640. — Ref. in Math. Rev. **22** 912.

4137. **A. I. Lurje,** Equations of perturbed motion in the Kepler problem. Angew. Math. Mech. **23** 412—413, 1959 (russ.). — Ref. in Math. Rev. **22** 245.

4138. **A. I. Lurje,** Die Gleichungen der gestörten Bewegung im Kepler-Problem. KE Nr. 4 S. 82—85 (russ.).

4139. **E. L. Martin,** A proposito di una polemica sul problema dei due corpi di massa variabile in particolare decrescente. Mem SA It (NS) **31** 307—315. — Verf. bestätigt vom mathematischen Standpunkt aus die Gültigkeit seiner drei Beweise, denen drei Formeln Chiaras gegenüberstehen, von denen die erste und letzte von diesem selbst zurückgezogen wurden. Die zweite noch von Chiara aufrecht erhaltene Formel bezieht sich auf eine monotone Funktion, die er als nur von der Zeit abhängig betrachtet. Von dieser Funktion werden endliche Variationen in einem Zeitintervall berechnet, indem dieses Intervall mit der augenblicklichen Variation dieser Funktion an einer Grenze des Intervalls multipliziert wird. Verf. zeigt, daß dieses Verfahren für das vorgelegte Problem unzulässig ist. In physikalischer Hinsicht verteidigt Verf. seine Priorität, die Nichtanwendbarkeit der Hypothese v = const. (v = wahre Anomalie) auf die Bewegung von Doppelsternen schon 1934/35, d. h. 23 Jahre vor Chiara, erkannt und bewiesen zu haben. B. C.

4140. **E. L. Martin,** Espressioni note e nuove nel problema dei due corpi di massa variabile. Vgl. Ref. **1343** S. 56—70.

4141. **J. Meeus,** La vitesse radiale dans le mouvement keplérien. Ciel et Terre **76** 26—29.

4142. **J. Meffroy,** Partie périodique de la fonction perturbatrice et nouveau terme séculaire pur de la perturbation du troisième ordre des grands axes. BA **23** 149—185. — Wie Tisserand ahnte, stammt das rein säkulare Glied der Störung 3. Ordnung in den großen Achsen einesteils vom säkularen Teil und andernteils vom periodischen Teil der Störungsfunktion. In einer früheren Abhandlung haben wir das rein säkulare Glied, welches vom säkularen Teil der Störungsfunktion stammt, berechnet; diesmal berechnen wir unter denselben Voraussetzungen das rein säkulare Glied, welches vom periodischen Teil der Störungsfunktion herstammt. Verf.

4143. **N. D. Moissejew,** Über die orthointerpolatorische gemittelte Variante des eingeschränkten Dreikörperproblems. Publ. Staatl. Astr. Sternberg-Inst. Moskau **28** 9—23 (russ.).

4144. **A. A. Orlow,** On the existence of periodic orbits of a material particle in the gravitational field of a spheroid in the critical case. BIA 7 805—810 (russ. mit engl. Ref.). — Wir untersuchen die Existenz periodischer Störungen der Bewegungsgleichungen eines Partikels im Gravitationsfeld eines Sphäroids für den Fall, daß die Neigung I einer ungestörten Bahn zur Äquatorebene des Sphäroids der Bedingung $\sin^2 I = {}^4/_5$ genügt. Mit Hilfe der Methode von Poincaré wird die Existenz kreisähnlicher Bahnen bewiesen, welche dieser Bedingung genügen und periodisch in dem Koordinatensystem sind, das mit gleichförmiger Winkelgeschwindigkeit um die Polachse des Sphäroids rotiert. Verf. (ü.)

4145. **A. A. Orlow,** Formeln zur Berechnung der Störungen in der elliptischen und der hyperbolischen Bewegung. Bote Univ. Moskau (Phys., Astr.) 1960 Nr. 2 S. 51—58 (russ.). — Ref. in RJ UdSSR 1961 Nr. 1 S. 8.

4146. **A. A. Orlow,** Genäherte Darstellung des Potentials der gegenseitigen Anziehung zweier Körper. Bote Univ. Moskau (Phys., Astr.) 1960 Nr. 3 S. 69—76 (russ.). — Ref. in RJ UdSSR 1961 Nr. 2 S. 8.

4147. **A. A. Orlow,** Über die Formeln zur Darstellung der fast kreisförmigen Bewegungen eines materiellen Punktes im Schwerefeld eines Sphäroids. Mitt. Staatl. Astr. Sternberg-Inst. Moskau Nr. 108 S. 19—22 (russ.).

4148. **B. Popović,** Sekularni poremećaji vektorskih elemenata planetskih putanja. Naučno Društvo NR Bosne i Hercegovine Radovi XIV, Odjeljenje privredno-tehničkih nauka knjiga 3, 50 S.

4149. **L. E. Reiziņš, S. J. Stūre,** Existence and asymptotical behaviour of the solution of a certain degenerate parabolic equation. Abh. Lett. Staatsuniv. Riga 38 85—106 (russ. mit engl. und lett. Ref.).

4150. **A. I. Rybakow,** Aufstellung des Problems der Untersuchung der fortschreitend-rotierenden Bewegung im System «Erde—Sonne—Mond» mittels der Methode der numerischen Integration. Mitt. Staatl. Astr. Sternberg-Inst. Moskau Nr. 110 S. 33—52 (russ.).

4151. **A. Satō,** Verbesserungen von Ephemeriden. II. Heavens **41** 47—49 (japan.).

4152. **F. Schlaepfer,** Eine Methode zur numerischen Lösung einfacher nichtlinearer Randwertaufgaben mit Anwendung auf ein Randwertproblem der Himmelsmechanik. Z. Angew. Math. Phys. **11** 514—517.

* * **W. A. Schor,** The use of high-speed computers for the solution of the restricted three-body problem by Hill-Brown method. Part 1. Calculation of the righthand members of non-homogeneous equations. Vgl. Ref. **1508.**

4153. **B. M. Schtschigolew,** Über die Hillsche Zwischenbahn im Dreikörperproblem. Publ. Staatl. Astr. Sternberg-Inst. Moskau **28** 91—119 (russ.).

4154. **L. Sehnal,** The stability of the libration points L_4 and L_5 in the system earth—moon. BAC **11** 130—131. — Es wird gezeigt, daß die Bewegung um die Librationspunkte L_4 und L_5 des Systems Erde — Mond — Satellit unter dem störenden Einfluß der Sonne instabil ist. Böh.

4155. **I. D. Shongolowitsch,** Quelques formules qui ont lieu dans le mouvement d'un point matériel dans le champ d'attraction d'une ellipsoïde de niveau à deux axes. BIA 7 521—536 (russ. mit französ.

Ref.). — Die Bewegung eines Massenpunktes im Gravitationsfeld eines zweiachsigen Niveau-Ellipsoids wird untersucht. Ausdrücke für die drakonitische und anomalistische Periode und für die Störungen des Knotens und des Perigäums werden mitgeteilt. Perek

4156. **K. Sitnikow,** The existence of oscillating motions in the three-body problem. DAN **133** 303—306 (russ.). — Es werden die Oszillationen im Dreikörperproblem betrachtet. Das eingeschränkte Dreikörperproblem mit unendlich kleiner Masse, sowie der Fall der endlichen Masse des dritten Körpers werden behandelt. Perek

4157. **K. Steins, S. Stūre,** On an example of the application of matrices to celestial mechanics. Abh. Lett. Univ. Riga **28** Nr. 4 S. 141—143, 1959 (russ. mit lett. Ref.). — Ref. in Math. Rev. **22** 1108.

4158. **T. E. Sterne,** An Introduction to Celestial Mechanics. New York—London, Interscience Publishers, Inc., Ltd., 1960. 11 + 206 S. Preis $ 4.50. — Besprechung in AJ **66** 276, Phys. Abstr. (A) **64** 647, Sky Tel. **22** 102.

4159. **K. Stumpff,** Himmelsmechanik. Band I. Das Zweikörperproblem und die Methoden der Bahnbestimmung der Planeten und Kometen. Vgl. AJB **59** Ref. **4144.** — Weitere Besprechung in Proc. Phys. Soc. **76** 590—591 (Z. Kopal), RH **41** 102, Sternenbote **4** 126, VdS Nachr. **10** 33 (J. Herrmann).

4160. F. Tisserand, Traité de mécanique céleste. Tome I. Perturbations des planètes d'après la méthode de la variation des constantes arbitraires. Tome II. Théorie de la figure des corps célestes et de leur mouvement de rotation. Paris, Gauthier-Villars, 1960. Neue Auflage. 474 S. bzw. 14 + 549 S. Preis NF 50.00 bzw. NF 60.00. — Besprechung in AJ **66** 276, Sky Tel. **22** 43.

4161. Sphere of influence. Heavens **41** 40—42 (japan.).

* * Kako brzo proračunati orbite satelita i planeta. Vgl. Ref. 18234.

§ 42

Bahnbestimmung der Planeten und Kometen

4201. **C. A. Altavista,** Modificaciones del método de Wilkens para la determinación de orbitas de cometas con hipótesis parabólica. Obs. Astr. Univ. Nacional La Plata (Astr.) **25** Nr. 3, 9 S.

4202. **S. Arend,** Détermination des directions du rayon vecteur solaire, du vecteur antivitesse, et de la normale au plan de l'orbite décrite par une comète. Vgl. AJB **59** Ref. **4201** = Commun. Obs. Roy. Belgique Nr. 163.

4203. **O. N. Bartenewa,** Some auxiliary tables for integration by means of Cowell's method. BIA **7** 729—737 (russ. mit engl. Ref.). — Mit dem Argument r^2 in vier Bereichen zwischen 1 und 150 mit $\omega = 10, 20, 40$ und 80 ist die Funktion $k^2 \omega^2 (1 + \Sigma m)/r^3$ auf 10 Dezimalen samt den modifizierten II. Differenzen M'' tabuliert. T. L.

4204. **E. H. Bilo, H. C. van de Hulst,** Methods for computing the original orbits of comets. BAN **15** 119—127. — Es wird angestrebt, den ursprünglichen Wert von 1/a (a = große Halbachse) für Kometen in parabelnahen Bahnen mit einer Genauigkeit von 1×10^{-5} a. E. zu bestimmen. Die für 1/a abgeleitete Störungsgleichung 1. Ordnung ist für 10 Jahre rückwärts numerisch zu integrieren, wobei die störenden Kräfte mit den Koordinaten aus der konstanten (oskulierenden) Ausgangsparabel des Kometen zu berechnen und alle Großen Planeten (außer Pluto) zu berücksichtigen sind. Der so erhaltene Wert für 1/a wird auf das Baryzentrum reduziert und als der ursprüngliche angesehen. Die dabei begangenen Vernachlässigungen werden (zum Teil auf mehrfache Weise) abgeschätzt. Böh.

4205. **E. H. Bilo, I. van Houten-Groeneveld,** The original values of 1/a for 17 cometary orbits. BAN **15** 155—162. — Nach dem in Ref. **4204** angegebenen Verfahren werden die ursprünglichen Werte von 1/a für 17 Kometen mit detaillierten Angaben über Anlage und Verlauf der Rechnungen (und Vergleich mit den von anderen Autoren oder mit abgeänderter Methode erhaltenen Ergebnissen) berechnet. Böh.

4206. **C. J. Cohen, E. C. Hubbard,** An algorithm applicable to numerical integration of orbits in multirevolution steps. AJ **65** 454—456. — Sei y_n der Wert eines Bahnelementes am Ende des n-ten Umlaufs der durch numerische Integration zu bestimmenden Bahn, $f_n = y_{n+1} - y_n$ der Zuwachs für einen Umlauf und $\nabla f_n = f_n - f_{n-k}$ mit n = k, 2k, ... die rückwärts genommenen Differenzen für ein Intervall von k Umläufen, dann wird für den Zuwachs $y_k - y_o$ des Bahnelements in k Umläufen gesetzt $y_k - y_o = k \sum_{j=0} \lambda_j \nabla^j f_k$; für die λ_j (j = 0, 1, ..., 10) gibt Verf. Reihenentwicklungen nach 1/k. Abschließend werden Beziehungen dieses Ausdrucks zu anderen Integrationsformeln aufgedeckt und der Einfluß der Abrundung behandelt. Böh.

4207. **P. Herget,** Parabolic orbit calculations on the IBM 650. AJ **65** 491—492. — Ref. AAS.

4208. **P. Kustaanheimo,** On the determination of orbits of comets and asteroids. Soc. Sci. Fennica Commentat. Phys.-Math. **25**/2, 47 S. = Publ. Astr. Obs. Helsinki Nr. 84. — Zur Bahnbestimmung aus drei Beobachtungen gibt Verf. eine Methode, die für die Verwendung elektronischer Rechenmaschinen speziell zugeschnitten ist; direkte Iterationen ohne Verwendung der Gaußschen Gleichung (wie bei Bucerius) führen auf den Orts- und den Geschwindigkeitsvektor zu einer Epoche. Vereinfachungen werden durch Einführen der in letzter Zeit von Stumpff empfohlenen Anomalie und eines speziellen Koordinatensystems in einem Teilabschnitt der Rechnung erreicht. Für spezielle Bahnformen wird die allgemeine Methode modifiziert. Den Schluß bilden Formelzusammenstellungen und 6 Zahlenbeispiele. Böh.

4209. **E. L. Martin,** Sulle coniche riferite ad un fuoco. Atti Ist. Veneto Sci. Lettere Arti. Cl. Sci. mat. nat. **118** 17—25 = Oss. Astr. Trieste Nr. 295. — Für die Bahnen von Himmelskörpern gelten die folgenden Regeln: a) Ein Kegelschnitt, für den nur ein Brennpunkt festliegt, ist durch drei beliebige seiner Punkte definiert; b) Zwei in der gleichen Ebene liegende Kegelschnitte mit einem gemeinsamen Brennpunkt können höchstens zwei verschiedene reelle Punkte gemeinsam haben, andernfalls fallen sie zusammen. Da diese Regeln vom mathematischen Standpunkt nicht streng erscheinen, beweist Verf., daß sie sich in beiden Fällen nicht auf identische geometrische Figuren beziehen. Wird dieser Unterschied berücksichtigt, so zeigt sich, daß beide Aussagen bestehen und miteinander verträglich sind. B. C.

4210. **V. Nadolschi,** Sur le problème de la détermination des éléments d'une orbite planétaire, cas de détermination exacte quand on donne Ω et i. Gaz. Mat. Fis. București (A) **10** 652—665. — Ref. in ZfMG **89** 239.

4211. **V. Nobile,** Sul calcolo delle orbite planetarie. Nuova impostazione del problema e determinazione diretta della soluzione unica che questo ammette. Lincei Rend. Sci. fis. mat. nat. (8) **28** 751—757 = Oss. Astr. Capodimonte-Napoli Contr. Astr. **5** Nr. 9 I. — Verf. erwähnt eigene frühere Ergebnisse zum Problem der Bahnbestimmung von Planeten; er zeigt zunächst, daß der direkte Weg zu Gleichungssystemen führt, die eine Lösung praktisch undurchführbar machen. Er weist dann auf eine andere Methode hin, die durch partielle Lösungen zu Resultaten führt. Nach dieser Methode werden zunächst Neigung und Länge des aufsteigenden Knotens und die geozentrischen Abstände bestimmt. Sind dann die heliozentrischen Örter bekannt, so können die übrigen Elemente nach den Methoden der Keplerschen Bahnbestimmung berechnet werden. B. C.

4212. **V. Nobile,** Sul calcolo delle orbite planetarie. Nuova impostazione del problema e determinazione diretta della soluzione unica che questo ammette. Lincei Rend. Sci. fis. mat. nat. (8) **29** 244—247 = Oss. Astr. Capodimonte-Napoli Contr. Astr. **5** Nr. 9 II.

4213. **B. Popović,** Kalkulado de planed — kaj kometefemeridoj senpere el iliaj pozicio kaj rapido. Bull. Obs. Astr. Beograd **24** Nr. 1—2 S. 13—24.

§ 43

Kinematik und Dynamik von Sternsystemen

4301. **S. Aarseth,** The rotation of a barred galaxy under gravitational forces. MN **121** 525—529. — Es wird gezeigt, daß ein rotierender, balkenförmiger Spiralnebel unter gewissen Bedingungen stabil sein kann. FS

4302. **T. A. Agekjan,** Common features in the evolution of rotating systems of gravitating bodies. AJ UdSSR **37** 317—326 (russ. mit engl. Ref.). — Die Entwicklung der rotierenden Systeme wird qualitativ studiert. Das Entwicklungsstadium der Galaxis wird aus dem Charakter der Verteilung der Restgeschwindigkeiten der Sterne bestimmt. Überlegungen über die Eigenschaften der Kerne der Galaxien werden mitgeteilt. Verf. (ü.)

4303. **V. A. Ambarzumjan,** On the evolution of stellar systems. Quarterly J. RAS **1** 152—163. — George Darwin lecture.

4304. **W. A. Antonow,** Remarks on the problem of stability in stellar dynamics. AJ UdSSR **37** 918—926 (russ. mit engl. Ref.). — Ein Kriterium von Ljapunow wird auf die Grundgleichung der Stellardynamik im sechsdimensionalen Phasenraum angewandt, um die Stabilität eines Sternsystems im Ganzen zu untersuchen. Für den Fall, daß die Phasendichte nur vom Energieintegral abhängt, wird ein — allerdings recht kompliziertes — Stabilitätskriterium gewonnen. Petri

4305. **R. van der Borght,** Non-steady solutions of stratified self-gravitating stellar systems. Meded. K. Vlaamse Acad. Wet. **21** Nr. 9, 11 S., 1959 (fläm.). — Ref. in Phys. Abstr. (A) **63** 1851.

4306. **R. Bouciqué,** Method of computing the mass distribution in a stellar system with spherical symmetry, composed of stars of different masses. Meded. K. Vlaamse Acad. Wet. **21** Nr. 1, 8 S., 1959 (fläm.). — Ref. in Phys. Abstr. (A) **63** 1851.

4307. **S. Chandrasekhar,** Principles of Stellar Dynamics. Neudruck des im AJB **44** Ref. **9015** zitierten Buches. New York, Dover Publications, 1960. 313 S. Preis $ 2.25. — Besprechung in Math. Rev. **22** 1108, Sky Tel. **20** 372.

4308. **G. Contopoulos,** A third integral of motion in a galaxy. ZfA **49** 273—291 = Contr. Astr. Dep. Univ. Thessaloniki Nr. 6. — Für die Fundamentalgleichung der Stellardynamik sind die beiden allgemeinen Integrale der Konstanz der Energie und des Drehmoments bekannt. Für den Fall eines rotationssymmetrischen Potentials wird ein drittes Integral in Form einer Reihe abgeleitet. FS

4309. **E. A. Dibaj, F. A. Zizin, A. S. Scharow,** On the application of the virial theorem to the dynamics of star clusters. AJ UdSSR **37** 659—664, **38** 566 (russ. mit engl. Ref.). — Der effektive Halbmesser eines Sternhaufens wird aus dem Ausdruck für die potentielle Energie einiger Modelle der Dichteverteilung abgeleitet. Der effektive Halbmesser beträgt 0.3 bis 0.5 des Halbmessers des Modells. Perek

4310. **A. Elvius, N. Herlofson,** On the dynamics of galaxies with large-scale magnetic fields. ApJ **131** 304—309 = Uppsala Astr. Obs. Medd. Nr. 128. — Die Tatsache, daß in Spiralnebeln die Sterne nicht immer an den Gaswolken zu finden sind, in denen sie entstanden sind, soll durch den Einfluß von Magnetfeldern erklärt werden. Als vereinfachtes Modell wird ein kreisförmiger Gasring angenommen. Ein Magnetfeld von 2×10^{-5} Gauß beeinflußt die Bewegungen der Gasmassen so, daß die Relativbewegungen des Gases gegen die Sterne den Beobachtungen entsprechen. Die Möglichkeit der Bildung von Spiralarmen durch Ejektion von Sternen aus Gasringen wird kurz diskutiert. O. G.

4311. **M. Hénon,** Les perturbations des vitesses stellaires. II. — Calcul des moments d'ordre supérieur à 2. Ann d'Astrophys **23** 467—473 = Contr. Inst. d'Astrophys. Paris (B) Nr. 175. — Fortsetzung der Arbeit des Verf. aus Ann d'Astrophys **21** 186—216 (vgl. AJB **58** Ref. **4408**), Berechnung der Wahrscheinlichkeit dafür, daß ein in einer Population bewegter Probestern eine vorgegebene Störung in seiner Geschwindigkeit erfährt, und der Momente höher als 2. Ordnung. Böh.

4312. **M. Hénon,** L'amas isochrone. III. Fonction de distribution. Ann d'Astrophys **23** 474—477 = Contr. Inst. d'Astrophys. Paris (B) Nr. 193. — Die Verteilungsfunktion in einem isochronen Sternhaufen (ein Modell eines Kugelhaufens) wird unter der Voraussetzung, daß die Geschwindigkeitsverteilung in jedem Punkt isotrop ist, untersucht. Verf. (ü.)

4313. **M. Hénon,** L'évasion des étoiles hors des amas isolés. Ann d'Astrophys **23** 668—677 = Contr. Inst. d'Astrophys. Paris (B) Nr. 202. — Es wird unter gewissen Annahmen gezeigt, daß Sterne eines isolierten Sternhaufens die Entweichgeschwindigkeit nicht durch eine große Zahl entfernter Passagen (kleine Störungen) erreichen können, sondern nur durch eine kleine Zahl naher Passagen. Die Entweichrate von Sternen wird neu berechnet und gefunden, daß diese um den Faktor 100 kleiner ist als bisher angenommen. W. F.

4314. **S. von Hoerner,** Die numerische Integration des n-Körper-Problemes für Sternhaufen I. ZfA **50** 184—214 = Astr. Rechen-Inst. Heidelberg Mitt. (A) Nr. 14. — Ref. in Sterne **37** 41. — Zur Prüfung eines Problems der theoretischen Stellardynamik wird die erste Phase der Entwicklung von Zufallssternhaufen mit wenigen Mitgliedern (maximal n = 16) durch numerische Integration verfolgt. Die Relaxationszeiten stimmen gut mit denen nach Chandrasekhars Formel überein. Nach 2—3 Relaxationszeiten ändert sich für n = 8, 12 und 16 die innere Struktur des Haufens für die nächsten 10 Relaxationszeiten nicht wesentlich. Nur die Dichte weit außen wächst infolge des Entweichens von einzelnen Sternen stetig an. Hieraus könnten sich Schätzungsmöglichkeiten für das Haufenalter ergeben. Die Geschwindigkeiten folgen (bis auf Abweichungen von weniger als 17 %) der Maxwellschen Verteilung; ein Exzeß hoher Geschwindigkeiten liegt nicht an einzelnen «Ausreißern», sondern am Auftreten enger Paare von Sternen. Die Geschwindigkeitsverteilung ist daher nicht besonders günstig für die Beschreibung des Haufens und sollte durch die Verteilung der Gesamtenergien der Sterne ersetzt werden. Im Vergleich zur Theorie kommen zu wenig Sterne hoher Energie vor. Es wird deshalb eine Neudiskussion der Theorie angeregt. Stu.

4315. **S.-s. Huang, P. Pişmiş,** An elementary theory for the formation of arms in spiral galaxies. Bol. Obs. Tonantzintla y Tacubaya Nr. 19 S. 7—10. — Wenn ein Materiestrahl von einer auf einem Kreis gleichförmig umlaufenden Quelle nach außen geworfen wird, so erzeugt er spiralartige Isochronen ähnlich den Armen eines Spiralnebels. Die aus den Radialgeschwindigkeiten der 21 cm-Linie und der Sternassoziationen gefolgerte galaktische Expansion führen Verf. dazu, die Entstehung der Spiralarme in der geschilderten Weise zu erklären, wobei die von dem ejizierten Gas mitgeführten Magnetfelder die benachbarte diffuse Materie auffegen. Gü.

4316. **G. M. Idlis,** Der Zusammenhang der allgemeinen Eigenschaften des Gravitationspotentials von Sternsystemen mit der allgemeinen Form der Bewegungsintegrale eines einzelnen Sterns. Mitt. Astrophys. Inst. Alma-Ata 8 24—52 (russ. mit engl. Ref.). — Das allgemeinste erste Integral der Bewegungsgleichungen ist das Energieintegral, das keine Einschränkungen des Potentials mit sich führt außer der Stationarität des Sternsystems. Das allgemeinste zweite Integral ist das Integral des kinetischen Moments um eine Achse, die zugleich die Achse der Rotationssymmetrie des Potentials ist. Nur ein einziges drittes Integral wird durch das Potential zugelassen, das die Symmetrie zu einer Ebene zur Folge hat. Das Potential in der Symmetrieebene wird in erster Näherung durch die verallgemeinerte Formel von Parenago ausgedrückt. Solche Systeme besitzen eine differentielle Rotation und eine dreiachsige Geschwindigkeitsverteilung. Perek

4317. **I. King,** The basic escape rate of stars from clusters. AJ **65** 53—54. — Ref. AAS.

4318. **I. King,** The escape of stars from clusters. V. The basic escape rate. AJ **65** 122—126. — Die Arbeit behandelt das Relaxationsproblem in einem Modellfall, der so gewählt wird, daß die Wechselwirkungen eine stationäre Geschwindigkeitsverteilung, in der eine bestimmte Maximalgeschwindigkeit herrscht, aufrecht erhalten. Die Geschwindigkeitsverteilung wird numerisch ermittelt und die Entweichrate angegeben. Es wird kein Anspruch darauf erhoben, daß mit dem Modell eine korrekte Beschreibung des Wechselwirkungsmechanismus in Sternhaufen gegeben wird. W. F.

4319. **W. B. Klemperer,** Rosette configurations of gravitating bodies in homographic equilibrium. AJ **65** 492. — Ref. AAS.

4320. **P. O. Lindblad,** On tidal interaction between galaxies. Stockholms Obs. Ann. **21** Nr. 3, 38 S. — Das Ziel der Arbeit ist eine Prüfung der Vermutung von B. Lindbad, daß die aus Aufnahmen bekannten Verbindungen zwischen benachbarten Galaxien in Doppelgalaxien dann entstehen, wenn die Gravitationswirkung der einen Galaxie auf Sterne der anderen Galaxie durch Resonanzwirkung besonders groß wird. Für die Formelentwicklung wurde angenommen, daß alle Bewegungen in einer Ebene erfolgen und daß die gestörte Galaxie nach dem Modell von M. Schmidt (vgl. AJB **56** Ref. **4422**) aufgebaut ist. Die numerischen Rechnungen wurden mit zwei elektronischen Rechenmaschinen so weit durchgeführt, daß sie Sternbahnen für die Zeit von einigen 10^9 Jahren ergaben. Dabei traten verschiedene Fälle von Ejektionen auf, die nach zwei entgegengesetzten Richtungen vorkommen können. Für die Gezeitenwirkung bei einem nahen Vorübergang einer Galaxie an einer anderen wurde ein Beispiel durchgerechnet. Bleibende Strukturveränderungen scheinen dabei nicht aufzutreten. O. G.

4321. **P. O. Lindblad,** The development of spiral structure in a galaxy approached by numerical computations. Stockholms Obs. Ann. **21** Nr. 4, 73 S. — Es handelt sich hier um einen weiteren Versuch der Stockholmer Schule, die Entstehung von Spiralstrukturen auf Grund einer punktmechanischen Theorie zu erklären. Bei den Rechnungen wird von den durch B. Lindblad eingeführten Dispersionsbahnen ausgegangen und zunächst das Verhalten eines Dispersionsringes von Massenpunkten diskutiert, der durch hohe Stabilität ausgezeichnet ist. Der Einfluß dieses Ringes auf seine Umgebung innerhalb eines Sternsystems wie unserer Galaxis wird nun an verschiedenen Modellen auf Grund von elektronisch ausgeführten Rechnungen studiert. Die von ihm ausgehenden Störungen führen zur Entstehung von Strukturen, die mit aus der Beobachtung bekannten Erscheinungen bei extragalaktischen Systemen (Spiralarme, Ringstrukturen, Balken) identifiziert werden. Els.

4322. **P. O. Lindblad,** Gravitational resonance effects and the formation of spiral structure. Stockholms Obs. Medd. Nr. 121, 10 S. — Diss. Univ. Stockholm. — Ref. in PAT **41** 170—171. — Zusammenfassung der beiden Arbeiten des Verf. in Stockholms Obs. Ann. **21** Nr. 3 und 4.

4323. **D. Lynden-Bell,** Can spherical clusters rotate? MN **120** 204—213. — Es wird gezeigt, daß sphärische Sternhaufen trotz Rotation keine Abplattung annehmen, solange die Relaxationszeit nicht verstrichen ist. FS

4324. **K. F. Ogorodnikow,** Dynamik von Sternsystemen. Vgl. AJB **58** Ref. **4418**. — Weitere Besprechung in AJ UdSSR **37** 1128—1130 (F. A. Zizin).

4325. **J. H. Oort, G. van Herk,** Internal motions and density distribution in a globular cluster. Vgl. Ref. **1318** S. 375—378.

4326. **P. Pişmiş,** Outline of a mechanism for the emergence of spiral arms from the nucleus of a galaxy. AJ **65** 496—497. — Ref. AAS.

4327. **A. Poveda, C. Cruz, G. Batiz,** Stellar motions in spherical galaxies. AJ **65** 497. — Ref. AAS.

4328. **A. Poveda, R. Iturriaga, I. Orozco,** Densidades, potenciales y funciones asociadas en una galaxia esferica reducida. Bol. Obs. Tonantzintla y Tacubaya Nr. 20 S. 3—18. — Unter der Annahme, daß das Verhältnis von Masse zu Leuchtkraft innerhalb einer kugelförmigen Galaxie konstant ist, werden Tabellen für den Verlauf der Massendichte, des Potentials etc. berechnet. Einige Vergleiche werden zu analogen Tabellen von G. de Vaucouleurs (MN **113**, 134, 1953) durchgeführt, die unter der Annahme von Äquipartition der Energie berechnet wurden. W. F.

4329. **K. H. Prendergast, G. R. Burbidge,** The persistence of spiral structure. ApJ **131** 243—246. — Unter den Annahmen: a) die Form der Spiralstruktur lasse sich durch eine logarithmische Spirale darstellen, b) das ursprünglich in einem Arm vorhandene Material verbleibe dort, c) es wären nur Bewegungen auf Kreisbahnen vorhanden, d) die Kreisbahngeschwindigkeiten seien unabhängig von der Zeit, wird gezeigt, daß eine jetzt beobachtete Spiralstruktur nach spätestens zwei Rotationen des Sternsystems vollständig zerstört sein muß. Els.

4330. **A. J. Rutgers,** Spiralstruktur der Galaxien. Naturwissenschaften **47** 440—441. — Wir können das Sternsystem, das in einer Ebene um das galaktische Zentrum rotiert, als ein System von konzentrischen Ringen auffassen, die mit verschiedener Winkelgeschwindigkeit rotieren. Wenn wir einen solchen Ring betrachten und annehmen, daß die Sterne ursprünglich regelmäßig über diesen Ring verteilt waren, so haben wir gefunden, daß sich irgendwo im Ring Kondensationen bilden werden. Dasselbe gilt für benachbarte Ringe. Es liegt auf der Hand, daß sich neue Kondensationen bevorzugt in der Nähe einer schon vorhandenen bilden werden. So wird sich eine Kondensation entlang einem Radiusvektor vom galaktischen Zentrum bilden; die differentielle Rotation wird diesen ursprünglich geraden Radius zu einem Spiralarm umbiegen. Verf.

4331. **W. S. Safronow,** On the gravitational instability in flattened systems with axial symmetry and non-uniform rotation. Ann d'Astrophys **23** 979—982. — Es wird untersucht, unter welchen Bedingungen ein System von Massenpunkten mit ungleichförmiger Rotation bei zylindersymmetrischer Gestalt mit endlicher Erstreckung in der axialen Richtung gegen kleine Störungen stabil ist. Die Dichte darf einen gewissen kritischen Wert nicht überschreiten, der bei einer Wellenlänge der Störung vom 8-fachen Betrag der Dicke des Systems am kleinsten ist. FS

4332. **W. S. Safronow,** Gravitational instability in plane rotating systems having axial symmetry. DAN **130** 53—56 (russ.). — Die kritische Dichte in einer axialsymmetrischen, stark abgeplatteten Wolke wird gesucht. Die sich ergebenden Werte liegen über den früher gefundenen. Es zeigt sich, daß die Bedingungen für die Instabilität strenger sind als man früher annahm. Perek

4333. **B. Takase,** Escape of stars from the cluster and change of its luminosity function. Publ. Astr. Soc. Japan **12** 226—237 = Contr. Dep. Astr. Univ. Tokyo Nr. 6. — Chandrasekhars Theorie des Entweichens von Sternen aus Haufen wird benutzt, um die zeitliche Änderung von Leuchtkraftfunktion, Sterngehalt, Masse und Radius von Sternhaufen in Abhängigkeit von der ursprünglichen Leuchtkraftfunktion numerisch zu untersuchen. Der Vergleich der Ergebnisse mit der Leuchtkraftfunktion der Plejaden zeigt, daß dieser Haufen arm an Sternen mit absoluten Helligkeiten schwächer als 10^m war, wenn für sein Alter das aus der Schönberg-Chandrasekhar-Grenze abgeleitete angesetzt wird. Haug

§ 44

Kosmologie, Relativitätstheorie

* * **G. B. van Albada,** Formation and evolution of clusters of galaxies. Vgl. Ref. **145109**.

4401. **J. A. Bastin,** Interpretation of cosmology. Nature **188** 923—924. — Wenn die von mehreren Autoren vorgeschlagene Formulierung des Mach'schen Prinzips, daß für ein Teilchen die Gravitationswirkung sämtlicher übriger Massen des Universums maßgebend ist, zu Recht besteht, folgert Verf., kann es kein Experiment geben, mit dem man eine Veränderung des Weltradius erkennen kann. Ebenso kann es keine in langen Zeiträumen veränderliche Hubble-Konstante geben. Damit entfällt die von McCrea (vgl. z. B. Ref. **4410**) und anderen entwickelte Möglichkeit, prinzipiell zwischen beständigem und sich entwickelndem Universum zu unterscheiden. Dv.

4402. **J. A. Bastin,** An extension of the Newtonian law of gravitation. Proc. Cambridge Phil. Soc. **56** 401—409.

* * **W. A. Baum, R. Minkowski,** Observations of a large redshift. Vgl. Ref. **14502**.

4403. **H. Bondi,** Cosmology. Cambridge, University Press; Toronto, Macmillan of Canada, 1960. 2. Auflage. 3 + 182 S. Preis 30 s bzw. $ 5.00. — Besprechung in J RAS Canada **55** 92—93 (J. A. Rottenberg), Nature **191** 1336 (W. H. McCrea), Proc. Phys. Soc. **77** 937, ZfA **51** 71—74 (J. Ehlers).

4404. **H. Bondi, W. H. McCrea,** Energy transfer by gravitation in Newtonian theory. Proc. Cambridge Phil. Soc. **56** 410—413.

4405. **W. B. Bonnor,** The relativistic model of the steady-state universe. MN **121** 475—481. — Es werden Konsequenzen des von W. H. McCrea aufgestellten relativistischen Modells der steady state-Theorie (vgl. AJB **51** Ref. **4139**) ausgerechnet: Die Bewegung der Materie wird unbestimmt; träge Masse und passive schwere Masse bekommen verschwindende Dichte. Auch bei Modifikationen des McCreaschen Modells bekommt man nur unbefriedigende Ansätze zu Deutungen der beobachteten Rotverschiebungen. Dv.

4406. **R. van der Borght,** On the relation between luminosity distance and Doppler shift in relativistic cosmology. Australian J. Phys. **13** 602—605 = Mt. Stromlo Obs. Repr. Nr. 34. — Nach einer einfacheren Methode gegenüber früheren komplizierten Reihenentwicklungen wird eine Näherungsrelation zwischen Entfernung und Doppler-Verschiebung in relativistischer Kosmologie erhalten. Es werden die Formeln für elliptische, nicht gekrümmte und hyperbolische Räume angegeben. Bk.

4407. **L. G. Chambers,** The Hund gravitational equations and the expanding universe. MN **120** 263—270. — Spezialisiert auf ein radialsymmetrisches Universum führen die Feldgleichungen von Hund zu einem Ausdruck für die Materieerzeugung. Die zeitliche Veränderung der mittleren Massendichte reicht von unendlich großer Massendichte bis zu verschwindender Massendichte. Damit können Weltalter und Gesamtlebensdauer abgeschätzt werden. Dv.

4408. **P. Charvin,** L'état actuel du problème cosmologique. La Nature 88 33—35.

* * **P. Couderc,** Observations des galaxies et modèles cosmologiques. Vgl. Ref. **14522**.

4409. **W. Davidson,** Angular measurements in observational cosmology. MN **120** 271—285. — Es werden Formeln entwickelt, die gemessene Winkel (scheinbare Durchmesser und Abstände) mit gemessenen Helligkeiten und gemessenen Rotverschiebungen verknüpfen. Selbst wenn Entwicklungseffekte angenommen werden, kann möglicherweise aus der Anpassung der Beobachtungen an die theoretischen Formeln zwischen einem sich entwickelnden Universum und einem steady state-Universum unterschieden werden. Dv.

4410. **W. Davidson, W. H. McCrea,** Interpretation of cosmology. Nature **187** 583. — Bemerkungen zu McCreas Artikel (vgl. Ref. **4435**).

4411. **W. Davidson, S. F. Singer,** Use of an artificial satellite to test the clock «paradox» and general relativity. Nature **188** 1013—1014. — Verf. denkt sich einen Erdsatelliten mit einer Zäsiumuhr ausgerüstet und berechnet bei Annahme der Schwarzschildschen Metrik für das Erdfeld den Unterschied in den Zeitangaben dieser Uhr mit einer an der Basis befindlichen, nachdem der Satellit in passender Höhe eine passende Anzahl Umläufe auf kreisförmiger Bahn gemacht hat und zur Ausgangsbasis zurückgesteuert worden ist. Wirkliche Messungen wären dann ein Test für einige Aussagen der allgemeinen Relativitätstheorie. Böh.

4412. **L. Dawes,** The theory of relativity. J. Astr. Soc. Victoria **13** 9—11.

4413. **H. Dehnen, H. Hönl, K. Westpfahl,** Ein heuristischer Zugang zur allgemeinen Relativitätstheorie. Ann. Physik (7) **6** 370—406. — Es wird ein heuristischer Zugang zur allgemeinen Relativitätstheorie angegeben, der unter Vermeidung der Kovariantentheorie die drei bis heute prüfbaren Einstein-Effekte: Rotverschiebung der Spektrallinien der Sonne, Lichtablenkung im Gravitationsfeld der Sonne und Perihelbewegung der Planetenbahnen im Zusammenhang mit dem Einstein-Machschen Prinzip der «Relativität der Trägheit» quantitativ zu beschreiben gestattet. Abschließend wird ein historischer Überblick über die Bedeutung des Machschen Prinzips in der allgemeinen Relativitätstheorie gegeben. Verf.

4414. **H. Dingle,** A radio-astronomical test of the light emission. Obs **80** 35—36.

4415. **M. Duquesne,** Matter and Antimatter. London, Hutchinson & Co., Ltd., 1960. 127 S. Preis 5 s. — Besprechung in JBAA **71** 162—163.

4416. **L. Egyed,** Dirac's cosmology and the origin of the solar system. Nature **186** 621—622. — Eine gleichförmig abnehmende Gravitationskonstante führt bei ursprünglich sehr kleiner Sonne zu wachsendem Radius mit Störungen des Gleichgewichts an der Oberfläche, was in bestimmten Zeitintervallen zur Bildung von Planeten führen kann. Gleichzeitig wächst der Bahnradius der zu bildenden Planeten. Die anfänglich außerordentlich hohe Dichtekonzentration der Ursonne kann bei diesem Bilde für die relativ geringe Dichte der äußeren = älteren Planeten verantwortlich gemacht werden. Dv.

4417. **A. Einstein,** Relativitá, esposizione divulgativa. Übersetzt aus dem Deutschen von V. Geymonat. Torino, Boringhieri, 1960. 192 S. Preis Lire 1000. — Besprechung in Coelum **28** 152—153.

4418. **E. Finlay-Freundlich,** Der Nachweis der Schwere des Lichtes. Naturwissenschaften **47** 123—127. — Es werden ausführlich die Schwierigkeiten beim Nachweis der Lichtablenkung im Gravitationsfeld der Sonne diskutiert. Das wesentliche Problem liegt in einer unabhängigen Bestimmung des Skalenwertes der Platte, da dieser mit dem Wert der Lichtablenkung praktisch so eng gekoppelt ist, daß sich beide Effekte aus Aufnahmen des Feldes allein nicht trennen lassen. Der aussichtsreichste Weg zur Lösung dieses Problems wird auseinandergesetzt. H. M.

4419. **V. Fock,** The Theory of Space, Time and Gravitation. Aus dem Russischen übersetzt von N. Kemmer. Vgl. AJB **59** Ref. **4414**. — Weitere Besprechung in Phys. Blätter **16** 540—541 (F. A. E. Pirani), Publ ASP **72** 517—518 (D. Layzer).

4420. **V. Fock,** Theorie von Raum, Zeit und Gravitation. Aus dem Russischen übersetzt von H. Vogel. Berlin, Akademie-Verlag, 1960. 9 + 501 S. Preis DM 42.50.

4421. **J. Fouchet,** Les causes de l'expansion d'après les théoriciens de la «création continue». La Nature **88** 35—36.

4422. **D. A. Frank-Kamenezkij,** Experimental test of the theory of relativity. Priroda **49** Nr. 8 S. 86 (russ.).

4423. **C. Gilbert,** Gravitation and the principle of stationary action. MN **120** 367—386. — Neue Feldgleichungen werden mittels eines Variationsprinzips aufgestellt, bei dem der Integrand quadratisch im Riemannschen Krümmungsskalar ist. Materie braucht nicht durch einen Materietensor oder in der

Form von Singularitäten besonders eingeführt zu werden, sondern ergibt sich unmittelbar. Die Gleichungen werden auf Weltmodelle angewendet, die einer Reihe auch sonst üblicher Postulate angepaßt sind. Es werden natürliche Maßeinheiten vorstellbar und Inertialsysteme können definiert werden. Im Kleinen gilt Schwarzschildsche Metrik. In größeren Dimensionen haben von einem Kern ausgestoßene Massen spiralige Bahnen. Dv.

4424. **C. Graef-Fernández,** Orbits in Birkhoff's central field. Proc. Sympos. Appl. Math. **9** 167—189, 1959. — Ref. in Math. Rev. **22** 752.

4425. **G. S. Hawkins,** The redshift. AJ **65** 52. — Ref. AAS.

4426. **R. Herman,** Relativity and space travel. J. British Interplanetary Soc. **17** 216—217.

4427. **F. Hoyle,** The Nature of the Universe. New York, Harper & Brothers, 1960. 141 S. Preis $ 3.00. — Besprechung in Nature **188** 1058 (H. Dingle), Sky Tel. **20** 228.

4428. **F. Hoyle,** A covariant formulation of the law of creation of matter. MN **120** 256—262. — Der Materietensor in den Einsteinschen Feldgleichungen wird durch einen Tensor ergänzt, der das Gesetz für die Erzeugung von Materie in der steady state-Theorie ausdrückt. Die Arbeit enthält allgemeine Betrachtungen über Koordinatensysteme, den Richtungssinn der Zeit und über eine möglicherweise veränderliche Hubble-Konstante. Die Theorie erlaubt es, eine große Zahl von physikalischen Möglichkeiten darzustellen. Dv.

4429. **F. Hoyle, R. A. Lyttleton, H. Bondi,** On the possible consequences of a variability of the elementary charge. Proc. Roy. Soc. (A) **257** 431—444.

4430. **G. M. Idlis, S. A. Gridnewa,** Neue Methoden zur Bestimmung der Masse kosmischer Systeme auf Grund der Effekte der Relativitätstheorie. Mitt. Astrophys. Inst. Alma-Ata **9** 78—85 (russ. mit engl. Ref.). — Die Massen der Galaxien können aus der relativistischen Rotverschiebung abgeschätzt werden. Dieser Effekt bleibt jedoch zur Zeit noch innerhalb der Meßfehler. Eine andere Methode besteht in der Bestimmung der Massen aus der Ablenkung des Lichts von fernen kreisförmigen Galaxien, die in der Nähe von massiven Sternsystemen beobachtet werden. Die scheinbare Abplattung der kreisförmigen Galaxien, die ein Maß für die Masse des nahen Sternsystems liefern, kann $(a—b)/a = 0.01$ erreichen. Perek

4431. **W. Israel,** Evolution in general relativity. Nuovo Cimento (10) **18** 397—399. — Ref. in Phys. Abstr. (A) **64** 2.

* * **K. Just,** Zur Wechselwirkung zwischen Nebelhaufen. Vgl. Ref. 145115.

4432. **N. S. Kalitzin,** On the influence of the rotation of a body of spherical symmetry on the displacement of the perihelion of its satellites according to Einstein's theory of gravitation in second approximation. Nachr. Bulgar. Akad. Wiss. Kl. Phys.-Math. Techn. Wiss. **7** 319—331, 1959 (bulgar. mit russ. und engl. Ref.). — Ref. in Math. Rev. **22** 406.

4433. **R. O. Kapp,** Towards a Unified Cosmology. London, Hutchinson and Co., Ltd., 1960. 303 S. Preis 35 s. net. — Besprechung in La Nature **88** 445, Nature **187** 634—635 (C. W. Kilmister), ZfMG **87** 427 (H. Vogt).

4434. **E. M. Lifschiz, I. M. Chalatnikow,** Über Besonderheiten der kosmologischen Lösungen der Gravitationsgleichungen. I. II. J. Experim.

Theoret. Phys. **39** 149—157, 800—808 (russ. mit engl. Ref.). — Ref. in RJ UdSSR 1961 9A687, 688.

4435. **W. H. McCrea,** The interpretation of cosmology. Nature **186** 1035. — Wenn Wechselwirkungen zwischen verschiedenen Teilen des Universums sich mit höchstens Lichtgeschwindigkeit ausbreiten, kann zwar die Wirkung ferner Teile auf unsere eigene Umgebung erfaßt werden, nicht aber die Wirkung ferner Teile des Universums aufeinander. Die Unsicherheit wächst mit der Entfernung. In der Kosmologie kann man so offenbar keine geschlossene Theorie aufstellen; man muß im Gegenteil ständig Überraschungen für möglich halten, und eine beobachtungsmäßige Entscheidung zwischen den Alternativen der ständigen Materieerzeugung (steady state-Theorie) und den übrigen Theorien erscheint prinzipiell unmöglich. Dv.

4436. **G. I. Naan,** Über den gegenwärtigen Stand der kosmologischen Wissenschaften. Acad. R. P. Romîne. An. Romîno-Soviet. Ser. Mat.-Fiz. (3) **14** Nr. 1 (32) S. 154—194 (rumän.).

4437. **H. Nariai, Y. Ueno,** On a new approach to cosmology. Progr. Theoret. Phys. **21** 219—231, 1959. — Ref. in Phys. Abstr. (A) **63** 1422, ZfMG **84** 443.

4438. **H. Nariai, Y. Ueno,** On a new approach to cosmology. II. The problem of local gravitation. Progr. Theoret. Phys. **23** 305—327. — Ref. in Phys. Abstr. (A) **64** 250, Phys. Ber. **40** 10.

4439. **B. D. Ossipow,** Über die Möglichkeit zur Messung der Gravitations-Frequenzverschiebung im Schwerefeld der Sonne. J. Experim. Theoret. Phys. **38** 657—658 (russ.). — Ref. in Phys. Abstr. (A) **63** 1434, Phys. Ber. **39** 2313, RJ UdSSR 1960 Nr. 10 S. 94.

4440. **W. Pauli,** Theory of Relativity. Aus dem Deutschen übersetzt von G. Field. Vgl. AJB **58** Ref. **4156**. — Weitere Besprechung in Math. Rev. **22** 598 (N. Rosen), Proc. Phys. Soc. **76** 312 (H. Bondi).

4441. **A. Peres,** Neutrino and cosmology. Progr. Theoret. Phys. **24** 149—154.

4442. **W. I. Pustowoit,** Über lineare Gravitationstheorien. J. Experim. Theoret. Phys. **37** 870—871, 1959 (russ.). — Ref. in Phys. Ber. **39** 1254.

4443. **W. W. Radsijewskij, I. I. Kagalnikowa,** Über die Natur der Gravitation. Bull. Astr.-Geod. Ges. UdSSR Nr. 26 S. 3—14 (russ.).

4444. **B. R. Rao,** General relativity and perihelion advance. Proc. National Inst. Sci. India (A) **26** 168—183.

4445. **R. Reulos,** Sur le ralentissement des horloges par les masses gravitationnelles. Interprétation quantique du «déplacement vers le rouge» (red shift), application au paradoxe des horloges. J. Phys. Radium **21** 76S. — 78S. — Die Rotverschiebung wird durch einen Verlust an innerer Energie des Photons im Gravitationsfeld eines Sterns erklärt. Loh.

4446. **P. Roman,** On the steady-state theory of cosmology. Nuovo Cimento (10) **18** 9—20. — Ref. in Phys. Abstr. (A) **63** 1830.

4447. **L. I. Schiff,** On experimental tests of the general theory of relativity. American J. Phys. **28** 340—343. — Ref. in Phys. Abstr. (A) **63** 491, Phys. Ber. **40** 225.

4448. **R. Schlegel,** Radiation pressure on a rapidly moving surface. American J. Phys. **28** 687—694. — Ref. in Math. Rev. **22** 1082.

4449. **F. Schmeidler,** Beobachtungen und Theorien über die Struktur des Weltalls. Phys. Blätter **16** 359—363.

4450. **D. W. Sciama,** The Unity of the Universe. Vgl. AJB **59** Ref. **4445**. — Weitere Besprechung in Obs **80** 36—37 (B. E. J. Pagel), Proc. Phys. Soc. **76** 592 (W. H. McCrea).

4451. **S. Skavlem,** Tidsparadokset i relativitetsteorien. II. Fysikkens Verden **22** 13—18.

4452. **W. A. Skripkin,** Relativistic corrections in the problem on a point explosion in an ideal gravitating continuous medium. AJ UdSSR **37** 284—296 (russ. mit engl. Ref.).

* * **E. A. Spiegel,** On the Trumpler shift in early stars. Vgl. Ref. **10521**.

4453. **J. L. Synge,** Relativity. The General Theory. Amsterdam, North-Holland Publishing Company; New York, Interscience Publishers, Inc., 1960. 15 + 505 S. Preis 110 s. bzw. $ 16.50. — Besprechung in Nature **191** 424 (G. J. Whitrow), Science **132** 1933—1934 (P. G. Bergmann).

4454. **C. de Turville,** A note on continuous creation. ApJ **131** 741—742. — Von dem Postulat ausgehend: Wenn ein Antineutrino mit einem neutralen Wasserstoffatom reagiert, gibt es eine nicht verschwindende Wahrscheinlichkeit dafür, daß ein zusätzliches Neutron entsteht, entsprechend den Grundsätzen der steady state-Theorie. Der so fundierte Mechanismus der spontanen Entstehung von Materie vermeidet einige bei der bisher üblichen Annahme über die Entstehung von Wasserstoff auftretende Schwierigkeiten. Dv.

* * **H. Vogt,** Außergalaktische Sternsysteme und Struktur der Welt im Großen. Vgl. Ref. **14570**.

4455. **T. de Vries,** A la découverte de l'Univers. Aus dem Niederländischen übersetzt von A. M. Hendrickx. Paris—Brüssel, Editions Sequoia, 1960. 155 S. Preis 29 fr. b. — Besprechung in Ciel et Terre **76** 428 (H. Michel), Gaz astr **42** 72—73.

4456. **H. B. Wackernagel,** Gehen die Uhren im Weltraum anders? Weltraumfahrt **11** 17.

4457. **R. V. Wagh,** Gravitational field of distant rotating masses. Indian J. Phys. **34** 211—216.

4458. **G. J. Whitrow,** The Structure and Evolution of the Universe. An Introduction to Cosmology. Vgl. AJB **59** Ref. **4449**. — Weitere Besprechung in ZfMG **84** 443 (H. Vogt).

4459. **W. Wilson,** De Sitter and the expanding universe. Sci. Progr. **48** 43—45.

4460. **H. Yilmaz,** Two maser experiments to test general relativity. Phys. Rev. Letters **3** 320—321, 1959. — Ref. in Phys. Ber. **40** 413.

4461. **W. Zonn,** Wiek Wszechświata? Urania Kraków **31** 162—166. — Allgemeinverständlicher Aufsatz über den Begriff des expandierenden Universums und über das Problem der wechselseitigen Beziehungen zwischen Sternen und interstellarer Materie. E. R.

4462. Neue Messungen der relativistischen Rotverschiebung. Phys. Blätter **16** 591—592. — Ref.

4463. Sechs Prüfungsmöglichkeiten der Relativitätstheorie. Sternenbote **3** 94.

4464. Ładunek cząstek elementarnych i ekspansja Wszechświata. Urania Kraków **31** 111—112. — Ref.

VI. Theoretische Astrophysik

§ 51

Grundlagen und Probleme allgemeiner Art

5101. **H. Alfvén,** Cosmical electrodynamics. American J. Phys. **28** 613—618. — Ref. in Math. Rev. **22** 753, Phys. Abstr. (A) **63** 1630.

5102. **V. A. Bailey,** Net electric charges on stars, galaxies and «neutral» elementary particles. J. Roy. Soc. New South Wales **94** 77—86. — Ref. in Phys. Abstr. (A) **63** 1848.

5103. **V. A. Bailey,** Existence of net electric charges on stars. Nature **186** 508—510. — Es wird die Hypothese begründet, daß Sterne wie die Sonne etwa eine negative elektrische Gesamtladung besitzen. Diese Hypothese liefert die Erklärung bzw. das Verständnis für eine ganze Reihe von Phänomenen: Magnetisierung der Erde, äußerer Strahlungsgürtel, Maximalenergie von 5×10^{18} eV in der primären kosmischen Strahlung, solares polares Magnetfeld, Beziehung zwischen magnetischem Moment und mechanischem Drehmoment der Sterne (Blackett) etc. Thi.

5104. **L. Biermann,** Relations between plasma physics and astrophysics. Vgl. Ref. **1331** S. 1008—1011.

5105. **A. A. Bojartschuk, J. S. Jefimow, W. E. Stepanow,** The increase in the equivalent widths of absorption lines in a magnetic field. AJ UdSSR **37** 812—823 (russ. mit engl. Ref.). — Auf Grund früherer theoretischer Arbeiten von W. E. Stepanow über die Bildung von Absorptionslinien beim inversen Zeeman-Effekt wird dargelegt: Die magnetische Linienverstärkung nimmt linear mit der Anzahl der Komponenten und ihrer Trennung zu. Neigung des Feldes führt infolge Überdeckung unterschiedlich polarisierter Subkomponentengruppen zu weiterer Verstärkung, die zwischen 0° und 55° besonders rasch zunimmt. Turbulenz und Dämpfung vermindern die Verstärkung, die an sich proportional zur magnetischen Feldstärke anwächst. Der Zusammenhang mit der Atomhäufigkeit ist verwickelter. — Es werden Unterlagen zur Berechnung von Äquivalentbreiten unter Berücksichtigung der verschiedenen Parameter gegeben. Der Einfluß eines Magnetfeldes auf die Bestimmung von Elementhäufigkeiten wird abgeschätzt. Demnach erweist sich der Überschuß an Seltenen Erden in Ap-Sternen als reell. — Auch auf die Wachstumskurve in Sonnenflecken hat das Magnetfeld einen nicht zu vernachlässigenden Einfluß. Petri

5106. **C. E. R. Bruce,** Un thermomètre cosmique à vitesse de gaz. CR **250** 61—63. — Die Theorie des Verf. über elektrische Entladungen (vgl.

AJB **56** Ref. **111109**) ergibt eine Beziehung zwischen Temperatur und Geschwindigkeit von Gasmassen bei kosmischen Entladungsvorgängen. An einigen Phänomenen wird diese Theorie quantitativ geprüft. Dabei ergibt sich Übereinstimmung mit der Theorie in einem Bereich von 5×10^3 bis 4×10^8 °. J. P. M.

5107. **C. E. R. Bruce,** Terrestrial and cosmical lightning discharges. Rep. British Elect. Res. Association Rep. Z/T 119, 8 S., 1958. — Ref. in Phys. Abstr. (A) **63** 1414.

5108. **G. R. Burbidge, A. G. W. Cameron,** On a revised table of abundances of elements by A. G. W. Cameron. ApJ **131** 519—523. — Burbidge übt Kritik an Camerons Tafeln der Elementhäufigkeiten (vgl. AJB **59** Ref. **5106**), in der die astrophysikalisch und chemisch bestimmten Werte auf Grund kernphysikalischer Überlegungen revidiert sind, und begründet diese Kritik. Cameron tritt in einer Antwortnote für Gleichberechtigung von Kernphysik, Astrophysik und Chemie ein und verteidigt seine Revisionen. Voigt

5109. **A. G. W. Cameron,** New neutron sources of possible astrophysical importance. AJ **65** 485. — Ref. AAS.

5110. **A. G. W. Cameron,** Production of chemical elements and their distribution. Vgl. Ref. **1339** S. 64—67.

5111. **H.-y. Chiu, P. Morrison,** Neutrino emission from black-body radiation at high stellar temperatures. Phys. Rev. Letters **5** 573—575. — Ref. in Phys. Abstr. (A) **64** 255.

5112. **J. W. Dungey,** Cosmic Electrodynamics. Vgl. AJB **58** Ref. **5009**. — Weitere Besprechung in Nuovo Cimento (10) **16** 206—207 (S. Segre).

5113. **P. Fong,** Creation of the heavy elements by neutron capture on a fast time scale. Phys. Rev. (2) **120** 1388—1393.

5114. **W. A. Fowler, F. Hoyle,** Nuclear cosmochronology. Ann. Physics **10** 280—302. — Verf. zeigen, daß die beobachteten Häufigkeitsverhältnisse der beim radioaktiven Zerfall des Thoriums und Urans auftretenden Isotope verwendet werden können, um eine kosmische Zeitskala aufzustellen. Je nachdem welche Prozesse zur Bildung der schweren Elemente führten, werden zwei Modelle entwickelt. Im ersten wird die Galaxis als autonomes System betrachtet, d. h. im Laufe ihrer Entwicklung hat keine nennenswerte Aufnahme intergalaktischen Materials stattgefunden. Sternentstehung, Sternentwicklung und Kernsynthese haben während der gesamten Lebensdauer der Galaxis exponentiell abgenommen. Im 2. Modell wird der Fall betrachtet, daß die Galaxis zu verschiedenen Zeiten wesentliche Mengen intergalaktischer Materie aufgenommen hat. Diese intergalaktische Materie enthält aber schwere Elemente, die in anderen Galaxien gebildet wurden. Für Modell 1 ergibt sich für die Galaxis ein Alter von $15 \pm ^5_3 \times 10^9$ Jahren. Für Modell 2 führen ähnliche Überlegungen zu einer Zeitskala für die Expansion des Universums (reziproker Wert der Hubble-Konstante) von $(11 \pm 6) \times 10^9$ Jahren, was in guter Übereinstimmung mit den Beobachtungen ist. Henn

5115. **D. A. Frank-Kamenezkij,** The origin of the chemical elements. Fortschritte Phys. Wiss. UdSSR **68** 529—556, 1959 (russ.). — Ref. in Phys. Abstr. (A) **64** 404.

5116. **A. W. Gurewitsch,** On the amount of accelerated particles in an ionized gas under various accelerating mechanisms. J. Experim. Theoret. Phys. **38** 1597—1607 (russ. mit engl. Ref.). — Ref. in Math. Rev. **22** 1078—1079.

5117. **G. M. Handelmann, W. S. Pinajew,** Emission von Neutrino-Paaren durch Elektronen und ihre Bedeutung für die Fixsterne. J. Experim. Theoret. Phys. **37** 1072—1078, 1959 (russ.). — Ref. in Phys. Ber. **39** 1452.

5118. **S. Hayakawa,** On the origin of deuterium in the solar system. Publ. Astr. Soc. Japan **12** 115—116. — Das Häufigkeitsverhältnis D : H im Sonnensystem ist nach den Messungen auf der Erde und in den Meteoriten um mehrere Zehnerpotenzen zu groß gegenüber dem Verhältnis im Kosmos. Einer bestimmten Vorstellung über den Ursprung des Sonnensystems gemäß wird die abnorm große Häufigkeit von D auf anfängliches Ausschleudern von Gas und Staub zurückgeführt, wonach der H-Anteil in den Planeten zu klein ist. Das Deuterium kann von schnellen Nukleonen beim Durchgang der Sonne durch das T Tauri-Stadium aufgebaut worden sein. Dv.

5119. **H. D. Holmgren, R. L. Johnston,** The He^3 (α, γ) Be^7 and H^3 (α, γ) Li^7 reactions and their astrophysical importance. Rep. Naval Res. Lab. Progr. 1959 Nr. PB 151345 S. 1—7. — Ref. in Phys. Ber. **39** 1803.

5120. **H. Hubenet,** Het voorkomen der chemische elementen in het heelal. Nederl. T. Natuurk. **26** 129—141 = Sterrekundig Colloquium Nederl. Astronomenclub Nr. 16 = Sterrewacht «Sonnenborgh» Utrecht Overdruk Nr. 42.

5121. **G. M. Idlis,** Die Kraftwechselwirkung massiger strahlender Körper. Mitt. Astrophys. Inst. Alma-Ata **10** 3—14 (russ. mit engl. Ref.).

5122. **C. de Jager,** Het ontstaan der elementen. Nederl. T. Natuurk. **26** 157—174 = Sterrekundig Colloquium Nederl. Astronomenclub Nr. 16 = Sterrewacht «Sonnenborgh» Utrecht Overdruk Nr. 42.

5123. **P. Javet,** Méthodes astrophysiques d'analyse chimique. Orion Schaffhausen **5** 937—946.

5124. **S. A. Kaplan, I. A. Klimischin,** Some comments on radiation by shock waves in cosmic conditions. AJ UdSSR **37** 281—283 (russ. mit engl. Ref.). — Die Strahlung, die beim Durchgang einer Stoßwelle durch ein Gas erzeugt wird, ist in der Lage, das Gas vor der Front zu erhitzen. Verf. entwickeln die Theorie und geben einige numerische Beispiele für den interstellaren Raum, Sternphotosphären und die Sonnenchromosphäre. Oster

5125. **M. A. Korez,** The birth of neutrino-astronomy. Priroda **49** Nr. 8 S. 99 (russ.).

5126. **D. Labs,** Methoden in der theoretischen Astrophysik. Studium Generale **13** 156—168 = Mitt. Landessternw. Heidelberg-Königstuhl Nr. 116.

5127. **G. Marx, N. Menyhárd,** Über die Perspektiven der Neutrinoastronomie. Mitt. Sternw. Ungar. Akad. Wiss. Budapest-Szabadsághegy Nr. 48, 13 S. — Aus dem Gesichtspunkte der Astronomie zählt die durch die Himmelskörper ausgesandte Neutrinostrahlung zu den intensivsten Strahlungen. Es wird der Charakter der Neutrinostrahlung des Erdkörpers vom geochemischen, jener der Sonne aus astrophysikalischen und der der von außerhalb des Sonnensystems kommenden Strahlung vom kosmogonischen Standpunkt aus untersucht. Die Detektierung bildet das schwerste Problem: die derzeitige Empfindlichkeit müßte um Größenordnungen erhöht werden, um durch die Detektierung der Neutrinostrahlung astronomische Probleme klären zu können. Als einzige Ausnahme bietet sich hierfür die Neutrinostrahlung der Sonne, deren Detektierung nunmehr als nahe Perspektive bevorsteht. Verf.

5128. **G. Marx, N. Menyhárd,** Cosmic neutrino radiation. Science **131** 299—300. — Verf. erörtern die Möglichkeit zum Nachweis der kosmischen Neutrinostrahlung, die sich aus einem solaren und einem atmosphärischen Anteil zusammensetzt. Henn

5129. **A. McKellar,** Some topics in molecular astronomy. J RAS Canada **54** 97—109. — Ref. in Sky Tel. **20** 81. — Es wird über einige moderne Ergebnisse der Molekül-Spektroskopie an verschiedenen astronomischen Objekten berichtet: Venus-Atmosphäre, Kometen, Nordlichter, interstellare Linien, kalte Kohlenstoff-Sterne. Thi.

5130. **R. S. Oganessjan,** On the predominant orientation of fragments, formed as a result of stratification of a homogeneous gravitating medium in the presence of a magnetic field. AJ UdSSR **37** 665—670 (russ. mit engl. Ref.).

5131. **W. Pfau,** Die Entstehung der chemischen Elemente im Kosmos. Sterne **36** 129—141.

5132. **J. H. Reynolds,** Determination of the age of the elements. Phys. Rev. Letters **4** 8—10. — Ref. in Phys. Abstr. (A) **63** 406.

5133. **E. Richter,** Zur Theorie kraftfreier Magnetfelder. Z. Phys. **159** 194—211 = Sonderdruck Sternw. Kiel.

5134. **B. Rosen,** Rôle de l'aéronomie et de l'astrophysique dans l'étude des processus physico-chimiques à très basses pressions. Advances Vacuum Sci. Technology **1** 393—396 = Inst. d'Astrophys. Liège Coll. 4° Nr. 103.

5135. **É. Le Roux,** Théorie classique de l'absorption d'énergie de rayonnement par des particules. Ann d'Astrophys **23** 1010—1024.

5136. **E. E. Salpeter,** Matter at high densities. Ann. Physics **11** 393—413.

5137. **E. Schatzman,** On the stability of a periodic force-free field with neutral lines. Vgl. Ref. **1331** S. 903—906 = Contr. Inst. d'Astrophys. Paris (B) Nr. 210.

5138. **E. A. Spiegel,** The convective instability of a radiating fluid layer. ApJ **132** 716—728. — Es wird die thermische Stabilität einer grauen, strahlenden Flüssigkeitsschicht (Vertikaldimension sehr klein gegen Höhenskala von Dichte bzw. Druck) diskutiert. Im wesentlichen aus Dimensionsbetrachtungen folgt: Auftreten von Konvektion, wenn ein dimensionsloser Parameter (analog der Rayleigh-Zahl) einen kritischen Wert überschreitet. Bei der Wärmetransportgleichung wird der Strahlungsterm mit berücksichtigt. — Bei konstanter Differenz zwischen Temperaturgradient und adiabatischem Gradienten kann keine Überstabilität auftreten. Mittels eines Variationsprinzips werden die kritischen Werte des dimensionslosen Stabilitätsparameters (als Funktion der optischen Dicke der Schicht) und die Größe der instabilsten Störungen berechnet für feste Grenzflächen. — Die Überlegungen werden auf die Konvektionsstabilität der Atmosphäre eines B0-Sterns angewendet. Bk.

5139. **K. P. Stanjukowitsch,** Elemente der Theorie des Stoßes fester Körper mit großen (kosmischen) Geschwindigkeiten. KE Nr. 4 S. 86—117 (russ.).

5140. **J. Tandon,** Oscillations of rotating cosmical bodies in the presence of magnetic fields. Indian J. Phys. **34** 107—117. — Für radial pulsierende Kugeln mit einem durch Volumenströme erzeugten Magnetfeld wirkt Rotation stabilisierend, solange das Verhältnis der spezifischen Wärmen zwischen 4/3 und 5/3 liegt. Bei zylindrischen Konfigurationen wird sowohl für ein poloidales als auch für ein toroidales Magnetfeld die dynamische Stabilität erhöht. V. W.

5141. **S. R. Taylor,** The abundance of the rare earth elements in relation to their origin. Geochim. Cosmochim. Acta **19** 100—112. — Es werden die Häufigkeiten der seltenen Erden mit den neueren Vorstellungen der Kernsynthese von Burbidge und anderen diskutiert. Zä.

5142. **R. N. Thomas,** Comment on the use of net rate processes and the equivalent 2-level atom in non-LTE computations. Vgl. Ref. **1340** S. 871—878.

5143. **P. A. Wayman,** Element synthesis at high temperatures. MN ASSA **19** 43—50.

5144. **P. R. Wilson,** The constant flux problem in non-uniform exponential media. Australian J. Phys. **13** 461—469.

* * Planetary origin and lithium abundances. Vgl. Ref. **5623**.

Magneto-Hydrodynamik

5145. **C. Agostinelli,** On the magnetodynamic and adiabatic equilibrium of a gaseous mass with a uniform rotational and gravitational motion. Vgl. Ref. **1331** S. 941—946.

5146. **V. Bumba,** Hydrodynamics. RH **41** 122—125 (tschech.).

5147. **G. Burbidge,** Cosmical magnetohydrodynamics. Vgl. Ref. **1309** S. 264—286.

5148. **S. Colombo,** Champs magnétiques cosmiques et théorie hydromagnétique de l'effet dynamo. Cahiers Phys. **14** 55—67. — Ref. in Math. Rev. **22** 1113.

5149. **T. G. Cowling,** Magnétohydrodynamique. Übersetzung aus dem Englischen von P. Souffrin und S. Souffrin. Paris, Monographies Dunod, 1960. 132 S. Preis 11 NF. — Besprechung in La Nature **88** 541—542.

5150. **P. C. Kendall,** The variational formulation of the magnetohydrostatic equations. ApJ **131** 681—683. — Es wird gezeigt, daß die stationären Werte der potentiellen Energie allen Lösungen der Gleichungen für magneto-hydrostatisches Gleichgewicht entsprechen. W. F.

5151. **J. Kleczek,** Hydromagnetics in the astronomy. Pokroky **5** 293—308 (tschech.).

5152. **R. Lüst,** Magneto-fluid dynamic shock waves. Vgl. Ref. **1331** S. 706—709.

5153. **A. G. Pacholczyk, J. S. Stodółkiewicz,** On the gravitational instability of some magnetohydrodynamical systems of astrophysical interest. AA **10** 1—29 = Astr. Obs. Warsaw Univ. Repr. Nr. 98. — Es werden Untersuchungen mitgeteilt über die Wirkung der Viskosität, der Rotation, der endlichen elektrischen Leitfähigkeit und eines Magnetfeldes auf die Magneto-Gravitationsinstabilität eines homogenen unendlich ausgedehnten Mediums. Das Problem der Bildung von Spiralarmen als Folge von Instabilitäten in einem Medium ungleichförmiger Rotation wird unter Berücksichtigung eines Magnetfeldes, dessen Kraftlinien die Rotationsachse kreisförmig umschließen, behandelt. Für die Verhältnisse unseres Milchstraßensystems folgt als obere Grenze für die galaktische Magnetfeldstärke 10^{-5} Gauß — für höhere Feldstärken ist die stabilisierende Wirkung des Magnetfeldes zu groß, um die Entstehung der vorhandenen Spiralarme durch Magneto-Gravitationsinstabilität möglich erscheinen zu lassen. Thi.

5154. **A. G. Pacholczyk,** The magnetogravitational instability of an infinite compressible cylinder. The formulation of the local instability condition. Atti Accad. Sci. Torino (1) **94,** 12 S. = Astr. Obs. Warsaw Univ. Repr. Nr. 97.

5155. **A. G. Pacholczyk,** On the hydromagnetic wave-fronts in the solar atmosphere. Wave-fronts of small amplitude in the nonuniform medium with weak magnetic field. Atti Accad. Sci. Torino (1) **94** 823—831. — Ref. in Phys. Abstr. (A) **64** 649.

5156. **A. G. Pacholczyk,** Sulla instabilità magneto gravitazionale di un mezzo compressibile non uniforme con rotazione anche non uniforme. Lincei Rend. Sci. fis. mat. nat. (8) **28** 357—363. — Das von Pacholczyk und Stodółkiewicz untersuchte Problem über die stabilisierende Wirkung des Magnetfeldes der Galaxis und über den Bildungsprozeß der Spiralarme wegen der magneto-gravitationellen Instabilität der Protogalaxis wird für den Fall eines ungleichförmigen Modells der einer unregelmäßigen Rotation unterworfenen Protogalaxis verallgemeinert. Alle astrophysikalischen Schlüsse sowie die für das galaktische Magnetfeld geschätzte Feldstärke behalten ihre Gültigkeit. B. C.

5157. **A. G. Pacholczyk, J. S. Stodółkiewicz,** Magnetograwitacyjna niestabilność ośrodka znajdującego się w stanie różniczkowej rotacji. Postępy Astr. **8** 43—44. — Verf. erörtern das ebene Problem der Magnetogravitationsinstabilität eines im Zustand differentieller Rotation befindlichen Mediums unter der Voraussetzung eines nicht viskosen, isothermen Mediums unendlicher elektrischer Leitfähigkeit. Zur Möglichkeit der Bildung von Spiralarmen in der Protogalaxis werden einige Bemerkungen gemacht. E. R.

5158. **A. G. Pacholczyk, J. S. Stodółkiewicz,** Magnetograwitacyjna niestabilność jednorodnego, nieskończonego, lepkiego ośrodka o nieskończonym przewodnictwie elektrycznym, znajdującego się pod działaniem sił Coriolisa. Postępy Astr. **8** 44. — Zusammenfassung des vom Verf. auf der astronomischen Konferenz in Wrocław (Breslau) im Juni 1959 gehaltenen Vortrags über die Magnetogravitationsinstabilität eines homogenen, unendlichen und viskosen Mediums unter der Wirkung von Coriolis-Kräften. E. R.

5159. **A. G. Pacholczyk, J. S. Stodółkiewicz,** Magnetograwitacyjna niestabilność jednorodnego, nieskończonego, nielepkiego ośrodka o skończonym przewodnictwie elektrycznym, znajdującego się pod działaniem sił Coriolisa. Postępy Astr. **8** 45. — Zusammenfassung des vom Verf. auf der astronomischen Konferenz in Wrocław (Breslau) im Juni 1959 gehaltenen Vortrags über die Magnetogravitationsinstabilität eines homogenen, unendlichen, nicht viskosen, der Wirkung von Coriolis-Kräften unterworfenen Mediums endlicher elektrischer Leitfähigkeit. E. R.

5160. **A. G. Pacholczyk,** Magnetograwitacyjna niestabilność niejednorodnego ściśliwego ośrodka biorącego udział w rotacji różniczkowej. Postępy Astr. **8** 155—161. — Die Untersuchungen über Magnetgravitationsinstabilität sind auf den Fall eines inhomogenen, differentieller Rotation unterworfenen Modells der Protogalaxis angewandt worden. Alle Schlüsse astrophysikalischen Charakters, die in früheren, gemeinsam mit J. S. Stodółkiewicz verfaßten Arbeiten (vgl. AJB **59** Ref. **5133** und **60** Ref. **5153**) erhalten wurden, behalten auch für eine inhomogene Protogalaxis Gültigkeit. E. R.

5161. **A. G. Pacholczyk,** Wstęp do magnetohydrodynamiki. Urania Kraków **31** 262—268. — Allgemeinverständliche Darstellung der Grundprobleme der Magnethydrodynamik, insbesondere ihrer astrophysikalischen Anwendungen. E. R.

5162. **E. N. Parker,** Solar, planetary, and interplanetary magnetohydrodynamics. Vgl. Ref. **1309** S. 233—263.

5163. **H. Shimooda,** On the turbulence and hydromagnetic turbulence in astrophysics. Publ. Astr. Soc. Japan **12** 168—191. — Verf. betrachtet zunächst den astrophysikalischen Turbulenzbegriff vom hydrodynamischen Standpunkt aus. Sodann wird eine theoretische Deutung der hydromagnetischen Turbulenz in Sternatmosphären gegeben und zwar für zeitabhängige und zeitunabhängige Turbulenzfelder. Die Theorie wird zur Deutung der beobachteten Turbulenz in der Sonnenatmosphäre benutzt. Die Möglichkeit für das Auftreten hydromagnetischer Turbulenz in der solaren Granulation wird diskutiert. Groth

5164. **R. Simon,** Les oscillations hydromagnétiques d'un cylindre incompressible. Vgl. AJB **59** Ref. **5138** = Inst. d'Astrophys. Liège Coll. 4° Nr. 98.

5165. **L. Spitzer jr.,** Problems in magneto-fluid dynamics. Vgl. Ref. **1331** S. 696—700.

5166. **M. Tadokoro,** Magnethydrodynamische Wellen. Astr. Herald **53** 184 (japan.).

5167. **D. G. Wentzel,** Hydromagnetic equilibria. ApJ Suppl **5** 187—232. — Ref. in ApJ **132** 913—914. — Es werden Konfigurationen im hydromagnetischen Gleichgewicht berechnet. Dazu wird eine Variationsmethode benutzt, welche für inkompressible Flüssigkeiten mit unendlicher Leitfähigkeit und einem axialsymmetrischen inneren Magnetfeld gültig ist. Oberflächenform, Magnetfelder und Geschwindigkeitsfelder können als Funktion einer Reihe von Bewegungsintegralen ausgedrückt werden. Die Lösungen des Problems werden ausführlich diskutiert. Groth

5168. **W. E. Williams,** Reflection and refraction of hydromagnetic waves at the boundary of two compressible media. ApJ **131** 438—441. — Verf. berechnet das Reflexions- und Refraktionsverhalten hydromagnetischer Wellen an einer Grenzfläche. Die weiteren Annahmen sind, daß ein vorhandenes äußeres Magnetfeld senkrecht auf der Grenzfläche steht und daß die beiden halb-unendlichen Medien homogen und von unendlicher Leitfähigkeit sind. Verf. zeigt, daß unter diesen Bedingungen im allgemeinen Fall höchstens 2 reflektierte und 2 gebrochene Wellen auftreten, während im Fall von Alfvén-Wellen jeweils nur eine vorhanden ist. Oster

5169. **L. Woltjer,** On the theory of hydromagnetic equilibrium. Vgl. Ref. **1331** S. 914—915.

Strahlungstransport

5170. **P. M. Anselone,** Convergence of Chandrasekhar's method for the problem of diffuse reflection. MN **120** 498—503. — Für die Strahlungsintensität I (τ, μ), ihren Mittelwert J (τ) und die Ergiebigkeit in einem isotrop streuenden Halbraum mit planparalleler Schichtung bei telezentrischer Einstrahlung wird bewiesen, daß die von Chandrasekhar nach der Gaußschen Methode oder ihrer von Sykes erweiterten Form gewonnenen Approximationen $I_m(\tau, \mu)$ etc. für $m \to \infty$ gleichmäßig gegen die exakten Funktionen I (τ, μ) etc. konvergieren. Dazu werden für den Fall nicht verschwindender Absorption Fehlergrenzen der Approximationen angegeben. Gü.

5171. **O. A. Awaste, W. S. Atroschenko,** Über die Genauigkeit der Methode W. W. Sobolews. Nachr. Akad. Wiss. UdSSR (Geophys.) 1960 Nr. 3 S. 507—509 (russ.). — Ref. in RJ UdSSR 1961 Nr. 1 S. 27.

5172. **I. W. Busbridge,** The Mathematics of Radiative Transfer. New York, Cambridge University Press; New York, American Branch, 1960. 143 S. Preis $ 5.00 bzw. 30 s. — Besprechung in Obs **81** 109 (B. E. J. Pagel), ZfA **51** 301—302 (V. Weidemann).

5173. **R. Cayrel,** Sur quelques questions de la théorie des atmosphères stellaires. II. Nouvelles formules d'approximation pour le calcul de l'intensité du rayonnement et du flux. Ann d'Astrophys **23** 245—249. — Die Gleichung des Strahlungstransports wird durch Ansatz von Polynomen numerisch gelöst. FS

5174. **S. Chandrasekhar,** Radiative Transfer. New York, Dover Publications, Inc., 1960. 14 + 393 S. Preis $ 2.25. — Besprechung in Math. Rev. **22** 410, Publ ASP **72** 431, Sky Tel. **20** 103, Sterne **37** 133 (C. Hoffmeister), ZfA **51** 149 (A. Unsöld).

5175. **K. L. Coulson, J. V. Dave, Z. Sekera,** Tables related to Radiation emerging from a Planetary Atmosphere with Rayleigh scattering. Berkeley—Los Angeles, University of California Press, 1960. 12 + 548 S. Preis $ 12.50. — Besprechung in Ann d'Astrophys **23** 804, Ann. Géophys. **16** 568 (D. Barbier), Geophys. J. RAS **5** 87 (P. A. Sheppard), Science **132** 1246.

5176. **S. R. Das Gupta,** On the exact solution of transfer equation in the Milne-Eddington model: conservative, grey isotropic scattering. Indian J. Theoret. Phys. **6** 39—50, 1958.

5177. **S. Dumont,** Remarques sur l'utilisation des approximations d'Eddington. Vgl. Ref. 1340 S. 879—880.

5178. **S. D. Gutschabasch,** Über die Streuung des Lichts in einem an eine reflektierende Oberfläche angrenzenden Medium. Bote Univ. Leningrad 1960 Nr. 1 S. 152—158 (russ. mit engl. Ref.). — Ref. in RJ UdSSR 1960 Nr. 8 S. 37.

5179. **S. A. Kaplan, I. A. Klimischin, W. N. Siwers,** The theory of light scattering in a medium with a moving boundary. AJ UdSSR **37** 9—15 (russ. mit engl. Ref.). — Im Anschluß an die von W. W. Sobolew (vgl. AJB **57** Ref. 5139) entwickelte Theorie der nichtstationären Lichtstreuung werden die Integralgleichungen für die Wahrscheinlichkeit des Austretens eines Quants aus dem streuenden Medium nach einem gegebenen Zeitintervall diskutiert und für die Fälle weiterentwickelt, daß die Verweilzeiten des Quants entweder im absorbierten Zustande oder zwischen zwei Streuprozessen jeweils überwiegen. Schließlich wird die Differentialgleichung des allgemeinen Problems aufgestellt. Petri

5180. **S. A. Kaplan, W. N. Siwers,** The general problem of light scattering in a one-dimensional medium with a moving boundary. AJ UdSSR **37** 824—827 (russ. mit engl. Ref.).

5181. **J. I. F. King,** The Hopf q-function simply and precisely evaluated. ApJ **132** 509—511. — Entwickelt man q (τ) in eine Reihe nach Exponentialintegralen, die bekanntlich die natürliche Darstellung einer Quellfunktion sind, und bricht nach dem dritten Glied ab, so lassen sich die drei Koeffizienten aus den drei Milneschen Integralgleichungen bestimmen. Eine daran anschließende Iteration ergibt schon eine äußerst gute Annäherung an die exakte Lösung. Ee.

5182. **R. N. Thomas,** The source function in a non-equilibrium atmosphere. IV. Evaluation and application of the Net Radiative Bracket. ApJ **131** 429—437. — Die Netto-Rate des Übergangs zwischen zwei

Energieniveaus hängt vom lokalen Strahlungsfeld ab mit einem Faktor, den Verf. als «Net Radiative Bracket» (NRB) bezeichnet. Frühere Untersuchungen des Verf. zeigten, daß die NRB nur abhängt vom Verhältnis der in der Linie absorbierten Strahlung zum lokalen Wert für die Ergiebigkeit in der Linie. Dieses Verhältnis wird als Funktion der optischen Tiefe abgeleitet. Die Ergebnisse können bei der Untersuchung des lokalen Energiegleichgewichts in einer Atmosphäre und beim Problem der Strahlungsinstabilität angewandt werden. Groth

5183. **S. Ueno,** The probabilistic method for problems of radiative transfer. X. Diffuse reflection and transmission in a finite inhomogeneous atmosphere. ApJ **132** 729—745. — Die exakten Lösungen der Transportgleichungen werden mit Hilfe von stochastischen Methoden für diffuse Reflexion und Durchlässigkeit paralleler Strahlen in einer endlichen planparallelen Atmosphäre mit beliebiger Schichtung erhalten und durch verallgemeinerte X- und Y-Funktionen von Chandrasekhar ausgedrückt. Die Lösungen gehen in die von Chandrasekhar für konstante Albedo in der Atmosphäre über. Es wird die diffus reflektierte Intensität einer halbbegrenzten, inhomogenen Atmosphäre abgeleitet. Bk.

5184. **S. Ueno,** The S- and T-functions of S. Chandrasekhar. Publ. Astr. Soc. Japan **12** 413—419.

§ 52

Nebel, Interstellare Materie

5201. **F. Cernuschi, J. Amorín,** Estudio de algunos aspectos de la evolución de las nubes cósmicas. Vgl. Ref. **1323** S. 53—54.

5202. **F. Cernuschi, S. Codina,** Consideraciones sobre crecimiento y estabilidad de nubes cósmicas y sus relaciones con la génesis de estrellas. Vgl. Ref. **1323** S. 62—64.

5203. **S. Codina,** Materia interestelar y formación de estrellas. Publ. Dep. Astr. Univ. Montevideo Nr. 5, 9 S., 1959. — In den ersten beiden Teilen der Arbeit wird über gewisse Aspekte der Theorie der Sternentstehung aus der interstellaren Materie berichtet. Im dritten Teil der Arbeit bestätigt Verf. Einwände, welche bereits gegen die von Cernuschi und Amorín entwickelte Vorstellung der Konzentration interstellarer Materie durch Strahlungsdruck vorgebracht sind. W. F.

5204. **J. M. Greenberg,** Polarization and extinction by models of interstellar dust clouds. AJ **65** 489. — Ref. AAS.

5205. **J. M. Greenberg,** The sizes of interstellar grains. ApJ **132** 672—676 = Rensselaer Obs. Publ. Nr. 20 II. — Der Einfluß der Orientierung auf die Abhängigkeit der Extinktion von der Wellenlänge wird für Teilchen der Größe einer Wellenlänge («klassische» T.) und wesentlich kleinere Teilchen («quantenmechanische» T. bzw. Platt-Teilchen) untersucht. Die klassischen Partikel zeigen wesentlich stärkere Variation mit der Orientierung als die quantenmechanischen. Um die Natur der Teilchen eindeutig festzulegen, sind weitere Beobachtungen notwendig, insbesondere die der Wellenlängenabhängigkeit der Polarisation. Bk.

5206. **C. Grubissich,** H II-Zonen mit nach außen abnehmender Dichte. ZfA **50** 21—28. — Es wird für spezielle Fälle das Verhalten des Ionisationsgrades x_s und der optischen Dicke τ_s mit wachsendem Abstand s vom Zentralstern in einem Nebelmodell mit nach außen abfallender Dichte untersucht. Das untersuchte

Modell wird mit dem Modell homogener Dichte verglichen. Einige Schlüsse in bezug auf die reellen Nebel werden diskutiert. Insbesondere wird auf ein Kriterium hingewiesen, das zwischen vollständig und unvollständig ausgebildeten H II-Zonen zu unterscheiden gestattet. Verf.

5207. **G. A. Gursadjan,** Synchrotronic radiation in cometary nebulae. DAN **130** 47—50 (russ.). — Es wird gezeigt, daß eine Reihe von Eigenschaften der kometarischen Nebel mit der Annahme erklärt werden kann, daß deren Licht durch Bremsstrahlung von relativistischen Elektronen in magnetischen Feldern (Synchrotronstrahlung) des Nebels entsteht. Die Helligkeitsverteilung im Nebel wird vor allem durch den Gradienten des magnetischen Feldes und durch das Energiespektrum der Elektronen bestimmt. Änderungen dieser beiden Faktoren können die beobachteten Lichtschwankungen und Änderungen der Struktur dieser Nebel hervorrufen. Für den Nebel NGC 2261 wird für Elektronen mit der Energie $>10^{12}$ eV eine mittlere Konzentration 10^{-12} cm^{-3} abgeleitet, wobei die Intensität des magnetischen Feldes im Zentrum des Nebels zu 10^{-3} Gauß angenommen wird. Ferner wird gezeigt, daß in dem genannten Nebel etwa 90% der Wasserstoffatome sich im neutralen Zustand befinden, so daß die optische Tiefe für die L_c-Strahlung $\approx 10^3$, für die Balmer-Serie ≈ 1 ist. Die Bremsstrahlung muß polarisiert sein, wobei der theoretische Polarisationsgrad sehr hoch ist (70%). Polarimetrische Messungen an NGC 2261 stehen damit im Einklang und unterstützen die Bremsstrahlungshypothese. Ond.

5208. **G. Haro, R. Minkowski,** The Herbig-Haro objects near NGC 1999. AJ **65** 490. — Ref. AAS.

5209. **F. J. Heyden,** The interstellar medium. Vgl. Ref. **1339** S. 60—63.

5210. **R. N. Ichsanow,** Some problems on the inter-relation between stars and nebulae and their evolution. AJ UdSSR **37** 642—658 (russ. mit engl. Ref.). — Auf Grund des Diagramms «Halbmesser der Ionisationszone — Durchmesser des Nebels» wird auf eine Entwicklung in dem Sinn geschlossen, daß der Halbmesser der Ionisationszone mit der Zeit bei zunehmendem Durchmesser des Nebels abnimmt. Die Tatsachen, daß alle hellen Nebel Sternhaufen vom Typus O enthalten und daß die Mächtigkeit des Haufens von der Masse der diffusen Materie abhängt, dienen als Grundlage einer Diskussion der wahrscheinlichen Entwicklung der Galaxis. Perek

5211. **M. Kanno,** Departures from LTE in the higher levels of H. Vgl. Ref. **1340** S. 823—834 = Sterrewacht «Sonnenborgh» Utrecht Overdruk 4° Nr. 23.

5212. **S. A. Kaplan, W. G. Kurt,** On the expansion of a sodium cloud in interstellar space. AJ UdSSR **37** 536—542 (russ. mit engl. Ref.). — Die Expansion der Natriumwolke, die von der zweiten sowjetischen kosmischen Rakete am 13. September 1959 ausgelöst wurde, wird untersucht. Am Anfang erfolgte für eine kurze Zeit adiabatische Expansion, wobei die Temperatur um 350—600° gesunken ist. Die zweite Phase war eine freie Expansion, wobei die thermischen Geschwindigkeiten beibehalten wurden. Der Zusammenhang zwischen der adiabatischen Expansionsgeschwindigkeit und der thermischen Geschwindigkeit der zweiten Phase, sowie auch Formeln für die Dichte- und Flächenhelligkeitsverteilung werden abgeleitet. Die Beobachtungsdaten widersprechen der Annahme, daß eine adiabatische Phase nicht stattgefunden hat. Die aus den Beobachtungen folgenden Geschwindigkeiten stimmen mit der Theorie gut überein, wobei es sich zeigt, daß die Ergebnisse wenig davon abhängen, ob man im adiabatischen Stadium sphärische oder zylindrische Symmetrie annimmt. Ond.

5213. **S. Kato, S. S. Kumar,** On gravitational instability. I. Publ. Astr. Soc. Japan **12** 290—292 = Contr. Dep. Astr. Univ. Tokyo Nr. 8. — Das Jeanssche Kriterium für Gravitationsinstabilität wird durch Berücksichtigung der Wärmeleitung und der Viskosität erweitert. Während diese nur unerheblichen Einfluß hat, ist in dem Kriterium infolge der Wärmeleitung die adiabatische Schallgeschwindigkeit durch die isotherme $\sqrt{\mathfrak{R} \times T}$ zu ersetzen. Das Ergebnis wird physikalisch interpretiert. Gü.

5214. **S. S. Kumar,** On gravitational instability. II. Publ. Astr. Soc. Japan **12** 552—555. — Die Kriterien für Gravitationsinstabilität werden für ein unendlich ausgedehntes, homogenes, viskoses und thermisch leitendes Medium hergeleitet, und zwar für die Fälle a) vorhandener Rotation und b) vorhandenen Magnetfeldes. Das Jeans'sche Kriterium bleibt formal erhalten, wobei anstelle der adiabatischen die isotherme Schallgeschwindigkeit tritt. W. F.

5215. **W. H. McCrea, D. McNally,** The formation of population I stars, Part II. The formation of molecular hydrogen in interstellar matter. MN **121** 238—251. — Es wird quantitativ untersucht, in welchen Häufigkeiten Moleküle, speziell H_2 und CH, in interstellaren Wolken gebildet werden können. Gewisse Schwierigkeiten früherer Theorien treten nicht auf, wenn die physikalischen Bedingungen denen beim Zusammenstoß zweier Wolken entsprechen. FS

5216. **I. N. Minin,** Über die Bewegung einer Hülle veränderlicher Masse. AJ UdSSR **37** 939—940 (russ.).

5217. **P. A. Olijnyk,** Zur Theorie der Ionisationswellen im interstellaren Raum. Circ. Astr. Obs. Lwow Nr. 35—36 S. 51—60 (russ.).

5218. **S. R. Pottasch,** Balmer decrements: The diffuse nebulae. ApJ **131** 202—214. — Für Atmosphären mit konstanter Temperatur ($T_e = 10000°$) und Elektronendichte ($n_e < 10^5$ cm^{-3}), die in Lyman-α optisch dick sind, wird das Balmer-Dekrement als Funktion der optischen Tiefe in Hα bestimmt. Aus Beobachtungen des Verhältnisses Hα/Hβ folgt, daß bei diffusen Nebeln die optische Tiefe der frühen Balmer-Linien in der Größenordnung eins liegt; Hα/Hβ wächst mit zunehmender optischer Tiefe in Hα. — Stoßprozesse vom 2. Niveau des Wasserstoffs aus können für $n_e > 10^7$ cm^{-3} nicht vernachlässigt werden; bei diffusen Nebeln muß die Strahlungsanregung vom 2. Niveau berücksichtigt werden. Bk.

5219. **W. I. Pronik,** Diffuse nebulae and early type star models. AJ UdSSR **37** 1001—1004 (russ. mit engl. Ref.). — Theoretische Werte für die Anzahl der ionisierenden Quanten und deren mittlere Energie werden für verschiedene Modelle früher O-B-Sterne berechnet. Aus Beobachtungen diffuser Gasnebel können die genannten Werte abgeleitet werden, ausgehend von der Größe des Nebels (Radius der Strömgren-Zone) und der Elektronentemperatur. Die auf beide Weisen abgeleiteten Werte stimmen miteinander gut überein. Ond.

5220. **D. A. Roshkowskij,** Zur Dynamik des Zusammenstoßes von Dunkelwolken mit Sternen. Mitt. Astrophys. Inst. Alma-Ata **9** 56—77 (russ. mit engl. Ref.). — Die Bewegung einer kugelförmigen homogenen Dunkelwolke in der Nähe eines heißen Sternes wird betrachtet. Falls die abstoßenden Kräfte über die anziehenden überwiegen, bewegen sich einzelne Partikel auf Hyperbelbahnen, deren umhüllende Fläche ein Rotationsparaboloid mit dem Brennpunkt im Mittelpunkt des Sterns und der Achse in der Richtung der Bewegung ist. Flächen gleicher Dichte sind der Umhüllenden ähnlich. In verschiedenen Zeitpunkten wird die Struktur und Dichteverteilung der Wolke untersucht. Perek

5221. **W. W. Sobolew,** On the brightness of a spherical nebula. AJ UdSSR **37** 3—8 (russ. mit engl. Ref.). — Für die Lichtstreuung in einer Kugel, die homogen aus Material gegebener Streucharakteristik besteht und die Lichtquelle im Zentrum hat, wird eine Näherungslösung angegeben, wobei die Fälle reiner Streuung und des Auftretens wahrer Absorption unterschieden werden. Als praktisches Beispiel wird ein Staubnebel behandelt. Petri

5222. **K. S. Stankewitsch,** Monochromatic radio emission of the interstellar molecular hydrogen ion. AJ UdSSR **37** 983—987 (russ. mit engl. Ref.). — Es wird die Frequenz des Hyperfeinübergangs vom Grundzustand des Ions H_2^+ berechnet, die sich zu 1174 MHz ergibt. Es wird gezeigt, daß die Radioemission des H_2^+ mit heutigen Mitteln entdeckt werden kann, wenn die Häufigkeit des H_2^+ im interstellaren Medium im Mittel 0.02% der Häufigkeit des atomaren Wasserstoffs ausmacht. Ho.

5223. **K. Takayanagi, S. Nishimura,** Cooling of the interstellar clouds in region of neutral hydrogen. Publ. Astr. Soc. Japan **12** 77—105 = Contr. Dep. Astr. Univ. Tokyo Nr. 2. — Die früheren Rechnungen über die Stoßanregung von H_2 werden auf einen größeren Bereich ausgedehnt, wobei gleichfalls höhere Anregungszustände betrachtet werden. Weiterhin wird der Beitrag der anderen Abkühlungsmechanismen abgeschätzt. Unter der Annahme, daß die gegenseitigen Stöße interstellarer Wolken der wirksamste Aufheizungsprozeß sind, wird die Abkühlungsgleichung gelöst. Die anderen Abkühlungsmechanismen werden berücksichtigt und einige numerische Beispiele durchgerechnet. Sm.

5224. **W. Unno,** The temperature of interstellar clouds. Astr. Herald **53** 110 (japan.).

5225. **D. G. Wentzel,** The distortion of a magnetized cloud by differential galactic rotation. BAN **15** 103—118. — Es wird das Auseinanderziehen einer anfänglich sphärischen Wolke unendlicher Leitfähigkeit zu einem Spiralarm durch die differentielle galaktische Rotation untersucht, wobei die einzigen wirkenden Kräfte durch das Gravitationspotential und das Magnetfeld innerhalb der Wolke bedingt sein sollen. Der wesentliche Effekt des Magnetfeldes besteht in einer Verbreiterung des Spiralarmes in der galaktischen Ebene, verbunden mit einer entsprechenden Dichteabnahme. — Der stationäre Zustand wird in weniger als 2×10^8 Jahren erreicht. — Lokale Magnetfelder können ursprünglich zusammengehörige Sterne und Gasmassen während der Zeit nach Bildung der Sterne voneinander getrennt haben. Thi.

5226. **B. Yada,** Study of an HI envelope in a galactic nebula — interpretation of the spectrum of the Orion nebula. Publ. Astr. Soc. Japan **12** 449—512. — Verf. berechnet das Lyman-α-Strahlungsfeld für das Modell eines statischen Nebels, welcher durch einen Zentralstern angeregt wird. Der Nebel besteht aus einer planparallelen HII-Region (aus reinem Wasserstoff) und einer sphärischen HI-Region, welche außer Wasserstoff auch Staubteilchen enthält. Die Ergebnisse der Rechnungen werden ausführlich diskutiert und zur Interpretation des Spektrums des Orion-Nebels benutzt. Es kann nicht entschieden werden, ob dieser Nebel eine HI-Hülle besitzt oder nicht. Groth

§ 53

Sternatmosphären

5301. **B. Baschek,** Abhängigkeit des Strömgrenschen Index m und der Farbindizes U—B, B—V von der Metallhäufigkeit bei sonnenähnlichen Sternen. ZfA **50** 298—310 = Sonderdruck Sternw. Kiel. — Wie kann man aus dem beobachteten Strömgrenschen Häufigkeitsindex m oder dem beobachteten UV-Exzeß auf die Metallhäufigkeit schließen? Für Sterne mit den Sonnenwerten für Effektivtemperatur und Schwerebeschleunigung werden diese Größen in Abhängigkeit von der Metallhäufigkeit mit Hilfe nichtgrauer Modellatmosphären und Wachstumskurven berechnet. Es ergibt sich ein fast linearer Zusammenhang zwischen m und dem Logarithmus der Metallhäufigkeit. Har.

5302. **W. R. Beardsley,** An approximation to effective temperature from the curve of growth. AJ **65** 341. — Ref. AAS.

5303. **K. H. Böhm, E. Richter,** Konvektion in einer Atmosphäre mit tiefenabhängigem Temperaturgradienten und starker Dichtevariation. ZfA **50** 79—95 = Sonderdruck Sternw. Kiel. — Die Struktur einer Konvektionszone mit erheblichen Änderungen der Dichte und des Temperaturgradienten wird durch Linearisierung der Grundgleichungen der Aerodynamik untersucht. Es ergeben sich einige Resultate über die Instabilität der Konvektion in verschiedenen Wellenlängen. FS

* * **A. A. Bojartschuk, J. S. Jefimow, W. E. Stepanow,** Intensification magnetic strengthening of absorption lines. Vgl. Ref. **10416**.

5304. **H. Bondi,** Magneto-hydrostatics of stellar atmospheres. II. The axially symmetric equilibrium configurations. MN **121** 201—207. — Es wird die Gleichung des hydrostatischen Gleichgewichts in einer Sternatmosphäre untersucht, in welcher Gravitation und magnetische Kräfte von gleicher Größenordnung sind. Einige Spezialfälle werden genauer betrachtet. FS

* * **W. K. Bonsack, J. L. Greenstein,** The abundance of lithium in T Tauri stars and related objects. Vgl. Ref. **12408**.

5305. **P. ten Bruggencate,** Bemerkungen über Wachstumskurven von Fraunhofer-Linien mit wahrer Absorption. ZfA **50** 1—6 = Veröff. Univ.-Sternw. Göttingen Nr. 128. — Die theoretische Behandlung von Fraunhofer-Linien, bei denen der Strahlungsaustausch nach dem Schema «wahre Absorption» erfolgt, ist besonders wichtig, weil die große Mehrzahl der Absorptionslinien in Sternspektren zu dieser Klasse von Linien gehören dürfte. Die folgenden Bemerkungen, die gleich dem allgemeinen Fall gelten, daß die kontinuierliche und die Linienabsorption bei Annäherung an die Sternoberfläche ($\tau \to 0$) nicht gleichzeitig verschwinden, schließen sich eng an die bekannte Theorie der Wachstumskurven an. Verf.

5306. **R. Cayrel,** Model atmospheres and conventional curve of growth analysis. AJ **65** 486. — Ref. AAS.

5307. **R. Cayrel,** Sur quelques questions de la théorie des atmosphères stellaires. Ann d'Astrophys **23** 233—244 = Contr. Inst. d'Astrophys. Paris (B) Nr. 206. — Aus der Theorie von Kolb über die Verbreiterung von Wasserstofflinien wird die Schwerebeschleunigung von ζ Persei berechnet. Der Wert ist halb so groß wie das Resultat, das bei Anwendung der Theorie von Holtsmark erhalten wird. Der mit der Kolbschen Theorie erhaltene Wert stimmt gut mit der Massen-Helligkeitsbeziehung überein. FS

5308. **C. Chadeau,** Influence de l'abondance en hélium sur le spectre continu des étoiles B. CR **250** 2130—2131. — Die Berechnung von Modellen von B0-bis B3-Sternen mit einem Heliumgehalt von 0, 20, 33, 50 und 100 % zeigt, daß das kontinuierliche Spektrum nur wenig vom Heliumgehalt abhängt, solange dieser unter 40 % liegt. Lediglich der Balmer-Sprung und der Sprung von He I bei 3422 Å ändern sich merkbar. J. P. M.

5309. **C. Chadeau,** La série de Balmer dans les étoiles B. Vgl. Ref. **1340** S. 946—948.

5310. **J. L. Climenhaga,** Curve of growth of C_2 absorption bands applied to the problem of the C^{12}/C^{13} abundance ratio. AJ **65** 50. — Ref. AAS.

* * **P. Demarque,** The structure of population II stars. Vgl. Ref. **5415**.

* * **F. Eugène-Praderie, J.-C. Pecker,** Écarts à l'équilibre et abondances dans les photosphères solaire et stellaires. III. Écarts à l'ETL dans la bande CH 4300 (cas solaire). Vgl. Ref. **6416**.

5311. **I. M. Gordon,** Mechanism for the production of relativistic electrons in the atmospheres of non-stationary stars. J. Experim. Theoret. Phys. **37** 853—855, 1959 (russ.). — Engl. Übersetzung in Soviet Phys. — JETP **37** 608—609. — Ref. in Phys. Abstr. (A) **63** 1217.

5312. **G. A. Gursadjan,** Electron temperature of the medium on synchrotronic radiation. DAN **130** 287—289 (russ.). — Verf. berechnet die Elektronentemperatur eines Gebietes der Sternatmosphäre, in welchem freie Elektronen durch Photoionisation von Wasserstoffatomen mittels der in dem untersuchten Gebiete entstehenden Bremsstrahlung von relativistischen Elektronen im magnetischen Felde (Synchrotronstrahlung) produziert werden. Aus den Bedingungen der Stationarität und des Strahlungsgleichgewichts folgt, daß die Elektronentemperatur etwa 100000° beträgt. Sie hängt nur wenig vom Energiespektrum der relativistischen Elektronen ab und wird durch den Strahlungsmechanismus der Sternatmosphäre bestimmt. Die theoretisch abgeleitete hohe Temperatur könnte durch Beobachtung entsprechend breiter Linien nachgewiesen werden. Ond.

5313. **L. Houziaux,** Intensités relatives des raies interdites de OI dans une atmosphère en expansion. Ann d'Astrophys **23** 62—74 = Inst. d'Astrophys. Liège Coll. 4° Nr. 100. — Für acht Modelle verdünnter, gleichmäßig expandierender Atmosphären werden die relativen Intensitäten der grünen und der beiden roten Linien 5577 und 6300/64 Å des [OI] berechnet. Aus den beobachteten relativen Intensitäten kann die Ausdehnung dieser Atmosphären bestimmt werden. Voigt

5314. **L. Houziaux,** L'effet Stark pour les raies élevées de l'hydrogène. Vgl. Ref. **1340** S. 940—945 = Inst. d'Astrophys. Univ. Liège Coll. 4° Nr. 112 = Publ. Obs. Haute-Provence **5** Nr. 30.

5315. **C. de Jager,** Loss of matter by stars. Vgl. AJB **59** Ref. **1316** S. 280—294 = Sterrewacht «Sonnenborgh» Utrecht Overdruk Nr. 40.

5316. **C. de Jager, L. Neven,** The computation of partition functions in a stellar atmosphere. BAN **15** 55—66 = Commun. Obs. Roy. Belgique Nr. 160. — Verf. berechnen die Zustandssummen für Atome und Ionen. Die Rechnungen basieren auf exakten quantenmechanischen Ausdrücken für die Erniedrigung des Ionisationspotentials durch elektrische Felder. Die neu berechneten Zustandssummen sind bei hohen Temperaturen und kleinen Elektronendrucken um höchstens einen Faktor 5 größer als die früher berechneten. Groth

5317. **C. de Jager, M. Kanno, L. Neven,** A program for the computation of b_n tables for H and He. Vgl. Ref. **1340** S. 843—849 = Sterrewacht «Sonnenborgh» Utrecht Overdruk 4° Nr. 21.

5318. **J. T. Jefferies, R. N. Thomas,** The source function in a non-equilibrium atmosphere. V. Character of the self-reversed emission cores of Ca^+ H and K. ApJ **131** 695—704. — Die in einer früheren Arbeit der Verf. entwickelte Theorie von Emissionslinien wird auf die Ca-Linien H und K angewendet. Es erweisen sich zusätzliche Faktoren gegenüber den bisherigen Theorien als notwendig. FS

5319. **J. T. Jefferies, O. R. White,** Source function in a non-equilibrium atmosphere. VI. The frequency dependence of the source function for resonance lines. ApJ **132** 767—774. — Es wird die Linienergiebigkeit für kohärente Streuung untersucht. Die thermische Doppler-Bewegung bewirkt im Linienkern einen Frequenzverlauf wie bei inkohärenter, im Flügel dagegen wie bei kohärenter Streuung. Die Transportgleichung wird gelöst, und für eine isotherme Atmosphäre werden Linienprofile berechnet. Sie hängen im Übergangsgebiet von Kern und Flügel sehr stark ab von dem durch Stoßdämpfung verursachten Restanteil nicht-kohärenter Streuung. Har.

5320. **J. T. Jefferies,** Source function in a non-equilibrium atmosphere. VII. The interlocking problem. ApJ **132** 775—789. — Der Einfluß der Verkettung auf die Tiefenvariation der Linienergiebigkeit wird an Hand einer allgemeinen Lösung der Gleichungen für statistisches Gleichgewicht untersucht. Für ein Atom mit drei Niveaus werden genäherte ungekoppelte Gleichungen abgeleitet; ihre Brauchbarkeit wird an exakten Lösungen geprüft. Am Beispiel des Wasserstoffs wird der Einfluß der Kopplung bei Vorhandensein mehrerer Niveaus diskutiert. Die allgemeine Form der Tiefenvariation in den Linien H und K ähnelt dem Ergebnis früherer Arbeiten dieser Serie, in denen Verkettung vernachlässigt war. Allerdings führt starke Kopplung zu gleichen Werten — bei gegebener Tiefe — für die Ergiebigkeit von H und K. Har.

5321. **R. Kandel,** Écarts à l'équilibre et abondances dans les photosphères solaire et stellaires. V. L'abondance du titane. Ann d'Astrophys **23** 995—1005. — Die Titanhäufigkeit und Abweichungen vom lokalen thermodynamischen Gleichgewicht werden mit größerer Genauigkeit an Hand des ersten Ti I-Multipletts untersucht. Verf. (ü.)

5322. **S. Kato, W. Unno,** Convective instability in polytropic atmospheres. II. Publ. Astr. Soc. Japan **12** 427—440 = Contr. Dep. Astr. Univ. Tokyo Nr. 11. — Um die Wirkung der Kompressibilität auf die thermische Konvektion zu untersuchen, wird die Stabilitätsbedingung und die Form des instabilsten Turbulenzelementes geprüft, und zwar für isotherme Atmosphären mit verschieden starken Dichteschwankungen und bei verschiedenen Annahmen über die Höhenabhängigkeit der Viskosität und Wärmeleitfähigkeit. Der Einfluß der Coriolis-Kraft und das Vordringen der Strömung in die darüberliegende stabile Schicht werden auch diskutiert. Ee.

5323. **I. A. Klimischin,** Über Überschallströmungen in durchsichtigen Sternhüllen. Circ. Astr. Obs. Lwow Nr. 35—36 S. 43—47 (russ.).

5324. **R. S. Kushwaha,** Decay of shock waves in a stellar atmosphere. Proc. National Acad. Sci. India (A) **29** 64—75. — Ref. in Phys. Abstr. (A) **64** 161.

5325. **R. S. Kushwaha,** Thermally induced convection in a stellar atmosphere. Proc. National Acad. Sci. India (A) **29** 109—117.

5326. **M. J. Laird,** Magneto-hydrostatics of stellar atmospheres. I. The stability of the axially symmetric case. MN **121** 197—200. — Die Stabilität einer rotierenden Sternatmosphäre mit einem rotationssymmetrischen Magnetfeld gegenüber kleinen Gleichgewichtsstörungen wird untersucht. FS

5327. **M. J. Laird,** Magneto-hydrostatics of stellar atmospheres. III. The axially symmetric equilibrium configurations. MN **121** 208—212. — Verallgemeinerungen zum Inhalt der beiden vorhergehenden Arbeiten (vgl. Ref. **5326**, **5304**). FS

5328. **A. McKellar,** Isotopes in stellar atmospheres. Contr. Dominion Astrophys. Obs. Victoria Nr. 69, 18 S. — Sonderdruck aus J. L. Greenstein: Stellar Atmospheres, «Stars and Stellar Systems» Vol. VI (vgl. Ref. **5362**).

5329. **W. G. Melbourne,** Line-blanketing effects on A — G dwarfs. ApJ **132** 101—129. — Verf. untersucht den Einfluß des blanketing-Effekts der Linien auf die kontinuierliche Strahlung und die Farbenindizes von Zwergen und Unterzwergen. Die vom blanketing-Effekt befreiten gemessenen Energieverteilungen werden mit passenden Modellatmosphären verglichen, um so für die untersuchten Sterne effektive Temperaturen zu gewinnen. Zwischen A5 und F2 geht der Hauptbeitrag zum blanketing-Effekt von den Wasserstoff- auf die Metalllinien über. In richtiger Weise ergibt sich der Temperaturunterschied zwischen spektralgleichen Zwergen und Unterzwergen. Weiter werden die Farbenindizes U, B, V aus den Energieverteilungen berechnet und mit den beobachteten Werten verglichen. Bei einem Vergleich der vom blanketing-Effekt befreiten Farbenindizes beobachteter Sterne mit dem für eine Reihe von Modellen berechneten (U—B, B—V)-Diagramm erweist sich eine Parallelverschiebung derselben als notwendig, deren Ursache diskutiert wird. Ähnlich wird der blanketing-Effekt der Metalllinien allein eliminiert und so ein entsprechendes Farbendiagramm für eine metallfreie Hauptsequenz konstruiert. Schließlich wird noch für diese ein (M_V, B—V)-Diagramm aufgestellt und mit der Anfangshauptsequenz nach Sandage verglichen. Gü.

5330. **E. R. Mustel,** Sternatmosphären. Moskau, Phys.-Math. Staatsverlag, 1960. 444 S. Preis 13 R. 70 Kop. (russ.).

5331. **J. P. Mutschlecner,** The automatic machine computation of curves of growth. AJ **65** 351. — Ref. AAS.

5332. **G. J. Odgers, R. S. Kushwaha,** Shock waves in the atmosphere of the β Cephei star BW Vulpeculae. Publ. Dominion Astrophys. Obs. Victoria **11** 185—200. — Eine von der Photosphäre nach außen laufende Schallwelle kann zu einer Schockwelle werden, wenn der Dichtegradient der Atmosphäre steil genug ist. Die Gleichungen für Schockwellen werden aufgestellt und der Zerfall des Schocks behandelt. Besonders interessant ist der isotherme Schock. Er führt zum Ausstoßen von Materie und erlaubt eine Interpretation der Radialgeschwindigkeitsbeobachtungen von BW Vulpeculae. Har.

5333. **G. J. Odgers, R. S. Kushwaha,** Shock waves in the atmosphere of a long-period variable. Publ. Dominion Astrophys. Obs. Victoria **11** 253—258. — Mit der Theorie der Dissipation von Stoßwellen, die für den Fall des β Cephei-Sternes BW Vul entwickelt wurde, wird versucht, die Radialgeschwindigkeitskurve von R Hya mit der Periode von 400^d zu verstehen. Die für 180^d konstante Radialgeschwindigkeit wird als diejenige des Schwerpunktes des Sterns interpretiert. Etwa $^1/_{10}$ Periode nach dem Helligkeitsmaximum erreichen die inneren Störungen die Photosphäre, aus der die Materie mit bis zu 10 km/sec zunehmender Geschwindigkeit ausgestoßen wird. Der Stern ist zwar kühl genug, um derart kleine Geschwindigkeiten in den Stoßfronten erklären zu können, Schwierigkeiten bereitet jedoch die Beobachtungstatsache, daß die ausgeworfene Materie schon nach 170^d zur Ruhe kommt und nicht wieder zurückfällt. Ee.

5334. **B. E. J. Pagel,** The surfaces of stars. Quarterly J. RAS **1** 56—72. — Dieser Aufsatz wendet sich an einen breiteren Kreis von Lesern. Er gibt beispielsweise einem Physiker einen guten Überblick über die Theorien der Sternatmosphären. Unter Verzicht auf Feinheiten und komplizierte Formeln werden folgende Fragen behandelt: Schwarze Strahlung — graue Strahlung, Temperaturdefinitionen, Quelle der kontinuierlichen Absorption (ausführlicher), Aufbau einer Sternatmosphäre, Konvektion, Randverdunklung der Sonne, Temperaturinversion am Rande. Har.

5335. **B. E. J. Pagel,** The recombination spectrum of OI. Vgl. Ref. 1340 S. 850—852.

* * **E. N. Parker,** The hydrodynamic theory of solar corpuscular radiation and stellar winds. Vgl. Ref. **6718.**

* * **J.-C. Pecker, L. Vogel,** Écarts à l'équilibre et abondances dans les photosphères solaire et stellaires. II. Les cas des atomes neutres de titane, vanadium, chrome dans l'atmosphère solaire. Vgl. Ref. **6439.**

5336. **A. Przybylski,** On the mean absorption coefficient in the computation of model stellar atmospheres of solar type stars. MN **120** 3—21 = Mt. Stromlo Obs. Repr. Nr. 18. — Verf. untersucht die Frage, wie sich die verschiedenen Mittelwerte für den Absorptionskoeffizienten geeigneter Modelle von Sternen des Sonnentyps zu den Mittelwerten verhalten, die man unter der Voraussetzung «graue Atmosphäre» gewinnt. Es ergibt sich, daß die «Absorptions»- und «Emissionsmittelwerte» des Absorptionskoeffizienten, definiert durch die Beziehung $\bar{\varkappa} = \bar{I}^{-1} \int \varkappa_\nu \bar{I}_\nu \, d\nu$ im Absorptionsfall, Einführung der Kirchhoff-Planck-Funktion im Emissionsfall, innerhalb einer Unsicherheit von etwa 1 % gleich sind, so daß die für die graue Atmosphäre gültige Gleichung $\bar{I}(\bar{\tau}) = B(\bar{\tau})$ auch im nichtgrauen Fall mit der genannten Genauigkeit gültig ist. Chandrasekhars und Rosselands Mittelwert führen zu geringfügigen Korrekturen. Die diesen Resultaten zu Grunde liegenden numerischen Rechnungen sind im einzelnen dargestellt. Oster

* * **J. C. Rountree,** Écarts à l'équilibre et abondances dans les photosphères solaire et stellaires. IV. Le cas du titane ionisé. Vgl. Ref. **6442.**

5337. **S. W. Rublew,** On the approximate solution of the transfer equation for a plane «gray» photosphere with the blanketing effect. AJ UdSSR **37** 677—685 (russ. mit engl. Ref.). — Die Methode der «mittleren Kosinus» zur Lösung des Problems des Strahlungstransports in einer planparallelen, grauen Atmosphäre wurde entwickelt. Eine verallgemeinerte lineare Annäherung der Funktion $B(\tau)$ wurde mit Rücksicht auf die Glashauswirkung der umkehrenden Schicht abgeleitet. Eine Methode zur Konstruktion der $B(\tau)$ in zweiter Annäherung wird vorgeschlagen. Die mitgeteilten Methoden wurden mit den Ergebnissen von Przybylski für die Sonne verglichen. Verf. (ü.)

5338. **S. W. Rublew,** Emission profiles formed in moving stellar envelopes. Part I. AJ UdSSR **37** 828—841 (russ. mit engl. Ref.). — Auf Grund der Annahme von W. W. Sobolew, daß die meisten hellen und dunklen Linien in ein und derselben selektiv transparenten «umkehrenden Schicht» entstehen und unter besonderer Berücksichtigung der Geometrie und Makrokinematik des Problems werden theoretische Emissionslinienprofile für gleichmäßig und beschleunigt expandierende Gashüllen berechnet, die den Beobachtungen an WR-, P Cyg- und Nova-Sternen so nahekommen, daß eine quantitative Analyse dieser Fälle aussichtsreich erscheint. Petri

5339. **D. C. Schmalberger, M. H. Wrubel,** Numerical studies of line blending. Vgl. Ref. **1340** S. 881—888.

5340. **K. K. Sen,** On the estimate of the asymptotic value of optical thickness of a spherically symmetric stellar atmosphere in the non-conservation case in the second approximation. Indian J. Theoret. Phys. **7** 45—52, 1959. — Ref. in Phys. Abstr. (A) **64** 649.

5341. **W. W. Sobolew,** Moving Envelopes of Stars. Übersetzung aus dem Russischen von S. Gaposchkin. Cambridge, Mass., Harvard University Press; London, Oxford University Press; Toronto, S. J. Reginald Saunders & Co., Ltd., 1960. 14 + 106 S. Preis $ 4.75 bzw. 38 s. — Besprechung in Ann d'Astrophys **23** 299 (S. Pottasch), J RAS Canada **54** 254—255 (A. B. Underhill), Nature **187** 538 (W. H. McCrea), Obs **80** 205 (M. W. Ovenden), Publ ASP **72** 218—219 (P. W. Merrill), Sky Tel. **19** 372.

* * **E. A. Spiegel,** The convective instability of a radiating fluid layer. Vgl. Ref. **5138.**

5342. **T. L. Swihart,** A series of subdwarf atmospheres. AJ **65** 403. — Ref.

5343. **T. L. Swihart, D. Fischel,** A series of subdwarf atmospheres. ApJ **132** 915. — Ref. zu einer in ApJ Suppl. **5** Nr. 49 (1961) erscheinenden Arbeit.

5344. **M. L. Swonarewa,** Über die Konturen der Emissionslinien bei inkohärenter Streuung. Bote Univ. Leningrad 1960 Nr. 13 S. 141—146 (russ. mit engl. Ref.). — Ref. in RJ UdSSR 1961 4A342.

5345. **R. G. Teske,** Remarks on the determination of velocity gradients in moving atmospheres. AJ **65** 57. — Ref. AAS.

5346. **S. Ueno,** On the principle of invariance in a semi-infinite inhomogeneous atmosphere. Progr. Theoret. Phys. **24** 734—740 = Contr. Inst. Astrophys. Kwasan Obs. Univ. Kyoto Nr. 98. — Die Invarianzmethode von Chandrasekhar wird mit Hilfe des Invariant-imbedding-Prinzips von Bellman und Kalaba auf den Fall einer tiefenabhängig diffus reflektierenden Atmosphäre erweitert. V. W.

5347. **A. B. Underhill,** Source function and monochromatic flux in early-type model atmospheres. Vgl. Ref. **1340** S. 856—860.

5348. **W. Unno, Y. Yamashita,** A theory for non-grey atmospheres. Publ. Astr. Soc. Japan **12** 157—167 = Contr. Dep. Astr. Univ. Tokyo Nr. 4. — Bei der Konstruktion nichtgrauer Atmosphärenmodelle läßt sich die Zahl der erforderlichen Iterationsschritte häufig erheblich verringern, wenn man als erste Näherung anstelle der grauen bereits eine nichtgraue Atmosphäre verwendet, wie sie hier angegeben wird. Dabei werden drei Mittelwerte des kontinuierlichen Absorptionskoeffizienten berechnet: Neben dem üblichen, entsprechend dem Strahlungsfluß gemittelten kombinierten Absorptions- und Streukoeffizienten noch die entsprechend der Planck-Funktion bzw. entsprechend der mittleren Intensität gemittelten Koeffizienten für reine Absorption. Durch Extrapolation dieses Anfangsmodells lassen sich die Verhältnisse in nichtgrauen Atmosphären schon ganz gut beurteilen. An einem schematisierten Beispiel wird die Überlegenheit des angegebenen gegenüber dem grauen Modell gezeigt. Har.

5349. **W. Unno, S. Kato, M. Makita,** Convective instability in polytropic atmospheres. I. Publ. Astr. Soc. Japan **12** 192—202 = Contr. Dep. Astr. Univ. Tokyo Nr. 5. — Die Bedingung für das Einsetzen von thermischer Konvektion in polytropen Atmosphären mit konstanter Viskosität und thermischer Leitfähigkeit wird untersucht. Der Einfachheit halber wird die Störung als polytrope Änderung angesehen. Es werden verschiedene polytrope Atmosphären mit verschiedener Dichteverteilung durchgerechnet. Die Ergebnisse werden mit denen des klassischen Rayleigh-Problems verglichen. Groth

5350. **M. S. Vardya,** Hydrogen-helium adiabats for late-type stars. ApJ Suppl **4** 281—336. — Ref. in ApJ **131** 248. — Verf. leitet einen Ausdruck für den adiabatischen Gradienten von Wasserstoff-Helium-Gemischen thermodynamisch ab. Das Ineinandergreifen von Helium- und Wasserstoffionisation und die Kopplung mit der Bildung von Wasserstoffmolekülen wird berücksichtigt. Der Effekt der Druckionisation wird angenähert für den Fall reinen Wasserstoffs berücksichtigt. Es werden 33 Adiabaten mit drei verschiedenen Mischungen von H und He und verschiedener Anfangsdichte berechnet. Groth

5351. **M. S. Vardya,** Molecules and convection in late-type stellar envelopes. Publ ASP **72** 364. — Ref. ASP.

5352. **F. van't Veer,** L'assombrissement centre-bord des étoiles. Rech. Astr. Obs. Utrecht **14** Part 3, 82 S. — Es wird zunächst, ausgehend von verschiedenen Sternmodellen, die monochromatische Intensitätsverteilung auf Sternscheiben berechnet, und zwar für verschiedene Wellenlängen und für die Spektraltypen B0 bis G0. Die Darstellung der Randverdunklung durch eine lineare Funktion und durch eine solche höherer Ordnung wird diskutiert; die Parameter von letzterer werden aus Messungen der Zentralintensität der Hγ-Linie ermittelt. Es wird schließlich versucht, die theoretisch gewonnenen Randverdunklungskurven an Beobachtungen von Bedeckungsveränderlichen zu prüfen, doch sind die Beobachtungen dafür meist nicht ausreichend. Der Einfluß der Randverdunklung auf die Änderung der Gradienten und den Sprung an der Balmer-Grenze in der Verfinsterungsphase eines Bedeckungsveränderlichen wird näher untersucht und gibt bei Algol gute Übereinstimmung mit der Beobachtung. H. M.

5353. **V. Weidemann,** The atmosphere of the white dwarf van Maanen 2. ApJ **131** 638—663. — Das Spektrum des weißen Zwergs van Maanen 2 wurde analysiert und Modellatmosphären für verschiedene Temperaturen berechnet. Ergebnisse: Van der Waals-Kräfte bilden den Haupt-Dämpfungsmechanismus; wahrscheinliche Temperatur 5800° $\pm$ 800°; Gasdruck 2000 atm, 100 mal höher als bei normaler chemischer Zusammensetzung zu erwarten; Wasserstoffhäufigkeit $\log \varepsilon_H < -1.1 \pm 0.4$; Metallhäufigkeit relativ zur Sonne: $\log [\varepsilon_M/(\varepsilon_M)\odot] = -3.9 \pm 0.3$. Voigt

5354. **R. Weymann,** A curve of growth analysis of the circumstellar envelope of Alpha Orionis. AJ **65** 503. — Ref. AAS.

5355. **R. Weymann,** Coronal evaporation as a possible mechanism for mass loss in red giants. ApJ **132** 380—403. — Unter hydrodynamischen Gesichtspunkten werden Folgerungen aus der möglichen Existenz einer Korona bei roten Riesen untersucht: Dauernde Unterschallströme existieren nicht, hydrostatische Lösungen nur unter speziellen Bedingungen. Dagegen sind dauernde Überschallströme möglich. Sie können zu beträchtlichem Massenverlust führen, sind aber nicht beobachtet worden. Verf. (ü., gek.)

5356. **R. Weymann,** Heating of stellar chromospheres by shock waves. ApJ **132** 452—460. — Für sehr verschiedene Schwerebeschleunigungen wird die Struktur der Chromosphäre diskutiert. Zu Grunde liegt ein sehr einfaches Modell für die Energiedissipation durch Schockwellen. Scharfe Temperatursprünge wird man an gewissen kritischen Stellen erwarten. Man kommt damit bei Zwergen zu vernünftigen chromosphärischen Strukturen, bei Riesen aber nur, wenn man sehr langperiodische Schockwellen betrachtet. Die thermische Stabilität der Lösungen wird diskutiert. Verf. (ü.)

5357. **O. C. Wilson,** A suggested mechanism for the ejection of matter from M-type stars. ApJ **131** 75—82. — Verf. schlägt vor, das Auswerfen von Materie bei M-Sternen durch den Druck der starken chromosphärischen Lα-

Strahlung zu erklären. Eine Untersuchung dieses Mechanismus zeigt, daß es möglich ist, die expandierenden Hüllen dieser Sterne so zu deuten. Groth

5358. **O. C. Wilson,** Observational limitations to mass loss by normal late-type giants. ApJ **132** 136—145. — Mit Hilfe von Spektren mit einer Dispersion von 10 Å/mm wurden die Verschiebungen der Emissionskomponenten H_2, K_2 und der Absorptionskomponente K_3 der Ca^+-Linien H und K später Riesen gemessen. Bei den meisten dieser Sterne liegen die Verschiebungen absolut durchwegs weit unter 6 km/sec, wobei sie bei K_3 im allgemeinen etwas größer sind als bei H_2 und K_2. 44 Sterne überwiegend mit M-Spektrum zeigen jedoch größere Violettverschiebungen: im Mittel $-$ 15 km/sec bei K_3, $-$ 3 km/sec bei H_2 und K_2. Die Zahl der absorbierenden Atome wird für verschiedene Lagen des Visionsradius berechnet und insbesondere auch für die Beobachtung eines Begleiters. Damit wird das System α Herculis diskutiert und für den gM-Stern aus den hier untersuchten Linien ein Massenverlust von 1.5×10^{-8} M⊙/a errechnet. Aus dem Fehlen zirkumstellarer Ca-Linien bei normalen K-Riesen wird geschlossen, daß deren Massenverlust jedenfalls unter 10^{-10} M⊙/a liegt, und sie daher nur auf dem Wege einer Entwicklung über den M-Typ merklich Masse verlieren können, wenn dafür nicht etwa ein unbeobachtbarer Prozeß existiert. Gü.

5359. **Y. Yamashita,** Die Atmosphären der Spättypsterne. Astr. Herald **53** 213 (japan.).

5360. **Y. Yamashita, K. Ichimura,** Table for the evaluation of the radiation pressure integral K. Publ. Astr. Soc. Japan **12** 288—289 = Contr. Dep. Astr. Univ. Tokyo Nr. 4. — Eine Tabelle für die Berechnung des Integrals K mit Hilfe der Vierpunkt-Summenformel (nach Reiz) wird gegeben. Dieses Integral wird in der Theorie der nichtgrauen Atmosphären von Unno und Yamashita benötigt. Har.

5361. **J. B. Zirker,** The energy balance of opaque atmospheres. ApJ **131** 684—689. — Es werden Gleichungen für den Verlust an Strahlungsenergie als Funktion der Tiefe in einer optisch dicken Atmosphäre berechnet. Dabei wird der Strahlungstransport in einer Atmosphäre, in der die Anregung von Wasserstoff und Helium vom thermodynamischen Gleichgewicht abweicht, berücksichtigt. Die Temperaturabhängigkeit des Energieverlustes für ein gleichförmiges Chromosphärenmodell wird berechnet. Voigt

5362. Stars and Stellar Systems. Compendium of Astronomy and Astrophysics. Vol. 6. Stellar Atmospheres. Herausgegeben von J. L. Greenstein. Chicago, University of Chicago Press, 1960. 19 + 724 S. Preis $ 17.50. — Besprechung in Mem SA It (NS) **32** 106—109 (G. Godoli), Sky Tel. **22** 43.

5363. Ejection of matter from red giant stars. Sky Tel. **19** 333.

§ 54

Innerer Aufbau von Sonne und Sternen

5401. **G. O. Abell,** La estructura y evolución de las estrellas. II. Evolución estelar. Bol. As. Peruana Astr. **5** 357—372.

5402. **L. H. Aller, S. Chapman,** Diffusion in the sun. ApJ **132** 461—472. — Höhere Ionen werden durch Diffusion, bedingt durch Druck- und Temperaturgradienten, sowie durch ein sich aufbauendes elektrostatisches Feld aus der Konvektionszone abgesaugt, wodurch die Häufigkeit der schwereren Elemente verkleinert wird. Das geschieht umso stärker, je flacher die Konvektionszone ist. Aus der geringen Li-Häufigkeit in der Sonnenatmosphäre wird geschlossen, daß sich die Konvektionszone bis in die Tiefe von 0.3 Radien erstreckt, wo Li durch Kernreaktionen abgebaut werden kann. Für eine solche Tiefe wird durch Diffusion innerhalb 5×10^9 Jahren der Si-Gehalt um 10%, der Fe-Gehalt um 12% und der Pb-Gehalt um 25% reduziert. Ee.

* * **V. A. Ambarzumjan, G. S. Saakjan,** On degenerate superdense gas of elementary particles. Vgl. Ref. **1603.**

5403. **S. Bashkin, R. W. Kavanagh, P. D. Parker,** Search for Li^4. Phys. Rev. Letters **3** 518—520, 1959. — Ref. in Phys. Ber. **39** 2300.

5404. **E. Böhm-Vitense,** Über die Wasserstoffkonvektionszonen in Sternen verschiedener Effektivtemperaturen und Schwerebeschleunigungen. Habil.-Schrift Univ. Kiel, 1959.

5405. **W. K. Bonsack,** Stellar interiors. ASP Leaflet Nr. 374, 8 S.

5406. **W. K. Bonsack,** Observational results bearing on the origin of lithium and beryllium. Publ ASP **72** 350—351. — Ref. ASP.

5407. **A. Boury,** Modèles d'étoiles composées d'hydrogène pur. Bull. Soc. Roy. Sci. Liège **29** 306—324 = Inst. d'Astrophys. Univ. Liège Coll. 8° Nr. 414. — Verf. berechnet Modelle für reine Wasserstoffsterne mit Massen zwischen 20 und 6650 M⊙. Die Modelle bestehen aus einem konvektiven Kern und einer radiativen Hülle, deren Opazität durch Elektronenstreuung gegeben ist. Groth

5408. **S. Chandrasekhar,** An Introduction to the Study of Stellar Structure. Neudruck des im AJB **41** Ref. **3502** zitierten Buches. New York, Dover Publications, Inc., 1960. 509 S. Preis $ 2.75.

5409. **J. S. Cheng,** Quick method of determining the central temperatures of stars. Acta phys. Hungar. **11** 91—94. — Ref. in Phys. Abstr. (A) **63** 650.

5410. **T. G. Cowling,** Note on magnetic instabilities in stellar structure. MN **121** 393—397. — Es wird gezeigt, daß das spezielle Modell eines magnetischen Sterns von Prendergast (vgl. AJB **58** Ref. **239**) für alle Feldstärken instabil ist. Die Instabilität liegt also im Feld selbst und hängt von den relativen Größen von magnetischen und Gravitationskräften nicht ab. (Prendergast gab für Instabilität eine obere Grenze für das Magnetfeld an). Die Instabilitäten führen nicht zu einer Explosion des ganzen Sterns, sondern zu einer Umordnung des Feldes. Bk.

5411. **A. N. Cox, D. D. Eilers,** Radiative and conductive opacities for stellar mixtures. AJ **65** 51. — Ref. AAS.

5412. **A. N. Cox, D. L. Bowers, R. R. Brownlee,** A method of computing stellar interior models. AJ **65** 486—487. — Ref. AAS.

5413. **J. P. Cox,** A preliminary analysis of the effectiveness of second helium ionization in inducing Cepheid instability in stars. ApJ **132** 594—626. — Für eine Reihe von vereinfachten Hüllenmodellen im Strahlungsgleichgewicht (Masse, Leuchtkraft, Radius und chemische Zusammensetzung vorgegeben) wurde auf einer IBM 704 die negative Dissipation auf Grund der Woltjer-Theorie in der ersten Näherung berechnet, deren Güte allerdings noch geprüft werden muß. Dabei wurde der Einfluß der ersten He-Ionisation sowie der H-Ionisation vernachlässigt. Es zeigt sich, daß die zweite He-Ionisation in den Hüllen der Population I-Modelle eine starke Tendenz zur Pulsationsinstabilität hervorrufen kann. Die berechneten Werte für die Amplitude des Lichtwechsels und die Phasenverzögerung stimmen ganz grob mit den Beobachtungen überein. — Für die Cepheiden der Population II kann man die Rechnungen nicht in dieser Weise ausführen. Har.

5414. **P. Demarque,** Interior models for subdwarf stars. AJ **65** 396—398. — Verf. berechnete Sternmodelle für die Massen 0.6, 0.8 und 1.0 M⊙ mit verschiedener chemischer Zusammensetzung: X (Massenanteil des Wasserstoffs) zwischen 0.999 und 0.75, Z (Metallgehalt) zwischen 0.01 und 0.001. Für verschiedene Zusammensetzung ergeben sich verschiedene «Hauptreihen» im theoretischen Hertzsprung-Russell-Diagramm. Groth

5415. **P. Demarque,** The structure of population II stars. ApJ **132** 366—379. — Berechnung des inneren Aufbaues von metallarmen Sternen (Z = 0.001, 0.005 und 0.01): Wasserstoffgehalt 75 bis 99%; Masse zwischen 0.6 und 1 M⊙; Kern im Strahlungsgleichgewicht; Energie durch Proton-Proton-Prozeß; konvektive Hülle. Die Verhältnisse in den subphotosphärischen Schichten werden besonders diskutiert. Ergebnis: Die Hauptreihen für Sterne verschiedener Zusammensetzung unterscheiden sich, selbst im Fall extremer Metallarmut, nur um Zehntel Größenklassen, jedoch befolgen sie merklich verschiedene Masse-Leuchtkraft-Beziehungen. Voigt

5416. **A. S. Eddington,** The Internal Constitution of the Stars. Vgl. AJB **59** Ref. 5413. — Weitere Besprechung in Math. Rev. **22** 409 (R. v. d. R. Woolley).

* * **G. Ferrarese,** Su un sistema di equazioni differenziali ordinarie singolari riguardante l'equilibrio d'una massa stellare. Vgl. Ref. 1402.

5417. **D. A. Frank-Kamenezkij,** Physikalische Prozesse im Innern der Sterne. Moskau, Phys.-Math. Staatsverlag, 1960. Preis 15 R. 70 Kop. — Besprechung in Priroda **49** Nr. 10 S. 108—109 (A. A. Sasykin), RH **41** 142.

5418. **H. S. Gurm,** Radial oscillations of a composite model. Proc. National Inst. Sci. India (A) **26** 480—485. — Das Modell besteht aus einem homogenen Kern und einer Hülle, in der die Dichte wie $1/R^2$ abnimmt. Das Modell kann als Ganzes schwingen. Für die Grundschwingung nimmt die Periode mit abnehmender Zentraldichte zu, für die erste Oberschwingung zunächst auch, nimmt dann jedoch wieder ab. Die Amplituden wachsen in der Hülle stärker an als im Kern. V. W.

5419. **H. S. Gurm,** Anharmonic pulsations of a composite model. Proc. National Inst. Sci. India (A) **26** 497—501. — Für das inhomogene Modell findet Verf. eine geringfügig größere Unsymmetrie der Radialgeschwindigkeitskurve als für das homogene Modell. Die Unsymmetrie nimmt mit wachsender Dichte des Kerns zu. V. W.

5420. **C. Hayashi, J. Jugaku, M. Nishida,** Models of massive stars in helium-burning stage. ApJ **131** 241—243. — Die Ergebnisse einiger Modellrechnungen für einen Stern der Masse 15.6 M⊙ werden kurz mitgeteilt. Aufbau des Sterns: a) äußere Hülle im Strahlungsgleichgewicht mit konstantem Wasserstoffgehalt, b) mittlere Strahlungszone mit abnehmendem H-Gehalt, c) reine Helium-Strahlungszone (der Wasserstoff brennt unmittelbar an der Oberfläche dieser Zone), d) konvektiver reiner Heliumkern, in dem der Salpeter-Prozeß abläuft. Voigt

5421. **S.-s. Huang,** A perturbation method in the theory of stellar structure. ApJ **131** 452—458 = Berkeley Repr. Nr. 172. — Die Berechnung

von Modellen für den Aufbau eines Sterns wird auf lineare Gleichungen zurückgeführt, indem von einem speziellen Fall ausgegangen wird und die ihm benachbarten Lösungen untersucht werden. Die Methode wird mittels numerischer Integration durch eine elektronische Rechenmaschine angewendet, um den Einfluß kleiner Veränderungen der Exponenten im Gesetz der Opazität zu studieren.
FS

* * **H. Hubenet,** The influence of the photospheric model on the determination of the solar composition. Vgl. Ref. **6424**.

5422. **M. Johnson,** Astronomy of Stellar Energy and Decay. Vgl. AJB **59** Ref. **5424**. — Weitere Besprechung in ZfA **50** 78 (A. Unsöld).

5423. **K. Kaminisi,** On the degree of electron degeneracy in the stellar interior. Kumamoto J. Sci. (A) **4** 11—15, 1959. — Ref. in Math. Rev. **22** 409, ZfMG **89** 240.

5424. **K. Kaminisi,** The internal structure of M dwarf stars. Publ. Astr. Soc. Japan **12** 398—414. — Es werden Modelle für M-Zwerge (konvektive Hülle, Kern im Strahlungsgleichgewicht) unter Berücksichtigung der Elektronenentartung berechnet. Die Ergebnisse zeigen, daß für mittlere M-Zwerge (z. B. Krüger 60) die konvektive Hülle sich nach innen bis zu 40% des Sternradius erstreckt, und daß die Entartung im Zentrum fast den Wert 0.00 erreicht.
Voigt

5425. **R. W. Kavanagh,** Proton capture in Be^7. Nuclear Phys. **15** 411—420. — Ref. in Phys. Ber. **39** 2424.

5426. **D. A. Kirshniz,** Über den inneren Aufbau überdichter Sterne. J. Experim. Theoret. Phys. **38** 503—508 (russ. mit engl. Ref.). — Ref. in Phys. Abstr. (A) **63** 837, Phys. Ber. **39** 2300, RJ UdSSR 1961 6A250.

5427. **M. Kitamura,** The mass-accumulating stellar models for application to the secondary components of some close binary systems. Publ. Astr. Soc. Japan **12** 1—20 = Tokyo Astr. Obs. Repr. Nr. 191. — Für die über-leuchtkräftigen, bis zur Roche-Grenzfläche ausgedehnten Begleiter in engen Paaren werden Modelle für den Fall gerechnet, daß die Energie praktisch allein von der Kontraktion der vom Hauptstern übergegangenen Materie stammt. Die Zusammensetzung wird im Innern konstant, Strahlungsdruck und Entartung als vernachlässigbar angenommen. Es folgt ein Vergleich mit Beobachtungen an semi-detached systems. Für den Typ W UMa eignen sich keine völlig konvektiven Modelle, aber diejenigen mit konvektiver Hülle. Diese Paare haben keine lange Lebensdauer (etwa 10^7 Jahre) und eine Tendenz zur Vereinigung (wie nach O. Struve); der entstehende Einzelstern hätte dann eine Hülle von der für v.Weizsäckers Planetenbildungstheorie nötigen Dichte. hz

5428. **I. A. Klimischin,** Zur Theorie der Stoßwellen in Sternen. Circ. Astr. Obs. Lwow Nr. 35—36 S. 31—42 (russ.).

5429. **Z. Kopal,** Figures of Equilibrium of Celestial Bodies, with Emphasis on Problems of Motion of Artificial Satellites. Madison, University of Wisconsin Press, 1960. 6 + 135 S. Preis $ 3.00. — Besprechung in Ann d'Astrophys **23** 299—300 (J. Kovalevsky), Math. Rev. **22** 601 (D. Brouwer), Nature **186** 747—748 (D. G. King-Hele), Obs **80** 241—242 (P. J. Message), Phil. Mag. (8) **5** 1315, Proc. Phys. Soc. **77** 820, Sky Tel. **19** 372, ZfA **51** 300—301 (W. Petri).

5430. **R. Kurth,** Einige Bemerkungen über pulsierende Gaskugeln. ZfA **50** 258—268. — Die Bewegungsgleichung einer pulsierenden Gaskugel wird verallgemeinert (Kugel zu einem beliebigen Zeitpunkt nicht unbedingt in der

Gleichgewichtskonfiguration). Es wird die Integrationstheorie abgehandelt, aus ihr ergeben sich einige notwendige Bedingungen für die physikalische Ursache der Pulsationen und für die Struktur der Gaskugel im Gleichgewichtszustand. Zur Behandlung der Probleme der Asymmetrie der Pulsationen, der Periodenlänge und der Phasenbeziehungen ist auch die lineare Theorie in der Lage. Bk.

5431. **P. Ledoux,** Note sur la stabilité séculaire des étoiles. Bull. Cl. Sci. Acad. roy. Belgique (5) **46** 429—439.

5432. **A. Masani,** La politropica di indice 3 nello studio della costituzione interna di stelle appartenenti a sistemi binari stretti. Vgl. Ref. **1343** S. 82—97 = Contr. Oss. Astr. Milano-Merate (NS) Nr. 164.

5433. **A. G. Massewitsch, T. G. Wolkonskaja,** On the structure of the sun. AJ UdSSR **37** 42—50 (russ. mit engl. Ref.). — Das durch numerische Integration von innen nach außen elektronisch berechnete Sonnenmodell besteht aus drei sich nicht vermischenden Schichten: einer energiequellenfreien Hülle unveränderten Molekulargewichts, einer Zwischenschicht mit stark überwiegenden p-p-Reaktionen und einem Kern, wo auch der Kohlenstoffzyklus wirksam ist. Die Ergebnisse werden, zusammen mit 14 früheren Modellen verschiedener Autoren, in einer Tabelle dargestellt und diskutiert. Die Berechnung einer Entwicklungsfolge inhomogener Sonnenmodelle ist geplant. Petri

5434. **A. J. Meadows,** A contracting polytrope in a magnetic field. Obs **80** 30—31. — Es werden die Veränderungen im Verlauf der magnetischen Feldlinien eines kontrahierenden Sterns mit Magnetfeld beschrieben. FS

5435. **L. A. Milone,** Variación del gradiente de temperatura de una masa fluida de simetria esferica por efecto de una pulsación radial. Bol. Inst. Mat. Astr. Fis. Córdoba **1** Nr. 3 S. 3—10.

5436. **M. G. J. Minnaert,** De verschillen in scheikundige samenstelling van de sterren. Nederl. T. Natuurk. **26** 193—203 = Sterrekundig Colloquium Nederl. Astronomenclub Nr. 16 = Sterrewacht «Sonnenborgh» Utrecht Overdruk Nr. 42.

5437. **M. Nishida,** On stellar models with double energy-sources. Progr. Theoret. Phys. **23** 896—902. — Drei Modelle mit 1.2 Sonnenmassen, konvektivem Heliumkern, Heliumzone und äußerer Wasserstoffzone im Strahlungsgleichgewicht werden untersucht. Es zeigt sich, daß die Eigenschaften solcher Modelle empfindlich vom Verhältnis H : He in den einzelnen Zonen abhängen. Bei Verwendung neuerer Energieerzeugungsraten des CN-Zyklus ergeben sich im HR-Diagramm Positionen links von der RR Lyrae-Lücke. V. W.

5438. **A. A. Orlow,** On the generalization of the Roche model. AJ UdSSR **37** 902—907 (russ. mit engl. Ref.). — Das in der Theorie enger Doppelsterne viel verwendete Rochesche Modell enthält die Vereinfachung, daß die Massen der Sterne in den Schwerpunkten konzentriert angenommen werden. Verf. ersetzt die Punktmassen durch polytrope Gaskugeln von endlicher Größe. Er leitet für diesen Fall Formeln zur Berechnung der Potentiale und der Form der Oberflächen ab. Numerische Rechnungen, die für einen Kontakt-Doppelstern mit verschiedenen Werten für das Massenverhältnis, die Radien und die Polytropenindizes durchgeführt wurden, ergaben nur geringe Unterschiede gegen das gewöhnliche Rochesche Modell. O. G.

5439. **I. Ottelet,** Étude des oscillations non radiales du modèle de Roche. Ann d'Astrophys **23** 218—232 = Inst. d'Astrophys. Univ. Liège Coll. 4° Nr. 104. — Untersuchung der nicht-radialen Schwingungen, die in einem Rocheschen Modell mit $\Gamma = {}^3/_2$ auftreten. Insbesondere werden die Charakteristika solcher Störungen untersucht, durch die das Modell dynamisch instabil wird. Voigt

5440. **W. W. Porfirjew,** Über den inneren Aufbau rotierender Sterne. Circ. Astr. Obs. Lwow Nr. 35—36 S. 1—12 (russ.). — Für Sterne bzw. Sternmodelle mit konvektivem Kern und radiativer Hülle untersucht Verf. den Einfluß der Rotation auf Masse und Leuchtkraft. Der konvektive Kern eines rotierenden Sternes, so zeigt sich, kann durch die Gleichungen einer rotierenden Polytropen mit langsam veränderlichem Polytropenindex beschrieben werden. Bei gleichen Dichten und Temperaturen im Zentrum hat der rotierende Stern größere Masse und Leuchtkraft als der nicht rotierende. Umgekehrt besitzt von zwei Sternen gleicher Masse und Leuchtkraft der rotierende die größere zentrale Dichte und geringere zentrale Temperatur. Loh.

5441. **W. W. Porfirjew,** Ein konvektives Modell eines rotierenden Sterns. Circ. Astr. Obs. Lwow Nr. 35—36 S. 13—24 (russ.). — In Fortführung der vorstehend zitierten Arbeit diskutiert Verf. die Ergebnisse der Durchrechnung eines konkreten Modells, wobei in nullter Annäherung das Rudkjöbingsche, auf Y Cyg angewandte Modell (vgl. AJB **53** Ref. **5228**) zu Grunde gelegt wurde. Dabei zeigt sich, daß sich Masse und Leuchtkraft bei rotierendem und nicht rotierendem Stern um weniger als 20 % bzw. 10 % unterscheiden. In der radiativen Hülle eines rotierenden Sterns müssen Zirkulationen einsetzen. Loh.

5442. **W. W. Porfirjew,** Über die Zirkulationsströme in rotierenden Sternen. Circ. Astr. Obs. Lwow Nr. 35—36 S. 25—30 (russ.). — In Anlehnung an die beiden vorstehend zitierten Arbeiten des Verf. wird hier das Auftreten von Zirkulationsströmen in Modellen solcher Art untersucht. Es zeigt sich, daß praktisch bei jedem beliebigen Rotationsgesetz die Zirkulationsgeschwindigkeiten in einem rotierenden Stern 10^{-1} bis 10^{-3} cm/sec nicht übersteigen. Die vollständige Durchmischung der Materie in der Hülle des Sterns spielt sich in Zeiten von der Ordnung 10^4 bis 10^7 Jahren ab. Dennoch wird dadurch das radiative Gleichgewicht nicht verletzt. Loh.

* * **B. M. Rubaschew,** Über die Änderung des Charakters der Sonnenrotation mit der Tiefe. Vgl. Ref. **6114**.

5443. **G. S. Saakjan,** Hyperon stars. Priroda **49** Nr. 11 S. 14—21 (russ.). — Ref. in Nature **190** 961.

5444. **E. Schatzman,** Les réactions nucléaires importantes en astrophysique. J. Phys. Radium **21** 361—364 = Contr. Inst. d'Astrophys. Paris (B) Nr. 205. — Die für die Energieerzeugung und die chemische Zusammensetzung der Sterne wichtigen Kernprozesse werden untersucht. Sie finden entweder im Innern der Sterne oder an deren Oberfläche statt. Die erforderlichen Energien betragen im Innern von Hauptreihensternen einige keV, während die Reaktionen zwischen α-Teilchen im Innern von Riesen bei etwa 80 keV stattfinden. Die Reaktionen des Kohlenstoffs ^{12}C (^{12}C, p) ^{23}Na und ^{12}C (^{12}C, α) ^{20}Ne gewinnen an Bedeutung bei Energien von etwa 1.5 MeV. Auf die Bedeutung dieser Reaktionen sowohl für die Energieerzeugung als auch für Änderungen der chemischen Zusammensetzung wird hingewiesen. Einige Besonderheiten in der chemischen Zusammensetzung zwingen zur Annahme von Kernreaktionen an der Oberfläche bei 6—20 MeV, welche durch Reaktionen (p, n) (p, pn) und (p, 2n) zur Bildung von Neutronen und durch Neutroneneinfang (n, p), (n, γ), (n, 2n) zur Bildung von schweren Elementen führen. Eine große Zahl von Wirkungsquerschnitten ist nur abgeschätzt oder von viel höheren Energien extrapoliert. Verf. weist auf die große Bedeutung von Messungen dieser Wirkungsquerschnitte für die astrophysikalischen Vorgänge hin. Verf. (ü.)

5445. **M. Schwarzschild,** Structure and Evolution of the Stars. Vgl. AJB 58 Ref. 5224. — Weitere Besprechung in Nuovo Cimento (10) **15** 1001 (R. Cervellati).

5446. **S. A. Shewakin,** The phase and amplitude variations of oscillations of the radiation flux passing through a non-adiabatic envelope of a pulsating star. AJ UdSSR **37** 443—457 (russ. mit engl. Ref.). — Die Arbeit ist eine Fortsetzung früherer Untersuchungen des Verf. Die Schwingungen einer Sternhülle werden durch ein diskretes Fünf-Schichten-Modell dargestellt. Für verschiedene Werte des Parameters nichtadiabatischer Schwingungen der kritischen HeII-Zone werden Phasen- und Amplitudenänderungen beim Durchgang der Strahlung durch die Hülle verfolgt. Die früher gefundenen Phasenverschiebungen werden qualitativ bestätigt. Es wird gezeigt, wie eine Änderung der Parameter eines diskreten Modells die Energiedissipation in der Hülle beeinflußt. Die Genauigkeit der Berechnung nichtadiabatischer Schwingungen mittels diskreter Modelle wird abgeschätzt. Ein Vergleich des untersuchten Fünf-Schichten-Modells mit dem früher vom Verf. benutzten Vier-Schichten-Modell zeigt merkwürdigerweise Vorteile des letzteren. Ond.

5447. **S. A. Shewakin,** On one common error in the theory of stellar variability. AJ UdSSR **37** 842—847 (russ. mit engl. Ref.). — Es wird gezeigt, daß bei der Untersuchung der nichtadiabatischen Schwingungen eines Sterns eine von Rosseland eingeführte und dann von Cox und Whitney übernommene Vernachlässigung unberechtigt ist. Sie kommt nämlich darauf hinaus, daß der Strahlungsstrom ein ruhendes und nicht ein pulsierendes Medium durchsetzt. Die so berechnete Phasenverschiebung zwischen Helligkeits- und Radiusänderungen kann erheblich falsch sein. Verf. weist auf seine Arbeiten hin, in denen er die Hypothese vertritt, daß die Anregung der Eigenschwingungen der Sterne von der Zone der zweifachen Ionisation des Heliums ausgeht. O. G.

5448. **M. Simoda,** Note on the opacity for the interior of main sequence stars of population II. Publ. Astr. Soc. Japan **12** 124—126 = Contr. Dep. Astr. Univ. Tokyo Nr. 3. — Die von Haselgrove und Hoyle benutzten Formeln für die Opazität im Sterninnern geben in gewissen Gebieten zu große Werte. Dadurch werden die Modelle für Sterne der Population II beeinflußt. FS

5449. **J. Smak,** Population II stars. I. Homogeneous stellar models with convective envelopes. AA **10** 153—165 = Astr. Obs. Warsaw Univ. Repr. Nr. 102. — Verf. berichtet über numerische Integrationen von Sternmodellen mit Massen von der Größenordnung der Sonnenmasse, die einen konvektiven Kern, eine radiative Zwischenzone und eine konvektive Hülle besitzen. Die theoretische Masse-Leuchtkraftbeziehung erlaubt eine Abschätzung des Heliumgehalts von Unterzwergen bekannter Masse. In zwei Nachträgen wird die Energieerzeugung für die Polytrope $n = 1.5$ diskutiert. E. R.

5450. **J. Smak,** O zawartości helu w gwiazdach populacji II. Postępy Astr. **8** 54—57. — Durch numerische Integrationen wurde eine Familie homogener Sternmodelle unter der Annahme $0 \leq Z < 0.001$ durchgerechnet. Die Modelle erlauben Aussagen über den Heliumgehalt von Unterzwergen in Doppelsternsystemen. Die Ergebnisse haben Näherungscharakter. E. R.

5451. **J. Smak,** Życie Słońca. Urania Kraków **31** 230—235, 258—262. — Allgemeinverständliche Darstellung des Problems der Energieerzeugung im Sonneninneren und die Entwicklung der Sonne in Vergangenheit und Zukunft. E. R.

5452. **K. Suda, Z. Hitotuyanagi,** Stellar models with partially degenerate isothermal cores. Publ. Astr. Soc. Japan **12** 21—27 = Sendai Astr. Rap. Nr. 69. — Es wird gezeigt, daß die Entwicklung von Sternen mit entarteten

Kernen von der Masse abhängt. Massen von weniger als 1.5 Sonnenmassen können völlig entarten, größere Massen nur teilweise. FS

5453. **M. S. Vardya, R. Wildt,** Molecules and late-type stellar models. ApJ **131** 448—451. — Für Zwergsterne später Spektraltypen ist in bisherigen Arbeiten der Aufbau der Konvektionszonen mit demjenigen adiabatischen Gradienten berechnet worden, der bei vollständiger Ionisierung der Materie vorläge. Der Ionisationsgrad hängt aber in Wirklichkeit von der Häufigkeit von Wasserstoff und Helium ab. Die dadurch bedingten Veränderungen der Modelle werden untersucht. FS

5454. **L. Woltjer,** A magnetostatic model for a compressible star. ApJ **131** 227—230. — Verf. berechnet ein Sternmodell unter Einschluß der magnetischen Energie, wobei er gegenüber früheren Modellen Kompressibilität zuläßt. Es ergibt sich, daß die magnetische Energiedichte gegenüber dem inkompressiblen Modell etwas mehr gegen das Zentrum hin konzentriert ist, ohne daß die Differenz nennenswert wäre. Oster

5455. Zur Entwicklung der Sterne der Population II. Sterne **36** 170—171. — Ref.

5456. Durch Druck erzeugte Kernreaktionen in Sternen. VdS Nachr. **9** 111. — Ref.

* * Die Physik der Veränderlichen Sterne. Vgl. Ref. **12347.**

§ 55

Entstehung und Entwicklung der Himmelskörper

* * **V. A. Ambarzumjan,** On the evolution of stellar systems. Vgl. Ref. **4303.**

5501. **B. J. Bok,** The observational basis for stellar evolution. Sonderdruck aus dem Buch «From Nucleus to Universe», vgl. Ref. **1159,** 37 S.

* * **W. K. Bonsack,** Observational results bearing on the origin of lithium and beryllium. Vgl. Ref. **5406.**

5502. **P. Bouvier,** Problèmes d'évolution stellaire. Orion Schaffhausen **5** 807—824.

5503. **R. R. Brownlee, A. N. Cox,** Early solar evolution. AJ **65** 484—485. — Ref. AAS.

5504. **R. R. Brownlee, A. N. Cox,** Early solar evolution. Sky Tel. **21** 252—256.

5505. **G. R. Burbidge, F. D. Kahn, R. Ebert, S. von Hoerner, S. Temesváry,** Die Entstehung von Sternen durch Kondensation diffuser Materie. Berlin—Göttingen—Heidelberg, Springer-Verlag, 1960. 5 + 330 S. Preis DM38.00. — Besprechung in AN **285** 281—282 (F. W. Jäger), Coelum **28** 88—89, Gaz astr **42** 34—35, Mitt. Planetenbeobachter **14** 13—14 (G. D. Roth), J. Atmosph. Terr. Phys. **21** 218 (H. A. Brück), Obs **80** 242—243 (D. McNally), PAT **41** 89—90 (G. Larsson-Leander), Phys. Blätter **16** 596 (H. Kienle), Proc. Phys. Soc. **77** 220 (R. v. d. R. Woolley), Sky Tel. **20** 103, Sterne **36** 222—224 (G. Richter).

* * **F. Cernuschi, S. Codina,** Consideraciones sobre crecimiento y estabilidad de nubes cósmicas y sus relaciones con la génesis de estrellas. Vgl. Ref. **5202.**

5506. **J. S. Cheng,** H-He cycle in the evolution of massive stars. Acta Phys. Acad. Sci. Hungaricae **11** 117—130. — Ref. in Phys. Abstr. (A) **63** 648, Phys. Ber. **40** 209.

* * **S. Codina,** Materia interestelar y formación de estrellas. Vgl. Ref. 5203.

5507. **J. Crampin, F. Hoyle,** Problems concerning Pleione. MN **120** 33—42. — Für die paradoxe Lage von Plejone in der Hertzsprung-Lücke im M_{bol}-T_{eff}-Diagramm werden zwei Deutungsvorschläge näher diskutiert: 1) Plejone befindet sich im Bereich der «schnellen Entwicklung», 2) die beob. T_{eff} ist infolge Abdunklung durch ausgeworfene Materie wesentlich geringer als die wahre T_{eff}. In beiden Fällen befindet sich Plejone in einer Entwicklungsphase, in welcher bei schneller Rotation eine Instabilität besonders akut ist. Die Rechnung ergibt: Masse $\approx 4 M_\odot$, Radius $\approx 2 \times 10^{11}$ cm, Alter — je nach Interpretation — 0.5 oder 1.4×10^8 Jahre. Die Instabilität führt zur Ausschleuderung eines Materierings, der vermutlich eine Zeitlang (Größenordnung 100 Jahre) magnetisch gekoppelt bleibt, dann aber infolge der Aufwindung des Feldes doch abgestoßen wird. Dies erklärt das im Rhythmus von Jahrzehnten beobachtete Auftreten und Verschwinden von Emissionslinien. Voigt

* * **T. J. Deeming,** White dwarfs. Vgl. Ref. **10532.**

* * **J. O. Fleckenstein,** Il problema della cattura nella cosmogonia delle doppie. Vgl. Ref. 11105.

5508. **W. A. Fowler, F. Hoyle,** Nuclear cosmochronology. AJ **65** 345. — Ref. AAS.

* * **W. A. Fowler, F. Hoyle,** Nuclear cosmochronology. Vgl. Ref. **5114.**

5509. **S. Grzędzielski,** Czy Wszechświat się starzeje? Urania Kraków **31** 294—297. — Betrachtungen über das Altern des Weltalls, das durch irreversible Prozesse, wie z. B. den Änderungen der chemischen Zusammensetzung und durch den Verbrauch der interstellaren Materie, zum Ausdruck kommt. E. R.

5510. **C. Hayashi, R. C. Cameron,** The evolution of massive stars after hydrogen exhaustion in the core. AJ **65** 490—491. — Ref. AAS.

5511. **S. von Hoerner,** Die zeitliche Rate der Sternentstehung. Fortschritte Phys. 8 191—244 = Astr. Rechen-Inst. Heidelberg Mitt. (A) Nr. 13. — Die zeitliche Rate der Sternentstehung R (t) ist als die Anzahl derjenigen Sterne definiert, die zur Zeit t (pro Zeit- und Volumeneinheit) neu entstanden sind. Gegen das Ergebnis früherer Untersuchungen, R (t) $\approx$ const, lassen sich Einwände vorbringen. Die hier revidierte Ableitung von R (t) ergibt: R (t) war anfangs rund zehnmal größer als heute, fiel jedoch steil ab und blieb während der letzten 4×10^9 Jahre etwa konstant. Rund die Hälfte aller Sterne ist während der ersten 10^9 Jahre entstanden. Verf. (gek.)

* * **R. N. Ichsanow,** Some problems on the inter-relation between stars and nebulae and their evolution. Vgl. Ref. **5210.**

5512. **F. D. Kahn,** The formation and evolution of stars. Astr. Contr. Univ. Manchester (3) Nr. 77, 8 S.

5513. **H. Kienle,** Entwicklung im Weltall. Vgl. Ref. **659** S. 46—56.

5514. **W. A. Krat,** On stellar evolution. Part III. Mitt. Astr. Hauptobs. Pulkowo **21** Nr. 4 (163) S. 106—118 (russ. mit engl. Ref.). — Auf Grund einer verbesserten Theorie des Zusammenhangs zwischen Massenverlust und Bahnperiode wird die Zeit des Halbzerfalles der cB9-Komponente von β Lyr auf nur

10^5 a abgeschätzt. Die früher (vgl. AJB **46** Ref. 8112) gegebene Klassifikation instabiler enger Sternpaare wird verfeinert. — Während bei sehr massereichen Sternen «frühen» Typs die instationäre Phase — verbunden mit dem Sprung zum (Über-)Riesen-Ast im Hertzsprung-Russell-Diagramm — erst im Laufe der Entwicklung eintritt, steht sie bei entsprechenden Unterriesen vermutlich am Anfang. Petri

5515. **H. Lambrecht, K.-H. Schmidt, A. Weigert,** Über die Wahrscheinlichkeit von Accretion-Prozessen in der Sternentwicklung. Wiss. Z. Univ. Jena (Math.-Naturwiss.) **9** 45—47 = Mitt. Univ.-Sternw. Jena Nr. 43. — Es wird abgeschätzt, welcher Bruchteil aller Sterne frühen Spektraltyps höchstens durch Accretion entstanden sein kann. Dabei zeigt sich, daß Accretion in der allgemeinen Sternentwicklung keine wesentliche Rolle spielen kann. Verf.

5516. **G. Larsson-Leander,** Stjärnornas uppkomst och utveckling, I. PAT **41** 112—131. — Eine ausführliche, populär gehaltene, aber für Nicht-Fachleute doch schwer lesbare Beschreibung der modernen Arbeiten zur Sternentwicklung. Nach kurzen geschichtlichen Bemerkungen werden die Arbeiten von Schwarzschild, Hoyle und anderen eingehend dargestellt. Die Modellrechnungen und das Einpassen der Resultate in das Hertzsprung-Russell-Diagramm werden eingehend diskutiert, ebenfalls die Zeitskala. C. L. J.

* * **P. Ledoux,** Note sur la stabilité séculaire des étoiles. Vgl. Ref. **5431**.

* * **D. N. Limber,** The universality of the initial luminosity function. Vgl. Ref. **10507, 10508**.

* * **W. J. Luyten,** White dwarfs and stellar evolution. Vgl. Ref. **10536**.

5517. **A. Masani,** The early evolutionary phases of stars of small masses. Vgl. AJB **59** Ref. **1316** S. 492—513 = Contr. Oss. Astr. Milano-Merate (NS) Nr. 151.

* * **M. G. J. Minnaert,** De verschillen in scheikundige samenstelling van de sterren. Vgl. Ref. **5436**.

5518. **O. Obůrka,** Praestellar matter and protostars. RH **41** 145—148 (tschech.).

* * **K. Rohlfs,** Die Leuchtkraftfunktion und die Theorie der Sternentstehung. Vgl. Ref. **10517**.

* * **G. S. Saakjan,** Hyperon stars. Vgl. Ref. **5443**.

5519. **J.-M. Saurer,** Genèse et évolution des étoiles. BSAF **74** 409—413.

* * **D. C. Schmalberger,** On the location of Beta Cephei stars in the theoretical Hertzsprung-Russell diagram. Vgl. Ref. **12337**.

* * **M. Schwarzschild,** Structure and Evolution of the Stars. Vgl. Ref. **5445**.

5520. **J. Smak,** Wczesne etapy ewolucji gwiazd populacji I i II. Postępy Astr. 8 117—122. — Bericht über die in AJB **59** Ref. **5418, 5507** zitierten Arbeiten von Haselgrove und Hoyle. E. R.

5521. **J. Smak,** Statystyczne problemy ewolucji gwiazd. Postępy Astr. 8 145—150. — Verf. gibt in Anlehnung an Arbeiten der Jahre 1958—1960 einen Überblick über statistische Probleme der Sternentwicklung. E. R.

5522. **J. Smak,** O ewolucji układów galaktyk — galaktyk wielokrotnych i gromad. Urania Kraków **31** 130—132. — Allgemeinverständliche Darstellung der Ansichten V. A. Ambarzumjans über die Entwicklung der Galaxien und über Mehrfachgalaxien. E. R.

5523. **W. W. Sobolew,** On the theory of stellar evolution. AJ UdSSR **37** 387—395 (russ. mit engl. Ref.). — Verf. behandelt das Problem des instationären Strahlungstransports im Sterninnern und schätzt die mittlere Zeit für die Energieabgabe aus dem Stern ab. Zu den Gleichungen, die die Entwicklung eines Sterns beschreiben, werden einige Bemerkungen gemacht. Verf. (ü.)

5524. **O. Struve,** Ages of the stars. Sky Tel. **20** 140—143.

5525. **S. Temesváry, S. von Hoerner,** Der Ursprung des Heliums in der Milchstraße. ZfA **49** 30—41. — Ref. in VdS Nachr. **9** 87. — Aus einer Untersuchung der beobachteten Häufigkeit des Heliums, der weißen Zwerge und des interstellaren Gases wird gefolgert: 1) Die Sternentstehungsrate muß in der Frühzeit der Galaxis merklich höher gewesen sein. 2) Der Bruchteil interstellarer Materie, der nicht irgendwann einmal bei einer Sternentstehung beteiligt war, sollte sehr klein sein. 3) Die Annahme, daß das gesamte Helium seinen Ursprung in der Umwandlung von Wasserstoff im Innern der Sterne hat, scheint gerechtfertigt. Voigt

5526. **J. Uchida,** On the evolution of massive stars. Publ. Astr. Soc. Japan **12** 128. — Notiz über die Berechnung acht sukzessiver Modelle zur Entwicklung eines Sterns mit 10facher Sonnenmasse (verbesserte Darstellung der Opazität und volle Berücksichtigung des Strahlungsdrucks). Homogenes Ausgangsmodell mit H = 82.9 %; He = 16.6 % und Rest = 0.5 %. Der Stern bewegt sich im Hertzsprung-Russell-Diagramm nach rechts aufwärts, bis im Kern der Wasserstoffgehalt auf 6 % abgenommen hat, und kehrt dann wieder zur Hauptreihe zurück. Die ausführliche Veröff. der Rechnungen steht in Sci. Rep. Tôhoku Univ. (1) **43** Nr. 3, 1961. Voigt

* * **A. Unsöld,** Spektroskopische Probleme der Sternentwicklung. Vgl. Ref. **104102**.

5527. **F. B. Wood,** On the evolution of close binary systems. AJ **65** 58—59. — Ref. AAS.

5528. **W. Zonn,** O gwiazdach pulsujących w świetle ewolucji gwiazd. Postępy Astr. 8 183—196. — Verf. diskutiert das Problem der Entwicklung pulsierender Sterne. Der wesentliche Faktor der Sternentwicklung ist die Änderung der chemischen Zusammensetzung im Sterninnern. Die Pulsationsperiode ist ein empfindliches Maß für die Parameter, die den physikalischen Zustand des Sterns bestimmen. Die Pulsationstheorie hat jedoch mit folgenden Schwierigkeiten zu kämpfen: 1. mit der Unvereinbarkeit der Phasen der Radialgeschwindigkeitskurven mit den Phasen der Lichtkurven, 2. mit dem Auftreten von Emissionslinien im Spektrum der Cepheiden. Das Problem der Periodenänderungen ist noch nicht gelöst. Das Verhalten der Perioden der β Cep-Sterne erlaubt, wie Struve (vgl. AJB **58** Ref. **5424**) gezeigt hat, Schlüsse über das Entwicklungstempo zu ziehen. E. R.

§ 56

Entstehung und Entwicklung des Planetensystems

5601. **L. H. Aller,** Primordial chemical composition of the solar system. AJ **65** 49. — Ref. AAS.

5602. **K. Beneš,** Kosmische Geologie und Probleme der Entstehung der ursprünglichen planetarischen Rinde der kosmischen Körper. Vesmír **39** 139—140 (tschech.).

5603. **M. H. Briggs,** Origin of the solar system. Nature **187** 1102—1103.

5604. **K. von Bülow,** Planetarische Fundamentaltektonik, dargelegt an Mond, Erde und Mars. Vgl. Ref. **1341** S. 7—14. — Beschreibung der von tektonischen Liniengittern und meridionalen Spaltbrüchen vielleicht in Form einer Orangenstruktur durchzogenen Terraschale des Mondes mit den Einbruchstellen der echten Maria und den Lavaüberströmungsgebieten der Epikontinentalmaria. «Die Konzeption pausenloser Entgasung bei zunehmender Erstarrung ermöglicht, sämtliche tektonischen, magma-tektonischen und magma-vulkanischen Erscheinungen der lunaren Kruste auf eine gemeinsame Wurzel zurückzuführen». Die Mondoberfläche wird als fixiertes Frühstadium der planetaren Entwicklung (Magma-Tektonik) gedeutet. — Analoge Erscheinungen der Erdkurste sowie auf der Marsoberfläche, wobei die Massierung der Kontinentaltafeln auf der einen und ihr Zerfall auf der anderen Halbkugel vielleicht ein allgemeines Gesetz der planetaren Thorakogenese darstellt. — Deutung der Marsformationen als Entgasungsphänomene. Erstarrung kochenden Gipsbreies liefert mondähnliche Oberflächen bei zähem Brei, marsähnliche dagegen bei dünnem Brei und größerem Volumen. Die auf die Magma-Tektonik folgende Entwicklung wurde jeweils durch die Atmosphären, Massen und Solarkonstanten entscheidend beeinflußt. Gü.

5605. **B. Domjanić,** O postanku sunčeva sustava. ZiS **2** 49—54, 1959.

* * **L. Egyed,** Dirac's cosmology and the origin of the solar system. Vgl. Ref. **4416**.

5606. **D. Eksinger,** Kosmogonička hipoteza Thomasa Jeffersona See-a. ZiS **2** 37—40, 1959.

5607. **T. Gold,** Abundance of lithium and origin of the solar system. ApJ **132** 274—275. — Ref. in VdS Nachr. **10** 63. — Der abnorme Lithiumreichtum der T Tauri-Sterne weist darauf hin, daß in den Atmosphären junger Sterne — vermutlich durch magnetohydrodynamische Prozesse — Lithium gebildet wird. Die hohe Lithiumhäufigkeit der Planeten würde dann die Theorie stützen, daß die Materie der Planeten ursprünglich eine äußere Hülle der Sonne bildete, dann abgeblasen wurde und zu Planeten kondensierte. Voigt

5608. **P. Hédervá ry,** Teorija o širenju meseca. Vasiona **8** 53—54.

5609. **F. Hoyle,** On the origin of the solar nebula. Quarterly J. RAS **1** 28—55. — Zusammenfassender Bericht über den Ursprung des Planetensystems. Besonders ausführlich wird das Problem des Drehimpulses und seine Übertragung vom Zentralkörper auf die Planeten behandelt, ferner die Kondensation der Planeten aus dem ursprünglichen solaren Nebel, die Entstehung der Satelliten und Hinweise auf die Verhältnisse bei anderen Sternen. Voigt

* * **H. Jeffreys,** The Earth, Its Origin, History and Physical Constitution. Vgl. Ref. **7129**.

5610. **H. Spencer Jones,** El origen del sistema solar. El Universo **14** 13—20.

5611. **E. N. Ljustich,** Die Bildungsenergie der Erdkruste. Nachr. Akad. Wiss. UdSSR (Geophys.) 1960 Nr. 3 S. 402—408. — Ref. in RJ UdSSR 1960 Nr. 9 S. 81.

5612. **R. A. Lyttleton,** Dynamical calculations relating to the origin of the solar system. MN **121** 551—569. — Diejenigen kosmogonischen Theorien, die die Bildung von Planeten als Effekt des nahen Vorübergangs eines anderen Himmelskörpers an der Sonne erklären, können in erster Näherung durch

Anwendung der Formeln des restringierten Dreikörperproblems quantitativ behandelt werden. Unter dieser Hypothese wird eine Reihe von Vorgängen durchgerechnet, die kosmogonisches Interesse bieten. FS

* * **R. A. Lyttleton,** The escape of long-period comets from the solar system. Vgl. Ref. **9113**.

5613. **W. H. McCrea,** Origine du système solaire. Ciel et Terre **76** 369—385.

5614. **W. H. McCrea,** The origin of the solar system. Proc. Roy. Soc. (A) **256** 245—266. — Es wird gezeigt, wie sich innerhalb einer Wolke nebelartiger Flocculi mit chaotischen Bewegungen durch Zusammenstöße ein von Planeten umlaufener Zentralstern bilden kann, wobei jedesmal nach einem Stadium isochorer Vereinigung bei Überschreitung einer Grenzmasse Kontraktion durch Eigengravitation eintritt. Die Materie der Flocculi soll überwiegend aus Wasserstoff bestehen und eine Temperatur um 50° haben, die mittlere Geschwindigkeit der Flocculi bei 1 km/sec liegen. Wählt man weiter als mittlere Dichte der ganzen Wolke 4×10^{-12} g cm^{-3}, als mittlere freie Weglänge der Flocculi 5×10^{14} cm und als Zahl der Flocculi innerhalb einer Kugel mit diesem Radius 10^5, so findet man neben einem der Beobachtung angepaßten Erwartungswert für das Gesamtimpulsmoment des Sonnensystems befriedigende Näherungswerte für die Masse und das Impulsmoment der Sonne, die Zahl der Planeten und ihre mittlere Masse. Für die Dauer der Entwicklungsstadien werden Abschätzungen gegeben, die mit anderweitigen Ergebnissen konsistent sind. Der Dichteunterschied zwischen den inneren und den großen äußeren Planeten wird auf die nahe der Jupiter-Entfernung gelegene Rochesche Grenze für noch nicht verdichtete Planeten zurückgeführt, innerhalb derer die Gezeitenwirkung der Sonne eine weitere Kondensation nur nach Abgabe des Wasserstoffs erlaubt. Die Planetoiden können vielleicht als Überreste eines gerade an dieser Grenze gebildeten instabilen Urplaneten aufgefaßt werden. Die Annahme einer gebundenen Rotation aller Planeten vor ihrem kontraktiven Stadium führt auf Werte ihrer damaligen Dichten, die mit zunehmender Entfernung von der Sonne in plausibler Weise abnehmen, ohne die ursprüngliche Dichte der Flocculi zu erreichen. Die Bodesche Regel entzieht sich dieser Theorie. Gü.

* * **E. Rabe,** On the formation of rapidly rotating asteroids. Vgl. Ref. **8513**.

* * **A. E. Ringwood,** Some aspects of the thermal evolution of the Earth. Vgl. Ref. **7154**.

5615. **K. Rudnicki,** Narodziny Ziemi. Urania Kraków **31** 358—363. — Über die Kosmogonie der Erde, des Planetensystems und der Sterne. E. R.

5616. **E. L. Russkol,** On the origin of the moon. I. The formation of a pre-satellite swarm of bodies around the growing earth. AJ UdSSR **37** 690—702 (russ. mit engl. Ref.). — Der Einfangmechanismus durch Zusammenstöße von Teilchen und Körpern in der Nähe der Erde wird untersucht. Ist die Wahrscheinlichkeit des Einfangens 0.01, mußten die zusammenstoßenden Körper Ausmaße von 10 bis 100 km gehabt haben. Der Schwarm der Körper, der sich um die Erde bilden konnte, hatte einen Halbmesser von 100 Erdradien und seine Dichte nahm schnell mit der Entfernung ab. Setzt man voraus, daß die heutigen Massen der Satelliten den Massen der ursprünglichen Schwärme proportional sind, kann die vorgeschlagene Theorie den Unterschied zwischen der Masse des Mondes und der Marsmonde erklären. Perek

5617. **O. Struve,** McCrea's theory of the solar system's origin. Sky Tel. **19** 154—156.

5618. **H. C. Urey,** Usprung und Aufbau des Mondes. Endeavour **19** 87—99. — Die Photographien der erdabgewandten Seite des Mondes, die von dem russischen Satelliten zurückgefunkt wurden, haben das Interesse an der Entstehung und der Natur des Mondes erregt. Der Autor dieses Artikels diskutiert die bestehenden Theorien und weist auf die Folgerungen hin, die aus den Photographien gezogen werden können. Verf.

5619. **H. C. Urey,** On the chemical evolution and densities of the planets. Geochim. Cosmochim. Acta **18** 151—153. — Bemerkung zu einer Untersuchung von Ringwood (vgl. AJB **59** Ref. **5609**).

5620. **M. M. Woolfson,** Origin of the solar system. Nature **187** 47—48. — Ein massiger Stern nähert sich der in Rotation befindlichen Sonne mit einer Geschwindigkeit von 100 km/sec und erzeugt Gezeitenwellen. Die Anziehung des massigen Sterns reißt nun einen Teil der Gezeitenwelle los, so daß der Planet Pluto entsteht. Hierdurch werden auch Wellen spezieller Art hervorgebracht, aus denen sich allmählich die anderen Planeten bilden. Dies geht in regelmäßigen Zeitintervallen vor sich, so daß die Bode-Titiussche Reihe sowie eine Anzahl anderer charakteristischer Züge der Struktur des Sonnensystems erklärt werden können. Diese Theorie ist noch völlig quantitativer Natur und noch nicht einer rechnerischen Prüfung unterzogen worden. C. L. J.

5621. **M. M. Woolfson,** Bode's law and the solar system. Nature **188** 1175—1176. — Verf. zeigt, daß nach seiner Theorie der Entstehung des Sonnensystems die resultierenden Halbachsen der Planeten mit dem Bodeschen Gesetz übereinstimmen (außer bei Merkur, hingegen passend bei Neptun und Pluto). Böh.

5622. Primordial composition of the solar system. Sky Tel. **19** 338—339. — Ref. AAS.

5623. Planetary origin and lithium abundances. Sky Tel. **20** 271.

VII. Sonne

§ 61

Bücher über die Sonne, Entfernung, Rotation, Miscellanea

Bücher über die Sonne

6101. **G. Gamow,** Naissance et mort du Soleil. Übersetzung aus dem Amerikanischen von G. Guéron. Paris, Dunod, 1960. 162 S. Preis NF 7.40. — Besprechung in La Nature **88** 270.

6102. **D. H. Menzel,** Our Sun. Vgl. AJB **59** Ref. **6106**. — Weitere Besprechung in Obs **80** 120.

6103. **H. W. Newton,** The Face of the Sun. Vgl. AJB **58** Ref. **6013**. — Weitere Besprechung in BSAF **74** 343, JBAA **70** 239 (W. M. Baxter).

6104. **H. W. Newton,** Il volto del Sole. Übersetzung aus dem Englischen. Firenze, Sansoni, 1960. 301 S. Preis Lire 1000. — Besprechung in Coelum **29** 23.

6105. J. Xanthakis, L. Karapiperis, L. Mavridis, C. Macris, Die Sonne. Große griechische Enzyklopädie, Ergänzungsband **3**, 35 S. (griech.). — Es wird über den heutigen Stand der Kenntnisse bezüglich der Sonne (Photosphäre, Chromosphäre, Korona, optische und Radiostrahlung, Aktivität und ihre Beziehung zu den Erscheinungen auf der Erde, Entstehung und Entwicklung der Sonne) ausführlich berichtet. Mav.

Entfernung

6106. S. Aoki, The distance to the sun. Astr. Herald **53** 28 (japan.).

6107. M. H. Cohen, High-frequency radar echoes from the sun. Proc IRE **48** 1479. — Die Möglichkeit, Radarechos von der Sonne zu empfangen, wird diskutiert; dabei wird besonders der Einfluß starker solarer Magnetfelder berücksichtigt. Es zeigt sich: Sogar bei 400 MHz sind Echos von «Koronawolken» (mit ca. 3×10^5 km Durchmesser) mit genügend starkem Magnetfeld ($H \approx 100$ G) zu erwarten, wenn diese Wolken am Sonnenrand in genügend großer Höhe ($\geq 5 \times 10^5$ km) auftreten. HHR

6108. V. R. Eshleman, R. C. Barthle, P. B. Gallagher, Radar echoes from the sun. Science **131** 329—332. — Ref. in Priroda **49** Nr. 9 S. 104—105, Sterne **36** 210, VdS Nachr. **9** 122—123.

6109. J. B. McGuire, D. D. Morrison, L. Wong, A dynamical determination of the astronomical unit by a least-squares fit to the orbit of Pioneer V. AJ **65** 493. — Ref. AAS.

6110. Radar echoes from the sun. Sky Tel. **19** 281.

6111. Die Entfernung zur Sonne. VdS Nachr. **9** 110—111. — Ref.

6112. Uspostavljen prvi radarski kontakt između Zemlje i Sunca. ZiS **3** 68. — Ref.

Rotation

6113. A. J. Meadows, Solar rotation and isorotation. Publ ASP **72** 58—59. — Die Veränderung der Rotationsgeschwindigkeit der Sonne mit der Höhe der beobachteten Schicht (deren Realität gelegentlich bestritten wird — Ref.) ist mit der Theorie der Isorotation unverträglich. Der Widerspruch wird versuchsweise damit erklärt, daß das magnetische Feld, das für eine Isorotation notwendig ist, nur in niedrigen Breiten der Sonne nachgewiesen ist. FS

6114. B. M. Rubaschew, Über die Änderung des Charakters der Sonnenrotation mit der Tiefe. Sonnendaten 1959 Nr. 10 S. 70—72 (russ.). — Eine hydrodynamische Erklärung der Beschleunigung der Sonnenrotation im äquatorialen Gebiet wird vorgeschlagen. Auf Grund des Weymann-Schwarzschildschen Modells der Sonne wurden Änderungen der Funktion $f\left(\frac{\partial\omega}{\partial z}\right)$ mit der Tiefe studiert (ω bezeichnet die Winkelgeschwindigkeit der Sonne, z die Höhe über der Ebene des Sonnenäquators). In der Tiefe von etwa 10000 km unterhalb der Photosphäre wurde eine heftige Senkung dieser Funktion gefunden. Daraus folgt, daß bei der Sonne eine barokline Rotation stattfindet. L. Fr.

Miscellanea

6115. G. M. Clemence, W. H. Portig, S. Rozental, Names for the sun and the moon. Science **132** 96—98.

6116. A. Gómez Zapatero, Nuestro Sol. El Universo **14** 137—143.

6117. **K. O. Kiepenheuer,** Sonnenüberwachung. Studium generale **13** 247—256.

6118. **U. Langenbeck,** Sonnenbeobachtungen mit sehr kleinen Fernrohren (II). VdS Nachr. **9** 128—129.

6119. **M. Litt,** Nomogramme zur Lösung astronomischer Aufgaben. Vierte Folge. Heliographische Ortsbestimmung II. Veröff. Univ.-Sternw. Bonn Nr. 55, 44 S. — Als Fortsetzung und Abschluß von AJB **56** Ref. 111 wird die dort behandelte Methode 3, die mit Hilfsnetzen arbeitet, auf die Polgegenden erweitert. Die weiteren Aufgaben behandeln die heliographische Ortsbestimmung auf der ganzen Scheibe unter Verwendung rechtwinkliger Ausgangskoordinaten, ferner die Umwandlung von ekliptikalen und heliographischen Koordinaten ineinander sowie die Berücksichtigung der differentiellen Oberflächenrotation. Für den praktischen Gebrauch genügt das Studium der Benutzungsanweisung. Ee.

6120. **V. M. Massaro,** Names for the sun and moon. Science **131** 380. — Vorschlag: Sol und Luna.

6121. **R. Michard,** L'étude du Soleil durant l'Année Géophysique Internationale. La Nature 88 278—285.

6122. **C. E. Moore,** Physics of the sun. Vgl. Ref. **1339** S. 21—24.

6123. Augmentation de l'éclat du Soleil? La Nature **88** 7.

6124. Variabilität der Sonnenhelligkeit. Sterne **36** 31—32. — Ref.

6125. Die Sonne, ein veränderlicher Stern? Sterne **36** 89—90. — Ref.

6126. Die Sonne auf anderen Planeten. Sternenbote **3** 108.

6127. Posebna imena za Sunce i Mjesec. ZiS **3** 93. — Ref.

§ 62

Finsternisse

6201. **S. D. Gossner,** Solar eclipses, 1968—1970. US Naval Obs. Circ. Nr. 89, 8 S. — Betrifft die Sonnenfinsternisse 1968 März 28—29 (partiell), Sept. 22 (total), 1969 März 18 (ringförmig), Sept. 11 (ringförmig), 1970 März 7 (total) und Aug. 31—Sept. 1 (ringförmig).

6202. **N. Janković, D. Eksinger,** Sonnenfinsternisse und ihre Beobachtungen einst und heute. Vasiona **7** 78—81, 106—108, 1959 (serb.). — Ref. **6219** in AJB **59** ist zu streichen.

6203. **J. Kovalevsky,** Les observations d'amateur pendant une éclipse totale de Soleil. BSAF **74** 457—459.

6204. **J. Leclerc,** Quelques conseils pour cinématographier une éclipse totale de Soleil. BSAF **74** 469—470.

6205. **J. Meeus,** La longueur du croissant solaire lors d'une éclipse partielle du Soleil. Ciel et Terre **76** 403—406.

6206. **W. Tschernow,** Eclipses de Soleil et variations de la pesanteur. Gaz astr **42** 25—26.

6207. Sonnenfinsternis 1936 Juni 19

Bull. Astr.-Geod. Ges. UdSSR Nr. 27 S. 3—9 (russ.). Die Struktur der fernen äußeren Korona am 19. Juni 1936. W. A. Bronstein.

Vasiona 8 103—104 (serb.). The expedition for the observations of solar eclipse in 1936. N. Janković.

6208. Sonnenfinsternis 1951 September 1

BAB 5 29, 1959. Éclipse annulaire de Soleil du 1 septembre 1951. S. Arend, J. Dommanget.

J. Atmosph. Terr. Phys. **19** 73—81. Eclipse effects on the F-layer at sunrise. C. S. G. K. Setty.

6209. Sonnenfinsternis 1952 Februar 25

Ann d'Astrophys **23** 541—566 = Contr. Inst. d'Astrophys. Paris (B) Nr. 203. Étude des spectres pris par Bernard Lyot à l'éclipse de Khartoum du 25 février 1952. I. Résultats expérimentaux. L. Divan, C. Pecker. — Spektralaufnahmen der Sonnenkorona, die von Lyot bei der Sonnenfinsternis vom 25. Februar 1952 in Chartum gewonnen wurden, werden auf Grund von Registrierungen mit einem Mikrophotometer ausgewertet. Vor allem wird die Änderung der helleren Koronalinien mit der heliographischen Breite und ihr Verhalten in einer koronalen Kondensation untersucht. Ferner wird das Spektrum einer auf den Aufnahmen vorhandenen aktiven Protuberanz analysiert, und es wird eine Liste der darin erkennbaren Emissionslinien mit Intensitätsmessungen und Identifizierungen gegeben. H. M.

Ann d'Astrophys **23** 764—787 = Contr. Inst. d'Astrophys. Paris (B) Nr. 204. Étude des spectres pris par Bernard Lyot à l'éclipse de Khartoum du 25 février 1952. II. Étude d'une condensation coronale. C. Pecker.

Ann d'Astrophys **23** 963—967 = Sterrewacht «Sonnenborgh» Utrecht Overdruk 4° Nr. 19. The profiles of the wings of Hβ and K (CaII) in flash-spectra. H. O. Salmang. — Vgl. Ref. **1340**.

6210. Sonnenfinsternis 1954 Juni 30

BAB 5 29, 1959. Éclipse totale de Soleil du 30 juin 1954. S. Arend, J. Dommanget.

J. Atmosph. Terr. Phys. **19** 95—101. Eclipse effects on the Fl-layer observed at Cambridge on 30 June 1954. C. S. G. K. Setty.

Koninkl. Nederl. Akad. Wet. Afd. Natuurk. **69** 56—58. De rustige corona van 1954. M. G. J. Minnaert.

Mitt. Astr. Hauptobs. Golossejewo **3** Nr. 1 S. 52—56 (russ.). Untersuchung der Polarstrahlen der Korona am 30. Juni 1954. F. I. Lukazkaja.

Mitt. Astr. Hauptobs. Golossejewo **3** Nr. 1 S. 57—66 (russ.). Detailphotometrie der Korona am 30. Juni 1954 im photovisuellen Licht. W. I. Woroschilow.

6211. Sonnenfinsternis 1955 Dezember 14

Georgetown Obs. Monograph Nr. 17, 7 S. Measurements of the sun's limb for the determination of refraction between 80° and 90° zenith distance. J. de Kort.

6212. Sonnenfinsternis 1958 April 19

Indian J. Phys. **33** 540—545, 1959. Effect of annular solar eclipse of 19th April, 1958 (at sunrise) on the F_2 layer of the ionosphere. S. N. Mitra, B. C. Narasinga Rao. — Ref. in Phys. Abstr. (A) **63** 1818.

Publ. Astr. Soc. Japan **12** 143—156 = Tokyo Astr. Obs. Repr. Nr. 196. Limb-darkening of the sun determined from the light curve during the annular phase at the annular eclipse on April 19, 1958. K. Saito, S. Hata. — Die Lichtkurve der Gesamtstrahlung der Sonne wurde während der ringförmigen Finsternis am 19. April 1958 photoelektrisch gemessen. Alle regulären Änderungen während der ringförmigen Phase können der Randverdunklung zugeschrieben werden. Die Resultate wurden direkt mit der Gesamtstrahlung der unverfinsterten Sonne verglichen. Für λ 470 mμ wurden folgende Werte erhalten: 0.22 $\pm$ 0.02 bei r = 0.995, 0.33 $\pm$ 0.02 bei r = 0.985 und 0.40 bei r = 0.975. Störeffekte wegen Fackeln waren im vorliegenden Fall nicht vorhanden. Verf. (ü., gek.)

Rep. Ionosphere Res. Japan **12** 174—181, 1958. Preliminary report on the effect of the solar eclipse on April 19, 1958 on the geomagnetic field. T. Rikitake, S. Uyeda, T. Yukutake, I. Tanaoka, E. Nakagawa. — Ref. in Phys. Abstr. (A) **63** 1816.

Rep. Ionosphere Res. Japan **12** 182—187, 1958. Effect of the solar eclipse, 19th April, 1958 on the geomagnetic field and earth currents. Y. Yamaguchi, N. Banno, H. Ōshima, T. Araki. — Ref. in Phys. Abstr. (A) **63** 1816.

Rep. Ionosphere Space Res. Japan **12** 273—284, 1958. Eclipse observations of microwave radio sources on the solar disk on 19 April, 1958. H. Tanaka, T. Kakinuma. — Ref. in Phys. Abstr. (A) **63** 1834.

Sonnendaten 1960 Nr. 4 S. 69—72 (russ.). Beobachtung der ringförmigen Sonnenfinsternis vom 19. April 1958 bei 3.2 cm Wellenlänge. S.-g. Wan, S.-s. Ho, A. F. Drawskich, W. F. Kuschnir, A. P. Moltschanow, K. N. Tawastscherna, H.-w. U, W.-k. Huan, F.-j. Tschen, Jan Zsjan.

6213. Sonnenfinsternis 1958 Oktober 12

J. Geophys. Res. **65** 2003—2009. Photochemical rates in the equatorial F_2 region from the 1958 eclipse. T. E. Van Zandt, R. B. Norton, G. H. Stonehocker.

6214. Sonnenfinsternis 1959 April 8

Australian J. Phys. **13** 52—68. Sunrise and eclipse effects on the ionosphere at Brisbane. G. G. Bowman.

6215. Sonnenfinsternis 1959 Oktober 2

AJ **65** 49. Radio measurements of the total solar eclipse of October 2, 1959 at AFCRC, Hamilton, Massachusetts. J. Aarons, J. Castelli, W. Kidd, R. Straka. — Ref. AAS.

AJ **65** 51—52. Detection of discrete solar radio emission sources during the October 2, 1959 partial eclipse. S. Edelson, C. R. Grant, H. Corbett. — Ref. AAS.

AJ **65** 488—489. Polarization measurements from the 2 October 1959 eclipse. W. E. Felling, M. Witunski. — Ref. AAS.

Ann d'Astrophys **23** 913—916. Intensity measurements in the wings of the Na-D lines. W. Mattig, E. H. Schröter. — Vgl. Ref. **1340**.

Ann. Géophys. **16** 426—427. L'ionosphère à la Station de Garchy lors de l'éclipse du 2 octobre 1959. A. Haubert.

Atti Convegno Astr. Padova Asiago 1960 S. 63—65. Osservazioni eseguite ad Arcetri durante l'eclisse solare del 2 ottobre 1959. G. Noci. — Vgl. Ref. **1324**.

BAC **11** 73. The observation of the partial solar eclipse of October 2, 1959. J. Lexa, M. Antal.

BAC **11** 74. Beobachtung der partiellen Sonnenfinsternis am 2. Oktober 1959. J. Bouška.

BAC **11** 155—158. Observation of partial solar eclipse of 1959 October 2 on radio-wavelengths 37 cm and 130 cm. B. Růžičková, A. Tlamicha.

Beiträge naturkundl. Forschung **19** Heft 1, 9 S. Die totale Sonnenfinsternis vom 2. Oktober 1959. W. Malsch.

BSAF **74** 31—33, 71—77, 135—142, 185—186. L'éclipse totale de Soleil du 2 octobre 1959. F. Béroud, E. H. Geneslay, M. de Saussure.

BSAF **74** 34—43, 78—80, 231—235, 276—277. L'éclipse partielle de Soleil du 2 octobre 1959.

JBAA **70** 264—269. Solar eclipse of 1959 October 2. F. Addey, O. D. MacNamara, B. G. Marsden.

J. Geophys. Res. **65** 3179—3181. The earth's electric field during an eclipse of the sun. G. D. Freier.

J. Geophys. Res. **65** 3241—3247. Backscatter experiments during the total eclipse of October 2, 1959. C. Malik, J. Aarons, H. Poeverlein.

J. Geophys. Res. **65** 3504. The electric field of a large dust devil. G.D. Freier.

Mitt. Planetenbeobachter **13** 3—8. Das Unternehmen «Canaria». E. Mädlow.

Nature **185** 230—231. Observations on the solar eclipse of October 2. J. Aarons, J. P. Castelli, R. M. Straka, W. C. Kidd.

Naturwissenschaften **47** 481—486 = Cambridge Obs. Repr. Nr. 40. Bericht über die totale Sonnenfinsternis vom 2. Oktober 1959. H. von Klüber.

Naturwiss. Rundschau **13** 302—307 = Veröff. Sternw. München **5** Nr. 12. Die Münchener Sonnenfinsternisexpedition 1959/1960. F. Schmeidler.

Orion Schaffhausen **5** 739—749. Die Reise der schweizerischen astronomischen Gesellschaft nach den Kanarischen Inseln zur Beobachtung der totalen Sonnenfinsternis vom 2. Oktober 1959. P. Wild.

Orion Schaffhausen **5** 750—754. Die totale Sonnenfinsternis am 2. Oktober 1959 in Las Palmas (Gran Canaria). M. de Saussure.

Orion Schaffhausen **5** 755—764. Beobachtung der totalen Sonnenfinsternis vom 2. Oktober 1959 in Santa Cruz de Tenerife (Kanarische Inseln). R. A. Naef, G. Widmer.

Orion Schaffhausen **5** 850—852. Zur Beobachtung der totalen Sonnenfinsternis vom 2. Oktober 1959 auf den Kanarischen Inseln. W. Malsch.

Orion Schaffhausen **5** 852—853. L'éclipse du 2 octobre 1959. Béroud.

PAT **41** 164—165. Från solförmörkelsen på Kanarieöarna den 2 oktober 1959.

Proc. Koninkl. Nederl. Akad. Wet. (B) **63** 611—622 = Sterrewacht «Sonnenborgh» Utrecht Overdruk 4° Nr. 17. Report of the Netherlands expedition for the observation of the total solar eclipse on October 2, 1959. J. Houtgast.

RH **41** 96 (tschech.). Observation of the solar eclipse of 1959, Oct. 2. E. Klier.

Sky Tel. **19** 219—220. German amateurs view eclipse. E. Mädlow.

Sterne **36** 16—18. Die totale Sonnenfinsternis vom 2. Oktober 1959 auf den Kanarischen Inseln. W. Malsch.

Sterne **36** 36—37. Totale Sonnenfinsternis 1959 Oktober 2. K. Löchel.

Sterne **36** 37—38. Die Sonnenfinsternis vom 2. Oktober 1959. P. Ahnert.

Sterne **36** 117—121. Sonnenfinsternisexpedition der Vereinigung der Sternfreunde nach den Kanarischen Inseln. L. Meier.

Sterne **36** 163—165. Unternehmen Canaria. H. von Bronsart.

Sterne **36** 233—235. Sonnenfinsternis und Landschaftsverdunklung auf Gran Canaria am 2. Oktober 1959. A. Krause.

Strolling Astr. **14** 85—88. An amateur in a professional eclipse expedition. T. Wyngaard.

Umschau 1960 Heft 1 S. 20—21. Die Beobachtung der totalen Sonnenfinsternis am 2. Oktober 1959. W. Petri.

Urania Barcelona **45** 3—11 = Publ. Sem. Astr. Geod. Univ. Madrid Nr. 47. La observación del eclipse de 2 de octubre de 1959 desde El Aaiún (Sahara). J. M. Torroja.

Urania Barcelona **45** 12—19 = Publ. Sem. Astr. Geod. Univ. Madrid Nr. 48. Estudio de la polarización de la luz de la corona solar durante el eclipse total de sol del día 2 de octubre de 1959. J. M. Torroja, P. Jiménez-Landi, M. Solís.

Urania Barcelona **45** 20—21. El eclipse total de sol del 2 de octubre de 1959 observado desde la isla de Tenerife. M. Mery.

Urania Barcelona **45** 22—24. Eclipse de sol del 2 de octubre de 1959. J. Febrer Carbó.

Urania Kraków **31** 16—17. Obserwacje częściowego zaćmienia Słońca wykonane w dniu 2 października 1959 r. w Józefosławiu k. Warszawy. A. Piaskowski.
Urania Kraków **31** 17. Częściowe zaćmienie Słońca. L. Wohlfeil. — Kontaktbeobachtungen an der Volkssternwarte Gdańsk (Gdingen)-Oliwa. E. R.
VdS Nachr. **9** 1—5. Die Sonnenfinsternis-Expedition 1959 nach den Kanarischen Inseln als persönliches Erlebnis. B. Regel.
VdS Nachr. **9** 6—7. Die Resultate der VdS-Sonnenfinsternis-Expedition 1959. E. Mädlow.
VdS Nachr. **9** 7—8. Sonnenfinsternis-Expeditionen. E. Mädlow.
VdS Nachr. **9** 38. Zur Sonnenfinsternis am 2. Oktober 1959. E. Mädlow.
Veröff. Uraniasternw. Wien Nr. 3 S. 48. Die partielle Sonnenfinsternis am 2. Oktober 1959, beobachtet auf der Urania-Sternwarte in Budapest. L. Bartha.
Warszawa. Obserwacje częściowego zaćmienia Słońca wykonane w dniu 2 października 1959 r. w Józefosławiu k. Warszawy. A. Piaskowski. — Verf. erhielt 79 Aufnahmen der partiellen Sonnenfinsternis vom 2. Oktober 1959 an der Beobachtungsstation des Lehrstuhls für Praktische Astronomie der Warschauer Technischen Hochschule in Józefosław. E. R.

6216. Sonnenfinsternis 1960 September 20

NAT 1960 S. 73. Partiel solformørkelse.
Sky Tel. **20** 129. This month's solar eclipse.

6217. Sonnenfinsternis 1961 Februar 15

AJ UdSSR **37** 67—74 (russ. mit engl. Ref.). The solar eclipse of February 15, 1961. A. A. Michajlow. — Ausführliche Vorschau.
BSAF **74** 323—328. Éclipse totale de Soleil du 15 février 1961. Pronostics climatologiques pour la France et l'Italie. G. Florsch.
Centro di Studio per l'Astrofisica del Consiglio Nazionale delle Ricerche. Bologna, Compositori, 1960. 3 S. Astronomical data for the solar eclipse 15 February 1961. A. Kranjc.
Ciel et Terre **76** 166—172. L'éclipse totale de Soleil du 15 février 1961. J. Meeus.
Ciel et Terre **76** 211—215. Observation de l'éclipse totale du Soleil du 15 février 1961. Recommandations. A. Koeckelenbergh, J. Meeus, H. Michel.
Coelum **28** 105—110. L'ecclisse totale di Sole del 15 febbraio 1961. A. Kranjc.
Coelum **28** 117—118. Previsioni meteorologiche sulla visibilità dell'ecclisse solare totale del 15 febbraio 1961. G. Roncali.
Coelum **28** 135. Posizione del Sole nel cielo durante l'ecclisse del 15 febbraio 1961. L. Erizzo.
Hemel en Dampkring **58** 139—145. De totale zonsverduistering van 15 Februari 1961. J. Meeus.
JBAA **70** 370. Eclipse of sun, 1961 February 15.
La Nature **88** 540. Éclipse totale de Soleil en France le 15 février 1961.
Lincei Rend. Sci. fis. mat. nat. (8) **29** 539—543. La linea centrale di un'eclisse totale di Sole in quota. A. Kranjc.
Moskau, Phys.-Math. Staatsverlag, 1960. 47 S. Preis 80 Kop. (russ.). Die totale Sonnenfinsternis vom 15. Februar 1961. A. A. Michajlow.
NAT 1960 S. 61—64. Den totale solformørkelse den 15. februar 1961.
Orion Schaffhausen **5** 1003—1004. Totale Sonnenfinsternis vom 15. Februar 1961. R. A. Naef.
Sky Tel. **20** 16—18. Next winter: a total solar eclipse. M. de Saussure.
Soc. Astr. Italiana. Comitato per l'eclisse totale di sole del 15 febbraio 1961. Circ. Nr. 1. F. Zagar.
Soc. Astr. Italiana Circ. Nr. 2. Observational programs for the solar eclipse in Italy. F. Zagar.

Soc. Sci. Nat. Croatica Zagreb, 1960. 31 S. (esperanto, engl., deutsch). Totala Suneklipso 15. 2. 1961. I. Rotkvić.

Sterne **36** 177—188. Die totale Sonnenfinsternis vom 15. Februar 1961 und ihre Beobachtungsbedingungen im Bereich des Mittelmeeres. K. Löchel. — Astronomisch-meteorologische Vorausschau.

Sternenbote **3** 79—81. Meteorologische Verhältnisse bei der Sonnenfinsternis vom 15. Februar 1961.

Sternenbote **3** 95. Die totale Sonnenfinsternis vom 15. 2. 1961 in ihrem österreichischen Verlauf.

Swerdlowsk, Buchverlag, 1960. 48 S. Preis 70 Kop. (russ.). Die Sonnenfinsternis vom 15. Februar 1961. S. Schuxtowa, W. Syrowoj.

Urania København **17** 81—82. Solformørkelsen den 15. februar 1961.

Vasiona **8** 40 (serb.). The zone of total eclipse of the sun in our country (Yugoslavia), with a map. J. Simovljević.

Vasiona **8** 40—43 (serb.). About the choice of the most convenient spot for the observation of total eclipse of the sun, with diagrams. A. Obuljen.

Vasiona **8** 71—72 (serb.). The plans for the observations of the total eclipse of the sun on 15th February 1961.

Vasiona **8** 89 (serb.). The observation of the phenomenon of the shadow of the moon during the total eclipse of the sun, 15th February 1961. A. Obuljen.

Vasiona **8** 94—101. Potpuno pomračenje sunca od 15 februara 1961. R. Danić, N. Janković, P. M. Đurković.

Vasiona **8** 101—103 (serb.). The planning of the time during the total eclipse on 15th February 1961. A. Kubičela.

VdS Nachr. **9** 47—50. Die meteorologischen Verhältnisse bei der Sonnenfinsternis vom 15. Februar 1961. E. Mädlow.

ZiS **3** 69—71. Totalna pomrčina Sunca 15. II. 1961. g.

6218. Sonnenfinsternis 1962 Februar 4—5

Astr. Herald **53** 80 (japan.). The total eclipse of February 4—5, 1962. N. Oowaki, S. Aoki, N. Sato.

U. S. Naval Obs. Circ. Nr. 88, 5 S. Eclipse maps for the total solar eclipse of February 4—5, 1962 and the annular solar eclipse of July 31, 1962.

6219. Sonnenfinsternis 1962 Juli 31

U. S. Naval Obs. Circ. Nr. 88. Vgl. Ref. **6218**.

§ 63

Überwachungsdienst

AC Nr. 208 S. 12—13 (russ.). High activity of eruptions on the sun. W. F. Tschistjakow, I. P. Iwakina. — 1959 Dez. 4—5.

AC Nr. 209 S. 16—18 (russ.). Chromospheric flash and eruptive prominence on December 21, 1959. W. F. Tschistjakow.

Acta Geophys. Polonica **8** 158—163 = Wrocław Astr. Obs. Repr. Nr. 19. Sunspots in the year 1959. J. Mergentaler.

AJ **65** 51. Survey of number of flares observed during the IGY. H. W. Dodson, E. R. Hedeman. — Ref. AAS.

AJ UdSSR **37** 347—349 (russ. mit engl. Ref.). Intense chromospheric flares of July 10 and 14, 1959. J. M. Slonim.

American Univ. Obs. Beirut. Monthly Bull. (Astr.) 1959 May—1960 Oct. Solar photospheric observations. H. Hourani.

Ann. Geofis. **13** 231—237. Numeri caratteristici dei flocculi d'idrogeno e di calcio e dei filamenti d'idrogeno per l'anno 1959. G. Godoli.

Astr. Mitt. Sternw. Zürich Nr. 232, 34 S. Monochromatische Grenzisophoten der Korona 1950—1959. M. Waldmeier.

Beob. Sonnenobs. Kanzelhöhe Nr. 1—12. Die Sonnenaktivität von Dezember 1959—November 1960. W. Comper, W. Ellerböck, R. Kern, H. Haupt.

BMI **1** Nr. 7—9, 80 S., Nr. 10—12, 66 S., 1959, **2** Nr. 1—3, 86 S., Nr. 4—6, 92 S.

Bol. As. Peruana Astr. **5** 335—336. Actividad Solar. V. Estremadoyro. — 1960 März—Dez.

Bol. Obs. Tonantzintla y Tacubaya Nr. 20 S. 19—56. Lista de rafagas cromosfericas observadas desde el 1° de Julio hasta el 30 de Septiembre de 1957. L. Rivera Terrazas, G. González C.

Boll. Accad. Gioenia Sci. nat. Catania (4) **5** Fasc. 6, 31 S. = Oss. Astrofis. Catania Pubbl. (NS) Nr. 27. Coordinate eliografiche, classificazione ed area dei gruppi di macchie solari osservati nell' anno 1956 all' Osservatorio astrofisico di Catania. R. Cristaldi Campisi.

Boll. Accad. Gioenia Sci. nat. Catania (4) **5** Fasc. 6, 39 S. = Oss. Astrofis. Catania Pubbl. (NS) Nr. 29. Coordinate eliografiche, classificazione ed area dei gruppi di macchie solari osservati nell'anno 1957 all' Osservatorio astrofisico di Catania. R. Cristaldi Campisi.

Boll. Accad. Gioenia Sci. nat. Catania (4) **5** Fasc. 7, 16 S. = Oss. Astrofis. Catania Pubbl. (NS) Nr. 30. Osservazioni solari nel 1959. S. Cristaldi.

Boll. Accad. Gioenia Sci. nat. Catania (4) **5** Fasc. 8, 45 S. = Oss. Astrofis. Catania Pubbl. (NS) Nr. 31. Coordinate eliografiche, classificazione ed area dei gruppi di macchie solari osservati nell'anno 1958 all'Osservatorio astrofisico di Catania. R. Cristaldi Campisi.

Boll. Accad. Gioenia Sci. nat. Catania (4) **5** Fasc. 8, 40 S. = Oss. Astrofis. Catania Pubbl. (NS) Nr. 32. Coordinate eliografiche, classificazione ed area dei gruppi di macchie solari osservati nell'anno 1959 all'Osservatorio astrofisico di Catania. R. Cristaldi Campisi.

Boll. Geod. Sci. affini **19** 147—152. Osservazioni di macchie solari, di protuberanze e della cromosfera eseguite nel periodo 1° luglio 1958—30 giugno 1959. G. Noci, M. Rigutti.

Boll. Geod. Sci. affini **19** 152—159. Attività dei flocculi d'idrogeno e di calcio e dei filamenti d'idrogeno per il periodo 1° luglio 1958—30 giugno 1959. G. Godoli.

Boll. Geod. Sci. affini **19** 287—299. Brillamenti cromosferici osservati in Arcetri dal 1° luglio 1958 al 30 giugno 1959. M. C. Ballario.

BSAF **74** 8—10, 62, 112, 165, 228, 279—280, 322, 366, 427—428, 460, 522. L'activité solaire. M.-J. Martres. — Rotationen Nr. 1418—1431.

BSAF **74** 18—19, 84, 130—131, 179, 210—211, 256—257, 532—534. Soleil.

BSAF **74** 212. Nombres relatifs de Wolf pour l'année 1959. M. Waldmeier.

Bull. Informat. Ionosph. Géophys. **2** Nr. spécial (Fasc. TAF 2), 1957; **3** Nr. 11—12, 52 S., Nr. spécial (Fasc. TAF 3), 1958.

Cartes synoptiques de la chromosphère solaire et catalogue des filaments de la couche supérieure. Obs. Paris. Section d'Astrophys. Meudon. Vol. **3** Fasc. 1, années 1955—1956—1957 (1er semestre). M.-J. Martres. — Rotationen Nr. 1355—1388.

Českosl. Akad. Věd Astr. Ústav Publ. Nr. 43, 68 S. = Publ. Astr. Inst. Prague-Ondřejov Nr. 43. List of flares observed at Ondřejov Observatory during the I. G. Y. J. Kvíčala, F. Hřebík, V. Letfus, J. Olmr, Z. Švestka, L. Křivský.

Ciel et Terre **76** 43—52. Activité solaire en 1958. A. Koeckelenbergh.

Ciel et Terre **76** 191—192 = Commun. Obs. Roy. Belgique Nr. 173 S. 6—7. Les observations solaires à l'Observatoire Royal de Belgique pendant l'Année Géophysique Internationale. A. Koeckelenbergh.

Ciel et Terre **76** 216—220 = Commun. Obs. Roy. Belgique Nr. 173 S. 1—5. Evolution d'un filament sombre lors de l'éruption solaire du 16 juillet 1959 (16^h08^m TU). A. Koeckelenbergh.

Ciel et Terre **76** 279—284. Eruption solaire du 2 décembre 1959. E. Pourbaix.

Circ. Astr. Obs. Charkow Nr. 22 S. 3—71 (russ.). Die Aktivität der Sonnenphotosphäre und -chromosphäre vom 1. Januar bis 31. Dezember 1957 nach Beobachtungen am Astronomischen Observatorium Charkow. T. A. Samofalowa, K. W. Renskaja.

Circ. Astr. Obs. Taschkent Nr. 301 S. 4—15, Nr. 303 S. 7—18, Nr. 304 S. 7—18, Nr. 305 S. 5—12 (russ.). Die Sonnenaktivität 1959 Mai—Dez. S. Korobowa.

Coelum **28** 23. Fenomeni solari nei mesi di ottobre e novembre 1959.

Coelum **28** 145—146, 176—177. Protuberanze solari dei mesi di 1960 giugno—settembre.

Coelum **28** 146—147, 176. Macchie solari dicembre 1959—luglio 1960.

CR **250** 3782—3783. Sur une éruption dans un groupe de taches le 29 mars 1960. D. Belorizky. — Es werden Beobachtungen der großen 3^+-Eruption vom 29. März 1960 sowie die Auswirkungen auf der Erde (S. I. D. am 29. 3., magnetischer Sturm am 31. 3.) beschrieben und diskutiert. J. P. M.

Dunsink Obs. Publ. **1** Nr. 1, 36 S. Cape Lyot heliograph results. I. Lightcurves of 30 solar flares in relation to sudden ionospheric disturbances. M. A. Ellison, S. M. P. McKenna, J. H. Reid.

Forschungsber. Obs. Wendelstein Nr. 24, 19 S. Beobachtungen von Subflares während des Internationalen Geophysikalischen Jahres. R. Müller.

Forschungsber. Obs. Wendelstein Nr. 25, 17 S. Katalog monochromatischer Koronastrahlen 1959. R. Müller.

Fraunhofer-Inst. Freiburg. Map of the sun. — 1960 Jan. 1—Dez. 31.

Gaz astr **42** 10—11. Observations du Soleil à l'oeil nu en 1959. A. Moissejew.

Heavens **41** 31, 61, 89, 115, 145, 202, 230, 258, 283, 314 (japan.). Sunspot relative numbers for November 1959—August 1960.

Heavens **41** 114 (japan.). Definitive sunspot-numbers for 1959.

Hemel en Dampkring **58** 54, 75, 100, 132, 191, 230, 258, 293. Zonnevlekkengetallen. — 1959 Nov.—1960 Nov.

J. Atmosph. Terr. Phys. **18** 82—85, 259—263, 346, **19** 296—299. Indices of geomagnetic activity. — 1959 Juli—1960 Aug.

JBAA **70** 24—32. Reports of Sections. Solar activity during 1958. F. Addey.

JBAA **70** 297—298. The class 3^+ flare of 1959 July 16. T. A. Cragg.

J. Geophys. Res. **65** 123—131. Survey of number of solar flares observed during the International Geophysical Year. H. W. Dodson, E. R. Hedeman.

J. Geophys. Res. **65** 373—384, 788—797, 1317—1329, 1639—1642, 1821—1823, 2467—2470, 2989—2991, 4195—4199. Geomagnetic and solar data. J. V. Lincoln.

J. Geophys. Res. **65** 3486, 3825. Selected geomagnetic and solar data. J. V. Lincoln.

J. Geophys. Res. **65** 4200—4201. Solar flare cosmic-ray increase of May 4, 1960. R. B. Brode, R. R. Brown, W. R. Steiger.

Mem SA It (NS) **31** 33—38 = Oss. Astrofis. Arcetri Contr. Nr. 38. Osservazioni di protuberanze e della cromosfera solare eseguite nel 1958. G. Noci, M. Rigutti.

Mem SA It (NS) **31** 317—327 = Oss. Astrofis. Arcetri Contr. Nr. 44. Area e posizione dei flocculi di calcio per il 1959 secondo le osservazioni eseguite alla torre solare di Arcetri. G. Godoli.

Mitt. Archenhold-Sternw. Berlin-Treptow Nr. 56, 10 S. Bericht über Sonnenbeobachtungen im Jahre 1959. D. Wattenberg.

Mitt. Astrophys. Obs. Potsdam Nr. 206—207 S. 133—188. Polaritäten und Maximalwerte magnetischer Feldstärken von Sonnenflecken im Zeitraum 1958 Juli 1 bis Dezember 31. F. W. Jäger, H. Künzel, W. Mattig, E. H. Schröter.

Mitt. Sonnenobs. Kanzelhöhe Nr. 17, 25 S. Katalog monochromatischer Koronastrahlen 1957/58. W. Ellerböck.

Obs **79** 96—98 = Dunsink Obs. Repr. Nr. 13. An unusual flare of 1958 August 7. J. H. Reid. — Vgl. AJB **59** § **63**.

Obs **80** 78—80. Solar activity and geomagnetic storms, 1959. P. S. Laurie, H. F. Finch.

Obs **80** 149—152 = Dunsink Obs. Repr. Nr. 15. The solar flare of 1960 April 1. M. A. Ellison, S. M. P. McKenna, J. H. Reid.

Obs. Bucarest Bull. Solaire III, 58 S. Observations solaires. C. Popovici, E. Țifrea. — Rotationen 1396—1408.

Obs. Bucarest 1960, 57 S. Observations solaires. C. Popovici, E. Țifrea, V. Dinulescu. — Rotationen 1409—1421.

Orion Schaffhausen **5** 794, 860, 920, 995. Provisorische Sonnenfleckenrelativzahlen Oktober 1959—August 1960. M. Waldmeier.

Oss. Astrofis. Arcetri Contr. Nr. 40. Numeri caratteristici dei flocculi d'idrogeno e di calcio e dei filamenti d'idrogeno per l'anno 1959. G. Godoli.

Oss. Astr. Roma Circ. Nr. 25—36. Fenomeni solari. — 1960 Januar—Dezember.

Priroda **49** Nr. 11 Beilage nach S. 106 (russ.). Eruptive protuberances. J. Klepešta.

Publ. Astr. Hauptobs. Pulkowo. Katalog der Sonnentätigkeit von 1956. 225 S. (russ.). R. S. Gnewyschewa.

Publ ASP **72** 200—203. Solar activity in 1959. T. A. Cragg.

Publ. Istanbul Univ. Obs. Nr. 65, 40 S., 1959. Observations de la chromosphère solaire en 1957. M. Hotinli.

Publ. Istanbul Univ. Obs. Nr. 66, 11 S., 1959. Observations des taches solaires au deuxième semestre de l'année 1957. F. Yilmaz.

Publ. Istanbul Univ. Obs. Nr. 67, 22 S. Observations des taches solaires en 1958. F. Yilmaz.

Publ. Istanbul Univ. Obs. Nr. 68, 23 S. Observations des éruptions chromosphériques en 1958. K. Özemre.

Publ. Sternw. Zürich **11** 89—115. Heliographische Karten der Photosphäre für das Jahr 1959. M. Waldmeier.

Quarterly Bulletin on Solar Activity Nr. 121—124. — 1958 Jan.—Dez.

Quarterly J. RAS **1** 224—226. Solar activity. Sunspots, prominences. P. S. Laurie, A. K. Das. — Fortschrittsbericht.

Rensselaer Obs. Publ. Nr. 15—18. 18 megacycle cosmic noise intensities 1959 December 1 to 1960 May 31. R. Fleischer, N. C. Carragan, R. E. Falconer.

Rep. Ionosphere Res. Japan **12** Nr. 1—4, 1958, **13** Nr. 2—4, 1959. Catalogue of disturbances in ionosphere, geomagnetic field, field intensity of radio wave, cosmic ray, solar phenomena and other related phenomena. — Ref. in Phys. Abstr. (A) **63** 2094.

Rev. Fac. Sci. Univ. Istanbul (C) **24** 206—216, 1959 (französ.). Observations of sunspots in the second half of the year 1957. F. Yilmaz. — Ref. in Phys. Abstr. (A) **64** 252.

RH **41** 19, 57, 95, 137, 181, 219 (tschech.). Übersichtskarten der Photosphäre. L. Schmied. — Rotationen 1414—1427.

Sky Tel. **19** 147. Flare-patrol photographs.

Sky Tel. **19** 172, 232, 299, 365, 428, 480, **20** 36, 96, 150, 220, 290, 347. Sunspot numbers. — 1959 Okt.—1960 Okt.

Sonnendaten 1959 Nr. 9—1960 Nr. 7 (russ.). Tägliche Karten der Sonne und geophysikalische graphische Darstellungen. — 1959 Sept.—1960 Juli.

Sonnendaten 1959 Nr. 9 S. 81—83 (russ.). Die chromosphärische Eruption vom 21. Oktober 1958 W. F. Tschistjakow.

Sonnendaten 1960 Nr. 4 S. 65—68 (russ.). Die chromosphärische Eruption vom 28. Januar 1960. R. E. Gussejnow, M. D. Gussejnow, A. G. Gassanalisade.

Sonendaten 1960 Nr. 6 S. 65—66 (russ.). Über Beobachtungen mit dem Interferenz-Polarisationsfilter IT-53. W. M. Sobolew.

Sonnendaten 1960 Nr. 7 S. 68—73 (russ.). Die chromosphärische Eruption vom 29. März 1960. T. S. Rasmadse.

Sonnendaten 1960 Nr. 7 S. 74—77 (russ.). Die chromosphärische Eruption vom 1. Juni 1960. R. E. Gussejnow, A. G. Gassanalisade, G. O. Melikow, K. I. Gussejnow.

Sterne **36** 14—16. Die Sonnentätigkeit im ersten Halbjahr 1959. R. Müller.

Sterne **36** 121. Definitive Sonnenfleckenrelativzahlen für 1959. M. Waldmeier.

Sterne **36** 217—218. Die Sonneneruption vom 1. Juni 1960. K. Silber.

Sterne **36** 231—233. Sie Sonnentätigkeit im zweiten Halbjahr 1959. R. Müller.

Sternenbote **3** 106, 118, 129, 144—145. Die Sonnenaktivität 1960 Juni—Okt.

Stockholms Obs. Ann. **21** Nr. 5, 32 S. Solar flares and surges observed at the Stockholm Observatory and the Swedish Astrophysical Station in Anacapri in the year 1959. Y. Öhman.

Tokyo Astr. Obs. Bull. Solar Phenomena **11** 93—118. Sunspots, Ca-flocculi and Hα-prominences; evolution table of sunspot groups; solar eruptions; intensity of coronal emission line 5303 Å; solar radio emission. M. Notuki, I. Semba, Y. Tanaka, M. Ono, A. Tokuya, M. Miyazawa, T. Oe. — 1959 Okt.—Dez.

Tokyo Astr. Obs. Bull. Phenomena **12** 1—46. Sunspots and Ca-flocculi; evolution table of sunspot groups; solar flares; surges and active prominence regions; observations of sudden disappearances; intensity of coronal emission line 5303 Å; solar radio emission. M. Notuki, I. Semba, Y. Tanaka, M. Ono, A. Tokuya, S. Nagasawa, M. Miyazawa, T. Oe, K. Mizugaki, T. Suzuki. — 1960 Jan.—Juni.

Urania Barcelona **44** 20, 1959. Datos relativos a la actividad solar y geomagnética en 1958.

Urania Kraków **31** 114—116. Aktywność Słońca w 1959 r. J. Mergentaler. — Bericht über die von 11 Beobachtern an 332 Tagen des Jahres 1959 an verschiedenen Orten Polens durchgeführten Sonnenfleckenbeobachtungen. E. R.

Urania Kraków **31** 181—182. Największe grupy plam słonecznych. — Verzeichnis der 6 größten Sonnenfleckengruppen der Jahre 1874—1954. E. R.

VdS Nachr. **9** 40. Definitive Sonnenflecken-Relativzahlen für 1959.

VdS Nachr. **9** 51—52. Sonnenbeobachtungen auf der Volkssternwarte Coburg. F. Reeg, von Buttlar.

Vgl. Ref. **1305** S. 175—177. Katalog der mittleren Sonnenfleckengruppenflächen pro Jahr und Monat von 1900 bis 1950. T. L. Mandrykina.

Vgl. Ref. **1305** S. 178. Vorläufige Ergebnisse des $\bar{S}$-Index für jedes Jahr und jeden Monat von 1950.00 bis 1958.16. T. L. Mandrykina.

Vgl. Ref. **1305** S. 198—199. Zusammenstellung der jährlichen $\bar{S}_M$ und $\bar{S}$ von 1900 bis 1950. T. L. Mandrykina.

Vgl. Ref. **1305** S. 200—202. Die Werte des $\bar{a}$-Index von 1937 bis 1950 nach den Greenwicher Katalogen. T. L. Mandrykina.

VJS Naturforsch. Ges. Zürich **105** 145—166 = Astr. Mitt. Sternw. Zürich Nr. 229. Die Sonnenaktivität im Jahre 1959. M. Waldmeier. — Die vorliegende Veröffentlichung gibt die die Sonnenaktivität charakterisierenden Häufigkeitszahlen der Sonnenflecken, der photosphärischen Fackeln, der Eruptionen, der Protuberanzen, die Intensität der Koronalinie 5303 Å und diejenige der solaren radiofrequenten Strahlung auf der Wellenlänge 10.7 cm. Verf.

YC Nr. 1559, 1561, 1564, 1567, 1570 (japan. und engl.). Provisional sunspot-numbers. Dependent on observations at Zürich Observatory and its stations in Locarno and Arosa. M. Waldmeier. — 1959 Nov.—1960 April.

YC Nr. 1559, 1561, 1564, 1567, 1570, 1576 (japan. und engl.). Predictions of the smoothed monthly sunspot-numbers for the coming 6 months. M. Waldmeier.

YC Nr. 1565 (japan. und engl.). Definitive sunspot-numbers for 1959. M. Waldmeier.

YC Nr. 1567 (japan. und engl.). Emission-times of the sunspot relative-numbers by the Swiss Broadcasting Corporation: Valid from May 1 to Oct. 31, 1960. M. Waldmeier.

YC Nr. 1575 (japan. und engl.). Sunspot observations. Relative sunspot number for May, 1960 derived from observations made by the Solar Section of O. A. A.

§ 64

Photosphäre, Spektrum

6401. M. G. Adam, A new determination of the centre to limb change in solar wave-lengths. Vgl. AJB **59** Ref. **6401** = Commun. Univ. Obs. Oxford Nr. 71.

6402. R. G. Athay, H. R. Johnson, The excitation of HeI in the solar spectrum. ApJ **131** 413—428. — Bei festgehaltenem Strahlungsfeld der Photosphäre wurden für die Parameterbereiche $10^4 < T_e < 5 \times 10^4$ und $10^{11} < N_e < 10^{13}$ die Faktoren b_n berechnet, die die Abweichung der Termbesetzung vom Gleichgewichtszustand angeben. Den Rechnungen liegt ein Helium-Modellatom mit fünf Singulett- und fünf Triplett-Termen sowie Kontinuum zu Grunde. Das Verhalten der He I-Linien λ 5876 und λ 10830 Å auf der Sonnenscheibe wird diskutiert. Ee.

6403. R. G. Athay, The equilibria and ultraviolet spectra of H, HeI, and HeII in the solar atmosphere. ApJ **131** 705—716. — Eingehende Diskussion der Ionisationsgleichgewichte und Quellfunktionen für H, He I und He II in der Chromosphäre. Anwendung auf das ferne UV deutet darauf hin, daß die Zentralintensität von Ly β vorwiegend durch den «lokalen Wert» der Elektronentemperatur (T_e) an der Stelle $\tau = 1$ bedingt wird, während bei Ly α die Verteilung von T_e in einem weiten Bereich der optischen Tiefe maßgebend ist. Beobachtungen von Ly β bedeuten darum eine wichtige Ergänzung zu denen von Ly α. Voigt

6404. J. M. Beckers, Temperature variation on the sun with heliographic latitude. BAN **15** 85—101. — In 10 Diagrammen ist die Temperaturempfindlichkeit von Fraunhofer-Linien als Funktion von Anregungs- und Ionisationspotential dargestellt. Beobachtungen der Äquivalentbreiten und Halbbreiten von vier Fe^+-Linien in verschiedenen heliographischen Breiten führen auf eine Bestimmung der Temperaturänderung entlang eines Meridians. Ein Temperaturmaximum wird für die Pole, ein Minimum für 45° Breite gefunden. Der Temperaturunterschied zwischen Pol und Äquator von etwa 60° für 1957 wird mit früheren Beobachtungen verglichen, wobei sich ein Gang mit dem Fleckenzyklus andeutet. Ee.

6405. K.-H. Böhm, E. Böhm-Vitense, Zur Interpretation des Intensitätsabfalls am äußersten Sonnenrand. ZfA **50** 69—72 = Sonderdruck Sternw. Kiel. — Messungen der Intensität der Sonnenstrahlung am äußersten Rand, die bei neueren Ballonaufstiegen gemacht wurden, werden mit den Sonnenmodellen von Böhm und de Jager verglichen. Es ergeben sich kleinere Abweichungen. FS

6406. G. Brückner, Photometrischer Atlas des nahen ultravioletten Sonnenspektrums 2988 Å—3629 Å. Göttingen, Vandenhoeck & Ruprecht, 1960. Abh. Akad. Wiss. Göttingen Math.-Phys. Kl. Sonderband 5. 6 + 58 S. Preis DM 70. — Besprechung in ZfA **53** 80 (H. Elsässer).

6407. R. Cayrel, G. Traving, Zur Frage der Druckverbreiterung der solaren Balmer-Linien. ZfA **50** 239—252. — Die Flügel von H_α—H_δ und ihre Mitte-Rand-Variation werden mit einem homogenen Modell der Sonnenphotosphäre neu berechnet. Neben der statistischen Verbreiterung nach Holtsmark wird die Eigendruckverbreiterung berücksichtigt, die bei H_α von Bedeutung ist. Die Einbeziehung der Verbreiterung durch Elektronenstöße nach Kolb und Griem verbessert die Übereinstimmung mit den gemessenen Profilen bei H_α und H_β wesentlich, verschlechtert sie dagegen bei H_γ und H_δ, was die Autoren auf eine falsche Lage des Kontinuums zurückführen möchten. Die beobachtete Mitte-Rand-Variation ist überall kleiner als die berechnete. Der mögliche Einfluß der vernachlässigten Temperaturinhomogenitäten wird abgeschätzt. Har.

6408. M. S. Chochlow, An estimate of the upper limit of the lead content in the solar atmosphere from the infrared lead line λ **7229.** Mitt. Astrophys. Obs. Krim **22** 128—133 (russ. mit engl. Ref.). — Beim Vergleich des Bleispektrums mit dem Fraunhoferschen Spektrum wurde festgestellt, daß die infrarote Bleilinie $\lambda = 7229$ Å nicht mit der Fraunhoferschen Linie der Sonnenatmosphäre $\lambda = 7229.133$ Å identisch ist. Es wurde dann die Oszillatorenstärke der Bleilinie und die obere Grenze des Bleigehaltes in der Sonnenatmosphäre ($N < 14 \times 10^{12}$ at/g) bestimmt. L. Fr.

6409. Y. Cuny, Influence des hétérogénéités de température sur l'intensité centrale des raies de Fraunhofer. CR **250** 3117—3118. — Nach den beiden Drei-Strom-Modellen mit Temperaturinhomogenitäten von Hubenet und Böhm werden die Zentralintensitäten eines TiI-Multipletts berechnet. Es zeigt sich, daß die berechneten Werte mit der Beobachtung nicht übereinstimmen, und daß man zur Erklärung des wahren Sachverhalts auf Abweichungen vom lokalen thermodynamischen Gleichgewicht zurückkommen muß. J. P. M.

6410. Y. Cuny, J. Lefèvre, J.-C. Pecker, L'influence des inhomogénéités sur l'intensité centrale des raies de Fraunhofer. Vgl. Ref. **1340** S. 923—927.

6411. L. Delbouille, M. Migeotte, Infrared solar spectroscopy at the Jungfraujoch (Switzerland). J. Optical Soc. America **50** 1305—1307. — Das Spektrum der Mitte der Sonnenscheibe zwischen 7500 und 12000 Å wurde mit dem gegenüber dem Michigan Infrarotatlas (vgl. AJB **51** Ref. **6413**) erheblich verbesserten Auflösungsvermögen eines Vakuumspektrographen unter Benutzung eines Babcock-Gitters (13 × 20 cm, 600 Linien/mm) registriert, indem bei festem Registrierspalt das Gitter gedreht wurde. Die Herausgabe eines Atlasses ist geplant. Ee.

6412. L. Delbouille, C. de Jager, L. Neven, Observations of infrared solar line profiles. Vgl. Ref. **1340** S. 949—957 = Sterrewacht «Sonnenborgh» Utrecht Overdruk 4° Nr. 22 = Inst. d'Astrophys. Univ. Liège Coll. 4° Nr. 114.

6413. T. E. Derwis, N. F. Kuprewitsch, L. A. Mitrofanowa, Preliminary results of measurements of line intensity variations in the solar spectrum depending on the phase of solar activity. AC Nr. 213 S. 4—5 (russ.).

6414. A. Dollfus, J.-L. Leroy, Polarisation de la lumière au bord du disque solaire. CR **250** 665—667. — Die Ergebnisse von Polarisationsmessungen in der Photosphäre bei den Wellenlängen λ 0.60, 0.53, 0.48 und 0.41 μ (Farbfilter) in verschiedenen Abständen vom Sonnenrand werden beschrieben. Danach wächst der Polarisationsgrad von etwa 1×10^{-4} in der Photosphäre auf einige 10^{-4} an einer 2′ vom Rand entfernten Stelle. Diese Zunahme ist bei kürzeren Wellenlängen größer; das Vorhandensein einer Protuberanz vergrößert, das eines

Fackelgebietes verkleinert den Polarisationsgrad an der beobachteten Stelle des Randes. J. P. M.

6415. **S. Dumont, J.-C. Pecker,** Profondeur de formation dans le spectre solaire. I. Application à l'inversion de la relation de Laplace. Ann d'Astrophys **23** 655—667. — Entwicklung einer neuen Methode zur Umkehrung der Integralgleichung der Strahlungsintensität; die Methode wird mit den klassischen Methoden verglichen. FS

6416. **F. Eugène-Praderie, J.-C. Pecker,** Écarts à l'équilibre et abondances dans les photosphères solaire et stellaires. III. Écarts à l'ETL dans la bande CH 4300 (cas solaire). Ann d'Astrophys **23** 622—632. — In Fortführung einer Serie von Arbeiten über Abweichungen vom thermodynamischen Gleichgewicht in der Photosphäre der Sonne wird nunmehr das CH-Bandensystem bei 4300 Å untersucht. Die Anregungstemperaturen erweisen sich um etwa 300° höher als die Elektronentemperaturen, so daß also auch hier beträchtliche Abweichungen vom lokalen thermodynamischen Gleichgewicht zu konstatieren sind. Da aber im übrigen bei den Molekülen das ganze Problem außerordentlich kompliziert ist, dazu die Zahl der unbekannten Größen die der bekannten übertrifft, erscheint das hier gefundene Ergebnis nicht unvereinbar mit den niedrigeren Rotationstemperaturen, die man früher festgestellt hatte. Die angewandte Methode gestattet auch, eine befriedigende Darstellung der Mitte-Rand-Variation der Linien zu gewinnen. H. M.

6417. **G. Godoli, M. Santoro,** Le funzioni di Voigt nella descrizione, correzione ed interpretazione dei profili delle righe di Fraunhofer. Atti Fondazione Giorgio Ronchi **15** 421—430 = Oss. Astrofis. Arcetri Contr. Nr. 42. — Ref. in Phys. Abstr. (A) **63** 1632.

6418. **N. Gökdoğan, J.-C. Pecker,** Sur la détermination objective des écarts à l'équilibre thermodynamique local. CR **250** 1980—1982.

6419. **L. Goldberg, O. C. Mohler, W. Unno, J. Brown,** The measurement of the local Doppler shift of Fraunhofer lines. ApJ **132** 184—194. — Eine Reihe von Spektren, aufgenommen mit dem Vakuum-Spektrographen des McMath-Hulbert-Observatoriums, zeigt die Doppler-Verschiebung infolge der Bewegungen in der Sonnenatmosphäre. Die lokalen Doppler-Verschiebungen für einige Metallinien werden gemessen. Der Mittelwert für die Turbulenzgeschwindigkeit der Elemente mit Durchmessern von 5″5 (4000 km) ergibt sich zu 0.33 km/sec. Die Turbulenzgeschwindigkeit ist größer für die Linien, die in den höheren Schichten der Atmosphäre entstehen. Die Turbulenzgeschwindigkeit der schwächeren Linien nimmt zum Sonnenrand zu. Groth

6420. **L. Goldberg, E. A. Müller, L. H. Aller,** The abundances of the elements in the solar atmosphere. ApJ Suppl **5** 1—137. — Ref. in ApJ **132** 519. — Eine sorgfältige Bestimmung der Häufigkeiten von 42 Elementen auf Grund eines ausgesuchten Materials an Äquivalentbreiten schwacher bis mittelstarker Linien mit einer ausführlichen Fehlerbetrachtung. Die verwendeten Oszillatorenstärken wurden kritisch untersucht. Sofern Labormessungen nicht vorhanden oder unzuverlässig waren, wurden quantenmechanische Rechnungen, Bates und Damgaards Tafeln oder der f-Summensatz herangezogen. Der Einfluß des Modells und der Abweichungen vom lokalen thermodynamischen Gleichgewicht wird diskutiert. Ee.

* * **L. Goldberg,** Solar experiments. Vgl. Ref. **6811**.

6421. **A. B. Hart,** Problems in the determination of contours of solar lines near the extreme limb. MN **120** 106—120 = Commun. Univ. Obs. Oxford Nr. 72. — Es werden mathematische Methoden entwickelt, die es ermöglichen, aus der beobachteten, durch den Einfluß der Erdatmosphäre verfälschten Intensitätsverteilung am Sonnenrand die wahre Intensitätsverteilung zu ermitteln. Die Schwierigkeiten und Mängel des Verfahrens werden diskutiert. Die Brauchbarkeit der Methoden wird an Beobachtungen der K-Linie demonstriert, und es werden Linienprofile von 10″ innerhalb des Sonnenrandes bis 10″ außerhalb des Sonnenrandes hergeleitet. Weitere Verbesserungen von instrumenteller Seite her sind in Aussicht genommen. H. M.

6422. L. Herzberg, The wavelength displacements of some infrared lines between limb and center of the sun. II. Canadian J. Phys. **38** 853—865 = Contr. Dominion Obs. Ottawa **4** Nr. 5. — Die Differenzen zwischen den Wellenlängen am Sonnenrand und in Sonnenmitte wurden für die Linien des FeI, SiI und CaII in den Spektralbereichen λ 8500 Å und λ 8900 Å gemessen. Die Werte der Mitte-Rand-Verschiebungen (in km/sec) für die FeI-Linien in den beiden Bereichen sind die gleichen, wie sie M. G. Adam (vgl. AJB **48** Ref. **6101**) für neutrale Metallinien bei 6100 Å erhalten hatte. Die Mitte-Rand-Verschiebungen der SiI-Linien sind in Größe und Richtung ähnlich den der FeI-Linien. Die Verschiebungen der CaII-Linien sind bei λ 8500 Å und λ 8900 Å in Größe und Richtung verschieden. Sie sind für die λ 8900 Å CaII-Linien kleiner als die der FeI-Linien, während die der λ 8500 Å CaII-Linien wesentlich größer sind und entgegengesetztes Vorzeichen zu den für die FeI-Linien beobachteten haben. Wo es möglich ist, werden Vergleiche zwischen den Wellenlängen am Rand und in Sonnenmitte und den nach der allgemeinen Relativitätstheorie vorhergesagten angestellt. Die Wellenlängen am Rand stimmen mit Ausnahme der λ 8500 Å CaII-Linien besser mit den vorhergesagten überein. Henn

6423. L. A. Higgs, The solar red-shift. MN **121** 421—435. — Die absoluten Wellenlängen von drei mittelstarken Fe-Linien bei 6300 Å wurden an einem Vakuum-Fe-Bogen in der Mitte der Sonnenscheibe und im integrierten Licht der Scheibe interferometrisch gemessen. Die Messung des Randeffekts mit dem Gitterspektrographen bei 1.4 mm/Å Dispersion erstreckte sich auf Sonnenmitte und die äußersten 10 % von Sonnenradien, die 55° gegen den Äquator geneigt waren. Wie in vorangegangenen Untersuchungen (vgl. AJB **59** Ref. **6401**) erreicht die Wellenlängenverschiebung bei $\varrho/\varrho_0 = 0.97$ den relativistischen Effekt und steigt am äußersten Rand steil an. Die beobachtete Asymmetrie der Linien und ihre Veränderung in Randnähe werden diskutiert. Ee.

6424. H. Hubenet, The influence of the photospheric model on the determination of the solar composition. Rech. Astr. Obs. Utrecht **16** (1), 95 S. — Es wird geprüft, wie stark die Bestimmung von Elementhäufigkeiten aus den Äquivalentbreiten schwacher Linien von Atomen und Ionen von der verwendeten Heliumhäufigkeit, vom Metallgehalt und vom Temperaturmodell einschließlich Inhomogenitäten abhängig ist. Dabei zeigt sich, daß von den diskutierten Ursachen die Wahl des homogenen Temperaturverlaufes den stärksten Einfluß besitzt, bis maximal um den Faktor zwei. Die größten Unsicherheiten der Elementhäufigkeiten gehen nach wie vor auf diejenigen der Oszillatorenstärken zurück. Ee.

6425. C. de Jager, L. Neven, Saturation effects in very faint Fraunhofer lines. Vgl. AJB **59** Ref. **6414** = Commun. Obs. Roy. Belgique Nr. 159.

6426. I. Kawaguchi, Helium lines at the extreme limb on the solar disc. Publ. Astr. Soc. Japan **12** 129—142 = Contr. Inst. Astrophys. Kwasan Obs. Univ. Kyoto Nr. 93. — In der vorliegenden Arbeit wird die Heliumkonzentration im Energieniveau 2^3P empirisch mittels der am High-Altitude-Observatory beobachteten absoluten Flash-Linienintensitäten abgeschätzt. Das Fehlen der D_3-Linie für $\sin\vartheta < 0.97$ kann durch Kompensation von photosphärischer Absorption und chromosphärischer Emission erklärt werden. Die Resultate werden mit theoretischen Rechnungen von de Jager und de Groot, sowie von Athay und Johnson verglichen. Verf. (ü., gek.)

6427. **K. O. Kiepenheuer,** Über die Struktur der gestörten Sonnenatmosphäre. ZfA **49** 73—94 = Mitt. Fraunhofer-Inst. Freiburg Nr. 45. — Es werden einige strukturelle Feinheiten der Photosphäre und der Chromosphäre beschrieben, die man auf sehr guten Sonnenaufnahmen im integrierten Licht und in Hα erkennen kann, so besonders photosphärische Bögen und Lichtfäden, chromosphärische Fäden und Bögen sowie Fackelstrukturen in der Chromosphäre. Die genannten Fäden und Bögen haben Dicken von 1″ bis 2″, liegen also an der Grenze der Auflösungsmöglichkeit. Es wird verständlich gemacht, daß es sich sowohl bei den photosphärischen wie bei den chromosphärischen Erscheinungen um magnetische Feldröhren handelt, die aus dem tiefer gelegenen Magnetfeld der Sonne durch die photosphärische Granulation hindurchdringen; wir haben also hierin ein sichtbares Abbild der magnetischen Feldverteilung. H. M.

6428. **W. A. Krat,** Über die HeD_3-Linie in Absorption auf der Sonnenscheibe. Sonnendaten 1959 Nr. 12 S. 68—69 (russ.). — Es wurde eine Abschätzung der Elektronenkonzentration ($n_e = 10^{10}$) in den sogenannten «heißen Flecken» gemacht. Diese heißen Flecken — damit sind diejenigen Orte der Sonnenoberfläche gemeint, in welchen die Heliumabsorptionslinie D_3 sichtbar ist — erscheinen zwischen den Flocculi, sind jedoch mit ihnen nicht identisch. L. Fr.

6429. **P. Kubičela,** Razvoj fotografije sunca i primena snimanja kod pomračenja. Vasiona 8 85—88.

6430. **W. Mattig, E. H. Schröter,** Bemerkungen zur Bestimmung von Flügelstärken starker Fraunhofer-Linien. Monatsber. Deutsch. Akad. Wiss. Berlin **2** 391—398 = Mitt. Astrophys. Obs. Potsdam Nr. 89. — Der Gültigkeitsbereich der nach M. Minnaert (vgl. AJB **37** Ref. **4420**) bestimmten Flügelstärke wird diskutiert und die Anwendung einer allgemeineren Formel vorgeschlagen, die das Sättigungsglied berücksichtigt. Ee.

6431. **W. Mattig, E. H. Schröter,** A comparison between observed and theoretical intensity distribution in the wings of the NaD-lines. Vgl. Ref. **1340** S. 911—912.

6432. **L. R. McNarry,** The observation of a solar event in white light from Resolute N. W. T. on August 30, 1957. J RAS Canada **54** 273—274. — Von 10 bis 30 min nach Einsetzen eines Rauschsturms um 23.30 UT am 30. August 1957 wurde eine deutliche Aufhellung der Photosphäre in der Nähe einer ausgedehnten Fleckengruppe in der Position N 10—E 20 visuell mit einem Feldstecher beobachtet. Ee.

6433. **O. A. Melnikow,** Über die Zentralintensitäten der Absorptionslinien im Sonnenspektrum. Bote Univ. Leningrad 1960 Nr. 19 S. 100—116 (russ. mit engl. Ref.). — Ref. in RJ UdSSR 1961 4A461.

6434. **O. A. Melnikow,** Die Zentralintensitäten der Fraunhoferschen Linien. Sonnendaten 1959 Nr. 9 S. 89—92 (russ.). — Es wurde ein Zusammenhang der Restintensitäten der photosphärischen Absorptionslinien mit den Wellenlängen und den Äquivalentbreiten untersucht. Dazu wurden Werte aus dem Allenschen Katalog benutzt, der das Sonnenspektrum im Bereich von 4277 bis zu 6600 Å enthält. Es zeigte sich eine direkte Proportionalität zwischen der Zentralintensität und der Wellenlänge, dagegen wurde keine Abhängigkeit der Zentralintensität von der Äquivalentbreite bemerkt. L. Fr.

6435. **O. C. Mohler,** Fraunhofer lines and heights in the sun's atmosphere. Sky Tel. **20** 124—127. — Ref. in VdS Nachr. **10** 60—61.

* * **O. C. Mohler,** The growth of solar spectroscopy. Vgl. Ref. 250.

6436. **C. E. Moore, H. P. Broida,** OH in the solar spectrum. J. Res. National Bureau Standards (A) **63** 279—295, 1959. — Ref. in Phys. Ber. **39** 1449.

6437. **D. Mugglestone,** A comparison of solar atmospheric models by Stark effect in H-Gamma: Nitrogen abundance. MN **120** 193—200. — Mit Hilfe der Theorie von Kolb über die Verbreiterung von Spektrallinien werden verschiedene Modelle der Sonnenatmosphäre bezüglich der Darstellung des Linienprofils von Hγ geprüft. Außerdem wird in Verbesserung einer früheren Arbeit der Stickstoffgehalt neu bestimmt. FS

6438. **B. E. J. Pagel,** The distribution of temperature near the solar limb from continuum observations. Vgl. Ref. **1340** S. 835—837.

* * **B. E. J. Pagel,** The influence of the chromosphere on solar limb darkening. Vgl. Ref. **6673.**

6439. **J.-C. Pecker, L. Vogel,** Écarts à l'équilibre et abondances dans les photosphères solaire et stellaires. II. Les cas des atomes neutres de titane, vanadium, chrome dans l'atmosphère solaire. Ann d'Astrophys **23** 594—621. — Die Beobachtung verschiedener Multipletts von TiI hat ergeben, daß die aus den Zentralintensitäten der Linien abgeleitete Anregungstemperatur für verschiedene Multipletts anders und vor allem auch von der aus dem Kontinuum gewonnenen Elektronentemperatur verschieden ist. Die Erweiterung dieser Untersuchungen auf CrI und VaI und der Vergleich dieser drei Atome mit praktisch gleichem Ionisationspotential, aber sehr verschiedenem Verhalten, läßt erkennen, daß der Hauptgrund für diese Diskrepanz in Abweichungen vom lokalen thermodynamischen Gleichgewicht zu suchen ist, während Inhomogenitäten oder die Wahl besonders geeigneter Modelle höchstens einen kleinen Teil der beobachteten Diskrepanz erklären können. Es wird darauf hingewiesen, daß weitere Fortschritte durch Analysierung der Linienprofile und durch Beobachtung der Linien in ihrem Verhalten in verschiedenen Abständen vom Sonnenrand erreicht werden können. H. M.

6440. **H. H. Plaskett,** Motions in the sun at the photospheric level. VIII. Solar rotation and photospheric circulation. Vgl. AJB **59** Ref. **6425** = Commun. Univ. Obs. Oxford Nr. 70.

6441. **J. R. Platt,** Possible cyclic Doppler shifts from spiraling ions in astronomical spectra. ApJ **131** 744—745. — In einer kurzen Notiz wird darauf hingewiesen, daß bei Ionen, die in einem Magnetfeld kreisen, bei Beobachtung senkrecht zum Magnetfeld ein zyklischer Doppler-Effekt auftritt, der Linien mit starken Emissionsflügeln, aber schwachem Kern hervorruft. Möglicherweise können hiermit die Beobachtungen mancher Eruptionen gedeutet werden, bei denen eine helle Emission von 4 bis 15 Å auf beiden Seiten von Hα auftritt, ohne die Absorptionslinie zu kreuzen. Voigt

6442. **J. C. Rountree,** Écarts à l'équilibre et abondances dans les photosphères solaire et stellaires. IV. Le cas du titane ionisé. Ann d'Astrophys **23** 633—654. — In Erweiterung der Untersuchungen über die Abweichungen vom lokalen thermodynamischen Gleichgewicht in der Photosphäre der Sonne werden die Linien von TiII analysiert. Es ist dabei zuerst notwendig, neue Oszillatorenstärken für eine Reihe dieser Linien zu berechnen. Die Abweichungen vom lokalen thermodynamischen Gleichgewicht werden sodann nach zwei Methoden geprüft: durch Konstruktion der Wachstumskurven und Vergleich der theoretischen und der empirischen Kurven, und durch das Studium der Zentralintensitäten der Linien. Wenn die Ergebnisse auch eine beträchtliche Streuung aufweisen, so werden doch qualitativ die von Thomas entwickelten Ideen über die Abweichungen vom lokalen thermodynamischen Gleichgewicht bestätigt, nach denen die unteren Energieniveaus des Ions übervölkert sind im Gegensatz zu den neutralen Atomen, wo diese gerade zu schwach besetzt sind. H. M.

6443. **M. Rudkjøbing,** On the possible existence of a polarisation effect connected with the center-limb effect in the solar spectrum. Ann d'Astrophys **23** 802—803. — Es wird ein Weg vorgeschlagen, durch Beobachtung die Unsicherheiten in der Deutung des Mitte-Rand-Effekts der Linienverschiebung auf der Sonne zu beseitigen. Ein gewisser allgemeiner Störungstyp der absorbierenden Atome in der Atmosphäre ergibt Verschiebungen, deren Größe von der linearen Polarisation der emittierten Strahlung sowie von der Lage auf der Scheibe abhängt. Die Beobachtung eines solchen Effekts könnte klären, inwieweit Doppler-Verschiebungen für den Mitte-Rand-Effekt verantwortlich sind. Bk.

6444. **E. Schoenberg,** Über eine Methode, die Randverdunkelung der Sonne bis auf eine Sekunde von ihrem Rande bequem und genau zu messen. Sitzber. Bayer. Akad. Wiss. Math.-naturwiss. Kl. 1960 S. 55—59 = Mitt. Sternw. München **1** Nr. 11. — Läßt man zwei Sonnenbilder sich innerhalb eines kleinen Segments überdecken, dann wird die Randverdunklung längs des gemeinsamen Radius kompensiert und äußerst sich nur noch durch eine Abnahme der Helligkeit von der Mitte des Doppelsegments bis zu dessen Spitzen. Die Messung dieses Helligkeitsabfalls ermöglicht eine sehr genaue Bestimmung der Randverdunklung. FS

6445. **G. F. Sitnik,** Die Standardisierung von Messungen des kontinuierlichen Sonnenspektrums. Mitt. Staatl. Astr. Sternberg-Inst. Moskau Nr. 109 S. 18—27 (russ.).

6446. **W. M. Sobolew,** Über die Ionisation des Wasserstoffs in der Sonnenatmosphäre. Sonnendaten 1959 Nr. 12 S. 69—73 (russ.). — Die Arbeit enthält theoretische Berechnungen der Verhältnisse zwischen der Zahl der ionisierten Wasserstoffatome und der Zahl der neutralen Atome im Grundzustand, vorausgesetzt, daß Ionisationsgleichgewicht gilt und daß die Ionisation nur aus dem ersten und zweiten Quantenzustand in Betracht gezogen wird. In einer Tabelle sind diese Verhältnisse für verschiedene Werte der Elektronentemperatur, der Strahlungstemperatur in L_α und der Konzentration der Wasserstoffatome im Grundzustand angegeben. L. Fr.

6447. **N. N. Stepanjan,** The lines of rare earths in quiet and active solar regions. Mitt. Astrophys. Obs. Krim **22** 56—66 (russ. mit engl. Ref.). — Es wurden 22 Linien der seltenen Erden und anderer Metalle in den ruhigen und aktiven Gebieten der Sonnenoberfläche untersucht. Die Linienverschiebungen, Äquivalentbreiten und Restintensitäten und ihre Änderungen vom Zentrum zum Sonnenrand wurden bestimmt. Außerdem wurden die charakteristischen Eigenschaften dieser Linien in den aktiven Gebieten beschrieben. Alle gewonnenen Erkenntnisse führen dazu, daß die Linien der seltenen Erden irgendwo in den oberen Schichten der Photosphäre oder in den unteren Schichten der Chromosphäre gebildet werden. L. Fr.

6448. **W. E. Stepanow,** Die Bildung der Absorptionslinien im Magnetfeld und die magnet-hydrodynamischen Erscheinungen in der Sonnenatmosphäre. Leningrad, Astr. Hauptobs. Pulkowo, 1960 (russ.). — Diss. Ref.

6449. **R. B. Teplizkaja,** A comparison of the curves of growth in the center and at the limb of the solar disk. AJ UdSSR **37** 51—62 (russ. mit engl. Ref.). — Von den beiden Photosphärenmodellen Vitense II und Voigt/de Jager VII (nach der Bezeichnung von H. Hubenet [1956]) gibt das erste für die Äquivalentbreiten von Fe I und Ti I bessere Übereinstimmung mit den Beobachtungen am Lemberger Spektrographen aus dem Jahre 1954. Am günstigsten wäre ein kombiniertes Modell, ähnlich dem zu den von M. Bretz (vgl. AJB **56**

Ref. **6402**) ausgewerteten Beobachtungen passenden. Für die Eisenhäufigkeit ergibt sich lg $(\varepsilon_{Fe}/\varepsilon_{H}) = 4.43$. In der optischen Tiefe 0.04—0.001 wächst die Geschwindigkeit der Mikroturbulenz nach außen zu von 1.10 auf 1.50 km/sec an. Vielleicht herrscht auch eine gewisse Geschwindigkeitsanisotropie. Starke Eisenlinien mit hohem Anregungspotential gehorchen der Theorie schlecht. Dies wird auf einen Paritätseffekt nach W. W. Carter (Phys. Rev. (2) **76** 962, 1949) zurückgeführt. Petri

6450. **G. I. Thompson,** The computation of line intensities. Vgl. Ref. **1340** S. 865—870 = Commun. Roy. Obs. Edinburgh Nr. 18.

6451. **G. I. Thompson,** The influence of thermal non-coherent scattering on line profiles. Vgl. Ref. **1340** S. 897—901 = Commun. Roy. Obs. Edinburgh Nr. 19.

6452. **Y. Tomita,** On the interpretation of the Fraunhofer line NaD_1. Publ. Astr. Soc. Japan **12** 524—551. — Das Profil der NaD_1-Linie und seine Mitte-Rand-Variation werden für den Fall inkohärenter bzw. kohärenter Streuung berechnet. Für die Berechnung werden die Modelle Böhm-Vitense I und II benutzt. Die Ergebnisse werden mit den Beobachtungen von Houtgast und Priester verglichen. Dabei zeigt sich, daß die Untersuchung dieser einen Linie nicht ausreicht, um festzustellen, bei welchem der beiden Streuungsmechanismen und durch welches der beiden Sonnenmodelle die Beobachtungen am besten dargestellt werden. Groth

6453. **J. H. Waddell III,** Solar centre limb variations of the NaD lines from photoelectric observations. Vgl. Ref. **1340** S. 917—922.

6454. **J. H. Waddell III,** Centre-limb variations of moderate strength lines from photoelectric observations. Vgl. Ref. **1340** S. 928—934.

6455. Preliminary Photometric Catalogue of Fraunhofer Lines λ 3164—λ 8770. Rech. Astr. Obs. Utrecht **15**, 168 S. — Der Katalog gibt für das Spektrum der Mitte der Sonnenscheibe 1. die Wellenlänge in Å nach den Revised Rowland Tables, 2. die Äquivalentbreiten $\Delta\lambda$ in mÅ, gemessen im Utrecht Atlas, ergänzt durch Registrierungen des Dunsink Obs. für λ 3650 Å und durch Platten vom Mt. Wilson Obs. und 3. die reduzierte Breite = $10^6\,\Delta\lambda/\lambda$, befreit vom Einfluß von Blends. Ee.

6456. Prądy gazów w fotosferze słonecznej. Urania Kraków **31** 112—113. — Ref. der in AJB **59** Ref. **6425** zitierten Arbeit von H. H. Plaskett über Radialgeschwindigkeitsmessungen in der Sonnenatmosphäre. E. R.

Granulation

6457. **J. D. R. Bahng, M. Schwarzschild,** Lifetime of solar granules. AJ **65** 481—482. — Ref. AAS.

6458. **F. N. Edmonds jr.,** On solar granulation. ApJ **131** 57—60. — Eine photometrische Analyse der von Schwarzschild bei Ballonaufstiegen gewonnenen Granulationsaufnahmen ergab, daß das in Sonnenmitte zu sehende Granulationsmuster 0.″3—2″ großer Granulen mit Annäherung an den Sonnenrand verschwindet und von $\theta \approx 70°$ ab durch ein Muster mit geringerem Kontrast ersetzt wird, dessen Elemente 2″—5″ groß sind. Das letztere läßt sich bis $\theta \approx 87°$ beobachten. Außerdem wurde die zeitliche Entwicklung mehrerer Inhomogenitäten des Granulationsnetzes untersucht. Els.

6459. **P. Fellgett,** On the interpretation of solar granulation. Vgl. AJB **59** Ref. **6410** = Contr. Cambridge Obs. Nr. 31.

6460. **J. Gaustad, M. Schwarzschild,** Note on the brightness fluctuation in the solar granulation. MN **121** 260—262. — Die von Blackwell, Dewhirst und Dollfus (vgl. AJB **59** Ref. **6404**) gemessene mittlere Helligkeitsschwankung der Granulation von 4.6% wird wegen kontrastvermindernder Effekte korrigiert, ähnlich wie bei Uberoi (vgl. AJB **55** Ref. **6433**). Für ein Modell mit scheibenförmigen Granulen von einem mittleren Durchmesser von 1″4 ergibt sich eine mittlere wahre Helligkeitsschwankung von 7% gegenüber 18% bei Blackwell etc. Ee.

6461. **W. A. Krat, L. M. Prawdjuk,** Besonderheiten von auf der Erdoberfläche aufgenommenen Photographien der Sonnengranulation. Sonnendaten 1959 Nr. 11 S. 74—76 (russ.). — Die auf der Erdoberfläche aufgenommenen Photographien der Sonnengranula sind im Gegensatz zu den stratosphärischen Aufnahmen alle in derselben Richtung verlängert. Diese Verlängerung entsteht in der Erdatmosphäre infolge des Zitterns der Bilder und infolge der Aberration der sogenannten atmosphärischen Linsen, welche durch die sich bewegenden, ungleichartigen Massen unserer Atmosphäre formiert werden. Das Problem, ob wir auf den Aufnahmen beider erwähnten Sorten einzelne große oder Gruppen von mehreren kleinen Granula sehen, bleibt bisher ungelöst. L. Fr.

6462. **R. E. Loughhead, R. J. Bray,** Granulation near the extreme solar limb. Australian J. Phys. **13** 738—739. — Aufnahmen mit dem 5″-Photoheliographen (C. S. I. R. O. Div. Physics Solar Obs.) zeigen, daß die Sonnengranulation bis nahe an den Rand sichtbar bleibt (zahlreiche Granulen sichtbar, die weniger als 10″ vom Rand entfernt sind). Die Beobachtungen bestätigen die Resultate von Rösch (vgl. AJB **57** Ref. **6426**), während Edmonds (vgl. Ref. **6458**) ein Verschwinden der Granulation bei 33″ Abstand vom Rand findet. Bk.

6463. **N. W. Steschenko,** On the determination of magnetic fields of solar granulation. Mitt. Astrophys. Obs. Krim **22** 49—55 (russ. mit engl. Ref.). — Durch Simultanaufnahmen beider σ-Komponenten der Zeeman-Aufspaltung wurde der Doppler-Effekt eliminiert. Die restliche Meßungenauigkeit durch Luftunruhe im Gerät beträgt $\pm$ 23 Γ. Aus 10 Spektrogrammen ergab sich, daß die longitudinalen Magnetfelder einzelner Granula, falls vorhanden, 40—60 Γ nicht übersteigen und daß Gruppen von Granula Longitudinalfelder von 50—60 Γ dort haben, wo auch die größten Radialgeschwindigkeiten der Gruppen auftreten. Petri

6464. High-altitude balloons. Sky Tel. **20** 263.

6465. Zmiany ilości granul fotosferycznych. Urania Kraków **31** 235—236. — Nach den bisherigen Beobachtungen scheint auch die photosphärische Granulation im Verlauf des elfjährigen Sonnenfleckenzyklus Veränderungen zu unterliegen. E. R.

6466. Powierzchnia Słońca fotografowana ze stratosfery. Urania Kraków **31** 335. — Ref.

§ 65

Flecke, Fackeln, Sonnenaktivität

6501. **A. N. Afanassjew,** Über eine Gesetzmäßigkeit des doppelten Zyklus der Sonnenaktivität. Sonnendaten 1960 Nr. 4 S. 75—77 (russ.).

6502. **C. W. Allen,** A sunspot cycle model. Obs **80** 94—98 = Commun. Univ. Obs. London Nr. 39. — Auf Grund der Polardrift der Photosphärenschichten wird ein Sonnenmodell entworfen, wobei das Fleckenphänomen auf eine Zirkulation magnetischer Toroide zurückgeführt wird, ähnlich der von Bjerknes vorgeschlagenen Theorie. Dabei lassen sich die Umkehrung der polaren Felder, das Polaritätsgesetz und die Äquatordrift der Flecken, die Drehung der Position bipolarer Fleckengruppen, die Beschleunigung in Äquatornähe, die Übereinstimmung der Aktivitätsphasen auf beiden Hemisphären und die Strenge der Fleckenzyklen erklären. Ee.

6503. **H. W. Babcock,** Test for polarization in the integrated light of sunspots. Publ ASP **72** 204—205. — Am 150 ft-Turm-Teleskop auf dem Mt. Wilson wurde versucht, eine Polarisation des integralen Lichts von Sonnenflecken und umgebenden Fackeln zu finden. Das Resultat war negativ. Stu.

6504. **E. A. Baranowskij,** On the variation with depth of the ratio of the selective and continuous absorption coefficients in a sunspot. Mitt. Astrophys. Obs. Krim **23** 304—310 (russ. mit engl. Ref.). — Aus den Profilen von Mg λ 5173, Fe λ 5434 und Na D_1 in Flecken wird für das Verhältnis von selektiver zu kontinuierlicher Absorption eine Zunahme mit der Tiefe um einige Zehnerpotenzen abgeleitet. Ee.

6505. **W. M. Baxter,** Sunspots and the «Wilson effect». JBAA **70** 138—142. — Es wird der Wilson-Effekt der Sonnenflecken diskutiert, wobei man zu dem Ergebnis kommt, daß manche Flecken diesen Effekt zeigen, andere nicht und wieder andere einen entgegengesetzten Effekt, so daß die Frage, ob Sonnenflecken Vertiefungen in der Sonnenoberfläche sind, noch wenig geklärt ist. Es werden sorgfältige und zahlreiche Beobachtungen von randnahen Flecken empfohlen. H. M.

6506. **B. Bell,** On the structure of the sunspot zone. Smithsonian Contr. Astrophys. **5** 17—28 = Harv Repr (2) Nr. 159. — Statistische Untersuchungen über die örtliche Verteilung der Sonnenflecken und der magnetischen Feldstärken legen die Vermutung nahe, daß es auf der Sonne mehrere Zonen der Fleckenbildung gibt. FS

6507. **A. J. Besrukowa,** Die Prognosen der Wolfschen Fleckenrelativzahlen in geraden und ungeraden elfjährigen Zyklen der Sonnenaktivität. Sonnendaten 1959 Nr. 11 S. 72—74 (russ.).

6508. **A. J. Besrukowa,** Der elfjährige Zyklus der Sonnenaktivität und der Charakter der Schwankungen der irdischen Zonenzirkulation zur Winterszeit. Sonnendaten 1960 Nr. 7 S. 78—82 (russ.).

* * **A. Bruzek,** Beobachtungen über die Beziehungen zwischen Eruptionen und Fleckenfeldern. Vgl. Ref. **6615**.

6509. **V. Bumba,** Results of the investigation of the single sunspot magnetic field. Mitt. Astrophys. Obs. Krim **23** 212—252 (russ. mit engl. Ref.). — Ausführliche photographische und photoelektrische Beobachtungen an 16 Flecken ergeben einen fächerförmigen Feldverlauf bis zum 2.3fachen Umbraradius. Die Feldstärke nimmt proportional zu ϱ^{-3} ab. Der Feldstärkegradient wird auf $\approx$ 0.5 Gauß/km abgeschätzt, nachdem auch die Chromosphäre über Flecken untersucht worden ist. Die Höhenskala wird dabei festgelegt durch Messung der perspektivischen Verschiebung der Verengung in den Emissionskernen von H und K über Flecken in Verbindung mit einem Chromosphärenmodell. Ee.

6510. **V. Bumba,** Results of the study of the Evershed effect in single sunspots. Mitt. Astrophys. Obs. Krim **23** 253—276 (russ. mit engl. Ref.). — Kurze Belichtungszeiten, hohe Dispersion und großes Sonnenbild gestatteten die Feststellung folgender Gesetzmäßigkeiten: 1. Die Linie als Ganzes ist nicht verschoben, besitzt aber eine starke Asymmetrie, wodurch ihr Schwerpunkt verschoben ist. Bei maximalem Effekt bildet sich eine getrennte Linie aus, entsprechend etwa 5 km/sec Relativgeschwindigkeit. 2. Die Richtung der Asymmetrie ist bei den starken photosphärischen Linien Na D, Mg b entgegengesetzt derjenigen der schwachen bis mittelstarken Linien. Die Asymmetrie wächst mit abnehmender Intensität der Linie. Ee.

6511. **V. Bumba,** The connection between the magnetic field and motion in single sunspots. Mitt. Astrophys. Obs. Krim **23** 277—290 (russ. mit engl. Ref.). — 1. Die Bewegung der Materie in der Penumbra geschieht in Richtung der Magnetfeldlinien, die dort auffächern. 2. Die Geschwindigkeit in der Grenzschicht zwischen Photosphäre und Chromosphäre ist nahezu Null. Sie nimmt nach tieferen Schichten stärker zu als nach höheren. 3. In unmittelbarer Nachbarschaft der Grenzschicht erfolgt die Bewegung nahezu parallel zur Oberfläche. Die Neigung des Geschwindigkeitsvektors wächst mit der Tiefe. Es scheint, daß das Gebiet «magnetischer Inversion» mit dem Gebiet minimaler Bewegung zusammenfällt. Ee.

6512. **D. W. G. Chappell,** A relationship between the life of M-regions and the rate of change of solar activity. J. Atmosph. Terr. Phys. **17** 315—319. — Es wird die Wiederkehrtendenz der magnetischen Stürme an Hand der magnetischen Charakterzahlen C der Jahre 1890—1957 untersucht. Es zeigt sich, daß diese Wiederkehrtendenz, oder mit anderen Worten, die Lebensdauer der M-Gebiete, wie schon bekannt, zu den Zeiten des Sonnenfleckenminimums am größten ist, daß dieser maximale Wert aber im reziproken Verhältnis zur Abnahme der Sonnenfleckenrelativzahlen steht. Dadurch wird verständlich, warum zur Zeit des Sonnenfleckenminimums von 1954 die Wiederholungstendenz der magnetischen Stürme so klein war. Die Sonnenfleckenrelativzahlen hatten von 1947—1954 abnorm rasch abgenommen. H. M.

6513. **E. Chvojková,** Prediction of the descending part of a sunspot cycle. BAC **11** 27—30. — Für den Verlauf der Sonnenfleckenrelativzahlen ist vom Verf. eine Formel aufgestellt worden, die zwei Glieder enthält. Das erste Glied gibt den allgemeinen Charakter der Kurve wieder und hängt im wesentlichen von der Anstiegszeit ab, das zweite Glied stellt zusätzliche periodische Schwankungen dar, die sich dem allgemeinen Verlauf überlagern. Die Formel gestattet es, nach dem Maximum den absteigenden Teil der Sonnenfleckenkurve auf längere Zeit vorauszusagen, wobei man jeweils noch Verbesserungen anbringen kann, wenn weitere Beobachtungen vorliegen. Die Methode wird auf den gegenwärtigen Zyklus angewandt. H. M.

* * **A. E. Covington, G. A. Harvey,** The visibility of the 10-cm radio-emissive region and its application in finding the 10-cm quiet sun. Vgl. Ref. **6845.**

6514. **I. K. Csada,** A hydromagnetic discussion of the meridional drift of the sunspots. Acta Phys. Acad. Sci. Hungaricae **11** 317—322. — Ref. in Phys. Abstr. (A) **64** 3, Phys. Ber. **40** 611.

6515. **R. E. Danielson,** The structure of sunspot penumbras. AJ **65** 343. — Ref. AAS.

* * **T. E. Derwis, N. F. Kuprewitsch, L. A. Mitrofanowa,** Preliminary results of measurements of line intensity variations in the solar spectrum depending on the phase of solar activity. Vgl. Ref. **6413.**

* * **O. W. Dobrowolskij,** Kometen als Anzeiger der Sonnentätigkeit. Vgl. Ref. **9104.**

6516. **M. S. Eigenson, T. L. Mandrykina,** Der Schwankungsindex der Sonnentätigkeit, der elfjährige Zyklus und die Schwankungsverhältnisse der geophysikalischen Felder. Circ. Astr. Obs. Lwow Nr. 35—36 S. 64—74 (russ.).

6517. **M. S. Eigenson, T. L. Mandrykina,** Über das normale Indexsystem der Sonnentätigkeit. Circ. Astr. Obs. Lwow Nr. 35—36 S. 75—77 (russ.).

6518. **M. S. Eigenson, T. L. Mandrykina,** Die Zahl der leeren und vollen Tage als Funktion der Phasen des elfjährigen und des säkularen Zyklus der Sonnentätigkeit. Circ. Astr. Obs. Lwow Nr. 35—36 S. 87—90 (russ.).

6519. **M. S. Eigenson, G. N. Rodionow,** Die neue Methodik zur Vorhersage der Größe und des Datums des Maximums des elfjährigen Zyklus der Sonnentätigkeit und ihre erste Prüfung. Vgl. Ref. **1305** S. 179—181.

6520. **M. G. Fracastoro, R. Campisi, M. Catalano, S. Torrisi, A. Turiano,** A preliminary study of the present cycle of solar activity. Ric. Sci. **30** 2427—2442 = Oss. Astrofis. Catania Pubbl. (NS) Nr. 33. — Die Voruntersuchung des gegenwärtigen Sonnenfleckenzyklus wurde auf Grund der an der Astrophysikalischen Sternwarte von Catania ausgeführten Messungen der Sonnenfleckenrelativzahlen, der Fleckenflächen, der Protuberanzen und Fackeln vorgenommen. Insbesondere werden die Zeiträume der Minima und Maxima des Zyklus für jeden der oben aufgeführten Aspekte bestimmt. Es wurde außerdem ein Vergleich zwischen den in Catania gemessenen und den im Quarterly Bull. veröffentlichten Flächen der Sonnenflecken, sowie zwischen der in Catania und am Fraunhofer Institut aufgestellten Klassifizierung durchgeführt. Verf.

* * **A. Fréon, J.-P. Legrand, M. Trellis,** Relations entre les perturbations d'intensité du rayonnement cosmique et la structure de l'activité solaire. Vgl. Ref. **13520.**

* * **N. C. Gerson,** The arctic ionosphere and solar activity. Vgl. Ref. **7522.**

6521. **W. Gleissberg,** Zur Sonnentätigkeit vor 1750. Naturwissenschaften **47** 197.

6522. **W. Gleissberg,** Sonnenflecken — Stätten der Strömung oder der Ruhe? VdS Nachr. **9** 21—23.

6523. **W. Gleissberg,** Der Charakter des nächsten Sonnenfleckenmaximums. ZfA **49** 25—29. — Ref. in VdS Nachr. **9** 87, Sternenbote **4** 69.

6524. **G. Godoli,** Statistica di fenomeni solari con metodi meccanografici. Vgl. Ref. **1324** S. 67—71.

* * **E. W. Greenstadt, G. E. Moreton,** Some fluctuations in the interplanetary magnetic field and their relationship to solar activity. Vgl. Ref. **8108.**

6525. **H. Grenat,** Périodicités solaires. Ann d'Astrophys **23** 262—277. — Um die Periodizitäten der Sonnenaktivität statistisch besser erfassen zu können, wird an Stelle der Fläche der Flecken S die Funktion $W = 10\sqrt[3]{S}$ eingeführt. Durch diese Transformation wird es ermöglicht, die üblichen statistischen Methoden nutzbringend anzuwenden, da vorher vorhandene Singularitäten nunmehr beseitigt sind und auch die Differenzkurve $\Delta(W)$ jetzt einen vernünftigen Verlauf hat. Das

Verfahren wird an dem Material der Greenwicher Fleckenflächen erprobt, das den Zeitraum von 1874 bis 1955 überdeckt. Außer der Hauptperiode sind verschiedene Oberschwingungen festzustellen. H. M.

6526. **C. de Jager,** De activiteitsgebieden der zon. Nederl. T. Natuurk. **26** 50—63 = Sterrewacht «Sonnenborgh» Utrecht Overdruk Nr. 38.

* * **K.-A. Kawabata,** A model of the coronal condensation. Vgl. Ref. 6710.

6527. **M. Kerimbekow,** Über die in den Flügeln von Hα und K (Ca^+) sichtbaren Kerne der Emission von Fackelflächen. Nachr. Akad. Wiss. Aserbajdshan. SSR (Phys.-Math., Techn.) 1959 Nr. 6 S. 139—143 (russ. mit aserbajdshan. Ref.). — Ref. in RJ UdSSR 1960 Nr. 12 S. 53.

6528. **M. A. Kljakotko,** On the membership of velocity fields of non-recurrent sunspots in latitude for different years to a certain totality. AJ UdSSR **37** 350—352 (russ. mit engl. Ref.). — Es wurde festgestellt, daß die Differenzen zwischen einzelnen Korrelationskoeffizienten der Geschwindigkeitsfelder der nicht wiederkehrenden Sonnenflecken (in Breite) in verschiedenen Jahren nur zufällig sind. Daraus konnte geschlossen werden, daß die Geschwindigkeitsfelder zu einer Gruppe gehören. L. Fr.

6529. **N. W. Kolobkow,** Solar activity — weather — climate. Priroda **49** Nr. 8 S. 25—34 (russ.).

6530. **M. Kopecký,** Periodicity of the number of originated sunspot groups and of their average life time, and evaluation of the method of their computation. BAC **11** 35—52. — In Fortführung einer früheren Arbeit wird gezeigt, daß die ungleichmäßige Verteilung der fleckenerzeugenden Gebiete auf der Sonne sowie die diskontinuierliche Beobachtung der Sonne die damals berechnete mittlere Lebensdauer der Flecken nicht beeinflußt, daß hingegen der letztere Umstand bewirkt, daß die seinerzeit berechnete Zahl der entstehenden Fleckengruppen etwas kleiner herauskommt, als die Beobachtung es liefert. Ferner wird nachgewiesen, daß die Zahl der entstehenden Fleckengruppen einem 11-jährigen Zyklus folgt, die mittlere Lebensdauer der Fleckengruppen einem 80-jährigen Zyklus. Die beobachtete Kurve der Sonnenfleckenrelativzahlen ist das Produkt dieser beiden Faktoren, während sie nicht einfach durch eine additive Überlagerung zweier Perioden dargestellt werden kann. Der Unterschied der Fleckenzahlen auf beiden Hemisphären der Sonne beruht auf der verschiedenen Zahl der entstehenden Gruppen, während die Lebensdauer der Flecken hierauf keinen Einfluß hat. H. M.

6531. **M. Kopecký,** The daily average area of sunspot groups as characteristic of their average importance. BAC **11** 110—113. — Es kann gezeigt werden, daß die tägliche durchschnittliche Fläche der Fleckengruppen, also das Verhältnis zwischen der gesamten beobachteten Fläche von Fleckengruppen und der Gesamtzahl der an einzelnen Tagen auf der Scheibe sichtbaren Gruppen, eine günstige Charakteristik der durchschnittlichen Stärke der Fleckengruppen darstellt. Ihr Wert hängt nur von der durchschnittlichen Lebensdauer der Fleckengruppe ab. Ihre Anwendung ist vor allem in den Fällen nützlich, in denen die Bestimmung der durchschnittlichen Lebensdauer auf einem begrenzten statistischen Material beruht. Darüber hinaus ist diese Charakterisierung der Flecken für das Studium der Frage günstig, wie die durchschnittliche Stärke der Fleckengruppen von der heliographischen Breite und von der Phase im 11-Jahres-Zyklus abhängt. Die Resultate, die zu dieser letzteren Beziehung erhalten wurden, sollen später publiziert werden. Verf. (ü.)

6532. **M. Kopecký,** Some comments on Becker's secondary zone of sun-spots. BAC **11** 158—162. — Diese Untersuchung erhärtet die Realität von Beckers sekundärer Fleckenzone und zeigt, daß diese Zone in überdurchschnittlich aktiven 11-Jahres-Zyklen bis zu höheren heliographischen Breiten hin ausgedehnt ist. Die durchschnittliche Fleckengruppenfläche, die Becker als Charakteristikum für Sonnenflecken benutzt, wird vom Standpunkt ihrer physikalischen Bedeutung für das Studium der Fleckenperiodizität aus diskutiert. Verf. (ü.)

6533. A. I. Kornilow, On the influence of sunspot magnetic fields on the curve of growth. AJ UdSSR **37** 182—184 (russ. mit engl. Ref.). — Auf Grund der Linien V I und Fe I wurden Wachstumskurven für den großen Sonnenfleck von 1953 Juli 14 konstruiert. Die gemessene Doppler-Geschwindigkeit von 1.75 km/sec übertrifft den entsprechenden Wert der thermischen Geschwindigkeit. Für diese Geschwindigkeitszunahme sind offenbar mikroturbulente Bewegungen verantwortlich, da keinerlei Korrelation zwischen der Vergrößerung der Äquivalentbreiten und der magnetischen Aufspaltung der Linien gefunden wurde. Verf. (ü.)

6534. L. Křivský, V. Letfus, The active region on the sun on May 5, 1958. BAC **11** 53—64. — Zur Untersuchung der Zusammenhänge zwischen den verschiedenen Erscheinungen in aktiven Gebieten der Sonne, Eruptionen, aktiven Filamenten, Radiostrahlungsausbrüchen, Röntgen-Strahlung etc. werden für ein solches Aktivitätszentrum auf der Sonne für den 5. Mai 1958 von 7^{30} bis 15^{00} Weltzeit alle erreichbaren Beobachtungen zusammengetragen und kritisch gegenübergestellt, nämlich Spektrohelioskopbeobachtungen in Hα, Filtergramme in Hα, Photographien der Photosphäre, Radiostrahlung der Sonne, Registrierungen der atmosphärischen Parasiten auf sehr langen Wellen zur Untersuchung der Bildung der ionosphärischen D-Schicht. Eruptionen und aktive Filamente stehen im ursächlichen Zusammenhang, den aktiven Filamenten folgt eine Verstärkung der Röntgen-Strahlung, und es häufen sich Radiostrahlungsausbrüche bei allen Frequenzen während der Bildung und Entwicklung solcher Filamente. Zu besseren Gegenüberstellungen wären noch möglichst detaillierte und zeitlich ganz genau festgelegte Beobachtungen wünschenswert. H. M.

6535. H. Künzel, Statistische Untersuchungen über Häufigkeit, Zonenwanderung und Lebensdauer von Sonnenflecken im 18. Aktivitätszyklus. AN **285** 169—173 = Mitt. Astrophys. Obs. Potsdam Nr. 84. — Aus der Epoche 1944.2 bis 1954.3 werden 3670 Fleckengruppen, aufgegliedert nach den verschiedenen Klassen der Aufwärtsentwicklung, auf Häufigkeit, Zonenwanderung und Lebensdauer hin untersucht. Es zeigt sich mit fortschreitender Klasse eine Abnahme der Häufigkeit. Die maximale Häufigkeit fällt für alle Klassen auf das Jahr 1947. Die Schwerpunkte der Häufigkeitsverteilungen hingegen liegen später, und zwar nimmt diese Verspätung im Sinne fortschreitender Klassen ab. Die Zonenwanderung der Fleckengruppen in den einzelnen Klassen verläuft weitestgehend parallel, liegt jedoch für die Gesamtheit aller Fleckengruppen in niedrigeren Breiten, als nach dem Gesetz der Zonenwanderung aus der größten ausgeglichenen monatlichen Relativzahl zu erwarten ist. Die Verweilzeiten in den einzelnen Entwicklungsstufen werden ermittelt und aus den gefundenen Werten die mittlere Lebensdauer der Fleckengruppen jeder Klasse abgeleitet. Es zeigt sich, daß in jeder Klasse die Verweilzeiten mit fortschreitender Aufwärtsentwicklungsstufe größer werden. Die Verweilzeiten ein und derselben Entwicklungsstufe werden jedoch im Sinne fortschreitender Klassen kleiner. Für die Entwicklungsstufen der Auflösungsphase wird ein dazu gegenläufiges Ergebnis gefunden. Verf.

* * **H. Künzel,** Die Flare-Häufigkeit in Fleckengruppen unterschiedlicher Klasse und magnetischer Struktur. Vgl. Ref. **6654**.

6536. U. Langenbeck, Sonnenbeobachtungen mit sehr kleinen Fernrohren. VdS Nachr. **9** 23—24.

6537. **J.-L. Leroy,** Interprétation de la polarisation de la lumière des taches solaires. CR **251** 1720—1722. — Bei der Aufspaltung einer Absorptionslinie in einem transversalen Magnetfeld der Photosphäre wird Licht von feldparalleler Schwingungsrichtung weniger absorbiert als solches transversaler Schwingungsrichtung. Unter der vereinfachenden Annahme, daß die Aufspaltung sämtlicher Linien Triplettcharakter hat, läßt sich zeigen, daß bereits ein Feld von etwa 50 Gauß im Bereich λ 4500—6000 Å eine Polarisation von 10^{-5} erzeugt, also durch Messung des Polarisationsgrades eben nachweisbar ist. Eine Kurve für die Beziehung zwischen Polarisationsgrad und Transversalkomponente des magnetischen Feldes wird mitgeteilt, Beobachtungen an Fackelflächen werden beschrieben. J. P. M.

6538. **M. López Arroyo,** El ciclo largo de la actividad solar. Vgl. AJB **59** Ref. **6566** = Publ. Sem. Astr. Geod. Univ. Madrid Nr. 45.

6539. **R. E. Loughhead, R. J. Bray,** The lifetime and cell size of the granulation in sunspot umbrae. Australian J. Phys. **13** 139—144. — Photographische Aufnahmen hoher Qualität wurden während einer Beobachtungsperiode von 2 Std. 11 min von der Granulation in der Umbra großer Sonnenflecken erzielt. Man fand in Übereinstimmung mit früheren Ergebnissen: Die mittlere Zellengröße bei der Umbragranulation ist bedeutend kleiner und die Lebensdauer ist beträchtlich größer als bei der photosphärischen Granulation. 10% der Umbragranulen existieren länger als 2 Std. Die Mehrzahl der Umbragranulen zeigt — wie die der photosphärischen — keine merklichen Änderungen in Helligkeit, Größe und Form in der Zeit, in der sie als identifizierbare Gebilde beobachtet wurden. Über die Art und Weise der Entstehung und der Auflösung einzelner Granulen konnten Einzelheiten festgestellt werden. Auf die Ähnlichkeit der Umbragranulation mit der photosphärischen wird hingewiesen, und die Rolle, die sie möglicherweise bei der Konvektion in Sonnenflecken spielen, wird kurz diskutiert. HHR

6540. **F. I. Lukazkaja,** Solare Störungen und die Phase des Sonnenzyklus. Vgl. Ref. **1305** S. 170—174.

6541. **M. Makita, M. Morimoto,** Photoelectric study of sunspots. Publ. Astr. Soc. Japan **12** 63—76 = Tokyo Astr. Obs. Repr. Nr. 193. — Unter Anwendung einer photoelektrischen Methode wird die Kontinuumsintensität im Spektrum bei drei ausgewählten Wellenlängen, nämlich bei 4795, 5451 und 6040 Å gleichzeitig gemessen. Durch ein rotierendes Prisma wird dabei ein kleines Stück der Sonnenoberfläche mit dem Fleck rasch über eine sehr kleine Lochblende geführt, so daß man periodisch Registrierungen des Fleckenprofils erhält, die von den Effekten der gröberen Szintillation frei sind. Daraus wird das Intensitätsverhältnis Umbra bzw. Penumbra zu Photosphäre abgeleitet und zur Fleckenfläche in Beziehung gesetzt; ferner wird der Randeffekt dieses Intensitätsverhältnisses studiert. Schließlich wird daraus die Temperaturverteilung der Flecken mit der optischen Tiefe gewonnen, die sich bei großen Flecken zu etwa 4100 und 5500 Grad für Umbra bzw. Penumbra in der optischen Tiefe $\tau \approx 0.5$ ergibt. Aus dem erhaltenen Temperaturgradienten kann man schließen, daß die Transparenz in der Umbra doppelt so groß ist wie in der normalen Photosphäre. H. M.

6542. **P. Maltby,** Note on the Evershed effect in sunspots. Ann d'Astrophys **23** 983—985. — Messungen der Geschwindigkeitsverteilung in Sonnenflecken zeigen: Je geringer die Intensität der Umbra, um so stärker ist der Evershed-Effekt. In drei Fällen wurden Geschwindigkeiten von der Größe der Schallgeschwindigkeit in der Photosphäre beobachtet (Bewegung parallel zur Sonnenoberfläche vorausgesetzt). Har.

* * **P. Maltby, O. Steen,** On the connection between solar noise storms and observable parameters of sunspots. Vgl. Ref. **6870**.

* * **V. Marasigan,** Spread-F in Baguio through half a solar cycle. Vgl. Ref. 7552.

* * **V. Marasigan,** Geomagnetic and sunspot influences on spread-F in Baguio. Vgl. Ref. 7553.

* * **F. Mariani, F. Molina,** Geomagnetic, auroral, ionospheric and cosmic ray perturbations: their interdependence and relation to solar activity. Vgl. Ref. 7636.

* * **A. Maxwell, W. E. Howard III, G. Garmire,** Some statistics of solar radio bursts at sunspot maximum. Vgl. Ref. 6871.

6543. **R. A. Miller,** Filamentary structure between sunspots photographed in integrated light. JBAA **70** 100—101. — Auf einer Sonnenaufnahme des Manila-Observatoriums vom 5. Nov. 1958 kann man zwischen den Hauptflecken einer bipolaren Gruppe eine filamentartige Struktur erkennen, die offensichtlich den magnetischen Kraftlinien folgt. Aufnahmen des Mt. Wilson Observatoriums im integrierten Licht und in Hα, die 7 Stunden vorher und einige Zeit danach gewonnen wurden, zeigen nichts dergleichen, so daß es sich um eine sehr kurzfristige Erscheinung handeln muß, die besonders im integrierten Licht zweifellos sehr selten zu beobachten ist. H. M.

6544. **R. A. Miller,** Observations on photospheric brightness surrounding sunspots. JBAA **70** 146—147. — Die bekannten hellen Ringe um Umbra und Penumbra werden an Hand von Aufnahmen des Manila Observatoriums durch Zählen der Granula untersucht. Stu.

6545. **R. A. Miller,** Velocity variation of leader sunspots within the solar cycle. Publ ASP **72** 399—402. — An einem ausgedehnten Beobachtungsmaterial von 365 vorangehenden Flecken aus 1621 Sonnenfleckengruppen während der Jahre 1917—25 wird gezeigt, daß die Breitenabhängigkeit der Rotationsgeschwindigkeit im Sonnenfleckenminimum deutlich stärker ist als zur Zeit des Maximums. Ee.

6546. **C. M. Minnis,** An estimate of the peak sunspot number in 1968. Nature **186** 462. — Auf Grund von statistischen Bearbeitungen der Sonnenfleckenkurven seit 1750 wird geschlossen, daß die seit dem Maximum von 1928 ständig zunehmende Höhe der Maximumswerte noch im Bereich der wahrscheinlichen Werte liegt, so daß man nicht unbedingt eine ständig zunehmende Sonnentätigkeit erwarten muß. Nach den gleichen Überlegungen folgt für die Höhe des Maximums im Jahre 1968 ein Wert, der zwischen 110 und 160 liegt. H. M.

* * **O. N. Mitropolskaja,** The connection between the time-lag of geomagnetic disturbances and the relative sunspot number. Vgl. Ref. 7637.

6547. **O. C. Mohler,** Measurements of the K-line in spectra of sunspots. AJ **65** 55. — Ref. AAS.

6548. **Z. Mouradian,** Sur la photométrie des facules éruptives associées avec les disparitions brusques des filaments solaires. CR **250** 978—980. — Insgesamt 14 Fälle von eruptiven Fackeln, wie sie in der Nähe eines Filaments bei einer «disparition brusque» (D. B.) vorkommen, wurden photometrisch untersucht. Dabei ergaben sich zwei Typen der Lichtkurve, eine flache, die mehr einer Fackelfluktuation entspricht, und eine steile, die dem Verhalten normaler Eruptionen gleicht. Letztere zeigt sich meist nur dann, wenn das Filament noch in Verbindung mit Fleckengruppen steht, erstere, wenn das Filament ohne eine solche Verbindung ist (altes Filament). Bei keinem der Ereignisse wurden ionosphärische Störungen beobachtet. J. P. M.

6549. **E. R. Mustel, T. T. Zap,** The spectrophotometry of bright reversals in the H and K lines of the spectrum of spot umbrae. Mitt. Astrophys. Obs. Krim **22** 75—80 (russ. mit engl. Ref.). — Die Ergebnisse einer spektralphotometrischen Bearbeitung der Spektren von Sonnenfleckenkernen in der H- und K-Linie werden dargestellt. In den oberen Partien der Emissionslinien zeigt sich insgesamt eine kleine Unsymmetrie, welche durch den Evershed-Effekt bedingt ist. Die Linienprofile von drei Sonnenflecken entsprechen gut den theoretischen Profilen, wenn man die Turbulenzgeschwindigkeit $v_t = 0$ und die Atomzahl von CaII im Grundzustand $N_1 \approx 4 \times 10^{15}$ cm^{-2} voraussetzt. L. Fr.

6550. **E. R. Mustel, T. T. Zap,** On the behavior of the bright reversal in the center of H and K Ca II lines in the region of a sunspot. Mitt. Astrophys. Obs. Krim **23** 299—303 (russ. mit engl. Ref.). — Das wachsende Verhältnis der Emissionen $K_{2v} : K_{2r}$ bei Annäherung an das Zentrum der Umbra sowie die Asymmetrie der zentralen Emission im Zentrum der Umbra können durch den Evershed-Effekt erklärt werden. Ee.

6551. **O. Namba,** A preliminary report on the observation of infrared lines in solar faculae with special reference to the He I line at 10830 Å. Vgl. Ref. **1340** S. 902—910 = Sterrewacht «Sonnenborgh» Utrecht Overdruk 4° Nr. 18.

6552. **A. I. Ohl,** On the possible periodicity of solar activity. AJ UdSSR **37** 222—226 (russ. mit engl. Ref.). — Auf Grund der vollständigeren und neueren Daten wurde die Newcombsche Hypothese bestätigt, nach der die periodischen Erscheinungen der Sonnenaktivität eine strenge Periodizität von 11ª13 einhalten. Zieht man diese Hypothese in Betracht, dann zeigt sich, daß kleine Abweichungen der beobachteten Epochen der Relativzahlenextreme von den berechneten vom allgemeinen Niveau der Sonnentätigkeit abhängen. Zum Schluß werden die Epochen der Minima und Maxima der nächsten Zyklen diskutiert. L. Fr.

6553. **Y. Öhman,** Magneto-optics in solar physics. Scientia **95** 142—148 = Stockholms Obs. Medd. Nr. 124. — Überblick über die Beobachtungsmethoden und die wichtigsten Ergebnisse bei der Untersuchung solarer Magnetfelder.

6554. **L. Pajdušáková-Mrkosová,** Photographs and drawings of the sunspots. RH **41** 1—3 (slowak.).

6555. **W. W. Polonskij,** Bestimmung der Feldstärke und Polarität der magnetischen Felder von Sonnenflecken mit Hilfe eines Fabry-Perot-Etalon. Sonnendaten 1959 Nr. 10 S. 78—80 (russ.). — Es wird eine Methode beschrieben, mit welcher die Feldstärken und die Polaritäten der Magnetfelder von 66 Sonnenflecken bestimmt wurden. Die dazu benutzten Aufnahmen wurden mit Hilfe des Pulkowoer Spektrographen mit Fabry-Perot-Etalon erhalten. L. Fr.

6556. **J. J. Raimond jr.,** Foto's van zonnevlekken scherper dan alle vroegere. Hemel en Dampkring **58** 1—10.

* * **H. Ramseyer, J. W. Warwick, H. Zirin,** Connection of a loop prominence with a sunspot. Vgl. Ref. **6678**.

6557. **G. N. Rodionow,** Aktive Längen auf der Sonne. Vgl. Ref. **1305** S. 31—34.

6558. **B. M. Rubaschew,** Innerjährliche Fluktuationen der Sonnentätigkeit und negative Anomalien der atmosphärischen Zirkulation. Sonnendaten 1960 Nr. 6 S. 66—71 (russ.).

6559. K. Saito, Y. Tanaka, Polar faculae of the sun (3 rd paper). Publ. Astr. Soc. Japan **12** 556—558 = Tokyo Astr. Obs. Repr. Nr. 205.

6560. W. Sandner, Das «Wilson-Phänomen» der Sonnenflecken. Sterne **36** 242—244.

6561. H. U. Schmidt, Local magnetic fields above sunspots. AJ **65** 500. — Ref. AAS.

* * **Z. Sekanina,** Changes of cometary characteristics as related to the changes of solar activity. Vgl. Ref. **9123.**

6562. M. Semel, Observations simultanées du champ magnétique et du champ des vitesses dans un grand groupe de taches solaires. CR **251** 1346—1348. — Es wird eine Beobachtungsmethode zur gleichzeitigen Messung der lokalen Radialgeschwindigkeit und des Magnetfeldes in Sonnenflecken beschrieben. Ergebnisse solcher Messungen an einer großen bipolaren Gruppe werden mitgeteilt und diskutiert. Es zeigt sich dabei, daß offenbar in einer bipolaren Gruppe um einen Fleck herum Radialgeschwindigkeiten eines Vorzeichens vorherrschen, das sich bei dem anderen Fleck umkehrt. J. P. M.

6563. R. Servajean, Sur une évolution du profil des raies spectrales dépendant sans doute du gradient des vitesses de la matière dans l'atmosphère où elles prennent naissance. CR **250** 2801—2803. — Es wird über Beobachtungen von unsymmetrischen Linienflügeln in Spektren hoher Auflösung der Penumbra von Sonnenflecken berichtet. Der Effekt tritt nur in den dunklen Strukturen der Penumbra auf und hat meist denselben Richtungssinn wie der Evershed-Effekt. Die Erklärung, wonach er durch einen Geschwindigkeitsgradienten innerhalb der Schicht erzeugt wird, in der die Linie entsteht, steht in Einklang mit den Messungen über die Tiefenabhängigkeit des Evershed-Effektes. J. P. M.

6564. A. B. Sewerny, Some peculiarities of plasma motion in solar magnetic fields. Mitt. Astrophys. Obs. Krim **24** 281—292 (russ. mit engl. Ref.). — Verf. vergleicht gemessene Radialgeschwindigkeiten und Zentralintensitäten von Hβ in der Chromosphäre oberhalb eines Sonnenflecks nahe dem Sonnenrand mit Messungen der magnetischen Feldstärke und findet, daß die Bewegungen in der Chromosphäre offenbar im wesentlichen den magnetischen Feldlinien entlang laufen, und zwar in Richtung auf den Fleck zu. Auf der anderen Seite weiß man von Umbrabeobachtungen, daß in diesen Regionen die Bewegungen aus dem Fleck herausweisen. Offensichtlich koinzidieren Punkte, in denen ein Magnetfeld 0 gemessen wird, mit Punkten, in welchen sich die Radialgeschwindigkeiten aufheben. Die statistischen Ergebnisse sind durch zahlreiche Beispiele erläutert. Oster

6565. A. H. Shapley, D. Trotter, Summary of outstanding solar events in July 1959. Vgl. Ref. **1338** S. 72—78.

6566. N. N. Shigalowa, L. N. Shigalow, Geoaktive Längen der Sonne. Sonnendaten 1960 Nr. 6 S. 71—76 (russ.).

* * **E. van P. Smith,** Emission cores in the Ca II lines in plages. Vgl. Ref. **6691, 6692.**

6567. M. Steenbeck, Magnetohydrodynamische Deutung der Sonnenflecken-Tätigkeit. Monatsber. Deutsch. Akad. Wiss. Berlin **2** 497—499. — In einem turbulenten Plasma bestimmen Wirbelfrequenz und Leitfähigkeit die Eindringtiefe elektrischer und magnetischer Gleichfelder in einen turbulenten Wirbel. So wirken die inneren Teile der Wirbel wie Isolatoren und können die makroskopischen Leitfähigkeiten beträchtlich vermindern. Zusammen mit der durch die Turbulenz verursachten Verdrehung der Felder lassen sich damit viele Beobachtungstatsachen des Sonnenfleckenphänomens verstehen. Die ausführliche Arbeit erscheint in den «Beiträgen zur Plasmaphysik». Ee.

6568. **H. Takahashi,** Correlation between solar activity and sudden movements in geomagnetic disturbances. J. Geophys. Res. **65** 4206—4209.

6569. **P. J. Treanor,** The spatial analysis of magnetic fields in sunspots. MN **120** 412—429. — Es wird eine Methode entwickelt, durch einen Babinetschen Kompensator und einen Polarisator in Verbindung mit einem Spektrographen Polarisations-Streifen-Systeme in den Zeeman-Tripletts zu erzeugen und daraus die Phasendifferenz der σ-Komponenten des Tripletts und somit die Konstanten der elliptischen Polarisation in jedem Punkt eines Sonnenfleckes zu gewinnen. Daraus wiederum kann man leicht die Richtungen der magnetischen Kraftlinien ableiten. Die Methode wird unter Benutzung des Oxforder Sonnenspektrographen an 4 Sonnenflecken erprobt. Die Ergebnisse bestätigen Broxons parabolisches Gesetz des Verlaufes des Fleckenfeldes in der Photosphäre; die Richtung der Kraftlinien ist strenger radial, als Joy und Nicholson gefunden hatten, und der vertikale Gradient des Feldes ist kleiner als 1 Oe/km. H. M.

6570. **W. F. Tschistjakow,** On the depth of the sunspots. AC Nr. 215 S. 11—15 (russ.).

6571. **W. F. Tschistjakow,** On the circulatory nature of the 11 year cycle of solar activity. AJ UdSSR **37** 425—435 (russ. mit engl. Ref.). — Die Besonderheiten der Entwicklung der 11jährigen Sonnenzyklen werden auf Grund des Spörerschen Gesetzes untersucht. Alle Zyklen — auch die mit verschiedenen Intensitäten — haben gemeinsame Risse, welche mit der Breitendrift der Fleckenzone eng verbunden sind. Die Zeit des Zyklusmaximums und Fragen über die Geschwindigkeitsabnahme der Meridionalzirkulation am Ende der Zyklen wurden diskutiert. Alle Beobachtungsdaten stimmen gut mit dem Zirkulationsschema der Bjerknesschen Zyklizität überein. L. Fr.

6572. **W. F. Tschistjakow,** Die Zahl der entstehenden und verschwindenden Fleckengruppen auf der rotierenden Sonne. Bull. Astr.-Geod. Ges. UdSSR Nr. 28 S. 21—26 (russ.).

6573. **J. I. Witinskij,** Methods for middle-range forecasts of solar activity. Mitt. Astr. Hauptobs. Pulkowo **21** Nr. 4 (163) S. 88—95 (russ. mit engl. Ref.). — Es wird eine Methode der Vorhersage der ausgeglichenen und beobachteten monatlichen und vierteljährlichen Fleckenrelativzahlen beschrieben, die eigentlich eine Modifikation der Mayotschen Idee ist. An einigen Beispielen wird vorläufig die Richtigkeit dieser Methode bestätigt. L. Fr.

6574. **J. I. Witinskij,** On the peculiarities of the longitudinal distribution of solar activity. Mitt. Astr. Hauptobs. Pulkowo **21** Nr. 4 (163) S. 96—105 (russ. mit engl. Ref.). — Zur verläßlichen Bestimmung der aktiven Zentren der Sonne wurden synoptische Karten mittels der Isolinienmethode hergestellt. Auf Grund des Studiums von verschiedenen Sonnentätigkeitsindizes wurde die Existenz der aktiven Längen bestätigt, deren Hauptäußerungen die wiederkehrenden Fleckengruppen darbieten. Es wurde auch die Zerfallsfunktion und ihre Verteilung in Länge untersucht. L. Fr.

6575. **J. I. Witinskij, R. N. Ichsanow,** Über die Bestimmung der Epochen der Extrema der Sonnenfleckenzyklen. Sonnendaten 1960 Nr. 1 S. 71—75 (russ.).

6576. **J. I. Witinskij,** Über die Eigenbewegungen der Flecken in Breite. Sonnendaten 1960 Nr. 3 S. 59—65 (russ.).

* * **T. Yonezawa, Y. Arima,** On the seasonal and non-seasonal annual variations and the semi-annual variation in the noon and midnight electron densities of the F2 layer in middle latitudes. Vgl. Ref. 7582.

* * **T. Yonezawa,** On the seasonal and non-seasonal annual variations and the semi-annual variation in the noon and midnight electron densities of the F2 layer in middle latitudes. II. Vgl. Ref. 7583.

6577. The sunspots and Wilson effect. Heavens **41** 206 (japan.).

6578. Osedvanligt aktiv solfläcksgrupp. PAT **41** 84—85.

6579. Sunspot photograph. Science **132** 285. — Ballonbeobachtung.

6580. Stratoscope photographs structure in sunspot umbra. Sky Tel. **20** 144. — Ref. in VdS Nachr. **10** 61.

§ 66

Chromosphäre, Flares, Protuberanzen

6601. S. I. Abramenko, E. E. Dubow, M. B. Ogir, N. E. Steschenko, E. F. Schaposchnikowa, T. T. Zap, Photometry of solar flares. Mitt. Astrophys. Obs. Krim **23** 341—361 (russ. mit engl. Ref.). — Die Arbeit enthält eine Bearbeitung von $H\alpha$-Aufnahmen und Messungen der zeitlichen Entwicklung der $H\alpha$-Intensitäten von 14 Eruptionen der Importanz ≥ 2 aus den Jahren 1957/58. Die photometrischen Kurven wurden mit verschiedenen Instrumenten gewonnen und miteinander verglichen. Die Aufnahmen sowie auch die Kurven der Intensitäts- und Flächenänderungen der Eruptionen sind beigegeben. Außerdem wird die Durchlässigkeit, besonders die Nebenmaxima von verschiedenen Filtern, diskutiert. L. Fr.

6602. R. G. Athay, $H\beta$, $H\gamma$ and K profiles in chromospheric spicules. Ann d'Astrophys **23** 250—261. — Die frühere Untersuchung von Linienprofilen für chromosphärische Nadeln (vgl. AJB **58** Ref. **6601**) wird auf die Linien H_β, H_γ und CaII K ausgedehnt. In Verbindung mit den früheren Beobachtungen der D_3-Linie ergibt sich eine kinetische Temperatur von 50000°. Verf. findet, daß die K-Linie eine anomale Verbreiterung durch ein nichtthermisches Geschwindigkeitsfeld hat, die bei Wasserstoff und HeI nicht bemerkbar ist. Dieses Geschwindigkeitsfeld der CaII-Ionen wird mit der Wechselwirkung der CaII-Ionen mit dem Magnetfeld identifiziert. Groth

6603. R. G. Athay, Phenomena of the solar atmosphere. Science **132** 707—711.

6604. F. Bachelet, A. M. Conforto, N. Iucci, Solar flares with type IV radioburst and transient phenomena of cosmic rays. Vgl. Ref. **1830** S. 662—664.

6605. M. C. Ballario, Sulla variazione dell'area apparente dei brillamenti cromosferici in funzione della loro posizione sulla superficie solare. Lincei Rend. Sci. fis. mat. nat. (8) **28** 364—367 = Oss. Astrofis. Arcetri Contr. Nr. 41. — Die zeitliche Intensitätsänderung chromosphärischer Eruptionen wird untersucht und die Flächen ihrer Projektionen auf die Sonnenscheibe werden gemessen. Die Gültigkeit der Formel $A_c = A_p \sec \vartheta$ wird überprüft. Dabei bedeuten A_c die wirkliche, A_p die scheinbare Fläche und ϑ den heliozentrischen Positionswinkel. Der Untersuchung liegen 2500 an verschiedenen Sternwarten gemessene Eruptionen zugrunde, deren Daten von Boulder veröffentlicht wurden. Ein Vergleich der Kurven log A und log cos ϑ zeigt, daß für $0° < \vartheta < 50°$ die Korrektion sec ϑ ist, für $\vartheta > 50°$ aber ungenügend wird. Werte für einen besseren Korrektionsfaktor in Abhängigkeit vom Winkel ϑ werden in einer Tabelle gegeben. B. C.

6606. **M. C. Ballario,** Sui fattori di correzione per il passaggio da area apparente ad area corretta dei brillamenti cromosferici in radiazione di idrogeno. Lincei Rend. Sci. fis. mat. nat. (8) **29** 330—335 = Oss. Astrofis. Arcetri Contr. Nr. 46.

6607. **M. C. Ballario,** Studio statistico sulle dimensioni dei brillamenti cromosferici in radiazione di idrogeno osservati ad Arcetri, Capri Svezia, Hawai, MacMath, Mitaka, USNRL. Mem SA It (NS) **31** 329—359 = Oss. Astrofis. Arcetri Contr. Nr. 45. — Die scheinbaren Flächen von 2500 an 6 Sternwarten beobachteten solaren Eruptionen werden überprüft, um festzustellen, ob der Zusammenhang zwischen korrigierter und scheinbarer Fläche durch sec ϑ gegeben ist (ϑ = heliozentrischer Winkel), wie er für Fackeln besteht. Verf. zeigt, daß die Beziehung bis $\vartheta = 50°$ gültig ist, daß der Faktor sec ϑ aber für größere Winkel zu groß wird. Aus der Nichtanwendbarkeit der erwähnten Methode wird geschlossen, daß Flares im allgemeinen dreidimensionale Gebilde darstellen. B. C.

6608. **W. G. Banin,** Über die Höhenverteilung der Sonneneruptionen. Sonnendaten 1960 Nr. 6 S. 62—64 (russ.).

6609. **O. M. Barsukow,** Drei «Geschwindigkeiten» korpuskularer Ströme aus chromosphärischen Eruptionen. Nachr. Akad. Wiss. UdSSR (Geophys.) 1960 Nr. 5 S. 743—745 (russ.). — Ref. in RJ UdSSR 1961 Nr. 2 S. 55.

6610. **B. Bednářová-Nováková,** Filaments-protubérances solaires et leur rapport avec les orages géomagnétiques. Studia **4** 52—58 (russ. mit französ. Ref.).

6611. **B. Bell,** Major flares and geomagnetic activity. AJ **65** 483. — Ref. AAS.

6612. **R. V. Bhonsle,** Study of solar flares using cosmic radio noise on 25 MHz at Ahmedabad (23°02′ N., 72°38′ E.). Proc. Indian Acad. Sci. (A) **51** 189—201.

6613. **M. Blaha, M. Kopecký, Z. Švestka,** Measurement of magnetic fields in chromospheric flares. Nature **187** 224—225. — Die Spektren von zwei großen Eruptionen lassen bei der Natrium D_1-Linie und in einem Fall auch bei der Linie λ 3706 von CaII eine deutliche Aufspaltung erkennen, die zweifellos als Zeeman-Effekt gedeutet werden muß. Beide Eruptionen befanden sich direkt über Sonnenflecken, die ein ziemlich starkes Magnetfeld besaßen. Die aus den Aufspaltungen der genannten Linien abgeleiteten Feldstärken sind von der gleichen Größenordnung wie die der Flecken im Photosphärenniveau selber, so daß man daraus schließen muß, daß der Gradient des Fleckenfeldes mit der Höhe sehr gering ist, da die vermessenen Linien in verhältnismäßig großen Höhen der Chromosphäre gebildet werden. H. M.

6614. **C. E. R. Bruce,** Temperatures reached in electrical discharges in the solar atmosphere. Nature **187** 865—866. — In einer früheren Arbeit (J. Inst. Elect. Eng. **106** (A) Suppl. Nr. 2, S. 44, 1959) wies Verf. darauf hin, daß die Deutung von solaren Eruptionen und der damit verbundenen magnetischen Stürme als elektrisches Entladungsphänomen Temperaturen von etwa

10^8 ° bei der Entladung verlangt. Er führt hier verschiedene neue Gesichtspunkte an (u. a. Messungen von Satelliten aus), die auf das Vorhandensein von Temperaturen dieser Größenordnung hinweisen. Els.

6615. **A. Bruzek,** Beobachtungen über die Beziehungen zwischen Eruptionen und Fleckenfeldern. ZfA **50** 110—120 = Mitt. Fraunhofer-Inst. Freiburg Nr. 47. — Bei einer großen Fleckengruppe, bei der im Juni und im Juli 1959 eine Reihe starker Eruptionen auftraten, werden die Beziehungen zwischen den Eruptionen und den Magnetfeldern der Flecken studiert. Wenn auch die Eruptionen in Zeiten von wesentlichen, wenn auch langsam und kontinuierlich fortschreitenden Änderungen der Flecken und ihrer Felder auftraten, war kein Zusammenhang zwischen Eruptionsbeginn und einer besonderen Entwicklungsphase der Flecken festzustellen; auch hatten alle Eruptionen trotz der Änderung der Flecken nahezu die gleiche relative Lage und die gleiche Gestalt. Der wichtigste Befund ist indes, daß die Eruptionen auf neutralen Linien oder parallel zu diesen liegen, d. h. an Stellen, wo die longitudinale Komponente des Feldes verschwindet, die transversale Komponente aber meist besonders stark ist, hingegen nie auf neutralen Punkten, wo die Gesamtfeldstärke gleich Null ist. H. M.

* * **J. H. Chapman,** The polar radio black-out of the ionosphere of 7 July, 1958. Vgl. Ref. **7510.**

* * **T. A. Chubb, H. Friedman, R. W. Kreplin,** Measurements made of high-energy Röntgen-rays accompanying three class 2+ solar flares. Vgl. Ref. **6803.**

* * **T. A. Chubb, H. Friedman, R. W. Kreplin,** Röntgen-ray emission accompanying solar flares and non-flare sunspot maximum conditions. Vgl. Ref. **6805.**

6616. **J. F. Cox,** Sur une relation possible entre les éruptions solaires et la variation aléatoire de la durée du jour. Bull. Cl. Sci. Acad. roy. Belgique (5) **46** 122—123 = Inst. Astr. Bruxelles (2) Nr. 119.

6617. **M. Cutolo,** Probabile spiegazione dei brillamenti solari (solar flares) mediante il fenomeno della girorisonanza elettromagnetica. Vgl. Ref. **1324** S. 89.

* * **A. Danjon,** L'éruption solaire du 29 mars 1960 et la rotation de la Terre. Vgl. Ref. **3810.**

6618. **J. F. Denisse, A. Boischot, M. Pick-Gutmann,** Propriétés des éruptions chromosphériques associées à la production de rayons cosmiques par le Soleil. Vgl. Ref. **1330** S. 637—648.

6619. **H. W. Dodson, E. R. Hedeman,** Flares of July 16, 1959. AJ **65** 51. — Ref. AAS.

6620. **E. E. Dubow,** On the energy balance and structure of the chromosphere. Mitt. Astrophys. Obs. Krim **22** 101—117 (russ. mit engl. Ref.). — Die Arbeit erklärt das Aufheizen der Chromosphäre durch Stoßwellen, die im Gebiet der Konvektionszone entstehen. Dann wurden die Fragen der energetischen Bedingungen behandelt, welche in der Chromosphäre herrschen. Ein Versuch der Ausarbeitung einer allgemeinen Theorie der Chromosphäre und ihrer Entstehung wurde dargestellt. Die Gesamtstruktur der Chromosphäre wird hauptsächlich durch den Wert des gesamten Energiestroms in den akustischen Wellen bestimmt, welche in der Konvektionszone durch Turbulenz erzeugt werden. L. Fr.

6621. **E. E. Dubow,** The propagation and dissipation of waves in the chromosphere. Mitt. Astrophys. Obs. Krim **23** 362—368 (russ. mit engl. Ref.). — In der Arbeit werden verschiedene Typen von Wellen diskutiert, die fähig sind, die Energie aus der Konvektionszone in die Chromosphäre zu übertragen. Es zeigt sich, daß das Magnetfeld keine beträchtlichen Änderungen in der Abschätzung des Wertes der Energie, die während der Wellendissipation in der Chromosphäre erzeugt wird, verursacht. L. Fr.

6622. **E. E. Dubow, I. G. Moissejew,** A comparison of the rate of increase in brightness in flares and radio emission on 1.5 meters. Mitt. Astrophys. Obs. Krim **24** 277—280 (russ. mit engl. Ref.). — Verf. behaupten, daß die Geschwindigkeiten der Helligkeitsvergrößerung in Hα in den Eruptionen und auch die langsamen Änderungen der Helligkeit in Flocculi eng mit dem Verlauf der Radiostrahlung bei 1.5 m verbunden sind. Bei hinreichend großen Geschwindigkeiten kann man ziemlich sicher auch Radiostrahlung bei 1.5 m erwarten. L. Fr.

6623. **E. E. Dubow,** A possible interpretation of spectroheliograms by the hypothesis of nonhomogeneous structure of the chromosphere. Mitt. Astrophys. Obs. Krim **24** 301—312 (russ. mit engl. Ref.). — Die Struktur der Chromosphäre konnte auf Spektroheliogrammen an mehreren Stellen des Hα-Linienprofils studiert werden. In einer bestimmten Tiefe der Chromosphäre (die am besten in der Distanz von 0.3—0.4 Å vom Hα-Zentrum sichtbar ist) befindet sich eine Temperaturscheide zwischen der niedrigen, kälteren ($T \approx 7000°$) und oberen, wärmeren ($T \approx 20000°$) Chromosphäre. Diese Scheideschicht besteht aus den kälteren und wärmeren Gebieten beider Schichten, welche zusammen eine Netzstruktur bilden. Einige physikalische Eigenschaften dieser Gebiete werden diskutiert. Auch die optische Dicke der oberen Chromosphäre wird bestimmt. L. Fr.

6624. **R. B. Dunn, J. T. Jefferies, F. Q. Orrall,** The line and continuous emission observed in two limb flares. Obs **80** 31—33.

6625. **I. Elliott, M. A. Ellison, J. H. Reid,** Spectra of a bright coronal prominence associated with a class 3 flare. MN **121** 463—469 = Dunsink Obs. Repr. Nr. 18. — In einer aktiven, hellen koronalen Protuberanz wurden nacheinander die Linien Hα, He λ 6678 und Hδ, Hε, H und K beobachtet. Die symmetrischen Linienprofile mit Wellenlängenversetzungen entsprechend 17 km/sec führen nach Berücksichtigung von instrumenteller Verbreiterung und optischer Dicke auf kinetische Temperaturen von 5000° und 150000° für Hα sowie auf 10^6 ° für die Ca^+-Linien. Es wird vermutet, daß für die Ionen größere Turbulenzgeschwindigkeiten auftreten können als für neutrale Atome. Ee.

6626. **M. A. Ellison,** The sun. Discovery **21** Nr. 1, 6 S. = Dunsink Obs. Repr. Nr. 17.

6627. **M. A. Ellison, S. M. P. McKenna, J. H. Reid,** Cape Lyot heliograph results. II. The 3^+ flare of 1960 June 1 and its influence on the Hα striation pattern. Dunsink Obs. Publ. **1** 39—49. — Entwicklung eines 3^+-Flares in zeitlicher Auflösung von 1 min über eine Dauer von 6 Stunden mit einem Hα-Lyot-Filter der Bandbreite 0.7 Å. Wenn die Positionsänderungen zweier heller Knoten als Höhenzuwachs gedeutet werden, ergeben sich 18000 bzw. 33000 km bei Geschwindigkeiten von 1.7 bzw. 3 km/sec. Besondere Beachtung findet die plötzliche Veränderung der Chromosphärenstruktur in heliographischer Breite in Entfernungen zwischen 60000 und 160000 km vom Flarezentrum. Ee.

6628. **M. A. Ellison, S. M. P. McKenna, J. H. Reid,** The solar flare of June 1, 1960. Nature **187** 926 = Dunsink Obs. Repr. Nr. 16. — Das Flare hatte die Stärke 3^+ und zeigte eine außergewöhnliche Ausdehnung. Als Beobachtungsmaterial liegt ein Hα-Film (Zeitintervall 1^{min}) vor, der unter wolkenlosen Bedingungen mit dem Lyot-Heliographen der Kap-Sternwarte aufgenommen worden war. Erste Einzelheiten über Dimensionen und Form des Flares sowie der terrestrischen Folgeerscheinungen (ionosphärische und geomagnetische Störungen) werden kurz beschrieben. Stu.

6629. **W. A. Feibelman,** Apparent solar prominences caused by jet planes crossing the solar limb. Obs **80** 152—153.

6630. **L. D. de Feiter,** The profiles of Hα in solar flares. Vgl. Ref. **1340** S. 970—974.

6631. **K. Fredga,** Visual observations of contrast variation of filaments with solar limb distance. Ark Astr **2** 517—526 = Stockholms Obs. Medd. Nr. 126. — Mittels eines visuellen Polarisationsphotometers wird der Kontrast Filament : Photosphäre im Licht von Hα für insgesamt 26 verschiedene Filamente als Funktion von ϑ bestimmt. Stu.

6632. **L. Fritzová,** A note on line asymmetry in spectra of flares. BAC **11** 177—180. — Die Untersuchung der Eruption vom 30. Juli 1958, deren Spektrum viele metallische Emissionslinien enthielt, führte zu dem Schluß, daß die Asymmetrie der Emissionslinien durch keine Absorption am blauen Flügel verursacht werden kann. Die Gründe der Asymmetrie müssen in inneren Prozessen innerhalb der Eruptionen liegen. L. Fr.

6633. **N. C. Gantvoort, D. E. Billings,** Prominence characteristics in regions of bright coronal emission. ApJ **132** 213—217. — Um den offenbar kontinuierlichen Materieaustausch zwischen der heißen Korona und der kühlen Chromosphäre zu studieren, der seinen Ausdruck im Entstehen und Vergehen von Protuberanzenmaterie findet, werden auf Spektrogrammen des Climax-Observatoriums, die gleichzeitig im Bereich der Hα-Linie und der roten Koronalinie in verschiedenen Höhen über dem Sonnenrand sukzessive aufgenommen worden waren, die Beziehungen zwischen den einzelnen Protuberanzenarten und den Koronaemissionen statistisch untersucht. Protuberanzen, die große innere Bewegungen haben und einen hohen Grad von Zerrissenheit aufweisen, bevorzugen Koronagebiete hoher Dichte; ruhende Protuberanzen, große wie kleine, meiden sie. Man kann daraus schließen, daß der ergiebigste Transport von Koronamaterie zur Sonnenoberfläche an Stellen hoher Koronadichte erfolgt. H. M.

6634. **T. Gold, F. Hoyle,** On the origin of solar flares. MN **120** 89—105 = Harv Repr Nr. 545. — Die Beobachtungen haben ergeben, daß bei den Eruptionen rasch sehr große Energiemengen frei gemacht werden, die viel größer sind als die normale thermische Energiedichte oder die kinetische Energie des Gases in der Chromosphäre. Es wird nun hier gezeigt, daß die Speicherung solcher Energiemengen nur durch Magnetfelder möglich ist, bei denen die Kraftlinien bogenförmige Bündel über der Photosphäre sind, die zudem einen Drall haben. Die Enden dieser Röhre sind beide in der Photosphäre verankert, während die Röhre selber in der Chromosphäre liegt. Die Rotation photosphärischer Materie um diese Enden erzeugt den Drall, der ausschlaggebend für die Speicherung ist, wie näher ausgeführt wird. Treffen nun zwei derartige Kraftlinien-Röhren zusammen, die entgegengesetzte Richtung und entgegengesetzten Drall haben, so werden sie sich gegenseitig anziehen und, wenn sie sich berühren, wird an diesen Stellen die longitudinale Feldkomponente beider Röhren vernichtet und dadurch die aufgespeicherte Energie frei gemacht werden. H. M.

* * **L. Goldberg,** Solar experiments. Vgl. Ref. **6811**.

6635. **S. I. Gopassjuk,** An investigation of chromospheric flares at the initial stage of their development. Mitt. Astrophys. Obs. Krim **23**

331—340 (russ. mit engl. Ref.). — Aus den kinematographischen Hα-Aufnahmen mehrerer Eruptionen wurde der Schluß gezogen, daß sich die Eruptionen ähnlich wie etwa eruptive Filamente und Protuberanzen als heftige Massenausbrüche in dem sich zusammendrängenden Magnetfeld erklären lassen. Den Eruptionen entspricht am besten eine zylindersymmetrische Form eines solchen Ausbruches, der nachher eine sich rasch ausbreitende Stoßwelle verursacht. Energie und Temperatur der Eruptionen wurden auf Grund dieser Theorie berechnet. L. Fr.

6636. **I. M. Gordon,** The nature of γ-emission in solar flares and the formation of cosmic particles in active solar regions. AJ UdSSR **37** 934—937 (russ. mit engl. Ref.). — Als Ursachen der bei einem Ballonaufstieg über Kuba während einer Eruption der Klasse 2 beobachteten verstärkten solaren γ-Strahlung um 5×10^5 eV kommen entweder Vernichtung von Elektronen und Positronen unter Aussendung eines Photonenpaares oder umgekehrter Compton-Effekt in Betracht. Elektronenbremsstrahlung scheidet aus Dichte- und Energiegründen aus. Bei einer Dichte in der unteren Chromosphäre von ungefähr 5×10^{11} $g \cdot cm^{-3}$, wie sie für die Entstehung der Positronen erzeugenden Mesonen solarer Ultrastrahlung gefordert wird, werden die Positronen innerhalb < 0.1 sec abgebremst, während bis zu ihrem Zusammenstoß mit Elektronen durchschnittlich 7.5 sec vergehen. Das resultierende γ-Spektrum muß daher bei 5×10^5 eV, entsprechend der Ruhemasse des Elektrons, einen Intensitätssprung aufweisen, falls die Zerstrahlungshypothese zutrifft. Im Falle des umgekehrten Compton-Effekts ist keine solche «Rotgrenze» zu erwarten. Petri

6637. **E. A. Gurtowenko, E. I. Didytschenko, N. N. Semjonowa,** Über einige Ergebnisse von Beobachtungen chromosphärischer Eruptionen. Mitt. Astr. Hauptobs. Golossejewo **3** Nr. 1 S. 67—73 (russ.). — In der Arbeit werden Zusammenhänge zwischen den maximalen Flächen und Intensitäten und der Lebensdauer der Eruptionen untersucht. Eine lineare Proportionalität zwischen den Maximalflächen und den Maximalintensitäten sowie auch zwischen den Maximalflächen und der Lebensdauer wurde gefunden. Es wurde auch festgestellt, daß mit der Vergrößerung der Importanz die relative Dauer der vormaximalen Phase abnimmt. L. Fr.

6638. **R. E. Gussejnow, M. J. Gussejnow, A. G. Gassanalidse, K. I. Gussejnow, G. O. Melikow, L. M. Awakowa,** Daten über die an der Astronomischen Station des Sektors für Astrophysik der Akademie der Wissenschaften der Aserbajdshanischen SSR beobachteten chromosphärischen Eruptionen während des IGJ. Nachr. Akad. Wiss. Aserbajdshan. SSR (Phys.-Math., Techn.) 1960 Nr. 3 S. 143—149 (russ. mit aserbajdshan. Ref.). — Ref. in RJ UdSSR 1961 4A494.

6639. **J. Halenka,** The connection between chromospheric flares and geomagnetic activity in the IGY. Studia **4** 361—377.

6640. **R. Hansen, D. Gordon,** The limb flares of October 13, 1958. Publ ASP **72** 194—199. — Fünf Flares am östlichen Sonnenrand wurden an Hand von Aufnahmen des High Altitude Observatory in ihrer Entwicklung verfolgt. Das wesentliche Ergebnis ist, daß die Struktur des Magnetfeldes in großen Höhen über der aktiven Region während der Ereignisse über viele Stunden hinweg offenbar ungeändert blieb. Stu.

* * **V. A. W. Harrison,** Ionospheric effects associated with the solar flare of July 10, 1959. Vgl. Ref. **7529**.

6641. **H. Haupt, W. Ellerböck,** Der Protuberanzenaufstieg vom 11. April 1959. I. Beschreibung des Aufstiegs. ZfA **49** 192—197 = Mitt. Sonnenobs. Kanzelhöhe Nr. 16. — Nach Beobachtungen auf dem Observatorium Kanzelhöhe mit einem Hα-Filter einerseits und mit dem Koronographen andererseits wird der Protuberanzenaufstieg vom 11. April 1959 detailliert beschrieben. Höhen, Geschwindigkeiten und Beschleunigungen kann man aus dem beigefügten Zeit-Höhen-Diagramm entnehmen. H. M.

* * **G. E. Hill,** Ionospheric disturbances following a solar flare. Vgl. Ref. 7532.

6642. **R. Howard, H. W. Babcock,** Magnetic fields associated with the solar flare of July 16, 1959. ApJ **132** 218—220. — Mit dem verbesserten Magnetographen erhielten Verf. eine Anzahl von Feinstruktur-Magnetogrammen während der Entwicklung des großen Flares am 16. Juli 1959. Die Magnetogramme werden mit CaII-Spektroheliogrammen verglichen. Groth

6643. **W. W. Iwanow,** On chromospheric line profiles. AJ UdSSR **37** 1021—1027 (russ. mit engl. Ref.). — Es wurden Spektrallinien am Sonnenrand untersucht. Die Linienprofile wurden für verschiedene Chromosphärenhöhen berechnet und der Übergang der chromosphärischen Emissionslinien in die Fraunhoferschen studiert. Die Berechnung wurde unter der Voraussetzung gemacht, daß die Spektrallinien durch inkohärente Streuung gebildet werden. Diese Profile unterscheiden sich nicht beträchtlich von denjenigen, bei denen die Kohärenz des Streuungsmechanismus vorausgesetzt wird. Die theoretischen Ergebnisse wurden mit den beobachteten $H\alpha$-, H- und K-Linien verglichen. L. Fr.

* * **N. N. Jerjuschew,** On the variation of the parameter $(N/\nu)_{eff}$ in the lower ionosphere during solar flares. Vgl. Ref. **7538.**

6644. **H. R. Johnson,** The singlet-to-triplet intensity ratio of neutral helium in the solar chromosphere. Vgl. Ref. **1340** S. 838—842.

* * **T. Kakinuma, E. Hiei,** Unusual decrease of microwave solar radio emission during flare on November 30, 1959. Vgl. Ref. **6860.**

* * **M. Kanno,** Departures from LTE in the higher levels of H. Vgl. Ref. **5211.**

* * **M. G. Karimow, N. S. Schilowa,** Über den wechselseitigen Zusammenhang der Bewegung der Materie der Korona und der Protuberanzen. Vgl. Ref. **6709.**

6645. **I. Kawaguchi,** The structure of the chromosphere. Astr. Herald **53** 54 (japan.).

* * **I. Kawaguchi,** Helium lines at the extreme limb on the solar disc. Vgl. Ref. **6426.**

* * **K. O. Kiepenheuer,** Über die Struktur der gestörten Sonnenatmosphäre. Vgl. Ref. **6427.**

6646. **J. Kleczek, L. Křivský,** Loop prominences accompanied by ionospheric disturbances. BAC **11** 165—166.

6647. **I. A. Klimischin,** Theoretical formula for determining of the increase of flash radiation intensity. AC Nr. 208 S. 13—14 (russ.). — Vorläufige Mitteilung.

6648. **A. N. Kowal,** A spectroscopic investigation of the $D\alpha$ line in flares. Mitt. Astrophys. Obs. Krim **22** 81—83 (russ. mit engl. Ref.). — Es wurde eine Vergrößerung der Äquivalentbreite der Linie $\lambda = 6561.105$ Å in den aktiven Gebieten gefunden. Diese Vergrößerung kann auf eine Verstärkung der Linie $D\alpha$ hinweisen, welche in der Nähe der untersuchten Linie liegt. L. Fr.

6649. **W. A. Krat, W. M. Sobolew,** Helium excitation in the chromosphere and chromospheric flares. Mitt. Astr. Hauptobs. Pulkowo **21** Nr. 4 (163) S. 2—16 (russ. mit engl. Ref.). — Die Spektralbeobachtungen der Sonnenoberfläche zeigen nur kleine örtliche sowie auch zeitliche Änderungen der Heliumlinien. Die Linie D_3 kann in Absorption nicht nur in den Eruptionen, sondern auch über den Sonnenflecken und in den Fackelgebieten erscheinen. Verschiedene Übergangsprozesse der Heliumatome und die Intensitäten verschiedener Heliumlinien relativ zur Intensität von D_3 werden diskutiert. Ferner untersuchen Verf. die Heliumlinie λ 4684 und diskutieren die Bedingungen ihres Auftretens. Abschließend werden kleine, in Eruptionen erscheinende Kondensationen relativ kalter Materie besprochen. L. Fr.

6650. **W. A. Krat,** Über das Erscheinen von Heliumlinien in Emission im Spektrum chromosphärischer Eruptionen auf der Sonnenscheibe. Sonnendaten 1959 Nr. 9 S. 76—79 (russ.). — Verf. gelangt zu dem Schluß, daß die Heliumlinie D_3 in Gasverdichtungen mit großer optischer Dichte in Emission übergeht. In den Eruptionen erscheint sie deshalb in Emission nur in den Zentralpartien, am Rande dagegen geht sie in Absorption über. Es wurde eine Berechnung der Zahl der freien Elektronen und der Elektronentemperatur in den Gebieten, wo die Heliumlinie in Emission erscheint, durchgeführt. L. Fr.

6651. **L. Křivský, A. Tlamicha,** Emission of the 1960 May 13 flare and absorption of cosmic noise. BAC **11** 238—241. — Zur Ergänzung der Beobachtungen von Phänomenen der Sonnenaktivität wurde ein Empfänger bei 30.7 MHz in Betrieb genommen, der das kosmische Rauschen aus dem Gebiet um den Polarstern registriert, um damit indirekt die Wellen- und Partikelstrahlung der Prozesse, die mit den Eruptionen zusammenhängen, ermitteln zu können. — 1960 Mai 13 wurde während mehrerer großer Eruptionen die Sonne in Hα bei $\lambda = 37$, 56 und 130 cm beobachtet, sowie ferner die Atmosphärischen bei 27 kHz und das kosmische Rauschen bei 30.7 MHz. Alle Beobachtungsergebnisse sind in einem Diagramm zusammengestellt und lassen die zeitlichen Zusammenhänge der verschiedenen Phänomene erkennen. HHR

6652. **L. Křivský, J. Hladký, P. Mokrý, P. Chaloupka, T. Kowalski,** Solar flare connected with an increase of intensity of cosmic rays. Nuovo Cimento (10) **15** 695—696. — In Ondřejov wurde 1959 Okt. 6 eine chromosphärische Eruption der Importance 1^+ beobachtet, in deren Verlauf auch eine Zunahme der solaren Radiostrahlung sowie Störungen in der ionosphärischen D-Schicht festgestellt wurden. Gleichzeitige Registrierungen in Lomnický Štit und Prag zeigten etwa 25 min nach dem Maximum der Eruption einen ungewöhnlich starken Anstieg der kosmischen Strahlung. Henn

* * **L. Křivský, V. Letfus,** The active region on the sun on May 5, 1958. Vgl. Ref. **6534**.

6653. **A. D. Kubičela,** Pojava hromosfere pri sunčevom pomračenju. Vasiona 8 91—94.

6654. **H. Künzel,** Die Flare-Häufigkeit in Fleckengruppen unterschiedlicher Klasse und magnetischer Struktur. AN **285** 271—273 = Mitt. Astrophys. Obs. Potsdam Nr. 87. — Zur Untersuchung der Flare-Häufigkeit in Fleckengruppen unterschiedlicher Klasse und magnetischer Struktur werden von 2406 im Zeitraum 1956 bis 1958 entstandenen Fleckengruppen 886 mit Flare-Erscheinungen verbundene und für die statistische Betrachtung geeignete Fleckengruppen der Klassen A bis F verwendet. Der Anteil der zusammen mit Flares aufgetretenen Fleckengruppen an der Zahl aller beobachteten Fleckengruppen wird angegeben. Aus der Zahl aller beobachteten Flares jeder Fleckengruppenklasse werden die mittleren täglichen Flare-Zahlen getrennt für Flare- und Sichtbarkeitstage der Fleckengruppen und die mittleren Flare-Zahlen bezogen auf die Anzahl der Fleckengruppen ermittelt. An diesen Ergebnissen sind die Flares der Importanz 1 (1 —; 1; 1 +) mit 93% beteiligt. Die Anteile der Flares mit der Importanz 2 (2 —; 2; 2 +) bzw. 3 (3 —; 3; 3 +) betragen dagegen nur 6.5% bzw. 0.5%. Die Flare-Häufigkeit nimmt zu höheren Fleckengruppenklassen hin zu. Innerhalb der Klassen D, E und F sind nach Unterteilung der Fleckengruppen in β, $\beta\gamma$, γ und Gruppen, bei denen in einem Fleckenhof mehrere Kerne mit entgegengesetzter Polarität beobachtet wurden, deutliche Unterschiede in der Flare-Häufigkeit festzustellen. Es zeigt sich, daß die Flare-Zahlen magnetisch komplexer Fleckengruppen ($\beta\gamma$ und γ) merklich größer sind als die normaler β-Gruppen. Die größten Flare-Zahlen innerhalb der Klassen treten jedoch bei Fleckengruppen mit entgegengesetzter Polarität mehrerer Kerne in einem Fleckenhof auf. Verf.

6655. **V. Letfus,** Zusammenhang der Asymmetrie der Sonneneruptionen mit dem 11-jährigen Zyklus. BAC **11** 31—32. — In der vorliegenden Arbeit wird die Asymmetrie der jährlichen Anzahl der Sonneneruptionen für die Jahre 1937—1958 untersucht. Die Variation der Asymmetrie zeigt eine Abhängigkeit vom 11jährigen Zyklus. In der Nähe des Minimums und in der aufsteigenden Phase des Zyklus tritt eine auffällige E-Asymmetrie auf, während sie bei dem Maximum und in der absteigenden Phase immer kleiner wird oder sogar in W-Asymmetrie übergeht. Die Realität der einzelnen Asymmetriewerte im Verhältnis zu dem gefundenen Gang wird mit Hilfe der statistischen Kriterien nachgeprüft, und die Abhängigkeit der Asymmetrie von der Phase des Zyklus wird bestätigt. Verf.

6656. **K. M. Lowman, D. E. Billings,** Study of the flare-surge event of September 7, 1958. Australian J. Phys. **13** 606—609. — Der Verlauf des Surge-Ereignisses vom 7. 9. 58 wird beschrieben. Die Materiegeschwindigkeiten, abgeleitet aus den radialen Abständen vom Sonnenrand, betrugen 470 bzw. 520 km/sec; die Surges erstreckten sich bis zu 200 000 km vom Rand der Scheibe. Durch Vergleich mit Radiobeobachtungen werden Elektronendichten abgeleitet. Bk.

6657. **R. Lüst, H. Zirin,** Condensation of prominences from the corona. ZfA **49** 8—11. — Es wird das Problem der Abkühlung einer koronalen Gassäule in einem Magnetfeld unter Komprimierung senkrecht zu den Feldlinien untersucht. Die Gassäule wird adiabatisch durch die Komprimierung geheizt und verliert Energie durch Wärmeleitung entlang den Feldlinien und durch Ausstrahlung. Die Zeit für die Abkühlung bis auf die Temperatur einer Protuberanz wird berechnet und ist zufriedenstellend kurz. Verf.

6658. **C. J. Macris,** Sur la durée de vie des spicules dans les centres d'action de la chromosphère solaire. Ber. Acad. Athènes **35** 82—86 = Contr. Res. Computing Center Acad. Sci. Athens (1) Nr. 4. — Für eine Reihe von $H\alpha_{2,3}$-Spektroheliogrammen ist die Relation zwischen «spicule»-Durchmesser und Lebensdauer untersucht worden. Mit wachsendem Durchmesser wächst im allgemeinen die Lebensdauer an. Bei gleichem Durchmesser ist die Lebensdauer in aktiven Gebieten kleiner als in ruhigen, ungestörten chromosphärischen Regionen. Thi.

6659. **C. J. Macris,** Spicules and their contribution to the formation of the solar chromosphere. Scientia **95** 315—321 (französ.). — Ref. in Phys. Abstr. (A) **64** 403.

* * **A.-M. Malinge,** Relation entre les orages radioélectriques solaires et les éruptions chromosphériques. Vgl. Ref. **6867**.

6660. **R. R. McMath, O. C. Mohler, H. W. Dodson,** Solar features associated with Ellerman's «solar hydrogen bombs». Proc. National Acad.

Sci. USA **46** 165—169. — Verf. geben einen kurzen Überblick über unsere heutige Kenntnis der sogenannten «solaren H-Bomben» von Ellerman oder friedlicher «moustaches» (Sewerny), d. h. plötzlicher Emissionen auf beiden Seiten der Hα-Linie im Sonnenspektrum, und insbesondere über die Arbeiten, die während der letzten Jahre über diese Frage am McMath-Hulbert-Observatorium durchgeführt wurden. Für die Beobachtungen wurde ein Lyot-Filter benutzt, das bei einer Halbwertsbreite von 1 Å : 0.75 Å neben der Mitte von Hα zentriert ist. Die Moustaches treten in eng begrenzten Gebieten in der Nähe von Sonnenflecken auf und lassen sich dann im einzelnen im Spektroheliographen verfolgen. Sie treten in gleicher Weise bei den Linien H und K von CaII auf. Die statistische Analyse zeigt, daß die Moustaches keine Vorläufer von Eruptionen sind und daß ihr Winkeldurchmesser offensichtlich unterhalb 1″ liegt. Sie erscheinen bevorzugt in der Penumbra großer Flecken und haben Lebensdauern zwischen einigen Minuten und Stunden. Auf Beobachtungen an anderen Fraunhofer-Linien wird hingewiesen. Oster

6661. **O. A. Melnikow, S. S. Shurawlew,** Spektralphotometrie von Hα und Hβ von Sonnenprotuberanzen. Abh. Staatsuniv. Leningrad Nr. 273 S. 70—119, 1958 (russ.).

6662. **D. H. Menzel, J. G. Wolbach,** On the fine structure of solar prominences. AJ **65** 54—55. — Ref. AAS.

6663. **D. H. Menzel,** A relationship between flares and loop prominences. AJ **65** 494. — Ref. AAS.

6664. **D. H. Menzel, J. G. Wolbach,** The fine structure of solar prominences — I. II. Sky Tel. **20** 252—255, 330—333 = Harv Repr (2) Nr. 166.

6665. **R. Michard,** Les éruptions du Soleil. BSAF **74** 97—111.

6666. **G. E. Moreton,** Hα observations of flare-initiated disturbances with velocities ≈1.000 km/sec. AJ **65** 494—495. — Ref. AAS.

6667. **G. E. Moreton, H. E. Ramsey,** Recent observations of dynamical phenomena associated with solar flares. Publ ASP **72** 357—358. — Ref. ASP.

6668. **G. M. Nikolskij,** The ultraviolet radiation and excitation of oxygen lines in the chromosphere. DAN **130** 51—52 (russ.). — Die OI-Emissionslinien λλ 8446 und 7774 in der Sonnenchromosphäre werden durch Elektronenstoß angeregt. Die Emission λ 8446 kann außerdem durch einen Kaskadenübergang hervorgerufen werden, für welchen die Lβ-Strahlung der Chromosphäre verantwortlich ist. Wenn die Intensität der Linie 8446 die Intensität von 7774 überwiegt, ist dies ein indirekter Nachweis von Lβ-Strahlung in dem untersuchten Chromosphärengebiet. Ond.

6669. **S. O. Obaschew,** Über die Wechselbeziehung der Protuberanzen mit der monochromatischen Korona. Mitt. Astrophys. Inst. Alma-Ata **10** 39—43 (russ. mit engl. Ref.). — Das Schwächerwerden und Verschwinden der monochromatischen Koronaemission im Gebiet ruhender Protuberanzen wird als Ergebnis der Abnahme der kinetischen Temperatur der Korona betrachtet. Die Energie des Elektronengases der Korona in der Nähe der Protuberanzen wird zur Ionisation neutraler Partikel verbraucht, die sonst vom Magnetfeld der Protuberanzen nicht festgehalten werden können. Verf. (ü.)

6670. **S. O. Obaschew,** Die Bewegung der Sonnenfleckenprotuberanzen und ihre Helligkeitsänderung. Mitt. Astrophys. Inst. Alma-Ata **10** 44—48 (russ. mit engl. Ref.). — Verf. untersucht die Bewegungen der Materie in Sonnenfleckenprotuberanzen in «Kraftröhren» und die Helligkeitsänderungen auf Grund hydrodynamischer Vorstellungen ($\varrho v/H$ = const). Die Materieströme sind in der Mehrzahl der Fälle kontinuierlich. Loh.

* * **T. Obayashi,** The S. I. D. effect on the V. H. F. scatter propaga tion associated with the great solar outburst of July 29, 1958. Vgl. Ref. 6879.

6671. **W. N. Obridko,** Excitation of the K Ca^+ line in the solar chromosphere. AJ UdSSR **37** 1028—1031 (russ. mit engl. Ref.). — Die Anregung der chromosphärischen K Ca^+-Linie durch photosphärische Strahlung und durch Elektronenstöße wurde bestimmt. Das beobachtete K Ca^+-Emissionsprofil wurde mit zwei Modellen verglichen, welche aus Athay-Menzels und Schklowskij-Kononowitschs Modellen für die K Ca^+-Linie abgeleitet wurden. Diese Modelle wurden ursprünglich nur für Wasserstoff- und Heliumlinien berechnet. Es zeigt sich ein befriedigender Einklang des zweiten Modells mit den Beobachtungen. L. Fr.

6672. **Y. Öhman,** Koronographen-Beobachtungen von Protuberanzen im Balmer-Kontinuum. Veröff. Uraniasternw. Wien Nr. 3 S. 11—13. — Gekürzte Übersetzung einer Arbeit des Verf. aus Obs **78** 204—206 (vgl. AJB **58** Ref. **6671**).

* * **Y. Öhman,** Magneto-optics in solar physics. Vgl. Ref. 6553.

6673. **B. E. J. Pagel,** The influence of the chromosphere on solar limb darkening. ApJ **132** 790—800. — Durch analytische Entwicklung der Quellfunktion zur Analyse der Randverdunklung wird gezeigt, daß die untere Chromosphäre zum Intensitätsabfall am äußersten Sonnenrand, $\cos \vartheta < 0.2$, beiträgt. Daraus ergibt sich ein Hinweis auf ein Temperaturminimum von 3900° bis 4700° in optischen Tiefen $0.01 < \tau < 0.04$. Ee.

6674. **S. B. Pikelner,** The mechanism of formation of active regions in the presence of a magnetic field. AJ UdSSR **37** 616—621 (russ. mit engl. Ref.). — Aus den neuesten Beobachtungen folgt, daß der Grundfaktor aller aktiven Gebiete lokale Magnetfelder sind. In dieser Arbeit wird das Problem des Einflusses der Magnetfelder auf das Bilden und die Entwicklung der Fackeln, Flocculi und Koronastrahlen gelöst. Alle diesen Erscheinungen können infolge einer Vergrößerung der Bewegungen in den oberen Schichten der Konvektionszone entstehen. Die Dissipation der Energie der Ströme in diesen Schichten, welche durch die turbulente Viskosität verursacht wird, wird in schwachen Feldern verkleinert, die Turbulenz wird gedämpft und die Konvektionsgeschwindigkeit vergrößert. Mit dem sehr schwachen totalen Magnetfeld der Sonne werden die polaren Fackeln verknüpft. Durch die Aufheizung, welche die polaren Fackeln verursachen, werden die polaren Koronastrahlen und wahrscheinlich auch der permanente Sonnenwind gebildet. Es ist auch möglich, daß spektrale Änderungen der magnetischen Sterne auch mit einem Einfluß des magnetischen Feldes auf die Konvektion eng verbunden sind. L. Fr.

6675. **P. N. Polupan,** Spectrophotometry of the chromospheric limb flare of October 11, 1957. AJ UdSSR **37** 1032—1042 (russ. mit engl. Ref.). — Die Balmer-Linien $H\alpha$ — H_9 einer Randeruption wurden photographiert, photometrisch bearbeitet und einige physikalische Eigenschaften der Eruption abgeleitet. — Zieht man bei der theoretischen Berechnung der Linienprofile keine Selbstabsorption in Betracht, dann entsprechen die beobachteten Profile den theoretischen nur bei den Linien H_δ, H_ε und H_9; dagegen zeigen die H_α-, H_β- und H_γ-Linien große Unterschiede. H_8 wurde nicht im Maximum beobachtet. L. Fr.

6676. **S. R. Pottasch,** Use of the equation of hydrostatic equilibrium in determining the temperature distribution in the outer solar atmosphere. ApJ **131** 68—74. — Aus den Beobachtungen der Dichte in Höhen bis zu 20 Sonnenradien über der Photosphäre wird unter Voraussetzung hydrostatischen Gleichgewichts die Temperaturverteilung berechnet. Es ergibt sich ein Temperaturmaximum zwischen 1 und 3 Sonnenradien. FS

6677. **S. R. Pottasch, R. N. Thomas,** Thermodynamic structure of the outer solar atmosphere. VI. Effect of departures from the Saha equation on inferred properties of the low chromosphere. ApJ **132** 195—201. — Nach einem von den Verf. 1959 angegebenen Verfahren werden die einer erhöhten Opazität des Lyman-Kontinuums entsprechenden Abweichungen vom lokalen thermodynamischen Gleichgewicht bei einer Neuberechnung der Elektronentemperatur T_e, der Elektronendichte sowie der Dichte und des Ionisationsgrades des Wasserstoffs im Höhenbereich von 500 bis 1250 km der Chromosphäre berücksichtigt. Dabei ergibt sich für T_e ein erheblich steilerer Anstieg (von 6150° auf 7900°) als bei den früheren Berechnungen. Gü.

6678. **H. Ramseyer, J. W. Warwick, H. Zirin,** Connection of a loop prominence with a sunspot. Publ ASP **72** 509—510.

6679. **J. H. Reid,** Distribution of sightline velocities in solar disk and limb phenomena. JBAA **70** 123—129 = Dunsink Obs. Repr. Nr. 14. — Es wird über einige Beobachtungen berichtet, bei denen mittels des Spektrohelioskops unter Benutzung des Linienschiebers von rasch veränderlichen Objekten hoher Radialgeschwindigkeit auf der Scheibe und am Rand der Sonne in kurzen zeitlichen Abständen Zeichnungen bei verschiedenen Stellungen des Linienschiebers angefertigt wurden, wodurch ein genaues Studium der komplizierten Bewegungen dieser Objekte ermöglicht ist. Einige Verbesserungen dieser Methode, besonders durch Einführung von photographischen Aufnahmen, werden vorgeschlagen. H. M.

6680. **E. F. Schaposchnikowa,** A very high eruptive prominence. Mitt. Astrophys. Obs. Krim **22** 84—90 (russ. mit engl. Ref.). — Die Arbeit enthält eine Beschreibung der außerordentlich hellen eruptiven Protuberanz, welche am 19. Mai 1956 am nordwestlichen Sonnenrand beobachtet wurde. L. Fr.

6681. **E. Schatzman,** Les éruptions solaires. BSAF **74** 453—457.

6682. **F. K. Schujskaja,** A spectrophotometric study of a prominence. Mitt. Astrophys. Obs. Krim **22** 91—100 (russ. mit engl. Ref.). — Es wurden Profile von mehreren Emissionslinien des Wasserstoffs und der Metalle von einer hellen Protuberanz vom 5. IX. 1956 untersucht. Die Gründe der Verbreiterung der einzelnen Emissionslinien, die Verteilung der Wasserstoffatome in einzelnen Quantenzuständen und einige andere physikalische Bedingungen in der erwähnten Protuberanz wurden berechnet. L. Fr.

6683. **A. B. Sewerny, N. W. Steschenko, W. L. Chochlowa,** The spectroscopy of solar flares with echelle-grating. AJ UdSSR **37** 23—31 (russ. mit engl. Ref.). — Die Verwendung eines von Gerasimow angefertigten Echelettgitters auf das Sonnenspektrum wird dargestellt. Im Sonnenturm der Krim-Sternwarte wurde diese Einrichtung zu Spektralaufnahmen von schnellen, instationären Prozessen auf der Sonne benutzt. Einige Aufnahmen des Spektrums der ruhigen Sonne und der chromosphärischen Eruptionen werden gezeigt und ein Katalog von allen Emissionslinien der Eruption vom 17. VIII. 1959 beigefügt. L. Fr.

6684. **A. B. Sewerny,** An investigation of magnetic fields connected with solar flares. Mitt. Astrophys. Obs. Krim **22** 12—41 (russ. mit engl. Ref.). — Die ausführlich mitgeteilte Untersuchung ergab in Bestätigung früherer

Arbeiten des Verf.: 1. Eruptionen erscheinen praktisch immer bei Neutralpunkten von Gebieten komplizierter magnetischer Struktur, bisweilen auch auf geschlossenen Linien magnetischer Neutralität. 2. Nach der Eruption vereinfacht sich das magnetische Bild und erniedrigt sich der Gradient der Feldstärke beim Neutralpunkt. 3. Helle, bei der Entwicklung von Eruptionen auftretende Filamente und Wolken folgen nicht selten den Neutrallinien. 4. Im Eruptionsgebiet betragen die Gradienten etwa 0.2—0.1 Γ/km. 5. In der Chromosphäre sind die Feldstärken aktiver Gruppen von der gleichen Größenordnung wie in der Photosphäre darunter. Die Korrelation von Neutralpunkten und Eruptionen ist in Chromosphärenfeldern besonders ausgeprägt. Petri

6685. **A. B. Sewerny,** On the nonstationary continuous emission of flares. Mitt. Astrophys. Obs. Krim **22** 67—74 (russ. mit engl. Ref.). — Die instationäre kontinuierliche Emission der Eruptionen und der Kerne in Gebieten der aktiven Fackeln kann durch einen langwelligen Schweif der Bremsstrahlung der Elektronen erklärt werden, welche in der Nähe des neutralen Punktes während des Pinch-Effektes beschleunigt werden. Die im visuellen Spektralgebiet beobachtete Energie wurde ins Röntgen-Gebiet extrapoliert und die Zahl der schnellen Elektronen, welche für die beobachtete Emission nötig sind, berechnet. L. Fr.

6686. **A. B. Sewerny,** An estimate of ultraviolet emission of flares in resonance lines L_α, He I and He II. Mitt. Astrophys. Obs. Krim **23** 311—321 (russ. mit engl. Ref.). — Die Ultraviolettstrahlung der Eruptionen und der ruhigen Chromosphäre wurde in den Resonanzlinien He I (584 Å), He II (304 Å) und L_α für Temperaturen $T = 10000°$ und $T = 25000°$ abgeschätzt. Die Abschätzungen entsprechen gut den Ergebnissen der Raketenmessungen. L. Fr.

6687. **A. B. Sewerny, E. F. Schaposchnikowa,** Dynamics of limb flares and the pinch-effect. Mitt. Astrophys. Obs. Krim **24** 235—257 (russ. mit engl. Ref.). — Die Arbeit enthält eine Untersuchung von Bewegungen der Sonnenranderuptionen, die am besten am Sonnenrande beobachtbar sind. Es wurde festgestellt, daß die Mehrzahl solcher Eruptionen die Form eines Hügels hat, dessen Vorderfront rasch expandiert und dann wieder einschrumpft. Die Geschwindigkeiten dieser Bewegungen wurden berechnet und mit dem Verlauf der Helligkeiten der Eruptionen verglichen. Danach wurden auch die energetischen Bedingungen in den Gebieten der Eruptionen diskutiert. Die Hauptrolle bei diesen Prozessen spielt das Magnetfeld. Ein Modell der Struktur und der Änderungen des Magnetfeldes ist dargestellt, das die Entstehung der Eruptionen und ihre beobachteten Bewegungen erklärt. L. Fr.

6688. **P. Simon,** Les éruptions chromosphériques associées aux sursauts radioélectriques de type IV effets ionosphériques et géomagnétiques. Ann d'Astrophys **23** 102—110. — Sonneneruptionen, die von Type IV-Bursts begleitet sind, sind eng mit Mögel-Dellinger-Effekten korreliert. Die heftigsten dieser Eruptionen erzeugen außerdem besonders starke erdmagnetische Stürme. HHR

6689. **K. Sinno,** Method of magnetic storm forecasting from the activities of flares accompanied by solar radio noise outbursts. Rep. Ionosphere Res. Japan **11** 195—204, 1957. — Ref. in Phys. Abstr. (A) **63** 1399.

6690. **K. Sinno,** On the great solar flare which started at 21 h 09 m, February 9th, 1958, as the likely source of geomagnetic storm, February 11th. Rep. Ionosphere Res. Japan **12** 6—9, 1958. — Ref. in Phys. Abstr. (A) **63** 1816.

6691. **E. van P. Smith,** Emission cores in the CaII lines in plages. AJ **65** 56. — Ref. AAS.

6692. **E. van P. Smith,** Emission cores in the Ca II lines in plages. ApJ **132** 202—212 = Harv Repr. Nr. 552. — Die Breiten der Emissionskomponenten der CaII-Linien in verschiedenen gestörten und ungestörten Gebieten der Sonne werden untersucht. Die Korrelation zwischen den verschiedenen Parametern der Emissionskomponenten werden diskutiert. Es zeigt sich, daß die Breite der Emissionskomponente in Fackeln größer ist als in der normalen Photosphäre, und dort größer als in Flecken. Die Breite der Emissionskomponente wächst zum Sonnenrand hin an. Eine Korrelation zwischen Breite und Intensität existiert nicht. Groth

* * **W. M. Sobolew,** Über die Ionisation des Wasserstoffs in der Sonnenatmosphäre. Vgl. Ref. **6446.**

6693. **W. E. Stepanow,** The motion of Ca^+ in chromosphere and the connection of the motion with magnetic fields. Mitt. Astrophys. Obs. Krim **23** 184—211 (russ. mit engl. Ref.). — Mit dem Sonnenmagnetographen und der Registrationsapparatur des Krim-Observatoriums wurden longitudinale Magnetfelder in der photosphärischen Linie $\lambda = 5250$ Å und Radialgeschwindigkeiten in der chromosphärischen Linie $H_3\,Ca^+$ gemessen. Auf Grund dieser Messungen wurden in der Chromosphäre große Gebiete mit aufsteigenden und absinkenden Gasströmen gefunden. Ihre Bewegungen haben den Charakter einer Turbulenz großen Maßstabs. Werte der Auf- und Abstiegsgeschwindigkeiten der Gase in der ruhigen Chromosphäre und in den Flocculi wurden berechnet. In den Flocculi nehmen sie proportional mit ihrer Helligkeit zu. Nachher wurde der Zusammenhang dieser Geschwindigkeiten mit der Struktur der Magnetfelder untersucht. Die Existenz der Magnetfelder scheint beträchtlich die Form der Geschwindigkeitsverteilungskurve zu beeinflussen. L. Fr.

6694. **N. W. Steschenko, W. L. Chochlowa,** Helium emission of the chromospheric flare of September 14, 1958. Mitt. Astrophys. Obs. Krim **23** 322—330 (russ. mit engl. Ref.). — Die Arbeit enthält eine Beschreibung der Emissionslinien des Para- und Orthoheliums ($\lambda = 3965$, 5016, 6678, 5876 und 4713 Å) der Eruption vom 14. IX. 58. Aus den photometrischen Profilen wurde die Berechnung der entsprechenden Besetzungszahlen durchgeführt. Dabei zeigten keine Emissionslinien außer der Heliumlinie D_3 (5876 Å) Selbstabsorption. L. Fr.

6695. **N. W. Steschenko, W. L. Chochlowa,** Ionized helium emission in chromospheric flares. Mitt. Astrophys. Obs. Krim **24** 258—276 (russ. mit engl. Ref.). — Zur Untersuchung der physikalischen Bedingungen der Emission des einmal ionisierten Heliums in Eruptionen konnten photometrische Profile der HeII-Linie $\lambda = 4686$ Å von zwei Eruptionen benutzt werden. Es wurde darauf hingewiesen, daß das HeII überwiegend durch intensive Strahlung der Wasserstofflinie L_α angeregt wird. Es wurden auch die Besetzungszahlen des dritten und vierten Niveaus und die Temperatur in Eruptionen berechnet. Aus den Linienbreiten wurden auch Turbulenzgeschwindigkeiten abgeschätzt und mit den vom neutralen Helium gewonnenen Werten verglichen. L. Fr.

6696. **Z. Švestka,** Hydrogen spectrum of the flare of July 30, 1958. BAC **11** 167—177. — Eine Diskussion von H_α, H_β, H_γ, H_ε und H_ζ zeigt, daß das Flare in der untersten Chromosphärenschicht entstand, was auch durch eine Emission in der CN-Bande bei λ 3883 Å angezeigt ist. Die Flügel der Balmer-Linien wurden in einer optisch sehr dicken Schicht an der Grenze zwischen Photosphäre und Chromosphäre gebildet, wo die Zahl der freien Elektronen 3×10^{13} cm^{-3} überschreitet. Die Anregung in dieser Schicht war jedoch sehr schwach, und die Elektronentemperatur lag nicht höher als 7000°. Über dieser Grundschicht, deren Dicke auf weniger als 200 km geschätzt wurde, lag eine ausgedehntere, durchsichtigere Schicht, in der Anregung und Elektronentemperatur mit wachsender Höhe zunehmen, während die Elektronendichte abnimmt. Die Kerne der

Balmer-Linien und auch die Kerne von Metallinien (deren Intensitäten in vielen Fällen mehr als 100 % des Kontinuums betrugen!) wurden in dieser ausgedehnteren und stärker angeregten Schicht gebildet. Verf. (ü.)

* * **G. Swarup, P. H. Stone, A. Maxwell,** The association of solar radio bursts with flares and prominences. Vgl. Ref. **6890.**

6697. E. Tandberg-Hanssen, An investigation of the temperature conditions in prominences with a special study of the excitation of helium. Astrophys. Norvegica **6** 161—262. — Um Informationen über die Temperaturverhältnisse in aktiven und halbaktiven Protuberanzen zu gewinnen, wird die Anregung ausgewählter Spektrallinien in solchen Objekten untersucht, speziell die Anregung des Heliums in Protuberanzen, Flares und in der Chromosphäre. Es ergibt sich, daß die Chromosphäre in der infraroten Heliumlinie λ 10830 optisch nicht dünn ist. Dasselbe gilt für starke Flares und helle Protuberanzen. Die Beobachtungen lassen sich nicht durch ein homogenes Modell von aktiven und halbaktiven Protuberanzen deuten. Solche Protuberanzen werden vielmehr aus verschiedenen Regionen aufgebaut, wobei die physikalischen Bedingungen (Temperatur und/oder Bewegungen) von einer Region zur anderen variieren. Es werden einige Betrachtungen über die mögliche Bedeutung der thermischen Diffusion und der Wärmeleitung für die Physik der Protuberanzen angestellt. Verf. (ü.)

6698. J. Veldkamp, D. van Sabben, On the current system of solar-flare effects. J. Atmosph. Terr. Phys. **18** 192—202. — Das System der elektrischen Ströme, das für den großen solaren Flare-Effekt vom 23. 3. 1958 verantwortlich ist, wird mit den Strömen der normalen täglichen Variation des geomagnetischen Feldes verglichen. Stu.

6699. M. Waldmeier, Bewegungen in Sonnenprotuberanzen. IV. Die aufsteigende Protuberanz vom 11. April 1959. ZfA **49** 153—160 = Astr. Mitt. Sternw. Zürich Nr. 226. — Es wird der Aufstieg einer Protuberanz am 11. April 1959 ausführlich beschrieben. Aus Aufnahmen mit einem Hα-Filter werden Bahnkurven, Geschwindigkeiten und Beschleunigungen abgeleitet; die Geschwindigkeiten gehen bis zu 477 km/sec, die Beschleunigungen machen mehr als das Dreifache der Schwerebeschleunigung aus. Nach dem ganzen Verlauf des Aufstiegs kann man das Filament als einen magnetischen Stab betrachten, der aus einzelnen Stromfäden zusammengesetzt ist und der nach oben ausknickt, wenn der magnetische Druck zu groß geworden ist und einen kritischen Wert überschritten hat. Der Knick erfolgt in der Mitte, wo die Stromfäden am dichtesten sind, und wird als Protuberanzenaufstieg sichtbar. Die Ursache eines solchen Aufstiegs ist demnach in der Protuberanz selbst zu suchen, nicht in anderen photosphärischen oder chromosphärischen Vorgängen. H. M.

66100. M. Waldmeier, Die Struktur der aktiven Chromosphäre. ZfA **50** 225—232 = Astr. Mitt. Sternw. Zürich Nr. 231. — Die Strukturen in aktiven chromosphärischen Zonen, die sogenannten Pilze, haben eine durchschnittliche Höhe von 11000 km, Durchmesser von 2000—3000 km, eine mittlere Lebensdauer von 10 Minuten und eine mittlere Aufstiegsgeschwindigkeit von 25 km/sec. Sie sind größer als die Strukturen der ungestörten Chromosphäre, die sogenannten Spiculen, aber kleiner als die Auswürfe. Sie erscheinen auf der Sonnenscheibe als helle Punkte oder Mikroeruptionen. Verf. (ü.)

66101. T. Watanabe, Solar spicules and heating of solar outer atmosphere. Rep. Ionosphere Res. Japan **12** 160—168, 1958. — Ref. in Phys. Abstr. (A) **63** 1845.

66102. J. I. Winogradow, N. A. Sawitsch, A comparison of the development of separate knots of flares in Hα with the time rate of ionizing radiation. Mitt. Astrophys. Obs. Krim **24** 48—51 (russ. mit engl. Ref.). — Es wurde eine Abhängigkeit der ionosphärischen Aktivität von der Hα-Strahlung der einzelnen Knoten von Eruptionen gefunden. Dazu wurden 9 Fälle benutzt, von denen Messungen der plötzlichen ionosphärischen Störungen sowie auch Helligkeiten in der Hα-Linie von einzelnen Eruptionsknoten erreichbar waren. L. Fr.

66103. **H. Zirin, E. Tandberg-Hanssen,** Physical conditions in limb flares and active prominences. IV. Comparison of active and quiescent prominences. ApJ **131** 717—724. — Es werden die Spektren von ruhenden und aktiven Protuberanzen, die auf der gleichen Aufnahme vom 23. März 1959 erschienen, ausführlich beschrieben und diskutiert. Sowohl nach dem Auftreten der Linien — starke Linien von H, HeI und ionisierten Metallen in den ruhenden, starke HeII-Linien und schwache von ionisierten Metallen in den aktiven Protuberanzen — als auch aus den Linienbreiten ergibt sich ein sehr krasser Temperaturunterschied dieser beiden Protuberanzenarten; bei den ruhenden, den kühlen, betragen die Temperaturen im Mittel 10000°, bei den aktiven, den heißen, etwa 50000°. Dabei sind das nur allgemeine, mittlere Werte über die ganze Protuberanz; im einzelnen variiert die Temperatur bei der gleichen Protuberanz in einem sehr weiten Bereich, vielleicht als Folge einer feineren, filamentartigen Struktur, wobei sich die einzelnen Fäden in verschiedenen Abkühlungsstadien befinden. Es wird vorgeschlagen, die Materie in der Sonnenatmosphäre nach ihrem Spektrum in 4 scharf getrennte Klassen einzuteilen; die einzelnen Klassen werden kurz beschrieben und diskutiert. H. M.

66104. **J. B. Zirker,** The energy equilibrium of the solar chromosphere. AJ **65** 59. — Ref. AAS.

* * **J. B. Zirker,** The energy balance of opaque atmospheres. Vgl. Ref. **5361**.

66105. Intense solar flares of July 16, 1959. Sky Tel. **19** 339—341. — Ref. AAS.

66106. High solar prominences. Sky Tel. **19** 415.

66107. Höhe der Protuberanzen. Sterne **36** 209. — Ref.

* * The observation of solar prominences. A simple coronagraph. Vgl. Ref. **2297**.

§ 67

Korona

6701. **A. Burgess,** A note on the calculation of coronal ionization cross-sections. ApJ **132** 503—505. — Wirkungsquerschnitte für Elektronenstoß an positiven Ionen, berechnet unter Berücksichtigung der Beschleunigung des Elektrons im Coulomb-Feld des Ions, fallen größer aus als die von Schwartz und Zirin (vgl. AJB **59** Ref. **6721**), wenn man die Beiträge von höheren Bahnquantenzahlen mit berücksichtigt. Damit wird das Problem der Koronatemperaturen erneut aufgeworfen. Ee.

6702. **J. W. Chamberlain,** Interplanetary gas. II. Expansion of a model solar corona. ApJ **131** 47—56. — Die kinetische Theorie des Massenverlustes planetarer und stellarer Atmosphären wird verallgemeinert und auf größere Höhen über der kritischen Höhe ausgedehnt, über welcher Stöße vernachlässigt werden können. Der Vergleich mit der hydrodynamischen Theorie von

Parker (vgl. AJB 58 Ref. 6125) unter Verwendung der Wärmeleitungsgleichungen und der hydrostatischen Theorie von Chapman (vgl. AJB 57 Ref. 6709) führt zu einer Kritik der hohen Expansionsgeschwindigkeiten und Äquivalenttemperaturen in der Nähe der Erdbahn. Ee.

* * **I. Elliott, M. A. Ellison, J. H. Reid,** Spectra of a bright coronal prominence associated with a class 3 flare. Vgl. Ref. **6625**.

* * **W. C. Erickson,** Radio emission in the outer corona. Vgl. Ref. **6849**.

6703. J. Firor, H. Zirin, Photography of the infrared coronal lines 10747 and 10798 Å with image tubes. AJ **65** 345. — Ref. AAS.

6704. M. N. Gnewyschew, The connection between optical and radio emission of the solar corona. AJ UdSSR **37** 227—235 (russ. mit engl. Ref.). — Eine Diskussion des umfangreichen, während des Internationalen Geophysikalischen Jahres gewonnenen Beobachtungsmaterials ergibt: 1. Die Koronalinie 5303 Å ist über Sonnenflecken am stärksten. 2. Strukturelle Einzelheiten der Korona erscheinen einen Tag nach dem Auftauchen am Ostrand und einen Tag vor dem Verschwinden am Westrand am kräftigsten. 3. Die solare Meterwellenstrahlung ist bei Radiostürmen enger als 10° gebündelt; in ihrem Ausgangsgebiet hat die Linie 5303 Å ein Maximum. 4. 2—4 Tage vor einem geomagnetischen Sturm pflegt ein Meterwellensturm aufzutreten. Verf. (gek.)

6705. S. Gorgolewski, A. Hewish, The irregular structure of the solar corona during 1959 June. Obs **80** 99—103. — Mit zwei Dreiecksinterferometern des Mullard Radio Astr. Obs. in Cambridge wurde der Vorübergang des Krebsnebels bei 1.7 m und 7.9 m Wellenlänge beobachtet. Schwankungen der Elektronendichte in der Korona, die offenbar durch lokale Magnetfelder aufrechterhalten werden, führen zu der bis zu 40 $R_\odot$ beobachteten Anisotropie der Streuung der Radiostrahlung. Mit höherem Auflösungsvermögen ($\pm$ 24′ Halbbreite) wurde das Verhalten der Strahlung bei λ 7.9 m in Abständen $< 10\ R_\odot$ untersucht. Der Abfall der integrierten Intensität für $R < 8\ R_\odot$ bleibt ungeklärt. Ee.

* * **J. R. Herring, A. L. Licht,** The effect of solar wind on the lunar atmosphere. Vgl. Ref. **8339**.

6706. J. A. Högbom, The structure and magnetic field of the solar corona. MN **120** 530—539. — Die Bedeckung der Radioquelle Taurus A durch die Sonnenkorona läßt erkennen, daß eine starke Streuung der Radiowellen stattfindet, die sich durch eine merkliche Anisotropie der Korona infolge von Unregelmäßigkeiten im allgemeinen Magnetfeld der Sonne erklären läßt. Durch Beobachtungen der Bedeckung von Taurus A mit mehreren, aber verschieden orientierten Interferometern kann somit die Richtung des Magnetfeldes ermittelt werden, das danach zwischen 10 und 30 Sonnenradien Abstand annähernd radial verläuft. Es wird verständlich gemacht, daß das radiale Feld dadurch zustande kommt, daß lokale Magnetfelder an der Sonnenoberfläche durch die expandierenden Koronagase weit hinaus befördert werden, wobei die Expansionsgeschwindigkeiten viel kleiner sein können, als im Parkerschen Modell gefordert wird. Aus der Struktur der Minimumskorona von 1954, die durch keine lokalen Felder gestört ist, läßt sich andererseits die Feldstärke des allgemeinen Magnetfeldes an den Polen ableiten, die sich in Übereinstimmung mit den Babcockschen Messungen zu 1.5 Oe ergibt. H. M.

6707. W. F. Huch, E. P. Ney, R. W. Maas, P. J. Kellogg, Experiment to determine accurately the polarization and intensity of the light from the solar corona. AJ **65** 347. — Ref. AAS.

6708. F. S. Johnson, The gross character of the geomagnetic field in the solar wind. Vgl. Ref. **1334** S. 3049—3051.

6709. **M. G. Karimow, N. S. Schilowa,** Über den wechselseitigen Zusammenhang der Bewegung der Materie der Korona und der Protuberanzen. Mitt. Astrophys. Inst. Alma-Ata **9** 10—20 (russ. mit engl. Ref.). — Die statistische Untersuchung der Korrelation zwischen den Doppler-Verschiebungen der Linien Hα und 6374 Å ergibt, daß sowohl Protuberanzen als auch rote Emissionskorona sich meist gleichsinnig bewegen, wobei die Koronageschwindigkeit im Mittel nur 0.39 ± 0.11 der Protuberanzengeschwindigkeit beträgt. In der Nähe der Protuberanz wächst die Koronaintensität an; sie vergrößert sich aber nicht wesentlich über aktiven Gebieten der Photosphäre und unteren Chromosphäre. Die Ergebnisse deuten darauf hin, daß die materiellen Bewegungen von Korona und Protuberanzen beide entlang des gleichen Magnetfelds erfolgen. Petri

6710. **K.-A. Kawabata,** A model of the coronal condensation. Publ. Astr. Soc. Japan **12** 513—523 = Tokyo Astr. Obs. Repr. Nr. 204. — Aus der statistischen Untersuchung der langsam veränderlichen Komponente der solaren Radiostrahlung werden die Temperaturen der Koronakondensationen abgeschätzt. Unter der Annahme, daß die emittierende Fläche gleich der des darunter liegenden Fackelgebietes ist, ergeben sich Temperaturen von 4 bis 6×10^6 °. Groth

6711. **J.-L. Leroy,** Observation d'un jet coronal persistant. Ann d'Astrophys **23** 567—573. — Mit Hilfe von Polarisationsfiltern kann auf dem Pic du Midi die Korona im Lichte der hauptsächlichen Koronalinien photographiert werden; ein photoelektrisches Polarimeter erlaubt es, die Korona im integrierten Licht in Meudon bis zum Abstand von 10′ vom Sonnenrand, auf dem Pic du Midi bis zum Abstand von 35′ zu erfassen. Diese Instrumente ermöglichten es, einen großen Koronastrahl von sehr langer Lebensdauer nachzuweisen, der sich in +60° Breite befand und mindestens vom 28. August bis zum 23. November 1959 vorhanden war. Entsprechend der hohen Breite waren keine chromosphärischen Ereignisse mit diesem Strahl verbunden. Aus dem Auftreten der 5303 Å-Linie am Rande des Strahls und dem Nichterscheinen der Linien 6374 Å und 5694 Å kann man schließen, daß im Strahl selbst die Temperatur zu hoch ist, als daß die grüne Linie auftreten kann, aber noch zu niedrig für das Erscheinen der gelben Linie, während an den Rändern des Strahls die Temperatur niedriger ist, so daß hier die grüne Linie erscheinen kann, aber noch nicht die rote, für die diese Temperatur immer noch zu hoch ist. H. M.

6712. **A. L. Licht,** Properties of the solar wind during sunspot minimum. J. Geophys. Res. **65** 1397—1400. — Es wird gezeigt, daß Parkers Modell der kugelförmigen, expandierenden Korona wohl für die Zeit des Sonnenfleckenmaximums eine befriedigende Darstellung liefert, für die Zeit des Sonnenfleckenminimums indes durch eine scheibenförmige, expandierende Korona ersetzt werden muß, die in der Ebene des Sonnenäquators liegt und eine maximale Dicke von 25 Sonnenradien hat. Nur dann lassen sich die von Blackwell 1954 beobachteten Elektronendichten in Abständen von über 20 Sonnenradien erklären. Die Dicke der Scheibe ist im übrigen durch den magnetischen Druck zu verstehen. Ferner wird verständlich, daß im März und September, wo die Erde jeweils ihren größten Abstand von 27 Sonnenradien von der Äquatorebene der Sonne hat und sich in den turbulenten Randgebieten dicht außerhalb der Koronascheibe befindet, die geomagnetischen Störungen besonders stark auftreten. H. M.

6713. **E. I. Mogilewskij, G. M. Nikolskij, K. I. Nikolskaja,** On the polarization of coronal emission lines. AJ UdSSR **37** 236—245 (russ. mit engl. Ref.). — Aus zwei Koronaspektrogrammen, die bei der Finsternis 1954 Juni 30 gewonnen wurden, wird der radiale Verlauf der Polarisation für die Linien 5303 Å in äquatorialer und 6374 Å in polarer Richtung sowie jeweils für das angrenzende Kontinuum abgeleitet und dargestellt. In 1.3 $R_\odot$ Abstand vom Zentrum macht der Anteil der K-Komponente 80 % des integralen Koronalichts aus. Von 1.1 bis 1.6 bzw. 1.45 $R_\odot$ werden die effektiven Querschnitte für Anregung der Linien durch Elektronenstoß berechnet. Deren Mittelwerte sind $\bar{\sigma}_{5303} = 0.77 \times 10^{-17}$ cm² und $\bar{\sigma}_{6374} = 0.63 \times 10^{-17}$ cm². Zum Schluß wird betont, daß bei der Analyse von Koronaspektrogrammen der Polarisationseffekt berücksichtigt werden muß. Petri

6714. **I. G. Moissejew,** The velocity of corpuscular streams in the solar corona from observations of radio emission. Mitt. Astrophys. Obs. Krim **24** 3—15 (russ. mit engl. Ref.). — Aus Typ II-Strahlungsausbrüchen bei vorhandenen koronalen Kondensationen wird die Fortpflanzungsgeschwindigkeit der Störung in der Korona abgeschätzt. Die Übereinstimmung dieser Geschwindigkeit mit derjenigen der Korpuskularstrahlung, die die magnetischen Stürme verursacht, deutet an, daß diese Teilchen von aktiven Zentren der Sonnenoberfläche mit hoher Geschwindigkeit herausgeschleudert und nicht in der Korona beschleunigt werden. Ee.

6715. **A. T. Nesmjanowitsch,** Der Einfluß der Koronastruktur auf die Radiostrahlung der Sonne. Sonnendaten 1960 Nr. 2 S. 65—68 (russ.). — Aus Beobachtungen der Finsternis des Jahres 1954 ergibt sich ein merklicher Einfluß im Dezimeterwellenbereich. Die Höhenbestimmung radiostrahlungsaktiver Gebiete hängt stark davon ab, ob Koronastrahlen vorhanden sind oder mit einer kugelsymmetrischen Korona gerechnet werden darf. Dasselbe gilt für die Bestimmung der Geschwindigkeit von Korpuskelströmen aus dem dynamischen Spektrum. Die Radiotemperatur der Koronastrahlen ist höher als die der mittleren Korona. Loh.

6716. **E. P. Ney, P. J. Kellogg, W. F. Huch,** Results of the measurement of the polarization of coronal light on October 2, 1959. AJ **65** 352. — Ref. AAS.

* * **S. O. Obaschew,** Über die Wechselbeziehung der Protuberanzen mit der monochromatischen Korona. Vgl. Ref. **6669.**

* * **Y. Öhman,** Magneto-optics in solar physics. Vgl. Ref. **6553.**

6717. **E. N. Parker,** The hydrodynamic treatment of the expanding solar corona. ApJ **132** 175—183. — Die Expansion der Gasmassen der Korona geht durch Ausstoß mit Überschallgeschwindigkeit und nicht durch Verdampfung vor sich. Es wird gezeigt, daß dieser Vorgang durch die Grundgleichungen der Hydrodynamik erklärt und gefordert wird. FS

6718. **E. N. Parker,** The hydrodynamic theory of solar corpuscular radiation and stellar winds. ApJ **132** 821—866. — Die bis zu 20 Sonnenradien beobachtete Dichteverteilung der Korona beim Fleckenminimum läßt sich durch die statische barometrische Höhenformel nicht widerspruchsfrei darstellen, wohl aber bis 14 Sonnenradien, und zwar durch eine Lösung der stationären, kugelsymmetrischen hydrodynamischen Gleichung mit einer isothermen Korona von 1.22×10^6 °. Die Korona expandiert also. Die Eigenschaften der Lösungen der stationären, kugelsymmetrischen, nicht linearen hydrodynamischen Gleichung werden für Polytrope genauer untersucht. Es gibt kontinuierliche Lösungen, die, mit kleinen Geschwindigkeiten im starken Gravitationsfeld am Grunde der Korona beginnend, bis nach Unendlich reichen und dort verschwindenden Druck liefern. — Die obere und untere Grenze für die Geschwindigkeit der Expansion der Korona (= «Korpuskularstrahlung der Sonne» oder «Sonnenwind») werden bestimmt. Bei allen Hauptreihensternen später als Typ F sind «Sternwinde» zu erwarten. — Im Anhang wird ein Grundriß der Theorie der hydromagnetischen Aufheizung der Korona gegeben. Har.

6719. **C. Pecker,** L'excitation de la raie coronale rouge λ 6374. CR **251** 1862—1864 = Contr. Inst. d'Astrophys. Paris (A) Nr. 262. — Unter Hinweis auf die Feststellung von M. Blaha (vgl. AJB 58 Ref. 6701), daß bisher bei der Berechnung der Intensität der grünen Koronalinie ein um den Faktor 11 zu großer Elektronenstoßquerschnitt vorausgesetzt worden war — was analog auch für die rote Koronalinie zutreffen muß —, wird gezeigt, daß bei dieser Linie der Zustand $^2P^\circ_{1/2}$ im wesentlichen durch Strahlungsübergänge von dem Zustand $^2S_{1/2}$ her aufgefüllt wird, was sich bei einem im fernen UV gelegenen erlaubten Übergang $3s3p^6\ ^2S_{1/2} — 3s^23p^5\ ^2P^\circ_{3/2}$ bemerkbar macht. J. P. M.

* * **E. A. Ponomarew,** Die Korpuskularstrahlung der Sonne und die Verteilung der Ionen in der Sonnenkorona. Vgl. Ref. **68112**.

* * **S. R. Pottasch,** Use of the equation of hydrostatic equilibrium in determining the temperature distribution in the outer solar atmosphere. Vgl. Ref. **6676**.

* * **W. A. Rense,** Solar ultraviolet spectroscopy and applications to problems of the upper atmosphere and the solar corona. Vgl. Ref. **6824**.

6720. **S. B. Schwartz, H. Zirin,** Ionization of Fe XIV in a hot plasma. Phys. Fluids **2** 94, 1959. — Ref. in Phys. Ber. **40** 610.

6721. **C. P. Sonett,** Coupling of the solar wind and the exosphere. Phys. Rev. Letters **5** 46—48. — Ref. in Phys. Abstr. (A) **63** 1623.

6722. **M. Trellis,** Dissymétrie Est-Ouest des intensités de la couronne monochromatique. CR **250** 58—60. — Die Beobachtungen der Koronaintensität in den Linien λ 5303 und λ 6374 Å an verschiedenen Stationen im Zeitraum 1947 bis 1958 werden zusammenfassend auf eine Ost-West-Asymmetrie der Helligkeitsverteilung hin untersucht. Die Mittelbildung über den genannten Zeitraum ergibt die instrumentelle Asymmetrie; damit werden sämtliche Einzelbeobachtungen reduziert und auf eine gemeinsame Skala der Intensität gebracht. Es stellt sich heraus, daß ein ausgesprochener Jahresgang der Asymmetrie besteht, dessen Amplitude bei λ 6374 Å vom Sonnenzyklus, bei λ 5303 Å nicht davon abhängt. Die Phase der Variationen ist um 180° gegeneinander verschoben. Der beschriebene Effekt ist mit der Theorie vereinbar, wonach die interstellare Materie bei der Anregung in der Korona eine Rolle spielt und die Apexbewegung der Sonne hierbei eine Asymmetrie verursachen sollte. J. P. M.

6723. **A. Unsöld,** Über die Temperatur der Sonnenkorona. ZfA **50** 48—56 = Sonderdruck Sternw. Kiel. — Die wahre Temperatur der Korona kann zur Zeit nur aus der Doppler-Breite der Koronalinien bestimmt werden; für die innere Korona ergeben Messungen von D. E. Billings etc. $T = 2.4 \times 10^6$ °. Aus der Dichteverteilung N(r) erhält man mittels der hydrostatischen Gleichung für die innere Korona zunächst niedrigere Temperaturen um 1.7×10^6 °. Diese niedrigeren Werte werden auf die strahlige Struktur der Korona zurückgeführt, für deren Inhomogenitätsmaß x (1/x definiert etwa als Bruchteil des von Materie erfüllten Volumens) sich in Übereinstimmung mit Allens Bestimmung aus der «Verbeulung» der Koronaisophoten Zahlen ergeben, die von $x \approx 1$ nahe der Sonnenoberfläche auf etwa $x \approx 6$ bis 8 im Abstand von 5 Sonnenradien anwachsen. Auch die Streuung von Meterwellen bei der Bedeckung des Crab-Nebels (Tau A) kann so zwanglos gedeutet werden. Neuere Temperaturbestimmungen aus der Ionisation und aus radioastronomischen Messungen sind mit $T = 2.4 \times 10^6$ ° verträglich, lassen aber nicht die zu einem eigentlichen Vergleich erforderliche Genauigkeit zu. Verf.

6724. **A. Unsöld,** Aufbau und Variationen der Sonnenkorona. ZfA **50** 57—68 = Sonderdruck Sternw. Kiel. — Aus der Sonnenatmosphäre strömt mechanische Energie bzw. «mechanische Strahlung» (Schallwellen, Stoßwellen, magneto-hydrodynamische Wellen etc.) nach außen. Die hiervon dissipierte

Energie kann unterhalb einer bestimmten kritischen Dichte nicht mehr abgestrahlt werden. Sie dringt eine Relaxationsstrecke Δr weit in die (durch sie aufgeheizte) Korona ein und wird nach innen und außen abgeleitet. Die Lösung dieses Wärmeleitungsproblems ergibt die Aufteilung in Auswärts- und Einwärts-Wärmestrom im Verhältnis $\Delta r : r_{\odot}$. Die Maximaltemperatur T_m der Korona ist durch das Produkt von mechanischem Energiestrom $F \times$ Relaxationsstrecke Δr bestimmt. Die Dichte der Korona ist cet. par. proportional der Dichte an ihrer Basis, die ihrerseits durch die Unmöglichkeit der Abstrahlung der dort dissipierten mechanischen Energie festgelegt ist. Faßt man die Koronastrahlen, -kondensationen etc. als «lineare Atmosphären» auf, die von einer magnetischen Kraftröhre gehalten werden, so versteht man, daß sie sich von ihrer Umgebung in erster Linie durch größere Dichte, in zweiter Linie durch kleine Temperaturdifferenzen unterscheiden. Man versteht weiter, daß in der Minimumskorona die Höhe der Hα-Chromosphäre als Funktion der heliographischen Breite umgekehrt variiert wie die Dichte der Korona. Die Temperaturverteilung in den Fackeln (plages faculaires) läßt sich auf teilweisen mechanischen Energietransport in der Photosphäre zurückführen. Unser Koronamodell deutet die wichtigsten Eigenschaften der langsam veränderlichen (thermischen) Radiofrequenzstrahlung der Sonne. Verf.

6725. **M. Waldmeier,** Form und Ausdehnung der monochromatischen Korona. ZfA **50** 35—47 = Astr. Mitt. Sternw. Zürich Nr. 228. — Die Resultate von mehr als 12000 Höhenmessungen der Korona im Zeitraum 1939—1959 werden mitgeteilt. Die Koronahöhe im Licht von λ 5303 wächst von 0!5 im Fleckenminimum auf 3!4 im Fleckenmaximum. Diese Variation findet nicht nur in der Fleckenzone statt, sondern auch in höheren Breiten, selbst am Pol. Die größten Höhen werden über Flecken- und Fackelgebieten gemessen (1!4 im Minimum, 4!8 im Maximum), die kleinsten über dem Pol (0!0 im Minimum, 1!9 im Maximum). Am Äquator variiert die Höhe von 0!2 bis 4!6; hier wird der Maximalwert etwa 2 Jahre nach dem Fleckenmaximum erreicht. Gleicherweise tritt das Maximum der Elliptizität der Isophoten 2 Jahre nach dem Fleckenmaximum auf. Die Variationen der monochromatischen Korona hinsichtlich Struktur und Ausdehnung sind viel ausgeprägter als die der K-Komponente der weißen Korona. Stu.

6726. **M. Waldmeier,** Das Verhalten der monochromatischen Korona im 11jährigen Zyklus. ZfA **50** 145—154 = Astr. Mitt. Sternw. Zürich Nr. 230. — Die Bearbeitung der sehr homogenen monochromatischen Koronabeobachtungen in Arosa, die nunmehr zwei vollständige Sonnenfleckenzyklen überdecken, läßt in Bestätigung früherer Feststellungen erkennen, daß die Gesamtemission der grünen Linie sich eng an die Kurve der Sonnenfleckenrelativzahl anschmiegt, während die der roten Linie nur eine ganz schwache Doppelwelle mit den Maxima sowohl bei größter wie bei kleinster Fleckentätigkeit zeigt. Dieses Verhalten ist verständlich, weil mit wachsender Sonnenaktivität sowohl die Elektronendichte als auch die Temperatur der Korona zunimmt, was beides zu einer Intensitätssteigerung der grünen Linie führt; bei der roten Linie wirken hingegen diese beiden Effekte einander entgegengesetzt, wachsende Temperatur bringt eine Intensitätsminderung, steigende Elektronendichte eine Intensitätsverstärkung, so daß durch beide Effekte nahezu eine Kompensation erreicht wird. H. M.

6727. **M. Waldmeier,** Die koronale Aktivität vom 5. April 1960. ZfA **51** 1—10 = Astr. Mitt. Sternw. Zürich Nr. 234. — Über einer großen Fleckengruppe, die den westlichen Sonnenrand am 7. April 1960 passierte, zeigte die Korona anomal schwache Emissionslinien und geringe Dichte. Am 5. April trat in dieser Region eine intensive koronale Kondensation auf, wahrscheinlich im Zusammenhang mit einem Flare. Die Dauer der Erscheinung betrug mehr als 10^h. Die Kondensation hatte eine Geschwindigkeit von etwa 2 km/sec und erreichte eine Höhe von mindestens 100000 km. Sie war von zahlreichen typischen Fleckenprotuberanzen begleitet. Verf. (ü.)

6728. **W. W. Witkewitsch,** The solar supercorona from observations of 1951—1958. AJ UdSSR **37** 32—41 (russ. mit engl. Ref.). — Es wurden Ergebnisse der Krim-Radiobeobachtungen der Sonnensuperkorona gesammelt, welche in den Jahren 1951—1958 auf verschiedenen Wellenlängen und auf Interferenzbasen von verschiedenen Größen gewonnen wurden. Die mittleren Charakteristiken, die Elektronenkonzentrationen und die mittleren Geschwindigkeiten des Plasmas im Zusammenhang mit der Sonnenaktivität wurden diskutiert. L. Fr.

6729. **W. W. Witkewitsch,** Radio astronomical observations of moving clouds of plasma in the solar supercorona. AJ UdSSR **37** 961—968 (russ. mit engl. Ref.). — Rasche Schwankungen der Radiostrahlung des Crab-Nebels werden durch Plasmawolken erklärt, deren Geschwindigkeit mindestens einige 10^3 km/sec beträgt. Für die Elektronendichte dieser Wolken, von denen die Sonne stündlich etwa 10 ausstößt, werden folgende Werte abgeschätzt: $5 \times 10^5 - 5 \times 10^7$ (bei 10^4—10^6 °) bei Absorption; $10^6 - 10^7$ bei Refraktion; 1.7×10^3—1.7×10^6 bei Streuung. Petri

6730. New polarization measurements of the solar corona. Sky Tel. **20** 25. — Ref. AAS. — Ref. in VdS Nachr. **10** 51.

§ 68

Wellen- und Partikelstrahlung

Solare UV- und Röntgen-Strahlung

6801. **R. G. Athay,** Rocket and satellite observations of the solar ultra-violet spectrum. Nature **186** 1036. — Fortlaufende Beobachtungen der $L\alpha$- und $L\beta$-Linien sind von sehr großer Bedeutung. Es wird gezeigt, daß die Intensitäten in den Linienmitten sehr verschieden sind. C. L. J.

6802. **E. R. L. Blake, A. E. Unzicker, H. Friedman,** Röntgen-ray photographs of the sun. Rep. Naval Res. Lab. Progr. June 1960 S. 14—15. — Die Aufnahmen wurden bei $\lambda < 60$ Å mit einer Aluminium-Lochkamera von einer Rakete aus in 216 km Höhe gemacht. Eine Wiedergabe läßt Koronaaufhellungen erkennen. Die Aufnahmetechnik und -anordnung ist kurz beschrieben. V. W.

6803. **T. A. Chubb, H. Friedman, R. W. Kreplin,** Measurements made of high-energy Röntgen-rays accompanying three class 2^+ solar flares. J. Geophys. Res. **65** 1831—1832. — Bei Raketenaufstiegen am 24. und 31. August und am 1. September 1959 wurden Messungen der im Zusammenhang mit drei Flares der Klasse 2^+ auftretenden hochenergetischen Röntgen-Strahlung gemacht. Wesentliches Ergebnis der — noch vorläufigen — Analyse ist die Entdeckung eines beträchtlichen Energieflusses für Energien > 20 keV während der Flares. Das Energiespektrum sowie Vergleichsdaten für die ruhige Sonne in verschiedenen Phasen des Aktivitätszyklus werden mitgeteilt. Die Ausbrüche können möglicherweise als Verstärkung der normalen koronalen Emission verstanden werden. Stu.

6804. **T. A. Chubb, R. W. Kreplin, D. P. McNutt, H. Friedman,** Project sunflare II. Rep. Naval Res. Lab. Progr. 1959 Nr. PB 151343 S. 1—7. — Ref. in Phys. Ber. **39** 1449—1450.

6805. **T. A. Chubb, H. Friedman, R. W. Kreplin,** Röntgen-ray emission accompanying solar flares and non-flare sunspot maximum conditions. Vgl. Ref. 1330 S. 695—701.

6806. **R. E. Danielson,** An attempt to detect energetic Gamma radiation from the sun. J. Geophys. Res. **65** 2055—2059.

6807. **C. R. Detwiler, J. D. Purcell, R. Tousey,** The extreme ultraviolet spectrum of the sun. AJ **65** 487. — Ref. AAS.

6808. **C. R. Detwiler, J. D. Purcell, R. Tousey,** The profils of the solar Lyman-Alpha-line of hydrogen. Rep. Naval Res. Lab. Progr. Febr. 1960 S. 1—6. — Bei einem Raketenaufstieg 1959 wurden mit einem auf eine Bogenminute genau nachgeführten 2-Gitterspektrographen Spektren der Lα-Linie des Wasserstoffs $\lambda = 1216$ Å mit hoher Dispersion, 2.6 Å/mm, aufgenommen. Die Emissionslinie hat eine Halbwertsbreite von etwa 2 Å und einen 0.025 bis 0.04 Å breiten Absorptionskern. Der letztere wird auf die Absorption des erdnahen, z. T. interplanetaren Wasserstoffs zurückgeführt. Die insgesamt neun Aufnahmen wurden in Höhen von 91 bis 195 km gemacht. Die Zahl der Wasserstoffatome oberhalb der E-Schicht ergibt sich zu 2×10^{12} Atome/cm^2. V. W.

6809. **H. Friedman,** High-altitude measurements of Röntgen-rays and far ultraviolet radiation. Trans. IRE **MIL-4** 18—25. — Ref. in Phys. Ber. **39** 1890—1891.

6810. **H. Friedman,** Rocket astronomy. Vgl. Ref. **1316** S. 106—118.

* * **I. M. Gordon,** The nature of γ-emission in solar flares and the formation of cosmic particles in active solar regions. Vgl. Ref. **6636**.

6811. **L. Goldberg,** Solar experiments. Vgl. Ref. **1326** S. 274—277.

6812. **H. E. Hinteregger, K. R. Damon, L. Heroux, L. A. Hall,** Telemetering monochromator measurements of solar 304 Å radiation and its attenuation in the upper atmosphere. Vgl. Ref. **1330** S. 615—627.

* * **H. E. Hinteregger,** Interplanetary ionization by solar extreme ultraviolet radiation. Vgl. Ref. **9507**.

6813. **C. de Jager,** The Röntgen-ray radiation of the sun. Vgl. Ref. **1330** S. 628—636 = Sterrewacht «Sonnenborgh» Utrecht Overdruk Nr. 43.

6814. **J. Kleczek, L. Křivský,** Solar limb surges accompanied by Röntgen-ray emission. Nature **186** 1035—1036. — Kurze Beschreibung von korrelierten solaren und terrestrischen Ereignissen am 8., 13. Mai, 9. Juni, 10., 11. Juli und 8. Aug. 1959. Stu.

6815. **L. Křivský,** Sudden occurrences of the solar Röntgen-emission and the ionosphere. RH **41** 161—167 (tschech.).

6816. **H. H. Malitson, J. D. Purcell, R. Tousey, C. E. Moore,** The solar spectrum from 2635 to 2085 Å. ApJ **132** 746—766. — Bei drei Raketenaufstiegen in den Jahren 1952 bis 1956 wurde das Spektrum der integrierten Sonnenscheibe mit einem Auflösungsvermögen von 0.6 Å photographiert und in Mikrowatt cm^{-2} kalibriert. In eine besondere Registrierkurve sind 949 zum Spektrum beitragende Absorptionslinien mit Laborwellenlänge und Multiplettnummer eingetragen. Ee.

6817. **D. C. Morton, K. G. Widing,** The solar Lyman-Alpha emission line. Vgl. Ref. **1340** S. 968—969.

6818. **C. Pecker,** Recherche de la raie de résonance de Fe X dans le spectre ultraviolet solaire. CR **250** 3779—3781 = Contr. Inst. d'Astrophys. Paris (A) Nr. 260. — Für den «Resonanz»-Übergang 3 s 3 p^6 $^2S_{1/2}$ — 3s^2

$3p^5\ ^2P_{3/2}$ des Fe X wird eine angenäherte Wellenlänge (aus den iso-elektronischen Sequenzen) von λ 345.1 Å und eine zu erwartende Intensität von $\approx$ 0.15 erg/cm² sec berechnet. Beobachtungen dieses Spektralbereichs werden diskutiert. Dabei zeigt sich, daß die bei λ 344.7 auftretende Linie — von Rense und Violett (vgl. AJB **59** Ref. **6816**) als O III-Linie identifiziert — einen Blend der genannten Eisenlinie mit der in der zweiten Gitterordnung auftretenden Linie λ 172.2 Å des O V darstellt. J. P. M.

6819. **J. D. Purcell, R. Tousey,** The profile of solar Lyman-Alpha. AJ **65** 56. — Ref. AAS.

6820. **J. D. Purcell, R. Tousey,** The profile of solar hydrogen-Lyman-α. J. Geophys. Res. **65** 370—372. — Kurze Beschreibung des Profils von Lyman α im Sonnenspektrum, wie es von einer Aerobee-High-Rakete am 21. 7. 1959 gemessen wurde. Die erreichte Maximalhöhe war nahe bei 200 km. Das Profil zeigt eine Halbwertsbreite von etwa 1 Å in Übereinstimmung mit früheren Beobachtungen, ferner eine relativ schwache Zentraldepression, der eine sehr schmale, tiefe Absorptionslinie überlagert ist. Letztere sollte in den hohen Schichten der Erdatmosphäre und eventuell im interplanetaren Raum entstehen, während die flache Depression solaren Ursprungs ist. Die Gesamtintensität von Lyman α von der Sonne in Erdabstand wurde zu 6 erg/cm² sec gemessen. Oster

6821. **J. D. Purcell, D. M. Packer, R. Tousey,** The ultraviolet spectrum of the sun. Vgl. Ref. **1330** S. 581—589.

6822. **J. D. Purcell, R. Tousey,** The profile of solar Lyman Alpha. Vgl. Ref. **1330** S. 590—593.

6823. **J. D. Purcell, D. M. Packer, R. Tousey,** Photographing the sun in Lyman Alpha. Vgl. Ref. **1330** S. 594—598.

6824. **W. A. Rense,** Solar ultraviolet spectroscopy and applications to problems of the upper atmosphere and the solar corona. Vgl. Ref. **1330** S. 608—614.

6825. **B. Růžičková,** Rocket investigation of the short-wave radiation. Pokroky **5** 169—174 (tschech.).

6826. **R. Tousey** Le spectre ultraviolet lointain du Soleil. Sci. Industr. photogr. (2) **31** 303—307. — Ref. in Phys. Ber. **40** 608.

6827. **M. Waldmeier,** Voraussage und Entdeckung der solaren Röntgen-Strahlung. Astr. Mitt. Sternw. Zürich Nr. 233, 4 S. — Verf. macht auf seine in den Jahren 1943—45 gemachten Voraussagen der koronalen Röntgen-Strahlung aufmerksam. Ee.

6828. **K. G. Widing, D. C. Morton,** Theoretical study of the solar Lyman-Alpha profile. AJ **65** 58. — Ref. AAS.

6829. Sonnenaufnahmen im Licht der Lyman-Alpha-Linie. Sternenbote **3** 118—119.

6830. A Röntgen-ray photograph of the sun. Priroda **49** Nr. 11 S. 112 (russ.). — Ref.

6831. Röntgen-ray picture of the sun taken from a rocket. Science **131** 1362.

6832. Röntgen-ray solar photograph. Sky Tel. **20** 143—144.

6833. Das Sonnenspektrum im fernen Ultraviolett. Sterne **36** 210. — Ref.

6834. Sunce — izvor rentgenskih zračenja. ZiS **3** 92—93. — Ref.

6835. Saules pētījumi īsviļņu gaismā. Zvaigžņotā Debess 1960. gada pavasaris S. 32—33. — Ref.

Solare Radiostrahlung

6836. **K. Akabane, M. H. Cohen,** Faraday dispersion in the solar atmosphere. AJ **65** 49. — Ref. AAS.

6837. **J. I. Alexejew,** Einige Daten über die Radiostrahlung der Sonne bei 1.5 m Wellenlänge. Sonnendaten 1959 Nr. 10 S. 72—74 (russ.).

* * **F. Bachelet, A. M. Conforto, N. Iucci,** Solar flares with type IV radioburst and transient phenomena of cosmic rays. Vgl. Ref. **6604**.

6838. **É.-J. Blum, A.-M. Malinge,** Étude des positions relatives des sources d'orage radioélectrique solaire et des centres d'activité optique associés. CR **250** 3119—3121. — Diskrete Radioquellen, deren Örter auf der Sonne mit dem Interferometer in Nançay auf $\pm 2'$ genau bestimmt wurden, werden den benachbarten Fleckengruppen zugeordnet, und zwar in den Fällen, wo die Zuordnung hinreichend sicher ist. Aus dem gesamten Material von 65 Ereignissen läßt sich eine mittlere Höhe des Emissionsgebietes in der Korona von 0.7 Sonnenradien ableiten. Ferner zeigt sich eine systematische Abweichung zwischen scheinbarer und wirklicher Position in Länge derart, daß die Quellen stets näher dem Meridian zu liegen scheinen. Wenigstens bei den stärksten Quellen läßt sich ein analoger Effekt auch in Breite nachweisen. J. P. M.

6839. **A. Boischot, F. T. Haddock, A. Maxwell,** Spectrum of 1957 November 4 solar outburst. Ann d'Astrophys **23** 478—479.

6840. **A. Boischot, P. Simon,** Influence d'une augmentation de l'émission radioélectrique continue sur l'émission de sursauts de type I solaires. Ann d'Astrophys **23** 1006—1009. — Einige Registrierungen der Radioemission der Sonne bei 169 MHz zeigen einen Zusammenhang zwischen der auf Flares folgenden kontinuierlichen Emission und Eigenschaften der Radiostürme: steigt die kontinuierliche Emission, so sinken Zahl und Intensität der Typ I-Stöße. Verf. (ü.)

6841. **A. Boischot, R. H. Lee, J. W. Warwick,** Low-frequency solar bursts and noise storms. ApJ **131** 61—67. — Bei spektrographischen und interferometrischen Beobachtungen der solaren Radiostrahlungsaktivität im Frequenzbereich zwischen 15 und 38 MHz wurden am häufigsten Bursts mit schneller Frequenzdrift — im Meterwellenbereich als Typ III-Bursts bezeichnet — registriert. Ferner wurden durchschnittlich ein- bis zweimal im Monat Kontinuumsstrahlungsausbrüche aufgenommen, die 2 bis 3 Tage dauerten und den bekannten Typ I-Burststürmen ähneln. Seltener traten auch andersartige Radiobursts auf, über die später berichtet werden soll. Die Unterschiede zwischen den Dekameter- und Meterwellen-Erscheinungen werden erörtert, und ihre astrophysikalische Bedeutung wird diskutiert. HHR

6842. **V. Bumba, J. Olmr,** Emission in two directions by sources of enhanced radiation on metre waves. BAC **11** 254—255. — Beobachtungen der erhöhten solaren Radiostrahlung bei 201.5, 231 und 255 MHz einschließlich interferometrischer Ortsbestimmung der Strahlungsquellen zeigten, daß die Maxima des Strahlungsflusses im allgemeinen paarweise mit einem mittleren Zeitunterschied von $3^{d}.7$ auftreten. Dabei ist die Strahlungsquelle für beide

Maxima überwiegend das gleiche aktive Gebiet auf der Sonnenoberfläche. Die Konfiguration des Magnetfelds bedingt offenbar die Hauptabstrahlrichtungen der Radiostrahlung. Sehr häufig ist das Auftreten der erhöhten Strahlungsintensität an das Zusammenwirken zwischen Magnetfeldern verschiedener Fleckengruppen gebunden. Thi.

6843. **W. N. Christiansen, D. S. Mathewson, J. L. Pawsey, S. F. Smerd, A. Boischot, J. F. Denisse, P. Simon, T. Kakinuma, H. Dodson-Prince, J. Firor,** A study of a solar active region using combined optical and radio techniques. Ann d'Astrophys **23** 75—101 = Division Radiophys. C. S. I. R. O. Chippendale. — Simultane optische und Radiobeobachtungen (bei $\lambda = 7.5$, 21, 88 und 176 cm) eines solaren Aktivitätszentrums (CMP am 3./4. 12. 1957, 18° S) stützen die Hypothese, daß die langsam veränderliche Strahlungskomponente thermischen Ursprungs ist und in dichten Gebieten mit normaler Koronatemperatur entsteht; diese Gebiete liegen beständig über den Fackelgebieten und erstrecken sich radial nach außen. Die Elektronendichten über den Aktivitätszentren sind in Höhen zwischen 10000 und 300000 km etwa dreimal so groß wie normal. Die Elektronentemperaturen steigen von 1.5×10^6 ° bei 300000 km Höhe auf 2×10^6 ° bei 15000 km an und fallen dann schnell auf $1—2\times10^5$ ° bei etwa 10000 km Höhe ab, ähnlich denen, die für die «normale» Sonne bestimmt wurden. HHR

6844. **M. H. Cohen,** On the reversal of the sense of rotation in solar microwave bursts. AJ **65** 50. — Ref. AAS.

* * **M. H. Cohen,** Magnetoionic mode coupling at high frequencies. Vgl. Ref. **1617**.

6845. **A. E. Covington, G. A. Harvey,** The visibility of the 10-cm radio-emissive region and its application in finding the 10-cm quiet sun. ApJ **132** 435—451. — Nahe dem Sonnenfleckenminimum wurden 1952 bei 3000 MHz 26 Aktivitätsgebiete mit einem EW-Interferometer (fächerförmiges Antennendiagramm aus 8′ breiten Keulen) untersucht. Statistisch ergab sich: Die Radiostrahlung aussendenden Gebiete erscheinen am Ostrand 1—2 Tage früher und verschwinden am Westrand 1—2 Tage später als die sichtbaren Flecken; die Radiostrahlung dieser Gebiete erreicht ihr Maximum 2 Tage, die Fleckenfläche dagegen 4 Tage vor der CMP. Für ein einzelnes Radiostrahlungsgebiet ergeben sich 2 Komponenten, von denen eine proportional zur Fleckenfläche, die andere unabhängig davon ist. Dies führt zu einer neuen empirischen Relation für die solare Radiogesamtstrahlung, die sich aus 3 Summanden zusammensetzt: a) die «ruhige» Sonnenstrahlung, b) die der Anzahl der Fleckengruppen proportionale Strahlung und c) die der Fleckenfläche proportionale Strahlung. Mit Hilfe dieser Relation konnten die Werte für die ruhige Sonnenstrahlung der Jahre 1948—56 nachträglich abgeleitet werden. HHR

6846. **O. Czyżewski,** 810 MHz radio bursts in correlation with chromospheric flares. AA **10** 247—256. — Die an der Beobachtungsstation der Sternwarte Kraków (Krakau) in Fort Skała mit einem 5 m-Radioteleskop bei 810 MHz durchgeführten Beobachtungen wurden zur Ermittlung der Korrelation zwischen den solaren Radiostößen und den chromosphärischen Eruptionen herangezogen. Insbesondere wurden der Zusammenhang zwischen der Dauer der Eruptionen und den Radiostößen und die Beziehung zwischen der maximalen Intensität und der Importanz diskutiert. E. R.

6847. **A. F. Drawskich,** Some peculiarities of the dynamic spectrum of bursts of the solar radio emission in the microwave region. Mitt. Astr. Hauptobs. Pulkowo **21** Nr. 5 (164) S. 128—139 (russ. mit engl. Ref.). — Durch seit Dezember 1958 laufende Simultanbeobachtungen auf den Frequenzen 9850 und 9375 MHz wurde festgestellt, daß sich bei Eruptionen der spektrale Intensitätsabfall meist (in 33 von 43 ausgewerteten Fällen) im Verlaufe der Erscheinung ändert. In der weit überwiegenden Mehrzahl der Fälle ist während einer Eruption die Strahlung auf der niedrigeren Frequenz stärker. Für die weitere Diskussion ist zu berücksichtigen, daß auf 9850 MHz (3.02 cm) mit Störungen durch eine Wasserstoff-Feinstrukturlinie gerechnet werden muß. Petri

* * **E. E. Dubow, I. G. Moissejew,** A comparison of the rate of increase in brightness in flares and radio emission on 1.5 meters. Vgl. Ref. **6622.**

6848. S. Edelson, C. Grant, Solar radio burst measurements on 0.43-, 3.15- and 9.4-cm wavelengths. AJ **65** 488. — Ref. AAS.

6849. W. C. Erickson, Radio emission in the outer corona. Phys. Rev. Letters **3** 365—367, 1959. — Ref. in Phys. Ber. **39** 2083.

6850. L. D. de Feiter, A. D. Fokker, H. P. T. van Lohuizen, J. Roosen, Solar radio events and geomagnetic storms. Planet. Space Sci. **2** 223—227.

6851. R. Gonze, E. Pourbaix, Altitudes de radiation. Ciel et Terre **76** 394—402.

6852. T. de Groot, Dynamic spectra and polarization of small bursts in solar radio emission. BAN **15** 229—236. — Mit Hilfe eines Acht-Kanal-Radio-Polarimeters bei einer Gesamtbandbreite von 15 MHz für die Frequenzen 390, 330 und 247 MHz wurden mit der sehr kleinen Einstellzeit von 0.015 sec Registrierungen von Stürmen und Sturmstößen in der solaren Radioemission gewonnen, die weitgehend Aufschluß über die Feinstruktur dieser Phänomene lieferten. Es ergab sich unter anderem eine Tendenz für das gruppenweise Auftreten von Sturmstößen. Ferner scheint die zirkulare Polarisation und damit das Vorhandensein eines Magnetfeldes für das Auftreten eines Radiosturms nicht unbedingt notwendig zu sein. Thi.

6853. F. T. Haddock, M. R. Kundu, Solar radio emission and solar cosmic rays. AJ **65** 346. — Ref. AAS.

* * **Y. Hakura, T. Goh,** Pre-SC polar cap ionospheric blackout and type IV solar radio outburst. Vgl. Ref. **7527.**

6854. R. T. Hansen, Bright 21-centimeter solar regions and geomagnetic storms in 1952—1953. J. Geophys. Res. **65** 3827—3829. — An Hand der Radioheliogramme der 21 cm-Strahlung, die in Australien mit einer Interferometer-Apparatur aufgenommen wurden, wird für die Jahre 1952 und 1953 nachgewiesen, daß 5—7 Tage nach dem Durchgang eines bemerkenswerten Emissionsgebietes der 21 cm-Strahlung mit großer Wahrscheinlichkeit geomagnetische Stürme auftreten. Dieses Ergebnis ist nicht überraschend, da die genannte Strahlung in koronalen Kondensationen ihren Ursprung hat, aber es scheint, daß man diesen Zusammenhang gut benutzen könnte, um geomagnetische Störungen vorauszusagen. H. M.

6855. Ø. Hauge, Variations in the solar base level radiation on 200 MHz. Astrophys. Norvegica **6** 123—130. — In Ergänzung der Untersuchungen im cm- und dm-Wellenbereich wird hier versucht, auch im 200 MHz-Bereich für die thermische «Hintergrundstrahlung» (base level emission) von der Sonne während der Jahre 1955/59 eine Beziehung zur Sonnenfleckenrelativzahl zu finden. Es ergibt sich in der Tat auch hier eine enge Korrelation ($r = 0.89$). Die Hintergrundstrahlung im Sonnenfleckenmaximum ist durchschnittlich etwa zweimal so stark wie im Fleckenminimum. Kleine sekundäre Schwankungen der Strahlung entstehen anscheinend nicht in den Gebieten auf der Sonne, in denen die Geräuschstürme erzeugt werden, sondern werden wohl durch begrenzte Koronagebiete erhöhter Temperatur verursacht. HHR

6856. **G. B. Helfreich, D. W. Korolkow,** An application of radio interferometers with a small aerial spacing for solar eclipse observations. Mitt. Astr. Hauptobs. Pulkowo **21** Nr. 5 (164) S. 179—186 (russ. mit engl. Ref.). — Verf. beschreiben eine Methode, mit welcher interferometrisch schwache Sturmstöße auf der Sonne nachgewiesen und vor allem die Lokalisierung von Radiostrahlung während Sonnenfinsternissen erreicht werden. Oster

6857. **N. Hokkyo,** Induced cyclotron model of non-thermal solar radio emission. Publ. Astr. Soc. Japan **12** 28—41. — Die verschiedenen Komponenten der nicht-thermischen solaren Radiostrahlung im Meterwellenbereich lassen sich vermutlich durch einen einzigen Mechanismus erklären. Die Strahlung wird durch Elektronen erzeugt, die sich auf verzerrten Spiralbahnen um die magnetischen Kraftlinien bewegen. Sie werden sowohl vom Magnetfeld als auch von periodischen elektrischen Feldern beeinflußt, die von Raumladungswellen herrühren. Deren Anregung geschieht durch die Front von schnellen Korpuskelwolken oder Stoßwellen in der Sonnenatmosphäre. Die unpolarisierten Bursts (Typ II und III) lassen sich im Zusammenhang mit solchen Korpuskelwolken oder Stoßwellen verstehen. Bei den polarisierten Bursts ohne Frequenzdrift (Typ I — noise storms) werden Korpuskularstrahlen senkrecht zum Magnetfeld angenommen. Die Abstrahlungsbedingungen und der Wirkungsgrad des vorgeschlagenen Mechanismus werden diskutiert. HHR

6858. **M. P. Hughes,** Summary of spectral observations of solar radio emission during July 1959. Vgl. Ref. **1338** S. 79—80.

6859. **W. N. Ichsanowa,** An investigation of local sources of enhanced solar radio emission in microwave region. Mitt. Astr. Hauptobs. Pulkowo **21** Nr. 5 (164) S. 62—80 (russ. mit engl. Ref.). — Nach Beobachtungen der Jahre 1956—58 werden solare Radiostrahlungsgebiete und deren Zusammenhang mit koronalen Kondensationen untersucht. Beide sind in Höhen von 0.07 $\pm$ 0.02 $R_\odot$ über der Photosphäre zu lokalisieren. Je größer die Wellenlänge ist, desto ausgedehnter erscheint das Strahlungsgebiet. Auf 3.2 cm sind die Gebiete $<$ 1!3—3!0. Der Strahlungsstrom liegt zwischen 5 und 90 $\times$ 10^{22} W/m^{2}Hz und die Temperatur bei 0.1—0.8 $\times$ 10^6 °. Im Anschluß an M. Waldmeier und H. Müller wird ein wellenlängenabhängiges Kondensationsmodell entwickelt. Auftauchen und Verschwinden von Radiokondensationen am Sonnenrande, die im Zusammenhang mit Sonnenflecken stehen, werden diskutiert. Je stärker eine Fleckengruppe, desto inhomogener ist die Korona in deren Umgebung. Die Korrelation der Kondensationen mit Flocculi ist weniger ausgeprägt. Petri

6860. **T. Kakinuma, E. Hiei,** Unusual decrease of microwave solar radio emission during flare on November 30, 1959. Publ. Astr. Soc. Japan **12** 117—123 = Tokyo Astr. Obs. Repr. Nr. 195. — Die schon mehrfach beobachtete Erscheinung, daß nach einem solaren Burst im Mikrowellenbereich die Gesamtradiostrahlung der Sonne vorübergehend unter das «Ausgangsniveau» absinkt, wird an Hand von Einzelfrequenzregistrierungen bei 9.4, 3.75, 2 und 1 GHz, sowie von Interferometerbeobachtungen bei 9.4 und 4 GHz untersucht und mit Sonnenbeobachtungen in Hα verglichen. Es ergab sich: Das Absinken der Radiostrahlung beruhte auf einem vorübergehenden Verschwinden des größten Teiles eines begrenzten Gebietes starker Radioemission. Kurz vor dem Absinken wurden in Hα zwei sehr dunkle Surges über dem Westteil einer großen Eruption (Imp. 2+) festgestellt, so daß als Ursache wohl ein Absorptionseffekt durch surge-ähnliches Material angenommen werden darf. HHR

6861. **K.-A. Kawabata,** The relationship between post-burst increases of solar microwave radiation and sudden ionospheric disturbances. Rep. Ionosph. Space Res. Japan **14** 405—426 = Tokyo Astr. Obs. Repr. Nr. 200.

6862. **D. W. Korolkow, N. S. Sobolewa, G. B. Helfreich,** An investigation of local regions of the solar radio emission. Mitt. Astr. Hauptobs.

Pulkowo **21** Nr. 5 (164) S. 81—113 (russ. mit engl. Ref.). — Gegenstand der Untersuchung ist die Messung der Polarisation örtlicher Radiostrahlungsgebiete der Sonne im cm-Bereich. Nach Darlegung der instrumentellen Probleme wird über die Beobachtungen berichtet, die seit dem Jahre 1956 mit verschiedenen Instrumenten und zum Teil auch bei Sonnenfinsternissen angestellt wurden. Über Sonnenfleckengruppen wurden scharf begrenzte Gebiete beobachtet, die recht gleichmäßig bei einer Strahlungstemperatur von einigen 10^6 ° zu etwa 30—40% polarisierte Wellen aussenden. Unter Annahme thermischer Emission werden Strahlungsstromstärken von 14—34 $\times$ 10^{-22} W/m²Hz und magnetische Feldstärken von 350—700 Γ errechnet. Petri

* * **L. Křivský, V. Letfus,** The active region on the sun on May 5, 1958. Vgl. Ref. **6534**.

6863. M. R. Kundu, Solar radio emission on centimeter waves and ionization of the E layer of the ionosphere. J. Geophys. Res. **65** 3903—3907. — Die Untersuchung der Korrelation zwischen Radioemission der Sonne bei Wellen von 3 cm bis 50 cm und der Ionisation der E-Schicht, für die weiche Röntgen-Strahlung in heißen koronalen Kondensationen verantwortlich ist, zeigt, daß die Radioemission der Wellen von 3 cm bis 30 cm ein sehr guter Index für die Ionisation der E-Schicht ist, und zwar sowohl für Monatsmittel als auch für 5 Tage-Mittel; für letztere ist besonders die Strahlung zwischen 10 cm und 15 cm geeignet. Die Tatsache, daß für längere Wellen die Korrelation schwach ist, läßt erkennen, daß die erwähnte weiche Röntgen-Strahlung aus Gebieten der Sonnenkorona stammt, die unter dem Emissionsniveau der 30 cm-Strahlung liegen. H. M.

6864. M. R. Kundu, J. L. Steinberg, On the polarization of sources of solar activity on 3 cm wavelength. J. Inst. Telecommun. Engineers (New Delhi) **6** 23—30, 1959. — Ref. in Phys. Abstr. (A) **64** 6.

6865. M. R. Kundu, F. T. Haddock, A relation between solar radio emission and polar cap absorption of cosmic noise. Nature **186** 610—613. — Die Beziehungen zwischen den in Polargebieten auftretenden Absorptionserscheinungen (PCA), den in der hohen Erdatmosphäre zeitweise vorhandenen 10—50 MeV-Protonen und den Sonneneruptionen einerseits, den breitbandigen Radiostrahlungs-Ausbrüchen im cm-Wellenbereich (BCO), den Typ IV-Bursts und den Typ I-Burststürmen im Meterwellenbereich andererseits werden untersucht. Es zeigt sich unter anderem: Das Auftreten der PCA ist mit dem der 10—50 MeV-Protonen 100%ig und mit dem der Typ IV-Bursts und der BCO eng korreliert; die Dauer der PCA hängt von der der gleichzeitig vorhandenen Typ I-Stürme ab. Daraus wird geschlossen, daß mit großer Wahrscheinlichkeit (1) die Elektronen, die die Typ IV-Bursts und die BCO erzeugen (Synchrotronmechanismus), und die Protonen, die die PCA verursachen, durch den gleichen Vorgang in der Nähe großer Sonneneruptionen beschleunigt werden, und daß (2) die Typ I-Stürme mit dem Speicher der PCA-Protonen in engem Zusammenhang stehen. HHR

6866. N. R. Labrum, The radio brightness of the quiet sun at 21 cm wavelength near sunspot maximum. Australian J. Phys. **13** 700—711 = Division Radiophys. C. S. I. R. O. Chippendale. — Die Radioemission der ruhigen Sonne bei 21.2 cm wurde 1958 (nahe dem Fleckenmaximum) mit dem Christiansen-Interferometer in Fleurs (N. S. W.) registriert. Um die sehr intensive Strahlung der aktiven Regionen zu eliminieren, wurde mit sehr hohem Auflösungsvermögen gearbeitet (3′). Zwei unabhängige Meßmethoden (pencil-beam und Streifen mit fan-beam) ergeben für die Temperatur der Scheibe etwa 140000° (zweifacher Wert wie beim Fleckenminimum bei gleichem λ). — An den Polen besteht Randverdunklung; die Verteilung der Intensität hat ihre Gestalt, verglichen mit der Beobachtungsreihe von 1953 (Minimum), nicht geändert. Bk.

6867. **A.-M. Malinge,** Relation entre les orages radioélectriques solaires et les éruptions chromosphériques. Ann d'Astrophys **23** 574—584. — Dem Beginn oder dem Wiederaufleben eines Typ-I-Sturmes geht innerhalb von zwei Stunden eine Sonneneruption voran. Deren Importanz betrug in 40 von den 99 Fällen, die 1957 und 1958 mit dem Nançay-Interferometer bei 169 MHz beobachtet wurden, 2 oder 1 +, in 53 Fällen 1 und in 3 Fällen wahrscheinlich 1—. Nur bei 3 Stürmen, deren Positionen am Ostrand der Sonnenscheibe lagen, konnte keine Eruption bemerkt werden. Ein Vergleich der Positionen der Stürme mit denen der assoziierten Eruptionen zeigt: 1) In 75 % der Fälle ist der gegenseitige Abstand kleiner. 2) Die Strahlung der Typ-I-Stürme wird durch Refraktionseffekte erheblich beeinflußt. HHR

6868. **A.-M. Malinge,** Relation entre la position et le sens de polarisation des orages radioélectriques solaires. CR **250** 1186—1188. — Messungen der genauen Position von Rauschstürmen mit dem Interferometer in Nançay (169 MHz) seit März 1959 werden mit Messungen der Polarisation dieser Stürme in Nera (200 MHz) verglichen. In einem Diagramm sind gegen den Abstand vom Sonnenäquator in Nord- und Südrichtung die Zahl der Stürme der jeweiligen Polarisationsrichtung (rechts, links oder variabel) aufgetragen. Es zeigt sich, daß auf der Nordhalbkugel bevorzugt links-, auf der Südhalbkugel rechts-polarisierte Stürme auftreten, während die Stürme variabler Polarisationsrichtung sich in den Äquatorgegenden konzentrieren. J. P. M.

6869. **P. Maltby,** Distribution of origin and decay of noise storms on the solar disk. Astrophys. Norvegica **6** 147—160. — Nach Interferometerbeobachtungen in Nera (Holland) bei 255 MHz und Radiometerbeobachtungen in Harestua (Norwegen) bei 200 MHz haben Geräuschstürme die Tendenz, auf der Ostseite der Sonnenscheibe zu entstehen und auf der Westseite zu vergehen. Es wird versucht, die beobachtete Asymmetrie durch Annahme einer begrenzt durchlässigen Oberfläche und einer gerichtet abstrahlenden Radioquelle zu erklären. Eine Asymmetrie der beobachteten Verteilung der Geräuschstürme über die Sonnenscheibe zeigt, daß die Hauptabstrahlrichtung der Radioquellen nicht senkrecht auf der Sonnenoberfläche steht. HHR

6870. **P. Maltby, O. Steen,** On the connection between solar noise storms and observable parameters of sunspots. Astrophys. Norvegica **7** 1—11. — Einige Eigenschaften von Sonnenflecken werden als Indikatoren für die Radiostrahlung (200 MHz und 255 MHz) getestet. Zwischen der Dunkelheit der Umbra und Radiostürmen wird ein ausgeprägter Zusammenhang gefunden. Echte unipolare Flecken mit Radiostrahlungsaktivität kommen im vorliegenden Material nicht vor. Verf. (ü., gek.)

6871. **A. Maxwell, W. E. Howard III, G. Garmire,** Some statistics of solar radio bursts at sunspot maximum. J. Geophys. Res. **65** 3581—3588 = Harv Repr Nr. 564. — Nach einer ausführlichen Diskussion der Einteilung der Radio-Bursts in 4 Spektraltypen wird daraufhin ein umfangreiches Beobachtungsmaterial statistisch untersucht. Die Beobachtungen überdecken die Zeitspanne vom 1. Juli 1957 bis zum 30. Juni 1958 und umfassen effektiv 4010 Stunden; sie erfolgten bei den Frequenzen 125, 200, 425 und 550 MHz und wurden auf der Radiostation des Harvard College in Fort Davis gewonnen. Entsprechend der abnorm hohen Aktivität der Sonne war die Zahl der registrierten Radio-Bursts sehr groß, und zwar ganz besonders bei den beiden niedrigen Frequenzen, während sie bei den höheren Frequenzen unvergleichlich kleiner war. Bei den niedrigen Frequenzen überwiegen dabei die Bursts vom Typ I, die Geräuschstürme, bei den hohen die vom Typ IV, die kontinuierliche Strahlung emittieren, die dann meist sehr verstärkt war. Am seltensten sind bei allen Frequenzen die Bursts vom Typ II. H. M.

6872. **A. Maxwell,** Solar radio astronomy. Smithsonian Rep. 1959 S. 299—307 = Smithsonian Inst. Publ. 4396.

* * **R. Michard,** Les éruptions du Soleil. Vgl. Ref. **6665.**

6873. **E. I. Mogilewskij, S. T. Akinjan, J. N. Kulikowa,** Bursts of radio-emission of the sun of type IV and disturbance of the magnetic field of the earth in July 1959. Vgl. Ref. **1338** S. 81—83.

6874. **A. P. Moltschanow,** The observations of displacements of the effective center of the solar radio emission made at Pulkowo. Mitt. Astr. Hauptobs. Pulkowo **21** Nr. 5 (164) S. 114—127 (russ. mit engl. Ref.). — Nach Ableitung der Formeln für die Abtastung der ruhigen und der gestörten Sonnenscheibe mittels Verschiebung der Antennencharakteristik wird über folgende Untersuchungen berichtet: Messung der Elliptizität der Sonne im cm-Gebiet bei der ringförmigen Finsternis 1958 April 19, Korrelation zwischen Verteilung örtlicher Radioemissionsgebiete und den Momenten von Fleckengruppen, Identifikation solcher Gebiete bei Finsternissen, Voraussage des Auftauchens von Flecken am Sonnenrand auf Grund von Schwerpunktsverschiebungen der Radiostrahlung. Petri

6875. **A. P. Moltschanow,** Die Erhöhung der Radiohelligkeit am Rand der Sonnenscheibe bei 3.2 cm Wellenlänge. Sonnendaten 1960 Nr. 3 S. 68—69 (russ.). — Aus den Beobachtungen verschiedener Finsternisse folgt eine sehr deutliche Randerhellung. Loh.

6876. **A. P. Moltschanow,** Das Spektrum einer lokalen Radiostrahlungsquelle auf der Sonne. Sonnendaten 1960 Nr. 4 S. 72—75 (russ.).

6877. **A. P. Moltschanow, R. D. Dagkessamanskij,** Die Abhängigkeit des Radiostrahlungsflusses lokaler Quellen von ihrem Ort auf der Sonnenscheibe. Sonnendaten 1960 Nr. 5 S. 73—77 (russ.).

6878. **M. Moromoto,** Beobachtungen der solaren Radiostrahlung mit Hilfe von Interferometern. Astr. Herald **53** 244 (japan.).

* * **A. T. Nesmjanowitsch,** Der Einfluß der Koronastruktur auf die Radiostrahlung der Sonne. Vgl. Ref. **6715.**

6879. **T. Obayashi,** The S. I. D. effect on the V. H. F. scatter propagation associated with the great solar outburst of July 29, 1958. Rep. Ionosphere Res. Japan **12** 336—338, 1958. — Ref. in Phys. Abstr. (A) **63** 2094.

6880. **M. A. Owsjankin,** Die Verteilung der Radiohelligkeit der Sonne bei den Wellenlängen 50 cm und 1 m. Sonnendaten **1959** Nr. 10 S. 75—77 (russ.). — Zur Erforschung der Verteilung der Sonnenradiostrahlung bei 50 cm und 1 m wurden die Messungen der Krimschen Station aus den Jahren 1955—58 benutzt. Die Verteilung dieser Radiostrahlung wurde in den Äquator- und Polargebieten graphisch dargestellt. Der Lauf der gefundenen Kurven entspricht den heutigen theoretischen Vorstellungen über den Aufbau der Korona. L. Fr.

6881. **M. Pick-Gutmann,** Sur la structure des types IV. Les orages-continuum. CR **250** 2127—2129. — Der Verlauf der Bursts vom Typ IV kann in zwei Phasen eingeteilt werden: Die erste zeigt ein Kontinuum vorwiegend im Bereich der Zentimeter- und Dezimeterwellen und dauert bis zu einer Viertelstunde, die zweite ist durch ein Kontinuum im Meterwellenbereich und eine längere Dauer charakterisiert. Während dieser zweiten Phase — die einem normalen Rauschsturm ähnelt — treten aber im Gegensatz zu diesem nur selten Bursts vom Typ I auf. Ein Beobachtungsbeispiel wird diskutiert. J. P. M.

6882. **H. H. Rabben,** Solare Bursts der Type III und ihre Beziehungen zu den Eruptionen. ZfA **49** 95—110 = Mitt. Fraunhofer-Inst. Freiburg Nr. 44. — Simultane optische und Radiobeobachtungen (mit dem Freiburger Radiospektrographen) während 200 Stunden zeigen, daß die 96 registrierten Typ III-Burstgruppen (die aus 400 Einzelbursts bestehen) zu 92% mit Eruptionen koinzidieren. Dagegen traten nur bei 22% der beobachteten Eruptionen Typ III-Bursts auf. — Die Wahrscheinlichkeit des Auftretens der Burstgruppen in Abhängigkeit von der Eruptionsphase und vom Zentralmeridianabstand, sowie die Abhängigkeit der Burstgruppeneigenschaften (Burstzahl je Burstgruppe, Burstintensität und Frequenzdrift) von der Eruptionsimportanz und der «Starthöhe» in der Korona (gegeben durch die Startfrequenz) wurden untersucht. HHR

6883. **L. Reiffel,** Observations on the general solar plasma instability. Phys. Rev. Letters **4** 136—138. — Ref. in Phys. Abstr. (A) **63** 647, Phys. Ber. **39** 2298.

6884. **F. Saiedy,** Solar intensity and limb darkening between 8.6 and 13 μ. MN **121** 483—495. — Messungen der Energieverteilung in der Scheibenmitte und der Randverdunklung zwischen 8.6 und 13 μ bilden die Grundlage für eine Diskussion des Betrages und der Wellenlängenabhängigkeit des H^- Frei-Frei-Absorptionskoeffizienten. Unabhängig vom benutzten Modell wird vermutet, daß der Absorptionskoeffizient im fernen Infrarot geringer als $\sim \lambda^2$ anwächst. Ee.

6885. **A. E. Salomonowitsch,** The localization of bursts of radio emission on 8 mm. AJ UdSSR **37** 969—974 (russ. mit engl. Ref.). — Die Beobachtungen mit dem 22 m-Radioteleskop des Physikalischen Instituts in Moskau ermöglichten es, zwei Ausbrüche der solaren Radiostrahlung auf der Welle 8 mm zu lokalisieren. Der Vergleich mit chromosphärischen Eruptionen in dem aktiven Gebiet, welches für die Ausbrüche auf der Welle 8 mm verantwortlich ist, ermöglicht auch Ausbrüche zu lokalisieren, welche auf anderen Wellen im Zentimeterbereich registriert worden sind. Die Stromdichten der Ausbrüche und deren Helligkeitstemperaturen werden abgeschätzt. Verf. (ü.)

6886. **A. E. Salomonowitsch, W. N. Koschtschenko, R. I. Noskowa,** Über die Intensität der solaren Radiostrahlung im 8 mm-Wellenbereich. Sonnendaten 1959 Nr. 9 S. 83—85 (russ.). — Die Arbeit enthält eine Bearbeitung der Sonnenradiostrahlung im Bereich von 8 mm, die mit dem 2 m-Radioteleskop bei Moskau während der Jahre 1957—58 gemessen wurde. Aus den Messungen wurde für jeden Tag die Strahlungstemperatur und ihr Zusammenhang mit der Gesamtfläche der Sonnenflecken (Σ S) abgeleitet. Mittels einer Extrapolation dieser Abhängigkeit für $\Sigma S = 0$ wurde dann die Strahlungstemperatur der ruhigen Sonne auf $6400° \pm 800°$ abgeschätzt. L. Fr.

* * **R. N. Sedra, F. Fahmy, L. Sefien,** Simultaneous observations of the variations in the horizontal component of the earth's magnetic field and solar radio emission. Vgl. Ref. **7645**.

6887. **L. N. Shigalow,** Über den Zusammenhang zwischen der solaren Radiostrahlung und der geomagnetischen Aktivität. Sonnendaten 1960 Nr. 5 S. 69—73 (russ.).

* * **P. Simon,** Les éruptions chromosphériques associées aux sursauts radioélectriques de type IV effets ionosphériques et géomagnétiques. Vgl. Ref. **6688**.

6888. **K. Sinno, Y. Hakura,** On the relation of solar eruptions to geomagnetic and ionospheric disturbances. I. On the power spectrum of solar radio outbursts. Rep. Ionosphere Space Res. Japan **12** 285—295, 1958. — Ref. in Phys. Abstr. (A) **63** 1816—1817.

6889. **K. Sinno, Y. Hakura,** On the relation of solar eruptions to geomagnetic and ionospheric disturbances. II. On the types of solar radio outbursts. Rep. Ionosphere Space Res. Japan **12** 296—300, 1958. — Ref. in Phys. Abstr. (A) **63** 1817.

* * **K. Sinno,** Method of magnetic storm forecasting from the activities of flares accompanied by solar radio noise outbursts. Vgl. Ref. **6689.**

6890. **G. Swarup, P. H. Stone, A. Maxwell,** The association of solar radio bursts with flares and prominences. ApJ **131** 725—738 = Harv Repr Nr. 553. — Etwa zwei Jahre lang — während des letzten Sonnenflecken-Maximums — wurde mit dem Fort Davis-Radiospektrographen (100—580 MHz) und mit einem Hα-Filter simultan beobachtet. Dabei ergab sich: 1) 60 % der Typ III-Bursts fanden gleichzeitig mit Eruptionen statt, die Hälfte davon allerdings nur zufällig. Die restlichen 30 % der Bursts wurden zwischen Beginn und Maximum der Eruptionen beobachtet. Starke Bursts koinzidieren häufiger als schwache. 2) 25 % der Eruptionen sind von Typ III-Bursts begleitet; der Prozentsatz ist höher bei größerer Eruptionsfläche oder -höhe, auf der Ostseite der Sonnenscheibe und bei Materieauswürfen (Surges oder Spray). 3) Fast alle Typ II- und IV-Bursts treten zusammen mit Eruptionen — meist von großer Importanz — auf. 4) Zwischen Typ I-Stürmen und Eruptionen wurden keine Koinzidenzen gefunden. 5) Nur ein kleiner Teil der eruptiven Protuberanzen war von Bursts begleitet, wohl wegen der ungünstigen Abstrahlungsbedingungen vom Sonnenscheibenrand. 6) Für Bursts (Typ II—IV) und Eruptionen muß ein gemeinsamer unbekannter Primärvorgang existieren. HHR

6891. **T. Takakura,** Solar radio bursts. Astr. Herald **53** 9 (japan.).

6892. **T. Takakura,** Microwave bursts of solar radio emission. Publ. Astr. Soc. Japan **12** 55—62 = Tokyo Astr. Obs. Repr. Nr. 192. — Der Zusammenhang der Mikrowellenbursts mit den Radiostrahlungsausbrüchen bei Meterwellen wird im Bereich zwischen 9500 und 67 MHz untersucht, teils mit Festfrequenzempfängern, teils auch mit Radiospektrographen. Der typische Ablauf eines großen kombinierten Radiostrahlungsausbruches geschieht danach etwa folgendermaßen: Bei den Frequenzen über 1000 MHz beginnt er fast gleichzeitig mit einem kurzdauernden (< 10 min) Burst, hier Typ M (M = Mikrowellen) genannt. Einige Minuten später beginnt ein Typ II-Burst mit scharfer oberer Frequenzgrenze (< 350 MHz für die Grundwelle) meist im Anschluß an eine intensive Typ III-Burstgruppe. Danach folgt ein Typ IV-Burst, dessen Intensitätsmaximum — von Fall zu Fall verschieden — irgendwo zwischen 200 und 10000 MHz liegen kann. Der Typ M-Burst ist also weder eine Verlängerung des Typ II-Bursts noch dasselbe wie der Typ IV-Burst. HHR

6893. **T. Takakura,** Synchrotron radiation from intermediate energy electrons and solar radio outbursts at microwave frequencies. Publ. Astr. Soc. Japan **12** 325—351 = Tokyo Astr. Obs. Repr. Nr. 201/1.

6894. **T. Takakura,** Synchrotron radiation from intermediate energy electrons in helical orbits and solar radio bursts at microwave frequencies. Publ. Astr. Soc. Japan **12** 352—375 = Tokyo Astr. Obs. Repr. Nr. 201/2. — Die Strahlungsausbrüche der Sonne oberhalb einer gewissen Übergangsfrequenz, die zwischen 400 und 1000 MHz liegt, werden durch Synchrotronstrahlung von Elektronen mit Geschwindigkeiten zwischen 0.25 und 0.90 c erklärt (Ausbrüche unterhalb der Übergangsfrequenz zeigen völlig verschiedenes Verhalten und sind wahrscheinlich auf einen anderen Mechanismus zurückzuführen. Plasmaschwingungen ?). — Es werden Emissionsvermögen, Absorptionskoeffizient, Polarisation und Dauer der Synchrotronstrahlung für Elektronen in starken

Magnetfeldern bei Sonnenflecken berechnet, und zwar in der ersten Arbeit für Kreisbahnen, in der zweiten unter Berücksichtigung von Spiralbahnen. Bei der Berechnung des Strahlungsflusses muß Reabsorption berücksichtigt werden. — Das abgeleitete Energiespektrum steht mit den Beobachtungen in Einklang. Die zirkulare Polarisation (Umkehrung des Drehsinnes zwischen 2000 und 3750 MHz) wird durch unterschiedliche Absorption von ordentlicher und außerordentlicher Komponente der Synchrotronstrahlung ober- bzw. unterhalb der Gyrofrequenz für die thermischen Elektronen der Umgebung erklärt. — Die Lebensdauer der Elektronen (wenige Minuten bis 1 Stunde) stimmt mit der Dauer der Ausbrüche im Mikrowellenbereich überein; sie wird hauptsächlich durch Strahlungsdämpfung bestimmt. Bk.

6895. **A. R. Thompson, A. Maxwell,** Slow-drift (type II) radio bursts from the sun. AJ **65** 502. — Ref. AAS.

6896. **A. R. Thompson, A. Maxwell,** Solar radio bursts and low-energy cosmic-rays. Nature **185** 89—90 = Harv Repr Nr. 538. — Durch Satelliten und Ballons wurden in letzter Zeit neunmal solare Protonenwolken mit Energien zwischen 30 und 300 MeV beobachtet, die immer von ionosphärischer Absorption im Polargebiet begleitet waren. Radiospektrographische Beobachtungen zwischen 25 und 580 MHz von Mai 1957 bis Juli 1959 ergaben, daß etwa eine Stunde vorher immer Typ IV-Bursts auftraten. Im Ganzen wurden 29 Typ IV-Bursts immer etwa 12 min nach großen Sonneneruptionen beobachtet. In der gleichen Beobachtungsperiode fanden zehn Polarabsorptionen statt, und zwar fast nur bei 3^+-Eruptionen auf der westlichen Seite der Sonnenscheibe (nämlich 8 der 10 Fälle). Der wahrscheinliche Mechanismus der beobachteten Vorgänge und weitere Begleitumstände werden diskutiert. HHR

6897. **A. R. Thompson, A. Maxwell,** Solar radio bursts and cosmic rays. Planet. Space Sci. **2** 104—109 = Harv Repr. Nr. 547.

6898. **Y. Uchida,** On the exciters of type II and type III solar radio bursts. Publ. Astr. Soc. Japan **12** 376—397 = Contr. Dep. Astr. Univ. Tokyo Nr. 9. — Bei gleichem Strahlungsmechanismus wird versucht, die Ursache der beiden Burstphänomene entsprechend ihrer verschiedenen Geschwindigkeiten auf verschiedene Vorgänge zurückzuführen. Beim Typ II-Burst geben hydrodynamische Stoßwellen Anlaß zu Plasmaschwingungen infolge Ladungstrennung in der Stoßfront (Flare surges). Beim Typ III-Burst regen wahrscheinlich mit hoher Geschwindigkeit frei strömende Teilchen das Plasma zu Schwingungen an (Bohm-Gross Mechanismus). Die hohen Teilchengeschwindigkeiten müssen wohl aus der Anfangsphase der Flares stammen. Ee.

6899. **W. W. Witkewitsch, M. W. Gorelowa,** Dynamic spectra and principal characteristics of solar radio emission small peaks of short duration (pips). AJ UdSSR **37** 622—630. — Die Arbeit beschreibt eine Reihe von Charakteristiken der Einzelstöße, welche mit dem vielkanaligen Radiospektrographen der Krim-Station im Meterwellenbereich beobachtet wurden. Es wird eine vorläufige Klassifikation dargestellt, in der die Einzelstöße auf Schmalband-, Breitband- und verhältnismäßig langdauernde Einzelstöße unterteilt wurden. Es wurden auch Reihen von 5 bis 10 ununterbrochen aufeinanderfolgenden Einzelstößen beobachtet und drei Typen dieser Gruppen gefunden und beschrieben. L. Fr.

68100. **M. B. Wood,** Slow-drift solar radio bursts: harmonic frequency ratios, frequency drift rates, and solar longitude variation. AJ **65** 503. — Ref. AAS.

68101. Radio storm in sun's corona recorded. Sky Tel. **19** 147.

68102. Radiosturm in der Sonnenkorona. Veröff. Uraniasternw. Wien Nr. 3 S. 13.

Solare Korpuskularstrahlung

68103. **W. I. Afanassjewa,** Solar corpuscular flows and magnetic storm families. DAN **135** 1120—1122 (russ.). — Es wird festgestellt, daß jeder Sonnenkorpuskularstrom nicht nur einzelne magnetische Stürme, sondern ganze Gruppen von geomagnetischen Störungen — sogenannte Familien der Magnetstürme — verursacht. Eine Methode zur Bestimmung der Zugehörigkeit solcher Familien zu bestimmten aktiven Gebieten der Sonnenoberfläche ist dargestellt. Die Magnetstörungen können auch in denjenigen Fällen entstehen, in denen die Korpuskularströme die Erde nicht umringen, sondern weitab von ihr fließen. L. Fr.

* * **J. A. van Allen, Wei Ching Lin,** Outer radiation belt and solar proton observations with Explorer VII during March—April 1960. Vgl. Ref. **76138.**

* * **D. B. Beard,** The interaction of the terrestrial magnetic field with the solar corpuscular radiation. Vgl. Ref. **7608.**

* * **D. B. Beard,** Interaction of the solar plasma with the earth's magnetic field. Vgl. Ref. **7609.**

* * **T. D. Carr, A. G. Smith, H. Bollhagen,** Evidence for the solar corpuscular origin of the decameter-wavelength radiation from Jupiter. Vgl. Ref. 8610.

68104. **M. A. Ginsburg,** On the generation of plasma waves by solar corpuscular streams. AJ UdSSR **37** 979—982 (russ. mit engl. Ref.). — Verf. gibt eine numerische Lösung der Dispersionsgleichung für einen Korpuskularstrom aus der Sonne in der Exosphäre. Es zeigt sich, daß die Protonen von der Sonne in der Exosphäre Elektronen-Plasmaschwingungen mit einer Frequenz erzeugen, welche nahe der Eigenfrequenz des Elektronenplasmas ist. Eine graphisch-analytische Methode zur Untersuchung der Stabilität eines Strahlenbündels wird vorgeschlagen und am Beispiel der Anregung von Plasmawellen durch ein Elektronenbündel demonstriert. Ond.

68105. **T. Gold,** Energetic particle fluxes in the solar system and near the Earth. Vgl. Ref. **1314a** S. 406—416.

* * **K. I. Gringaus, W. W. Besrukich, W. D. Oserow, R. E. Rybtschinskij,** Investigation of interplanetary ionized gas, high energy electrons and solar corpuscular radiation by means of three-electrode traps for charge-carrying particles installed on the second Soviet space rocket. Vgl. Ref. **9506.**

68106. **E. R. Mustel,** On the source of corpuscles creating M-perturbations. AC Nr. 213 S. 5—8 (russ.).

68107. **E. R. Mustel,** The total energy of corpuscular streams. AJ UdSSR **37** 210—221 (russ. mit engl. Ref.). — Unter der Voraussetzung, daß die Energie solarer Korpuskularströme hauptsächlich in dem eingefrorenen Magnetfeld von Kondensationen enthalten sei, werden folgende Schlüsse gezogen: Gegen Ende eines Sonnenzyklus sind die Ströme langsam und rufen daher lang andauernde geomagnetische Störungen hervor. Infolge des magnetischen Druckes nimmt die Dichte innerhalb der Ströme ab, so daß auch die magnetische Störamplitude im Laufe der Wirksamkeit eines Stroms absinkt. Langsame und in ihrer Struktur einfache Ströme haben eine besonders hohe Wechselwirkung mit dem Erdfeld. Das Auftreten plötzlich einsetzender und allmählich abklingender Störungen wird auch durch das eingefrorene Magnetfeld der Korpuskularströme in Verbindung mit einer Geschwindigkeitsdispersion der Teilchen erklärt. Enge Korrelation zwischen Flocculi-Intensität und zugehörigen magnetischen Störungen ist nicht zu erwarten. Petri

68108. **E. R. Mustel,** On the existence of a general corpuscular field from the sun. AJ UdSSR **37** 396—402 (russ. mit engl. Ref.). — In der vorliegenden Arbeit diskutiert Verf. die Frage eines allgemeinen, intensiven, von der Sonne ausgehenden Korpuskelfeldes. Nachdem schon von verschiedenen Seiten die Auffassung vertreten worden ist, daß eine starke Konzentration von Korpuskeln im interplanetaren Raum mit vielen Tatsachen in Widerspruch steht, bringt Verf. hierzu weitere Argumente, insbesondere geomagnetischer Natur. Nach alldem muß der Schluß gezogen werden, daß die Konzentration der Korpuskeln längst nicht so stark ist, wie früher angenommen wurde. Die Beschleunigung von Gasen in den Schweifen von Kometen wird von Magnetfeldern bewirkt, die in Korpuskelkondensationen eingefroren sind. Loh.

68109. **E. R. Mustel,** On the velocity of corpuscules streams responsible for M-disturbances. AJ UdSSR **37** 403—409 (russ. mit engl. Ref.). — Verf. weist darauf hin, daß sehr oft die zeitliche Verzögerung Δt für alle Glieder einer bestimmten Sequenz der geomagnetischen Störungen ziemlich konstant bleibt. Mit Δt wird eine Zeitspanne zwischen dem Beginn der Störungen und dem Moment, in dem die Quelle der Korpuskeln durch den Zentralmeridian durchgeht, verstanden. Im allgemeinen zeigt sich, daß keine Abhängigkeit von den Änderungen des Aktivitätszentrums und den Intensitätsänderungen der Störung besteht. Daraus wird der Schluß gezogen, daß jeder Korpuskularstrom über einem aktiven Gebiet eine Zusammensetzung von verhältnismäßig stabilen magnetischen Kraftröhren darstellt. Eine Berechnung der Kraft des Magnetfeldes und der Gasgeschwindigkeiten innerhalb der Röhren wird durchgeführt und die Frage der Entstehung und der Vernichtung der Röhren gelöst. Auf Grund des hier verwandten Modells wird ein Wert der Größenordnung 400 km/sec für die Haupttransversalgeschwindigkeit der Korpuskeln in Bezug auf die Erde abgeschätzt. Zum Schluß wird darauf hingewiesen, daß die Transversalbewegungen der Magnetröhren nicht die Transversalbewegungen der Gase in den Kometenschweifen verursachen können. L. Fr.

68110. **T. Obayashi, Y. Hakura,** Solar corpuscular radiation and polar ionospheric disturbances. J. Geophys. Res. **65** 3131—3142. — Untersuchungen über Störungen in der polaren Ionosphäre weisen auf die Existenz energiereicher, flare-verbundener Partikel, deren Energiespektrum diskutiert wird. Die Teilchenenergien sind meist ziemlich klein, nur selten relativistisch. Loh.

68111. **T. Obayashi, Y. Hakura,** Enhanced ionization in the polar ionosphere caused by solar corpuscular emission. J. Radio Res. Lab. Tokyo **7** 27—64. — Ref. in Phys. Abstr. (A) **63** 1404.

* * **T. Obayashi, Y. Hakura,** Enhanced ionization in the polar ionosphere and solar corpuscular radiation. Vgl. Ref. **7565.**

* * **T. Obayashi,** Entry of high energy particles into the polar ionosphere. Vgl. Ref. **76170.**

* * **E. N. Parker,** The hydrodynamic theory of solar corpuscular radiation and stellar winds. Vgl. Ref. **6718.**

68112. **E. A. Ponomarew,** Die Korpuskularstrahlung der Sonne und die Verteilung der Ionen in der Sonnenkorona. Vgl. Ref. **1305** S. 12—18.

68113. **W. I. Tscherednitschenko,** Terrestrial and cometary manifestations of corpuscular solar energy. Bull. Soc. Roy. Sci. Liège **29** 254—257 (französ.). — Ref. in Phys. Abstr. (A) **64** 252.

* * **W. I. Tscherednitschenko,** Die Rolle der Korpuskular- und Photonenstrahlung der Sonne bei den Helligkeitsausbrüchen der Kometen. Vgl. Ref. **9131**.

Solare kosmische Strahlung
Beziehungen zur allgemeinen kosmischen Strahlung

68114. **J. C. Anderson, R. L. Chasson, M. P. Liwschitz, T. Suda,** The solar cosmic-ray outburst of May 4, 1960. J. Geophys. Res. **65** 3889—3894.

68115. **K. A. Anderson, D. C. Enemark,** Observations of solar cosmic rays near the north magnetic pole. J. Geophys. Res. **65** 2657—2671. — Im Anschluß an die Flare-Erscheinung vom 16. Juli 1959 wurde der Protonenstrom mit Energien zwischen 85 und 300 MeV von Höhenballonen aus gemessen. Wenn die Teilchenintensität auch rasch und beständig im Verlauf mehrerer Tage abnahm, so wurden doch auch noch am 27. Juli Teilchen vorgefunden. Loh.

* * **K. A. Anderson, D. C. Enemark,** Observations of auroral zone Röntgen-rays and solar cosmic rays. Vgl. Ref. **7656**.

68116. **R. L. Arnoldy, R. A. Hoffman, J. R. Winckler,** Solar cosmic rays and soft radiation observed at 5 000 000 kilometers from earth. J. Geophys. Res. **65** 3004—3007. — Im März und April 1960 wurden auf «Pionier V» mit einer Ionisationskammer und einem Geigerzähler im Zusammenhang mit einer aktiven Fleckengruppe auf der Sonne kosmische Strahlung und vermutlich auch Bremsstrahlung zum ersten Mal in sehr großem Abstand von der Erde beobachtet. Die Ergebnisse werden mit gleichzeitigen Messungen von «Explorer VII» und bei Ballonaufstiegen verglichen. Haug

68117. **D. K. Bailey, M. A. Pomerantz,** The cosmic ray increase of 17 July 1959. Canadian J. Phys. **38** 332—333. — Ref. in Phys. Ber. **40** 158.

68118. **J. L. Bloch, L. I. Dorman, N. S. Kaminer,** Unusual cosmic-ray variations in July 1959. Vgl. Ref. **1338** S. 34—44.

68119. **H. Carmichael, J. F. Steljes,** Collected results from the cosmic-ray stations for July 1959. Vgl. Ref. **1338** S. 10—27.

68120. **D. Cattani, M. Galli,** On the cosmic ray storms of July 1959. Nuovo Cimento (10) **16** 765—769. — Ref. in Phys. Ber. **40** 556.

68121. **H. Debrunner, F. G. Houtermans, W. Lindt,** La périodicité solaire diurne du rayonnement cosmique. Arch. Sci. Genève **13** 141—149. — Ref. in Phys. Abstr. (A) **63** 1716.

68122. **H. Debrunner, F. G. Houtermans, W. Lindt,** The sudden short-term increase of cosmic radiation on 4 May 1960 as observed by registration of the nucleon component at the Jungfraujoch. Helv. phys. Acta **33** 706—708 (deutsch). — Ref. in Phys. Abstr. (A) **64** 324.

* * **J. F. Denisse, A. Boischot, M. Pick-Gutmann,** Propriétés des éruptions chromosphériques associées à la production de rayons cosmiques par le Soleil. Vgl. Ref. **6618**.

68123. **A. Ehmert, H. Erbe, G. Pfotzer, C. D. Anger, R. R. Brown,** Observations of solar flare radiation and modulation effects at balloon altitudes, July 1959. J. Geophys. Res. **65** 2685—2694. — Während der Periode starker Sonnenaktivität im Juli 1959 wurden in Berkeley (Calif.) und Lindau (Harz) Ballonaufstiege zur Messung der kosmischen Strahlung mit Geigerzählern durchgeführt. In Lindau, das die größere geomagnetische Breite besitzt, ergaben sich mehrmals in Höhen, die weniger als 40 mm Hg entsprechen, höhere Zählraten, als nach Umrechnung der Ergebnisse am Neutronen-Monitor am Erdboden zu erwarten waren. Diese werden als Wirkung langsamer Protonen erklärt, die in geringere geomagnetische Breiten gelangen können, weil durch solare Plasmawolken das Erdmagnetfeld und damit auch die Abschneideenergie verändert wurden. Haug

68124. **A. Ehmert, H. Erbe, G. Pfotzer, C. D. Anger, R. R. Brown,** Cosmic and solar particle radiation at balloon altitudes during the period of enhanced solar activity in July 1959. Vgl. Ref. **1338** S. 66—72.

68125. **I. Escobar, E. Maldonado, N. W. Nerurkar, R. Romero,** Cosmic-ray characteristics registered in Chacaltaya during unusually high solar activity. J. Geophys. Res. **65** 1385—1390. — Die Mesonen-Intensität der kosmischen Strahlung zeigte nach Registrierungen der in 5220 m Höhe und bei 4° südlicher magnetischer Breite gelegenen Station Chacaltaya im Juli 1959 während dreier dicht aufeinanderfolgender magnetischer Stürme eine starke Abnahme bis zu 9.5% infolge der kumulativen Wirkung dieser drei Ereignisse. Zwei bis vier Stunden vor dem ersten und vor dem dritten Sturm war hingegen eine abrupte Verstärkung der Intensität um 1—2% festzustellen; letztere Erscheinung wurde bei der Neutronenintensität der kosmischen Strahlung auf Stationen in höheren Breiten nicht beobachtet, sondern nur in den 12 Stunden vor dem Sturm eine ganz schwache Intensitätserhöhung. Es wird dargelegt, wie sich alle diese Beobachtungen gut verstehen lassen, wenn die von der Sonne ausgestoßene Wolke ionisierter Gase in der Nähe der Erde sowohl turbulente als auch kohärente magnetische Felder in sich hat. H. M.

68126. **K. K. Fedtschenko,** Über den Zusammenhang der Intensität der kosmischen Strahlung mit den Sonnenflecken und den Flocculi. Sonnendaten 1960 Nr. 1 S. 75—77 (russ.). — Die indirekte Abhängigkeit der Intensitätsänderungen der kosmischen Strahlung vom Verlauf der Sonnenaktivität wird diskutiert. Die kosmische Strahlung zeigt sich viel enger mit den Flecken als mit den Flocculi verbunden. Der Effekt der Strahlungssenkung während des Zyklusmaximums findet sowohl bei der harten als auch bei der Neutronenkomponente statt. L. Fr.

68127. **H. Ghielmetti, J. C. Anderson, J. M. Cardoso, J. R. Manzano, J. G. Roederer, O. R. Santochi,** Solar flare effects on cosmic ray intensity. Nuovo Cimento (10) **15** 87—98. — Verf. analysierten die Registrierungen der Nukleonenkomponente, die auf dem Mt. Wellington (geomagn. Breite 51°7 S) und in Mawson, Antarktis (73°1 S), von Juli 1957 bis August 1958 erhalten worden waren, um Zusammenhänge zwischen schwachen Anstiegen der kosmischen Strahlung und solaren Eruptionen festzustellen. Es wurden alle Eruptionen der Importanz 2 und größer ausgewählt. Für Mawson zeigte sich keinerlei Zusammenhang, während sich für Mt. Wellington bei Anwendung eines besonderen Korrektionsverfahrens ein deutlicher Anstieg etwa eine Stunde nach der Eruption nachweisen ließ. Henn

68128. **P. S. Gill, L. Vir, R. S. Yadav, M. K. Khera,** Cosmic ray increase associated with a small solar flare. Indian J. Meteorol. Geophys. **11** 169—170. — Ref. in Phys. Abstr. (A) **63** 1528.

68129. **M. Hirono,** On the magnetic clouds responsible for variations of cosmic-ray and geomagnetic field. Rep. Ionosphere Res. Japan **11** 205—228, 1957. — Ref. in Phys. Abstr. (A) **63** 1399—1400.

68130. **J. Hladký, J. Kleczek, L. Křivský, P. Mokrý,** Cosmic ray event of May 4, 1960. Nuovo Cimento (10) **17** 610.

68131. **Y. Kamiya, M. Wada,** Cosmic-ray storms and solar radio outbursts. Rep. Ionosphere Space Res. Japan **13** 105—111, 1959. — Ref. in Phys. Abstr. (A) **63** 1987.

68132. **M. Kodama,** 27-day recurrence of cosmic-ray intensity at the minimum solar activity. J. Geomagn. Geoelect. **11** 6—10, 1959. — Ref. in Phys. Abstr. (A) **63** 1528.

68133. **M. Kodama, T. Nagata,** Cosmic ray increase on July 16—17, 1959. Vgl. Ref. **1338** S. 28—32.

68134. **S. A. Korff, R. Haymes,** Observations of cosmic ray neutrons at the time of the July 1959 event. Vgl. Ref. **1338** S. 33—34.

* * **L. Křivský, J. Hladký, P. Mokrý, P. Chaloupka, T. Kowalski,** Solar flare connected with an increase of intensity of cosmic rays. Vgl. Ref. **6652.**

68135. **A. I. Kusmin, W. D. Sokolow, G. W. Schafer,** Über die 27tägige Intensitätsvariation der kosmischen Strahlung. Publ. Jakut. Abt. Akad. Wiss. UdSSR (Phys.) 1960 Nr. 3 S. 111—115 (russ.).

68136. **J. P. Legrand,** Les prébaisses de rayons cosmiques en périodes de maximum de l'activité solaire (avril 1957—décembre 1958). Ann. Géophys. **16** 140—142. — Die während des IGJ durchgeführten Registrierungen der kosmischen Strahlung zeigten, daß den meisten großen Forbush-Effekten im Abstand von 3—18 Tagen ein kleinerer Vorläufer vorausging. Während dieses Vorläufers erfolgte eine chromosphärische Eruption, in deren Folge der Forbush-Effekt sowie andere geophysikalische Ereignisse eintraten. Je nach dem zeitlichen Verlauf können vier Typen unterschieden werden, die Verf. im einzelnen beschreibt. Am häufigsten tritt Typ 4 auf, der in den Fällen festgestellt wurde, in denen ein aktives Zentrum über die Sonne wandert. Über die Entstehungsursache des Vorläufers werden einige Erörterungen angestellt. Er setzt dann ein, wenn die Erde in den Bereich der solaren Plasmawolke gelangt. Henn

68137. **J. A. Lockwood,** Decrease of cosmic-ray intensity on February 11, 1958. J. Geophys. Res. **65** 27—37. — Die Forbush-Störung vom 11. Februar 1958 bestand aus einer ungewöhnlich schnellen, wenn auch nicht besonders starken Abnahme der Intensität, gefolgt von einem vorübergehenden Anstieg. Die Analyse zahlreicher Aufzeichnungen der Stationen des Internationalen Geophysikalischen Jahres deutet darauf hin, daß die Variationen auf eine von der Sonne ausgehende Störung des äußeren erdmagnetischen Feldes zurückzuführen sind, wie es zuerst von Parker angedeutet wurde. Jung

68138. **J. A. Lockwood,** An investigation of the Forbush decreases in the cosmic radiation. J. Geophys. Res. **65** 3859—3880. — Mit Hilfe aller verfügbaren Beobachtungen werden 20 ausgewählte Forbush-Effekte der Jahre 1954 bis 1959 untersucht. Für die Energieverteilung der Primärstrahlung vor Beginn und während der Effekte werden die Konstanten in empirischen Näherungsformeln angegeben. Systematische Unterschiede in den Anfangszeiten an verschiedenen Stellen der Erde wurden nicht gefunden. Auch während der Forbush-Effekte blieb die Primärstrahlung isotrop. Die Ergebnisse werden aus der Perspektive neuerer Theorien der Forbush-Effekte diskutiert. Haug

68139. **S. L. Malurkar,** Further studies of cosmic ray bursts with solar activity. Acta Phys. Acad. Sci. Hungaricae **9** 353—368, 1959. — Ref. in Phys. Ber. **39** 2440—2441.

68140. **P. L. Marsden, J. B. Crowden, C. J. Hatton,** Increase in the intensity of cosmic radiation on May 4-th, 1960. Nuovo Cimento (10) **17** 977—979.

68141. **K. G. McCracken, R. A. R. Palmeira,** Comparison of solar cosmic rays injection including July 17, 1959, and May 4, 1960. J. Geophys. Res. **65** 2673—2683.

68142. **F. B. McDonald, W. R. Webber,** The variation of the cosmic ray intensity during a solar cycle. Vgl. Ref. **1330** S. 968—981.

68143. **W. Messerschmidt,** Zur täglichen Periode der kosmischen Strahlung. Z. Naturforschung **15a** 734—736. — Die tägliche Periode der kosmischen Strahlung hat weltweiten Charakter. Es muß eine Anisotropie der primären Strahlung bestehen, die unter Umständen eine Reihe von Tagen anhält und deren Maximum mit Phasenverschiebungen bis zu wenigen Stunden zur Sonne gerichtet ist. Sie erstreckt sich auch auf die energiereichen Anteile der Strahlung, da die tägliche Periode unter 14 m Wasseräquivalent prozentual größer als am Erdboden ist. Das zum Teil zeitlich verschiedene Auftreten der großen täglichen Perioden über bzw. unter der Erde deutet auf Schwankungen in der Energieverteilung in der Anisotropie der Strahlung hin. Diese Fragen sollen am vorhandenen Material noch näher untersucht werden. Verf.

68144. **G. A. Newkirk, J. W. Warwick, H. Zirin,** Backscatter of cosmic rays by the sun's H II sphere. AJ **65** 351. — Ref. AAS.

68145. **G. A. Newkirk, J. W. Warwick, H. Zirin,** Backscatter of cosmic rays by the sun's H II sphere. J. Geophys. Res. **65** 2540—2542. — Die «magnetische Barriere» außerhalb der Erdbahn, deren Existenz man zur Erklärung von speziellen Phänomenen der nach solaren Ausbrüchen einfallenden Höhenstrahlung benötigt, kann entweder durch den dynamischen Druck der solaren Partikelstrahlung («solar wind») oder durch den statischen Druck der die Sonne umgebenden H II-Region im Gleichgewicht gegenüber dem interstellaren Magnetfeld gehalten werden. Verf. neigen zur letzteren Hypothese und geben einige Abschätzungen hierzu an. Stu.

68146. **T. Obayashi, Y. Hakura,** Propagation of solar cosmic rays through interplanetary magnetic field. J. Geophys. Res. **65** 3143—3148. — Bei 22 starken Eruptionen zwischen Juli 1957 und Juli 1959 mit nachfolgenden outbursts, polar blackouts und geomagnetischen Stürmen wird die Lage auf der Sonne und die Laufzeit bis zum Beginn der terrestrischen Effekte untersucht. Blackouts treten bei Eruptionen westlich des Zentralmeridians nach wenigen Stunden, bei Eruptionen östlich davon erst nach $\approx$ 18 Stunden auf. Der Grund dafür wird in einem vom «solaren Wind» aufgebauten interplanetaren Magnetfeld von 10^{-3} bis 10^{-5} Gauß gesehen, das die Partikel von 10 bis 100 MeV je nachdem direkt oder nur auf Umwegen zur Erde gelangen läßt. Haug

68147. **A. I. Ohl,** Über den Zusammenhang der Variationen der kosmischen Strahlung in hohen Breiten mit der Sonnenaktivität und geomagnetischen Störungen. Publ. Arkt. Antarkt. Forschungsinst. **223** 110—149 (russ.).

68148. **R. A. R. Palmeira, K. G. McCracken,** Observation of a short-lived cosmic-ray solar flare increase with a high-counting-rate meson detector. Phys. Rev. Letters **5** 15—16. — Ref. in Phys. Abstr. (A) **63** 1717, Phys. Ber. **40** 722.

68149. **M. A. Pomerantz, S. P. Agarwal, V. R. Potnis,** Balloon flight investigations of primary cosmic rays during solar disturbances. J. Franklin Inst. **269** 235—244. — Ref. in Phys. Abstr. (A) **63** 932.

68150. **M. A. Pomerantz, V. R. Potnis,** Solar-produced cosmic radiation near the geomagnetic pole on May 4th 1960. J. Franklin Inst. **270** 227—231. — Ref. in Phys. Abstr. (A) **64** 203.

68151. **M. A. Pomerantz, A. E. Sandström, V. R. Potnis, D. C. Rose,** Solar disturbances and the cosmic ray equator. Tellus **12** 231—235.

68152. **D. C. Rose,** The sudden increase in cosmic ray intensity of May 4, 1960. Canadian J. Phys. **38** 1224—1227.

68153. **K. Sakurai,** Motions of solar cosmic rays and the properties of the general magnetic field of the sun. J. Geomagn. Geoelect. **11** 21—33, 1959. — Ref. in Phys. Abstr. (A) **63** 1426.

68154. **K. Sakurai,** Propagation of low energy cosmic ray particles associated with solar flares. J. Geomagn. Geoelect. **11** 152—164. — Ref. in Phys. Abstr. (A) **63** 1987.

68155. **A. E. Sandström, E. Dyring, S. Lindgren,** Dependence on latitude of the amplitude of the diurnal variation of cosmic rays. Nature **187** 1099—1100.

68156. **A. B. Sewerny, W. P. Schabanskij,** On the generation of cosmic rays in flares. AJ UdSSR **37** 609—615 (russ. mit engl. Ref.). — Die Messungen der Magnetfelder in den aktiven Fleckengruppen weisen darauf hin, daß die Eruptionen in den neutralen Punkten des Magnetfeldes bei hinreichend großem Gradienten in der Umgebung dieser Punkte entstehen. Entgegen einer früheren Arbeit wird hier eine neue Erklärung der Kontraktion des Plasmas und der Bildung von Stoßwellen in der Umgebung der neutralen Punkte gegeben. Die Kontraktion des Plasmas in den Gebieten der neutralen Punkte kann infolge einer schnellen Veränderung des Fleckenfeldes entstehen, wenn es sich um ein Außenfeld handelt, und wenn dieses Feld den Charakter eines Dipols hat. In diesem Fall können auch die im neutralen Punkt zusammentreffenden Stoßwellen entstehen. Hinter den Stoßwellenfronten bildet sich ein hochtemperiertes Gebiet, welches zum Nachteil der Änderungen der Magnetenergie entsteht. In diesen Gebieten finden thermonukleare Reaktionen statt. Ihre Produkte (Protonen) werden nach mehreren Reflexionen an Magnetspiegeln bis zu Energien von etwa 10 BeV beschleunigt. L. Fr.

68157. **J. A. Simpson,** Variations of solar origin in the primary cosmic radiation. Vgl. Ref. **1314a** S. 378—405.

68158. **Y. Terashima,** Solar modulation of primary cosmic rays. Progr. Theoret. Phys. **23** 1138—1150. — Ref. in Phys. Abstr. (A) **64** 323, Phys. Ber. **40** 758.

68159. **J. H. Trainor, M. A. Shea, J. A. Lockwood,** Increase of the nucleonic intensity on May 4, 1960. J. Geophys. Res. **65** 3011—3012.

68160. **B. Trumpy, T. Svanes,** Measurements of cosmic radiation following the solar flare of May 4, 1960. Årbok Univ. Bergen mat.-nat. Ser. 1960 Nr. 16, 9 S. — Ref. in Phys. Abstr. (A) **64** 947.

68161. **A. N. Tscharachtschjan, W. F. Tulinow, T. N. Tscharachtschjan,** Kosmische Strahlung von der Sonne. J. Experim. Theoret. Phys. **39** 249—256 (russ. mit engl. Ref.). — Ref. in RJ UdSSR 1961 Nr. 3 S. 36.

68162. **A. N. Tscharachtschjan, W. F. Tulinow, T. N. Tscharachtschjan,** Cosmic rays emitted by the sun. Vgl. Ref. **1330** S. 649—661.

68163. **A. N. Tscharachtschjan, W. F. Tulinow, T. N. Tscharachtschjan,** Cosmic rays emitted by the sun. Vgl. Ref. **1338** S. 27—28.

68164. **B. G. Wilson, D. C. Rose, M. A. Pomerantz,** The unusual cosmic ray events of July 17—18, 1959. Canadian J. Phys. **38** 328—331. — Ref. in Phys. Ber. **40** 158.

68165. **J. R. Winckler, P. D. Bhavsar,** Low-energy solar cosmic rays and the geomagnetic storm of May 12, 1959. J. Geophys. Res. **65** 2637—2655.

68166. Solar cosmic rays. Sky Tel. **20** 24. — Ref. AAS.

§ 69

Allgemeines Magnetfeld

* * **J. A. Högbom,** The structure and magnetic field of the solar corona. Vgl. Ref. **6706.**

6901. **W. I. Iwantschuk,** Die Veränderlichkeit des solaren Magnetfeldes und die Aufheizung der Sonnenatmosphäre. Vgl. Ref. **1305** S. 19—30.

* * **A. J. Meadows,** Solar rotation and isorotation. Vgl. Ref. **6113.**

* * **K. Sakurai,** Motions of solar cosmic rays and the properties of the general magnetic field of the sun. Vgl. Ref. **68153.**

6902. **W. E. Stepanow,** The determination of the magnetic field gradient in the solar photosphere. Mitt. Astrophys. Obs. Krim **22** 42—48 (russ. mit engl. Ref.). — Magnetoheliographische Messungen an den inneren und äußeren Flügeln der Na-Linie D_1 ergaben in einem Höheninterval von 200—250 km mittlere vertikale Gradienten der longitudinalen Feldstärke von 0.028—0.035 Γ/km. Außerhalb von Fleckengebieten wächst das Magnetfeld demnach mit der Tiefe etwa zehnmal schwächer an als in Flecken. Petri

6903. **W. E. Stepanow,** The dependence of the readings of the solar magnetograph on the strength and direction of the field. Mitt. Astrophys. Obs. Krim **23** 291—298 (russ. mit engl. Ref.). — Verf. untersucht mögliche Abweichungen von der Proportionalität der im Magnetographen benutzten Linienaufspaltung von $H \cos \delta$, wobei H die magnetische Feldstärke, δ der Winkel zwischen Magnetfeld und Sichtlinie bedeuten. Bei einer Spaltbreite von 35 mÅ ergibt sich, daß die Proportionalität im Fall der Fe-Linie λ 5250 bis etwa 200 Gauß gilt. Im Fall der Na D_1-Linie gilt die Proportionalität bis etwa 500 Gauß, jedoch wurde von zwei symmetrischen Spalten im Abstand von je 57 mÅ von der Linienmitte bei derselben Spaltbreite ausgegangen. Oster

6904. **M. Waldmeier,** Zirkulation und Magnetfeld der solaren Polarzone. ZfA **49** 176—185 = Astr. Mitt. Sternw. Zürich Nr. 227. — Im Anschluß an die Beobachtung Babcocks, daß das allgemeine Magnetfeld der Sonne in den Jahren 1957—58 seine Richtung gewechselt hat, wird nachgewiesen, daß diese Umkehrung sowohl auf der nördlichen wie auf der südlichen Hemisphäre für sich kurz vor dem jeweiligen Maximum der Fleckentätigkeit eintritt, daß sich zur gleichen Zeit die polare Protuberanzenzone bei $\pm 68°$ Breite befindet und die polare Koronazone den Pol erreicht hat. Die polare Protuberanzenzone trennt offensichtlich verschiedene magnetische Polaritäten, und die Koronabögen über den Protuberanzen können als magnetische Kraftlinien angesehen werden, die von der einen Polarität zur anderen verlaufen. In analoger Weise trennt die Protuberanzen-Hauptzone, die sich an die polwärtige Grenze der Fleckenzone anschließt, ebenfalls Gebiete verschiedener Polaritäten, da in der Fleckenzone die Polarität der P-Flecken jeweils stark überwiegt. Da den Protuberanzenzonen Minima der Koronahelligkeit entsprechen, stehen umgekehrt die Emissionsgebiete der Korona im engen räumlichen Zusammenhang mit den magnetischen Zonen. H. M.

6905. General magnetic field of the sun. Sky Tel. **19** 147.

6906. Solens magnetfelt. Urania København **17** 16.

6907. Besitzt die Sonne ein allgemeines Magnetfeld? VdS Nachr. **9** 86. — Ref.

VIII. Erde

§ 71

Erdkörper

7101. **K. Arnold,** Relationen zwischen neueren Verfahren der Theorie der Figur der Erde. Gerlands Beiträge Geophys. **69** 140—149. — Zwei verschiedene neue Methoden zur Bestimmung der Figur der Erde und insbesondere der Lotabweichungen werden diskutiert. Die eine Methode basiert auf dem Quasigeoid, die andere auf dem Geoid. Verf.

7102. **K. Arnold,** Die Präzessionsbewegung der Erde und der Bahn der künstlichen Erdsatelliten, die Abplattung der Erde und die Dichteverteilung im Erdinnern. Gerlands Beiträge Geophys. **69** 191—199 = Mitt. Geodät. Inst. Potsdam Nr. 34. — Aus den durch Beobachtungen erhaltenen Werten für die statische und dynamische Abplattung der Erde folgt, daß im tiefen Erdinnern die Dichteverteilung innerhalb bestimmter Grenzen von der des hydrostatischen Gleichgewichts abweicht. Verf.

7103. **K. Arnold,** Numerische Beispiele zur strengen Theorie der Figur der Erde. Veröff. Geod. Inst. Potsdam Nr. 16, 66 S. — Die Richtigkeit der in einer früheren Arbeit (vgl. AJB **59** Ref. **7107**) angegebenen Formeln für die absoluten Lotabweichungen werden an einem Geländemodell bestätigt.

7104. **G. A. Bakos,** An investigation into the seasonal changes of albedo as derived from earthshine observations. AJ **65** 482. — Ref. AAS.

7105. **D. Balešić,** Zemlja — naša postojbina. ZiS **3** 4—12.

7106. **A. M. Bancroft,** Gravity anomalies over a buried step. J. Geophys. Res. **65** 1630—1631 = Contr. Dominion Obs. Ottawa **3** Nr. 27.

7107. **A. M. Bancroft,** The establishment of gravity bases at airports across Canada. Publ. Dominion Obs. Ottawa **24** 45—66.

7108. **A. E. Beck,** An expanding earth with loss of gravitational potential energy. Nature **185** 677—678. — Für ein kugelsymmetrisches Erdmodell mit inhomogener Dichteverteilung wird gezeigt, daß es unter Abnahme der potentiellen Energie expandieren kann, wenn sich nach der Expansion eine andere, passende Dichteverteilung ergibt. Ohne auf mögliche Mechanismen einzugehen, kann man eine Radiuszunahme von 100, ja von 1000 km, als möglich ansehen. Dv.

7109. **A. Bjerhammar,** Über die Bestimmung der Gestalt der Erde. Österreich. Z. Vermessungswesen **48** 177—180.

7110. **G. Bomford,** The figure of the earth. Its departure from an exact spheroid. Geophys. J. RAS **3** 83—95.

* * **K. von Bülow,** Planetarische Fundamentaltektonik dargelegt an Mond, Erde und Mars. Vgl. Ref. **5604**.

* * **E. J. Burr, R. Tomaschek,** Earthquakes and Uranus: misuse of a statistical test of significance. Vgl. Ref. 8801.

* * **A. W. Butkewitsch,** The application of geodetic principles in practical astronomy. Vgl. Ref. **3606**.

* * **C. J. Cohen, R. J. Anderle,** Verification of earth's «pear shape» gravitational harmonic. Vgl. Ref. 18259.

7111. **P. Couderc,** L'âge de la Terre. BSAF **74** 11—16.

7112. **F. K. Dalton,** The Reversing Rapids at Saint John, New Brunswick. J RAS Canada **54** 157—163.

7113. **A. Dauvillier,** Sur l'état convectif interne du Globe et les phénomènes hydromagnétiques. CR **251** 1449—1450.

7114. **E. K. Dshassybekowa, W. M. Kasatschewskij, A. W. Charitonow,** A determination of the albedo of the earth. AJ UdSSR **37** 131—134 (russ. mit engl. Ref.). — Ein Instrument zur Bestimmung des Helligkeitsverhältnisses des von der Erde und von der Sonne bestrahlten Teiles der Mondoberfläche wird beschrieben. Vom September 1957 bis August 1958 wurden 17 Messungen vorgenommen, aus welchen für die sphärische Albedo der Erde der Mittelwert 0.391 ± 0.014 folgte. Zum Vergleich werden alle bisher bekannten Bestimmungen der Albedo der Erde angeführt. Die Genauigkeit der bisherigen Bestimmungen genügt nicht, um einen jährlichen oder elfjährigen Gang in der Erdalbedo zu untersuchen. Ond.

* * **J. Dubois,** La lumière cendrée de la Lune et ce qu'elle nous permet de connaître touchant l'atmosphère et l'aspect planétaire de la Terre. Vgl. Ref. **8320**.

7115. **I. Fischer,** An astrogeodetic world datum from geoidal heights based on the flattening $f = 1/298.3$. J. Geophys. Res. **65** 2067—2076. — Aus dem auf den neuesten Ergebnissen basierenden Geoid ergibt sich mit dem aus den Satellitenbeobachtungen abgeleiteten Wert für die Abplattung der Äquatorradius zu 6378160 m. Für dieses Erdellipsoid, das kleiner als das bisher angenommene ist, stimmen astronomisches und gravimetrisches Geoid besser überein. T. L.

7116. **G. Gamow,** Biography of the Earth. Its Past, Present, and Future. London, Macmillan & Co., Ltd., 1959. Revidierte Auflage. 13 + 242 S. Preis 35 s. net. — Besprechung in Nature **189** 341—342 (A. Holmes).

7117. **G. García,** La asimetría de la Tierra, las deformaciones, y las dislocaciones de las masas. Aplanamiento y densidades. Actas Acad. Nacional Ci. Exact. Fís. Nat. Lima **23** 1—24.

7118. **G. García,** La asimetría de la Tierra, las deformaciones y las dislocaciones de las masas, sobre las fuerzas. Actas Acad. Nacional Ci. Exact. Fís. Nat. Lima **23** 25—83.

7119. **J. de Graaff-Hunter,** The shape of the earth's surface expressed in terms of gravity at ground level. Bull. géod. (NS) Nr. 56 S. 191—200.

7120. **B. Gutenberg,** Physics of the Earth's Interior. Vgl. AJB **59** Ref. 7124. — Weitere Besprechung in Nuovo Cimento (10) **18** 615 (P. Caloi).

7121. **A. C. Hamilton,** Gravity measurements in Canada January 1, 1957 to December 31, 1959. Publ. Dominion Obs. Ottawa **24** 71—82.

7122. **J. H. Hodgson,** National report for Canada. Seismology and physics of the earth's interior 1957—1960. Contr. Dominion Obs. Ottawa **3** Nr. 25, 28 S.

7123. **L. F. Hubert, S. Fritz, H. Wexler,** Pictures of the earth from high altitudes and their meteorological significance. Vgl. Ref. **1330** S. 3—7.

7124. **P. M. Hurley,** Hur gammal är jorden. Biblioteksförlaget, 1960. 120 S. Preis Kr. 4:50.

7125. **M. J. S. Innes, C. Morelli, D. A. Rice,** Gravimetric ties Europe — America II. Boll. Goefis. Teor. Appl. **2** Nr. 6, 19 S. = Contr. Dominion Obs. Ottawa **5** Nr. 1.

7126. **M. J. S. Innes,** Gravity and isostasy in northern Ontario and Manitoba. Publ. Dominion Obs. Ottawa **21** 265—338.

7127. **A. K. Iwanowa,** The results of observations of plumb tidal swings in AOE. Bull. Astr. Engelhardt-Obs. Kasan Nr. 34 S. 29—67, 1959 (russ. mit engl. Ref.).

7128. **J. A. Jacobs,** Temperatures within the earth's core. Nature **185** 521—522.

* * **M. S. Jarow-Jarowoj,** Über die Konvergenz von Reihen, die die Bewegung künstlicher Erdsatelliten darstellen. Vgl. Ref. **1884.**

7129. **H. Jeffreys,** The Earth, Its Origin, History and Physical Constitution. Vgl. AJB **59** Ref. **7128.** — Weitere Besprechung in J RAS Canada **55** 46—47 (R. D. Russell).

7130. **H. Jeffreys, S. Crampin,** Rock creep: a correction. MN **121** 571—577.

7131. **G. Jobert,** Sur la densité interne du globe. Ann. Géophys. **16** 422—425.

7132. **V. Jurčec,** Geofizika. ZiS **2** 1—4, 1959.

7133. **D. G. King-Hele,** Evaluation of the second, fourth and sixth harmonics in the earth's gravitational potential. Nature **187** 490—491.

7134. **L. Knopoff, G. J. F. MacDonald,** An equation of state for the core of the earth. Geophys. J. RAS **3** 68—77. — Neuere Messungen der Kompressibilität von Metallen sind mit den gegenwärtigen Auffassungen über die Dichte des Erdkerns nur verträglich, wenn eine merkliche Menge von Elementen niedrigerer Ordnungszahl als Eisen im Erdkern angenommen wird. FS

* * **Z. Kopal,** Figures of Equilibrium of Celestial Bodies with Emphasis on Problems of Motion of Artificial Satellites. Vgl. Ref. 5429.

7135. **K. Ledersteger,** Zur Theorie des Normalsphäroides der Erde. Deutsche Geod. Kommission Bayer. Akad. Wiss. (A) Nr. 36 S. 3—20.

7136. **K. Ledersteger,** Die theoretische Lösung des gesamten Problems der Erdfigur. Deutsche Geod. Kommission Bayer. Akad. Wiss. (A) Nr. 36 S. 21—30.

7137. **K. Ledersteger,** Zur Theorie des Normalsphäroides der Erde. Geodézia és Kartográfia **12** 1—8 (ungar. mit deutsch. Ref.).

7138. **K. Ledersteger,** Dynamische, statische und geometrische Abplattung. Sitzber. Bayer. Akad. Wiss. Math.-naturwiss. Kl. 1960 S. 213—226. — Ausgehend von der Identität der Figurenreihen (ω, K) $\equiv$ (ω, H) wird nachgewiesen, daß die aus den Beobachtungen der künstlichen Satelliten abgeleitete statische Abplattung zu klein ist. Die Deutung der Diskrepanz zwischen den empirischen Werten für die statische und dynamische Abplattung aus der Tatsache, daß sich die Erde nicht im hydrostatischen Gleichgewicht befindet, ist unmöglich, weil es eine Gleichgewichtsfigur gibt, welche mit der wirklichen Erde in der Rotationsgeschwindigkeit und in sämtlichen Massenfunktionen C, K, D_4, D_6 ... übereinstimmt. Verf.

* * **E. N. Ljustich,** Die Bildungsenergie der Erdkruste. Vgl. Ref. 5611.

7139. **A. Marchal,** Les marées terrestres. Industrie Nr. 12, 1960. — Besprechung in Ciel et Terre **77** 352 (J. F. Brouet).

7140. **P. J. Melchior,** Résultats de seize mois d'enregistrement de la marée à l'Observatoire Royal de Belgique (Uccle) à l'aide du gravimètre Askania No. 145 (1958—1959). Ann. Obs. Roy. Belgique (3) 8 289—423 = Série Géophys. Nr. 53.

7141. **P. J. Melchior,** L'étude des marées terrestres en Belgique. Commun. Obs. Roy. Belgique Nr. 167, 8 S. = Série Géophys. Nr. 52.

7142. **P. J. Melchior,** Die Gezeiten in unterirdischen Flüssigkeiten. Erdöl und Kohle **13** 312—317 = Commun. Obs. Roy. Belgique Nr. 172 = Série Géophys. Nr. 55.

7143. **N. K. Migal,** Über die Bestimmung der Erdfigur ohne Benutzung des normalen Gravitationsfeldes. Abh. Polytechn. Inst. Lwow (Geod.) 1959 Nr. 5 S. 79—86 (russ.). — Ref. in RJ UdSSR 1961 5G198.

7144. **M. S. Molodenskij, W. F. Jeremejew, M. I. Jurkina,** Die Methoden zur Erforschung des äußeren Gravitationsfeldes und der Figur der Erde. Publ. Zentr. Forschungsinst. Geol., Luftbildaufnahme, Kartographie Nr. 131, 251 S. (russ.). — Ref. in RJ UdSSR 1960 Nr. 12 S. 120—122.

7145. **I. F. Monin,** Zur Theorie des Gravitationsfeldes der regularisierten Erde. Hochschulmitt. Geodäsie und Luftbildaufnahme 1960 Nr. 3 S. 57—61 (russ.). — Ref. in RJ UdSSR 1961 4G204.

7146. **E. R. Niblett, C. Sayn-Wittgenstein,** Variation of electrical conductivity with depth by the magneto-telluric method. Geophysics **25** 998—1008 = Contr. Dominion Obs. Ottawa **3** Nr. 28.

7147. **J. A. O'Keefe,** Determination of the earth's gravitational field. Science **131** 607—608.

7148. **J. A. O'Keefe,** Determination of the earth's gravitational field. Vgl. Ref. **1330** S. 448—457.

7149. **J. A. O'Keefe,** New developments in geodesy with special relation to the implications for the earth's interior. Vgl. Ref. **1339** S. 35—39.

7150. **G. Oliwa,** Das äußere Schwerefeld eines Rotationssphäroids. Österreich. Z. Vermessungswesen **48** 113—119. — Ausgehend von den klassischen Definitionen Helmerts und Darwins für Niveausphäroide werden die Beziehungen zwischen den charakteristischen Parametern und den Stokesschen Konstanten J bis zur dritten Ordnung der Abplattung abgeleitet. Als ein Spezialfall ergeben sich die Formeln von Cook, die sich auf das Niveauellipsoid beziehen. Die Entwicklungen sind bewußt elementar im Anschluß an Darwin geführt. Verf.

* * **A. A. Orlow,** Berechnung von Gliedern zweiter Ordnung bezüglich der Abplattung der Erde in den Koordinaten künstlicher Satelliten. Vgl. Ref. **18146.**

7151. **L. P. Pellinen,** Die Verwendung des Gradmessungsbogens zur Ableitung der Dimensionen des Erdellipsoids. Sammlung von Aufsätzen zur Geologie Nr. 11 S. 3—4 (russ.). — Ref. in RJ UdSSR 1961 Nr. 3 (G) S. 27.

7152. **J. Proudman,** The condition that a long-period tide shall follow the equilibrium-law. Geophys. J. RAS **3** 244—249.

7153. **K. S. R. Rao,** Lunar daily variation of geomagnetic horizontal intensity at Alibag. J. Geophys. Res. **65** 119—121.

7154. **A. E. Ringwood,** Some aspects of the thermal evolution of the Earth. Geochim. Cosmochim. Acta **20** 241—259.

7155. **W. I. Sacharow,** On the oscillations of the earth's axis of inertia. Vgl. Ref. **1307** S. 227—231.

7156. **W. N. Sharkow,** On the iron core of the earth. DAN **135** 1378—1381 (russ.).

7157. **W. N. Sharkow,** Die Zähigkeit des Erdkerns. Diffusionsprozesse und Diffusionszähigkeit der Erdhülle. Publ. Inst. Phys. Erde Akad. Wiss. UdSSR 1960 Nr. 11 S. 36—60 (russ.).

7158. **I. D. Shongolowitsch,** Versuch zur Bestimmung einiger Parameter des Gravitationsfeldes der Erde aus Beobachtungsergebnissen der künstlichen Erdsatelliten 1957 β_2, 1958 δ_1, 1958 δ_2. Bull KE 1960 Nr. 2, 30 S. (russ.).

7159. **F. Soják,** On hundred years of the triaxiality of the earth. RH **41** 126—128 (tschech.).

7160. **M. W. Stowass,** On the formation of planetary deep faults in the earth crust. DAN **135** 69—72 (russ.).

7161. **J. G. Tanner, R. J. Uffen,** Gravity anomalies in the Gaspé Peninsula, Quebec. Publ. Dominion Obs. Ottawa **21** 221—260.

7162. **M. Toperczer,** Lehrbuch der allgemeinen Geophysik. Wien, Springer-Verlag, 1960. 6 + 384 S. Preis **$** 15.25. — Besprechung in Coelum **29** 119.

7163. **U. A. Uotila,** Investigations on the gravity field and shape of the earth. Ann. Acad. Sci. Fennicae (A III) Nr. 55, 92 S. — Ref. in Phys. Abstr. (A) **64** 145.

7164. **Y. Väisälä, L. Oterma,** Anwendung der astronomischen Triangulationsmethode. Veröff. Finn. Geod. Inst. Nr. 53, 21 S. = Astr.-Opt. Inst. Univ. Turku Informo Nr. 19. — Unter Berücksichtigung der sogenannten Raketenrefraktion können Stundenwinkel und Deklination eines hoch über dem Erdboden ausgelösten Lichtzeichens erhalten werden, wenn der Augenblick des Lichtblitzes registriert und das Licht gegen den Sternhintergrund aufgenommen und durch differentiellen Anschluß ausgemessen wird. Die Beobachtung zweier Lichtzeichen von zwei Stationen aus bestimmt zwei Ebenen, deren Schnittgerade durch die beiden Stationen verläuft. — Die Anwendung der Methode wird am Beispiel der Richtungsbestimmung Turku—Helsinki gezeigt. Schr.

7165. **G. Veis,** Geodetic uses of artificial satellites. Smithsonian Contr. Astrophys. **3** 95—161. — Ref. in Nature **188** 105. — Es wird eine ausführliche Behandlung all derjenigen Fragen gegeben, die mit der Vermessung der festen Erdoberfläche durch die Beobachtung von künstlichen Erdsatelliten zusammenhängen. In den beiden ersten Abschnitten werden die Koordinatensysteme und ihre Transformationsmöglichkeiten und die Meßgrößen der Beobachtung besprochen, die Methodik hierzu und die an die Beobachtungen anzubringenden Korrektionen gegeben. Die nächsten drei Abschnitte behandeln die praktische Lösung geodätischer Aufnahmen unter verschiedenen Voraussetzungen über die Vollkommenheit der Kenntnis der Satellitenbahnen. Zum Schluß werden die Methoden kritisch verglichen. Gü-Li

7166. **A. Vogel,** Über Unregelmäßigkeiten der äußeren Begrenzung des Erdkerns auf Grund von am Erdkern reflektierten Erdbebenwellen. Gerlands Beiträge Geophys. **69** 150—174. — Die großregional abgrenzbaren Kerntiefenanomalien für den Zeitraum 1948—54 zeigen deutliche Beziehungen zum magnetischen Nicht-Dipol-Feld und zum Schwerkraftfeld der Erde. Diese drei in Korrelation stehenden Erscheinungen sowie die mit den Säkularvariationen des Erdmagnetfeldes verbundenen Schwankungen in der Rotationszeit der Erde lassen als gemeinsame Ursache dynamische Vorgänge im Innern des Erdkerns vermuten. Anhaltspunkte für Verlagerungen der Kerntiefe im Verlauf von Jahrzehnten sind vorhanden. Ändern sich Kerntiefenanomalien und Nicht-Dipol-Feld des Erdmagnetfeldes mit der Zeit, so folgen daraus wegen obiger Korrelationen notwendigerweise zeitliche Veränderungen im Schwerkraftfeld der Erde. Verf. (gek.)

7167. **P. Wild,** Die Astronomie im Dienste der Seismologie. Orion Schaffhausen **5** 855—856. — Ref. in Sternenbote **3** 108.

7168. **P. L. Willmore,** The detection of earth movements. Contr. Dominion Obs. Ottawa **3** Nr. 26, 47 S.

7169. **P. J. Winter, H. D. Valliant,** Relative gravity determinations in the Prairie provinces with Dominion Observatory bronze pendulum apparatus. Geophys. J. RAS **3** 141—154 = Contr. Dominion Obs. Ottawa **3** Nr. 23.

7170. **J. Witkowski,** Résultats provisoires des enregistrements des marées terrestres à la Station de Latitude de l'Académie Polonaise des Sciences à Borowiec. Sonderdruck Proc. Third International Symposium on Earth Tides — Trieste 1959, 4 S. = Polish Acad. Sci. Astr. Latitude Station Borowiec Repr. Nr. 5.

7171. **H. Wolf,** Geoidbestimmungen. Die in den Jahren 1957 bis 1960 auf dem Gebiet der Sektion V, «Geoidstudien», ausgeführten Arbeiten. Deutsche Geod. Kommission Bayer. Akad. Wiss. (B) Nr. 69 S. 43. — Ref.

7172. The Planet Earth. Herausgegeben von D. R. Bates. Vgl. AJB **57** Ref. 7215. — Weitere Besprechung in Geochim. Cosmochim. Acta **18** 154 (H. Hughes).

7173. Handbook of Geophysics. Revidierte Ausgabe. New York, Macmillan; Galt, Ont., Brett-Macmillan, 1960. 680 S. Preis $ 15.00 bzw. 105 s. — Besprechung in Geophys. J. RAS **3** 476—478 (P. A. Sheppard), J. Atmosph. Terr. Phys. **19** 294 (E. V. Appleton), Sky Tel. **20** 163.

7174. Astronomisch-geodätische Arbeiten in der Schweiz. 25. Band. Gravimetermessungen in den Jahren 1953 bis 1957. Herausgegeben von der Schweizerischen geodätischen Kommission. Wabern/Bern, Kartenverlag der Eidgenössischen Landestopographie, 1959. 5 + 242 S.

7175. Dimension and figure of the earth. Heavens **41** 123—127 (japan.).

7176. Mass of the earth. Heavens **41** 154—156 (japan.).

7177. Tide-raising force. Heavens **41** 216—218 (japan.).

7178. Geochemical table of the elements. Sky Tel. **19** 149.

§ 72

Atmosphäre

7201. **J. Aarons,** A radio astronomy study of the earth's atmosphere Sky Tel. **19** 406—408.

7202. **S.-I. Akasofu,** The ring current and the outer atmosphere. J. Geophys. Res. **65** 535—543.

* * **A. J. Besrukowa,** Der elfjährige Zyklus der Sonnenaktivität und der Charakter der Schwankungen der irdischen Zonenzirkulation zur Winterszeit. Vgl. Ref. **6508**.

7203. **J. Blamont,** L'exploration de la haute atmosphère au moyen de fusées. BSAF **74** 145—156.

7204. **Z. V. Bochníček,** Profile of upper-atmosphere air density at the height 180—212 km derived from the orbit of Sputnik III. Nature **186** 460—461.

7205. **A. W. Brewer, H. U. Dütsch, J. R. Milford, M. Migeotte, H. K. Paetzold, F. Piscalar, E. Vigroux,** Distribution verticale de l'ozone atmosphérique. Comparaison de diverses méthodes. Ann. Géophys. **16** 196—222 = Contr. Inst. d'Astrophys. Paris (B) Nr. 198 = Inst. d'Astrophys. Liège Coll. 4° Nr. 108.

7206. **A. F. Cook,** Winds in the upper atmosphere. AJ **65** 50—51. — Ref. AAS.

7207. **P. E. Eliasberg,** Bestimmung der Dichte der höheren Atmosphäre aus säkularen Änderungen der Bahnelemente der ersten beiden künstlichen Erdsatelliten. KE Nr. 1 S. 21—24, 1958 (russ.).

7208. **P. E. Eliasberg, W. D. Jastrebow,** Bestimmung der Dichte der höheren Atmosphäre nach Ergebnissen der Beobachtungen des Flugs des dritten sowjetischen künstlichen Erdsatelliten. KE Nr. 4 S. 18—30 (russ.).

7209. **H. Faust,** Raketen im Dienst der Höhenforschung. Weltraumfahrt **11** 43—46.

* * **E. I. Fialko,** The dependence of the mean hourly rates of registered meteors on the parameters of meteor bodies, the atmosphere and radio-echo apparatus. Vgl. Ref. **9323**.

7210. **J. J. Gilvarry,** Physical parameters of the atmospheric escape layer. Nature **188** 804—805. — Auf Grund von neuen Beobachtungen von Satellitenbahnen werden Zustandsgrößen der Erdatmosphäre zwischen 200 und 700 km Höhe diskutiert. Im Bereich der Entweichschicht zeigt sich ein ausgeprägter Tagesgang. Els.

7211. **J. S. Greenhow, J. E. Hall,** Diurnal variations of density and scale height in the upper atmosphere. J. Atmosph. Terr. Phys. **18** 203—214 = Astr. Contr. Univ. Manchester (2) Jodrell Bank Repr. Nr. 208.

7212. **J. S. Greenhow, E. L. Neufeld,** Large scale irregularities in high altitude winds. Proc. Phys. Soc. **75** 228—234 = Astr. Contr. Univ. Manchester (2) Jodrell Bank Repr. Nr. 197.

7213. **L. G. Jacchia,** A variable atmospheric-density model from satellite accelerations. J. Geophys. Res. **65** 2775—2782 = Harv Repr Nr. 559.

7214. **C. Luplau Janssen,** De højere Atmosfaerelag. Urania København **17** 65—66.

7215. **R. Jastrow,** Outer atmospheres of the earth and planets. Vgl. Ref. **1316** S. 142—151.

7216. **F. S. Johnson, R. A. Fish,** The telluric hydrogen corona. ApJ **131** 502—515. = Ref. in Sky Tel. **20** 144, VdS Nachr. **10** 109. — Die Zurückführung der in den Erdschatten hereingestreuten solaren $L\alpha$-Strahlung auf eine interplanetare H-Wolke ist mit der nächtlichen Anregung der E-Schicht unvereinbar, wie eine Diskussion der Doppler-Verschiebung zeigt. Dieses Ergebnis und die bei Raketenaufstiegen in Neumexiko nachgewiesene Verschiebung des Minimums der $L\alpha$-Intensität um 8° vom Zentrum des Erdschattens gegen den Horizont verweisen auf eine die äußerste neutrale Exosphäre bildende tellurische H-Korona als Sitz der Streuzentren. Verf. leiten aus den Raketenergebnissen die optische Dicke der H-Korona ab (ca. 1.6 im Intensitätsminimum) und finden hieraus mit der von Harris und Jastrow aus der Bahnänderung von 1958 β_2 berechneten Exosphärentemperatur von 1250° K die H-Atomzahl $N \times H = 7 \times 10^{12}$ cm^{-2} über der E-Schicht. Die Abweichung der Geschwindigkeitsverteilung der H-Atome von der Maxwell-Verteilung infolge der entweichenden Atome wird berechnet und damit der Verlauf der H-Atomdichte mit der Höhe ermittelt: Für 550, 7000, 36000 km 4×10^4, 10^3, 10 cm^{-3}. Seine Fortsetzung nach kleineren Höhen wird unter der Annahme thermischen Diffusionsgleichgewichts und unter Benutzung der O-Verteilung nach Johnson (1958) sowie im Bereich der unteren Ionosphäre mit turbulenter Durchmischung berechnet. Schließlich werden noch die Anteile der primären und der sekundären Streuung diskutiert. Gü.

7217. **F. S. Johnson,** The telluric hydrogen corona and some of its consequences. Vgl. Ref. **1330** S. 736—745.

* * **V. Jurčec,** Geofizika. Vgl. Ref. **7132**.

7218. **D. G. King-Hele, D. M. C. Walker,** Variation of upper-atmosphere density with latitude and season: further evidence from satellite orbits. Nature **185** 727—729. — Aus der Kontraktion der Bahnen von Discoverer 6 und Sputnik 3 wurde die Luftdichte in 220 km Höhe abgeleitet. Es wurde das frühere Ergebnis bestätigt, daß sich die Luftdichte zeitlich und örtlich nicht mehr als um den Faktor 1.5 ändert. Insbesondere wurde, im Gegensatz zu Raketenbeobachtungen, keine systematische Änderung der Luftdichte mit der geographischen Breite gefunden. Den stärksten Einfluß hatte offensichtlich die wechselnde Sonnenaktivität, die eine 28tägige Periode von $\pm 20\%$ hervorruft. Die tageszeitliche Variation ist geringer. Der Tagwert liegt höchstens 10 % über dem Nachtwert. Ein merklicher jahreszeitlicher Gang ist nicht vorhanden. Dmg.

7219. **D. G. King-Hele, D. M. C. Walker,** Density of the upper atmosphere and its dependence on the sun, as revealed by satellite orbits. Nature **186** 928—931. — Die starke Dichteänderung zwischen Mitternacht und Mittag in Höhen über 500 km, die früher von einem Satelliten festgestellt wurde, ließ sich jetzt mit 5 weiteren Satelliten nachweisen; die für jeden wiedergegebenen Tag- und Nachtzeitwerte bestätigen bereits bekannte Ergebnisse. In Höhen zwischen 180 und 250 km scheint sich die durchschnittliche Luftdichte zwischen 1958 und 1960 um etwa 20 % vermindert zu haben. Da die täglichen Änderungen von der Sonnenaktivität abhängen, wird diese Abnahme als Beginn eines 11jährigen Zyklus interpretiert, in dem die Höchstdichte beim Sonnenfleckenmaximum im Jahr 1957/58 auftrat. In Höhen oberhalb 250 km sollte dieser Effekt stärker hervortreten. Verf. (ü.)

7220. **G. A. Kolegow,** Dichtevariationen der Hochatmosphäre aus Beobachtungen der Änderungen der Rotationsperioden künstlicher Erdsatelliten. KE Nr. 4 S. 31—34 (russ.).

7221. **W. I. Krassowskij,** Corpuscular heating of the outer atmosphere. Vgl. Ref. **1330** S. 90—94.

7222. **H. E. Lagow, R. Horowitz, J. Ainsworth,** Results of IGY atmospheric density measurements above Fort Churchill. Vgl. Ref. **1330** S. 164—174.

7223. **M. L. Lidow,** Bestimmung der Dichte der Atmosphäre aus der beobachteten Bremsung der ersten künstlichen Erdsatelliten. KE Nr. 1 S. 9—20, 1958 (russ.).

7224. **M. Ljubić,** Rezultati novijih istraživanja o atmosferi Zemlje. ZiS 1 61—63, 1958.

7225. **H. A. Martin, W. Priester,** Measurement of solar and diurnal effects in the high atmosphere by artificial satellites. Nature **185** 600—601 = Mitt. Univ.-Sternw. Bonn Nr. 31. — Aus den Bahnelementen einiger Erdsatelliten werden die Atmosphärendichten für das Perigäum ihrer Bahnen berechnet (vgl. Ref. **7234**) und in Abhängigkeit von der geozentrischen Winkeldistanz zwischen Perigäum und Sonne betrachtet. Dadurch wird es möglich, die täglichen Dichteschwankungen der Hochatmosphäre von den Schwankungen langer Periode, hervorgerufen durch die veränderliche Sonnenstrahlung, zu trennen. Aus den Untersuchungen ergibt sich ein Atmosphärenmodell bis 700 km Höhe, das die Dichteänderungen berücksichtigt. Gü-Li

7226. **W. W. Michnewitsch,** Vorläufige Ergebnisse der Bestimmung der Dichte der Atmosphäre oberhalb von 100 km. KE Nr. 2 S. 26—31, 1958 (russ.).

7227. **W. W. Michnewitsch, B. S. Danilin, A. I. Repnew, W. A. Sokolow,** Einige Ergebnisse der Bestimmung der Strukturparameter der Atmosphäre mit Hilfe des dritten sowjetischen künstlichen Erdsatelliten. KE Nr. 3 S. 84—97, 1959 (russ.).

7228. **T. M. Muljartschik,** Interferometrische Messungen der Temperatur der Hochatmosphäre aus der Breite einiger Emissionslinien. Nachr. Akad. Wiss. UdSSR (Geophys.) 1960 Nr. 3 S. 449—458 (russ.). — Ref. in RJ UdSSR 1961 4A525.

7229. **M. Nicolet,** Les variations de la densité et du transport de chaleur par conduction dans l'atmosphère supérieure. Vgl. Ref. **1330** S. 46—89.

7230. **O. Obůrka,** Künstliche Erdsatelliten und neue Kenntnisse über unsere Erde und Erdatmosphäre. Vesmír **39** 203—204 (tschech.).

7231. **H. K. Paetzold, H. Zschörner,** Variable conditions of the terrestrial exosphere. Astronaut. Acta **6** 373—381. — Drei Effekte scheinen oberhalb 60° Breite von größerem Einfluß zu sein als die jahreszeitlich und breitenmäßig bedingten Schwankungen. Zusammen können diese in 100 km Höhe die Luftdichte um den Faktor 1000 und die Temperatur von 1000° bis 2000° ändern. Weiter folgt die Erdatmosphäre wegen ihres geringen Energiegehaltes jedem Einfluß mit sehr kleiner Totzeit. Ferner müssen sich die Struktur der Exosphäre und das Entweichen der leichten Gase He und H beträchtlich mit der Sonnentätigkeit, der magnetischen Aktivität, mit Tag und Nacht und auch mit der jeweiligen Position der Erde ändern. Verf.

7232. **W. Petrie,** The fringe of space. Vgl. Ref. **1336** S. 208—210.

7233. **S. M. Poloskow,** Upper atmosphere structure parameters according to data obtained from USSR rockets and satellites during IGY. Vgl. Ref. **1330** S. 95—116.

7234. **W. Priester, H. A. Martin,** Solare und tageszeitliche Effekte in der Hochatmosphäre aus Beobachtungen künstlicher Erdsatelliten. Forschungsber. Nordrhein-Westfalen Nr. 547, 53 S. = Mitt. Univ.-Sternw. Bonn Nr. 29. — Ref. in Weltraumfahrt 11 94. — Für den Zeitraum von November 1957 bis Juli 1959 werden für eine Anzahl gut beobachteter Erdsatelliten die Werte der Luftdichte in der mittleren Höhe ihres Perigäums aus den Bahnelementen berechnet und mit der Intensität der solaren 20 cm-Strahlung verglichen. Es ergibt sich eine enge Korrelation zwischen den Schwankungen der Luftdichte und der 20 cm-Strahlung bei allen betrachteten Satelliten, besonders aber in größeren Flughöhen. Über die Ursachen der Korrelation werden Betrachtungen angestellt. Gü-Li

7235. **W. Priester, H. A. Martin,** Temperature inversion in the FI-layer. Nature 188 200—202 = Mitt. Univ. Sternw. Bonn Nr. 34 S. 1—5.

7236. **W. Priester, H. A. Martin, K. Kramp,** Diurnal and seasonal density variations in the upper atmosphere. Nature 188 202—204 = Mitt. Univ. Sternw. Bonn Nr. 34 S. 5—10.

* * **B. M. Rubaschew,** Innerjährliche Fluktuationen der Sonnentätigkeit und negative Anomalien der atmosphärischen Zirkulation. Vgl. Ref. **6558**.

7237. **I. S. Schklowskij, W. G. Kurt,** Bestimmung der Dichte der Atmosphäre in 430 km Höhe durch die Diffusion von Natriumdampf. KE Nr. 3 S. 66—83, 1959 (russ.).

7238. **E. G. Schwidkowskij,** Einige Ergebnisse über die Messungen thermodynamischer Parameter der Stratosphäre mit Hilfe meteorologischer Raketen. KE Nr. 2 S. 10—16, 1958 (russ.).

7239. **J. A. Simpson,** The production of tritons and C^{14} in the terrestrial atmosphere by solar protons. J. Geophys. Res. **65** 1615—1616.

7240. **S. F. Singer,** Structure of the earth's exosphere. Vgl. Ref. **1335** S. 2577—2580.

* * **R. J. Stirton,** The upper atmosphere and satellite drag. Vgl. Ref. 18186.

7241. **A. K. Suslow,** On the profile of the tellurian line O_2. AC Nr. 212 S. 5—7 (russ.).

7242. **A. K. Suslow,** Variation of telluric lines O_2 with elevation above the sea level. AC Nr. 213 S. 8—10 (russ.).

7243. **G. Sutton,** Theories of the circulation of the earth's atmosphere. Obs **80** 169—190. — Halley-Lesung für 1960.

7244. **M. S. Totschilin,** Die Entwicklung der Erdatmosphäre. Priroda **49** Nr. 1 S. 26—32 (russ.).

* * **W. I. Tscherednitschenko,** Terrestrial and cometary manifestations of corpuscular solar energy. Vgl. Ref. **68113.**

7245. **A. Vassy, I. Rasool,** Relations entre l'ozone atmosphérique et le magnétisme terrestre. CR **250** 3865—3866. — Beobachtungen der reduzierten Dicke der Ozonschicht in Tamanrasset vom März bis Mai 1959 werden auf eine Korrelation mit der erdmagnetischen Kennzahl untersucht. Bei verschiedenen magnetischen Stürmen zeigt sich ein Anstieg der Ozondicke, der von einem flachen Minimum während der vorhergehenden Tage begleitet wird. Der gleiche Effekt wird bei dem großen magnetischen Sturm vom 11. 2. 1958 an Messungen verschiedener Stationen in Europa und Indien nachgewiesen. J. P. M.

7246. **E. Vigroux,** L'ozone atmosphérique. Distribution verticale d'après les observations dans l'infrarouge. BSAF **74** 241—255.

7247. **A. T. Wilson, G. J. Fergusson,** Origin of terrestrial tritium. Geochim. Cosmochim. Acta **18** 273—277. — Die Möglichkeit einer Aufsammlung von Tritium von einer außerirdischen Quelle erweist sich als höchst unwahrscheinlich. Spallationsreaktionen der kosmischen Strahlung in der Erdatmosphäre stellen vermutlich den einzig möglichen Erzeugungsmechanismus dar. Loh.

7248. Physics of the Upper Atmosphere. Herausgegeben von J. A. Ratcliffe. New York—London, Academic Press, 1960. 586 S. Preis $ 14.50. — Besprechung in Ann. Géophys. **16** 569—570, Ciel et Terre **77** 352 (J. F. Brouet), J. Atmosph. Terr. Phys. **19** 295 (E. V. Appleton), Proc IRE **48** 2045 (M. G. Morgan), Proc. Phys. Soc. **78** 467 (W. J. G. Beynon), Sky Tel. **20** 228.

7249. Upper-air densities. Sky Tel. **20** 123.

7250. O temperaturi stratosfere. ZiS **3** 65. — Ref.

§ 73

Refraktion, Szintillation, Extinktion, Astroklima

Refraktion

* * **Z. M. Brkić,** L'influence de la réfraction zénithale sur la détermination du temps des passages méridiennes. Vgl. Ref. **3102.**

7301. **A. M. Bush,** Problems associated with precise determination of the index of refraction of the earth's atmosphere. IRE Trans. Instrumentation **9** 23—28. — Ref. in Phys. Abstr. (A) **63** 1625.

7302. **L. Oterma,** Computing the refraction for the Väisälä astronomical method of triangulation. Astr.-Opt. Inst. Univ. Turku Informo Nr. 20, 28 S.

7303. **D. H. Sadler, W. A. Scott,** Refraction at low altitudes. J. Inst. Navigation **13** 139—147. — Die Analyse der speziell hierfür durchgeführten Messungen ergab keine wesentlichen Abweichungen selbst bei Höhen zwischen 0° und 5° über dem Horizont gegenüber den Werten der Refraktionstafel im (Abridged) Nautical Almanac. Die Messungen zwischen 5° und 10° waren dabei zur Eliminierung anderer systematischer Fehler benutzt worden. T. L.

7304. **C. Sugawa,** On the relation between the anomalous refraction and the local Z term. Publ. Astr. Soc. Japan **12** 42—54. — Die früheren Untersuchungen über den Effekt der anomalen Refraktion, der durch die aus Radiosonden-Messungen abgeleitete Neigung der hohen Luftschichten gleicher Dichte hervorgerufen wird, wurden fortgesetzt. Dabei bestätigte sich der Zusammenhang mit dem sogenannten Windeffekt und seine Auswirkung auf den Fehler des Schraubenwertes. Man erhält somit eine physikalische Erklärung für die jährliche Komponente des aus den Breitenbestimmungen resultierenden lokalen Z-Terms, während die sechs- und viermonatlichen Komponenten auf Saalrefraktion zurückgeführt werden. T. L.

7305. **E. Vassy,** Physique de l'atmosphère. II. «Phénomènes de réfraction». Vgl. AJB **59** Ref. **7310.** — Weitere Besprechung in Ann. Géophys. **16** 294—295, Coelum **29** 23—24.

Szintillation

* * **J. Aarons,** A radio astronomy study of the earth's atmosphere. Vgl. Ref. **7201.**

7306. **G. W. Achundowa, S. Dartschija,** Zur Methodik visueller Beobachtungen der Güte von Sternbildchen. Nachr. Akad. Wiss. Aserbajdshan. SSR (Phys.-Math., Techn.) 1960 Nr. 3 S. 129—142 (russ. mit aserbajdshan. Ref.). — Ref. in RJ UdSSR 1961 5A215.

7307. **R. F. Benson,** Effect of line-of-sight aurora on radio star scintillations. J. Geophys. Res. **65** 1981—1985. — In College Alaska wurde in zwei Nächten beobachtet, daß die Szintillation der Radiostrahlung von Cassiopeia auf 223 MHz stark zunahm, solange ein visuell beobachtetes Nordlichtband zwischen dem Beobachter und der Quelle lag. Im zweiten Fall kann aus der Registrierung geschlossen werden, daß die Szintillation durch eine Winkelabweichung der Strahlung bedingt war. Gleichzeitig nahm die mit einem Riometer auf 27.6 MHz beobachtete Absorption des galaktischen Rauschens beträchtlich zu. Die Zunahme der Szintillation wurde nur dann beobachtet, wenn die Szintillationsrate an sich gering war. Nach Ansicht des Verf. kann aus den Beobachtungen nicht geschlossen werden, daß die Szintillation in der Höhe der Nordlichterscheinung (ca. 100 km) erzeugt wird. Dmg.

7308. **J. I. Berutschka,** The determination of the errors of the mean square deviation of star tremours from observations of star trails. Mitt. Astr. Hauptobs. Pulkowo **21** Nr. 6 (165) S. 30—37 (russ. mit engl. Ref.).

7309. **P. M. Brenan,** The correlation of radio source scintillation in the southern and northern hemispheres. J. Atmosph. Terr. Phys. **19** 287—289 = Astr. Contr. Univ. Manchester (2) Jodrell Bank Repr. Nr. 230. — Um die Entstehungsursache der Radiosternszintillationen zu ergründen, wird die Korrelation zwischen der südlichen und der nördlichen Hemisphäre untersucht. Dabei ergab sich zwischen den Stationen Jodrell Bank und Halley Bay (geomagn. Koord.: 56°3 N, 82°5 E und 65°8 S, 24°3 E) ein Korrelationskoeffizient von +0.37 bei 388 Wertepaaren. Verglichen mit der Korrelation zwischen hohen Breiten und Äquatornähe (+0.08 bei 22 Wertepaaren) ist dies ein ziemlich hoher Wert. Es zeigt sich somit: Szintillationen in hohen Breiten (die eng mit magnetischen Störungen korreliert sind) haben offenbar eine andere Natur als Szintillationen in Äquatornähe (bei denen jede Korrelation mit magnetischen Störungen fehlt); beide Szintillationstypen können also nicht durch eine einzige Theorie erklärt werden. HHR

* * **P. M. Brenan,** Ionospheric drifts determined from radio-star scintillation observations. Vgl. Ref. 7507.

7310. **N. W. Bystrowa,** Results of observations of the unsteadiness of the atmosphere according to the Couder-Strömgren method. Mitt. Astr. Hauptobs. Pulkowo **21** Nr. 6 (165) S. 38—51 (russ. mit engl. Ref.). — Es wird über Beobachtungen der Richtungsszintillation (seeing) in Pulkowo mit der von Couder und Strömgren angegebenen Methode (Messung des Abstandes von Doppelbildern) berichtet. Während nach früheren Messungen in Schweden und Dänemark dort die Dispersion σ_x zwischen 0ʺ43 und 0ʺ63 gefunden wurde, ergibt sich als Mittelwert für Pulkowo 0ʺ35. Els.

7311. **H. J. A. Chivers,** The simultaneous observation of radio star scintillations on different radio-frequencies. J. Atmosph. Terr. Phys. **17** 181—187 = Astr. Contr. Univ. Manchester (2) Jodrell Bank Repr. Nr. 191. — Zur Prüfung bekannter theoretischer Gesetze, die die Empfangsfrequenzabhängigkeit von der Szintillationsamplitude und -frequenz («rate») bestimmen, wurden Szintillationserscheinungen an Radiosternen bei verschiedenen Frequenzen zwischen 26 und 408 MHz untersucht. Danach ist der Gültigkeitsbereich dieser Gesetze begrenzt. Es zeigte sich unter anderem: (1) Die Beziehung zwischen Empfangsfrequenz und mittlerer Szintillationsamplitude ist abhängig von der Amplitude selbst (Sättigungseffekt). (2) Die Beziehung zwischen Empfangs- und Szintillationsfrequenz wird von der Stärke der Streuung beeinflußt. (3) Sehr starke Szintillationen zeigen Fokussier- und Defokussiereffekte. (4) Szintillationserscheinungen bei zwei verschiedenen Frequenzen, die zueinander in einem Verhältnis von größer als 3 : 1 stehen, sind nicht mehr korreliert. Die Ergebnisse sind mit denen anderer Autoren vereinbar. HHR

7312. **H. J. A. Chivers,** Observed variations in the amplitude scintillations of the Cassiopeia (23N5A) radio source. J. Atmosph. Terr. Phys. **19** 54—64 = Astr. Contr. Univ. Manchester (2) Jodrell Bank Repr. Nr. 218. — Eine Analyse der Variationen von Radiosternszintillationen bei 79 MHz wurde nach mehr als 4-jähriger Beobachtung der Cassiopeia-Quelle in Jodrell Bank durchgeführt. Dabei ergibt sich: Die Jahresmittel der mittleren Tagesvariation der Szintillationsaktivität zeigen eine Abhängigkeit sowohl von der Sonnen- als auch von der Sternzeit, so daß die Monatsmittel der Tagesvariationen (als Funktion der Sonnenzeit) einen periodischen Jahresgang zeigen. Die Variation der Szintillationsaktivität mit der Position der Radioquelle kann als geomagnetischer Breiteneffekt erklärt werden. — Langperiodische Untersuchungen zeigen eine negative Korrelation zwischen Szintillationsamplituden und dem Auftreten der Spread-F-Echos; dagegen ist die allgemeine Korrelation zwischen der Szintillationsaktivität, der Sonnenfleckenrelativzahl und der geomagnetischen Kp-Kennziffer offensichtlich eng. Der Durchmesser der Cassiopeia-Quelle ist groß genug, um an den Szintillationen einen Unterschied zu einer Punktquelle nachweisen zu können. HHR

7313. **A. H. Dartschija, L. F. Tschmil, S. P. Dartschija,** A study of stellar image motion during expeditions of 1956—1958. Mitt. Astr. Hauptobs. Pulkowo **21** Nr. 6 (165) S. 52—72 (russ. mit engl. Ref.). — Beschreibung eines Verfahrens zur Gewinnung von Strichspuren und deren Auswertung. Genauer untersucht wurde die Abhängigkeit der Richtungsschwankungen des Sternlichts von der Zenitdistanz an zwei verschiedenen Beobachtungsplätzen. Außerdem wird der Zusammenhang zwischen mittlerem Schwankungsquadrat σ^2 der Spuren und deren Maximalamplituden bzw. zwischen σ und der «Turbulenz» t des Schätzverfahrens nach Danjon-Couder diskutiert. Els.

7314. **A. N. Demidowa,** Observations of stellar scintillation at Pulkowo. Mitt. Astr. Hauptobs. Pulkowo **21** Nr. 6 (165) S. 2—11 (russ. mit engl. Ref.). — Verf. untersuchte während vier Monaten im Frühjahr 1958 Szintillationsamplituden als Funktion von Zenitdistanz und Fernrohröffnung. Als Durchmesser der Fluktuationselemente in den Schichten, in denen die Szintillation entsteht, wurden nach der Turbulenztheorie etwa 30 cm errechnet. Oster

7315. **A. N. Demidowa, N. W. Bystrowa,** A photoelectric determination of the size of stellar images. Mitt. Astr. Hauptobs. Pulkowo **21** Nr. 6 (165) S. 12—29 (russ. mit engl. Ref.). — Zusammenfassung von Sichtbeobachtungsreihen, welche mit dem 20 cm-Meniskusteleskop in Pulkowo in den Jahren 1955—1959 durchgeführt wurden. Besonders berücksichtigt wurde der Durchmesser der Sternbildchen, welche photoelektrisch gemessen und gleichzeitig visuell geschätzt wurden. Oster

7316. **H. Elsässer,** Die Szintillation der Sterne. Naturwissenschaften **47** 6—10 = Mitt. Astr. Inst. Univ. Tübingen Nr. 40. — Zusammenfassender Bericht über die Beobachtungen der Richtungs- und Helligkeitsszintillation bezüglich Frequenzspektrum, Abhängigkeit von der Zenitdistanz, der bei der Beobachtung verwendeten Fernrohröffnung, der Windgeschwindigkeit und der Höhe der Beobachtungsstation über NN. Els.

7317. **H. Elsässer,** Zur Theorie der astronomischen Szintillation. II. ZfA **50** 278—295 = Mitt. Astr. Inst. Univ. Tübingen Nr. 40. — Die durch die turbulente Erdatmosphäre hervorgerufenen Helligkeits- und Richtungsschwankungen des Sternlichts werden im Anschluß an eine Lösung der Wellengleichung von Obuchow abgeleitet. Der Vergleich mit den geometrisch-optischen Ergebnissen von Teil I zeigt, daß sich für die Richtungsschwankungen ein mit I identischer Ausdruck ergibt. Bei den Helligkeitsschwankungen ist dagegen die geometrische Näherung nur für zenitnahe Sterne zulässig. Es wird dann die Abhängigkeit der Szintillationserscheinungen von der Zenitdistanz diskutiert. Die Beobachtungen lassen sich nur unter der Annahme von Turbulenzelementen verschiedener Größe verstehen. Els.

7318. **I. L. Jones,** Further observations of radio stellar scintillation. J. Atmosph. Terr. Phys. **19** 26—36. — Szintillationsbeobachtungen an der Radioquelle Cassiopeia bei 38 MHz stützen die Hypothese, daß die Form der szintillationserzeugenden Störungen elliptisch ist und die große Achse in Richtung der erdmagnetischen Feldlinien liegt. Die Berechnung der Größe der Störelemente ergab: 1) eine sehr deutliche Längenabnahme der großen Achse und eine geringe Längenzunahme der kleinen Achse mit zunehmendem Zenitabstand der Radioquelle (wohl durch Abnahme der Höhe der gestörten Schicht nach Norden zu); 2) eine große Variation des Achsenverhältnisses von Nacht zu Nacht bei kleinem Zenitabstand (wohl infolge Auftretens der gestörten Schicht in verschiedenen Höhen). Die Bewegung der Störelemente ist schwer mit der Theorie über ihre Entstehung durch Turbulenz zu vereinbaren. Die Drift der Störelemente, die einerseits aus Szintillationsbeobachtungen, andererseits aus Senkrechtlotungen ermittelt wurde, erscheint gleichgerichtet, solange der Abstand der untersuchten Gebiete kleiner ist als 250 km. Bei einem Abstand über 400 km war die Driftrichtung in 50% der Beobachtungszeit entgegengesetzt. HHR

7319. **M. B. Kerimbekow,** Szintillationsbeobachtungen des Sonnenbildes am Observatorium Schemachin. Nachr. Akad. Wiss. Aserbajdshan. SSR (Phys.-Math., Techn.) 1960 Nr. 4 S. 97—101 (russ. mit aserbajdshan. Ref.). — Ref. in RJ UdSSR 1961 7A205.

7320. **H. C. Ko,** Amplitude scintillation of radio star at ultra-high frequency. Proc IRE **48** 1871—1880. — Zwölfmonatige tägliche Szintillationsbeobachtungen an der Cygnus A-Quelle bei 195 MHz über einen großen Elevationswinkelbereich zeigten: Die Szintillationsamplitude ist am größten in Horizontnähe und nimmt mit der Höhe rasch ab. Der Betrag der Intensitätsfluktuationen variiert zwischen 3% und $> 50\%$ der Normalintensität, die Anzahl der Intensitätsmaxima pro Minute zwischen 0.5 und 8. Die Häufigkeit des Auftretens von Szintillationen ist jahreszeitlich bedingt und hat je ein Maximum im Sommer und im Winter. Während dieser Maximumszeiten ist auch die mittlere Szintillationsamplitude größer als sonst. Die mittlere Anzahl der Intensitätsmaxima pro Minute ist im Winter ungefähr dreimal so groß wie im Sommer. Ferner zeigten sich deutlich Auswirkungen der Polarlichtaktivität und der geomagnetischen Störungen auf den Charakter der Szintillationen. In den Wintermonaten ist die Anzahl der Intensitätsmaxima pro Minute dem dreistündigen geomagnetischen K-Index ungefähr proportional. HHR

7321. **J. R. Koster, R. W. Wright,** Scintillation, spread F, and trans-equatorial scatter. J. Geophys. Res. **65** 2303—2306. — Szintillation von extragalaktischen Radioquellen, Streureflexionen aus der F-Schicht und transäquatoriale Streuausbreitung von Radiowellen zeigen in der Nähe des Äquators einen deutlichen Gleichlauf. Alle drei Phänomene sind nur während der Nacht vorhanden und haben während des Sonnenfleckenmaximums eine ausgeprägte negative Korrelation mit der erdmagnetischen Unruhe. Im Sonnenfleckenminimum sind die beiden ersten (für die Streuausbreitung fehlen noch Beobachtungen) viel schwächer und unabhängig von der erdmagnetischen Unruhe. Der Gleichlauf ist mit einer Theorie von Briggs verträglich, wonach beide Erscheinungen proportional der Schwankung der Elektronendichte innerhalb der Inhomogenitäten der F-Schicht sein sollen. Sämtliche drei Erscheinungen hängen offenbar ursächlich zusammen. Dmg.

7322. **U. Mayer,** Beobachtungen der Richtungsszintillation. ZfA **49** 161—167 = Mitt. Astr. Inst. Univ. Tübingen Nr. 45. — Mit dem Bosch-Refraktor der Tübinger Sternwarte bei einer Äquivalentbrennweite von 28 m aufgenommene Strichspuren von Sternen wurden harmonisch analysiert und für die Frequenzen von 0.2 bis 10 Hz Spektren der Richtungsszintillation abgeleitet. Aus gleichzeitigen Registrierungen der Helligkeitsschwankungen des Sternlichts geht hervor, daß zwischen diesen und den Richtungsschwankungen, in Übereinstimmung mit der Theorie der Szintillationserscheinungen, keine Korrelation besteht. Els.

7323. **W. D. Ryan, G. A. Harrower,** An apparent solar periodicity in radio star scintillation. Canadian J. Phys. **38** 883. — Beobachtungen mehrerer Radioquellen zwischen 1957 Dez. und 1958 Nov. ergaben eine Szintillationskorrelation mit der Sonnenaktivität. Loh.

7324. **C. D. Watkins,** The magnetic storm-time variation of radio star scintillations and auroral radio echoes. J. Atmosph. Terr. Phys. **19** 289—292 = Astr. Contr. Univ. Manchester (2) Jodrell Bank Repr. Nr. 228.

7325. **B. I. Wlassow,** On the fluctuations in the direction to a star depending on the non-stability of the atmosphere. Vgl. Ref. **1307** S. 197—202.

Extinktion

7326. **A. Arnulf, J. Bricard,** Bericht über die jüngsten Untersuchungen zur Lichtdurchlässigkeit von Nebel und Dunst und deren Beschaffenheit, die im optischen Institut in Paris durchgeführt wurden. Beiträge Phys. Atmosphäre **33** 9—27. — In atmosphärischem Dunst und Nebel wurden gleichzeitig Messungen der Lichtdurchlässigkeit und des Tropfenspektrums durchgeführt. Die spektrale Abhängigkeit der Lichtdurchlässigkeit wurde aus dem gemessenen Tropfenspektrum errechnet und mit den zwischen 0.3 μ und 13 μ gemessenen Werten verglichen. Die Übereinstimmung litt zum Teil daran, daß die Messung des Tropfenspektrums zu kleinen Radien hin unvollkommen war. Die Lichtdurchlässigkeit wurde mit verschiedenen Durchlässigkeitsmessern (Transmissometern) gemessen, die nach einem Kompensationsverfahren arbeiteten und deren Spektralbereich durch Farbfilter oder durch einen Doppelmonochromator bestimmt wurde. Zur Bestimmung des Tropfenspektrums wurden die Tropfen nach der Methode von Dessens auf Spinnwebfäden gesammelt und im Mikroskop photographiert oder nach einer besonderen Methode im freien Luftstrom mikrophotographiert. Eine photoelektrische Methode wurde beschrieben, die es möglicherweise gestattet, das Tropfenspektrum im freien Luftstrom bis hinab zu Durchmessern von 0.1 μ zu bestimmen. Verf.

7327. **A. W. Charitonow,** Über die Bestimmung des nächtlichen Transmissionskoeffizienten. Mitt. Astrophys. Inst. Alma-Ata **9** 53—55 (russ. mit engl. Ref.).

7328. **F. Fürstenberg,** Bestimmung der Extinktion in der Erdatmosphäre bei 20 und 3.2 cm Wellenlänge. ZfA **49** 42—60 = Mitt. Heinrich-Hertz-Inst. der Deutschen Akad. Wiss. Berlin. — Als Teil eines allgemeinen Programms zur Strahlungsabsolutmessung an extraterrestrischen Strahlungsquellen wird die atmosphärische Dämpfung bei den Wellenlängen 20 cm und 3.2 cm aus Strahlungsmessungen an der Sonne in der Nähe des Horizonts experimentell ermittelt und auf ihre Gesetzmäßigkeit hin untersucht. Die Zunahme der Extinktion mit dem Zenitwinkel erfolgt nach der von Bemporad für den optischen Bereich aufgestellten Beziehung. Längere Meßreihen ergaben für die Extinktion auf dem gesamten Weg durch die Atmosphäre bei senkrechtem Einfall einen mittleren Wert von 0.072 db für $\lambda = 20$ cm und 0.084 db für $\lambda = 3.2$ cm. Verf.

7329. **D. M. Gates,** Near infrared atmospheric transmission to solar radiation. J. Optical Soc. America **50** 1299—1304.

7330. **J. E. McDonald,** Direct absorption of solar radiation by atmospheric water vapor. J. Meteorol. **17** 319—328. — Ref. in Phys. Abstr. (A) **63** 1426.

7331. **D. G. Murcray, J. N. Brooks, F. H. Murcray, W. J. Williams,** Atmospheric absorptions in the near infrared at high altitudes. J. Optical Soc. America **50** 107—112.

7332. **B. Růžičková,** Photoelektrische Messungen der atmosphärischen Extinktion in Ondřejov. BAC **11** 242—247. — Die atmosphärische Extinktion in Ondřejov wurde auf zwei Wellenlängen mittels eines Sonnenspektrographen in Verbindung mit einem photoelektrischen Photometer gemessen. Ihre Abhängigkeit von Dunst und Zirrus sowie das Verhalten der Intensitätsverhältnisse auf zwei Wellenlängen λ wurden untersucht. Weiter wurden die Dunstkoeffizienten α, β, die die Größe der Dunstpartikel und die Dunstmenge charakterisieren, sowie die visuelle Dunstextinktion K_D bestimmt. Aus den festgestellten Werten folgt, daß die Qualität der Durchsichtigkeit der Luft auf der Ondřejover Sternwarte gut ist. Verf.

7333. **G. F. Sitnik, R. N. Chmelewa,** Ergebnisse der Messungen der sonnennahen Aureole und des Transmissionskoeffizienten mit Hilfe des Aureolenphotometers. Mitt. Staatl. Astr. Sternberg-Inst. Moskau Nr. 109 S. 28—62 (russ.).

7334. **T. P. Toropowa,** Über die Anwendbarkeit des Exponentialgesetzes auf die Absorptionsbanden des Wasserdampfes. Mitt. Astrophys. Inst. Alma-Ata **10** 78—82 (russ. mit engl. Ref.).

Astroklima

7335. **W. A. Krat, G. F. Sultanow, S. I. Sorin,** Über die Expeditionsarbeiten zur Erforschung des Astroklimas Aserbajdshans und über die Auswahl eines Ortes zur Errichtung eines astrophysikalischen Observatoriums im Schemachaner Rayon. Nachr. Akad. Wiss. Aserbajdshan. SSR (Phys.-Math., Techn.) 1960 Nr. 3 S. 151—160 (russ. mit aserbajdshan. Ref.). — Ref. in RJ UdSSR 1961 5A216.

7336. **L. G. Machotkin,** Ergebnisse der Arbeiten zur Untersuchung der direkten Sonnenstrahlung. Publ. Geophys. Hauptobs. Nr. 80 S. 11—16, 1959 (russ.). — Ref. in RJ UdSSR 1961 Nr. 2 S. 56.

7337. **P. Monnet,** L'insolation, sa mesure et son dosage. I—II. Gap, Impr. Ribaud frères, 1958—1960. 48 + 52 S. — Besprechung in Gaz astr **42** 16.

7338. **J. G. Ryshkow,** The recorded integral heat values of solar radiation between 64° s. lat. and 60° n. lat. DAN **133** 352—354 (russ.).

§ 74

Licht des Tages- und Nachthimmels

7401. **D. Barbier, J. Glaume,** Corrélations entre les intensités de diverses radiations de la luminescence atmosphérique nocturne. Ann. Géophys. **16** 56—76 = Publ. Obs. Haute-Provence **4** Nr. 53. — Ref. in Phys. Ber. **39** 2476—2477.

7402. **D. Barbier,** Origine de [OI] 5577 dans la luminescence nocturne et dans l'aurore. Ann. Géophys. **16** 143—147 = Contr. Inst. d'Astrophys. Paris (B) Nr. 195. — Ref. in Phys. Ber. **39** 2477.

7403. **D. Barbier, J. Glaume,** Les radiations de l'oxygène 6300 et 5577 Å de la luminescence du ciel nocturne dans une station de basse latitude. Ann. Géophys. **16** 319—334 = Contr. Inst. d'Astrophys. Paris (B) Nr. 209.

7404. **D. Barbier,** La raie rouge de l'oxygène dans la lumière du ciel nocturne. Studia **4** 350—360.

7405. **C. A. Barth, J. Kaplan,** The ultraviolet spectrum of the oxygen afterglow and the night airglow. J. Molecular Spectroscopy **3** 583—587, 1959. — Ref. in Phys. Ber. **39** 2065.

7406. **E. E. Bell, L. Eisner, J. Young, R. A. Oetjen,** Spectral radiance of sky and terrain at wavelengths between 1 and 20 microns. II. Sky measurements. J. Optical Soc. America **50** 1313—1320.

7407. **H. E. Bennett, J. M. Bennett, M. R. Nagel,** Distribution of infrared radiance over a clear sky. J. Optical Soc. America **50** 100—106.

7408. **D. E. Blackwell, M. F. Ingham, H. N. Rundle,** Observations of twilight and night sky airglow near the equator. Ann. Géophys. **16** 152—153.

7409. **D. E. Blackwell, M. F. Ingham, H. N. Rundle,** The night-sky spectrum $\lambda\lambda$ 5000—6500 Å. ApJ **131** 15—24 = Cambridge Obs. Repr. Nr. 39. — Ref. in Sterne **36** 246.

7410. **J.-É. Blamont, T. Donahue,** L'émission atmosphérique des raies D du sodium observée pendant le jour. CR **251** 2750—2752. — Mit einer optischen Resonanzmethode (beschrieben von J. Blamont, vgl. AJB **53** Ref. **2402**) gelang es, die Emission in den Natrium D-Linien vom Erdboden aus (Haute-Provence) auch am Tageshimmel nachzuweisen. Die Messungen zeigen, daß die Konzentration des Na am Tage etwa um einen Faktor 4 größer ist als während der Dämmerung, wobei sich die Änderung dieser Konzentration in einem Zeitraum von nur 20 Minuten während des Sonnenauf- bzw. -Untergangs vollzieht.

J. P. M.

7411. **P. N. Bojko,** Spektroskopische Messungen der Polarisation des Tageshimmels im Almukantarat der Sonne. Mitt. Astrophys. Inst. Alma-Ata **10** 83—93 (russ. mit engl. Ref.).

7412. **P. N. Bojko, W. M. Kasatschewskij,** Beobachtungen der spektralen Helligkeit des Himmelsgewölbes auf photographischem Weg. Mitt. Astrophys. Inst. Alma-Ata **10** 94—100 (russ. mit engl. Ref.).

7413. **G. W. Bosenberg,** Light scattering in the earth's atmosphere. Fortschr. Phys. Wiss. **71** 173—213 (russ.). — Ref. in Phys. Abstr. (A) **64** 393.

7414. **D. G. Cartwright,** Direction-finding on diffuse sources of electromagnetic radiation. Australian J. Phys. **13** 712—717.

7415. **J. Connes, H. P. Gush,** Étude du ciel nocturne dans le proche infra-rouge. J. Phys. Radium **21** 645—654 = Publ. Obs. Haute-Provence **5** Nr. 23.

7416. **J. Connes,** Application à l'étude du ciel nocturne de la méthode de spectroscopie par transformation de Fourier. J. Phys. Radium **21** 62 S. — Ref. Soc. française Physique.

7417. **A. H. Dartschija,** A spectrophotometric study of glow phenomena. Mitt. Astr. Hauptobs. Pulkowo **21** Nr. 6 (165) S. 114—151 (russ. mit engl. Ref.).

7418. **J. Delannoy,** Sur les observations crépusculaires de la raie du lithium au cours de l'Année Géophysique Internationale. Ann. Géophys. **16** 236—252 = Contr. Inst. d'Astrophys. Paris (B) Nr. 201.

7419. **A. Delsemme, D. Delsemme,** La raie rouge du ciel nocturne à l'équateur. Ann. Géophys. **16** 507—524.

7420. **A. Delsemme, D. Delsemme,** Un comportement inattendu de la raie rouge du ciel nocturne près de l'équateur. CR **250** 383—385.

7421. **N. B. Diwari,** Über die Farbe des Dämmerungshimmels im Zenit. Mitt. Astrophys. Inst. Alma-Ata **9** 96—107 (russ. mit engl. Ref.).

7422. **N.-H. Doan,** Variations, au cours du crépuscule, du rapport des intensités des raies D du sodium atmosphérique. CR **251** 3031 —3033 = Publ. Obs. Haute-Provence **5** Nr. 29.

7423. **M. Dufay, J. Dufay,** Spectre de la luminescence nocturne dans la région de la raie $H\alpha$. CR **250** 4191—4193 = Publ. Obs. Haute-Provence **5** Nr. 18. — Mit einem Gitterspektrographen (48 Å/mm, f: 1) wurden mehrere Spektren des Nachthimmelleuchtens aufgenommen, die alle die Rotations-Schwingungsbande (6.1) des OH-Moleküls zeigen. Nur auf einem Spektrum ist auch $H\alpha$ deutlich sichtbar. Die Intensität dieser Linie ist also veränderlich. Falls sie von interplanetarem Wasserstoff ausgeht, müßte ihre Variation parallel mit der Intensitätsvariation der solaren $Ly\beta$-Strahlung erfolgen. J. P. M.

7424. **R. A. Duncan,** Photometric observations of 5577 Å and 6300 Å airglow during the I. G. Y. Australian J. Phys. **13** 633—637.

7425. **G. R. A. Ellis,** Observations of atmospheric radio noise. Nature **186** 229.

7426. **L. D. de Feiter,** De exosfeer. Atmosferische fluittoontjes en radiostrahling uit de aardse korona. Hemel en Dampkring **58** 161—181.

7427. **W. G. Fessenkow,** On the presence of elliptical polarization in the light of the day sky. AJ UdSSR **37** 785—793 (russ. mit engl. Ref.).

7428. **W. G. Fessenkow,** On the polarization of emission lines in the light of the nocturn sky. AJ UdSSR **37** 794—798 (russ. mit engl. Ref.).

7429. **L. M. Fischkowa, G. W. Markowa,** On the variations of the $H\alpha$ line intensity in the airglow spectrum. AC Nr. 208 S. 14—15 (russ.).

7430. **L. M. Fischkowa, T. G. Megrelischwili,** Some results of the night and twilight airglow observations received in Abastumani in July 1959. Vgl. Ref. **1338** S. 114—115.

7431. **R. Fleischer, R. E. Falconer,** Cosmic noise and the atmosphere. Rensselaer Obs. Publ. Nr. 19, 17 S.

7432. **L. Foitzik, K. Lenz,** Neuere Untersuchungen über die Himmelslichtpolarisation. Monatsber. Deutsch. Akad. Wiss. Berlin **2** 682—684.

7433. **L. Foitzik, K. Lenz,** Einfluß des Aerosols auf die Himmelslichtpolarisation. Phys. Verhandlungen **11** 97—98. — Ref.

7434. **R. H. Gajnullina, S. W. Karjagina,** Untersuchung des Spektrums des Nachthimmels im Wellenlängengebiet 6200—6600 Å. Mitt. Astrophys. Inst. Alma-Ata **10** 52—63 (russ. mit engl. Ref.).

7435. **T. Hikosaka, B. Saitô, K. Yano,** The general circulation of the atmosphere above 100 km and the latitude effect of the airglow. Rep. Ionosphere Res. Japan **12** 472—474, 1958. — Ref. in Phys. Abstr. (A) **63** 1817.

* * **C. Hoffmeister,** Interplanetare Materie und Verstärktes Nachthimmelleuchten. Vgl. Ref. **9508**.

7436. **K. Kaltschajew,** Die Erforschung des Nachthimmelleuchtens während des Internationalen Geophysikalischen Jahres. Publ. Inst. Phys. Geophys. Akad. Wiss. Turkmen. SSR **6** 11—21, 1959 (russ.).

7437. **S. W. Karjagina, L. N. Tulenkowa,** Spektralphotometrische Untersuchung des kontinuierlichen und Emissionsspektrums des Nachthimmels im visuellen Spektralbereich. Mitt. Astrophys. Inst. Alma-Ata **9** 86—95 (russ. mit engl. Ref.).

7438. **M. S. Malkewitsch,** An approximative method for calculation of the horizontal variations in the albedo of an underlying surface in problems on the scattering of light in the atmosphere. Nachr. Akad. Wiss. UdSSR (Geophys.) 1960 S. 288—298 (russ.).

7439. **M. S. Malkewitsch,** On the effect of non-orthotropicalness of an underlying surface on scattered light in the atmosphere. Nachr. Akad. Wiss. UdSSR (Geophys.) 1960 S. 440—448 (russ.).

7440. **J. W. McCaulley, F. E. Roach, S. Matsushita,** A study of local geomagnetic influence on the [O I] 5577 nightglow emission at Fritz Peak. J. Geophys. Res. **65** 1499—1501.

7441. **L. R. Megill,** Photometric observations of the twilight glow [OI] 5577 and [OI] 6300. J. Atmosph. Terr. Phys. **17** 276—285.

7442. **L. R. Megill, P. M. Jamnick, J. E. Cruz,** Seasonal variations in the twilight enhancement of [OI] 5577. J. Atmosph. Terr. Phys. **18** 309—314.

* * **A. W. Mironow,** Results of spectrographic and radar observations of auroral and night airglow in July 1959 by the stations of the Atmospheric Physics Institute of the USSR Academy of Sciences. Vgl. Ref. **76108**.

7443. **W. I. Moros,** The infrared spectrum of the night sky to 3.4 μ. AJ UdSSR **37** 123—130 (russ. mit engl. Ref.). — Mit einer kritischen Bemerkung von S. F. Rodionow und A. L. Oscherowitsch in AJ UdSSR **37** 940—941 (russ.) und einer Erwiderung von W. I. Moros in AJ UdSSR **38** 199 (russ.).

7444. **J. Nakamura,** Latitude effect of night airglow. Rep. Ionosphere Space Res. Japan **12** 419—427, 1958. — Ref. in Phys. Abstr. (A) **63** 1820.

7445. **R. A. Oetjen, E. E. Bell, J. Young, L. Eisner,** Spectral radiance of sky and terrain at wavelengths between 1 and 20 microns. I. Instrumentation. J. Optical Soc. America **50** 1308—1313.

7446. **A. N. Otto,** Automatic electrophotometric recording of night-sky luminance. Instrumen. Experim. Techn. UdSSR 1958 Nr. 1 S. 130—131 (russ.). — Ref. in Phys. Abstr. (A) **64** 996—997.

7447. **M. Perrin,** Mesures interférométriques sur la raie verte de la lueur nocturne. CR **250** 2406—2408.

7448. **M. Perrin, A. Vassy,** Perturbations subies par la raie verte de la lueur nocturne lors d'éjection de métaux alcalins à l'aide de fusées. CR **250** 2740—2741. — Etwa 1.5 Stunden nach dem Abblasen einer Natrium- und Kaliumwolke durch eine Rakete in großer Höhe wurde eine starke Veränderung des Profils der grünen Nachthimmellinie in dieser Gegend beobachtet.

Die Linie verbreiterte sich und wurde unsymmetrisch. Erst nach etwa 3 Stunden war der normale Zustand wieder erreicht. Als Erklärung kommen Doppler- oder Stark-Effekt in Frage. J. P. M.

7449. **E. W. Pjaskowskaja-Fessenkowa,** Some data on the polarization of light by the atmosphere. DAN **131** 297—299 (russ.).

7450. **E. W. Pjaskowskaja-Fessenkowa,** Atmospheric transparency coefficient, as determined from the polarization of the sky light. DAN **134** 812—815 (russ.).

7451. **E. W. Pjaskowskaja-Fessenkowa,** Einige Beziehungen in der Erscheinung der Polarisation des Himmelsgewölbes. Mitt. Astrophys. Inst. Alma-Ata **10** 64—70 (russ. mit engl. Ref.).

7452. **A. E. Potter jr., B. S. Del Duca,** Origin of the sodium airglow. J. Geophys. Res. **65** 3915—3923.

7453. **F. E. Roach, M. H. Rees,** The absolute zenith intensity of [O I] 5577 at College, Alaska. J. Geophys. Res. **65** 1489—1493.

7454. **F. E. Roach,** The intensity of [O I] 5577 in the subauroral region as a function of magnetic activity. J. Geophys. Res. **65** 1495—1497.

7455. **F. E. Roach, J. W. McCaulley, E. Marovich, C. M. Purdy,** A comparative study of absolute zenith intensities of [O I] 5577. J. Geophys. Res. **65** 1503—1511.

7456. **R. Robley,** L'émission crépusculaire et nocturne des raies 6300—6364 Å de OI dans la haute atmosphère. Ann. Géophys. **16** 335—357.

7457. **D. Spänkuch,** Die Polarisation des Himmelslichtes im Sonnenvertikal bei dunstgetrübter Atmosphäre. Gerlands Beiträge Geophys. **69** 95—113. — Es wird unter verschiedenen Vereinfachungen die Himmelslichtpolarisation im Sonnenvertikal dunstgetrübter Atmosphären berechnet. Die Approximationen werden kurz diskutiert. Als Grenzfälle der Polarisation in dunstgetrübten Atmosphären ergeben sich die Polarisationskurven der dunstfreien Atmosphäre und der reinen Dunstsphäre. Der Einfluß des Dunstes auf Streufunktion und Polarisation wird diskutiert. Verf.

7458. **T. Tohmatsu,** Notes on the nightglow continuum near λ 5300 Å. Rep. Ionosphere Res. Japan **12** 169—173, 1958. — Ref. in Phys. Abstr. (A) **63** 1820.

7459. **T. Tohmatsu,** The dynamical effect on the intensity of nightglow [O_1] λ 5577. Rep. Ionosphere Space Res. Japan **12** 253—267, 1958. — Ref. in Phys. Abstr. (A) **63** 1820.

7460. **T. P. Toropowa,** Einige Meßergebnisse über die Streuungsfunktion und die Polarisation des Lichts in der erdnahen Schicht der Atmosphäre. Mitt. Astrophys. Inst. Alma-Ata **9** 108—117 (russ. mit engl. Ref.).

7461. **T. P. Toropowa,** Messung der Streuungsfunktion des Lichts in der erdnahen Schicht in zwei Spektralbereichen. Mitt. Astrophys. Inst. Alma-Ata **10** 71—77 (russ. mit engl. Ref.).

7462. **W. I. Tscherednitschenko,** Über die Bedeutung der solaren Korpuskularstrahlung für die Anregung des Nachthimmelleuchtens. Vgl. Ref. **1305** S. 63—72.

7463. **L. Wallace,** The constants of the $^2\Pi$—$^2\Pi$ OH bands. ApJ **132** 894—897.

7464. **L. Wallace,** Note on airglow temperature determinations from OH spectra. J. Geophys. Res. **65** 921—923. — Eine Vereinfachung in der Energiegleichung läßt die aus dem OH-Spektrum des Nachthimmellichts berechneten absoluten Temperaturen um etwa 8% zu hoch erscheinen. Jung

7465. **D. Q. Wark,** Doppler widths of the atomic oxygen lines in the airglow. ApJ **131** 491—501.

7466. **G. Weill,** Sur la répartition des ions N_2^+ dans la haute atmosphère antarctique. Ann. Géophys. **16** 223—235 = Contr. Inst. d'Astrophys. Paris (B) Nr. 200.

7467. **H. Wörner,** Messung der Himmelspolarisation in 5 Spektralbereichen. Z. Meteorol. **14** 57—75. — Nach einer kurzen Beschreibung der Meßapparatur, des photographischen Registrierpolarimeters und des Photometers zur Ausmessung der Registrierfilme, wird ausführlicher auf das Auswerteverfahren eingegangen. Da eine Nullmethode benutzt wird, ist das Meßergebnis unabhängig von der Gradation des Films und eventuellen Empfindlichkeitsschwankungen des Photometers. Es werden Formeln abgeleitet, die die Himmelspolarisation mit Hilfe einfacher Tabellen aus den photometrischen Meßdaten abzulesen gestatten. Besonderer Wert wird auf präzise Definierung der effektiven Wellenlängen gelegt, für die die gemessenen Polarisationen gelten. Zum Schluß werden die Ergebnisse einer 3jährigen Meßreihe der Himmelspolarisation im Zenit von Potsdam in 5 Spektralgebieten in Form von Tabellen mitgeteilt. Verf.

§ 75

Ionosphäre

7501. **J. L. Alpert,** Die Erforschung der Ionosphäre und des interplanetaren Gases mit Hilfe künstlicher Erdsatelliten und kosmischer Raketen. Fortschritte Phys. Wiss. **71** 369—409 (russ.). — Ref. in Phys. Abstr. (A) **64** 900, RJ UdSSR 1961 Nr. 2 S. 72.

7502. **W. C. Bain, E. Golton,** Some effects of the ionosphere on signals from earth satellites. Vgl. Ref. **1330** S. 272—285.

7503. **D. Bajić,** Sunce i jonosfera. Vasiona **8** 105—109.

7504. **G. H. Bazzard,** Short-term differences in the behaviour of two daily indices of solar activity during the IGY. J. Atmosph. Terr. Phys. **18** 290—296.

7505. **K. Bibl,** Sur le mécanisme d'ionisation de la couche sporadique Es de l'ionosphère. Ann. Géophys. **16** 148—151.

7506. **R. E. Bourdeau, J. E. Jackson, J. A. Kane, G. P. Serbu,** Ionospheric measurements using environmental sampling techniques. Vgl. Ref. **1330** S. 328—339.

7507. **P. M. Brenan,** Ionospheric drifts determined from radio-star scintillation observations. Proc. Roy. Soc. (A) **256** 222—229 = Astr. Contr. Univ. Manchester (2) Jodrell Bank Repr. Nr. 214. — Ionosphärische Driftbewegungen wurden von Halley Bay (Antarktis) aus Szintillationsbeobachtungen an einer zirkumpolaren kosmischen Radioquelle gemessen. Die Driftgeschwindigkeiten waren am Abend rund 400 m/sec in W-Richtung und nach Richtungswechsel um $0^h\,30^m$ LMZ in E-Richtung bis zu 100 m/sec. Der Richtungswechsel von E nach W erfolgte gegen $16^h\,30^m$ LMZ. W. F.

7508. **H. Carru, R. Gendrin, M. Reyssat,** La réfraction ionosphérique pour des fréquences de 20, 40, 108 MHz et son application à l'effet Doppler des satellites. Vgl. Ref. **1330** S. 286—303.

7509. **J. W. Chamberlain, C. Sagan,** The origin of nitrogen ionization in the upper atmosphere. Planet. Space Sci. **2** 157—164.

7510. **J. H. Chapman,** The polar radio black-out of the ionosphere of 7 July, 1958. Canadian J. Phys. **38** 1195—1212.

7511. **J. H. Chapman, W. J. Heikkila, R. K. Brown,** Two high altitude rocket experiments. Vgl. Ref. **1330** S. 366—370.

7512. **S. Croom, A. Robbins, J. O. Thomas,** Variation of electron density in the ionosphere with magnetic dip. Nature **185** 902—903.

7513. **M. Cutolo,** Determination of the physical properties of the lower ionosphere by self-modulation. Vgl. Ref. **1330** S. 420—421.

7514. **A. D. Danilow,** Über die Bildung von NO^+ in der Hochatmosphäre. KE Nr. 5 S. 60—65 (russ.).

7515. **A. S. Dworjaschin, I. N. Odinzowa,** Additional ionization originating in the E region of the ionosphere during strong magnetic storms. Mitt. Astrophys. Obs. Krim **23** 113—128 (russ. mit engl. Ref.).

7516. **A. S. Dworjaschin, I. N. Odinzowa,** On the connection between Pc geomagnetic pulsations and the behaviour of the ionosphere. Mitt. Astrophys. Obs. Krim **24** 16—25 (russ. mit engl. Ref.).

7517. **E. Galdón,** Estudio de la ionosfera por sondeos de incidencia vertical. Urania Barcelona **44** 21—140, 1959.

7518. **O. K. Garriott,** The determination of ionospheric electron content and distribution from satellite observations. Part 1. Theory of the analysis. J. Geophys. Res. **65** 1139—1150. — Bei den von Satelliten ausgesandten Radiosignalen bewirkt der Faraday-Effekt eine Drehung der Polarisationsebene. Es werden Methoden entwickelt, mit der man aus der Gesamtdrehung oder der Drehgeschwindigkeit das Integral über die Elektronendichte bis zur jeweiligen Höhe des Satelliten ermitteln kann. Jung

7519. **O. K. Garriott,** The determination of ionospheric electron content and distribution from satellite observations. Part 2. Results of the analysis. J. Geophys. Res. **65** 1151—1157. — Die im ersten Teil entwickelten Methoden werden auf Beobachtungen des Sputnik III (1958 δ_2) angewandt. Es zeigt sich eine ausgeprägte Tagesperiode der von der Erdoberfläche bis zur Satellitenhöhe und bis zur Höhe der maximalen F-Ionisation erstreckten Integrale der Elektronendichte. Einflüsse starker magnetischer Stürme konnten nachgewiesen werden. Jung

7520. **O. K. Garriott, C. G. Little,** The use of geostationary satellites for the study of ionospheric electron content and ionospheric radio-wave propagation. J. Geophys. Res. **65** 2025—2027.

7521. **O. K. Garriott,** Ionospheric electron content and distribution determined from satellite observations. Vgl. Ref. **1330** S. 371—386.

7522. **N. C. Gerson,** The arctic ionosphere and solar activity. Ann. Géophys. **16** 253—261.

7523. **J. A. Gledhill, A. D. M. Walker,** The «valley effect» in the interpretation of ionospheric eclipse records. J. Atmosph. Terr. Phys. **18** 61—64.

7524. **J. S. Greenhow, E. L. Neufeld, C. D. Watkins,** The scattering of 36 MHz radio waves by weak auroral ionization. J. Atmosph. Terr. Phys. **18** 174—180 = Astr. Contr. Univ. Manchester (2) Jodrell Bank Repr. Nr. 211.

7525. **K. I. Gringaus,** Raketenmessungen der Elektronenkonzentration in der Ionosphäre mit Hilfe des Ultrakurzwellen-Dispersionsinterferometers. KE Nr. 1 S. 62—66, 1958 (russ.).

7526. **W. D. Gussew,** The correlation method of investigating large inhomogeneities of the ionosphere. Bote Univ. Moskau (Math., Mechan., Astr., Phys., Chem.) 1959 Nr. 6 S. 87—98 (russ.).

7527. **Y. Hakura, T. Goh,** Pre-SC polar cap ionospheric blackout and type IV solar radio outburst. J. Radio Res. Lab. Tokyo **6** 635—650, 1959. — Ref. in Phys. Abstr. (A) **63** 1404.

7528. **T. G. Hame, W. D. Stuart,** The electron content and distribution in the ionosphere. Proc IRE **48** 1786—1787.

7529. **V. A. W. Harrison,** Ionospheric effects associated with the solar flare of July 10, 1959. Nature **186** 228—229. — Die Grenzfrequenz der F2-Schicht (foF2), die tiefte Frequenz, bei der noch Echos von der E- oder F-Schicht erhalten wurden (f min), und die Elektronendichte in der D-Schicht relativ zu den Durchschnittswerten an Vergleichstagen (B/B_0) während einer großen Sonneneruption (Imp. 3+) wurden untersucht. f min und B/B_0 stiegen bei Eruptionsbeginn stark an und erreichten in Übereinstimmung mit der Eruptionsdauer nach einigen Stunden wieder ihren Normalwert. Bei der foF2 wurde ein eigenartiger Impuls kurz nach der Periode sehr starker Absorption beobachtet. Da ein ähnlicher Impuls während des ganzen Monats nicht aufgetreten war, wurde seine Entstehung auf die große Eruption zurückgeführt. HHR

7530. **L. H. Heisler,** Vertical characteristics of travelling ionospheric disturbances. Australian J. Phys. **13** 655—664.

7531. **P. Herrinck,** Étude de l'évolution de la couche ionosphérique F_2 à Léopoldville-Binza. Ann. Géophys. **16** 77—87.

7532. **G. E. Hill,** Ionospheric disturbances following a solar flare. J. Geophys. Res. **65** 3183—3207.

7533. **C. O. Hines,** On the rotation of the polar ionospheric regions. J. Geophys. Res. **65** 141—143.

7534. **C.-m. Huang,** Some abnormalities in the variations of F_2-layer critical frequency during the period of high solar activity of solar cycle 8—19. J. Geophys. Res. **65** 897—906. — Auf ostasiatischen Stationen wurden bei starker Sonnenaktivität bemerkenswerte Unregelmäßigkeiten der Grenzfrequenz f_0F_2 festgestellt. Hierbei handelt es sich um eine Art von Sättigungseffekt, so daß bei wachsender Sonnenfleckenzahl die Zunahme der Grenzfrequenz schließlich fast auf Null zurückgeht. Ferner wurden ein Maximum nach Sonnenuntergang und eine Erhöhung der Grenzfrequenz während der totalen Sonnenfinsternis am 19. 4. 1958 beobachtet. Als mögliche Erklärung werden Expansionen und Kompressionen der F_2-Schicht angeführt. Jung

7535. T. Ichimiya, K. Takayama, Y. Aono, A probe for measuring ion density in the ionosphere. Vgl. Ref. **1330** S. 397—416.

7536. W. G. Istomin, Untersuchungen der Ionenzusammensetzung der Erdatmosphäre mit Raketen und künstlichen Erdsatelliten. KE Nr. 2 S. 32—35, 1958 (russ.).

7537. W. G. Istomin, Einige Meßergebnisse des Massenspektrums positiver Ionen mit dem dritten sowjetischen künstlichen Erdsatelliten. KE Nr. 3 S. 171—183 (russ.).

7538. N. N. Jerjuschew, On the variation of the parameter $\left(\frac{N}{\nu}\right)_{\text{eff}}$ in the lower ionosphere during solar flares. Mitt. Astrophys. Obs. Krim **23** 129—137 (russ. mit engl. Ref.). — Es wird eine Abschätzung der relativen Änderungen des Parameters $(N/\nu)_{\text{eff}}$ in der niedrigen Ionosphäre während Sonneneruptionen durchgeführt (N ist die Elektronenkonzentration, ν die Stoßfrequenz). Dieser Parameter charakterisiert nämlich am besten die Bedingungen der Ausbreitung der entsprechenden Wellen — in diesem Falle der langen Radiowellen. Die berechneten Werte dieses Parameters zeigen deutliche Unterschiede nicht nur bei verschiedenen Eruptionen, sondern auch bei ein und derselben Eruption bei verschiedenen Wellenlängen. L. Fr.

7539. C. Y. Johnson, J. C. Holmes, Ionospheric positive ions. Vgl. Ref. **1330** S. 417—419.

* * **K.-A. Kawabata,** The relationship between post-burst increases of solar microwave radiation and sudden ionospheric disturbances. Vgl. Ref. **6861**.

7540. L. Klinker, R. Knuth, Variations of electron content in the outer ionosphere deduced from Faraday-fading observations of satellite 1958 Delta 2 during the July events 1959. Vgl. Ref. **1338** S. 143—145.

7541. F. T. Koide, The influence of sunspot number on transmitter power requirements for HF ionospheric circuits. Proc IRE **48** 2033—2035.

7542. M. M. Komesaroff, Ionospheric refraction in radio astronomy. Australian J. Phys. **13** 153—167 = Division Radiophys. C. S. I. R. O. Chippendale. — Um den Einfluß der Ionosphäre auf die Positionsmessungen von kosmischen Radioquellen zu reduzieren, werden Korrekturgleichungen abgeleitet, die die Elektronendichte-Gradienten in der Ionosphäre auch in horizontaler Richtung berücksichtigen. Die abgeleiteten Gleichungen — zusammen mit den Positionsmessungen bei 19.7 MHz — wurden benutzt, um die «Gesamtdicke» der Ionosphäre zu ermitteln. Diese Größe stellt die Beziehung zwischen dem Gesamt-Elektronengehalt einer vertikalen Säule und der maximalen Elektronendichte her und hatte während der Beobachtungsperiode einen Wert von 355 km, der gut mit den Mondecho-Ergebnissen übereinstimmt. Ferner zeigen die Beobachtungen: Eine beträchtliche Verbesserung der beobachteten Quellenpositionen läßt sich durch Anwendung der Theorie erzielen. HHR

7543. W. I. Krassowskij, Sowjetische Untersuchungen der Ionosphäre mit Hilfe von Raketen und künstlichen Erdsatelliten. KE Nr. 2 S. 36—49, 1958 (russ.).

7544. J. D. Kraus, R. C. Higgy, D. J. Scheer, W. R. Crone, Observations of ionization induced by artificial earth satellites. Nature **185** 520—521. — Beim Durchgang von Sputnik III wurden in Columbus, Ohio, Feldstärkeanstiege des Senders WWV auf 20 MHz beobachtet. Die statistische Auswertung von etwa 200 Anstiegen zeigt, daß ein schwächerer Anstieg mit dem Zeitpunkt des kürzesten Abstandes zusammenfällt, während je ein stärkerer 15 min vorher bzw. 8 min später liegt. Die beiden letzteren fallen ungefähr mit den Zeitpunkten zusammen, in denen der Satellit die Polarlichtzone kreuzt. Ferner wurden mit einem 350 ft-Paraboloid Reflexionen auf 17—19 MHz beobachtet, die von der Bahn des Satelliten ausgingen und sich auf den Beobachtungsort mit Geschwindigkeiten von 30—150 km/sec zubewegten. Beide Erscheinungen werden als Reflexionen an ionisierten Wolken gedeutet, die durch den Durchgang des Satelliten durch Ströme schneller Korpuskeln erzeugt werden sollen. Ein gleichzeitig beobachteter Feldstärkeabfall des Satellitensenders wird durch Absorption in diesen Wolken erklärt. Dmg.

* * **M. R. Kundu,** Solar radio emission on centimeter waves and ionization of the E layer of the ionosphere. Vgl. Ref. **6863.**

7545. **E. A. Lauter,** Effects of the July event in the lower ionosphere as deduced from long wave propagation in medium latitudes. Vgl. Ref. **1338** S. 140—142.

7546. **H. Leinbach, G. C. Reid,** Polar cap absorption during the solar cosmic ray outbursts of July 1959. Vgl. Ref. **1338** S. 145—150.

7547. **A. I. Lichatschew,** The variation of ionization of the F2 layer during the first-half of the day. AJ UdSSR **37** 135—139 (russ. mit engl. Ref.).

7548. **C. G. Little, R. S. Lawrence,** The use of polarization fading of satellite signals to study the electron content and irregularities in the ionosphere. J. Res. National Bureau Standards (D) **64** 335—346. — Ref. in Phys. Abstr. (A) **63** 1404—1405.

7549. **C. G. Little, R. S. Lawrence,** The use of polarization fading of satellite signals to study the electron content and irregularities in the ionosphere. Vgl. Ref. **1330** S. 340—365.

7550. **A. J. Lyon, N. J. Skinner, R. W. Wright,** Equatorial spread-F and F-layer heights. Nature **187** 1086—1088.

7551. **H. Maeda,** Geomagnetic distortion of the F2 region on the magnetic equator. II. J. Geomagn. Geoelect. **11** Nr. 1 S. 1—5, 1959. — Ref. in Phys. Abstr. (A) **63** 1408.

7552. **V. Marasigan,** Spread-F in Baguio through half a solar cycle. J. Atmosph. Terr. Phys. **18** 43—47.

7553. **V. Marasigan,** Geomagnetic and sunspot influences on spread-F in Baguio. J. Atmosph. Terr. Phys. **18** 257—258. — Durch eine Gegenüberstellung statistischer Ergebnisse der Jahre 1953—1955 und 1956—1958 wird demonstriert, daß in Zeiten hoher Sonnenaktivität das Auftreten nordlichtähnlicher Streuungen an der F-Schicht (spread F) bei geomagnetischer Aktivität stärker abnimmt als in Zeiten geringer Sonnenaktivität, und daß der jahreszeitliche Gang des Erscheinens von «spread F» unabhängig von der magnetischen Aktivität mit dem Sonnenfleckenzyklus variiert. Haug

7554. **C. M. Minnis, G. H. Bazzard,** The geographical distribution of ionization in the F2-layer. J. Atmosph. Terr. Phys. **18** 181—183.

7555. **C. M. Minnis, G. H. Bazzard,** A monthly ionospheric index of solar activity based on F2-layer ionization at eleven stations. J. Atmosph. Terr. Phys. **18** 297—305.

7556. **C. M. Minnis, G. H. Bazzard,** A world-wide semi-annual cycle in the E-layer of the ionosphere. J. Atmosph. Terr. Phys. **18** 306—308.

7557. **W. F. Moler,** VLF propagation effects of a D-region layer produced by cosmic rays. J. Geophys. Res. **65** 1459—1468. — Unter der Annahme, daß im D-Gebiet der Ionosphäre NO durch solares Lyman-α und die übrigen Gase durch kosmische Ultrastrahlung ionisiert werden, wird die Höhenverteilung der Elektronendichte für verschiedene Erhebungswinkel der Sonne berechnet. Es ergibt sich eine doppelte D-Schicht mit sehr verschiedenem Tagesgang. In der Lyman-α-Schicht ändert sich die Höhe, in der der maximale Gradient der Elektronendichte auftritt, gleichmäßig mit dem Sonnenstand. In der darunterliegenden Ultrastrahlungsschicht ändert sich diese Höhe zwischen 98° und 90° Zenitwinkel der Sonne sehr rasch. Für dieses Modell werden die tageszeitliche Amplituden- und Phasenänderung einer 16 kHz-Welle unter der Annahme berechnet, daß die Reflexion an der Stelle des maximalen Gradienten erfolgt. Das Ergebnis der Rechnung stimmt mit der Beobachtung nur qualitativ überein. Durch geänderte Annahmen über Elektronenproduktion und -verlust läßt sich das Modell den Beobachtungen auch quantitativ anpassen. Dmg.

7558. **G. H. Munro,** Ionospheric information from satellite signals. Nature **187** 1017—1018.

7559. **T. Nagata, Y. Hakura, T. Goh,** Ionospheric black-out in the polar regions during July 1959 events. Vgl. Ref. **1338** S. 135—139.

7560. **J. I. Neschpor, N. A. Sawitsch,** On the possible structure of the D region during sudden ionospheric disturbances. Mitt. Astrophys. Obs. Krim **24** 41—47 (russ. mit engl. Ref.).

7561. **J. I. Neschpor,** Die plötzliche Vergrößerung der Absorption der kosmischen Radiostrahlung bei der Frequenz 30 MHz am 28. August und 14. September 1958. Sonnendaten 1959 Nr. 9 S. 86—89 (russ.).

7562. **E. L. Neufeld,** A Fourier analysis of winds in the lower E-region. Astr. Contr. Univ. Manchester (1) Jodrell Bank Ann. **1** 267—273.

7563. **M. Nicolet, A. C. Aikin,** The formation of the D region of the ionosphere. J. Geophys. Res. **65** 1469—1483.

7564. **T. Obayashi, Y. Hakura,** Enhanced ionization in the polar ionosphere associated with geomagnetic storms. J. Atmosph. Terr. Phys. **18** 101—122.

7565. **T. Obayashi, Y. Hakura,** Enhanced ionization in the polar ionosphere and solar corpuscular radiation. Vgl. Ref. **1330** S. 665—694.

* * **T. Obayashi, Y. Hakura,** Enhanced ionization in the polar ionosphere caused by solar corpuscular emission. Vgl. Ref. **68111**.

7566. **T. Orhaug,** The behaviour of a Chapman layer during a solar eclipse. Univ. Gothenburg Astr. Notes Nr. 3 S. 3—10.

7567. **T. Orhaug,** The variation of electron density in the ionosphere during a solar eclipse. Univ. Gothenburg Astr. Notes Nr. 3 S. 15—28.

7568. **R. C. Rastogi,** Some aspects of F_2 region at medium latitudes of the northern and southern hemispheres. Z. Geophys. **26** 217—226.

7569. **J. A. Ratcliffe,** The Magneto-Ionic Theory and its Applications to the Ionosphere. Vgl. AJB **59** Ref. **7550**. — Weitere Besprechung in J RAS Canada **54** 255—256 (R. E. Barrington).

7570. **J. A. Ratcliffe,** Recent trends in the theory of the ionosphere. Proc. Phys. Soc. **75** 2—3.

7571. **K. Rawer,** Radio propagation between a space vehicle and the earth in the presence of the ionosphere. Vgl. Ref. **1330** S. 245—271.

7572. **H. Rishbeth, D. W. Barron,** Equilibrium electron distributions in the ionospheric F2-layer. J. Atmosph. Terr. Phys. **18** 234—252.

7573. **B. S. Schapiro, N. I. Potapowa,** The electron distribution with height during the disturbances in July 1959. Vgl. Ref. **1338** S. 130—135.

7574. **E. R. Schmerling,** Effects of vertical diffusion of electrons near the magnetic equator. Nature **188** 133—134.

7575. **S. Shanack,** A theoretical current density ansatz for the quiet day solar semi-diurnal tidal mode of oscillation of the ionosphere. J. Atmosph. Terr. Phys. **17** 337—344.

7576. **L. A. Shekulin,** Die Verteilung der Elektronenkonzentration mit der Höhe nach durchgeführten Versuchen mit Raketen und künstlichen Erdsatelliten und ihr Einfluß auf die Ausbreitung der Radiowellen. KE Nr. 1 S. 67—79, 1958 (russ.).

* * **A. G. Smith, T. D. Carr, H. Bollhagen, N. Chatterton, F. Six,** Ionospheric modification of the radio emission from Jupiter. Vgl. Ref. **8635.**

7577. **W. Stoffregen, H. Derblom, A. Omholt,** Some characteristics of the D-region ionization during auroral activity. J. Geophys. Res. **65** 1699—1704 = Inst. Theoret. Astrophys. Blindern Repr. Nr. 32.

* * **É. Vassy,** Nouveau principe de mesure de l'absorption ionosphérique. Vgl. Ref. 18201.

7578. **V. R. Venugopal,** Sunrise effect in the F region of the ionosphere over Kodaikanal. Indian J. Meteorol. Geophys. **10** 325—330, 1959. — Ref. in Phys. Abstr. (A) **63** 1622.

* * **E. H. Vestine,** Polar, magnetic, auroral, and ionospheric phenomena. Vgl. Ref. **76130.**

7579. **J. D. Whitehead,** The mesopause region of the ionosphere. Nature **186** 461.

7580. **W. W. Witkewitsch, J. L. Kokurin,** The investigation of winds and irregularities in the ionosphere by radio-astronomical methods. Radiotechnik Elektronika **4** Nr. 1 S. 17—20, 1959 (russ.). — Ref. in Phys. Abstr. (A) **63** 2094.

7581. **E. Woyk (Chvojková),** Bifurcation and other irregularities of the ionospheric F2-layer. Nature **188** 906—907.

7582. **T. Yonezawa, Y. Arima,** On the seasonal and non-seasonal annual variations and the semi-annual variation in the noon and midnight electron densities of the F2 layer in middle latitudes. J. Radio Res. Lab. Tokyo **6** 293—309, 1959. — Ref. in Phys. Abstr. (A) **63** 1408.

7583. **T. Yonezawa,** On the seasonal and non-seasonal annual variations and the semi-annual variation in the noon and midnight electron densities of the F2 layer in middle latitudes. II. J. Radio Res. Lab. Tokyo **6** 651—668, 1959. — Ref. in Phys. Abstr. (A) **63** 1408.

7584. Untersuchungen der Ionosphäre und Meteore. Sammlung von Aufsätzen. II. Moskau, Verlag Akad. Wiss. UdSSR, 1960. 78 S. (russ.).

7585. Instructions d'emploi des prévisions pour la propagation ionosphérique des ondes radioélectriques. Herausgegeben von der Division des Prévisions Ionosphériques du C. N. E. T., 1960. 88 S.

§ 76

Magnetfeld, Polarlichter, Strahlungsgürtel

Magnetfeld

* * **W. I. Afanassjewa,** Solar corpuscular flows and magnetic storm families. Vgl. Ref. **68103**.

7601. V. Agy, Spiral patterns in geophysics. J. Atmosph. Terr. Phys. **19** 136—140.

7602. S.-I. Akasofu, Large-scale auroral motions and polar magnetic disturbances. I. A polar disturbance at about 1100 hours on 23 September 1957. J. Atmosph. Terr. Phys. **19** 10—12.

7603. S.-I. Akasofu, S. Chapman, Some features of the magnetic storms of July 1959, and tentative interpretations. Vgl. Ref. **1338** S. 93—108.

7604. M. G. Anzilewitsch, A. D. Schewnin, On geomagnetic observations with the aid of the first Soviet space rocket. DAN **135** 298—300 (russ.).

7605. M. S. Babuschnikow, Die geomagnetische Störung auf dem ansteigenden Ast des laufenden elfjährigen Zyklus der Sonnenaktivität. Circ. Astr. Obs. Lwow Nr. 35—36 S. 91—92 (russ.).

7606. F. Bachelet, P. Balata, A. M. Conforto, G. Marini, Cosmic ray and geomagnetic disturbances from July 1957 to July 1958. Part II. — The geomagnetic events. Nuovo Cimento (10) **16** 320—331. — Ref. in Phys. Ber. **40** 761.

7607. V. A. Bailey, A unified theory of terrestrial and solar magnetization, the outer van Allen belt and high energy primary cosmic rays. J. Atmosph. Terr. Phys. **18** 256—257. — Aufbauend auf der Idee von Chatterjee, daß die Magnetisierung der Erde auf eine etwa 20 km dicke Kruste beschränkt ist, zu deren magnetischer Sättigung ein Feld von 0.01 Gauß genügt, wird vorgeschlagen, daß dieses magnetische Feld durch die Bahnbewegung der Erde im elektrischen Feld der Sonne entsteht, wobei für die Sonne eine negative elektrische Ladung von -2.2×10^{28} elektrostatischen Einheiten erforderlich ist. Es wird gezeigt, daß sich nach dieser Hypothese auch für das Magnetfeld der Sonne größenordnungsmäßig der beobachtete Wert ergibt, daß die Existenz des äußeren Strahlungsgürtels verstanden werden kann, und daß auch die maximale Energie der kosmischen Strahlung plausibel erklärt wird. H. M.

7608. D. B. Beard, The interaction of the terrestrial magnetic field with the solar corpuscular radiation. J. Geophys. Res. **65** 3559—3568. — Durch die Untersuchung der Bahnen einzelner Teilchen wird gezeigt, daß die Wechselwirkung zwischen dem von der Sonne kommenden Plasma und dem Erdmagnetfeld zur Bildung einer dünnen stromführenden Schicht führt, die das Magnetfeld in seiner Wirkung nach außen begrenzt. Die Differentialgleichung dieser Schicht wird aufgestellt und näherungsweise gelöst. Die Schicht ist zur Sonne hin halbkugelförmig, an den Polen eingebeult und läuft in der Gegenrichtung zur Sonne in eine Spitze aus. Haug

7609. **D. B. Beard,** Interaction of the solar plasma with the earth's magnetic field. Phys. Rev. Letters **5** 89—91. — Ref. in Phys. Abstr. (A) **63** 1816.

7610. **B. Bednářová-Nováková,** Recurrent geomagnetic storms and solar prominences. J. Geophys. Res. **65** 367.

7611. **B. Bednářová-Nováková,** Une note sur la question de l'origine des orages géomagnétiques. Studia **4** 167—171.

* * **B. Bell,** Major flares and geomagnetic activity. Vgl. Ref. **6611.**

7612. **R. V. Bhonsle, K. R. Ramanathan,** Magnetic storms and cosmic radio noise on 25 MHz at Ahmedabad (23°02'N; 72°38'E). Planet. Space Sci. **2** 99—103.

7613. **M. S. Bobrow,** Types of irregular geomagnetic disturbances and mechanisms of influence of solar corpuscular streams on the outer atmosphere. AJ UdSSR **37** 410—424 (russ. mit engl. Ref.). — Verf. behandelt unregelmäßige Variationen des Magnetfeldes D_i während der magnetischen Stürme. Das benutzte Material enthält Spektrogramme aus der Zeit des IGJ von mehreren Observatorien, die sich in verschiedenen magnetischen Breiten befinden. Es zeigte sich, daß in verschiedenen magnetischen Breiten im ganzen drei sich qualitativ unterscheidende und voneinander unabhängige Typen der Störungen zugleich auftreten. Dabei handelt es sich um Synphase-, Lokal- und Permanentstörungen. Die wichtigsten Eigenschaften von allen drei erwähnten Typen sowie auch die Frage ihrer Entstehung in Zusammenhang mit dem Einfluß der Sonnenkorpuskularströme auf die Erde werden diskutiert. L. Fr.

* * **L. Cagniard,** Relation empirique approximative entre la variation séculaire magnétique et les fluctuations de la rotation terrestre. Vgl. Ref. **3806.**

7614. **W. H. Campbell,** Magnetic micropulsations, pulsating aurora, and ionospheric absorption. J. Geophys. Res. **65** 1833—1834.

7615. **W. H. Campbell,** Micropulsations in the earth's magnetic field simultaneous with pulsating aurora. Nature **185** 677.

* * **J. H. Chapman,** The polar radio black-out of the ionosphere of 7 July, 1958. Vgl. Ref. **7510.**

7616. **S. Chapman,** Geomagnetic storms and the space around the Earth. Nature **187** 824—827.

7617. **S. Chapman,** Idealized problems of plasma dynamics relating to geomagnetic storms. Vgl. Ref. **1331** S. 919—933.

7618. **P. J. Coleman jr., C. P. Sonett, D. L. Judge, E. J. Smith,** Some preliminary results of the Pioneer V magnetometer experiment. J. Geophys. Res. **65** 1856—1857.

7619. **S. S. Dolginow, L. N. Shusgow, N. W. Puschkow,** Vorläufige Mitteilung über die geomagnetischen Messungen mit dem dritten sowjetischen künstlichen Erdsatelliten. KE Nr. 2 S. 50—53, 1958 (russ.).

7620. **S. S. Dolginow, E. G. Jeroschenko, L. N. Shusgow, N. W. Puschkow, L. O. Tjurmina,** Magnetische Messungen mit der zweiten kosmischen Rakete. KE Nr. 5 S. 16—23 (russ.).

7621. **S. S. Dolginow, E. G. Jeroschenko, L. N. Shusgow, N. W. Puschkow, L. O. Tjurmina,** Measuring the magnetic fields of the Earth and Moon by means of Sputnik III and space rockets I and II. Vgl. Ref. **1330** S. 863—868.

7622. **A. S. Dworjaschin, S. B. Pikelner,** On the fine structure of the sudden commencement of a magnetic storm. Mitt. Astrophys. Obs. Krim **22** 144—149 (russ. mit engl. Ref.).

* * **A. S. Dworjaschin, I. N. Odinzowa,** On the connection between Pc geomagnetic pulsations and the behaviour of the ionosphere. Vgl. Ref. **7516.**

7623. **M. S. Eigenson, G. N. Rodionow,** Die solare Natur der Asymmetrie der äquinoktialen Maxima der geomagnetischen Störung. Circ. Astr. Obs. Lwow Nr. 35—36 S. 78—86 (russ.).

7624. **G. R. A. Ellis,** Geomagnetic micropulsations. Australian J. Phys. **13** 625—632.

7625. **G. R. A. Ellis,** Geomagnetic disturbances and 5 kHz electromagnetic radiation. J. Geophys. Res. **65** 1705—1710. — Die Variationen des Rauschens auf 5 kHz wurden in Camden, Neuseeland, von Oktober 58 bis Oktober 59 beobachtet und mit den Störungen des erdmagnetischen Feldes verglichen. Sämtliche 8 beobachteten Rauschstürme fielen mit erdmagnetischen Störungen zusammen; etwa die Hälfte der schwächeren Rauscherhöhungen war von positiven Bays in H begleitet. Es ergab sich kein Zusammenhang mit Mikropulsationen unter 1 min Dauer; dagegen wurde eine Korrelation mit sinusartigen erdmagnetischen Variationen von 10—60 min Dauer festgestellt. Auf 30 SC's folgte eine Rauscherhöhung nach durchschnittlich $8^1/_2$ h. Nur in 4 Fällen begann die Rauschstörung unmittelbar nach dem SC. Die Ergebnisse werden hinsichtlich der verschiedenen Theorien der magnetischen Stürme diskutiert. Es wird vermutet, daß das Rauschen in der äußeren Atmosphäre erzeugt wird und mit der Beschleunigung von Polarlichtpartikeln zusammenhängt. Dmg.

* * **L. D. de Feiter, A. D. Fokker, H. P. T. van Lohuizen, J. Roosen,** Solar radio events and geomagnetic storms. Vgl. Ref. **6852.**

7626. **V. C. A. Ferraro,** Theory of sudden commencements and of the first phase of a magnetic storm. Vgl. Ref. **1331** S. 934—940.

7627. **L. I. Gama,** Cyclic fluctuations in geomagnetic secular change 1915—1959. Obs. Nacional Rio de Janeiro Publ. Serviço Magnético Nr. 7, 52 S.

7628. **M. Giorgi,** Geomagnetismo ed aurore polari. Roma, Consiglio Nazionale delle Ricerche, 1958. 18 S.

7629. **F. Glover, F. J. Heyden,** A survey of geomagnetism. Georgetown Obs. Monograph Nr. 16, 54 S.

7630. **J. Halenka, J. Pěčová,** Beitrag zur Frage des Zusammenhanges der Pulsationen des elektromagnetischen Feldes der Erde und der Sonnentätigkeit. Studia **4** 42—51.

* * **R. T. Hansen,** Bright 21-centimeter solar regions and geomagnetic storms in 1952—1953. Vgl. Ref. **6854.**

7631. **V. P. Hessler,** Earth current activity at College, Alaska, July 1959. Vgl. Ref. **1338** S. 150.

7632. **M. W. Iwanowskaja,** Über den Zusammenhang der geomagnetischen Aktivität mit der Mondphase. Sonnendaten 1959 Nr. 9 S. 79—80 (russ.). — Im Gegensatz zu bisherigen Behauptungen über einen derartigen Zusammenhang wird hier gezeigt, daß ein solcher nicht besteht. Loh.

* * **F. S. Johnson,** The gross character of the geomagnetic field in the solar wind. Vgl. Ref. **6708**.

7633. **A. I. Kusmin, G. W. Schaffer, J. G. Schaffer, D. D. Krassilnikow, G. F. Krimskij, A. P. Mamrukow, N. S. Smirnow, W. I. Jarin,** Materials of complex geophysical observations in Yakutsk for July 1959. Vgl. Ref. **1338** S. 50—66.

7634. **E. I. Loomer, E. R. Niblett, K. Whitham,** Record of observations at Yellowknife Magnetic Observatory. Publ. Dominion Obs. Ottawa **24** 155—217.

7635. **C. J. Loughnan,** Motion of geomagnetic field lines. Nature **186** 33—34.

* * **V. Marasigan,** Geomagnetic and sunspot influences on spread-F in Baguio. Vgl. Ref. **7553**.

7636. **F. Mariani, F. Molina,** Geomagnetic, auroral, ionospheric and cosmic ray perturbations: their interdependence and relation to solar activity. Ann. Geofis. **13** 85—126 (italien.). — Ref. in Phys. Abstr. (A) **64** 147.

7637. **O. N. Mitropolskaja,** The connection between the time-lag of geomagnetic disturbances and the relative sunspot number. AJ UdSSR **37** 63—66 (russ. mit engl. Ref.). — Die auf statistisches Material der Jahre 1929—1953 gestützte Untersuchung führt zu dem Schluß, daß das Zeitintervall zwischen Flocculi-Durchgang durch den Zentralmeridian und geomagnetischen Störungen enger mit der durch die Fleckenrelativzahl ausgedrückten tatsächlichen Sonnenaktivität zusammenhängt als mit der Phase im Zyklus. Die Korrelation ist so eng, daß eine Vorhersage des Zeitintervalls auf Grund der Relativzahl möglich erscheint. Petri

7638. **T. Nagata, T. Oguti,** Inter-relation between geomagnetic disturbances and aurorae during the July 1959 events at Syowa Station, Antarctica. Vgl. Ref. **1338** S. 108—113.

* * **T. Obayashi, Y. Hakura,** Enhanced ionization in the polar ionosphere associated with geomagnetic storms. Vgl. Ref. **7564**.

7639. **A. Onwumechilli,** Lunar daily variation of the magnetic declination at Ibadan, Nigeria. J. Geophys. Res. **65** 3433—3435.

7640. **J. H. Piddington,** A theory of polar geomagnetic storms. Geophys. J. RAS **3** 314—332.

7641. **J. H. Piddington,** Geomagnetic storm theory. J. Geophys. Res. **65** 93—106 = Division Radiophys. C.S.I.R.O. Chippendale.

7642. **T. Pohrte, C. Warwick, N. MacDonald,** A search for geomagnetic singular days. J. Geophys. Res. **65** 3013—3015.

7643. **C. S. R. Rao, J. C. Bhargava,** M. U. F. factor and solar activity. Indian J. Phys. **34** 85—91.

7644. **B. M. Rubaschew,** Über die Abschätzung des statistischen Zusammenhangs zwischen der geomagnetischen Aktivität und den atmosphärischen Zirkulationstypen. Sonnendaten 1960 Nr. 3 S. 65—67 (russ.).

7645. **R. N. Sedra, F. Fahmy, L. Sefien,** Simultaneous observations of the variations in the horizontal component of the earth's magnetic field and solar radio emission. Proc. Math. Phys. Soc. Egypt Nr. 22 S. 89—92, 1958. — Ref. in Phys. Abstr. (A) **63** 1816.

* * **L. N. Shigalow,** Über den Zusammenhang zwischen der solaren Radiostrahlung und der geomagnetischen Aktivität. Vgl. Ref. **6887**.

* * **N. N. Shigalowa, L. N. Shigalow,** Geoaktive Längen der Sonne. Vgl. Ref. **6566**.

* * **K. Sinno,** On the great solar flare which started at 21h09m, February 9th, 1958, as the likely source of geomagnetic storm, February 11th. Vgl. Ref. **6690**.

7646. **C. P. Sonett, D. L. Judge, A. R. Sims, J. M. Kelso,** A radial rocket survey of the distant geomagnetic field. J. Geophys. Res. **65** 55—68.

7647. **C. P. Sonett, E. J. Smith, D. L. Judge, P. J. Coleman jr.,** Current systems in the vertical geomagnetic field: Explorer VI. Phys. Rev. Letters **4** 161—162. — Ref. in Phys. Abstr. (A) **63** 1026.

7648. **C. P. Sonett, E. J. Smith, A. R. Sims,** Surveys of the distant geomagnetic field: Pioneer I and Explorer VI. Vgl. Ref. **1330** S. 921—937.

* * **H. Takahashi,** Correlation between solar activity and sudden movements in geomagnetic disturbances. Vgl. Ref. **6568**.

7649. **W. A. Troizkaja, O. W. Bolschakowa, M. W. Melnikowa, K. J. Sergejewa, N. N. Sucharjewa, R. W. Schtschepetnow,** Main characteristics of pulsations of the earth's electromagnetic field in July 1959. Vgl. Ref. **1338** S. 84—93.

7650. **K. Whitham,** Measurement of the geomagnetic elements. Contr. Dominion Obs. Ottawa **3** Nr. 30, 64 S. — Abdruck aus «Methods and Techniques in Geophysics»; London, Runcorn.

7651. **K. Whitham, E. I. Loomer, E. R. Niblett,** The latitudinal distribution of magnetic activity in Canada. J. Geophys. Res. **65** 3961—3974 = Contr. Dominion Obs. Ottawa **5** Nr. 4.

7652. **K. Whitham,** Canadian national report on geomagnetism. Publ. Dominion Obs. Ottawa **24** 87—98.

7653. Magnetic results 1956 (Abinger). Roy. Greenwich Obs. Bull. Nr. 17, 242 S.

Polarlichter

7654. **K. A. Anderson,** Balloon observations of Röntgen-rays in the auroral zone. I. J. Geophys. Res. **65** 551—564. — Bei Ballonaufstiegen sind in Höhen bis über 32 km in der nördlichen Polarlichtzone häufig Röntgen-Strahlen registriert worden; die Beobachtungen bei 5 derartigen Ballonflügen werden ausführlich beschrieben. Diese Röntgen-Strahlung ist mehrere Stunden pro Tag nachweisbar, und zwar überlagern sich dem allgemeinen Strahlungsniveau kurze, scharfe Fluktuationen. Es ist weder mit Erscheinungen auf der Sonne noch mit geophysikalischen Störungen ein direkter Zusammenhang festzustellen. Wahrscheinlich besteht eine Beziehung zur weichen Komponente der Höhenstrahlung, die bei Raketenaufstiegen bis zu 40 km herab nachgewiesen wurde, und vermutlich hat diese Röntgen-Strahlung ihren Ursprung in Vorgängen im äußeren van Allen-Gürtel, wobei zur Erklärung der Fluktuationen auch noch lokale atmosphärische Entladungen erforderlich sind. H. M.

7655. **K. A. Anderson, D. C. Enemark,** Balloon observations of Röntgen-rays in the auroral zone II. J. Geophys. Res. **65** 3521—3538. — Es werden die Ergebnisse verschiedener Ballonflüge über Fort Churchill im August 1959 beschrieben, bei denen in Höhen von 35 km einfallende Röntgen-Strahlung registriert wurde. Stärkere bei Tage auftretende Röntgen-Strahlung am 17. und 18. August kann in Verbindung gebracht werden mit der Auffüllung des äußeren Strahlungsgürtels nach einem geomagnetischen Sturm, wie sich aus gleichzeitigen Beobachtungen vom Explorer VI schließen läßt. Schwächere sporadische Röntgen-Strahlung ohne merkliche geomagnetische Effekte an der Erdoberfläche ist tagsüber häufig festzustellen. Während sichtbarer Nordlichterscheinungen ist nur mäßige Röntgen-Strahlung registriert worden, hingegen ein starker Anstieg etwa eine halbe Stunde davor. Es wird gezeigt, wie man aus diesen Beobachtungen das Energiespektrum der Elektronen herleiten kann, die für die Röntgen-Strahlung verantwortlich sind; der Gradient des Spektrums erweist sich als äußerst steil. H. M.

7656. **K. A. Anderson, D. C. Enemark,** Observations of auroral zone Röntgen-rays and solar cosmic rays. Vgl. Ref. **1330** S. 702—714.

7657. **C. Arpigny,** Le spectre des aurores polaires. I. Identifications des émissions atomiques. Mém. Soc. Roy. Sci. Liège Coll. 4° (1) **2** Fasc. 2, 30 S. = Inst. d'Astrophys. Liège Coll. 4° Nr. **106.**

7658. **D. Barbier,** L'arc auroral stable. Ann. Géophys. **16** 544—549 = Contr. Inst. d'Astrophys. Paris (B) Nr. 212.

7659. **D. Barbier, J. Glaume,** Sur l'existence possible de nouvelles zones aurorales. CR **250** 2043—2044 = Contr. Inst. d'Astrophys. Paris (A) Nr. 255. — Beobachtungen der roten Nachthimmellinie λ 6300 Å an den beiden Stationen Tamanrasset (Breite 22°,8) und Haute-Provence (Breite 43°,9) ergaben während des Winters in geringerer Breite eine weitaus höhere Intensität. Als plausible Erklärung dieses Phänomens wird angenommen, daß der innere van Allen-Gürtel eine zweite Polarlichtzone in niederen Breiten erzeugt. J. P. M.

* * **D. Barbier,** Origine de [OI] 5577 dans la luminescence nocturne et dans l'aurore. Vgl. Ref. **7402.**

* * **R. F. Benson,** Effect of line-of-sight aurora on radio star scintillations. Vgl. Ref. **7307.**

7660. **P. Bernard,** Discussion of paper by R. C. Bless, C. W. Gartlein, D. S. Kimball, and G. Sprague, «Auroras, magnetic bays, and protons». J. Geophys. Res. **65** 785. — Betrifft AJB **59** Ref. **7636.**

7661. **B. K. Bhattacharyya,** A study of auroral motions from all-sky camera records. Canadian J. Phys. **38** 1279—1290.

7662. **R. C. Bless, C. W. Gartlein, G. Sprague,** Some spectral studies of the aurora. J. Geophys. Res. **65** 565—570.

7663. **F. R. Bond,** Motion of the aurora and magnetic bays. Australian J. Phys. **13** 477—483.

7664. **F. R. Bond, F. Jacka,** Distribution of auroras in the southern hemisphere. Australian J. Phys. **13** 610—612.

7665. **F. R. Bond,** Auroral morphology. J. Astr. Soc. Victoria **13** 55—60.

7666. **F. R. Bond,** A preliminary account of the auroral display of 15 July 1959 as recorded in Australia and at ANARE stations. Vgl. Ref. **1338** S. 115—126.

7667. **C. Buyse,** Les aurores et leurs relations avec certaines observations radioélectriques. Ciel et Terre **76** 36—41.

7668. **J. W. Chamberlain, H. M. Thorson,** The nightly variation of auroras at a subauroral station. J. Geophys. Res. **65** 133—136.

7669. **J. W. Chamberlain, J. Kern, E. H. Vestine,** Some consequences of local accerleration of auroral primaries. J. Geophys. Res. **65** 2535—2537. — Es werden die Folgerungen skizziert, die sich für Polarlicht und Elektrojet ergeben, wenn im Strahlungsgürtel eingefangene primäre Partikel örtlich beschleunigt werden. Wegen der Zunahme des Momentes driften die Spiegelungspunkte der Elektronen in niedrigeren Breiten und kommen in geringere Höhe zu liegen. Die Fällungskurve bewegt sich damit spiralig von hohen Breiten weg. Protonen, von denen angenommen wird, daß sie nur in geringem Unfang beschleunigt werden, driften dagegen rein nach Westen. Damit entsteht auf der Nachtseite ein elektrisches Feld, das auf der Nordhalbkugel von Norden nach Süden gerichtet ist. Unter der Wirkung des erdmagnetischen Feldes fließt dann ein westwärts gerichteter Hall-Strom, der mit dem Nordlicht-Elektrojet während der Nacht identifiziert wird. Der schwächere auf der Tagseite nach Osten fließende Strom wird der Wirkung von Partikeln zugeschrieben, die unter sehr kleinem Winkel in den Strahlungsgürtel einfallen. Dmg.

7670. **K. D. Cole,** A dynamo theory of the aurora and magnetic disturbance. Australian J. Phys. **13** 484—497.

7671. **L. R. Davis, O. E. Berg, L. H. Meredith,** Direct measurements of particle fluxes in and near auroras. Vgl. Ref. **1330** S. 721—735.

7672. **T. N. Davis,** The morphology of the polar aurora. J. Geophys. Res. **65** 3497—3500.

7673. **N. W. Dshordshio,** Photoelektrische Beobachtungen pulsierender Formen von Polarlichtern. Nachr. Akad. Wiss. UdSSR (Geophys.) 1960 Nr. 5 S. 714—719 (russ.). — Ref. in RJ UdSSR 1961 4A534.

7674. **R. D. Egan, A. M. Peterson,** Auroral noise at HF. J. Geophys. Res. **65** 3830—3832.

7675. **S. Evans,** Systematic movements of aurora at Halley Bay. Proc. Roy. Soc. (A) **256** 234—240. — Ref. in Phys. Abstr. (A) **64** 247.

7676. **S. Evans,** Systematic movements of aurorae at Halley Bay. Vgl. Ref. **1342** S. 234—240.

7677. **J. I. Feldstein,** The aurora australis during July 1959 at the geomagnetic pole. Vgl. Ref. **1338** S. 126—128.

7678. **P. A. Forsyth, F. D. Green, W. Mah,** The distribution of radioaurora in central Canada. Canadian J. Phys. **38** 770—778.

* * **J. G. Frischmann,** Registrierung von Nordlichtspektren mit Hilfe eines lichtelektrischen Spektrometers. Vgl. Ref. 2330.

7679. **M. Gadsden,** Studies of the upper atmosphere from Invercargill, New Zealand, Part V. The frequency of occurrence of aurorae and its dependence on magnetic activity and temporal functions. Ann. Géophys. **16** 88—104.

7680. **M. Gadsden, M. N. Gadsden,** A note on the analysis of seven years' visual observations of the aurora from New Zealand and Campbell Island. Ann. Géophys. **16** 414—418.

7681. **M. Gadsden,** Colour photography of the aurora. J. Atmosph. Terr. Phys. **17** 347—349.

7682. **C. W. Gartlein, G. Sprague, R. C. Waag,** 41 MHz IGY auroral radar at Ithaca, New York. J. Geophys. Res. **65** 2255—2259.

7683. **G. Gustafsson, A. Egeland, J. Aarons,** Audio-frequency electromagnetic radiation in the auroral zone. J. Geophys. Res. **65** 2749—2758.

7684. **O. Harang,** An investigation of the state of polarization of the red and green O-lines in polar aurorae. Inst. Theoret. Astrophys. Blindern-Oslo Rep. Nr. 11, 15 S.

7685. **D. P. Harrison,** Auroral radio echoes at Halley Bay. Proc. Roy. Soc. (A) **256** 229—233 = Astr. Contr. Univ. Manchester (2) Jodrell Bank Repr. Nr. 214.

7686. **E. R. Harrison,** Theory of auroral structures. Nature **187** 383—386.

7687. **T. Hatherton,** Geometry of the southern auroral zone and the evidence for the existence of an inner zone. Nature **186** 288—290. — Nach Alfvéns Theorie der Entstehung der Polarlichter sollte innerhalb der normalen Polarlichtzone eine zweite Zone verstärkter Polarlichthäufigkeit auftreten, die 5—10° vom geomagnetischen Pol abliegt. Beobachtungen in Scott Base (φ_m = -79°,0) und Hallett (φ_m = -74°,7) zeigen ein wesentlich komplizierteres Verhalten innerhalb der normalen Zone, das die Existenz einer inneren Zone nicht völlig ausschließt, aber zumindest einen Abstand von 13° erfordert. Die Beobachtungen deuten darauf hin, daß das tatsächliche Zentrum der südlichen Polarlichtzone zwischen dem geomagnetischen und dem magnetischen Pol liegt und zwar näher am letzteren. Dmg.

7688. **L. Herman,** Emission spectrum of the aurora at College, Alaska. Ann. Géophys. **16** 304—318.

7689. **L. Herman,** Étude spectrographique de l'aurore polaire pendant l'A. G. I. à College, Alaska. Ann. Géophys. **16** 525—543.

7690. **T. Hikosaka,** On the enhancement of the line (OI) 6300 in the aurora at Niigata on February 11, 1958. Rep. Ionosphere Res. Japan **12** 469—471, 1958. — Ref. in Phys. Abstr. (A) **64** 247.

7691. **B. Hultqvist, G. Gustafsson,** On the magnetic time dependence of the auroral zone currents. J. Atmosph. Terr. Phys. **19** 246—259.

7692. **A. V. Jones,** An analysis of a spectrogram of the red aurora of February 10/11, 1958, in the wavelength range 7300—8700 Å. Canadian J. Phys. **38** 453—457.

7693. **A. V. Jones, D. M. Hunten,** Rotational and vibrational intensity distribution of the first negative N_2^+ bands in sunlit auroral rays. Canadian J. Phys. **38** 458—476.

7694. **J. A. Kim, B. W. Currie,** Further observations of the horizontal movements of aurora. Canadian J. Phys. **38** 1366—1375.

7695. **S. A. Korff, R. C. Haymes,** High neutron and radiation intensities at balloon altitudes during auroral display. J. Geophys. Res. **65** 3163—3167.

7696. **W. I. Krassowskij,** Einige Fragen zur Physik der Polarlichter. Bote Akad. Wiss. UdSSR 1960 Nr. 5 S. 10—16 (russ.). — Ref. in RJ UdSSR 1961 Nr. 3 S. 59—60.

7697. **N. Labović,** Pojava polarne svjetlosti. ZiS **1** 7—10, 1958.

7698. **G. Lange-Hesse,** Südlichste Ausdehnung von Nordlichtern nach deutschen Land- und Seebeobachtungen im Internationalen Geophysikalischen Jahr. Naturwissenschaften **47** 423—424.

7699. **G. Lange-Hesse,** Polarlichtforschung im AGI 1957/58 und in der IGC 1959. Phys. Blätter **16** 633—641.

76100. **W. Leistner,** Beobachtung und Photographie des Nordlichtes. Photographie und Forschung 8 104—109.

* * **J. Lequeux,** Ce que les satellites artificiels ont déjà appris sur les rayons cosmiques et les particules aurorales. Vgl. Ref. **13533**.

76101. **G. F. Lyon,** The association of visible auroral forms with radar echoes. Canadian J. Phys. **38** 385—389.

76102. **E. A. Lytle, D. M. Hunten,** Dawn enhancement of auroral N_2^+ emission. Canadian J. Phys. **38** 477—481.

76103. **J. M. Malville,** Narrow hydrogen emission in the aurora. Planet. Space Sci. **2** 130—132.

76104. **L. H. Martin, R. A. Helliwell, K. R. Marks,** Association between aurorae and very low-frequency hiss observed at Byrd Station, Antarctica. Nature **187** 751—753.

76105. **J. Mawdsley,** Movement of auroral ionization. J. Geophys. Res. **65** 1825—1827.

76106. **C. E. McIlwain,** Direct measurement of particles producing visible auroras. J. Geophys. Res. **65** 2727—2747. — Messungen mittels Raketen.

76107. **C. E. McIlwain,** Direct measurement of protons and electrons in visible aurorae. Vgl. Ref. **1330** S. 715—720.

76108. **A. W. Mironow,** Results of spectrographic and radar observations of auroral and night airglow in July 1959 by the stations of the Atmospheric Physics Institute of the USSR Academy of Sciences. Vgl. Ref. **1338** S. 128—130.

76109. **T. M. Muljartschik,** Interferometer measurement of λ 6300 Å [OI] and λ 5198—5200 Å [NI] emissions from auroras. DAN **130** 303—306 (russ.).

76110. **W. B. Murcray, J. H. Pope,** Radiation from protons of auroral energy in the vicinity of the earth. J. Geophys. Res. **65** 3569—3574. — Die Synchrotronstrahlung beim Eindringen langsamer Protonen ins Magnetfeld der Erde wird untersucht. Unter Berücksichtigung der Elektronendichte des umgebenden Mediums (hier der Ionosphäre) für den Brechungsindex und damit für die Doppler-Verschiebung der Strahlung wird die Frequenzverteilung in Abhängigkeit von der Zeit berechnet. Die Form der gefundenen Modellkurven spricht für die Hypothese, daß die Erscheinung des «Dämmerungs-Chors» bei der elektromagnetischen Strahlung um 1000 Hz durch den betrachteten Prozeß entsteht. Haug

76111. **A. P. Nikolskij,** On the causes that may possibly account for the irregular motion of the ionization clouds connected with auroras. DAN **134** 341—344 (russ.). — Die zusammenfassende Betrachtung des umfangreichen Beobachtungsmaterials ergibt, daß das Morgenmaximum magnetischer Störungen auf spiraligen Isochronen liegt, die den geomagnetischen Pol in ostwestlicher Richtung umlaufen. Petri

76112. **J. F. Noxon, A. V. Jones,** An auroral emission in the 2.0—2.2 μ region. J. Atmosph. Terr. Phys. **18** 341—343.

76113. **B. J. O'Brien, J. A. van Allen, F. E. Roach, C. W. Gartlein,** Correlation of an auroral arc and a sub-visible monochromatic 6300 Å arc with outer-zone radiation on November 28, 1959. J. Geophys. Res. **65** 2759—2766.

76114. **A. Omholt,** Nordlysteorier. Fysikkens Verden **22** 33—48 = Inst. Teoret. Astrofys. Blindern-Oslo Småtrykk Nr. 34.

76115. **A. Omholt,** Ionization by auroral particles. Sonderdruck aus Electromagnetic Wave Propagation S. 75—85 = Inst. Theoret. Astrophys. Blindern Repr. Nr. 31.

76116. **A. Omholt,** The time delay of the red [OI] lines in the aurora. Planet. Space Sci. **2** 246—248 = Inst. Theoret. Astrophys. Blindern Repr. Nr. 33.

76117. **D. E. Osterbrock,** Proton flux during the great aurora of 3—4 September 1959. Science **131** 353—354. — Messungen der Hβ-Intensität zeigen, daß diese nach der Bildung einer Korona zunahm. Ihr Maximum erreichte die Intensität mit dem Beginn der Auflösung der Korona in einzelne Strahlen. In den folgenden 10 Minuten sank die Intensität dann rasch auf Null ab. Der aus den Messungen resultierende Protonenfluß ergab sich zu 1.4×10^8 Protonen/cm^2 sec. Henn

76118. **J. Paton,** Notes on auroral data for July 1959 in WDC Edinburgh. Vgl. Ref. **1338** S. 113—114.

76119. **W. I. Pogorelow, F. E. Martwel,** Einige Ergebnisse gleichzeitiger photographischer und radarischer Beobachtungen von Polarlichtern. Nachr. Akad. Wiss. UdSSR (Geophys.) 1960 Nr. 5 S. 753—755 (russ.). — Ref. in RJ UdSSR 1961 Nr. 3 S. 50.

76120. **E. C. Ray,** On the theory of protons trapped in the earth's magnetic field. J. Geophys. Res. **65** 1125—1134.

76121. **L. Remy-Battiau,** Le spectre des aurores polaires. II. Identifications moléculaires. Mém. Soc. Roy. Sci. Liège Coll. 4° (1) **2** Fasc. 3, 48 S. — Inst. d'Astrophys. Liège Coll. 4° Nr. 107.

76122. **F. E. Roach, J. G. Moore, E. C. Bruner jr., H. Cronin, S. M. Silverman,** The height of maximum luminosity in an auroral arc. J. Geophys. Res. **65** 3575—3580.

76123. **F. K. Schujskaja,** Balmer decrement of aurorae. AJ UdSSR **37** 186—187 (russ. mit engl. Ref.).

76124. **F. K. Schujskaja,** Über die Spektren der Polarlichter. Nachr. Akad. Wiss. UdSSR (Geophys.) 1960 Nr. 3 S. 510—512 (russ.). — Ref. in RJ UdSSR 1961 Nr. 1 S. 58.

76125. **W. Stoffregen, H. Derblom,** Life-time of the atomic oxygen 6300 Å line in the auroral spectrum. Nature **185** 28—29.

76126. **G. M. Thomas,** Auroral results from Halley Bay (Antarctica) during the International Geophysical Year. Proc. Roy. Soc. (A) **256** 241—244; vgl. Ref. **1342**. — Ref. in Phys. Abstr. (A) **64** 247.

76127. **E. H. Vestine,** Polar auroral, geomagnetic, and ionospheric disturbances. J. Geophys. Res. **65** 360—362.

76128. **E. H. Vestine, W. L. Sibley,** The geomagnetic field in space, ring currents, and auroral isochasms. J. Geophys. Res. **65** 1967—1979. — Ausgehend von einer Entwicklung des erdmagnetischen Feldes nach Kugelfunktionen mit 48 Koeffizienten wird der Verlauf der Feldlinien im Außenraum der Erde berechnet, wobei die Verhältnisse in der Polarlichtzone besonders berücksichtigt werden. Die mittlere Lage der Polarlichtzone wird in guter Übereinstimmung mit den Beobachtungen gefunden. Die Feldlinien, die in dieser Zone die Erdoberfläche durchsetzen, schneiden die Äquatorebene knapp sechs Erdradien über der Erdoberfläche. Eine Weltkarte gibt an, wo eine Schar ausgewählter Feldlinien die Erdoberfläche trifft. Weitere Betrachtungen betreffen die Stärke des Stroms der Polarlichtpartikel, Bedingungen für die Ähnlichkeit und Gleichzeitigkeit von Nord- und Südlichtern, die Stabilität des Ausflusses der Partikel aus dem Strahlungsgürtel, die Krümmungsradien der Partikelbahnen und andere Einzelheiten. Die mathematische Theorie führt auf eine Integralinvariante, deren zahlenmäßige Verteilung in Karten der Nord- und Südhalbkugel dargestellt wird. Jung

76129. **E. H. Vestine,** Note on the direction of high auroral arcs. J. Geophys. Res. **65** 3169—3178.

76130. **E. H. Vestine,** Polar, magnetic, auroral, and ionospheric phenomena. Vgl. Ref. **1331** S. 1020—1025.

76131. **C. D. Watkins,** The height and geometry of auroral radio echoes. J. Atmosph. Terr. Phys. **19** 1—9 = Astr. Contr. Univ. Manchester (2) Jodrell Bank Repr. Nr. 212.

* * **C. D. Watkins,** The magnetic storm-time variation of radio star scintillations and auroral radio echoes. Vgl. Ref. **7324**.

76132. **J. T. Weaver, R. Skinner,** A theory of ionospheric currents associated with aurorae. I. Canadian J. Phys. **38** 1089—1103.

76133. **J. T. Weaver, R. Skinner,** A theory of ionospheric currents associated with aurorae. II. Canadian J. Phys. **38** 1104—1113.

76134. Report on IGY Visual Auroral Observations. Herausgegeben von C. W. Gartlein, G. C. Sprague. IGY General Report Nr. 12. Washington, National Academy Sciences, 1960. Preis $ 1. — Besprechung in Sky Tel. **21** 256.

76135. Nord-Süd-Polarlicht Beziehungen. VdS Nachr. **9** 110. — Ref.

76136. Beobachtungen von Polarlichtern

AC Nr. 209 S. 42 (russ.). Aurora in Ulyanowsk. Schuplezow. — 1959 Juli 15—16.

AC Nr. 211 S. 34 (russ.). Aurora. A. I. Pogorely. — 1960 März 27.

AC Nr. 212 S. 20—21 (russ.). Aurorae. V. Straižys, N. Nowosselowa. — 1960 April 23—24, April 30—Mai 1.

AC Nr. 216 S. 33 (russ.). Aurorae. G. W. Kuklin. — 1960 Nov. 13.

Astr. Obs. Biul. Vilnius Nr. 1 S. 27—29. Šiaurės pašvaistės 1959 metais. V. Straižys.

Astr. Obs. Biul. Vilnius Nr. 1 S. 29—31. 1959 m. liepos 16 d. šiaurės pašvaistė lietuvoje. K. Zdanavičius.

Boll. Accad. Gioenia Sci. nat. Catania (4) **5** Fasc. 10, 4 S. = Oss. Astrofis. Catania Pubbl. (NS) Nr. 37. Osservazioni dell'aurora boreale del 12 novembre 1960. S. Cristaldi.

BSAF **74** 20. Aurore boréale.

BSAF **74** 81. Aurore polaire du 5 décembre 1959. P. Neirinck.

CR **251** 2222—2225. Observations d'aurores par radar en Terre Adélie (novembre 1957 à janvier 1958). K. Bullough.

J. Astr. Soc. Victoria **13** 79. Aurora notes.

J. Atmosph. Terr. Phys. **18** 332—335. Observations of non-field-aligned auroral rays. M. Gadsden, C. J. Loughnan.

J. Atmosph. Terr. Phys. **19** 115—125. Latitude distribution and seasonal variation of aurora over the British Isles during 1957 and 1958. B. McInnes, K. A. Robertson.

JBAA **70** 147—148. Aurorae seen in daylight. J. Paton.

J. Geophys. Res. **65** 1401—1411. Observations of the aurora australis at New Zealand antarctic stations during IGY. T. Hatherton, G. G. Midwinter.

J. Res. National Bur. Stand. **64D** 205—209. Aurora of October 22/23, 1958, at Rapid City, South Dakota. F. E. Roach, E. Marovich. — Ref. in Phys. Abstr. (A) **63** 1207.

Obs **80** 198—199. Variable brightness of comet Burnham (1959 k) and auroral activity, 1960 April 27—30. D. R. Barber. — Vgl. Ref. 9262.

Obs **80** 246—247. Auroral activity during 1959. J. Paton, B. McInnes, K. A. Robertson.

Orion Schaffhausen **5** 857. Nordlichttätigkeit im April 1960. F. Schmid.

Priroda **49** Nr. 2 S. 105 (russ.). Polarlicht in China. B. A. Fedorowitsch. — 1959 Juli 15.

Priroda **49** Nr. 10 S. 74—76 (russ.). Ungewöhnliche Polarlichter. — Betrifft Erscheinungen in den Jahren 1959 und 1960.

Rep. Ionosphere Res. Japan **12** 40—41, 1958. Aurora and airglow observations on February 11, 1958. M. Huruhata. — Ref. in Phys. Abstr. (A) **64** 247.

Sky Tel. **19** 327. An unusual aurora. D. P. Cruikshank.

Sky Tel. **19** 428. March aurora.

Southern Stars **18** 140. The auroral display of 1959 July 15. Observations from Kaitaia. C. B. Michie.

Sterne **36** 35—36. Der Nordlichtsturm vom 4. September 1958. A. Grafe.

Sterne **36** 36. Der Nordlichtsturm vom 27. Oktober 1958. A. Grafe.

Sterne **36** 38—39. Nordlicht am 15. Juli 1959. G. Jackisch.

Sterne **36** 39. Nordlichter im September 1959. G. Jackisch.

Strolling Astr. **14** 194. Brilliant and colorful display of northern lights on November 13, 1960.

Studia **4** 294—297. Observations visuelles des aurores en Tchécoslovaquie pendant l'AGI et la CGI 1957—1959. F. Link.

VdS Nachr. **9** 53—54. Nordlicht in der Nacht vom 31. März/1. April 1960. J. Masuch, F. Dörr, H. Neubrand, G. Pflugrad, U. Langenbeck, B. Albers, F. Strampe.

VdS Nachr. **9** 66. Nordlicht vom 24. 4. 1960. U. Langenbeck.

VdS Nachr. **9** 66. Nordlicht vom 30. 4. 1960. U. Langenbeck.

VdS Nachr. **9** 66. Ursache des Nordlichts vom 31. März/1. April 1960. J. Herrmann.

VdS Nachr. **9** 76—77. Nordlicht-Tage im Jahre 1959. W. Sandner.

VdS Nachr. **9** 82. Nordlicht am 1. April 1960. K. Schöbel.

VdS Nachr. **9** 82—83. Nordlicht am 17. 4. 1960. V. Orlovius.

VdS Nachr. **9** 130. Nordlichtbeobachtungen der Sternwarte der Staatl. Ingenieurschule Kiel. J. Brustat.

VdS Nachr. **9** 131. Nordlicht am 16./17. August 1960. W. Malsch, J. Brustat, B. Zimmermann, Zucht.

Strahlungsgürtel

* * **S.-I. Akasofu,** The ring current and the outer atmosphere. Vgl. Ref. **7202.**

76137. **H. Alfvén,** Momentum spectrum of the van Allen radiation. Phys. Rev. Letters **3** 459—460, 1959. — Ref. in Phys. Ber. **40** 384.

76138. **J. A. van Allen, Wei Ching Lin,** Outer radiation belt and solar proton observations with Explorer VII during March—April 1960. J. Geophys. Res. **65** 2998—3003.

76139. **J. A. van Allen,** The geomagnetically trapped corpuscular radiation. Vgl. Ref. **1316** S. 35—41.

76140. **J. A. van Allen,** Origin and nature of the geomagnetically-trapped radiation. Vgl. Ref. **1330** S. 749—750.

76141. **R. L. Arnoldy, R. A. Hoffman, J. R. Winckler,** Observations of the van Allen radiation regions during August and September 1959, Part 1. J. Geophys. Res. **65** 1361—1376. — Explorer VI trägt eine integrierende Ionisationskammer und einen Geiger-Zähler bis in Entfernungen von 48000 km, gezählt vom Erdmittelpunkt aus. Zwischen den beiden Strahlungsgürteln konnte im August und September 1959 eine stabile Strahlungszone festgestellt werden. Beim plötzlichen Ausbruch eines magnetischen Sturms nahm die Intensität des äußeren Gürtels stark ab, sie stieg aber während des Sturms zu Beträgen an, die weit über den vor dem Sturm gemessenen Werten liegen. Im allgemeinen hat die Intensität der Strahlungsgürtel seit den Messungen des Pionier III, des Pionier IV und der Mechta beträchtlich abgenommen. Die während des Sturms aus dem äußeren Gürtel ausgeströmte Strahlung kann die von Ballonen gemessene Röntgen-Strahlung erzeugt haben. Jung

76142. **R. L. Arnoldy, R. A. Hoffman, J. R. Winckler,** Measurements of the van Allen radiation belts during geomagnetic storms. Vgl. Ref. **1330** S. 877—896.

76143. **J. Bartels,** Geophysical evidence bearing on orbital variations of satellites and on the radiation belts. Vgl. Ref. **1330** S. 841—844.

76144. **J. A. Crawford,** The terrestrial radiation belts. ASP Leaflet Nr. 369, 8 S. — Übersetzung ins Dänische in NAT 1960 S. 64—69.

76145. **A. J. Dessler, E. H. Vestine,** Maximum total energy of the van Allen radiation belt. J. Geophys. Res. **65** 1069—1071. — Die Entwicklung des erdmagnetischen Feldes nach Kugelfunktionen ermöglicht die Angabe einer oberen Grenze für die Energie der im Strahlungsgürtel eingeschlossenen Strahlung. Sie beträgt höchstens 6×10^{15} Joule, entsprechend 5×10^{6} Elektronen pro m^3

mit einer Energie von 40 keV, eingeschlossen in einem Volumen von 2×10^{23} m³, oder einem Elektronenstrom von 6×10^{14} Elektronen pro m² und sec. Jung

76146. **A. J. Dessler,** Discussion of paper R. L. Arnoldy, R. A. Hoffman, and J. R. Winckler, «Observations of the van Allen radiation regions during August and September 1959, Part I». J. Geophys. Res. **65** 3487—3490.

76147. **A. J. Dessler, R. Karplus,** Some properties of the van Allen radiation. Phys. Rev. Letters **4** 271—274. — Ref. in Phys. Abstr. (A) **63** 825, Phys. Ber. **40** 384.

76148. **C. Y. Fan, P. Meyer, J. A. Simpson,** Trapped and cosmic radiation measurements from Explorer VI. Vgl. Ref. **1330** S. 951—966.

76149. **T. A. Farley, A. Rosen,** Charged-particle variations in the outer van Allen zone during a geomagnetic storm. J. Geophys. Res. **65** 3494—3496.

76150. **S. C. Freden, R. S. White,** Particle fluxes in the inner radiation belt. J. Geophys. Res. **65** 1377—1383. — Ausgehend von der Hypothese der Albedo-Neutronen konnte das Energiespektrum des äußeren Strahlungsgürtels zwischen 10 und 700 MeV berechnet werden; es ergab sich gute Übereinstimmung mit den Beobachtungen. Der starke Sonnenausbruch vom 10. 5. 1959 hat den Protonengehalt des inneren Gürtels nicht beeinflußt; dies spricht gegen die Hypothese der solaren Herkunft der Strahlung dieses Gürtels. Ein Tritonenstrom von 2 ± 1 Tritonen/cm² sec mit Energien von 126 und 200 MeV wurde festgestellt. Die Tritonen können bei Zusammenstößen von Protonen mit Luftpartikeln entstanden sein. Schwerere Kerne wurden nicht beobachtet. Jung

76151. **S. C. Freden, R. S. White,** Protons in the earth's magnetic field. Phys. Rev. Letters **3** 9—11, 1959. — Ref. in Phys. Ber. **39** 1644.

76152. **R. Gall, J. Lifshitz,** Temporary capture of cosmic ray particles and their contribution to the high intensity belts. Nuovo Cimento (10) **15** 233—245. — Die Theorie über einen zeitweiligen Aufenthalt geladener Partikel in der Nachbarschaft instabiler, periodischer Bahnen im Erdmagnetfeld wird in Beziehung zu den die Erde umgebenden Strahlungsgürteln diskutiert. Die Energie der Protonen, die zeitweilig durch diesen Mechanismus eingefangen werden, wird für verschiedene Breiten und Entfernungen berechnet. Möglichkeiten über den Ursprung geladener Partikel und ihr Beitrag zur Intensität der Strahlungsgürtel werden untersucht und die Intensität, die dem Einfang primärer Protonen der kosmischen Strahlung zuzuschreiben ist, berechnet. Theoretisch abgeleitete Kurven werden mit den aus den Messungen von Pionier III erhaltenen verglichen. Eine Ableitung des Spektrums sekundärer Albedo-Protonen schließt sich an. Für Entfernungen von 2 und 8 Erdradien sind die theoretisch gewonnenen Kurven gleicher Intensität für eingefangene primäre und sekundäre Protonen dargestellt. Verf. (ü.)

* * **T. Gold,** Energetic particle fluxes in the solar system and near the Earth. Vgl. Ref. **68105**.

76153. **K. I. Gringaus, W. G. Kurt, W. I. Moros, I. S. Schklowskij,** The results of observations of charged particles up to $R = 100\,000$ km by means of charged particles traps on Soviet cosmic rockets. AJ UdSSR **37** 716—735 (russ. mit engl. Ref.). — Verf. erschließen aus Messungen sowjetischer Satelliten Dichte und Energiespektrum der Ionen und Elektronen in der Erdumgebung. In der Nähe der Erde, bis etwa 22000 km, wurde eine Ionendichte von 10^3/cm³ beobachtet, welche offensichtlich die Komponente der «Geokorona» darstellt und mit größerer Entfernung rasch abfällt. Hier dürfte die Anzahl ionisierter Teilchen $<30/cm^3$, wahrscheinlich sogar $<10/cm^3$ sein. Dagegen wurde zwischen 55000 und 75000 km eine starke Erhöhung des Elektronenstroms gefunden, welche einem Teilchenfluß von etwa 2×10^8 cm^{-2} sec^{-1} bei Energien >200 eV entspricht. Oster

76154. **K. I. Gringaus, W. G. Kurt, W. I. Moros, I. S. Schklowskij,** Ionized gas and high energy electrons in the vicinity of the earth and in the interplanetary space. DAN **132** 1062—1065 (russ.). — Die erste Bahnhälfte der zweiten kosmischen Rakete der UdSSR kann nach Ausweis der Messungen mit Ionenfallen in 4 Abschnitte unterteilt werden: 1. bis zu einem Abstand von der Erdoberfläche R = 22000 km, wo alle Fallen mit Potential ≤ 0 starke positive Ströme verzeichneten; 2. $22000 < R < 50000$ km, wo die Ströme aller Fallen, auch solcher mit positivem Potential, zwischen Null und negativen Werten schwankten; 3. $50000 < R < 70000$ km, wo allgemein negative Ströme auftraten; 4. $R > 70000$ km, wo die Ströme sich wieder Null näherten. — Diese Ergebnisse werden durch andere Raumsonden bestätigt. Nach weiterer Diskussion wird für verschiedene Plasmatemperaturen die Ionenkonzentration in Abhängigkeit von R dargestellt. Für $R < 22000$ km ergibt sich eine Obergrenze der Ionenkonzentration von nur 30—60 cm^{-3}. Petri

76155. **K. I. Gringaus, S. M. Rytow,** Relationship between charged particle measurements made by means of traps on Soviet space rockets and «Explorer-VI» and «Pioneer-V» data on magnetic field. DAN **135** 48—51 (russ.).

* * **K. I. Gringaus, W. W. Besrukich, W. D. Oserow, R. E. Rybtschinskij,** Investigation of interplanetary ionized gas, high energy electrons and solar corpuscular radiation by means of three-electrode traps for charge-carrying particles installed on the second Soviet space rocket. Vgl. Ref. **9506.**

76156. **N. Herlofson,** Diffusion of particles in the earth's radiation belts. Phys. Rev. Letters **5** 414—416. — Ref. in Phys. Abstr. (A) **64** 151.

76157. **W. N. Hess,** The radiation belt produced by neutrons leaking out of the atmosphere of the earth. Vgl. Ref. **1334** S. 3107—3115.

76158. **F. E. Holly, R. G. Johnson,** Measurement of radiation in the lower van Allen belt. J. Geophys. Res. **65** 771—772. — Bei einem Raketenaufstieg mit der Gipfelhöhe 990 km wurde mit acht in verschiedener Weise abgeschirmten Geiger-Zählern gemessen. Die Abhängigkeit der gemessenen Strahlungsstärken von der Höhe und das Strahlungsspektrum in 950 km Höhe werden mitgeteilt. Knapp 1% der gemessenen Strahlung hat 150 mg/cm^2 Aluminium durchdrungen. Jung

76159. **Y. Inoue,** Physical properties in the outer van Allen belt and their relations to the phenomena in the exosphere. Vgl. Ref. **1330** S. 828—840.

76160. **R. Jastrow,** Geophysical effects of the trapped particle layer. Vgl. Ref. **1330** S. 1009—1018.

76161. **R. Jastrow,** Geophysical effects of the trapped particle layer. Vgl. Ref. **1331** S. 947—950.

76162. **P. J. Kellogg,** Electrons of the van Allen radiation. J. Geophys. Res. **65** 2705—2713.

* * **J. D. Kraus, R. C. Higgy,** The relation of the satellite ionization phenomenon to the radiation belts. Vgl. Ref. **18111.**

76163. **M. Kuprešanin,** Pojasi radijacije oko Zemlje. ZiS **3** 86—89.

76164. **H. Liemohn,** The outer radiation belt and aurorae. Nature **188** 394—395.

* * **O. Lucke,** Die dynamischen Gleichungen des Plasmas in der Magnetosphäre. Vgl. Ref. **1697.**

76165. **J. M. Malville,** The effect of the initial phase of a magnetic storm upon the outer van Allen belt. J. Geophys. Res. **65** 3008—3010.

76166. **Y. Miyazaki, H. Takeuchi,** Radiation measurements from satellite 1958 Epsilon. Vgl. Ref. **1330** S. 869—876.

76167. **T. G. Northrop, E. Teller,** Stability of the adiabatic motion of charged particles in the Earth's field. Phys. Rev. (2) **117** 215—225.

76168. **T. Obayashi,** Physical state of outer atmosphere and the origin of radiation belts. J. Geomagn. Geoelect. **11** Nr. 3 S. 80—84. — Ref. in Phys. Abstr. (A) **63** 1410.

76169. **T. Obayashi,** The acceleration of particles in the outer atmosphere. Rep. Ionosphere Space Res. Japan **13** 123—125, 1959. — Ref. in Phys. Abstr. (A) **64** 247.

76170. **T. Obayashi,** Entry of high energy particles into the polar ionosphere. Rep. Ionosphere Space Res. Japan **13** 201—219, 1959. — Ref. in Phys. Abstr. (A) **63** 2095.

76171. **T. Obayashi,** Physical state of outer atmosphere and the origin of radiation belts. Vgl. Ref. **1330** S. 821—827.

76172. **B. J. O'Brien, G. H. Ludwig,** Development of multiple radiation zones on October 18, 1959. J. Geophys. Res. **65** 2695—2699.

76173. **O. Obůrka,** About the zones of radiation around the earth. RH **41** 65—68 (tschech.).

76174. **E. N. Parker,** Geomagnetic fluctuations and the form of the outer zone of the van Allen radiation belt. J. Geophys. Res. **65** 3117—3130.

76175. **A. Rosen, T. A. Farley, C. P. Sonett,** Soft radiation measurements on Explorer VI earth satellite. Vgl. Ref. **1330** S. 938—950.

76176. **P. Rothwell, C. E. McIlwain,** Magnetic storms and the van Allen radiation belts — Observations from satellite 1958 ε (Explorer IV). J. Geophys. Res. **65** 799—806. — Mit zwei Geiger-Zählern des Explorer IV, der sich in Höhen zwischen 270 und 2200 km bewegte, wurden bemerkenswerte Änderungen der Intensität geladener Partikel festgestellt. Während magnetischer Stürme nahm die Intensität in 1000 km Höhe an den Rändern des äußeren Strahlungsgürtels über Südamerika und Australien deutlich ab. In geringeren Tiefen, in denen bei normalen Verhältnissen nur geringe Intensitäten gemessen werden, wurde eine Zunahme festgestellt. Nach dem großen magnetischen Sturm vom 4. und 5. 9. 1958 war die Intensität im äußeren Gürtel merklich erhöht, der innere Gürtel blieb fast unbeeinflußt. Zur Erklärung wird angedeutet, daß die beobachtete Abnahme auf Aufheizung und Expansion der hohen Atmosphäre zurückgeführt werden kann. Die Zunahme nach dem Sturm dürfte auf dem Zufluß solarer Partikel und auf Beschleunigungen im gestörten Magnetfeld beruhen.

Jung

76177. **P. Rothwell, C. E. McIlwain,** Magnetic storms and the van Allen radiation belts: Observations from satellite 1958 Epsilon (Explorer IV). Vgl. Ref. **1330** S. 897—909.

76178. **I. S. Schklowskij, W. I. Moros, W. G. Kurt,** On the nature of the earth's third radiation belt. AJ UdSSR **37** 931—934 (russ. mit engl. Ref.). — Ref. in Sternenbote **4** 96.

76179. **S. F. Singer,** Cause of the minimum in the earth's radiation belt. Phys. Rev. Letters **3** 188—190, 1959. — Ref. in Phys. Ber. **39** 1872.

76180. **S. F. Singer,** Latitude and altitude distribution of geomagnetically trapped protons. Phys. Rev. Letters **5** 300—303. — Ref. in Phys. Abstr. (A) **64** 151.

76181. **S. F. Singer,** Properties of the upper atmosphere and their relation to the radiation belts of the earth. Planet. Space Sci. **2** 165—173.

76182. **S. F. Singer,** On the nature and origin of the earth's radiation belts. Vgl. Ref. **1330** S. 797—820.

76183. **K. Sitte,** Cosmic radiation problems in astronautics. Bull. Res. Council Israel (C) 8 7—16. — Ref. in Phys. Ber. **40** 347.

76184. **A. E. Slater,** Avoiding the radiation belt. J. British Interplanetary Soc. **17** 321—323.

76185. **S. A. Slawatinskij,** Der äußere Strahlungsgürtel der Erde. Priroda **49** Nr. 7 S. 3—6 (russ.).

76186. **E. J. Smith, P. J. Coleman, D. L. Judge, C. P. Sonett,** Characteristics of the extraterrestrial current system: Explorer VI and Pioneer V. J. Geophys. Res. **65** 1858—1861. — Magnetische Messungen der Satelliten Explorer VI und Pioneer V lassen sich erklären, wenn man außerhalb der Strahlungsgürtel einen Ringstrom annimmt. Seine Stromstärke beträgt etwa 5 Millionen Ampère, seine Entfernung vom Erdmittelpunkt rund 10 Erdradien und der Radius seiner kreisförmig angenommenen Querschnittsfläche nicht weniger als 3 Erdradien.

Jung

* * **C. P. Sonett,** Coupling of the solar wind and the exosphere. Vgl. Ref. **6721**.

76187. **M. Walt, L. F. Chase jr., J. B. Cladis, W. L. Imhof, D. J. Knecht,** Energy spectra and altitude dependence of electrons trapped in the earth's magnetic field. Vgl. Ref. **1330** S. 910—920.

76188. **R. C. Wentworth, W. M. MacDonald, S. F. Singer,** Lifetimes of trapped radiation belt particles determined by Coulomb scattering. Phys. Fluids **2** 499—509, 1959. — Ref. in Math. Rev. **22** 873, Phys. Ber. **40** 591.

76189. **S. N. Wernow, A. E. Tschudakow,** Terrestrial corpuscular radiation and cosmic rays. Vgl. Ref. **1330** S. 751—796.

76190. **S. N. Wernow, A. E. Tschudakow, P. W. Wakulow, J. I. Logatschew, A. G. Nikolajew,** Radiation measurements during the flight of the second Soviet space rocket. Vgl. Ref. **1330** S. 845—851.

76191. **A. Wróblewski,** Niewidzialne pierścienie. Urania Kraków **31** 6—12. — Beschreibung der terrestrischen Strahlungsgürtel und Hinweis auf das mögliche Vorhandensein solcher Gürtel auch bei Venus und Jupiter. E. R.

76192. **S. Yoshida, G. H. Ludwig, J. A. van Allen,** Distribution of trapped radiation in the geomagnetic field. J. Geophys. Res. **65** 807—813. — Nach Messungen des Explorer I (1958 α) wird die Strahlungsintensität an der Untergrenze des äußeren Strahlungsgürtels nahe dem erdmagnetischen Äquator untersucht. Es zeigt sich eine eindeutige Abhängigkeit der Intensität von der magnetischen Intensität B, und B erweist sich als eine monoton ansteigende Funktion der magnetischen Breite. Jung

76193. The outer radiation belt. Spaceflight **2** 192.

76194. Ebbe und Flut im Strahlengürtel der Erde. Neue Erkenntnisse durch Explorer 6. Weltraumfahrt **11** 40.

§ 77

Leuchtende Nachtwolken

7701. **J. Brustat,** Leuchtende Nachtwolken 1959 und 1960 in Kiel. Sterne **36** 248—249.

7702. **P. J. Feteris,** Het fotograferen van nachtelijke onweders op grote afstand 2. Hemel en Dampkring **58** 205—209.

7703. **S. Kulagin,** Noctilucent clouds. AC Nr. 213 S. 29 (russ.). — 1960 Juni 4/5.

7704. **Z. Kvíz,** Visual and photoelectric observations of noctilucent clouds. BAC **11** 253—254.

7705. **N. I. Nowoshilow,** Leuchtende Nachtwolken über der Karelischen Landenge. Priroda **49** Nr. 10 S. 80—81 (russ.).

7706. **T. D. Pawlowa,** On the noctilucent clouds. AC Nr. 217 S. 16—17 (russ.).

7707. **N. D. Rosenbljum,** Die graphische Bearbeitung von Theodolitbeobachtungen leuchtender Nachtwolken. Bull. Astr.-Geod. Ges. UdSSR Nr. 26 S. 39—40 (russ.).

7708. **W. W. Scharonow,** Determination of the visual and true colours of noctilucent clouds. AC Nr. 212 S. 21—22 (russ.).

7709. **S. N. Sredinskij,** Helle leuchtende Nachtwolken. Priroda **49** Nr. 3 S. 110 (russ.). — Beobachtungen vom 15. zum 16. Juli 1959 in Saslonowo (Witebsker Gebiet). Loh.

7710. **O. B. Wassiljew,** Vereinfachtes Verfahren zur Reduktion der Koordinaten bei der photographischen Photometrie leuchtender Nachtwolken. Bull. Astr.-Geod. Ges. UdSSR Nr. 27 S. 40—47 (russ.).

* * **J. D. Whitehead,** The mesopause region of the ionosphere. Vgl. Ref. 7579.

7711. **G. Witt,** Polarization of light from noctilucent clouds. J. Geophys. Res. **65** 925—933, 2199—2200.

§ 78

Weitere solar-terrestrische Beziehungen

7801. **B. A. Apollow, K. I. Alexejewa,** Die Sonne und die hydrometeorologischen Prozesse auf dem europäischen Territorium der Union. Vgl. Ref. **1305** S. 130—136.

7802. **D. Balešić,** Sunce i promjena klime. ZiS **3** 59—62.

* * **P. Bernard,** Sur le bilan mécanique de l'influence solaire sur les phénomènes terrestres. Vgl. Ref. **3804.**

7803. **A. P. Burdykina,** Über den Zusammenhang des barischen Reliefs der Troposphäre mit der Sonnentätigkeit. Vgl. Ref. **1305** S. 193—197.

7804. **K. D. Cole,** Solar terrestrial relationships. Nature **186** 874. — Die Protonendichte im Weltraum ist viel niedriger als früher angenommen wurde. Bei einer Protonendichte von $1/cm^3$ und einem magnetischen Feld von 10^{-4} Gauß können sich hydromagnetische Wellen ungehindert von der Sonne zur Erde ausbreiten und so eine ständige Verbindung ohne Partikeltransport aufrechthalten. Auf Grund dieser Vermutung meint Verf., Zusammenhänge zwischen Vorgängen auf der Sonne und auf der Erde erklären zu können. C. L. J.

7805. **H. DeMastus, M. Wood,** Short-wave fadeouts without reported flares. J. Geophys. Res. **65** 609—611.

7806. **M. A. Ellison,** The Sun and its Influence. Vgl. AJB **59** Ref. **7808.** — Weitere Besprechung in Obs **80** 120 (P. S. Laurie).

7807. **M. G. Fracastoro,** Un secolo di pioggia a Catania. Boll. Accad. Gioenia Sci. nat. Catania (4) **5** Fasc. 10, 9 S. = Oss. Astrofis. Catania Pubbl. (NS) Nr. 38.

7808. **A. S. Goworow,** Über die Einflüsse der Schwankungen der Sonnentätigkeit auf die Wetterverhältnisse des Küstengebiets von Odessa-Nikolajew. Vgl. Ref. **1305** S. 147—151.

7809. **B. A. Jakowlew,** Tektonische Erscheinungen und Sonnentätigkeit. Vgl. Ref. **1305** S. 152—157.

7810. **L. W. Klimenko,** Die säkularen Änderungen der winterlichen Temperaturverhältnisse auf dem europäischen Territorium der UdSSR und ihr Zusammenhang mit der Sonnentätigkeit. Vgl. Ref. **1305** S. 182—189.

7811. **H. Koch, R. Schminder,** Über Sonnenaufgangs- und -untergangserscheinungen im Lang- und Mittelwellenbereich. Z. Geophys. **26** 285—297.

* * **N. W. Kolobkow,** Solar activity — weather — climate. Vgl. Ref. **6529.**

* * **M. R. Kundu, F. T. Haddock,** A relation between solar radio emission and polar cap absorption of cosmic noise. Vgl. Ref. **6865.**

7812. **G. I. Kusmenko,** Der 27-tägige Wetterzyklus. Bull. Astr.-Geod. Ges. UdSSR Nr. 28 S. 27—31 (russ.).

7813. **N. J. MacDonald, W. O. Roberts,** Evidence of a solar corpuscular influence on large-scale weather phenomena. AJ **65** 54. — Ref. AAS.

7814. **N. J. MacDonald, W. O. Roberts,** Further evidence of a solar corpuscular influence on large-scale circulation at 300 mb. J. Geophys. Res. **65** 529—534. — Statistische Untersuchungen lassen erkennen, daß der Einbruch solarer Partikel die Instabilität im 300 Millibar-Niveau der Atmosphäre über dem Alaska-Aleuten-Gebiet verstärkt. Einige Möglichkeiten zur Erklärung dieser Zusammenhänge werden skizziert. Jung

* * **H. Melzer,** Meteoritic dust and rainfall. Vgl. Ref. **9485**.

7815. **G. Piccardi,** Test chimico D ed attività solare. Lincei Rend. Sci. fis. mat. nat. (8) **28** 615—617. — Der zwischen den Sonnenfleckenrelativzahlen R und der Fällungsgeschwindigkeit des chemischen «Tests» D von Piccardi bestehende Zusammenhang wurde schon mehrfach nachgewiesen (vgl. z. B. AJB **55** Ref. **6809**). Im Jahre 1956 konnte U. Becker die Messungen vom Erdbewegungseffekt befreien, und in vorliegender Notiz gibt Verf. die allgemeinen Eigenschaften der Beziehung R—D an. D variiert mit R, bleibt aber für R zwischen 100 und 200 konstant. Außerdem zeigt D eine Hysteresis in bezug auf R. B. C.

7816. **L. R. Rakipowa,** Über den Einfluß der Sonnentätigkeit auf die allgemeine Zirkulation der Atmosphäre. Vgl. Ref. **1305** S. 102—108.

7817. **K. R. Ramanathan,** July 1959 events and associated phenomena. Vgl. Ref. **1338** S. 150—153.

7818. **I. Rasool,** Relations entre la hauteur de la tropopause et l'activité solaire. CR **250** 3696—3697. — Aus Beobachtungen der Höhe der Tropopause an 6 Stationen verschiedener geographischer Breiten in den Jahren 1954—1958 läßt sich durch Vergleich mit den Fleckenrelativzahlen schließen, daß diese Höhe mit zunehmender Sonnenaktivität wächst. Der Effekt ist umso ausgeprägter, je näher die Station dem geomagnetischen Äquator liegt. J. P. M.

7819. **M. Rigutti,** Il Sole e la Terra. Bari, Editori Laterza, 1960. 243 S. Preis Lire 2000. — Besprechung in Coelum **28** 57, Mem SA It (NS) **31** 379—381 (M. Hack).

7820. **B. M. Rubaschew,** Die innerjährlichen Schwankungen der Sonnenaktivität und die Typen der atmosphärischen Zirkulation. Sonnendaten 1959 Nr. 11 S. 69—71 (russ.).

7821. **A. D. Samorskij,** Farberscheinungen in der Atmosphäre. Priroda **49** Nr. 5 S. 85—87 (russ.).

7822. **T. Sándor, A. Somogyi, F. Telbisz,** Meteorological coefficients and solar daily variation of the cosmic radiation measured underground. Nuovo Cimento (10) **17** 1—7.

7823. **N. S. Schtscherbinowskij,** Der solar bedingte Zyklus der Massenvermehrung schädlicher Insekten und anderer Organismen. Vgl. Ref. **1305** S. 165—169.

7824. **N. A. Schulz,** Über den Einfluß der Veränderlichkeit der Sonnenstrahlung auf das Blutsystem. Sonnendaten 1960 Nr. 7 S. 82—85 (russ.).

7825. **K. Silber,** Größe des Nachthimmels. Sterne **36** 126—127.

7826. **M. P. Skrjabin,** Der Wald und die Sonnenaktivität. Vgl. Ref. **1305** S. 158—164.

7827. **N. I. Tjabin,** Über die solare Bedingtheit der hydrometeorologischen Erscheinungen der atlantischen Arktis. Vgl. Ref. **1305** S. 140—146.

7828. **P. L. Tomaschewitsch,** Die Frühlingsdürre in Odessa und die Sonnenflecken. Vgl. Ref. **1305** S. 190—192.

7829. Insects and length of day. Nature **186** 774—775.

7830. Tiefe Januartemperaturen und Sonnentätigkeit. Sternenbote **3** 7—8.

Grüner Strahl

7831. **A. Mak,** De groene straal waargenomen op Fuerteventura. Hemel en Dampkring **58** 98.

7832. **T. Rackham,** Observations of the green flash at the Pic-du-Midi. JBAA **70** 361—362.

Halo

7833. **B. Albers,** Ein seltener Mondhalo. Sterne **36** 171. — 1960 März 11.

7834. **H. Luft,** Halo phenomenon, September 17, 1960. AAVSO Abstr. Oct. 1960 S. 6.

7835. **A. Moissejew,** Observations de halos en 1959. Gaz astr **42** 9—10.

7836. **A. Novák,** Halos and the atmospheric circulation. RH **41** 151—153 (tschech.).

7837. **A. Novák,** Haloerscheinungen. Vesmír **39** 373 (tschech.).

7838. **W. Sandner,** Observations de halos en 1959. Gaz astr **42** 69

7839. **W. Sandner,** Halo-Statistik. Veröff. Uraniasternw. Wien Nr. 3 S. 47.

7840. **G. Stemmler,** Observations de halos en 1959. Gaz astr **42** 38—39.

7841. **W. Tschernow,** Quelques résultats d'observations de halos en 1920—1959. Gaz astr **42** 4—8, 45—51.

7842. **Viau,** Optique atmosphérique. BSAF **74** 258. — Halo am 5. Mai 1960.

§ 79

Internationales Geophysikalisches Jahr

7901. **W. Büdeler,** Vorstoß ins Unbekannte. Das große Abenteuer der Forschung im Internationalen Geophysikalischen Jahr. München, Ehrenwirth Verlag, 1960. 342 S. Preis DM 19.80. — Besprechung in Sky Tel. **21** 290, VdS Nachr. **10** 33 (J. Herrmann), Weltraumfahrt **11** 126—127.

7902. **S. Chapman,** The International Geophysical Year. ICSU Rev. **1** 16—26, 1959.

7903. **S. Chapman,** From Polar years to Geophysical Year. Studia **4** 313—324.

7904. **J. G. Davies,** A discussion on the results of the Royal Society's expedition to Halley Bay during the International Geophysical

Year. Proc. Roy. Soc. (A) **256** 233—234 = Astr. Contr. Univ. Manchester (2) Jodrell Bank Repr. Nr. 214.

7905. **M. Giorgi,** Report on the Italian programme for the International Geophysical Cooperation 1959. Ric. Sci. **30** 563—610.

7906. **M. Giorgi,** La Cooperazione Geofisica Internazionale dopo l'AGI. Costituzione del «Comité International de Géophysique» (CIG) come successore del CSAGI e dello SCG — 1959. Ric. Sci. **30** 1397—1436.

7907. **M. Giorgi,** Cooperazione geofisica internazionale. Notiziario N. 2. Ric. Sci. **30** 1819—1837.

7908. **P. M. Millman,** The Canadian IGY meteor program. AAVSO Abstr. Oct. 1960 S. 11—12.

7909. **E. B. Roberts,** The IGY in retrospect. Smithsonian Rep. 1959 S. 263—284 = Smithsonian Inst. Publ. 4394.

7910. **R. Scherhag,** Geophysikalisches Jahr. Phys. Blätter **16** 32—33.

7911. **G. Schwachheim,** The solar daily variation of the cosmic radiation: world-wide neutron monitor observations during the International Geophysical Year. J. Geophys. Res. **65** 3149—3157.

* * **R. Steinmaurer,** Die kosmische Strahlung im Internationalen Geophysikalischen Jahr. Vgl. Ref. 13558.

7912. **R. Stoneley,** The International Geophysical Year. Nature **188** 529—532.

7913. **O. Wittasek,** Burna geofizička godina. ZiS **1** 27—29, 1958.

7914. International Geophysical Year and Cooperation in Czechoslovakia 1957—1959. Herausgegeben von J. Novák, F. Link, J. Bouška, J. Pícha. Praha, Nakladatelství Československé Akademie Věd, 1960. 270 S. Preis Kčs 19.90. — Besprechung in RH **42** 22, Vesmír **40** 62.

IX. Planeten. Monde

§ 81

Planetensystem

8101. **H. P. Berlage,** De meteorologie der andere planeten. Nederl. T. Natuurk. **26** 239—249.

8102. **J. C. Brandt, J. W. Chamberlain,** Density of neutral gas in a planetary exosphere. Phys. Fluids **3** 485—486. — Ref. in Phys. Abstr. (A) **63** 1425.

8103. **P. J. Coleman jr., L. Davis, C. P. Sonett,** Steady component of the interplanetary magnetic field: Pioneer V. Phys. Rev. Letters **5** 43—46. — Ref. in Phys. Abstr. (A) **64** 896.

* * **H. Elliot,** Cosmic ray intensity in interplanetary space. Vgl. Ref. **13513.**

* * **H. Elliot,** Cosmic-ray intensity variations and the interplanetary magnetic field. Vgl. Ref. **13514, 13515.**

8104. **V. A. Firsoff,** A note on the «effective grey-sphere temperature» and «effective bolometric albedo» of planetary bodies. JBAA **70** 131—134. — Es wird dargelegt, daß die Oberflächentemperatur eines Planeten mit Atmosphäre nicht unmittelbar aus radiometrischen Daten gewonnen werden kann, wenn nicht die thermischen Eigenschaften der Atmosphäre bekannt sind. Für die Erde liegt z. B. die «effektive graue Temperatur», die ein außerirdischer Beobachter aus Strahlungsmessungen bestimmen würde, 38° unter der tatsächlichen Oberflächentemperatur. Ähnlich liegen die Verhältnisse bei Mars. Voigt

* * **J. A. Giordmaine,** Centimeter wavelength radio astronomy including observations using the maser. Vgl. Ref. **13411.**

8105. **T. Gold,** Plasma and magnetic fields in the solar system. Vgl. Ref. **1316** S. 18—27.

8106. **J. S. Goldstein,** The infrared reflectivity of a planetary atmosphere. ApJ **132** 473—481. — Für eine inhomogene, plane Atmosphäre wird die Reflexionsgleichung durch Iteration gelöst. Diese Methode erlaubt, den Absorptionskoeffizienten direkt über die Frequenz zu mitteln und ist daher geeignet, Infrarotbanden bei endlicher Bandbreite des Strahlungsempfängers zu behandeln. — Unter der Annahme geringer Streuung gegenüber der Absorption in der Atmosphäre wird die Selbstemission berechnet und durch die (gemessene) Absorptionsfunktion ausgedrückt. Die Betrachtungen gelten im nahen Infrarot für Atmosphären mit tiefer Temperatur. Bk.

8107. **P. E. Green jr., G. H. Pettengill,** Exploring the solar system by radar. Sky Tel. **20** 9—14.

8108. **E. W. Greenstadt, G. E. Moreton,** Some fluctuations in the interplanetary magnetic field and their relationship to solar activity. AJ **65** 489—490. — Ref. AAS.

8109. **O. Günther,** Möglichkeiten zur Bestimmung der Rotationsperiode eines Planeten. Sterne **36** 97—104.

8110. **J. P. Hagen,** Radioastronomical observations of the moon and planets. Vgl. Ref. **1339** S. 53—59.

8111. **S. S. Hamburg,** Über einige neue Gesetzmäßigkeiten im Planetensystem und den Satellitensystemen. Bull. Astr.-Geod. Ges. UdSSR Nr. 26 S. 49—55 (russ.). — Die Satelliten kommen in bestimmten Entfernungen von den Planeten vor und bilden vier Gruppen. Die größten Planeten besitzen volle Satellitensysteme, wogegen andere Planeten nur Teile der Systeme besitzen, oder diese fehlen überhaupt. Die Planeten selbst können in ähnliche Gruppen aufgeteilt werden. Die Abhängigkeit der relativen Durchmesser und der relativen Entfernungen, auf den Hauptsatelliten bezogen, weist eine gewisse Ähnlichkeit bei Satellitensystemen untereinander und beim Planetensystem auf. Perek

* * **W. K. Hartmann,** Lunar and planetary observations. Part 1: The making of drawings. Vgl. Ref. **83135.**

* * **W. K. Hartmann,** Lunar and planetary observations. Part 2: Submitting observations to the A.L.P.O. Vgl. Ref. **83136.**

8112. **J. D. Isaacs, J. E. Tyler,** On the observation of unresolved surface features of a planet. Publ ASP **72** 159—166. — Nichtauflösbare Oberflächenstrukturen der Planeten können wesentlich die Helligkeits- und Farbverteilung mit Richtungsabhängigkeit von der Sonnenstrahlung beeinflussen. Effekte, die zum Beispiel Dünen oder senkrechte Zylinder erzeugen, werden untersucht, und es wird angeregt, die «Modell-Erkenntnisse» bei der Beobachtung von Mars, Merkur und den Planetoiden zu berücksichtigen. W. F.

8113. **C. O. R. Jaschek,** Earth satellites and lunar formations. Obs **80** 119—120 = Obs. Astr. La Plata Separata Astr. Nr. 18. — Für die Theorie, die Mondkrater stammten vom Einsturz früherer planetoidenartiger Erdbegleiter, läßt sich zeigen, daß die aus den Kratergrößen abgeleitete Massenverteilung dieser Körper mit derjenigen bei den Planetoiden (aus ihren Helligkeiten ermittelt) übereinstimmt. hz

8114. **C. O. R. Jaschek,** Note on the size of satellite systems. Obs **80** 227—228 = Obs. Astr. La Plata Separata Astr. Nr. 22. — Gibt eine Relation zwischen der Masse des Zentralkörpers und dem größten seiner Trabantenabstände. hz

* * **R. Jastrow,** Outer atmospheres of the earth and planets. Vgl. Ref. **7215.**

8115. **H. K. Kaiser,** Planeten und Monde. Stuttgart, Kosmos-Gesellschaft der Naturfreunde, 1960. 88 S. Preis DM 1.80. — Besprechung in Weltraumfahrt **12** 127 (R. Sommer).

* * **C. C. Kiess, D. S. Birney,** Recent studies of the known physical characteristics of the moon and the planets. Vgl. Ref. **8345.**

8116. **K. G. McCracken, R. A. R. Palmeira,** The magnetic fields in interplanetary space as derived from observations of the cosmic ray solar flare effects. Vgl. Ref. **1338** S. 44—49.

8117. **A. E. Nourse, M. Hunter,** Nine Planets. New York, Harper & Brothers, 1960. 16 + 295 S. Preis $ 5.95. — Besprechung in El Universo **14** 210—211, Sky Tel. **20** 163, **21** 353, 355 (E. E. Both).

8118. **A. Novák,** Radioastronomy of planets. RH **41** 191—192 (tschech.).

* * **T. Obayashi, Y. Hakura,** Propagation of solar cosmic rays through interplanetary magnetic field. Vgl. Ref. **68146.**

8119. **E. J. Öpik,** Surface conditions on the nearest planets. American J. Phys. **28** 618—622. — Ref. in Phys. Abstr. (A) **63** 1631.

8120. **E. J. Öpik, S. F. Singer,** Distribution of density in a planetary exosphere. Phys. Fluids **2** 653—655, 1959. — Ref. in Math. Rev. **22** 604.

8121. **E. J. Öpik, S. F. Singer,** Distribution of density in a planetary exosphere. Phys. Fluids **3** 486—488. — Ref. in Phys. Abstr. (A) **63** 1425.

8122. **E. Parker,** Extension of the solar corona into interplanetary space. Vgl. Ref. **1316** S. 28—34.

8123. **J. G. Porter,** The satellites of the planets. JBAA **70** 33—59.

8124. **L. Reiffel,** Low-energy Röntgen-rays from interplanetary space. Nature **185** 229. — Der ständige Strom hochionisierter Gase von der Sonne führt in einigem Abstand zu einem ungeordneten interplanetaren Magnetfeld und Plasma. Verf. führt aus, daß in dieser Region durch Wechselwirkung schwerer Ionen mit Elektronen eine diffuse Quelle weicher kosmischer Röntgen-Strahlung entsteht, die in 120 km Höhe im Bereich von 10 bis 50 Å beobachtbar sein sollte. Voigt

8125. **G. D. Roth,** Aufgaben der modernen Planetenforschung. Mitt. Planetenbeobachter **13** 58—59.

8126. **C. Sagan,** The production of organic molecules in planetary atmospheres. AJ **65** 499. — Ref. AAS.

8127. **C. Sagan, S. L. Miller,** Molecular synthesis in simulated reducing planetary atmospheres. AJ **65** 499. — Ref. AAS.

8128. **W. Sandner,** Planetenbeobachtungen in Rio de Janeiro. Mitt. Planetenbeobachter **13** 39—42.

8129. **A. Satô,** Das Bodesche Gesetz und die Methode der Kleinsten Quadrate. Heavens **41** 44—46 (japan.).

8130. **R. P. Singh, N. S. Goel,** The physical state of condensed matter and the radius of a cold planetary body. ZfA **50** 269—277. — Die Theorie von Bohm-Pines über Plasmaschwingungen in Metallen wird zur Untersuchung des physikalischen Zustands von Planeten angewandt. Der Radius des Planeten in der Gleichgewichtskonfiguration wird in Abhängigkeit von der Masse und μ_e, dem mittleren Ionisationsgrad in der druckionisierten Materie, angegeben. Durch Vergleich mit den beobachteten Radien ergibt sich z. B. für Jupiter $\mu_e = 1$ bis 2 (d. h. Gemisch von H und He im metallischen Zustand), für die Erde $\mu_e = 18.62$ (etwa Eisen mit drei freien Elektronen). Bk.

8131. **J. Strong,** Planetary spectra from balloons. Vgl. Ref. **1339** S. 51—52.

8132. **O. Struve,** Planets with rings. Sky Tel. **20** 20—23.

8133. **G. de Vaucouleurs,** The terrestrial planets. Vgl. Ref. **1339** S. 40—44.

8134. **F. Zagar,** Nuove prospettive nello studio del sistema solare. Vgl. Ref. **1324** S. 41—49 = Contr. Oss. Astr. Milano-Merate (NS) Nr. 156.

8135. Planètes. BSAF **74** 211.

8136. Satelites naturales. El Universo **14** 170—174.

8137. The solar system viewed from nearer stars. Heavens **41** 188 (japan.).

8138. Planetary phenomena. Heavens **41** 238—240 (japan.).

8139. Position du centre de gravité du système Terre - Lune. Orion Schaffhausen **5** 849.

8140. Solar system satellites. Sky Tel. **19** 281.

8141. Planetentemperaturen. Sternenbote **3** 57—58.

* * Concerning lunar and planetary intensity scales. Vgl. Ref. **8391.**

§ 82

Merkur, Venus

Merkur

8201. **R. Frisch,** Merkur in östlicher Elongation. VdS Nachr. **9** 66—67.

8202. **G. Gaherty jr.,** Interim report on Mercury in 1958 and 1959. Strolling Astr. **14** 96.

8203. **G. Gaherty jr.,** Report of the A.L.P.O. Mercury Section and the solar transit of Mercury on November 7, 1960. Strolling Astr. **14** 133, 137—140.

* * **S. G. Makower, N. A. Bochan,** The motion of Encke-Backlund's comet for the years 1898—1911 and a recent determination of the mass of Mercury. Vgl. Ref. **9250.**

8204. **W. Sandner,** Die Welt des Merkur. Vgl. AJB **59** Ref. 8204. — Weitere Besprechung in Orion Schaffhausen **5** 931 (R. A. Naef).

8205. Map of Mercury. Strolling Astr. **14** 194.

8206. **Merkurdurchgang 1960 Nov. 7**

Bol. As. Peruana Astr. **5** 337. Tránsito de Mercurio. V. Estremadoyro.

Boll. Accad. Gioenia Sci. nat. Catania (4) **5** Fasc. 10, 5 S. = Oss. Astrofis. Catania Pubbl. (NS) Nr. 36. Osservazioni visuali del transito di Mercurio. M. G. Fracastoro.

BSAF **74** 374. Passage de Mercure du 7 novembre 1960.

BSAF **74** 388. Les passages de Mercure sur le disque du Soleil.

Ciel et Terre **76** 103—106. Le passage de Mercure du 7 novembre 1960. J. Meeus.

Ciel et Terre **76** 412—416. Le passage de Mercure devant le Soleil le 7 novembre 1960. A. Koeckelenbergh, J. Brouet, J. Meeus, E. Gilson, V. Marchal, L. Toussaint.

El Universo **14** 194—197. Nuevo paso de Mercurio por el disco del Sol el 7 de noviembre de 1960. F. J. Escalante.

El Universo **14** 198—199. Paso de Mercurio por el disco del Sol el 7 de noviembre de 1960. E. López L.

Gaz astr **42** 52. Le passage de Mercure devant le Soleil. J. M. Falise.

J. Astr. Soc. Victoria **13** 74—78. Next month's transit of Mercury.

Kop Akt Medd 414. Merkurpassagen den 7. november 1960.

Mitt. Planetenbeobachter **13** 55. Merkur am Sonnenrand 1960 Nov. 7^d. A. Müller.

Mitt. Planetenbeobachter **13** 56—57. Die Beobachtungen des Merkurdurchgangs 1960 November 7. A. Güttler.

MN ASSA **19** 179. Transit of Mercury, 1960 November 7. W. S. Finsen, J. A. Bruwer, S. F. H. J. Archer, L. R. Victor, R. P. de Kock.

NAT 1960 S. 148—149. Merkurpassagen.

PAT **41** 83. Merkuriuspassage. — 1960 Nov. 7, Voraussage.

Sky Tel. **20** 319, 384. First reports of Mercury's transit.

Sternenbote **3** 146. Der Merkur-Durchgang vom 7. November 1960.

Strolling Astr. **14** 188—189. Transit of Mercury. Preliminary report. G. Gaherty jr.

UAI Circ 1744. Transit of Mercury. P. Darnell.

UAI Circ 1745. Transit of Mercury. C. Celis, M. Martí, F. Parera.

Urania København **17** 92. Merkurpassagen den 7. November.

VdS Nachr. **9** 120. Merkurdurchgang am 7. November 1960.

Venus

8207. **A. H. Barrett,** Microwave absorption and emission in the atmosphere of Venus. AJ **65** 340. — Ref. AAS.

8208. **A. H. Barrett,** Microwave absorption and emission in the atmosphere of Venus. J. Geophys. Res. **65** 1835—1838.

8209. **J. C. Bartlett jr.,** Venus from superior conjunction, 1957, through superior conjunction, 1958. Strolling Astr. **14** 167—179.

8210. **J. Brustat,** Zur Dichotomie der Venus. Mitt. Planetenbeobachter **13** 30.

8211. **R. Compte Porta,** Venus en 1959. El Universo **14** 203—209.

8212. **A. Dollfus, C. Boyer, H. Camichel,** Étude photographique de Vénus en lumière violette et ultra-violette. BSAF **74** 375—381.

8213. **R. L. Duncombe,** Motion of Venus 1750—1949. Astr. Papers **16** Part 1, 258 S., 1958. — Ref. in Sky Tel. **21** 3. — Aus den Meridiankreisbeobachtungen der Venus 1750—1949 werden Korrektionen der Bahnelemente der Venus, der mittleren Länge, Exzentrizität und Perihellänge der Sonne, des benutzten Fundamentalsystems (im wesentlichen FK3), der Schiefe der Ekliptik, der Masse Merkurs abgeleitet. Die Vorübergänge der Venus vor der Sonne sind zur Bestimmung der Unbekannten (begründet) nicht benutzt worden; die Ergebnisse aus den Meridiankreisbeobachtungen wurden in Newcombs Durchgangsgleichungen eingesetzt, um festzustellen, inwieweit sie befriedigt werden. Böh.

8214. **H. Faust,** Raumsonden zur Venus. Weltraumfahrt **11** 13—14.

8215. **V. A. Firsoff,** The markings of Venus. JBAA **70** 359—360.

8216. **B. Gomółka,** Planeta Wenus. Urania Kraków **31** 176—179. — Allgemeinverständlicher Aufsatz, in dem hervorgehoben wird, daß die Hauptprobleme der physikalischen Struktur dieses Planeten bis jetzt noch ungelöst sind. E. R.

8217. **C. D. Grimwade,** Finding Venus easily. JBAA **70** 94—95.

8218. **P. Guérin,** Vénus serait en rotation semi-rapide et trop chaude pour des êtres vivants. La Nature **88** 16—17.

8219. **H. d'Halluin,** Vénus en plein jour et lumière cendrée de Vénus. BSAF **74** 255.

8220. **W. K. Hartmann,** Current Venus Section projects. Strolling Astr. **14** 186—188.

8221. **E. Heckscher,** Radarechos von der Venus. VdS Nachr. **9** 36—37.

8222. **F. J. Heyden, C. C. Kiess, H. K. Kiess,** Spectrum of Venus in the violet and near-ultraviolet. Vgl. AJB **59** Ref. **8213** = Georgetown Obs. Repr. (2) Nr. 4.

8223. **Z. Kopal,** Aerodynamic effects in planetary atmospheres. Aerospace Engineering **19** Nr. 12, 6 S. = Astr. Contr. Univ. Manchester (3) Nr. 81.

8224. **J. D. Kraus,** Apparent radio radiation at 11-m. wave-length from Venus. Nature **186** 462. — Im Jahre 1956 wurden bei 27 MHz eigenartige Radiosignale beobachtet, die von der Venus zu kommen schienen. Inzwischen hat sich herausgestellt, daß die mit Klasse II bezeichneten Radiosignale irdischen Ursprungs waren. Ob die Klasse I-Radiogeräusche auf der Venus entstanden sind, ist noch nicht eindeutig bewiesen. Von anderen Beobachtern wurden sie bisher nicht wahrgenommen. Eine Entscheidung können erst weitere Untersuchungen mit besseren Beobachtungsgeräten bringen. HHR

8225. **A. D. Kusmin, A. E. Salomonowitsch,** Radio emission of Venus on 8-mm. AJ UdSSR **37** 297—300 (russ. mit engl. Ref.). — Zwischen September und November 1959 wurden Radioemissionen von Venus bei einer Wellenlänge von etwa 8 mm aufgefunden. Die Intensität entsprach einer absoluten Strahlungstemperatur von 315° ± 70°. Eine Zunahme der Strahlungstemperatur mit zunehmender Entfernung von der unteren Konjunktion wurde beobachtet. Oster

8226. **U. Langenbeck,** Venus-Beobachtungen 1959. Mitt. Planetenbeobachter **13** 47—48.

8227. **K. Lodén,** Planeten Venus. PAT **41** 105—111. — Populäre Übersicht über die Erforschung der physikalischen Verhältnisse des Planeten Venus unter besonderer Berücksichtigung der neuesten Resultate von Menzel, Whipple, Lyot, Kuiper und Kosyrew. Auch die Versuche, die Entfernung von Venus mittels Radar zu ermitteln, werden ziemlich ausführlich besprochen. C. L. J.

8228. **D. J. Martynow,** The radius of Venus. AJ UdSSR **37** 848—855 (russ. mit engl. Ref.). — Ref. in Sternenbote **4** 97. — Die Auswertung aller in der Literatur zugänglichen Beobachtungen der Bedeckung von Regulus durch Venus 1959 Juli 7 (Tabelle) ergab nach Ausscheiden einiger entstellter Angaben für den Bedeckungszeitpunkt $14^h 29^m 19^s\!.4$ zunächst folgende Verbesserungen des Planetenortes gegenüber dem Jahrbuch: $\Delta\alpha = +0^s\!.044 \pm 0^s\!.003$; $\Delta\delta = -0''\!.60 \pm 0''\!.04$. Unter Annahme einer Höhe der homogenen Atmosphäre von 5 km ± 1 km wurde für zwei Extremfälle der Strahlenbrechung $\vartheta_0 = 28'$ und $\vartheta_0 = 1'$ aus der von de Vaucouleurs lichtelektrisch gemessenen Helligkeitsänderung von Regulus am Venusrand gefunden, daß der schon von Auwers bestimmte Wert für den Venusradius in 1 A. E.: $8''\!.41$ auf $\pm 0''\!.05$ zutrifft — entsprechend einem Linearwert von 6100 km ± 34 km. Petri

8229. **D. J. Martynow,** Das Rätsel der Venus. Priroda **49** Nr. 10 S. 8—15 (russ.).

8230. **C. H. Mayer, T. P. McCullough, R. M. Sloanaker,** Observations of Venus at 10.2-cm wavelength. AJ **65** 349—350. — Ref. AAS.

8231. **J. Meeus,** Venus als avondster. Hemel en Dampkring **58** 237—241.

8232. **P. A. Moore,** The Planet Venus. Vgl. AJB **59** Ref. 8215. — Weitere Besprechung in Heavens **41** 241 (japan.), NAT 1960 S. 77—78, Strolling Astr. **14** 184, 186 (C. E. Rost).

8233. **P. Moore, P. J. Cattermole,** The markings of Venus. Experiment with an illuminated globe. JBAA **70** 130. — Ref. in Mitt. Planetenbeobachter **13** 43.

8234. **H. Oberndorfer,** Erfahrungen und Ergebnisse bei der Beobachtung des Planeten Venus. Sterne **36** 142—150.

8235. **H. Pauscher,** Drei Meßreihen zur Bestimmung des Venusdurchmessers. AN **285** 174—180 = Mitt. Sternw. Babelsberg Nr. 9. — Zur Vervollständigung des Materials für eine zuverlässige Bestimmung des Venusdurchmessers werden aus vorliegenden drei Meßreihen erneut Durchmesser errechnet. Im zweiten Teil der Arbeit wird der Versuch unternommen, durch Messungen des Halbmessers zwischen dem hellen Rande und den Hörnerspitzen die Länge des Dämmerungsbogens zu ermitteln bzw. den Übergriff bereits in der Nähe der Quadratur nachzuweisen. Eine Formel zur Berechnung der Horizontalrefraktion mit der für ein Objektiv von 10 m Brennweite erforderlichen Schärfe wird neu abgeleitet. Verf.

8236. **L. D. Pusikow,** Radarecho von Venus. Priroda **49** Nr. 2 S. 80 (russ.). — Ref.

8237. **E. H. Richardson,** The spectrum of Venus. AJ **65** 56. — Ref. AAS.

8238. **C. Sagan,** The surface temperature of Venus. AJ **65** 352—353. — Ref. AAS.

* * **P. J. Shlichta,** Geological aspects of lunar exploration. Vgl. Ref. 8379.

8239. **W. M. Sinton, J. Strong,** Radiometric observations of Venus. ApJ **131** 470—490. — Ref. in JBAA **70** 273—274. — Apparatur und Reduktionsverfahren von Venusbeobachtungen 1952/54 bei 8—13 μ werden eingehend beschrieben. Man findet −39° als Temperatur der Scheibenmitte, nur geringen Unterschied zwischen Tag- und Nachtseite, in Bestätigung anderer Resultate, und etwas Randverdunklung. Auf Spektren ist von den CO_2-Banden dieses Bereichs nur die bei 10.4 μ schwach sichtbar, ferner eine unbekannte Absorption bei 11 μ. Man vermutet oberhalb der eigentlichen Wolken eine kalte, «graue» Schicht, deren Zusammensetzung durch ziemlich kontinuierliche Absorption in diesem Bereich die CO_2-Banden verschwinden läßt. Kohlensuboxyd und seine Polymeren kommen in Frage. hz

8240. **A. Tronfi,** Le osservazioni visuali di Venere. Coelum **28** 174—175.

* * **G. de Vaucouleurs,** Remarks on Mars and Venus. Vgl. Ref. 8460.

8241. **B. Warner,** The emission spectrum of the night side of Venus. MN **121** 279—283. — Das Emissionsspektrum der Schattenseite von Venus nach den Angaben von Kosyrew wird untersucht. Kosyrews Identifizierung der Stickstoffbanden wird bestätigt. Außerdem scheinen noch OII und OI vorhanden zu sein. Verf. (ü., gek.)

* * **H. Woolf,** The Transits of Venus. A Study of Eighteenth-Century Science. Vgl. Ref. 287.

8242. Observaciones de Venus 1959. El Universo **14** 49—50.

8243. Si existe vapor de agua en la atmosfera de Venus. El Universo **14** 197. — Ref. in Bol. As. Peruana Astr. **5** 356.

8244. Découverte de la vapeur d'eau sur Vénus. La Nature **88** 61.

8245. Water in Venus' atmosphere. Sky Tel. **19** 343. — Ref. in Urania Kraków **31** 208.

8246. The Venus greenhouse. Sky Tel. **20** 25. — Ref. AAS. — Ref. in VdS Nachr. **10** 22—23.

8247. Nachthimmelleuchten auf der Venus. Sterne **36** 211. — Ref.

8248. Venusdurchgänge in Vergangenheit und Gegenwart. Sternenbote **3** 119—120.

8249. Badania Wenus. Urania Kraków **31** 14. — Ref.

8250. Venēras radiolokācija. Zvaigžņotā Debess 1960. gada ziema S. 23—24. — Ref.

8251. **Regulus-Bedeckung durch Venus 1959 Juli 7**

AJ **65** 351. Results from the occultation of Regulus by Venus, July 7, 1959. D. H. Menzel, G. de Vaucouleurs. — Ref. AAS.

AN **285** 226—228 = Mitt. Sternw. Babelsberg Nr. 12. Mikrometermessungen bei der Bedeckung von α Leonis durch Venus. H. Pauscher. — Die Anschlußmessungen des bedeckten Fixsterns an das Südhorn des Planeten, deren Ergebnis hier mitgeteilt wird, zeigen keine eindeutig der Refraktion beim Durchlaufen der Venusatmosphäre zuzuschreibende Verschiebung des Lichtstrahles. Aus den Anschlußmessungen geht eine kleine Abweichung gegenüber der im BAJ gegebenen Venusephemeride hervor. Verf.

BSAF **74** 70. Occultation de Régulus par Vénus de 7 juillet 1959. L. Déru.

BSAF **74** 419—426. Observation photographique de l'occultation de Régulus par Vénus de 7 juillet 1959. D. Balesdent, J. Villermaux.

Bull. Cl. Sci. Acad. roy. Belgique (5) **45** 839—844, UAI Circ 1684, Ciel et Terre **75** 325—336 = Commun. Obs. Roy. Belgique Nr. 169, 19 S. L'occultation de Régulus par Vénus de 7 juillet 1959. J. F. Cox, J. F. Brouet, A. Velghe, J. Dommanget. — Vgl. AJB **59** Ref. 8242.

MN ASSA **18** 97—98 = Armagh Obs. Leaflet Nr. 52. Observations of the occultation of Venus at the Boyden Observatory. J. Anderson. — Vgl. AJB **59** Ref. 8242.

Nature **188** 28—33 = Harv Repr Nr. 565. Results of the occultation of Regulus by Venus, July 7, 1959. G. de Vaucouleurs, D. H. Menzel. — Ergebnisse aus den visuellen, photographischen und lichtelektrischen Beobachtungen der Bedeckung von Regulus durch Venus 1959 Juli 7. Böh.

Sterne **36** 1—6 = Mitt. Astrophys. Obs. Potsdam Nr. 86. Die Ursache der Helligkeitsänderung von Fixsternen bei deren Bedeckung durch Planeten. H. Scheffler. — Anläßlich der Bedeckung des Sterns Regulus (α Leo) durch Venus am 7. Juli 1959 wird versucht, das langsame Auslöschen des Sternlichts vor der geometrischen Bedeckung zu erklären. Es wird gezeigt, daß die Schwächung des Sternlichts bei Annahme einer erdähnlichen Atmosphäre durch Auffächerung des Lichts infolge unterschiedlicher Refraktion schon in den hohen Schichten der Planetenatmosphäre mehrere Größenklassen beträgt, wogegen die Extinktion noch kaum merklich ist. Der berechnete Verlauf der Lichtschwächung stimmt mit den diesbezüglichen Beobachtungen bei der Bedeckung Regulus-Venus überein. Gü-Li

Sterne **36** 6—10 = Mitt. Astrophys. Obs. Potsdam Nr. 86. Visuelle Beobachtungen der Regulus-Bedeckung durch Venus. J. Wempe.

Sterne **36** 10—12 = Mitt. Astrophys. Obs. Potsdam Nr. 86. Photographische Beobachtungen der Bedeckung von Regulus durch Venus am 7. Juli 1959 in Potsdam. G. Böttger, U. Güntzel-Lingner.

Sterne **36** 12—13. Bedeckung von Regulus durch Venus 1959 Juli 7. C. Hoffmeister.

Sterne **36** 13—14. Venus-Regulus-Bedeckung 1959 Juli 7. H. Haffner.

Zvaigžņotā Debess 1960. gada ziema S. 21—22. Kā Venēra aptumšoja Regulu. — Ref.

§ 83

Mond

8301. **R. M. Adams,** An analysis of Dr. Lugo's «the capture of the moon». Strolling Astr. **14** 80—81.

8302. **N. A. Amenizkij, R. I. Noskowa, A. E. Salomonowitsch,** The radioimage of the moon in 8 mm. AJ UdSSR **37** 185—186 (russ. mit engl. Ref.). — In zwei Zeichnungen ist die Intensitätsverteilung der 8 mm-Strahlung des Mondes über die Scheibe für 1959 Okt. 27 und Nov. 11 wiedergegeben. Es zeigt sich eine starke Phasenabhängigkeit, wobei ein Verzug von 2—3^d, entsprechend 30° Phasenwinkel, gegenüber dem optischen Bereich auftritt. Die Differenz zwischen Maximum und Minimum der Temperatur übersteigt 40 % des Mittelwertes. Den wahren lokalen Temperaturen überlagert sich eine starke Randverdunklung. Petri

8303. **J. Amorín,** La rotación lunar y los accidentes de su superficie. Publ. Dep. Astr. Univ. Montevideo Nr. 6, 6 S., aus Notas Astronomia **1** Nr. 1, 1959. — Das durch den exzentrischen Planetesimaleinschlag im Sinus Iridum unter Entstehung des Mare Imbrium erzeugte zusätzliche Rotationsmoment des Mondes wird unter plausiblen Annahmen über Geschwindigkeit und Masse des Einschlagkörpers auf 5°2/a berechnet. Hiervon ist keine Spur mehr erkennbar, wofür Verf. einen Grund vermißt, nachdem die Gezeitenreibung durch ähnlich entstandene Maria vor ihrer Erstarrung bei diesem letzten Ereignis dieser Art nicht mehr herangezogen werden könne. Gü.

8304. **E. P. Axenow, W. G. Demin,** Über die periodischen Bahnen eines künstlichen Mondtrabanten. BIA **7** 828—832 (russ. mit deutsch. Ref.). — In diesem Artikel wird das Problem der Bewegung eines künstlichen Mondtrabanten behandelt und dabei die Störungen von der Erde und der Form des Mondes in Betracht gezogen. Durch die Methode von Poincaré wird die Existenz von periodischen Bahnen, nahe zu Kreisbahnen, bewiesen. Es wird ein konkretes Beispiel einer solchen Bahn angeführt, aus dem zu ersehen ist, daß für hinreichend nahe Trabanten zum Mond unbedingt seine Form in Betracht zu ziehen ist. Verf.

8305. **N. P. Barabaschow, W. I. Garasha,** Über den Aufbau der Oberflächenschichten des Mondes und des Mars. Circ. Astr. Obs. Charkow Nr. 21 S. 3—18 (russ.). — Photometrische Messungen an einer Reihe von Probeflächen verschiedener Stoffe und Formen werden in Tabellen und Diagrammen mitgeteilt. Die Phasenkurve des Mondes gibt am besten Tuff mit 2—5 mm Korngröße wieder, etwas weniger gut Vulkanasche und -schlacke; Bedeckung mit sehr feinem Staub dürfte nicht in Frage kommen. Für die Marsoberfläche (ebenfalls nach Dunkel- und Hellgebieten getrennt) ergibt sich Darstellung durch sehr feine Sande (Körner von 0.1 mm und darunter), während Hämatit, Limonit und moosbewachsene Flächen ausscheiden. hz

8306. **A. Barangé,** Fotografías lunares con pequeños instrumentos. Urania Barcelona **45** 35—39.

8307. **A. A. Blagonrawow,** Description of the first space station photographing the moon. Vgl. Ref. **1330** S. 1109—1113.

8308. **B. C. Blevis, J. H. Chapman,** Characteristics of 488 MHz radio signals reflected from the moon. J. Res. National Bureau Standards (D) **64** 331—334. — Ref. in Phys. Abstr. (A) **63** 1213.

8309. **B. A. Bolt,** Spheroidal oscillations of the moon. Nature **188** 1176—1177. — Für drei Modelle des Mondes mit verschiedenen Dichtegesetzen werden die Perioden seiner freien Schwingungen berechnet. Böh.

8310. **J. C. Brandt,** Density of the lunar atmosphere. Science **131** 1606. — Verf. zeigt, daß der minimal mögliche Wert für die Dichte der Mondatmosphäre etwa gleich der Dichte des interplanetaren Mediums sein muß. Wird dieser Wert mit dem beobachteten maximalen Wert kombiniert, so erhält man eine Partikeldichte von 10^3—$10^6/cm^3$ und eine Elektronendichte zwischen 10^2 und $10^4/cm^3$. Diese Werte zeigen starke Abweichungen gegenüber den kürzlich von Firsoff angegebenen. Henn

8311. **F. M. Branley,** The Moon. New York, T. Y. Crowell Co., 1960. 114 S. Preis $ 3.50. — Besprechung in Sky Tel. **19** 501, **21** 107—108 (W. H. Glenn).

8312. **B. H. Briggs,** Roughness of the moon as a radar reflector. Nature **187** 466, 490.

8313. **E. W. Brown,** An Introductory Treatise on the Lunar Theory. Neudruck des 1896 erschienenen Buches. New York, Dover Publications, Inc., 1960. 16 + 292 S. Preis $ 2.00. — Besprechung in Sky Tel. **20** 298.

8314. **W. E. Brown jr.,** A lunar and planetary echo theory. Vgl. Ref. **1334** S. 3087—3095.

8315. **S. T. Chabibullin,** The constants of the physical libration of the moon from Hartwig's heliometric observations at Tartu (Dorpat), according to data of Koziel's reduction. Vgl. Ref. **1307** S. 413.

* * **G. M. Clemence, W. H. Portig, S. Rozental,** Names for the sun and the moon. Vgl. Ref. **6115.**

8316. **F. B. Daniels,** Radar determination of the scattering properties of the moon. Nature **187** 399.

8317. **I. Daube,** Mēness — Zemes mūžīgais pavadonis. Rīgā, ZA izdevniecība, 1960. — Besprechung in Zvaigžņotā Debess 1960. gada ziema S. 39 (M. Zepe).

8318. **I. M. Demenko,** Libration effect and inclination of lunar orbit. AC Nr. 209 S. 15—16 (russ.). — Die Auswertung von Meridianbeobachtungen von Greenwich (1923—52) und Washington (1923—48) ergab gute Übereinstimmung mit den heliometrischen Beobachtungen. Die Neigung der Mondbahn ist gegenüber dem Ephemeridenwert um $\Delta i = -0\overset{''}{.}322 \pm 0\overset{''}{.}035$ (m. F.) zu korrigieren, wobei sich aus den Beobachtungen des Südrandes eine größere Neigung ergibt als aus denen des Nordrandes: $\Delta i_S - \Delta i_N = +0\overset{''}{.}448$ (Greenwich) bzw. +0.367 (Washington). Petri

* * **S. S. Dolginow, E. G. Jeroschenko, L. N. Shusgow, N. W. Puschkow, L. O. Tjurmina,** Measuring the magnetic fields of the Earth and Moon by means of Sputnik III and space rockets I and II. Vgl. Ref. **7621.**

8319. **W. K. Drofa,** The determination of the moon's radius from micrometric observations. Vgl. Ref. **1307** S. 414—418.

8320. **J. Dubois,** La lumière cendrée de la Lune et ce qu'elle nous permet de connaître touchant l'atmosphère et l'aspect planétaire de la Terre. Procès-Verbaux Soc. Sci. Phys. Nat. Bordeaux 1958, 26 S. = Obs. Univ. Bordeaux (A) Nr. 10. — Bericht über Beobachtungen des aschgrauen Mondlichtes 1940—1957 mit dem Katzenaugenblendenphotometer integral und in vier Farben (483, 540, 583, 615 mμ). Die diesen entsprechenden Werte der mittleren Albedo der ganzen Erde sind 0.49, 0.41, 0.35, 0.38. Die ermittelten Phasengesetze der Albedo zeigen mittlere Standardabweichungen von 0.236, 0.234, 0.270, 0.214 sowie 0.162 (integral), in denen die Gelbabsorption des Chlorophylls in den Kontinentalgebieten zum Ausdruck kommt. Die tägliche Variation zeigt, daß die Meere der Erde heller erscheinen als ihre Kontinente. Die jährlichen Variationen weisen denselben Gang auf wie die Wolkigkeit der Atmosphäre. Der Einfluß der Sonnenaktivität ist identisch mit dem von Danjon für die totalen Mondfinsternisse gefundenen. Der Blau-Gelb-Farbenindex i lag im Jahresmittel zwischen $0\overset{m}{.}1$ und $0\overset{m}{.}9$. Im allgemeinen war das aschgraue Licht mit wachsender Intensität zunehmend blau verfärbt, dabei aber seit 1950 mehr als früher. Die Verfärbung $\sim\lambda^{-0.26}$ weist hier auf streuende Teilchen mit Durchmessern um 0.5 μ hin, die vielleicht auf Kernexplosionen zurückzuführen sind, während die frühere geringere Verfärbung einem Teilchendurchmesser um 0.3 μ entspricht. Die in den letzten Jahren immer häufiger auftretenden Verfärbungsanomalien lassen sich erklären, wenn außer der streuenden Schicht der genannten größeren Teilchen noch in der Atmosphäre zirkulierende Wolken derselben angenommen werden, die in der Durchsicht eine zusätzliche Rotverfärbung ergeben. Nach den Beobachtungen setzt sich das Erdlicht etwa in folgender Weise zusammen: Boden mit Vegetation (stark verfärbt): 15%, Wolken und Meere bei schiefem Einfall ($i \approx 0\overset{m}{.}04$): 20%,

Luft (i = 0ᵐ81 entsprechend λ^{-4}): 50—60 %, Aerosol (i ≈ 0ᵐ3): 15—5 %. Hiernach wird der zu erwartende Anblick der Erde für einen äußeren Beobachter beschrieben. Gü.

8321. **J. Dubois,** Contribution à l'étude de la luminescence lunaire. Rozpravy Českoslov. Akad. Věd **69** Heft 6, 44 S., 1959 = Obs. Univ. Bordeaux (A) Nr. 13. — Aus der bis zu 25 % gehenden Vergrößerung der Restintensität von fünf starken Fraunhofer-Linien sowie den Halbschattenspektren der Mondfinsternisse 1953 und 1954 wird das Fluoreszenzlicht ausgewählter Stellen der Mondoberfläche bestimmt und eine provisorische Mondkarte mit seiner Verteilung gegeben. Die Deutung der erhöhten Restintensität als Fluoreszenzphänomen wird durch spektroskopische Untersuchungen an Modelloberflächen unter Benutzung künstlicher Fluoreszenzstoffe gestützt. Durch den Vergleich des Kontinuums beleuchteter Mondstellen mit und ohne Fluoreszenz wird die spektrale Intensitätsverteilung des Fluoreszenzlichtes ermittelt, wobei teils schmale, teils im grünen Spektralgebiet gelegene breite Banden gefunden werden, deren eine dem Zn_2SiO_4 (Willemit) zugeordnet werden kann. Außerdem scheinen auf der Mondoberfläche noch Erdalkalisilikate nachweisbar zu sein, dagegen keine Mineralien des Urans und der Seltenen Erden. Zur Erklärung der schmalen Banden wird die Wirkung beigemengter oder überdeckender Absorbentien auf das Fluoreszenzspektrum diskutiert und experimentell untersucht. Aus der Korrelation zwischen der Fluoreszenzintensität ausgewählter Mondstellen und den Schwankungen der kritischen Frequenz der F_2-Schicht bzw. der geomagnetischen Feldstärke wird geschlossen, daß die beobachtete Fluoreszenz teils durch die UV-, teils durch die Korpuskularstrahlung der Sonne angeregt wird. Der Mindestanteil des Fluoreszenzlichtes am gesamten Mondlicht liegt bei etwa 1 %. Gü.

8322. **R. B. Dyce, R. A. Hill,** Lunar echoes received on spaced receivers at 106.1 MHz. Proc IRE **48** 934—935.

8323. **D. Eksinger,** Pregled zanimljivih publikacija o Mesecu. Vasiona **8** 112—113. — Vom Buch «Der Mond» von Bär und Mädler zum Buch «The Moon» von Wilkins und Moore.

8324. **D. Eksinger,** Pregled nekih zanimljivih publikacija o Mesecu. ZiS **3** 80—82.

8325. **K. Engel,** The figure of the moon. Strolling Astr. **14** 49—57.

8326. **V. R. Eshleman, P. B. Gallagher, R. C. Barthle,** Radar methods of measuring the cislunar electron density. Vgl. Ref. **1343** S. 3079—3086.

8327. **W. G. Fessenkow,** On the photometrical peculiarities of the moon. AJ UdSSR **37** 496—500 (russ. mit engl. Ref.). — Die bekannten pekuliaren photometrischen Eigenschaften des Mondes werden durch eine halbempirische Formel dargestellt, in welche eine einzige, aus Beobachtungen abgeleitete Funktion eingeht, nämlich die relative Helligkeit des positiven Mondrandes. Die Formel kann physikalisch nur so interpretiert werden, daß die Mondoberfläche aus verhältnismäßig groben, locker gebundenen Teilchen besteht. Ond.

8328. **V. A. Firsoff,** Strange World of the Moon. New York, Publicado por Basic Book, 1960. 226 S. — Besprechung in El Universo **15** 46.

8329. **V. A. Firsoff, J. C. Brandt,** Density of the lunar atmosphere. Science **131** 1669—1671. — Firsoff gibt einige Erläuterungen zu einer Arbeit von Brandt (vgl. Ref. 8310) und antwortet auf dessen Kritik an seiner früheren Arbeit (vgl. AJB **59** Ref. 8110). In einer weiteren Note weist Brandt die Kritik von Firsoff zurück und gibt einige Erklärungen zu seiner Arbeit. Henn

8330. **I. W. Gawrilow,** Untersuchung der Figur der Randzone des Mondes. Leningrad, Astr. Hauptobs. Pulkowo, 1960 (russ.). — Diss. Ref.

8331. **I. W. Gawrilow,** The asymmetry of the lunar disk from photographic observations. Vgl. Ref. **1307** S. 409—412.

8332. **A. R. Geoffrion, M. Korner, W. M. Sinton,** Isothermal contours of the moon. Lowell Obs. Bull. **5** 1—15. — Es werden Temperaturregistrierungen auf der Mondoberfläche am 42″-Spiegel in Flagstaff mittels eines Pyrometers mit einem Spektralbereich von 1.5 μ um 8.8 μ sowie das Eichverfahren und die Berücksichtigung der atmosphärischen Extinktion beschrieben. Aus den in 9 Nächten durchgeführten Messungen wurden Isothermenbilder des beleuchteten Mondteils für 9 Phasen gewonnen sowie aus zusätzlichen Beobachtungen die Ausstrahlung des subsolaren Punktes als Funktion des Phasenwinkels. Diese wird mit den Ergebnissen von Pettit und Nicholson verglichen. Übereinstimmend geht diese Ausstrahlung für große Phasenwinkel stark zurück, vermutlich wegen der Unebenheiten der Mondoberfläche, durch welche hier die wärmeren Täler verdeckt werden. Die Umgebung des Südpols ist allgemein etwas kühler als die des Nordpols, was auf die Verteilung der Mareflächen zurückgeführt wird. Gü.

8333. **A. A. Gorynja,** Revision of Hartwig's observations of the moon (1890—1915) with account for the libration effect. AC Nr. 211 S. 14—16 (russ.).

8334. **A. A. Gorynja,** Bestimmung der Konstanten der physischen Libration aus den Beobachtungen Hartwigs von 1890 bis 1922 unter Berücksichtigung des Librationseffekts im Mondradius. Mitt. Astr. Hauptobs. Golossejewo **3** Nr. 1 S. 23—35 (russ.). — Die Kurve, die die systematischen Abweichungen des Mondrandes von der Kreislinie ausdrückt, wird untersucht. Eine Bearbeitung der Beobachtungen von Hartwig mit Rücksicht auf diesen Effekt führt zu einem um 71″ größeren Wert der Neigung des Mondäquators. Der Parameter f erreicht einen Wert von 0.79 bis 0.86. Perek

8335. **A. A. Gorynja, W. K. Drofa,** Elevations of the moon's limb determined from photographic observations. Vgl. Ref. **1307** S. 404—408.

8336. **J. Green, A. Poldervaart,** Lunar defluidization and its implications. Vgl. Ref. **1341** S. 15—33. — Greens frühere Überlegungen werden wiederholt und durch weitere Beispiele erläutert und ergänzt. Gü.

8337. **G. W. Groves,** On tidal torque and eccentricity of a satellite's orbit. MN **121** 497—502. — Unter bestimmten Annahmen über den Drehimpuls der vom Mond auf der Erde erzeugten Flut erhält Verf. für die durch Flutreibung erzeugte Änderung der Mondbahnexzentrizität die Beziehung $e/e_0 = (a/a_0)^\lambda$ und gibt Zahlenwerte für zwei zu $\lambda = 11/4$ und $17/4$ gehörende Modelle (a_0 und e_0 sind die gegenwärtigen Werte für Exzentrizität und große Halbachse der Mondbahn). Die Zahlen stützen Darwins Vorstellung von der Entstehung des Mondes. Böh.

8338. **P. Hédervári,** The gravity «constant» as a function of time and the internal structure of the moon. Strolling Astr. **14** 147—153.

8339. **J. R. Herring, A. L. Licht,** The effect of solar wind on the lunar atmosphere. Vgl. Ref. **1330** S. 1132—1145.

8340. **V. A. Hughes,** Roughness of the moon as a radar reflector. Nature **186** 873—874.

* * **M. W. Iwanowskaja,** Über den Zusammenhang der geomagnetischen Aktivität mit der Mondphase. Vgl. Ref. **7632.**

8341. **A. A. Jakowkin,** Bestimmung der Funktion der Trägheitsmomente des Mondes aus Kasaner heliometrischen Beobachtungen. Mitt. Astr. Hauptobs. Golossejewo **3** Nr. 1 S. 3—14 (russ.). — Die Kasaner heliometrischen Beobachtungen überdecken die Zeitspanne von 1895 bis 1945. Aus einer Diskussion dieser Beobachtungen folgt der Wert des Koeffizienten des jährlichen Gliedes der Libration von $74' \pm 9''$ und der entsprechende Wert des Parameters der physischen Libration $f = 0.70 \pm 0.02$. Es wird gezeigt, daß die Aufgabe der Bestimmung von f eine bestimmte Lösung besitzt. Perek

8342. **A. A. Jakowkin,** Die Bewegungen des Mondes. Himmelsmechanik mit Hilfe der Astronautik. Priroda **49** Nr. 3 S. 47—50 (russ.). — Inhalt: Das Zweikörperproblem, der Einfluß der Sonne, die Brownschen Tafeln, die Rotation des Mondes.

8343. **A. A. Jakowkin, A. A. Gorynja,** The reduction of observations of the moon to the baricentric sphere. Vgl. Ref. **1307** S. 398—403.

8344. **M. S. Jarow-Jarowoj,** On the motion of the rocket near the moon. BIA **7** 822—827 (russ. mit engl. Ref.). — Dargelegt werden die wesentlichen Ideen der Methode, die analytische Zeitabhängigkeit der Raketenkoordinaten in Mondnähe zu erhalten. Verf. (ü.)

8345. **C. C. Kiess, D. S. Birney,** Recent studies of the known physical characteristics of the moon and the planets. Georgetown College Obs. Monograph Nr. 15, 18 S.

8346. **Z. Kopal,** Our Nearest Celestial Neighbour. London, Chapman & Hall, Ltd., 1960. 7 + 131 S. Preis 25 s. net. — Besprechung in Nature **190** 753 (P. Moore), Sky Tel. **21** 355—356.

8347. **K. Kozieł,** Teoria libracji fizycznej Księżyca w XX stuleciu. Postępy Astr. 8 101—105. — In Zusammenhang mit der vom Verf. durchgeführten Bearbeitung der in der zweiten Hälfte des 19. Jahrhunderts erfolgten Librationsbeobachtungen des Mondes wird der Stand der Theorie der physischen Libration dargestellt. Verf. kommt zu der Schlußfolgerung, daß die Hayn-Koziełsche Theorie der physischen Libration des Mondes den gegenwärtigen Ansprüchen genügt, sowohl von seiten der Beobachtungstechnik als auch im Hinblick auf Rechnung und Reduktion. E. R.

8348. **G. P. Kuiper,** The Moon. Vgl. Ref. **1316** S. 70—76.

8349. **R. L. Leadabrand, R. B. Dyce, A. Fredriksen, R. I. Presnell, J. C. Schlobohm,** Radio frequency scattering from the surface of the moon. Proc IRE **48** 932—933. — Mit Hochleistungs-Radargeräten wurden bei 400 MHz Mondechos von kurzzeitigen Hf-Impulsen (Dauer 0.3 bis 1 msec) registriert. Dabei konnte mit Hilfe sehr empfindlicher Empfänger nachgewiesen werden: Die Mondoberfläche wirkt nicht nur als ein gerichtet reflektierender, sondern auch als ein diffus streuender Körper. Nicht nur von der Mondscheibenmitte, sondern von der ganzen Oberfläche wurden mindestens schwache Echos empfangen. Die Echoregistrierungen zeigten eine vom Doppler-Effekt überlagerte Streufunktion, bei der jedes Flächenelement der Mondoberfläche nicht isotrop, sondern proportional der Funktion: $\left(\frac{\sin \Phi}{\Phi}\right)^{20 \pm 6} + \frac{1}{10}$ streut (Φ ist der Winkel zur Flächennormale). HHR

8350. **R. L. Leadabrand, R. B. Dyce, A. Fredriksen, R. I. Presnell, J. C. Schlobohm,** Evidence that the Moon is a rough scatterer at radio frequencies. Vgl. Ref. **1334** S. 3071—3078.

8351. **B. J. Lewin, S. W. Majewa,** Some calculations of the thermal history of the moon. DAN **133** 44—47 (russ.). — Unter der Annahme, daß sich der Mond während 0.23×10^9 a aus kalten Kleinkörpern gebildet habe, wurde für zwei Varianten des Gehalts an U und Th berechnet, wie die Materie in seinem Inneren geschmolzen und (ab etwa 1.5×10^9 a) wieder erkaltet ist. Die Vorgänge des konvektiven Energietransports und der gravitativen Entmischung haben zur Bildung eines Eisenkerns von 685 km Radius und zur Anreicherung radioaktiver Mineralien weiter außen geführt. Während des Schmelzmaximums war die feste Kruste nur 20—40 km stark und daher sicher nicht haltbar. Gegenwärtig ist sie mindestens 500—700 km stark, so daß Durchbrüche aus dem flüssigen Inneren nicht zu erwarten sind. Petri

8352. **F. Link,** Sur les phénomènes de l'impact du projectile lunaire. BAC **11** 34. — Gegenstand einer einfachen Berechnung ist der Ausdehnungsradius, die Ausdehnungszeit und die Niederschlagszeit einer Staubwolke, die beim Aufschlag einer Rakete auf die Oberfläche des Mondes bei fehlender Atmosphäre entsteht. Für verschiedene Aufschlaggeschwindigkeiten werden die genannten Größen berechnet. Gü-Li

8353. **F. Link,** Sur les phénomènes d'impact des projectiles lunaires. BAC **11** 113—117. — Es werden die physikalischen Phänomene studiert, die beim Aufschlagen einer Rakete auf der Mondoberfläche auftreten. Insbesondere wird die räumliche und zeitliche Entwicklung der Materiewolke betrachtet, die beim Aufschlag entsteht. Einige numerische Beispiele geben die Möglichkeit, über die Sichtbarkeit der Aufschlagphänomene zu urteilen. Gü-Li

8354. **A. W. Markow, J. N. Tschistjakow,** The temperature of zones of the lunar surface around full moon. Mitt. Astr. Hauptobs. Pulkowo **21** Nr. 4 (163) S. 166—179 (russ. mit engl. Ref.). — Mit einem ursprünglich für Sonnenfinsternisse entwickelten Radiometer (Instrument: M. S. Selzer und A. W. Markow, Thermoelement: B. P. Kosyrew) wurden 3′ breite Streifen der Vollmondscheibe ohne (0.4—12 μ) und mit (0.4—1.4 μ) Wasserfilter abgetastet und daraus unter Berücksichtigung von Apparatefunktion, Einfluß des Phasenwinkels und (nach D. Menzel) der erdatmosphärischen Wasserdampfabsorption Temperaturen bestimmt. Die Werte schwanken innerhalb der gleichen Nacht um $\pm$ 4° und zwischen verschiedenen Nächten um $\pm$ 18°. Der Mittelwert von 358° K stimmt mit dem theoretischen von E. Pettit (360°) so gut überein, daß dessen Wert der Infrarotalbedo von 0.135 zur Kalibrierung benutzt werden konnte. Danach liegt die Albedo der «Meere» bei 0.12 und die der «Kontinente» bei 0.15. Die erzielte Genauigkeit reicht für Vergleiche mit Temperaturmessungen im radiofrequenten Strahlungsbereich bereits aus, soll aber durch Umkonstruktion des Thermoelements und noch bessere Berücksichtigung der Wasserdampfabsorption noch gesteigert werden. Petri

* * **V. M. Massaro,** Names for the sun and moon. Vgl. Ref. **6120**.

8355. **J. Meeus,** La durée de la lunaison. Ciel et Terre **76** 21—25.

8356. **J. Meeus,** Orbit of the moon. J. British Interplanetary Soc. **17** 411. — Bemerkung zu einer Arbeit von Slater (vgl. Ref. **76184**).

8357. **G. H. Millman, A. E. Sanders, R. A. Mather,** Radar-lunar investigations at a low geomagnetic latitude. Vgl. Ref. **1335** S. 2619—2626.

8358. **S. Miyamoto,** Magnetic boiling and underground structure of the moon. Contr. Inst. Astrophys. Kwasan Obs. Univ. Kyoto Nr. 96, 6 S. — Das Fehlen eines lunaren Magnetfeldes läßt nach der Dynamotheorie auf eine bis zum Zentrum reichende Erstarrung des Mondes schließen. Auch lokale Magmaherde unter der Mondoberfläche zur Erklärung der in Alphonsus beobachteten

Gasausbrüche sind nicht möglich, wie sich anhand schematischer Tiefendiagramme des Magmaschmelzpunktes und der Temperatur im Mondinneren erkennen läßt. Betrachtet man aber die Mondkrater und -kuppeln als Entgasungserscheinungen des sich abkühlenden Magmas, so läßt sich die Bildung gasgefüllter Hohlräume unter der Mondoberfläche verstehen, welche als Quellen gelegentlicher Gasausbrüche in Betracht kommen. Gü.

8359. **P. Moore,** The lunar objective. Spaceflight **2** 209—211. — Vortrag über die Beschaffenheit der Mondoberfläche. Böh.

8360. **M. Neugebauer,** Question of the existence of a lunar magnetic field. Phys. Rev. Letters **4** 6—8. — Ref. in Phys. Abstr. (A) **63** 486.

8361. **T. Nicolini,** Sull'approssimazione isotermica ad un modello rarefatto di atmosfera lunare. Rend. Accad. Sci. Fis. Mat. Soc. Nazionale Sci. Lettere Arti Napoli (4) **27** 352—357 = Oss. Astr. Capodimonte-Napoli Contr. Astr. **5** Nr. 7. — Ein isothermes Modell der Mondatmosphäre wird oft für ein gleichförmiges Gravitationsfeld betrachtet. Verf. zeigt, wie diese Hypothese in einfacher Weise approximiert werden kann. B. C.

8362. **E. J. Öpik, S. F. Singer,** Escape of gases from the moon. Vgl. Ref. **1334** S. 3065—3070.

8363. **I. A. Parschin,** Der Mond. Moskau, Phys.-Math. Staatsverlag, 1960. 55 S. Preis 1 R. (russ.).

8364. **G. H. Pettengill,** Measurements of lunar reflectivity using the Millstone Radar. Proc IRE **48** 933—934. — Eine neue Radarmethode, bei der das Echofrequenzspektrum als Funktion der Laufzeit (in Stufen von 0.5 msec) registriert wird, wurde auf den Mond angewendet (Sendefrequenz = 440 MHz). Die erste Betrachtung der Ergebnisse zeigte: Deutliche Echos kommen auch vom Mondscheibenrand; scharfe Grenzen des Spektrums werden durch die Geometrie der Mondoberfläche gesetzt; die Echosignale konzentrieren sich bei den längeren Laufzeiten nahe den oberen und unteren Frequenzgrenzen. Mit großer Genauigkeit ($\pm$ 0.02 Hz, d. h. 2×10^{-5} der Doppler-Frequenzverschiebung) konnte die Radialkomponente der Mondbewegung gemessen werden. Ferner wurde das Reflexionsvermögen des Mondes in Abhängigkeit vom Einfallswinkel untersucht. Die diffuse Reflexionskomponente gehorcht dem Lambertschen Gesetz, außer an den Randgebieten, die etwas heller sind. HHR

8365. **F. Press, P. Buwalda, M. Neugebauer,** A lunar seismic experiment. Vgl. Ref. **1334** S. 3097—3105.

8366. **E. Proverbio,** Osservazioni di occultazioni da parte della Luna e correzione del moto lunare. Rend. Ist. Lombardo — Accad. Sci. Lettere (A) **94** 561—565 = Contr. Oss. Astr. Milano-Merate (NS) Nr. 160.

8367. **N. G. Riswanow,** Photographic observations of the moon in Kasan. AC Nr. 213 S. 2—3 (russ.).

8368. **J. Sadil,** Cíl Měsíc. Prag, Verlag Orbis, 1960. 334 S. Preis Kčs. 19.50. — Besprechung in RH **41** 140, Vesmír **39** 286.

8369. **C. Sagan,** Indigenous organic matter on the moon. Proc. National Acad. Sci. USA **46** 393—396.

8370. **C. Sagan,** Biological contamination of the moon. Proc. National Acad. Sci. USA **46** 396—402.

8371. **A. E. Salomonowitsch,** Die Radiostrahlung des Mondes. Priroda **49** Nr. 5 S. 11—18 (russ.).

8372. **Y. Sato,** Investigation on some astronomical constants adopted in Brown's lunar tables. Ann. Tokyo Astr. Obs. (2) **6** 139—147. — Von den bei Brouwer und Watts AJ **52** 169 (vgl. AJB **47** Ref. **5415**) bearbeiteten Beobachtungen des Mondes 1932—1942 (Lunation 112—247) werden die Reste $\delta\,Bl_1$ in Breite über der Bahn zur Reduktion auf Ephemeridenzeit und für die Woolardschen Korrektionen der Tafelbreiten (Improved Lunar Ephemeris 1952—1959, S. 411) korrigiert und aus ihnen verbesserte Werte für Neigung und Knotenlänge des Mondes, die Schiefe der Ekliptik, das Äquinoktium des FK3, die Abweichung des Mondzentrums vom Schwerpunkt und für die das Erdpotential charakterisierende Größe I abgeleitet. Böh.

8373. **W. W. Scharonow,** Was wir über den Mond wissen. Leningrad, Lenisdat, 1960. 78 S. Preis 70 Kop. (russ.).

8374. **W. W. Scharonow,** Der Mond und seine Natur. Priroda **49** Nr. 1 S. 9—19 (russ.).

8375. **G. Schindler,** La demi-lune a-t-elle la moitié de l'éclat de la pleine lune? Gaz astr **42** 1—3.

8376. **W. Schröder,** Studien über das aschgraue Mondlicht. Mitt. Planetenbeobachter **13** 12—13.

8377. **W. Schröder,** Studien über das aschgraue Mondlicht. Sternenbote **3** 59—60.

8378. **W. N. Sharkow, F. R. Ulinitsch,** Über die Möglichkeit eines Magnetfeldes auf dem Mond. Publ. Inst. Phys. Erde Akad. Wiss. UdSSR 1960 Nr. 11 S. 61—66 (russ.). — Ref. in RJ UdSSR 1961 9A266.

8379. **P. J. Shlichta,** Geological aspects of lunar exploration. Vgl. Ref. **1341** S. 34—50. — Verf. gibt einen Überblick über gegenwärtige und zukünftige Möglichkeiten für Forschungsprogramme auf den Gebieten der Selenologie und der Geologie der Planeten Mars und Venus. Gü.

8380. **F. J. Sigel,** Raketen erforschen den Mond. Moskau, «Snanije», 1960. 32 S. Preis 75 Kop. (russ.).

8381. **W. M. Sinton,** Is the Moon heated in part by solar corpuscular radiation? Publ ASP **72** 362—363. — Ref. ASP.

8382. **O. Struve,** Photometry of the moon. Sky Tel. **20** 70—73.

8383. **E. Suñé Coma,** Sobre la naturaleza de la corteza lunar. Urania Barcelona **45** 65—100.

8384. **J. N. Tschistjakow,** Versuch einer Bestimmung der Temperatur einzelner Teile der Mondoberfläche. Mitt. Kommission Phys. Planeten Nr. 2 S. 46—54 (russ.). — Mit einem Thermoelement im Newton-Fokus des 13″-Spiegels von Abastumani wurden 1!5 × 1!5 große Gebiete der Mondoberfläche abgetastet. Die vorläufigen Resultate sind: 1. Die Temperatur des subsolaren Punktes beträgt beim Phasenwinkel $+17\overset{\circ}{.}2$ $400° \pm 30°$ K. 2. Die Temperatur der Mare ist höher als die der ihnen benachbarten Länder. 3. Das Verhältnis der radiometrischen und visuellen Albedo ist für einzelne Gebiete dem über die ganze Scheibe gemittelten Albedoverhältnis gleich. Verf. (ü.)

8385. **H. C. Urey,** Lines of evidence in regard to the composition of the moon. Vgl. Ref. **1330** S. 1114—1122.

8386. **M. Vocel,** Impact of rocket Lunik II on the moon. BAC **11** 207—213. — Unter Voraussetzung gewisser Dimensionen und Gewichte von kosmischen Mondraketen und bei Annahme verschiedener Konsistenz der Mondoberfläche wird versucht, die physikalischen Erscheinungen beim Aufschlag von Raketen auf der Mondoberfläche zu bestimmen, zum Beispiel die Eindringtiefe, die Größe des Einschlagkraters und die Masse des ausgeworfenen Materials. Für die sowjetische Rakete Lunik 2 werden entsprechende Abschätzungen erhalten, die die optische Beobachtbarkeit des Aufschlags in Frage stellen. Gü-Li

8387. **T. de Vries,** De maan, onze trouwe wachter. Amsterdam—Brüssel, Elsevier, 1960. 185 S. Preis f 1.50. — Besprechung in Hemel en Dampkring **59** 104—105 (J. van Diggelen).

8388. Die Dichte der Mondatmosphäre. Priroda **49** Nr. 10 S. 115 (russ.). — Ref.

8389. Organische Substanzen auf dem Mond. Priroda **49** Nr. 12 S. 113 (russ.). — Nach Sci. American 1960 Nr. 6.

8390. Discussing the moon. Spaceflight **2** 167—173.

8391. Concerning lunar and planetary intensity scales. Strolling Astr. **14** 190, 192.

8392. Mondseismologie. VdS Nachr. **9** 109—110. — Ref.

8393. Radio via Mond. VdS Nachr. **9** 110. — Ref.

8394. Novo o mjesečevoj atmosferi. ZiS **3** 46—47. — Ref.

8395. Celtnes uz Mēness. Zvaigžņotā Debess 1960. gada pavasaris S. 33—34. — Ref.

* * Posebna imena za Sunce i Mjesec. Vgl. Ref. **6127**.

Mondfinsternisse

8396. **S. Drake,** Note on the moon's appearance in total eclipse. Isis **51** 204.

8397. **W. G. Fessenkow,** Zur Theorie der Mondfinsternisse. Meteoritika Nr. 18 S. 125—135 (russ.). — Die bisher verwendete vereinfachte photometrische Theorie der Mondfinsternisse, in welcher die Sonne als Punktquelle betrachtet und die Wellenlängenabhängigkeit der Dispersion in der Erdatmosphäre vernachlässigt wird, wird kritisch betrachtet. Dann werden die Grundzüge einer genauen Theorie gegeben. In dieser Theorie werden Hilfstafeln benutzt, welche die horizontale Refraktion und die optische Dicke in Abhängigkeit von der minimalen Höhe verschiedener Trajektorien von Lichtstrahlen in einer Standardatmosphäre geben. Aus der Untersuchung der wirksamen Schichten der Erdatmosphäre für verschiedene gegenseitige Lagen von Sonne und Erde ergibt sich, daß die Bewölkung nur die zentralen Schattengebiete beeinflussen kann. Photometrische Finsternisbeobachtungen im roten und blauen Spektralgebiet (wo keine Absorptionsbanden des Ozons vorkommen) ermöglichen den Einfluß des kosmischen Staubs in großen Höhen zu bestimmen. Analog kann die Ozonverteilung durch photometrische Beobachtungen im Gebiete der Ozonbanden studiert werden. Es wird gezeigt, daß man die Sonne keineswegs als Punktquelle annehmen darf. Ond.

8398. **A. A. Kawerin,** On the terminology of lunar eclipses. AC Nr. 209 S. 42—43 (russ.).

8399. **A. A. Kawerin,** Die Klassifizierung der Mondfinsternisse. Bull. Astr.-Geod. Ges. UdSSR Nr. 27 S. 27—31 (russ.).

83100. **F. Link,** Densité de l'ombre pendant les éclipses de Lune. BAC 11 13—22. — Eine eingehende Diskussion der Ergebnisse der Kernschattenphotometrie bei 17 Mondfinsternissen von 1921 bis 1957 führt Verf. zu folgenden Schlüssen: 1. Der von Danjon gefundene Zusammenhang zwischen Finsternisklasse und Phase der Sonnenaktivität wird bestätigt, weniger gut allerdings für die Schattendichte als für die Schattenfarbe. 2. Der radiale Verlauf der Schattendichte dicht innerhalb der Kernschattengrenze erscheint mehrfach geknickt, wenn diese von äquatornahen Teilen des Erdkörpers erzeugt wird. Daraus wird auf eine größere Höhe der absorbierenden Schicht über dem Äquator geschlossen. 3. Die im angegebenen Zeitraum beobachteten Schattendichten zeigen in allen Wellenlängen eine ausgeprägte zeitliche Variation und liegen dabei teilweise erheblich unter dem aus der Extinktion durch Rayleigh-Streuung und O_3-Absorption errechneten Minimalwert. Zur Erklärung dieser Schattenaufhellung reicht das Streulicht allein nicht aus. 4. Die von Dubois gefundene Korrelation zwischen Schattendichte und aschgrauem Licht wird wieder bestätigt. Das Verhältnis der Amplituden beider Variationen im 11jährigen Zyklus ist aber mit der von Vassy gegebenen Erklärung mittels variabler Aerosolbildung durch die solare Korpuskularstrahlung nicht vereinbar. 5. Beide Diskrepanzen lassen sich erklären durch die Annahme einer variierenden Lumineszenz des Mondbodens, angeregt durch die solare Korpuskularstrahlung. 6. Da der Korpuskularschatten dem optischen Schatten vorausgeht, verlangt diese Erklärung eine EW-Asymmetrie der Dichte des äußeren Kernschattens, die sich in den wenigen verfügbaren Fällen tatsächlich nachweisen läßt. Gü.

83101. **Mondfinsternis 1948 April 23**

AC Nr. 211 S. 12—13 (russ.). Observations of lunar eclipses in Dalny. G. W. Kuklin, A. G. Chanshin.

83102. **Mondfinsternis 1949 Oktober 6—7**

BAB 5 29, 1959. Éclipse totale de Lune des 6—7 octobre 1949. S. Arend, J. Dommanget.

83103. **Mondfinsternis 1950 April 2**

BAB 5 29, 1959. Éclipse totale de Lune du 2 avril 1950. S. Arend, J. Dommanget.

83104. **Mondfinsternis 1952 August 5**

AC Nr. 211 S. 12—13 (russ.). Observations of lunar eclipses in Dalyan. G. W. Kuklin, A. G. Chanshin.

83105. **Mondfinsternis 1954 Januar 19**

BAB 5 29, 1959. Éclipse totale de Lune des 18—19 janvier 1954. S. Arend, J. Dommanget.

83106. **Mondfinsternis 1957 Mai 13**

BAB 5 30, 1959. Éclipse totale de Lune des 13—14 mai 1957. S. Arend, J. Dommanget.

Lincei Rend. Cl. Sci. fis. mat. nat. (8) 28 50—56 = Oss. Astr. Roma Contr. Sci. (3) Nr. 6. Fotometria fotografica della penombra durante l'eclisse di luna del 13—14 maggio 1957. M. Torelli. — Auf 18 am Steinheil-Refraktor von Rom während der Finsternis vom 13./14. Mai 1957 gewonnenen Aufnahmen werden die Helligkeitsänderungen von 24 Mondgebieten gemessen und die Ergebnisse mit der vereinfachten Theorie von Link verglichen. Für den größten Teil der gewählten Gebiete ergibt sich ein Helligkeitsexzeß. B. C.

83107. Mondfinsternis 1959 März 24

AC Nr. 208 S. 9—11 (russ.). Observations of the partial lunar eclipse on March 24, 1959 in Irkutsk. G. W. Kuklin, G. J. Smolkow, G. I. Schilina.

BAC **11** 145—148. The earth's shadow during the partial lunar eclipse on March 24th, 1959. J. Bouška.

Bull. Astr.-Geod. Ges. UdSSR Nr. 27 S. 32—36 (russ.). Beobachtungen der partiellen Mondfinsternis vom 24. März 1959. M. A. Milchiker.

Lincei Rend. Sci. fis. mat. nat. (8) **29** 46—51 = Oss. Astr. Capodimonte-Napoli Oss. **1** Nr. 10. Fotometria fotoelettrica nella penombra durante l'eclisse parziale di luna del 24 marzo 1959. A. Fresa.

RH **41** 50—53 (tschech.). The earth's shadow during the lunar eclipse of 1959, March 24. J. Bouška.

Sterne **36** 36. Beobachtung der Mondfinsternis 1959 März 24. W. Sandner.

83108. Mondfinsternis 1959 September 16

El Universo **14** 47—49. Eclipse penumbral de la Luna verificado el 16 de septiembre último, y observado en la Sociedad Astronómica. E. López, A. González Solís, D. Martínez García, A. Velazco, G. López.

83109. Mondfinsternis 1960 März 13

AJ **65** 340. Lunar eclipse, low budget and student ingenuity. I. Aron. — Ref. AAS.

AJ **65** 485—486. Lunar thermal emission measurements during the total lunar eclipse of 13 March 1960. J. P. Castelli, C. P. Ferioli, J. Aarons. — Ref. AAS.

BSAF **74** 475—476. L'éclipse totale de Lune du 13 mars 1960, observée à Chicago (U. S. A.). S. Lipinski.

El Universo **14** 65. Eclipse.

El Universo **14** 152—159. Cómo se observó en la Sociedad Astronómica de México el Eclipse total de Luna del 12—13 de marzo de 1960. E. López L.

Publ ASP **72** 481—485. Enhanced lunar thermal radiation during a lunar eclipse. R. W. Shorthill, H. C. Borough, J. M. Conley. — Verf. finden eine verstärkte thermische Strahlung für drei von Strahlen umgebene Mondkrater (insbesondere Tycho) während einer Mondfinsternis. Groth

Sky Tel. **19** 402—405. Amateur photographs of the March lunar eclipse.

Sky Tel. **19** 474—476. The earth's shadow size at the March lunar eclipse. J. Ashbrook.

Strolling Astr. **14** 28—32. Some suggested observations of the total lunar eclipse on March 13, 1960. W. H. Haas.

Strolling Astr. **14** 64. Total lunar eclipse on March 13, 1960.

Strolling Astr. **14** 163—167. Report of the A. L. P. O. observations of crater times at the March 13, 1960, lunar eclipse. J. Ashbrook.

83110. Mondfinsternis 1960 September 5

AC Nr. 216 S. 4—6 (russ.). Total lunar eclipse of September 5, 1960. W. F. Tschistjakow.

Sky Tel. **20** 256—258. Amateurs photograph the lunar eclipse.

Sternbedeckungen

83111. Vorausberechnungen

AN **285** 197—198. Vorausberechnete Sternbedeckungen durch den Mond 1960.

Bull. Obs. Astr. Beograd **24** Nr. 1—2 S. 7—8. Lunar occultations, 1961.

Bull. Obs. Astr. Beograd **24** Nr. 3—4 S. 7—8. Lunar occultations, 1962. Occultations visible at Belgrade.

Hemel en Dampkring **58** 19—20, 79, 159, 231, 294. Werkgroep bedekkingen. P. de Bruijn.

Hemel en Dampkring **58** 193—204. De bedekkingen van Aldebaran en Regulus in 1961 en 1962. J. Meeus.

J. Astr. Soc. Victoria **13** 82—84. Occultation predictions for 1961.

NAT 1960 S. 107—109. Måneokkultationer 1961, beregnet for København.

Sky Tel. **20** 349—360. 1961 predictions for the United States and Canada.

VdS Nachr. **9** 13—14, 40—41, 79—80, 97—99. Sternbedeckungen 1.—4. Quartal 1960. A. Güttler.

YC Nr. 1563 (japan.). Prediction for lunar occultation of α Tau visible in Japan on April 1.

83112. Beobachtungen und Reduktionen

AC Nr. 208 S. 29—30 (russ.). Occultations of stars by the moon from Charkow observations. K. N. Kusmenko, W. H. Plushnikow. — 1959 April 18—Dez. 10.

AC Nr. 209 S. 38—39 (russ.). Observations of occultations of stars by the moon in Kiew. E. M. Sereda. — 1959 Mai 14—Dez. 6.

AC Nr. 209 S. 39 (russ.). Occultation of α Tau by the moon. W. Klewezkij. — 1960 Febr. 6.

AC Nr. 209 S. 39—40 (russ.). Observations of occultations of stars by the moon in Stalinabad. A. M. Bacharew. — 1959 Mai, Okt.

AC Nr. 209 S. 40—41 (russ.). Observations of occultations of stars by the moon in Kasan in 1959. I. W. Stepanow, M. N. Balaschowa, N. G. Sokolowa.

AC Nr. 209 S. 41 (russ.). Observations of occultations of stars by the moon in Kasan in 1959. W. P. Kapralow.

AC Nr. 210 S. 29—30 (russ.). Observations of occultations of stars by the moon in Abastumani in 1959. W. P. Dshapiaschwili.

AC Nr. 210 S. 30—31 (russ.). Observations of occultations of stars by the moon in Tallinn. C. Willmann. — 1959 Febr. 17, 1960 Febr. 2, März 4.

AC Nr. 210 S. 31—32 (russ.). Observations of occultations of stars by the moon in Moscow. A. G. Krylow. — 1959 Nov. 19—1960 März 4.

AC Nr. 210 S. 32—33 (russ.). Observations of occultations of stars by the moon in Charkow in 1959. K. N. Kusmenko, W. H. Plushnikow.

AC Nr. 210 S. 33 (russ.). Observations of occultations of stars by the moon in Irkutsk. G. W. Kuklin. — 1959 Dez. 25—1960 März 7.

AC Nr. 211 S. 30—31 (russ.). Observations of occultations of stars by the moon in Odessa in 1959. J. R. Alexandrowitsch.

AC Nr. 211 S. 31—32 (russ.). Observations of occultations of stars by the moon in Kiew. A. K. Ossipow. — 1959 Dez.—1960 März.

AC Nr. 211 S. 33 (russ.). Observations of occultations of stars by the moon in Kasan in 1960. W. P. Kapralow. — Jan.—März.

AC Nr. 211 S. 33—34 (russ.). Observations of occultations of stars by the moon in Abastumani in 1960. W. P. Dshapiaschwili. — Jan.—März.

AC Nr. 213 S. 28—29 (russ.). Observations of occultations of stars by the moon in Dnepropetrowsk. W. A. Baranenko, F. K. Katagarow. — 1960 Febr.—April.

AC Nr. 215 S. 31 (russ.). Observations of occultations of stars by the moon in Kiew. A. K. Ossipow. — 1960 April 28—Mai 5.

AC Nr. 215 S. 32 (russ.). Observations of occultations of stars by the moon in Irkutsk. G. W. Kuklin. — 1960 April 4—Juni 30.

AC Nr. 216 S. 32 (russ.). Observations of occultations of stars by the moon in Kasan. W. P. Kapralow. — 1960 Juni 5—Sept. 25.

AC Nr. 216 S. 33 (russ.). Observations of occultations of stars by the moon in Dnepropetrowsk. F. K. Katagarow. — 1960 Juli 12, Aug. 2.

AC Nr. 217 S. 15 (russ.). Observations of occultations of stars by the moon in Tomsk. W. A. Pschenitschkow. — 1960 Sept. 11.

AC Nr. 217 S. 15—16 (russ.). Observations of occultations of stars by the moon in Abastumani in third quarter 1960. W. P. Dshapiaschwili.

AJ **65** 102—104. Discussion of occultations observed in 1956 and 1957. F. McBain Sadler.

AN **285** 196. Sternbedeckungen durch den Mond 1958 und 1959. P. Ahnert.

BAB **5** 26, 1959. Occultations d'étoiles observées à l'équatorial de 45 cm, en 1956 et 1957. S. Arend, J. Dommanget, O. Nys.

BAB **5** 27, 1959. Occultations d'étoiles observées à l'équatorial de 45 cm, en 1958. J. Dommanget.

BAB **5** 28, 1959. Occultations d'étoiles observées à Uccle de 1936 à 1955.

BAC **11** 74. Observation of occultations made at the University Observatory Prague in the year 1959. J. Bouška.

BAC **11** 214. Occultations observed at the Observatory Skalnaté Pleso in the second half of 1959. M. Antal.

BAC **11** 257—258. Occultations observed at the Observatory Skalnaté Pleso in the first half of 1960. M. Antal.

BSAF **74** 19—20. Occultation d'Aldébaran du 16 novembre 1959.

BSAF **74** 77. Occultation d'Aldébaran par Lune le 6 février 1960. P. Bourge.

BSAF **74** 278—279. L'occultation d'Aldébaran du 16 novembre 1959 et remarques sur les occultations d'Aldébaran. H. d'Halluin.

BSAF **74** 381. Occultations d'Aldébaran. R. Cornu, P. Levert. — Beobachtungen 1959 Nov. 16 und 1960 Febr. 6.

Gaz astr **42** 54. Observations d'occultations d'étoiles par la Lune en 1959. W. Sandner.

Heavens **41** 143 (japan.). Observations of lunar occultations for March, 1960. Y. Dômoto, T. Nomura, T. Fujii, T. Amagasu, K. Komoda, S. Sasadaira. — 1960 März 1—15.

Heavens **41** 173 (japan.). Observations of lunar occultations during lunation 461. K. Yamada, T. Nomura, T. Amagasu, T. Fujii, Y. Dômoto, A. Horiuchi.

NAT 1960 S. 23. Observationer af okkultationer af stjerner ved Månen. Hegvad, Klinting, Darsenius, Darnell.

Sterne **36** 38. Streifender Vorübergang eines hellen Fixsternes am Mondrand. E. Ahnert, P. Ahnert.

TAB (2) Nr. 124 S. 1515—1524. Discussion of occultations, observed in Japan with the photoelectric equipments from 1954 to 1958. S. Aoki, Y. Endô.

Urania Kraków **31** 184. Zakrycie Aldebarana przez Księżyc. G. Franecki. — Białystok, 1960 Febr. 6.

Urania Kraków **31** 309. Zakrycia Hiad przez Księżyc. L. Wohlfeil. — Gdańsk(Gdingen)-Oliwa, 1960 März 4.

Veröff. Uraniasternw. Wien Nr. 3 S. 47. Sternbedeckungen 1959. W. Sandner.

VdS Nachr. **9** 27. Beobachtung der Bedeckung von α Tauri. J. Herrmann.

YC Nr. 1560. (japan.). Observations of lunar occultations. T. Moriki, K. Fujimori, K. Yamada, N. Itô, Y. Dômoto, M. Yamaguchi, K. Imaizumi, K. Komaki. — 1959 Febr. 24—Dez. 4.

YC Nr. 1564 (japan.). Observations of lunar occultations. N. Kaneko, K. Yamada, N. Takeishi, Y. Dômoto. — 1960 Jan. 8—Febr. 19.

YC Nr. 1569 (japan. und engl.). Observations of lunar occultation. K. Komoda, Y. Dômoto, T. Nomura, T. Fujii, T. Amagasu, S. Sasadaira. — 1960 Jan. 5—März 15.

YC Nr. 1571 (japan. und engl.). Observations of lunar occultations. T. Moriki, T. Nomura, A. Horiuchi, K. Yamada, T. Amagasu, T. Fujii, Y. Dômoto, H. Chiba.

83113. **Bedeckungen von Planeten**

AC Nr. 215 S. 32—33 (russ.). Observations of occultations of Venus by the moon in Dalny. G. W. Kuklin, A. G. Chanshin. — 1948 Mai 12, 1951 Juli 8.
JBAA **70** 106. Occultation of Venus by the Moon 1959 November 27.

Mondformationen

83114. **T. Adamski,** O pewnej możliwości powstania kraterów księżycowych. Urania Kraków **31** 226—230. — Verf. behauptet, daß die Mondkrater durch Gas-, Dampf- oder Flüssigkeitseruptionen, die auch gewisse Mengen fester Substanzen enthalten, entstehen können. E. R.

83115. **D. W. G. Arthur,** Lunar cartography. Sky Tel. **20** 320—324.

83116. **J. Ashbrook,** The lunar straight wall. Publ ASP **72** 55—58 = Harv Repr Nr. 561. — Durch den Vergleich der Schattenlängen mit 3 Kraterdurchmessern wurden (in Übereinstimmung mit J. Schmidt) für 7 Stellen der Langen Wand im Mare Nubium Höhen bis zu 370 m über ihrem Fuß gefunden. Aus der Breitenänderung des Schattens schließt Verf., daß der westliche Böschungswinkel der Wand 41° $\pm$ 3° beträgt. Gü.

83117. **D. Balešić,** Mjesec i njegovi krateri. ZiS **3** 82—84.

83118. **N. P. Barabaschow, W. I. Jeserskij,** Die Reflexionsverteilungsfunktionen einzelner Teile der Mondoberfläche. Mitt. Kommission Phys. Planeten Nr. 2 S. 65—72 (russ.).

83119. **K. Beneš,** Lunar terrae and some of their morphological types. RH **41** 153—156 (tschech.).

83120. **K. Beneš,** The south-western part of the Mare Imbrium region — an attempt of the geological interpretation. RH **41** 213—217 (tschech.).

83121. **E. E. Both,** A simple method of mapping lunar features, with notes on the Guericke - Fra Mauro group of craters. Strolling Astr. **14** 43—49.

83122. **E. E. Both, J. Ashbrook,** The area east of Triesnecker. Strolling Astr. **14** 167.

83123. **B. Brockamp,** Zur hypsographischen Kurve des Mondes. Z. Geophys. **26** 271—272. — Bemerkung zu den Arbeiten von Joksch (vgl. AJB **57** Ref. **7312**) sowie Brockhaus und Joksch (vgl. Ref. **83124**).

83124. **K. Brockhaus, H. C. Joksch,** Bestimmung der hypsometrischen Kurve des Mondes aus Beobachtungen von J. Franz. Z. Geophys. **26** 9—23. — Für 547 Objekte, die Franz auf Mondaufnahmen verschiedener Librationen vermaß, wurden aus den Unterschieden der Koordinaten absolute Höhen berechnet. Fehler des Ausgangsmaterials, das nicht vollständig genug veröffentlicht ist, konnten zwar nicht beseitigt werden; ein Vergleich von 150 unserer Höhen mit von Schrutka-Rechtenstamm einwandfrei bestimmten zeigt aber, daß unsere Ergebnisse trotzdem brauchbar sind. Ein Vergleich von 41 Höhen mit von Weimer ganz unabhängig bestimmten Höhen zeigt freilich gar keinen Zusammenhang. Die erhaltene hypsometrische Kurve des Mondes ist eingipflig und asymmetrisch. Sie hat keine Ähnlichkeit mit der von einem der Verf. in einer früheren Arbeit aus Ritters Höhenkarte bestimmten. Verf.

83125. **W. A. Bronstein, W. F. Tschistjakow,** Über die Entstehung der Strahlenkrater auf dem Mond. Bull. Astr.-Geod. Ges. UdSSR Nr. 26

S. 15—21 (russ.). — Die Strahlenkrater sind durch vulkanische Tätigkeit entstanden. Enge Strahlen wurden durch vulkanische Ausbrüche aus Spalten verursacht. Die aus der Länge der Strahlen bestimmte Geschwindigkeit der Ausbrüche stimmt mit den bei Erdvulkanen beobachteten Geschwindigkeiten überein.
Perek

83126. **S. R. Brzostkiewicz,** Dzieje nomenklatury Księżyca. Urania Kraków **31** 194—199. — Über die Geschichte der Namengebung von Mondformationen. E. R.

* * **K. von Bülow,** Planetarische Fundamentaltektonik dargelegt an Mond, Erde und Mars. Vgl. Ref. **5604.**

83127. **J. van Diggelen, M. de Smit,** Panoramakaart van de maan. 's-Gravenhage, Falk-plan, 1960. Preis f 4.85. — Besprechung in Hemel en Dampkring **59** 105—106 (A. J. M. Wanders).

83128. **J. van Diggelen,** Hoe ziet de onzichtbare kant van de maan er uit? Hemel en Dampkring **58** 108—117.

83129. **G. Fielder,** A theory of the origin of lunar rilles, with particular reference to the Ariadaeus - Hyginus Rille-system. J. International Lunar Soc. **1** 166—175. — Es wird ein grundlegender Zusammenhang zwischen den Richtungen der Rillen, Verwerfungen und Höhenzüge auf dem Monde aufgezeigt. Die Anwendung der Theorie auf die Gegend um Ariadaeus und Hyginus legt den Gedanken nahe, daß die Rillen in tiefen Brüchen ihren Ursprung haben. Ferner wird die Theorie entwickelt, daß die Rillen Oberflächeneffekte von Eruptivgängen sind. Schließlich wird das relative Alter verschiedener Oberflächengebilde erörtert. Verf.

83130. **G. Fielder,** A theory of the origin of lunar rilles. Sky Tel. **19** 334—337.

83131. **F. Fischer,** Pierwsza praca o odwrotnej półkuli księżyca. Urania Kraków **31** 171—176. — Der 1859 in Polen geborene Wiener Kartenzeichner Karl Peucker hat sich eingehend mit dem Abbildungsproblem der Mondoberfläche beschäftigt. Unter anderem hat er die Bearbeitung einer Mondkarte im Maßstab 1 : 1000000 vorgeschlagen und Hypothesen über die Rückseite des Mondes aufgestellt. E. R.

83132. **J. Focas,** Die Natur der Mondoberfläche. Astr. Nachr. Athen **10** 8—11 (griech.). — Die neuesten Beobachtungsergebnisse bezüglich der Natur der Mondoberfläche werden kurz dargestellt. Mav.

83133. **J. J. Gilvarry,** Origin and nature of lunar surface features. Nature **188** 886—891. — Unter plausiblen Annahmen über die Zusammensetzung der Mondmaterie und unter der Voraussetzung einer genügend schnellen Abgabe der flüchtigen Anteile kann der auf kaltem Weg entstandene Mond anfangs mindestens 10^9 Jahre lang eine Atmosphäre und eine Hydrosphäre gehabt haben. Die mittlere Wasserhöhe würde dabei 1 km erreicht haben, so daß die Maria wirklich Meere mit Sedimentation, die übrige Mondoberfläche wirklich Kontinente mit Verwitterung darstellten. Die Existenz lunarer Sedimentgesteine würde den Widerspruch zwischen der Zusammensetzung der Tektite und der Hypothese ihrer lunaren Herkunft beseitigen. Die dunkle Färbung der Maria wird auf den von einer primitiven Flora hinterlassenen Kohlenstoff zurückgeführt. An Hand der Untersuchungen irdischer Meteoritenkrater und Kernexplosionen auf verschiedenen Böden werden Varianten der Baldwinschen Krater-Durchmesser-Tiefe-Relation aufgestellt und in diese die 5 Baldwinschen Mondkraterklassen eingeordnet. Dabei erweist es sich als möglich, die Mondkrater in maritimen und kontinentalen Gebieten auf Meteoritenexplosionen auf verschieden harten Böden mit und ohne Wasserbedeckung zurückzuführen. Gü.

83134. **J. Green,** Some aspects of extra-terrestrial geochemistry. Geochem. News Nr. 21 S. 3—8. — Es werden irdische Calderen mit Mondkratern verglichen, wobei diese auf die Entgasung des Mondmagmas zurückgeführt werden. Ihre besondere Größe rührt von der 6mal größeren Tiefe der Entgasungszone her. Diese führte zu einer stärkeren Abkühlung des Magmas durch die Expansion der darin aufsteigenden Gasblasen und damit zu einer erhöhten Viskosität der Decke, wodurch der explosive Charakter der Kraterbildung verstärkt wurde. Dazu nahmen die Einstürze größere Ausmaße an. Für die die Mondoberfläche bedeckenden lockeren oder schaumigen vulkanischen Gesteine werden irdische Beispiele angegeben. Unter Berücksichtigung der physikalischen Bedingungen der Mondoberfläche kommen als Sublimationsprodukte der Entgasung nur sauerstoffarme Verbindungen der Halogene, von B und S sowie vielleicht von Sb, As, Cd, Pb, Hg in Betracht, wobei auf die zum Teil erheblichen Einfangquerschnitte dieser Elemente für thermische Neutronen hingewiesen wird. Während die hieraus gebildeten Sublimate vorwiegend nur an Stellen ewigen Schattens beständig sein könnten, würde Cotunnit ($PbCl_2$) auch den Tagestemperaturen widerstehen. Gü.

83135. **W. K. Hartmann,** Lunar and planetary observations. Part 1: The making of drawings. Strolling Astr. **14** 2—11.

83136. **W. K. Hartmann,** Lunar and planetary observations. Part 2: Submitting observations to the A. L. P. O. Strolling Astr. **14** 113—121.

83137. **P. Hédervári,** Bemerkungen zur Selenographie. Sterne **36** 169 —170.

* * **C. O. R. Jaschek,** Earth satellites and lunar formations. Vgl. Ref. 8113.

83138. **J. Klepešta, L. Lukeš,** Mondkarten. Vgl. AJB **59** Ref. 8318. — Weitere Besprechung in Hemel en Dampkring **59** 105—106 (A. J. M. Wanders).

83139. **J. Klepešta, L. Lukeš,** Mapa Měsíce. Prag, Verlag ÚSGK, 1960. 2 Mondkarten 58 × 84 cm, 34 S. Preis Kčs. 12.— Besprechung in Vesmír **40** 62.

83140. **J. Klepešta, L. Lukeš,** Mondkarten (erstes und letztes Viertel). Übersetzt von A. Rais. Stuttgart, Franckh'sche Verlagshandlung, 1960. 2 große Mondkarten, 2 Skelettkarten, 31 S. Preis DM 6.80. — Besprechung in Sternenbote **4** 12, VdS Nachr. **9** 134 (J. Herrmann).

83141. **Z. Kopal,** About the origin of lunar craters. RH **41** 225—230 (tschech.).

83142. **Z. Kopal,** Some current problems of lunar topography. Vgl. Ref. **1330** S. 1123—1131 = Astr. Contr. Univ. Manchester (3) Nr. 78.

83143. **S. M. Kosik,** Katalog und schematische Karte ausgewählter Mondobjekte des Vollmondes. Moskau, Verlag Akad. Wiss. UdSSR, 1960. 30 S. Preis 2 R. 10 Kop. (russ.).

83144. **K. I. Koslowa, J. W. Glagolewskij,** Electrophotometric colour excesses and colour indexes of 14 lunar craters near the epoch of full moon. AC Nr. 209 S. 13—14 (russ.). — Bei den effektiven Wellenlängen 4200 und 5350 Å wurden die Böden von 14 Kratern untersucht (Tabelle). Große Unterschiede treten zwischen den einzelnen Objekten nicht auf. Der mittlere Farbenindex beträgt $+0\overset{m}{.}830$; Extremwerte sind $+0\overset{m}{.}717$ und $+0\overset{m}{.}890$. Petri

83145. **T. J. Kreiter,** Dating lunar surface features by using crater frequencies. Publ ASP **72** 393—398. — Die Zahl der kleinen Krater wird im Sinn der meteoritischen Hypothese als Indizium für das Alter der Maria auf dem Mond genommen. Die Zahl der auf die Erde fallenden Meteore, die eine wesentliche Rolle in der Rechnung spielt, wird aus Beobachtungen entnommen. FS

83146. **G. S. Liwschiz,** Die Helligkeit von Objekten im Schatten von Monderhöhungen. Abh. Staatl. Pädagog. Inst. Alma-Ata **12** Nr. 2 S. 194—196, 1959 (russ.). — Ref. in RJ UdSSR 1961 5A452.

83147. **K. A. Ljubarskij,** Versuch zur Bestimmung des absoluten Alters von Mondformationen aus der Stärke der Meteoreinwirkung. Publ. Inst. Phys. Geophys. Akad. Wiss. Turkmen. SSR **6** 96—102, 1959 (russ.).

83148. **G. J. F. MacDonald,** Stress history of the moon. Planet. Space Sci. **2** 249—255.

83149. **S. Miyamoto, M. Matsui,** Photographic Atlas of the Moon. Contr. Inst. Astrophys. Kwasan Obs. Univ. Kyoto Nr. 95, 3 S. und 85 Tafeln.

83150. **S. Miyamoto,** A geological interpretation of the lunar surface. Planet. Space Sci. **2** 256—260.

83151. **S. Miyamoto,** A geological interpretation of the lunar surface. Strolling Astr. **14** 88—93 = Contr. Inst. Astrophys. Kwasan Obs. Univ. Kyoto Nr. 90. — Den Betrachtungen Spurrs folgend erklärt Verf. die Bildung der Mondformationen als Folge der Schweredifferentiation einer helleren, leichteren, granitischen und einer dunkleren, schwereren, basaltischen Magmakomponente. Besondere Behandlung erfahren die «versunkenen» Krater (ghost craters), der Palus Epidemiarum und die polygonalen «Grabenkrater», welche als Calderaerscheinungen aufgefaßt werden. Typische Unterschiede zwischen hellen, kontinentalen und dunklen, maritimen Explosionskratern wie dem umstrahlten Copernicus und dem von Ejektionsmassen umgebenen Aristillus werden auf den verschiedenen Gasgehalt und die verschiedene Viskosität granitischer und basaltischer Magmen zurückgeführt. Gü.

83152. **H. Oberndorfer,** Die Mondrandgebiete und ihre Beobachtung. Mitt. Planetenbeobachter **13** 9—12.

83153. **E. J. Öpik,** The lunar surface as an impact counter. MN **120** 404—411 = Contr. Armagh Obs. Nr. 29. — Nach Finsternis-Temperaturbeobachtungen von Pettit und Nicholson sind auch die Hänge der Mondformationen mit Staub bedeckt. Nur durch Meteoriteneinfall kann dieser gelöst und tieferen Lagen zugeführt werden, wodurch die Korrosion in den höheren Kontinentalgebieten fortschreiten kann. Das Meteoritenmaterial wird auch bei Verdampfung vom Mond festgehalten. In den Maria bleibt der Korrosionsstaub gemischt mit dunklem Meteoritenmaterial liegen, wodurch die beobachtete dunklere Färbung erklärt werden kann. Diese maritime Staubbedeckung hat 40 g/cm² erreicht. Sie schützt die Maria vor Korrosion, verändert aber die Kraterbildung durch größere Meteoriteneinschläge nicht merklich. Unter Benutzung früherer Berechnungen des Verf. wird bei einer Einfallsgeschwindigkeit von 20 km/sec ein Kraterdurchmesser vom 20fachen Betrag des Durchmessers des Einschlagkörpers gefunden. Damit folgt aus der Durchmesserverteilung von 812 Kratern auf 465000 km² im westlichen Mare Imbrium eine Größenverteilung der Einschlagkörper, welche der der kleinsten Planetoiden entspricht. Man erhält nahezu die beobachteten Kraterzahlen, wenn man diese als Ergebnis von 4.5×10^9 Jahre andauernden Einschlägen interplanetarer Körper mit denselben Häufigkeiten betrachtet, die vom Verf. auf empirischer Basis für die jetzige Erdumgebung ermittelt wurde. Daraus wird auf die Existenz einer Quelle für die beständige Nachlieferung dieser Körper geschlossen, wofür vielleicht die Planetoidenregion oder die Oortsche Kometenwolke in Betracht kommen. Gü.

83154. **T. A. Poloshenzewa,** Relative spectrophotometry of lunar features. Mitt. Astr. Hauptobs. Pulkowo **21** Nr. 4 (163) S. 180—184 (russ. mit engl. Ref.). — Bei 8.5 m Äquivalentbrennweite und 215 Å/mm (4861 Å) wurden auf Ilford HP3-Platten mit einer Spiegellinsenkamera Spektren der Mondoberfläche im Bereich 4000—6300 Å aufgenommen. Als Bezug dienten M. Crisium und S. Iridum. Die Auswertung bestätigte die Existenz von Farbkontrasten im Betrage von 10—15%. «Kontinente» sind röter als «Maria». Der Phasenwinkel hat auf die Farbe keinen Einfluß. Petri

83155. **P. Příhoda,** Domes shaped on the moon. RH **41** 68—71 (tschech.).

83156. **L. N. Radlowa,** On the color of light rays on the lunar surface. AJ UdSSR **37** 1053—1055 (russ. mit engl. Ref.). — Die Farbunterschiede der hellen Strahlen liegen innerhalb der Grenzen der Beobachtungsgenauigkeit. Im Durchschnitt weisen helle Strahlen dieselbe Farbe auf wie der Hintergrund. Perek

83157. **N. N. Sytinskaja,** Photometrischer und kolorimetrischer Vergleich einiger poröser und dichter Felsengesteine vulkanischer Herkunft mit der Mondoberfläche. Mitt. Kommission Phys. Planeten Nr. 2 S. 59—64 (russ.).

83158. **W. G. Teifel,** The colour-brightness dependence for 62 lunar regions near the epoch of full moon. AC Nr. 209 S. 10—12 (russ.). — Die 1959 Sept. 16/17 gewonnenen Farbhelligkeitsgradienten (Tabelle) variieren zwischen 0.46 und 3.00 um den Mittelwert 1.17. Ihr Häufigkeitsmaximum liegt bei 0.6—0.8. Eine Korrelation zu den Farbenindizes ist kaum zu erkennen. Petri

83159. **W. G. Teifel,** Spectropolarimetry of some regions of the lunar surface. AJ UdSSR **37** 703—708 (russ. mit engl. Ref.). — Nach spektralpolarimetrischen Beobachtungen von 12 kontinentalen und maritimen Stellen der Mondoberfläche in der Nähe der beiden Quadraturen zeigt der Polarisationsgrad ihres Lichtes im Spektralbereich von 400 bis 600 mμ im Mittel einen Anstieg um etwa 0.04 bis 0.06 mit der Wellenlänge. Dieses Verhalten läßt sich hauptsächlich auf einen auch im integralen Licht beobachteten Zusammenhang zwischen Polarisation und Albedo der Mondformationen zurückführen. Der Einfluß einer möglichen Lumineszenz des Mondbodens wird diskutiert. Gü.

83160. **G. Turner,** Studies in lunar topography, VIII. A catalogue of measured heights in the Regiomontanus and Hell Plain regions of the Moon. Astr. Contr. Univ. Manchester (3) Nr. 79, 34 S.

83161. **H. C. Urey,** The duration of intense bombardment processes on the moon. ApJ **132** 502—503. — Es werden die Gründe wiederholt, aus denen auf eine rasche Folge der die Mondkrater und -maria erzeugenden Masseneinstürze geschlossen wurde. Zur Erklärung dieser kurzen Zeit wird angenommen, daß der Mond von der ebenfalls durch Konglomeration entstandenen Erde infolge Energiedissipation durch Kollisionen mit den diese noch umkreisenden Restmassen oder durch Gezeitenreibung eingefangen wurde. Die Formierung der Mondoberfläche wird auf das Bombardement dieser Restmassen zurückgeführt, die anschließend durch die Mondstörung ihrer Bahnen schnell aus dem System verschwanden. Gü.

83162. **H. C. Urey,** Criticism of the melted moon theory. J. Geophys. Res. **65** 358—359. — Kuiper hatte 1954 eine Theorie veröffentlicht, in der die Entstehung von zwei Arten von Mondkratern diskutiert wurde. Der Mond sollte sich danach ursprünglich aus kühler Materie geformt haben, die sich unter der Einwirkung radioaktiver Erwärmung vom Inneren her verflüssigte, bis nur noch eine dünne Kruste fester Materie vorhanden war. Zusammenstöße mit massiven Objekten führten dann zu lokalen Durchbrüchen in der Kruste, während in späterer Zeit, als die Mondmaterie bereits wieder erstarrt war, die Objekte nicht mehr bis zur Lavaschicht durchkamen. Verf. wendet gegen die Hypothese zunächst ein, daß in der Zeit maximaler Verflüssigung die feste Kruste instabil gewesen sein muß in dem Sinne, daß eine vorhandene Kruste hätte aufbrechen und in die darunter liegende Lavaschicht absinken sollen. Berechnungen der thermischen Energie radioaktiver Prozesse führen zudem auf ein zu hohes Alter für den Mond. Schließlich lassen sich auf diese Weise auch nicht die beobachteten Höhendifferenzen der Mondgebirge verstehen. Oster

83163. **B. Warner,** Rilles near the lunar crater Plato. JBAA **70** 299—300.

83164. **C. B. Watts,** Lunar mapping problems. Vgl. Ref. **1339** S. 25—27.

83165. **G. Wegner,** Colorimetric measurements of lunar features. Publ ASP **72** 364—365. — Ref. ASP.

83166. **H. P. Wilkins,** Moon Maps. Vgl. AJB **59** Ref. **8340**. — Weitere Besprechung in Sky Tel. **20** 227.

83167. **H. P. Wilkins,** Moon Maps, with a Chart showing the Other Side of the Moon based upon Soviet Photographs. London, Faber and Faber, Ltd.; New York, MacMillan Co., 1960. 36 S. + 27 Karten. Preis 30 s. bzw. $ 6.00. — Besprechung in Heavens **41** 241 (japan.), La Nature **88** 540, Nature **188** 88 (S. D. Gossner), Strolling Astr. **14** 155—156 (A. K. Herring), Urania København **17** 48, Weltraumfahrt **11** 63.

83168. **A. Wróblewski,** Przewodnik po Księżycu. Urania Kraków **31** 18—19, 51—52, 119, 150—151, 184—185, 217, 242—244, 277, 311. — Populäre Beschreibung folgender Mondformationen: Mare Serenitatis, Mare Vaporum, Hyginus, Triesnecker, Linné, Ptolemäus, Alphonsus, Alpetragius, Arzachel und «Steile Wand». E. R.

83169. Orthographic Atlas of the Moon. Edition «A». Zusammengestellt von D. W. G. Arthur, E. A. Whitaker. Herausgegeben von G. P. Kuiper. Tucson, University of Arizona Press, 1960. 3 S. + 31 Karten. Preis $ 9.00 — Besprechung in Nature **191** 424—425 (D. H. P. Jones), Sky Tel. **21** 227—228.

83170. Photographic Lunar Atlas based on photographs taken at the Mount Wilson, Lick, Pic du Midi, McDonald and Yerkes Observatories. Herausgegeben von G. P. Kuiper, D. W. G. Arthur, E. Moore, J. W. Tapscott, E. A. Whitaker. Chicago, University of Chicago Press, 1960. 23 S. und 230 Karten. Preis $ 30.00. — Besprechung in Ciel et Terre **77** 350 (J. Brouet), Mitt. Planetenbeobachter **14** 30 (G. D. Roth), Obs **80** 243—245 (G. Fielder), Science **132** 290—291 (F. K. Edmondson), Sky Tel. **19** 415, **20** 39—42, Southern Stars **19** 31—34 (W. M. Swinburn), ZfA **51** 298—299 (A. Unsöld).

83171. Falk's bildkarta över månen. Importbokhandeln, 1960. 11 S. Preis Kr. 8:50.

83172. List of the lunar domes. Heavens **41** 95—97 (japan.).

83173. Photographic lunar atlas. Heavens **41** 157 (japan.). — Nach AJ **64** 474.

83174. Some lunar sketches made by D. W. G. Arthur at the Yerkes Observatory. JBAA **70** 301—304.

83175. Lunar ray formation. Sky Tel. **19** 146.

83176. In focus. Sky Tel. **19** 151. — Bemerkung zu Ritcheys Mondaufnahmen mit dem großen Yerkes-Refraktor.

83177. Diameters of lunar craters. Sky Tel. **19** 285—286. — Ref. AAS.

Rückseite des Mondes

83178. **G. B. Bogatow,** Wie das Bild von der Rückseite des Mondes erhalten wurde. Moskau—Leningrad, Energie-Staatsverlag, 1960. 64 S. Preis 1 R. 40 Kop. (russ.).

83179. **K. von Bülow,** Gesichtspunkte zur Beurteilung der ersten Photos von der Rückseite des Mondes. Gerlands Beiträge Geophys. **69** 129—139. — Obwohl die ersten Photos von der Rückseite des Mondes infolge von Unschärfe, vertikaler Beleuchtung und relativ kleinem Maßstab mehrdeutig sind, lassen sich dennoch gewisse Aussagen vertreten: Unbekannte Elemente fehlen, echte Maria sind sicher, Epikontinentalmaria wahrscheinlich vorhanden; «Krater» sind anscheinend sehr zahlreich, Anzeichen für Meridionaltektonik erkennbar. Der Maregürtel der Vorderseite scheint sich im photographisch erfaßten Teil der Rückseite fortzusetzen. Die Unterschiede zwischen der Vorder- und der Rückseite sind gradueller, nicht prinzipieller Natur. Verf.

83180. **M. Butorac,** Nevidljiva strana Mjeseca. ZiS **3** 40—42.

83181. **A. Fresa,** Dai primi selenografi campani alla carta della faccia opposta della Luna. Atti Accad. Pontaniana (NS) **9**, 11 S. = Oss. Astr. Capodimonte-Napoli Contr. Sci. (NS) Nr. 16.

83182. **C. Hoffmeister,** Bilder von der unsichtbaren Seite des Mondes. Sterne **36** 49—52.

83183. **J. N. Lipskij,** A method for studying the reverse side of the moon and obtained results. AJ UdSSR **37** 1043—1052 (russ. mit engl. Ref.). — Die Rückseite des Mondes wurde mittels zwei Objektiven von 20 und 50 cm Brennweite während 40 Minuten aus einer Entfernung zwischen 65200 und 68400 km vom Mondmittelpunkt photographiert. Der Film wurde automatisch entwickelt und die Aufnahmen wurden während der Annäherung von Lunik III zur Erde gesendet. Die empfangenen Aufnahmen wurden unabhängig an mehreren Instituten bearbeitet. Zur Identifizierung der Details wurden verschiedene Methoden angewandt: Die Methode der gleichzeitigen Überlagerung der Negative, die Methode der photographischen Maskierung (das Kopieren des Negativs durch ein unscharfes durchsichtiges Positiv) und die Methode der photometrischen Querschnitte. Bei der letztgenannten Methode wird der Kontrast in einem Teil des Negativs durch radiotechnische Mittel erhöht. Im ganzen wurden 488 Objekte erkannt, von denen die auffälligsten beschrieben werden. Die Struktur der Objekte ist nicht von der der Vorderseite verschieden. Im allgemeinen fehlen auf der Rückseite die weiten Mare; sie ist überwiegend von Kraterfeldern bedeckt. Perek

83184. **A. A. Michajlow,** Die Rückseite des Mondes. Weltraumfahrt **11** 107—109. — Die durch Lunik III gewonnenen Aufnahmen der Mondrückseite werden nach drei Zuverlässigkeitsgruppen ausgewertet. Das fast völlige Fehlen ausgedehnter Mareflächen auf der uns abgewandten Seite des Mondes hat bisher keine befriedigende Erklärung gefunden. Verf.

83185. **P. Moore,** The other side of the moon. JBAA **70** 60—62.

83186. **G. Ozoliņš,** Padomju automātiskā starpplanētu stacija fotografē Mēnesi. Zvaigžņotā Debess 1960. gada pavasaris S. 2—10.

83187. **T. S. Ringnes,** Månens bakside. Naturen 1960 S. 283—305 = Inst. Teoret. Astrofys. Blindern-Oslo Småtrykk Nr. 35.

83188. **G. Ruggieri,** L'emisfero invisibile della Luna. Coelum **28** 1—6, 33—40, 70—73.

83189. **J. Sadil,** Some notes to the photographs of the invisible lunar hemisphere. RH **41** 3—6 (tschech.).

83190. **H. Scheffler,** La cara oculta de la Luna. El Universo **14** 7—10.

* * **L. I. Sedow,** The orbits of cosmic rockets towards the moon. Vgl. Ref. 18171.

83191. **U. Sinnerstad,** Lunik III och de första bilderna av månens baksida. PAT **41** 24—31.

* * **H. C. Urey,** Ursprung und Aufbau des Mondes. Vgl. Ref. **5618.**

83192. **A. Witt,** Die Rückseite des Mondes und die Ursachen der lunaren Oberflächenentwicklung. VdS Nachr. **9** 61—62.

83193. **A. Wróblewski,** Nowe nazwy na odwrotnej stronie Księżyca. Urania Kraków **31** 142—143. — Es werden 15 Namen von Mondformationen mitgeteilt, die sich auf den von Lunik 3 gemachten Aufnahmen der Rückseite des Mondes abheben. Die Namensgebung erfolgte durch eine Kommission Akad. Wiss. UdSSR. E. R.

83194. Die ersten Fotos der Mondrückseite. Aus dem Russischen von H. Schnittke. Moskau, Verlag für fremdsprachliche Literatur, 1960. 37 S. Preis DM 1.80. — Besprechung in VdS Nachr. **10** 49 (U. Langenbeck).

83195. The Other Side of the Moon. Übersetzung aus dem Russischen von J. B. Sykes. London, Pergamon Press, 1960. 36 S. Preis $ 2.50 — Besprechung in Ciel et Terre **76** 208, Mem SA It (NS) **31** 525 (E. Proverbio), Phys. Abstr. (A) **63** 644, Proc IRE **48** 1508 (C. H. Hoeppner), Publ ASP **72** 326 (K. O. Wright), Sky Tel. **20** 43, Weltraumfahrt **11** 63.

83196. Emisfero pòstico della Luna delineato dal Prof. Fresa. Coelum **28** 21.

83197. Was sieht man auf der Rückseite des Mondes? Mitt. Planetenbeobachter **13** 44.

83198. Die Rückseite des Mondes. Phys. Blätter **16** 324.

83199. Neue Namen von Mondformationen. Priroda **49** Nr. 5 S. 62b (russ.).

83200. Around the moon. Southern Stars **18** 126—128.

83201. The other side of the moon. Spaceflight **2** 130—137.

83202. Weitere Namen für Gebiete der Rückseite des Mondes. Weltraumfahrt **11** 61.

83203. Mitteilungen über einzelne Mondformationen

AC Nr. 215 S. 9—11 (russ.). Spectrocolorimetric peculiarities of the lunar crater Aristarchus. W. G. Teifel.

AJ **65** 55. The frequency of crater diameters in Mare Imbrium. E. J. Öpik. — Ref. AAS.

Heavens **41** 85 (japan.). Lunar Section.

JBAA **70** 190—194. Ptolemaeus A, and the floor of Ptolemaeus. G. Fielder.

Lowell Obs. Bull. **5** 25—26. Eclipse temperatures of the lunar crater Tycho. W. M. Sinton.

Strolling Astr. **14** 60—64. Observations and comments.

Strolling Astr. **14** 95—96. Rümker.

Strolling Astr. **14** 191, 192. Walter.

Strolling Astr. **14** 191, 192. Wallace.

Strolling Astr. **14** 194. Janssen and Fabricius.

Strolling Astr. **14** 195. Scheiner, Aristarchus, Herodotus, and Schroeter's valley.

Strolling Astr. **14** 195. Suspected lunar dome in Mare Serenitatis.

Urania Kraków **31** 116—117. Obserwacje wschodu Słońca w Platonie w dniu 5. II. 1960 r. J. Erdman. — Verf. berichtet über seine Beobachtungen von Lichterscheinungen während des Sonnenaufgangs im Mondkrater Plato am 5. 2. 1960 mit einem 25 cm-Spiegelteleskop. E. R.

Urania Kraków **31** 145—146. Jeszcze o wybuchu w kraterze Alfons. — Ref. der in AJB **59** Ref. 83116 zitierten Mitteilungen von H. F. Poppendiek, W. H. Bond und W. H. Haas. E. R.

Urania Kraków **31** 148—149. Obserwacje kraterów księżycowych: Eratostenes, Posidonius i Eudoxus. S. R. Brzostkiewicz. — Von den Mondkratern Eratosthenes, Poseidonius und Eudoxus hat Verf. Zeichnungen unter Benutzung eines 6 cm-Refraktors entworfen. E. R.

Urania Kraków **31** 374—375. Obserwacje kraterów Kopernik i Cleomedes. S. R. Brzostkiewicz.

§ 84

Mars

8401. **N. P. Barabaschow, I. K. Kowal,** Photographische Photometrie des Planeten Mars mit Farbfiltern während der Opposition 1956. Charkow, Verlag Univ. Charkow, 1959. 530 S. (russ.). — Besprechung in RJ UdSSR 1961 Nr. 3 S. 62 (W. Scharonow).

8402. **N. P. Barabaschow, I. K. Kowal,** Some results of studies of contrasts on Mars. AJ UdSSR **37** 301—305 (russ. mit engl. Ref.). — Durch photometrische Auswertung von Marsaufnahmen mit Rot-, Grün- und Blaufilter (1956 Juni 16 bis Okt. 3) wurden Kontraste «Kontinent — Meer» in der Nähe der Scheibenmitte gemessen. In der Diskussion wird gezeigt, daß die Kontraständerungen in den 3 Farben nicht durch Änderungen der atmosphärischen Transparenz erklärt werden können. Offenbar zeigt das Reflexionsvermögen einzelner Teile der Marsoberfläche merklich verschiedene Wellenlängenabhängigkeit. O. G.

8403. **N. P. Barabaschow, W. I. Garasha,** Some considerations about the dust and fog formations on Mars. AJ UdSSR **37** 501—507 (russ. mit engl. Ref.). — Die aus Beobachtungen während der Opposition 1956 abgeleiteten Helligkeitsverteilungen und die Streufunktion werden zu Aussagen über die Struktur der festen Oberfläche des Mars sowie über die Eigenschaften der gelben Nebel und Dünste, die oft in der Marsatmosphäre erscheinen, herangezogen. Verf. (ü.)

8404. **N. P. Barabaschow,** Über die Atmosphäre und Oberfläche des Mars. Mitt. Kommission Phys. Planeten Nr. 2 S. 3—23 (russ.). — Verf. führt eine Analyse der Unterlagen der photographischen Photometrie der Marsscheibe nach Beobachtungen in den Jahren 1939, 1954 und 1956 durch. Es werden die Werte der optischen Parameter der Marsatmosphäre abgeleitet, die Zeugnis davon ablegen, daß sie im sichtbaren Teil des Spektrums hauptsächlich streuende Eigenschaften besitzt und eine kleine optische Dicke hat. Verf. (ü.)

8405. **N. P. Barabaschow, I. K. Kowal, A. T. Tschekirda,** Einige Ergebnisse der Photometrie von Wolkengebilden auf dem Mars. Mitt. Kommission Phys. Planeten Nr. 2 S. 36—40 (russ.).

* * **N. P. Barabaschow, W. I. Garasha,** Über den Aufbau der Oberflächenschichten des Mondes und des Mars. Vgl. Ref. **8305**.

8406. **E. E. Both,** The A. L. P. O. Mars program for 1960—1961. Strolling Astr. **14** 99—102.

8407. **M. H. Briggs, J. P. Revill,** The chemistry of Mars. I. The atmosphere. J. British Interplanetary Soc. **17** 391—393.

8408. **M. H. Briggs, J. P. Revill,** The chemistry of Mars. II. The surface. J. British Interplanetary Soc. **17** 459—461.

8409. **M. H. Briggs,** New evidence of Martian life. Spaceflight **2** 237—238, 259.

* * **K. von Bülow,** Planetarische Fundamentaltektonik dargelegt an Mond, Erde und Mars. Vgl. Ref. **5604**.

8410. **E. H. Collinson,** The apparition of Mars, 1958—1959. JBAA **70** 252—255. — Ref. in Orion Schaffhausen **5** 995—996.

8411. **A. Corti,** Licheni astrali? Coelum **28** 84—85.

8412. **W. D. Dawydow,** Gibt es Wasser auf dem Mars? Priroda **49** Nr. 9 S. 73—77 (russ.).

8413. **O. B. Dlushnewskaja,** Die Kontraste «Meer — Land» und «Saum — Kappe» auf dem Mars 1956 und 1958. Bull. Astr.-Geod. Ges. UdSSR Nr. 27 S. 10—14 (russ.).

8414. **A. Dollfus,** A propos de la vie sur Mars. BSAF **74** 21.

8415. **A. Dollfus,** La vie sur la planète Mars. CR **250** 463—465. — Die in den vergangenen Jahren vom Verf. und von J. Focas regelmäßig durchgeführten Polarisationsmessungen an den dunklen und hellen Flächenteilen erstrecken sich über alle Jahreszeiten des Planeten. Der differentielle Polarisationsgrad «helles Gebiet — dunkles Gebiet» nimmt auf beiden Hemisphären bei Winterende ab, erreicht im Frühling ein Minimum und steigt im Sommer wieder zum Herbst-Winter-Wert an. Diese Veränderung wird allein durch die dunklen Gebiete bewirkt und geht anderen Veränderungen parallel. Sie deutet auf das Vorkommen körniger und gefärbter Substanzen auf dem Boden hin. Da sie mineralogisch kaum erklärt werden kann, nimmt Verf. an, daß in den dunklen Gebieten kleine belebte Organismen existieren, die sich mit dem Herannahen des Wasserdampfes von den Polkappen entfalten bzw. aufgehen. Loh.

8416. **A. Dollfus,** Mars i život na njemu. ZiS **1** 87—90, 1958.

8417. **R. L. Duncombe, G. M. Clemence,** Provisional ephemeris of Mars 1950—2000. US Naval Obs. Circ. Nr. 90, 48 S.

8418. **S. Ebisawa,** Planisphere of Mars with the list of the names of its surface markings. Contr. Inst. Astrophys. Kwasan Obs. Univ. Kyoto Nr. 89, 14 S. — Ref. in Strolling Astr. **14** 132—136. — 560 in der Literatur gebrauchte Namen von Oberflächendetails werden in einer Karte und Liste (ohne Beschreibung und Koordinaten) zusammengestellt. hz

8419. **D. Eksinger,** Fobos i Deimos. U režiji ruskog astronoma šklovskog. ZiS **3** 36—38.

8420. **H.-J. Felber, H. Oleak,** Phobos und Deimos. Sterne **36** 188—194 = Mitt. Sternw. Babelsberg Nr. 13.

8421. **H. French,** Some notes on the origin of the colour of the Martian deserts. JBAA **70** 136—138. — Mischungen von Fe_2O_3 und seinem Hydroxyd (Limonit) als Verwitterungsprodukt können diverse orange Farbtöne auf Mars erzeugen; auch die Farbe der gelben Staubstürme entspricht dem Limonit. Das Fehlen dunklen Gesteins (niederer Oxydation) deutet auf fehlende Gebirgsbildungstätigkeit. hz

8422. **A. W. Heath, J. H. Robinson, V. A. Firsoff,** Mars through colour filters, 1958. JBAA **70** 270—272.

8423. **A. G. Jansen,** De poolkappen van Mars: Sneeuw of rijp? Hemel en Dampkring **58** 29—34.

8424. **C. C. Kiess, S. Karrer, H. K. Kiess,** A new explanation of Martian phenomena. AJ **65** 348. — Ref. AAS.

8425. **C. C. Kiess, S. Karrer, H. K. Kiess,** A new interpretation of Martian phenomena. Publ ASP **72** 256—267 = Georgetown Obs. Repr. Nr. 26. — Die chemischen Eigenschaften der Stickoxyde — insbesondere des NO_2—N_2O_4-Gleichgewichts in verschiedenen Zuständen und eventuell mit Bildung anderer Stickoxydbeimischungen — passen recht gut zu den auf Mars beobachteten Erscheinungen. Deshalb werden hier N_2O bzw. N_2O_4 aus Photosynthese als ein Hauptbestandteil der Atmosphäre vermutet. Voraussetzung ist, daß H_2O fehlt und der Atmosphärendruck mindestens doppelt so hoch ist als bisher berechnet. Farbänderungen werden erklärt; die Polkappen können feste Tetroxydablagerung, die gelben Wolken stärkere Bildung von NO_2-Gas sein, und die Violettschicht mit ihrer Randaufhellung kann auf N_2O_4-Mikrokristallen beruhen. hz

* * **Z. Kopal,** Aerodynamic effects in planetary atmospheres. Vgl. Ref. 8223.

8426. **M. P. Kossatschewskij,** Bestimmung der intermediären Bahnen der Marssatelliten. Publ. Staatl. Astr. Sternberg-Inst. Moskau **28** 277—291 (russ.).

8427. **M. P. Kossatschewskij,** Die störende Wirkung der Sonne auf die Bewegung der Marssatelliten. Publ. Staatl. Astr. Sternberg-Inst. Moskau **28** 293—304 (russ.).

8428. **E. B. Kostjakowa, D. K. Karimowa,** Spectrophotometry of Mars during the 1958 opposition. AC Nr. 209 S. 8—10 (russ.). — Aus Aufnahmen von 1958 Nov. 19/20 wurde durch Anschluß an α Aur mit einer ausführlich beschriebenen Methodik der mittlere absolute spektralphotometrische Gradient des Mars zu 3.77 und sein Farbenindex zu $+1\overset{m}{.}44$ bestimmt. Petri

8429. **A. W. Kurtschakow,** On the optical properties of the atmosphere and the surface of Mars. Bote Univ. Leningrad Ser. Math. Mech. Astr. **15** Nr. 7 S. 154—163 (russ. mit engl. Ref.). — Ref. in RJ UdSSR 1961 5A443, ZfMG **89** 240.

8430. **I. I. Lebedewa,** Messung des Durchmessers und der Abplattung des Mars aus 1956 erhaltenen Aufnahmen. Mitt. Kommission Phys. Planeten Nr. 2 S. 41—45 (russ.).

8431. **M. Ljubić,** Planet Mars. ZiS **1** 73—87, 1958.

8432. **M. Ljubić,** Na Marsu ima života. ZiS **2** 84—87, 1959.

8433. **M. Ljubić,** Fobos i Deimos. Prirodni ili umjetni sateliti Marsa. ZiS **3** 33—36.

8434. **J. Meeus,** Oppositions of Mars, 1960 to 1980. JBAA **70** 144—145.

8435. **S. Miyamoto, M. Matsui,** Report of Mars observations during the 1958 opposition. Contr. Inst. Astrophys. Kwasan Obs. Univ. Kyoto Nr. 87, 17 S. — Beobachtungen der Oberfläche und der Wolken werden dargestellt; hieraus ergibt sich eine Karte der mutmaßlichen Luftdruckverteilung dieser Jahreszeit (Süd-Herbst auf Mars), die sich vom Ergebnis der Opposition 1956 (Süd-Sommer) unterscheidet und dem irdischen Bild besser entspricht. 120 Zeichnungen aus einem Zeitraum von $7^1/_2$ Monaten sind abgedruckt. hz

8436. **S. Miyamoto,** On the general circulation of the Martian atmosphere. Contr. Inst. Astrophys. Kwasan Obs. Univ. Kyoto Nr. 88, 7 S. — Aus der Einstrahlung wird auf den Wärmeaustausch zwischen den Breitenzonen des Mars geschlossen. Im Herbst und Frühjahr entspricht er der hemisphärischen Zirkulation auf der Erde; zur Zeit der Solstitien ist, entsprechend der mutmaßlichen Feuchtewanderung von Pol zu Pol, globale Zirkulation zu erwarten und ein Passatgürtel (McLaughlin) unwahrscheinlich. hz

8437. **R. R. de Freitas Mourão,** Visual observations of Mars in 1958. Mitt. Planetenbeobachter **13** 8—9.

8438. **R. R. de Freitas Mourão, J. Barroso jr.,** Observações de Marte em sua oposição de 1958. Obs. Nacional Rio de Janeiro Publ. Serviço Astr. Nr. 9, 13 S.

8439. **J. Neumann,** On the meteorology of the planet Mars. Bull. Res. Council Israel (C) 8 56. — Ref. in Phys. Ber. **40** 208.

8440. **E. J. Öpik,** The atmosphere and haze of Mars. Vgl. Ref. **1334** S. 3057—3063.

8441. **N. S. Orlowa,** On the influence of atmospheric dust on the distribution of brightness over the Martian disk in various parts of the spectrum. AC Nr. 209 S. 6—8 (russ.). — Die 1956 Sept. 15/16, zur Zeit größter Entwicklung des gelben Schleiers, in 5 Spektralbereichen photographisch bestimmte Helligkeitsverteilung auf dem Mars in Abhängigkeit vom Abstand von der Scheibenmitte wird tabellarisch mitgeteilt und mit Beobachtungen von N. U. Sytinskaja aus dem Jahr 1939 verglichen. Demnach war die Randverdunklung im Gelben am kleinsten, im Roten am stärksten, im Ultraroten etwas geringer und im Grünen beträchtlich schwächer. Allgemein war die Randverdunklung bei Vorhandensein des Schleiers erheblich stärker als bei normalem Zustand der Mars-Atmosphäre. Diese Ergebnisse stimmen mit den visuellen Beobachtungen überein. Petri

8442. **A. Riehs,** Wiener Marsbeobachtungen 1956. Sternenbote **3** 32—33.

8443. **G. Ruggieri,** Considerazioni sui cambiamenti stagionali di colori delle macchie di Marte. Vgl. Ref. **1324** S. 73—79.

8444. **J. Sadil,** Results of Mars observation in Czechoslovakia during the opposition 1958—59. RH **41** 86—91 (tschech. mit französ. Ref.).

8445. **J. Sadil,** Observations of the planet Mars during the opposition 1958—59. RH **41** 112—114 (tschech.).

8446. **T. Saheki,** The names of the Martian markings and their origin. Heavens **41** 24—27, 50—56, 79—83, 134—137, 164—167, 221—225, 304—307 (japan.).

8447. **T. Saheki,** The Mars in 1960 and the observing project. Heavens **41** 235—237 (japan.).

8448. **T. Saheki,** On the origin of the colour of the Martian deserts. Heavens **41** 242—244 (japan.).

8449. **W. Sandner,** Der jahreszeitliche Rückgang der Polkappen auf Mars. Orion Schaffhausen **5** 966—970. — Referat im Planeten-Colloquium in Nürnberg am 12. Juni 1960.

8450. **A. A. Sasanow,** Mars 1958—1959. Bull. Astr.-Geod. Ges. UdSSR Nr. 28 S. 32—36 (russ.).

8451. **A. Satō,** A way of computing the period of Mars' approach. Heavens **41** 20—23 (japan.).

8452. **W. W. Scharonow,** On the existence of colour-phase relation for Mars. AC Nr. 208 S. 11 (russ.). — Zwischen dem 18. Oktober 1958 und dem 16. April 1959 traten in Abhängigkeit vom Phasenwinkel nur geringfügige Farbänderungen auf. Eine klare Phasenbeziehung besteht nicht. Loh.

8453. **W. W. Scharonow,** Einige Ergebnisse der Marsbeobachtungen während der Opposition des Jahres 1958. Mitt. Kommission Phys. Planeten Nr. 2 S. 24—29 (russ.). — Es werden kurz die verschiedenen Varianten in der Bestimmung der optischen Merkmale der Atmosphäre und der Oberfläche des Mars betrachtet. Es wird bemerkt, daß es bei der Deutung von Daten, die auf spektrophotometrischem Weg vom Mars erhalten wurden, nicht notwendig ist, die Hypothese einer großen optischen Dicke der Planetenatmosphäre heranzuziehen, wenigstens nicht im visuellen Teil des Spektrums. Verf. (ü.)

8454. **W. W. Scharonow,** Photometrische und kolorimetrische Vergleiche der Marsoberfläche mit Limonit- und Felsengesteinsproben rötlicher Massen. Mitt. Kommission Phys. Planeten Nr. 2 S. 30—35 (russ.). — Mit Hilfe eines mit Blaukeil ausgestatteten visuellen Rosenberg-Photometers wurden Helligkeit und Gelbfaktor von 300 Proben bestimmt, um die Gesteine herauszufinden, die nach diesen Merkmalen auf der Oberfläche des Mars vorhanden sein können. Es stellte sich eine sehr enge Übereinstimmung zwischen den Marsländern und ockerfarbigen Formen des Limonits heraus, auf Grund deren die Hypothese aufgestellt wird, daß die Oberfläche der Länder überall mit einer homogenen Schicht ockerfarbenen Flugsandes bedeckt ist. Verf. (ü.)

8455. **I. Schmidt,** Sind die «grünen» Gebiete auf dem Mars wirklich grün? Weltraumfahrt **11** 9—11.

* * **P. J. Shlichta,** Geological aspects of lunar exploration. Vgl. Ref. 8379.

8456. **W. M. Sinton, J. Strong,** Radiometric observations of Mars. ApJ **131** 459—469. — Ref. in JBAA **70** 273—274. — Radiometrische Beobachtungen bei 7—13 μ am großen Palomar-Spiegel im Juli 1954 mit verbesserter

Apparatur, in Spektren und in Streifen über die Marsscheibe, ergeben die Temperatur der Scheibenmitte zu ca. +15° C. Die Dunkelgebiete sind einige Grad wärmer als die hellen; eine große gelbe Wolke hat −25°. Der tägliche Temperaturgang in der Äquatorgegend wird bestimmt (ca. −70° nach Sonnenaufgang, +22° im Maximum mittags). Sein Vergleich mit der theoretischen Wärmeleitung zeigt, daß man den Einfluß der Atmosphäre auf die Oberflächentemperatur nicht vernachlässigen darf. Drei Banden zeigen CO_2 niederer Temperatur an. Wegen des Fehlens von Quarz-Reststrahlen dürfte die Oberfläche keinen hohen Silikatgehalt haben.
hz

8457. **S. N. Sredinskij,** Die Übereinstimmung der Sonnenhöhen bei jahreszeitlichen Erscheinungen auf Mars und Erde. Bull. Astr.-Geod. Ges. UdSSR Nr. 27 S. 15—19 (russ.).

8458. **S. N. Sredinskij,** Die Übereinstimmung der Sonnenhöhe auf dem Mars und auf der Erde. Priroda **49** Nr. 12 S. 87—88 (russ.).

8459. **A. K. Suslow,** Kartographie der Marsmare nach Negativen von G. A. Tichow aus dem Jahre 1909. Publ. Sektor Astrobotanik Akad. Wiss. Kasach. SSR 1960 S. 104—116 (russ.). — Ref. in RJ UdSSR 1961 Nr. 3 S. 62.

8460. **G. de Vaucouleurs,** Remarks on Mars and Venus. Vgl. Ref. **1316** S. 94—99.

8461. L'observation de la planète Mars en 1958. BSAF **74** 336—341.

8462. Observations physiques de Mars. BSAF **74** 342.

8463. Observations physiques de Mars. BSAF **74** 474.

8464. Planetengroei op Mars. Hemel en Dampkring **58** 157—158.

8465. Mars in Opposition 1960, Dezember 30^{d}. Mitt. Planetenbeobachter **13** 62.

8466. Erste Beobachtungsmeldung von Mars. Mitt. Planetenbeobachter **13** 74.

8467. NO_2 in the atmosphere of Mars. Priroda **49** Nr. 11 S. 113 (russ.). — Ref.

8468. Proposed explanation of Martian phenomena. Sky Tel. **19** 469. — Ref. AAS.

8469. Test for water areas on Mars. Sky Tel. **20** 8. — Ref. in Bol. As. Peruana Astr. **5** 392.

8470. Vegetation auf dem Planeten Mars. Sterne **36** 32—33. — Ref.

8471. Der jahreszeitliche Rückgang der Marspolkappen. Sternenbote **3** 107.

8472. Some 1958 Japanese drawings of Mars. Strolling Astr. **14** 132—133.

8473. Photographs of Mars. Strolling Astr. **14** 190.

8474. Mars. Urania København **17** 92—93.

8475. Kriterium für Marswasserflächen. VdS Nachr. **9** 123. — Ref.

8476. Oblak na Marsu. ZiS **3** 47. — Ref.

§ 85

Kleine Planeten

8501. **M. Butorac,** Umjetni planeti u svijetu planeta. ZiS **2** 54—57, 1959.

8502. **C. Cailliatte,** Contribution à l'étude des astéroïdes variables. BA **23** 259—272. — Mit Hilfe der von I. und G. J. van Houten auf dem McDonald Obs. erhaltenen lichtelektrischen Beobachtungen von Planetoiden werden bereits bekannte Elemente des Rotationslichtwechsels sowie die Recht- oder Rückläufigkeit der Rotationsrichtung überprüft. Daneben werden Formeln mitgeteilt, die für die Auswertung solcher Beobachtungen dienlich sind (Bestimmung des Rotationssinns, des Rotationspols, der Dimensionen dreiachsiger Ellipsoide etc.). Ihre Anwendung auf die Planetoiden 7 (Iris), 15 (Eunomia) und 39 (Laetitia) schließen die Arbeit ab. Bey.

8503. **C. Cailliatte,** Sur un effet de l'inégalité des petits axes de certains astéroides variables dans leur magnitude absolue. CR **250** 2799—2800. — Aus photoelektrischen Helligkeitsmessungen an den beiden Planetoiden (15) und (39) folgt für (39) eine starke Abhängigkeit der reduzierten Absoluthelligkeit von der Deklination. Daraus läßt sich schließen, daß zumindest dieser Planetoid drei sehr ungleiche Symmetrieachsen besitzt. J. P. M.

8504. **D. Calvo Barrena,** Rectificación de la órbita del asteroide 1164 Kobolda. Vgl. AJB **58** Ref. **7504** = Publ. Sem. Astr. Geod. Univ. Madrid Nr. 44.

8505. **J. Gadomski,** Eros. Urania Kraków **31** 322—327. — Allgemeinverständlicher Artikel über diesen Kleinen Planeten, insbesondere über seinen Lichtwechsel, aus dem interessante Schlüsse über das Aussehen, die Form und die physikalischen Eigenschaften gezogen werden können. E. R.

8506. **T. Gehrels, J. R. Carstens, J. G. Peters, L. S. Peters,** Photometric studies of asteroids. VIII. Additional photographic magnitudes. ApJ **132** 232—242 = Publ. Goethe Link Obs. Nr. 37. — Verbesserte mittlere photographische Helligkeiten wurden für Planetoiden abgeleitet, deren Helligkeiten in der Asteroidendurchmusterung von Kuiper und Mitarbeitern geringes Gewicht erhalten hatten. Die Arbeit wurde im Rahmen des Indiana-Asteroidenprogramms mit Ergänzung durch Aufnahmen durchgeführt, die in Südafrika erhalten wurden. Nach Diskussion der Helligkeitsmessungen für verschiedene Arten der Kalibrierung der Platten wird die Genauigkeit der Durchmusterungshelligkeiten unter der Annahme überprüft, daß die Lage der Rotationsachsen ungeändert bleibt. Schließlich wird die Kombination von Helligkeiten aus verschiedenen Quellen erläutert. O. G.

8507. **G. S. Hawkins,** The relation between asteroids, fireballs and meteorites. Vgl. AJB **59** Ref. **8504** = Harv Repr (2) Nr. 158.

8508. **W. A. Iswekow,** Calculation of Minor Planets ephemerides on the electronic calculator. BIA **7** 687—712 (russ. mit engl. Ref.). — Drei am Institut für Theoret. Astronomie für die BESM entwickelte Programme sind beschrieben: Das erste wurde für die numerische Integration rechtwinkliger Koordinaten unter Einschluß der Störungen aufgestellt, das zweite gestattet außerdem die Berechnung einer Oppositionsephemeride. Mit dem umfassendsten Programm können daneben auch noch oskulierende Elemente und die Koeffizienten für die Bahnverbesserung abgeleitet werden. T. L.

8509. **M. S. Jarow-Jarowoj,** Die interpolatorisch-analytische Theorie der Bewegung von Ceres. Publ. Staatl. Astr. Sternberg-Inst. Moskau **28** 25—90 (russ.).

8510. **R. S. Mitrinović,** Die Kleinen Planeten. Beograd, Katedra za Matematiku, 1959. 44 S. (serb.-kroat.).

8511. **T. Nicolini,** Sulla interpretazione delle variazioni fotometriche degli asteroidi. Ann. Ist. Univ. Navale Napoli **28** 103—108 = Oss. Astr. Capodimonte-Napoli Contr. Astr. **5** Nr. 6. — Die Helligkeitsänderungen der Asteroiden werden der Rotation, den Elementen und der Orientierung des Dreiecks Sonne-Erde-Planet zugeschrieben. Eine andere Ursache kann die von der Nichtübereinstimmung der Rotationsachse mit einer der Inertialhauptachsen herrührende schwingende Bewegung sein. Der Hauptzweck dieser Veröffentlichung ist, die Aufmerksamkeit auf die Nützlichkeit ausgedehnter Beobachtungsreihen zu lenken. B. C.

8512. **E. Pohl,** Das System der Ephemeridenhelligkeiten der Kleinen Planeten. AN **285** 201—210 = Mitt. Landessternw. Heidelberg-Königstuhl Nr. 115. — Die an der Heidelberger Sternwarte angewandte Methode von Helligkeitsschätzungen Kleiner Planeten auf photographischen Aufnahmen wird beschrieben und deren Genauigkeit untersucht. Von 32 Kleinen Planeten wurden in Heidelberg lichtelektrische Helligkeitsmessungen gleichzeitig mit photographischen Aufnahmen vorgenommen. Mit Hilfe der lichtelektrischen Helligkeiten von 48 Kleinen Planeten wird eine Beziehung zwischen dem in den Ephemeriden Kleiner Planeten benutzten Helligkeitssystem einerseits und dem UBV-System von Johnson und Morgan sowie dem internationalen photographischen System andererseits abgeleitet. Verf.

* * **N. G. Polosowa,** Anwendung elektronischer Rechenmaschinen zum Aufbau analytischer Bewegungstheorien der Planeten. Vgl. Ref. 1507.

8513. **E. Rabe,** On the formation of rapidly rotating asteroids. ApJ **131** 231—240. — Ausgehend von den kosmogonischen Vorstellungen von Kuiper wird angenommen, daß bei der Bildung der Planetoiden aus dem ursprünglichen Sonnennebel viele Kondensationen Paare gebildet haben. Durch Abschätzungen mit Hilfe des Energieintegrals und der Nullgeschwindigkeitsflächen wird gezeigt, daß Paare, die erst an der Stabilitätsgrenze lagen, durch die Wirkung von Massenaufsammlung und Reibung zu stabilen Paaren werden, die sich schließlich zu einem rasch rotierenden Planetoiden vereinigen. Der minimale Wert der Rotationsperiode hängt von der Dichte ab. Für $\varrho = 2.0$ g cm^{-3} ist T = $4^{h}.7$. Diese Vorstellungen sind mit den Beobachtungen des Rotationslichtwechsels Kleiner Planeten gut verträglich. O. G.

8514. **K. Reinmuth,** Katalog von 6000 genauen photographischen Positionen Kleiner Planeten. Veröff. Landessternw. Heidelberg-Königstuhl **17,** 18 + 142 S. — Ref. in Sterne **37** 40—41.

8515. **N. Richter,** Physikalische Bestimmungsgrößen Kleiner Planeten. Sterne **36** 122—126. — Zusammenfassung (Tabelle) und Diskussion der wichtigsten physikalischen Bestimmungsgrößen von 24 Kleinen Planeten: Amplitude und Periode des Lichtwechsels, Phasenkoeffizient (die Phasenkurve ist nicht linear), Farbenindex und photographische Helligkeit, sowie Durchmesser und Albedo der vier ersten kleinen Planeten Ceres, Pallas, Juno und Vesta. Voigt

8516. **G. D. Roth,** Die Planetoiden. München, Verlag R. Oldenbourg, 1960. 70 S. Preis DM 1.40. — Besprechung in El Universo **14** 211, Gaz astr **42** 37

—38, Mitt. Planetenbeobachter **13** 36 (W. Jahn), VdS Nachr. **9** 83 (J. Herrmann).

8517. **N. S. Samojlowa-Jachontowa,** Minor Planets (1959). BIA **7** 677—686 (russ. mit engl. Ref.).

8518. **A. Wilkens,** Zur Theorie der nahezu kommensurablen Bewegungen der Planetoiden vom Hecuba-Typus. Sitzber. Bayer. Akad. Wiss. Math.-naturwiss. Kl. 1960 S. 26*, 227—249. — In Erweiterung eines früher behandelten Spezialfalles des Dreikörperproblems in bezug auf nahezu kommensurable Bewegungen von Planetoiden im Falle des Hestia-Typus (Sitz.-Berichte 1959, S. 61—101) erfolgt jetzt die Integration der Differentialgleichungen im Falle des Hecuba-Typus, d. h. dem schwierigsten Falle der Störungstheorie, weil das Verhältnis der mittleren Bewegung des Planetoiden zu der des störenden Körpers, des großen Planeten Jupiter, sehr nahe im Verhältnis zweier aufeinanderfolgender ganzer Zahlen, im vorliegenden Falle 2 : 1, steht. Die Lösung führt bei Beschränkung der Störungsfunktion auf die Terme niedrigsten, 2. Grades der Exzentrizität einschließlich, über die Existenz von 2 Integralen und über eine Riccatische resp. Briot-Bouquetsche Differentialgleichung auf eine Darstellung der Bahnelemente durch Potenzen nach der Exzentrizität des Planetoiden, die selbst wieder durch E-Funktionen oder eine Tg-Funktion der Zeit, also durch instabile Formen, dargestellt wird. Verf.

8519. Minor Planet Circular 1961—2040. Herausgegeben vom Cincinnati Observatory.

8520. Ephemeriden Kleiner Planeten für das Jahr 1961. Herausgegeben vom Institut für Theoretische Astronomie der Akademie der Wissenschaften der UdSSR. Moskau—Leningrad, Verlag Akad. Wiss. UdSSR, 1960. 170 S. Preis 14 R. 60 Kop. (russ.). — Inhalt: Einleitung, S. 3—10; Elemente von 1635 Kleinen Planeten, S. 11—43; Oppositionsdaten, S. 44—54; Ephemeriden von 1233 Planeten, die 1961 in Opposition kommen, S. 55—157; Ephemeriden zur physischen Beobachtung heller Kleiner Planeten, S. 158—169; Tabelle über den Stand der Beobachtungen Kleiner Planeten am 1. Jan. 1960, S. 170.

8521. Names of Minor Planets. Heavens **41** 194—195 (japan.).

8522. Report of new principal planet unfounded. Sky Tel. **19** 333.

8523. Unusual asteroid. Sky Tel. **20** 189. — Ref. in VdS Nachr. **10** 50.

8524. **Beobachtungen und Berechnungen Kleiner Planeten**

AA **10** 263—271. Precise astrographic positions of Minor Planets obtained at the Poznań University Observatory. B. Morkowska. — Betrifft Iris, Pallas, Vesta.

AC Nr. 209 S. 47—48 (russ.). 1957 MK. W. K. Abalakin.

AC Nr. 210 S. 1—8 (russ.). Photographic observations of Minor Planets. T. P. Pereshogina. — 1, 3, 4, 6, 7, 11, 39, 40.

AC Nr. 210 S. 8—9 (russ.). Positions of the Minor Planet Modestia 370. N. E. Kurotschkin.

AC Nr. 212 S. 4—5 (russ.). Elliptical elements of Minor Planet σ 170. W. K. Abalakin.

AJ **65** 163—165 = Lick Obs. Bull. Nr. 565. Observations of comets and of Icarus (1566). H. M. Jeffers, J. Gibson.

AN **285** 277—278. Photographische Beobachtungen des Planeten 1957 NA = 1627 Ivar. C. Hoffmeister.

AN **286** 47—48. Beobachtungen von Planetoiden 1959. W. Malsch. — Betrifft die Kleinen Planeten 2, 4, 6, 14, 15, 19, 43, 192, 532.

BAB 5 1—6, 1959. Observations photographiques de Petites Planètes. Faites en 1956 à l'astrographe double de 40 cm. S. Arend, F. Rigaux. — Betrifft die folgenden Kleinen Planeten: 1. Genaue Örter: 2, 4, 6, 18, 29, 37, 38, 43, 50, 55, 62, 65, 88, 98, 116, 119, 122, 125, 165, 168, 175, 179, 196, 203, 214, 226, 233, 235, 237, 238, 241, 245, 246, 255, 260, 286, 287, 289, 291, 305, 308, 309, 333, 338, 340, 348, 355, 359, 360, 364, 374, 409, 412, 416, 417, 462, 466, 489, 498, 506, 516, 536, 544, 550, 554, 587, 598, 613, 622, 627, 636, 638, 662, 665, 666, 696, 702, 707, 736, 754, 758, 781, 861, 877, 915, 976, 983, 1006, 1008, 1066, 1069, 1071, 1072, 1096, 1120, 1149, 1167, 1186, 1189, 1197, 1212, 1221, 1225, 1252, 1303, 1323, 1379, 1956 AA, BA, ER, VC, VD; 2. Genäherte Örter: 37, 97, 125, 151, 226, 287, 305, 417, 622, 963.

BAB 5 7—11, 1959. Observations photographiques de Petites Planètes et de Pluton. Effectuées en 1957 à l'astrographe double de 40 cm. S. Arend, F. Rigaux, Laugier, J. Kordylewski, Z. Kordylewski. — Betrifft die folgenden Kleinen Planeten: 1. Genaue Örter: 11, 17, 19, 21, 27, 35, 49, 55, 58, 93, 133, 134, 144, 150, 187, 188, 198, 200, 213, 227, 233, 259, 262, 270, 272, 274, 275, 335, 339, 377, 397, 398, 415, 417, 419, 421, 434, 456, 461, 468, 492, 501, 503, 512, 535, 538, 551, 600, 604, 627, 641, 643, 647, 651, 678, 734, 758, 772, 801, 847, 863, 885, 908, 916, 936, 939, 951, 966, 973, 987, 1004, 1014, 1054, 1074, 1090, 1096, 1112, 1128, 1219, 1292, 1301, 1365, 1397, 1415, 1428, 1434, 1493, 1572, 1587, 1957 BA, FA, FB, FC; 2. Genäherte Örter: 134, 237, 335, 512, 714, 736, 807, 861.

BAB 5 15—16, 1959. Observations photographiques de Petites Planètes. Effectuées en 1958 à l'astrographe double de 40 cm. S. Arend. — Betrifft die folgenden Kleinen Planeten: 1. Genaue Örter: 22, 40, 41, 83, 118, 157, 179, 181, 215, 423, 447, 485, 545, 613, 720, 790, 824, 980, 1086, 1242, 1329; 2. Genäherte Örter: 654.

Bull. Obs. Astr. Beograd **24** Nr. 1—2 S. 9—12. Sur les Petites Planètes doublement désignées. R. S. Mitrinović. — Betrifft: 1955 QE, QF_1, QN, QO, QP_1, QR, QT, QU, QW, RC_1, RE, RF_1, RS, RX, RZ, SD_1, SG_1, SH_1, SH_2, SJ_2, SL_2, ST, SU, SY_1, SZ_1, TK, UN_1, UP_1, UV, XP, YC, YD, YE.

Bull. Obs. Astr. Beograd **24** Nr. 1—2 S. 12. Identifications, double designations, circular and elliptic elements of Minor Planets. R. S. Mitrinović. — Betrifft: 1956 GN, 1958 GR = (1606) 1950 RH, 1958 GN = 1958 FK ?, 1957 OQ, 1958 CA, FK, RD.

Bull. Obs. Astr. Beograd **24** Nr. 3—4 S. 1. Observations photographiques de Petites Planètes faites à l'astrographe de 160 mm. M. Protitch. — Betrifft 11, 78.

Bull. Obs. Astr. Beograd **24** Nr. 3—4 S. 9. Identifications and circular elements. R. S. Mitrinović. — Betrifft 1936 TH = 1958 UN, 1251 = 1958 RG, 1956 WA, YG, 1958 OB, TL, VS, UK, UN, XM, 1959 CC, CL, CM, CS, CX, GB.

Bull. Astr. Obs. Beograd **24** Nr. 3—4 S. 10—12. Éléments des orbites des Petites Planètes. R. S. Mitrinović. — Betrifft 1957 KP, 1958 AA, AB, AE—AJ, BA—BH, BK, DA—DZ, DA_1—DF_1, FA—FK, GA—GO, GR, GS, HA—HF, JB, OA, OB, PB, QA, QB, QD, QE, RA—RC, RE—RK, TA—TK, TM, TO—TS, TU, TV, TZ, UA—UJ, UM, UO, VA, VC—VR, VT—VZ, VA_1—VE_1, WA, WB, XA—XJ.

Circ. Astr. Obs. Charkow Nr. 21 S. 20 (russ.). Bestimmung der Rektaszensionen Kleiner Planeten am Meridiankreis des Astronomischen Observatoriums Charkow 1959. K. N. Kusmenko, W. H. Plushnikow. — Ceres, Pallas, Vesta.

Circ. Astr. Obs. Charkow Nr. 22 S. 72—73 (russ.). Verbesserung der Bahnelemente des Kleinen Planeten (52) Europa. G. M. Bashenow.

Circ. Astr. Obs. Charkow Nr. 22 S. 74—75 (russ.). Verbesserung der Bahnelemente des Kleinen Planeten (152) Atala. G. M. Bashenow.

Circ. Astr. Obs. Taschkent Nr. 303 S. 27 (russ.). Ein Kleiner Planet. A. Latypow, N. Fattschichin. — Zwei Örter eines nicht näher bezeichneten Kleinen Planeten.

J. Roy. Soc. New South Wales **94** 71—75. Minor Planets observed at Sydney Observatory during 1959. W. H. Robertson. — Betrifft die Kleinen Planeten: 24, 73, 92, 96, 115, 123, 172, 181, 198, 200, 210, 242, 268, 283, 292, 322, 324, 340, 352, 356, 381, 387, 390, 406, 422, 423, 426, 446, 448, 487, 488, 500, 505, 534, 578, 582, 600, 624, 670, 685, 720, 732, 758, 770, 774, 793, 804, 814, 818, 824, 838, 850, 861, 896, 930, 942, 953, 957, 1054, 1068, 1086, 1093, 1109, 1188, 1294, 1362, 1432, 1560.

Mitt. Astr. Hauptobs. Golossejewo **3** Nr. 1 S. 115—118 (russ.). Genaue Örter von Pallas (2). A. B. Onegina.

MPC 1961—2040.

Obs. Nacional Rio de Janeiro Publ. Serviço Astr. Nr. 8, 6 S. Meridian observations of Minor Planets in 1958 and 1959. R. R. de Freitas Mourão. — Betrifft Ceres, Pallas, Vesta, Iris.

Publ ASP **72** 351—352. Ephemeris of (1647) Menelaus. A. M. Gomes. — Ref. ASP.

Publ ASP **72** 359. A new Trojan asteroid, (1647) Menelaus. S. B. Nicholson. — Ref. ASP.

TAB (2) Nr. 131 S. 1645—1651. Meridian observations of right ascensions of the moon and planets during the year 1959. S. Nakano, H. Yasuda, H. Hara. — Betrifft die Kleinen Planeten Ceres, Pallas, Juno und Vesta.

UAI Circ 1710, 1711. Ephemeris for Minor Planet 51 Nemausa. P. Naur.

Union Circ **6** 318—320. Photographic observations of Minor Planets. J. A. Bruwer. — Betrifft folgende Kleine Planeten: 9, 30, 31, 35, 36, 40, 47, 49, 68, 70, 81, 82, 84, 89, 96, **1**01, 15, 23, 26, 41, 43, 45, 54, 69, 72, 76, 77, 84, **2**10, 12, 15, 23, 45, 47, 48, 55, 57, 59, 71, 72, 83, 92, 93, 95, **3**03, 22, 24, 28, 40, 51, 52, 56, 61, 72, 87, 90, 98, **4**06, 09, 11, 22, 23, 24, 26, 35, 45, 46, 48, 49, 59, 63, 68, 69, 81, 88, 97, **5**00, 03, 05, 16, 34, 45, 62, 77, 78, 82, 83, 91, 95, 97, **6**04, 13, 24, 39, 59, 73, 93, 96, **7**05, 06, 20, 41, 51, 56, 58, 59, 66, 73, 74, 79, 93, 95, **8**04, 14, 19, 32, 38, 58, 81, 96, **9**11, 12, 42, 47, 57, 73, 84, **10**28, 29, 41, 48, 54, 77, 82, 86, 88, 89, 93, **11**07, 12, 13, 16, 29, 35, 89, **12**15, 27, 38, 42, 47, 61, 66, 94, **13**03, 62, 63, 68, 90, **15**27, 59, 69, 72, 1933 WE, 1935 HE, JE, RF, 1937 QH, 1942 FM, JG, 1948 OC.

§ 86

Jupiter

8601. **L. Muniz Barreto, R. R. de Freitas Mourão,** Jupiter em 1959. Obs. Nacional Rio de Janeiro Publ. Serviço Astr. Nr. 11, 27 S.

8602. **C. H. Barrow,** Magnetic field of Jupiter. Nature **188** 924—925. — Radiostrahlungsausbrüche des Jupiter, begrenzt auf einen bestimmten Öffnungskegel, zeigten elliptische Polarisation, was auf eine ionosphärische Schicht in der Jupiteratmosphäre und die Gegenwart eines Magnetfeldes hindeutet. Für die Polfeldstärke ergab sich bei Annahme eines Dipolcharakters des Feldes $H_p = 7 \pm 1$ Gauß. Weitere Beobachtungen sind erforderlich. Thi.

8603. **J. H. Botham,** Observations of the planets Jupiter and Saturn in 1960. MN ASSA **19** 175—177.

8604. **M. H. Briggs,** The colouring matter and radio emissions of Jupiter. Obs **80** 159—161. — Es wird erwogen, daß den Wechsel der Farbtöne auf Jupiter ungesättigte chromophore Gruppen verursachen könnten, die sich durch elektrische Entladung bilden und dann allmählich wieder sättigen. Demnach müßten die Intensitäten der Färbung und der Radioemission des Jupiter korreliert sein. hz

8605. **P. W. Budine,** Valuable amateur studies of Jupiter. Strolling Astr. **14** 13—18.

8606. **P. W. Budine, E. J. Reese,** Jovian nomenclature and transit observations. Strolling Astr. **14** 18—21.

8607. **P. W. Budine,** Jupiter in 1959: Second interim report. Strolling Astr. **14** 34—43.

8608. **P. W. Budine,** The 1958—59 apparition of Jupiter, final report. Strolling Astr. **14** 66—80.

8609. **T. D. Carr, A. G. Smith, N. Chatterton, F. Six, H. Bollhagen,** Observations of radio noise storms on Jupiter during the 1960 apparition. AJ **65** 485. — Ref. AAS.

8610. **T. D. Carr, A. G. Smith, H. Bollhagen,** Evidence for the solar corpuscular origin of the decameter-wavelength radiation from Jupiter. Phys. Rev. Letters **5** 418—420. — Ref. in Phys. Abstr. (A) **64** 161.

8611. **G. M. Clemence,** Motion of Jupiter and mass of Saturn. AJ **65** 21—22 = U. S. Naval Obs. Repr. Nr. 8. — Ref. in VdS Nachr. **9** 111. — Verf. weist nach, daß die von Krotkov und Dicke (vgl. AJB **59** Ref. **4119**) gefundenen Abweichungen der Länge Jupiters von den Tafeln in Astr. Papers **12** verschwinden, wenn die Bewegung des Perihels wegen der Wirkung der inneren Planeten und wegen der Verbesserung der Newcombschen Präzessionskonstante korrigiert würde und wenn die Masse Saturns zu 1/3499.7 angenommen wird. Böh.

8612. **S. Cortesi,** La formation des bandes de Jupiter. BSAF **74** 63—70.

8613. **J. N. Douglas,** A uniform statistical analysis of Jovian decameter radiation, 1950—1960. AJ **65** 487—488. — Ref. AAS.

8614. **G. B. Field,** A model for the decimeter radiation by Jupiter. AJ **65** 344. — Ref. AAS.

8615. **G. B. Field,** The source of radiation from Jupiter at decimeter wavelengths. 2. Cyclotron radiation by trapped electrons. J. Geophys. Res. **65** 1661—1671. — Für die Jupiterstrahlung im dm-Wellenbereich wird ein bereits früher vorgeschlagener Mechanismus im einzelnen untersucht. Man nimmt dabei für Jupiter einen Strahlungsgürtel aus nichtrelativistischen Elektronen an, der dem äußeren Strahlungsgürtel der Erde gleicht. Die Form des Spektrums ($P_\lambda \sim \lambda^{1/3}$) und die Polarisation der Zyklotronstrahlung, die bei der Bewegung der Elektronen durch ein inhomogenes Magnetfeld entsteht, werden berechnet, und es ergibt sich eine gute Übereinstimmung mit den Beobachtungen. Dabei muß vorausgesetzt werden: 1) im Jupiterstrahlungsgürtel eine Elektronendichte von nur 0.3% relativ zu der im äußeren terrestrischen Gürtel; 2) ein Magnetfeld von mindestens 1200 Gauß an den Polen; 3) die Abstrahlung der polarisierten 20 MHz-Bursts von einem Gebiet zwischen 30° und 40° jovigraphischer Breite. Vermutlich entstehen diese Bursts bei elektrischen Entladungen. Eine Überprüfung der Untersuchungsergebnisse durch geeignete Beobachtungen wird diskutiert. HHR

* * **G. B. Field, J. E. Gaustad,** Meteoric dust particles and the anomalous polarization of Jupiter. Vgl. Ref. **9429**.

8616. **J. Haas,** Concerning the discordance between tables of Jupiter. Obs **80** 115.

8617. **J.-L. Hémeret,** La planète Jupiter en 1959. BSAF **74** 27—30.

8618. **C. C. Kiess, C. H. Corliss, H. K. Kiess,** High-dispersion spectra of Jupiter. ApJ **132** 221—231. — Ref. in JBAA **71** 81, Nature **188** 278. —

Aus Gitterspektren von 360 bis 890 mμ werden die einzelnen Linien aus zwei Ammoniak- und drei Methanbanden tabuliert, ferner 4 infrarote Rotationsschwingungslinien des H_2-Moleküls. Die Violettabsorption im Kontinuum paßt gut zu einer Bande von N_2O_4, das in tieferer Schicht, durch seine Schwere von H_2 und NH_3 getrennt, bestehen könnte. hz

8619. **C. Krampe,** Ephemeris for physical observations of Jupiter near conjunction. AJ **65** 104—106 = U. S. Naval Obs. Repr. Nr. 10.

8620. **W. G. Kurt,** Das Rätsel der Radiostrahlung Jupiters. Priroda **49** Nr. 5 S. 62 (russ.).

8621. **W. Löbering,** Beobachtungen des großen roten Flecks auf Jupiter 1926—1959. Sterne **36** 21—23.

8622. **R. J. Long, B. Elsmore,** Radio emission from Jupiter at 408 MHz. Obs **80** 112—114. — Messungen am Radiointerferometer in Cambridge bei $\lambda = 70$ cm blieben negativ. Erklärungsmöglichkeiten: Die Strahlung ist zeitlich veränderlich, oder stark wellenlängenabhängig, oder Jupiter hat einen sehr großen Radiodurchmesser. hz

8623. **B. Margetić,** Radiosignali s planeta Jupitera. ZiS **3** 43—44.

8624. **C. Morris,** Observations of Jupiter. AAVSO Abstr. Oct. 1960 S. 4—5.

8625. **U. dall'Olmo,** Prime osservazioni del pianeta Giove nell'opposizione 1960. Coelum **28** 115—116. — Beobachtung Juni 6, 7 und 12.

8626. **V. Radhakrishnan, J. A. Roberts,** Polarization and angular extent of the 960 MHz radiation from Jupiter. AJ **65** 498—499. — Ref. AAS.

8627. **V. Radhakrishnan, J. A. Roberts,** Polarization and angular extent of the 960 MHz radiation from Jupiter. Phys. Rev. Letters **4** 493—494. — Ref. in Phys. Abstr. (A) **63** 1212—1213.

8628. **E. J. Reese,** Jupiter, solar induced changes. Strolling Astr. **14** 84—85. — Farbe und Helligkeit von EZ, NEB und SEB scheinen periodischen Änderungen unterworfen zu sein. Verf. hat, ausgehend von Beobachtungen im Zeitraum 1836—1959, die Korrelationen dieser Änderungen zur Lage des Planeten in seiner Bahn untersucht. Aus der gefundenen Kleinheit der Korrelationskoeffizienten läßt sich schließen, daß entweder eine solare Ursache für die Helligkeits- und Farbänderungen nicht besteht oder aber beträchtlich kleiner ist als interne auf die Jupiteratmosphäre wirkende Ursachen. Stu.

8629. **E. J. Reese,** A late report on Jupiter in 1959 and a suggestion on the use of the intensity scale. Strolling Astr. **14** 146—147.

8630. **F. O. Rice, D. P. Cosgrave,** Some experiments on Rice's blue material: colours on Jupiter. Nature **188** 1023. — Versuche, im elektrischen Entladungsrohr «Rice's blue material» aus Ammoniak herzustellen (Ausfrieren der Zerfallsprodukte), sind nicht gelungen. Experimente über Stickoxyde sind wichtig in Zusammenhang mit den Farben des Jupiter. Bk.

8631. **M. J. Rutkowskaja,** Die Lage von Streifen und Einzelheiten auf Jupiter 1958. Bull. Astr.-Geod. Ges. UdSSR Nr. 28 S. 37—41 (russ.).

8632. **W. Sandner,** Intensitäts-Schätzungen von Jupiter-Detail 1960. Mitt. Planetenbeobachter **13** 70—71.

8633. **W. Sandner,** Jupiter-Beobachtung. Veröff. Uraniasternw. Wien Nr. 3 S. 51.

8634. **T. Sato,** Report of the O. A. A. Jupiter Section for the 1958—59 apparition. Heavens **41** 263—271 (japan.).

8635. **A. G. Smith, T. D. Carr, H. Bollhagen, N. Chatterton, F. Six,** Ionospheric modification of the radio emission from Jupiter. Nature **187** 568—570. — Jupiter wurde gleichzeitig in Florida und Chile (Abstand der Stationen: 7040 km) bei 18.000 MHz beobachtet. Ein Vergleich der Ergebnisse zeigt: nur ein Teil der Impulse und Impulsgruppen war an beiden Stationen registriert worden. Also spielen wahrscheinlich irdische Einflüsse eine Rolle. Untersuchungen mit Berücksichtigung von Polarisations- und Radiosternszintillationsmessungen ergaben: Der «Basisimpuls» (Dauer etwa 1 sec) stammt wahrscheinlich vom Jupiter; denn wenn nahezu gleichförmige Impulse bei beiden Stationen empfangen wurden, ist die Korrelation gut. Stark deformiert sind diese Impulse nachweislich oft durch eine schnelle Szintillationskomponente irdischen Ursprungs. Ein großer Teil der Impulsgruppen scheint durch eine langsamere Szintillationskomponente (Periode 30—40 sec) zu entstehen. Die Polarisation scheint von der Erdionosphäre kaum beeinflußt zu werden, denn ähnliche Polarisationen wurden gleichzeitig in magnetisch entgegengesetzten Hemisphären beobachtet. HHR

8636. **H. J. Smith, B. M. Lasker, J. N. Douglas,** Fine-structure of Jupiter's 20 MHz noise storms. AJ **65** 501. — Ref. AAS.

8637. **W. G. Teifel,** Intensity of absorption band CH_4 6190 Å in Jupiter's spectrum in 1959. AC Nr. 210 S. 11—14 (russ.).

8638. **W. G. Teifel,** Spectrophotometry of the equatorial region of Jupiter in 1959. AC Nr. 215 S. 7—9 (russ.).

8639. **A. Tronfi,** Le osservazioni visuali di Giove. Coelum **28** 137—141. — Es werden einige praktische Ratschläge zur visuellen Beobachtung von Jupiter gegeben. Die Möglichkeit der Benutzung kleiner Instrumente wird geprüft sowie einige Formeln graphisch dargestellt. B. C.

8640. **G. A. Tschebotarjow, A. I. Boshkowa,** On the stability of the circular orbits in the sphere of action of Jupiter. BIA **7** 581—587 (russ. mit engl. Ref.). — Es wird gezeigt, daß in Entfernungen, in denen die Anziehungskraft der Sonne die des Jupiters übertrifft, keine kreisförmigen oder kreisnahen Bahnen möglich sind. Perek

8641. **J. W. Warwick,** Relation of Jupiter's radio emission at long wavelengths to solar activity. Science **132** 1250—1251. — Die in Boulder beobachtete solare Strahlung im Dezimeterwellenbereich zeigt seit Frühjahr 1960 eine starke positive Korrelation zur Jupiterstrahlung im gleichen Wellenlängenbereich. Die solare Emission wurde etwa 1—2 Tage vor der entsprechenden Radioemission des Jupiter beobachtet. Diese Beobachtung legt die Vermutung nahe, daß schnelle solare Partikel mit $\approx 1/10$ Lichtgeschwindigkeit direkt in der Atmosphäre des Planeten oder in dessen Magnetfeld eingefangen werden. Henn

8642. **S. K. Wsechswjatskij,** Ring of comets and meteors around Jupiter. AC Nr. 210 S. 9—11 (russ.). — Falls Ausbrüche auf Jupiter, Saturn und deren Monden in der Lage sind, Material auf heliozentrische Bahnen zu werfen, ist erst recht mit der Ansammlung eruptiver Substanz innerhalb der Anziehungssphäre der Planeten zu rechnen. Die seit O. Struve (MN **13** 22, 1852) festgestellte säkulare Verengung des Saturnrings (9000 km in 300^a) wird auf gegenseitige Zusammenstöße der Ringbestandteile und Bremsung im gasförmigen Medium zurückgeführt. Auch um Jupiter ist ein Ring aus Meteoritensubstanz zu erwarten. Es wird vermutet, daß das seit über 80 Jahren beobachtete dunkle Äquatorband den Schatten dieses Ringes darstellt, der sich von 0.6—0.3 bis zu 1.4—1.0 Jupiterradien Höhe erstrecken könnte. Petri

8643. **S. K. Wsechswjatskij,** Der Kometen- und Meteoritenring um Jupiter. Priroda **49** Nr. 9 S. 87—88 (russ.).

8644. **W. I. Zwetkow,** Die Lage der Streifen und von Einzelheiten auf Jupiter 1957. Bull. Astr.-Geod. Ges. UdSSR Nr. 27 S. 20—26 (russ.).

8645. Jupiter. BAA Circ 426.

8646. Cinturón de van Allen en Jupiter. Bol. As. Peruana Astr. **5** 346, 356.

8647. La planète Jupiter en 1957. BSAF **74** 25—26.

8648. La mancha roja. Júpiter 1960. El Universo **14** 201—202.

8649. Observing Jupiter. Heavens **41** 184—187 (japan.).

8650. Ceinture de van Allen autour de Jupiter. La Nature **88** 408.

8651. Radiobølger fra Jupiter. NAT 1960 S. 35—36.

8652. Spectrum of Jupiter. Science **132** 885.

8653. Chemistry of Jupiter's atmosphere. Sky Tel. **20** 263. — Ref. in VdS Nachr. **10** 94.

8654. Jupiter. Urania København **17** 63.

8655. Wykrycie wodoru na Jowiszu. Urania Kraków **31** 49. — Ref. der in AJB **59** Ref. **8647** zitierten Untersuchung über die Entdeckung des Wasserstoffs auf Jupiter. E. R.

8656. O możliwym istnieniu pierścienia wokół Jowisza. Urania Kraków **31** 306—307. — Ref.

8657. Ovoj nabijenih čestica oko planeta Jupitera. ZiS **3** 94. — Ref.

8658. Jupitera atmosfēra. Zvaigžņotā Debess 1960. gada ziema S. 24—25. — Ref.

8659. Vai Jupiteru aptver radiācijas joslas? Zvaigžņotā Debess 1960. gada ziema S. 25—26. — Ref.

Jupitermonde

8660. **P. Ahnert,** Beobachtungen von Verfinsterungen der Jupitermonde I und II. Sterne **36** 18—21. — Es werden Beobachtungen der Ein- und Austrittszeiten bei den Verfinsterungen der inneren Jupitermonde Jo und Europa zwischen 1956, Februar 10 und 1959, April 25 sowie die korrigierten Differenzen B—R gegen die aus Sampsons Tafeln abgeleiteten Ephemeriden mitgeteilt. Auf die Schwierigkeiten von vollständigen Beobachtungen zur Bestimmung der Finsternismitte wird hingewiesen. Gü-Li

8661. **S. Herrick, T. O. Montgomery,** Jupiter IX, XII. Harv Card 1478, 1480.

8662. **S. Herrick, T. O. Montgomery,** 1960 ephemerides of Jupiter's ninth and twelfth satellites. Publ ASP **72** 131—132.

8663. **J. Kovalevsky,** Les satellites de Jupiter. BSAF **74** 259—264.

8664. **J. Meeus,** A propos des éclipses de Callisto. Ciel et Terre **76** 409—411.

8665. **N. Takeishi,** Observation of eclipse of Jupiter's satellite. YC Nr. 1569 (japan. und engl.).

8666. Jupiter's satellites. J. Astr. Soc. Victoria **13** 30—31.

8667. Jupiter satellites IX and XII. UAI Circ 1721.

8668. Śnieg na księżycach Jowisza. Urania Kraków **31** 210. — Nach Kuiper kann das beobachtete Infrarotspektrum der hellsten Jupitermonde durch das Vorhandensein von Schnee erklärt werden. E. R.

§ 87

Saturn

8701. **M. S. Bobrow,** Some remarks on optical properties of Saturn's rings. AJ **65** 337—338. — Im Anschluß an die Arbeiten von Franklin und Cook (vgl. AJB **58** Ref. 7706/07) werden einige optische Eigenschaften der Saturnringe diskutiert. Verf. geht dabei besonders auf seine von den beiden Autoren nicht geteilte Ansicht über die Lichtstreuung durch den B-Ring ein. Es wird gezeigt, daß deren Kritik unbegründet ist. Henn

8702. **M. S. Bobrow,** Theoretical phase curves of the shadow effect on Saturn's rings. AJ UdSSR **37** 306—316 (russ. mit engl. Ref.). — Nach einem Überblick über frühere theoretische Untersuchungen und über die Beobachtungen zur phasenabhängigen Helligkeitsänderung der Saturnringe (genauer des Rings B) werden neue Formeln abgeleitet. Die Wirkung der gegenseitigen Beschattung der makroskopischen Ringteilchen wird berechnet, wobei — im Gegensatz zur Theorie von Seeliger — die Größe der von Saturn aus gesehenen Sonnenscheibe berücksichtigt wird. Die Formeln werden für 2 Grenzfälle abgeleitet: a) Der Halbschatten wird vernachlässigt, b) Der Halbschatten wird als Vollschatten mitgerechnet. Die Lichtstreuung von höherer als 1. Ordnung wird vernachlässigt. O. G.

* * **J. H. Botham,** Observations of the planets Jupiter and Saturn in 1960. Vgl. Ref. **8603**.

* * **G. M. Clemence,** Motion of Jupiter and mass of Saturn. Vgl. Ref. **8611**.

8703. **J. J. Cook, L. G. Cross, M. E. Bair, C. B. Arnold,** Radio detection of the planet Saturn. Nature **188** 393—394.

8704. **T. A. Cragg,** An occultation of BD−21° 5359 by Saturn on April 30—May 1, 1960. Strolling Astr. **14** 58—60.

8705. **T. A. Cragg,** General nomenclature of Saturn. Strolling Astr. **14** 121—122.

8706. **T. A. Cragg,** Saturn in 1958. Strolling Astr. **14** 122—126.

8707. **T. A. Cragg,** Recently observed rotation rates on Saturn. Strolling Astr. **14** 162—163.

8708. **D. P. Cruikshank,** Some observations of Saturn in 1958 and 1959. Strolling Astr. **14** 129—132.

8709. **A. Dollfus, J. H. Focas,** Disturbed zone on Saturn. BAA Circ 423.

8710. **G. N. Duboschin,** Über die Störungen in der Bewegung der Saturnsatelliten. Publ. Staatl. Astr. Sternberg-Inst. Moskau **28** 121—148 (russ.).

8711. **G. N. Duboschin,** Über den Einfluß der Sonne auf die Bewegung der Saturnsatelliten. Publ. Staatl. Astr. Sternberg-Inst. Moskau **28** 149—160 (russ.).

8712. **G. N. Duboschin,** Über die Störungen in der Bewegung von Japetus und Phoebe. Publ. Staatl. Astr. Sternberg-Inst. Moskau **28** 161—170 (russ.).

8713. **M. Ljubić,** Planet Saturn. ZiS **1** 51—56, 1958.

8714. **R. R. de Freitas Mourão,** Saturn in 1959. Mitt. Planetenbeobachter **13** 30—32.

8715. **R. R. de Freitas Mourão,** The occultation of the star BD—21° 5359 by Saturn. Mitt. Planetenbeobachter **13** 60, 62.

8716. **L. Muniz Barreto, R. R. de Freitas Mourão,** Saturno em 1959. Obs. Nacional Rio de Janeiro Publ. Serviço Astr. Nr. 10, 16 S.

8717. **A. I. Rybakow,** Vergleich der von G. N. Duboschin ausgearbeiteten Theorie der Bewegung der Saturnsatelliten mit der Theorie von H. Struve. Mitt. Staatl. Astr. Sternberg-Inst. Moskau Nr. 108 S. 23—42 (russ.).

8718. **A. I. Rybakow,** Berechnung der räumlichen intermediären Bahnen der Saturnsatelliten. Mitt. Staatl. Astr. Sternberg-Inst. Moskau Nr. 110 S. 3—32 (russ.).

8719. **A. I. Rybakow,** Berechnung der ebenen intermediären Bahnen der Saturnsatelliten auf Grund der Beobachtungen Hermann Struves. Publ. Staatl. Astr. Sternberg-Inst. Moskau **28** 171—201 (russ.).

8720. **A. I. Rybakow,** Berechnung der gegenseitigen Störungen der Saturnsatelliten. Publ. Staatl. Astr. Sternberg-Inst. Moskau **28** 203—248 (russ.).

8721. **A. I. Rybakow,** Berechnung der von der Sonne hervorgerufenen Störungen in der Bewegung der Saturnsatelliten. Publ. Staatl. Astr. Sternberg-Inst. Moskau **28** 249—275 (russ.).

8722. **W. G. Teifel, J. A. Teifel,** Versuch einer Spektralphotometrie des Saturn. Publ. Sektor Astrobotanik Akad. Wiss. Kasach. SSR **7** 64—68, 1959 (russ.). — Ref. in RJ UdSSR 1961 Nr. 2 S. 59—60.

8723. Saturn 1960. Mitt. Planetenbeobachter **13** 61.

8724. Mass of Saturn. Sky Tel. **19** 472.

8725. Occultation of BD−21° 5359 by Saturn and its rings on April 30—May 1, 1960. Strolling Astr. **14** 96.

8726. **Weißer Fleck**

BAA Circ 421, 422, 426. White spot on Saturn.
BSAF **74** 237—238. Tache blanche sur Saturne. A. Dollfus.
Harv Card 1484. Tache blanche sur Saturne. A. Dollfus.
Hemel en Dampkring **58** 96—97. Witte vlek op Saturnus.
Kop Akt Medd 413. Hvid plet på Saturn.
MN ASSA **19** 42. Bright spot on Saturn.
MN ASSA **19** 59—60. Observations of a white spot on Saturn. J. H. Botham.
NAT 1960 S. 72. Hvid plet på Saturn.

Strolling Astr. **14** 121. The Dollfus white spot: a preliminary report. T. A. Cragg.
UAI Circ 1723. Tache blanche sur Saturne. A. Dollfus.
UAI Circ 1727. White spot on Saturn. J. H. Focas.
Urania Kraków **31** 181. Tache blanche sur Saturne. A. Dollfus.
VdS Nachr. **9** 64. Ein weißer Fleck auf Saturn.
VdS Nachr. **9** 79. Zum weißen Fleck auf Saturn.
VdS Nachr. Schnellmitt. Nr. 3. Ein weißer Fleck auf Saturn. J. Herrmann.
Veröff. Uraniasternw. Wien Nr. 3 S. 36. Ein weißer Fleck auf Saturn. A. Dollfus.
YC Nr. 1570. Tache blanche sur Saturne. A. Dollfus.
YC Nr. 1573. White spot on Saturn.

§ 88

Uranus

8801. **E. J. Burr, R. Tomaschek,** Earthquakes and Uranus: misuse of a statistical test of significance. Nature **186** 336—338.

8802. **R. R. de Freitas Mourão,** Determination of the right ascension and diameter of the planet Uranus in 1959. Obs. Nacional Rio de Janeiro Publ. Serviço Astr. Nr. 7, 10 S.

§ 89

Neptun, Pluto, Transpluto

8901. **A. Antalová, M. Antal,** The observations of Pluto in 1959. BAC **11** 231—232.

8902. **H.-J. Felber,** Die Bewegungsverhältnisse im Neptunsystem. Veröff. Sternw. Babelsberg **13** Nr. 6, 79 S. — In der vorliegenden Arbeit soll versucht werden, mit Hilfe einfacher Methoden der Praktischen Analysis Größenabschätzungen der Störungen im Neptunsystem durchzuführen. Die herkömmlichen Methoden der Himmelsmechanik stoßen in diesem System auf erhebliche Schwierigkeiten, da die Bahn des kleineren der beiden Trabanten eine außerordentlich hohe Exzentrizität aufweist, die die konventionellen Entwicklungen der Störungstheorie nicht konvergieren läßt. Es wurden daher Verfahren gesucht, die Aussagen in qualitativer Hinsicht gewährleisten. Fernerhin wird auf das Problem von Armellini eingegangen im Hinblick auf die Existenz der Nereide. Im letzten Kapitel werden die Tritonbeobachtungen veröffentlicht, die Georg Struve 1922—1932 an der Sternwarte Berlin-Babelsberg durchführte. Verf.

8903. **J. Gadomski,** Transpluton. Urania Kraków **31** 290—293. — Es wird auf die Möglichkeit der Existenz eines transplutonischen Planeten hingewiesen, insbesondere nachdem H. Kritzinger in der Zeitschrift Orion **67** 799, 1960, Elemente und Ephemeriden berechnet bzw. mitgeteilt hat. E. R.

8904. **J. G. Porter,** Conjunctions of Neptune with a star. JBAA **70** 102.

8905. **C. W. Tombaugh,** Reminiscences of the discovery of Pluto. Sky Tel. **19** 264—270.

* * Discovery of Neptune. Vgl. Ref. 2105.

X. Interplanetare Objekte

§ 91

Kometen im allgemeinen

9101. **L. Biermann, E. Trefftz,** Zur Entstehung der CO^+-Ionen in Kometen. ZfA **49** 111—118. — Es wird geprüft, ob die Bildung von CO^+-Ionen in Kometen durch Protonen, die von der Sonne kommen, möglich ist. Der Prozeß ist an sich möglich, es ist aber unwahrscheinlich, daß die in den Kometenschweifen beobachteten Ionen hoher Geschwindigkeit auf diese Weise entstehen. FS

* * **E. H. Bilo, H. C. van de Hulst,** Methods for computing the original orbits of comets. Vgl. Ref. **4204**.

* * **E. H. Bilo, I. van Houten-Groeneveld,** The original values of 1/a for 17 cometary orbits. Vgl. Ref. **4205**.

9102. **N. T. Bobrovnikoff,** On the organization of physical observations of comets. Heavens **41** 180—183 (japan.).

9103. **A. Dauvillier,** Pulvérisation cathodique et noyaux cométaires. CR **250** 3080—3082. — Die Tatsache, daß bei einem Kometen, sobald er sich innerhalb etwa der Venus-Bahn bewegt, öfters ein Natriumspektrum beobachtet wird, läßt sich unter plausiblen Annahmen über Teilchendichte und -geschwindigkeit im interplanetaren Medium dadurch erklären, daß durch Auftreffen schneller Ionen die Metallatome aus der festen Oberfläche herausgeschlagen werden. Dieser der Kathodenzerstäubung analoge Effekt tritt jedoch nur dann auf, wenn auch der Komet eine hinreichend große Geschwindigkeit besitzt. J. P. M.

9104. **O. W. Dobrowolskij,** Kometen als Anzeiger der Sonnentätigkeit. Vgl. Ref. **1305** S. 73—80.

9105. **S. Grudzińska,** L'abondance des ions CO^+ dans les queues cométaires. Ann d'Astrophys **23** 797—801 = Inst. d'Astrophys. Univ. Liège Coll. 4° Nr. 111. — Der Vergleich der Intensitäten der (2—0)-Bande des CO^+ (im Schweif) und der (0—1)-Bande des CN (im Kopf) im Kometen Bester (1947k) ergibt die relative Häufigkeit von CO^+ und CN für verschiedene Distanzen vom Kern. Es zeigt sich, daß bei nukleozentrischen Abständen von weniger als 130000 km die CO^+-Häufigkeit im Schweif 30 bis 40 mal größer ist als die CN-Häufigkeit im Kopf. Nimmt man für die CN-Häufigkeit die Werte an, die Wurm für C_2 vorgeschlagen hat, so folgen 10^6 Ionen pro cm^3 für die CO^+-Dichte im kopfnahen Teil des Schweifes. Verf. (ü.)

9106. **S. Grudzińska,** L'abondance des molécules CN, C_2 et CO^+ et des particules solides dans les comètes. Ciel et Terre **76** 173—176.

9107. **F. Kępiński,** Critérium de l'identité de deux comètes. AA **10** 85—88. — Verf. untersucht die Fälle, in denen die Anwendung des Tisserandschen Kriteriums nicht zu den gewünschten Ergebnissen führt. Eine entscheidende und fehlerfreie Antwort auf die Frage nach der Identität von zwei Himmelskörpern (Kometen), besonders dann, wenn sie in die Nähe großer Planeten kommen, kann nur durch eine genaue Berechnung der speziellen Störungen erhalten werden. E. R.

9108. **F. Kępiński,** Komety okresowe. Urania Kraków **31** 199—203. — Bemerkungen über periodische Kometen unter besonderer Berücksichtigung der zwei von den polnischen Astronomen M. Kamieński und F. Kępiński untersuchten Kometen Wolf I und 1906 IV (Kopff). E. R.

9109. **C. C. Kiess,** Comets. Vgl. Ref. **1339** S. 28—29.

9110. **B. J. Lewin,** Die Herkunft der Kometen. Priroda **49** Nr. 9 S. 10—13 (russ.).

9111. **B. J. Lewin,** About the origin of comets. RH **41** 82—85 (tschech.).

9112. **F. Lot,** Kada se govori o kometima. ZiS **1** 10—13, 1958.

9113. **R. A. Lyttleton,** The escape of long-period comets from the solar system. AJ **65** 492—493. — Ref. AAS.

9114. **M. S. Markowitsch,** Die Temperatur der Kometenkerne und die Helligkeitsänderung der Kometen mit der heliozentrischen Entfernung. Bull. Inst. Astrophys. Akad. Wiss. Tadshik. SSR Nr. 28 S. 25—36, 1959 (russ.). — Ref. in RJ UdSSR 1961 Nr. 3 S. 63.

9115. **L. S. Marotschnik,** On the form of cometary envelopes. AJ UdSSR **37** 508—512 (russ. mit engl. Ref.). — Die mechanische Theorie führt nicht zu den beobachteten Kometenformen und vermag auch nicht die Strahlensysteme und deren Verschiebungen in Kometenschweifen zu erklären. Ausgehend von der Alfvénschen Hypothese einer Wechselwirkung zwischen Kometengasen und Korpuskularströmen von der Sonne, wobei ein «Einfrieren» magnetischer Feldlinien in das Kometengas zustandekommt, zeigt Verf. zunächst qualitativ, daß auf diese Weise die beobachteten Kettenlinienformen erklärt werden können. Die transversalen Bewegungen in den Kometenschweifen werden mittels Alfvénscher Wellen abgeleitet. Aus Messungen des Schweifes des Brooksschen Kometen (1911) folgt eine Abschätzung der oberen Grenze des magnetischen Feldes zu 10^{-2} Oersted. Ond.

9116. **D. D. Meisel,** The astrophotography of comets. Strolling Astr. **14** 102—106.

9117. **F. D. Miller,** The distribution of C_2 in the heads of comets. AJ **65** 494. — Ref. AAS.

9118. **S. W. Orlow,** Über die Natur der Kometen. Moskau, Verlag Akad. Wiss. UdSSR, 1960. 191 S. Preis 2 R. 80 Kop. (russ.).

9119. **V. Riives,** Distribution of the surface brightness in comets. Tartu Astr. Obs. Publ. **33** 281—288 (russ. mit engl. Ref.). — Die beobachtete Helligkeitsverteilung in einigen älteren und neueren Kometen wird mit theoretischen Verteilungen verglichen, die aus der Voraussetzung isotroper Emission, Maxwellscher Geschwindigkeitsverteilung und konstanter Repulsivkraft folgen. Zwischen Rechnung und Beobachtung wurde befriedigende Übereinstimmung gefunden. Stu.

9120. **D. Robinson, R. W. Nicholls,** Intensity measurements on the CO^+ comet tail, and the BO α and β molecular band systems. Proc. Phys. Soc. **75** 817—825.

9121. **Z. Sekanina,** Physikalische Kometencharakteristiken. Acta Univ. Carolinae (Math.) 1960 Nr. 1 S. 1—11 = Publ. Inst. astr. Univ. Prag (2) Nr. 27. — Auf der Grundlage der Lewinschen Gleichung werden Methoden entwickelt, mit denen man die wichtigsten physikalischen Parameter eines Kometen bestimmen kann (effektiver Kerndurchmesser, effektive Schichtdicke des den Kern bildenden meteoritischen Materials, Partikelgröße etc.). Stu.

9122. **Z. Sekanina,** The secular decrease of the absolute magnitude of short-periodic comets. Acta Univ. Carolinae (Math.) 1960 Nr. 1 S. 13—25 = Publ. Inst. astr. Univ. Prag (2) Nr. 28. — Es wird am Beispiel von 9 Kometen gezeigt, daß die absolute Helligkeit der Kometen nach dem Gesetz $m_0(t) = \alpha \times 10^{\beta t}$ abnimmt. Zwischen α und der «Desintegrationskonstanten» β ist mit geringer Streuung für alle Kometen die Beziehung $\beta = 0.53—0.52 \log \alpha$ erfüllt. Beim Kometen Encke, der wegen seiner kurzen Umlaufszeit für derartige Untersuchungen besonders gut geeignet ist, erweisen sich die Abweichungen zwischen der beobachteten und der berechneten absoluten Helligkeit für den Zeitraum 1820—1950 als korreliert mit der Sonnenaktivität. Stu.

9123. **Z. Sekanina,** Changes of cometary characteristics as related to the changes of solar activity. BAC **11** 94—110. — Für ein Material von 563 Kometen aus dem Zeitraum 1610—1954 wurde der Verlauf von 11 charakteristischen Parametern als Funktion der Phase im Aktivitätszyklus der Sonne eingehend untersucht. Die Parameter zerfallen in zwei Klassen I und II. In Klasse I enthalten die Verteilungsfunktionen eine Doppelwelle (Periode 5.5 Jahre), in Klasse II eine einfache Welle (Periode 11 Jahre). Die Erklärung liegt vermutlich darin, daß nur die zur Klasse II gehörenden Parameter direkt Indikatoren der Sonnenaktivität sind, während für die übrigen Parameter vor allem meteorologische Verhältnisse entscheidend sind. Stu.

9124. **Z. Sekanina,** Variation of the average absolute brightness of comets during an eleven-year solar cycle. BAC **11** 222—226. — In der vorliegenden Arbeit wird die physikalische Interpretation der Form der die Zeitabhängigkeit der mittleren absoluten Helligkeit beschreibenden Kurve gegeben. Diese Kurve repräsentiert die sogenannten kometarischen Charakteristiken II. Klasse (vgl. vorstehendes Ref.). Die grundlegenden Beziehungen, welche die resultierende Form der Kurve beeinflussen, werden beschrieben, die allgemeine Gleichung für das Energiegleichgewicht der molekularen kometarischen Strahlung wird abgeleitet, und spezielle Fälle werden diskutiert. Die Form des Verlaufs der absoluten Helligkeit von Kometen während eines solaren Zyklus zeigt, daß die wirksamste Ursache für die Änderung der Kometenhelligkeit die Änderung der durchschnittlichen Lebensdauer der strahlenden Moleküle in der Kometenatmosphäre ist; unter bestimmten Annahmen ist es möglich, die Variation der «monochromatischen» Solarkonstanten für die anregende Strahlung abzuleiten. Verf. (ü.)

9125. **A. Stawikowski, P. Swings,** Mécanisme d'excitation des bandes de Swan des comètes. Ann d'Astrophys **23** 585—593 = Inst. d'Astrophys. Univ. Liège Coll. 4° Nr. 109. — Die Spektren von Kometen zeigen im allgemeinen starke Banden des C_2. Bei Kometen mit schwachem Kontinuum stammt nahezu die gesamte Helligkeit des Kopfes im Bereich λ 4700—λ 5635 von dieser Emission des C_2. In vorliegender Arbeit soll ein Beitrag zur Klärung des Anregungsmechanismus gegeben werden. Der Untersuchung liegen Spektren des Kometen Mrkos zu Grunde. Es zeigt sich, daß die Anomalien in den (1—0) und (2—1) Übergängen durch Absorptionslinien der anregenden solaren Strahlung verursacht sind. Für die Swan-Banden ergibt sich damit eine Anregung durch Fluoreszenz. Henn

9126. **K. A. Steins,** Principal problems of the capture theory of comets. Abh. Lett. Staatsuniv. Riga **38** 69—84 (russ. mit engl. und lett. Ref.).

9127. **K. A. Steins, E. J. Riekstynsch,** On the diffusion of comets. I. AJ UdSSR **37** 1061—1067 (russ. mit engl. Ref.). — Die Untersuchung ergibt: 1. Das Gesetz der Zunahme des Stroms parabolischer Kometen spielt keine Rolle für die relative Häufigkeit der Kometen bezüglich 1/a. — 2. Für die Häufigkeitsverteilung über 1/a ist hauptsächlich der Zerfall der Kometen maßgebend. — 3. In der Nähe der Jupiterbahn ist die Dichte des Kometenstroms höher als in Sonnennähe. — 4. Es gibt mehr rechtläufige als rückläufige Kometen. Ihr Zahlenverhältnis nähert sich mit 1/a → 0 der Einheit. Verf. (ü.)

9128. **P. Swings,** Commission pour l'étude physique des comètes. Trans. IAU **10** 234—248 = Inst. d'Astrophys. Univ. Liège Coll. 8° Nr. 410.

9129. **W. I. Tscherednitschenko,** Die Lebensdauer der Kometeneise im Photonen- und Korpuskularstrahlungsfeld der Sonne. Meteoritika Nr. 19 S. 143—154 (russ.).

9130. **W. I. Tscherednitschenko,** Die Rolle der Korpuskular- und Photonenstrahlung der Sonne bei Helligkeitsausbrüchen von Kometen. Mitt. Astr. Hauptobs. Golossejewo **3** Nr. 1 S. 94—104 (russ.).

9131. **W. I. Tscherednitschenko,** Die Rolle der Korpuskular- und Photonenstrahlung der Sonne bei den Helligkeitsausbrüchen der Kometen. Vgl. Ref. **1305** S. 81—91.

* * **W. I. Tscherednitschenko,** Terrestrial and cometary manifestations of corpuscular solar energy. Vgl. Ref. **68113**.

9132. **V. Vanýsek,** Dust particles in comets and in reflection nebulae. BAC **11** 215—222. — Aus photographischen Messungen an Kometen im UBV-System wird gefolgert, daß Kometen einen deutlichen positiven Farbenexzeß zeigen. Dieser Befund kann durch selektive Streuung von Licht an kleinen Staubpartikeln erklärt werden. Darüberhinaus läßt sich aus den Beobachtungen noch schließen, daß die Partikel wesentlich größer sind als die Teilchen in Reflexionsnebeln. Dieses Ergebnis spricht gegen eine kosmogonische Beziehung der Kometen zur interstellaren Materie. Verf. (ü.)

9133. **F. L. Whipple,** On the structure of the cometary nucleus. AJ **65** 503. — Ref. AAS.

9134. Kometarische Modelle. VdS Nachr. **9** 86—87. — Ref.

§ 92

Einzelne Kometen

9201. **J. Bouška,** Die Kometen des Jahres 1959. Vesmír **39** 166 (tschech.).

9202. **J. Gadomski,** Komety 1959 roku. Urania Kraków **31** 81—83.

9203. **K. Mayrhofer,** Die periodischen Kometen des Jahres 1960. Sternenbote **3** 14—17. — Vorschau.

9204. **J. Meeus,** Periodieke kometen met een enkele waargenomen verschijning. Hemel en Dampkring **58** 292—293.

9205. **D. D. Meisel,** A. L. P. O. comets section report No. 3. Strolling Astr. **14** 106—110.

9206. **J. G. Porter,** Comets (1959). Quarterly J. RAS **1** 227—235. — Fortschrittsbericht.

9207. **H. Q. Rasmusen,** Kometerne. NAT 1960 S. 105—106, 144—145.

9208. **E. Roemer,** Comet notes. Publ ASP **72** 62—64, 134—138, 213—215, 322—325, 423—426, 512—515.

9209. Kometen 1960. Astr. News Letter Taipei Obs. **13** 7 (chines.).

9210. Cometas en 1959. El Universo **14** 66—67.

9211. Roman numeral designation. Heavens **41** 43 (japan.).

9212. Comet notes. Heavens **41** 158—159, 214—215, 245—246, 302—303 (japan.).

9213. Comets 1960. Heavens **41** 298 (japan.).

9214. Comet notes. J. Astr. Soc. Victoria **13** 11—12, 33, 43—44, 68.

9215. Comet notes. JBAA **70** 196—199.

9216. Comet notes. Obs **80** 38—39, 121—122, 165—166, 207, 245.

9217. Definitywne oznaczenie komet z r. 1956. Urania Kraków **31** 144—145. — Die definitiven Bezeichnungen der Kometen des Jahres 1956.

9218. Roman numeral designations of comets in 1956. YC Nr. 1560.

* * **Komet 1900 III (= 1946 V) P/Giacobini-Zinner**

9219. **Komet 1905 IV Kopff**

BAN **15** 127—155. Definitive elements for comets 1905 IV (Kopff), 1941 VIII (van Gent), 1946 I (Timmers) and 1946 VI (Jones). G. Pels.

* * **Komet 1906 IV (= 1958 I) P/Kopff**

* * **Komet 1925 II (= 1957 IV) P/Schwassmann-Wachmann 1**

9220. **Komet 1938 I (= 1927 VI) P/Gale**

BAAH 1960 S. 50; UAI Circ 1716.

9221. **Komet 1939 III Jurlof-Achmarof-Hassel**

BIA **7** 713—728 (russ. mit engl. Ref.). The definitive orbit of comet Jurlof-Achmarof-Hassel (1939 III). L. M. Belous. — Definitive Bahnbestimmung aus den zu 12 Normalörtern zusammengefaßten 399 Beobachtungen unter Berücksichtigung der Störungen von Venus bis Saturn. T. L.

9222. **Komet 1941 VIII van Gent**

BAN **15** 127—155. Vgl. 1905 IV (Kopff).
BAN **15** 163. The original values of 1/a for comets 1941 VIII (van Gent) and 1946 VI (Jones). H. A. Pels-Kluyver.

* * **Komet 1942 VII (= 1958 IV) P/Oterma**

* * **Komet 1942 e (= 1948 VIII) P/Forbes**

9223. **Komet 1943 I (= 1942 g) Whipple-Fedtke-Tevsadse**

AJ UdSSR **37** 709—715 (russ. mit engl. Ref.). Partial gas densities in the comet 1942 g Whipple. B. A. Woronzow-Weljaminow. — Eine mit Objektivprisma aufgenommene und mit Röhrenphotometer standardisierte Aufnahme von 1943 März 11 wurde spektralphotometrisch ausgewertet. Der Verlauf der Isophoten war durch die Emissionsbanden CN 3883, C_2 4730 und C_3 4050 bestimmt. Es konnte an das Spektrogramm eines F8-Sterns angeschlossen werden. Die partiellen Massen für CN, C_2 und C_3 wurden innerhalb einer Isophote mit 15′

(3.7×10^5 km) Radius abgeleitet, außerdem die Molekülzahlen pro cm^3 am Kern und an der Grenzisophote. Verf. diskutiert, wo die eigentliche Grenze der Koma liegt. Die spektralphotometrisch erhaltene Masse der Koma stimmt gut mit der Masse überein, die aus der visuellen Helligkeit nach der Methode von Zanstra geschätzt worden war. O. G.

9224. Komet 1946 I Timmers

BAN **15** 127—155. Vgl. 1905 IV (Kopff).

9225. Komet 1946 V (= 1940 I) P/Giacobini-Zinner

AC Nr. 209 S. 5—6; Heavens **41** 11; MN ASSA **19** 9; UAI Circ 1709, 1713, 1715, 1717; Union Circ **6** 320; Urania Kraków **31** 307—308; VdS Nachr. **9** 13, 15.

AC Nr. 208 S. 6 (russ.). Photographic positions of the comet Giacobini-Zinner (1959 b) from Pulkowo observations. T. P. Kisselewa.

AC Nr. 208 S. 7 (russ.). Observations of the comet Giacobini-Zinner (1959 b) in Kasan. N. G. Riswanow.

AC Nr. 208 S. 8—9 (russ.). Photographic observations of the comet Giacobini-Zinner (1959 b) in Taschkent. H. Ischmuchamedow.

AJ **65** 163—165 = Lick Obs. Bull. Nr. 565. Vgl. Komet 1957 IV.

Ann d'Astrophys **23** 498 = Publ. Obs. Haute-Provence **5** Nr. 8. Observations polarimétriques de la comète Giacobini-Zinner (1959 b). M.-T. Martel. — Ergebnisse von Beobachtungen 1959 Okt. 25 und 31.

Ann d'Astrophys **23** 788—796 = Publ. Obs. Haute-Provence **5** Nr. 15 = Inst. d'Astrophys. Univ. Liège Coll. 4° Nr. 110. Observations physiques de la comète périodique Giacobini-Zinner (1959 b). P. Mianes, S. Grudzińska, A. Stawikowski. — Die Helligkeit des periodischen Kometen Giacobini-Zinner (1959 b) wurde photoelektrisch in zwei Spektralbereichen gemessen. Im Zentrum des einen Bereiches liegt die (0—0)-Bande des CN. Die Dimensionen des Kernes wurden geschätzt: Der Radius hat die Größenordnung 1 km. Die photoelektrischen Helligkeiten von 1959 b und 1957 c wurden verwandt, um die Häufigkeiten der CN- und C_2-Radikale und der festen Partikel im Kometenkopf zu schätzen. Stu.

Postępy Astr. 8 39—40. Kometa Giacobini-Zinner 1900 III. J. Kordylewski. — Verf. hat die Bearbeitung dieses Kometen, insbesondere die Verknüpfung der Erscheinungen in den Jahren 1900 und 1913, übernommen. Der Komet steht mit den (Okt.-)Draconiden in Zusammenhang. E. R.

Urania Kraków **31** 88. Złączenie komety Giacobini-Zinner z gwiazdą stałą. L. Wohlfeil.

VdS Nachr. **9** 13. Komet Scharow (1959 g) = Giacobini-Zinnerscher Komet (1959 b).

9226. Komet 1946 VI Jones

BAN **15** 127—155. Vgl. 1905 IV (Kopff).
BAN **15** 163. Vgl. 1941 VIII (van Gent).

9227. Komet 1948 VIII (= 1942 III) P/Forbes

BAAH 1960 S. 56; UAI Circ 1741, 1747; VdS Nachr. **9** 129.

*** * Komet 1948 b (= 1954 XI) P/Wirtanen**

9228. Komet 1949 V (= 1939 IV) P/Väisälä 1

AC Nr. 208 S. 2—3; AJ **65** 165 = Lick Obs. Bull. Nr. 565; BAAH 1960 S. 52; PAT **41** 83; UAI Circ 1717; VdS Nachr. **9** 12.

9229. Komet 1950 VI (= 1942 VI) P/Wolf 1

AA **10** 75—83. Researches on the motion of comet P/Wolf I. Part XVIII. Disturbed motion of the comet in 1959. M. Kamieński. — Verf. hat die Störungen durch Venus, Erde, Mars, Jupiter, Saturn und Uranus auf die Bewegung dieses Kometen im Jahre 1959 berechnet und ein neues Elementensystem aufgestellt. Der nächste Periheldurchgang, der 11., wird etwa 1967 Aug. 27 stattfinden. E. R.

AA **10** 139—151. Approaches of comet P/Wolf I to Jupiter on the background of centuries. M. Kamieński. — Nach einer Fixierung der Begriffe «naher, mittlerer und entfernter Annäherungen» an Jupiter diskutiert Verf. zunächst die Annäherungen des Kometen an Jupiter für die Zeit 1638—1750, für 1750—1959 und schließlich für die Zeit nach 1959. Für die Periheldurchgänge des Kometen von 1959—2064 wird eine Liste gegeben. Der nächste Durchgang ist 1967 Aug. 27 zu erwarten. E. R.

AA **10** 221—226. Comet P/Wolf I in 1958. M. Kamieński. — Aus der scheinbaren Helligkeit dieses Kometen zur Zeit seiner Auffindung am 13. 6. 1958 ergibt sich als absolute Größe im Jahr 1958 H_0 (pg) = 14^m1. Verf. schließt daraus, daß sie auch zur Zeit des Periheldurchgangs des Kometen im Jahre 1967 vom gleichen Betrag sein wird. Das Elementensystem für 1950 Okt. 6.0 diente als Grundlage für den Vergleich der Theorie mit den Beobachtungen von 1958. Außerdem wurde die auf den Elementensystemen Q_l beruhende Theorie mit den Normalörtern der Jahre 1925 bis 1958 verglichen. Diese Elementensysteme sind sehr genau und können den Störungsrechnungen für die Jahre 1960 bis 1967 zu Grunde gelegt werden. E. R.

9230. Komet 1951 X P/Arend

UAI Circ 1708.

Leningrad, Astr. Hauptobs. Pulkowo. Vorausberechnung der Erscheinung des Kometen 1951 X Arend. S. U. Kan. — Diss. Ref.

9231. Komet 1952 III (= 1943 V) P/Schaumasse

AC Nr. 208 S. 4; BAA Circ 420; BAAH 1960 S. 51; Heavens **41** 11; UAI Circ 1721; YC Nr. 1569.

AJ **65** 163—165 = Lick Obs. Bull. Nr. 565. Vgl. Komet 1957 IV.

9232. Komet 1952 VII (= 1944 II) P/Comas Solá

AC Nr. 212 S. 1, Nr. 217 S. 6; BAA Circ 424; BAAH 1960 S. 54; BSAF **74** 285; Gaz astr **42** 29; Harv Card 1493; PAT **41** 163; UAI Circ 1725, 1732, 1743, 1745, 1746; Urania Kraków **31** 236; VdS Nachr. **9** 95; YC Nr. 1573.

9233. Komet 1953 IV (= 1932 IV) P/Borrelly

AC Nr. 208 S. 5, Nr. 215 S. 2; BAA Circ 426; BAAH 1960 S. 56—57; BSAF **74** 389; Gaz astr **42** 30; Harv Card 1504, 1505; PAT **41** 163; UAI Circ 1739; VdS Nachr. **9** 120.

9234. Komet 1953 V (= 1946 IV) P/Brooks 2

AC Nr. 215 S. 1—2; BAA Circ 425; BSAF **74** 343; Gaz astr **42** 29; Harv Card 1500; UAI Circ 1736; VdS Nachr. **9** 95—96.

9235. Komet 1953 VI (= 1953 e) P/Harrington 2

AC Nr. 215 S. 1; BAA Circ 425; BSAF **74** 343; Gaz astr **42** 29; PAT **41** 163; UAI Circ 1713, 1736; VdS Nachr. **9** 39—40, 95; YC Nr. 1563.

9236. Komet 1953 VII (= 1926 V) P/Finlay

AC Nr. 208 S. 5—6, Nr. 217 S. 6—7; BAA Circ 424, 426; BAAH 1960 S. 57—58; BSAF **74** 285, 426; Gaz astr **42** 28; Harv Card 1488, 1492, 1506; PAT **41** 163; UAI Circ 1731, 1734, 1741, 1745; Urania Kraków **31** 236; VdS Nachr. **9** 94—95, 129.

UAI Circ 1737. Meteors associated with comet Finlay. I. Hasegawa. — Vgl. Ref. **9339**.

9237. Komet 1954 VI (= 1947 VII) P/Reinmuth 2

BAA Circ 423, 424; BAAH 1960 S. 53; BSAF **74** 285; Gaz astr **42** 28; Harv Card 1486; PAT **41** 163; UAI Circ 1716, 1728, 1731; Urania Kraków **31** 236; VdS Nachr. **9** 78; YC Nr. 1574.

9238. Komet 1954 XI (= 1947 XIII) P/Wirtanen

AC Nr. 217 S. 3—5; BAA Circ 427; Harv Card 1483, 1513; Gaz astr **42** 70; UAI Circ 1745.

AJ **65** 385—386. The elements and ephemeris of comet Wirtanen 1948 b. P. Herget. — Unter Benutzung einer IBM 650 wurde eine Bahnverbesserung für den Kometen 1948 b durchgeführt. Den Rechnungen sind 23 Beobachtungen, 9 aus dem Jahre 1948 und 14 von 1954, zu Grunde gelegt. Zur Berechnung der Störungen wurde die von Musen (vgl. AJB **54** Ref. **4224**) angegebene Methode verwendet. Für die Erscheinung des Kometen im Jahre 1961 wird eine Ephemeride mitgeteilt. Henn

9239. Komet 1954 XIII (= 1955 a) P/Harrington-Abell

UAI Circ 1742.

9240. Komet 1955 I (= 1948 VII) P/Schwassmann-Wachmann 2

BAA Circ 426; BSAF **74** 389; Gaz astr **42** 29—30; Harv Card 1502; PAT **41** 163; UAI Circ 1733, 1737, 1746; VdS Nachr. **9** 107.

9241. Komet 1955 II (= 1947 IX) P/Faye

AC Nr. 211 S. 5—7 (russ.). Comet Faye. F. B. Chanina.

9242. Komet 1955 III (= 1955 e) Mrkos

Ann d'Astrophys **23** 1025—1031 = Inst. d'Astrophys. Univ. Liège Coll. 4° Nr. 113. Densité des molécules de C_2 dans la tête de la comète Mrkos 1955 e. L. Houziaux.

Circ. Astr. Obs. Lwow Nr. 35 — 36 S. 48—50 (russ.). Vgl. Komet Honda 1955 g.

9243. Komet 1955 V (= 1955 g) Honda

Circ. Astr. Obs. Lwow Nr. 35—36 S. 48—50 (russ.). Beobachtungen von Kometen am Astronomischen Observatorium Lwow. J. T. Kapko.

9244. Komet 1955 VII (= 1909 III) P/Perrine-Mrkos

Postępy Astr. 8 57—59. Zbliżenie komety Perrine I do Jowisza w 1959 roku. R. Szafraniec. — Unter Zugrundelegung des von Hirose abgeleiteten Elementensystems (UAI Circ 1534) wurden für den Kometen Perrine I die Jupiterstörungen für die Zeit vom 30. 9. 1955 bis 25. 2. 1962 berechnet. Die Kometenbewegung wurde damit für den Zeitraum 13. 11. 1958 bis 27. 1. 1960 ermittelt. Außerdem wurden für die Epoche und Oskulation 1962 Febr. 25 die Elemente angegeben. E. R.

9245. Komet 1957 II (= 1951 VIII) P/Tempel 2

UAI Circ 1747.

9246. Komet 1957 III (= 1956 h) Arend-Roland

UAI Circ 1714; YC Nr. 1565.

Anzeiger Österreich. Akad. Wiss. Math.-naturwiss. Kl. **97** 182—187. Helligkeit und Schweifentwicklung des Kometen Arend-Roland (1956 h) nach seinem Periheldurchgang. H. Haupt. — Verf. diskutiert seine auf der Kanzelhöhe in der Zeit 1957 April 22—Mai 29 gewonnenen physischen Beobachtungen. Mitgeteilt werden visuelle Gesamthelligkeiten des Kometen sowie die Längen von Haupt- und Gegenschweif. Henn

ApJ **132** 867—882. The nature of the grains in the tails of comets 1956 h and 1957 d. W. Liller. — Spektroskopisch-photoelektrische Beobachtungen der Schweife dieser Kometen zeigen, daß bei einer heliozentrischen Distanz von etwa 2/3 AE die Strahlung zwischen 3400 Å und 6400 Å größtenteils kontinuierlich und röter als die Sonnenstrahlung war. Der Vergleich zwischen beobachteten Energieverteilungen und theoretischen Kurven der Lichtstreuung an kleinen Teilchen zeigt zwingend, daß Eisenkügelchen mit mittleren Durchmessern von 0.6 μ und Massen von 8×10^{-13} g diese Strahlung hervorriefen. Die Untersuchung der Helligkeiten der Schweife erlaubte Schätzungen der Gesamtmasse dieser Teilchen in jedem der beiden Kometenschweife. Verf. (ü.)

Astr. Obs. Biul. Vilnius Nr. 1 S. 22—27. Apie Arendo-Rolando kometos uodegas. V. Straižys.

BAB **5** 12—14, 1959. Observations photographiques de la comète Arend-Roland (1956 h). Effectuées à l'astrographe double de 40 cm. S. Arend, F. Rigaux.

BAB **5** 17, 1959. Observations visuelles de la comète Arend-Roland (1956 h). S. Arend, J. Dommanget.

BAB **5** 18—20, 1959. Observations de la comète Arend-Roland (1956 h). E. Vandekerkhove.

BAB **5** 24—25, 1959. Observations des spectres des comètes Arend-Roland (1956 h) et Mrkos (1957 d). J. Hunaerts, A. Velghe.

Bote Univ. Kiew (Astr., Math., Mechan.) Nr. 1 S. 129—130, 1958 (russ.). Die Helligkeit des Kometen 1956 h. S. K. Wsechswjatskij. — Ref. in RJ UdSSR 1961 Nr. 3 S. 63—64.

Bull. Astr.-Geod. Ges. UdSSR Nr. 26 S. 22—26 (russ.). Die Polarisation in verschiedenen Teilen des Kometen 1956 h Arend-Roland. D. L. Astawin-Rasumin.

CR **250** 293—295. Étude sur la queue normale de la comète Arend-Roland 1956 h. G. Guigay. — Aus 10 Aufnahmen zwischen April 22 und Mai 17, 1957, werden nach Formeln von Pape die Winkelöffnung des den Schweif umschreibenden Kegels und der Winkel zwischen Schweifachse und Verbindungslinie Komet—Sonne bestimmt. Die Form des Schweifes in einem bestimmten Augenblick kann durch die Annahme gedeutet werden, daß er aus Teilchen bestehe, die etwa zu gleicher Zeit (etwa um das Perihel herum) mit geringen Geschwindigkeiten den Kern verlassen haben und danach verschieden großen Repulsivkräften ausgesetzt waren. J. P. M.

JO **43** 101—115. Recherches sur la queue normale de la comète Arend-Roland 1956 h. G. Guigay. — An Hand verschiedener Beobachtungen wird gezeigt, daß die Achse des normalen Schweifs in der Bahnebene beträchtlich große Winkel (30—60°) gegen den verlängerten Radiusvektor bildet. Im Sinne der Bredichinschen Theorie der Kometenformen entspricht die Schweifachse einer «Synchrone». Stu.

Mitt. Astr. Hauptobs. Golossejewo **3** Nr. 1 S. 89—93 (russ.). Beobachtungen des Kometen Arend-Roland an den kleinen Astrographen von Golossejewo. F. I. Lukazkaja.

Mitt. Astrophys. Inst. Alma-Ata **9** 21—28 (russ. mit engl. Ref.). Photometrische Untersuchung des Kometen Arend-Roland. A. W. Kurtschakow. — Aufnahmen des Kometen Arend-Roland mit der 50 cm-Maxutow-Kamera des Observatoriums Alma-Ata wurden bearbeitet. Die Form der Isophoten der Koma vom 5. V. bis 15. V. zeigt keine größeren Änderungen. Die Gesamthelligkeit der Koma war am 15. V. 2^m. Für den Schweif wurde ein Polarisationsgrad von 30% gefunden, für die Koma 26% und für den anomalen Schweif 32% (Phasenwinkel 80°). Von der mechanischen Theorie der Kometenformen ausgehend wird auf Grund der photometrischen Ergebnisse im Spektralbereich 5000—6500 Å der Strahlungsbeitrag der Moleküle C_2 zu 80%, des Staubes zu 20% abgeleitet. Die Masse der C_2-Moleküle in der Koma wird zu 10^{11} g, die des Staubes zu 3×10^{10} g geschätzt. Die Gesamtmasse des Kometen dürfte eine Größenordnung höher sein. Ond.

MN **120** 152—162 = Uttar Pradesh State Obs. Repr. Nr. 4. Polarization measures of comet Arend-Roland (1956 h) and comet Mrkos (1957 d). M. K. V. Bappu, S. D. Sinvhal. — Photoelektrische Polarisationsmessungen im Kontinuum bei 4800 Å ergaben für den Phasenwinkel 90° bei den Kometen Arend-Roland (1956 h) und Mrkos (1957 d) etwa 20%. Für die Na-Emissionslinien bei 5890 Å (durch Interferenzfilter ausgeblendet) ergab Komet Mrkos für den Phasenwinkel 90° den Wert 37.4% in Übereinstimmung mit der Theorie der Polarisation der Na-Resonanzfluoreszenzstrahlung. Thi.

Publ ASP **72** 10—23. Photoelectric photometry of diffuse galactic nebulae and comet Arend-Roland. H. M. Johnson. — Vgl. Ref. **13120**.

Tartu Astr. Obs. Publ. **33** 289—295 (russ. mit engl. Ref.). Extra-focal photometry of the comets 1956 h Arend-Roland and 1957 d Mrkos. V. Riives.

Vistas in Astronomy **3** 137—142 = Stockholms Obs. Medd. Nr. 118. The anomalous tail of comet Arend-Roland. G. Larsson-Leander. — Aus 11 Aufnahmen des Kometen, die in Stockholm, Lund, Uppsala und Gothenburg zwischen 1957 April 22 und Mai 2 erhalten wurden, ist die geometrische Struktur des perspektivisch stark verzerrt erscheinenden Schweifs abgeleitet. Es zeigt sich, daß die Materie des ziemlich breiten Schweiffächers im wesentlichen in der Bahnebene blieb. Bey.

9247. Komet 1957 IV (= 1941 VI) P/Schwassmann-Wachmann 1

Harv Card 1477; UAI Circ 1721; YC Nr. 1568.

AJ **65** 163—165 = Lick Obs. Bull. Nr. 565. Observations of comets and of Icarus (1566). H. M. Jeffers, J. Gibson.

Mitt. Astr. Hauptobs. Golossejewo **3** Nr. 1 S. 105—114 (russ.). Die Natur des Leuchtens des Kometen Schwassmann-Wachmann 1925 II. W. I. Tscherednitschenko. — Um die Helligkeit 17^m des Kometen Schwassmann-Wachmann in der Entfernung von 7 AE von der Sonne zu erklären, untersucht Verf. verschiedene Leuchtmechanismen. Setzt man Reflexion des Sonnenlichts an Staubteilchen voraus, kommt man zu einem unwahrscheinlich hohen Massenverlust (17%) des Kerns in 12 Jahren. Ferner zeigt eine Abschätzung der Strahlung der CN-Moleküle (λ 3883), daß die Helligkeit der Gaskomponente die der Staubpartikel um $4^m\!.8$ übersteigt. Dagegen kann die Lichtstreuung an Elektronen völlig vernachlässigt werden (Helligkeit $31^m\!.2$). Nimmt man an, daß die Eisschicht im Kometenkern mit Staub bedeckt ist, können die C_2N_2-Moleküle nicht durch Photonen-, sondern durch Korpuskularstrahlung der Sonne losgelöst werden. Ond.

Sterne **36** 128. Ein Helligkeitsausbruch des Kometen 1925 II. J. Schubart.

Vgl. Ref. **1305** S. 92—101. Die Natur des Leuchtens des Kometen Schwassmann-Wachmann. W. I. Tscherednitschenko.

9248. Komet 1957 V (= 1957 d) Mrkos

UAI Circ 1740; VdS Nachr. **9** 129—130.

AJ **65** 163—165 = Lick Obs. Bull. Nr. 565. Vgl. Komet 1957 IV.

Ann d'Astrophys **22** 790—811 = Commun. Obs. Roy. Belgique Nr. 164. Étude de la bande λ 3883 de CN dans le spectre de la comète Mrkos 1957 d. J. Hunaerts. — Vgl. AJB **59** Ref. **9250**.

Ann d'Astrophys **23** 480—497 = Publ. Obs. Haute-Provence **5** Nr. 7. Variations de la polarisation observée du 18 au 29 août dans la comète 1957 d pour des régions situées à moins de 4' du noyau. M.-T. Martel. — Auf 112 Platten, die mit einem Gitterpolarimeter nach Öhman im Cassegrain-Fokus des 80 cm-Spiegels des Obs. Haute-Provence in 9 verschiedenen Spektralbereichen vom hellen Kometen Mrkos (1957 d) erhalten waren, sind der Grad und die Richtung der Polarisation des kontinuierlichen Lichts in zahlreichen, eng begrenzten Gebieten des Kopfes und Schweifs gemessen worden. Die Polarisationsebene der im Schweif gemessenen Ausschnitte führt durch die Sonne. Im übrigen lassen die Ergebnisse auf Teilchen mit einem mittleren Brechungsindex von 1.33 und einem mittleren Radius von 0.2—0.3 μ schließen. Alle in 11 aufeinanderfolgenden Nächten erhaltenen Messungen sind in Figuren bildlich dargestellt. Bey.

Anzeiger Österreich. Akad. Wiss. Math.-naturwiss. Kl. **97** 280—281. Definitive Bahnbestimmung des Kometen 1957 d (Mrkos). G. Schrutka-Rechtenstamm. — Ref.

ApJ **132** 867—882. Vgl. Komet 1957 III (1956 h).

BAB **5** 20—21, 1959. Observations visuelles de la comète Mrkos (1957 d) à l'équatorial de 45 cm, en août 1957. J. Dommanget.

BAB **5** 22, 1959. Observations de la comète Mrkos (1957 d). E. Vandekerkhove.

BAB **5** 24—25, 1959. Vgl. Komet 1957 III (1956 h).

Bote Univ. Kiew (Astr., Math., Mechan.) Nr. 1 S. 131—133, 1958 (ukrain. mit russ. Ref.). Visuelle Beobachtungen und Helligkeitsschätzungen des Kometen 1957 d (Mrkos). S. K. Wsechswjatskij. — Ref. in RJ UdSSR **1961** Nr. **3** S. **64**.

Bull. Astr.-Geod. Ges. UdSSR Nr. 28 S. 3—5 (russ.). Die Polarisation in verschiedenen Teilen des Kometen Mrkos (1957 d). D. L. Astawin-Rasumin. — Der Komet wurde vom 8. bis 15. Aug. 1957 photographisch-polarimetrisch beobachtet. Der Polarisationsgrad änderte sich innerhalb kurzer zeitlicher und örtlicher Zwischenräume merklich und lag zwischen 8.3 % und 35 %. Abschließend wird über einige auswärtige und ausländische Beobachtungen berichtet. Loh.

Circ. Astr. Obs. Taschkent Nr. 301 S. 16 (russ.). Beobachtungen des Kometen Mrkos 1957 d. H. Ischmuchamedow.

JO **43** 61—68 = Publ. Obs. Haute-Provence **4** Nr. 57. Le spectre de la comète Mrkos 1957 d. Nguyen-Huu-Doan. — Die Wellenlängen der Emissionslinien des Kometen Mrkos (1957 d) im Wellenlängenbereich 3850—6050 Å wurden aus 10 Aufnahmen mit einem Objektivprisma bestimmt. Die zeitliche Änderung des Intensitätsverhältnisses der Banden CO^+ (4570)/C_2 (4737) und CO^+ (4270)/CN (4214) wurde gemessen. Thi.

MN **120** 152—162 = Uttar Pradesh State Obs. Repr. Nr. 4. Vgl. Komet 1957 III (1956 h).

Tartu Astr. Obs. Publ. **33** 289—295. Vgl. Komet 1957 III Arend-Roland.

9249. Komet 1957 VI (= 1956 c) Wirtanen

UAI Circ 1730; YC Nr. 1574.

AJ **65** 163—165 = Lick Obs. Bull. Nr. 565. Vgl. Komet 1957 IV.

UAI Circ 1709. Comet Wirtanen (1956 c). — I. Haségawa übernimmt die Bahnbestimmung.

9250. Komet 1957 VIII (= 1954 IX) P/Encke*)

AC Nr. 211 S. 3—5, Nr. 217 S. 3; BAA Circ 426, 427; BAAH 1960 S. 55; BSAF **74** 389; Gaz astr **42** 29; Harv Card 1502; PAT **41** 163; UAI Circ 1737; VdS Nachr. **9** 107.

*) In russ. Arbeiten als Komet Encke-Backlund bezeichnet.

DAN **134** 552—554 (russ.). The motion of Encke-Backlund's comet for the years 1898—1911 and a recent determination of the mass of Mercury. S. G. Makower, N. A. Bochan.

VdS Nachr. **9** 113—115. Der Komet Encke. Zu seiner 46. beobachteten Wiederkehr im Februar 1961. V. Orlovius.

*** * Komet 1957 e (= 1958 II) P/Reinmuth 1**

9251. Komet 1958 I (= 1951 VII) P/Kopff

AA **10** 209—220. The motion of P/comet 1906 IV (Kopff) in the sphere of predominance of Jupiter in the first half of the year 1954. F. Kępiński. — Die Bewegung des Kometen Kopff wurde für die kritische Periode der Annäherung an Jupiter im Jahre 1954 erneut berechnet (vgl. AJB **58** Ref. 8121). Die nach 2 Methoden im jovizentrischen und heliozentrischen System erhaltenen Ergebnisse wurden miteinander verglichen. Die Arbeit enthält eine Transformation der heliozentrischen Bahnelemente in jovizentrische unter Berücksichtigung der Störungen durch die Großen Planeten, eine Berechnung der Störungen im jovizentrischen System unter Berücksichtigung der Störungen durch Sonne und Planeten und ferner eine Transformation der jovizentrischen Elemente in heliozentrische. Beide Methoden führten zum gleichen Ergebnis. E. R.

AJ **65** 163—165 = Lick Obs. Bull. Nr. 565. Vgl. Komet 1957 IV.

UAI Circ 1709. Periodic comet Kopff (1906 IV, 1958 d). — F. Kępiński übernimmt die Bahnbestimmung.

9252. Komet 1958 II (= 1950 IV) P/Reinmuth 1

AJ **65** 163—165 = Lick Obs. Bull. Nr. 565. Vgl. Komet 1957 IV.

9253. Komet 1958 III (= 1958 a) Burnham

AC Nr. 211 S. 7—8.

AJ **65** 163—165 = Lick Obs. Bull. Nr. 565. Vgl. Komet 1957 III.

AN **285** 280. Photographische Beobachtungen des Kometen 1958 a (Burnham) auf der Sternwarte Sonneberg. C. Hoffmeister.

Hemel en Dampkring **58** 124—128. Op zoek naar komeet Burnham. B. Ernst.

9254. Komet 1958 IV (= 1950 III) P/Oterma

AJ **65** 163—165 = Lick Obs. Bull. Nr. 565. Vgl. Komet 1957 IV.

9255. Komet 1958 V (= 1952 II) P/Harrington 1

Harv Card 1499; UAI Circ 1729.

9256. Komet 1958 VI P/Slaughter-Burnham

AJ **65** 163—165 = Lick Obs. Bull. Nr. 565. Vgl. Komet 1957 IV.

*** * Komet 1958 c (= 1950 VI) P/Wolf 1**

*** * Komet 1958 d (= 1958 I) P/Kopff**

9257. Komet 1958 e Burnham-Slaughter

AC Nr. 209 S. 5—6; UAI Circ 1707.

*** * Komet 1959 a (= 1958 VI) P/Slaughter-Burnham**

*** * Komet 1959 b (= 1946 V) P/Giacobini-Zinner**

*** * Komet 1959 c (= 1951 X) P/Arend**

9258. Komet 1959 d Bester-Hoffmeister

Harv Card 1463; Obs **80** 33—34; YC Nr. 1558.
AN **285** 279—280. Photographische Beobachtungen des Kometen 1959 d (Bester-Hoffmeister). C. Hoffmeister.
Sterne **36** 94—95. Entdeckungsgeschichte des Kometen 1959 d (Bester-Hoffmeister). C. Hoffmeister.

9259. Komet 1959 e Alcock

AC Nr. 209 S. 5—6; YC Nr. 1558.
AJ **65** 163—165 = Lick Obs. Bull. Nr. 565. Vgl. Komet 1957 IV.
Sterne **36** 33—34. Das Spektrum des Kometen 1959 e (Alcock).

9260. Komet 1959 f Alcock

Heavens **41** 11; UAI Circ 1709; Union Circ **6** 320; YC Nr. 1559.
Publ ASP **72** 361—362. Comet Alcock, 1959 f, and the problem of «disappearing» comets. E. Roemer. — Ref. ASP.
Strolling Astr. **14** 32. Disappearance of comet 1959 f.

*** * Komet 1959 h (= 1952 III) P/Schaumasse**

*** * Komet 1959 i (= 1949 V) P/Väisälä 1**

9261. Komet 1959 j Mrkos

AC Nr. 208 S. 1; BAA Circ 417; Harv Card 1466; Heavens **41** 43; PAT **41** 84; Sternenbote **3** 8; UAI Circ 1706—1709, 1713, 1735; VdS Nachr. **9** 12—13, 26, 27; VdS Nachr. Schnellmitt. Nr. 1; YC Nr. 1558, 1560, 1563.

9262. Komet 1959 k Burnham

AC Nr. 209 S. 4—5, Nr. 211 S. 2; BAA Circ 417, 418, 421, 422; BSAF **74** 44, 93, 189—190, 229—230, 257, 273—275; Coelum **28** 55; Harv Card 1464, 1465, 1467, 1471, 1481, 1485, 1487; Heavens **41** 46, 150; Hemel en Dampkring **58** 72—75; J RAS Canada **54** 92; Kop Akt Medd 409, 411, 413; MN ASSA **19** 18, 42, 60—61; NAT 1960 S. 36, 72; Orion Schaffhausen **5** 857—858, 922; PAT **41** 84; RH **41** 121—122; Sternenbote **3** 20, 30—31, 47, 71—72; Strolling Astr. **14** 12—13; UAI Circ 1706, 1707, 1709, 1711, 1713, 1715, 1718, 1719, 1721—1730, 1732, 1734—1736; Urania Kraków **31** 85—86; VdS Nachr. **9** 26—27, 52—53, 63—64, 64—66, 80—82, 96, 107—109, 120, 130; VdS Nachr. Schnellmitt. Nr. 1; YC Nr. 1559, 1561, 1563, 1565, 1567—1574, 1576.
AC Nr. 211 S. 2 (russ.). Comet Burnham (1959 k). S. K. Wsechswjatskij, D. J. Martynow.
AC Nr. 211 S. 2—3 (russ.). Positions of comet Burnham (1959 k). A. G. Krylow.
AC Nr. 212 S. 2 (russ.). Tail of the comet Burnham (1959 k). V. Straižys.
AC Nr. 213 S. 1 (russ.). Photographic observations of comet Burnham 1959 k in Abastumani. G. N. Salukwadse.
AC Nr. 213 S. 2 (russ.). Brightness of comet Burnham (1959 k). M. H. Kadyrow.
Astr. News Letter Taipei Obs. **13** 5 (chines.). Comet 1959 k Burnham.
Ciel et Terre **76** 177—178. Observation de la magnitude visuelle apparente de la comète Burnham (1959 k). E. Gilson.
Hemel en Dampkring **58** 122—124. Nieuws van de komeet Burnham. J. Meeus.
Obs **80** 198—199. Variable brightness of comet Burnham (1959 k) and auroral activity, 1960 April 27—30. D. R. Barber.

Sterne **36** 208—209. Das Spektrum des Kometen 1959 k (Burnham). W. Götz.

Sterne **36** 216—217. Visuelle Beobachtungen des Kometen Burnham (1959 k). P. Ahnert, C. Hoffmeister, K. Löchel, G. Richter.

Sterne **36** 247—248. Beobachtungen der Helligkeit des Kometen Burnham 1959 k. L. Bartha.

UAI Circ 1730. Absolute brightness of the comet Burnham (1959 k). J. Bouška.

Urania Kraków **31** 272—275. Obserwacje zmian jasności komety Burnhama (1959 k). A. Wróblewski. — Mitteilung von Helligkeitsschätzungen von 8 polnischen Amateuren vom 21. 4. bis 21. 5. 1960 und Bearbeitung von Helligkeitsmitteilungen in den IAU-Zirkularen. E. R.

9263. Komet 1960 a Burnham

BAA Circ 418; BSAF **74** 33; Coelum **28** 55; Gaz astr **42** 27; Harv Card 1468—1470; NAT 1960 S. 36; PAT **41** 84; UAI Circ 1711, 1712, 1721; Urania Kraków **31** 85—86, 236; VdS Nachr. **9** 27, 39; YC Nr. 1561, 1569.

9264. Komet 1960 b P/Wild

BAA Circ 421, 423; BSAF **74** 189; Gaz astr **42** 27—28, 70; Harv Card 1476, 1479, 1481, 1482; NAT 1960 S. 73; Orion Schaffhausen **5** 912; PAT **41** 84, 163; UAI Circ 1719, 1720, 1722—1724, 1740; Urania Kraków **31** 236; VdS Nachr. **9** 63, 130; YC Nr. 1568—1571.

*** * Komet 1960 c (= 1954 VI) P/Reinmuth 2**

*** * Komet 1960 d (= 1953 VII) P/Finlay**

9265. Komet 1960 e Humason

BAA Circ 424; BSAF **74** 285; Gaz astr **42** 28; Harv Card 1488, 1490, 1492, 1494, 1497, 1498, 1503; PAT **41** 163; UAI Circ 1731, 1732, 1734, 1735, 1738, 1746; Urania Kraków **31** 236; VdS Nachr. **9** 95, 120.

*** * Komet 1960 f (= 1952 VII) P/Comas Solá**

*** * Komet 1960 g (= 1953 VI) P/Harrington 2**

*** * Komet 1960 h (= 1953 V) P/Brooks 2**

*** * Komet 1960 i (= 1957 VIII) P/Encke**

*** * Komet 1960 j (= 1955 I) P/Schwassmann-Wachmann 2**

*** * Komet 1960 k (= 1953 IV) P/Borrelly**

9266. Komet 1960 l Malsch

AC Nr. 217 S. 5—6; BAA Circ 427; BSAF **74** 434; Gaz astr **42** 70; Harv Card 1505, 1507, 1514; Sternenbote **3** 145; UAI Circ 1741, 1744; VdS Nachr. **9** 129; VdS Nachr. Schnellmitt. Nr. 3.

*** * Komet 1960 m (= 1954 XI) P/Wirtanen**

9267. Komet 1960 n Candy

AC Nr. 215 S. 3; BAA Circ 428; BSAF **74** 477—478, 538; Gaz astr **42** 70—71; Harv Card 1517, 1518; UAI Circ 1747.

9268. Kometen. Verzeichnis der Beobachter und Berechner.

G. E. D. Alcock
T. Amagasu
L. J. Ananjewa
M. Antal
S. Archer
S. Arend
D. R. Barber
J. C. Bennett
C. Bertaud
W. Beyer
G. van Biesbroeck
J. Bouška
I. S. Bowen
K. Brandl
K. Brandt
H.-B. Brenske
D. S. Brown
J. Brustat
J. A. Bruwer
R. Burnham
R. Burnham jr.
M. P. Candy
D. W. Dewhirst
M. Ferreira Dias
C. Dinwoodie
Y. Dômoto
F. Dörr
F. Dossin
D. P. Elias
J. M. Engel
Erdman
J. H. Focas
R. Frisch
F. Gensicke
J. Gibson
H. L. Giclas
v. Gordon
W. M. Grigorewskij
I. Hasegawa
A. Hattori
M. J. Hendrie
P. Herget
J. Herrmann
C. Hoffmeister
M. Honda
M. L. Humason
C. Jackson
H. M. Jeffers
W. Jodłowski
A. Jones
S. U. Kan
F. Kimberger
K. Kôno
K. Kozieł
J. Kresák
L. Kresák
J. Kvízová
U. Langenbeck
L. E. da Silva Machado
S. G. Makower
W. Malsch
B. G. Mardsen
M. Matsui
A. McClure
J. Meeus
D. D. Meisel
Milbourn
T. Mitani
H. Miyamoto
B. Morkowska
A. Mrkos
Y. Murakami
T. Nagai
I. Naujoks
H. Neubrand
Nicholson
T. Nomura
A. Oberstatter
V. Orlovius
L. Oterma
L. Pajdušáková
R. Phildius
S. Plakidis
J. G. Porter
F. Praetorius
W. Quester
E. Rabe
H. Q. Rasmusen
H. K. Raudsaar
K. Reinmuth
C. J. Ribeiro
H. B. Ridley
Robinson
E. Roemer
G. D. Roth
S. Ruciński
F. Saldanha
Samborski
K. Schöbel
W. Schröder
G. Schrutka
J. Schubart
E. Schürmann
Z. Sekanina
J. W. Siddorn
M. Smetanová
H. S. Spigl
M. G. Sumner
Swindin
J. B. Tatum
I. L. Thomsen
J. Tremko
V. Väisälä
V. Vanýsek
S. Vaz
S. C. Venter
J. Villermaux
J. M. Vinter Hansen
A. Višnovcová
R. L. Waterfield
A. Weber
R. Weber
G. Wenning
Wieczorek
P. Wild
L. Wohlfeil
E. Worobjewa
A. Wróblewski
S. Wsechswjatskij
B. Yada

§ 93

Meteore

9301. R. Ananthakrishnan, Light curves of meteors. Nature **187** 675—676. — Im Zusammenhang mit der Diskrepanz zwischen den Beobachtungen und der physikalischen Theorie der Meteore von Jacchia wird eine neue Darstellung des Intensitätsverlaufs der Meteorausstrahlung im photographischen Spektralbereich längs der beobachtbaren Bahn versucht. Ho.

9302. **I. S. Astapowitsch,** Höhen und Radianten von Meteoren nach visuellen Basisbeobachtungen in Aschchabad und Firjusa 1950. Publ. Inst. Phys. Geophys. Akad. Wiss. Turkmen. SSR **6** 32—51, 1959 (russ.). — Ref. in RJ UdSSR 1961 Nr. 2 S. 64.

9303. **D. L. Astawin-Rasumin,** Störungen bei photoelektrischen Beobachtungen von Meteoren. Bull. Astr.-Geod. Ges. UdSSR Nr. 28 S. 6—10 (russ.). — Verf. untersucht die Auswirkung von Störungen bei der photoelektrischen Beobachtung von Meteoren und findet, daß hierbei die Verhältnisse komplizierter sind als bei der Beobachtung der Sterne. Ho.

9304. **G. W. Awraamowa,** Die Bestimmung von Meteorradianten nach der Methode der nichtabklingenden Schwingungen. Bull. Astrophys. Inst. Akad. Wiss. Tadshik. SSR Nr. 27 S. 31—36, 1959 (russ.). — Ref. in RJ UdSSR 1961 Nr. 3 S. 49.

9305. **P. B. Babadshanow, A. K. Sosnowa,** Photographische Beobachtungen von Meteoren im Jahre 1957. Bull. Inst. Astrophys. Stalinabad Nr. 29 S. 3—15 (russ.).

9306. **W. C. Bain,** The azimuth distribution of oblique reflections from meteor trails and its relation to meteor radiant distributions. J. Atmosph. Terr. Phys. **17** 188—204. — Um die Vorwärtsstreuung von Radiowellen an Meteorspuren berechnen zu können, muß die Meteorradiantenverteilung bekannt sein. Hier wird sie auf folgende Weise ermittelt: Drei wahrscheinliche Radiantenverteilungen sporadischer Meteore werden angenommen; aus jeder wird die Azimutverteilung der Meteorreflexionen berechnet, die dann mit den Beobachtungen bei 37 MHz verglichen werden kann. Dabei zeigt sich, daß eine heliozentrische kugelsymmetrische Radiantenverteilung mit der Beobachtung am besten übereinstimmt. Für Beobachtungen bei 70 MHz ist das Ergebnis ähnlich, aber nicht identisch, möglicherweise wegen unterschiedlicher Sendeantenneneigenschaften. HHR

9307. **L. P. Bassurmanowa,** Expedition to Simferopol for meteor observations in August 1959. AC Nr. 210 S. 28—29 (russ.).

9308. **A. T. Belouss, A. G. Ljubarskaja,** Radarbeobachtungen von Meteoren in Aschchabad von Juli bis Dezember 1959. Nachr. Akad. Wiss. Turkmen. SSR (Phys.-Techn., Chem., Geol.) 1960 Nr. 5 S. 143—144 (russ.). — Ref. in RJ UdSSR 1961 8A405.

9309. **J. H. Botham,** Some notes on visual and telescopic meteors. MN ASSA **19** 110—113.

9310. **R. E. Briggs,** The space distribution of meteoric dust particles. AJ **65** 341—342. — Ref. AAS.

9311. **W. H. Campbell,** Magnetic micropulsations accompanying meteor activity. J. Geophys. Res. **65** 2241—2245.

9312. **N. Carrara, P. F. Checcacci, L. Ronchi,** Volume density of radio echoes from meteor trails. Proc IRE **48** 2031—2032. — Ein Meteor läßt einen Schweif ionisierter Materie in der oberen Erdatmosphäre hinter sich, welcher zur Reflexion elektromagnetischer Strahlung benutzt werden kann. Verf. berechnen die Anzahl der zu erwartenden Echos von Meteorspuren als Funktion der geometrischen Bedingungen und der Ionisationsdichte. Oster

9313. **Z. Ceplecha,** Meteors collide with the earth. RH **41** 105—108 (tschech.).

9314. **E. S. Chejlo,** Bestimmung der Geschwindigkeit eines Meteors mit kleinem Abstiegswinkel. Mitt. Astr. Hauptobs. Golossejewo **3** Nr. 1 S. 119—125 (russ.).

9315. **A. F. Cook,** Heat transfer coefficient for meteors shielded by an air cap. AJ **65** 343. — Ref. AAS.

9316. **A. F. Cook, G. S. Hawkins,** The meteoric head echo. Smithsonian Contr. Astrophys. **5** 1—7 = Harv Repr (2) Nr. 160. — Verf. nehmen an, daß der Ionisationsbereich um den Meteor, an dem das Kopfecho reflektiert wird, durch UV-Strahlung entsteht, die von der Stoßkappe des Meteors ausgeht. Ionisiert wird in der Hauptsache der Sauerstoff. Für die Leuchtkraft eines Meteors im UV-Bereich wird, wenn die visuelle Helligkeit $-5^{m}_{.}7$ ist, ein Betrag $\geq 8 \times 10^{13}$ erg/sec errechnet. Ho.

9317. **J. G. Davies, J. C. Gill,** Radio echo measurements of the orbits of faint sporadic meteors. MN **121** 437—462. — Verf. untersuchen auf Grund von Radarbeobachtungen schwacher sporadischer Meteore die folgenden Eigenschaften der Bahnen dieser Meteoriten: Jahreszeitlicher Verlauf der Verteilung der geozentrischen Radianten nach ekliptikaler Länge und Breite, die Häufigkeit der großen Halbachsen, Exzentrizitäten und Bahnneigungen. Das Fehlen interstellarer Körper wird hervorgehoben und Einflüsse der Sonnenstrahlung und der Großen Planeten diskutiert. Ho.

9318. **W. P. Dokutschajew,** The formation of an ionized meteor trail. AJ UdSSR **37** 111—114 (russ. mit engl. Ref.). — Eine theoretische Untersuchung über die zeitliche und räumliche Verteilung der Elektronen in und um den vom Meteor überstrichenen Raum führt unter der Voraussetzung konstanter Geschwindigkeit und geringer Neigung der bewegten Elektronenquelle zu einer Lösung der Diffusionsgleichung. Ho.

9319. **W. P. Dokutschajew,** Electric discharge caused by meteorites moving in the atmosphere of the earth. DAN **131** 78—81 (russ.). — Die leuchtende Aureole des Meteors entsteht als eine Folge der Koronaentladung. Die Korona hat einen Durchmesser von der Ordnung 1 bis 2 km. Der erzeugte elektrische Strom kann Mikrovariationen des magnetischen Feldes der Erde bis zu 10^{-7} Gauß verursachen. Perek

9320. **G. C. Evans,** Radio echo observations of meteor activity between 1954 December and 1958 December. Astr. Contr. Univ. Manchester (1) Jodrell Bank Ann. **1** 280—337. — Es werden die Ergebnisse der Untersuchungen mit Hilfe der Radioechomethode mitgeteilt. Im ersten Teil der Arbeit handelt es sich um die Bestimmung des scheinbaren Radianten und der Intensität verschiedener Meteorströme auf Grund der Registrierungen an zwei festen unabhängigen Antennen. Im zweiten Teil werden die Ergebnisse für die Anordnung mit rotierender Antenne gegeben. Ein neuer Meteorstrom im Bootes wurde an beiden Apparaturen entdeckt. Thi.

9321. **E. I. Fialko,** On the distribution of meteoric bodies with velocity. AJ UdSSR **37** 354—356 (russ. mit engl. Ref.). — Verf. diskutiert die Diskrepanz der Geschwindigkeitsverteilung der Meteore zwischen den älteren und den Radarergebnissen und kommt zu dem Schluß, daß trotz der Selektivität der Radarmethode die Zahl der interstellaren Meteore äußerst gering sein muß. Ho.

9322. **E. I. Fialko,** The duration distribution of meteor radio echoes. II. Reflections from unstable trails. AJ UdSSR **37** 525—529 (russ. mit engl. Ref.). — Die Verteilung der Dauer von Meteor-Radarechos beim Typ des instabilen Ionisationskanals wird untersucht. Es zeigt sich, daß die Art dieser Verteilung durch das Gesetz der Massen- und Geschwindigkeitsverteilung der in

Frage stehenden meteorischen Körper und durch die Trägerfrequenz des Radargerätes bedingt ist. Ho.

9323. **E. I. Fialko,** The dependence of the mean hourly rates of registered meteors on the parameters of meteor bodies, the atmosphere and radio-echo apparatus. AJ UdSSR **37** 753—763 (russ. mit engl. Ref.). — Verf. gibt allgemeine formelmäßige Beziehungen für die Abhängigkeit der Zahl der registrierten Meteorspuren von den Parametern der Meteore, der in Frage stehenden Schichten der Erdatmosphäre und des benutzten Radargerätes. Ho.

9324. **E. I. Fialko,** Zur Abhängigkeit der Intensität der meteorischen Ionisation von der Geschwindigkeit des meteorischen Körpers. Publ. Sibir. Phys.-Techn. Inst. Univ. Tomsk 1959 Nr. 37 S. 219—228 (russ.). — Ref. in RJ UdSSR 1961 Nr. 1 S. 48.

9325. **E. I. Fialko,** Über den Einfluß der Wellenlänge auf die Wirksamkeit der Radarmethode bei der Untersuchung von Meteoren. Publ. Sibir. Phys.-Techn. Inst. Univ. Tomsk 1959 Nr. 37 S. 229—246 (russ.). — Ref. in RJ UdSSR 1961 Nr. 1 S. 48.

9326. **E. I. Fialko,** Über die Wahrscheinlichkeit der Ionisation durch Meteore. Radiotechn. Elektronik **4** 1206—1208, 1959 (russ.). — Ref. in Phys. Ber. **39** 1236.

9327. **A. M. Furman,** To the theory of ionization of meteor trails. I. The kinetics of the variation of the ionization parameters of meteor bodies during their motion in the earth's atmosphere. AJ UdSSR **37** 517—525 (russ. mit engl. Ref.). — Es wird der 1. Teil einer Theorie der Ionisationsvorgänge im Einschußkanal meteorischer Körper gegeben. Die Erzeugung der Elektronen und Ionen ist danach von der Austrittsarbeit und dem Ionisationspotential der verschiedenen Atome abhängig. Ho.

9328. **A. M. Furman,** A theory of ionization of meteor trails. II. The role of ionizing phenomena on the surface of a meteor body in the ionization effect of a meteor trail. AJ UdSSR **37** 746—752 (russ. mit engl. Ref.). — Theoretisch wird gezeigt, daß die an der Oberfläche von Meteoriten infolge der Zusammenstöße mit den Luftmolekülen sich ereignenden Prozesse größenordnungsmäßig die erforderlichen Mengen von Elektronen und Ionen liefern, die durch Radarechomessungen gefunden wurden. Ho.

9329. **P. B. Gallagher, V. R. Eshleman,** «Sporadic shower» properties of very small meteors. J. Geophys. Res. **65** 1846—1847. — Aus den Beobachtungen mit einer besonders leistungsfähigen Radaranlage auf 23.1 MHz in Stanford, die noch Meteore 15. Größe nachweisen kann, wird gefolgert, daß die meisten kleinen Meteore, die bisher als sporadisch bezeichnet wurden, zu kleineren individuellen Gruppen gehören, deren charakteristische Dimensionen von der Größenordnung 10^9 m sind. Dies ergibt sich daraus, daß die zeitliche Streuung der Echohäufigkeit sehr viel größer ist, als sich theoretisch bei Meteoren ergeben würde, die sich auf unabhängigen Bahnen bewegen würden. Es wird weiter gefolgert, daß die Erdbahn einige Millionen dieser Schauer schneidet. Wenn diese «sporadischen Schauer» alle von Kometen stammen, müssen neben den sichtbaren Kometen noch zahlreiche kleine, nicht sichtbare existieren. Dmg.

9330. **I. L. Genkin,** Zur Höhenbestimmung teleskopischer Meteore. Publ. Inst. Phys. Geophys. Akad. Wiss. Turkmen. SSR **6** 22—31, 1959 (russ.). — Ref. in RJ UdSSR 1961 8A554.

9331. **J. S. Greenhow, J. E. Hall,** The variation of meteor heights with velocity and magnitude. MN **121** 174—182 = Astr. Contr. Univ. Manchester (2) Jodrell Bank Repr. Nr. 215. — Vergleichungen photographisch beobachteter Meteorhöhen mit der Theorie zeigen gute Übereinstimmung. Dagegen zeigen Radioechohöhen für Meteore der Sterngröße +6 sehr starke Abweichungen, und zwar sind die berechneten Höhen zu groß. Zwei mögliche Gründe werden angegeben: entweder ist die Dichte des Materials bei den schwachen Meteoren größer, oder der von der Höhe abhängige primäre Durchmesser des Zylinders ionisierter Gase verursacht einen Auswahleffekt derart, daß bei schwachen Meteoren nur die mit den geringsten Höhen beobachtet werden. C. H.

9332. **J. S. Greenhow, J. E. Hall,** The importance of initial trail radius on the apparent height and number distributions of meteor echoes. MN **121** 183—196 = Astr. Contr. Univ. Manchester (2) Jodrell Bank Repr. Nr. 216. — Bei schwachen Meteoren hängt die Wirksamkeit der Radioechomethode wegen des relativ großen Durchmessers des Zylinders ionisierten Gases von der Frequenz ab. Der Radius ist für Meteore 6^m etwa 1 m bei 90 km und 3 m bei 115 km Höhe. Bei mäßiger Empfindlichkeit der Apparatur werden bei 4 m Wellenlänge schätzungsweise 1.5 %, bei 8 m 8 %, bei 17 m etwa 40 % der Meteore 6^m erfaßt. Die großen Durchmesserwerte lassen sich aus der Annahme erklären, daß das Material des Meteors an seiner Oberfläche nicht völlig verdampft, sondern in kleinen Teilchen absprüht. Die Frage der günstigsten Wellenlängen wird erörtert. C. H.

9333. **J. Grygar, L. Kohoutek,** Remarks to subjective distortions of telescopically observed meteors. Results of the Mount-Bezovec meteor expedition 1958. BAC **11** 135—141. — Zur Erforschung subjektiver Effekte bei der Beobachtung teleskopischer Meteore wurden dieselben Meteore (N = 515) unabhängig von zwei getrennten Gruppen binokular beobachtet. Die Ergebnisse: die Abhängigkeit der geschätzten Helligkeit von der Winkelgeschwindigkeit, die Genauigkeit der Ortsbestimmung, Fehler der Richtungsauffassung etc. sind teils in Tabellen, teils als Kurven gegeben. Ho.

9334. **H. Gulmedow,** Die Verteilung der wahren Radianten von Meteoren in der Ekliptikebene. Nachr. Akad. Wiss. Turkmen. SSR (Phys.-Techn., Chem., Geol.) 1960 Nr. 2 S. 127—128 (russ.). — Ref. in RJ UdSSR 1960 Nr. 12 S. 67.

9335. **H. Gulmedow,** Die Leuchtkraftfunktion der visuellen Meteore. Nachr. Akad. Wiss. Turkmen. SSR (Phys.-Techn., Chem., Geol.) 1960 Nr. 3 S. 123—125 (russ.). — Ref. in RJ UdSSR 1961 Nr. 3 S. 65.

9336. **H. Gulmedow,** Die Meteorhäufigkeit nach visuellen Beobachtungen in Aschchabad 1958—1959. Nachr. Akad. Wiss. Turkmen. SSR (Phys.-Techn., Chem., Geol.) 1960 Nr. 4 S. 93—95 (russ.). — Ref. in RJ UdSSR 1961 8A553.

9337. **I. Halliday,** Auroral green line in meteor wakes. ApJ **131** 25—33 = Contr. Dominion Obs. Ottawa **4** Nr. 2. — In 12 Meteorspektren, aufgenommen in den Jahren 1955 bis 1958, konnte die grüne Nordlichtlinie (λ = 5577 Å) nachgewiesen werden. Sie tritt nur bei Meteoren mit hoher Geschwindigkeit und dann im Höhenbereich von 79 bis 120 km auf, in den Jahren verstärkter Sonnentätigkeit in geringeren Höhen. Ho.

9338. **I. Halliday,** The spectrum of an asteroidal meteor fragment. ApJ **132** 482—485 = Contr. Dominion Obs. Ottawa **4** Nr. 3. — Das Spektrum eines am 1. 11. 1956 in Kanada 3fach photographierten Meteors ist ungewöhnlich, weil es keine Linien von Na I und Ca I, sondern nur von Fe I enthält und ein schwaches Kontinuum zwischen 5600 und 6400 Å zeigt. Die Bahn weist auf asteroidische Herkunft des wahrscheinlich aus Nickeleisen bestehenden Kleinkörpers hin. Zi.

9339. **I. Hasegawa,** Meteors associated with comet Finlay. UAI Circ 1737.

9340. **G. S. Hawkins, R. B. Southworth,** The older meteor streams. AJ **65** 52—53. — Ref. AAS.

* * **G. S. Hawkins,** The relation between asteroids, fireballs and meteorites. Vgl. Ref. 8507.

9341. **S. O. Issamutdinow,** Über eine Methode zur Bestimmung der Koordinaten des Radianten einzeln erfaßter Meteore. Bull. Inst. Astrophys. Stalinabad Nr. 29 S. 17—21 (russ.).

9342. **L. G. Jacchia,** Individual characteristics of meteor families. AJ **65** 53. — Ref. AAS.

9343. **C. de Jager,** In de vlucht gesnapt. Hemel en Dampkring **58** 118—121.

9344. **A. W. Jenkins jr., C. A. Phillips jr., E. Maple,** Observed magnetic effects from meteors. J. Geophys. Res. **65** 1617—1619.

* * **I. A. Judin, L. A. Fedorow,** Einige Daten über die Meteorite und Boliden des Urals. Vgl. Ref. **9460.**

9345. **T. R. Kaiser,** The determination of the incident flux of radio-meteors. MN **121** 284—298. — Eine Beziehung zwischen der Dichte eines Meteorstromes und der Häufigkeit der Radarregistrierungen wird unter vereinfachten Annahmen abgeleitet. Es ergibt sich, daß die Anzahl der beobachteten Radiometeore von der tatsächlichen Stromdichte und der Helligkeitsverteilung der Meteore, von der Lage des Radianten, dem Verlauf der Ionisierungsstärke längs der Bahn und den verwendeten Radargeräten selbst abhängt. Ho.

9346. **A. Kamo,** Luminosity function of sporadic meteors. Heavens **41** 110—111 (japan.).

9347. **G. S. Kent,** The fading of radio waves reflected obliquely from meteor trails. J. Atmosph. Terr. Phys. **19** 272—283.

9348. **K. Komaki,** Meteor showers in the year 1960. Heavens **41** 7 (japan.).

9349. **L. Kresák,** The effect of solar corpuscular emission on the magnitude distribution of meteors. BAC **11** 1—9. — Untersuchung über die Einwirkung der solaren Korpuskularstrahlung auf den Bestand und die größenmäßige Zusammensetzung der Körper der Meteorströme sowie die Häufigkeitsverteilung der Meteore gemäß ihrer Helligkeit. Ho.

9350. **Z. Kvíz, J. Kvízová,** The β_n^k coefficients for a detailed study on the perceptibility of meteors and detectability of variables. BAC **11** 86—90. — Als Fortsetzung von drei theoretischen Arbeiten über die Wahrscheinlichkeit der Entdeckung neuer Veränderlicher und der Wahrnehmung von Meteoren geben die Verfasser den dabei wesentlich auftretenden Koeffizienten β_n^k in tabulierter Form. Ho.

* * **Z. Kvíz,** Atmospheric freezing nuclei and the structure of interplanetary matter. Vgl. Ref. **9512.**

9351. **K. A. Ljubarskij,** Höhenverteilung und Leuchtkraftfunktion der teleskopischen Meteore. Einige methodische Fragen. Publ. Inst. Phys. Geophys. Akad. Wiss. Turkmen. SSR **6** 161—169, 1959 (russ.).

9352. **J. S. Mainstone,** The calculation of meteor velocities from continuous-wave radio diffraction effects from trails. MN **120** 517—529. — Es wird gezeigt, daß die Form der Echos im Dauerstrichverfahren, wie sie für die Geschwindigkeitsmessungen verwendet werden, abhängig von der Phasenbeziehung zwischen Boden- und Raumwelle ist. Größere Fehler können bei Nichtberücksichtigung dieser Beziehung auftreten. Ein neues Reduktionsverfahren für Dauerstrich-Echos wird entwickelt und mit den früheren Methoden verglichen. Ho.

9353. **B. Margetić,** Meteori. ZiS **1** 57—61, 1958.

9354. **W. W. Martynenko,** Die Beobachtungen an der Simferopoler G. O. Satejschtschikow-Meteorstation während des Internationalen Geophysikalischen Jahres. Bull. Astr.-Geod. Ges. UdSSR Nr. 26 S. 56—63 (russ.).

9355. **R. E. McCrosky,** Observations of an asteroidal meteor and a new estimate of the meteoric luminous efficiency. AJ **65** 493. — Ref. AAS.

9356. **P. M. Millman,** Meteor news. The I. G. Y. visual meteor programme — Progress Report No. 4. J RAS Canada **54** 39—41, 247—248.

9357. **B. A. Mirtow,** On the mechanism of formation of a meteor trail. AJ UdSSR **37** 513—516 (russ. mit engl. Ref.). — Verf. versucht, die Doppelnatur von Meteorschweifen zu erklären: der innere soll durch die verdampften Meteoratome gebildet sein, der äußere wird als ein atmosphärisches Phänomen gedeutet. Die beigefügte Abbildung zeigt eine Meteorspur, die an den Stellen größter Schwärzung von einer «Lichthofröhre» umgeben ist. Ho.

9358. **E. K. Nemirowa,** Der Polarisationseffekt bei der Reflexion von Radiowellen an Meteorspuren (Einfluß auf die Lebensdauer der Reflexion). Bull. Inst. Astrophys. Akad. Wiss. Tadshik. SSR Nr. 27 S. 17—24, 1959 (russ.). — Ref. in RJ UdSSR 1961 4A441.

9359. **E. K. Nemirowa,** Der Polarisationseffekt bei der Reflexion von Radiowellen an Meteorspuren. Publ. Sibir. Phys.-Techn. Inst. Univ. Tomsk 1959 Nr. 37 S. 247—260 (russ.). — Ref. in RJ UdSSR 1961 Nr. 3 S. 49.

9360. **A. V. Nielsen,** Meteor-processionen i 1913. NAT 1960 S. 54—59.

9361. **A. I. Nikischkin,** Beobachtungen von Meteorströmen 1957. Bull. Astr.-Geod. Ges. UdSSR Nr. 27 S. 37—39 (russ.). — Betrifft die Lyriden, Perseiden und β-Cassiopeiden.

* * **J. A. O'Keefe,** Tektites and the Cyrillid shower. Vgl. Ref. **9490**.

9362. **C. P. Olivier,** Catalog of hourly meteor rates. Smithsonian Contr. Astrophys. **4** 1—14. — Ref. in Sky Tel. **20** 189.

* * **C. P. Olivier,** Meteor reports for 1959. Vgl. Ref. **604**.

9363. **F. I. Peregudow,** The dependence of the time of registration of meteor reflections on the radar system parameters. AJ UdSSR **37** 530—535 (russ. mit engl. Ref.). — Die Abhängigkeit der Dauer registrierter Meteorechos von den charakteristischen Größen des benutzten Radargerätes wird behandelt. Für den Typ des instabilen Ionisationskanals werden theoretische Formeln zur Berechnung der «Registrierzeit» gegeben, die experimentell bestätigt wurden. Ho.

9364. **F. I. Peregudow,** Die Charakteristik eines Meteors als Radarziel. Sammlung Sibir. Phys.-Techn. Inst. Univ. Tomsk 1959 Nr. 37 S. 261—279 (russ.). — Ref. in RJ UdSSR 1961 Nr. 3 S. 49.

9365. **W. I. Peresada, I. W. Sucharewskij,** Über eine gewisse, Temperaturverhältnisse beschreibende Differentialgleichung. Publ. Polytechn. Inst. Charkow **25** 37—42, 1959 (russ.). — Ref. in RJ UdSSR 1961 8A562.

9366. **Z. Plavcová, M. Plavec,** Heliocentric orbits of six photographed sporadic meteors. BAC **11** 226—227.

9367. **Z. Plavcová, M. Šimek,** Meteor radar of the Ondřejov Observatory. BAC **11** 228—231. — Zur Messung der Häufigkeiten, der Entfernungen und der Geschwindigkeiten von Meteoren wurde im Observatorium des Astronomischen Instituts bei Ondřejov ein Radargerät aufgestellt. Der Sender arbeitet bei 37.5 MHz ($\lambda = 8$ m) mit einer Spitzenleistung von 25 kW, einer Impulsfolgefrequenz von 500 Hz und einer Impulsdauer von 10 μsec; der Empfänger hat eine Rauschzahl von 3.1. Die Halbwertsbreite der Antennenkeule beträgt 52° in Höhe und 36° in Azimut. Das Gerät und seine Besonderheiten werden genauer beschrieben. HHR

9368. **J. Pokrzywnicki,** Kilka uwag i wniosków na temat nomenklatury meteorytycznej. Urania Kraków **31** 297—302. — Beitrag zur Klassifikation und Nomenklatur der Meteore. E. R.

9369. **M. D. Popowa,** The curvature of the paths of some meteors during their motion through the earth's atmosphere. AJ UdSSR **37** 352—353 (russ. mit engl. Ref.). — Verf. berichtet über eine zufällig gewonnene Meteorspuraufnahme, die eine Knickstelle mit dem Ablenkwinkel von 12°.5 zeigt. Es wird angenommen, daß die in Wirklichkeit stetig verlaufende Ablenkung von der ursprünglichen Bahn durch die unsymmetrische Gestalt des Meteors bedingt war. Ho.

9370. **J. A. Pupyschew,** Bericht über die am Astronomischen Engelhardt-Observatorium vom Mai 1956 bis zum August 1958 durchgeführten Radarbeobachtungen der Meteoraktivität. Bull. Astr. Engelhardt-Obs. Kasan Nr. 35 S. 18—23 (russ.). — Zusammenfassender Bericht über systematische Radarbeobachtungen von Meteoren, die am Engelhardt-Observatorium vom Mai 1956 bis August 1958 durchgeführt wurden. Aus den Beobachtungen ($\lambda = 4.2$ m) wurde eine Abhängigkeit zwischen der Dauer der Echos und dem augenblicklichen Zustand der Ionosphäre gefunden. Ho.

9371. **J. Rajchl,** A note to the problem of meteor flares. BAC **11** 33—34. — Es werden Betrachtungen angestellt über den Charakter der Luftströmung um einen meteorischen Körper in Abhängigkeit vom Verhältnis des Durchmessers zur mittleren freien Weglänge. Ho.

9372. **D. H. Robey,** An hypothesis on the slow moving green fireballs. J. British Interplanetary Soc. **17** 398—411. — Auf Grund einer Hypothese, nach der die langsamen und vorwiegend grün leuchtenden Feuerkugeln von Körpern erzeugt werden, deren Konsistenz zwischen den festen Meteoriten und den lockeren Kometenkernen liegt, versucht Verf. die Vermutung zu stützen, daß sie aus festem Stickstoff bestehen. Der Tunguska-Meteorit soll von derselben Art gewesen sein. Ho.

9373. **W. I. Rodionow,** Die tägliche und jährliche Variation der Meteoraktivität nach Beobachtungen in Aschchabad. Publ. Inst. Phys. Geophys. Akad. Wiss. Turkmen. SSR **6** 52—95, 1959 (russ.). — Ref. in RJ UdSSR 1961 8A552.

9374. **J. D. Russo,** Unusual swarm of heavenly bodies. AC Nr. 216 S. 31—32 (russ.). — 1960 Nov. 8/9.

9375. **W. Schröder,** Beobachtungen von Meteorströmen 1959 (I). Sterne **36** 160—162. — Betrifft Virginiden, Oktober-Draconiden, Scorpius-Sagittariiden, δ-Aquariden, Corviden.

9376. **I. T. Sotkin,** Die Bahnbestimmung der Boliden. Bull. Astr.-Geod. Ges. UdSSR Nr. 26 S. 27—35 (russ.).

9377. **W. E. Stepan,** On the dependence between the outline and colour of meteors. AC Nr. 208 S. 23—25 (russ.). — Die Bearbeitung von über 1000 teleskopischen Meteoren (1952—1959) ergab eine Beziehung zwischen der Helligkeit, Farbe und der wahrgenommenen Umgrenzung der Lichterscheinung. Die Häufigkeitsverteilung der Meteorfarben bei Objekten verschiedener Helligkeitsbereiche läßt die Wirkung des Purkinjeschen Phänomens erkennen. Ho.

9378. **W. E. Stepan,** Ionization tracks of meteors. AC Nr. 208 S. 25—26 (russ.). — Aus Beobachtungen von über 1000 teleskopischen Meteoren (1952—1959) wird die prozentuale Häufigkeit von schweifbildenden Meteoren in Abhängigkeit von der scheinbaren Helligkeit untersucht, sowie die mittlere Leuchtdauer der Schweife als Funktion der scheinbaren Helligkeit dargestellt. Eine Gegenüberstellung der Farben der Meteore und ihrer Schweife zeigt keine Gesetzmäßigkeit. Ho.

9379. **W. E. Stepan,** Southern meteor streams observations in 1959. AC Nr. 209 S. 30—31 (russ.).

9380. **O. Struve,** Visual observations of meteors. Sky Tel. **19** 200—204.

9381. **A. K. Terentjewa,** Kurze Zusammenfassungen über die Aktivität einiger Meteorströme im Jahre 1958. Bull. Astr.-Geod. Ges. UdSSR Nr. 26 S. 36—38 (russ.). — Betrifft die Orioniden, Leoniden, Andromediden und Ursiden nach Beobachtungen in Kiew. Loh.

9382. **A. A. Weiss,** Southern hemisphere meteor shower activity in July and August. Australian J. Phys. **13** 522—531. — Verf. berichtet über Beobachtungen der Radiantenörter und der Aktivität der δ-Aquariden und 3 kleinerer Juli- und Augustschauer mit Hilfe der hochauflösenden Radioeinrichtung von Adelaide. Zusammen mit den Beobachtungen der δ-Aquariden von 1953 ergab sich für die Radiantenephemeride $\alpha = 342{,}^\circ 3 + 0.76\ (\odot - 126{,}^\circ 0)$, $\delta = -16{,}^\circ 4 + 0.13\ (\odot - 126{,}^\circ 0)$. Die Aktivität der δ-Aquariden erstreckt sich vom 20. Juli bis zum 14. August; das Maximum findet um den 29. Juli herum statt. In den Zeitraum der δ-Aquaridentätigkeit fällt überlagernd auch die (geringere) der Capricorniden, Pisces Australiden und Cetiden, von denen auch Beobachtungen und Radianten mitgeteilt werden. Abschließend werden die Radiobeobachtungen der 4 Ströme mit den visuellen von Ellyett und Roth (vgl. AJB **55** Ref. 8279) verglichen. Loh.

9383. **A. A. Weiss,** Meteor height distributions and the fragmentation hypothesis. Australian J. Phys. **13** 532—549. — Die Frage nach dem Eintreten mechanischer Zerstörungen der Meteoriten in der Erdatmosphäre wird untersucht. Verglichen wurden Höhen und Lichtkurven photographischer Meteore heller als $+4^m$ mit der radartechnisch gewonnenen Höhenverteilung schwacher Meteore ($\approx +6^m$). Die photographischen Lichtkurven sind kürzer als nach der Verdampfungstheorie, dagegen zeigen die Radarmeteore ein Verhalten, das den Voraussagen dieser Theorie besser entspricht. Ho.

9384. **A. A. Weiss,** Radio-echo observations of southern hemisphere meteor shower activity from 1956 December to 1958 August. MN

120 387—403. — Auswertung der Beobachtungsergebnisse einer Untersuchung der Meteorhäufigkeit an der südlichen Hemisphäre, die von 1956 bis 1958 bei 67 MHz durchgeführt wurde, die noch Meteore mit einer Elektronendichte von 1.3×10^{11} El/cm nachzuweisen gestattet. Von den untersuchten Strömen konnten Radiantenkoordinaten und Häufigkeitswerte bestimmt werden. Ho.

9385. A. A. Weiss, J. W. Smith, A southern hemisphere survey of the radiants of sporadic meteors. MN **121** 5—16. — Die Ergebnisse einer Radarüberwachung auf 67 MHz zwischen Dezember 1956 und August 1958 werden mitgeteilt. Zwei deutlich getrennte Komponenten wurden gefunden, die eine mit dem Zentrum beim Apex, die andere in $\pm 68°$ Apexabstand in der Ekliptik gelegen. Letztere ist offenbar der Anteil der bereits bekannten schwachen permanenten Ekliptikalströme, was jedoch in dem Aufsatz nicht erwähnt wird. C. H.

9386. F. W. Wright, An observation concerning mean radiant paths of photographic meteor showers. AJ **65** 33—39 = Harv Repr (2) Nr. 162. — Verf. zeigt, daß bei längerdauernden Meteorströmen die Radiantenbewegung an der Sphäre längs eines größten Kreises durch den Sonnenort im Zeitpunkt des Aktivitätsmaximums vor sich geht. Diese Beobachtung kann durch die Annahme erklärt werden, daß die Vektoren der heliozentrischen Geschwindigkeiten für die einzelnen Meteore des gleichen Stromes annähernd zueinander parallel sind. Zi.

9387. W. P. Zessewitsch, Über die Bearbeitung der Radarbeobachtungen von Meteoren. Publ. Univ. Odessa 1959, 15 S. = Mitt. Astr. Obs. Odessa **5** Nr. 1 S. 9—23 (russ.). — Ref. in RJ UdSSR 1961 Nr. 3 S. 49.

9388. Meteore. Sammlung von Aufsätzen. Nr. 1. Charkow, Univ., 1960. 39 S. (russ.).

9389. Statistics of the brightness of meteors. Heavens **41** 86 (japan.).

9390. Stjerneskuddenes natur. NAT 1960 S. 36—37.

9391. Pourquoi le nombre de météores est-il plus élevé en fin de nuit qu'au début? Orion Schaffhausen **5** 793.

9392. Older meteor streams. Sky Tel. **19** 286. — Ref. AAS.

9393. Novi rojevi meteora. ZiS **3** 46. — Ref.

* * Untersuchungen der Ionosphäre und Meteore. Sammlung von Aufsätzen. II. Vgl. Ref. **7584**.

9394. Beobachtungen und Mitteilungen über einzelne Meteore

AC Nr. 208 S. 29 (russ.). Visual and radio observations of a bolide. O. I. Belkowitsch, L. A. Urassin. — Kasan, 1959 Oktober 8.

AC Nr. 213 S. 28 (russ.). Observations of the fireball in Dnepropetrowsk. W. A. Baranenko, F. K. Katagarow. — 1960 Mai 24.

AC Nr. 215 S. 29—30 (russ.). Observation of the fireball in Kiew. M. S. Fedtschun. — 1960 Juni 5.

AC Nr. 215 S. 30 (russ.). Observations of the fireballs near Rjasan. E. B. Gussew. — 1960 Juli 20 und 30.

AC Nr. 217 S. 14 (russ.). Observation of a fireball in Odessa. G. A. Lange. — 1960 Dez. 2.

AJ UdSSR **37** 736—745 (russ. mit engl. Ref.). Results of the study of photographs of the bolide of May 11, 1955. E. N. Kramer. — Aufnahmen eines hellen Boliden, der eine Helligkeit von -10^m erreichte, wurden mit zwei Astrokameras in Odessa am 11. 5. 1955 um $22^h43^m24^s$ (Moskauer Zeit) erhalten. Anscheinend gehörte der Bolid zu dem Radianten (248°5, −13°9), der kürzlich durch McIntosh entdeckt worden war. Seine Bahn, die zwischen 107 und 75 km Höhe photographiert wurde, wich deutlich von einer Geraden ab und teilte sich zwischen 92 und 80 km Höhe in zwei Bahnen. Die Teilung ist das Resultat einer Explosion im Meteor, bei der zwei Fragmente mit einer Anfangsgeschwindigkeit von ≈ 200 m/sec entstanden. Sie kann als Analogon zu Vorgängen in Kometenkernen während der Bildung eines Meteorstroms aufgefaßt werden. Die periodischen Helligkeitsschwankungen des Boliden werden durch Prozesse des periodischen Auf- und Abbaues eines «Luftkissens» erklärt, welches sich in der Erdatmosphäre vor dem Meteoriten bildet. Verf. (ü.)

Ark Astr **2** 495—516 = Lund Medd. (1) Nr. 196. The radiant and orbit of a bright fireball. B.-A. Lindblad. — Skandinavien, 1954 Jan. 9.

BSAF **74** 20, 84, 131, 180, 211, 257—258, 534. Bolides, étoiles filantes.

Ciel et Terre **76** 106. Observation d'un bolide. H. de Thier. — 1959 Aug. 25.

Coelum **28** 26—28, 63, 90, 128, 148. Meteoriti.

Coelum **28** 144—145. Bolide di luminositá eccezionale. — 1960 Juli 18.

Heavens **41** 30, 59, 87, 113, 141, 171, 199, 227, 253, 282, 311 (japan.). National Meteor Committee. Monthly report (40, 41, 42, 43, 44, 45, 46, 47, 48, 49, 50).

Heavens **41** 254—255 (japan.). Die helle Feuerkugel vom 30. Mai. T. Iwasaki.

MN ASSA **19** 134—144. The great meteor of 11th October 1960. D. S. Evans.

Orion Schaffhausen **5** 796—797. Das helle Meteor vom 2. Januar 1960. H. Habermayr.

Orion Schaffhausen **5** 854—855. Helle Feuerkugeln vom 21. Februar 1960. W. Brunner-Hagger.

Priroda **49** Nr. 3 S. 110—111 (russ.). Meteor in den Sonnenstrahlen. S. I. Torschenko. — 20 Minuten vor Sonnenaufgang beobachtete Verf. am 13.8.1959 in Sewastopol ein Meteor im Strahlensaum der Sonne. Loh.

Priroda **49** Nr. 4 S. 113 (russ.). Helle Boliden. W. I. Kuryschew. — Rjasan, 1959 Juli 27—Aug. 28.

Priroda **49** Nr. 5 S. 109 (russ.). Heller Bolid. P. A. Schtschekotowitsch. — 1959 Nov. 21.

Science **131** 86—88. The great fireball of 26 July 1938. C. P. Olivier.

Sky Tel. **19** 281—282. Fireball of July 26, 1938.

Urania København **17** 31. En stor Ildkugle. — 1960 April 6.

Urania København **17** 82—84. Ildkuglen den 9. Januar 1954.

Urania Kraków **31** 49—50. Członek-kandydat PTMA zaobserwował przelot bolidu, który dał spadek meteorytów. J. Pokrzywnicki. — Am 7. April 1959 beobachtete S. Ruciński um 20^h31^m MEZ einen sehr hellen Boliden, der bei Přibram in der ČSSR einen Meteoritenfall verursachte. E. R.

Urania Kraków **31** 373—374. Obserwacje meteorów. J. Ułanowicz. — Beobachtungen von 24 Meteoren vom 24.—30. Aug. 1960 in Bodzechów. E. R.

VdS Nachr. **9** 27. Beobachtung einer Feuerkugel. G. Pflugrad. — 1959 Juni 19.

VdS Nachr. **9** 53. Ungewöhnlicher Meteorfall. A. Oberstatter. — 1960 März 13.

VdS Nachr. **9** 131. Beobachtung einer Feuerkugel. E. J. Beneke. — 1960 Aug. 24.

VdS Nachr. **9** 131. Weitere Meteorbeobachtungen. J. Brustat. — 1960 Sept. 25, 30.

Wiss. Z. Univ. Jena (Math.-Naturwiss.) **9** 55—58 = Mitt. Univ.-Sternw. Jena Nr. 45. Das helle Meteor vom 4. Februar 1959. S. Marx, C. Friedemann. — Bei dem oben beschriebenen Meteor handelt es sich um eine außergewöhnliche Erscheinung, deren Diskussion durch das Fehlen einer weiteren, von einem anderen

Ort aufgenommenen Platte begrenzt war. Von dem Meteor konnte keine exakte Bahnbestimmung durchgeführt werden, da zu diesem Zwecke die Genauigkeit der visuellen Beobachtungen nicht ausreichte. An Hand einer zweiten Aufnahme hätte man auch eine Entscheidung über die Natur des Meteoriten (Schwarm oder zertrümmertes Einzelstück) erlangen können. Verf.

Einzelne Meteorströme

9395. Aquariden

AC Nr. 213 S. 25—26 (russ.). Observations of η-Aquarids in 1960. A. P. Sawruchin.

AC Nr. 215 S. 27—28 (russ.). Visual observations of δ-Aquarids in 1960. A. P. Sawruchin.

AC Nr. 215 S. 28—29 (russ.). Observations of δ-Aquarids in 1960. L. P. Bassurmanowa.

Nachr. Akad. Wiss. Turkmen. SSR (Phys.-Techn., Chem., Geol.) 1960 Nr. 4 S. 95—96 (russ.). Die Stärke des γ-Aquariden-Meteorstroms 1959. A. P. Sawruchin. — Ref. in RJ UdSSR 1961 8A558.

9396. Bootiden

YC Nr. 1561. Meteors appeared in Hercules. K. Komaki.

9397. Draconiden

AC Nr. 208 S. 27—29 (russ.). Results of observations of Draconids in 1959 in Rjasan. W. I. Kuryschew.

AC Nr. 209 S. 34—38 (russ.). Observations of Draconids on October 8—11, 1959. I. T. Sotkin.

Bull KE 1960 Nr. 4 S. 12—16 (russ.). Beobachtungen der Draconiden vom 8. bis 11. Oktober 1959. I. T. Sotkin.

Nachr. Akad. Wiss. Turkmen. SSR (Phys.-Techn., Chem., Geol.) 1960 Nr. 1 S. 127 (russ.). Beobachtungen von Meteoren zur Zeit des Draconidenstroms 1959. H. D. Gulmedow, I. N. Latyschew, K. A. Ljubarskij. — Ref. in RJ UdSSR 1960 Nr. 11 S. 75.

Sterne **36** 216. Beobachtungen der Oktober-Draconiden. W. Schröder.

9398. Eridaniden

Heavens **41** 86 (japan.). Eridanids.

9399. Herculiden

Heavens **41** 112 (japan.). Sudden appearance of Herculids.

93100. Leoniden

J RAS Canada **54** 189—192. The auroral green line in a Leonid spectrum. P. M. Millman.

93101. Lyriden

AC Nr. 210 S. 26—27 (russ.). Radio observations of Lyrids in 1959. W. N. Korpussow, A. D. Orljanskij.

AC Nr. 213 S. 26—28 (russ.). Observations of Lyrids in Dnepropetrowsk in 1960. W. A. Baranenko, F. K. Katagarow.

AJ **65** 40—45 = Harv Repr (2) Nr. 161. Photographic Lyrid meteors. F. W. Wright, L. G. Jacchia, B. W. Boehm. — Eine Durchsicht aller in den Jahren 1940—1955 zwischen April 7 und 23 in Harvard erhaltenen Meteoraufnahmen förderte insgesamt 20 Lyriden zutage, von denen 6 doppelt beobachtete zur Bahnbestimmung, der Rest zur Ableitung des mittleren Radianten und seiner täglichen Bewegung herangezogen wurden. Die Bahnelemente zeigen die bekannte Übereinstimmung mit denen des Kometen 1861 I. Eine Ephemeride des mittleren Radianten für Sonnenlängen zwischen 18°7 und 34°7 wird mitgeteilt. Zi.

BAC **11** 84—86. Observation of the α-Lyrid meteor stream. Results of the Mount-Bezovec meteor expedition. J. Grygar, L. Kohoutek, Z. Kvíz, J. Mikušek. — Während der Meteorexpedition im Juli 1958, die zur Untersuchung teleskopischer Meteore durchgeführt wurde, konnte ein kurzfristiger Strom mit einem Radianten nahe bei α Lyr festgestellt werden. Die Fallhäufigkeit war etwa 2.5 mal größer als die der gleichzeitig beobachteten sporadischen Meteore. Ho.

93102. Orioniden

AC Nr. 216 S. 30—31 (russ.). Visual observations of Orionids in 1960. A. P. Sawruchin.

93103. Perseiden

AC Nr. 209 S. 32 (russ.). Number of meteors in Perseid shower in 1959. A. P. Sawruchin.

AC Nr. 212 S. 18—20 (russ.). Radio observations of Perseids in 1959. L. A. Katassjow, G. N. Solowjow.

ApJ **131** 34—37. A time-resolved spectrum of the terminal burst of a Perseid meteor. J. A. Russell. — Von einem 1956-er Perseiden wurde ein Gitterspektrogramm gewonnen, das innerhalb des Lichtausbruchs am Ende der Bahn bei den Eisenlinien deutlich den Übergang von hohen Anregungspotentialen zu niedrigen erkennen läßt. Die physikalischen Verhältnisse werden diskutiert und das Perseidenspektrum mit dem auf demselben Film aufgenommenen Spektrum eines sporadischen Meteors verglichen. Ho.

Bull. Astr.-Geod. Ges. UdSSR Nr. 28 S. 11—15 (russ.). Die Stärke des Perseiden-Meteorstroms 1959. L. W. Iwanissenko. — Aus den 1959 gewonnenen Perseidenaufzeichnungen einer Beobachtergruppe werden die Auffassungswahrscheinlichkeit und die Meteorhäufigkeit als Funktion der Meteorhelligkeit und die azimutale Verteilung der Meteore abgeleitet. Ho.

Publ ASP **72** 291—295 = Contr. Meteoritical Soc. **6** Nr. 5. Molecular nitrogen in the spectra of two Perseid meteors. J. A. Russell. — Das Vorkommen von Linien atmosphärischer Gase in Meteorspektren war erstmalig 1955 von Cook und Millman nachgewiesen worden. Verf. berichtet über den zweiten Fall einer N_2-Bande im langwelligen Bereich eines Perseidenspektrums, das mit Hilfe eines 46 cm-Schmidt-Systems mit Objektivprisma 1958 gewonnen wurde. Bei einer Dispersion am Ort der Linie von 1400 Å/mm und der Verwendung der Kodak-Emulsion 103 a—E übertrifft die Intensität der N_2-Bande die der übrigen Linien (Fe, Mg, Na, Al und Ca). Ho.

Strolling Astr. **14** 83—84. Project Perseids. J. C. Marsh.

93104. Quadrantiden

AC Nr. 209 S. 33—34 (russ.). Visual observations of Quadrantids in 1960. A. P. Sawruchin.

AJ UdSSR **37** 115—118 (russ. mit engl. Ref.). Radio echo observations of meteors with two receivers of different sensitivity. L. A. Katassjow, W. N. Korpussow, A. D. Orljanskij. — Es wird ein Exponentialansatz für die Verteilung der Massen der Meteore des Quadrantidenstroms untersucht und auf Grund von Radarbeobachtungen mit zwei verschieden empfindlichen Empfangsgeräten gefunden, daß der Exponent der Masse zeitveränderlich ist. Ho.

AJ UdSSR **37** 119—122 (russ. mit engl. Ref.). On the structure of the Quadrantid meteor stream. B. L. Kaschtschejew, W. N. Lebedinez. — Radarbeobachtungen des Quadrantidenstroms, die 1959 Jan. 3/4 in Charkow durchgeführt wurden, ergaben eine deutliche zeitliche Verschiebung des Maximums in Abhängigkeit von der Dauer der Echos, d. h. von der Masse der Meteorteilchen. In der zentralen Verdichtung des Stroms wurde eine Anhäufung von Teilchen mit größter Masse gefunden. Ein ausgeprägter Knick in der Massenverteilungskurve wird so gedeutet, daß für Meteore, die längere Zeit im Strom verbleiben, eine untere Massengrenze besteht. Alle Feststellungen werden mit entsprechenden Beobachtungen für den Geminidenstrom verglichen. O. G.

Heavens **41** 8—11 (japan.). Quadrantid shower. A. Kamo.

93105. Skorpioniden

AC Nr. 215 S. 25—27 (russ.). Observations of Scorpionids in 1960. A. D. Derbenewa, U. Schodijew.

§ 94

Meteorite

9401. **L. H. Ahrens, R. A. Edge, S. R. Taylor,** The uniformity of concentration of lithophile elements in chondrites — with particular reference to Cs. Geochim. Cosmochim. Acta **20** 260—272.

9402. **E. Anders,** The record in the meteorites — II. On the presence of aluminium-26 in meteorites and tektites. Geochim. Cosmochim. Acta **19** 53—62. — In einem Chondriten konnte mit einer Koinzidenzapparatur Al^{26} gefunden werden. Tektite ergaben kein positives Resultat und können im Gegensatz zu den Messungen von Ehmann und Kohman auch irdischen Ursprunges sein. Zä.

9403. **E. Anders, C. M. Stevens,** Search for extinct lead 205 in meteorites. Vgl. Ref. **1334** S. 3043—3047.

9404. **G. Baker,** Comments on the recent letter on «Moldavites and similar tektites from Georgia, U. S. A.». Geochim. Cosmochim. Acta **19** 232—233.

9405. **G. Baker,** Origin of tektites. Nature **185** 291—294. — Beschreibung der «Australiten» (= australische Tektite; jüngste Tektitengruppe, Alter auf der Erde ≈ 5000 Jahre) und Diskussion ihres Ursprungs. Am wahrscheinlichsten ist ein außerirdischer Ursprung; die Theorie von Zusammenstößen mit Kometen ist jedoch mit der beobachteten räumlichen und zeitlichen Verteilung der Tektite nicht vereinbar. Der wahre Ursprung bleibt weiterhin unbekannt. Besondere Diskussion der Vorgänge im irdischen Bereich: 1) Durchgang durch die Erdatmosphäre mit hoher Geschwindigkeit, 2) Erosion etc. während der langen Lagerung auf der Erde, 3) Verschleppung durch Flüsse, Tiere und Menschen. Voigt

9406. **G. L. Bate, H. A. Potratz, J. R. Huizenga,** Scandium, chromium and europium in stone meteorites by simultaneous neutron activation analysis. Geochim. Cosmochim. Acta **18** 101—107. — Mit Neutronenaktivierung wurden in 5 Chondriten durchschnittliche Werte von 9.4×10^{-6} g Sc/g; 2.2×10^{-3} g Cr/g und 7.8×10^{-8} g Eu/g gefunden. Die Ergebnisse werden mit den kosmischen Erwartungswerten verglichen. Zä.

9407. **C. A. Bauer,** New measurements of the helium-3 and helium-4 contents of meteorites. AJ **65** 340—341. — Ref. AAS.

9408. **G. T. Best,** The accretion of meteoritic material by the earth. Vgl. Ref. **1330** S. 1023—1032.

9409. H. Brown, The density and mass distribution of meteoritic bodies in the neighborhood of the earth's orbit. J. Geophys. Res. **65** 1679—1683. — In stark bevölkerten Gebieten wurde die Häufigkeit der Meteoritenfälle untersucht und eine wahrscheinliche Zahl von 0.3—1.0 Fällen pro Jahr und km^2 abgeleitet. In der Häufigkeitsverteilung der Massen von Stein- und Eisenmeteoriten zeigt sich kein Unterschied. Aus diesen Beziehungen wird die Häufigkeit der Zusammenstöße von meteoritischen Teilchen mit Erde und Mond als Funktion der Größe berechnet. Zä.

9410. H. Brown, The density and mass distribution of meteoritic bodies in the neighborhood of the earth's orbit. Vgl. Ref. **1330** S. 1063—1070.

9411. E. S. Burxer, Das Alter der Meteorite. Meteoritika Nr. 19 S. 3—11 (russ.). — Vor dem erweiterten Plenum des Komitees für Meteorite der Akad. Wiss. Ukrain. SSR am 7. 5. 1959 gehaltener Vortrag. Loh.

9412. Z. Ceplecha, Experimental data on the final mass of the body landed on the earth after penetrating the atmosphere at cosmical velocity. BAC **11** 9—13. — Auf Grund der photographischen Beobachtungen eines in 19 Bruchstücken niedergefallenen Meteoriten werden unter Heranziehung theoretischer Überlegungen eine Reihe bemerkenswerter Ergebnisse gewonnen, so z. B. das Verhältnis von Anfangsmasse zu Endmasse ($= 6.68 \times 10^3$) und die Aufteilung der kinetischen Energie des Meteoriten auf Verdampfung, Ausstrahlung und Abbremsung im Verhältnis 0.848 : 0.012 : 0.140. Ho.

9413. Z. Ceplecha, Note on the mass-determination of the Příbram meteorites. BAC **11** 164. — Nach den Bahnspuren auf den Aufnahmen des Gruppenfalls von Příbram von zwei Stationen aus wurden die Endpunkte der einzelnen Meteoritenbahnen unter Berücksichtigung des Windeinflusses berechnet. Es ergab sich eine andere Zuordnung der aufgefundenen Meteoriten zu den beobachteten Bahnen als nach der vorläufigen Auswertung. Die größte Masse von schätzungsweise 100 kg ist noch zu suchen. O. G.

9414. Z. Ceplecha, Die Photographien des Meteoriten von 1959 April 7. Vesmír **39** 311 (tschech.).

9415. D. R. Chapman, Recent re-entry research and the cosmic origin of tektites. Nature **188** 353—355 = Astr. Contr. Univ. Manchester (3) Nr. 80. — Aerodynamisches Studium von Australiten zeigt, daß sie durch die Erdatmosphäre geflogen sind und ihre Eintrittsgeschwindigkeit in einen ziemlich engen Bereich fällt. Dies legt deren kosmische Herkunft bzw. deren Herkunft vom Mond sehr nahe. Zä.

9416. A. J. Cohen, Trace element relationships and terrestrial origin of tektites. Nature **188** 653—654. — Es werden Ga/Ge-Verhältnisse von Tektiten und Kratergläsern mitgeteilt. Das Ga/Ge-Verhältnis ist bei Tektiten etwa um den Faktor 6 größer als bei irdischen Gläsern, woraus infolge größerer Flüchtigkeit von GeO geschlossen wird, daß die Tektite einer wesentlich höheren Temperatur ausgesetzt waren. Zä.

9417. W. D. Crozier, Black, magnetic spherules in sediments. J. Geophys. Res. **65** 2971—2977. — Schwarze magnetische Kügelchen, die als Mikrometeorite gedeutet werden, haben sich in Tiefseesedimenten abgelagert. Sie werden untersucht und ausgezählt. Es besteht eine Diskrepanz zwischen der Anzahl in Sedimenten und dem jährlichen Einfall an Kügelchen. Zä.

9418. R. S. Dietz, Meteorite impact suggested by shatter cones in rocks. Science **131** 1781—1784. — Ref. in Sky Tel. **20** 207.

9419. M. A. van Dilla, J. R. Arnold, E. C. Anderson, Spectrometric measurement of natural and cosmic-ray induced radioactivity in meteorites. Geochim. Cosmochim. Acta **20** 115—121.

9420. M. Dubin, Meteoritic dust measured from Explorer I. Planet. Space Sci. **2** 121—129. — Die von 1958 α durchgeführten Registrierungen von Mikrometeoriten werden diskutiert. Die Meßergebnisse sowie eine eingehende Beschreibung des benutzten Instrumentariums und des Kalibrierungsprozesses werden gegeben. Weiterhin werden die an Bodenstationen gewonnenen Beobachtungen mitgeteilt. Henn

9421. M. Dubin, IGY micrometeorite measurements. Vgl. Ref. **1330** S. 1042—1058.

9422. A. DuFresne, Selenium and tellurium in meteorites. Geochim. Cosmochim. Acta **20** 141—148.

9423. I. A. Durinow, Der Niederfall des hellen Boliden vom 29. November 1958. Abh. Burjat. Staatl. Pädagog. Inst. 1959 Nr. 17 S. 71—74 (russ.).

9424. P. Eberhardt, D. C. Hess, Helium in stone meteorites. ApJ **131** 38—46. — Untersuchungen an 13 Steinmeteoriten ergeben eine Diskrepanz zwischen dem nach der He^4-Methode und dem nach der He^3-Methode bestimmten Alter. Im ersten Fall liegt das Alter zwischen 1 und 4×10^9 Jahren und im zweiten Fall zwischen 2 und 230×10^6 Jahren. Zur Erklärung dieses Unterschiedes wird die Ansicht geäußert, daß der Meteorit vor 10^6 bis 10^8 Jahren beim Zerfall eines Mutterkörpers gebildet wurde, dessen Alter größer als 10^9 Jahre war. Ho.

9425. P. Eberhardt, J. Geiss, Comment on the age of the elements. Z. Naturforschung **15a** 547. — J. H. Reynolds hatte (vgl. Ref. **5132**) aus der Abweichung der Häufigkeit des Xe^{129} im Chondriten Richardton von der Häufigkeit in der heutigen Atmosphäre auf ein Alter von 3.5×10^8 Jahren geschlossen. Dabei war angenommen worden, daß Xe^{129} aus J^{129} innerhalb des Gesteins gebildet worden war. Verf. geben zu bedenken, daß das Ergebnis Reynolds nicht unbedingt schlüssig ist, da Untersuchungen anderer Gesteine zeigen, daß die bei ihrer Bildung vorhandene Atmosphäre reicher an Edelgasen war. Dv.

9426. W. D. Ehmann, Nickel in tektites by activation analysis. Geochim. Cosmochim. Acta **19** 149—155. — Es werden Fe- und Ni-Häufigkeiten von Tektiten und Kratergläsern verglichen. Das Fe/Ni-Verhältnis liegt bei Tektiten (einschließlich Lybian Desert Glas) zwischen 7 und 63 und bei Kratergläsern zwischen 77 und 250. Tektite verlangen einen anderen Entstehungsmechanismus. Zä.

9427. H. Fechtig, W. Gentner, G. Kistner, Räumliche Verteilung der Edelgasisotope im Eisenmeteoriten Treysa. Geochim. Cosmochim. Acta **18** 72—80. — Verf. erhalten einen He^4- bzw. Ar^{36}- bzw. Ne-Gehalt von etwa 21×10^{-6} bzw. 15×10^{-8} bzw. 6×10^{-8} cm^3/g. Die Isotopenverhältnisse Ar^{38}/Ar^{36} und He^4/He^3 variieren in Abhängigkeit von der Tiefe um etwa 20%. Die gefundenen Edelgase sind Reaktionsprodukte der hochenergetischen Spallationsprozesse, die die kosmische Strahlung in den Fe-Kernen auslöst. Das Bestrahlungsalter des Meteoriten liegt zwischen 0.5 und 2×10^9 Jahren. Loh.

9428. W. G. Fessenkow, E. L. Krinow, Neues über den tungusischen Meteoriten. Bote Akad. Wiss. UdSSR 1960 Nr. 12 S. 32—36 (russ.). — Ref. in RJ UdSSR 1961 8A569.

9429. G. B. Field, J. E. Gaustad, Meteoric dust particles and the anomalous polarization of Jupiter. AJ **65** 344. — Ref. AAS.

9430. **E. L. Fireman, J. DeFelice,** Argon-39 and tritium in meteorites. Geochim. Cosmochim. Acta **18** 183—192. — Neben der Häufigkeit der im Titel genannten Isotopen wurde auch der He^3-Gehalt einiger Eisen- und Steinmeteorite ermittelt und der Ar^{38}-Gehalt aus dem des He^3 abgeschätzt. Daraus wurden die Bestrahlungsalter t verschiedener Meteorite abgeleitet ($0.3 \times 10^8 \leq t \leq 5 \times 10^8$ Jahre). Die Konstanz der Einwirkung der kosmischen Strahlung könnte fraglich sein. Loh.

9431. **E. L. Fireman, J. DeFelice,** Argon 37, argon 39, and tritium in meteorites and the spatial constancy of cosmic rays. Vgl. Ref. **1334** S. 3035—3041.

9432. **R. A. Fish, G. G. Goles, E. Anders,** The record in the meteorites. III. On the development of meteorites in asteroidal bodies. ApJ **132** 243—258. — Meteorite sollen in Planetoiden erzeugt worden sein, wobei als vorübergehende innere Energiequelle die Radioaktivität kurzlebiger Elemente genannt wird. Vulkanartige Ausbrüche sorgen für das Umwälzen der Materie, wobei die mannigfaltigen Strukturen der Meteorite entstehen können (Chondren, Konglomeratstruktur, Pallasite etc.). Das Fehlen der schwereren Elemente in Chondren, verglichen mit kosmischen Häufigkeiten, kann durch Differentiation bedingt sein. Zä.

9433. **D. E. Fisher, O. A. Schaeffer,** Cosmogenic nuclear reactions in iron meteorites. Geochim. Cosmochim. Acta **20** 5—14. — Die kosmogenen Isotope He^3, He^4, Ne^{21}, Ne^{22}, Ar^{36}, Ar^{38} wurden in 7 Ataxiten und einem Oktaedriten mit einem Massenspektrometer gemessen. Der Versuch zur Analyse dieser sowie früherer Messungen beruht auf Kernreaktionen, die durch energiereiche Protonen ausgelöst werden. Eine Kombination der He^3/He^4-, He^3/Ar^{38}- und Ne^{21}/Ar^{38}-Verhältnisse ist als Maß für Energie und Intensität der einfallenden Strahlung benutzt. Faktoren, die zu anomalen Verhältnissen führen, werden diskutiert. Auf der Grundlage dieser Verhältnisse, der Isotopenhäufigkeiten sowie kürzlich gemessener Cl^{36}-Werte werden Bestrahlungsalter abgeleitet. Verf. (ü.)

9434. **K. P. Florenskij, B. I. Wronskij, J. M. Jemeljanow, I. T. Sotkin, O. A. Kirowa,** Vorläufige Ergebnisse der Arbeiten der Tungusischen Meteoritenexpedition 1958. Meteoritika Nr. 19 S. 103—134 (russ.).

9435. **I. Friedman, A. Thorpe, F. E. Senftle,** Comparison of the chemical composition and magnetic properties of tektites and glasses formed by fusion of terrestrial rocks. Nature **187** 1089—1092. — In einem Sonnenofen wurden Gesteine geschmolzen. Um Tektite zu erzeugen, muß man Temperaturen von 2500° C 20 Minuten lang aufrechterhalten. Aus der Wertigkeit der Fe-Oxyde in Tektiten kann man annehmen, daß sie bei einem geringeren Sauerstoffdruck als dem atmosphärischen gebildet wurden. Die magnetische Suszeptibilität spricht gegen eine Bildung aus dem Gestein, in dem die Tektite gefunden werden. Zä.

9436. **P. W. Gast,** Alkali metals in stone meteorites. Geochim. Cosmochim. Acta **19** 1—4. — Der K-Gehalt von 4 Chondriten liegt zwischen 800 und 900 ppm, der Rb-Gehalt zwischen 2.2 und 4.9 und der Cs-Gehalt zwischen 88 und 193 ppm. Für Achondrite liegen alle diese Werte tiefer und zeigen große Schwankungen. Es werden die möglichen Fraktionierungsprozesse diskutiert. Zä.

9437. **J. Geiss, H. Oeschger,** The impact of cosmic radiation in meteorites. Vgl. Ref. **1330** S. 1071—1079.

9438. **J. Geiss, H. Oeschger, P. Signer,** Radiation ages of chondrites. Z. Naturforschung **15a** 1016—1017. — Es wurden T und die Edelgase in 3 Chondriten gemessen und hierfür T/He^3-Alter angegeben. Die Strahlungsalter von 5 Chondriten mit einem K-A-Alter $> 2 \times 10^9$a scheinen bei 22×10^6a zu liegen. Zä.

9439. **W. Gentner, J. Zähringer,** Das Kalium-Argon-Alter von Tektiten. Z. Naturforschung **15a** 93—99. — Die K-A-Alter von Bediasiten und Moldaviten ergaben 29 bzw. 9 Millionen Jahre, während die Tektite von Indochina bis Australien alle ein übereinstimmendes K-A-Alter von 600000 Jahren haben. Die K-A-Alter der Tektite stimmen ungefähr mit dem Alter der Formationen überein, in denen sie gefunden werden. Es wird der Beitrag dieser Arbeit zu den Hypothesen der Tektitentstehung diskutiert und eine Entstehung der Tektite in Erdnähe für die wahrscheinlichste angesehen. Zä.

9440. **W. Gentner,** Die Radioaktivität im Dienste der Zeitmessung. Vgl. Ref. **659** S. 57—72.

9441. **E. K. Gerling, L. K. Lewskij,** The cosmic age of the Sichoté-Alin meteorite. DAN **130** 45—46 (russ.). — Der Gehalt der radioaktiven Isotope H^3 und A^{39} im Sichoté-Alinschen Meteoriten wird abgeleitet. Aus dem Gehalt von H^3 wird die Bestrahlungszeit (das kosmische Alter) des Meteoriten zu $(9 \pm 2) \times 10^8$ Jahren bestimmt. Der Gehalt von A^{39} führt zum Alter $(4.3 \pm 0.5) \times 10^8$ Jahre. Aus der Bestrahlungszeit wird noch die Anzahl der Teilchen N der kosmischen Strahlung bestimmt: N ~ 2.3 Teilchen/cm^2 sec. Diese Zahl ist im Einklang mit den experimentellen Daten über die Dichte der kosmischen Strahlung in den Polargebieten. Ond.

9442. **K. Goebel, P. Schmidlin,** Tritium-Messungen an Steinmeteoriten. Z. Naturforschung **15a** 79—82. — Der Tritiumgehalt von 7 Steinmeteoriten ergibt einen relativ konstanten Wert von 0.7 Zerfällen/g min, woraus zusammen mit den Erzeugungsquerschnitten von Tritium durch energiereiche Teilchen die Intensität der kosmischen Strahlung am Ort der Meteoriten bestimmt werden kann. Die Zerfallsrate von Tritium ist größer als nach irdischen Messungen der Höhenstrahlung zu erwarten wäre und wird vermutlich durch Teilchen mit Energien < 1 GeV hervorgerufen. Zä.

9443. **G. G. Goles, R. A. Fish, E. Anders,** The record in the meteorites — I. The former environment of stone meteorites as deduced from K^{40}-Ar^{40} ages. Geochim. Cosmochim. Acta **19** 177—195. — Die niedrigen K-A-Alter der Steinmeteorite werden durch Argonverluste erklärt. Aus Meßwerten bei hohen Temperaturen wird über mehrere Zehnerpotenzen die Diffusionskonstante bei niederen Temperaturen ermittelt und die Temperatur der Meteorite im Weltraum abgeschätzt. Zä.

9444. **G. G. Goles, E. Anders,** Iodine content of meteorites and their J^{129}—Xe^{129} ages. J. Geophys. Res. **65** 4181—4184. — An vier Chondriten wurden mittels Neutronenaktivierungsanalyse Jod- und Tellurgehalt bestimmt. Es besteht ein deutlicher Unterschied zwischen Bronzit- und Hypersthenchondriten einerseits (J: 37—104 ppb, Te: 0.42—0.73 ppm) und Enstatit- und Kohlenstoffchondriten andererseits (J: 127—560 ppb, Te: 1.23—3.4 ppm). Es wird ein J^{129}-Xe^{129}-Alter berechnet, das als die Zeit seit dem Ablauf der Nukleogenesis gedeutet wird. Zä.

9445. **G. S. Hawkins,** Asteroidal fragments. AJ **65** 318—322 = Harv Repr (2) Nr. 164. — Unter Benutzung des Meteoritenkatalogs von Hey und Prior werden Zahl und Massenverteilung der Meteorite abgeleitet. Die Analyse für Europa und USA zeigt, daß 3.3 Meteorite mit einer Masse $\geqq 10$ kg täglich die Erde erreichen. Ist die Zahl der die Erde erreichenden Meteorite in den letzten 5×10^9 Jahren konstant gewesen, so hat die Erde in dieser Zeit Material aufgesammelt, das einem Asteroiden von 14 km Durchmesser entspricht. Es wird abgeschätzt, daß dieser Asteroid zu 16.7 % aus Nickel-Eisen bestanden haben mußte und eine Größe zwischen Mond und Mars besaß. Henn

9446. **G. S. Hawkins,** Tektites and the earth. Nature **185** 300—301. — Verf. bringt mehrere Gründe, insbesondere solche der chemischen Zusammensetzung (Fehlen der Elemente, die durch Einwirkung der kosmischen Strahlung entstehen; Verhältnisse Ni/Co, Fe/Ni, D/H; Sr^{87}; Bleiisotope etc.), die gegen einen außerirdischen und für einen irdischen Ursprung der Tektite sprechen. Voigt

9447. **G. S. Hawkins, S. H. Wolfson,** Origin of tektites. Solar furnace glass. Nature **186** 1027—1028. — Irdische Gesteine aus Gegenden, in denen Tektite gefunden worden sind, wurden im Sonnenofen geschmolzen. Die auf diese Weise hergestellten Glaströpfchen besitzen eine weit größere innere Spannung als die natürlichen Tektite. Auf dem Mond scheint wenig Glas auf natürlichem Weg erzeugt worden zu sein. Verf. meinen, daß die Tektite irdischen Ursprungs sind, und daß die für das Schmelzen notwendige Energie aus vulkanischer Aktivität oder von Gewittern stammt. C. L. J.

* * **G. S. Hawkins,** The relation between asteroids, fireballs and meteorites. Vgl. Ref. 8507.

9448. **F. Heide,** Kleine Meteoritenkunde. Vgl. AJB **57** Ref. 8318. — Weitere Besprechung in Orion Schaffhausen **5** 930.

9449. **W. Herr, E. Merz, J. Geiss, B. Hirt, F. G. Houtermans,** Isotopenanalysen des Osmiums aus Eisenmeteoriten und irdischen Proben. Helvetica Phys. Acta **32** 282—284, 1959. — Ref. in Phys. Ber. **39** 1776.

9450. **W. Herr, W. Hoffmeister, J. Langhoff,** Die Bestimmung von Rhenium und Osmium in Eisenmeteoriten durch Neutronenaktivierung. Z. Naturforschung **15a** 99—102. — Die Spurenelemente Rhenium und Osmium wurden in 10 Eisenmeteoriten durch Neutronenaktivierung bestimmt. Die Verteilung beider Elemente erwies sich als weitgehend homogen in den einzelnen Meteoriten. Während die Osmiumkonzentrationen 1—3 ppm betrugen, lagen die Gehalte des natürlichen β-Strahlers Rhenium nur in der Größenordnung von 0.2 ppm. Eine Abweichung dieser Werte um ca. 2 Zehnerpotenzen wurde beim Meteoriten Sichoté-Alin festgestellt. Die durchschnittliche Häufigkeit der Elemente Re und Os in Eisenmeteoriten ergab sich für Rhenium zu 0.071 pro 10^6 Fe-Atome und für Osmium zu 0.64 pro 10^6 Fe-Atome. Verf.

9451. **D. C. Hess, R. R. Marshall,** The isotopic compositions and concentrations of lead in some chondritic stone meteorites. Geochim. Cosmochim. Acta **20** 284—299.

9452. **J. H. Hoffman, A. O. Nier,** Cosmic-ray-produced helium in the Keen Mountain and Casas Grandes meteorites. J. Geophys. Res. **65** 1063—1068. — Es wurden He^3 und He^4 in den Eisenmeteoriten Keen Mountain und Casas Grandes gemessen. Bei dem kleinen Meteoriten Keen Mountain (6.75 kg) waren die He-Werte konstant, während bei Casas Grandes (1550 kg) ein deutlicher Tiefeneffekt gefunden wurde. Mit Hilfe eines Modells werden präatmosphärische Massen berechnet und außerdem Bestrahlungsalter von 200 bzw. 700 Millionen Jahren abgeschätzt. Zä.

9453. **W. Hunter, D. W. Parkin,** Cosmic dust in recent deep-sea sediments. Proc. Roy. Soc. (A) **255** 382—397.

9454. **M. A. Issakowitsch, N. A. Roj,** Die akustische Methode zur Messung mechanischer Parameter von Meteoriten. KE Nr. 2 S. 81—82, 1958 (russ.).

* * **C. de Jager,** In de vlucht gesnapt. Vgl. Ref. **9343.**

9455. **W. A. Jarmoluk,** The Dshugdshur meteorite. Priroda **49** Nr. 11 S. 100—101 (russ.).

9456. **A. A. Jawnel,** On relation between structure and chemical composition in iron meteorites. DAN **131** 1049—1052 (russ.).

9457. **A. A. Jawnel,** Einige Fragen zur Chemie der Meteorite. Meteoritika Nr. 19 S. 12—25 (russ.). — Vor dem erweiterten Plenum des Komitees für Meteorite der Akad. Wiss. Ukrain. SSR am 8. 5. 1959 gehaltener Vortrag. Loh.

9458. **I. A. Judin,** Die mineralische Untersuchung des Steinmeteoriten Nikolskoje. Meteoritika Nr. 18 S. 147—154 (russ.).

9459. **I. A. Judin,** Die mineralogische Untersuchung des Meteoriten Jurtuk. Publ. Berg-Geol. Inst. Ural-Abt. Akad. Wiss. UdSSR Nr. 42 S. 227—230, 1959 (russ.). — Ref. in RJ UdSSR 1961 9A667.

9460. **I. A. Judin, L. A. Fedorow,** Einige Daten über die Meteorite und Boliden des Urals. Publ. Berg-Inst. Swerdlowsk Nr. 35 S. 171—179 (russ.). — Ref. in RJ UdSSR 1961 8A579.

9461. **M. A. Kaschkaj, G. F. Sultanow, T. A. Eminsade, W. I. Alijew,** Über den Niederfall des Jardymlyer Eisenmeteoriten. Nachr. Akad. Wiss. Aserbajdshan. SSR (Geol., Geogr.) 1960 Nr. 1 S. 169—175 (russ. mit aserbajdshan. Ref.). — Ref. in RJ UdSSR 1961 Nr. 2 S. 65.

9462. **M. A. Kaschkaj, G. F. Sultanow, T. A. Eminsade, W. I. Alijew,** Der Jardymly-Eisenmeteorit. Priroda **49** Nr. 9 S. 109—110 (russ.). — Am 24. November 1959 ging in der Nähe von Jardymly (beim Kaspischen Meer) ein aus mindestens 5 Teilen bestehender Meteoritenregen nieder. Die aufgefundenen 5 Exemplare wiegen zwischen 360 g und 127 kg. Loh.

9463. **A. Kizilirmak,** Eine objektive Methode für die Messungen der täglichen Mengen Meteoritenstaub. AN **285** 217—225. — Zur Bestimmung der Menge des täglich einfallenden meteoritischen Eisenstaubes wurden ursprünglich die auf einer Glasplatte gesammelten Teilchen gezählt. Später wurde eine neue Methode angewendet, die nur unbedeutende persönliche Fehler enthält und auch in Regenzeiten brauchbar ist. Die Ergebnisse aus beiden Methoden und auch von verschiedenen Beobachtern werden verglichen. Die Einflüsse des Regens, des Windes und der Meteorströme auf die täglichen Teilchenmengen werden untersucht und mittlere jährliche Verteilungskurven abgeleitet. Das Gesamtgewicht des jährlich auf die Erde fallenden Eisenstaubes wird abgeschätzt. Verf.

9464. **G. H. R. von Koenigswald,** Tektite studies. I. The age of the indo-australian tektites. Proc. K. Nederl. Akad. Wet. (B) **63** 135—141. — Auf Grund der K-A-Alter (Gentner-Zähringer) von Tektiten werden hier die geologischen Formationen der indo-australischen Tektitenfunde diskutiert. Auch danach bilden die indo-australischen Tektite eine gemeinsame Gruppe, die sich deutlich von den Moldaviten und Bediasiten unterscheidet. Zä.

9465. **G. H. R. von Koenigswald,** Tektite studies. II. The distribution of the indo-australian tektites. Proc. K. Nederl. Akad. Wet. (B) **63** 142—153. — Tektite derselben Region haben meist ähnliche Formen. Die Indochinite sind groß und rund, auf Billiton finden sich die ersten «core»-Typen, die nach Australien zu immer stärker in den Linsentyp übergehen und in Australien selbst fast durchweg einen «flange» oder «rim» besitzen. Zä.

9466. **W. D. Kolomenskij,** Ergebnisse der röntgenometrischen Untersuchung des Steinmeteoriten Nikolskoje. Meteoritika Nr. 18 S. 155—161 (russ.).

9467. **W. D. Kolomenskij,** Röntgenometrische Untersuchung der Schmelzkruste des Steinmeteoriten Kunaschak. Meteoritika Nr. 19 S. 86—99 (russ.).

9468. **O. D. Komissarow, T. N. Nasarowa, L. N. Neugodow, S. M. Poloskow, L. S. Russakowa,** Untersuchung von Mikrometeoriten mit Raketen und künstlichen Erdsatelliten. KE Nr. 2 S. 54—58, 1958 (russ.).

9469. **I. Kostoff,** Die Meteorite der Universität Sofia. Meteoritika Nr. 19 S. 155 (russ.). — Die Sammlung enthält 3 bulgarische und 19 ausländische Meteorite. Loh.

9470. **E. L. Krinow,** Principles of Meteoritics. Aus dem Russischen übersetzt von I. Vidziunas, herausgegeben von H. Brown. Oxford—London—New York—Paris, Pergamon Press, 1960. 11 + 535 S. Preis £ 3.10 bzw. $ 12.00. — Besprechung in Nature **189** 432 (H. J. Axon), Ric. Sci. **30** Nr. 11 S. 72*—73* (M. Nanni), Sky Tel. **21** 168.

9471. **E. L. Krinow,** Der Jardymlyer Meteorit. Bote Akad. Wiss. UdSSR 1960 Nr. 6 S. 132—134 (russ.).

9472. **E. L. Krinow,** Einige Gedanken über das Sammeln meteoritischer Materie in polaren Ländern. Meteoritika Nr. 18 S. 136—140 (russ.).

9473. **E. L. Krinow,** Wo ist der tungusische Meteorit? Priroda **49** Nr. 5 S. 57—62 (russ.). — Ref. in Sky Tel. **21** 78. — In dem Bericht über den gegenwärtigen Stand der Erforschung des Tunguska-Meteoriten wird die Vermutung wieder aufgegriffen, daß es sich um einen kleinen Kometen gehandelt habe. Petri

9474. **H. E. Lagow, W. M. Alexander,** Recent direct measurements of cosmic dust in the vicinity of the earth using satellites. Vgl. Ref. **1330** S. 1033—1041.

9475. **L. K. Lewskij,** Edelgase in zwei Eisenmeteoriten. Geochimija 1960 Nr. 2 S. 183 (russ.). — Ref. in RJ UdSSR 1960 Nr. 11 S. 76.

9476. **L. K. Lewskij,** Die Absorption der kosmischen Strahlung in Eisenmeteoriten. Geochimija 1960 Nr. 3 S. 274—277 (russ. mit engl. Ref.). — Ref. in RJ UdSSR 1961 Nr. 1 S. 66.

9477. **L. K. Lewskij,** H^3 und Ar^{39} in Eisenmeteoriten. Radiochemie **2** 491—494 (russ.). — Ref. in RJ UdSSR 1961 6A519.

9478. **J. F. Lovering, L. G. Parry, J. C. Jaeger,** Temperatures and mass losses in iron meteorites during ablation in the earth's atmosphere. Geochim. Cosmochim. Acta **19** 156—167. — Mit Hilfe thermomagnetischer Analyse wurden bei 2 Ataxiten die Temperaturgradienten an der Oberfläche bestimmt und hieraus die Abbrandrate zu 0.18 cm/sec errechnet. Bei einer Flugdauer von 3.3 sec ergibt dies für Eisenmeteorite ca. 0.6 cm Abbrand. Zä.

9479. **J. F. Lovering,** Origin of tektites. High-temperature fusion of possible parent materials for tektites. Nature **186** 1028—1030. — Durch das Schmelzen verschiedener Granitarten wird gezeigt, daß die Tektite sehr wohl aus irdischen (oder lunaren) Bergarten haben entstehen können. Man rechnet hier mit der hohen Temperatur bei größeren Meteorfällen, wodurch eine Verdampfung gewisser Stoffe stattgefunden haben kann. Auf diese Weise können Unterschiede der chemischen Zusammensetzung der Tektite und der durch Schmelzen hergestellten Glasarten erklärt werden. C. L. J.

9480. **B. Margetić,** Meteoriti. ZiS **2** 6—10, 1959.

9481. **R. E. Maringer, G. K. Manning,** Aerodynamic heating of the Grant meteorite. Geochim. Cosmochim. Acta **18** 157—161. — Die beim Abbrand des Eisenmeteoriten Grant erfolgten metallurgischen Veränderungen der Oberflächenzonen wurden zu Abschätzungen der Wärmeübertragung und Abbrandrate untersucht. Auch künstlich erhitzte Meteoritenproben wurden zum Vergleich herangezogen. Zä.

9482. **R. E. Maringer,** Ablation deposits on iron meteorites. Geochim. Cosmochim. Acta **19** 5—6. — Es wurden 5 Eisenmeteorite auf die Art des Abbrandes beim Flug durch die Atmosphäre untersucht. Direktes Verdampfen scheint gegenüber dem Wegschieben einer geschmolzenen Oberflächenschicht zurückzutreten. Zä.

9483. **B. Mason,** The origin of meteorites. J. Geophys. Res. **65** 2965—2970. — Die Ansicht wird vertreten, daß die Meteorite nicht von einem gemeinsamen Elternkörper stammen, da viele unabhängige Strukturen existieren. Untersuchungen an Kohlenstoffchondriten machen für Chondrite wahrscheinlich, daß sie Ergebnis eines Rekristallisationsprozesses sind. Achondrite, Pallasite und Siderolite werden als Fragmente planetoidenähnlicher Formen gedeutet. Zä.

9484. **B. Mason,** Origin of chondrules and chondritic meteorites. Nature **186** 230—231. — Kohlenstoffhaltige Meteorite sollen die ursprüngliche Materie der Chondrite darstellen; aus dem Chlorit kann durch Erhitzen auf 600° C und höher die Olivin-Orthopyroxen-Zusammensetzung der Chondrite entstehen. Lediglich Achondrite, Pallasite und Eisenmeteorite sind Bruchstücke größerer differenzierter Zwischenkörper. Zä.

9485. **H. Melzer,** Meteoritic dust and rainfall. J. British Interplanetary Soc. **17** 384—385.

9486. **B. A. Mirtow,** Die meteorische Materie und einige Fragen der Geophysik hoher Atmosphärenschichten. KE Nr. 4 S. 118—134 (russ.).

9487. **T. N. Nasarowa,** Untersuchung meteorischer Teilchen mit dem dritten sowjetischen künstlichen Erdsatelliten. KE Nr. 4 S. 165—170 (russ.).

9488. **T. N. Nasarowa,** Untersuchungsergebnisse über die meteorische Materie mit Hilfe in kosmische Raketen eingebauter Geräte. KE Nr. 5 S. 38—40 (russ.).

9489. **T. N. Nasarowa,** The results of studies of meteoric dust by means of Sputnik III and space rockets. Vgl. Ref. **1330** S. 1059—1062.

9490. **J. A. O'Keefe,** Tektites and the Cyrillid shower. AJ **65** 495. — Ref. AAS.

9491. **J. A. O'Keefe,** The origin of the tektites. Vgl. Ref. **1330** S. 1080—1105.

9492. **A. E. Olshaker,** Experimental investigation in lead of the Whipple «meteor bumper». J. appl. Phys. **31** 2118—2120. — Ref. in Phys. Abstr. (A) **64** 162.

9493. **F. A. Paneth,** The discovery and earliest reproductions of the Widmannstätten figures. Geochim. Cosmochim. Acta **18** 176—182. — Eine geschichtliche Abhandlung, die die Entdeckung der Widmannstättenschen Figuren und deren Bedeutung für die Meteoritenforschung lebendig macht. Zä.

9494. **N. P. Pentscheff, E. N. Pentscheffa, P. R. Bontscheff,** Über die chemische Zusammensetzung des Meteoriten Gumoschnik (Bulgarien). Meteoritika Nr. 18 S. 144—146 (russ.).

9495. **H. Pettersson,** Die Ablagerung kosmischer Materie auf der Erde. Endeavour **19** 142—146. — Die Untersuchung der von der Challenger-Expedition (1872—76) mitgebrachten Proben von Tiefseeablagerungen und die Analyse von Schnee in der Arktis zeigten zuerst, daß sich kosmische Materie auf der Erde ablagert. Erst in jüngster Zeit wurde es jedoch möglich, genügende Mengen von Probematerial zu gewinnen, um über beträchtliche geologische Zeitspannen eine Bestimmung der zeitlichen und geographischen Variation dieser Ablagerung durchzuführen. Im folgenden werden die Ergebnisse neuer Untersuchungen von langen Bohrkernen aus der Tiefsee und von Luftproben an Beobachtungsstationen besprochen, die fern von industriellen Betrieben liegen. Verf.

9496. **J. Pokrzywnicki,** O prawdopodobnym spadku meteorytu do basenu portowego w Gdyni. Postępy Astr. **8** 111—115. — Bericht über die Aussagen von Zeugen über den vermeintlichen Meteoritenfall im Hafen von Gdynia (Gdingen) am 21. 1. 1959. Wenn der Meteorit auch nicht gefunden wurde, so ist Verf. doch der Meinung, daß es sich wirklich um einen Meteoritenfall gehandelt hat. E. R.

9497. **J. Pokrzywnicki,** Spadki meteorytów na ludzi, zwierzęta i budynki. Urania Kraków **31** 2—6. — Verf. berichtet über die durch Meteoritenfälle auf Menschen, Tiere und Häuser angerichteten Schäden. Für die Meteoritenfälle auf Häuser in den Jahren 1684—1954 ist ein Verzeichnis gegeben. E. R.

9498. **J. Pokrzywnicki,** Nowe meteoryty. Urania Kraków **31** 143—144. — Verzeichnis von 5 in den Jahren 1955 und 1959 gefundenen oder niedergestürzten Meteoriten. E. R.

9499. **J. Pokrzywnicki,** Nowe meteoryty. Urania Kraków **31** 304—306. — Angaben über die in verschiedenen Teilen der Erde 1950/1960 gefallenen Meteorite. E. R.

94100. **K. Przibram,** Do meteorites exist consisting predominantly of feldspar? Nature **186** 300—301. — Es wird der Vorschlag gemacht, Feldspat in Meteoriten auf Fluoreszenz zu untersuchen, da diese in irdischem Feldspat oft durch Spuren organischer Verbindungen hervorgerufen wird. Zä.

* * **J. P. Raiser,** Restionisierung eines Gases bei der Expansion ins Vakuum. Vgl. Ref. **1668.**

* * **J. P. Raiser,** Die Kondensation in einer Wolke verdampfter Materie bei der Expansion im Vakuum. Vgl. Ref. **1669.**

94101. **V. Rama Murthy,** Isotopic composition of silver in an iron meteorite. Phys. Rev. Letters **5** 539—541. — Ref. in Phys. Abstr. (A) **64** 252.

94102. **G. W. Reed, K. Kigoshi, A. Turkevich,** Determinations of concentrations of heavy elements in meteorites by activation analysis. Geochim. Cosmochim. Acta **20** 122—140. — Die Gehalte an Barium, Quecksilber, Thallium, Blei, Wismut und Uran sowie die Isotopenzusammensetzung der Stein- und Troilitphase von Eisenmeteoriten wurden nach der Neutronenaktivierungsmethode bestimmt. Zwei Gruppen von Chondriten wurden beobachtet. In der ersten, den Enstatit- und kohlenstoffhaltigen Chondriten, ist der Gehalt an chalkophilen Elementen um eine Größenordnung höher als in den anderen Chondriten. Barium und Uran zeigen diesen Unterschied nicht. Der Bleigehalt in dieser Gruppe entspricht der ursprünglichen Isotopenzusammensetzung 208/204, wie aus dem Pb/U-Verhältnis zu erwarten war. Einige Anwendungen der Ergebnisse werden vorgeschlagen. Verf. (ü.)

94103. **L. Reiffel,** Erosion of meteorites in space and the density of interplanetary gas. Nature **185** 821—823. — Es wird der von E. Fireman und F. Whipple vorgeschlagene Einfluß der Weltraumerosion durch Protonen kritisiert. Vermutlich sind Protonen nicht der einzige Faktor, der die Erosionsrate bestimmt. Die schwereren Elemente, die in dem Teilchenstrom der Sonne enthalten sind, sind zu berücksichtigen. Zä.

94104. **J. H. Reynolds,** Rare gases in tektites. Geochim. Cosmochim. Acta **20** 101—114.

94105. **J. H. Reynolds,** I—Xe dating of meteorites. J. Geophys. Res. **65** 3843—3846. — Mit Hilfe einer n-Aktivierungsanalyse werden J-Analysen und Xe^{129}-Messungen an derselben Probe durchgeführt und J-Xe-Alter an Richardton und Indarch zu 120×10^6 bzw. 86×10^6 a angegeben. Zä.

94106. **J. H. Reynolds,** Isotopic composition of primordial xenon. Phys. Rev. Letters **4** 351—354. — Ref. in Phys. Abstr. (A) **63** 1214.

94107. **J. H. Reynolds,** Isotopic composition of xenon from enstatite chondrites. Z. Naturforschung **15a** 1112—1114.

* * **J. H. Reynolds,** Determination of the age of the elements. Vgl. Ref. 5132.

94108. **A. E. Ringwood,** The Novo Urei meteorite. Geochim. Cosmochim. Acta **20** 1—4. — Das Vorkommen von Diamant im Novo Urei-Meteoriten wurde durch Beugung von Röntgen-Strahlen bestätigt. Chemische und mineralogische Untersuchungen führen zur Feststellung, daß es sich um einen weitgehend umgewandelten Chondriten handelt. Verf. (ü.)

94109. **A. E. Ringwood,** Cohenite as a pressure indicator in iron meteorites. Geochim. Cosmochim. Acta **20** 155—158.

94110. **A. E. Ringwood,** Silicon in the metal phase of enstatite chondrites. Nature **186** 465—466. — Die Metallphase von Enstatit-Chondriten kann 2 bis 18 Atomprozente Silizium enthalten; dies entspricht dem hochreduzierten Zustand dieser Chondrite. Zä.

94111. **R. Rost,** Die Zusammensetzung der Steinmeteorite, die im Jahre 1959 bei Příbram (Böhmen) gefunden wurden. Vesmír **39** 311—313 (tschech.).

94112. **I. K. Sadoroshny,** Die massenspektroskopische Bestimmung des Edelgasgehaltes in Eisen. Meteoritika Nr. 18 S. 141—143 (russ.).

94113. **O. A. Schaeffer, J. Zähringer,** Helium, neon and argon isotopes in some iron meteorites. Geochim. Cosmochim. Acta **19** 94—99. — Es wurden 7 Eisenmeteorite auf He, Ne und A untersucht. Die He^3: Ne^{21}: A^{38}-Verhältnisse deuten an, daß die Proben mit unterschiedlicher Energie und in verschiedenen Tiefen bestrahlt wurden. Die Bedeutung für die Bestrahlungsalter wird diskutiert. Zä.

94114. **U. Schindewolf, M. Wahlgren,** The rhodium, silver and indium content of some chondritic meteorites. Geochim. Cosmochim. Acta **18** 36—41. — Der Rh- und Ag-Gehalt von 5 Chondriten beträgt im Durchschnitt 0.186 und 0.094 ppm. Für In wurde eine obere Grenze von 0.001 angegeben. Der Rh- und Ag-Wert stimmt mit den Suess-Urey-Häufigkeiten überein, während In um den Faktor 100 zu klein ist. Zä.

94115. **U. Schindewolf,** Selenium and tellurium content of stony meteorites by neutron activation. Geochim. Cosmochim. Acta **19** 134—138. — Der Se- und Te-Gehalt von 4 Chondriten ergaben 9.8 bzw. 0.6 ppm und liegen niedriger als bisher berichtete Werte. Zä.

94116. **R. A. Schmitt, A. W. Mosen, C. S. Suffredini, J. E. Lasch, R. A. Sharp, D. A. Olehy,** Abundances of the rare-earth elements, lanthanum to lutetium, in chondritic meteorites. Nature **186** 863—866. — Die Häufigkeiten dieser Seltenen Erden wurden mittels Neutronenaktivierung gemessen und die Resultate werden mit den zu erwartenden Häufigkeitsregeln diskutiert. Untersucht wurden die beiden Chondrite Allegen und Richardton. Zä.

94117. **P. Signer, A. O. Nier,** The distribution of cosmic-ray-produced rare gases in iron meteorites. J. Geophys. Res. **65** 2947—2964. — Am Eisenmeteoriten Grant wurden die Isotope He^3, He^4, Ne^{20}, Ne^{21}, Ne^{22}, Ar^{36} und Ar^{38} in Abhängigkeit von der Tiefe gemessen. Es zeigt sich ein systematischer Tiefeneffekt; die Beziehung Tiefe—Produktionsrate wird ermittelt. Zä.

94118. **P. Signer,** Bestätigung des abnormal hohen Gehaltes an Xe^{129} in Richardton. Z. Naturforschung **15a** 748—749. — Im Chondriten Richardton fand Reynolds einen Überschuß an Xe^{129} von etwa 50%. Die weittragenden Konsequenzen dieser Feststellung scheinen in Anbetracht der Schwierigkeit des Experimentes einen kurzen Bericht über die Bestätigung dieses Befundes durch eigene Experimente zu rechtfertigen. Es soll dabei besonders auf experimentelle Einzelheiten hingewiesen werden. Verf.

94119. **P. P. Sowa,** Der Steinmeteoritenregen «Knjaginin». Priroda **49** Nr. 10 S. 91—92 (russ.). — Bemerkungen über die Bruchstücke des Meteoritenregens vom 9. Juni 1868.

94120. **I. E. Starik, E. W. Sobotowitsch, G. P. Lowzjus, M. M. Schatz, A. W. Lowzjus,** Plumbum, and its isotopic composition in iron meteorites. DAN **134** 555—558 (russ.).

94121. **I. E. Starik, E. W. Sobotowitsch, G. P. Lowzjus,** Bestimmung des Blei- und Eisengehaltes von Meteoriten. Meteoritika Nr. 19 S. 100—102 (russ.).

94122. **R. W. Stoenner, O. A. Schaeffer, R. Davis jr.,** Meteorites as space probes for testing the spatial constancy of cosmic radiation. Vgl. Ref. **1334** S. 3025—3034.

94123. **N. N. Stulow,** Röntgenometrische Untersuchung der materiellen Zusammensetzung einiger Meteorite. Meteoritika Nr. 19 S. 63—85 (russ.).

94124. **S. R. Taylor,** Abundance and distribution of alkali elements in australites. Geochim. Cosmochim. Acta **20** 85—100.

94125. **S. R. Taylor, M. Sachs,** Trace elements in australites. Nature **188** 387—388. — Die Bestimmung von Spurenelementen sind mittels Emissionsspektralanalysen an 24 Australiten vervollständigt worden. Es wird auf die Ähnlichkeit zwischen deren Häufigkeiten und der mittleren Häufigkeit dieser Elemente in der Erdkruste aufmerksam gemacht. Die geringen Cr-, Ni- und Co-Werte sprechen nicht für eine Entstehung aus Meteoriten bei Zusammenstößen mit der Erde oder dem Mond. Zä.

94126. **J. Ułanowicz, J. Pokrzywnicki,** Meteoryt Příbram — (Luhy). Urania Kraków **31** 280—281. — Klärender Beitrag über Widersprüche in den Beobachtungen. E. R.

94127. **H. C. Urey,** Origin of tektites. Nature **187** 855—857. — Urey verteidigt seine Theorie der Tektitenentstehung durch Kometeneinschlag auf der Erde gegenüber den Einwänden von Baker (vgl. Ref. **9405**). Zä.

94128. **H. C. Urey,** Primary and secondary objects. Vgl. Ref. **1316** S. 77—93.

94129. **E. Vilcsek, H. Wänke,** Natrium 22 im Meteorit Breitscheid. Z. Naturforschung **15a** 1004—1007. — Es gelang erstmalig, Natrium 22 in einem Meteoriten zu messen. Der Meteorit Breitscheid, an dem wir unsere Untersuchungen ausführten, fiel am 11. August 1956. Aus einer gefundenen Zählrate von 0.21 ± 0.03 Impulsen/min errechneten wir für den Zeitpunkt des Falles eine Zerfallsrate von 0.089 ± 0.015 Zerfällen/min · g. Wegen der relativ kurzen Halbwertszeit von 2.6 Jahren erscheint Natrium 22 besonders geeignet, um Schwankungen der Intensität der Höhenstrahlung im Zusammenhang mit der Sonnenfleckenperiode zu untersuchen. Aus der ermittelten Zählrate folgt für die Jahre 1954—1956 eine mittlere Intensität der Höhenstrahlung von $I_0 = 0.68$ Teilchen/cm^2 sec sterad. Dieser Wert berücksichtigt Teilchen mit Energien bis herunter zu etwa 100 MeV. Natrium 22 zerfällt in Neon 22. Zusammen mit dem Gehalt an Neon 22 erhielten wir aus der Zerfallsrate von Natrium 22 für diesen Meteoriten ein Strahlungsalter von etwa 30 Mill. Jahren. Verf.

94130. **E. A. Vincent, J. H. Crocket,** Studies in the geochemistry of gold-II. The gold content of some basic and ultrabasic rocks and stone meteorites. Geochim. Cosmochim. Acta **18** 143—148. — Goldanalysen an Basalten ergaben ca. 0.002 ppm, an Duniten ca. 0.001 bis 0.01 ppm, während Chondrite bei 0.1 bis 0.3 ppm liegen. Zä.

94131. **A. P. Vinogradov, E. I. Dontsova, M. S. Chupakhin,** Isotopic ratios of oxygen in meteorites and igneous rocks. Geochim. Cosmochim. Acta **18** 278—293. — Chondrite, Achondrite und Dunite haben O^{16}/O^{18}-Verhältnisse von 490.0 bis 490.4, während kohlenstoffhaltige Chondrite und Granite 488.9 bzw. 488.0 ergaben. Prozesse, die bei der Entstehung der Sauerstoffverhältnisse an der Erdoberfläche beteiligt waren, scheinen Chondrite und Achondrite nicht beeinflußt zu haben. Zä.

94132. **H. Voshage, H. Hintenberger, R. R. Marshall,** Calculation of cosmic-ray ages in the iron meteorites «Carbo» and «Treysa». Nature **185** 88—89. — Aus dem beobachteten Isotopenverhältnis $K^{39}/K^{40}/K^{41}$ werden für die Eisenmeteorite «Carbo» und «Treysa» — mit ziemlich großer Unsicherheit — Strahlungsalter (= Zeit, die die Meteorite der kosmischen Strahlung ausgesetzt waren) von 1.36 bzw. 0.6×10^9 Jahren bestimmt. Bemerkenswert ist der relativ gut verbürgte Altersunterschied. In einer zusätzlichen Notiz weist Marshall darauf hin, daß die Diskrepanz gegenüber seiner früheren Altersbestimmung von «Carbo» auf einer Verwechslung von K^{40} und K^{41} in der Formel beruht. Voigt

94133. **H. Voshage, H. Hintenberger,** Experimente zur Isolierung und zur massenspektrometrischen Bestimmung extrem kleiner Alkalimengen. Z. Analyt. Chem. **107** 366—371, 1959. — Ref. in Phys. Ber. **40** 14—15.

94134. H. Wänke, O. A. Schaeffer, Exposure ages for iron meteorites. Nature **188** 1101—1102. — Die Ansicht wird vertreten, daß eine annähernd zuverlässige Bestimmung des Strahlungsalters von Eisenmeteoriten nur auf der Messung eines stabilen und eines aktiven Zerfallsproduktes, nicht aber zweier stabiler Zerfallsprodukte beruhen kann. — Schaeffer erwidert, daß diese Frage nur auf Grund neuer experimenteller Ergebnisse geklärt werden könne. Zä.

94135. H. Wänke, Scandium 45 als Reaktionsprodukt der Höhenstrahlung in Eisenmeteoriten. II. Z. Naturforschung **15a** 953—964. — Mit Hilfe von Neutronenaktivierung konnte der Scandiumgehalt in einer Reihe von Eisenmeteoriten gemessen werden. Scandium entsteht in Eisenmeteoriten fast ausschließlich durch die Einwirkung der Höhenstrahlung auf die Eisenkerne des Meteoriten. Während sich für den natürlichen, nicht durch die Höhenstrahlung gebildeten Scandiumgehalt ein Wert von etwa 2×10^{-10} g Sc/g fand, steigt der «kosmogene» Anteil bis auf 4.6×10^{-9} g Sc/g. Während bei Helium sowie bei den anderen Edelgasen, die durch die Einwirkung der Höhenstrahlung in Meteoriten gebildet werden, etwaige Verluste durch Diffusion nicht vollkommen ausgeschlossen werden können, sind beim Scandium keine solchen Verluste möglich. Scandium ist in Eisenmeteoriten als Monitor für Teilchen mit Energien von 200 bis 1000 MeV anzusprechen. Aus den relativen Konzentrationen von Scandium zu Neon, die in Meteoriten in verschiedenen Größen aufgefunden wurden, war es möglich, durch Vergleich mit den theoretisch zu erwartenden Konzentrationen den Mindestanteil von Teilchen mit Energien unter 1 GeV an der Gesamtintensität der Höhenstrahlung zu berechnen. Es stellte sich heraus, daß in der primären Höhenstrahlung mindestens 2.1mal soviel Teilchen mit Energien unter 1 GeV vorhanden sein müssen als Teilchen mit Energien über 1 GeV. Verf. (gek.)

94136. G. J. Wasserburg, W. A. Fowler, F. Hoyle, Duration of nucleosynthesis. Phys. Rev. Letters **4** 112—114. — Ref. in Phys. Abstr. (A) **63** 559.

94137. F. L. Whipple, Solid particles in the solar system. Vgl. Ref. **1316** S. 6—17.

94138. E. H. T. Whitten, Average composition of granites, the genesis of tektites, and petrogenesis. Nature **187** 867—868.

94139. G. G. Worobjew, Über die chemische Zusammensetzung der Tektite in Verbindung mit dem Problem ihrer Herkunft. Geochimija 1960 Nr. 5 S. 427—442 (russ.). — Ref. in RJ UdSSR 1961 Nr. 3 S. 67—68.

94140. G. G. Worobjew, Das Problem der Tektite und Silica-Gläser. Meteoritika Nr. 19 S. 26—62 (russ.).

94141. G. G. Worobjew, Das Rätsel der Tektite. Priroda **49** Nr. 6 S. 75—77 (russ.). — Der zusammenfassende Bericht über Fundgeschichte und Entstehung der Tektite neigt zu der Annahme extraterrestrischen Ursprungs dieser Körper, läßt die Entscheidung aber noch offen. Petri

94142. B. I. Wronskij, Über den Fund des Eisenmeteoriten Sussuman. Meteoritika Nr. 19 S. 135—142 (russ.).

94143. B. I. Wronskij, Das Geheimnis der tungusischen Katastrophe. Meteoritenfall oder Kernexplosion? Priroda **49** Nr. 3 S. 88—91 (russ.). — Bemerkungen zu dem großen Meteoritenfall vor mehr als 50 Jahren.

94144. B. I. Wronskij, The mistery of about the Tungus catastrophe. RH **41** 234—237 (tschech.).

94145. I. Zacharov, About the meteoric dust in the earth's atmosphere. RH **41** 148 151 (tschech.).

94146. J. Zähringer, W. Gentner, Uredelgase in einigen Steinmeteoriten. Z. Naturforschung **15a** 600—602. — In den Steinmeteoriten Kapoeta und Abee wurden außergewöhnlich große Mengen an Edelgasen gefunden. Aus der Menge und aus deren Isotopenzusammensetzung wird geschlossen, daß es sich um Uredelgase handelt. Kapoeta enthält überwiegend die leichteren Edelgase, während Abee die schwereren Edelgase als Urkomponente enthält. In Kapoeta ist auch He^3 als Urgas enthalten. Die Ne^{20}/Ne^{22}- und A^{36}/A^{38}-Verhältnisse zeigen große Abweichungen gegenüber den entsprechenden Verhältnissen in der Atmosphäre. Zä.

94147. Des composés organiques auraient été trouvés dans une météorite. La Nature 88 61.

94148. Nouvelles recherches sur la météorite tombée en 1908 en Sibérie. La Nature 88 337—338.

94149. La météorite de 1908 était-elle une comète? La Nature 88 443.

94150. Xenon in meteorites. Sky Tel. **19** 282. — Ref. in VdS Nachr. **9** 123.

94151. Czy tektyty pochodzą spoza układu słonecznego? Urania Kraków **31** 47—48. — Ref. der in AJB **58** Ref. 8330 zitierten Untersuchung von T. P. Kohman über die Herkunft der Tektite. E. R.

94152. Nowości w meteorytyce. Urania Kraków **31** 237—238. — Neues über Meteorite, meteoritisch-magnetische Kügelchen, Meteorkrater und den Zerfall von Meteoriten in der Atmosphäre. E. R.

94153. Meteoritni prah u dubokomorskim sedimentima. ZiS **3** 91—92. — Ref.

94154. Kozmička starost. ZiS **3** 94. — Ref.

Meteoritenkrater

94155. C. S. Beals, M. J. S. Innes, J. A. Rottenberg, The search for fossil meteorite craters. Current Sci. **29** 205—218, 249—262 = Contr. Dominion Obs. Ottawa **4** Nr. 4. — Die Arbeit behandelt die Typen und Eigenschaften der bekannten Meteorkrater und die Methoden der Erkennung solcher Formationen, wobei vor allem ein Zusammenwirken von Aerotopographie und geologischen Aufschlußmethoden in Betracht kommt. Drei Krater in Kanada sind eingehend untersucht worden. C. H.

94156. C. S. Beals, A probable meteorite crater of Precambrian age at Holleford, Ontario. Publ. Dominion Obs. Ottawa **24** 113—142. — Ein mit Sedimenten aus dem Paläozoikum ausgefüllter Meteoritenkrater ist auf aerotopographischen Aufnahmen in Südost-Ontario festgestellt worden. Sein Durchmesser beträgt 2.35 km, seine jetzige Tiefe 30 m. Das ursprüngliche Profil reicht bis 240 m hinab, das Tiefenverhältnis stimmt mit dem anderer irdischer Meteoritenkrater überein. Vgl. auch die in AJB **57** Ref. 8390 zitierte Untersuchung des Verf. Ho.

94157. E. R. Harrison, Origin of the Pacific Basin: a meteorite impact hypothesis. Nature 188 1064—1067.

94158. E. L. Krinow, Die Meteoritenkrater von Kaalijarw. Priroda **49** Nr. 7 S. 55—60 (russ.). — Es wird ausführlich über die Erforschungsgeschichte der auf der estnischen Insel Sarema entdeckten 7 Krater berichtet, die auf einen etwa 4000—5000 Jahre zurückliegenden Eisenmeteoritenfall zurückgehen. Der Hauptkrater hat einen Durchmesser von 110 m, ist 16 m tief und von einem Wall umgeben, der 6—7 m über die Umgebung emporragt. Petri

94159. **P. M. Millman, B. A. Liberty, J. F. Clark, P. L. Willmore, M. J. S. Innes,** The Brent crater. Publ. Dominion Obs. Ottawa **24** 1—43. — Auf Fliegeraufnahmen wurde der Meteorkrater in Algonguin Park, Ontario, Kanada, gefunden. Er hat 2 engl. Meilen Durchmesser. Eine vielleicht 4000 Fuß tiefe Schale ist im kanadischen Felsenboden mit paläozoischen Sedimenten gefüllt. Eine genaue geologische und seismische Untersuchung ist unternommen worden. Alles deutet auf einen meteorischen Ursprung dieses Gebildes hin. Die Formation scheint aus dem Präkambrium zu stammen. Die Schale ist später durch Erosion etc. aufgefüllt worden. C. L. J.

94160. Impact d'astéroide au Texas. La Nature **88** 219.

94161. Les seuls cratères de météorite connus en Europe. La Nature **88** 503. — Betrifft die Krater Kaalijarw auf der Insel Salema.

94162. Śmiała hipoteza meteorytowego pochodzenia kanadyjskich zatok. Urania Kraków **31** 15—16. — Referat der in AJB **58** Ref. **8391** zitierten Untersuchung von Beals über den meteoritischen Ursprung des Kanadischen Meerbusens. E. R.

§ 95

Interplanetare Materie, Zodiakallicht, Gegenschein

* * **J. L. Alpert,** Die Erforschung der Ionosphäre und des interplanetaren Gases mit Hilfe künstlicher Erdsatelliten und kosmischer Raketen. Vgl. Ref. **7501**.

9501. **D. E. Blackwell,** La luz zodiacal. El Universo **14** 129—136.

9502. **D. E. Blackwell,** Das Zodiakallicht und seine Deutung. Endeavour **19** 14—19. — Das Zodiakallicht, ein Lichtkegel, der sich längs des Tierkreises erstreckt, wurde schon im 17. Jahrhundert beobachtet. Der Ursprung dieser Lichterscheinung ist noch immer ungewiß, doch hat man versucht, sie mit Hilfe der Hypothese eines interplanetaren Gases zu erklären. Verf. ist gerade von einer Reise in die Anden zurückgekehrt, wo das Zodiakallicht gut zu beobachten ist. Er beschreibt im folgenden die Theorien über seinen Ursprung und diskutiert das Für und Wider der Existenz des interplanetaren Gases. Verf.

9503. **H. S. Bridge, C. Dilworth, B. Rossi, F. Scherb, E. F. Lyon,** An instrument for the investigation of interplanetary plasma. Vgl. Ref. **1334** S. 3053—3055.

* * **J. W. Chamberlain,** Interplanetary gas. II. Expansion of a model solar corona. Vgl. Ref. **6702**.

* * **M. H. Cohen,** Magnetoionic mode coupling at high frequencies. Vgl. Ref. **1617**.

* * **P. J. Coleman jr., C. P. Sonett, D. L. Judge, E. J. Smith,** Some preliminary results of the Pioneer V magnetometer experiment. Vgl. Ref. **7618**.

* * **A. Dauvillier,** Pulvérisation cathodique et noyaux cométaires. Vgl. Ref. **9103**.

9504. **W. G. Fessenkow,** Die Polarisation des Zodiakallichts nach Beobachtungen in Ägypten. Mitt. Astrophys. Inst. Alma-Ata **9** 3—9 (russ. mit engl. Ref.). — Die Polarisation des Zodiakallichts wurde im Oktober und

November 1957 in Assuan mit einem vom Verf. konstruierten visuellen Binokularphotometer gemessen. Der Polarisationsgrad verkleinert sich mit dem Winkelabstand von der Sonne. Bei den Messungen am Morgen, wenn das Zodiakallicht senkrecht zum Horizont stand, war die Polarisationsebene zur Sonne gerichtet. Bei den Messungen am Abend, wenn das Zodiakallicht schief stand, wich die Polarisationsrichtung wesentlich von der Richtung zur Sonne ab. Dieser Umstand muß durch genauere photoelektrische Messungen geprüft werden. Auch eine Diskussion des Einflusses anderer Lichtquellen ist erforderlich. Ond.

9505. **W. G. Fessenkow,** Über die Reduktion photometrischer Beobachtungen des Zodiakallichts. Mitt. Astrophys. Inst. Alma-Ata **9** 35—39 (russ. mit engl. Ref.).

9506. **K. I. Gringaus, W. W. Besrukich, W. D. Oserow, R. E. Rybtschinskij,** Investigation of interplanetary ionized gas, high energy electrons and solar corpuscular radiation by means of three-electrode traps for charge-carrying particles installed on the second Soviet space rocket. DAN **131** 1301—1304 (russ.). — Bis in die Entfernung von vier Erdradien hat die Temperatur des Plasmas einige 10000° nicht überstiegen. Zwischen 55000 und 75000 km wurde ein Elektronenstrom von der Ordnung 10^8 cm^{-2} sec^{-1} mit Energien oberhalb von 200 eV registriert. Im letzten Drittel der Bahn wurden positive Ionen mit Energien oberhalb von 15 eV gefunden. Perek

* * **K. I. Gringaus, W. G. Kurt, W. I. Moros, I. S. Schklowskij,** Ionized gas and high energy electrons in the vicinity of the earth and in the interplanetary space. Vgl. Ref. **76154.**

* * **C. O. Hines,** On the rotation of the polar ionospheric regions. Vgl. Ref. **7533.**

9507. **H. E. Hinteregger,** Interplanetary ionization by solar extreme ultraviolet radiation. ApJ **132** 801—811. — Die monochromatischen Strahlungsströme der Sonne zwischen 60 Å und 1300 Å wurden in Höhen von etwa 200 km mittels Raketen gemessen. Nach Korrektur für die Absorption in noch höheren Schichten wird die Energieverteilung der UV-Strahlung im interplanetaren Raum erhalten, woraus sich Ionisationsgleichgewichte für H, O, N und N_2 abschätzen lassen. Bei Teilchendichten von 500 cm^{-3} ist der Wasserstoff zu 99.9 % ionisiert. Ee.

9508. **C. Hoffmeister,** Interplanetare Materie und Verstärktes Nachthimmelleuchten. ZfA **49** 233—242 = Mitt. Sternw. Sonneberg Nr. 51. — Eine 30jährige Statistik der nicht polarlichtartigen hochatmosphärischen Erhellungen gestattet die Ermittlung einer Jahreskurve. Die Aufteilung in 3 Dezennien gibt Aufschluß über die Stabilität von «Singularitäten», die zu den Meteorströmen kurzer Umlaufzeiten in Beziehung gesetzt werden. C. H.

9509. **W. Jahn,** Über die interplanetare Materie. VdS Nachr. **9** 101—103.

9510. **S. W. Karjagina,** Energy distribution in the spectrum of zodiacal light. AJ UdSSR **37** 882—887 (russ. mit engl. Ref.). — Mit einem lichtstarken (1:0.7) Nebelspektrographen wurden in 4 Nächten des Herbstes 1957 in 3000 m Seehöhe im Bereich von 4100 bis 6500 Å Simultanaufnahmen von Zodiakallicht und Nachthimmel gemacht. Die in Tabellen ausführlich mitgeteilte Energieverteilung des Zodiakallichts unterscheidet sich nur wenig von der im Sonnenspektrum. Die visuelle Flächenhelligkeit des Zodiakallichts wurde, in Übereinstimmung mit früheren Untersuchungen von W. Fessenkow und N. Diwari, bei 40° Sonnenelongation zu 3.5—4.5 und bei 50° zu 2.2 «Sternen 5. Größe pro Quadratgrad» bestimmt. Petri

9511. **W. Krzemiński,** Materia pomiędzy Ziemią i Słońcem. Postępy Astr. 8 169—170. — Kurzer Bericht über die in Cambridge (England) durchgeführten Untersuchungen über die Ausdehnung der Sonnenkorona und ihren Zusammenhang mit dem Zodiakallicht, sowie über die Ausdehnung der Erdatmosphäre auf Grund der Messungen künstlicher Erdsatelliten und kosmischer Raketen. E. R.

9512. **Z. Kvíz,** Atmospheric freezing nuclei and the structure of interplanetary matter. BAC **11** 251—253. — Verf. geht von der Hypothese aus, daß die Meteore durch 2 Arten von interplanetaren Partikeln verursacht werden, den porösen von der Dichte ≈0.1 und den konsistenten mit Dichten von 3 bis 8 g/cm³. Die ersteren könnten, wenn sie in der Atmosphäre zerstäubt werden, sehr wirksame Kondensationskerne abgeben und damit die Ursache für die von Bowen vertretene Ansicht sein, daß ein enger Zusammenhang zwischen Meteortätigkeit und Regenfällen besteht. C. H.

9513. **P. Mange, J. D. Purcell, R. Tousey,** A direct determination of neutral hydrogen between the earth and the sun. AJ **65** 54. — Ref. AAS.

* * **L. Reiffel,** Erosion of meteorites in space and the density of interplanetary gas. Vgl. **94103.**

9514. **R. Robley,** Photométrie de la lumière zodiacale. CR **251** 2883—2885. — Die Absoluthelligkeit des Zodiakallichts wird mit dem 60 cm-Teleskop des Pic du Midi und einem Lallemand-Multiplier in drei durch Interferenzfilter begrenzten Bereichen ($\lambda\lambda$ 4630, 5280, 6165 Å) durch Anschluß an den Polarstern bestimmt. Die nötigen Korrekturen für extraterrestrisches Streulicht und Sternhintergrund werden angebracht und die Ergebnisse in Abhängigkeit von der Winkelentfernung zur Sonne mitgeteilt. J. P. M.

9515. **H. N. Rundle,** Ionization of a static interplanetary gas and expected emission lines from this gas. Planet. Space Sci. **2** 86—98 = Cambridge Obs. Repr. Nr. 42.

9516. **F. Schmid,** Die nächtliche und jährliche Eigenbewegung des Zodiakallichtes und seine Natur nach neueren Forschungsergebnissen. Orion Schaffhausen **5** 899—906.

9517. **F. Schmid,** Die nächtliche und jährliche Eigenbewegung des Zodiakallichtes und seine Natur nach neueren Forschungsergebnissen. II. Orion Schaffhausen **5** 975—981.

XI. Sterne

§ 101

Entfernung

10101. **H. L. Alden, V. Osvalds,** Trigonometric parallaxes of 270 stars. Publ. Leander McCormick Obs. **14** Part 2, 83 S. — Es werden die Daten der einzelnen Platten, die zur Ableitung der in den Listen Nr. 34 bis 38 des Leander McCormick Observatoriums (1949—1958 im AJ erschienen) veröffentlichten Parallaxen gedient haben, mitgeteilt. Es handelt sich in den meisten Fällen um Zwergsterne, die schon lange auf dem Beobachtungsprogramm gestanden haben. Dv.

10102. **J. Churms,** New parallax determinations for seven stars. MN ASSA **19** 74—75. — Betrifft Yale 30, 57, 3389, 3884, 3961, 4674, 5269.

10103. **B. G. Crissman,** Photographic determinations of the parallaxes of fifty-five stars with the Thaw refractor. AJ **65** 106—108. — Betrifft Nr. 1864—1918.

10104. **T. Dahlgren jr.,** Studies of the errors of trigonometric parallaxes. Ark Astr **2** 473—494 = Lund Medd. (1) Nr. 195. — Die Reihen moderner trigonometrischer Parallaxenmessungen von zehn Observatorien (Veröffentlichungen bis 1957 eingeschlossen) werden an Hand gemeinsamer Sterne verglichen. Systematische Differenzen und halbsystematische Fehler α werden berechnet. Es wird untersucht, ob für zwei Observatorien die mittleren Differenzen $\overline{\pi_1 - \pi_2}$, deren Dispersion und die Quadratsumme $(\alpha_1^2 + \alpha_2^2)$ mit dem wahrscheinlichen Fehler ihrer Parallaxendifferenzen variiert. Obwohl zwischen den Hauptserien der Nordhalbkugel und denen der Südhalbkugel eine systematische Differenz auftritt, läßt sich in dieser Untersuchung keine Ursache dafür finden. Die zufälligen Fehler zeigen innerhalb einer Serie eine normale Verteilung. Zum Schluß werden die Korrektionen hergeleitet, die die beobachteten Parallaxenverteilungen der einzelnen Serien in wahre Verteilungen überführen. Gli.

10105. **P. van de Kamp,** Trigonometric parallaxes of subdwarfs. AJ **65** 391—392. — Hinweis auf die Schwierigkeiten, Parallaxen von Sternen schwächer als 13. Größe mit den existierenden Instrumenten trigonometrisch zu messen. Die Parallaxen von 5 Unterzwergen werden als Beispiel aufgeführt. Es wird der Nutzen des geplanten 60″-Reflektors betont, mit dem trigonometrische Parallaxen bis zur 18. Größe gemessen werden könnten. Gli.

10106. **Z. Klobučar,** Svemirski susjedi Sunca. ZiS **3** 38—40.

10107. **S. L. Lippincott,** A model of our stellar neighborhood. ASP Leaflet Nr. 377, 8 S. = Sproul Obs. Repr. Nr. 116.

* * **N. Missana,** I moti propri delle stelle e le parallassi statistiche. Vgl. Ref. **10215**.

10108. **R. M. Petrie,** The accuracy of spectroscopic distances of B stars. Vgl. Ref. **1337** S. 462—463.

10109. **C. L. Stearns,** Stellar parallaxes derived from photographs made with the 20-inch refractor of the van Vleck Observatory. Publ. van Vleck Obs. **3,** 15 + 258 S.

10110. **K. A. Strand,** Report of commission on stellar parallaxes and proper motions. Vgl. Ref. **614** S. 359—368 = U. S. Naval Obs. Repr. Nr. 4.

10111. **M. N. Vojčunas,** Kako je izmjerena daljina zvijezda. ZiS **3** 84—85.

§ 102

Bewegung

* * **M. E. Bojartschuk,** A study of the atmospheres of F type stars. I. A comparison of the chemical composition of atmospheres of high and low space velocity stars. Vgl. Ref. **10417**.

* * **W. Buscombe, P. M. Morris,** Southern stars of high velocity. Vgl. Ref. **14433**.

* * **M. Chopinet,** Révision de quelques résultats sur les étoiles à grande vitesse. Vgl. Ref. **10426**.

10201. **O. J. Eggen,** Space motions of the subdwarfs. AJ **65** 393—395. — Verf. diskutiert die Kriterien, nach denen ein Stern als Unterzwerg klassifiziert werden kann, wenn keine genügend genauen trigonometrischen Parallaxen vorliegen. Die Sterne besitzen entweder schwache Metallinien oder einen UV-Exzeß. Die Korrelation zwischen dem beobachteten UV-Exzeß und der Abweichung von der Hauptreihe im Hertzsprung-Russell-Diagramm erlaubt die Zuordnung einer photometrischen Parallaxe. Für 50 Unterzwerge mit gesichert scheinenden Raumgeschwindigkeiten wird die Geschwindigkeitsverteilung in der galaktischen Ebene betrachtet. Bei Annahme einer Kreisbahngeschwindigkeit von 210 km/sec in Sonnenumgebung ergibt sich, daß ein System von 28 extremen Unterzwergen (UV-Exzeß $>0^{m}_{.}2$) nicht an der galaktischen Rotation teilnimmt. Verf. weist darauf hin, daß einige dieser Sterne gemeinsame Bewegung zeigen — es treten Häufungspunkte im Geschwindigkeitsraum auf. Die Gruppe der 22 Sterne mit geringerem UV-Exzeß (zwischen $0^{m}_{.}15$ und $0^{m}_{.}20$) zeigt diese Erscheinungen nicht so ausgeprägt. Gli.

* * **O. J. Eggen,** Stellar groups, V. Luminosities, motions and masses of the late-type subgiants. Vgl. Ref. **10502**.

* * **A. M. Heiser,** Relative abundances in the high-velocity star HD 25329. Vgl. Ref. **10442, 10443**.

* * **V. Osvalds,** Intercomparison of space velocities and dispersions of Mira variables with those of other stars. Vgl. Ref. **12438**.

* * **V. Osvalds, A. M. Risley,** Space velocities of Mira variables. Vgl. Ref. **12439**.

10202. **K. M. Yoss,** Space velocities of weak CN giants. AJ **65** 354. — Ref. AAS.

10203. Stellar motions. Nature **187** 841. — Präsidialansprache von R. v. d. R. Woolley vor der Sektion A (Math., Phys.) der Royal Society.

Eigenbewegung

10204. **S. Aravamudan,** Stars with large proper motions in the Astrographic Zones +32° and +33° (list IV). JO **43** 229—232. — Fortsetzung zu den in früheren Veröffentlichungen (vgl. AJB **56** Ref. **9201**, **59** Ref. **10205**) gegebenen Listen. Es werden Eigenbewegungen für 162 Sterne mitgeteilt.

* * **H. K. Eichhorn,** On the reduction of photographic star positions and proper motions. Vgl. Ref. **3108**.

10205. **G. Haro, W. J. Luyten,** Four stars of large proper motion in the Orion region. Bol. Obs. Tonantzintla y Tacubaya Nr. 19 S. 16. — Die Eigenbewegungen der 4 Sterne ($15^{m}_{.}7$—$17^{m}_{.}0$ pg, vermutlich 3 dM-Sterne und ein degenerierter G- oder K-Stern) konnten aus Aufnahmen des Palomar-Schmidt-Spiegels mit einer Epochendifferenz von $8^{a}_{.}6$ bestimmt werden. Gü.

10206. **J. Herrmann,** Der Stern mit der größten Eigenbewegung: Barnards Pfeilstern. VdS Nachr. **9** 45—46.

10207. **S. I. Kadla,** Proper motions of some circumpolar stars. Mitt. Astr. Hauptobs. Pulkowo **22** Nr. 1 (166) S. 157—160 (russ. mit engl. Ref.). — Für 56 polnahe Sterne 9. bis 13. photographischer Größe werden im Äquinoktium 1950.0 drei Örter in x, y-Koordinaten gegeben, die auf vier Platten des 15″-Astrographen in Moskau 1907.7, 1910.3 und 1956.4 aufgenommen wurden. Unter Heranziehung weiterer Kataloge wurden die Eigenbewegungskomponenten dieser Sterne hergeleitet. Gli.

10208. J. H. Kiewiet de Jonge, Tables for correcting observed distribution functions in proper motion for the effect of accidental errors of measurement. AJ **65** 348—349. — Ref. AAS.

10209. J. v. B. Lourens, New proper motions for selected A-type stars in the South Galactic Cap. MN ASSA **19** 11—16. — Für 120 A0—A5-Sterne von $5^{m}.5$—$9^{m}.0$ visuell und von $-18°$ bis $-50°$ Dekl. werden neue Eigenbewegungen im GC-System durch Heranziehung älterer Kataloge abgeleitet, einschließlich des Astrographischen Katalogs und teilweise neuer Aufnahmen mit dem 24″-Cape-Refraktor. Der Katalog gibt die Eigenbewegungskomponenten mit mittleren Fehlern von im allgemeinen unter $0''.008$/Jahr, die benutzten Quellen und für die 50 mit dem GC gemeinsamen Sterne die systematischen Differenzen «neu minus GC». Dv.

10210. W. J. Luyten, A catalogue of 1849 stars with proper motions exceeding $0''.5$ annually. Minneapolis, Minnesota, The Lund Press, 1955. 40 S.

10211. W. J. Luyten, Bruce Proper Motion Survey. The general catalogue. (D). The proper motions of 15375 stars between declinations $-40°$ and $-50°$. Obs. Minneapolis, Univ. of Minnesota, 1959. — Betrifft First Section: BPM 30001—35000, $0^{h}\,00^{m}.0$—$10^{h}\,16^{m}.9$; Second Section: BPM 35001—40000, $10^{h}\,17^{m}.0$—$15^{h}\,59^{m}.5$; Third Section: BPM 40001—45375, $15^{h}\,59^{m}.6$—$23^{h}\,59^{m}.9$.

10212. W. J. Luyten, Bruce Proper Motion Survey. The general catalogue. (E). The proper motions of 22969 stars between declinations $-20{:}00$ and $-39{:}59$. Obs. Minneapolis, Univ. of Minnesota, 1960. — Betrifft First Section: BPM 46001—50000, $0^{h}\,00^{m}.0$—$7^{h}\,04^{m}.8$; Second Section: BPM 50001—55000, $7^{h}\,04^{m}.8$—$11^{h}\,19^{m}.7$; Third Section: BPM 55001—60000, $11^{h}\,19^{m}.8$—$15^{h}\,33^{m}.0$; Fourth Section: BPM 60001—65000, $15^{h}\,33^{m}.0$—$19^{h}\,37^{m}.2$; Fifth Section: BPM 65001—68969, $19^{h}\,37^{m}.4$—$23^{h}\,59^{m}.9$.

10213. W. J. Luyten, A search for faint blue stars. XXI. Proper motions for 150 faint stars. Obs. Univ. Minnesota, Minneapolis, 1960. 4 S.

10214. W. J. Luyten, Final report on the Bruce Proper Motion Survey. Publ. Astr. Obs. Univ. Minnesota **2** Nr. 15, 4 S. — In 32jähriger Arbeit wurden 97000 schwache Sterne mit merklicher Eigenbewegung ermittelt. Kataloge der Eigenbewegungen über $0''.5$ bzw. $0''.2$ sind erschienen oder im Druck; das übrige Material wurde in kleiner Auflage vervielfältigt. Erwähnt wird die Entdeckung zahlreicher weißer Zwerge und anderer besonderer Sterne. hz

10215. N. Missana, I moti propri delle stelle e le parallassi statistiche. Vgl. AJB **59** Ref. **10211** = Oss. Astr. Torino Studi Monograf. Nr. 2.

* * **K. A. Strand,** Report of commission on stellar parallaxes and proper motions. Vgl. Ref. **10110.**

Radialgeschwindigkeit

10216. M. Barbier, J. Boulon, La mesure des vitesses radiales au prisme objectif. XI. Ière liste de vitesses radiales d'étoiles O et B déterminées au prisme objectif à vision directe. JO **43** 69—78 = Publ. Obs. Haute-Provence **5** Nr. 3. — Radialgeschwindigkeiten für 66 O-, B- und A-Sterne.

10217. **J. Boulon, C. Fehrenbach, A. Duflot, E. Rebeirot, M. Petit,** La mesure des vitesses radiales au prisme objectif. X. 4e liste de vitesses radiales déterminées au prisme objectif à vision directe. Vgl. AJB **59** Ref. **10217** = Publ. Obs. Haute-Provenve **4** Nr. 55.

10218. **B. Kucewicz, C. Jaschek,** The radial velocity of *l* Carinae. Vgl. Ref. **1323** S. 50—52.

10219. **B. R. Leaton, B. E. J. Pagel,** Preliminary list of radial velocities for 33 stars nearer than 20 parsecs. MN **120** 317—325. — 119 auf dem Mt. Wilson mit 80 Å/mm erhaltene Spektren von 55 Sternen wurden gemessen. Unter den Radialgeschwindigkeiten sind 33 Erstbestimmungen sonnennaher Sterne 7.—10. Größe; aus den übrigen Sternen werden systematische Fehler abgeleitet. hz

10220. **B. E. J. Pagel,** The radial velocity and spectrum of HD 134646. AJ **65** 352. — Ref. AAS.

10221. **R. M. Petrie,** The frequency of stars of variable velocity. AJ **65** 55—56. — Ref. AAS.

10222. **R. M. Petrie,** Probable errors of stellar radial velocities and the frequency of variable velocities. Ann d'Astrophys **23** 744—748 = Contr. Dominion Astrophys. Obs. Victoria Nr. 67. — Aus der Häufigkeitsverteilung der wahrscheinlichen Fehler von Radialgeschwindigkeiten, die unter einheitlichen Bedingungen abgeleitet sind, werden Aussagen gewonnen über die vermutliche Beimengung von Sternen mit veränderlicher Radialgeschwindigkeit unter der Annahme normaler Verteilung bei konstanten Geschwindigkeiten. Die abgeleiteten Prozentsätze (B: 51 %, A: 54 %, F–M: 51 %) gelten in der Hauptsache für Doppelsterne. Dv.

10223. **R. v. d. R. Woolley, D. H. P. Jones, L. M. Mather,** Measurements of radial velocity from Coudé plates. Roy. Obs. Bull. Nr. 23, 26 S. — Mit den Coudé-Spektrographen des Mt. Palomar und Mt. Wilson Obs. wurden von 57 Sternen 210 Spektren aufgenommen und Radialgeschwindigkeiten bestimmt. Unter den Sternen befinden sich 19 vermutete Hyaden-Mitglieder. Gegenüber van Buerens Messungen sind die Radialgeschwindigkeiten von vier roten Riesen im Mittel 1.6 ± 0.3 km/sec größer, die von zwölf Zwergen 1.0 ± 0.1 kleiner. Drei andere Zwerge sind entweder geschwindigkeitsveränderlich oder nicht Mitglieder. Es scheinen auch einige spektroskopische Doppelsterne miterfaßt worden zu sein. Vier rote Riesen in der Praesepe besitzen eine nur um 2.1 km/sec kleinere Radialgeschwindigkeit als die Bewegung parallel zu den Hyaden. Loh.

§ 103

Helligkeit, Farbe

* * **H. A. Abt, J. C. Golson,** Light and color measures of magnetic stars. Vgl. Ref. **10701.**

10301. **R. Bajcár,** On the photometry of stars on reproductions of the Palomar Observatory Sky Survey. BAC **11** 204—206 (russ. mit engl. Ref.). — Im ersten Teil wird die Genauigkeit von Helligkeitsbestimmungen durch Messung der Durchmesser der Sternscheibchen auf den Blättern des Palomar-Atlasses untersucht, besonders die Abhängigkeit des mittleren Fehlers von der Vergrößerung und von der scheinbaren Helligkeit. Der zweite Teil enthält Ergebnisse von Versuchen des Verf., Helligkeiten durch photometrische Auswertung photographischer Reproduktionen von Blättern des Atlasses zu bestimmen. Bei sorgfältiger Herstellung und Auswahl der Filme wurde für Sterne von etwa 15^m—$16^m.5$ mit diesem Verfahren eine größere Genauigkeit (m. F. etwa $\pm 0^m.10$) erreicht als mit der Messung von Sterndurchmessern. O. G.

10302. **D. Barbier,** Un programme de classification stellaire par photométrie photoélectrique. Vgl. Ref. **1318** S. 431—435 = Contr. Inst. d'Astrophys. Paris (B) Nr. 199.

* * **T. S. Beljakina, P. F. Tschugajnow,** On the precision of the determination of spectral classes and colour excesses of O—A2 stars by the method of two-colour diagrams. Vgl. Ref. **10407.**

10303. **B. J. Bok, P. F. Bok,** Four standard sequences in the southern hemisphere. MN **121** 531—542. — Sequenzen in den Selected Areas 141, 193, 158 und in der Großen Magellanschen Wolke, in Boyden und Stromlo photoelektrisch gemessen, werden, ins UBV-System reduziert, tabuliert. 4 Bildtafeln. hz

10304. **J. Borgman,** Seven-colour photometry of O, B and A stars. BAN **15** 255—263. — Verf. gibt für 356 Sterne nördlich von $\delta = -32°$ und bis zur 10. Größe die photoelektrisch mit sieben Interferenzfiltern von 588 bis 330 mμ gemessenen Farben. hz

* * **E. S. Brodskaja,** Spectra, photographic magnitudes and colour indices of 3206 stars in Cassiopeiae. Vgl. Ref. **10418.**

10305. **A. W. J. Cousins,** On the relation between southern standard magnitudes and the UBV system. MN ASSA **19** 52—55. — Es wird das System der mit dem 18″-Reflektor des Cape Observatory photoelektrisch gemessenen Helligkeiten mit dem UBV-System von Johnson und Morgan und mit dem System der E Region-Standards (Cape Mimeogram Nr. 5) verglichen. Während die Differenzen im V-System sehr klein sind und das durch die Sterne in Cape Mimeogram Nr. 5 definierte südliche V-System dem nördlichen praktisch gleich ist, lassen sich die Beziehungen zwischen den (B−V)-Systemen auch durch Hinzunahme eines quadratischen Gliedes nicht mehr befriedigend darstellen. Verf. gibt daher Tabellen. Bei den späten Typen ist der Vergleich unsicher, da zu wenig Johnsonsche Standardsterne dieser Typen in der Äquatorzone verfügbar waren. Gli.

10306. **A. W. J. Cousins,** Revised transformations for B−V derived from measures with the Cape 7-inch and astrographic refractors. MN ASSA **19** 131—133. — Da sich die Beziehung zwischen den mit dem Cape 7-inch sowie den mit den Astrographischen Refraktoren gemessenen Farben und dem (B−V)-System als nicht linear erwiesen hat, werden Grenztafeln für die Umwandlung der Farbwerte von Cape Mimeogram 1 auf B−V und von denen des 2nd Bright Star Programme auf B−V gegeben. Davon abweichende Sterne sind gesondert tabuliert. Gli.

10307. **D. L. Crawford,** Programs for automatic reduction of UBV and Hβ photoelectric measures. AJ **65** 51. — Ref. AAS.

10308. **D. L. Crawford,** Narrow band photoelectric photometry for G and K giants. AJ **65** 343. — Ref. AAS.

10309. **D. L. Crawford,** Early-type stars used as standards in photoelectric Hβ photometry. ApJ **132** 66—67 = Contr. McDonald Obs. Nr. 325. — In 33 zur Zeit als Standards benutzten B-Sternen wurde mit verschiedenen Instrumenten, Photometern und Filtern Hβ photoelektrisch mit engem Spektralbereich gemessen. Alle Messungen wurden auf das gleiche System reduziert, das nunmehr durch diese Sterne für frühe Typen definiert ist. Voigt

10310. **W. Dunkhase,** Photographic magnitudes for stars in the Selected Areas at −45°. MN ASSA **19** 16—17. — Vergleich des photographischen Helligkeitssystems SPg mit den photographischen Helligkeiten der Leidener Sternwarte in den Eichfeldern bei −45° (Leiden Observatory Annals XXI, Part II) an Hand von 599 gemeinsamen Sternen. Gli.

10311. **H. Eelsalu,** On extra-atmospheric stellar magnitudes. Tartu Astr. Obs. Publ. **33** 296—302 (russ. mit engl. Ref.). — Die Beziehung zwischen der beobachteten Intensitätsverteilung eines Sterns und seiner extraterrestrischen Verteilung wird untersucht. Es wird eine Reihenentwicklung zur Umkehrung der Konvolution der wahren Intensitätsverteilung mit der Instrumentenfunktion angegeben. Die so gewonnene Formel dient als Basis zur Bestimmung der extraterrestrischen Helligkeiten und der Extinktionskoeffizienten durch eine Ausgleichung von verschiedenen Filterbeobachtungen. Weiter wird ein Verfahren zur Aufstellung eines lichtelektrischen Standardsystems angegeben. Rfs.

10312. **T. Elvius, K. Lodén,** Photometric and spectrophotometric measurements of stars in Kapteyn's Selected Areas. Third catalogue with maps (759 stars in Selected Areas Nos. 11, 12, 13, and 14). Stockholms Obs. Ann. **21** Nr. 2, 71 S.

10313. **S. Emoto,** Schmalbandphotometrie und Spektralklassifikation. Astr. Herald **53** 224 (japan.).

10314. **A. Feinstein,** The intrinsic colors of bright giants. ZfA **49** 12—18 = Obs. Astr. La Plata Separata Astr. Nr. 14 — Die Eigenfarben (B−V) von Sternen der Leuchtkraftklassen II und II—III werden abgeleitet. Zwischen A0 und F6 sind die Eigenfarben denen der Hauptreihensterne sehr ähnlich, für Spektraltypen später als F0 sind die Farben denen der Riesen ähnlich. Das Farben-Helligkeits-Spektraltyp-Diagramm für Sterne aller Leuchtkräfte wird diskutiert. Groth

10315. **A. Feinstein,** Los colores intrinsecos de las estrellas de clase de luminosidad II. Vgl. Ref. **1323** S. 24.

10316. **S. G. Gordeladse,** Versuch einer Drei-Farben-Kolorimetrie im Sternbild Adler. Mitt. Astr. Hauptobs. Golossejewo **3** Nr. 1 S. 36—40 (russ.). — Im Rahmen der von Parenago vorgeschlagenen Durchmusterung ausgewählter Gebiete in der Milchstraße wurden 6 Felder in Aquila in drei Farben aufgenommen. Die Grenzgröße ist 14^m (photographisch) und $12\overset{m}{.}8$ (photovisuell und rot). Zur Standardisierung wurde auf jeder Platte die Polsequenz aufgenommen. Bis zum Jahre 1958 wurden über 50000 Sterngrößen bestimmt. Aus einer vorläufigen Untersuchung von 300 Sternen wurden die effektiven Wellenlängen 454, 588 und 625 mμ und die mittleren Fehler $\sigma_{pg} = \pm 0\overset{m}{.}08$, $\sigma_{pv} = \pm 0\overset{m}{.}11$ und $\sigma_{pr} = \pm 0\overset{m}{.}14$ abgeleitet. Ond.

10317. **R. H. Hardie,** Photometry of the brighter stars in the Scorpius region. AJ **65** 52. — Ref. AAS.

10318. **G. Haro, W. J. Luyten,** Systematic search for faint blue stars near the south galactic pole. AJ **65** 490. — Ref. AAS.

10319. **L. N. Kolesnik,** Photographische, photovisuelle und photorote Größen von Sternen in SA 40. Dopowidi Akad. Wiss. Ukrain. SSR 1960 Nr. 7 S. 899—902 (ukrain. mit russ. und engl. Ref.). — Ref. in RJ UdSSR 1961 Nr. 3 S. 38.

10320. **L. N. Kolesnik,** Photographische Größen von 240 Sternen im Kapteynschen Eichfeld Nr. 40. Mitt. Astr. Hauptobs. Golossejewo **3** Nr. 1 S. 41—51 (russ.).

* * **R. P. Kraft,** Color excesses for supergiants and classical Cepheids. I. Calibration of the G-band photometry. Vgl. Ref. **12319.**

10321. **G. E. Kron,** Color excesses from six-color photometry of supergiant stars. Vgl. AJB **58** Ref. **9420** = Contr. Lick Obs. (2) Nr. 93.

10322. **M. Lunel,** Recherches de photométrie stellaire dans l'infrarouge au moyen d'une cellule au sulfure de plomb. Ann d'Astrophys **23** 1—61 = Publ. Obs. Haute-Provence **4** Nr. 56. — Mit einer PbS-Photozelle und verschiedenen Filtern, die folgende Wellenlängenbereiche zur Messung aussortieren: $\lambda > 7200$ Å, $\lambda > 7400$ Å, $\lambda > 9000$ Å, $1 < \lambda < 1.4\,\mu$, $1.8 < \lambda < 2.5\,\mu$, wurden Messungen an 61 Sternen mit dem 1.20 m-Reflektor ausgeführt. Die Ergebnisse werden mitgeteilt. Thi.

10323. **W. J. Luyten, J. H. Anderson,** A search for faint blue stars. XVIII. The far southern hemisphere. XIX. The region of the Horsehead nebula. XX. The Rho Ophiuchi region. Obs. Univ. Minnesota 1960, 7 S. — Teil XVIII des Programms bringt als Ergebnis der Blinkdurchmusterung von Blau- und Gelb-Bruce-Platten der Region beider Magellanscher Wolken weitere 400 schwache blaue Sterne. Diese zeigen speziell in der Großen Wolke eine Konzentration. Eine filamentartige Verbindung zwischen beiden Wolken scheint durch stärkere Häufung der Sterne heller als 15^m angedeutet; möglicherweise geht auch von jeder der beiden Wolken ein Filament nach Norden. — Teil XIX gibt 40 blaue Sterne ($m_{pg} = 16$—20) im Gebiet des Pferdekopfnebels, Teil XX weitere 24 solche Sterne im Dunkelwolkengebiet bei ϱ Ophiuchi, die auf den Palomar-Karten gefunden wurden. Verf. diskutieren, inwieweit einige dieser Sterne weiße Zwerge sein könnten. Gli.

* * **K. G. Malmquist,** Investigations on the stars in high galactic latitudes. III. Spectrophotometric analysis of about 3.000 stars down to the photographic magnitude $13^m\!.5$. Vgl. Ref. **10464.**

* * **L. P. Metik,** Spectral classes, photographic magnitudes and colour indices of 3404 stars in Cygnus (center $\alpha_{1950} = 20^h44^m$, $\delta_{1950} = +45°0'$). Vgl. Ref. **10469.**

10324. **K. Osawa, S. Hata,** Three-color photometry of B8—A2 stars. Ann. Tokyo Astr. Obs. (2) **6** 148—153. — Mit dem 12″-Reflektor des Tokyo Observatoriums und einem 1P21-Photometer wurden die Farben von über 200 B8- bis A2-Sternen (HD) im U, B, V-System gemessen. Die Sterne gehören zu einem früheren Programm (vgl. AJB **59** Ref. **10452**). Die Werte B–V und U–B sowie die Spektraltypen im MK-System sind tabuliert. Gli.

10325. **L. Perek, O. Rousová,** Faint blue stars in four Selected Areas. BAC **11** 232—233. — Schwache blaue Sterne findet man im Palomar-Atlas bis zu seiner Grenzgröße. Sie müssen absolut schwächer als +3 oder +4 sein. hz

10326. **A.-M. Rozis-Saulgeot,** Du rôle des raies d'absorption dans la photométrie photoélectrique à grande bande passante. Ann d'Astrophys **23** 504—515 = Contr. Inst. d'Astrophys. Paris (B) Nr. 208. — Es wird die Bedeutung der Absorptionslinien bei der Interpretation von photoelektrischen Messungen großer Bandbreite untersucht. Der Einfluß der Linien auf die Helligkeitsmessungen, die Farbenindizes und Farbenexzesse sowie auf die Messungen der interstellaren Verfärbung wird diskutiert. Groth

10327. **E. Rybka,** On systematic differences in the Harvard photometries. AA **10** 53—68. — Im Rahmen umfangreicher Untersuchungen an der Sternwarte Kraków (Krakau) werden hier die systematischen Unterschiede zwischen verschiedenen Beobachtern untersucht. Insbesondere werden die mit verschiedenen Photometern ausgeführten Beobachtungen auf systematische Abweichungen untersucht, außerdem für verschiedene Beobachter die Farbgleichungen. Zur Reduktion aller Harvard-Systeme auf das Pickeringsche System in HA 44 werden Formeln mitgeteilt, außerdem von 97 Zirkumpolarsternen die Größen. E. R.

10328. **J. Smak,** Population II stars. II. Semi-theoretical (B–V) – T_e relation for the subdwarfs. AA **10** 167—178 = Astr. Obs. Warsaw Univ. Repr. Nr. 103. — In Fortführung der unter Ref. **5449** zitierten Arbeit I wird hier der genäherte Zusammenhang zwischen B–V, T_e und dem Gehalt an schweren Elementen im Bereich $5000° \leq T_e \leq 7000°$ untersucht. Es zeigt sich, daß B–V von T_e und Z/Z_1 abhängt, wobei Z_1 den Metallgehalt in Sternen der Population I und Z den in den untersuchten Sternen bezeichnen. Bei Anwendung der Ergebnisse auf die Unterzwerge zeigt sich, daß deren Abweichungen von der Standard-Hauptreihe durch die vorausgesagten Korrektionen der Farbenindizes erklärt werden. Die Unterzwerge sind heliumarm. Nach einer Abschätzung des Alters der kugelförmigen Sternhaufen aus der Lage des Hauptreihenknies werden die Ergebnisse mit denen von Sandage und Eggen (vgl. AJB **59** Ref. **10527**) verglichen. E. R.

10329. **J. Smak,** Fotometria U, B, V. Postępy Astr. 8 15—37. — Nach einer Schilderung der allgemeinen Merkmale photometrischer Systeme beschreibt Verf. das Johnson-Morgansche UBV-System im einzelnen. E. R.

10330. **J. Smak,** Zależność wskaźnik barwy — temperatura efektywna dla podkarłów. Postępy Astr. 8 239—244. — Das Problem der effektiven Temperaturen von Sternen der Population II ist seit 1959 mehrfach behandelt worden, auch vom Verf. In der vorliegenden Arbeit wird die Abhängigkeit des B–V-Index von der effektiven Temperatur T_e und dem Gewichtsanteil der schweren Elemente Z und die Änderungen der Farbenindizes auf Grund des «blanketing-Effekts» untersucht. Die Beziehung $B-V = f(T_e, Z/Z_1)$ wird graphisch dargestellt (Z_1 bezieht sich auf die Population I). Die Beziehung wird mit den beobachteten B–V verglichen. E. R.

* * **J. Smak,** Poprawki bolometryczne i temperatury efektywne gwiazd. Vgl. Ref. **10492**.

10331. **R. H. Stoy,** Photoelectric three colour magnitudes for southern stars. MN ASSA **19** 69—73. — Fortsetzung von früheren Listen in MN ASSA **17** 142, **18** 136, 160 (vgl. AJB **58** Ref. **9429**, **59** Ref. **10324/25**).

10332. **P.-S. The,** The relation between B–V and V–I colors. Contr. Bosscha Obs. Lembang Nr. 7, 12 S. — Für $B-V < 1.3$ ergibt sich aus verschiedenen Meßreihen nach Reduktion auf das B, V-System: $V-I = 1.029\ (B-V) -0.218$. Eine Liste der benutzten Sternfarben folgt. hz

* * **T. Walraven, J. H. Walraven,** A new photo-electric method of classification of luminosity and spectral type for O- and B-type stars. Vgl. Ref. **10525**.

10333. **R. V. Willstrop,** Absolute measures of stellar radiation. MN **121** 17—40 = Contr. Cambridge Obs. Nr. 33. — Versuche haben gezeigt, daß das photometrische B–V-System durch die Photometrie von 200 Å breiten Bändern bei λ 4390 und λ 5410 reproduziert werden kann. An 221 Sternen wurden lichtelektrisch Absolutmessungen ausgeführt, indem die Strahlung in vier Bereichen mit 200 Å Breite unter Benutzung von Interferenzfiltern im Anschluß an eine kalibrierte künstliche Lichtquelle gemessen wurde. Eine Liste der gemessenen Helligkeiten und Farben wird gegeben. Die Farbenindizes werden mit den Gradienten im Greenwicher System verglichen. W. F.

10334. W. I. Woroschilow, S. G. Gordeladse, Drei-Farben-Photometrie von Sternen im Sternbild Adler. Mitt. Astr. Hauptobs. Golossejewo **3** Nr. 1 S. 126—146 (russ.). — Die Arbeit enthält einen Katalog photographischer (bis $13^{m}5$), photovisueller (bis $13^{m}0$) und roter (bis $12^{m}5$) Sterngrößen für 1271 Sterne in einem Feld von 12 Quadratgrad mit dem Zentrum $18^{h}50^{m}$, +6° (1950), welches einen Teil eines größeren Gebietes in Aquila bildet, das zu den von Parenago vorgeschlagenen ausgewählten Milchstraßengebieten gehört (vgl. AJB **56** Ref. **9005**). Die Katalogsterne sind auf beigelegten Karten identifiziert. Die blauen und roten Helligkeiten stimmen mit dem internationalen System gut überein, das photovisuelle System weicht jedoch ziemlich ab: $m_{IPv} = m_{pv} - 0.017 + 0.208$ CI. Der mittlere Fehler der Kataloghelligkeiten beträgt $\pm 0^{m}06$. Ond.

§ 104

Spektrum, Temperatur

10401. H. A. Abt, The spectra of two high-latitude supergiants. ApJ **131** 99—110 = Contr. McDonald Obs. Nr. 316. — Die beiden Überriesen 89 Herculis und HD 161796, beide in hohen galaktischen Breiten, besitzen relativ zum Fe eine zu kleine Häufigkeit der mittelschweren Metalle im Vergleich zu Sternen gleichen Typs in niedriger galaktischer Breite. Der Sternabstand von der galaktischen Ebene beträgt 2.6 bzw. 6.3 kpc. Es ist wahrscheinlich, daß die beiden Sterne aus interstellaren Wolken weit oberhalb der galaktischen Ebene gebildet wurden. Thi.

* * **H. A. Abt,** The frequency of binaries among metallic-line stars. Vgl. Ref. **11302**.

10402. L. H. Aller, Compositions and mean atmospheric parameters of subdwarfs. AJ **65** 399—402. — Verf. gibt einen zusammenfassenden Bericht über neuere Arbeiten an F- und G-Unterzwergen. Insbesondere werden die Ergebnisse einer neueren Untersuchung von L. H. Aller und J. L. Greenstein (vgl. Ref. **10403**) referiert. Groth

10403. L. H. Aller, J. L. Greenstein, The abundances of the elements in G-type subdwarfs. ApJ Suppl **5** 139—186. — Ref. in ApJ **132** 520. — Für die drei G-Unterzwerge HD 19445, HD 140283, HD 219617 und den A-Unterzwerg HD 161817 wurden Analysen durchgeführt. Beobachtungsmaterial: Spektren mit 4.5 Å/mm (Palomar) und 10 Å/mm (Mt. Wilson). Die Temperatur wurde aus photoelektrischen Farben und Registrierungen von Melbourne erhalten, die Häufigkeiten mittels Wachstumskurven differentiell zur Sonne bestimmt. Die mittlere Häufigkeit der Metalle beträgt 1/40 der Häufigkeit in der Sonne für HD 19445, 1/100 für HD 140283, 1/20 für HD 219617. HD 161817 zeigt nur wenig geringere Häufigkeit der Metalle als die Sonne. Die Kohlenstoffhäufigkeit (aus den CH-Linien) ist für die G-Unterzwerge sehr gering. Die mittleren relativen Häufigkeiten der Elemente von C bis Ba zeigen wahrscheinlich geringe reelle Differenzen gegenüber den Sonnenwerten (insbesondere ein größeres Verhältnis Ni/Fe). An Hand von Modellen von Swihart werden die Balmer-Linien nach der Theorie von Kolb-Griem diskutiert. Bk.

10404. L. H. Aller, H. Zanstra, Stellar temperatures from He I emission and the ultraviolet and visual star spectrum. BAN **15** 249—250. — Die (Strahlungs-) Temperatur der Zentralsterne von 12 planetarischen Nebeln für den Bereich $\lambda < 504$ Å ($T_{He\,I}$) wird aus dem He I-Spektrum der Nebel abgeleitet. Sie liegt im Durchschnitt um etwa 5000° über der Temperatur des

Bereiches $\lambda < 912$ Å (TH), was zu den Modellatmosphären von Saito und Uesugi und von Underhill paßt. Har.

10405. **G. Baltzer,** Die 3-dimensionale Spektralklassifikation nach Barbier und Chalonge. VdS Nachr. **9** 117.

10406. **R. A. Bartaja, E. K. Charadse,** Ergebnisse der spektroskopischen Untersuchung von Sternen in drei Gebieten der Milchstraße. Bull. Astrophys. Obs. Abastumani Nr. 25 S. 155—163 (russ.). — Bericht über die scheinbare Verteilung von Frühtypsternen in drei Gebieten. Loh.

10407. **T. S. Beljakina, P. F. Tschugajnow,** On the precision of the determination of spectral classes and colour excesses of O—A2 stars by the method of two-colour diagrams. Mitt. Astrophys. Obs. Krim **22** 257—274 (russ. mit engl. Ref.). — Von 125 O—A2-Sternen der Leuchtkraftklassen III, IV und V bestimmten Verf. photoelektrisch die Farben in einem dem UBV-System nahen und transformierten sie dann in dieses unter Verwendung von Sternen mit bekannten B–V und U–B. Ein Vergleich der Johnson-Morganschen Farbcharakteristik $Q = (U-B) - E_u/E_y\,(B-V)$, die nicht von der interstellaren Absorption abhängt, mit dem Balmer-Sprung D und dem Spektraltyp S ergibt wohl eine lineare Beziehung zwischen Q und D, nicht aber zwischen Q und S. Letztere hat außerdem eine Dispersion, die nicht durch Beobachtungsfehler erklärt werden kann, sondern offensichtlich durch Unterschiede der Farbtemperaturen der Sterne ein und derselben Spektralklasse. Loh.

10408. **C. Bertaud,** Catalogue et bibliographie des étoiles A à spectre particulier. Premier supplément. JO **43** 129—144.

10409. **W. P. Bidelman, B. Westerlund,** The brighter early-type stars in the region of the north galactic pole. AJ **65** 483—484. — Ref. AAS.

10410. **W. P. Bidelman,** The unusual spectrum of 3 Centauri. Publ ASP **72** 24—28 = Contr. Lick Obs. (2) Nr. 103 I. — Bei einer Durchmusterung der alten Chile-Platten des Lick-Observatory wurde entdeckt, daß in dem Spektrum der helleren Komponente des Doppelsterns 3 Cen (B5 III oder B5 IV) die Linien des P II und P III in bisher nicht beobachteter Stärke auftreten, so daß eine anomale Phosphorhäufigkeit zu vermuten ist. Neue Aufnahmen bestätigen den Befund. Andere Besonderheiten (gleichzeitiges Auftreten von Fe II und C II etc.) werden kurz beschrieben und einige Deutungsmöglichkeiten diskutiert. Voigt

10411. **W. P. Bidelman, S. N. Svolopoulos,** 88 Herculis: a bright new shell star. Publ ASP **72** 129—130 = Contr. Lick Obs. (2) Nr. 104. — Die zur Aufklärung der seit langem bekannten spektralen Abweichungen vom normalen A-Typ im Jahre 1959 mit einer Dispersion von 75 Å/mm bei Hγ erhaltenen Aufnahmen zeigen, daß der B 6-Stern von einer Hülle umgeben ist. Von den Wasserstofflinien, deren Breiten Geschwindigkeiten bis zu 750 km/sec entsprechen, ist Hα in Emission vorhanden. Mit Ausnahme der Heliumlinien sind alle anderen Absorptionen sehr scharf. Bey.

10412. **W. P. Bidelman,** The spectrum of $\varkappa$ Cancri. Publ ASP **72** 471—474 = Contr. Lick Obs. (2) Nr. 115. — Eine Untersuchung des Spektrums von $\varkappa$ Cancri ergab, daß die Linien von Mn II und P II anomal stark sind. Von 244 gemessenen Linien gehören 139 diesen beiden Ionen an. Groth

10413. **R. C. Bless,** Photoelectric spectrophotometry of A-type stars. ApJ **132** 532—552. — Ref. in Sky Tel. **21** 321. — Die Energieverteilung im Kontinuum von 18 A-Sternen aus offenen Sternhaufen wurde durch photoelektrische Spektralphotometrie im Bereich 3400—6100 Å bestimmt und auf das absolute System von Whitford und Code reduziert. Der Vergleich mit den Energiekurven der Modellatmosphären von Hunger und von Osawa erlaubt es, effektive Temperatur und Schwerebeschleunigung und damit — bei bekannter absoluter Leuchtkraft — auch Radius und Masse von Einzelsternen zu bestimmen. Die so gewonnene Skala der effektiven Temperaturen liegt bis 1000° unter der von Kuiper. Auch für magnetische und Metallliniensterne werden Massen bestimmt. Sie besagen aber nichts, weil für diese Sterne möglicherweise andere Modelle zuständig sind. Har.

10414. **E. Böhm-Vitense,** Über die Spektren einiger Metallliniensterne. ZfA **49** 243—265 = Sonderdruck Sternw. Kiel. — Verf. diskutiert zunächst alle bekannten Beobachtungsergebnisse. Es zeigt sich, daß die Temperaturen der Metallliniensterne die gleichen sind wie die der Hauptreihensterne mit gleichem Wasserstoffspektraltyp. In den höheren Atmosphärenschichten ist der Elektronendruck kleiner als der eines Hauptreihensterns, in den tieferen Schichten gleich dem eines Hauptreihensterns mit der gleichen Temperatur. Keiner der bisher bekannten Versuche zur Deutung der Spektren von Metallliniensternen kann alle Beobachtungen erklären. Es wird festgestellt, daß die anomalen Erscheinungen der Spektren durch eine außen aufgeblähte Atmosphäre erklärt werden können. Die Aufblähung könnte durch Magnetfelder erfolgen. Groth

10415. **A. A. Bojartschuk, J. S. Jefimow, W. E. Stepanow,** Intensification magnetic strengthening of absorption lines. Mitt. Astrophys. Obs. Krim **24** 52—77 (russ. mit engl. Ref.). — Berechnung des Einflusses von Magnetfeldern auf die Bildung von Fraunhofer-Linien in Sternspektren. Verf. untersuchten 22 Linien der Elemente FeI, FeII, EuII, NdII und LaII und fanden, daß die beobachtete Äquivalentbreite mit Besonderheiten im wesentlichen von der Art der Aufspaltung und der Trennung der einzelnen Komponenten abhängt. Die resultierende Verstärkung der Fraunhofer-Linien ist jedoch nicht groß genug, um die anomale Stärke einiger der untersuchten Linien in den Spektren von A-Sternen mit Besonderheiten zu erklären. Auf der anderen Seite sollten Bestimmungen der chemischen Häufigkeit der Elemente in normalen Sternen von Magnetfeldern nicht merklich beeinflußt werden. Der Einfluß von Magnetfeldern auf die Wachstumskurve für Linien im Spektrum der Sonnenflecken wird im einzelnen diskutiert. Oster

10416. **M. E. Bojartschuk, A. A. Bojartschuk,** Oscillator strengths determined on the basis of the study of stellar spectra. Mitt. Astrophys. Obs. Krim **22** 234—256 (russ. mit engl. Ref.). — Aus den von mehreren Autoren gegebenen Werten von log η wurden die relativen Oszillatorenstärken von 1184 Linien von 21 verschiedenen Atomen und Ionen bestimmt. Diese «stellaren» Oszillatorenstärken sind etwas ungenauer als die im Labor erhaltenen. Die Hauptfehlerquelle sind blends. Schließlich wurden die Faktoren zur Umwandlung der relativen Oszillatorenstärken in absolute berechnet. Loh.

10417. **M. E. Bojartschuk,** A study of the atmospheres of F type stars. I. A comparison of the chemical composition of atmospheres of high and low space velocity stars. Mitt. Astrophys. Obs. Krim **24** 115—147 (russ. mit engl. Ref.). — F-Sterne mit hohen und niedrigen Geschwindigkeiten wurden miteinander verglichen. Die Spektren (23 Å/mm bei Hγ) wurden mit dem 120 cm-Spiegelteleskop aufgenommen. Eine Untersuchung der Wachstumskurven hat gezeigt, daß das Verhältnis von Kohlenstoff zu Metallen achtmal größer ist bei den Schnelläufern als bei der zweiten Gruppe. Ein kleinerer Unterschied wurde beim Verhältnis von Wasserstoff zu Metallen festgestellt. Die relative Häufigkeit der Metalle zeigt keine bemerkenswerten Unterschiede. Die chemische Zusammensetzung des Schnelläufers HD 218804 weist auf seine Zugehörigkeit zur flachen galaktischen Komponente hin. Perek

* * **W. K. Bonsack, J. L. Greenstein,** The abundance of lithium in T Tauri stars and related objects. Vgl. Ref. **12408**.

10418. **E. S. Brodskaja,** Spectra, photographic magnitudes and colour indices of 3206 stars in Cassiopeia. Mitt. Astrophys. Obs. Krim **24** 160—202 (russ. mit engl. Ref.).

10419. **H. E. Butler,** The photographic detection of faint lines in stellar spectra. J. Photogr. Sci. 8 52—55. — Ref. in Phys. Ber. **39** 2301 —2302.

10420. **H. E. Butler, H. Seddon,** Spectrophotometric measurements of early type stars. 6. Results and discussion for 25 stars of M. K. type B3. Publ. Roy. Obs. Edinburgh **2** 187—217. — Ref. in MN **121** 419. — Für 25 B3-Sterne werden Äquivalentbreiten von 80 Absorptions- und Emissionslinien gegeben und die Unterschiede gegenüber den B2-Sternen (vgl. AJB **58** Ref. **9508**) im einzelnen diskutiert. Voigt

10421. **G. Cayrel,** Surface and brightness temperatures from the central intensities of the Balmer lines. AJ **65** 486. — Ref. AAS.

10422. **G. Cayrel de Strobel,** Utilisation des intensités centrales des raies de Balmer pour déterminer les températures de surface, de brillance et le diamètre apparent de 33 étoiles. Ann d'Astrophys **23** 278—298 = Contr. Inst. d'Astrophys. Paris (B) Nr. 207. — Die Grenz- und Strahlungstemperaturen von 33 Sternen werden nach einer Methode bestimmt, die von Chalonge und Divan (vgl. AJB **50** Ref. **9602**) angegeben wurde. Aus den Ergebnissen werden Randverdunklung, scheinbare Durchmesser und, falls die Parallaxe bekannt ist, die Radien der Sterne abgeleitet. Groth

10423. **C. Chadeau,** Étude comparée des spectres de raies de l'étoile à hélium Sigma Ori E et de l'étoile normale Sigma Ori D (B 2.5 V). Vgl. Ref. **1340** S. 935—939.

10424. **D. Chalonge,** Détermination spectrophotométrique des types, des luminosités et des âges des étoiles. Vgl. Ref. **1318** S. 439—443 = Contr. Inst. d'Astrophys. Paris (B) Nr. 192.

10425. **E. K. Charadse, R. A. Bartaja,** Über die zweidimensionale Spektralklassifikation der Sterne unter Verwendung eines Objektivprismas. Bull. Astrophys. Obs. Abastumani Nr. 25 S. 139—154 (russ.). — Nach allgemeinen Bemerkungen über die Klassifizierung von Sternspektren werden in Abastumani durchgeführte Bestimmungen mit anderen (HD, Krim, MKK) verglichen und die Häufigkeit der einzelnen erfaßten Klassen nach Typ und Leuchtkraft eines Gebiets im Schwan graphisch dargestellt. Loh.

10426. **M. Chopinet,** Révision de quelques résultats sur les étoiles à grande vitesse. JO **43** 127—128 = Publ. Obs. Haute-Provence **5** Nr. 19. — Die Ergebnisse einer früheren Untersuchung (vgl. AJB **56** Ref. **9520**) werden mit den im Schnelläuferkatalog von N. G. Roman gegebenen Spektraltypen revidiert. Dadurch treten die spektralen Unterschiede zwischen Schnelläufern und normalen Sternen deutlicher hervor. Gli.

10427. **J. L. Climenhaga,** Curve of growth of C_2 absorption bands applied to the problem of the C^{12}/C^{13} abundance ratio. Publ. Dominion Astrophys. Obs. Victoria **11** 307—337.

* * **D. L. Crawford,** Narrow band photoelectric photometry for G and K giants. Vgl. Ref. **10308**.

* * **D. L. Crawford,** Early-type stars used as standards in photoelectric Hβ photometry. Vgl. Ref. **10309**.

10428. T. J. Deeming, The magnesium *b* lines in late-type stars. MN **121** 52—75 = Contr. Cambridge Obs. Nr. 34. — Die Absorptionslinien von Mg I bei 5167—84 Å wurden photoelektrisch in 539 G0 — K5 Sternen gemessen, deren Spektraltypen und Leuchtkraftklassen bekannt sind. Die Absorption steigt mit fortschreitendem Spektraltyp und, klarer, mit sinkender absoluter Helligkeit. Zwischen «weak line» - und «strong line»-Sternen sowie zwischen Sternen mit geschwächtem bzw. verstärktem CN werden keine Unterschiede festgestellt. Schnelläufer der Leuchtkraftklasse III zeigen etwas verstärkte Mg-Absorption. Verf. (ü., gek.)

10429. N. A. Dimow, W. B. Nikonow, A photoelectric determination of the equivalent widths of Hγ in the spectra of early type stars. Mitt. Astrophys. Obs. Krim **22** 176—188 (russ. mit engl. Ref.). — Die Konstruktion eines lichtelektrischen Spektralphotometers wird beschrieben. Ein 30 Å breiter Bereich um Hγ wird mit zwei in der Nähe liegenden Bereichen des Kontinuums verglichen. Dabei werden die beiden Lichtquellen jede halbe Sekunde wechselnd auf ein und denselben Vervielfacher gegeben, die Ströme aber gesondert in Integratoren aufgespeichert. Das schnelle Wechseln erlaubt, lange Belichtungszeiten zu benutzen und bei schlechten atmosphärischen Bedingungen zu beobachten. Die aus den Messungen von O9-bis A0-Sternen abgeleiteten Äquivalentbreiten von Hγ stimmen mit anderen Bestimmungen gut überein. Perek

10430. V. Doazan, Variations spectrales de HD 50138. CR **250** 296—298 = Publ. Obs. Haute-Provence **4** Nr. 59. — Auf Grund mehrerer Spektren dieses Sterns, von denen 10 an aufeinanderfolgenden Tagen im Februar 1959 gewonnen waren, wird das Verhalten der Balmer-Linien (breite Emission mit zentraler scharfer Absorption) und einiger Fe II-Linien untersucht. Die Variationen der Radialgeschwindigkeit des roten und des violetten Teils von Hβ, bezogen auf die zentrale Absorption, sowie das Intensitätsverhältnis beider Teile während der 10 Tage werden in Diagrammen mitgeteilt. Zur Deutung wird vorgeschlagen, eine Emission von auf- und absteigenden Gasmassen in einer ausgedehnten Atmosphäre anzunehmen. J. P. M.

10431. M. W. Dolidse, New emission stars connected with Barnard's great loop. AC Nr. 212 S. 8—9 (russ.).

10432. M. W. Dolidse, Results of the survey of the region, containing S 258, S 298, observed in red part of the spectrum. AC Nr. 213 S. 12—13 (russ.).

10433. M. W. Dolidse, Group of carbon stars in high north galactic latitudes. AC Nr. 215 S. 16—17 (russ.).

10434. M. W. Dolidse, Spectral survey's results of the western part of S 153. AC Nr. 217 S. 7—8 (russ.).

10435. M. W. Dolidse, New emission stars near IC 443 + S 40. Bull. Astrophys. Obs. Abastumani Nr. 25 S. 105—109 (russ. mit georg. und engl. Ref.). — 145 neue Emissionssterne wurden dort — zumeist in verschiedenen Gruppen vereinigt — gefunden. Die Gruppen stehen nicht immer mit bekannten Haufen und Nebeln in Verbindung. Loh.

* * **T. Elvius, K. Lodén,** Photometric and spectrophotometric measurements of stars in Kapteyn's Selected Areas. Third ‚catalogue with maps (759 stars in Selected Areas Nos. 11, 12, 13, and 14). Vgl. Ref. **10312**.

* * **S. Emoto,** Schmalbandphotometrie und Spektralklassifikation. Vgl. Ref. **10313**.

10436. **J. H. Evans, L. Hallgren, V. L. Peterson, D. C. Schmalberger, M. H. Wrubel,** Line blending in stellar spectra. AJ **65** 52. — Ref. AAS.

10437. **R. F. Griffin, R. O. Redman,** Photoelectric measurements of the λ 4200 Å CN band and the G band in G8—K5 spectra. MN **120** 287—316 = Contr. Cambridge Obs. Nr. 32. — Mit einem Gitterspektrographen am 36″-Spiegel in Cambridge gelang die Messung der Intensitäten der CN-Bande und des G-Bandes photoelektrisch durch simultanen Vergleich mit je zwei benachbarten Spektralbereichen unter völliger Ausschaltung atmosphärischer Extinktionsschwankungen auf 1% genau. Die dabei benutzten Spektralbereiche umfaßten je 50 Å um λλ 4123, 4189, 4257 bzw. 40 Å um λ 4250 und λ 4361 sowie 30 Å um λ 4300. Die CN-Bande wurde bei 712, das G-Band bei 212 Sternen nördlicher Deklination (bis 73°) vom Spektraltyp F0 bis K5 und im allgemeinen heller als $5^{m}5$, teilweise auch als $7^{m}5$, beobachtet. Die gefundenen CN-Intensitäten wurden mit den Ergebnissen von Lindblad, Öhman, Iwanowskaja, Keenan, Plassard und Gyldenkerne verglichen. Ihre Abhängigkeit von Spektraltyp und Leuchtkraftklasse wurde untersucht. Ihre Eignung zur Bestimmung der Absoluthelligkeit ist wegen einer Streuung um mindestens $1^{m}5$, die nicht auf Meß- und Klassifikationsfehler zurückgeführt werden kann, sehr eingeschränkt. Ihr Zusammenhang mit der Geschwindigkeit des Sterns ist nur wenig ausgeprägt. Während die CN-Bande der Sterne mit schwachen Linien keine Besonderheit zeigt, erscheint sie bei denen mit starken Linien und besonders den 4150-Sternen verstärkt. Die mittels des G-Bandes durchführbare Spektralklassifikation weicht vom MKK-System im Mittel nur um 0.15 Spektralklassen ab. Die geringe Zunahme des G-Bandes mit der Leuchtkraft wurde bestimmt. Die Schnelläufer nehmen dabei keine Sonderstellung ein, dagegen zeigen die Sterne mit schwachen Linien auch ein etwas schwächeres G-Band, die Sterne mit starken Linien ein etwas stärkeres, beides jedoch nur unbedeutend und wiederum mit großer individueller Streuung. Gü.

10438. **J. Grygar,** Symbiotic stars. RH **41** 108—112 (tschech.).

10439. **K. Gyldenkerne,** Spektrofotometri af de klarere stjerner I. NAT 1960 S. 118—126.

10440. **M. Hack,** Macro e microturbolenza nell'atmosfera di ε Aurigae. Mem SA It (NS) **31** 195—210 = Contr. Oss. Astr. Milano-Merate (NS) Nr. 157. — Auf zwei Spektrogrammen von Mt. Wilson (7. 12. 1952 und 30. 1. 1953) studiert Verf. das Spektrum von ε Aur nach der Methode der Wachstumskurve. Die beobachteten, unregelmäßigen Änderungen der Kontur der Linienprofile werden Änderungen der Mikro- und Makroturbulenz zugeschrieben, deren Werte nach einer von Huang und Struve vorgeschlagenen Methode bestimmt werden. B. C.

10441. **M. Hack,** Ricerche sulle stelle A peculiari: Analisi quantitativa di γ Equulei. Mem SA It (NS) **31** 279—305 = Contr. Oss. Astr. Milano-Merate (NS) Nr. 159. — Die quantitative Analyse der Atmosphäre des magnetischen Sterns γ Equ auf Grund von Spektren hoher Dispersion (4.5 Å/mm, Mt. Palomar-Spektrograph) nach der Methode der Wachstumskurve gibt eine Mikroturbulenz von 1 km/sec. Die Spektren von γ Equ werden mit denen von β CrB und α CMi verglichen. Die Linien von γ Equ sind durchschnittlich 2.5 mal schwächer als diejenigen von β CrB (ausgenommen für Sr II, Mg II und Ca I). Die Metallinien besitzen die gleiche Intensität wie die von α CMi, während die Linien der neutralen Atome von α CMi etwas stärker sind, was eine höhere Temperatur bei β Equ vermuten läßt. Den starken Balmer-Linien entspricht der Typ A 3—A 5, ihre Profile sind typisch für die Leuchtkraftklasse V, obwohl der Stern über der Hauptreihe liegt (Klasse IV). Aus den Balmer-Linien erhält man log $P_c = 2.6$, während aus dem Ionisationsgleichgewicht der Metallatome log $P_c = 1.35$ folgt. Dieses Verhalten besitzen auch der magnetische F-Stern β CrB sowie die Metalliniensterne. Verf. stellt noch einen Vergleich mit der Sonne, β CrB und α^2 CVn hinsichtlich der chemischen Zusammensetzung an. Es ergeben sich dabei einige Unregelmäßigkeiten gegenüber den Normalsternen: Mg, Cr, Mn, Co und Ni sind 10—50mal, Sr 387- und die Seltenen Erden 214mal überhäufig. B. C.

10442. **A. M. Heiser,** Relative abundances in the high-velocity star HD 25329. AJ **65** 347. — Ref. AAS.

10443. **A. M. Heiser,** Relative abundances in the high-velocity star HD 25329. ApJ **132** 506—507 = Contr. McDonald Obs. Nr. 327. — Mit Linienintensitäten im Bereich 4350 bis 4850 Å aus einem einzigen Spektrum dieses K1 V-Sterns wurde eine Grobanalyse durchgeführt. Gegenüber dem normalen K0 V-Stern 70 Oph A, der ebenso analysiert wurde, hat HD 25329 niedrigere Anregungs- und Ionisationstemperatur, niedrigeren Elektronendruck und damit niedrigere Opazität, schließlich um Faktoren 200 bis 1000 verringerte Metallhäufigkeiten, die aber mindestens um eine Größenordnung unsicher sind. Har.

10444. **H. L. Helfer, G. Wallerstein, J. L. Greenstein,** Abundances in G dwarf stars. III. Stars in moving clusters. ApJ **132** 553—564. — Für drei G-Zwergsterne, die Mitglieder einiger Bewegungsgruppen nach Eggen sind, wurden Häufigkeitsbestimmungen durchgeführt (differentielle Grobanalyse relativ zur Sonne, Linien aus dem Bereich $\lambda\lambda$ 5000—6300 Å): HD 115043 (Sirius-Gruppe, junger Stern), HD 30455 (ζ Her-Gruppe, alt), λ Aur (ε Ind-Gruppe, alt). Bei allen drei Sternen ist die Metallhäufigkeit etwa gleich der der Sonne, jedoch zeigen alle eine geringe Überhäufigkeit von Barium und eine kleinere Häufigkeit von Magnesium. In HD 30455 scheint die Häufigkeit der Elemente, die nach dem e-Prozeß gebildet werden, etwas geringer zu sein als die der Elemente aus dem s-Prozeß. Bk.

10445. **K. G. Henize,** S stars south of declination − 25°. AJ **65** 491. — Ref. AAS.

10446. **G. H. Herbig,** The spectra of Be- and Ae-type stars associated with nebulosity. ApJ Suppl **4** 337—368 = Contr. Lick Obs. (2) Nr. 99. — Ref. in ApJ **131** 248—249. — 26 frühe, junge Sterne wurden unter folgenden Gesichtspunkten ausgewählt: 1) Spektraltyp früher oder gleich A mit Emissionslinien, 2) Stern liegt in verdunkeltem Gebiet, 3) Stern beleuchtet hellen Nebel in seiner Umgebung. Die spektroskopische Untersuchung ergab, daß diese Sterne sehr ähnliche Spektren besitzen wie die gewöhnlichen Hüllensterne bzw. P-Cygniähnlichen Sterne, in deren Umgebung keinerlei Nebelmaterie vorhanden ist. Thi.

* * **G. H. Herbig,** Emission-line stars in IC 5146. Vgl. Ref. **13116**.

10447. **R. Herman, M. Duval,** Les contours de raies dans les étoiles B et Be. Vgl. Ref. **1340** S. 958—962.

10448. **C. Hernández, J. Sahade,** γ_1 Velorum. Vgl. Ref. **1323** S. 56.

10449. **L. Houziaux,** Sur la visibilité des raies de faible intensité dans les spectres stellaires. CR **250** 2134—2136 = Inst. d'Astrophys. Univ. Liège Coll. 4° Nr. 102. — Die Ausdrucksweise «Erscheinen» oder «Verschwinden» einer schwachen Linie in einem Sternspektrum wird präzisiert. Dazu wird ein Ausdruck abgeleitet, der die Äquivalentbreite einer gerade noch vom Plattenkorn unterscheidbaren Linie in Abhängigkeit von Plattenkorn, Plattenkontrast, Apparateprofil und Dispersion des Spektrographen angibt. J. P. M.

10450. **L. Houziaux,** Le spectre de HD 50138 en 1958 et 1959. JO **43** 217—228 = Publ. Obs. Haute-Provence **5** Nr. 28. — 25 Spektren des Hüllensterns HD 50138 wurden untersucht. Es wurden dabei unter anderem die Rotationsgeschwindigkeit des Sternes und die Turbulenzgeschwindigkeit der Hülle bestimmt. Betrachtungen über die beobachteten [OI]-Linien führen zu Aussagen über die Ausdehnung und Symmetrie der Hülle. Thi.

10451. **K. Hunger,** Quantitative Analyse des Infrarot-Spektrums des A0-Sternes Alpha Lyrae. ZfA **49** 129—150. — Unter Benutzung des früher (vgl. AJB **55** Ref. **5113**) abgeleiteten Modells werden die Äquivalentbreiten von 16 Linien der Elemente N, O, Mg, Si, und Ca und die Profile von Hα, P_{12} und P_{13} berechnet. Die Dämpfung der Linien wird sorgfältig berücksichtigt. Die chemische Zusammensetzung von Sternatmosphären wird diskutiert. Groth

10452. **C. de Jager, L. Neven,** The influence of the metal abundance on the continuous stellar spectra. Vgl. AJB **59** Ref. **1316** S. 413—426 = Commun. Obs. Roy. Belgique Nr. 161 = Sterrewacht «Sonnenborgh» Utrecht Overdruk Nr. 39.

10453. **M. Jaschek, C. Jaschek,** Southern stars with abnormal spectra. Publ ASP **72** 500—502 = Obs. Astr. La Plata Separata Astr. Nr. 23.

10454. **M. Jaschek, C. Jaschek,** A search for families among metallic-line stars. ZfA **50** 155—167 = Obs. Astr. La Plata Separata Astr. Nr. 17. — Geschätzte Linienintensitäten von 26 Metalliniensternen und 7 Standardsternen der Hauptreihe werden verglichen. Die Ionisation des Fe ist in den Metalliniensternen genau so wie in Standardsternen gleichen Wasserstoff-Spektraltyps. Ca, Sc, Ni, Sr, Y und vielleicht Mn zeigen in den meisten Fällen anomale Intensitäten im Vergleich zum Eisen. Das Verhalten einiger Elemente ist korreliert, z. B. Mn und Ca. Familien scheint es nicht zu geben. Har.

10455. **M. Jaschek, C. Jaschek,** Anomalias de abundancia en las estrellas con líneas metálicas. Vgl. Ref. **1323** S. 39.

10456. **M. Jaschek, C. Jaschek,** La estrella de helio HD 96446. Vgl. Ref. **1323** S. 57.

10457. **P. C. Keenan,** Behavior of the bands of aluminum oxide in stellar spectra. AJ **65** 492. — Ref. AAS.

10458. **I. M. Kopylow,** The equivalent widths of absorption lines in the spectra of 62 B8—F2 type stars. Mitt. Astrophys. Obs. Krim **22** 189—206 (russ. mit engl. Ref.). — In den Jahren 1953—1956 wurden am 122 cm-Reflektor des Krim-Obs. unter anderem Spektren von 62 B8—F2-Sternen aufgenommen, aus denen die Äquivalentbreiten zahlreicher Linien im Bereich $\lambda\lambda$ 3670—4924 bestimmt wurden. Die Ergebnisse werden mit denen von anderer Seite verglichen und gute Übereinstimmung festgestellt. Loh.

10459. **I. M. Kopylow,** A two-dimensional quantitative spectral classification of B8–F2 stars. Mitt. Astrophys. Obs. Krim **23** 148—173 (russ. mit engl. Ref.). — In einer Tabelle werden für 120 Sterne Spektralklassen mit Leuchtkraftklassen, absolute Helligkeiten sowie anderes (Streuung der Einzelwerte etc.) mitgeteilt. Die Klassifikation ist eng an das MK-System angeschlossen. Sie geht von Verhältnissen der gemessenen Äquivalentbreiten ausgewählter Linien aus. Im Mittel werden 6—7 Kriterien pro Stern benutzt. Absolute Helligkeiten für B8–A5-Sterne wurden durch Anschluß an Sterne mit zuverlässigen trigonometrischen oder Gruppenparallaxen bestimmt. Als Kriterien dienten die Äquivalentbreiten von Wasserstofflinien. Außer dem Hertzsprung-Russell-Diagramm für B8–F2-Sterne wird durch Mitverwendung von Ergebnissen früherer quantitativer Spektralklassifikationen ein HR-Diagramm für 440 Sterne (O5–K5) abgebildet und beschrieben. Auf die Bedeutung einer zweidimensionalen quantitativen Spektralklassifikation für verschiedene Fragen wird hingewiesen. O. G.

* * **R. P. Kraft,** Color excesses for supergiants and classical Cepheids. I. Calibration of the G-band photometry. Vgl. Ref. **12319.**

10460. **R. N. Kumajgorodskaja,** A spectrophotometric study of Of stars. Mitt. Astrophys. Obs. Krim **24** 91—114 (russ. mit engl. Ref.). — Bei acht Of-Sternen (λ^1 Ori, ξ Per, S Mon, λ Cep, HD 188001, HD 193322, HD 203064, HD 206267) wurden die Äquivalentbreiten und bei einigen Linien die Profile an 150 Spektrogrammen von 23 Å/mm bei Hγ untersucht. Intensitätsschwankungen von Emissionslinien und einigen Absorptionslinien wurden festgestellt. Die Schwankungen sind unregelmäßig und ziehen sich über Monate oder Jahre hin. Perek

10461. **I. D. Kupo,** Spektralphotometrie des weißen Emissionssterns χ Ophiuchi. Publ. Sektor Astrobotanik Akad. Wiss. Kasach. SSR 8 196—235 (russ.). — Ref. in RJ UdSSR 1961 9A230.

10462. **C. J. Lavagnino,** El espectro de α Circini. Vgl. Ref. **1323** S. 40—45.

10463. **K. G. Malmquist, B. Ljunggren, T. Oja,** A spectrophotometric survey of stars along the Milky Way. Part II. Galactic longitudes 40°—60°. Nova Acta Reg. Soc. Sci. Upsaliensis (4) **17** Nr. 10, 51 S. = Uppsala Astr. Obs. Ann. **4** Nr. 8 — Fortsetzung einer früheren Arbeit (vgl. AJB **54** Ref. **9418**). Auf Registrogrammen wird ein Kontinuum eingezeichnet und an ausgewählten Stellen neben Tiefen ausgewählter Linien gemessen. Schwärzungskurven werden aus Aufnahmen mit gekreuztem Gitter gewonnen. Für frühe Typen werden Leuchtkraftklassen nach B. Lindblads System (vgl. AJB **29** Ref. **9024**) bestimmt. Der Katalog gibt die Resultate der Messungen, außerdem BD-Nummern, die abgeleiteten Spektraltypen sowie Typen nach Harvard. Das Gebiet wird in 7 Regionen geteilt, die auf Struktur und absorbierende Wolken hin untersucht werden. Dv.

10464. **K. G. Malmquist,** Investigations on the stars in high galactic latitudes. III. Spectrophotometric analysis of about 3.000 stars down to the photographic magnitude 13^m5. Nova Acta Reg. Soc. Sci. Upsaliensis (4) **17** Nr. 13, 65 S. = Uppsala Astr. Obs. Ann. **4** Nr. 9. — Die in einer früheren Arbeit des Verf. (vgl. AJB **38** Ref. **7416**) veröffentlichten photographischen Größen und Farbenindizes werden ergänzt nach Messungen an Registrogrammen unverbreiterter Spektren an bis zu 7 für die Klassifizierung wichtigen Stellen. Der Katalog gibt die abgeleiteten Farbenindizes und Spektraltypen. Die statistische Auswertung soll in einer späteren Arbeit folgen. Dv.

10465. **S. Matsushima, H. G. Groth,** Das Spektrum von α Lyr im Bereich $\lambda\lambda$ 4800 bis 8750. ZfA **49** 126—128 = Sonderdruck Sternw. Kiel. — Es werden die Äquivalentbreiten von 40 Linien im infraroten und visuellen Spektralbereich mitgeteilt. Verf.

10466. **M. F. McCarthy,** Fifty carbon stars in a region in Cygnus. Specola Astr. Vaticana Ric. Astr. **6** 301—324.

10467. **A. McKellar,** Singlet bands of C_2 in the infrared spectra of the cool carbon stars. AJ **65** 350. — Ref. AAS.

10468. **D. B. McLaughlin,** Attempted interpretations of V/R variation in Be spectra. AJ **65** 350. — Ref. AAS.

10469. **L. P. Metik,** Spectral classes, photographic magnitudes and colour indices of 3404 stars in Cygnus (center $\alpha_{1950} = 20^h 44^m$, $\delta_{1950} = +45° 0'$). Mitt. Astrophys. Obs. Krim **23** 60—112 (russ. mit engl. Ref.). — In einem Katalog werden für Sterne mit $m_{pg} \leq 12^m5$ in Cygnus (Deklinationszonen +42° bis +47°) angegeben: photographische Helligkeit, Farbenindex und Spektralklasse. In Diagrammen wird die Beziehung zu 4 anderen Spektralklassifikationen dargestellt. Die Helligkeitsskala wird diskutiert. Die Helligkeiten der Sterne von 9ᵐ5 bis 12ᵐ5 sind an SA 40 angeschlossen, hellere Sterne an M 39. Für sehr helle Sterne wurden Angaben aus anderen Katalogen übernommen. O. G.

10470. **E. R. Mustel, L. S. Galkin,** A spectrophotometric study of hydrogen lines in the spectra of peculiar A0 type stars. Mitt. Astrophys. Obs. Krim **22** 225—233 (russ. mit engl. Ref.). — In diesem 1. Teil einer später fortzusetzenden Arbeit untersuchen und vergleichen Verf. die Konturen der Wasserstofflinien in den Spektren von Mangan-, Silizium- und Magnesium-Sternen. Daraus folgt: Die Profile der H-Linien in den Spektren der Si-Sterne sind mit denen normaler A0 V-Sterne identisch. Die Profile der H-Linien in den Spektren der Mn- und Mg-Sterne sind weniger tief und enger als in den Vergleichssternen, auch im Vergleich zu A0 III-Sternen. Die untersuchten Sterne sind daher entweder sehr leuchtkräftig oder in ihren Atmosphären herrschen besondere Verhältnisse. Loh.

10471. **E. R. Mustel, L. S. Galkin,** A spectrophotometric study of hydrogen lines in the spectra of peculiar A stars. Mitt. Astrophys. Obs. Krim **24** 78—90 (russ. mit engl. Ref.). — In den meisten Fällen können die Profile der Balmer-Linien der pekuliaren A-Sterne mit denen der normalen Sterne naher Spektralklassen in Einklang gebracht werden. Die Struktur der Atmosphären kann also nicht wesentlich verschieden sein. In einigen Fällen zeigen sich aber deutliche Abweichungen. Verf. (gek., ü.)

* * **E. R. Mustel,** Sternatmosphären. Vgl. Ref. **5330.**

10472. **J. J. Nassau, C. B. Stephenson,** Some remarks relating to the classification of spectra from objective prism plates which include the ultraviolet region. AJ **65** 55. — Ref. AAS.

10473. **J. J. Nassau, C. B. Stephenson,** Classification of spectra from objective-prism plates which include the ultraviolet region. ApJ **132** 130—135 = Warner and Swasey Obs. Repr. Nr. 100. — Im Anschluß an die Arbeiten von Slettebak und Stock zur Klassifizierung von Sternen hoher Leuchtkraft auf Grund des UV-Spektrums sind hier Kriterien der zweidimensionalen Klassifikation für geringere Leuchtkräfte und «peculiar stars» angegeben. Sie stützen sich auf Aufnahmen von Sternen bekannten MK-Typs mit dem neuen UBK 7-Prisma (Öffnung 24″, 4°5 brechender Winkel) des Warner and Swasey Observatory. Es wird auf OB-Sterne, B5—G0-Sterne der verschiedensten Leuchtkräfte, Unterzwerge, Weiße Zwerge, Wolf Rayet-Sterne, mehrere Veränderliche und besondere Sterne eingegangen. Els.

10474. **A. A. Nikitin,** A possible estimate of the temperature of hot stars from the character of their N III emission spectrum. DAN **132** 89—90 (russ.). — In den Spektren der WR-Sterne und einer Reihe planetarischer Nebel werden zwei Gruppen von Emissionslinien des NIII beobachtet. Die Linie λ 4640 (3^2P—3^2D) bzw. λ 4514.89 ($3s^4$P — $3p^4$D) ist dabei für die erste bzw. zweite Gruppe charakteristisch. Wie Verf. zeigt, ist das Auftreten der Linien der zweiten Gruppe nur bei hohen (Ionisations-) Temperaturen (10^5° bis 2×10^5°) möglich. Das trifft auf die WR-Sterne, BD +37° 3821 und +35° 4001 zu, während die Linien der zweiten Gruppe in den Spektren der Sterne BD +35° 3987 und +38° 4010, deren Temperatur niedriger ist, nur schwach vorhanden sind. Loh.

10475. **L. Oetken,** Zur Anomalie bei Hβ im kontinuierlichen Spektrum der heißen Sterne. I. AN **286** 1—8 = Mitt. Astrophys. Obs. Potsdam Nr. 90. — Es wird gezeigt, daß der Ursprung der Stufe bei $\lambda \sim 480$ nm ($1/\lambda \sim 2.1 \times 10^4$ cm^{-1}) im kontinuierlichen Spektrum der normalen heißen Sterne wahrscheinlich in den Sternatmosphären selbst oder in ihrer nahen Umgebung zu suchen ist. Bei den Sternen der Spektralklassen F und später bedingt die Aufnahmeapparatur einen Linienverschmierungseffekt, der wahrscheinlich die beobachtete Stufe hervorruft. Verf.

10476. **L. Oetken,** Zur Anomalie bei Hβ im kontinuierlichen Spektrum der heißen Sterne. II. AN **286** 9—27 = Mitt. Astrophys. Obs. Potsdam Nr. 91. — Es wird gezeigt, daß die Stufe bei $1/\lambda \sim 2.1$ im kontinuierlichen Spektrum der heißen Sterne wahrscheinlich nicht als Absorptionskante gedeutet werden kann. Der Sprung im Absorptionskoeffizienten von OI, dem günstigsten Element, ist zu klein, um Anlaß zu der beobachteten Stufe im Strahlungsstrom geben zu können. Abweichungen vom thermodynamischen Gleichgewicht ändern die Verhältnisse nicht genügend stark. Als Nebenprodukt ergibt sich, daß der Resonanzmechanismus von Bowen, der durch die Koinzidenz von Ly β mit der Linie λ 1025.77 Å ($2^3P—3^3D^\circ$) des OI entsteht, bei Emissionsliniensternen auf die Intensität der OI-Linie λ 8446 Å kaum Einfluß haben wird. Verf.

10477. **J. B. Oke,** Standard stars for photoelectric spectrophotometry. ApJ **131** 358—362. — Die photoelektrisch registrierten Energieverteilungen in den Spektren von sechs Sternen frühen Spektraltyps, die sich über alle Rektaszensionen verteilen, werden im Bereich $\lambda\lambda$ 3390 bis 6000 mit der Energieverteilung von α Lyr verglichen. Die mittleren Fehler der monochromatischen Helligkeiten betragen $0^m.007$ zwischen $\lambda\lambda$ 3900 und 5300 und $0^m.021$ im übrigen Bereich. Groth

10478. **A. Opolski,** Możliwości wyznaczania spektroskopowych mas gwiazd. Postępy Astr. **8** 43. — Aus spektroskopischen Untersuchungen, die zu neuen und besseren Angaben über die effektive Schwerebeschleunigung auf Sternen führen würden, könnte man Angaben über Sternmassen erhalten. E. R.

10479. **F. S. Ortenberg,** On the possibility of measurement of the temperature of M and S type stars according to the relative intensity of the ZrO bands. AJ UdSSR **37** 1008—1011 (russ. mit engl. Ref.). — Für die α- und γ-Systeme der ZrO-Bande werden die Frank-Condon-Faktoren $q_{v'v''}$ und die relativen Übergangswahrscheinlichkeiten berechnet. Die Übergangswahrscheinlichkeiten können zur Bestimmung von Anregungstemperaturen in den Atmosphären von M- und S-Sternen aus den relativen Intensitäten der ZrO-Bande dienen. Ond.

* * **K. Osawa, S. Hata,** Three-color photometry of B8–A2 stars. Vgl. Ref. **10324**.

* * **B. E. J. Pagel,** The radial velocity and spectrum of HD 134646. Vgl. Ref. **10220**.

10480. **J.-C. Pecker,** Les déterminations d'abondances et leurs exigences expérimentales. Vgl. Ref. **1318** S. 366—372.

10481. **A. Pedoussaut,** Classification spectrophotométrique des étoiles M. CR **251** 1972—1974. — In insgesamt 290 Spektren von M-Sternen (M0 bis M6) wird die prozentuale Absorption der bei λ 6200, λ 5900, λ 5600 Å gelegenen Banden sowie der TiO-Banden 0,0 bei λ 5168 Å und 0,1 bei λ 5450 Å gemessen. Die für verschiedene Banden gemessenen Werte sind untereinander mit geringen Streuungen korreliert, so daß auch die Summe oder das Mittel dieser Absorptionen als Klassifikationskriterium herangezogen werden können. Durch iterative Verbesserung der Zuordnung erhält man aus den Sternen mit bekanntem Spektraltyp eine neue Klassifikation, bei der die einzelnen Sterne bedeutend weniger streuen als nach den alten Kriterien. J. P. M.

10482. **H. Perraud, B. Pelletier,** II. Listes et classifications d'étoiles M, S, C trouvées dans divers champs pris aux prismes objectifs à vision directe. Vgl. AJB **59** Ref. **10455** = Publ. Obs. Haute-Provence **4** Nr. 54.

* * **J. R. Platt,** Possible cyclic Doppler shifts from spiraling ions in astronomical spectra. Vgl. Ref. **6441**.

10483. **N. A. Rasmadse,** New Hα - emission stars in Monoceros. Bull. Astrophys. Obs. Abastumani Nr. 25 S. 119—120 (russ. mit georg. und engl. Ref.). — Angaben über 39 entdeckte Hα-Sterne.

10484. **A. Ringuelet-Kaswalder, J. Sahade, O. Struve,** The spectrum of 27 Canis Majoris in 1957—59. Publ ASP **72** 317—318 = Obs. Astr. La Plata Separata Astr. Nr. 20. — Es werden die Spektren von 27 CMa (B4 V, Hüllen!) beschrieben, die am Mt. Wilson mit 10 und 20 Å/mm im Blauen und halber Dispersion bei Hα aufgenommen wurden. Aus den scharfen Kernen der H- und He I-Linien abgeleitete Radialgeschwindigkeiten sind für den Beobachtungszeitraum angegeben. Bk.

10485. **A. Ringuelet, J. Sahade, O. Struve,** 27 Canis Majoris en 1958—9. Vgl. Ref. **1323** S. 47.

10486. **A. Ringuelet,** Rediscusion general de 27 Canis Majoris. Vgl. Ref. **1323** S. 48—49.

10487. **G. Romano,** Sulla formula classica della temperatura dal colore. Mem SA It (NS) **31** 369—370 = Oss. Privato Specola «Ariel» Treviso Pubbl. Nr. 25.

10488. **J. Sahade,** The spectrum of 27 Canis Majoris in 1960. Publ ASP **72** 478—480 = Berkeley Repr. Nr. 184 = Obs. Astr. La Plata Separata Astr. Nr. 24. — Es werden Spektren von 27 Canis Majoris aus den Jahren 1957—60 beschrieben. Groth

10489. **W. L. W. Sargent,** Mass motions in the atmosphere of Rho Cassiopeiae. AJ **65** 499—500. — Ref. AAS.

10490. **J. W. Schalajew,** Curve of growth and excitation temperature for Arctur as derived from observations of CrI lines. AC Nr. 211 S. 16—17 (russ.).

10491. **A. Slettebak,** A spectrographic study of early-type stars near the north galactic pole. AJ **65** 500—501. — Ref. AAS.

10492. **J. Smak,** Poprawki bolometryczne i temperatury efektywne gwiazd. Postępy Astr. **8** 61—64. — Kurzer Bericht über die Untersuchungen Poppers (1959) über die Abhängigkeit des B–V-Farbenindex von der bolometrischen Korrektion und der effektiven Temperatur. E. R.

* * **J. Smak,** Population II stars. II. Semi-theoretical (B–V) – T_e relation for the subdwarfs. Vgl. Ref. **10328**.

* * **J. Smak,** Zależność wskaźnik barwy — temperatura efektywna dla podkarłów. Vgl. Ref. **10330**.

10493. **C. B. Stephenson,** Spectral classification of some faint Wolf-Rayet stars. Publ ASP **72** 126 = Warner and Swasey Obs. Repr. Nr. 102. — Betrifft HD 6327, 190002, 195177, 213049.

10494. **C. B. Stephenson,** The spectrum of the star S. A. 58—237. Publ ASP **72** 318—319 = Warner and Swasey Obs. Repr. Nr. 104. — Mit einem UV-durchlässigen Objektivprisma (bis zu 3300 Å) bei einer Dispersion von 580 Å/

mm bei Hγ aufgenommene Spektren von S. A. 58—237 zeigen folgende Eigenschaften: Kontinuum eines sehr heißen Sternes, schwaches Absorptionsspektrum (kein F-Stern, kein zusammengesetztes Spektrum), schwache bis mittlere H-Linien, die hinter Hε verschwinden (möglicherweise Weißer Zwerg). Bk.

10495. **P. Swings,** Sous-Commission des bandes moléculaires dans les spectres stellaires. Trans. IAU **10** 465—469 = Inst. d'Astrophys. Univ. Liège Coll. 8° Nr. 413.

10496. **P. Swings,** Quelques réflexions d'un spectroscopiste. Vgl. Ref. 1318 S. 422—430 = Inst. d'Astrophys. Univ. Liège Coll. 4° Nr. 105.

10497. **A. B. Underhill,** A possible identification of B III in O-type spectra. ApJ **131** 395—398 = Contr. Dominion Astrophys. Obs. Ottawa Nr. 66. — Verf. meint, im Bereich $\lambda\lambda$ 4485—4503 wären bei O7-Sternen möglicherweise die B III-Linien λ 4487 und λ 4497 in Spektren großer Dispersion sichtbar. Groth

10498. **A. B. Underhill,** Early-type stars with extended atmospheres. Contr. Dominion Astrophys. Obs. Victoria Nr. 68, 27 S. — Sonderdruck aus J. L. Greenstein: Stellar Atmospheres, «Stars and Stellar Systems» Vol. VI.

10499. **A. B. Underhill,** Some observations of the supergiants 67 Ophiuchi, 55 Cygni, and χ^2 Orionis. Publ ASP **72** 363—364. — Ref. ASP.

104100. **A. B. Underhill,** A study of the Wolf-Rayet stars H. D. 192103 and H. D. 192163. Publ. Dominion Astrophys. Obs. Victoria **11** 209—234. — Spektrogramme im Bereich 3100 bis 6800 Å des WC 7- und des WN6-Sterns werden untersucht. Wellenlängen und Identifizierungen vieler Emissionen und einiger Absorptionslinien werden mitgeteilt. N III z. B. ist im WC7-Stern vorhanden (!). Spektroskopische Begleiter werden nicht gefunden. Linienprofile von HeII-Linien und von CIII λ 5696 geben einigen Aufschluß über die Zustände in der Hülle. Frühere Farbtemperaturmessungen bedeuten nichts, da die Festlegung des Kontinuums problematisch ist. Man kann die beobachteten Unterschiede in den Spektren von WC- und WN-Sternen auf verschiedene Anregungsbedingungen zurückführen anstatt auf chemische Unterschiede. Har.

104101. **A. B. Underhill,** A line intensity study of the spectrum of H. D. 188001, 9 Sagittae. Publ. Dominion Astrophys. Obs. Victoria **11** 283—306. — Aus den zwischen 1950 und 1959 aufgenommenen Spektren des O7-Sterns 9 Sge wurden Linienprofile und Äquivalentbreiten bestimmt. Im Balmer-Spektrum werden Hα mit veränderlicher Emission, Hβ mit nur schwacher Emission und die weiteren Linien bis H16 in Absorption beobachtet. Die Inglis-Teller-Formel ergibt dann einen Elektronendruck von 2×10^{14} g/cm^3. Wahrscheinlich überlappen sich die Flügel schon ab 3900 Å. Von 36 He I-Linien werden Äquivalentbreiten und Zentralintensitäten sowie für λ 5876 das Profil angegeben. Die Triplettlinien sind durchweg stärker als die Singulettlinien. Es besteht aber kein Grund zur Annahme verdünnter Strahlung. Vom He II wird unter anderem das Profil von λ 4686 in Emission und λ 5411 und λ 4541 in Absorption beobachtet. Dazu kommen noch eine ganze Reihe von Linien ionisierter Elemente, C, N und O, teilweise in Emission, teilweise in Absorption. Im Bereich 4460—4560 Å werden erstmalig eine Reihe von Linien dem zweifach ionisierten Bor zugeordnet. Der Stern scheint ein leicht instabiler B-Hüllenstern mit geringem Materieauswurf zu sein. Ee.

104102. **A. Unsöld,** Spektroskopische Probleme der Sternentwicklung. Naturwissenschaften **47** 73—81 = Sonderdruck Sternw. Kiel. — Zusammenfassender Bericht über neue Vorstellungen der kosmischen Entwicklungsprozesse: 1) Expansion, 2) Entstehung der Elemente, 3) Sternpopulationen, 4) Spektroskopische Probleme. Der letzte Punkt wird an Hand der Analyse eines

Unterzwerges der Population II ausführlich diskutiert. Der Unterzwerg liegt nur scheinbar «unter der Hauptreihe», da infolge seiner geringen Metallhäufigkeit das UV-Kontinuum weniger herabgedrückt wird als bei den Sternen der Population I.
Voigt

104103. **A. Unsöld,** Zur Deutung der kontinuierlichen Sternspektren. ZfA **49** 1—7 = Sonderdruck Sternw. Kiel. — Mit Bemerkungen von H. Kienle in ZfA **50** 73—74 = Mitt. Landessternw. Heidelberg-Königstuhl Nr. 117 und A. Unsöld in ZfA **50** 74—75 = Sonderdruck Sternw. Kiel. — Die von D. Chalonge und Mitarbeitern gefundenen Unterschiede zwischen dem lang- bzw. kurzwelligen Bereich (Grenze bei $\lambda_0 \approx 4800$ Å) der kontinuierlichen Sternspektren lassen sich darauf zurückführen, daß die Dichte der Fraunhofer-Linien einerseits nach kürzeren Wellenlängen und andererseits nach späteren Spektraltypen zunimmt. Dies bestätigt insbesondere der Vergleich zwischen den Unterzwergen HD 19445 bzw. 140283 einerseits und 47 UMa (G0V) bzw. der Sonne andererseits. Die Unterzwerge haben praktisch dieselbe Temperatur wie die G-Sterne, aber etwa 200mal kleinere Metallhäufigkeit und entsprechend schwächere Linien. Die dreidimensionale Klassifikation der Unterzwerge wird geklärt. Die ältere Beschreibung der Sternkontinua mittels eines lang- und eines kurzwelligen Gradienten erfaßt im wesentlichen dasselbe Phänomen wie die neueren Messungen. Die Schlußfolgerungen und Möglichkeiten hinsichtlich des Vergleichs von Theorie und Beobachtung kontinuierlicher Sternspektren werden abgegrenzt. Verf.

104104. **A. R. Upgren jr.,** A list of relatively cool stars in the vicinity of the north galactic pole. AJ **65** 644—647 = Warner and Swasey Obs. Repr. Nr. 105. — In einem Gebiet von 400 Quadratgrad um den galaktischen Nordpol wurden auf Objektivprismenplatten (580 Å/mm) 75 M-Sterne und 5 Kohlenstoffsterne heller als B = $13^{m}_{\cdot}0$ gefunden und mit Spektralklassifikation und genäherter Helligkeit angegeben. Eine vorläufige Statistik führt zu der gleichen Raumdichte für die M-Zwerge wie in der Sonnenumgebung. Har.

104105. **A. H. Walker,** Photoelectric measurements of the 3883 Å CN band. Obs **80** 233—234. — Mit dem Dreikanalspektrometer von Cambridge wurde die CN-Bande bei 3883 Å an 120 Sternen späten Typs gemessen. Das Verhältnis der 3883 Å zur 4215 Å CN-Bande scheint von der Leuchtkraft abzuhängen.
Har.

104106. **G. Wallerstein, M. Carlson,** On the ultraviolet excess in G dwarfs. ApJ **132** 276—277 = Berkeley Repr. Nr. 175. — In dieser vorläufigen Mitteilung wird gezeigt, daß der an frühen G- und späten F-Zwergen festgestellte UV-Exzeß negativ mit der Metallhäufigkeit korreliert ist. Hiernach haben Hauptreihensterne in drei Kugelhaufen mit B—V = +0.6 einen Metallgehalt, der um ein bis zwei Größenordnungen unter dem normalen liegt. Loh.

* * **T. Walraven, J. H. Walraven,** A new photo-electric method of classification of luminosity and spectral type for O- and B-type stars. Vgl. Ref. **10525.**

104107. **W. H. Wehlau,** The variable K line of 73 Draconis. AJ **65** 58. — Ref. AAS.

104108. **P. Wellmann,** Methoden der praktischen astronomischen Spektroskopie. Studium generale **13** 138—146.

* * **O. C. Wilson,** Observational limitations to mass loss by normal late-type giants. Vgl. Ref. **5358.**

104109. **B. A. Woronzow-Weljaminow,** A method for the classification of very narrow stellar spectra. AJ UdSSR **37** 1122 (russ. mit engl. Ref.). Die mit einem Objektivprisma aufgenommenen schmalen Sternspektren können aus einer Diapositivkopie auf eine senkrecht zur Dispersionsrichtung bewegte Platte verbreitert werden, was für Klassifikationszwecke vorteilhaft ist. Ond.

104110. **A. A. Wyller,** A search for $C^{13}N^{14}$ (0,0) band features in th far-infrared spectra of some cool carbon stars. AJ **65** 503—504. — Ref. AAS.

* * **K. M. Yoss,** Space velocities of weak CN giants. Vgl. Ref. **10202.**

104111. Estrellas. El Universo **14** 125—128.

104112. Spectral surveys including the ultraviolet. Sky Tel. **19** 285. — Ref. AAS.

104113. Stellar aluminum oxide. Sky Tel. **20** 263—264. — Ref. in VdS Nachr. **10** 62.

104114. H- und K-Emission als Leuchtkraftkriterien. Sterne **36** 211—212. — Ref.

* * Metallic-line stars in binary systems. Vgl. Ref. **11321.**

§ 105

Leuchtkraft, Masse, Radius, Zustandsdiagramme

10501. **R. Canavaggia,** L'effet de serre et la position des sous-naines dans les diagrammes couleur-couleur et magnitude-couleur. CR **251** 642—644. — Es wird gezeigt, daß die Schlußfolgerungen von Sandage und Eggen (vgl. AJB **59** Ref. 10527) über die Lage der Unterzwerge in den U−B/B−V- und M_V/B−V-Diagrammen nicht zwingend sind, solange man zur Einordnung nur die Beziehung zwischen Δ (B−V) und δ (U−B) benutzt, wie sie für dG0-Sterne abgeleitet wurde. Es läßt sich nämlich zeigen, daß 11 von insgesamt 18 Unterzwergen auf Grund dieser Beziehung nicht einzuordnen sind. J. P. M.

* * **G. Cayrel de Strobel,** Utilisation des intensités centrales des raies de Balmer pour déterminer les températures de surface, de brillance et le diamètre apparent de 33 étoiles. Vgl. Ref. **10422.**

* * **D. Chalonge,** Détermination spectrophotométrique des types, des luminosités et des âges des étoiles. Vgl. Ref. **10424.**

10502. **O. J. Eggen,** Stellar groups, V. Luminosities, motions and masses of the late-type subgiants. MN **120** 430—447. — Für 205 Unterriesen werden nach verschiedenen Quellen Angaben über vis. Helligkeit, Farbenindex, Spektraltyp und Bewegung zusammengestellt, dazu absolute Helligkeit und Raumbewegung für die 51 Sterne mit $\pi_t \geq 0''.02$. Die Lage dieser 51 Sterne im FHD und beobachtete UV-Exzesse werden im Vergleich mit einigen Sternhaufen und Sterngruppen diskutiert. Die gut definierte untere Grenze der Leuchtkräfte spricht für ein hohes Alter (bis etwa 1.5×10^{10} Jahre) einiger Unterriesen. Bei der Diskussion der Raumbewegungen werden mehrere Bewegungsgruppen unterschieden. Für 5 Doppelsterne mit bekannten oder neu gerechneten vorläufigen Bahnen werden versuchsweise Massen berechnet. O. G.

10503. **H. Elsässer,** Methoden zur Bestimmung der Zustandsgrößen der Sterne. Studium generale **13** 261—267.

* * **A. Feinstein,** The intrinsic colors of bright giants. Vgl. Ref. **10314.**

* * **A. Feinstein,** Los colores intrinsecos de las estrellas de clase de luminosidad II. Vgl. Ref. **10315.**

* * **J. W. Glagolewskij,** Über die Leuchtkraft magnetischer Sterne. Vgl. Ref. **10704.**

10504. **T. Hirayama,** The absolute magnitude effect of the emission line CaII K. Astr. Herald **53** 44 (japan.).

10505. **F. Hoyle,** On the main-sequence band and the Hertzsprung gap. MN **120** 22—32. — Die Berechnung von Entwicklungswegen (ohne Rotation) für Sterne mit 30.1 bzw. 8.94 bzw. 3.89 und 1.52 Sonnenmassen ergibt ein «Band der Hauptreihe», begrenzt durch die ursprüngliche Hauptreihe (HR) und durch den Beginn der «schnellen Entwicklung» von der HR fort (Hertzsprung-Lücke) infolge der Ausbildung eines Heliumkerns. Ein Vergleich mit Beobachtungen der Sco-Cen-Gruppe und mit dynamisch bestimmten Altersangaben (Blaauw) zeigt befriedigende Übereinstimmung mit der Theorie. Voigt

* * **I. M. Kopylow,** A two-dimensional quantitative spectral classification of B8–F2 stars. Vgl. Ref. **10459.**

10506. **R. Kurth,** Zur Masse-Leuchtkraft-Beziehung. ZfA **50** 253—257. — An Hand von Dimensionsbetrachtungen werden zwei asymptotische Masse-Leuchtkraft-Beziehungen gewonnen (für Sterne mit sehr kleiner und sehr großer Masse), die mit empirischen Masse-Leuchtkraft-Beziehungen verglichen werden. Bk.

10507. **D. N. Limber,** The universality of the initial luminosity function. AJ **65** 54. — Ref. AAS.

10508. **D. N. Limber,** The universality of the initial luminosity function. ApJ **131** 168—201. — Unter der Voraussetzung einer universalen ursprünglichen Leuchtkraftfunktion in der üblichen Form werden obere Grenzen für das Masse-Leuchtkraft-Verhältnis von Sternsystemen als Funktion des Alters berechnet. Der Vergleich mit der Beobachtung führt auf wesentlich zu hohe Alter der Objekte und damit zu der Folgerung, daß sich die ursprüngliche Leuchtkraftfunktion wesentlich von der heutigen unterschied. Sie hängt von den physikalischen Parametern des prästellaren Mediums ab. Voigt

10509. **D. N. Limber,** The dwarf M-type stars. ASP Leaflet Nr. 367, 8 S. — Übersetzung ins Dänische in Urania København **17** 33—38.

10510. **S. L. Lippincott,** La découverte des étoiles de faible masse. Le cas de Ross 614. BSAF **74** 367—373 = Sproul Obs. Repr. Nr. 114.

10511. **S. L. Lippincott, P. van de Kamp,** Ross 614 en Luyten 726—8. De sterren met de kleinst bekende massa's. Hemel en Dampkring **58** 217—224 = Sproul Obs. Repr. Nr. 115.

10512. **W. J. Luyten,** Star of lowest luminosity. Harv Card 1509. — Ort: $0^h17^m\!.0$, $+12°38'$ (1950).

10513. **W. J. Luyten, E. F. Carpenter, F. D. Miller, C. K. Seyfert,** A search for faint blue stars. Sonderdruck Obs. Univ. Minnesota 1960, 17 S. — Neudruck einzelner Veröffentlichungen aus dem AJ.

10514. **W. J. Luyten,** The luminosity function. Vgl. Ref. **1317** S. 232.

* * **W. J. Luyten,** A search for faint blue stars. XXI. Proper motions for 150 faint stars. Vgl. Ref. **10213.**

* * **W. J. Luyten, J. H. Anderson,** A search for faint blue stars. XVIII. The far southern hemisphere. XIX. The region of the Horsehead nebula. XX. The Rho Ophiuchi region. Vgl. Ref. **10323**.

* * **L. Perek, O. Rousová,** Faint blue stars in four Selected Areas. Vgl. Ref. **10325**.

10515. **R. M. Petrie,** Lysstyrker og afstande for stjernerne med høj temperatur. NAT 1960 S. 24—28. — Übersetzung der in AJB **59** Ref. **10509** zitierten Arbeit.

10516. **D. M. Popper,** The masses of the stars. ASP Leaflet Nr. 375, 8 S.

10517. **K. Rohlfs,** Die Leuchtkraftfunktion und die Theorie der Sternentstehung. Sterne **36** 200—204.

10518. **A.-M. Rozis-Saulgeot,** Interprétation d'un diagramme d'indices de couleur. CR **250** 1977—1979 = Contr. Inst. d'Astrophys. Paris (A) Nr. 256. — Es wird gezeigt, daß die von Schalén (vgl. AJB **59** Ref. **13330**) gefundenen Abweichungen im Diagramm der Farbenindizes C (453—635) und C (406 —453), das bei einer zu $1/\lambda$ proportionalen interstellaren Verfärbung eine Gerade ergeben sollte, genau den Abweichungen im Diagramm φ_b, B−V entsprechen, die bei Sternen verschiedener Spektralklassen durch die Anomalie im kontinuierlichen Spektrum bei 4800 Å hervorgerufen wird. Die Übereinstimmung zwischen beiden Diagrammen ist auch quantitativ vorhanden. Allerdings läßt sich auch aus dem Schalénschen Material nicht entscheiden, ob die Anomalie bei den frühen oder den späteren Typen zu suchen ist. J. P. M.

10519. **R. B. Schazowa,** Zwergsterne der Klasse M. Abh. Staatl. Pädagog. Inst. Rostow/Don 1960 Nr. 5 S. 139—149 (russ.). — Ref. in RJ UdSSR 1961 Nr. 1 S. 35.

10520. **R. B. Schazowa,** The luminosity function of red dwarfs. AJ UdSSR **37** 870—881 (russ. mit engl. Ref.). — Bei konstant angenommener Sterndichte D_0 in einigen zehn parsec um die Sonne kann die Leuchtkraftfunktion $D_0 \times \varphi(M)$ durch $B \times e^{\beta M}$ dargestellt werden. Auf Grund einer Lösung der Integralgleichung der Stellarstatistik, in die scheinbare Helligkeiten, Eigenbewegungen und Tangentialgeschwindigkeiten der Sterne eingehen, werden für rote Zwerge aus der Katalogliteratur verschiedene Werte von B und β bestimmt. Das Ergebnis stimmt für hellere Sterne mit der Dichtefunktion nach van Rhijn ziemlich gut überein. Etwa ab M = 13 steigt die erhaltene Dichtekurve aber gegenüber der von van Rhijn stark an, sofern die Voraussetzung zutrifft, daß die Streuung der Logarithmen der Geschwindigkeit unabhängig von M ist. Petri

10521. **E. A. Spiegel,** On the Trumpler shift in early stars. AJ **65** 353. — Ref. AAS.

10522. **G. A. Starikowa,** Luminosity and colour functions of stars. AJ UdSSR **37** 476—491 (russ. mit engl. Ref.). — Die Leuchtkraftfunktion wurde von Sternen bis zur 6. Größe und von den innerhalb einer Entfernung von 20 pc befindlichen Sternen ermittelt. Die Auswertung dieses Materials wird beschrieben. Das tabellarisch und graphisch zusammengestellte Ergebnis zeigt nicht nur die starke Besetzung im unteren Teil der Hauptreihe deutlich, sondern auch sehr eindrucksvoll die Aufgabelung der beiden Populationen bei $M \approx 3$—4 nach oben. Die Häufigkeit der Sterne der Population II, insbesondere der Unterriesen, ist relativ groß. Loh.

10523. **J. Stock, J. J. Nassau, C. B. Stephenson,** Luminous stars in the northern Milky Way. II. Herausgegeben von der Hamburger Sternwarte und dem Warner and Swasey Observatory. Hamburg-Bergedorf, 1960. 30 S. — Das Programm umfaßt eine Durchmusterung der nördlichen Milchstraße nach OB-Sternen bis zur 13. Größe und A- und F-Sternen der Leuchtkraftklassen I und II bis zur 12. Größe mit Objektivprismenplatten (580 Å/mm) von Schmidt-Spiegeln. Band II enthält das Gebiet von 45° bis 80° neuer galaktischer Länge (1095 Sterne). Har.

10524. **W. Takayanagi,** Mean absolute magnitudes, motions and distributions of S-type stars. Publ. Astr. Soc. Japan **12** 314—324. — Auf Grund von Radialgeschwindigkeiten und Eigenbewegungen von 53 S-Sternen wird für Nichtveränderliche und Veränderliche mit kleiner Amplitude M_V zu -0.1 ± 0.6 abgeleitet. Diese Sterne scheinen normale Riesen zu sein. Für die Mira-Sterne dagegen findet Verf. $M_V = -3.0 \pm 0.5$. Es werden außerdem die räumliche Verteilung und die Geschwindigkeitsellipsoide dieser Sterne diskutiert. Els.

10525. **T. Walraven, J. H. Walraven,** A new photo-electric method of classification of luminosity and spectral type for O- and B-type stars. BAN **15** 67—83. — Beschreibung der Einstelleinrichtung und des photoelektrischen Prismenspektralphotometers des 36″-Teleskops in Hartebeespoortdam zur Messung der Helligkeiten V (5450), B (4295), L (3900), U (3670), W (3270). Beobachtungen von Oosterhoffs O- und B-Sternen, in Tonantzintla und Tacubaya beobachteter blauer Riesen sowie der hellsten Sterne der Orion-Assoziation, des Sco-Cen-Haufens, in NGC 6231 und anderen galaktischen Haufen. Sterne der Hoggschen Liste dienten zur Kalibrierung. Nach Beschreibung der Berücksichtigung der Extinktion folgt ein Vergleich einiger Ergebnisse mit Bertiaus Beobachtungen im UBV-System. Während die V und B hinreichend übereinstimmen, erfordern die mit den übrigen Helligkeiten gebildeten Farbenindizes eine Reduktion mittels der V−B, worauf sie auf Null für einen mittleren O-Stern normiert werden. Damit ergibt sich eine Klassifikation der frühen Sterne nach zwei auch für schwache Sterne geeigneten Verfahren, der VBLU-Methode mit einem ([B−L], [B−U])-Diagramm und der VBUW-Methode mit einem ([U−W], [B−U])-Diagramm. Durch Vergleich mit Crawfords $H\beta$-Index β und Johnsons M_V aus $H\gamma$ wird [B−L] als Leuchtkraftmaß bestätigt. Da die aus $H\beta$, $H\gamma$ und den beiden neuen Verfahren gefundenen Absoluthelligkeiten im Vergleich zu Bertiaus Werten allgemein übereinstimmen, ist Strömgrens kosmische Leuchtkraftstreuung wahrscheinlich auf einen noch nicht berücksichtigten Einfluß auf die Beziehung zwischen den Atmosphärenparametern und der Leuchtkraft zurückzuführen. Die Anomalie von HD 148184 wird diskutiert und ein auf einer Helligkeitsdifferenz zwischen beiden Verfahren beruhendes Kriterium für pekuliare frühe Sterne vorgeschlagen. In den Farbendiagrammen des Sco-Cen-Haufens wird eine von Crawford entdeckte Irregularität der dB8-Sterne bestätigt sowie auch die von Blaauw auf einen Altersunterschied zurückgeführte, um $0^m_.5$ verminderte Leuchtkraft der vernebelten Sterne dieses Haufens. Vorläufige gemessene Helligkeiten für 54 Sterne in NGC 6231, 52 Sterne im Gebiet des Sco-Cen-Haufens und 14 weitere Sterne sind am Schluß zusammengestellt. Gü.

10526. L'étoile de la plus faible luminosité connue. BSAF **74** 397. — $\alpha = 0^h 17^m_.0$, $\delta = +12°38'$, 1950.

10527. Der Durchmesser des roten Riesen μ Gem. Heavens **41** 246 (japan.). — Ref.

10528. Nomogram. Absolute magnitude. Heavens **41** 291—295 (japan.).

10529. Are stars alike in different parts of the universe? Sky Tel. **19** 286. — Ref. AAS.

10530. Diameter of a red giant star. Sky Tel. **20** 8. — Ref. in Urania Kraków **31** 334—335.

10531. Two very faint stars. Sky Tel. **20** 328.

* * H- und K-Emission als Leuchtkraftkriterien. Vgl. Ref. **104114**.

Weiße Zwerge

10532. **T. J. Deeming,** White dwarfs. MN ASSA **19** 20—27.

10533. **T. J. Deeming,** Note on a southern white dwarf. Obs **80** 224—225 = Radcliffe Obs. Repr. Nr. 18. — Betrifft L 145—141.

10534. **O. J. Eggen, T. W. Russo, R. H. Stoy,** A new southern white dwarf. MN ASSA **19** 51—52. — Betrifft den Stern $\alpha = 7^h 49^m 46^s$, $\delta = 38° 20!8$ (1950) in NGC 2477.

10535. **J. L. Greenstein,** Sterbende Sterne. Orion Schaffhausen **5** 825—837.

10536. **W. J. Luyten,** White dwarfs and stellar evolution. American Scientist **48** 30—39 = Publ. Astr. Obs. Univ. Minnesota **2** Nr. 14.

10537. **W. J. Luyten,** New white dwarfs and degenerate stars. Harv Card 1496, 1516.

10538. **W. J. Luyten, G. H. Herbig,** Possible white dwarf belonging to the Pleiades. YC Nr. 1567 (japan. und engl.).

10539. **K. A. Saakjan,** Im Sternbild Cygnus entdeckte Weiße Zwerge. Mitt. Obs. Bjurakan Nr. 28 S. 37—42 (russ. mit armen. Ref.). — Die in AJB **59** Ref. **10512** begonnene Untersuchung ist hier fortgesetzt worden. Im $1° \times 4°$ großen Gebiet mit $\alpha_{1950} = 20^h 36^m\!.0$, $\delta_{1950} = +43° 15'$ als Mittelpunkt wurden 19 neue Weiße Zwerge gefunden. Weiterhin wurde ein $1° \times 1°$ großes, ziemlich absorptionsfreies Gebiet bei $\alpha_{1950} = 20^h 03^m\!.4$, $\delta = +37° 11'$ der Karte 200 des Palomar-Atlasses durchmustert und 3 weitere Weiße Zwerge gefunden. Nach Bjurakaner Aufnahmen sind diese Sterne nicht veränderlich. Insgesamt wurden damit 83 Weiße Zwerge im Schwan gefunden, deren Entfernungen kleiner als 500 pc sein dürften. Sie liegen also noch vor den dort größtenteils vorhandenen Dunkelwolkenkomplexen. Loh.

* * **V. Weidemann,** The atmosphere of the white dwarf van Maanen 2. Vgl. Ref. **5353**.

§ 106

Figur, Rotation

10601. **D. H. McNamara,** Rotational velocities of B stars in the Orion association. AJ **65** 493—494. — Ref. AAS.

10602. **O. Struve,** Some problems of stellar rotation — I. Sky Tel. **20** 326—328.

10603. **P. J. Treanor,** Stellar rotation in galactic open clusters. MN **121** 503—518 = Contr. Lick Obs. (2) Nr. 111. — Eine Untersuchung der Sterne der Hyaden, der Praesepe und der ζ-Persei-Assoziation zeigt, daß diese Sterne die wichtigsten bisher bekannten statistischen Gesetzmäßigkeiten für die Rotationsgeschwindigkeiten erfüllen. Einige kleine Unterschiede systematischer Art betreffen diejenige Stelle im Hertzsprung-Russell-Diagramm, wo die schnelle Rotationsgeschwindigkeit in die langsame übergeht. FS

* * Rotation of stars in Orion. Vgl. Ref. **14317**.

§ 107

Magnetfeld

10701. **H. A. Abt, J. C. Golson,** Light and color measures of magnetic stars. AJ **65** 481. — Ref. AAS.

10702. **H. W. Babcock,** The 34-kilogauss magnetic field of HD 215441. ApJ **132** 521—531. — Ref. in VdS Nachr. **10** 73—74. — Die Zeeman-Effektmessungen im Spektrum des A0p-Sterns HD 215441 ergaben eine mittlere Feldstärke von +34400 ± 266 Gauß. Unregelmäßige Magnetfeldschwankungen als auch Schwankungen der Radialgeschwindigkeit von +3.0 bis −8.9 km/sec wurden beobachtet. Die mittlere Feldstärke ist so hoch, daß für viele Linien die π- und σ-Komponenten im Spektrum getrennt beobachtet werden konnten. Scharfe Linien mit schwachen Zeeman-Effekten lassen auf Wolken in etwa 1.2 Sternradien Abstand von der Sternoberfläche schließen, die sich mit 5 km/sec vom Stern nach außen fortbewegen. Thi.

10703. **H. W. Babcock,** Need for photoelectric observations of magnetic stars. Publ ASP **72** 53—55. — Kleine Helligkeitsänderungen mit Amplituden von einigen $0^m.01$ sind charakteristisch für magnetische A-Sterne. Eine Suche nach schwach veränderlichen A-Sternen ist daher eine relativ einfache und schnelle Methode zur Entdeckung neuer magnetischer Sterne, die dann anschließend spektroskopisch untersucht werden müssen. Thi.

10704. **J. W. Glagolewskij,** Über die Leuchtkraft magnetischer Sterne. Publ. Sektor Astrobotanik Akad. Wiss. Kasach. SSR 8 191—195 (russ.). — Ref. in RJ UdSSR 1961 9A201.

* * **M. Hack,** Ricerche sulle stelle A peculiari: Analisi quantitativa di γ Equulei. Vgl. Ref. **10441.**

10705. **T. Jarzębowski,** Relation between light-variation and magnetic variation in magnetic Alpha variables. AA **10** 31—52 = Wrocław Astr. Obs. Repr. Nr. 20. — Der Lichtwechsel der drei magnetischen Sterne HD 71 866, HD 153 882 und 53 Cam wurde an der Sternwarte Wrocław (Breslau) lichtelektrisch untersucht. Wie bereits aus Messungen an anderen Sternen folgt, besteht zwischen dem Lichtwechsel und den magnetischen Änderungen ein Zusammenhang. Die Phase des Minimums stimmt mit der Phase des maximalen positiven Magnetfeldes bei den beiden ersten Sternen überein. Im Fall 53 Cam fällt das Minimum zeitlich mit dem Maximum des negativen Magnetfeldes zusammen. Um die Veränderlichkeit der Magnetfelder zu erklären, wurden die Theorie des schiefen Rotators und die Oszillatortheorie herangezogen. Letztere vermag die beobachteten Beziehungen bei den untersuchten magnetischen Sternen zu erklären. In einer bei der Korrektur hinzugefügten Notiz wurde mitgeteilt, daß neue Beobachtungen im Jahre 1960 die Ausführungen des Verf. bestätigen. E. R.

10706. **T. Jarzębowski,** Light curve of magnetic star HD 215441. AA **10** 119—122. — Lichtelektrische Messungen an der Universitäts-Sternwarte Wrocław (Breslau) im Zeitraum 1959 Juli 27 bis 1960 Febr. 1 ergaben für den Stern einen Lichtwechsel mit der Amplitude $0^m.14$ und der Periode $9^d.49$. E. R.

10707. **T. Jarzębowski,** Photoelectric observations of magnetic stars. AA **10** 237—245. — In Fortführung früherer Arbeiten (vgl. Ref. **10705, 10706**) wird hier über den Lichtwechsel der 5 magnetischen Sterne HD 65339, 71866, 32633, 200311, 215038 berichtet. Für alle Sterne ergibt sich ein geringfügiger Lichtwechsel. HD 65339 ist nicht mit 52 Cam sondern 53 Cam identisch. E. R.

10708. **T. Jarzębowski,** Light variations of periodic magnetic variable stars. Publ ASP **72** 123—125. — Die an den Sternen HD 71866 und 153882 an der Breslauer Sternwarte (Wrocław Obs.) durchgeführten lichtelektrischen Messungen zeigen in Übereinstimmung mit den früher an HR 5355 und α^2 CVn (vgl. AJB **19** Ref. **5918**, **50** Ref. **9544**, **53** Ref. **9553**) erhaltenen Ergebnissen einen überraschend ähnlichen Verlauf der Änderungen der Helligkeit mit denjenigen des magnetischen Feldes. Die Minima der Helligkeit fallen mit den Maxima des positiven Magnetfeldes zusammen. Bey.

10709. **T. Jarzębowski,** Pola magnetyczne gwiazd. Urania Kraków **31** 66—73, 103—108. — Allgemein verständlicher Bericht über magnetische Sterne. E. R.

10710. **R. A. Wardanjan,** Polarisationsbeobachtungen magnetischer Sterne. Mitt. Obs. Bjurakan Nr. 28 S. 9—15 (russ. mit armen. Ref.). — Die Untersuchung betrifft Sterne des Babcockschen Katalogs (vgl. AJB **58** Ref. **9802**). Sie wurden in den meisten Fällen in den zwei Farben blau und gelb gemessen. Die Ergebnisse sind von der Farbe unabhängig. Die Polarisationsebenen sind zumeist parallel zur galaktischen Hauptebene. Bei magnetisch veränderlichen Sternen bleiben die Polarisationsmerkmale konstant. Loh.

XII. Doppel- und Mehrfachsterne

§ 111

Die Systeme im allgemeinen

11101. **L. Binnendijk,** Properties of Double Stars. A Survey of Parallaxes and Orbits. Philadelphia, University of Pennsylvania Press, 1960. 349 S. Preis $ 12.50. — Besprechung in JBAA **71** 221, Obs **80** 203 (T. Kiang), Sky Tel. **19** 501, **20** 100—103 (J. B. Irwin).

11102. **A. Bohrmann,** Ein Sternpaar mit gemeinsamer Eigenbewegung. AN **285** 190. — Auf zwei Aufnahmen mit dem 40 cm Bruce-Teleskop der Heidelberger Sternwarte aus den Jahren 1904 und 1958 wurde am Blinkkomparator ein Sternpaar gefunden, dessen beide Sterne gemeinsame EB zeigen. Es handelt sich ohne Zweifel um ein physisches Doppelsternpaar. Ort des helleren Sterns: $\alpha = 13^h 55^m 5^s.9$, $\delta = +17° 56' 10''$ (1950). Verf.

11103. **A. Deičs,** Zvaigžņu neredzamie pavadoņi. Zvaigžņotā Debess 1960. gada ziema S. 6—8.

11104. **J. Dommanget,** Second critère de non-périodicité du mouvement relatif d'un couple stellaire visuel. BA **23** 101—116. — Ein neues Kriterium für nichtperiodische Bewegung der Komponenten eines Doppelsternes wird aufgestellt. Das neue Kriterium benutzt an Stelle der scheinbaren relativen Geschwindigkeit die relative Radialgeschwindigkeit als Entscheidungsparameter. Die zur Ableitung des Kriteriums benutzten Methoden wurden bereits in einer früheren Arbeit (vgl. AJB **55** Ref. **10003**) beschrieben. Bei der Anwendung des neuen Kriteriums auf 350 Doppelsterne des Radialgeschwindigkeitskataloges von R. E. Wilson zeigen 21 Paare nichtperiodische Bewegungen und sind demnach nur optische Paare. Verf.

11105. **J. O. Fleckenstein,** Il problema della cattura nella cosmogonia delle doppie. Vgl. Ref. **1343** S. 71—81 = Contr. Oss. Astr. Milano-Merate (NS) Nr. 163.

11106. **L. W. Fredrick,** Observing close binaries using image intensifiers and high-speed photography. AJ **65** 345. — Ref. AAS.

11107. **W. D. Heintz,** Die Bahnen der Doppelsterne. Umschau **60** 682—685.

11108. **W. D. Heintz,** On the reduction of places and proper motions of double stars. Vgl. Ref. **1343** S. 104—106.

11109. **J. Hopmann,** Altes und Neues in der Doppelsternforschung. Sternenbote **3** 100—106, 112—118.

11110. **Y. Hosokawa,** On gaseous streams in close binaries. Astr. Herald **53** 140 (japan.).

11111. **G. M. Idlis, T. B. Omarow,** Die Entwicklung der Bahnen weiter Doppelsterne mit Korpuskularstrahlung. Mitt. Astrophys. Inst. Alma-Ata **10** 28—34 (russ. mit engl. Ref.).

* * **H. M. Jeffers,** Notice concerning the Lick-Observatory double-star catalogue projects. Vgl. Ref. 4108.

11112. **Z. Kopal,** Close Binary Systems. Vgl. AJB **59** Ref. **11109.** — Weitere Besprechung in Ciel et Terre **77** 350—351 (J. Dommanget).

11113. **A. Kranjc,** Calcoli di orbite di stelle doppie. Nota I. Mem SA It (NS) **31** 61—74 = Pubbl. Oss. Astr. Univ. Bologna **7** Nr. 11. — In dieser Arbeit sind die Bahnen von folgenden Doppelsternen gegeben: β 416, HD 88512, 39 Her, DO Cas, ζ_1 UMa, U Oph, π Cas. Sie wurden mit einer elektronischen IBM 650 Rechenmaschine berechnet, und zwar aus den einzelnen Beobachtungen, ohne Bildung von Normalörtern, mit Angabe der Rechnungsprogramme. Verf.

11114. **A. Kranjc,** Calcoli di orbite di stelle doppie. Nota III — Determinazione automatica delle velocità radiali. Mem SA It (NS) **31** 223—235 = Pubbl. Oss. Astr. Univ. Bologna **7** Nr. 15. — Verf. beschreibt die Möglichkeit, die Radialgeschwindigkeit eines Sterns ganz automatisch mittels einer IBM 650 zu bestimmen. Als erster Schritt ist die Dispersionkurve aus den Positionsmessungen einiger Eisenlinien nach der Formel von Cornu, die durch die Einführung eines Verbesserungspolynoms 5. Ordnung modifiziert ist, zu berechnen. Es werden dann die Wellenlängen der Sternlinien und, nach Vergleich derselben mit denen des Systems von Victoria, auch die Radialgeschwindigkeiten berechnet, wobei die Geschwindigkeit und Rotation der Erde abgezogen werden; auch die Beobachtungszeit wird auf die Sonne reduziert. Man erhält schließlich eine Karte mit der Radialgeschwindigkeit (in km/sec), ihrem mittleren Fehler und dem reduzierten Julianischen Datum. Für unbekannte Elemente werden die Messungen der Linien auf dem Spektrum gleich in Wellenlängen übertragen. Die Zeit für die Berechnung der Dispersionskurve aus 30 Fe-Linien beträgt 5 Minuten, die Berechnung der Radialgeschwindigkeit aus 10 Linien weitere 2 Minuten; die gesamte Bestimmung einer Radialgeschwindigkeit erfordert 10 Minuten. Die Reduktionsarbeit wäre sehr vereinfacht, falls die Ausmessung der Spektren mittels Plattenmeßapparat mit direkter Lochung der Karten erfolgen könnte. B. C.

11115. **S. L. Lippincott,** The unseen companion of the fourth nearest star, Lalande 21185. AJ **65** 349. — Ref. AAS. — Ref. in Urania Kraków **31** 372.

11116. **S. L. Lippincott,** Astrometric analysis of Lalande 21185. AJ **65** 445—448 = Sproul Obs. Repr. Nr. 113. — Die veränderliche Eigenbewegung des astrometrischen Doppelsternes Lalande 21185 wird aus photographischen Beobachtungen zwischen 1912 und 1959 diskutiert und führt auf provisorische photozentrische Elemente und auf eine neue Parallaxe des Systems. Gü-Li

11117. **A. Masotti,** Sull'estensione della formula di Lambert al moto apparente delle stelle doppie. Vgl. Ref. **1343** S. 98—103 = Contr. Oss. Astr. Milano-Merate (NS) Nr. 169.

11118. **L. Mavridis,** Die Doppelsterne. Große griechische Enzyklopädie, Ergänzungsband **2**, 9 S. (griech.). — Es wird über den heutigen Stand der Kenntnisse bezüglich der Doppelsterne (visuelle, astrographische, spektroskopische) und Bedeckungsveränderlichen sowie über ihre Statistik und Entstehung ausführlich berichtet. Verf.

11119. **D. C. Morton,** Evolutionary mass exchange in close binary systems. ApJ **132** 146—161. — Zur Erklärung der zahlreichen Paare, in denen ein bis zur Rocheschen Grenzfläche ausgedehnter Unterriese einen hellen Hauptreihenstern begleitet, wird untersucht, ob in rascher Entwicklungsphase des größeren Sternes (Hertzsprung-Lücke) großer Massenübergang erfolgen und die Rollen von Hauptstern und Begleiter schließlich vertauscht werden können. Die Wirkung des Massenverlustes auf Sternradius und Roche-Fläche wird für mehrere Sternmodelle durchgerechnet. Die entstehenden Unterriesen unterscheiden sich von dem entsprechenden Einzelstern-Typ sehr im Aufbau. hz

11120. **P. Muller,** Photométrie et colorimétrie différentielles des étoiles doubles. Vgl. Ref. **1343** S. 52—55.

11121. **A. B. Onegina,** Aus Eigenbewegungen gefundene weite Paare und Mehrfachsysteme. Mitt. Astr. Hauptobs. Golossejewo **3** Nr. 1 S. 15—22 (russ.). — Aus dem McCormick-Eigenbewegungskatalog wurden Sternpaare mit folgenden Eigenschaften ausgesucht: Eigenbewegung $\mu > 0''.050$, Unterschied der Eigenbewegungen $< 0.1\,\mu$, Unterschied der Positionswinkel $< 20°$. Es wurden 109 Sternpaare, 14 dreifache und ein fünffaches System gefunden, das sind 4.5% der untersuchten Sterne. Weite Paare mit großen Unterschieden in den Sterngrößen kommen öfter vor als mit kleinen. Verf. schließt, daß die Anzahl der Sternpaare die der Einzelsterne in der Galaxis übertrifft. Perek

* * **A. A. Orlow,** On the generalization of the Roche model. Vgl. Ref. **5438.**

11122. **R. M. Petrie,** Contributions of double star astronomy. J RAS Canada **54** 29—38. — Diese populäre Darstellung erwähnt unter anderem die Sterne vom Typ ζ Aur und den Wert visueller Paare als Helligkeits- und Radialgeschwindigkeitsbezugssterne. hz

11123. **K. H. Prendergast,** The motion of gas streams in close binary systems. ApJ **132** 162—174. — Ref. in Postępy Astr. **9** 51—52. — Nach Aufstellung der hydrodynamischen Bewegungsgleichungen für ein Gas in der Umgebung eines engen Doppelsterns wird unter Vernachlässigung der Druckglieder ein Analogon zum Jacobischen Integral gefunden, mit dessen Hilfe das Geschwindigkeitsfeld darstellbar ist. Unter der Annahme hydrostatischen Gleichgewichts senkrecht zur Bahnebene läßt sich ferner bei passender Wahl der krummlinigen Koordinaten eine Näherungslösung der Bewegungsgleichungen angeben, die am Beispiel eines Massenverhältnisses 3 : 1 der Komponenten diskutiert wird. Mittels dieses Ergebnisses lassen sich durch die Beobachtungen geforderte Details interpretieren, wie die Ringstruktur der RW Tauri-Sterne, der Gaswirbel bei RZ Scuti sowie die Gasanreicherung am inneren Librationspunkt. In jedem Falle erfordert die Ausbildung einer erheblichen Gashülle, daß die mittlere Turbulenzgeschwindigkeit mit der Bahngeschwindigkeit der Komponenten vergleichbar ist. Gü.

11124. **E. Proverbio,** Sul calcolo d'orbita di stelle doppie a lungo periodo tenendo conto della legge delle aree. Lincei Rend. Sci. fis. mat. nat. (8) **29** 532—538 = Contr. Oss. Astr. Milano-Merate (NS) Nr. 167.

11125. **K. A. Strand,** Photographic measures of double stars. AJ UdSSR **37** 1107—1113 (russ. mit engl. Ref.). — Die photographischen Beobachtungsmethoden von visuellen Doppelsternen mit langbrennweitigen visuellen Refraktoren werden beschrieben. Der Einfluß der atmosphärischen Dispersion, der Helligkeitsgleichung und der verschiedenen Effekte der photographischen Platte werden betrachtet. Die inneren und äußeren Fehler bei photographischen Messungen von Doppelsternen werden untersucht. Ond.

11126. Companion of fourth nearest star. Sky Tel. **19** 469. — Ref. AAS. — Ref. in VdS Nachr. **10** 21.

11127. Gamma Andromedae as a quadruple star. Sky Tel. **20** 189. — Ref. in VdS Nachr. **10** 49—50.

§ 112

Visuelle Doppelsterne

* * **H. A. Abt,** The visual multiple-star system containing β Lyrae. Vgl. Ref. **12202**.

11201. **R. M. Aller,** Los estudios sobre estrellas dobles visuales en España. Urania Barcelona **45** 106—109.

11202. **S. Arend,** Le rôle joué par les constantes de Thiele-Innes dans le calcul des orbites des étoiles doubles visuelles. Vgl. Ref. **1343** S. 107—127.

11203. **W. H. van den Bos,** The orbit of Sirius, ADS 5423. JO **43** 145—151. — Es wird eine neue, verbesserte Bahn für den visuellen Doppelstern ADS 5423 = Sirius berechnet. Das umfangreiche visuelle und photographische Beobachtungsmaterial einschließlich der differentiellen Radialgeschwindigkeiten der Komponenten gestattet die Berechnung der Einwirkungen, die die Raumbewegung des Systems auf die relativen Bahnkoordinaten hinterläßt. Gü-Li

11204. **W. H. van den Bos,** The orbit of AC 5, ADS 7555. JO **43** 152—156. — Verbesserte Bahn.

11205. **W. H. van den Bos,** The orbit of O Σ 517, ADS 3799. Union Circ **6** 339.

11206. **W. H. van den Bos,** The orbit of δ 63. Union Circ **6** 339—340.

11207. **W. H. van den Bos,** The orbit of I 529. Union Circ **6** 340.

11208. **W. H. van den Bos,** The orbit of I 1336. Union Circ **6** 341—342.

11209. **W. H. van den Bos,** The orbit of ζ Sgr, ADS 11950. Union Circ **6** 342—343.

11210. **P. Brosche,** Ein Nomogramm zur Ermittlung strahlungsenergetischer Parallaxen. AN **285** 258—260. — Es werden Grundlagen und Gebrauch eines Nomogramms erläutert, das strahlungsenergetische Parallaxen mit ausreichender Genauigkeit zu bestimmen gestattet. Verf.

11211. **P. Brosche,** Eine Bemerkung zur Massenbestimmung lang periodischer Doppelsternsysteme und Anwendung auf ADS 10417. AN **285** 261—264. — Die aus den Bahnelementen resultierende Gesamtmasse eines langperiodischen Doppelsternsystems ist auf den möglichen Probebahnen in einem Maße verschieden, das sich in einem Sonderfall leicht angeben läßt. Die Anwendung auf ADS 10417 zeigt, daß dieses System sich noch nicht zu einer unabhängigen Massenbestimmung eignet. Verf.

11212. **P. Couteau,** Orbites de deux étoiles doubles visuelles. BA **23** 127—142. — Man bestimmt mit Hilfe der Methode der entgegengesetzten Punkte die Bahnelemente der visuellen Doppelsterne ADS 10786 = AC 7 und ADS 16665 = β 80. Verf.

11213. **P. Couteau,** Orbites de quatre étoiles doubles visuelles. JO **43** 13—15. — Betrifft: ADS 3552 = Hu 1090, ADS 9089 = A 1097, RDS 5102 = RST 4529, ADS 9747 = A 2176.

11214. **P. Couteau,** Contribution à l'étude du dénombrement des étoiles doubles visuelles. JO **43** 41—56. — Eine Statistik der Exzentrizitäten und großen Halbachsen der Bahnen von 410 visuellen Doppelsternen in Bezug auf verschiedene Parameter (Distanz, Parallaxe, scheinbare und absolute Helligkeit) führt auf Aussagen über die zu erwartenden Anzahlen der physischen Doppelsterne innerhalb verschiedener Distanz- und Helligkeitsgruppen. Unter Einbeziehung der Umlaufszeiten und der jährlichen Bahnbewegungen werden die Ergebnisse erweitert und schließlich mit den Beobachtungen verglichen. Gü-Li

11215. **P. Couteau,** Le présent et l'avenir de l'observation des binaires visuelles. Vgl. Ref. **1343** S. 45—51.

11216. **A. J. Deutsch,** The triple system of Eta Geminorum. Sky Tel. **21** 261—262.

11217. **H. K. Eichhorn, H. L. Alden,** Parallax, proper motion and mass ratio of Σ 2398 (ADS 11632). AJ **65** 148—153 = Publ. Leander McCormick Obs. **11** Part 19. — Aus 92 McCormick-Platten, zusammen mit älteren ins McCormick-System reduzierten Platten und visuellen Mikrometeranschlüssen wird die Eigenbewegung bestimmt; die Parallaxe ergibt sich zu 0.″287 $\pm$.″005, das Massenverhältnis B:A (aus dem t^2-Glied der schwach gekrümmten, in eine mit t^2 abbrechende Reihe entwickelten Bewegung) zu 0.996 $\pm$.074. Bei beiden Komponenten bleiben systematische Reste der Ordnung 0.″03, aber mit unterschiedlichen Perioden. hz

11218. **L. W. Fredrick,** Parallax and mass-ratio of the visual binary Ho 581 from photographs taken with the Sproul 24-inch refractor. AJ **65** 382—383 = Sproul Obs. Repr. Nr. 111. — Aus 262 Platten zwischen 1919 und 1958 werden Parallaxe, Massenverhältnis und photozentrische Bahn des visuellen Doppelsternes ADS 13125 = Ho 581 abgeleitet. Gü-Li

11219. **M. A. Giannuzzi,** Densité moyenne des systèmes binaires, visuelles et photométriques. Vgl. Ref. **1343** S. 162—166.

11220. **W. D. Heintz,** Vier visuelle Doppelsternbahnen. AN **285** 255—257 = Veröff. Sternw. München **5** Nr. 8. — Für die vier Systeme Σ 2315 = ADS 11334, Σ 13 = ADS 207, Σ 1423 = ADS 7721 und Σ 2281 = ADS 11111 werden Elemente, dynamische Parallaxen, die benutzten Normalörter mit ihrer Darstellung und Ephemeriden mitgeteilt. Verf.

11221. **W. D. Heintz,** Die Doppelsterne im FK4. Veröff. Sternw. München **5** Nr. 10, 28 S. — Die eingangs aufgestellten üblichen Ausgleichungsformeln für Sternörter und Eigenbewegungen werden auf die Verbesserung der Schwerpunktsbewegung von Doppelsternen erweitert und Näherungen für die verschiedenen Spezialfälle gegeben. Dies wird auf die im Zuge der Revision des FK3 erforderliche Neureduktion von acht Doppelsternen angewendet. Dazu werden neue genaue Bahnelemente von α Cen und eine provisorische Bahn von Antares berechnet. Die derzeit benutzte ungenügende Linearformel von α Cru wird durch eine neue ersetzt. Die Untersuchung der Massenverhältnisse erfordert Änderungen bei Kastor und α Cen, Neubestimmung für Br. 1268. Es folgt ein Überblick über andere FK3-Duplizes. Unter den Doppelsternen bilden die als Fundamentalpunkte ungeeigneten nur eine beschränkte Auswahl. Verf. (gek.)

11222. **J. Hopmann,** Die visuellen Doppelsterne in der allgemeinen Astronomie. Vgl. Ref. **1343** S. 36—44.

11223. **V. Janová,** Bestimmung der Lage des Periastrons und der Exzentrizität bei visuellen Doppelsternen. Die Bahn des Doppelsterns ADS 9089. BAC **11** 141—144. — In der Abhandlung werden aus der Lage des Nullbeschleunigungspunktes Formeln abgeleitet, die es ermöglichen, die annähernde Lage der Periastrons und die Exzentrizität zu bestimmen. Eine probeweise Berechnung für den Doppelstern ADS 61 wird durchgeführt. Nach dieser Methode wird dann die Bahn des Doppelsterns ADS 9089 bestimmt. Verf.

11224. **T. Jastrzębski,** Orbite de ADS 15270 AB = Σ 2822 = μ Cyg. AA **10** 71—74 = Wrocław Astr. Obs. Repr. Nr. 21. — Die Bahn wurde nach der Methode von Thiele-Innes neu bestimmt; für die Jahre 1960 bis 1990 wird eine Ephemeride mitgeteilt. E. R.

11225. **T. Jastrzębski,** Éléments orbitaux de ADS 15988 = Σ 2912 = 37 Peg. AA **10** 257—261. — Für diesen Doppelstern wurden neue Elemente berechnet und eine Ephemeride für 1958—1990 mitgeteilt. E. R.

11226. **G. F. G. Knipe,** The orbit of λ 315. Union Circ **6** 341.

11227. **G. F. G. Knipe,** The orbit of Σ 2912, ADS 15988. Union Circ **6** 343—345.

11228. **A. Kranjc,** Calcoli di orbite di stelle doppie. Nota IV — Determinazione d'orbita provvisoria di doppia visuale. Pubbl. Oss. Astr. Univ. Bologna **7** Nr. 16, 3 S.

11229. **A. Kranjc,** Calcoli di orbite di stelle doppie. Nota IV — Determinazione d'orbita provvisoria di doppia visuale. Vgl. Ref. **1343** S. 128—130.

11230. **A. Kranjc, L. Pigoni,** Calcoli d'orbite di stelle doppie. Nota V — Orbite di π_2 Cygni, ω Leo, 10 Ari, 8 Sex. Pubbl. Oss. Astr. Univ. Bologna **7** Nr. 17, 6 S.

11231. **A. Kranjc, L. Pigoni,** Calcoli d'orbite di stelle doppie. Nota V — Orbite di π_2 Cygni, ω Leo, 10 Ari, 8 Sex. Vgl. Ref. **1343** S. 131—138.

11232. **E. A. Kreiken, B. Süer,** Note on the H–R diagram of binary stars. Ann d'Astrophys **23** 528—540. — Die Differenzen in den absoluten Helligkeiten und den Spektraltypen der Komponenten visueller und photometrischer Doppelsterne werden zu einer statistischen Betrachtung bezüglich ihrer Lage im Hertzsprung-Russell-Diagramm mit der Absicht herangezogen, Aussagen über den Entwicklungsweg der Komponenten zu machen. Dabei werden die Paare so ausgewählt, daß ihre schwächeren Komponenten der Hauptreihe angehören. Aus der Lage der helleren Komponenten relativ zur mittleren Lage der schwächeren Komponenten im Hertzsprung-Russell-Diagramm folgen Schlüsse über die Entwicklung der Komponenten, die mit der Theorie übereinstimmen. Gü-Li

11233. **S. L. Lippincott,** Parallax and orbital motion of Hu 575 = ADS 9352 from photographs taken with the 24-inch Sproul refractor. AJ **65** 383—384 = Sproul Obs. Repr. Nr. 112. — Für den visuellen Doppelstern ADS 9352 AB werden aus 171 Platten zwischen 1933 und 1969 mit Hilfe der entfernten Komponente C eine photozentrische Bahn und die Parallaxe abgeleitet. Gü-Li

11234. **P. Muller,** Orbites nouvelles. UAI Commission des Etoiles Doubles Circ. d'Information Nr. 20, 21, 22.

11235. **A. Opolski,** Ewolucyjne aspekty statystyki gwiazd wizualnie podwójnych. Postępy Astr. 8 42. — In Doppelsternsystemen, in denen die hellere Komponente ein K-Unterriese ist, zeichnet sich eine Zunahme der Unterschiede zwischen den absoluten Größen und den Entfernungen der Komponenten ab. E. R.

11236. **R. M. Petrie,** Orbital elements and dimensions of HD 208947. Publ ASP **72** 360—361. — Ref. ASP.

11237. **J. Rzytka,** O orientacji płaszczyzn orbit gwiazd wizualnie podwójnych. Postępy Astr. 8 107—109. — Inhaltsangabe eines Vortrages auf der astronomischen Konferenz in Breslau im Juni 1959. Es wurden zwei Hypothesen über die Verteilungsfunktion der Orientierung der Ebenen der Doppelsternbahnen diskutiert. E. R.

11238. **M. Široká, J. Široký,** Dynamische und physikalische Eigenschaften des Systems ADS 1709. Acta Univ. Pal. Olom., Naturwiss. Fak. **3** 49—54 (tschech.).

11239. **C. B. Stephenson,** A study of visual binaries having primaries above the main sequence. AJ **65** 60—79 = Lick Obs. Bull. Nr. 563.

11240. **G. Wallerstein, J. Westfall,** A color-magnitude diagram of high velocity double stars. AJ **65** 323—325 = Berkeley Repr. Nr. 177. — Aus dem Schnelläuferkatalog von N. G. Roman wurden die 33 Doppelsternpaare entnommen, für die dynamische Parallaxen berechnet werden können. Im Farben-Helligkeitsdiagramm liegt der größte Teil dieser Sterne längs der Hauptreihe im Bereich $B-V > 0^m55$; blauere Hauptreihensterne fehlen. Die Sterne über der Hauptreihe liegen in der Mehrzahl nahe dem Riesenast von M 67. Gli.

11241. **G. Wallerstein, H. Spinrad,** A visual binary containing an O-type subdwarf. Publ ASP **72** 486—488 = Berkeley Repr. Nr. 183. — Aus einer Analyse von Spektrogrammen des engen visuellen Doppelsternes ADS 8734, hergestellt mit dem Mount Wilson 60-inch Cassegrain-Spektrographen und dem Lick 120-inch Coudé-Spektrographen, erwiesen sich die Komponenten des Paares als F0- bzw. O9-Stern. Aus der bekannten Helligkeitsdifferenz der Komponenten ergab sich in Verbindung mit den Spektraltypen, daß die heißere Komponente ein Unterzwerg vom Spektraltyp O ist. Gü-Li

11242. **T. Widorn,** Der Stern Castor in den Zwillingen. Veröff. Urania-sternw. Wien Nr. 3 S. 1—2.

11243. **R. Wielen,** Der visuelle Doppelstern ADS 5514 AB. AN **285** 238—242 = Veröff. Wilhelm Foerster-Sternw. Berlin Nr. 15. — Für den Doppelstern ADS 5514 AB werden eine provisorische und eine nach der Thiele-Innes-Methode verbesserte Bahn berechnet. Die verbesserten Werte der Umlaufszeit und der großen Halbachse sind U = 336°8 und a = 0″626. Die Berechnung einer strahlungsenergetischen Parallaxe liefert p = 0″0073. Als Einzelmassen der Komponenten ergeben sich $\mathfrak{M}_A$ = 3.06 ⊙ und $\mathfrak{M}_B$ = 2.53 ⊙. Verf.

11244. **S. Wierzbiński,** Orbite de ADS 9689 BC = See 238. JO **43** 159—160. — Verbesserte Bahn.

11245. **N. Wieth-Knudsen,** Bahnbestimmung mittels harmonischer Analyse der Doppelsterne RST 321 und RST 3442. AN **285** 243—247. — Das vom Verf. in früheren Arbeiten entwickelte Verfahren wird zur Bahnbestimmung der beiden Doppelsterne angewandt.

11246. **N. Wieth-Knudsen,** Vergleich zwischen den Merkmalen der Bahnbestimmung enger visueller Doppelsterne mittels harmonischer Analyse und denen des Verfahrens durch entgegengestellte Punkte von A. Danjon. AN **285** 248. — Die beiden ähnlichen Methoden ergänzen sich, indem die harmonische Analyse mehr Informationen liefert, jedoch nur beschränkter anwendbar ist. hz

11247. **C. E. Worley,** The orbit of BD + 27° 2853 (AB). Publ ASP **72** 504—505 = Contr. Lick Obs. (2) Nr. 115. — Neue Messungen des Verf. erlauben die Bestimmung einer verbesserten Bahn des engen und rapid bewegten visuellen Doppelsternes BD + 27° 2853 AB, der erst 1942 von Kuiper entdeckt worden war. Gü-Li

11248. Dobbeltstjernen L 726 — 8. NAT 1960 S. 29—30. — Ref.

11249. **Beobachtungen visueller Doppelsterne**

AJ **65** 156—162 = Lick Obs. Bull Nr. 564. Measures of 241 double stars. C. E. Worley.

AN **285** 249—254 = Veröff. Sternw. München **5** Nr. 11. Mikrometermessungen von Doppelsternen. W. D. Heintz. — Diese Liste enthält 1697 visuelle, am 11zölligen Münchner Refraktor ausgeführte Messungen von 340 Objekten. Die Diskussion der systematischen Fehler ist vorläufig; die Messungen sind unkorrigiert tabuliert. Für ADS 12557 wird eine Kreisbahn gegeben und bei ADS 16638 die Identifikation berichtigt. Verf.

Bull. Obs. Astr. Beograd **24** Nr. 1—2 S. 1. Mesures micrométriques d'étoiles doubles. P. M. Djurković, L. M. Dačić.

Bull. Obs. Astr. Beograd **24** Nr. 3—4 S. 1. Mesures micrométriques d'étoiles doubles faites au réfracteur de 0.65 m d'ouverture. P. M. Djurković.

JBAA **70** 354—358. Micrometer measures of double stars. S. Archer.

JO **43** 1—12. Mesures d'étoiles doubles faites au réfracteur de 38 cm de l'Observatoire de Nice. P. Couteau.

MN ASSA **19** 28, 76, 97, 178. New double stars. W. S. Finsen.

Obs. Nacional Rio de Janeiro Publ. Serviço Astr. Nr. 12, 44 S. Medidas micrométricas de estrêlas duplas em 1959—1960 (1ª Série). R. R. de Freitas Mourão.

Publ ASP **72** 125—126 = Contr. Lick Obs. (2) Nr. 104. Thirteen new double stars. C. E. Worley.

Publ. Yerkes Obs. **9** Part 1, 109 S. Measurements of double stars. W. H. van den Bos.

Publ. Yerkes Obs. **9** Part 2, 132 S. Measurements of double stars. G. van Biesbroeck. — Enthält die seit 1952 erhaltenen Beobachtungen in Fortsetzung von der in Publ. Yerkes Obs. **8** Part 6 (vgl. AJB **54** Ref. 10135) gegebenen Liste.

Union Circ **6** 321—330. Micrometer measures of double stars. W. H. van den Bos. — Die Liste enthält 745 Paare.

Union Circ **6** 331—332. Micrometer measures of double stars. G. F. G. Knipe. — Enthält die Meßergebnisse für 143 Paare.

Union Circ **6** 333—338. Interferometer measures of double stars. W. S. Finsen.

§ 113

Spektroskopische Doppelsterne

11301. **K. D. Abhyankar,** A note on the evolution of close binary systems. Obs **80** 26—28. — Verf. erörtert in Erwiderung der Argumente Kopals (vgl. AJB **56** Ref. **5421**) die Frage, welche Komponente die instabile bzw. massivere ist, speziell für HD 47129. hz

11302. **H. A. Abt,** The frequency of binaries among metallic-line stars. AJ **65** 339. — Ref. AAS.

11303. **W. Buscombe, P. M. Morris,** The double-lined binary Alpha Octantis. AJ **65** 50.— Ref. AAS.

11304. **W. Buscombe, P. M. Morris,** The double-lined binary Alpha Octantis. Obs **80** 28—29 = Mt. Stromlo Obs. Repr. Nr. 29. — Periode $9^{d}.073$, Massenverhältnis 1 : 1, e = 0.39. Ausführlichere Mitteilung mit Einzelmessungen wird angekündigt. hz

11305. **E. G. Ebbighausen,** The spectroscopic orbit of θ^2 Tauri. Publ. Dominion Astrophys. Obs. Victoria **11** 235—245. — Bahnverbesserung mit 82 neuen Spektren führt auf P = $140^{d}.73$, e = 0.75. Wegen der Änderung der Schwerpunktsgeschwindigkeit ist das System möglicherweise dreifach. hz

11306. **E. G. Ebbighausen, R. M. Petrie,** The spectroscopic orbit of ν Orionis. Publ. Dominion Astrophys. Obs. Victoria **11** 247—252. — Bahnverbesserung. Für den Typ B2 sind P ($131^{d}.21$) und e (0.64) ungewöhnlich groß. hz

11307. **E. G. Ebbighausen,** The orbit of the spectroscopic binary ω Ursae Majoris. Publ. Dominion Astrophys. Obs. Victoria **11** 265—275. — Bahnverbesserung mit 104 neuen Spektren. Die Apsidendrehung ist nicht verbürgt. hz

11308. **E. G. Ebbighausen,** The spectroscopic orbit of β Trianguli. Publ. Dominion Astrophys. Obs. Victoria **11** 277—282. — Bahnverbesserung aus 62 Spektren, von denen 5 auch Linien des Begleiters zeigen. hz

11309. **C. Jaschek, M. Jaschek,** La frecuencia de las binarias espectroscópicas en relación a su edad. Vgl. Ref. **1323** S. 27.

* * **A. Kranjc, L. Pigoni,** Calcoli d'orbite di stelle doppie. Nota V — Orbite di π_2 Cygni, ω Leo, 10 Ari, 8 Sex. Vgl. Ref. **11230, 11231.**

11310. **C. R. Lynds,** Photoelectric and spectroscopic observations of Omicron Persei. ApJ **131** 122—126 = Berkeley Repr. Nr. 171. — Photoelektrische Beobachtungen von o Persei im gelben Spektralbereich ergeben eine Lichtvariation von $0^{m}.03$ mit der Periode von 2.2 Tagen = $^1/_2$ Umlaufsperiode des Doppelsternsystems. Diese Lichtvariation beruht auf der Elliptizität der Komponenten; das Lichtmaximum erscheint bei größter bzw. kleinster Radialgeschwindigkeit der Komponenten. Thi.

11311. **L. A. Maestre, J. A. Wright,** A preliminary study of the spectroscopic binary Gamma Andromedae B. ApJ **131** 119—121 = Contr. Perkins Obs. (1) Nr. 56. — Ref. in Urania Kraków **31** 335—336. — Bahnelemente der spektroskopisch doppelten Komponente B des visuell dreifachen Systems werden aus 29 Spektrogrammen, im wesentlichen aus der K-Linie, erhalten. hz

11312. **P. Pesch, W. A. Hiltner, J. C. Brandt,** A new Wolf-Rayet spectroscopic binary. ApJ **132** 513—514 = Contr. McDonald Obs. Nr. 328. — Radialgeschwindigkeiten eines Sterns 14. Größe (Spektrum WN7) in Cygnus wurden gemessen; die Periode (22^d?) ist noch nicht gesichert. hz

11313. **R. M. Petrie,** Apsidal motion in the spectroscopic binary H. R. 8800. Publ. Dominion Astrophys. Obs. Victoria **10** 459—466. — Für den spektroskopischen Doppelstern H. R. 8800 = H. D. 218407 werden neue Bahnelemente abgeleitet. Aus dem Vergleich mit älteren Bahnelementen wird eine Drehung der Apsidenlinie mit der Periode 154 Jahre festgestellt. Gü-Li

11314. **R. M. Petrie,** The spectroscopic binary H. D. 95638. Publ. Dominion Astrophys. Obs. Victoria **11** 259—264. — Eine Bahnbestimmung aus 29 Spektren ergab $P = 6^d$. Das Paar scheint nicht zu dem benachbarten System α UMa zu gehören. hz

11315. **J. Smak,** Capella. Urania Kraków **31** 117—118.

11316. **O. Struve,** RZ Scuti — a peculiar spectroscopic binary. Sky Tel. **19** 276—280.

11317. **W. Wehlau,** The orbit of the spectroscopic binary H. D. 174369. J RAS Canada **54** 164—166. — Ableitung der Elemente aus 20 im Jahre 1955 am David Dunlap Obs. aufgenommenen Platten. Die Periode beträgt 13 Tage, die Massenfunktion 0.0256 ⊙. T. L.

11318. **H. Wellmann, P. Wellmann,** Der spektroskopische Doppelstern HD 18337. ZfA **49** 206—213 = Mitt. Sternw. Hamburg-Bergedorf **23** Nr. 271. — Im Spektrum von HD 18337 lassen sich die Auswirkungen zweier Komponenten erkennen; es war aber bei einer Dispersion von 65 Å/mm nicht möglich, die Linien genügend gut aufzulösen. Deshalb wurde nur die relativ ungestörte K-Linie zur Bahnbestimmung benutzt. Spektraltyp und Helligkeit der Komponenten wurden auf Grund der Linienintensitäten von CaII, H und FeI abgeschätzt. Verf.

11319. **P. Wellmann,** Die Ableitung der Elemente photometrischer Doppelsternsysteme mit Hilfe einer Elektronenrechenmaschine. Mitt. Sternw. Hamburg-Bergedorf **10** Nr. 111, 3 S. — Es wird beschrieben, wie man mit Hilfe elektronischer Rechenautomaten die Bahnberechnung von spektroskopischen Doppelsternen und Bedeckungsveränderlichen vornehmen kann. Insbesondere die Probleme, die bei der Rektifizierung der Lichtkurve auftreten, werden näher geschildert und eine Methode zu ihrer praktischen Lösung aufgezeigt. Rfs.

11320. ε Lyrae. NAT 1960 S. 110—112.

11321. Metallic-line stars in binary systems. Sky Tel. **20** 24—25. — Ref. AAS. — Ref. in VdS Nachr. **10** 22.

XIII. Veränderliche Sterne

§ 121

Kataloge, Ephemeriden, allgemeinere Fragen

12101. **H. Albo,** The determination of epochs of variable stars. VS Bull **12** 427—430 (russ. mit engl. Ref.). — Aus der normalen Lichtkurve kann für eine Beobachtungsfolge ein genäherter Wert der Epoche graphisch ermittelt werden. Für die Verbesserung der Epoche und die Berechnung ihres mittleren Fehlers wird eine differentielle Formel abgeleitet. Mit der vorgelegten Methode wurden 8 normale Minima des Bedeckungsveränderlichen DK Cep und deren mittlere Fehler abgeleitet. Aus diesen Epochen wurden lineare Elemente berechnet. Ond.

12102. **R. G. Andrews,** The classification of variable stars. JBAA **70** 214—218.

12103. **M. Baldwin,** Evolution in classification. AAVSO Abstr. Oct. 1960 S. 5.

12104. **A. Biskupski,** Jeszcze o redukcji obserwacji do jednego systemu. Urania Kraków **31** 210—213. — Beschreibung einer Methode, die es erlaubt, die von verschiedenen Beobachtern durchgeführten visuellen Schätzungen von veränderlichen Sternen in ein einheitliches System zu bringen. E. R.

12105. **A. Biskupski,** Kilka uwag o wizualnych obserwacjach gwiazd zmiennych. Urania Kraków **31** 313. — Hinweis auf die korrekte Durchführung visueller Helligkeitsschätzungen. E. R.

12106. **G. Freiburghaus,** Les étoiles variables. Orion Schaffhausen **5** 789—793, 846—849, 907—911, 956—965.

12107. **B. Hacar,** The Cracow ephemeris of the eclipsing binaries. RH **41** 167—173 (tschech.).

12108. **M. Heim,** Sternverzeichnis — MVS 1—500. MVS Sonderdruck 1960, 11 S. — Das Verzeichnis enthält diejenigen Veränderlichen, deren Bearbeitung in MVS 1—500 dargelegt wird. Aufgeführt wird jeweils entweder die endgültige Benennung (geordnet nach Sternbildern) oder, bei den zur Zeit noch unbenannten Sternen, die KVS-Nummer. Diejenigen Veränderlichen, die seit dem Erscheinen der KVS (1951) angezeigt worden sind, sind nach ihrer provisorischen S-, SVS- oder BV-Nummer, der BD-Bezeichnung oder der Position geordnet. Verf.

12109. **W. S. Houston, M. W. Mayall,** Bimonthly variable star predictions for 1960. AAVSO Bull. Nr. 21, 3 S. — Ref. in YC Nr. 1572.

12110. **B. W. Kukarkin, J. I. Jefremow, P. N. Cholopow,** Erster Nachtrag zur zweiten Ausgabe des Generalkatalogs veränderlicher Sterne. Moskau, Akad. Wiss. UdSSR, Astr. Rat, Staatl. Astr. Sternberg-Inst., 1960. 228 S. (russ. mit engl. Vorwort). — Der Katalog enthält Angaben über 796 im Jahre 1960 bezeichnete Veränderliche, ferner Näheres über 1647 früher bezeichnete Veränderliche. Loh.

12111. **Z. Kvíz,** On the detection of new variable stars. BAC **11** 71—73. — Um die Verteilung der Veränderlichen innerhalb unseres Milchstraßensystems statistisch untersuchen zu können, ist die Kenntnis der Entdeckungswahrscheinlichkeit für die verschiedenen Typen dringend erforderlich. Die dafür vorgeschlagenen Verfahren, die geforderten Bedingungen und die gegenwärtig gebräuchlichen Aufsuchungsmethoden werden geprüft. Für die Aufsuchung hat sich das von J. Borgman (Groningen) benutzte elektronische Blinkverfahren als den optischen Methoden weit überlegen erwiesen. Bey.

* * **Z. Kvíz, J. Kvízová,** The β_n^k coefficients for a detailed study on the perceptibility of meteors and detectability of variables. Vgl. Ref. **9350.**

12112. **D. Mikuličić,** Fizički promjenljive zvijezde. ZiS **2** 79—84, 1959.

12113. **O. Obůrka,** Observe the variable stars! RH **41** 132—133 (tschech.).

12114. **O. Obůrka,** Interesting observation of variable stars. RH **41** 192—194 (tschech.).

12115. **G. Romano,** Determinazione grafica degli elementi provvisori di una variabile periodica. Vgl. AJB **59** Ref. **12112** = Oss. Astr. Padova Comun. Rassegne Nr. 10.

12116. **H. Schneller,** Geschichte und Literatur des Lichtwechsels der veränderlichen Sterne. Zweite Ausgabe. Fünfter Band. Enthaltend die zwischen 1938 und 1958 benannten Sterne. Erstes Heft: Andromeda bis Cygnus. Deutsche Akademie der Wissenschaften zu Berlin, Astrophysikalisches Observatorium Potsdam. Berlin, Akademie-Verlag, 1960. 11 + 359 S. Preis DM 75.00. — Besprechung in Sky Tel. **21** 94, Sterne **37** 46 (C. Hoffmeister).

12117. **T. Vives,** Observación fotoeléctrica de estrellas variables. Urania Barcelona **45** 25—34.

12118. **M. N. Vojčunas,** Klasifikacija promjenljivih zvijezda. ZiS **3** 54—59.

12119. ¡The General Catalogue of Variable Stars. Astr. News Letter Taipei Obs. **13** 2—5 (chines.).

§ 122

Bedeckungsveränderliche

* * **K. D. Abhyankar,** A note on the evolution of close binary systems. Vgl. Ref. **11301.**

12201. **A. Abrami, B. Cester,** Studio fotoelettrico del sistema binario spettrofotometrico CW Cephei. Vgl. Ref. **1343** S. 179—201.

12202. **H. A. Abt,** The visual multiple-star system containing β Lyrae. Publ ASP **72** 348. — Ref. ASP.

12203. **M. K. V. Bappu, S. D. Sinvhal,** Interference filter photometry of weak emission lines in CQ Cephei. Vgl. AJB **59** Ref. **12205** = Uttar Pradesh State Obs. Repr. Nr. 6.

12204. **A. Barangé,** Posibilidades de organizar la observación de estrellas dobles variables en España entre los aficionados. Urania Barcelona **45** 109—110.

12205. **A. H. Batten,** Four-colour photoelectric observations of λ Tauri. Astr. Contr. Univ. Manchester (1) Jodrell Bank Ann. **1** 363—373. — Die Messungen sind einzeln tabuliert und in Hinblick auf die vorhandenen Bahnen kurz besprochen. hz

12206. **A. H. Batten,** The triple system AR Cassiopeiae. Publ ASP **72** 349—350. — Ref. ASP.

12207. **A. H. Batten,** Why observe stellar eclipses? Sky Tel. **19** 464—466.

12208. **L. Binnendijk,** Photoelectric light curves of V839 Ophiuchi. AJ **65** 79—83 = Flower and Cook Obs. Repr. Nr. 118_1. — Aus 621 photoelektrischen Helligkeitsbeobachtungen in 2 Farben wurden für den 1947 entdeckten Veränderlichen die Periode neu bestimmt und die Normal-Lichtkurven abgeleitet. Die Vermutung, es handele sich um einen Stern des RR Lyrae-Typs, bestätigt sich nicht; Farbe und die kleine Amplitude der Farbänderung beweisen, daß es sich um einen W UMa-Stern handelt. Der Reflexionseffekt verläuft entgegengesetzt zur theoretischen Erwartung. Zi.

12209. **L. Binnendijk,** Photoelectric observations of β Lyrae. AJ **65** 84—87 = Flower and Cook Obs. Repr. Nr. 118_2. — Die während der internationalen Beobachtungswelle im Herbst 1959 in 6 Nächten am Flower and Cook Observatorium erhaltenen photoelektrischen Helligkeiten in 6 Farben werden mitgeteilt. Zi.

12210. **L. Binnendijk,** The light variation and orbital elements of U Pegasi. AJ **65** 88—96 = Flower and Cook Obs. Repr. Nr. 118_3. — Aus 887 photoelektrischen Beobachtungen in 7 Nächten des Jahres 1958 wurden Normal-Lichtkurven dieses W UMa-Sternes für den gelben und blauen Spektralbereich abgeleitet und die Periode neu bestimmt. Die Epochen der Hauptminima zeigen eine langperiodische Variation, und ein Vergleich der Lichtkurve mit ihrem Aussehen 1949/50 ergibt, daß die Helligkeit des Sternes im sekundären Minimum und dem nachfolgenden Maximum in den letzten 9 Jahren abgenommen hat. Demgemäß ergibt auch die Bahnbestimmung andere Radien und Helligkeitsverhältnisse der beiden Komponenten. Zi.

12211. **L. Binnendijk,** The light variation and orbital elements of AH Virginis. AJ **65** 358—373 = Flower and Cook Obs. Repr. Nr. 120. — Die in den Jahren 1955 und 1957 während 22 Nächten erhaltenen Beobachtungen lieferten 1110 Gelb- und 1082 Blauhelligkeiten des Veränderlichen. Der Verlauf der Lichtkurve ändert sich in kurzer Zeit, wie die Beobachtungen von zwei aufeinanderfolgenden Nächten zeigen. Eine 1955 gewonnene Lichtkurve mit ungewöhnlichem Verlauf wird mit einer annähernd normalen von 1957 verglichen. Die Bahnelemente werden für konstante geometrische, aber veränderliche photometrische Elemente abgeleitet. Henn

12212. **A. Biskupski,** O tak zwanym błędzie położenia. Urania Kraków **31** 20—22. — Erörterung des «Positionsfehlers» bei visuellen Schätzungen der Helligkeit von Bedeckungsveränderlichen. E. R.

12213. **P. Broglia,** Curve di luce in due colori ed elementi fotometrici della binaria ad eclisse SU Bootis. Mem SA It (NS) **31** 107—134 = Contr. Oss. Astr. Milano-Merate (NS) Nr. 155. — Für den Bedeckungsveränderlichen SU Boo werden aus etwa 1700 Beobachtungen, die 1955, 1956 und 1958 mit dem

Zeiß-Reflektor von Merate gewonnen waren, zwei Lichtkurven (λ_{eff} = 4250 und 5300 Å) abgeleitet. Nach Betrachtungen über die Vergleichssterne berechnet Verf. aus eigenen Minimabeobachtungen die Elemente Min I = 2435 222.55004 + 1.56123208 E, die aber die früheren Beobachtungen schlecht darstellen. Verf. berechnet dann die Elemente nach der Methode von Kopal, indem er die Bedekkungen als partiell annimmt. B. C.

12214. **P. Broglia,** Variazioni delle curve di luce e degli elementi della binaria a eclisse RZ Comae. Vgl. Ref. **1343** S. 202—225 = Contr. Oss. Astr. Milano-Merate (NS) Nr. 165.

12215. **S. Chandra, M. C. Pande,** Photoelectric observations of the eclipsing binary 32 Cygni. Obs **80** 146—148.

12216. **G. G. Cillié, E. M. Lindsay,** The photoelectric light curve of FU Arae. MN **121** 333—336 = Contr. Armagh Obs. Nr. 30. — 1954—56 wurden in 51 Nächten 1171 lichtelektrische Messungen im blauen und 874 im roten Bereich des kurzperiodischen Bedeckungsveränderlichen (P = 0ᵈ86) am 60zölligen Reflektor des Boyden Observatory erhalten. Die Ergebnisse sind als mittlere Lichtkurven bildlich sowie in der Form von Tabellen der Normalpunkte wiedergegeben. Bey.

12217. **M. G. Fracastoro,** Sur la contribution des systèmes binaires à éclipse à la connaissance des paramètres fondamentaux des étoiles. Vgl. Ref. **1343** S. 167—170 = Oss. Astrofis. Catania Pubbl. (NS) Nr. 35.

12218. **L. W. Fredrick,** Observations of ε Aurigae. AJ **65** 97—100 = Flower and Cook Obs. Repr. Nr. 121. — Veröffentlichung von 269 photoelektrischen Beobachtungen des Veränderlichen in 4 Farben, die während des letzten Minimums am Flower and Cook Observatorium erhalten wurden. Der Lichtanstieg konnte ziemlich lückenlos erfaßt werden. Zi.

12219. **L. W. Fredrick,** The system of VV Cephei. AJ **65** 628—643. — Aus 1126 Platten, die am Sproul Observatory in 316 Nächten zwischen 1938 und 1958 erhalten wurden, leitet Verf. neben Eigenbewegung und Parallaxe die Elemente der astrometrischen Bahn ab. Die absolute Parallaxe ist etwa 0.″005, der Radius der M-Komponente von der Größenordnung 600 $R_\odot$. Während der letzten Bedeckung der B-Komponente (1956—1958) wurden vom Verf. in 131 Nächten photoelektrische Helligkeiten in 4 Farben erhalten. Die gemeinsame Diskussion der photometrischen, astrometrischen und spektroskopischen Daten zeigt zahlreiche Unstimmigkeiten auf. Zi.

12220. **A. Fresa,** Osservazioni fotoelettriche della variabile ad eclisse Beta Lyrae. Mem SA It (NS) **31** 365—368 = Oss. Astr. Capodimonte-Napoli Oss. **1** Nr. 9. — Die lichtelektrischen Beobachtungen von β Lyr wurden im Rahmen des internationalen Programms 1959 Aug. 9—Sept. 12 mit dem 17.5 cm-Refraktor von Neapel erhalten. Die einzelnen Beobachtungen und eine Lichtkurve werden gegeben. B. C.

* * **A. Fresa,** Un po' di storia sulle doppie fotometriche con particolare riguardo alle ricerche fatte in Italia. Vgl. Ref. **211, 212.**

12221. **H. O. Frieboes,** V Puppis. Vgl. Ref. **1323** S. 55.

12222. **M. Hack,** The spectrum of Upsilon Sagittarii. Mem SA It (NS) **31** 43—60 = Contr. Oss. Astr. Milano-Merate (NS) Nr. 152. — Auf zehn Spektrogrammen hoher Dispersion ($\lambda\lambda$ 5450—6800) wird der Stern während eines Zyklus studiert. Die Änderungen des Profils von Hα sowie der Absorptionslinien und deren Emissionskomponenten mit der Phase werden überprüft. Weiterhin wird auf eine Korrelation zwischen Phase und Intensität der violetten Absorptionskomponente von Hα und den sogenannten Kennzeichen B und F des allgemeinen Spektrums untersucht. Der Gasstrahl vom Hauptstern zum Begleiter mit einer Geschwindigkeit von —300 km/sec wird bestätigt. Bei jeder Bedeckung des Hauptsterns projiziert er sich auf dessen Scheibe und verursacht die violette Absorptionskomponente von Hα. Ein zweiter Strahl vom Begleiter zum Hauptstern, der während der Bedeckung eine nach rot verschobene Absorptionskomponente entsprechend einer Geschwindigkeit von +150 km/sec verursacht, wird vermutet. Die Änderungen von Intensität und Kontur der Absorptionslinien sind nicht leicht zu erklären. Das Verhalten der Flügel der Emissionslinien des Fe II und Na I weist auf zwei geschichtete Hüllen hin, von denen die innere rotiert und expandiert, während die äußere nur expandiert. B. C.

12223. **M. Hack,** Sulla natura del compagno di ε Aurigae. Vgl. Ref. **1343** S. 226—230 = Contr. Oss. Astr. Milano-Merate (NS) Nr. 166.

12224. **K. Hansen, D. H. McNamara,** An estimate of the stream density in RZ Scuti. Publ ASP **72** 36—41. — Nach Neubauer und Struve zeigt der Veränderliche eine partielle Bedeckung, bei der das Spektrum des Begleiters unsichtbar bleibt. Eine erneute Untersuchung der Spektren läßt in 2 Fällen deutlich eine Verdopplung der Wasserstofflinien erkennen, die auf einen das System umgebenden Gasstrom schließen läßt. Die sorgfältige Registrierung dieser Linien gestattet die Anwendung der Unsöldschen Methode zur Bestimmung der Dichte des Wasserstoffstroms. Bey.

12225. **G. H. Herbig,** Observations and an interpretation of VV Puppis. ApJ **132** 76—86 = Contr. Lick Obs. (2) Nr. 105. — Ref. in Sterne **37** 41. — Der bekannte Veränderliche mit P = 100^{m} wird auf Grund spektrographischer Beobachtungen als Bedeckungssystem mit einer Hauptkomponente von ungleichförmiger Oberflächenhelligkeit gedeutet. Bahnelemente werden bestimmt. C. H.

12226. **T. Herczeg, H. Schmidt,** Untersuchungen an VW Cephei. Veröff. Univ.-Sternw. Bonn Nr. 57, 17 S. — Im September und Oktober 1959 wurden im Rahmen eines internationalen Programms an VW Cephei insgesamt 421 lichtelektrische Messungen in den beiden Wellenlängenbereichen λ 455 und 600 mμ durchgeführt. Neben einer Wiedergabe dieser und alter Beobachtungsdaten aus dem Jahre 1954 werden zeitliche Änderungen der Lichtkurve und (B—R)-Werte diskutiert. Dabei zeigt sich, daß ein dritter Körper, wie schon früher angenommen wurde, vorhanden ist, dessen Masse mindestens 0.52 $\mathfrak{M}_\odot$ beträgt. Verf.

12227. **F. Hinderer,** Lichtelektrische Untersuchungen an W Ursae Majoris-Sternen. JO **43** 161—215. — Die Eigenschaften der Licht- und Farbenindexkurven von 13 W UMa-Sternen werden an Hand von 3080 genauen lichtelektrischen Messungen untersucht. Die Farbkurven verlaufen bei allen untersuchten Sternen nahezu parallel zu den Lichtkurven. Die Helligkeitsunterschiede der beiden Maxima der Lichtkurven werden auf Grund der Farbänderung durch Temperaturunterschiede verschiedener Teile der Sternoberflächen erklärt und die Veränderungen der Lichtkurven entsprechend durch zeitliche Änderungen dieser Temperaturen gedeutet. Ein Einfluß von Absorption läßt sich nicht nachweisen. Es wird eine Beziehung zwischen dem Unterschied der beiden Maxima und der Distanz der Komponenten abgeleitet. Zur Bestimmung der Systemkonstanten, die nach den üblichen Methoden nicht möglich ist, und zur Prüfung der Annahme des Rocheschen Modells werden 2 Verfahren vorgeschlagen, die an Stelle der hier versagenden Formkurve die Farbenindexdifferenz der beiden Minima und die photometrische Elliptizität verwenden. Die Kopalschen Werte der Systemkonstanten werden im wesentlichen bestätigt und durch die Werte α_0 (Grad der Bedeckung) und durch verbesserte Werte der Bahnneigung i ergänzt. Verf.

12228. **Y. Hosokawa,** The reflection effect in Algol system. Publ. Astr. Soc. Japan **12** 127. — Kurzbericht über die Ergebnisse einer Untersuchung des

Reflexionseffekts im Algolsystem für die Wellenlängen 4500, 5350 und 8660 Å. Eine ausführliche Darstellung soll in den Science Reports of the Tôhoku University (1) **43** Nr. 4 erscheinen. Bey.

12229. **M. Huruhata, M. Kitamura,** Photoelectric observations of the eclipsing variable TW Cancri. Publ. Astr. Soc. Japan **12** 441—444 = Tokyo Astr. Obs. Repr. Nr. 202. — Die in 21 Nächten zwischen 1953 Dez. und 1959 Jan. am 26zölligen Refraktor der Tokioer Sternwarte in den Bereichen 4700 und 5600 Å durchgeführten lichtelektrischen Messungen des relativ langperiodischen Bedeckungsveränderlichen ($P = 70^d$) sind im einzelnen und zu Lichtkurven zusammengefaßt wiedergegeben. Die daraus abgeleiteten Ergebnisse sind von besonderer Bedeutung, da hier der seltene Fall vorliegt, daß eine Komponente des Systems ein normaler Riese ist, für den die Masse bestimmt werden kann. Bey.

12230. **H. L. Johnson,** The eclipsing binary, Y Leonis. ApJ **131** 127—133. — Mitteilung und Diskussion lichtelektrischer Beobachtungen des typischen Algolsterns in 4 Farben einschließlich im Infraroten. Das Paar besteht aus einem A3- und einem K-Stern. C. H.

12231. **T. D. Kinman,** The short period variable RZ Pyxidis. MN ASSA **19** 62—68. — Lichtelektrische Beobachtungen, die zwischen J. D. 2436590 und 37028 mit dem Victoria-Refraktor und dem 18zölligen Cape-Reflektor erhalten wurden, zeigen, daß der früher als RR Lyr-Stern angesprochene Veränderliche in Wirklichkeit einen Bedeckungslichtwechsel mit einer Periode von $0^d.65627$ vollführt. In Verbindung mit Radialgeschwindigkeitsmessungen des Radcliffe-Obs. werden Elemente und Dimensionen des aus zwei gleichen Komponenten bestehenden Doppelsternsystems abgeleitet. Bey.

12232. **T. D. Kinman,** The short period variable RZ Pyxidis. Obs **80** 148—149.

12233. **M. Kitamura,** Asymmetric light curves in 1960 of the eclipsing variable R Canis Majoris. Vgl. Ref. **1343** S. 171—178.

* * **M. Kitamura,** The mass-accumulating stellar models for application to the secondary components of some close binary systems. Vgl. Ref. **5427**.

12234. **R. H. Koch,** Three-color photometry of AO Cassiopeiae. AJ **65** 127—138 = Flower and Cook Obs. Repr. Nr. 123. — Auf Grund sehr zahlreicher lichtelektrischer Beobachtungen werden Farbenindex und Lichtkurve dieses Bedeckungssterns untersucht. Die Hauptmaxima werden durch eine konstante Periode dargestellt. Ferner wird der Lichtwechsel außerhalb der Hauptminima behandelt. C. H.

12235. **R. H. Koch,** Photoelectric photometry of AS Eridani. AJ **65** 139—147 = Flower and Cook Obs. Repr. Nr. 122. — Aus Beobachtungen in 2 Farben werden Lichtkurven bestimmt und die Bahnelemente und sonstigen Systemkonstanten dieses Bedeckungsveränderlichen erhalten. C. H.

12236. **R. H. Koch,** Photometry of R Canis Majoris. AJ **65** 326—334 = Flower and Cook Obs. Repr. Nr. 124. — Lichtkurven für R CMa wurden in drei Farben erhalten und zur Bestimmung der Elemente benutzt. Auf einige Besonderheiten der Lichtkurven wird hingewiesen. Henn

12237. **R. H. Koch,** Photoelectric light curves of XY Leonis. AJ **65** 374—380 = Flower and Cook Obs. Repr. Nr. 125. — 1956 Jan.—April wurden von diesem W UMa-Stern am 36″-Teleskop des Steward Observatoriums 293 Beobachtungen im gelben und 299 im blauen Bereich gewonnen, aus denen die Lichtkurven abgeleitet werden. Die für beide Wellenlängen bestimmten Bahnelemente zeigen kleine Unterschiede; in keinem Fall ist eine Übereinstimmung zu den aus spektroskopischen Beobachtungen erwarteten vorhanden. Eine mögliche Ursache für diesen Unterschied wird diskutiert. Henn

12238. **Z. Kopal, M. Plavec, E. F. Reilly,** A study of the period changes in the Algol system. Astr. Contr. Univ. Manchester (1) Jodrell Bank Ann. 1 374—423. — Die bisherigen Untersuchungen zur Klärung der Gesetzmäßigkeiten in den Periodenänderungen des Sterns Algol bezogen sich stets auf die bekannten neueren Beobachtungen und ließen die älteren, zumeist schwer zugänglichen Ergebnisse außer Betracht. Erstmalig werden nun sämtliche seit der Entdeckung beobachteten Algol-Minima, insgesamt 1537 Epochen aus den Jahren 1782—1949, herangezogen. Die von E. F. Reilly zusammengetragenen und in einer Tabelle zusammengestellten Minima wurden mit Hilfe moderner Hilfsmittel harmonisch analysiert und bestätigen die bereits von Chandler, Hellerich und Eggen gefundenen sekundären Wellen. Rechnet man nunmehr die Epochen unter Berücksichtigung der 3 sehr genau bestimmten Sinusglieder, so bleiben trotzdem sehr erhebliche systematische Abweichungen übrig, die analytisch nicht darzustellen sind. Ein anschließend von M. Plavec mitgeteilter Versuch, die einzelnen sekundären Wellen dynamisch zu deuten, gelingt nur insofern, als die 36jährige Periode sicherlich auf den Apsidenumlauf der exzentrischen Bahn zurückzuführen ist. Alle anderen Wellen und Unregelmäßigkeiten lassen sich auf keine Weise, auch nicht unter der Annahme weiterer Begleiter, erklären. Bey.

12239. **Z. Kopal,** Fourier analysis of light curves of eclipsing variables. Vgl. Ref. **1343** S. 156—161 = Astr. Contr. Univ. Manchester (3) Nr. 83.

* * **K. Kordylewski,** Vergleich der (O—C)-Kurven von RR Lyrae- und Bedeckungsveränderlichen. Vgl. Ref. **12318**.

12240. **A. Kranjc,** Calcoli di orbite di stelle doppie. Nota II — Studio di AO Cas e β Lyr. Mem SA It (NS) **31** 211—221 = Pubbl. Oss. Astr. Univ. Bologna **7** Nr. 14. — Mittels einer IBM 650 werden fünf Serien von Radialgeschwindigkeiten des Sternes AO Cas gruppenweise betrachtet und daraus die Bahnelemente erhalten. Aus den insgesamt 379 Beobachtungen wurde eine neue Serie von Bahnelementen berechnet. Die Behauptung von Mannino, daß alle Serien eine konstante Periode nicht ausschließen, wurde gegen die Vermutung Abhyankars bestätigt. Die Unterschiede in den Elementen könnten, anstatt reell zu sein, auch Änderungen in der Struktur der Sternoberfläche und der dazwischenliegenden Atmosphäre zugeschrieben werden. Neue Bahnelemente für β Lyr werden dann aus einer Reihe von Radialgeschwindigkeiten von Struve und Mitarbeitern (1955) und aus einer zweiten aus dem Jahre 1958 berechnet. Die Unterschiede in den erhaltenen Bahnelementen sind beträchtlich. B. C.

12241. **G. Larsson-Leander,** Photoelectric observations of ζ Aurigae during the eclipses in 1955—1956 and 1958. Ark Astr **2** 413—418 = Stockholms Obs. Medd. Nr. 120. — Beobachtungen in 2 Farben werden mit den Elementen verglichen und weisen auf einen überlagerten physischen Lichtwechsel von etwa $0^m_.05$ Amplitude hin. C. H.

12242. **E. K. Lee, K. O. Wright,** The light-ratio and secondary spectrum of the eclipsing binary Zeta Aurigae. Publ. Dominion Astrophys. Obs. Victoria **11** 339—351.

12243. **R. A. Ljach,** Über die Bestimmung der Länge des aufsteigenden Knotens einiger Bedeckungsveränderlicher. BIA **7** 588—598 (russ. mit deutsch. Ref.). — Es handelt sich um eine Methode zur Bestimmung der Länge des aufsteigenden Knotens solcher Bedeckungsveränderlicher, die eine durch eine dritte, genügend entfernte Komponente bedingte Bewegung der Apsidenlinie haben. Verf.

12244. **N. L. Magalaschwili, J. I. Kumsischwili,** Photoelectric observations of β Lyrae. Bull. Astrophys. Obs. Abastumani Nr. 25 S. 91—96 (russ. mit georg. und engl. Ref.). — β Lyr ist 1958 und 1959 in Abastumani bei 527 mμ und 381 mμ beobachtet worden. Die mittleren Lichtkurven beider Bereiche unterscheiden sich merklich. Loh.

12245. **N. L. Magalaschwili, J. I. Kumsischwili,** Photoelectric observations of the eclipsing variable star VW Cephei. Bull. Astrophys. Obs. Abastumani Nr. 25 S. 97—103 (russ. mit georg. und engl. Ref.). — VW Cep ist im Herbst 1959 in Abastumani bei 527 mμ und 381 mμ beobachtet worden. Die Höhen der Maxima der Lichtkurven sind einander nicht völlig gleich. Die Farbenindexkurve zeigt eine Korrelation zwischen Phase und Farbenindex; der Veränderliche ist im Maximum blauer. Loh.

* * **A. Masani,** La politropica di indice 3 nello studio della costituzione interna di stelle appartenenti a sistemi binari stretti. Vgl. Ref. **5432**.

12246. **J. Mergentaler,** O niektórych cechach gwiazd podwójnych. Urania Kraków **31** 179—181. — In Anlehnung an die Untersuchungen von Huang legt Verf. in allgemeinverständlicher Weise dar, daß in Doppelsternsystemen auch eine gegenseitige Zustrahlung in Form von Korpuskularstrahlung für den Aufbau der Photosphären mitbestimmend ist. E. R.

12247. **J. E. Merrill,** Bibliography for eclipsing binaries. Franklin Inst. — IAU Comm. 42, 13 S.

12248. **O. Obůrka,** Eclipsing variable stars. RH **41** 230—234 (tschech.).

12249. **J. A. Pearce,** Orbital elements for the spectrographic binary U Ophiuchi, HD 156247. AJ **65** 55. — Ref. AAS.

12250. **M. Plavec,** Apsidal motion in systems with subgiant components. BAC **11** 148—153. — Periodenänderungen von vier Bedeckungspaaren werden untersucht. Die 32jährige Periode bei Algol kann wie die ziemlich periodischen Schwankungen von TX UMa, W Del und RS CVn als Apsidendrehung erklärt werden. Dann berechnet sich der effektive Polytropenindex der Unterriesenkomponenten zu 3.6, bei dem etwas zu kleinen Begleiter von RS CVn zu 3.1. Dies scheint der erste Beobachtungsbefund zu sein, der etwas über die Massenverteilung in Unterriesen aussagt. Verf. (ü.)

12251. **M. Plavec,** A table for facilitating the computation of apsidal motions. BAC **11** 154—155. — Die Koeffizienten der Formel für die Periode der Apsidendrehung sind für die Exzentrizitäten 0.0 bis 0.2 tabuliert. Sternes und Kopals Formeln erweisen sich als identisch (Schreibfehler bei Kopal!). hz

12252. **M. Plavec, Z. Pěkný, M. Smetanová,** Problem of period variability of the detached eclipsing binary systems. BAC **11** 180—197. — Zwölf Sterne mit ausreichenden Beobachtungen wurden untersucht, wovon 2 ausgeprägte Apsidenbewegung zeigten, 2 andere diese Erscheinung erwarten lassen. Weitere 2, vielleicht auch 3 Systeme ergeben langsame Änderungen, die vielleicht langperiodisch sind. Sprunghafte Änderungen sind nicht bekannt. C. H.

12253. **M. Plavec,** Influence of precession and nutation on the period of eclipsing variables. BAC **11** 197—203. — Der Aufsatz diskutiert die von Kopal (vgl. AJB **59** Ref. **11109**) gefundenen Perioden und zeigt, daß die Amplituden in der Regel zu klein sind, um beobachtet zu werden. Für Periodenänderungen müssen daher andere Ursachen in Betracht gezogen werden. C. H.

12254. **M. Plavec,** Period changes of the eclipsing binary RW Tauri. Českosl. Akad. Věd. Astr. Ústav Publ. Nr. 46, 19 S. — Der seit 1886 beobachtete Algol-Stern zeigte bis 1921 langsame und mit 0ᵈ04 recht erhebliche Schwankungen der Periodenlänge. Während der letzten 38 Jahre blieb die Periode innerhalb der Genauigkeitsgrenzen der Beobachtung konstant. Eine Untersuchung von 239 Minima aus den Jahren 1886—1959 ergibt, daß weder Apsiden- oder Knotenbewegungen noch die Existenz eines dritten Körpers die Periodenänderungen zu erklären vermögen. Wahrscheinlich treten als Folge von Gasausbrüchen gelegentlich sprunghafte Änderungen der Umlaufszeiten ein. Bey.

12255. **D. M. Popper,** Masses of the components of Zeta Aurigae. AJ **65** 497. — Ref. AAS.

12256. **A. E. Prichodko,** On period variations of eclipsing variable stars. AC Nr. 211 S. 27—28 (russ.).

12257. **A. Purgathofer, I. Purgathofer,** Lichtelektrische Beobachtungen von YY Eridani. Anzeiger Österreich. Akad. Wiss. Math.-naturwiss. Kl. **97** 89—103. — Die Beobachtungen wurden mit dem 20″-Refraktor auf dem Mt. Palomar durchgeführt. Insgesamt wurden 212 Gelb- sowie 177 Blauhelligkeiten gewonnen. Die differentielle Extinktion ist berücksichtigt. Die aus den Beobachtungen für beide Farbbereiche hergeleiteten Normallichtkurven werden mit früheren Ergebnissen verglichen. Weiterhin wird die Abhängigkeit des relativen Farbenindex von der Phase untersucht. Henn

12258. **J. Sahade,** Evolución en sistemas binarios cercanos. Vgl. Ref. **1323** S. 29.

12259. **H. Schneller,** Lichtelektrische Beobachtungen und Systemkonstanten des Bedeckungsveränderlichen DM Delphini. AN **285** 265—270 = Mitt. Astrophys. Obs. Potsdam Nr. 88. — Aus 466 lichtelektrischen Beobachtungen an einem 70 cm-Spiegel, dessen in der Institutswerkstatt konstruierte Montierung und Photometereinrichtung beschrieben werden, ergibt sich eine Bedeckungslichtkurve für DM Del, die von stark deformierten Komponenten erzeugt sein muß. Nach der mit Schwierigkeiten verbundenen Rektifizierung werden aus dem zweiten Maximum allein die für die Rektifizierung nötigen Koeffizienten abgeleitet; die wahrscheinlichsten Werte der Systemkonstanten werden durch Variation des Radienverhältnisses und der Randverdunklung ermittelt. Wegen des Fehlens spektroskopischer Daten können die Massen und absoluten Dimensionen der Komponenten nicht hypothesenfrei bestimmt werden. Verf.

12260. **N. N. Semjonowa,** Die Anregung der Wasserstoff- und Heliumatome in der Hülle von β Lyrae. Mitt. Astr. Hauptobs. Golossejewo **3** Nr. 1 S. 74—88 (russ.). — 1955 und 1957 wurden 38 Spektrogramme von β Lyrae, Dispersion 153 Å/mm bei Hγ, gewonnen, davon 26 in der Nähe des Hauptminimums und 12 in der Nähe des Maximums. Die Äquivalentbreiten der Emissionslinien Hα-γ, D_3 und He I 4472 Å wurden bestimmt. Ausgehend von der von W. M. Sobolew für Sonnenprotuberanzen benutzten Methode (vgl. AJB **58** Ref. **6686**) untersucht Verf. Anregungs- und Ionisationsmechanismen für Wasserstoff und Helium in der Hülle von β Lyrae. Aus einem Vergleich der theoretischen Ergebnisse mit den beobachteten Äquivalentbreiten schließt Verf., daß in der Hülle von β Lyrae die Anregung des Wasserstoffs durch das Strahlungsfeld des Hauptsternes cB9 erfolgt, dessen Temperatur 15000—17500° beträgt. Die Elektronentemperatur der Hülle beträgt im Mittel 13000° bei einer Wasserstoffkonzentration im Grundzustand $n_H = 10^5$ und einer Elektronenkonzentration $n_e = 10^{10}$. Ond.

12261. **K. Serkowski,** Wyznaczanie zależności poćmienia brzegowego od długości fali na podstawie dwubarwnych obserwacji gwiazd zaćmieniowych. Postępy Astr. 8 50—54. — Die Farbenindizes von Bedeckungssystemen wurden als lineare Funktionen dreier Größen ausgedrückt: 1. des Unterschieds zwischen den Randverdunklungskoeffizienten des bedeckten Sterns in zwei Farben, 2. des Farbenunterschieds der zwei Sterne und 3. der Farbenindexkorrektionen des Sterns unmittelbar vor oder nach der Bedeckung. Es wurden YZ Cas und WW Aur behandelt. E. R.

12262. **W. Strohmeier,** Die Bedeckungsveränderlichen der Bamberger Liste. Sterne **36** 27—30.

12263. **O. Struve, S. N. Svolopoulos, V. Zebergs,** The velocity-curve of Beta Lyrae in 1958. ApJ **131** 111—118 = Berkeley Repr. Nr. 169. — Mit dem Coudé-Spektrographen des 100zölligen Mount Wilson-Reflektors (O. Struve) und dem Mills-Prismenspektrographen des 36zölligen Lick-Refraktors (S. N. Svolopoulos) wurden 1958 Juni 21—Juli 12 während 2 aufeinanderfolgender Zyklen des Lichtwechsels insgesamt 158 Spektrogramme erhalten. Die an 20 Absorptionslinien zwischen 4340 und 4584 Å gemessenen Radialgeschwindigkeiten weichen von den 3 Jahre vorher bestimmten Werten systematisch ab und lassen auf Störungen der Bahnbewegung schließen. Die Einzelmessungen sind in einer Tabelle, die Abweichungen von den Ergebnissen 1955 in 5 Figuren wiedergegeben. Bey.

12264. **O. Struve, M. J. S. Wade,** Spectroscopic features of β Lyrae. Publ ASP **72** 403—412 = National Radio Astr. Obs. Green Bank Repr. (B) Nr. 7. — Die B8-Radialgeschwindigkeiten (RG) von β Lyrae im Phasenintervall 0.95 bis 0.15 werden für zwei Zyklen des Jahres 1955 untersucht. Die Phasenintervalle 0.95—0.99, 0.03—0.06 zeigen keine systematischen Unterschiede in den RG dieser beiden Zyklen. Dagegen sind die RG des Intervalls 0.11 bis 0.15 im Juli-Zyklus um 3 bis 10 km/sec (je nach Liniensorte) positiver als im Juni-Zyklus. Die Ursache für diese und andere mitgeteilten Unterschiede wird in verschieden starker Elektronenstreuung in dem uns zugewandten Gasstrom gesucht. Har.

* * **O. Struve,** RZ Scuti — a peculiar spectroscopic binary. Vgl. Ref. **11316**.

12265. **S. N. Svolopoulos,** Two-color photoelectric observations of BX Andromedae. Vgl. AJB **57** Ref. **11172** = Flower and Cook Obs. Repr. Nr. 109.

12266. **R. Szafraniec,** Minima of eclipsing variables observed in 1959. AA **10** 69—70. — Betrifft AB And, RY, CZ Aqr, YZ, FK, V 343, V 346 Aql, RY, CL Aur, TU, TY, VW Boo, RZ, TV, AQ Cas, U Cep, RW CrB, WW Cyg, RW, RX, AF, AY Gem, CC Her, AV Hya, VX Lac, UX Leo, UZ Lyr, RU, UX, BO Mon, U, V 806 Oph, FK, FR, OS Ori, AW, DF Peg, β, RT, RY Per, RW, SV Tau, X Tri, AH Vir, RR, XZ, BE Vul. E. R.

12267. **R. Szafraniec,** The light-curves of eclipsing binaries. AA **10** 99—117. — Nach visuellen Schätzungen an der Sternwarte Kraków (Krakau) wurden die Lichtkurven von CL Aur, VX Lac, UX Leo, XZ Per, AL Tau und CF Tau ermittelt. Die Sterne 44 i Boo, RZ Cas, TV Cas, VW Cep, XZ Cep, CW Cep und U CrB wurden von März bis Juli 1957 lichtelektrisch beobachtet. Lichtkurven werden von 44 i Boo, RZ Cas, TV Cas und VW Cep gegeben. E. R.

12268. **A. D. Thackeray,** The emission line spectrum of the eclipsing variable AR Pavonis. Vgl. AJB **59** Ref. 12262 = Commun. Radcliffe Obs. Nr. 51.

* * **F. van't Veer,** L'assombrissement centre-bord des étoiles. Vgl. Ref. **5352**.

* * **P. Wellmann,** Die Ableitung der Elemente photometrischer Doppelsternsysteme mit Hilfe einer Elektronenrechenmaschine. Vgl. Ref. **11319**.

12269. **T. Widorn,** Lichtelektrische Beobachtungen des Bedeckungsveränderlichen SW Lacertae. Anzeiger Österreich. Akad. Wiss. Math.-naturwiss. Kl. **97** 33—39. — Im Rahmen der lichtelektrischen Beobachtungen von Bedeckungsveränderlichen mit dem 40 cm-Cassegrain-Spiegel wurden von SW Lac (Typ W UMa) in den Jahren 1958/59 je 231 Messungen im Gelben und Blauen erhalten. Ein Vergleich der Beobachtungen der einzelnen Minima zeigt, daß der Verlauf des Lichtwechsels 1958 und 1959 im großen und ganzen der gleiche war, daß im einzelnen aber doch Abweichungen vorhanden sind, wie schon von Brownlee (vgl. AJB **57** Ref. **11105**) bemerkt wurde. Es zeigen sich Veränderungen von einem Zyklus zum nächsten. Die weitere Diskussion der Beobachtungsergebnisse führt zum Schluß, daß zur sicheren Klärung der Verhältnisse bei SW Lac weitere Beobachtungen notwendig sind. Henn

12270. **D. B. Wood, M. F. Walker,** Photoelectric observations of Beta Lyrae. ApJ **131** 363—384 = Berkeley Repr. Nr. 174. — Zur Prüfung der seit langem bekannten Unregelmäßigkeiten im Verlauf der Lichtkurve des Bedeckungsveränderlichen β Lyrae hatte O. Struve für die Zeit von 1958 Juni 21 bis Juli 12 eine international durchzuführende lichtelektrische und spektrographische Überwachung des Sterns vorgeschlagen. Die in diesem Rahmen gewonnenen lichtelektrischen Beobachtungen, an denen die Sternwarten auf dem Mount Hamilton, in Abastumani, Dunsink, Lille, Tokio und Utrecht beteiligt waren, sind neben einer Beschreibung der benutzten Instrumente und Filter im einzelnen in Tabellen sowie in Lichtkurven wiedergegeben. Bey.

12271. **F. B. Wood,** On the change of period of eclipsing variable stars. Vgl. AJB **50** Ref. **11139** = Steward Obs. Repr. Nr. 37.

12272. **F. B. Wood,** Photoelectric observations of UX Monocerotis. Vgl. AJB **57** Ref. **11181** = Flower and Cook Obs. Repr. Nr. 110.

12273. **F. B. Wood,** The eclipsing system, TZ Coronae-Austrinae. AJ **65** 23—32 = Flower and Cook Obs. Repr. Nr. 117. — Aus je 146 lichtelektrischen Messungen, die in der Zeit J. D. 2436039—36374 im gelben und blauen Spektralbereich am 30zölligen Reflektor des Mount Stromlo Obs. erhalten wurden, sind exakte Lichtkurven, neue photometrische Elemente sowie die daraus abgeleiteten Bahnelemente und Dimensionen des Doppelsternsystems mitgeteilt. Daneben sind allgemeine Betrachtungen angestellt, in welchem Umfange verschiedene Annahmen über die Randverdunklung, über möglicherweise vorhandene Gasströme, helle oder dunkle Flecken auf den Oberflächen der Komponenten oder eine geringe physische Veränderlichkeit die Ergebnisse beeinträchtigen können. Das nach einem neuen Verfahren allein aus der Lichtkurve bestimmte Massenverhältnis der Komponenten zeigt, daß der schwächere Stern gemäß der konventionellen Masse-Leuchtkraft-Beziehung zu hell ist. Diese bei Bedeckungsveränderlichen häufig beobachtete Erscheinung wird als ein während der Entwicklung des Systems auftretender Zustand zu deuten versucht. Bey.

12274. **F. B. Wood,** Remarkable results from studies of close binary systems. ASP Leaflet Nr. 376, 8 S.

12275. **K. O. Wright,** The inner chromosphere of the K-type component of 31 Cygni as observed at the 1951 eclipse. Publ. Dominion Astrophys. Obs. Victoria **11** 77—141. — Die Untersuchung stützt sich auf Messungen an 400 chromosphärischen Linien der K-Komponente mit dem Ziel, Dichte, Temperatur, Turbulenz, Anteil ionisierter Atome zu bestimmen und die Ergebnisse mit der Theorie zu vergleichen. C. H.

12276. The eclipsing binary 31 Cygni. JBAA **70** 63.

12277. Zeta Aurigae masses. Sky Tel. **20** 264. — Ref. in VdS Nachr. **10** 63.

12278. Report of commission des étoiles doubles photométriques. Trans. IAU **10** 619—638 = Specola Vaticana Comun. Nr. 25.

§ 123

Cepheiden, RR Lyrae-Sterne

12301. **H. A. Abt, R. H. Hardie,** The 1.3 — day variable BL Herculis. ApJ **131** 155—162 = Arthur J. Dyer Obs. Repr. Nr. 11. — Der Stern wurde spektroskopisch und photometrisch untersucht. Er verhält sich ähnlich wie die in Kugelhaufen vorkommenden Veränderlichen entsprechender Periodenlänge und zeigt, bei Verwandtschaft mit den RR Lyrae-Sternen, einige spektrale Besonderheiten. C. H.

12302. **I. F. Alanija,** The spectral classes of 10 RR Lyrae type stars. Bull. Astrophys. Obs. Abastumani Nr. 25 S. 127—138 (russ. mit georg. und engl. Ref.). — Aus in Abastumani aufgenommenen Spektren wurden 10 RR Lyrae-Sterne unter Benutzung des K : (H + Hε)-Kriteriums in verschiedenen Phasen klassifiziert: AT And, UY Cyg, DX Del, XZ Dra, EZ Lyr, AV, BH, DH Peg, RV, SX UMa. Loh.

12303. **J. B. Alexander,** RR Lyrae variables in the direction of the galactic centre. Obs **80** 110—112 = Radcliffe Obs. Repr. Nr. 17. — Gelegentlich einer Untersuchung der RR Lyrae-Sterne des in Richtung zum galaktischen Zentrum liegenden Haufens NGC 6522 fand S. Gaposchkin, daß die bekannte Beziehung zwischen den Perioden und Lichtkurven hier nicht vorhanden ist, indem auch die Veränderlichen mit Perioden $<$ 0ᵈ4 asymmetrische Lichtkurven der Baileyschen Typen a und b aufweisen. Angesichts der Bedeutung dieses Ergebnisses wurde der Haufen nunmehr 5 Monate lang am 74zölligen Radcliffe-Reflektor in Pretoria in 2 Farbbereichen photographisch überwacht. Eine vorläufige Auswertung der Platten ergibt, daß die von Gaposchkin auf dem Mt. Wilson beobachteten Perioden zum Teil stark fehlerhaft sind. Da NGC 6522 dort nur in sehr geringen Höhen zu erreichen ist, ist eine Unsicherheit in den Ergebnissen verständlich. Die in Pretoria erhaltenen Perioden und Lichtkurven zeigen jedenfalls keine Abweichungen von der bekannten Beziehung. Bey.

12304. **G. Anderson,** Delta Cephei and the Cepheid variables. J. Astr. Soc. Victoria **13** 95—97.

12305. **K. Bahner, L. N. Mavridis,** Lichtelektrische Zweifarbenphotometrie galaktischer Cepheiden. Vgl. Ref. 773 S. 18—19 = Mitt. Landessternw. Heidelberg-Königstuhl Nr. 112 = Contr. Res. Computing Center Acad. Sci. Athens (1) Nr. 5. — Umfangreiche Licht- und Farbkurven für die galaktischen Cepheiden: RT, RX, SY Aur; RW Gem; SU Cas; VZ, CD Cyg; V, X, Y, Z, RR, BG Lac; RS Ori; SV, AW Per; V Vul; TU Cas (Kurven veränderlich) wurden lichtelektrisch bestimmt und die ersten Ergebnisse aus der Diskussion dieses Materials mitgeteilt. Mav.

12306. **G. Cocito, A. Masani,** La variabile RR Lyrae. Mem SA It (NS) **31** 147—159 = Contr. Oss. Astr. Torino (NS) Nr. 27. — Die Ergebnisse von 518 lichtelektrischen Beobachtungen des Veränderlichen im grünen Spektralbereich, die mit dem neuen am 30 cm-Merz-Refraktor von Turin angeschlossenen Photomultiplier erhalten wurden, werden mitgeteilt und diskutiert. Beginnend mit dem Jahr 1909 wird für 8 Zeitintervalle der Mittelwert der Hauptperiode berechnet. Dabei wurde der Effekt sekundärer Oszillationen eliminiert. Die neuen Beobachtungen scheinen damit einen Zyklus zu schließen, der, falls periodisch, eine Periode von 18000^d aufweist. Einige Teile der Lichtkurve, besonders um die Nullphase der Nebenschwankung, werden näher untersucht. B. C.

12307. **G. Cocito, A. Masani,** Osservazioni fotoelettriche di TU Cassiopeiae. Mem SA It (NS) **31** 161—166 = Contr. Oss. Astr. Torino (NS) Nr. 28. — Die Ergebnisse von 336 lichtelektrischen Beobachtungen des Veränderlichen, die mit dem neuen am 30 cm-Merz-Refraktor der Sternwarte Turin angeschlossenen Photometer erhalten wurden, werden mitgeteilt. Die Beobachtungen bestätigten die von Zagar abgeleiteten Lichtwechselelemente. Auf die merkwürdigen Irregularitäten der Lichtkurve wird besonders hingewiesen. B. C.

* * **J. P. Cox,** A preliminary analysis of the effectiveness of second helium ionization in inducing Cepheid instability in stars. Vgl. Ref. **5413**.

12308. **J. D. Fernie,** Second note on the intrinsic colour of *l* Car. MN ASSA **19** 10—11. — Die ungewöhnliche Färbung des klassischen δ Cephei-Sterns l Car erweist sich auf Grund zweier Spektralaufnahmen des Radcliffe Obs. als ein Farbenexzeß von etwa $0^m_.29$, der durch eine kleine, vor dem Stern liegende interstellare Wolke verursacht wird. Bey.

12309. **W. S. Fitch,** The cluster-type variable VZ Cancri. Vgl. AJB **55** Ref. **11158** = Steward Obs. Repr. Nr. 32.

12310. **W. S. Fitch,** On period ratios of the δ Scuti-type variables. Vgl. AJB **59** Ref. **12412** = Steward Obs. Repr. Nr. 34.

12311. **W. S. Fitch,** Rediscussion of Delta Scuti. ApJ **132** 430—434 = Steward Obs. Repr. Nr. 35. — Photometrische Messungen von Fath sowie Radialgeschwindigkeitsbeobachtungen von Paddock und Struve werden erneut diskutiert. Auf Grund erwarteter Resonanzerscheinungen ergaben entsprechende Berechnungen eine Grundschwingung mit $P_0 = 0^d_.193770$, eine zweite Oberschwingung mit $P_2 = 0^d_.095129$ und eine Resonanzperiode $P_R = 0^d_.186872$. In allen Fällen liegen die Helligkeitsmaxima zeitlich um 7 % einer jeden einzelnen Periode vor den entsprechenden maximalen Expansionsgeschwindigkeiten. Schr.

12312. **W. S. Fitch,** The light-variation of CC Andromedae. ApJ **132** 701—715 = Steward Obs. Repr. Nr. 36. — Eine Analyse von mehr als 2000 lichtelektrischen Messungen dieses kurzperiodischen Veränderlichen vom δ Sct-Typ, die im Gelb-Bereich am 36zölligen Reflektor des Steward Obs., Univ. Arizona, in 27 Nächten 1956—57 erhalten wurden, ergab das Vorhandensein von 4 periodischen Schwingungen, die aber keine exakte Darstellung der Beobachtungen liefern. Die Abweichungen sind sicherlich auf unregelmäßige Wellen geringer Amplitude zurückzuführen. Sämtliche Originalbeobachtungen sowie bildliche Darstellungen der beobachteten und gerechneten Lichtkurven sind wiedergegeben. Bey.

12313. **J. Gauzit,** Températures de vibration de RU Cam, Céphéide de population II. Vgl. AJB **59** Ref. **12316** = Inst. d'Astrophys. Univ. Liège Coll. 4° Nr. 101.

12314. **T. A. Goloborodko,** Die Perioden-Helligkeitsbeziehung der Cepheiden. Bull. Astr.-Geod. Ges. UdSSR Nr. 28 S. 16—20 (russ.). — Verf. zeigt, daß zwischen log | M | und log P die lineare Beziehung log | M | = 0.336 log P + 0.040 besteht, aber keine lineare zwischen M und log P, die nur in einem kleineren log P-Bereich Gültigkeit besitzt. Loh.

12315. **M. Jaschek, C. Jaschek, A. Feinstein,** Note on the Ca II emission in Cepheids. Vgl. Ref. **1323** S. 25—26.

12316. **J. N. Jefremow,** Über die Abhängigkeit der mittleren Perioden der langperiodischen Cepheiden des sphärischen Untersystems von ihren Entfernungen vom galaktischen Zentrum. VS Bull **13** 52—54 (russ.). — Die von Mergentaler (vgl. AJB **52** Ref. **11164**) diskutierte, schon früher festgestellte Beziehung bei den Cepheiden des flachen Untersystems wird hier auch für die des sphärischen Untersystems gefunden: Die Perioden nehmen mit der galaktozentrischen Entfernung ab. Loh.

12317. **G. E. Jerlexowa,** Photographische Beobachtungen von sieben Cepheiden. Bull. Inst. Astrophys. Stalinabad Nr. 29 S. 23—44 (russ.). — Betrifft: SZ Aql, TT Aql, RZ CMa, TV CMa, TW CMa, SZ Mon, TX Mon, von denen Vergleichssterne, Umgebungskärtchen, Beobachtungen und Lichtkurven aus Aufnahmen in Stalinabad mitgeteilt werden. Loh.

12318. **K. Kordylewski,** Vergleich der (O—C)-Kurven von RR Lyrae- und Bedeckungsveränderlichen. Mitt. Sternw. Ungar. Akad. Wiss. Budapest-Szabadsághegy Nr. 46, 10 S. — Aus den bisherigen, nach vieljährigen Beobachtungen erhaltenen genauen Epochen der Minima von Bedeckungsveränderlichen und der Maxima von RR Lyrae-Sternen folgen stets Abweichungen (O—C) der mittleren linearen Lichtwechselelemente, die sich mit der Zeit verschieden ändern. Es scheint, daß diese komplizierte Veränderlichkeit durch mehrere zusammenwirkende Einflüsse verursacht wird. Eine eingehende Untersuchung der in den (O—C)-Kurven auftretenden Typen könnte wohl neues Licht auf das Problem der Veränderlichkeit der Lichtwechsel-Perioden werfen und vielleicht auch neue Grundlagen zur richtigen Deutung des Lichtwechsels selbst schaffen. Als eine der ersten Proben in dieser Richtung entstand diese Arbeit, deren Zweck es war zu untersuchen, inwieweit die (O—C)-Kurven der RR Lyrae-Sterne vergleichbar sind mit denjenigen der Bedeckungsveränderlichen. Verf. (gek.)

12319. **R. P. Kraft,** Color excesses for supergiants and classical Cepheids. I. Calibration of the G-band photometry. ApJ **131** 330—350 = Contr. McDonald Obs. Nr. 320. — Die Ableitung von Spektraltypen für Cepheiden im MK-System wird kritisch betrachtet. Dabei wird gezeigt, daß die anomale Intensität der starken Linien in der Nähe des Helligkeitsmaximums hauptsächlich durch kinematische Störungen hervorgerufen wird. Die Spektraltypen einiger Cepheiden werden aus der Intensität des G-Bandes abgeleitet, welche lichtelektrisch unter Benutzung von Interferenzfiltern gemessen wird. Zur Eichung werden die Messungen bei nichtveränderlichen Sternen hoher Leuchtkraft benutzt. Für weitere Cepheiden werden die Spektraltypen aus visuellen Schätzungen der Intensität des G-Bandes in Klassifikationsspektren abgeleitet. Die Messungen werden mit den bei einigen Sternen beobachteten wahren Farben (B—V) korreliert. Mit Hilfe dieser Korrelation werden die Farbenexzesse für eine Anzahl von Überriesen und Cepheiden mit großer Genauigkeit abgeleitet. Groth

12320. **R. P. Kraft,** Color excesses for supergiants and classical Cepheids. II. The period-color relation for classical Cepheids. ApJ **132** 404—416 = Contr. McDonald Obs. Nr. 326. — Für 32 klassische Cepheiden werden Farbenexzesse mitgeteilt, wobei auf eine enge Beziehung zwischen Periode und mittlerer Farbe hingewiesen wird. Ebenfalls deutet sich ein Zusammenhang zwischen den Amplituden der Lichtkurven im blauen bzw. visuellen Bereich einerseits und Abweichungen von der Beziehung «Periode-mittlere Farbe» andererseits an. Die erwähnten Beziehungen sind in Gleichungen zur Berechnung des Farbenexzesses E (B—V) zusammengefaßt. Abschließend geht Verf. auf den Farbenexzeß von β Dor ein. Schr.

12321. **S. M. Kung,** The zero point of the period-luminosity relation of Cepheids and the absolute magnitude of the RR Lyrae variables. Mitt. Sternw. Ungar. Akad. Wiss. Budapest-Szabadsághegy Nr. 47, 25 S. — Seit 1939 sind 33 verschiedene Werte für den Nullpunkt der Perioden-Leuchtkraft-Beziehung der Cepheiden abgeleitet worden. Diese in mehreren Tabellen wiedergegebenen Ergebnisse sind gemäß den zu ihrer Ableitung benutzten Grundlagen und Methoden geordnet und im einzelnen kritisch beurteilt. Eine Reihe von Ergebnissen wurde ausgeschlossen, der Rest nach dem Grad seiner Zuverlässigkeit gewichtsmäßig zur Ableitung eines Mittelwerts zusammengefaßt. Die so bestimmte Perioden-Leuchtkraft-Beziehung der Cepheiden lautet: $M_{pg} = -1^{m}.56 - 1.74 \log P$. Die absolute Helligkeit der RR Lyrae-Sterne: $\overline{M}_{pg} = +0^{m}.34 \pm 0^{m}.07$. Bey.

12322. **N. E. Kurotschkin,** Light variation amplitudes and the applicability of a black body model for the study of Cepheids. AJ UdSSR **37** 101—110 (russ. mit engl. Ref.). — Die Beziehung zwischen den Amplituden der Helligkeitsänderungen und der Temperaturschwankungen bei pulsierenden Veränderlichen wird untersucht. Es wird gezeigt, daß diese Beziehung, ebenso wie die früher untersuchte Beziehung zwischen Helligkeits- und Radialgeschwindigkeitsschwankungen, linear ist und dem Modell der Strahlung eines Schwarzen Körpers entspricht, wenn man photographische Amplituden betrachtet. Dies gibt die Möglichkeit, Radien und absolute Helligkeiten auf photometrisch-spektroskopischem Wege zu bestimmen. Aus der Phasendifferenz zwischen den Helligkeits- und Radialgeschwindigkeitskurven kann die Höhe der Chromosphäre geschätzt werden, was zur Verbesserung der abgeleiteten absoluten Helligkeiten dient. Verf. äußert die Meinung, daß eine genauere Untersuchung spektroskopischer und photometrischer Effekte zur Entdeckung neuer Kriterien für die absolute Helligkeit von Cepheiden führen kann. Ond.

12323. **G. A. Lange,** Period-spectrum relations for shortperiod Cepheids. AC Nr. 212 S. 11—15 (russ.).

12324. **R. J. Levy, R. B. Southworth, R. G. Teske,** On Shapley's determination of the Cepheid zero point. Publ ASP **72** 209—211 = Harv Repr Nr. 562. — Eine neue Diskussion der 11 von Shapley 1918 benutzten Cepheiden zur Bestimmung der Perioden-Leuchtkraft-Beziehung zeigte, daß mit besseren Eigenbewegungen und visuellen Helligkeiten dieser Sterne nur etwa ein Drittel der Differenz zwischen dem Shapleyschen und dem heute angenommenen Wert des Nullpunkts dieser Beziehung erklärt werden kann. Für den Rest ist die von Shapley vernachlässigte interstellare Absorption verantwortlich. Els.

12325. **J. v. B. Lourens,** Positions and proper motions for 22 southern RR Lyrae variable stars. MN ASSA **19** 118—120. — Für eine repräsentative Gruppe von Kurzperiodischen, für die T. D. Kinman (Radcliffe u. Cape Obs.) Radialgeschwindigkeiten, lichtelektrische Helligkeiten und Farben bestimmt hat, werden auf Grund neuer photographischer Aufnahmen (1959—60) mit dem 24″-Cape-Refraktor durch Verbindung mit den älteren Astrographischen Zonen und Katalogen zuverlässige Eigenbewegungen abgeleitet und in einer Tabelle zusammengestellt. Bey.

12326. **E. F. Ludtschenko,** A list of revised positions and proper motions of 46 long-period Cepheids. VS Bull **13** 26—30 (russ. mit engl. Ref.). — Betrifft: TU, SU Cas; RW, RX Cam; SZ Tau; AW, SV Per; RX Aur; ST Tau; T Mon; RT Aur; W, ζ Gem; BF Oph; X Sgr; Y Oph; AP, WZ, Y, U Sgr; SS Sct; V350, YZ Sgr; SZ, TT, FM, FN, U Aql; U Vul; SU Cyg; SV Vul; η Aql; S Sge; CD, SZ, X Cyg; T Vul; TX, DT, VZ Cyg; Y Lac; δ Cep; Z, RR, V, X Lac.

12327. **O. A. Melnikow,** On the zero-point of the peroid-luminosity curve for long-period Cepheids of the flat subsystem (population 1). VS Bull **12** 320—327 (russ. mit engl. Ref.). — Zur Bestimmung der absoluten

Helligkeit von Cepheiden leitet Verf. eine Gleichung ab, in welcher außer der aus den Beobachtungen zu entnehmenden Temperatur, Oberflächenbeschleunigung und Periode noch der Pulsationsparameter Q auftritt. Für den Standardmodell-Wert Q = 0.04 folgt die Korrektion $\Delta M = -0.5$ des Nullpunkts von Shapley. Dieser Wert stimmt mit dem vom Verf. 1944 mit völlig verschiedenen Daten und Methoden abgeleiteten Wert überein. Für Q = 0.02 bzw. 0.08 folgen $\Delta M = -3.5$ bzw. +2.5. Ond.

* * **L. A. Milone,** Variación del gradiente de temperatura de una masa fluida de simetria esferica por efecto de una pulsación radial. Vgl. Ref. **5435**.

12328. **J. B. Oke, S. J. Bonsack,** An analysis of the absolute energy distribution in the spectrum of RR Lyrae. ApJ **132** 417—429. — Neue Werte für Masse, Radius, Leuchtkraft und Temperatur werden aus der absoluten Energieverteilung im kontinuierlichen Spektrum bei verschiedenen Phasen der Lichtwechselperiode abgeleitet. Die Masse ist ungefähr 1 $M_\odot$, der maximale Radius 8.3 $R_\odot$; er variiert während der Periode um 12 %. Die effektiven Temperaturen schwanken zwischen 5900° und 7200° und liegen damit beträchtlich unter den bisherigen Annahmen. Zi.

12329. **J. B. Oke,** An analysis of the absolute energy distribution in the spectrum of η Aquilae. Publ ASP **72** 359—360. — Ref. ASP.

12330. **P. T. Oosterhoff,** Three-colour photometry in the U, B, V system of 51 northern Cepheids. BAN **15** 199—228. — Nach Beobachtungen am 20″-Reflektor des Mount Palomar Observatory werden die Licht- und Farbkurven der 51 δ Cephei-Sterne bestimmt und eingehend diskutiert. Die von Eggen angenommenen 3 Gruppen treten nicht deutlich hervor. Auch die Spiralarme können nicht lokalisiert werden. Sechs Objekte gehören zur Population II, einige scheinen schwache blaue Begleiter zu haben. C. H.

12331. **P. T. Oosterhoff,** Evidence suggesting that certain Cepheids may have a companion of early type. Publ ASP **72** 313—316. — Bei der Auswertung der lichtelektrischen Messungen, die 1959 in den U, B, V-Bereichen an 51 Cepheiden mit dem 20zölligen Mount Palomar-Reflektor erhalten wurden, traten systematische Unterschiede in den Amplituden der Lichtkurven für die verschiedenen Farbbereiche hervor. Die bei mehreren Sternen, z. B. TU Cas, V Lac und AW Per, bemerkten auffallend geringen Differenzen zwischen den Helligkeitsamplituden im U- und B-Bereich sowie Untersuchungen des Spektrums von AW Per lassen darauf schließen, daß diese Veränderlichen einen nahen Begleiter frühen Spektraltyps haben. Die visuelle Helligkeit dieses Begleiters dürfte bei AW Per etwa 2^m unter der mittleren Helligkeit des Hauptsterns liegen. Es wird in diesem Zusammenhang auf die wiederholt beobachtete Assoziation von δ Cephei- und B-Sternen hingeweisen. Bey.

12332. **E. D. Pawlowskaja,** The periods of short-period Cepheids in the direction to the galactic center. VS Bull **13** 8—25 (russ. mit engl. Ref.). — Von S. I. Gaposchkin (vgl. AJB **56** Ref. **111117**) ermittelte Perioden kurzperiodischer Cepheiden wurden überprüft und teilweise korrigiert. Die Verteilung der Perioden dieser in Richtung zum galaktischen Zentrum gelegenen Sterne ähnelt der im kugelförmigen Sternhaufen NGC 5904, unterscheidet sich aber von derjenigen der ganzen Galaxis und einiger anderer Kugelhaufen. Auch die Perioden-Amplituden-Diagramme der Cepheiden in der genannten Richtung und der in NGC 5904 sind ähnlich, die mittleren Perioden der «a»-Cepheiden nahezu gleich. Loh.

12333. **M. Petit,** Le type de population des Céphéides galactiques; critères de distinction des types et catalogue. Ann d'Astrophys **23**

681—709. — Verschiedene Kriterien teils photometrischer und teils spektroskopischer Art werden angewandt, um zwischen Cepheiden der Populationen I bzw. II unterscheiden zu können. Die Kriterien sind nicht in allen Fällen vollkommen; immerhin erlauben sie unter 567 galaktischen Cepheiden in mehr als 90% der Fälle eine eindeutige Entscheidung. FS

12334. **M. Petit,** La répartition galactique des Céphéides. Ann d'Astrophys **23** 710—743. — Studium der räumlichen Verteilung der in der vorhergehenden Arbeit untersuchten galaktischen Cepheiden. Die Cepheiden mit langer Periode bevorzugen die zentralen Regionen des Sternsystems. FS

12335. **W. W. Prokofjewa,** Photoelectrical observations of Cepheids in visible and infrared regions of the spectrum. AC Nr. 210 S. 16—18 (russ.). — Für 7 Cepheiden werden auf Grund von 389 Beobachtungen aus der Zeit 1956 Juli 25 bis 1957 Jan. 5 die nach der Bleksley-Methode aus den Helligkeitswerten gewonnenen Temperaturen sowie Radius- und bolometrischen Helligkeitsschwankungen mitgeteilt. Die Verspätung der Lichtkurven betrug im Mittel 0.06 Per./Mikron. Im Ultraroten unterschied sich die Cepheiden-Strahlung nicht erheblich von der des Schwarzen Körpers. Für die relativ stark von der Planckschen Strahlung abweichenden Sterne T Vul, S Sge und RT Aur wurden als mögliche Änderungen des Paschen-Sprungs im Laufe des Zyklus die Beträge $0^{m}_{.}12$, $0^{m}_{.}14$ und $0^{m}_{.}08$ gefunden. Petri

12336. **A. W. Rodgers,** Radial velocities of ST Leonis. Obs **80** 220—221.

12337. **D. C. Schmalberger,** On the location of Beta Cephei stars in the theoretical Hertzsprung-Russell diagram. ApJ **132** 591—593 = Publ. Goethe Link Obs. Nr. 42. — Aus dem Vergleich des H—R-Diagramms für 15 β Cephei-Sterne mit der Hauptreihe für das Alter Null nach Johnson-Iriarte und Entwicklungslinien für Sterne größerer Massen nach Schwarzschild, Kushwaha etc. wird der Schluß gezogen, daß die Veränderlichkeit als Schlußphase der Hauptreihenentwicklung dieser Sterne verstanden werden kann. Zi.

12338. **H. Spinrad,** Note on AN Serpentis. Vgl. AJB **59** Ref. **12342** = Berkeley Repr. Nr. 181.

12339. **H. Spinrad,** A study of VZ Cancri. ApJ **131** 134—154 = Berkeley Repr. Nr. 168. — Von diesem extrem kurzperiodischen RR Lyrae-Stern ($P = 0^{d}_{.}178$) wurden zwischen J. D. 2436599 und 632 insgesamt 1994 lichtelektrische Messungen im UBV-Bereich am 20″-Reflektor des Leuschner Obs. und am Crossley-Reflektor der Lick-Sternwarte erhalten. Neben allen Einzelbeobachtungen sind auch die Lichtkurven wiedergegeben. Die beobachteten Amplitudenänderungen, vereinzelte UV-Ausbrüche und Sprünge im Zweifarben-Diagramm werden in Verbindung mit älteren Spektralergebnissen eingehend diskutiert. Bey.

12340. **F. Spite,** Sur les deux variétés d'étoiles RR Lyrae «libres» du type a. CR **251** 204—206. — Zur Unterscheidung der beiden Gruppen von RR Lyrae-Sternen außerhalb von Haufen («freie» RR Lyrae-Sterne) werden die Sterne in Diagramme Unterschied des Spektraltyps ΔS/Unterschied der Geschwindigkeitskomponenten ΔV_{θ}, ΔV_{R}, ΔV_{Z} eingetragen. In diesen Diagrammen ergibt sich eine deutliche Trennung in zwei Gruppen: für $\Delta V_{R, Z, \theta} > 120$ gibt es nur Sterne mit $\Delta S > 5$, die demnach dem sphärischen Untersystem (Gruppe II) angehören. J. P. M.

12341. **A. Stawikowski,** Efekty intensyfikacji magnetycznej linii w widmach gwiazd zmiennych typu RR Lyrae. Postępy Astr. 8 57. — Auf Grund von Aufnahmen an der McDonald-Sternwarte wurden die Intensitäten von Eisenlinien in Spektren von RR Lyrae-Sternen in zwei Gruppen miteinander verglichen: solche mit einer reichen und solche mit einer armen Zeeman-Struktur.

In einigen Fällen wurde ein positiver Zusammenhang zwischen den Linienintensitäten und der reichen Zeeman-Struktur festgestellt. E. R.

12342. **G. S. Steiman,** Ten long-period Cepheids in Cygnus. VS Bull **12** 337—352 (russ. mit engl. Ref.). — Betrifft SU, TX, VX, VY, CD, GH, MW, V 386, V 402, V 532 Cyg.

12343. **S. N. Svolopoulos,** Six-color photometry of ten classical Cepheids. AJ **65** 473—480 = Lick Obs. Bull. Nr. 568. — Beobachtungen des Lichtwechsels von U Aql, FF Aql, SU Cas, X Cyg, SU Cyg, DT Cyg, Y Oph, S Sge, Y Sgr und T Vul in den 6 Standardfarben werden ausführlich mitgeteilt. Aus ihnen folgt, daß das Verhältnis k zwischen der Lichtwechselamplitude und der reziproken effektiven Wellenlänge für den einzelnen Stern nahezu konstant ist. Die k-Werte sind lineare Funktionen von log P, und zwar ist für Sterne der Eggenschen Typen A und B: $k_{AB} = 1.00 \log P - 0.175$, und für Sterne des Typus C: $k_C = 0.275 \log P + 0.075$. Die Typen zeigen auch eine Verschiedenheit der mittleren Temperaturschwankung während der Lichtwechselperiode; sie beträgt 1550° bei Sternen der Typen A und B, 750° beim Typ C. Zi.

12344. **C. M. Varsavsky,** Radial velocities and three-color light-curves of some RR Lyrae variables. ApJ **131** 623—631. — Die Arbeit behandelt die Sterne SU Dra, VY Ser und AP Ser. Kurven der Radialgeschwindigkeit und Lichtkurven in 3 Farben werden gegeben. C. H.

12345. **W. Wenzel,** 5 fälschlich als RR Lyrae-Veränderliche bezeichnete δ Cephei-Sterne. MVS Nr. 443. — Betrifft: PW, V 342 Cas; FM Del; BE Mon; S 3914.

12346. **W. Zonn,** Photographic observations of CE Cassiopeiae. AA **10** 89—97 = Astr. Obs. Warsaw Univ. Repr. Nr. 100. — Der Veränderliche wurde 1955—1956 photographisch in Ostrowik, der Beobachtungsstation der Universitäts-Sternwarte Warszawa (Warschau), beobachtet und diskutiert. E. R.

* * **W. Zonn,** O gwiazdach pulsujących w świetle ewolucji gwiazd. Vgl. Ref. **5528**.

12347. Die Physik der Veränderlichen Sterne. Priroda **49** Nr. 3 S. 106—107 (russ.). — Bericht über einen Vortrag von Frank-Kamenezkij während eines Seminars im Institut für physikalische Probleme Akad. Wiss. UdSSR. Loh.

12348. AD CMi, ein neuer ultrakurzperiodischer Veränderlicher. Sterne **36** 246. — Ref.

§ 124

Sonstige Veränderliche

12401. **M. A. Arakeljan,** Über die kontinuierliche Emission in den Spektren eruptiver Sterne. Ber. Akad. Wiss. Armen. SSR **29** Nr. 4 S. 167—174, 1959 (russ. mit armen. Ref.). — Ref. in RJ UdSSR 1961 6A202.

12402. **S. Archer,** Photoelectric observations of two semiregular variable stars. JBAA **70** 95—99. — Von den hellen Veränderlichen φ Per und λ And wurden zwischen J. D. 2436450 und 582 jeweils etwa 20 lichtelektrische Messungen im Bereich 4000 Å am 7zölligen Astrographen des Lockyer Obs. erhalten. Beide Sterne zeigen einen halbregelmäßigen Lichtwechsel kleiner Amplitude, der angesichts der spektroskopischen Doppelsternnatur beider Objekte von besonderem Interesse ist. Bey.

12403. **N. M. Artjuchina,** Photographic proper motions and the mean parallax of RW Aur type variables. AJ UdSSR **37** 95—100 (russ. mit engl. Ref.). — Zur Ableitung der Eigenbewegungen von 20 RW Aurigae-Veränderlichen benutzte Verf. als erste Epoche die astrographischen Kataloge und als zweite Epoche Aufnahmen mit den Astrographen des Sternberg-Instituts. Die aus den parallaktischen Komponenten abgeleitete mittlere Parallaxe 0".0026 stimmt gut mit der früher aus Meridian-Eigenbewegungen abgeleiteten Parallaxe überein. Für 10 Sterne, welche zur Taurus-Auriga-Assoziation gehören, wurde die Parallaxe zu 0".0047 abgeleitet, welche gut mit der photometrischen Entfernung 170—200 pc übereinstimmt. Die früher von Uranowa für dieselbe Gruppe abgeleitete etwa dreifache Entfernung beruht auf fehlerhaften photographischen Eigenbewegungen. Ond.

12404. **R. Bajcár,** A note on the colour-changes in X Cam. BAC **11** 68—70 (russ. mit engl. Ref.). — Bestimmung der Lichtkurven des langperiodischen Veränderlichen und ihrer Unterschiede in 3 Farben auf Grund visueller Beobachtungen. C. H.

12405. **M. K. V. Bappu,** The light variation of 6 Cassiopeiae. Vgl. AJB **59** Ref. **12403** = Uttar Pradesh State Obs. Repr. Nr. 5.

12406. **C. Bertaud,** L'histoire de Z Andromède. BSAF **74** 57—61.

12407. **M. Bloch,** L'étoile symbiotique Z Andromedae. J. Phys. Radium **21** 118 S.—119 S. — Ref. Soc. française Physique.

12408. **W. K. Bonsack, J. L. Greenstein,** The abundance of lithium in T Tauri stars and related objects. ApJ **131** 83—98. — Ref. in VdS Nachr. **10** 108—109. — Vier spektroskopisch untersuchte T Tau-Sterne zeigen alle ein etwa 100mal so großes Li/Metall-Verhältnis wie die Sonne, also etwa irdische Lithiumhäufigkeit. In 8 weiteren, dem T Tau-Typ ähnelnden Sternen konnte nur in SU Aur (etwas größere spektroskopische Leuchtkraft) Li entdeckt werden. Das Li ist vermutlich in den Sternoberflächen entstanden. Es wird diskutiert, daß der magnetische Energieinhalt eines kontrahierenden Protosterns hierzu in der Lage sein dürfte. In den Nebelhüllen der T Tau-Sterne ist die Li-Häufigkeit geringer. Voigt

12409. **R. A. Bozula, A. S. Scharow,** A comparison of the variations of brightness and the spectrum of Pleione. VS Bull **12** 398—408 (russ. mit engl. Ref.). — Aus 108 Beobachtungen von 1880 bis 1959 wurde die Lichtkurve von Pleione abgeleitet. Zwei deutliche Minima von $0^m.4$ Tiefe fanden in den Jahren 1938—9 und 1945—6 statt, getrennt durch einen Helligkeitsaufstieg 1941—3. Im Jahre 1884 fand wahrscheinlich ein Minimum statt, analog dem zweiten der genannten Minima. Ein Vergleich mit spektroskopischen Daten ergab, daß während des zweiten Minimums maximale Intensität der Absorptionslinien, minimale Ionisation, Abschwächung der Emission und eine deutliche Schichtung der Hülle stattfanden. Dieselbe wurde während des Aufstiegs nach dem zweiten Minimum zerstreut. Das erste Minimum ist durch eine stark asymmetrische Emission charakterisiert. Ond.

12410. **O. D. Dokutschajewa,** Bestimmung der spektralphotometrischen Temperatur und des Balmer-Dekrements von AG Pegasi (1952). VS Bull **12** 372—373 (russ.).

12411. **F. Dossin,** Le spectre de l'étoile symbiotique BF Cygni dans la région rouge et proche infra-rouge. Vgl. AJB **59** Ref. **12410** = Publ. Obs. Haute-Provence **5** Nr. 4 = Inst. d'Astrophys. Univ. Liège Coll. 4° Nr. 99.

12412. **Y. Fujita, Y. Yamashita,** The spectrum of V Aql in the visual and infrared regions. Publ. Astr. Soc. Japan **12** 267—287 = Contr. Dep. Astr. Univ. Tokyo Nr. 7. — Wellenlängen, geschätzte Intensitäten und Identifizierungen von 811 Linien im Bereich 5975—8905 Å des Kohlenstoffsterns V Aql werden angegeben. Ein Vergleich der Intensitäten mit den gleichfalls geschätzten Intensitäten des Kohlenstoffsterns U Cyg zeigt, daß die Anregungstemperatur mit fortschreitendem C-Typ sinkt. Har.

* * **T. Gold,** Abundance of lithium and origin of the solar system. Vgl. Ref. 5607.

12413. **T. A. Goloborodko,** Die Amplituden-Periodenbeziehung der halbregelmäßigen Veränderlichen und der Mira-Sterne. Bull. Astr.-Geod. Ges. UdSSR Nr. 26 S. 41—48 (russ.). — Für 708 halbregelmäßige Veränderliche und 2824 Mira-Sterne wurden für Intervalle von 0.1 in log P Mittelwerte der Amplituden A gebildet und die Abhängigkeit derselben von log P untersucht. Eine Zusammenstellung der Resultate mit denen für kurz- und langperiodische Cepheiden führte Verf. zur Ableitung einer statistischen Beziehung log A = 0.25 log P — 0.20, welche alle Typen vereinigt. Falls durch weitere Untersuchungen die Richtigkeit einer einzigen Relation bestätigt wird, wäre dies von Wichtigkeit für die Perioden-Leuchtkraft-Beziehung. Verf. untersucht ebenfalls die Verteilung der halbregelmäßigen Veränderlichen und der Mira-Sterne mit galaktischer Breite. Ond.

12414. **G. Haro, E. Chavira, E. Mendoza,** Flare stars in the region of the Orion nebula. AJ **65** 490. — Ref. AAS.

12415. **G. Haro, E. Chavira,** Variables eruptivas en el halo galáctico. Bol. Obs. Tonantzintla y Tacubaya Nr. 19 S. 11—15. — Für 7 blaue, provisorisch als eruptive Veränderliche klassifizierte Sterne des Milchstraßenhalos werden 1942 bis 1959 beobachtete Helligkeiten mitgeteilt. Ähnlich wie andere, von Haro und Luyten entdeckte Veränderliche zeigen auch diese Sterne im Maximum entschiedene Blaufärbung (B—V) und überhöhte UV-Helligkeit (U—B). Während einer von ihnen R CrB ähnelt, erscheinen die übrigen im Minimum teils blau, teils gelblich. Die Möglichkeiten einer Erklärung dieser abweichenden Färbung (Bedeckungsveränderlichkeit oder Ähnlichkeit mit UV Cet) sowie auch die Bedeutung dieser Sterne vom Standpunkt der Sternentwicklung werden diskutiert. Gü.

12416. **G. Haro, W. J. Luyten,** Note on some further faint blue variables. Bol. Obs. Tonantzintla y Tacubaya Nr. 19 S. 17—18. — Für 6 neue blaue Veränderliche hoher südlicher galaktischer Breite wurden aus Aufnahmen mit dem Palomar-Schmidt-Spiegel photographische Helligkeiten ($17^{m}_{.}9$—$19^{m}_{.}1$) und Farbschätzungen (B—V und U—B) gewonnen. 3 der Sterne sind im Minimum gleichfalls blau (vermutlich eruptive Veränderliche), die übrigen 3 dagegen gelblich oder rot (Flare- oder SS Cyg-Sterne). Gü.

12417. **G. H. Herbig,** Spectral classifications for 112 variable stars. ApJ **131** 632—637 = Contr. Lick Obs. (2) Nr. 102. — In zwei Tabellen werden Spektraltypen (zum Teil mit Leuchtkraftklasse) für 87 Veränderliche verschiedenen Typs und für 25 RW Aurigae-Sterne gegeben. In Anmerkungen werden besondere Merkmale kurz mitgeteilt. Die nach den Lichtkurven als RW Aurigae-Sterne bezeichneten Veränderlichen bilden nach den Spektraltypen keine Gruppe mit einheitlichem physikalischen Charakter. O. G.

* * **G. H. Herbig,** Emission-line stars in IC 5146. Vgl. Ref. **13116**.

12418. **T. Herczeg, H. Schmidt,** Zwei Veränderliche bisher unbekannter Art. ZfA **49** 119—125 = Mitt. Univ.-Sternw. Bonn Nr. 32. — Ref. in BAV Rundbrief **9** 26—27. — Der Stern BD +16° 3120 zeigt Lichtänderungen im Betrag von $0^{m}_{.}05$ mit der Periode 54^{d}, Spektrum K0 III. Der Stern BD +16° 3128, Spektrum A mit Metallinien, hat die Periode $5^{d}_{.}89$ bei nur $0^{m}_{.}02$ Amplitude. C. H.

12419. **D. Hoffleit,** Twenty variable stars in Sagittarius. AJ **65** 100—102. — In Fortsetzung ihrer Programmarbeiten am Variable Star Field 193 bestimmte Verf. Perioden von 16 bekannten und 4 neu aufgefundenen Veränderlichen. Davon sind 17 typische Mira-Sterne, 1 Bedeckungsveränderlicher, 1 Halbregelmäßiger und 1 U Gem-Stern. Zi.

12420. **C. Hoffmeister,** New flare star. MVS Nr. 490. — $21^h\,3^m\,27^s$, —40° 14!1 (1900.0).

12421. **F. M. Holborn,** Z Camelopardalis in 1958. JBAA **70** 134—136.

12422. **N. L. Iwanowa,** Über die ungewöhnliche Energieverteilung im Spektrum des instationären Sterns AG Pegasi. Mitt. Obs. Bjurakan Nr. 28 S. 17—31 (russ. mit armen. Ref.). — Im Anschluß an 4 Sterne mit bekannten Gradienten in den Wellenlängenbereichen 3200—3500 Å und 3647—4800 Å wurden die Gradienten von AG Peg aus 20 spektroskopischen Aufnahmen abgeleitet. Die entsprechenden Farbtemperaturen schwanken zwischen 11000° und 100000° bzw. 3000° und 6000°. Mit einer gewissen Verzögerung folgen die Äquivalentbreiten einiger Emissionslinien den Farbtemperaturänderungen. Loh.

12423. **W. Iwanowska, W. E. Mitchell, P. C. Keenan,** Aluminum oxide emission in the spectrum of R Serpentis. ApJ **132** 271—274. — Ein während des letzten Maximums des Mira-Veränderlichen R Ser am Perkins Obs. Delaware (Ohio) aufgenommenes Spektrum im Bereich 7000—8500 Å zeigte 1960 März 21 abweichend von früheren Beobachtungen eine außergewöhnliche Schwächung der sonst sehr kräftigen TiO-Bande 7054 Å. Weitere Aufnahmen, die auch den Bereich von 4000—6300 Å überdecken, bestätigen die Erscheinung, lassen aber gleichzeitig März 25 und 27 die sonst in Absorption vorhandenen Linien des AlO in Emission erscheinen. Ein ähnlicher Fall ist bisher nur während eines besonders niedrigen Maximums von Mira Ceti bekannt geworden. Bey.

12424. **C. Luplau Janssen,** Stjerner med Udbrud. Urania København **17** 55—59. — Populäre Übersicht über die neueren Untersuchungen über die veränderlichen Sterne vom Typ T Tauri und UV Ceti. Speziell werden Luytens Beobachtungen erörtert. C. L. J.

* * **T. Jarzębowski,** Relation between light-variation and magnetic variation in magnetic Alpha variables. Vgl. Ref. **10705**.

* * **T. Jarzębowski,** Light curve of magnetic star HD 215441. Vgl. Ref. **10706**.

* * **T. Jarzębowski,** Photoelectric observations of magnetic stars. Vgl. Ref. **10707**.

12425. **W. Krzemiński,** Zmienność olbrzymów wczesnego typu B. Postępy Astr. 8 129—130. — Bericht über die in AJB **59** Ref. **12430** zitierte Arbeit von C. R. Lynds. E. R.

12426. **I. D. Kupo,** A spectrophotometric study of χ Ophiuchi. II. AJ UdSSR **37** 88—94 (russ. mit engl. Ref.). — Das unregelmäßige Verhalten der Balmer-Linien Hβ bis Hε wird eingehend besprochen. Das Balmer-Dekrement ändert sich rasch, kommt aber im Mittel dem theoretischen Wert von W. W. Sobolew nahe. Es finden sich Hinweise dafür, daß der Stern Gasmassen mit Geschwindigkeiten nicht über 1000 km/sec ausstößt. Die Höhe der Emissionslinien wird auf 2.2 Sternradien abgeschätzt, wobei $1\,R_* = 5\,R_\odot$ gesetzt wurde. Petri

12427. **C. R. Lynds,** The light-variations of HD 183656. ApJ **131** 390—394 = Berkeley Repr. Nr. 173. — Der Hüllenstern HD 183656 zeigt Lichtänderungen wechselnder Amplitude mit anscheinend nicht streng periodischem Verlauf bis zu etwa 0ᵐ1 und verhält sich sehr ähnlich wie HD 217050. C. H.

12428. **G. Mannino,** Variabili nebulari in IC 434. Vgl. AJB **59** Ref. **12431** = Pubbl. Oss. Astr. Univ. Bologna **7** Nr. 10.

12429. **I. W. Matwejew,** Über die räumliche Verteilung der Sterne einer Gruppe unregelmäßiger Veränderlicher. VS Bull **12** 431—432 (russ.). — Verf. berechnet rechtwinklige galaktische Koordinaten für die Gruppe Nr. 26 seines Katalogs unregelmäßiger Veränderlicher. Im Gegensatz zu Štohl äußert er die Meinung, daß außer zwei weiter entfernten Objekten (OY Cyg und PR Cyg) die übrigen sieben eine reelle Gruppe bilden. Ond.

12430. **M. W. Mayall,** 1961 annual predictions. Maxima and minima of long period variables. AAVSO Bull. Nr. 23, 6 S. — Verf. teilt die Daten von 502 Maxima und 505 Minima für 384 langperiodische Veränderliche mit.

12431. **P. W. Merrill,** Periods and light-ranges of long-period variable stars. ApJ **131** 385—389. — Verf. leitet aus dem Katalog der Veränderlichen Sterne statistische Daten für Mira-Veränderliche ab: Verteilung über Spektralklassen und Periodenlänge, Beziehung zwischen Periode einerseits, Helligkeit und Amplitude andererseits. C. H.

12432. **P. W. Merrill,** Comparison of line displacements in the spectra of *o* Ceti and *α* Herculis. Publ ASP **72** 130—131. — Die Verschiebungen der Absorptionslinien sind bei *o* Ceti mit dem Anregungspotential korreliert, bei *α* Herculis dagegen nicht. Die Ursache liegt in Unterschieden der expandierenden Hüllen. Har.

12433. **W. J. Miller, A. A. Wachmann,** Ten long period variables in the Cygnus cloud, VV 68—77. Specola Astr. Vaticana Ric. Astr. **6** 281—300.

12434. **L. Milone,** Estudio de la estrella Beta Crucis. Vgl. Ref. **1323** S. 66.

12435. **L. W. Mirsojan, R. A. Bartaja,** Spectral observations of AG Draconis. Bull. Astrophys. Obs. Abastumani Nr. 25 S. 121—125 (russ. mit georg. und engl. Ref.). — Aus spektroskopischen Beobachtungen in den Jahren 1958 und 1959 in Abastumani wurde die relative Energieverteilung ermittelt. Die beobachtete kontinuierliche Emission jenseits der Balmer-Grenze kann kaum durch das gewöhnliche Balmer-Kontinuum bedingt sein. Loh.

12436. **G. J. Odgers,** Period and amplitude variations in *β* Cephei stars. AJ **65** 495. — Ref. AAS.

* * **G. J. Odgers, R. S. Kushwaha,** Shock waves in the atmosphere of the *β* Cephei star BW Vulpeculae. Vgl. Ref. **5332**.

* * **G. J. Odgers, R. S. Kushwaha,** Shock waves in the atmosphere of a long-period variable. Vgl. Ref. **5333**.

12437. **U. dall'Olmo,** Ancora due nuove variabili a «flare» nella Nebulosa di Orione e una terza probabile. Coelum **28** 48—49 = Oss. Astr. Padova Comun. Rassegne Nr. 14.

12438. **V. Osvalds,** Intercomparison of space velocities and dispersions of Mira variables with those of other stars. AJ **65** 495—496. — Ref. AAS.

12439. **V. Osvalds, A. M. Risley,** Space velocities of Mira variables. AJ **65** 496. — Ref. AAS.

* * **B. E. J. Pagel,** The radial velocity and spectrum of HD 134646. Vgl. Ref. 10220.

12440. **M. Petit,** Catalogue des étoiles variables du type U Geminorum. JO **43** 17—23. — Enthält 103 Sterne vom Typ U Geminorum sowie 38 weitere Veränderliche.

12441. **M. Petit,** Observations d'étoiles du type U Geminorum. JO **43** 24—32. — Eine Zusammenstellung von insgesamt 1648 visuellen Beobachtungen der Veränderlichen CN Ori, SS Aur, CZ Ori, U Gem, SZ UMa, X Leo, UZ Ser und UU Aql, die 1949—58 in Paris mit Fernrohren von 22 und 20 cm Öffnung erhalten wurden. Bey.

12442. **M. Petit,** L'étoile variable SU Ursae Majoris. JO **43** 33—37. — Gemeinsam mit den Veränderlichen VW Hyi, AY Lyr, CY Lyr und EQ Mon kennzeichnet der Lichtwechsel von SU UMa eine Untergruppe des U Gem-Typs. 114 Maxima zwischen 1949 und 1957 ergeben einen mittleren Zyklus von $17^{d}.4$, der im einzelnen zwischen $7^{d}.7$ und $35^{d}.5$ schwankt. In Zwischenzeiten von rund 216^{d} treten Supermaxima auf, die etwa $0^{m}.8$ höher liegen und im Gegensatz zu den normalen, kurzen Maxima von erheblich längerer Dauer sind. Für den Abschnitt J. D. 2434000—35000 ist die Lichtkurve bildlich wiedergegeben. Bey.

12443. **M. Petit,** Note sur X Leonis et UZ Serpentis. JO **43** 38—40. — Der Lichtwechsel von X Leo ist charakteristisch für eine Untergruppe von U Gem-Sternen, der auch die Veränderlichen FI Cas, CG Cep, CZ Ori, UZ Ser und TW Vir angehören. Der mittlere Zyklus der Maxima liegt bei etwa 25 Tagen. Im Gegensatz zur Untergruppe SU UMa zeigen aber die schmalen und breiten Maxima nahezu die gleiche Helligkeit. Während der Minima treten Helligkeitsänderungen geringer Amplitude auf. Bey.

12444. **M. Petit,** Observations d'étoiles variables irrégulières. JO **43** 79—82. — Betrifft SU Tau, R CrB, XX Oph, P Cyg, μ Cep, UV Cas, Z And, R Aqr.

12445. **M. Petit,** Observations d'étoiles variables rouges irrégulières. JO **43** 83—84. — Betrifft CK And, MZ Cas, VV Dra, YZ Gem, DR Ser, BD +6°3901, +22°4203, +36°1425, +37°4760, +43°706, +67°832, +72°745.

12446. **M. Petit,** Observations d'étoiles du type U Geminorum. JO **43** 122—126. — Betrifft RX And, Z Cam, EY Cyg, AB Dra, RU Peg, UV Per, SW UMa.

12447. **W. S. Popow,** Some properties of β Cep type stars. VS Bull **12** 380—390 (russ. mit engl. Ref.). — Für sechs β Cep-Sterne wurden aus 45 Spektrogrammen in verschiedenen Phasen die Werte der Gradienten beiderseits des Balmer-Sprungs und der Wert des Balmer-Sprungs bestimmt. Bei maximaler Helligkeit ist die spektralphotometrische Temperatur im Photographischen etwa um 1400°, im Ultravioletten etwa um 1000° höher als bei minimaler Helligkeit. Für die elf bekannten β Cep-Sterne wurde der K-Effekt zu $+2.7 \pm 1.4$ km/sec und die Sonnengeschwindigkeit zu 19.3 ± 3.9 km/sec bestimmt. Der K-Effekt kann durch den Gravitationseffekt und den Wachstumskurveneffekt erklärt werden. Ond.

12448. **K. Rakosch,** Lichtelektrische Beobachtungen des β Cephei-Sternes 12 Lacertae. AN **285** 211—216 = Veröff. Univ.-Sternw. Graz Nr. 1. — Im Jahre 1958 wurde 12 Lacertae in zehn Nächten in zwei Farbbereichen lichtelektrisch beobachtet. Drei periodische Helligkeitsänderungen wurden gefunden und Normal-Helligkeitskurven berechnet. Die Periodenlängen wurden neu bestimmt. Die verbesserten Werte lauten: $P_1 = 0^{d}.19308997$, $P_2 = 0^{d}.19737253$

und $P_3 = 0\overset{d}{.}15292$. Dagegen wurde eine strenge Periodizität in den an sich beträchtlichen Farbenänderungen nicht gefunden. Es scheint so, als ob diese eine sehr große unregelmäßige Komponente aufweisen. Verf.

12449. **K. Rakosch,** Lichtelektrische Beobachtungen von VW Cephei. ZfA **50** 178—183 = Mitt. Univ.-Sternw. Graz Nr. 2. — In sechs Nächten wurde die Helligkeit von VW Cephei lichtelektrisch gemessen. Die Lichtkurven, teilweise in zwei Farben, zeigen schnelle Änderungen in der Höhe beider Maxima und in der Tiefe der beiden Minima. Die berechneten Epochen der Minima bestätigen die zeitliche Veränderlichkeit der Periode. Die mittlere F. I.-Kurve konnte, trotz großer Streuung und individueller Änderungen von Abend zu Abend, gut bestimmt werden. Verf.

12450. **G. Richter,** Der Nova-ähnliche Veränderliche 377.1943 Sagittae. AN **285** 274—276. — Dieser Stern erweist sich auf Grund von photographischen und visuellen Beobachtungen als Nova-ähnlich mit außergewöhnlichen photometrischen und spektralen Eigenschaften. Die Helligkeit steigt seit mindestens 1890 nahezu linear um jährlich etwa $0\overset{m}{.}05$ an. Verf.

12451. **L. J. Robinson,** Variable stars in the Orion nebula. Sky Tel. **19** 152—153.

12452. **M. Rodriges,** Photometry of bright H lines in the spectrum of *o* Cet. AC Nr. 213 S. 20—21 (russ.).

12453. **G. Romano,** Osservazioni di alcune novoidi. Mem SA It (NS) **31** 11—19 = Oss. Astr. Padova Pubbl. Nr. 119 = Oss. Privato Specola «Ariel» Treviso Pubbl. Nr. 21. — Mittels verschiedener Apparate (Dallmeyer 110 mm [F/3.5] und Voigtländer 130 mm [F/4.2]) wurden photographische Beobachtungen von drei Nova-ähnlichen Veränderlichen (V Sge, Z And, AY Per) durchgeführt. Für jeden werden Umgebungskarte, Helligkeiten der Vergleichssterne sowie die einzelnen Beobachtungen gegeben. V Sge wurde während eines Zeitraumes von 834 Tagen untersucht; drei Max- und drei Min-Epochen werden gegeben, der Veränderliche zeigte irreguläre Lichtschwankungen zwischen $9\overset{m}{.}6$ und $13\overset{m}{.}0$, ohne eine sichere Periode aufzuweisen. V Sge ist raschen Helligkeitsschwankungen unterworfen, die innerhalb von 1—2 Stunden bis zu $1\overset{m}{.}3$ erreichten. Z And gehört zur Gruppe der «symbiotischen» Sterne und wurde von Sept. 1956 an beobachtet; er erreichte ein Max. ($10\overset{m}{.}5$) um JD 2436220 und ein Min. ($12\overset{m}{.}0$) um JD 2436520. 1959 (JD 2436780) erreichte er das sehr seltene Max. von $8\overset{m}{.}9$. AX Per zeigte während eines Zeitintervalls von 923 Tagen kleine Schwankungen zwischen $12\overset{m}{.}2$ und $12\overset{m}{.}6$. Rasche Änderungen während einer Nacht wurden nicht beobachtet. B. C.

12454. **K. Schaifers,** Spektraltypen roter veränderlicher Sterne. MVS Nr. 430. — Betrifft W, SU Cam; RT Crt; AO Dra; RV, SS, UW, VY, VZ, AT, AY, BH, BR, BX Eri; QT Her; UY Leo; RW Lep; RS Lyn; UV, EX Ori; TU Pyx; S 3715, S 3720.

12455. **K. Schaifers,** Spektraltypen roter veränderlicher Sterne. Feld 23^h9^m, $+52\overset{\circ}{.}5$. MVS Nr. 431. — Betrifft Z, SS, AK, AZ, BE, BT, CL, CS, CT, CW, CY, DD, DG, DH, DL, DN And; SV, DG, KW, V 343, V 344, V 346, V 349, V 351, V 352, V 353, V 354, V 356 Cas; RU, TV, CL, DZ, FN, FO Lac; 206.1940, 208.1940; S 3518, S 3521, S 3524.

12456. **K. Schaifers,** Spektraltypen roter veränderlicher Sterne. MVS Nr. 432. — Betrifft VV Boo; TX Cam; ST, SU, TV, NY, VW Cnc; Z Equ; RT, ST, UX, AM, BE, CS, ET, FH, FI, FR, FX, GL Gem; TZ, VX Leo; BV 266.

12457. **K. Schaifers,** Spektraltypen roter veränderlicher Sterne. MVS Nr. 506—507, 2 S. — Betrifft: RS, RW, ST, SW, SY, AK, AP, AQ, AW, DL,

ES Del; RR, RW, TU, AD, AG, AS, AX, BM, BU, CK, CT, DT, DX Peg; ST Sge; UW, AV, DM, DZ, EH, EL Vul.

12458. **K. Schaifers,** Infrarot-Spektren Veränderlicher späten Spektraltyps. Vgl. Ref. 773 S. 33—34 = Mitt. Landessternw. Heidelberg-Königstuhl Nr. 113. — Ref.

12459. **K. Schaifers,** Zur Spektralphotometrie roter Sterne. I. X Camelopardalis. ZfA **49** 266—272 = Mitt. Landessternw. Heidelberg Nr. 114. — Um die Variation des Spektrums und die Infrarot-Lichtkurve von Mira-Sternen zu studieren, wurde ein kleiner Schmidt-Spiegel (135/200/250 mm) mit einem Objektivprisma ausgerüstet. Trotz der kleinen Dispersion (4500 Å/mm bei 7600 Å) ermöglichen die starken Banden des TiO und VO die Klassifikation der durch ein Schott-Filter RG5 auf den Bereich von 6800 bis 8800 Å beschränkten Spektren. Diese wurden weiterhin mit einem Spaltblendenphotometer photometriert. Nachdem für die Photometrie von X Cam eine Skala der Infrarot-Helligkeiten aus 6 mit einem zusätzlichen Normalgitter aufgenommenen benachbarten Vergleichssternen bestimmt war, konnte der Veränderliche an diese angeschlossen werden. Seine Helligkeitsamplitude betrug im Infraroten etwa 40% der visuellen. Das Spektrum variierte 1959 zwischen M0 bis K8 im Maximum und etwa M7 im Minimum. Gü.

12460. **W. Schröder,** Der Lichtwechsel der μ Cephei-Sterne. BAV Rundbrief **9** 11—12.

12461. **O. Struve, V. Zebergs,** Wave lengths of absorption lines in the spectra of Beta Canis Majoris stars. ApJ **132** 87—100 = National Radio Astr. Obs. Green Bank Repr. (B) Nr. 5. — Die Abweichungen der Wellenlängen von den Normalwerten für 10 Sterne werden diskutiert und im Hinblick auf Zustrom oder Abstrom von Wasserstoff untersucht. C. H.

12462. **D. S. Whitney,** Periods of fifty-eight Mira-type variables. AJ **65** 381—382. — Betrifft CQ And, VY, HH, V 345 Aql, AW, AY Aur, SU, SW, WY, YZ Cam, DL CMa, DI, IW, KO Cas, AL, CU Cep, XY, AG, AT, BB, CZ, DI, FG, GQ, V 429, V 686 Cyg, RW, RY, SS, SZ, WX, AG, AN, BB Del, SY Dra, SX, UV Eri, BK, DF Her, FQ, FT Hya, BC, BD, IK Mon, AI, V 374, V 389 Oph, TU, TV, AP, EG Peg, GG Per, AH Sgr, V, SV Sct, WW, BG Ser, WX Vul.

12463. Lithium abundances in T Tauri stars. Sky Tel. **20** 81.

12464. Neues über Gamma Orionis. Sternenbote **3** 72—73. — Ref.

* * Flare stars in Orion. Vgl. Ref. **13134**.

§ 125

Beobachtungslisten, Einzelbeobachtungen

12501. **F. M. Bateson,** Royal Astronomical Society of New Zealand. Variable Star Section. Circ. Nr. 98—100, 106. — Umfaßt die Beobachtungen der nachstehenden Veränderlichen:

Aps	S, T, V, Z, RR, UZ, VV	CMa	Z, UY
Aqr	R, Z, TW, TX, VV, VX, WW	Cap	RR, RX
Aql	TV, TX, VW, DX, DY, EM	Car	R, S, Z, RR, RS, RT, RV, RW, RY, RZ, AF, BO, CL, IW, l, η
Ara	U		
Cae	R		

Cen	R, T, U, W, X, RS, RT, RV, RX, AD, BV	Oph	W, RS, RY, TT, TX, UX, UZ, VV
Cet	U, *o*	Ori	S, W, RR, UV, CN, CZ, α
Cha	R, T, Z	Pav	R, S, T, W, UV, $\varkappa$
Col	R, S, T	Phe	R, T, U, V, RS
CrA	R, S, T, TY	Pic	R, S, T, RR
CrB	T	PsA	R, S, U
Crv	R	Pup	U, W, Y, Z, L_2
Dor	R, β	Ret	R
Eri	T, U, W, RW	Sgr	R, S, RR, RT, RU, RV, RW, RX, RY, ST, SW, TV, TY, VX, AR, AZ, BH, V348
For	R	Sco	R, S, Z, RR, RS, RT, RU, RW, SV, SX, TV, AK, CL, EQ, HK, HL, HN, V380
Gem	U	Scl	R, S, T, U, V, X
Gru	R, S, T	Sct	R, S, ST
Hor	R, T, U	Ser	UZ
Hya	R, W, RS, RT, RU	Sex	S
Hyi	VW	Tau	RV
Ind	R, S	Tel	R, S, RR
Leo	RY	TrA	AK
Lep	R	Tuc	R, S, T, U
Lib	U, W, RU	Vel	W, Y, Z, WY
Lup	R, Y, RU, RY, EX	Vir	S, RV, SU
Mic	R, S, U	Vol	R, S
Mon	U, RS, RX, SW		
Nor	R, T		
Oct	R, S, T, U		

12502. **F. M. Bateson, A. F. Jones,** Charts for Southern Variables. Series II. Timaru, New Zealand, W. M. Beynon Printing Company Ltd., 1960. 54 S. — Ref. in J. Astr. Soc. Victoria **13** 100—101. — Betrifft X, Z, RR, RT Aps; Z, RT, AF, BO, CL, HR, η Car; BV, CD, DY Cen; T Cha; R, S, T, TY CrA; SU Dor; T Gru; RU, RY, EX Lup; W, UV Pav; RY, ST PsA; TY Sgr; RR, RU, SV, SX, SY, TV, AK, BN, CL, EQ, FZ, HK, HL, KP, V380, V382, V393, V396, V407, V450, V495, V696, V707, V711, V720, V721, V722, V723 Sco; UU, AA Tuc; KVS 3543.

12503. **M. A. Bessmertnow, W. A. Winnik, I. W. Matwejew, A. A. Sasanow,** The results of variable star observations according to the program of the Kuibyshev Astronomical Observatory. VS Bull **12** 353—357 (russ. mit engl. Ref.). — Visuelle Beobachtungen folgender unregelmäßiger und halbregelmäßiger Veränderlicher: μ Cep, W Cyg, U Del, UU Aur, η Gem, U Hya, V 460 Cyg, V 449 Cyg, XY Lyr, RY Dra, UX Dra, RY Boo, χ Aqr, d Ser, BU Tau, BL Ori, TV Gem, BN Gem, BQ Gem, AE Aur, η Aql, V Cep, SU Cyg.

12504. **J. P. Casparie,** Estimates of 17 variable stars on Franklin-Adams plates centred at Boss 2581. Ann. Sterrewacht Leiden **21** 371—375. — Zentrum: $\alpha = 9^h31^m\!.5$, $\delta = -58°41'$ (1900).

12505. **J. P. Casparie,** Observations of 39 variable stars on Franklin-Adams plates in a field centred at Boss 4599. Ann. Sterrewacht Leiden **21** 377—386. — Zentrum: $\alpha = 18^h06^m\!.1$, $\delta = -41°22'$ (1900).

12506. **A. W. J. Cousins,** New bright variable stars. MN ASSA **19** 56. — Betrifft: H. R. 304, 667, 722, 1231, 1598, 1903, 1934, 1964, 2245, 3524, 3860, 4975, 5313, 7673. Veränderlich-verdächtig sind: H. R. 338, 555, 1338, 1852, 2745, 2749, 6812, 7020, 8560.

12507. **G. Darsenius,** Svenska Astronomiska Sällskapet Variable Star Section. Report Nr. 1. Univ. Gothenburg Astr. Notes Nr. 4 S. 24—40. — Ref. in PAT **41** 166—168. — Betrifft RX, DX And; VZ, AE Aqr; UU, KX Aql;

SS, VY Aur; Z Cam; HT, KU Cas; RY, UZ Cep; R, T CrB; SS, EY, V542, V632 Cyg; AB, AQ, Dra; U Gem; X, AD Leo; SU, AY, CY, LL Lyr; CN, CZ Ori; RU Peg; TZ, UV, GK Per; TY Psc; V, RZ Sge; T, RR, SU Tau; SU, SW UMa; KVS 4238; SVS 71, SVS 918.

12508. **G. S. Filatow,** On the unstudied variable stars in the BV-lists. AC Nr. 215 S. 20—22 (russ.).

12509. **E. Geyer,** 7 neue Veränderliche in hoher Deklination. Veröff. Remeis-Sternw. Bamberg **5** Nr. 9, 2 S. — Betrifft BV 7, 18, 220, 226, 232, 349—355, KVS 2054, 2602, 5411.

12510. **E. Gilson, A. Koeckelenbergh, J. Meeus,** Observations d'étoiles variables en 1959. Ciel et Terre **76** 226—240. — Betrifft: W And; T Ari; R, RX Boo; U Cam; α, γ Cas; W Cet; R CnC; R CrB; W, RV, RX, SV, TT, AC, AF, AW, CH, V449, χ Cyg; R Leo; R Lyr; BQ Ori; Y Tau.

12511. **W. Götz, W. Wenzel,** Spektraltypen von Veränderlichen. MVS Nr. 503—506, 4 S. — Betrifft: AP, BD, BY And; BK Aqr; TY, YZ, DN, KP, V415, V499, V600 Aql; RX, SS Ari; ST, SZ, TW, UX, VW, XY, AC Boo; SX CVn; TV, TY Cap; ST, SW Com; RV CrB; DM, V680, V787 Cyg; TT, TY, YY, AQ, BI, BW, DX Del; YZ Gem; AT, BC, DK, DY, LS, LT, V359 Her; SS, TY, UY, VZ, WY, WZ, XX Leo; EP, FI, HP, IO Lyr; BE Mon; VV, AV, BB, BG, BH, BK, BN, BX, CG, DH, DO, DW Peg; SX, TU Psc; BO, CU Sge; AO Ser; AB UMa; X Vir; BV 153; KVVS 4577, 4810, 4849, 5066, 5157.

12512. **G. H. Herbig,** Identification charts for twelve variable stars. Vgl. AJB **58** Ref. **11212** = Contr. Lick Obs. (2) Nr. 93.

12513. **C. Hoffmeister,** Die veränderlichen Sterne der nördlichen Milchstraße. Teil XI. Das Feld 73 Herculis. Veröff. Sternw. Sonneberg **4** 319—428. — Betrifft S 3189—3336. — Ref. in Sterne **37** 136.

12514. **C. J. Kooreman,** Estimates of 125 variable stars discovered by Dr H. van Gent in a region around BD −18°5206. Ann. Sterrewacht Leiden **21** 293—333. — Die Arbeit ist eine Fortsetzung der in AJB **49** Ref. **11217** besprochenen. Es sind 114 langperiodische und 11 unregelmäßige Veränderliche erfaßt.

12515. **C. J. Kooreman,** Estimates of 15 variable stars discovered by Dr H. van Gent in a region around CPD −37°8446. Ann. Sterrewacht Leiden **21** 335—341. — Fortsetzung zu zwei Arbeiten von H. van Gent (vgl. AJB **34** Ref. **8522**, **35** Ref. **8532**). 14 der untersuchten Sterne sind langperiodische Veränderliche, 1 ist ein Cepheid.

12516. **C. J. Kooreman,** Estimates of 22 variable stars discovered by Dr H. van Gent in a region around CPD −58°5038. Ann. Sterrewacht Leiden **21** 343—354. — Fortsetzung zu einer früheren Arbeit (vgl. AJB **50** Ref. **11212**). Von den untersuchten Sternen ist Nr. 5 ein Bedeckungsveränderlicher, Nr. 7 ein RR Lyrae-Stern, die übrigen Veränderlichen sind langperiodisch.

12517. **N. E. Kurotschkin,** Variable stars in the region of M 67. AC Nr. 212 S. 9—11 (russ.). — Betrifft die SVS-Sterne 1277, 1280—1288, $8^h44^m34^s$, +10° 22!2 (1900.0).

12518. **N. E. Kurotschkin,** New variable stars in SA 57. VS Bull **12** 409—417 (russ. mit engl. Ref.). — SVS 1249—1258.

12519. **N. E. Kurotschkin,** Five variable stars in Gemini. VS Bull **12** 418—421 (russ. mit engl. Ref.). — Rigollet 71, 72, 73, RU und AW Gem.

12520. **E. F. Ludtschenko,** A catalogue of positions of 70 variable stars. VS Bull **12** 328—336 (russ. mit engl. Ref.).

12521. **H. Mauder,** Mitteilungen über Veränderliche. Veröff. Remeis-Sternw. Bamberg **5** Nr. 7, 5 S. — Betrifft UY Boo; V680 Cyg; SW, DG Lac; SW Lyn; VX Per; BD $-2°$1481.

12522. **M. W. Mayall,** Variable star notes. J RAS Canada **54** 43—47, 93—96, 149—152, 193—196, 249—252, 293—296.

12523. **M. W. Mayall,** The American Association of Variable Star Observers. Quarterly Rep. 24, 51 S. — Die Berichte enthalten Mitteilungen über Beobachtungen der nachfolgenden Veränderlichen im Zeitraum 1957 Juni 10 —1958 Juli 14:

And R, T, U, V, W, X, Y, Z, RR, RS, RU, RV, RW, RX, RY, RZ, SS, ST, SV, SZ, TV, TY, UZ, VX, VY, AQ, λ
Aps R, S, T, ϑ
Aqr R, S, T, U, V, W, X, Y, Z, RR, RS, RT, RU, RX, AE, χ
Aql R, S, V, W, X, Y, Z, RR, RS, RT, RU, RV, RW, SV, SY, TY, UU, VW, V 356, V 450, V 603, η
Ara U
Ari R, S, T, U, V, RR, RZ
Aur R, S, U, V, W, X, Z, RR, RS, RU, RW, SS, SV, TU, TW, UU, UV, UX, UZ, XZ, AB, AE, CO, ψ
Boo R, S, U, V, W, Y, Z, RR, RV, RW, RX, RY, RZ, UV
Cae R, T
Cam R, S, T, U, V, X, Z, RR, RU, RY, ST, UV, VZ, XX, YZ, ZZ
Cnc R, T, U, V, W, X, RS, RT, RV, SY
CVn R, T, V, Y, TU
CMa W, Z, VY
CMi R, S, T, U, V
Cap R, T, U, V, W, X, Y, Z, RR, RS, RT, RU, RX, AB
Car R, S, Z, RR, RV, RW, RY, RZ, AF, AG, η, l
Cas R, S, T, U, V, W, X, Y, Z, RR, RU, RV, SS, SV, UV, WZ, IZ, α, γ, ϱ
Cen R, T, U, W, X, RS, RT, RV, RX, UW, AD
Cep S, T, V, W, X, Y, Z, RR, RU, RW, RX, SS, ST, AR, DM, DO, δ, μ
Cet R, S, T, U, V, W, X, Z, RS, UV, o
Cha R, S
Col R, S, T
Com R, 40
CrA R, S, T, TY
CrB R, S, T, V, W, X, Z, RR, RS, SW
Crv R

Cyg R, S, T, U, V, W, Z, RS, RT, RU, RV, RW, RX, RZ, SS, ST, SV, SX, TT, TU, TW, TY, TZ, UV, UX, WX, AB, AC, AF, AV, AW, AX, BF, BG, CE, CH, EY, V 395, V 449, V 460, V 476, V 485, V 568, χ, P
Del R, S, T, U, V, X, Y, Z, RS, EU
Dor R, β
Dra R, S, T, U, V, W, X, Y, RY, SS, SV, SZ, TX, UW, UX, UY, VW, VY, AB
Equ R
Eri R, S, T, U, V, W, Z, RR, BR
For R
Gem R, S, T, U, V, X, Y, Z, RS, SS, SW, TU, TV, TW, WY, WZ, BM, BN, BQ, BU, ζ, η
Gru R, S, T, π
Her R, S, T, U, W, X, Y, RR, RS, RT, RU, RV, RY, RZ, SS, ST, SV, SX, TV, TZ, UU, UW, UY, AC, DQ, IQ, LQ, OP, α, g
Hor R, T
Hya R, S, T, U, V, W, X, Y, RR, RS, RT, RU, RV, VW, AK, EX, FF
Ind R, S
Lac R, S, RS, RV, RX, RY, CP, DK, EV
Leo R, S, T, V, W, X, RS, RY, TU, AB, AD
LMi R, S, U
Lep R, S, T, RX
Lib R, S, T, U, V, W, X, Y, RR, RS, RT, RU, ι, 48
Lup R, S, Y
Lyn R, S, T, U, V, X, Y
Lyr R, S, T, U, V, W, Z, RS, RT, RU, RW, RX, RY, SZ, TU, XY, AY, CY, HK, β, δ^2
Mic R, S, U
Mon R, S, U, V, X, Y, RR, RS, RV, RX, RY, SW, EQ
Mus R, BO

Nor	R, T
Oct	R, S, T, U
Oph	R, S, T, V, W, X, Z, RR, RS, RT, RU, RY, SS, TT, TX, V 849, ϰ, χ
Ori	R, S, T, U, V, W, RR, RT, TU, AK, AN, AQ, BL, BQ, CI, CK, CN, CZ, FX, KS, KX, NU, V 352, V 359, V 371, V 372, α
Pav	R, S, T, W, Y, ϰ
Peg	R, S, T, V, W, X, Y, Z, RR, RS, RT, RU, RV, RW, RX, RY, RZ, SS, SV, SY, SZ, TW, TX, UV, AG, β
Per	R, S, T, U, W, X, Y, RR, RS, RU, RZ, SU, TT, TX, TZ, UV, XX, ZZ, AD, BD, FO, FR, FZ, GK, ϱ
Phe	R, T, V
Pic	R, S, T, RR
Psc	R, S, T, U, Z, TV, TX, 57
PsA	R, S, U
Pup	U, W, X, Z, RS, RU, CP, L_2
Pyx	S
Ret	R
Sge	R, T, V, VX, VZ
Sgr	R, S, T, W, Z, RR, RT, RU, RV, RW, RX, RY, SS, ST, SW, TY, UX, VX, AQ
Sco	R, S, W, X, Y, Z, RR, RS, RT, RU, RW, RZ, SV, V 380
Scl	R, S, T, U, V, X, Z, RR
Sct	R, S
Ser	R, S, T, U, UZ, τ^4, d
Sex	S
Tau	R, S, T, V, W, X, Y, Z, RR, RS, RU, RV, RX, SU, TT, TV, TX, UZ, XX, BU, CE
Tel	R, S, RR, RW, BL
Tri	R, W
TrA	X
Tuc	R, S, T, U
UMa	R, S, T, U, V, X, Y, Z, RS, RY, RZ, ST, SU, SW, SY, TV, TZ, VW, VY, δ
UMi	R, S, T, U, V, RR
Vel	W, Y, Z
Vir	R, S, T, U, V, W, Y, Z, RR, RS, RT, RU, RV, RW, RX, RY, SS, SU, SW, BK, CN, CO
Vol	R, S
Vul	R, V, W, RU, DY
BD —4° 3419	
HD 84610	
$5^h 35^m.4$, +68° 49′ (1900)	

12524. **L. P. Metik,** Seven new variable stars in Aquila and in SA 87. AC Nr. 215 S. 18 (russ.). — SVS 1299—1305.

12525. **L. Muniz Barreto,** Observações de estrêlas variáveis (1ª Série — 1959/1960). Obs. Nacional Rio de Janeiro Publ. Serviço Astr. Nr. 13, 28 S. — Betrifft R And, R Scl, *o* Cet, R Lep, U Ori, SW Mon, X Mon, R Cnc, RT Hya, R Car, R Leo, RR Car, V Hya, R Crv, SS Vir, R Vir, R Hya, S Vir, T Cen, R Cen, Y Lib, RS Lib, T Nor, T CrB, SX Her, RU Her, V Oph, RS Sco, RS Oph, RX Sgr, RW Sgr, TY Aql, W Aql, R Sgr, S Pav, W Aqr, T Aqr.

12526. **A. V. Nielsen,** Oversigt over Astronomisk Selskabs observationer af foranderlige stjerner. NAT 1960 S. 60. — Betrifft SX, TV And; R Aql; T Ari; S, Z, SY, TW, VY, AB Aur; V, RR Boo; S, W, RU, XX Cam; T, SS, SV, VX, WY, CS Cas; R CrB; RS, RT, RU, RV, RW, SS, TZ, VZ, AF, AW, CD, CI, CN Cyg; RT, RV, SV, TX Dra; W, SS Gem; S, SX, UU Her; R, Z, RY Leo; W Lyr; U Ori; AG, AK, DL Peg; SW Per; Y, VY Tau; T Tri; V, Z, VX UMa; S, SV Vul.

12527. **G. A. Ponomarewa (Manowa),** Variable stars near FU Orionis. AC Nr. 210 S. 18 (russ.). — 5 neue Veränderliche.

12528. **M. Popowa,** 7 neue Veränderliche in Gemini. MVS Nr. 481—482. — Betrifft S 5437—S 5443.

12529. **M. Popowa,** 5 neue Veränderliche in Monoceros. MVS Nr. 484. — Betrifft S 5445—S 5449.

12530. **M. Popowa,** 5 neue Veränderliche in Auriga. MVS Nr. 487. — Betrifft S 5456—S 5460.

12531. **G. Richter, K. Schaifers, W. Wenzel,** 10 neue Veränderliche mit spätem Spektraltypus. MVS Nr. 474. — Betrifft: S 3526, 5427—5436, BV 323, V 356 Cas, KVVS 5690.

12532. **G. Richter,** Feld γ Sagittae. MVS Nr. 491. — Betrifft die in «Die Veränderlichen der nördlichen Milchstraße, Teil V» zurückgestellten Sterne: SZ Sge; VY, DP Vul; 163.1905; 713.1933; 387.1934; 353, 355, 356, 357, 359, 368, 369, 376, 378, 380, 382, 389, 390, 391, 393, 400, 404, 406, 409, 417, 429, 431, 434, 436, 437, 440.1936; 121, 122, 124, 127, 129, 136, 137, 139, 140, 142, 143.1940; HV 5480.

12533. **G. Richter,** Feld γ Sagittae. MVS Nr. 492. — Betrifft V 657, V 678, V 755 Aql; CP, CX, CY, CZ, DE Sge; 11, 26.1928; 354, 356, 358, 359, 361, 364, 365, 366, 370, 371, 372, 375, 377, 379, 380, 384.1943; S 5340, S 5409—5412.

12534. **G. Richter,** Feld A Cassiopeiae. MVS Nr. 493. — Betrifft AL, AM Cas; 5.1936.

12535. **G. Richter,** Feld ζ Hydrae. MVS Nr. 493. — Betrifft UW, UX Cnc; UW, UY, CR, CS, CT, CV, CW, CX, EY Hya; 300.1928; 340.1934; 110, 112, 116, 120.1936; P 3215.

12536. **G. Romano,** Dieci nuove variabili (GR 66—GR 75). Coelum **28** 79—80 = Oss. Privato Specola «Ariel» Treviso Pubbl. Nr. 20 = Oss. Astr. Padova Comun. Rassegne Nr. 16.

12537. **G. Romano,** Una nuova variabile (GR 76) nella costellazione della Vergine e conferma di GR 73 e GR 75. Coelum **28** 103—104 = Oss. Privato Specola «Ariel» Treviso Pubbl. Nr. 23. — Betrifft den Stern $\alpha = 12^h 32^m 57^s$, $\delta = +7° 52'$ (1900.0).

12538. **G. Romano,** Sei nuove variabili (GR 77—GR 82). Coelum **28** 134 = Oss. Privato Specola «Ariel» Treviso Pubbl. Nr. 24.

12539. **G. Romano,** Alcune variabili nuove o poco note in Andromeda. Mem SA It (NS) **31** 21—31 = Oss. Astr. Padova Pubbl. Nr. 120 = Oss. Privato Specola «Ariel» Treviso Pubbl. Nr. 22. — Ein Feld 9° × 12° um $\varkappa$ And wurde von Verf. mehrmals mittels des Doppelastrographen von Treviso photographiert. Für alle Veränderlichen werden Umgebungskarten gegeben. Drei Veränderliche (GR 59, 60, 61) wurden neu entdeckt. Außerdem wurden beobachtet: BG, BM, BY And sowie die veränderlich-verdächtigen Sterne 5709 und 5786. B. C.

12540. **L. Rosino,** Nuove stelle variabili in IC 434 e NGC 2024 in Orione. Contr. Oss. Astrofis. Asiago Nr. 109, 9 S. — Die Arbeit befaßt sich mit 13 neuen und 4 bekannten Veränderlichen; sie gibt Örter, Helligkeiten und kurze Kennzeichnung der Art des Lichtwechsels. C. H.

12541. **R. Rudolph,** Beobachtungsergebnisse der Berliner Arbeitsgemeinschaft für Veränderliche Sterne (BAV). AN **285** 161—168 = Veröff. Wilhelm Foerster-Sternw. Nr. 14 = BAV-Mitt. Nr. 12. — Betrifft 1. Bedeckungsveränderliche: RT, XZ, AB And; KP, OO, V 346 Aql; SV Cam; RZ, TV, TW, AB Cas; U, ZZ Cep; V 548 Cyg; TW, UZ, AI Dra; YY Gem; RX, TX, UX, AK Her; SW, CM Lac; UV, AM Leo; FL, β Lyr; U Oph; U, AT, DK Peg; β Per; U Sge; X Tri; W, VV UMa; W UMi; AH Vir; Z Vul; 2. δ Cephei-Sterne: η Aql; δ Cep; ζ Gem; 3. Mirasterne und Langperiodische: R And; R, S, RV Aql; T Ari; R, X Aur; R, V Boo; R, T, X Cam; R CVn; R CMi; R, T, U, V, W Cas; T Cep; o Cet; S CrB; R, U, Z, TY, BG, χ Cyg; R Dra; R Gem; S, U, W, RS, RU, SS Her; S Lac; R Leo; R LMi; X, Z Oph; U, V Ori; R Peg; R, U, Y Per; R, S Ser; R, S, V Tau; R Tri; R, S, T, X, RS UMa; S UMi; R,

U, V Vir; R Vul; 4. Halbregelmäßige: TV And; RR Cam; RU, AF Cyg; RY Leo; W Per; R Sct; Z UMa; 5. Unregelmäßige: AE Aqr; SS Aur; Z Cam; R CrB; SS Cyg; U Gem; α Ori; RU Peg.

12542. **A. W. Solowjow,** Über einige Veränderliche im Orion-Gebiet. Bull. Inst. Astrophys. Akad. Wiss. Tadshik. SSR Nr. 28 S. 17—24, 1959 (russ.). — Ref. in RJ UdSSR 1961 Nr. 3 S. 24.

12543. **W. Strohmeier, R. Knigge,** Ergebnisse der laufenden Bamberger Himmelsüberwachung. Veröff. Remeis-Sternw. Bamberg **5** Nr. 5, 9 S. — Das Bearbeiten Bamberger Platten aus der Schönwetterperiode September/Oktober 1959 lieferte nachfolgende Ergebnisse, die sich auf Neuentdeckungen, Bestätigungen, Bedeckungsveränderliche, Cepheiden und Langperiodische beziehen. Die bisherige Methode der Auswertung und Bearbeitung kam auch hier wieder zur Anwendung. Verf.

12544. **W. Strohmeier, R. Knigge,** Mitteilungen über Veränderliche der Bamberger Liste. Veröff. Remeis-Sternw. Bamberg **5** Nr. 6, 9 S. — Betrifft BV 3, 52, 64, 65, 88, 184, 187, 236, 268, 328—342.

12545. **W. Strohmeier, R. Knigge,** Mitteilungen über Veränderliche der Bamberger Liste. Veröff. Remeis-Sternw. Bamberg **5** Nr. 8, 9 S. — Betrifft BV 54, 96, 114, 115, 151, 159, 185, 224, 318, 343—348.

12546. **J. Uitterdijk, C. J. van Houten,** Discussion of 32 variable stars in the Crux region. Ann. Sterrewacht Leiden **21** 355—370. — Bei den untersuchten Sternen handelt es sich um 26 Bedeckungsveränderliche, 5 irreguläre Cepheiden, 1 irregulären Veränderlichen; 28 davon sind neuentdeckt.

12547. **R. Weber,** Quatre étoiles variables nouvelles. JO **43** 117—121. — Betrifft Wr 114, 129, 131, 134.

12548. **Weitere Beobachtungen und Mitteilungen**

Andromeda

RX BAA Circ 427
SW MVS Nr. 519
XX AC Nr. 216 S. 27
XZ AC Nr. 209 S. 23, 217 S. 12
AC AC Nr. 213 S. 18, 216 S. 27
AP MVS Nr. 455—456
CN MVS Nr. 457—458

Aquarius

SW AC Nr. 216 S. 27
SX Dgl.
BO Dgl.
BR Dgl.
BS AC Nr. 209 S. 25
CY VS Bull **13** 62

Aquila

U AC Nr. 215 S. 34
TT Dgl.
OO MVS Nr. 512—513
PP AC Nr. 210 S. 21
V346 MVS Nr. 519
V415 MVS Nr. 498
V424 AC Nr. 210 S. 20
V733 AC Nr. 216 S. 20, MVS Nr. 494—495
η AC Nr. 215 S. 34, VS Bull **12** 422

Ara

FU Contr. Armagh Obs. Nr. 30

Auriga

RX AC Nr. 213 S. 17
SS AAVSO Bull. Nr. 22, BAA Circ 418, 421, 426, 428, JBAA **70** 255
SX Bull. Astr. Engelhardt-Obs. Kasan Nr. 35 S. 69
TT AC Nr. 217 S. 13
WW AC Nr. 215 S. 17
XX MVS Nr. 475—476
ZZ MVS Nr. 501
AE Mitt. Astrophys. Inst. Alma-Ata **9** 29
ε Hemel en Dampkring **58** 257, Tartu Astr. Obs. Publ. **38** 303

Bootes

VX AC Nr. 209 S. 29
YZ Dgl.
44 i AC Nr. 216 S. 25

Camelopardalis

Z BAA Circ 427

Canes Venatici

W AC Nr. 209 S. 29
Z Dgl.
RR Dgl.
RU Dgl.
RZ Dgl.
SS Dgl.

Canis Major

UY RAS New Zealand Circ. Nr. 104

Canis Minor

AD Publ ASP **72** 506
Sky Tel. **19** 218

Capricornus

RV AC Nr. 216 S. 27
RW AC Nr. 209 S. 23, 217 S. 12

Cassiopeia

RZ AAVSO Abstr. Oct. 1960 S. 8
AC Nr. 209 S. 23, 28, 215 S. 17, 19, 217 S. 12, 13
SS NAT 1960 S. 70
TU AC Nr. 215 S. 34
TV AC Nr. 215 S. 19, 217 S. 13
XY VS Bull **13** 57
AB MVS Nr. 522
AR Bull. Astr. Engelhardt-Obs. Kasan Nr. 35 S. 34
CY VS Bull **12** 437
GX Padova Comun. Rassegne Nr. 9
LW MVS Nr. 521
MM VS Bull **12** 364
MW AC Nr. 217 S. 8
PW MVS Nr. 443—444
QX VS Bull **13** 41
V 342 MVS Nr. 445
γ Urania Kraków **31** 50

Cepheus

U Acta Univ. Pal. Olom., Naturwiss. Fak. **3** 39
RZ MVS Nr. 442
VW AC Nr. 210 S. 19, 216 S. 24
WY MVS Nr. 502
μ AC Nr. 212 S. 22

Cetus

RU AC Nr. 215 S. 25, 216 S. 27
ST AC Nr. 216 S. 21
SU AC Nr. 216 S. 21
o El Universo **14** 146

Coma Berenices

S AC Nr. 209 S. 27

Corona Borealis

R BAA Circ 417, 418, 420, 421, 422, 423, 426
BSAF **74** 236
Ciel et Terre **76** 248
JBAA **70** 255
U BAV Rundbrief **9** 8
RT Bull. Astr. Obs. Toruń Nr. 23
RV AC Nr. 213 S. 21
MVS Nr. 514—517

Cygnus

X VS Bull **12** 422
SS BAA Circ 417, 418, 421—428
BAV Rundbrief **9** 23
JBAA **70** 294
NAT 1960 S. 30
SU VS Bull **12** 422
SW AC Nr. 209 S. 23
UZ Astr. Obs. Biul. Vilnius Nr. 1 S. 3
V 357 AC Nr. 216 S. 21
V 370 AC Nr. 215 S. 23
V 425 MVS Nr. 485
V 482 MVS Nr. 489
V 680 AC Nr. 208 S. 21, 22
τ Obs **80** 225

Delphinus

DX MVS Nr. 510—511
FM MVS Nr. 446—447
δ AC Nr. 208 S. 23

Dorado

β RAS New Zealand Circ. Nr. 108

Draco

SU AC Nr. 216 S. 27
MVS Nr. 520
WX AC Nr. 210 S. 22
AG VS Bull **13** 54

Equuleus

RT AC Nr. 216 S. 20

Eridanus

AS MN ASSA **19** 150 = Contr. Armagh Obs. Nr. 31

Gemini

U BAA Circ 420, 423, 427
JBAA **70** 255
RR AC Nr. 209 S. 28
ζ VS Bull **13** 67

Hercules

RX AC Nr. 217 S. 13
MVS Nr. 514
TW AC Nr. 216 S. 27
AK AC Nr. 216 S. 25
AM MVS Nr. 523—524
V 343 MVS Nr. 523
α ApJ **132** 136

Hydra

R BAA Circ 418
SZ AC Nr. 216 S. 27
VX Publ ASP **71** 57 = Steward Obs. Repr. Nr. 33
XX AC Nr. 215 S. 19

Lacerta

TX Astr. Obs. Biul. Vilnius Nr. 1 S. 17
AR AC Nr. 215 S. 19
BG Astr. Obs. Biul. Vilnius Nr. 1 S. 3
CM Dgl.
CO MVS Nr. 477
FO MVS Nr. 436

Leo

X BAA Circ 426, 428
AA AC Nr. 209 S. 28
MVS Nr. 472
UX MVS Nr. 434

Lupus

RU RAS New Zealand Circ. Nr. 102
RY RAS New Zealand Circ. Nr. 101

Lynx

RR Bull. Astr. Engelhardt-Obs. Kasan Nr. 35 S. 43
TT MVS Nr. 518

Lyra

R Urania Kraków **31** 146
Y AC Nr. 209 S. 29
XY Urania Kraków **31** 146
HP MVS Nr. 499—500
β Harv Card 1472
Heavens **41** 157
VS Bull **13** 31
YC Nr. 1567
δ^2 Urania Kraków **31** 336

Monoceros

BE AC Nr. 211 S. 29
MVS Nr. 449—452
IR MVS Nr. 521

Musca

BO RAS New Zealand Circ. Nr. 108

Ophiuchus

Y AC Nr. 215 S. 34
RS BAA Circ 423
RZ MVS Nr. 509, 511
WZ Circ. Astr. Obs. Taschkent Nr. 303 S. 19
BF AC Nr. 215 S. 34
V508 AC Nr. 216 S. 24
V756 AC Nr. 209 S. 26
V760 AC Nr. 212 S. 16
V785 AC Nr. 209 S. 26
χ VS Bull **12** 432

Pavo

κ RAS New Zealand Circ. Nr. 107
λ Dgl.
ξ Dgl.
π Dgl.

Pegasus

RU BAA Circ 426, 428
VV AC Nr. 216 S. 27
AE AC Nr. 209 S. 29, 216 S. 27
AO AC Nr. 216 S. 27
AV Dgl.
MVS Nr. 438
BH AC Nr. 209 S. 29
CG Dgl.
DY VS Bull **12** 373
γ Publ ASP **72** 508
VS Bull **13** 37

Perseus

RT AC Nr. 209 S. 23, 217 S. 12
UV BAA Circ 417
AW Bull. Astr. Obs. Toruń Nr. 23
AY MVS Nr. 496—497
β AC Nr. 209 S. 28
NAT 1960 S. 150
Urania Kraków **31** 213

Pisces

RV AC Nr. 209 S. 23
RY AC Nr. 216 S. 27
SS Dgl.
SW AC Nr. 216 S. 21
SY Dgl.

Puppis

VV BAV Rundbrief **9** 5
Sky Tel. **19** 337 = Radcliffe Obs. Repr. Nr. 15
Urania Kraków **31** 13
VdS Nachr. **9** 60

Sagitta

U AC Nr. 215 S. 19
V BAV Rundbrief **9** 17
CW AC Nr. 217 S. 12

Sagittarius

U AC Nr. 215 S. 34
X Dgl.
Y Dgl.
WZ Dgl.
XZ AC Nr. 217 S. 12
YZ AC Nr. 215 S. 34
AP Dgl.
V350 Dgl.
V440 AC Nr. 216 S. 27
V505 AC Nr. 217 S. 13

Scorpius

AK RAS New Zealand Circ. Nr. 103

Scutum

R JBAA **70** 255
SS AC Nr. 215 S. 34

Serpens

R Harv Card 1475
UAI Circ 1717
YC Nr. 1566

Sextans

T MVS Nr. 439—441

Taurus

RW AC Nr. 209 S. 23, 217 S. 12
Publ. Astr. Inst. Prague-Ondřejov Nr. 46
SZ VS Bull **13** 67
BN AC Nr. 212 S. 16
DO AC Nr. 211 S. 29

Triangulum

X AC Nr. 209 S. 23, 217 S. 12

Triangulum Australe

X RAS New Zealand Circ. Nr. 108

Ursa maior

Z NAT 1960 S. 109

Virgo

AL AC Nr. 212 S. 15

Vulpecula

Y AC Nr. 215 S. 24
Z AC Nr. 209 S. 28
RS AC Nr. 215 S. 19, 217 S. 13
BP AC Nr. 210 S. 21

Veränderliche mit provisorischer Bezeichnung

80.1933 AC Nr. 209 S. 28
78.1934 AC Nr. 210 S. 23
466.1934 MVS Nr. 508
485.1934 AC Nr. 216 S. 16
214.1935 AC Nr. 213 S. 24
150.1936 AC Nr. 212 S. 17
28.1939 AC Nr. 216 S. 16
37.1939 Coelum **28** 45 = Treviso Pubbl. Nr. 19
52.1939 MVS Nr. 517
358.1943 AC Nr. 215 S. 23
377.1943 AC Nr. 209 S. 21 Urania Kraków **31** 372

Bamberger Veränderliche

88 = BD +46°1381 = HD 69310
150 MVS Nr. 454
151 MVS Nr. 453
153 MVS Nr. 480
154 MVS Nr. 479—480 = BD +0°0944 = HD 32910
185 VS Bull **12** 371
224 = BD +53°323
296 = BD +45°0171
297 AC Nr. 216 S. 14
298 Dgl.
299 Dgl.

Veränderliche BD-Sterne

+74°219 MVS Nr. 436
68 512 Dgl.
63 17 AC Nr. 216 S.13
62 9 AC Nr. 216 S.13
62 2332 VS Bull **12** 366
58 1583 Sternenbote **3** 81 UAI Circ 1730 VdS Nachr. **9** 96 = HD 140117
57 1942 Sternenbote **3** 145 UAI Circ 1741 VdS Nachr. **9** 130 = HD 178001
57 1776 Sternenbote **3** 81 UAI Circ 1730 VdS Nachr. **9** 96 = HD 159559
54 2603 Coelum **28** 45 = Treviso Pubbl. Nr. 19 = Padova Comun. Rassegne Nr. 15
+54°2489 Sternenbote **3** 145 UAI Circ 1741 VdS Nachr. **9** 130 = HD 202000
54 0049 UAI Circ 1735 VdS Nachr. **9** 96 = HD 1873
53 323 MVS Nr. 458—459 = BV 224
46 1381 UAI Circ 1718 VdS Nachr. **9** 53 YC Nr. 1567 = HD 69310 = BV 88
45 0171 AC Nr. 216 S. 14 = BV 296
+33°4252 UAI Circ 1735 VdS Nachr. **9** 96 = HD 204038
32 2537 UAI Circ 1735 VdS Nachr. **9** 96 = HD 133254
30 2513 UAI Circ 1735 VdS Nachr. **9** 96 = HD 126009
29 2423 UAI Circ 1735 VdS Nachr. **9** 96 = HD 117777
20 785 Sternenbote **3** 20 UAI Circ 1706 YC Nr. 1559 = HD 29365
14 0341 = BV 150
+ 0 0944 = HD 32910 = BV 154
− 9 0749 = BV 151
−14 2453 = S 5450

Veränderliche HD-Sterne

1873 = BD +54°0049
29365 Sky Tel. **19** 280 = BD +20°785
32910 = BD +0°0944 = BV 154
69310 = BD +46°1381 = BV 88
117777 = BD +29°2423
126009 = BD +30°2513
133254 = BD +32°2537
140117 = BD +58°1583
159559 = BD +57°1776
178001 = BD +57°1942
186776 Orion Schaffhausen **5** 794
199757 MN ASSA **19** 145
202000 = BD +54°2489
203378 Orion Schaffhausen **5** 794
204038 = BD +33°4252

KVVS-Sterne

459 = 214.1935
2603 = SVS 310
4547 = SVS 850
4551 = 80.1933
5066 = 377.1943
5457 Coelum **28** 45 = Padova Comun. Rassegne Nr. 15 = Treviso Pubbl. Nr. 19 = SVS 889 = 37.1939

Sonneberger Veränderliche

3575 MVS Nr. 468	5414 MVS Nr. 435	5444 MVS Nr. 482—483
3576 MVS Nr. 469	5415 MVS Nr. 460—461	5450 MVS Nr. 485
3577 MVS Nr. 470	5416 MVS Nr. 461	= BD −14°2453
3578 MVS Nr. 471	5417 Dgl.	5451 MVS Nr. 485
3914 MVS Nr. 447—448	5418 MVS Nr. 462	5452 MVS Nr. 486
4741 AC Nr. 209 S. 29	5419 MVS Nr. 463	5453 Dgl.
MVS Nr. 478	5420 Dgl.	5454 Dgl.
5408 MVS Nr. 436	5421 Dgl.	5455 Dgl.
5409 MVS Nr. 437	5422 Dgl.	5461 MVS Nr. 488
5410 Dgl.	5423 MVS Nr. 464—465	5462 Dgl.
5411 Dgl.	5424 MVS Nr. 466	5463 Dgl.
5412 Dgl.	5425 MVS Nr. 467	5464 Dgl.
5413 MVS Nr. 433	5426 MVS Nr. 473—474	

SVS-Sterne

122 AC Nr. 216 S. 16	629 AC Nr. 216 S. 19	1277 AC Nr. 210 S. 25
123 Dgl.	850 AC Nr. 209 S. 28	1307 AC Nr. 216 S. 12,
310 AC Nr. 216 S. 18	VS Bull **12** 368	217 S. 12

Sonstige Veränderliche

Äqu. 1900		
$0^h 26^m 11^s$	+59° 35!3	AC Nr. 217 S. 11
6 21 30	+30 27.0	UAI Circ 1726
		BSAF **74** 238
		YC Nr. 1573
19 34 36.79	+27 22 18″8	YC Nr. 1565
20 7 30	+20 2	BSAF **74** 814
21 34 21	+55 6	Coelum **28** 45 = Treviso Pubbl. Nr. 19 = Padova Comun. Rassegne Nr. 15
21 38 40	+52 36	Dgl.
21 41 58	+58 57	Dgl.
21 49 9	+55 28	Dgl.

Äqu. 1950		
$4^h 30^m\!.7$	+24° 18′	AC Nr. 217 S. 9
7 50 2	+ 1 44	VdS Nachr. **9** 134

Äqu. 1960		
$4^h 59^m\!.5$	+ 0° 35′	Harv Card 1508
		Sternenbote **3** 145
		UAI Circ 1742
		VdS Nachr. **9** 130

Romano 61	AC Nr. 216 S. 14	Weber 87	AC Nr. 215 S. 23
70	Dgl.		
71	Dgl.		
72	Dgl.		

12549. Veränderliche Sterne. Verzeichnis der Beobachter und Berechner

S.-Å. Afsenius	R. G. Andrews	G. Bergström
P. Ahnert	T. A. Asarnowa	A. Biskupski
E. L. Alexandersson	J. Ashbrook	R. A. Bozula
I. Almár	G. S. Badaljan	W. Braune
L. R. Anderson	F. M. Bateson	A. Brun

H. Busch
L. Campbell
A. W. Charitonow
P. N. Cholopow
G. G. Cillié
E. Dahlgren
G. Darsenius
M. Döppner
J. Dorschner
W. Dziewulski
W. S. Fitch
J. E. Forbes
J. Gadomski
H. Gessner
P. Gilson
G. Gorasda-Lessnych
W. Götz
W. M. Grigorewskij
B. Hacar
E. Heckscher
J. Herrmann
L.-Å. Höglund
H. Huth
E. Illesch-Almar
Iwanowska
V. Jasevičius
G. E. Jerlexowa
A. F. Jones
H. Kaczmarek
K. Kaltschajew
W. G. Karetnikow
P. C. Keenan
R. Knigge
K. W. Kostylew
B. Kowatschow
B. W. Kukarkin
J. I. Kumsischwili
I. D. Kupo
G. O. Kuranow
N. E. Kurotschkin
G. A. Lange
G. Larsson-Leander
I. N. Latyschew
M. I. Lawrow
E. M. Lindsay
K. Löchel
E. F. Ludtschenko
F. I. Lukazkaja
N. L. Magalaschwili
S. Magnus
O. E. Mandel
D. J. Martynow
I. Mašnauskas
M. W. Mayall
D. H. McNamara
J. Meeus
L. Meinunger
J. E. Migatsch
Mitchell
S. W. Nekrassowa
I. D. Nowikow
P. T. Oosterhoff
M. C. Pande
N. B. Perowa
A. Persson
M. Petit
D. A. Philpott
M. Plavec
N. S. Polossuchina
M. Popowa
W. Quester
G. Rathmann
G. Richter
G. Romano
R. Rudolph
H. E. Sandberg
W. Sasonow
E. A. Satanowa
K. Schaifers
A. S. Scharow
J. Schubart
G. Senina
I. A. Sokolowa
A. W. Solowjow
E. P. Strelkowa
W. Strohmeier
A. D. Thackeray
J. Trutze
W. Tscharugin
De La Vega
A. A. Wachmann
R. Weber
W. Wenzel
O. C. Wilson
D. B. Wood
B. Wrublewskaja
G. S. Zarewskij
W. P. Zessewitsch
W. Zonn

§ 126

Novae, Supernovae

Novae

12601. **W. G. Gorbazkij,** Über das Leuchten der Novahüllen. Bote Univ. Leningrad 1960 Nr. 1 S. 142—151 (russ. mit engl. Ref.). — Ref. in RJ UdSSR 1960 Nr. 8 S. 42.

12602. **W. G. Gorbazkij,** Über das Leuchten der Neuen Sterne. II. Bote Univ. Leningrad 1960 Nr. 13 S. 131—140 (russ.). — Ref. in RJ UdSSR 1961 Nr. 3 S. 33.

12603. **E. P. Krasnoshenow, W. W. Porfirjew,** Absorption line profiles in the spectra of novae. AJ UdSSR **37** 589—590 (russ. mit engl. Ref.). — Verf. führen zur Erklärung des Absorptionslinienprofils in einer Nova einen Geschwindigkeitsgradienten zusätzlich zu der Expansionsgeschwindigkeit der Hülle ein, und zwar dargestellt durch $v = v_0 + (r - r_0)\, dv/dr$, wobei r_0 der effektive Photosphärenradius ist. Das so berechnete Linienprofil stimmt ausgezeichnet mit Beobachtungen von Schajn überein. Oster

12604. **R. Rudolph,** Statistische Betrachtungen zum Erscheinen von Neuen Sternen. BAV Rundbrief **9** 27—31.

12605. **W. Schröder,** Die Novae. BAV Rundbrief **9** 31—33.

12606. **Nova V528 Aquilae (1945)**

ApJ **131** 739—740. Neon absorption lines in a nova spectrum. D. B. McLaughlin. — In der Nova Aquilae 1945 (V528 Aql), deren Spektren kurz beschrieben werden, konnten im gelb-roten Spektralbereich eine Reihe kräftiger Linien des neutralen Neon identifiziert werden. Ihr Auftreten in dieser Stärke in einer Nova ist bisher einzigartig. Voigt

12607. **Nova Aquilae (1960)**

YC Nr. 1564 (japan.). Nova Aquilae 1960. O. Hassel.
YC Nr. 1565 (japan. und engl.). Nova Aquilae 1960. K. Kudara.

12608. **Nova Eta Carinae (1843)**

As. Argentina Astr. Bol. Nr. 2 S. 65. La distancia de Eta Carinae y su relación con la nebulosa NGC 3372. L. Gratton. — Vgl. Ref. **13115**.

12609. **Nova Chamaeleontis (1953)**

Sterne **36** 93—94. Nova Chamaeleontis 1953. C. Hoffmeister.
UAI Circ 1706. Nova Chamaeleontis 1953. C. Hoffmeister.

12610. **Nova T Coronae Borealis (1866)**

JBAA **70** 359. Vgl. Nova CT Serpentis (1948).

12611. **Nova T Coronae Borealis (1946)**

JBAA **70** 359. Vgl. Nova CT Serpentis (1948).

12612. **Nova Cygni (1948)**

VS Bull **12** 376—378 (russ.). Vergleichssterne für Nova Cygni 1948. E. A. Dibaj.

12613. **Nova Geminorum (1912) Nr. 2**

VS Bull **12** 358—363 (russ. mit engl. Ref.). — The final light curve of DN Geminorum. O. D. Dokutschajewa. — 3457 visuelle und 342 photographische Beobachtungen wurden zur Ableitung der Lichtkurve dieser Nova herangezogen. Für den Zeitraum 1912—1914 wurde die Lichtkurve Campbells verwandt. Verf. (ü.)

12614. **Nova DQ Herculis (1934)**

AN **285** 191—195. Untersuchung über die Doppelsternnatur der Nova DQ Herculis vor dem Ausbruch. P. Ahnert. — Eine Prüfung der Aufnahmen, die in Sonneberg in den Jahren 1930—1934, also vor dem Ausbruch, von der Nova DQ Herculis erhalten wurden, zeigt das Vorhandensein eines Bedeckungslichtwechsels mit einer etwas kürzeren Periode, als sie nach dem Ausbruch festgestellt wurde. Aus dem Verhältnis beider Perioden folgt unter plausiblen Annahmen der Massenverlust beim Ausbruch. Verf.

Astr. Obs. Biul. Vilnius Nr. 1 S. 14—17. Fotometrinis Novos DQ Herculis tyrimas iš 1935 m. Vilniaus. V. Žitkevičius.

JBAA **70** 359. Vgl. Nova CT Serpentis (1948).

Mitt. Astrophys. Obs. Krim **22** 207—224 (russ. mit engl. Ref.). On the mechanism of formation of emission bands in the spectrum of Nova Herculis 1934 and the physical conditions in its envelope. E. R. Mustel, R. N. Kumajgorodskaja. — Die ausgedehnte Gashülle ist die Quelle der Energie, die in den Emissionen in der ersten Entwicklungsphase nach dem Helligkeitsmaximum ausgestrahlt wird. Im Spektrum von N Her 1934 erscheinen neben den Fluoreszenzlinien der Hauptgashülle auch Emissionslinien der ausgedehnten Gashülle. Die in den Beobachtungen vom März 1935 gefundenen Spitzen werden besprochen. Sie entstanden in polaren Kondensationen und hängen mit der Dichteabnahme des Gases in der Haupthülle zusammen. Die veränderliche Ausstrahlung der Gase in der ausgedehnten Hülle verursacht Schwankungen der Spitzen. Während der sekundären Maxima ist die Ausstrahlung größer und die Emissionsbanden füllen den Raum zwischen den Spitzen auf. Die Elektronentemperatur wurde zu 5900° geschätzt. Sie war während der untersuchten Zeit praktisch konstant. Perek

Sterne **36** 212—213. Die chemische Zusammensetzung der Nova Herculis 1934. — Ref.

VdS Nachr. **9** 71—73. Die Nova Herculis von 1934 als Bedeckungsveränderlicher. E. Heckscher.

12615. Nova Herculis 1960 (Hassel)

AAVSO Abstr. Oct. 1960 S. 6—7. Identification of Nova Herculis, 1960. T. A. Cragg.

AAVSO Abstr. Oct. 1960 S. 11. Nova Herculis. M. W. Mayall.

AC Nr. 209 S. 1 (russ.). Nova Herculis 1960.

AC Nr. 209 S. 1—2 (russ.). Brightness of Nova Herculis 1960.

AC Nr. 209 S. 2 (russ.). Observations of Nova Herculis 1960. O. E. Mandel.

AC Nr. 209 S. 2—3 (russ.). Brightness and position of Nova Herculis 1960. A. G. Krylow.

AC Nr. 209 S. 4 (russ.). Nova Herculis = V 446 Her.

AC Nr. 211 S. 8—9 (russ.). Spectral observations of Nova Herculis 1960. N. Iwanowa, R. Oganessjan.

AC Nr. 211 S. 9—11 (russ.). Observations of Nova Herculis 1960 in Aschchabad. I. N. Latyschew, J. L. Trutze.

AC Nr. 211 S. 11 (russ.). Nova Herculis 1960. S. Apriamaschwili.

AC Nr. 212 S. 3 (russ.). Photographic observations of Nova Herculis. J. L. Trutze, I. N. Latyschew. — Helligkeiten von J. D. 2437047 bis 061.

AC Nr. 212 S. 4 (russ.). Brightness of Nova Herculis. A. G. Krylow. — Helligkeiten von J. D. 2437025 bis 029.

AC Nr. 215 S. 4—6 (russ.). Nova Herculis 1960. W. W. Syrowoj.

AC Nr. 215 S. 6—7 (russ.). On Nova Herculis 1960.

AC Nr. 216 S. 3—4 (russ.). Observations of Nova Herculis 1960. W. G. Karetnikow, W. M. Grigorewskij.

AJ **65** 494. Preliminary spectrophotometric observations of Nova Herculis, 1960. A. B. Meinel. — Ref. AAS.

Ark Astr **2** 465—466 = Uppsala Astr. Obs. Medd. Nr. 132. Preliminary report on the radial velocities of Nova Herculis 1960 (Hassel). K.-A. Clemert, Y. Ekedahl.

Astr. Obs. Biul. Vilnius Nr. 2 S. 29—39 (russ. mit litau. und engl. Ref.). Fotometriniai Novos V446 Herculis (1960) stebėjimai. V. Straižys.

BAA Circ 419. Nova. Hassel.

BAA Circ 420. Nova Herculis 1960 (Hassel).

BAV Rundbrief **9** 22. Helle Nova im Sternbild Hercules. F. Dörr, W. Quester, H. Neubrand, W. Braune.

BSAF **74** 143. Nova Herculis 1960 (Hassel).

BSAF **74** 166. Nova Herculis 1960. R. Weber.

BSAF **74** 211. Nova Herculis 1960. Y. Delaporte.

BSAF **74** 382—384. Observations photographiques de Nova Herculis 1960 (mars-juillet 1960). R. Weber.

BSAF **74** 470—471. Observations photographiques de Nova Herculis 1960 (juillet-novembre 1960). R. Weber.

Coelum **28** 85. Nova Herculis 1960.

CR **250** 2132—2133 = Publ. Obs. Haute Provence **5** Nr. 13. Le spectre de la Nova Herculis 1960. C. Fehrenbach. — Drei Spektren der Nova Herculis 1960, die am Coudé-Spektrographen des 193 cm-Spiegels in Haute-Provence gewonnen wurden und den Spektralbereich von λ 3300 bis 8750 Å überdecken, werden beschrieben. Aus den Radialgeschwindigkeiten der interstellaren Na- und Ca-Linien wird eine absolute Helligkeit $M = -8$ abgeschätzt. Besonders im Infraroten zeigt das Spektrum eine Reihe von breiten und intensiven Linien, deren Wellenlängen, relative Intensitäten und Identifikationen angegeben werden. J. P. M.

CR **250** 4105—4107 = Publ. Obs. Haute-Provence **5** Nr. 17. Étude spectrophotométrique de Nova Herculis 1960. S. Weniger. — In Spektren der Nova Herculis 1960, erhalten mit einem Flintprismen-Spektrographen, standardisiert mittels eines Halbschattenphotometers, werden die Radialgeschwindigkeiten der einzelnen Komponenten der Emissionslinien und im Anschluß an das bekannte Kontinuum von Be-Sternen die Linienintensitäten relativ zu Hβ gemessen und mitgeteilt. J. P. M.

CR **251** 1969—1971 = Publ. Obs. Haute-Provence **5** Nr. 25. Le spectre de Nova Herculis 1960, de 3100 à 5100 Å. J. Dufay, M. Bloch, D. Chalonge. — Die Entwicklung des Spektrums der Nova Herculis 1960 im Zeitraum von März 11 bis Aug. 29 wird an Hand einer größeren Zahl von Spektren (Coudé-Spektren hoher und mit dem Zwei-Quarzprismen-Spektrograph erhaltene Spektren geringer Dispersion) eingehend beschrieben. Dabei zeigt sich, daß für die Anregung der O III- und N III-Linien der Fluoreszenzmechanismus von Bowen verantwortlich ist. Eine Reproduktion von einigen charakteristischen Spektren ist beigefügt. J. P. M.

CR **251** 2289—2291 = Publ. Obs. Haute-Provence **5** Nr. 27. Le spectre de Nova Herculis 1960 dans le proche infrarouge. J. Dufay, M. Bloch, Y. Andrillat. — Die Entwicklung des Spektrums der Nova Herculis 1960 in der Zeit zwischen März 11 und Anfang April im photographischen Infrarot wird beschrieben. Während zunächst die Linie λ 8446 Å des O I vorwiegt, treten später starke Linien des C II und C IV sowie mehrere nicht identifizierte Linien auf, die auch in den Spektren der Wolf-Rayet-Sterne der Sequenzen WC und WN beobachtet werden. J. P. M.

Gaz astr **42** 30—32. Nova Herculis 1960. Honda, Bertaud, Jones, Elias, Nielsen, Quester, Spigl, Tempesti, Coutsogiorgios, Swindin, Robinson, Archer.

Harv Card 1473. Nova. Hassel.

Harv Card 1484. Hassel's Nova Herculis. D. B. McLaughlin.

Harv Card 1501. Nova Herculis 1960. F. M. Stienon.

J. Astr. Soc. Victoria **13** 32. Nova Herculis 1960 (Hassel). L. R. Whitby.

JO **43** 157—158 = Publ. Obs. Haute-Provence **5** Nr. 24. Vitesses interstellaires mesurées dans le spectre de la Nova Herculis 1960. A. Baranne. — Die Entfernung der Nova wird mit Hilfe der Intensität der interstellaren Linien abgeschätzt. FS

Kop Akt Medd 410. Nova Hassel. O. Hassel, P. Darnell, J. Trier, A. V. Nielsen.

Kop Akt Medd 411. Nova Hassel. C. Bertaud.

Kop Akt Medd 412. Nova Herculis 1960 (Hassel).

MN ASSA **19** 177. Observations of Nova Herculis 1960. G. F. G. Knipe.

Monatsber. Deutsch. Akad. Wiss. Berlin **2** 319—322. Das Spektrum der Nova Herculis 1960 am 15. März 1960. N. Richter. — Die Arbeit gibt die Lichtkurve der Nova und die Ergebnisse der Aufnahmen des Spektrums am 60 cm-Cassegrain-Spiegel der Sternwarte Sonneberg: Registrierkurve eines Spektrums, Intensitäten und Breiten der Emissionen, Radialgeschwindigkeiten. C. H.

NAT 1960 S. 69—70. Nova Herculis 1960.
Obs **80** 222. Nova Herculis 1960. C. M. Lowne.
Orion Schaffhausen **5** 861. Nova Herculis 1960. O. Hassel.
Orion Schaffhausen **5** 921. Nova Herculis 1960 (Hassel). E. Leutenegger.
PAT **41** 85—86. Ljusstark nova i stjärnbilden Herkules. G. Larsson-Leander.
Priroda **49** Nr. 5 S. 62—62a (russ.). Nova Herculis 1960. N. P. Kukarkina.
Publ ASP **72** 413—415. Three-color observations of Nova Herculis 1960. L. W. Ross.
Publ ASP **72** 475—477. Identification of Nova Herculis 1960. T. A. Cragg.
RAS New Zealand Circ. Nr. 106 S. 8. Nova Herculis 1960.
Schnellmitt. VdS Nachr. Nr. 2. Helle Nova entdeckt. O. Hassel.
Sky Tel. **19** 414. Nova Herculis 1960.
Sky Tel. **20** 14. Some spectra of Nova Herculis 1960. — Ref. in VdS Nachr. **10** 21—22.
Sterne **36** 238—241. Nova Herculis 1960 (Hassel). N. Richter.
Sternenbote **3** 47—48. Nova Herculis 1960 (Hassel).
Sternenbote **3** 58. Nova Herculis 1960 (Hassel).
UAI Circ 1714. Nova Hassel. O. Hassel.
UAI Circ 1715. Nova Herculis 1960 (Hassel). C. Bertaud, N. Richter, G. Larsson-Leander.
UAI Circ 1716. Nova Herculis 1960 (Hassel). S. Kaho, M. Honda.
UAI Circ 1717. Nova Herculis 1960 (Hassel). A. F. Jones, A. V. Nielsen, Quester, Doerr, Braune, Neubrand, D. S. Evans, P. Corben, P. Tempesti.
UAI Circ 1718. Nova Herculis 1960 (Hassel). L. Rosino, F. Bertola.
UAI Circ 1725. Nova Herculis 1960. Demkina, Kostjakowa, Krasnogorskaja, Manowa, Scharow.
UAI Circ 1727. Nova Herculis 1960 (Hassel). Swindin, Robinson, Archer.
UAI Circ 1728. Nova Herculis 1960 (Hassel). P. Elias.
UAI Circ 1729. Nova Herculis 1960. A. Coutsogiorgos.
UAI Circ 1730. Nova Herculis 1960. F. Becker.
UAI Circ 1735. Nova Herculis 1960. H. S. Spigl.
Univ. Gothenburg Astr. Notes Nr. 4 S. 33—34. Nova Her 1960.
Urania Kraków **31** 111. Odkrycie jasnej Nowej. A. Wróblewski. — Bericht über die am 7. 3. 1960 von Hassel entdeckte Nova und Mitteilung von Helligkeitsschätzungen von J. Erdman und W. Jodłowski in Warszawa (Warschau). E. R.
Urania Kraków **31** 336—339. Zmiany blasku gwiazdy Nowej Herkulesa 1960. A. Biskupski. — Verf. berichtet über die in Polen von ihm und mehreren anderen Beobachtern durchgeführten Helligkeitsschätzungen vom 9. März bis 4. Juni 1960. Unter Zuhilfenahme der in den IAU-Zirkularen veröffentlichten Beobachtungen wird die Lichtkurve gezeichnet. E. R.
VdS Nachr. **9** 46—47. Die Nova Herculis 1960. F. Dörr.
VdS Nachr. **9** 54—55. Berliner Beobachtungen der Nova Herculis 1960. Quester, Neubrand, Dörr, Braune, Weber.
VdS Nachr. **9** 66. Weitere Beobachtungen an der Nova Herculis 1960. W. Quester.
YC Nr. 1566 (japan., engl. und französ.). Nova Herculis 1960 (Hassel). C. Bertaud, N. Richter, G. Larsson-Leander, S. Kaho, I. L. Thomsen, A. F. Jones, A. V. Nielsen, Quester, Doerr, Braune, Neubrand, D. S. Evans, D. R. Palmer, P. Corben, P. Tempesti.
YC Nr. 1567 (japan. und engl.). Nova Herculis 1960 (Hassel). L. Rosino.
YC Nr. 1573 (japan. und engl.). Nova Herculis 1960 (Hassel). Demking, Kostjakowa, Krasnogorskaja, Manowa, Scharow, B. A. Woronzow-Weljaminow, Robinson, Archer, Swindin, P. Elias.
YC Nr. 1576 (japan. und engl.). Nova Herculis 1960. A. Coutsogiorgos.
ZiS **3** 66. Nova zvijezda.

12616. Nova RS Ophiuchi (1933)

AC Nr. 208 S. 20—21 (russ.). Die Helligkeit von RS Ophiuchi. G. A. Starikowa. — Zwischen dem 7. Juli und 26. August 1959 hat sich die Helligkeit der Nova nicht stark verändert; sie lag zwischen $10^m.90$ und $11^m.34$ (pg). Loh.

JBAA **70** 352—353. RS (Nova) Ophiuchi in 1959. R. G. Andrews.

Mem SA It (NS) **31** 251—277. Lo spettro della Nova ricorrente RS Ophiuchi nel massimo del 1958. L. Rosino, S. Taffara, G. Pinto. — Es wird über spektrographische und photoelektrische Beobachtungen von RS Oph während des Maximums 1958 berichtet. 107 Spektrogramme wurden am Cassegrain-Spektrographen des 120 cm-Reflektors von Asiago (Dispersion 42 und 74 Å/mm bei Hγ) und am Newton-Spektrographen (132 Å/mm) erhalten. Die Helligkeitsbestimmungen erfolgten am Newton-Fokus und am 23 cm-Sucherrefraktor. Die festgestellten Änderungen des Spektrums werden beschrieben, Emissions- und Absorptionslinien tabellarisch wiedergegeben. Im letzten Teil wird eine Deutung des beobachteten Phänomens versucht. Die stationären, scharfen, nicht vom Doppler-Effekt beeinflußten Linien weisen auf eine ruhende, gasförmige, den Stern umgebende Hülle hin. Zwei Hypothesen, die sich gegenseitig nicht ausschließen, werden erörtert: Der hohe Anregungsgrad der Hülle kann entweder der fortschreitenden Wirkung der kurzwelligen Strahlung, die von der Nova während und nach der Explosion ausgesandt wurde, oder dem Zusammenstoß von aus der Nova stammender Materie mit der ruhenden Hülle zugeschrieben werden. B. C.

12617. Nova Persei (1901)

AJ UdSSR **37** 686—689 (russ. mit engl. Ref.). Remarks on the explanation of the propagation of a light wave around Nova Per 1901. J. K. Gulak. — Verf. zeigt, daß Couderc in seinen Ausführungen, wonach die Expansionsgeschwindigkeit des hellen Ringes um Nova Persei 1901 die Lichtgeschwindigkeit überschreiten kann, einen Fehler gemacht hat. Es wird jedoch bewiesen, daß trotz des Fehlers in der Ableitung das Ergebnis richtig ist. Dagegen ist Couderes Bestimmung der Entfernung der Nova Persei 1901 unzuverlässig. Ond.

12618. Nova V723 Scorpii (1952)

ApJ **132** 681—688 = Harv Repr Nr. 567. Nova V723 Scorpii 1952. G. de Vaucouleurs. — Die photographische Lichtkurve der Nova ist aus 24 Beobachtungen am Mount Stromlo Observatorium für die Zeit von 1952 Aug. 15 bis Okt. 19 abgeleitet und mit Cape- und Stalinabader Beobachtungen des gleichen Zeitraums verglichen worden. Die Lichtkurve zeigt den typischen Verlauf einer schnell abklingenden Nova und gleicht weitgehend derjenigen der Nova CP Lacertae 1936. Eine Distanzabschätzung führt auf $r = 4.0 \pm 0.3$ kpc. Zi

12619. Nova Scuti (1960)

AC Nr. 217 S. 1—2 (russ.). Nova Scuti 1960. M. W. Saweljewa.

Sky Tel. **21** 260. Nova Scuti.

12620. Nova CT Serpentis (1948)

JBAA **70** 359. Observations of novae during 1956, '57, '58 and '59: CT Serpentis 1948, DQ Herculis 1934, T Coronae Borealis 1866 and 1946. F. M. Holborn.

12621. Nova RR Telescopii

Ann d'Astrophys **23** 516—527 = Harv Repr (2) Nr. 165. The spectrum of RR Telescopii between May 1949 and August 1950. S. R. Pottasch, C. M. Varsavsky. — Kurz vor dem Maximum der langsamen Nova RR Tel, in ihrem größten Licht und kurz danach wurden 1949 Mai 7, Juni 4, Juli 28, Okt. 10 und 1950 Aug. 2 Objektivprismen-Spektrogramme (3880—5170 Å) mit einer Dispersion von 36 Å/mm bei Hγ am 13″ Boyden-Refraktor in Bloemfontein (Süd-Afrika) erhalten. Die gemessenen Absorptions- und Emissionslinien, ihre Intensitäten und

Identitäten sind in Tabellen wiedergegeben, denen sich ausführliche Bemerkungen über Veränderungen, über die Intensitätsverteilung im Kontinuum, über Farbtemperaturen und Radialgeschwindigkeiten anschließen. Bey.

BSAF **74** 121—128. RR Telescopii, curieuse nova du ciel austral. C. Bertaud.

12622. Nova Triangulum Australis (1960)

BAA Circ 423. Nova in Triangulum Australis.
BSAF **74** 238, 285. La Nova dans la constellation du Triangle austral.
Harv Card 1486. Nova in Triangulum Australe.
J. Astr. Soc. Victoria **13** 38. Nova TrA (1960).
UAI Circ 1727. Nova in Triangulum Australis.
UAI Circ 1728. The Nova in Triangulum Australis. Westerman, Hogg.
VdS Nachr. **9** 78. Eine Nova im südlichen Dreieck?
YC Nr. 1574 (japan. und engl.). Nova in Triangulum Australis.
YC Nr. 1576 (japan. und engl.). The Nova in Triangulum Australis.

Supernovae

12623. **S. Archer,** The supernova in NGC 4496. UAI Circ 1736.

12624. **R. A. Becker, W. A. Fowler,** Abundances of the rare-earth nuclei produced by rapid neutron capture in supernovae. Phys. Rev. (2) **115** 1410—1414, 1959. — Ref. in Phys. Ber. **39** 1979.

12625. **S. van den Bergh,** A recalibration of the luminosities of supernovae. ZfA **49** 201—205. — Bei 52 unter 64 bekannten Supernovae ließ sich aus der Radialgeschwindigkeit des Nebelhaufens oder des Nebels oder mittels seiner Leuchtkraftklasse der Entfernungsmodul und damit (zum Teil extrapolatorisch) die absolute Maximalhelligkeit der Supernovae bestimmen. Weist man Supernovae mit unbekanntem Spektrum dem Typ I oder II zu, je nachdem M_{pg}(max) $\gtreqless -17.0$, so ergibt eine gewogene Mittelung $\overline{M}_{pg}$(max) $= -18.7 \pm 0.3$ (m. F.) für Typ I, -16.3 ± 0.3 für Typ II ($\sigma = 1^m\!.1$ bzw. $0^m\!.7$). Ferner werden die Häufigkeiten der Maximalhelligkeiten sowie die Verteilung der Supernovae auf Nebel verschiedener Leuchtkraftklassen und Typen angegeben. Während die Supernovae II erwartungsgemäß nur in Sb- und Sc-Nebeln erschienen, wurden in irregulären Nebeln ausschließlich 3 Supernovae I beobachtet. Gü.

12626. **S. van den Bergh,** An optical search for possible supernova remnants. ZfA **51** 15—18. — Nachdem mehrere Radioquellen nachträglich mit Nebeln fasriger Struktur als Überbleibsel früherer Supernova-Ausbrüche (z. B. Crab-Nebel) identifiziert werden konnten, wird hier umgekehrt der Versuch gemacht, nach solchen Nebeln als mögliche Radioquellen auf Himmelsphotographien zu suchen. Auf Kopien von Rotaufnahmen der Palomar-Überwachung haben die in Betracht kommenden faserförmigen Nebel sehr scharfe Filamente, die kraus durcheinanderlaufen (Filamente vom Typ 3). Von aufgefundenen 9 Feldern mit solchen Filamenten sind bereits 6 als Radioquellen bekannt. Struktur und Flächenhelligkeit dieser Filamente lassen vermuten, daß sie ihren Ursprung im Zusammenprall der rasch expandierenden Hüllen der Supernovae mit interstellaren Wolken haben. Bey.

12627. **F. Bertola, K. Wurm, L. Rosino, H. Huth,** The supernova in NGC 4496. UAI Circ 1723, YC Nr. 1570 (japan. und engl.).

* * **F. Biraud, J. Lequeux, É. Le Roux,** Interferometric measurements of Cygnus A, Sagittarius A, Virgo A and the Supernovae of Tycho Brahe and Kepler. Vgl. Ref. 13403.

12628. **M. Bloch, D. Chalonge, J. Dufay,** Spectre de la supernova 1960, dans N. G. C. 4496. CR **250** 3952—3954 = Publ. Obs. Haute-Provence **5** Nr. 16. — Es werden mit verschiedenen Spektrographen gewonnene Spektren der Supernova 1960 in NGC 4496 beschrieben. Es handelt sich um eine Supernova vom Typ I. Die Wellenlängen der Maxima und der am besten definierten Minima des welligen Spektrums stimmen fast genau mit den entsprechenden bei der Supernova 1937 in IC 4182 gemessenen Werten überein. Daraus läßt sich auf eine praktisch gleiche Radialgeschwindigkeit der beiden Objekte schließen. Dieser Umstand wird diskutiert. J. P. M.

* * **H.-y. Chiu, P. Morrison,** Neutrino emission from black-body radiation at high stellar temperatures. Vgl. Ref. 5111.

12629. **I. M. Gordon,** Outbursts of supernovae and the origin of cosmic rays. AJ UdSSR **37** 246—255 (russ. mit engl. Ref.). — In Fortführung früherer Arbeiten werden nach ausführlicher Diskussion von thermischer Strahlung, Cf^{254}-Spaltung und Be^{7}- und Fe^{59}-Zerfall folgende Schlüsse gezogen: Die Supernova-Strahlung ist hauptsächlich Synchrotronstrahlung relativistischer Elektronen und Positronen wesentlich sekundären Ursprungs. Der Primärprozeß besteht in Beschleunigung von Protonen und Kernen. Die Annahme des sekundären Ursprungs der strahlenden Teilchen erklärt nicht nur den exponentiellen Helligkeitsabfall und andere Eigentümlichkeiten der Lichtkurven vom Typ I, sondern liefert auch eine willkommene Methode zur Bestimmung der Hüllendichte kurz nach dem Maximum. — Während des Ausbruchs und danach sind Supernovae eine wesentliche Quelle schwerer (Kernteilchen) wie leichter (Elektronen und Positronen) kosmischer Strahlung. Verf. (ü., gek.)

12630. **E. Heckscher,** Die Supernova in NGC 4214. VdS Nachr. **9** 119—120.

12631. **C. Hoffmeister,** Suspected supernova. Harv Card 1489, UAJ Circ 1731. — Ort: $20^h 1^m 58^s$, —44° 18!6 (1875.0).

12632. **F. Hoyle, W. A. Fowler,** Nucleosynthesis in supernovae. ApJ **132** 565—590. — Die Explosion einer Supernova vom Typ II erfolgt nach einer katastrophenartigen Implosion des Kerns (massereiche Sterne, $M \approx 30\ M_{\odot}$); beim Typ I kann die Explosion auftreten durch Zünden von entartetem Kernbrennstoff ohne vorherige Implosion, d. h. während der normalen Entwicklung (Sterne etwa mit Sonnenmasse). — Die Bildung der Elemente der Eisengruppe nach dem e-Prozeß findet in Typ II-Supernovae statt, die Synthese der neutronenreichen Isotope der schweren Elemente nach dem r-Prozeß in Typ I-Supernovae. Bk.

12633. **M. L. Humason, H. S. Gates,** The 1959 Palomar supernova search. Publ ASP **72** 208—209. — Im Rahmen der internationalen Supernovae-Suche wurden 1959 mit dem 48″-Palomar-Schmidt-Spiegel rund 4000 Galaxien in 64 Feldern überwacht. Zusammen mit 2 Objekten, die nachträglich auf 1958 erhaltenen Platten gefunden worden sind, wurden 6 neue Supernovae entdeckt. Zur Identifizierung sind photogr. Aufsuchungskarten großen Maßstabes beigefügt. Bey.

12634. **M. L. Humason,** Supernova. Harv Card 1489, UAI Circ 1731. — Bei bzw. in NGC 4096.

12635. **M. L. Humason,** Supernova in NGC 4496. Harv Card 1480, UAI Circ 1721, YC Nr. 1569 (japan. und engl.).

12636. **H. Huth, M. L. Humason, S. Archer, A. F. Jones, P. Tempesti,** Supernova Humason. Gaz astr **42** 32—33.

12637. **A. F. Jones,** Supernova in NGC 4496. UAI Circ 1725, YC Nr. 1571 (japan. und engl.).

12638. **A. G. Krylow,** Brightness and positions of Supernova in NGC 4496. AC Nr. 211 S. 1 (russ.).

12639. **W. I. Kulikow,** Observations of Supernova in NGC 4496. AC Nr. 212 S. 2 (russ.).

12640. **W. I. Kulikow,** Supernova in NGC 4496. AC Nr. 215 S. 2—4 (russ.).

12641. **W. L. Kurt,** Remnants of unknown supernovae. Priroda **49** Nr. 8 S. 87—88 (russ.).

12642. **D. B. McLaughlin,** Possible absorption lines in spectra of three supernovae. AJ **65** 54. — Ref. AAS.

12643. **G. Romano,** Una supernova scoperta nella nebulosa extragalattica NGC 4374. Vgl. AJB **57** Ref. 11328 = Oss. Astr. Padova Comun. Rassegne Nr. 1.

12644. **R. K. Schachbasjan,** Prediscovery observations of the Supernova in NGC 4921. AC Nr. 216 S. 1—2 (russ.).

12645. **R. K. Schachbasjan,** Beobachtungen der Supernova (1959) im Coma-Haufen in der Zeit vor ihrer Entdeckung. Mitt. Obs. Bjurakan Nr. 28 S. 33—35 (russ. mit armen. Ref.). — Mitteilung einiger Blau- und Orangehelligkeiten dieser Supernova in NGC 4921. Loh.

12646. **I. S. Schklowskij,** On the nature of supernovae. AJ UdSSR **37** 369—380 (russ. mit engl. Ref.). — Zur Bestimmung individueller Entfernungen von Supernovae gibt Verf. eine ähnliche Methode an wie zur Entfernungsbestimmung von planetarischen Nebeln. Für 15 Radionebel, welche als Reste von Supernovae des Typs II (weiterhin «S II») anzusehen sind, werden die Entfernungen berechnet. Es wird gezeigt, daß die «S II» ein äußerst flaches System bilden. Es wurden auch einzelne Assoziationen von Radionebeln beobachtet, die mit O-Assoziationen zusammenfallen. Verf. schließt, daß ein bedeutender Teil von O-, B-Sternen am Ende ihrer Entwicklung zu «S II» werden. Die kinetische Energie der «S II» beträgt 10^{51}—10^{52} erg, die der Supernovae vom Typ I ist 10^3—10^4 mal kleiner. Das Verhältnis der beim Ausbruch einer «S I» ausgestrahlten Energie zur kinetischen Energie der Hülle ist etwa 10^3 mal größer als dasselbe Verhältnis bei «S II». Verf. schließt, daß die Strahlung beim Typ I keine Wärmestrahlung ist, dagegen aber beim Typ II, wobei als Energiequelle wahrscheinlich Neutronenzusammenbruch anzusehen ist. «S II» entstehen aus einem Medium, das mehr schwere Elemente enthält als das Medium, aus welchem «S I» entstehen. Ond.

12647. **P. Tempesti,** Supernova in NGC 4496. UAI Circ 1734.

12648. **M. F. Walker,** Three-color photoelectric observations of the supernova in NGC 7331. Publ ASP **72** 127—128 = Contr. Lick Obs. (2) Nr. 104. — Die mit dem Crossley-Reflektor 1959 Juli 14, Aug. 13 und Sept. 7 gewonnenen lichtelektrischen Helligkeiten im U, B, V-System führen in Verbindung mit dem von Humason und anderen ermittelten Entfernungsmodul auf eine absolute Maximumshelligkeit von $M_B = -16^m0$. Der Lichtabstieg weicht vom mittleren Supernova-Typ II erheblich ab. Bey.

12649. **P. Wild,** Entdeckung von Supernovae in den Spiralnebeln NGC 4496 und NGC 4096. Orion Schaffhausen **5** 912—913.

12650. **P. Wild,** Light curves of the supernovae of 1954. Publ ASP **72** 97—105. — Für die vom Verf. mit dem 18zölligen Palomar-Schmidt-Spiegel im Jahre 1954 in den Nebeln NGC 5668, 4214 und 5879 entdeckten 3 Supernovae werden die beobachteten photographischen Helligkeiten mitgeteilt. Für die in den beiden erstgenannten Nebeln gefundenen Supernovae sind Aufsuchungskarten und Verzeichnisse der benutzten Vergleichssterne sowie Lichtkurven, die sich über 120 bzw. 450 Tage erstrecken, wiedergegeben. Von der zuletzt gefundenen Supernova in NGC 5879 konnten infolge ungünstiger Beobachtungsbedingungen nur wenige Einzelbeobachtungen erhalten werden, die auf den Typ II schließen lassen.

Bey.

12651. **B. A. Woronzow-Weljaminow,** Visual remnants of three more Supernovae. AC Nr. 211 S. 25—27 (russ.). — Drei Nebelobjekte ausgeprägter Form werden nach Aufnahmen des Palomar Sky Atlas beschrieben: 1) No. 16 der Liste von Abell (vom Verf. «Meduse» benannt) — $7^h23^m.5$, $+13°27'$ (1900.0; im Aufsatz ist ein Druckfehler: $+23°27'$). Dieses Objekt wird mit der Radioquelle 2C—653 des Katalogs von Ryle und mit einer der Supernovae vom Jahre 829 oder 1430 identifiziert. 2) Objekt $1^h24^m.2$, $+57°50'$ («Halbmond» benannt) — wahrscheinlich Supernova vom Jahre 902 oder 722. 3) No. 72 der Liste von Abell («Halbellipse» benannt) $23^h54^m.1$, $+61°54'$ — wahrscheinlich Supernova vom Jahre 369. In der Nähe ist keine Radioquelle bekannt, eine solche könnte jedoch durch die starke Quelle Cas A überdeckt werden. Ond.

12652. **B. A. Woronzow-Weljaminow, M. W. Saweljewa,** Spectrophotometry of Supernova in NGC 4496. AC Nr. 216 S. 2—3 (russ.).

12653. **F. Zwicky, M. L. Humason, H. S. Gates,** Report on supernovae. AJ **65** 504. — Ref. AAS.

12654. Supernova Humason. AC Nr. 211 S. 1 (russ.). — NGC 4496.

12655. Supernova Humason. BSAF **74** 190. — NGC 4496.

12656. Supernova Humason. BSAF **74** 285. — NGC 4096.

12657. Supernova Hoffmeister? Gaz astr **42** 33.

12658. Supernova Humason. Gaz astr **42** 33.

12659. Supernova i Jomfruen. NAT 1960 S. 69.

12660. Farvetakseringer og en supernovas farveskifte. NAT 1960 S. 151—153.

12661. Report on supernovae. Sky Tel. **20** 334. — Ref. AAS.

12662. Supernova Humason. Sternenbote **3** 96. — NGC 4096.

12663. Supernova in NGC 4496. Sternenbote **3** 96.

12664. Supernova Humason. UAI Circ 1732. — Beobachtung 1960 Juni 20 durch P. Wild, Bern.

12665. Wybuchy gwiazd Supernowych i ewolucja życia na Ziemi. Urania Kraków **31** 268—270. — Ref. der in AJB **57** Ref. **11322** zitierten Arbeit von W. I. Krassowskij und I. S. Schklowskij über den Einfluß von Supernova-explosionen auf die Entwicklung des Lebens auf der Erde. E. R.

12666. Eine Supernova in dem Nebel 4496. VdS Nachr. **9** 64.

12667. Beobachtungen an Supernovae. VdS Nachr. **9** 96.

* * Der Cirrusnebel im Schwan als Überrest einer Supernova. Vgl. Ref. **13136**.

XIV. Diffuse Objekte. Radioquellen. Kosmische Strahlung

§ 131

Emissionsnebel, Reflexionsnebel

13101. **L. H. Aller,** Programs for studies of galactic nebulae in the radio-frequency and optical regions. Vgl. Ref. **1318** S. 331—334.

13102. **I. S. Bowen,** Wave lengths of forbidden nebular lines. II. ApJ **132** 1—17.

13103. **E. A. Dibaj,** On the origin of cometary nebulae. AJ UdSSR **37** 16—22 (russ. mit engl. Ref.). — Kometenförmige Nebel haben oft T Tauri-Veränderliche als Kern und treten häufig zusammen mit diffusen Emissionsnebeln auf, wobei die Spitze des «Kometen» auf den anregenden Stern zeigt. In einer Tabelle sind 15 kometenförmige Nebel angeführt. Offenbar hängen diese Gebilde mit elefantenrüsselartigen Nebelstrukturen zusammen, wie sie entstehen, wenn sich die von einem Stern sehr frühen Spektraltyps ausgehenden Ionisationsfronten durch inhomogene Gasmassen bewegen. Die dabei an besonders dichten Stellen des kalten «Rüssels» sich möglicherweise bildenden Sterne lassen die konische Nebelmasse aufleuchten. Nach dieser Hypothese sind für das Phänomen der kometarischen Nebel also zwei Sterne verantwortlich: Ein «früher» Stern für die Gestalt und ein unregelmäßiger Veränderlicher für die Erleuchtung des Nebels. Petri

13104. **M. W. Dolidse,** On the peripherical systems. AC Nr. 211 S. 20—23 (russ.).

13105. **M. W. Dolidse,** On the peripherical nebula S 153. AC Nr. 211 S. 23—24 (russ.).

13106. **M. W. Dolidse,** On the system S 147. Bull. Astrophys. Obs. Abastumani Nr. 25 S. 111—117 (russ. mit georg. und engl. Ref.). — Das Gebiet von S 147 ist spektroskopisch durchmustert worden. Dabei wurden 58 neue Hα-Sterne gefunden. Vermutlich bilden diese Sterne zusammen mit dem Filament-Emissionsnebel S 147 und der dort aufgefundenen expandierenden Hülle neutralen Wasserstoffs eine kosmische Einheit. Loh.

13107. **F. D. Drake,** Remarks on the radio emission from the Gamma Cygni nebulosity. AJ **65** 51. — Ref. AAS.

13108. **W. C. Erickson,** The occultation of the Crab nebula by the solar corona in June 1959. AJ **65** 344. — Ref. AAS.

13109. **W. C. Erickson,** The occultation of the Crab nebula by the solar corona in June 1959. Publ ASP **72** 167—176. — Um bessere Informationen über die Sonnenkorona zu bekommen, wurde im Juni 1959 bei 26 MHz ($\lambda = 11.4$ m) die Bedeckung des Krebs-Nebels beobachtet, und zwar mit einer komplizierten Dipolanordnung von 1°5 Keulenbreite in EW-Richtung und 30°

in NS-Richtung. Dabei wurde bereits in einem Abstand von 25 Sonnenradien eine Streuung der Radiowellen wahrgenommen, also in noch größerer Entfernung als bisher festgestellt worden war. HHR

13110. **E. Flather, D. E. Osterbrock,** The emission-line spectrum of the Orion nebula. ApJ **132** 18—21. — Im Spektrum des hellsten Teils des Orion-Nebels wurden im Bereich $\lambda\lambda$ 3587—7330 Å die Emissionslinien vermessen (100″-Teleskop, Newtonscher Fokus, Dispersion 86, 114, 110 und 176 Å/mm). Gegenüber früheren Wellenlängenlisten reichen die Messungen im Visuellen und nahen Infraroten zu schwächeren Intensitäten. Frühere Identifikationen werden bestätigt; einige Rekombinationslinien des Si II wurden neu identifiziert, ferner die Linien λ 4881 ($a^5D_4 - a^3H_4$, [Fe III]) und eventuell λ 6401 [Ni III]. Bk.

13111. **R. E. Gerschberg, W. I. Pronik,** On the reality of the peculiar nebula near η Gem. AJ UdSSR **37** 1122—1125 (russ. mit engl. Ref.). — Neueres Beobachtungsmaterial und eine genauere Untersuchung der am 9. Febr. 1951 gewonnenen Aufnahme zeigen, daß auf die Existenz eines ungewöhnlichen Nebels um η Gem durch einen Irrtum geschlossen wurde. Ho.

13112. **R. E. Gerschberg, W. I. Pronik, P. W. Schtscheglow,** The photography of diffuse nebulae in the infrared. Mitt. Astrophys. Obs. Krim **22** 150—151 (russ. mit engl. Ref.). — Bei einem Versuch, die diffusen Nebel mit einem Bildwandler in der Linie [S III] λ 9540 zu photographieren, wurde eine starke Emission im Infraroten bei NGC 6618 entdeckt. Verf. (ü.)

13113. **R. E. Gerschberg,** On the fine filamentary structure and polarization of reflection nebulae. Mitt. Astrophys. Obs. Krim **23** 21—30 (russ. mit engl. Ref.). — Die Eigenschaften der beobachteten Faserstruktur bei einer Reihe von Nebeln werden beschrieben. Verf. versucht zunächst, eine Erklärung für die Bildung einer Faserstruktur in HI-Gebieten ohne Einwirkung äußerer Kräfte zu finden. Er untersucht die Ausbreitung verschiedenartiger Wellen in interstellaren Wolken. Dabei beachtet er besonders den Einfluß von Magnetfeldern, weil die beobachtete Polarisation für eine Ausrichtung der Staubteilchen in einem Magnetfeld spricht. Da keiner der betrachteten Mechanismen zu einer brauchbaren Erklärung führt, wird dann mit einer Energieabschätzung gezeigt, daß die Strahlung benachbarter B-Sterne zur Bildung einer Faserstruktur in relativ kurzer Zeit führen könnte. O. G.

13114. **R. E. Gerschberg, L. P. Metik,** The densities and masses of diffuse nebulae. Mitt. Astrophys. Obs. Krim **24** 148—159 (russ. mit engl. Ref.). — Die Dichten und Massen von 159 diffusen Nebeln wurden aus den Flächenhelligkeiten abgeleitet. Die größten Massen haben (in Sonnenmassen) NGC 2237: 9500, IC 1396: 5300, und IC 410: 3100. Perek

13115. **L. Gratton,** La distancia de Eta Carinae y su relacion con la nebulosa NGC 3372. Vgl. Ref. **1323** S. 65.

* * **G. Haro, E. Chavira, E. Mendoza,** Flare stars in the region of the Orion nebula. Vgl. Ref. **12414.**

13116. **G. H. Herbig,** Emission-line stars in IC 5146. ApJ **131** 516—517 = Contr. Lick Obs. (2) Nr. 100. — Am Crossley-Spiegel wurde bei 24 Sternen im Bereich des Emissionsnebels IC 5146, darunter 5 Veränderlichen, Hα-Emission beobachtet. Sechs der Sterne (17^m0—19^m0 pg) zeigen eine auffallende Anhäufung um BD +46° 3471 (10^m0 pg mit Hα-Emission). Gü.

13117. **J. Herrmann,** Der Cirrus-Nebel im Sternbild Schwan. VdS Nachr. **9** 33—34.

13118. **R. N. Ichsanow,** The nebulae IC 1318a, b, c and interstellar absorption. AJ UdSSR **37** 275—280 (russ. mit engl. Ref.). — Die Absorption im Gebiet der Nebel IC 1318 wurde auf Aufnahmen mit der 640 mm-Kamera des Obs. Krim untersucht. Da die Anzahl von Sternen frühen Spektraltyps in dieser Richtung zum Studium der Absorption nicht ausreicht, wurde die Absorption einiger Dunkelwolken unter der Annahme abgeschätzt, daß sie sich auf Emissionsnebel projizieren, deren Flächenhelligkeit außerhalb der Dunkelwolken gemessen wurde. Es wird begründet, daß der ganze Komplex von Emissionsnebeln in dem untersuchten Gebiet in Wirklichkeit zusammenhängt. Für eine der Dunkelwolken wird unter plausiblen Annahmen die Staubdichte zu mindestens 5×10^{-24} g/cm³ geschätzt. Ein Vergleich von Radio- und Hα-Beobachtungen führt zur visuellen Absorption $A_V = 1\overset{m}{.}8$. Dieser Wert ist wahrscheinlich etwas zu klein, die Photometrie von Sternen in dem Gebiet ergibt im Mittel $A_V = 2\overset{m}{.}5$. Ond.

13119. **R. N. Ichsanow,** Emission nebulae in the region of γ Cygni. Mitt. Astrophys. Obs. Krim **23** 31—45 (russ. mit engl. Ref.). — Für 28 Nebel um γ Cyg wurden mittlere und maximale Intensitäten der Emissionen auf Hα-Aufnahmen gemessen. Bei den Versuchen, die anregenden Sterne zu identifizieren, wurde geprüft, ob der Radius der HII-Region um einen in Frage kommenden Stern genügend groß ist. Für etwa die Hälfte der Nebel ließen sich keine anregenden Einzelsterne finden. Nach Diskussion verschiedener Erklärungsmöglichkeiten wird angenommen, daß die Nebel einen zusammenhängenden Komplex mit einer Gesamtmasse von etwa $2 \times 10^5 M_\odot$ bilden. Die Einzelmassen der Nebel werden abgeschätzt. Für dieses Modell ist die Zahl der anregenden heißen Sterne dann ausreichend, wenn die Annahme richtig ist, daß ein Teil dieser Sterne wegen Schwächung des Lichts durch interstellare Absorption bisher nicht gefunden werden konnte. O. G.

13120. **H. M. Johnson,** Photoelectric photometry of diffuse galactic nebulae and comet Arend-Roland. Publ ASP **72** 10—23. — Für 13 helle diffuse Nebel, die mit Sternen verbunden sind, wurden lichtelektrisch Helligkeiten und Farbenindizes (V, B—V, U—B), sowie Polarisationsgrad und Polarisationswinkel in den drei Wellenlängenbereichen und schließlich eine Maßzahl für das Auftreten von Hβ-Emission gemessen. Die Beobachtungen werden mit den Ergebnissen anderer Beobachter verglichen. Die Polarisationsmessungen zeigen, daß die Orientierung der streuenden Partikel teilweise mit der Filamentstruktur der Nebel verbunden ist. Für den Kometen Arend-Roland wurden die Polarisationsmessungen ohne Farbfilter durchgeführt. O. G.

* * **H. M. Johnson,** An absolute isophotometry of the southern Milky Way and two fields in Orion. Vgl. Ref. **14414**.

13121. **J. Lequeux, J. L. Steinberg,** La nébuleuse du Crabe résidu de l'explosion de la supernova de 1054 et son rayonnement synchrotron. La Nature **88** 89—93.

13122. **D. S. Mathewson, M. I. Large, C. G. T. Haslam,** Radio emission from the Cygnus Loop. MN **121** 543—550. — Das hohe Auflösungsvermögen und die hohe Empfindlichkeit der 75m-Parabolantenne von Jodrell Bank bei 408 MHz werden für eine detaillierte Untersuchung der «Radiohelligkeit» der Cygnus-Loop-Quelle ausgenutzt, um damit ihre Beziehungen zu den optisch sichtbaren Strukturen (wahrscheinlich den Überresten einer Supernova vom Typ II) zu ergründen. Man findet drei Radiointensitätsmaxima: A) Das Hauptmaximum liegt im optisch schwach sichtbaren südlichen Teil; B) das zweithöchste Maximum fällt mit dem hellen mohrrübenförmigen Nebelgebilde im Nordosten zusammen; C) das dritthöchste Maximum liegt bei dem westlichen Nebelgebilde (NGC 6992—5), hat eine ähnliche Form und Größe, ist jedoch um 12′ zum Expansionszentrum hin verschoben. Ferner wurde versucht, den Anteil der thermischen, bzw. der nicht-thermischen Komponente an der Gesamtradiostrahlung durch Bestimmung des Spektralindex an verschiedenen Punkten der Quelle mit Hilfe von Messungen bei 158 MHz mit derselben Antennenanlage abzuschätzen. HHR

13123. **T. K. Menon,** Electron density distribution in the Orion nebula. AJ **65** 350—351. — Ref. AAS.

13124. **W. I. Moros,** The radiation flux from the Crab nebula at λ 2μ and some conclusions on the spectrum and magnetic field. AJ UdSSR **37** 265—274 (russ. mit engl. Ref.). — Verf. bestimmt unter der Annahme, daß Zyklotronstrahlung relativistischer Elektronen für die Emission des Zentralteils des Crab-Nebels auch im Spektralbereich 0.4—2.2 μ verantwortlich ist, den monochromatischen Fluß bei 2.2 μ (1.3×10^{-25} W m^{-2} Hz^{-1}), den Spektralexponenten (α = const = 0.35), das mittlere Magnetfeld (10^{-4} Gauß) und die mittlere kinetische Energie der relativistischen Elektronen (10^{-7} erg/cm^3). Die Gesamtmasse ergibt sich zu etwa einer Sonnenmasse. Oster

13125. **D. E. Osterbrock, R. E. Stockhausen,** Photoelectric photometry of diffuse nebulae. ApJ **131** 310—321. — Für zwei diffuse Nebel wurde die Emissionslinienstrahlung in Hβ mit einem kleinen Teleskop (5″ Apertur, F/5) in Verbindung mit Interferenzfiltern und einem photoelektrischen Photometer gemessen. Die für einen dieser Nebel bekannte Strahlung im Radiofrequenzbereich wurde mit der Hβ-Strahlung verglichen, um die Theorie des Wasserstoff-Rekombinationsspektrums zu prüfen. — Die Berechnung des Strahlungsstroms der ionisierenden kontinuierlichen Lyman-Strahlung der heißen Sterne in den Nebeln aus den Messungen von Hβ und der Radiostrahlung (Methode nach Zanstra) ergibt etwas kleinere Werte für den Strahlungsstrom als die aus Modellatmosphären abgeleiteten. Diese Diskrepanz läßt sich verstehen, wenn die UV-Strahlung der heißen Sterne im Nebel nicht vollständig absorbiert wird. Bk.

13126. **J. N. Parijskij,** On connection between hydrogen lines radiation and radio emission of gas nebulae. A new method of determination of distances to nebulae. Mitt. Astr. Hauptobs. Pulkowo **21** Nr. 5 (164) S. 54—61 (russ. mit engl. Ref.). — Für 32 Nebel werden auf Grund der entwickelten Formeln und unter Berücksichtigung der Verteilung absorbierender Materie die Entfernungen, Abmessungen, Elektronendichten und Massen angegeben. Petri

13127. **S. R. Pottasch,** Comments on some physical processes in diffuse nebulae. Ann d'Astrophys **23** 749—763. — Als Mechanismus für die Emission diffuser Nebel im sichtbaren Spektralbereich überwiegt die Zwei-Quanten-Emission vom metastabilen 2s-Term des neutralen Wasserstoffs gegenüber frei-frei und frei-gebundenen Emissionsvorgängen. Aus dem gemessenen Kontinuum (Schajn, Hase, Pikelner (1954)) werden für neun diffuse Nebel die Besetzung des 2s-Niveaus sowie die Elektronendichte berechnet. Weiterhin werden die Besetzung des 2. Quantenzustands des Wasserstoffs und die optische Tiefe im Zentrum von Hα ($\tau \approx 1 \ldots 6$) erhalten. Aus dem sichtbaren Kontinuum wird die ionisierende UV-Strahlung des anregenden Sterns berechnet. Es wird der Transport der Lα-Strahlung in den Nebeln diskutiert. Bk.

13128. **W. I. Pronik,** The electron temperature, density and mass of NGC 6523. Mitt. Astrophys. Obs. Krim **23** 3—20 (russ. mit engl. Ref.). — Aus Filteraufnahmen von NGC 6523 wurde die Helligkeitsverteilung für verschiedene Emissionen erhalten. Die Stärke der Emissionen relativ zu Hβ wird mit Ergebnissen anderer Autoren verglichen. Die Elektronentemperatur nimmt vom Zentrum ($T_e \approx 8500°$) des Nebels nach dem Rand ($T_e \approx 7600°$) ab. Die kontinuierliche Emission bei λ 6000 Å ist eng mit Hβ korreliert. Um den anregenden Stern HD 164794 (O5) herum ist eine [OIII]-Emissionszone ausgebildet.

Die viel geringere Ionisation um HD 165052 (O7) zeigt an, daß dieser Stern nicht im Nebel steht. Die erhaltenen Werte für die Elektronendichte und für die Gesamtmasse (aus der Intensität von Hβ) werden mit den Ergebnissen anderer Autoren verglichen. Die Elektronendichte wird auch aus dem Radius der HII-Region in verschiedenen Richtungen berechnet und von gleicher Größe wie aus den Hβ-Intensitäten gefunden. O. G.

* * **L. J. Robinson,** Variable stars in the Orion nebula. Vgl. Ref. **12451**.

13129. **D. A. Roshkowskij,** Photometrische Untersuchung reflektierender Nebel. I. Mitt. Astrophys. Inst. Alma-Ata **10** 15—27 (russ. mit engl. Ref.). — Inhalt: 1. Der beobachtete Zusammenhang der Reflexionsnebel (RN) mit Dunkelwolken; 2. Der Winkeldurchmesser der RN; 3. Die scheinbare Struktur der RN; 4. Die Helligkeitsgradienten der RN; 5. Bemerkungen aus Anlaß der Wahl eines räumlichen Modells für einen RN. Loh.

13130. **M. J. Seaton,** Problems of nebular photometry. Vgl. Ref. **1318** S. 360—365.

13131. **V. Vanýsek,** About the emission nebula η Carinae. RH **41** 47—50 (tschech.).

* * **V. Vanýsek,** Dust particles in comets and in reflection nebulae. Vgl. Ref. **9132**.

13132. **G. de Vaucouleurs,** Emission nebulosities near the south pole. — II. Obs **80** 106—109 = Harv Repr Nr. 554. — Verf. beschreibt mehrere auf Blauplatten sichtbare lichtschwache Nebel der Südpolgegend, speziell ein sehr langes Filament in Reticulum, das, wie andere, nicht zur benachbarten Großen Magellanschen Wolke gehören dürfte. hz

13133. **B. Westerlund,** Note on the emission nebulosity surrounding HD 148937. Ark Astr **2** 467—471 = Uppsala Astr. Obs. Medd. Nr. 133. — Verf. beschreibt die Emissionsnebel in der Umgebung von HD 148937. Das Spektrum des Sterns wird ebenfalls beschrieben. Groth

* * **B. Yada,** Study of an III envelope in a galactic nebula — interpretation of the spectrum of the Orion nebula. Vgl. Ref. **5226**.

13134. Flare stars in Orion. Sky Tel. **20** 334—335. — Ref. AAS.

13135. Infrarot-Spektrum des Orion-Nebels. Sterne **36** 210—211. — Ref.

13136. Der Cirrusnebel im Schwan als Überrest einer Supernova. Sterne **36** 245—246. — Ref.

§ 132

Planetarische Nebel

13201. **Y. Andrillat, H. Andrillat,** La rotation de la nébuleuse planétaire II 4997. JO **43** 57—60 = Publ. Obs. Haute-Provence **5** Nr. 2. — Aus UV-Spektren hoher Dispersion finden Verf. eine Rotation des planetarischen Nebels II 4997. Groth

13202. **C. E. R. Bruce,** Cosmical electrical discharges. II. Spiral stellar nebulae. J. Inst. Electr. Engineers **6** 534—536. — Ref. in Phys. Abstr. (A) **64** 899.

13203. **A. Burgess, M. J. Seaton,** The abundance of oxygen in the planetary nebula NGC 7027. MN **121** 76—96. — Aus der Diskussion beobachteter Linienintensitäten werden die Häufigkeiten der verschiedenen Ionisationsstufen des Sauerstoffs im planetarischen Nebel NGC 7027 abgeleitet. FS

13204. **E. R. Capriotti, C. T. Daub,** Hβ and [O III] fluxes from planetary nebulae. ApJ **132** 677—680. — Es wurde photoelektrisch mit Hilfe eines 36 inch-Cassegrain-Spiegels und eines Spektrographen der Energiefluß F in Hβ und [O III] N_1 und N_2 an 15 planetarischen Nebeln gemessen. Die Kalibrierung erfolgte über Messungen an hellen Sternen mit kontinuierlichen Spektren bei $\lambda = 4959$ Å bzw. 5007 Å; für Hβ wurde das Kontinuum durch Interpolation bestimmt. Die Absoluteichung wurde mit Hilfe der Sonnengrößenklasse und der Solarkonstanten bestimmt. Für das Intensitätsverhältnis F (N_1)/F (N_2) ergab sich 3.05 (theoretischer Wert 3.00). Thi.

13205. **M. Chopinet, R. Duflot,** Sur quelques spectres de nébuleuses obtenus à l'aide de la caméra électronique. CR **250** 1803—1804 = Publ. Obs. Haute-Provence **5** Nr. 12. — Ref. in Sterne **37** 177. — Es wird über Spektren von planetarischen und extragalaktischen Nebeln berichtet, die am 120 cm-Spiegel (Haute-Provence) mit Hilfe der elektronischen Kamera gewonnen wurden. Die Objekte mit Gesamthelligkeiten von nur 10^m bis $12^m.5$ konnten in 5 bis 15 Minuten aufgenommen werden. In 4 Abbildungen werden Beispiele der Spektren gegeben. J. P. M.

13206. **E. Chvojková,** A contribution on planetary nebulae. BAC **11** 23—27. — Während sich unmittelbar nach dem Aufleuchten einer UV-Quelle innerhalb einer kühlen HI-Wolke zunächst um die Quelle herum ein HII-Gebiet bildet, das von außen gesehen wie ein diffuses Planetenscheibchen erscheint, bewirkt im weiteren Verlauf der Ionisation die Erwärmung des Gases eine Verdünnung. Zugleich dringt die Ionisation weiter nach außen vor, wobei sich um den nunmehr schwächer leuchtenden Innenraum eine Schale stärkerer Emission bildet, die in Expansion begriffen ist. Dagegen kommt das vollständig ionisierte, verdünnte Gas des Innenraums bald zur Ruhe und ähnelt so der NeV-Zone mancher planetarischer Nebel. In etwa 10^2 a nimmt das Modell auf diese Weise das Aussehen eines planetarischen Ringnebels an. Man kommt also für die Erklärung der Entstehung der planetarischen Nebel auch ohne die Annahme eines Materieauswurfes aus dem Zentralstern aus. Gü.

13207. **L. S. Copeland,** An amateur's tour of planetary nebulae. Sky Tel. **19** 214—217.

13208. **G. A. Gursadjan,** New two-shell planetary nebulae. DAN **133** 1053—1055 (russ.). — In einer Tabelle werden 8 planetarische Nebel mit doppelter Hülle angeführt, zu denen noch mindestens 2 weitere kommen: NGC 7008 und an. $22^h\,17^m$. Damit erhöht sich die Zahl dieser Objekte auf insgesamt etwa 30. Vermutlich sind auch die sogenannten «ringförmigen» Nebel solche mit doppelter Hülle. Die Differenz des Durchmessers beider Hüllen ist in erster Näherung proportional der Temperatur des Kerns und umgekehrt proportional dem Quadrat der Expansionsgeschwindigkeit der primären Hülle. Die mittlere Oberflächenhelligkeit der zweiten Hülle ist bei allen Nebeln fast konstant. Es handelt sich demnach wirklich um eine dünne Hülle (keine Sphäre), die als reguläre Späterscheinung der Entwicklung planetarischer Nebel gelten kann. Petri

13209. **H. M. Johnson,** The planetary nebula NGC 2818. Publ ASP **72** 418—420 = Steward Obs. Repr. Nr. 38. — Mit dem 74 inch-Reflektor und einem Zeiss-Prismenspektrographen wurden für eine Reihe von Emissionslinien beim planetarischen Nebel NGC 2818 Linienintensitäten und Durchmesser der Nebelbilder bestimmt. Aus den Intensitätsverhältnissen und der Flächenhelligkeit ergibt sich, daß das Gas in relativ zu anderen Nebeln sehr starker Konzentration in voneinander getrennten Einzelwolken vorhanden sein muß. Thi.

13210. **L. Kohoutek,** On the determination of distances of planetary nebulae. BAC **11** 64—68. — Für einen gegebenen planetarischen Nebel wird die Differenz ΔM zwischen der absoluten Helligkeit des Nebels und der absoluten bolometrischen Helligkeit des Zentralsterns als zeitlich konstant, also unabhängig vom Entwicklungszustand des Nebels betrachtet. Wie gezeigt wird, kann ΔM als Maß für die Masse eines Nebels dienen. Die von Schklowskij unter der Annahme einer einheitlichen mittleren Nebelmasse abgeleiteten Entfernungen von planetarischen Nebeln werden wegen der Streuung der Einzelmassen verbessert. O. G.

13211. **L. Kohoutek,** The distances of planetary nebulae. RH **41** 201—209 (tschech.).

13212. **R. Minkowski, D. E. Osterbrock,** Electron densities in two planetary nebulae. ApJ **131** 537—540. — Direkte Aufnahmen im Licht verschiedener Linien mit dem 200″-Teleskop deuten darauf hin, daß die beiden planetarischen Nebel NGC 6720 (Ringnebel in der Leier) und NGC 650—1 die Form eines abgeplatteten Ringes haben (NGC 650—1 wird von der Seite her gesehen). Die Elektronendichten, gemessen aus den Intensitätsverhältnissen der Linien [O II] λ 3729/λ 3726, sind in NGC 6720 größer als in NGC 650—1, haben jedoch eine sehr ähnliche Verteilung. Daher läßt sich wahrscheinlich auf ähnliche Form beider planetarischer Nebel schließen. Bk.

13213. **D. E. Osterbrock,** Electron densities in planetary nebulae. ApJ **131** 541—548. — Messungen des Intensitätsverhältnisses der Linien [O II] λ 3729/λ 3726 in mehreren planetarischen Nebeln zeigen, daß in makroskopischer Skala keine extrem großen Schwankungen der Elektronendichte auftreten (Bereich etwa 1.5 : 1 in dem Elektronendichtenverhältnis). Zwischen Flächenhelligkeit und Elektronendichte besteht eine systematische Beziehung, wie sie erwartet wird, wenn alle planetarischen Nebel ähnliche Masse und Temperatur haben und von einem kleinen, dichten Objekt ausgehend expandieren. — Für die Masse von NGC 3587 wird 0.02 $M_\odot$ abgeleitet. Bk.

13214. **M. Peimbert, G. Bátiz,** Nuevas nebulosas planetarias. Bol. Obs. Tonantzintla y Tacubaya Nr. 19 S. 19—20. — Beschreibung von 10 mit dem Schmidt-Spiegel in Tonantzintla neu aufgefundenen und mit Objektivprisma identifizierten planetarischen Nebeln. Gü.

13215. **L. Perek,** New planetary nebulae. BAC **11** 256.

13216. **N. A. Rasmadse,** Superdense planetary nebula. AC Nr. 209 S. 20—21 (russ.). — Der planetarische Nebel Nr. 8 des Katalogs von B. A. Woronzow-Weljaminow zeichnet sich durch sehr starke O III-Intensität bei 4363 Å und sehr schwache N_1- und N_2-Linien aus. Daraus folgen für Elektronentemperaturen von 10000° bzw. 30000° Elektronendichten von 2.8×10^7 bzw. 10^6 Elektronen pro cm^3, gegenüber höchstens 10^5 bei anderen planetarischen Nebeln. Petri

13217. **N. A. Rasmadse,** A superdense planetary nebula. AJ UdSSR **37** 342—344 (russ. mit engl. Ref.). — Spektralaufnahmen schwacher planetarischer Nebel mit dem Objektivprisma auf dem 70 cm-Maxutow-Teleskop in Abastumani zeigten ein Objekt (No. 8 des Katalogs von Woronzow-Weljaminow) mit anomal großem Intensitätsverhältnis λ 4363/(N_1 + N_2). Verf. zeigt, daß dies durch Annahme einer großen Dichte erklärt werden kann. Für Temperaturen von 10000° und 30000° werden Elektronendichten von 2.8×10^7 und $10^6/cm^3$ abgeleitet. Ond.

13218. **N. A. Rasmadse,** Spectrophotometry of faint planetary nebulae. AJ UdSSR **37** 1005—1007 (russ. mit engl. Ref.). — Es wurden die planetarischen Nebel Nr. 2, 5, 8, 129, 223, 230, 237, 238, 240, 251, 266 nach der Liste von Woronzow-Weljaminow untersucht. Die Intensitäten einer Anzahl von Emissionslinien im Bereich von 3700 bis 5000 Å wurden gemessen. Perek

13219. **M. J. Seaton,** HI, HeI and HeII intensities in planetary nebulae. MN **120** 326—337. — Die Rekombinationsspektren von H I, He II und He I (2 p-nd Serien) werden berechnet und Ausdrücke zur Berechnung der Häufigkeitsverhältnisse He III/H II und He II/H II aus Linienintensitäten abgeleitet. Im ionisierten Teil eines Nebels ist der Betrag an neutralem He zu vernachlässigen, wenn I (He II, λ 4686)/I (He I, λ 5876) $\geq$ 1.2 ist. Der Vergleich der relativen Intensitäten mit der Beobachtung ergibt für NGC 7662 und NGC 2392 gute Übereinstimmung; bei NGC 7027 könnten systematische Beobachtungsfehler die Intensitätsanomalien der schwachen und infraroten Linien erklären. Das Häufigkeitsverhältnis He/H nach Atomzahlen wurde bestimmt zu 0.20 für NGC 7662, 0.16 für NGC 2392 und 0.19 für NGC 7027. Bk.

13220. **M. J. Seaton,** Planetary nebulae. Rep. Progr. Phys. **23** 313—354. — Ref. in Phys. Abstr. (A) **64** 161.

* * **M. J. Seaton,** Problems of nebular photometry. Vgl. Ref. **13130.**

13221. **B. A. Woronzow-Weljaminow,** Variations in the spectrum of the planetary nebula IC 4997 and their origin. AJ UdSSR **37** 994—1000 (russ. mit engl. Ref.). — Das Verhältnis λ 4363 : Hγ nimmt nicht systematisch ab, sondern es schwankt. Dies kann durch Schwankungen der Temperatur des Kerns verursacht werden. Die Beobachtungen können auch quantitativ gedeutet werden, wenn man annimmt, daß die Korpuskularstrahlung des Kerns gestiegen ist. Dadurch wird der Inhalt an Sauerstoff im Nebel erhöht und die Temperatur herabgesetzt. Perek

13222. **H. Zanstra, L. H. Aller,** Temperature determinations for nuclei of thirteen planetary nebulae. AJ **65** 59. — Ref. AAS.

13223. **H. Zanstra,** Temperature determinations for nuclei of thirteen planetary nebulae. BAN **15** 237—248. — Die 1931 vom Verf. entwickelte Methode zur Bestimmung der Zentralsterntemperaturen planetarischer Nebel aus Emissionslinienintensitäten der Hülle wird auf das von L. H. Aller gewonnene Beobachtungsmaterial von 13 Objekten angewandt. Dabei wird der Stern formal als schwarzer Strahler behandelt und vollständige Absorption der Strahlung angenommen. Aus der Rekombination des Wasserstoffs werden für $\lambda > 228$ Å Temperaturen T_H zwischen 30000° und 50000° erhalten. Bei Vernachlässigung der Elektronenenergie ergeben sich aus den verbotenen Linien um bis zu 10000° niedrigere Temperaturen. Dieser Unterschied wird kleiner, wenn man die Elektronenenergie mit berücksichtigt. Schließlich ergeben sich aus dem He II Spektrum für $\lambda < 228$ Å Temperaturen $T_{He\,II}$, die um 10000° und mehr höher liegen als T_H. Für eine Gruppe von 7 Objekten mit sehr kräftigen He II-Emissionen ist die aus den verbotenen Linien abgeleitete Temperatur größer als T_H, wofür Lα von He II verantwortlich zu sein scheint. Ee.

13224. Nueva nebulosa planetaria. El Universo **14** 178. — Betrifft NGC 6164—65.

§ 133

Interstellare Materie

13301. **J. E. Baldwin, P. R. R. Leslie,** Radio emission from the Cygnus Loop. MN **120** 72—78. — Beobachtungen des Cirrus-Nebels im Schwan mit dem Cambridge-Radioteleskop bei 178 MHz — ergänzt durch Beobachtungen bei 160, 81.5 und 38 MHz — ergaben, daß die Hauptradioquelle ein Grad südlich vom Zentrum des Nebels in einem Gebiet relativ geringer optischer Strahlung liegt und eine Größe von 1°4 in AR und 2° in Deklination hat. Die Grenzen der Radioquelle stimmen gut mit denen des sichtbaren Nebels überein. Der ermittelte Spektralindex von —0.6 läßt vermuten, daß der Hauptanteil der Strahlung nichtthermischen Ursprungs ist, obwohl in einigen Teilen des Nebels überwiegend thermische Strahlung festgestellt wurde. HHR

13302. **A. Behr,** Interstellar polarization in the local spiral arm. AJ **65** 49—50. — Ref. AAS.

* * **T. S. Beljakina, P. F. Tschugajnow,** On the precision of the determination of spectral classes and colour excesses of O—A2 stars by the method of two-colour diagrams. Vgl. Ref. **10407**.

13303. **G. E. Brengaus,** On the detection of the radio absorption line of CH interstellar molecules. AJ UdSSR **37** 584—586 (russ. mit engl. Ref.). — Die interstellare Absorption durch CH-Moleküle bei 3150 MHz sollte vor allem im Radiospektrum der Quellen Cas A, Cyg A und Tau A erkennbar sein. Loh.

13304. **A. Burgess, G. B. Field, R. W. Michie,** On the possibility of observing interstellar aluminum. ApJ **131** 529—536. — Die Ionisationsverhältnisse für Aluminium im interstellaren Raum werden diskutiert und — durch Anschluß an die Natriumlinie 3302 Å — abgeschätzt, daß etwa in ζ Per die Äquivalentbreite der Linie 3944 Å des Al I je nach dem Grad der Selbstionisation zwischen 0.9 und 2.7 mÅ liegen sollte. Die bisher nur beobachtete obere Grenze widerspricht diesem Wert nicht. Voigt

* * **B. F. Burke,** The radio-frequency spectrum of H_2^+. Vgl. Ref. **1613**.

13305. **E. T. Byram, T. A. Chubb, H. Friedman,** Ultraviolet radiation from celestial sources. Vgl. Ref. **1330** S. 599—607.

13306. **A. W. Charitonow,** Polarisationsbeobachtungen von Sternen. Mitt. Astrophys. Inst. Alma-Ata **9** 32—34 (russ. mit engl. Ref.). — Für 34 Sterne, die sich in der Nähe von Nebeln befinden, wurde photoelektrisch die Polarisation gemessen. Die Fehler betragen 0.2% im Polarisationsgrad und 5—6° im Polarisationswinkel. Die Polarisationsrichtungen der meisten Sterne sind dem galaktischen Äquator annähernd parallel. Die Übereinstimmung mit den Messungen von Hiltner für 16 weitere Sterne ist gut. Zwei Sterne, BD +56°644 und +57°582, für welche Dombrowskij (vgl. AJB **53** Ref. **12530**) einen veränderlichen Polarisationsgrad angegeben hat, wurden im Zeitraum von 9 bzw. 12 Tagen systematisch verfolgt. Es wurden jedoch keine so großen Änderungen — wie bei Dombrowskij — gefunden. Ond.

13307. **D. S. Chawtassi,** Atlas galaktischer Dunkelnebel. Tiflis, Akad. Wiss. Georg. SSR, 1960. Preis 14 R. 25 Kop. (russ., engl.).

13308. **G. Courtès,** Méthodes d'observation et étude de l'hydrogène interstellaire en émission. Ann d'Astrophys **23** 115—217 = Publ. Obs. Haute-Provence **5** Nr. 9. — Ausführliche Übersicht über die Beobachtungsmethoden interstellarer Emissionslinien. Beschreibung einer neuen Apparatur mit «Réducteur focal» zur Vergrößerung des Öffnungsverhältnisses und mit Perot-Fabry Interferenz-Etalon. Hiermit werden gemessen und eingehend diskutiert: Das Verhältnis [N II]/Hα, Radialgeschwindigkeiten und innere Bewegungen der wichtigsten H II-Regionen. Ausdehnung des Verfahrens auf Nebel mit kleinem Winkeldurchmesser und auf außergalaktische Nebel. Voigt

13309. **G. Courtès, P. Cruvellier,** Mesures interférentielles de la vitesse radiale des régions H II situées dans la direction du Grand et du

Petit Nuage du Sagittaire. Vgl. Ref. **1318** S. 419—421 = Publ. Obs. Haute-Provence **5** Nr. 11.

13310. **N. H. Dieter, B. C. Murray,** Two new applications of 21-cm absorption measurements. AJ **65** 487. — Ref. AAS.

13311. **B. Donn,** On ion clusters in the interstellar gas. ApJ **132** 507—509. — Die von Krassowskij entwickelte Vorstellung von der Entstehung von «Cluster-Ionen» im interstellaren Raum, an deren Oberflächen sich negative Ionen bilden sollen, durch deren Absorption die interstellare Extinktion erklärt werden soll, wird als zu selten nachgewiesen. Sm.

* * **A. E. Douglas, J. R. Morton,** An extension of the $^1\Pi$—$^1\Sigma$ system of CH^+ and the identification of the λ 3579 interstellar line. Vgl. Ref. **1620.**

13312. **M. Duflot,** Étude de l'absorption interstellaire dans la Selected Area 19. CR **251** 512—514 = Publ. Obs. Haute-Provence **5** Nr. 22. — Im Eichfeld 19 werden für alle Sterne heller als etwa 10^m aus Objektivprismenaufnahmen Spektraltyp und Leuchtkraftklasse, aus photoelektrischen Messungen der B—V-Index nach Johnson und Morgan bestimmt. Es zeigt sich, daß man das Gebiet in 4 Untergebiete mit verschiedenen Farbenexzessen und verschiedenen Absorptionen aufzuteilen hat. Die Ergebnisse — die Einteilung in Regionen und ein Diagramm zwischen Farbenexzeß und Entfernung — werden mitgeteilt und diskutiert. J. P. M.

13313. **T. Gehrels,** The wavelength dependence of polarization. II. Interstellar polarization. AJ **65** 470—473 = Publ. Goethe Link Obs. Nr. 41. — Durch Beobachtungen unter verschiedenen Wetterbedingungen wurde der wahrscheinliche Fehler von Polarisationsmessungen mit $\pm 0.07\%$ ermittelt. Die interstellare Polarisation hat bei 6500 Å ein Maximum und nimmt schnell zu längeren Wellen hin zu und langsam zu kürzeren Wellen hin ab. Die Wellenlängenabhängigkeit wird qualitativ dargestellt mit Berechnungen der Extinktion von ausgerichteten Zylindern. Teilchengrößen von 0.05—0.49 μ sind für verschiedene Brechungsindizes abgeleitet. Die Übereinstimmung von Beobachtungen und Berechnungen ist gleich gut für metallische und dielektrische Partikel. Schr.

13314. **J. M. Greenberg, A. S. Meltzer, J. C. Pedersen,** The effect of nonsphericity on the interstellar extinction curve. AJ **65** 52. — Ref. AAS.

13315. **J. M. Greenberg, A. S. Meltzer,** The effect of orientation of nonspherical particles on interstellar extinction. ApJ **132** 667—671 = Rensselaer Obs. Publ. Nr. 20 I. — Die Streuung von Licht an nichtsphärischen Teilchen von der Größe der Wellenlänge wird approximativ berechnet. Es wird ein Modell einer Staubwolke angegeben: Der Streuquerschnitt hängt stark von der Orientierung der Teilchen (im Magnetfeld) ab. Sterne, die längs der Feldlinien der Spiralarme beobachtet werden, zeigen eine beträchtlich größere Extinktion (Faktor 1.5 bei vollständiger Orientierung) im UV relativ zum Visuellen gegenüber Sternen, die quer zu den Feldlinien betrachtet werden. Ein vorläufiger Vergleich dieser Rechnungen mit vorliegenden Beobachtungsdaten ergibt qualitative Übereinstimmung. Bk.

13316. **S. Hayakawa,** Heating of interstellar clouds by suprathermal particles. Publ. Astr. Soc. Japan **12** 110—112. — Im Anschluß an eine Arbeit von Takayanagi und Nishimura (vgl. Ref. **5223**) wird die Dichte von überthermischen Teilchen im interstellaren Raum abgeschätzt, die wesentlich zur Aufheizung interstellarer Gaswolken beitragen sollen. Es ergibt sich etwa 1 Teilchen/cm^2 sec. Els.

13317. **S. Hayakawa,** A possible origin of the ultraviolet radiation from galactic clouds. Publ. Astr. Soc. Japan **12** 113—114. — Es wird versucht, die bei Beobachtungen der galaktischen UV-Strahlung mittels Raketen gefundenen unerwartet hohen Intensitäten (insbesondere bei α Vir) auf die Ionisation durch überthermische Teilchen zurückzuführen. Die erforderlichen Teilchenzahlen müßten danach von der Größenordnung $10^2/cm^2$ sec sein. Els.

13318. **G. H. Herbig,** Observations of interstellar lines. AJ **65** 491. — Ref. AAS.

* * **R. N. Ichsanow,** The nebulae IC 1318 a, b, c and interstellar absorption. Vgl. Ref. **13118.**

* * **C. Iwaniszewska,** Interstellar extinction and distribution of stars in the Sagitta field. Vgl. Ref. **14412.**

13319. **C. Luplau Janssen,** Støvmasserne i Verdensrummet. Urania København **17** 17—19.

* * **S. A. Kaplan, W. G. Kurt,** On the expansion of a sodium cloud in interstellar space. Vgl. Ref. **5212.**

13320. **E. A. Kreiken,** Outline of a method for determining the absorption in the surroundings of the sun. Commun. Fac. Sci. Univ. Ankara (A) **10** 1—25, 1959. — Ref. in Math. Rev. **22** 603.

13321. **L. O. Lodén,** Note on the interstellar polarization in Selected Area 192. Ark Astr **2** 407—411 = Stockholms Obs. Medd. Nr. 119. — Im Selected Area 192 wurde eine polarimetrische Untersuchung durchgeführt. Es zeigte sich, daß in diesem Gebiet eine Abhängigkeit zwischen dem Polarisationsgrad und der Schwingungsebene des elektrischen Vektors besteht. Sm.

* * **K. G. Malmquist, B. Ljunggren, T. Oja,** A spectrophotometric survey of stars along the Milky Way. Part II. Galactic longitudes 40°—60°. Vgl. Ref. **10463.**

13322. **O. A. Melnikow,** On a new law of selective light absorption in the Galaxy. Mitt. Astr. Hauptobs. Pulkowo **21** Nr. 4 (163) S. 119—132 (russ. mit engl. Ref.). — Auf Grund von Beobachtungen der Farbenexzesse von vier Sternpaaren in acht Spektralgebieten zwischen 0.3 und 2.1 μ wird gezeigt, daß die Abhängigkeit des Koeffizienten der interstellaren Absorption von der Wellenlänge in der Form $(1 + k\lambda^3)^{-1}$ gut dargestellt werden kann. Die neue Formel deutet auf die Anwesenheit von Metall- und dielektrischen Partikeln mit einer Durchmesserverteilung nach exp $(-\varepsilon\varrho^3)$ im interstellaren Staub hin. Perek

13323. **F. Moriyama,** On the radio emission from H II clouds. Publ. Astr. Soc. Japan **12** 203—213 = Tokyo Astr. Obs. Repr. Nr. 197. — In Emissionsnebeln, deren Strahlung bei 1390 MHz von Westerhout gemessen worden ist, werden O- und B-Sterne hoher Leuchtkraft aufgesucht, und es wird gezeigt, daß die Radiointensität unter der Annahme optisch dünner H II-Wolken durch die Natur der anregenden Sterne und die Entfernung der Wolken bestimmt ist. Radiostrahlung und Hα-Intensität werden bei einigen Nebeln verglichen. Aus Radiodaten wird die räumliche Dichte der O-Sterne abgeschätzt. W. F.

13324. **G. Münch,** The linear dimensions of H II regions. AJ **65** 495. — Ref. AAS.

13325. **A. G. Pacholczyk,** Międzygwiazdowe pasmo λ 4430 i polaryzacja światła gwiazd. Postępy Astr. 8 43. — Ein unmittelbarer Zusammenhang zwischen der Intensität des λ 4430-Bandes und der interstellaren Polarisation des Lichts besteht nicht. Die Erhöhung des Polarisationseffekts in Gebieten geringerer Wasserstoffdichte wird bestätigt. E. R.

13326. **S. R. Pottasch,** The extent of H II regions. ApJ **132** 269—271. — Im Anschluß an eine Arbeit von Jefferies und Pottasch, in der gezeigt wurde, daß die Streustrahlung des Lyman-Kontinuums den Radius von Ionisationsgebieten gegenüber den Strömgren-Sphären vergrößert, wird zur Vereinfachung der Rechnung ein temperaturabhängiger Faktor eingeführt, der von den Strömgren-Radien zu den verbesserten Werten führt. Sm.

13327. **I. I. Pronik,** An investigation of interstellar light absorption in a region with the center l = 343°, b = 0°. Mitt. Astrophys. Obs. Krim **22** 152—165 (russ. mit engl. Ref.). — In der nahen dichten Wolke (Absorption rund $1^m_.2$ auf 40 pc) sind einzelne Verdichtungen und Verdünnungen von den Ausmaßen von ein bis mehreren pc deutlich sichtbar. In großen Entfernungen wurden Wolken bis 1000 pc und größer entdeckt und eine Absorption von $2^m_.5$ auf 100 pc festgestellt. Diese Wolken befinden sich mehr als 2500 pc von der Sonne entfernt. Dies bedeutet, daß wir in dieser Richtung entlang eines Spiralarmes oder dessen Teiles schauen. Verf. (gek., ü.)

13328. **A. C. Pyne,** Study of a dark cloud of the great rift in Cygnus. AJ **65** 154—155. — Auf einer Karte des photographischen Palomar-Atlasses werden Sternzählungen in einigen Feldern in der Milchstraßengabelung in Cygnus und in unverdunkelten benachbarten Gebieten durchgeführt. Das auf der gleichen Karte vorhandene Selected Area 64 ermöglicht die Festlegung der Helligkeitsskala. Während sich für die unverdunkelten Gebiete eine Sterndichte ergibt, die sich nur unwesentlich von der unserer Sonnenumgebung unterscheidet, sowie eine Absorption von 2^m jenseits von 4000 pc, sind in der Gabelung Dunkelwolken in der Entfernung von 1580 pc festzustellen, deren Absorptionswirkung $3^m_.4$ bis $6^m_.0$ beträgt. Das Ergebnis steht mit früheren Untersuchungen in benachbarten Bereichen im Einklang. H. M.

* * **V. Radhakrishnan,** Self-absorption in the 21-cm radiation from galactic neutral hydrogen. Vgl. Ref. **14479.**

13329. **A. W. Rodgers,** Three-colour photometry in the Southern Coalsack. MN **120** 163—172 = Mt. Stromlo Obs. Repr. Nr. 24. — In sieben Gebieten des Kohlensacks wurden für insgesamt 1060 Sterne photometrische Daten im UBV-System ermittelt und nach der Methode der Farbdifferenzen von Becker ausgewertet. Es ergab sich für den Kohlensack eine Entfernung von 174 ± 18 pc, während die interstellare Extinktion im photographischen Bereich zwischen 0.7 und 2.4 Größenklassen schwankt. Sm.

13330. **A. W. Rodgers, C. T. Campbell, J. B. Whiteoak,** A catalogue of Hα-emission regions in the southern Milky Way. MN **121** 103—110. — Die Durchführung einer Durchmusterung der südlichen Milchstraße (l^{I} 190° bis 12°, b ≤ ±15°) nach H II-Regionen wird kurz beschrieben. In zwei Tabellen werden für die gefundenen Emissionsgebiete angegeben: Position (galaktisch und äquatorial), Größe der Fläche und Helligkeitsstufe. Ein H_α-Atlas der südlichen Milchstraße ist in Vorbereitung. O. G.

13331. **G. W. Rougoor, J. H. Oort,** Distribution and motion of interstellar hydrogen in the galactic system with particular reference to the region within 3 kpc of the center. Proc. National Acad. Sci. USA **46** 1—13. — Ref. in PAT **42** 69—72. — Zusammenfassung unserer heutigen Kenntnis über die Verteilung des neutralen Wasserstoffs im Milchstraßensystem auf Grund von Beobachtungsergebnissen mit Hilfe der 21 cm-Linie. Verf. behandeln insbesondere den sogenannten 3 kpc-Arm, d. h., eine Spiralstruktur in einem mittleren Abstand von 3 kpc vom galaktischen Zentrum. Diagramme über die Helligkeitsverteilung in der 21 cm-Linie über unser Milchstraßensystem im allgemeinen und im besonderen in der Gegend des galaktischen Zentrums sind beigefügt. Oster

* * **A.-M. Rozis-Saulgeot,** Du rôle des raies d'absorption dans la photométrie photoélectrique à grande bande passante. Vgl. Ref. **10326.**

* * **A.-M. Rozis-Saulgeot,** Interprétation d'un diagramme d'indices de couleur. Vgl. Ref. **10518.**

* * **H. Schäfer,** Stellarstatistische Untersuchungen auf Grund einer Dreifarbenphotometrie. Vgl. Ref. **14424.**

13332. Z. Sekanina, Determination of the interstellar absorption and the multicoloured photometry. RH **41** 12—16 (tschech.).

* * **K. Serkowski,** Photographic measurements of polarization in the region of the association III Cephei. Vgl. Ref. **14313.**

13333. O. Struve, Interstellar gas clouds. Sky Tel. **21** 269—271.

13334. T. A. Uranowa, On the methods of study of dark nebulae on the basis of star counts. AC Nr. 213 S. 14—17 (russ.).

13335. J. Warzée, Distance et pouvoir absorbant d'une nébuleuse obscure. Vgl. AJB **59** Ref. **13344** = Commun. Obs. Roy. Belgique Nr. 171.

13336. B. Westerlund, An infrared survey of the Southern Coalsack. I. Ark Astr **2** 429—450 = Uppsala Astr. Obs. Medd. Nr. 130. — Im Bereich des südlichen Kohlensacks werden Rot- und Infrarothelligkeiten und Spektraltypen aus dem Spektralbereich 6700—8800 Å von 635 Sternen bestimmt. Die Grenzhelligkeit im Infraroten beträgt $13^{m}5$. Die Auswahl der Sterne beschränkt sich auf solche vom Typ M, C und S; 57 Veränderliche werden gesondert aufgeführt. Die Analysierung des Materials mit Hilfe von Wolf-Diagrammen und von Farbenexzessen läßt erkennen, daß die Absorption im Kohlensack lokal stark variiert von 1 bis $3^1/_2$ Größenklassen im visuellen Bereich; in einzelnen Gebieten, wo keine M-Sterne gefunden werden, dürfte die Absorption sogar noch wesentlich größer sein. Aus dem wechselnden Verhältnis früher zu späten M-Sternen kann man ferner schließen, daß auch die räumliche Dichte der untersuchten Sterne variiert, indem mit ihnen unter dem Kohlensack das sternärmere Gebiet zwischen dem Sagittarius- und dem Carina-Arm erfaßt wird. H. M.

13337. B. Westerlund, An infrared survey of the Southern Coalsack. II. Ark Astr **2** 451—464 = Uppsala Astr. Obs. Medd. Nr. 131. — Analog zur ersten Untersuchung werden in zwei ausgewählten Feldern des Kohlensacks, eins mit geringer und eins mit sehr starker Absorption, Rot- und Infrarothelligkeiten und Spektraltypen von M-, S-, und C-Sternen bestimmt. Die totale visuelle Absorption variiert ziemlich stark, es werden maximale Werte von 8 Größenklassen festgestellt, so daß wir hier Verhältnisse haben, wie sie den Globulen zukommen. Unter Hinzuziehung anderer Untersuchungen werden die Entfernungen und Anordnungen der Kohlensackwolken diskutiert. Die Verteilung der M-Sterne verschiedener Unterklassen bestätigt das früher gefundene Resultat, daß der Sagittarius-Arm hinter dem östlichen Teil des Kohlensacks hindurchgeht. H. M.

13338. R. Wilson, The relation between interstellar extinction and polarization. MN **120** 51—63 = Contr. Dominion Astrophys. Obs. Victoria Nr. 64. — Ref. in Nature **187** 288—289. — Es wird eine genäherte Lösung der Streuung an langen dielektrischen Zylindern für den Fall m → 1 gegeben, wobei die Zylinderachsen beliebige Winkel zur Sichtlinie einnehmen. Unter dieser Annahme werden Extinktionskurven für verschiedene Partikel berechnet. Es werden Beziehungen zwischen den Farbenexzessen untereinander, sowie zum Polarisationsgrad als auch zur Gesamtextinktion hergeleitet. Es schließt sich eine Diskussion der Ergebnisse im Hinblick auf den Mechanismus der interstellaren Polarisation an. Sm.

13339. M 82 enthält interstellare Materie. VdS Nachr. **9** 86. — Ref.

* * Polarization of starlight by the interstellar medium. Vgl. Ref. **1332.**

* * An Atlas of H-Alpha Emission in the Southern Milky Way. Vgl. Ref. **14427.**

§ 134

Radioquellen

13401. L. R. Allen, H. P. Palmer, B. Rowson, New limits to the diameters of some radio sources. Nature 188 731—732 = Astr. Contr. Univ. Manchester (2) Jodrell Bank Repr. Nr. 234. — Aus Messungen mit dem Interferometer in Jodrell Bank bei $\lambda = 1.89$ m und einer Basislänge von 40 Meilen konnte gezeigt werden, daß von 91 Quellen mindestens 7 effektive Durchmesser haben, die kleiner als 3″ sind. Die Flächenhelligkeit dieser Objekte wird dadurch mit der der Cygnusquelle 19N4A vergleichbar. Der Durchmesser von 14N5A, einer kürzlich als extragalaktischer Nebel mit einer Radialgeschwindigkeit von etwa 0.50 c identifizierten Radioquelle, konnte zu etwa 4″5 gemessen werden. Alle Angaben beziehen sich nur auf den Positionswinkel 90°, etwaige Unsymmetrien in den Quellen sind nicht berücksichtigt. Rfs.

13402. J. Barat, J. Lequeux, É. Le Roux, Observations préliminaires de la polarisation des radiosources sur 21 cm de longueur d'onde. CR **251** 2476—2478. — Mit einem Zwei-Spiegel-Interferometer, bei dem die in den Brennpunkten der Spiegel angebrachten Dipole abwechselnd parallel und senkrecht zueinander eingestellt wurden, wurde die Polarisation verschiedener Radioquellen auf einer Wellenlänge von 21 cm untersucht. Relativ zu anderen Quellen, deren Strahlung als unpolarisiert vorausgesetzt werden darf, konnte dabei für Vir A unter der Voraussetzung linearer Polarisation ein Polarisationsgrad von $3 \pm 1.5\,\%$ gemessen werden. J. P. M.

13403. F. Biraud, J. Lequeux, É. Le Roux, Interferometric measurements of Cygnus A, Sagittarius A, Virgo A and the Supernovae of Tycho Brahe and Kepler. Obs **80** 116—118. — Messungen im Kontinuum bei 21.1 cm. Für die genannten Quellen wird der Verlauf der Amplitude mit wachsendem Ost-West-Abstand der Interferometerantennen angegeben. Sagittarius A und Virgo A bestehen je aus zwei Komponenten: einer ausgedehnten, bei Sgr A nichtthermischen, und einer engen, bei Sgr A thermischen, bei Vir A nichtthermischen Komponente. Har.

13404. J. G. Bolton, B. G. Clark, A study of Centaurus A at 31 centimeters. Publ ASP **72** 29—35. — Mit einer 27 m-Parabolantenne (Keulenbreite = 50′) wurde die Cen A-Quelle bei 960 MHz untersucht. Das Ergebnis ist durch eine Isothermenkarte (in Einheiten von 0.5 Grad) wiedergegeben. Sie läßt zwei bisher unbekannte Besonderheiten erkennen: (1) einen Ausläufer nach Osten bei —44° und größeren AR, und (2) eine Mulde zwischen dem Zentrum und dem südlichen, ausgedehnteren Teil. Die Analyse der Meßergebnisse zeigt, daß der untersuchte Komplex wahrscheinlich aus vier Quellen besteht: Eine Punktquelle im Zentrum (4.6×10^{-24} mks-E), sowie drei ausgedehntere Quellen im Süden (7.7), im Norden (5.35) und im Osten (2.2×10^{-24} mks-E). Die Süd- und die Nordquelle wiederum scheinen sich aus je einem scharfen und einem diffusen Objekt zusammenzusetzen. Dadurch entsteht eine bemerkenswerte Ähnlichkeit mit der Cyg A-Quelle. HHR

13405. **A. Braccesi, M. Ceccarelli, G. Salandin,** Search for γ radiation from the Cygnus A radiosource. Nuovo Cimento (10) **17** 691—694. — Ein Experiment wird mit dem Ziel beschrieben, die energiereiche γ-Strahlung der Radioquelle Cyg A zu entdecken, deren Entstehung von einigen Autoren auf den Zusammenstoß zweier Galaxien aus Materie bzw. Antimaterie zurückgeführt wird. Das Experiment war negativ und ergab als obere Grenze für den γ-Strahlungsfluß einen Wert von ungefähr 5×10^{-3} Quanten/cm^2 sec. Dieser Wert ist um zwei Größenordnungen kleiner als der von Morrison unter obiger Annahme geschätzte. Verf. (ü.)

13406. **N. W. Broten, W. J. Medd,** Absolute flux measurements of Cassiopeia A, Taurus A, and Cygnus A, at 3200 MHz. ApJ **132** 279—285. — Absolutmessungen des Energieflusses bei 3200 MHz wurden für die drei hellsten Radioquellen (Cas A, Tau A, Cyg A) mit hoher Präzision durchgeführt. Die Messungen erfolgten über den Vergleich mit thermischem Widerstandsrauschen. Der Antennengewinn des benutzten Reflektors wurde durch Vergleich mit dem einer berechenbaren Hornantenne bestimmt. Das Meßverfahren eliminiert automatisch die Hintergrundstrahlung. (Erreichter wahrscheinlicher Fehler 4—5%). Thi.

13407. **R. Hanbury Brown, R. D. Davies, C. Hazard,** A curious feature of the radio sky. Obs **80** 191—198 = Astr. Contr. Univ. Manchester (2) Jodrell Bank Repr. Nr. 233. — Die Arbeit beschäftigt sich mit der Deutung des im Meterwellenbereich beobachteten «Sporns», einer auffälligen, etwa 10° breiten Ausbuchtung der Radioisophoten bei $l^{II} \approx 30°$. Es wird zunächst auf Deutungsversuche von Tunmer (Phil. Mag. **3** 377, 1958) und Johnson (Phil. Mag. **4** 877, 1959) eingegangen, die in erster Linie aus geometrischen Gründen als unzureichend angesehen werden. Verf. diskutieren dann die Möglichkeiten, daß hier eine Irregularität in der lokalen Spiralstruktur existiert oder daß es sich um die Strahlung der Reste einer Supernovahülle handelt. Els.

* * **H. J. A. Chivers,** Observed variations in the amplitude scintillations of the Cassiopeia (23N5A) radio source. Vgl. Ref. 7312.

13408. **R. G. Conway, J. R. Shakeshaft, G. R. Whitfield,** On the spectra of radio sources. Obs **80** 162—163. — Nimmt man das Spektrum der Cygnus A-Quelle proportional zu ν^α (ν Frequenz) an, so nimmt α mit wachsender Frequenz zu. Wenn die Spektren extragalaktischer Quellen einen ähnlichen Verlauf haben, so müßte infolge der Rotverschiebung für einen festen Frequenzbereich α mit zunehmender Entfernung größer werden. Els.

13409. **R. D. Davies, R. C. Jennison,** High resolution studies with the 250-ft. radio telescope at Jodrell Bank. Obs **80** 74—77 = Astr. Contr. Univ. Manchester (2) Jodrell Bank Repr. Nr. 210. — Mit einer Antennencharakteristik von $1/4°$ wird bei λ 22 cm für die H II-Gebiete Sgr A und Cyg X eine komplexe Struktur gefunden, wie sie auch in anderen Wellenlängen (λ 3.75 cm, Davies 1957, Drake und Heeschen 1959) beobachtet wurde. Die Untersuchung der Asymmetrie der Helligkeitsverteilung des Mondes im ersten Viertel bestätigte das negative Ergebnis früherer Untersuchungen im Dezimetergebiet. Ee.

* * **W. C. Erickson,** The occultation of the Crab nebula by the solar corona in June 1959. Vgl. Ref. **13108, 13109.**

13410. **J. W. Findlay, H. Hvatum,** The flux density of radiation from Cassiopeia A at 1400 MHz. AJ **65** 344. — Ref. AAS.

* * **J. W. Findlay,** The protection of frequencies for radio astronomy. Vgl. Ref. 803.

13411. **J. A. Giordmaine,** Centimeter wavelength radio astronomy including observations using the maser. Proc. National Acad. Sci. USA **46** 267—276. — Verf. bespricht zunächst einige technische Schwierigkeiten, die bei der Arbeit mit Wellenlängen unterhalb 10 cm auftreten und gibt dann eine Zusammenfassung der bisherigen Beobachtungen in diesem Spektralbereich. Die Spektren diskreter Quellen und der H II-Regionen sowie das Polarisationsverhalten werden im einzelnen besprochen. Auch wird auf Beobachtungen am Mond und an den Planeten eingegangen. Ein weiterer Abschnitt bringt einen Überblick über neue technische Erfahrungen mit Empfängern im cm-Gebiet sowie über die Benutzung von Maser-Verstärkern. Besonders eingegangen wird in diesem Zusammenhang auf die Strahlung von Jupiter und Venus. Oster

13412. **S. J. Goldstein jr.,** 21-cm continuum observations of discrete sources. AJ **65** 489. — Ref. AAS.

13413. **D. E. Harris, J. A. Roberts,** Radio source measurements at 960 MHz. Publ ASP **72** 237—255. — Für 106 Radioquellen wurden bei 960 MHz genaue Positionsbestimmungen, Intensitätsmessungen relativ zu M 87, Spektralindexbestimmungen (bezüglich der Cambridger Beobachtungen bei 159 oder 178 MHz) und die Suche nach optischen Identifikationen durchgeführt. Die Spektralindizes der größten Zahl der untersuchten Quellen liegen in einem überraschend engen Bereich. Extragalaktische Quellen sind meist verbunden mit elliptischen Nebeln (besonders Doppel- und Mehrfachsystemen). Thi.

13414. **G. A. Harrower,** Cosmic radio sources as intergalactic collisions. ApJ **132** 22—29. — Es wird — unter Verwendung einer statischen, euklidischen Welt — untersucht, inwieweit die Annahme, daß es sich bei den außergalaktischen Radioquellen um intergalaktische Kollisionen handelt, mit der beobachteten Zahl und Helligkeit der Radioquellen (Katalog: Mills, Slee u. Hill) vereinbar ist. Für die mittlere Intensität der einzelnen Quellen ergeben sich plausible Werte; 0.1% der kinetischen Energie muß in Radioenergie umgewandelt werden. Bei Beachtung der Haufenbildung der Galaxien wird dieser Bruchteil noch kleiner. Voigt

13415. **C. Hazard, D. Walsh,** An experimental investigation of the effects of confusion in a survey of localized radio sources. Vgl. AJB **59** Ref. **13413** = Astr. Contr. Univ. Manchester (2) Jodrell Bank Repr. Nr. 192.

13416. **C. Hazard, D. Walsh,** A survey of the localized radio sources at a frequency of 92 MHz. Astr. Contr. Univ. Manchester (1) Jodrell Bank Ann. **1** 338—350. — Mit Hilfe zweier verschiedener apparativer Anordnungen — Parabolreflektor bzw. Interferometer — wurden Messungen bei 92 MHz ausgeführt. Es wurden 116 Radioquellen mit dem Parabolreflektor und 134 mit dem Interferometer beobachtet (Position und Intensität). In dem von beiden Apparaturen gemeinsam untersuchten Himmelsareal ist die Übereinstimmung der jeweils gefundenen Quellen nur schlecht. Es wird vermutet, daß die Ursache in den unterschiedlichen Beobachtungsverfahren liegt, die verschiedene «confusion»-Effekte bei benachbarten Quellen besitzen. Thi.

* * **D. S. Heeschen,** A color - absolute magnitude diagram for extragalactic radio sources. Vgl. Ref. **14532, 14533.**

13417. **R. W. Hobbs,** An accurate position determination for a strong component of Cygnus X. AJ **65** 53. — Ref. AAS.

* * **F. Horner,** Extra-terrestrial radio noise as a source of interference in the frequency range 30—1000 MHz. Vgl. Ref. **22121.**

13418. **F. Hoyle,** Radio-source problems. MN **120** 338—359. — Kritische Bemerkung hierzu von I. S. Schklowskij und S. B. Pikelner in AJ UdSSR **38** 196—198 (russ.). — Die Entstehung der schwachen Radiostrahlung von (1) Sternsystemen, Sternsystemhaufen und aus dem intergalaktischen Raum (z. B. vom Halo der Spiralnebel), sowie die der starken Radiostrahlung von (2) galaktischen (z. B. Crab-Nebel, Cassiopeia A und IC 443) und (3) extragalaktischen Quellen (z. B. Cygnus A, NGC 1275 und die optisch nicht sichtbaren Quellen) wird diskutiert. Hierbei wird die Theorie zu Grunde gelegt, alle nichtthermische und nichtstellare kosmische Radiostrahlung sei Synchrotronstrahlung von Elektronen, die durch Kernzusammenstöße der kosmischen Strahlungsteilchen mit dem umgebenden Gas entstanden sind. Als Beweis dienen die beobachteten Radiofrequenzspektren. Einleitend werden die Auswirkungen der kosmischen Strahlung, die in den Sternsystemen, den Sternsystemhaufen und im Raum allgemein vorhanden ist, untersucht. Dabei wird angenommen, die Energiedichte der kosmischen Strahlung betrage immer etwa 1 eVcm^{-3}. HHR

13419. **R. N. Ichsanow,** On the nature of Cyg X. AJ UdSSR **37** 988—993 (russ. mit engl. Ref.). — Auf Grund der kombinierten Ergebnisse von optischen und Radiobeobachtungen wird die Absorption bis zu verschiedenen Radioquellen und die Entfernung dieser Quellen bestimmt. Die physikalische Realität der Entfernungen wird diskutiert. Es wird gezeigt, daß die Strahlung der Hauptkomponente von Cyg X wenigstens zu einem beträchtlichen Teil aus dem mit IC 1318 verbundenen Nebel kommen muß. Petri

* * **M. M. Komesaroff,** Ionospheric refraction in radio astronomy. Vgl. Ref. **7542.**

13420. **A. D. Kusmin, M. T. Lewtschenko, R. I. Noskowa, A. E. Salomonowitsch,** Observations of discrete sources of radio emission on 9.6 cm. AJ UdSSR **37** 975—978 (russ. mit engl. Ref.). — Vorläufige Ergebnisse der Beobachtung von Radioquellen bei 9.6 cm Wellenlänge mit dem 22 m-Radioteleskop des Physikalischen Instituts Akad. Wiss. werden mitgeteilt. Von den 50 gefundenen Quellen wurden 34 zum ersten Mal auf Zentimeterwellen beobachtet. Koordinaten und Antennentemperaturen wurden bestimmt. Der Strahlungsfluß wurde für Quellen, die im Vergleich zur Breite des Antennendiagramms kleine Winkelmaße besitzen, gemessen. Verf. (gek., ü.)

13421. **P. R. R. Leslie,** A shell source of radio emission. Obs **80** 23—26. — Mit dem Interferometer des Mullard Radio Astr. Obs. in Cambridge wurde bei 178 MHz die geometrische Struktur der intensiven Radioquelle bei $\alpha = 18^h 53^m 37\overset{s}{.}5$, $\delta = 1° 18'$ (1950) mit drei verschiedenen Antennencharakteristiken untersucht. Die drei beobachteten Intensitätsverteilungen lassen sich bei Annahme einer Hüllenstruktur mit einer Ringdicke von $< 2\overset{\prime}{.}5$ erklären. In Struktur und Spektrum ($\nu^{-0.75}$) ergibt sich somit eine Ähnlichkeit mit der Cygnus-Schlinge. Ee.

13422. **A. C. B. Lovell, H. W. Wells,** The spectrum of the Cygnus (19N4A) and Cassiopeia (23N5A) radio sources below 30 MHz. MN **121** 111—114. — Das Intensitätsverhältnis der Cygnus-Quelle zur Cassiopeia-Quelle bleibt zwischen 16 und 26 MHz konstant, nämlich 0.53. Dies zeigen Messungen, die in Jodrell Bank mit dem beweglichen 75 m-Teleskop und dem 66 m-Transitteleskop (als Interferometer geschaltet) durchgeführt wurden. Die Beziehungen dieser Messungen zu den bereits bekannten werden diskutiert. Berechnungen der Absorption in HII-Gebieten ergeben: der Unterschied des HII-Gehaltes entlang der beiden Visierlinien zu den Quellen kann nicht größer sein als der einer Wolke mit 4 pc Durchmesser und einer Elektronendichte von 3 cm^{-3}; diese Dichte liegt aber deutlich unter dem Wert, der üblicherweise für eine HII-Wolke angenommen wird. HHR

* * **A. C. B. Lovell,** Investigation of the universe by radio astronomy. Vgl. Ref. **243**.

13423. R. Manasse, Maximum angular accuracy of tracking a radio star by lobe comparison. IRE Trans. Antennas Propagation 8 50—56. — Ref. in Phys. Abstr. (A) **63** 1630—1631.

13424. D. S. Mathewson, M. I. Large, C. G. T. Haslam, A spectral analysis of the radio sources in Cygnus X at 1390 MHz and 408 MHz. MN **120** 242—247 = Astr. Contr. Univ. Manchester (2) Jodrell Bank Repr. Nr. 200. — Mit dem 250 ft-Paraboloid-Radioteleskop in Jodrell Bank wurde die Cygnus X-Region mit großer Auflösung bei 408 MHz untersucht. Die Ergebnisse zeigen zusammen mit denen von Drake und Westerhout für 1390 MHz, daß alle Quellen dieses Gebiets als optisch dünne HII-Regionen zu deuten sind (Spektralindex $x = -1.9$ bis -2.1) außer der γ Cyg-Quelle ($x = -2.4$). Unter Berücksichtigung interferometrischer Messungen von Palmer kann diese durch den Beitrag einer nichtthermischen Quelle von 20′ bis 60′ Durchmesser mit $x = -1$ dargestellt werden. Gü.

13425. B. Y. Mills, O. B. Slee, E. R. Hill, A catalogue of radio sources between declinations −20° and −50°. Australian J. Phys. **13** 676—699 = Division Radiophys. C.S.I.R.O. Chippendale. — Aus Beobachtungen bei 3.5 m Wellenlänge mit dem Radioteleskop (Kreuz-Typ) von Sydney wurde eine Liste von 892 Radioquellen zwischen −20° und −50° Deklination aufgestellt: Angaben über Position und Intensität, bei den stärkeren Quellen Winkeldurchmesser, einige Identifizierungen. Die statistische Analyse der Verteilung ergibt eine gleichförmige Verteilung mit der Tiefe. Bk.

* * **B. Y. Mills,** On the identification of extragalactic radio sources. Vgl. Ref. **14548**.

13426. R. Minkowski, International cooperative efforts directed toward optical identification of radio sources. Proc. National Acad. Sci. USA **46** 13—19. — Verf. bespricht in gedrängter Form die aktuellen Probleme, die bei der Identifizierung von Radioquellen mit Objekten auftreten, welche im optischen Spektrum nachzuweisen sind. Nach einer kurzen Einleitung allgemeiner Art werden die bekannten Radioquellenkataloge der Arbeitsgruppen in Sydney und Cambridge besprochen. Dabei wird auf die Schwierigkeiten eingegangen, welche der Identifizierung vor allem bei Quellen begegnen, deren Radioemission ersichtlich nichtthermischen Ursprungs ist und deshalb im optischen Bereich vergleichsweise unbedeutend sein kann. Im einzelnen diskutiert wird schließlich die Identifizierung von Radioquellen mit Doppelgalaxien. Oster

13427. J. N. Parijskij, Observations of some galactic sources of the radio emission made with the large Pulkowo radio telescope. Mitt. Astr. Hauptobs. Pulkowo **21** Nr. 5 (164) S. 45—53 (russ. mit engl. Ref.). — Die Untersuchungen auf den Wellenlängen 3.2 und 9.4 cm mit einer Auflösung in RA von 10″ wurden im Herbst 1958 begonnen. Beim Crab-Nebel zeigte sich, daß seine Abmessungen mit der Wellenlänge zunehmen. Der Strahlungsschwerpunkt ist gegenüber der Exsupernova um 30″ nach Westen verschoben. — Beim Omega-Nebel NGC 6618 fällt das Radiozentrum fast mit dem Westrand des optisch sichtbaren Kerns zusammen, der dort offenbar durch eine Staubwolke verdeckt wird. Bei 1700 pc Entfernung und 3 pc Durchmesser wird die Masse des Kerns unter Annahme einer Elektronendichte von 900 cm^{-3} zu 350 $M_{\odot}$ abgeschätzt. — Die Radioquelle 2 C 1607 ($\alpha = 18^h 53^m 41^s$, $\delta = +1° 15'$) strahlt auf 9.4 cm thermisch und befindet sich in einem stark absorbierenden Gebiete. — Die Feinuntersuchung von Sgr A ergab: Der helle, aus dichtem Gas bestehende Kern der Milchstraße hat 8 pc Durchmesser und ist in eine nichtthermisch strahlende Hülle eingebettet. In 3 kpc Abstand ist eine Gruppe von Gasnebeln vorgelagert, die dem inneren Spiralarm angehören und teilweise durch Absorption verdeckt sind. Petri

13428. **V. Radhakrishnan, J. G. Bolton,** 21-cm absorption studies of galactic radio sources. AJ **65** 498. — Ref. AAS.

13429. **J. A. Roberts, J. G. Bolton, D. E. Harris,** Positions and suggested identifications for the radio sources Hydra A and Hercules A. Publ ASP **72** 5—9. — Ref. in Sky Tel. **20** 143, VdS Nachr. **10** 61—62. — Die Radioquellen Hydra A und Hercules A, die bereits vor zehn Jahren entdeckt wurden, konnten bisher noch nicht mit «sichtbaren» Objekten identifiziert werden. Dies wurde erst möglich, nachdem nun die Radiopositionen mit größerer Genauigkeit bestimmt werden konnten (mit dem Mills-Kreuz in Sydney, dem großen Interferometer in Cambridge und einem 27m-Paraboloid bei $\lambda = 31$ cm in Owens Valley). Die von den drei Stationen gemessenen Hydra A-Positionen sind in guter Übereinstimmung mit der Position eines ziemlich auffälligen Paares eng benachbarter Galaxien. Die Hercules A-Quelle läßt sich nicht — wie ursprünglich angenommen — mit einem ebensolchen Paar von Galaxien identifizieren, sondern nur mit einem elliptischen Nebel 19. Größe. HHR

13430. **M. Ryle,** Opdagelsen af Radiostjernerne. Aus dem Englischen übersetzt von C. Luplau Janssen. Urania København **17** 49—56.

13431. **I. S. Schklowskij,** Possible secular variations of the flux and intensity of radio emission from discrete sources. AJ UdSSR **37** 256—264 (russ. mit engl. Ref.). — Ref. in Sterne **37** 176. — Unter der Annahme, daß die beobachtete nichtthermische Radiostrahlung auf den Synchrotronmechanismus zurückgeht, wird die säkulare Abnahme der Strahlungsintensität während der Expansion von Supernovahüllen berechnet. Der monochromatische Fluß gehorcht einem Gesetz der Form $F_\nu \sim r^{-\beta}$ mit β zwischen 3 und 7 nach Beobachtungen am Crab-Nebel und den Resten der Supernova von 1604. Der Radiofluß der Quelle Cas A sollte demnach etwa 2% pro Jahr abnehmen. Die Variation könnte mit den heutigen technischen Mitteln festgestellt werden. Verf. schlägt vor, nach Radioemissionen von Supernovae in M31 und NGC 5253 zu suchen. Oster

13432. **I. S. Schklowskij,** Über die Natur der Radiostrahlungsquelle Sagittarius-A. AJ UdSSR **37** 591—592 (russ.). — Zur Erklärung dieser Quelle nichtthermischer Radiostrahlung ist keine merkliche Konzentration relativistischer Elektronen zum galaktischen Zentrum hin notwendig. Die beobachteten Eigenschaften von Sgr A sind ein Spiegelbild jener spezifischen Bedingungen, die in den innersten Gebieten der Galaxis vorherrschen. Verf. (ü.)

13433. **R. M. Sloanaker, J. H. Nichols,** Positions, intensities, and sizes of bright celestial sources at a wavelength of 10.2 cm. AJ **65** 109—116. — Unter Benutzung der 84 Fuß-Antenne des Naval Res. Lab. gelang es Verf., im Januar 1959 die Positionen von 8 hellen Radioquellen bei 10.2 cm Wellenlänge mit einer Genauigkeit von $\pm 1'$ zu erhalten. Die acht ausgewählten Quellen liegen in Deklination etwa gleichmäßig verteilt zwischen +59° und —42°. Weiterhin wurden Winkeldurchmesser und Flußdichten der Quellen bestimmt. Henn

13434. A. G. Smith, Extraterrestrial noise as a factor in space communications. Proc IRE **48** 593—599. — Die Verwendbarkeit drahtloser Funkverbindungen zur Überbrückung großer Entfernungen ist durch Störungen begrenzt, die im Weltall entstehen. Um eine Übersicht über die Stärke dieser extraterrestrischen Störungen zu gewinnen, werden die Strahlungsintensitäten der kosmischen Radioquellen als Funktion ihrer Frequenz und der Zeit in Form von Tabellen und Kurven dargestellt. Es zeigt sich, daß im langwelligen Teil des kosmischen Radiospektrums (also im Meterwellenbereich) die stärksten Störungen auftreten, so daß die Zukunft der drahtlosen Nachrichtentechnik im Ausbau rauscharmer Mikrowellenverbindungen zu liegen scheint. HHR

13435. O. Struve, Cassiopeia A. Sky Tel. **20** 190—193.

13436. O. Struve, The problem of Cygnus A. Sky Tel. **20** 259—262.

* * **H. E. C. Tunmer,** On the dimensions, spatial density, and power of the extragalactic radio sources. Vgl. Ref. **14564.**

13437. J. Tuominen, I. Tuominen, J. Riihimaa, An occasional decrease in the average reception of Cassiopeia A on 45 MHz. Ann. Acad. Sci. Fennicae (A) VI. Phys. 61, 9 S. = Repr. Radio Astr. Station Univ. Helsinki Nr. 7. — Beobachtungen der Radioquelle Cas A bei 45 MHz mit zwei an verschiedenen Orten aufgestellten Interferometern, die nach der Phasenschaltmethode arbeiten (Basislänge = 10 λ), zeigen zeitweise ein merkwürdiges Abnehmen der Durchschnittsintensität. Diese Erscheinung tritt fast immer dann auf, wenn die Sonne tief unter dem Horizont steht; sie ist unabhängig vom Zenitwinkel der Cas A-Quelle. Anscheinend ist die Ursache eine ionosphärische Absorptionserscheinung, deren Auftreten und Verschwinden normalerweise zuerst bei der nördlicheren Station beobachtet wird. HHR

13438. J. Tuominen, E. Kataja, J. Riihimaa, On the rate of scintillation of Cassiopeiae A on 45 MHz. Ann. Acad. Sci. Fennicae (A) VI. Phys. 62, 20 S. = Repr. Radio Astr. Station Univ. Helsinki Nr. 8. — In der geographischen Breite von 60° N wurden mit einem 45 MHz-Interferometer (Basislänge = 10 λ) an Cas A Radioszintillationen beobachtet. Die Abhängigkeit der Folgefrequenz («rate») dieser Szintillationen vom Zenitwinkel wird mit Hilfe einer stark vereinfachten Theorie dazu benutzt, eine ionosphärische Windgeschwindigkeit zu bestimmen. Im Durchschnitt ergeben sich dabei Ostwinde, die bei Annahme einer Höhe von 300 km für die szintillationserzeugende Schicht (F2) eine Geschwindigkeit von 15 km/h haben, bei 200 km Höhe (F1) 10 km/h und bei 100 km Höhe (E-Schicht) 4 km/h. HHR

13439. R. Q. Twiss, A. W. L. Carter, A. G. Little, Brightness distribution over some strong radio sources at 1427 MHz. Obs **80** 153—159 = Division Radiophys. C.S.I.R.O. Chippendale. — Die Struktur und Polarisation der Zentren starker Radioquellen werden mit dem aus 64 Paraboloidantennen bestehenden Christiansen-Kreuz untersucht, indem interferometrisch Fourier-Amplitude und Fourier-Phase gemessen werden. Danach besteht Cen A aus zwei deutlich getrennten Quellen im Abstand von 5′, Tau A besitzt bei einer Halbbreite von 3′.5 elliptische Form (Positionswinkel 135°). Die Struktur von Cyg A erscheint wellenlängenabhängig. Der Orion-Nebel zeigt eine leicht asymmetrische Intensitätsverteilung bei 3′ Halbbreite. Ee.

13440. B. Westerlund, On the identification of a radio source in Carina. Ark Astr **2** 419—425 = Uppsala Astr. Obs. Medd. Nr. 129. — Eine Radioquelle in Carina bei $l^I = 252°$, $b^I = -0°.2$ konnte mit einer H II-Region identifiziert werden. Diese wird durch eine Assoziation junger Sterne angeregt. Die Absorption variiert zwischen $A_V = 1^m$ und $6^m.5$. Die Entfernung beträgt 6 kpc oder mehr. Groth

13441. **G. R. Whitfield,** A survey of radio stars at a frequency of 38 MHz. MN **120** 581—588. — Mit einem großen Zwei-Antennen-Interferometer (EW-Basis von 60 λ Länge, Halbwertsbreite der Antennenkeule 4°5 × 12°, Seitenzipfel < etwa 5 %) wurden bei $\lambda = 7.5$ m die Positionen und die Strahlungsflußdichten von 59 bereits bekannten Radioquellen mit kleinem Durchmesser gemessen, um mit Hilfe der 2 C- und 3 C-Durchmusterung bei $\lambda = 3.7$ und 1.9 m den Verlauf der Radiospektren bestimmen zu können. Die Empfangsanlage und die Meßmethode werden beschrieben. Das Verzeichnis der 59 Radioquellen liegt bei. HHR

13442. Navy telescope locates new radio sources in space. Science **131** 1301.

13443. Extremely remote radio source identified. Sky Tel. **20** 80. — Ref. in VdS Nachr. **9** 109, Urania Kraków **31** 370—371.

13444. Radiostjernen Cassiopeja A. Urania København **17** 68—70.

§ 135

Kosmische Strahlung

13501. **Y. Aono, K. Kawakami,** Cosmic rays observed by satellite 1958 Alpha. Rep. Ionosphere Res. Japan **12** 28—36, 1958. — Ref. in Phys. Abstr. (A) **63** 1989.

13502. **F. Bachelet, P. Balata, A. M. Conforto, G. Marini,** Cosmic ray and geomagnetic disturbances from July 1957 to July 1958. Part I. — The cosmic ray events and their correlation with the geomagnetic events. Nuovo Cimento (10) **16** 292—319. — Ref. in Phys. Ber. **40** 760—761.

* * **V. A. Bailey,** A unified theory of terrestrial and solar magnetization, the outer van Allen belt and high energy primary cosmic rays. Vgl. Ref. **7607**.

13503. **S. Biswas, P. J. Lavakare, K. A. Neelakantan, P. G. Shukla,** The energy spectrum of nuclei with charge $Z \geq 6$ in the primary cosmic radiation. Nuovo Cimento (10) **16** 644—670.

13504. **S. Biswas, P. J. Lavakare, K. A. Neelakantan, P. G. Shukla,** Evidence for a Forbush type of decrease in the intensity of heavy nuclei of the primary cosmic radiation. Phys. Rev. (2) **118** 591—593. — Die vorliegende Untersuchung basiert auf Messungen an einem Paket Platten, das mit einem Ballon am 13. 3. 1956 über Iowa geflogen wurde. Verf. interessierten sich für das Energiespektrum der schweren Kerne in der Primärstrahlung ($Z \geqq 6$) und fanden 206 Partikel im Energiebereich 0.23 bis 9 BeV pro Nukleon. Die resultierenden Energieflußwerte lagen um etwa 50 % unter den Normwerten, was fast ausschließlich auf eine Intensitätsreduktion der kosmischen Höhenstrahlung vom Forbush-Typ zurückzuführen ist. Da gleichzeitig keine bedeutende Änderung im Exponenten der Integralintensität festzustellen war (1.78 ± 0.24), ergibt sich offensichtlich, daß zusammen mit dem Intensitätsschwund keine Änderung des Energiespektrums auftrat. Oster

13505. **F. A. Brisbout, C. F. Gauld, C. B. A. McCusker,** The fragmentation probabilities of fast heavy cosmic-ray primaries in Teflon. Nuovo Cimento (10) **18** 400—402.

13506. **G. Cocconi,** The origin of the cosmic radiation. Vgl. Ref. **1314a** S. 417—422.

13507. **S. A. Colgate, M. H. Johnson,** Hydrodynamic origin of cosmic rays. Phys. Rev. Letters **5** 235—238. — Ref. in Phys. Abstr. (A) **63** 1716.

13508. **R. R. Daniel, P. J. Lavakare, P. K. Aditya,** A method for detecting the possible existence of high energy deuterons in the primary cosmic radiation. Nuovo Cimento (10) **17** 837—844.

13509. **D. I. Dawton, J. J. Quenby, H. Elliot,** Cosmic ray measurements in Australia at rocket altitudes. Vgl. Ref. **1330** S. 967.

13510. **H. Debrunner, F. G. Houtermans,** Correlation between Forbush decreases of cosmic radiation and satellite drag. Vgl. Ref. **1330** S. 37—45.

13511. **P. J. Duke,** The variation with time of the flux and energy spectrum of primary cosmic ray Alpha particles. Phil. Mag. (8) **5** 1151—1159. — Gesamtfluß und Energiespektrum der primären α-Teilchen in der Höhenstrahlung wurden mit Emulsionsstacks im Sept. 1956 und Juni 1958 (Maximum des Sonnenfleckenzyklus) bestimmt. Gesamtfluß an der oberen Grenze der Atmosphäre: 240 ± 26 (1956) bzw. 130 ± 15 Teilchen/m^2 $\times$ ster $\times$ sec (1958). Es besteht eine starke Antikorrelation zwischen dem Primärfluß und der Sonnenaktivität (Reduktion des Flusses im Juni 1958 durch teilweises Entfernen der α-Teilchen mit Energien zwischen 100 und 2000 MeV/Nukleon). Bk.

13512. **A. Ehmert,** Electric field modulation. Vgl. Ref. **1330** S. 1000—1008.

13513. **H. Elliot,** Cosmic ray intensity in interplanetary space. Nature **186** 299—300. — Verf. versucht, die zeitlichen Veränderungen der kosmischen Primärstrahlung durch ein nahezu reguläres interplanetarisches Magnetfeld zu erklären, welches durch Ströme in der Sonnenkorona erzeugt wird. Groth

13514. **H. Elliot,** Cosmic-ray intensity variations and the interplanetary magnetic field. Phil. Mag. (8) **5** 601—619. — Die Schwankungen der kosmischen Strahlung entstehen teils durch Modulation der galaktischen Strahlung innerhalb des Sonnensystems, teils durch Beschleunigung solarer Partikel. Verf. diskutiert ein neues Modell, das die beobachteten Schwankungen erklären soll. Er nimmt ein Magnetfeld an, das im wesentlichen dipolartig ist und durch Ströme in der Korona erzeugt wird. In Erdnähe beträgt die Feldstärke je nach Sonnenaktivität 10^{-5} bis 10^{-4} Gauß. In Sonnenumgebung ist das Feld turbulent. Eingelagerte Streuzentren erlauben auch energiearmer Strahlung in das Dipolfeld hineinzudiffundieren. Henn

13515. **H. Elliot,** Cosmic ray intensity variations and the interplanetary magnetic field. Vgl. Ref. **1330** S. 1019. — Ref.

13516. **H. Erbe,** Auswirkung der Variationen der primären kosmischen Strahlung auf die Messung der Mesonen- und Nukleonenkomponente am Erdboden. Diss. TH Stuttgart, 1960.

13517. **C. Y. Fan, P. Meyer, J. A. Simpson,** Cosmic radiation intensity decreases observed at the earth and in the nearby planetary medium. Phys. Rev. Letters **4** 421—423. — Ref. in Phys. Ber. **40** 347.

13518. **C. Y. Fan, P. Meyer, J. A. Simpson,** Rapid reduction of cosmic-radiation intensity measured in interplanetary space. Phys. Rev. Letters **5** 269—271. — Ref. in Phys. Abstr. (A) **63** 1989.

13519. **C. Y. Fan, P. Meyer, J. A. Simpson,** Experiments on the eleven-year changes of cosmic-ray intensity using a space probe. Phys. Rev. Letters 5 272—274. — Ref. in Phys. Abstr. (A) **63** 1989.

13520. **A. Fréon, J.-P. Legrand, M. Trellis,** Relations entre les perturbations d'intensité du rayonnement cosmique et la structure de l'activité solaire. CR **250** 2550—2552. — Die Beobachtungen von Variationen in der Intensität der Neutronenkomponente der Höhenstrahlung, von sogenannten «prébaisses» (vgl. AJB **58** Ref. **12730**) und der Intensität der grünen Koronalinie — als Maß der Sonnenaktivität — werden über einen Zeitraum von 31 aufeinanderfolgenden Sonnenrotationen (1957 April—1959 Aug.) zusammengefaßt und nach einer Mittelbildung über sämtliche Rotationsperioden miteinander korreliert. Während die «prébaisses» im Mittel etwa 5 Tage vor dem Meridiandurchgang des Koronastrahls auftreten, liegen die Zeiten stärkster Abnahme der kosmischen Strahlungsintensität rund 5 Tage nach dem Durchgang. Für diese Effekte sind demnach verschiedene Mechanismen verantwortlich. J. P. M.

13521. **C. M. Garelli, B. Quassiati, M. Vigone,** On the relative abundances of cosmic ray nuclei of charge $Z \geqq 3$. Nuovo Cimento (10) **15** 121—129. — Bei Ballonflügen über Texas wurden bei einer atmosphärischen Tiefe von 6 g/cm² Kernemulsionsplatten exponiert und das Ladungsspektrum der Primärstrahlung mit $Z \geqq 3$ gemessen. Die Flüsse der leichten ($3 \leqq Z \leqq 5$), mittleren ($6 \leqq Z \leqq 9$) und schweren ($Z \geqq 10$) Kerne wurden unter Verwendung der Diffusionsgleichung von Kaplon, Noon und Racette (vgl. AJB **54** Ref. **12724**) für den Gipfel der Atmosphäre bestimmt. Ein Vergleich mit den kosmischen Häufigkeiten sowie Diskussionen über den Ursprung der kosmischen Strahlung schließen sich an. Henn

* * **J. Geiss, H. Oeschger,** The impact of cosmic radiation in meteorites. Vgl. Ref. **9437**.

13522. **N. M. Gerassimowa, G. T. Sazepin,** Disintegration von Kernen der kosmischen Strahlung durch Photonen der Sonne. J. Experim. Theoret. Phys. **38** 1245—1252 (russ.). — Ref. in Phys. Abstr. (A) **63** 1291, Phys. Ber. **40** 556—557.

13523. **W. L. Ginsburg, S. I. Syrowatskij,** Der gegenwärtige Stand der Frage über die Entstehung der kosmischen Strahlung. Fortschritte Phys. Wiss. **71** 411—469 (russ.). — Ref. in RJ UdSSR 1961 6A291.

* * **I. M. Gordon,** Outbursts of supernovae and the origin of cosmic rays. Vgl. Ref. **12629**.

13524. **I. J. van Heerden, B. Judek,** The relative abundances of cosmic ray nuclei of charge $Z \geqq 3$. Canadian J. Phys. **38** 964—967.

13525. **D. D. Kerlee, O. K. Krienke jr., J. J. Lord, M. E. Nelson,** Cosmic-ray heavy nuclei at the geomagnetic equator. Phys. Rev. (2) **118** 828—830. — Verf. benutzten für die vorliegende Untersuchung ein Paket Platten, welches am 12. 2. 1957 von der Insel Guam aus mit einem Ballon hochgeflogen und in einer Höhe von etwa 30 km 7 Stunden exponiert wurde. Flugdaten und Meßmethoden sind beschrieben. Für den Teilchenstrom ergab sich im Fall von Li, Be, B 0.26 ± 0.05 Teilchen/m² sec sterad. Die entsprechenden Daten für C, N, O, F bzw. für Kerne mit $Z \geqq 10$ waren 0.66 ± 0.10 und 0.37 ± 0.09. Oster

13526. **K. Kristiansson, O. Mathiesen, B. Waldeskog,** The abundance of nuclei heavier than oxygen in the primary cosmic radiation. Ark. Fys. **17** 455—483. — Ref. in Phys. Abstr. (A) **64** 53.

13527. **K. Kristiansson, O. Mathiesen, B. Waldeskog,** Identification of non-relativistic heavy primaries in cosmic radiation by photometric measurements in nuclear emulsions. Ark. Fys. **17** 485—493. — Ref. in Phys. Abstr. (A) **64** 53.

13528. **L. W. Kurnossowa, L. A. Rasorenow, M. I. Fradkin,** Schwere Kerne in der primären kosmischen Strahlung. KE Nr. 2 S. 70—74, 1958 (russ.).

13529. **L. W. Kurnossowa, W. I. Logatschew, L. A. Rasorenow, M. I. Fradkin,** Die Untersuchung der kosmischen Strahlung während des Fluges der zweiten kosmischen Rakete zum Mond. KE Nr. 5 S. 30—37 (russ.).

13530. **L. W. Kurnossowa, W. I. Logatschew, L. A. Rasorenow, M. I. Fradkin,** Cosmic ray investigation by the second cosmic rocket landed on the moon. Vgl. Ref. **1330** S. 852—862.

13531. **A. I. Kusmin, G. W. Skripin,** Über die Intensitätsabnahme der kosmischen Strahlung zur Zeit magnetischer Stürme. Publ. Jakut. Abt. Akad. Wiss. UdSSR (Phys.) 1960 Nr. 3 S. 121—139 (russ.).

13532. **D. Lal, E. D. Goldberg, M. Koide,** Cosmic-ray-produced Si^{32} in nature. Phys. Rev. Letters **3** 380, 1959. — Ref. in Phys. Ber. **40** 309.

13533. **J.-P. Legrand, A. Helary,** Local increase of intensity of cosmic radiation. Nature **187** 397—398.

13534. **J. Lequeux,** Ce que les satellites artificiels ont déjà appris sur les rayons cosmiques et les particules aurorales. La Nature 88 146—154.

13535. **J. A. Lockwood,** On the long-term variation in the cosmic radiation. J. Geophys. Res. **65** 19—25. — Die Analyse der auf dem Mt. Washington, dem Mt. Norikura und in Huancayo von 1954 bis 1958 registrierten Intensitäten der kosmischen Strahlung ergab, daß ihre Abnahme nicht gleichmäßig, sondern stufenweise in mehreren raschen Abfällen vor sich ging. Die stärksten Änderungen der Intensität traten jeweils nach Forbush-Störungen auf, besonders deutlich am 11. Juli 1959. Einige Erklärungsmöglichkeiten, besonders Zusammenhänge mit solaren Ausbrüchen, werden diskutiert. Jung

13536. **J. R. Manzano, J. G. Roederer, O. R. Santochi,** Cosmic ray intensity variations during the magnetic storm in May 1959. Nuovo Cimento (10) **18** 136—146. — Der Forbush-Effekt im Mai 1959 war mit dem plötzlichen Einsetzen eines magnetischen Sturmes am 11. Mai gegen $23^{h}18$ assoziiert. Dieser Sturm ist wahrscheinlich korreliert mit der bisher stärksten solaren Eruption in diesem Zyklus, welche am 10. Mai gegen 21^{h} einsetzte und mehrere Stunden anhielt. Während der Erholung war die solare und geomagnetische Aktivität noch stark. Verf. analysieren die Modulationseffekte der kosmischen Strahlung während dieser Periode und diskutieren ihre Beziehungen zur solaren und geomagnetischen Aktivität. Henn

13537. **A. Mason,** The flux of primary cosmic ray α-particles over Southern England. Nuovo Cimento (10) **18** 1037—1038.

13538. **O. Mathiesen,** Determination of the charge of relativistic heavy primaries in cosmic radiation by δ-ray counting and a comparison with photometric identification. Ark. Fys. **17** 441—454. — Ref. in Phys. Abstr. (A) **64** 53.

13539. **R. Maze, A. Zawadzki,** On an attempt of detection of primary cosmic photons of very high energy. Nuovo Cimento (10) **17** 625—633.

13540. **I. B. McDiarmid, D. C. Rose,** High-altitude cosmic ray measurements at Fort Churchill. Canadian J. Phys. **38** 638—641. — Messungen mit Geiger-Zählern in Raketen sind bis in Höhen von 250 km in Fort Churchill, Manitoba, durchgeführt worden, um die gesamte Intensität der primären kosmischen Strahlung in der Nähe des Maximums der Sonnentätigkeit zu messen und sie mit anderen Messungen zu Zeiten starker Sonnenaktivität und auch solchen in der Nähe des Minimums zu vergleichen. Es wurde eine Strahlung niederer Energie festgestellt, deren Intensität mit der Höhe bis etwa 25% derjenigen der primären Intensität in 250 km anstieg. Verf. (ü.)

13541. **W. Messerschmidt,** Über Dauerregistrierungen der Kosmischen Strahlung und ihre geophysikalische Bedeutung. Phys. Verhandlungen **11** 9—10. — Ref.

13542. **P. Meyer,** The cosmic ray Alpha-particle flux during sharp Forbush intensity decreases. J. Geophys. Res. **65** 3881—3887. — Bei drei Ballonaufstiegen direkt nach dem Auftreten von Forbush-Effekten wurde der Einfall von α-Teilchen mit Energien über 560 MeV/Nukleon gemessen und mit dem an einem ungestörten Tag verglichen. Die enge Korrelation der Intensitäten der α-Teilchen und der gesamten kosmischen Strahlung, gemessen durch die Zählraten eines Neutronen-Monitors am Erdboden, zeigt, daß für Protonen und α-Teilchen bei Forbush-Effekten ein gemeinsamer Modulationsmechanismus wirksam ist. Haug

13543. **Y. Miyazaki, H. Takeuchi,** Altitude dependence and time variation of the radiation intensity observed by U. S. satellite 1958 α. Rep. Ionosphere Res. Japan **12** 448—458, 1958. — Ref. in Phys. Abstr. (A) **63** 1989.

13544. **E. P. Ney,** Cosmic rays as received at the Earth. Vgl. Ref. **1314a** S. 371—377.

13545. **S. Olbert,** Motion of cosmic-ray particles in galactic magnetic fields. Proc. Sympos. Appl. Math. **9** 10—18, 1959. — Ref. in Math. Rev. **22** 754.

13546. **C. Q. Orsini,** On the relative abundance of carbon, nitrogen and oxygen in the cosmic rays. Nuovo Cimento (10) **16** 1040—1045. — Die bei Ballonflügen durchgeführten Messungen ergaben ein Häufigkeitsverhältnis von C : N : O = 1.5 : 0.97 : 1.0. Eine Diskussion der Ergebnisse liefert keine Übereinstimmung mit den von Suess und Urey angegebenen kosmischen Häufigkeiten. Eine von der mittleren kosmischen Häufigkeit verschiedene chemische Zusammensetzung der kosmischen Strahlung scheint angedeutet zu sein. Henn

13547. **N. R. Parsons,** Effects of short-term world-wide modulation of the primary cosmic radiation on observed daily intensity variations. J. Geophys. Res. **65** 3159—3161.

13548. **N. R. Parsons,** Phase changes in the daily variations of the cosmic ray nucleonic component. Tellus **12** 450—462.

13549. **M. A. Pomerantz, V. R. Potnis, S. P. Agarwal,** Cosmic ray investigations with an airborne neutron monitor. Nuovo Cimento (10) **16** 469—475.

13550. **N. A. Porter,** The Dirac monopole as a constituent of primary cosmic radiation. Nuovo Cimento (10) **16** 958—959.

13551. **C. F. Powell,** «Cosmic radiation». The fifty-first Kelvin lecture. Proc. Inst. Elect. Engineers **107B** 389—394. — Ref. in Phys. Abstr. (A) **63** 1716.

13552. **C. F. Powell,** The origin of cosmic radiation. Vasiona 8 56—60 (serb.).

13553. **J. G. Roederer, O. R. Santochi, J. C. Anderson, J. M. Cardoso, J. R. Manzano,** Preliminary report on cosmic ray intensity during magnetic storms in July 1959. Nuovo Cimento (10) 18 120—130. — Die Intensitätsvariationen der kosmischen Strahlung während dreier magnetischer Stürme im Juli 1959 werden analysiert. Benutzt werden dazu die Meßergebnisse von Neutronenmonitoren über Mina Aguilar, Buenos Aires und Ellsworth. Eine Methode wird beschrieben, die detaillierte Informationen über die Variationen des Spektrums der kosmischen Primärstrahlung während magnetischer Stürme gibt. Die Anwendung dieser Methode im vorliegenden Fall zeigt eine annähernde Übereinstimmung im Verlauf dieser Variationen mit den entsprechenden bei den magnetischen Stürmen im Mai 1959. Henn

13554. **J. G. Roederer, O. R. Santochi, J. C. Anderson, J. M. Cardoso, J. R. Manzano,** Analysis of cosmic ray intensity time-dependence recorded at Mina Aguilar during July 1959. Nuovo Cimento (10) 18 131—135. — Verf. geben eine Analyse der zeitlichen Intensitätsvariationen der Nukleonenkomponente in Mina Aguilar für die 3 magnetischen Stürme im Juli 1959. Es zeigt sich, daß das Intensitätsverhalten durch Superposition von drei unabhängigen Forbush-Effekten mit verschiedenen Amplituden und Erholungszeiten, aber annähernd gleicher Form des Energiespektrums der Primärstrahlung erklärt werden kann. Die langsame Erholung nach dem 3. Sturm ist hauptsächlich durch die Erholungszeit des 2. Sturmes bestimmt. Henn

13555. **V. C. Rubin,** Cosmic rays. Vgl. Ref. **1339** S. 68—71.

13556. **L. Scarsi,** Cosmic radiation. American J. Phys. **28** 213—220. — Ref. in Phys. Abstr. (A) **63** 402.

13557. **J. G. Schafer, A. W. Jarygin,** Die Messung der kosmischen Strahlung mit geophysikalischen Raketen. KE Nr. 4 S. 184—194 (russ.).

13558. **R. Steinmaurer,** Die kosmische Strahlung im Internationalen Geophysikalischen Jahr. Acta Phys. Austriaca **13** 224—230. — Ref. in Phys. Abstr. (A) **63** 1987, Phys. Ber. **39** 2236.

13559. **A. A. Stepanjan, B. M. Wladimirskij,** An investigation of magnetic storm effects in cosmic rays. Mitt. Astrophys. Obs. Krim **24** 320—341 (russ. mit engl. Ref.). — Statistische Untersuchung von 38 «Forbush-Decreases» (FD), d. h. von Fällen plötzlichen Absinkens der allgemeinen kosmischen Höhenstrahlungsintensität. Es findet sich die Tendenz, daß die Maximalamplitude eines FD zu der Amplitude magnetischer Störungen auf der Erde positiv korreliert ist, und daß die FD-Dauer und Maximalamplitude parallel gehen. Oster

13560. **J. R. Storey,** Changes in the differential rigidity spectrum of primary cosmic rays associated with long-term and short-term intensity variations. Phys. Rev. (2) **117** 573—577. — Ref. in Phys. Ber. **39** 2241.

13561. **E. Tamai,** Heavy nuclei in the primary cosmic rays over Minnesota. Phys. Rev. (2) **117** 1345—1351. — Verf. benutzt für seine Untersuchungen ein Plattenpaket, das am 18. 9. 1956 über Minnesota geflogen wurde. Die Flugdaten sind im einzelnen angegeben. Untersucht wurden die Partikel, welche in dem Plattenpaket gestoppt wurden. Zu ihrer Identifizierung wurden Messungen der Spurweite und δ-Dichten benutzt. Als Resultat werden statistische Werte für die Energiespektren von α-Teilchen, L-Gruppen (Li-, Be- und B-Kerne) und M-Gruppen (Kerne zwischen C und F) mitgeteilt. Es zeigt sich, daß für jede Gruppe

ein Maximum vorhanden ist und daß die Energiewerte, die dem Maximum entsprechen, mit ansteigender Kernladungszahl der schweren Elemente zunehmen.
Oster

13562. **A. N. Tscharachtschjan, W. F. Tulinow, T. N. Tscharachtschjan,** Large cosmic-ray intensity fluctuations in the stratosphere. J. Experim. Theoret. Phys. **38** 1031—1036 (russ.). — Ref. in Phys. Abstr. (A) **63** 1292, Phys. Ber. **40** 556.

13563. **C. J. Waddington,** Note on ending particles in nuclear emulsions exposed to the primary cosmic radiation. Nuovo Cimento (10) **18** 820—822.

13564. **C. J. Waddington,** The relative abundances of the heavy nuclei in the primary cosmic radiation. Phil. Mag. (8) **5** 311—323. — Verf. unternimmt den Versuch, die bestehende Streitfrage über die relativen Häufigkeiten von schweren Kernen ($Z \geqq 6$) in der kosmischen Primärstrahlung zu klären. Aus diesem Grunde war es notwendig, die Zertrümmerungsparameter für die schweren Kerne bis zur Gruppe $20 \leqq Z \leqq 28$ zu bestimmen. Drei Emulsionspakete wurden über Norditalien und Texas in Höhen bis etwa 40 km exponiert. Unter Berücksichtigung der Diffusion ergibt sich außerhalb der Atmosphäre das Verhältnis 0.38 ± 0.04 für die Kerne mit $Z \geqq 10$ und $6 \leqq Z \leqq 9$. Dieses Ergebnis wird kurz diskutiert.
Henn

13565. **C. J. Waddington,** The determination of the flux of cosmic ray protons with nuclear emulsions. Phil. Mag. (8) **5** 1105—1117. — Der Protonenfluß in der primären Ultrastrahlung beträgt 500 ± 70 Protonen/$m^2 \times$ ster $\times$ sec, extrapoliert auf die obere Grenze der Atmosphäre an Hand eines Modells der Tiefenabhängigkeit des Flusses in der Atmosphäre. Zur Bestimmung wurde ein Paket aus 80.6 inch $\times$ 8 inch $\times$ 600 μ G5-Emulsionen über Norditalien 5.75 Std. in etwa 106000 angloamerikanischen Fuß Höhe der Strahlung ausgesetzt und der Protonenfluß aus den Kernwechselwirkungen in der Emulsion ermittelt (Flug: Sept. 1954).
Bk.

13566. **E. Waibel,** Messung von Primärteilchen der kosmischen Strahlung. Diss. TH Stuttgart, 1959.

13567. **B. Waldeskog, O. Mathiesen,** Photometric charge determination of relativistic heavy primaries in cosmic radiation. Ark. Fys. **17** 427—440. — Ref. in Phys. Abstr. (A) **64** 53.

13568. **S. N. Wernow, A. E. Tschudakow,** Untersuchungen der kosmischen Strahlung und der terrestrischen korpuskularen Strahlung mit Hilfe von Raketen und künstlichen Erdsatelliten. Fortschritte Phys. Wiss. **70** 585—619 (russ.). — Ref. in RJ UdSSR 1961 Nr. 2 S. 26—27.

13569. **S. N. Wernow, N. L. Grigorow, J. I. Logatschew, A. E. Tschudakow,** Die Messung der kosmischen Strahlung im künstlichen Erdsatelliten. KE Nr. 1 S. 5—8, 1958 (russ.).

13570. **S. N. Wernow, P. W. Wakulow, E. W. Gortschakow, J. I. Logatschew, A. E. Tschudakow,** Untersuchung der weichen Komponente der kosmischen Strahlung jenseits der Grenzen der Atmosphäre. KE Nr. 2 S. 61—69, 1958 (russ.).

* * **S. N. Wernow, A. E. Tschudakow,** Terrestrial corpuscular radiation and cosmic rays. Vgl. Ref. **76189**.

13571. **J. G. Wilson,** Cosmic radiation: the primary particles. Contemporary Phys. **1** 204—219. — Ref. in Phys. Abstr. (A) **63** 1985.

13572. **T. Yagi,** Recovery of cosmic-ray intensities after the «Forbush-type decrease». J. Geomagn. Geoelectr. **11** 11—20, 1959. — Ref. in Phys. Abstr. (A) **63** 1528.

13573. Die Variation der Intensität der kosmischen Strahlung. Publ. Jakut. Filiale Akad. Wiss. UdSSR (Phys.) Nr. 3, 168 S. (russ.).

XV. Sternsysteme

§ 141

Offene Sternhaufen, Bewegungshaufen

14101. **G. Alter, J. Ruprecht, V. Vanýsek,** Catalogue of star clusters and associations. Supplement 2. Appendix BAC **11** Nr. 1, 8 S.

14102. **H. Arp,** Cepheids in galactic clusters. V. CV Mon. ApJ **131** 322—329. — In Fortsetzung der Untersuchung aller in galaktischen Sternhaufen stehenden δ Cephei-Sterne werden die in den VBU-Bereichen gemessenen lichtelektrischen Helligkeiten von CV Mon diskutiert. Eine lichtelektrische Dreifarbenphotometrie des den Veränderlichen umgebenden Haufens von 40 Sternen und das daraus abgeleitete Farben-Helligkeitsdiagramm weisen 34 der gemessenen Sterne sowie auch CV Mon als echte Mitglieder des Haufens aus. Neben allen Einzelbeobachtungen sind auch die Farben-Helligkeitsdiagramme und die Lichtkurven des Veränderlichen wiedergegeben. Bey.

14103. **K. A. Barchatowa, L. I. Drjachluschina,** The open cluster NGC 1513. AJ UdSSR **37** 332—335 (russ. mit engl. Ref.). — Von den 49 Sternen des Haufengebiets heller als $m_{pg} = 14.8$ bestimmten Verf. photographische und photovisuelle Helligkeiten aus Aufnahmen am Schmidt-Teleskop des Engelhardt-Observatoriums. Das Farben-Helligkeitsdiagramm des Haufens zeigt neben der vertikal verlaufenden Hauptreihe drei rote Riesen. Der wahre Entfernungsmodul beträgt $9^m\!.69$, der Durchmesser $14' = 3.7$ pc. Loh.

14104. **K. A. Barchatowa, E. L. Tschenzow,** A study of the open cluster NGC 1605. AJ UdSSR **37** 864—869 (russ. mit engl. Ref.). — Nach Sternzählungen in Ringzonen enthält der Haufen ungefähr 80 Sterne und hat einen Durchmesser von etwa 7'. Seine Gestalt ist die einer Ellipse mit dem Achsenverhältnis 1 : 1.5, deren große Achse senkrecht zur galaktischen Ebene steht. In einer Tabelle werden m_{pv} und m_{pg} für 31 Sterne angegeben. Die Hauptreihe des (m_{pg}-CI)-Diagramms hat eine ungewöhnliche Neigung. Der Grund dafür wird in photometrischen Schwierigkeiten bei den schwachen Sternen gesehen. Aus der Lage der hellen Sterne im Diagramm folgt unter Annahme einer Absorption $A_{pg} = 3^m$ der Modul $m_0—M = 10^m\!.85$. Danach ist der Haufen 1480 pc entfernt und hat einen Durchmesser von 2.6 pc. Petri

14105. **W. Becker,** Dreifarben-Photometrie südlicher galaktischer Sternhaufen. II. NGC 2169, 2215, 2323, 2516, 3330. ZfA **49** 168—175 = Mitt. Astr.-Meteorol. Anstalt Univ. Basel Nr. 13. — Photometrische Arbeiten an der Südhalbkugel (vgl. AJB **59** Ref. **14106**) fortsetzend, werden von weiteren Sternhaufen photometrische Diagramme und photographische Karten gegeben. Neue Werte für die Entfernungen werden in der Tabelle mitgeteilt. Der Katalog der Helligkeiten erscheint als Mitteilung der Basler Sternwarte. Dv.

14106. **W. Becker,** Dreifarben-Photometrie südlicher galaktischer Sternhaufen. IV. NGC 2324, 2360, 2362, 2910, Tr. 14, Tr. 16, IC 2714. ZfA **51** 49—63 = Mitt. Astr.-Meteorol. Anstalt Univ. Basel Nr. 15. — Nach Beobachtungen am Kap, Mt. Wilson, in Asiago und an der Boyden Station werden für diese Haufen zwischen 180° und 260° (alter) galaktischer Länge Karten, Farben-Helligkeitsdiagramme, Farbenexzesse, Entfernungen, Durchmesser, Sternzahlen und -dichten publiziert. Die Entfernungen unterscheiden sich von den alten Trümplerschen zum Teil beträchtlich. NGC 2324 liegt nicht zwischen lokalem Arm und Perseus-Arm, sondern in letzterem in 2700 pc Abstand. NGC 2362, wo nur U-Platten zur Ergänzung der BV-Messungen von Johnson (vgl. AJB **50** Ref. **12110**) untersucht wurden, fällt durch Sterne frühen Typs ohne Entwicklungseffekte auf. Aus der Ähnlichkeit der Farben-Helligkeitsdiagramme von Tr. 14 und 16 wird geschlossen, daß es sich um einen einzigen Haufen handelt, der durch Absorptionsgebiete geteilt erscheint. Haug

14107. **S. van den Bergh, D. Sher,** The luminosity functions of galactic star clusters. AJ **65** 651. — Ref. AAS.

14108. **S. van den Bergh, D. Sher,** The luminosity functions of galactic star clusters. Publ. David Dunlap Obs. **2** 203—251. — Für 20 galaktische Sternhaufen wurden auf Aufnahmen verschiedener Belichtungszeit mit dem 48″-Schmidt-Spiegel vom Mt. Palomar in Ringzonen um das Haufenzentrum jeweils sämtliche Sterne bis zur Grenzgröße gezählt. Zur Eichung dienen lichtelektrische Skalen und photographische Übertragungsaufnahmen. Die Zählergebnisse, die Leuchtkraftfunktion und ihr Integral in Abhängigkeit von der Grenzgröße werden in Tabellen und Diagrammen dargestellt. Es ergeben sich starke Unterschiede zwischen den individuellen Leuchtkraftfunktionen, vor allem bei den jungen Sternhaufen. Gemeinsam ist jedoch fast allen die abnehmende Sternhäufigkeit für absolute Helligkeiten $> +5^m$, während die Leuchtkraftfunktion für Feldsterne hier noch stark ansteigt. Haug

14109. **P. Bouvier,** Sur la densité de masse dans un amas stellaire. Arch. Sci. Genève **13** 159—160.

* * **E. A. Dibaj, F. A. Zizin, A. S. Scharow,** On the application of the virial theorem to the dynamics of star clusters. Vgl. Ref. **4309**.

14110. **W. Dürbeck,** Dreifarbenphotometrie des offenen Sternhaufens NGC 2354. ZfA **49** 214—220 = Kleine Veröff. Remeis-Sternw. Bamberg Nr. 29. — Für 288 Sterne werden Helligkeiten nach ADH-Platten der Boyden-Station im UBV-System abgeleitet. Aus dem Farben-Helligkeitsdiagramm wird auf einen Entfernungsmodul von 1850 pc geschlossen. Aus dem Punkt, in dem die helleren Sterne von der normalen Hauptreihe abzweigen, wird auf ein Alter von 7×10^8 Jahren geschlossen. Der Durchmesser des Haufens beträgt 10.7 pc mit einer durchschnittlichen Sterndichte von 0.3 Sternen pro pc^3. Dv.

14111. **O. J. Eggen,** Stellar groups, VII. The structure of the Hyades group. MN **120** 540—562. — Für etwa 200 nach den Eigenbewegungen und Radialgeschwindigkeiten als wahrscheinliche Mitglieder der Hyadengruppe erkannte Sterne werden in Tabellen angegeben: vis. Helligkeit, Farbenindex (soweit bekannt), Spektraltyp, Radialgeschwindigkeit, Eigenbewegung; Gruppenparallaxe, absolute Helligkeit und Raumbewegungskomponenten. Das Farben-Helligkeitsdiagramm der Sterne mit bekannten Farbenindizes wird diskutiert. Die räumliche Verteilung zeigt eine Verlängerung der Gruppe in Richtung der galaktischen Rotation. Die Bewegungskomponente senkrecht zur galaktischen Ebene scheint nicht mit der Bewegung in dieser Ebene gekoppelt zu sein. Die Hälfte der Sterne hat wenigstens einen Begleiter. Die Masse-Leuchtkraft-Beziehung für Doppelsterne der Gruppe weicht vom normalen Verlauf ab. Einige Systeme werden kurz gesondert diskutiert. O. G.

14112. **O. J. Eggen,** Stellar groups, VIII. The structure of the Sirius group. MN **120** 563—580. — Nach Angabe der angenommenen Kriterien für die Zugehörigkeit von Sternen zur Sirius-Gruppe (früher Ursa Major-Strom genannt) werden für 90 wahrscheinliche Mitglieder in zwei Tabellen folgende Größen zusammengestellt: vis. Helligkeit, Farbenindex, Spektraltyp, Radialgeschwindigkeit, Eigenbewegung; Gruppenparallaxe, absolute Helligkeit und Raumbewegung. Ausgehend von einem Farben-Helligkeitsdiagramm wird die Sirius-Gruppe in ihrem Entwicklungszustand mit der wahrscheinlich etwas älteren Hyaden-Gruppe verglichen (vgl. Ref. **14111**). Die räumliche Verteilung der Gruppenmitglieder und die für visuelle Doppelsterne der Gruppe erhaltene Masse-Leuchtkraft-Beziehung werden kurz diskutiert. O. G.

14113. **J. D. Fernie,** The convergent point of the Hyades. MN ASSA **19** 94—97. — Ref. in Obs **80** 206—207. — Unter der Annahme, daß die beobachteten Eigenbewegungskomponenten in Rektaszension und Deklination eine Gaußsche Verteilung um ihre wahren Werte zeigen und daß beide Komponenten unabhängig voneinander bestimmt wurden, leitet Verf. den Konvergenzpunkt der Hyaden zu $A = 95\overset{\circ}{.}91$; $D = +6\overset{\circ}{.}87$ (1950) her. Das gibt in Verbindung mit den Radialgeschwindigkeiten einen mittleren Entfernungsmodul von $3\overset{m}{.}06$. Als Material wurden die bei van Bueren (vgl. AJB **52** Ref. **12108**) zusammengestellten Daten benutzt. Gli.

14114. **J. D. Fernie,** Proper motions, radial velocities and star counts in NGC 2547. MN ASSA **19** 120—125. — In Fortsetzung der photometrischen Untersuchung des galaktischen Haufens NGC 2547 (vgl. AJB **59** Ref. **14124**) wurden auf Platten des Kap-Astrographen mit einer Epochendifferenz von 62 Jahren die Eigenbewegungen von 67 Sternen gemessen. Die relativen Eigenbewegungen dieser Sterne untereinander deuten auf eine Expansion des Haufens hin. Radialgeschwindigkeitsmessungen liegen nur für 9 dieser Sterne vor. Sternzählungen geben einen Radius von 37′ (= 4.0 pc) und etwa 420 ± 60 Sterne bis $M_{pg} = +9$. Die Ergebnisse beider Untersuchungen sind zum Schluß zusammengestellt. Gli.

14115. **K. A. Grigorjan, J. M. Smak,** Polarisationsbeobachtungen von Sternen in den Haufen NGC 2244 und NGC 2264. Mitt. Obs. Bjurakan Nr. 28 S. 3—7 (russ. mit armen. Ref.). — Von NGC 2244 wurden in Bjurakan 11 Sterne, von NGC 2264 29 Sterne lichtelektrisch polarimetriert. Im zweiten, dem ausführlicher untersuchten Fall ergaben sich $\bar{p} = 0.6\,\%$, $\bar{\Theta}_E = 27°$. Die mittlere Richtung des Positionswinkels bildet mit dem galaktischen Äquator einen Winkel von 55°. Das Verhältnis Polarisationsgrad : interstellare photovisuelle Absorption beträgt 0.05. Loh.

14116. **C. Grubissich,** Die offenen Sternhaufen NGC 6823 und NGC 6830. ZfA **50** 14—20 = Contr. Oss. Astrofis. Asiago Nr. 112. — Die beiden offenen Sternhaufen NGC 6823 und NGC 6830 in Vulpecula sind durch RGU-photographische und UBV-photoelektrische Beobachtungen untersucht worden. Der wegen interstellarer Extinktion verbesserte Modul von NGC 6823 entspricht 2.2 kpc. Die Entfernung des beinahe unverfärbten Haufens NGC 6830 ist 0.6 kpc. Die Zugehörigkeit dieses Sternhaufens zu dem von Morgan, Whitford und Code in Cygnus entdeckten OBA-Aggregat ist deswegen auszuschließen. Nach den oben gegebenen Distanzen betragen die linearen Durchmesser etwa 7.7 bzw. 3.4 pc. Verf.

14117. **J. Hardorp,** Dreifarben-Photometrie einer Sternhaufengruppe in der Cassiopeia (NGC 103, NGC 129, NGC 136, NGC 146, K 14 und K 16). Astr. Abh. Sternw. Hamburg-Bergedorf **5** 215—261. — Eine lichtelektrische UBV-Skala in NGC 103 von W. A. Hiltner wird der photographischen RGU-Photometrie von 6 auf derselben Schmidt-Platte liegenden Sternhaufen zugrunde gelegt. Die dabei auftretenden Feldfehler werden untersucht, und eine

Methode zu ihrer Vermeidung bei Sternhaufenanschlüssen wird mitgeteilt. Farben-Helligkeitsdiagramm, Verfärbung und Entfernung der Haufen werden ermittelt. Har.

14118. **G. Henry, F. Nahon,** Étude des vitesses radiales du courant de la Grande Ourse. CR **251** 2473—2475. — Eine Analyse der vermutlich zum Ursa Major-Strom gehörigen Sterne gestattet, die Verteilung der Raumgeschwindigkeiten, projiziert auf die galaktische Ebene, zu bestimmen. Dabei ergibt sich eine Verteilung von der Form k $(L^2—V^2)^n$, wobei der Exponent n nur ungenau als zwischen 2 und 4 liegend zu bestimmen ist. Verf. (ü.)

14119. **C. Hernández,** Spectroscopic observations of stars of the $\varkappa$ Crucis cluster. Publ ASP **72** 416—418 = Obs. Astr. La Plata Separata Astr. Nr. 21. — Spektraltyp und Radialgeschwindigkeit für 11 Sterne des Haufens (NGC 4755) nach Spektren von 42 Å/mm Dispersion werden mitgeteilt, die mit Hilfe des 152 cm-Reflektors der Bosque Alegre-Station des Córdoba-Observatoriums gewonnen wurden. Haug

14120. **C. Hernández,** Observaciones espectroscopicas de NGC 4755. Vgl. Ref. **1323** S. 46.

14121. **A. R. Hogg,** The galactic cluster IC 2391. Publ ASP **72** 85—93 = Mt. Stromlo Obs. Repr. Nr. 28. — Mit dem 50"- bzw. 74"-Reflektor von Mt. Stromlo wurden 39 Sterne im Gebiet des Haufens im UBV-System lichtelektrisch gemessen. Aus Eigenbewegungen werden Haufenmitglieder ermittelt. Das (U—B, B—V)-Diagramm von 12 Sternen frühen Spektraltyps läßt keine wesentliche Verfärbung erkennen. Der Entfernungsmodul von $5^m92 \pm 0^m05$ wird mit früheren Bestimmungen verglichen. Das Alter des Haufens ergibt sich aus der nur durch einen Stern bestimmten Schönberg-Chandrasekhar-Grenze zu $(25—53) \times 10^8$ Jahren, aus dem Verlauf einer vermuteten Gravitationskontraktions-Sequenz zu $(19—35) \times 10^8$ Jahren. Haug

14122. **H. S. Hogg,** Star clusters. Sonderdruck aus McGraw-Hill Encyclopedia Sci. Technology 1960, 2 S.

14123. **J. B. Irwin,** Cepheids in galactic clusters. Trans. IAU **10** 680—684 = Goethe Link Obs. Repr. Nr. 21.

14124. **S. G. Iskudarjan,** Fünf neue offene Sternhaufen. Mitt. Obs. Bjurakan Nr. 28 S. 43—49 (russ. mit armen. Ref.). — Verf. hat auf Grund einer Durchmusterung von Palomar-Karten und einiger Aufnahmen mit dem 21"-Schmidt-Spiegel von Bjurakan fünf neue, mit B7, B8, ... B11 bezeichnete Sternhaufen entdeckt. Die Haufen werden einzeln beschrieben, von B7 wird ein schematisches Farben-Helligkeitsdiagramm entworfen. Loh.

14125. **H. L. Johnson,** The galactic cluster M 25 = IC 4725. ApJ **131** 620—622 = Contr. McDonald Obs. Nr. 322. — Von 131 Sternen in und bei diesem Haufen wurden die UBV-Helligkeiten gemessen. Der wahre Entfernungsmodul beträgt 8^m9. Wenn U Sgr ein Mitglied des Haufens ist, ergibt sich für die Shapleysche photographische Perioden-Helligkeitsbeziehung eine Korrektur von -1^m6. Loh.

14126. **H. L. Johnson,** A new color-magnitude diagram for the Hyades cluster. ApJ **132** 517—518 = Contr. McDonald Obs. Nr. 329. — Das Farben-Helligkeitsdiagramm der Hyaden wird durch neue, vorläufig meist nur auf einmaligen Beobachtungen beruhende Daten von etwa 50 Sternen ergänzt, die nach Untersuchungen der Eigenbewegungen von Pels und Giclas mögliche Haufenmitglieder sind. Neben der Hauptreihe wurde wie bei den früheren Messungen eine Sequenz von Unterzwergen gefunden. Haug

14127. **H. L. Johnson,** On the determination of photometric distance moduli for star clusters. Lowell Obs. Bull. **5** 17—22. — Im Rahmen einer kritischen Diskussion der Entfernungsbestimmung von Sternhaufen aus Farben-Helligkeitsdiagrammen mit Hilfe der ursprünglichen Hauptreihe wird unter Anführung von Beispielen gezeigt: 1. Zur Entfernungsbestimmung können auch die Sterne herangezogen werden, welche sich von der Hauptreihe wegentwickelt haben. Theoretische und empirische Daten für dieses Verfahren werden angegeben. 2. Der Entfernungsmodul kann nur in Ausnahmefällen genauer als auf $\pm 0^{m}.2$ bestimmt werden. 3. Zur Entfernungsbestimmung genügen die lichtelektrischen Messungen. Die Mitbenutzung von (abhängigen) photographischen Werten täuscht leicht eine zu große Genauigkeit des Ergebnisses vor und kann sogar zu systematischen Fehlern Anlaß geben. Haug

14128. **T. S. Kirollowa,** A statistical analysis of the colour — visual magnitude diagram of the open cluster IC 1805. AJ UdSSR **37** 327—331 (russ. mit engl. Ref.). — In einer Untersuchung der Sterne in Gasnebeln (vgl. AJB **58** Ref. **12213**) hat Verf. kürzlich unter anderem auch die Sterne im Gebiet des offenen Sternhaufens IC 1805 mitphotometriert. Wie zu erwarten war, stellte sich dabei eine viel größere Streuung im Farben-Helligkeitsdiagramm in den äußeren Haufenbereichen im Vergleich zum inneren heraus. Dieses Verhalten wird in der vorliegenden Arbeit zum Gegenstand einer statistischen Betrachtung gemacht. Ohne verläßliche Eigenbewegungen ist es jedoch kaum möglich, in den Außengebieten scheinbare Mitglieder des Haufens von wahren streng zu trennen. Loh.

14129. **E. W. Kotok,** On the interpretation of the spectrum - luminosity diagram for the Pleiades. AJ UdSSR **37** 492—495 (russ. mit engl. Ref.). — Die Entwicklungswege im gravitativen Entwicklungsstadium (vgl. AJB **55** Ref. **5408**) und das Farben-Helligkeitsdiagramm der Plejaden (vgl. AJB **57** Ref. **12123**) werden in ein Hertzsprung-Russell-Diagramm übertragen. Hier zeigt sich deutlich, daß sich die Sterne späten Spektraltyps noch im Kontraktionszustand befinden. Die Frühtypsterne haben sich unter Massenverlust (vgl. AJB **53** Ref. **5414**) schon wieder ein wenig von der ursprünglichen Hauptreihe entfernt. Für das Alter der Plejaden folgen hieraus etwa 5×10^{7} Jahre. Loh.

14130. **E. A. Kreiken,** Some remarks on the motions of the stars in the Perseus group. Commun. Faculté Sci. Univ. Ankara (A) **8** 34—45 = Commun. Department Astr. Ankara Univ. Nr. 26.

* * **G. E. Kron, N. U. Mayall,** Photoelectric photometry of galactic and extragalactic star clusters. Vgl. Ref. **14210**.

14131. **R. S. Kushwaha, D. S. Kothari,** Random fragmentation in star formation in the Hyades cluster. ZfA **51** 11—14. — Die Zufallsverteilung der Massen bei der Aufteilung eines homogenen Parallelepipeds durch Systeme paralleler Ebenen (vgl. AJB **54** Ref. **5403**) wird mit der Verteilung der Sternmassen in den Hyaden verglichen. Diese wird aus den optischen Daten mit Hilfe der Masse-Leuchtkraftbeziehung nach Untersuchungen spektroskopischer Doppelsterne von Petrie gewonnen. Die Übereinstimmung der theoretischen und empirischen Verteilung ist gut. Die Masse des Haufens wird auf 500 Sonnenmassen abgeschätzt. Haug

14132. **G. Larsson-Leander,** A study of the galactic cluster NGC 6940. Stockholms Obs. Ann. **20** Nr. 9, 45 S. — Ausführliche Monographie unter Benutzung neu abgeleiteter BV-Helligkeiten (photoelektrisch und photographisch) für 580 Sterne bis $B = 16^{m}.0$. Für 200 Sterne werden neue Spektraltypen abgeleitet. Die Verteilung der Farbenexzesse zeigt differentielle Einflüsse bis zu $0^{m}.3$. Die Hauptreihe im Farben-Helligkeitsdiagramm ähnelt der von Hyaden und Praesepe. Die oberen Teile sind aber bei NGC 6940 sehr viel stärker besetzt. Gelbe und rote Riesen sind anscheinend etwas schwächer als bei Hyaden und Praesepe. Die Neigung dieses Riesenastes ähnelt der bei NGC 7789. Der Katalog gibt die Daten der Einzelsterne aufgeteilt nach 1′ breiten Kreisringzonen um das Haufenzentrum. Dv.

* * **W. J. Luyten, G. H. Herbig,** Possible white dwarf belonging to the Pleiades. Vgl. Ref. **10538.**

14133. **A. Marks,** Plejady. Urania Kraków **31** 52—53. — Kurze Beschreibung.

14134. **A. Marks,** Podwójna otwarta gromada gwiazd h i χ w Perseuszu. Urania Kraków **31** 90—91. — Kurze Beschreibung von h und χ Persei. E.R.

14135. **A. Marks,** Otwarta gromada gwiazd Praesepe w Raku (M 44) (NGC 2632). Urania Kraków **31** 118—119.

14136. **A. Marks,** Otwarta gromada gwiazd M 67 (NGC 2682) w gwiazdozbiorze Raka. Urania Kraków **31** 149. — Beschreibung von M 67. E. R.

14137. **G. Maurikakis,** The evolution of galactic clusters. Techn. Chronika **37** 51—62. — Ref. in Phys. Abstr. (A) **64** 4.

14138. **L. N. Mavridis,** S- and C-type stars in NGC 7789. Publ ASP **72** 48—50 = Contr. Res. Computing Center Acad. Sci. Athens (1) Nr. 6. — In einer kurzen Notiz wird darauf hingewiesen, daß der S-Stern WY Cas (Mira-Veränderlicher) und der C-Stern BD +56° 3126 vermutlich Mitglieder des reichen galaktischen Haufens NGC 7789 sind. Dies ist besonders interessant, weil bisher keine S- und C-Sterne als definitive Mitglieder von Sternhaufen bekannt sind. Voigt

14139. **A. J. Meadows,** Be stars in galactic clusters. AJ **65** 335—336. — In 10 galaktischen Sternhaufen wird das Verhältnis der Anzahl der B-Sterne zu der der Be-Sterne in den Leuchtkraftklassen IV und V betrachtet. Es ergibt sich im Mittel zu 5.5 im Bereich B0—B3 und zu 20.0 im Bereich B4—B8, während Struve für die normalen Feldsterne 10.1 bzw. 76.6 in beiden Spektralbereichen angibt (vgl. AJB **51** Ref. **517**, S. 86). Verf. schließt aus dem höheren Anteil der Be-Sterne in galaktischen Sternhaufen auf im Durchschnitt größere Rotationsgeschwindigkeiten der dortigen B-Sterne. Gli.

14140. **J. Meurers, A. Aksoy,** Untersuchungen über die Eigenbewegungen von Sternhaufen. VIII. h und χ Persei. Veröff. Univ.-Sternw. Bonn Nr. 56, 25 S. — Es wurden die Bewegungsverhältnisse von h und χ Persei und der Umgebung untersucht. Es ergibt sich eine relative Bewegung von χ gegen h mit $v_\alpha = -0''.34$, $v_\delta = 0''.04 \pm 0''.05$, womit sich ein früheres Ergebnis nach W. Dieckvoss qualitativ bestätigt. χ weicht deutlich von der allgemeinen Feldbewegung ab, während h sich dieser im Rahmen der Fehlergrenzen einfügt. Die M-Sterne fügen sich der Bewegung von χ Persei ein, womit sich deren hohe absolute Helligkeiten auch von den Bewegungskriterien her bestätigen. Die B-Sterne im Bereich von χ Persei schließen sich auch der Bewegung von χ an. Es besteht eine gute Übereinstimmung zwischen Farbkriterien und Bewegungskriterien bezüglich der Haufenzugehörigkeit. Verf.

14141. **J. Meurers, A. Schwarz,** Untersuchungen über die Eigenbewegungen von Sternhaufen. IX. NGC 2168, NGC 2158 und NGC 2099. Veröff. Univ.-Sternw. Bonn Nr. 53, 50 S. — Die absoluten Eigenbewegungen von NGC 2168, 2158 und 2099 werden bestimmt, Feld- und Haufensterne von NGC 2168 und 2099 auf Grund des Bewegungskriteriums getrennt und diese Ergebnisse mit der Trennung durch Farbkriterien verglichen. Die absoluten Eigenbewegungen für 100 Jahre sind: NGC 2168: $v_\alpha = +0''.15$, $v_\delta = -0''.45$; NGC 2158: $v_\alpha = -0''.08$,

$v_\delta = -0\rlap{.}''26$; NGC 2099: $v_\alpha = +0\rlap{.}''20$, $v_\delta = -0\rlap{.}''35$. Die Haufenbewegungen weichen nur wenig von der allgemeinen Feldbewegung ab. Für NGC 2158 in der Nachbarschaft von NGC 2168 folgt daraus eine doppelt so große Entfernung als diejenige des NGC 2168. NGC 2158 ist daher zu nahe, um als Kugelhaufen angesprochen werden zu können. Die Kataloge enthalten die Eigenbewegungen von 1574 Sternen mit einem mittleren Fehler von $\pm$ 0″.23 für 100 Jahre. Verf.

* * **J. Meurers,** Sternaggregate und Bewegungsverhältnisse im Bereich des M 35 und des Doppelhaufens im Perseus. Vgl. Ref. **14310.**

14142. **R. I. Mitchell,** Photometry of the α Persei cluster. ApJ **132** 68—75. — Von 187 Sternen im Gebiet des α Per-Haufens wurden am 21″-Reflektor des Lowell Obs. UBV-Helligkeiten gemessen und das Farben-Helligkeitsdiagramm zusammengestellt. Der Entfernungsmodul beträgt $6^m.06 \pm 0^m.15$ (w. F.). Loh.

14143. **I. Ozsváth,** Dreifarben-Photometrie von NGC 7789. Astr. Abh. Sternw. Hamburg-Bergedorf **5** 129—212. — Von 2200 Sternen in dem Gebiet des Haufens NGC 7789 wurde eine Dreifarbenphotometrie mit Platten des großen Bergedorfer Schmidt-Spiegels im RGU-System und bis zu einer Grenzgröße $R = 16^m.2$ durchgeführt. Zusätzlich zu diesen Sternen wurden noch 1800 Sterne in einer Ringzone um das Haufengebiet herum mit geringerer Genauigkeit vermessen. Die Photometrie erreicht Vollständigkeit bis $R = 16^m.0$. Verfärbung und Entfernung des Haufens wurden hergeleitet. Durch Vergleich der Sternhäufigkeiten in den Farben-Helligkeitsdiagrammen des Haufengebietes und des Feldes wurden die Sternhäufigkeiten in dem Farben-Helligkeitsdiagramm und die Leuchtkraftfunktion für den eigentlichen Haufen bestimmt. Verf.

14144. **P. Pesch,** The galactic cluster NGC 7654 (M 52). ApJ **132** 689—695 = Contr. McDonald Obs. Nr. 333. — Lichtelektrische Messungen von etwa 60 Sternen im Gebiet des Haufens wurden mit Hilfe der Farbenindizes individuell wegen Absorption und Rötung korrigiert. Dabei wurden Werte des Farbenexzesses zwischen $0^m.5$ und $0^m.8$ gefunden. Aus dem korrigierten Farben-Helligkeitsdiagramm wird ein Entfernungsmodul von $11^m.1$ abgeleitet; das Alter des Haufens dürfte ähnlich dem der Plejaden sein. Die Annahme, daß BD +60° 2532 ein Haufenmitglied ist, führt für diesen Überriesen (F7 Ib) auf die absolute Helligkeit $-4^m.8$. Haug

14145. **P. Pesch,** The galactic cluster NGC 654. ApJ **132** 696—700 = Contr. McDonald Obs. Nr. 334. — Für lichtelektrische Messungen von rund 50 Sternen mit dem 82″-Reflektor von McDonald wurden nach der Q-Methode von Johnson und Morgan Farbenexzesse zwischen $0^m.8$ und $1^m.2$ gefunden. Nach dem korrigierten Farben-Helligkeitsdiagramm ist der Entfernungsmodul $12^m.3$, das Alter des Haufens ähnlich dem von h und χ Per. Absolute Helligkeit ($-7^m.5$ visuell) und Farbe des Überriesen HD 10494 werden unter der Annahme bestimmt, daß dieser Stern dem Haufen angehört. Haug

14146. **C. Roslund,** Remarks on some new and some known galactic clusters. Publ ASP **72** 205—207 = Warner and Swasey Obs. Repr. Nr. 99. — Koordinaten, Durchmesser und Spektraltyp der hellsten Sterne von 7 neuen galaktischen Haufen und Angaben über den Spektraltyp der hellsten Sterne bei 8 bekannten Haufen (NGC 6793, 6800, 6819, 6830, 6834, 6883; Coll. 399, 408) im Gebiet Sagitta, Vulpecula und Cygnus nach Objektivprismenaufnahmen mit dem großen Hamburger Schmidt-Spiegel werden mitgeteilt. Haug

14147. **J. Sahade, H. Frieboes,** A search for W Ursae Majoris stars in galactic clusters. Publ ASP **72** 52—53 = Obs. Astr. La Plata Separata Astr. Nr. 19. — Für die Frage der Sternentwicklung ist das Vorhandensein von W UMa-Veränderlichen in galaktischen Haufen von besonderem Interesse. Nach einer wiedergegebenen Tabelle sind 7 Haufen mit einem Alter zwischen 7×10^7

und 5 × 10^8 Jahren aufgeführt, die W UMa-Sterne enthalten. Eine Ergänzung der Liste wird empfohlen. Bey.

14148. **J. Sahade, H. Frieboes,** Busqueda de sistemas W Ursae Majoris en cumulos. Vgl. Ref. **1323** S. 28.

14149. **A. Sandage,** Cepheids in galactic clusters. VI. U Sgr in M 25. ApJ **131** 610—619. — Im Rahmen einer Dreifarbenbeobachtung von Sternen des Haufens M 25 werden der Entfernungsmodul des Haufens und die absolute Größe des zugehörigen δ Cephei-Sterns bestimmt. C. H.

14150. **A. S. Scharow,** To the problem of the variation of brightness of bright members of the Pleiades cluster. VS Bull **12** 391—397 (russ. mit engl. Ref.). — Alle photometrischen Beobachtungen der hellen Plejaden-Sterne in den Jahren 1880—1954 wurden zusammengestellt und die mittleren Fehler bestimmt. Eine Analyse zeigt, daß keiner der untersuchten B-Sterne weder kurz- noch langperiodische Lichtschwankungen aufweist. Die einzige Ausnahme bildet der bekannte Veränderliche Plejone. Ond.

14151. **U. Steinlin,** Dreifarbenphotometrie südlicher offener Sternhaufen. III. NGC 2925. ZfA **50** 233—238 = Mitt. Astr.-Meteorol. Anstalt Univ. Basel (Astr.) Nr. 14. — Mit dem Baseler Irisblendenphotometer wurden insgesamt 13 Platten vom Victoria-Doppelrefraktor des Cape-Observatory vermessen. 10 Skalensterne dazu wurden am selben Refraktor im UcBV-System der Kapsternwarte lichtelektrisch photometriert. Verschiedene Lagen des Haufens auf den Platten machen Feldkorrekturen nötig, die aus dem Material selbst hergeleitet werden. Mit Farben-Helligkeitsdiagrammen und Zweifarbendiagramm werden Haufenzugehörigkeit, Absorption und Haufenentfernung (750 pc) bestimmt. Haug

14152. **C. B. Stephenson,** A search for possible white dwarfs in the Coma Berenices galactic cluster. AJ **65** 56—57. — Ref. AAS.

14153. **C. B. Stephenson,** On the white dwarfs of the Coma cluster. Publ ASP **72** 42—47 = Warner and Swasey Obs. Repr. Nr. 98. — Auf Dreifarbenaufnahmen (U, B, V) des Coma-Haufens und mehrerer Vergleichsfelder wurde nach weißen Zwergsternen gesucht. Bis zur Grenzgröße $m_{pg} = 17^m0$ wurden im Haufenbereich 5, in den Vergleichsfeldern 6 im UV helle Objekte gefunden. Damit werden frühere Ergebnisse von Luyten sowie Iriarte und Chavira teilweise bestätigt. Da vorläufig keine Entscheidung darüber möglich ist, welche von den untersuchten Sternen Mitglieder des Coma-Haufens sind, läßt sich noch kein Vergleich mit dem theoretisch zu erwartenden Anteil von weißen Zwergsternen durchführen. O. G.

14154. **C. B. Stephenson,** A spectroscopic search for white dwarfs in the Ursa Major cluster. Publ ASP **72** 387—392 = Warner and Swasey Obs. Repr. Nr. 103. — Das Gebiet $+51° \leq \delta \leq +62°$ und $10^h30^m \leq \alpha \leq 13^h30^m$ wurde mit Objektivprismenplatten (580 Å/mm) überdeckt und nach weißen Zwergen heller als 13^m5 oder 14^m durchsucht. Spektralklassifikationen und Eigenbewegungen (EB) werden für einige blaue Sterne sowie drei weiße Zwerge angegeben, von denen zwei nach der EB nicht zum Ursa Major-Haufen gehören. Für den dritten ist keine EB bekannt. Har.

14155. **O. Struve, M. S. Wade,** A note on the brighter Pleiades. Obs **80** 229—232 = National Radio Astr. Obs. Green Bank Repr. (B) Nr. 10.

14156. **O. Struve,** The structure of galactic clusters. Sky Tel. **19** 329—332.

* * **B. Takase,** Escape of stars from the cluster and change of its luminosity function. Vgl. Ref. **4333**.

14157. **P.-S. The, V. M. Blanco,** The cluster membership of objects lying above the main sequence in NGC 6530. AJ **65** 57. — Ref. AAS.

14158. **P.-S. The,** On the cluster membership of objects in NGC 6530 above the main sequence. ApJ **132** 40—48 = Warner and Swasey Obs. Repr. Nr. 101. — Farben-Helligkeitsdiagramme (V, V—I) und die Dichteverteilung der Sterne in mehreren NGC 6530 benachbarten Feldern weisen darauf hin, daß die von Walker bei seiner Photometrie dieses Haufens als oberhalb der Hauptreihe liegend gefundenen Sterne keine Haufenmitglieder sind. Die Absorptionsverhältnisse in der Gegend von NGC 6530 lassen vermuten, daß es sich in Wirklichkeit um stark verfärbte Hintergrundsterne frühen Spektraltyps handelt. Els.

* * **P. J. Treanor,** Stellar rotation in galactic open clusters. Vgl. Ref. **10603**.

14159. **A. B. Underhill,** Does NGC 2264 contain contracting F and G stars? ApJ **131** 524—526. — An Hand einer statistischen Analyse über die zu erwartende Häufigkeit bestimmter Sterntypen in einem Feld vorgegebener Größe wird gezeigt, daß vermutlich ein großer Teil der von Walker (vgl. AJB **56** Ref. **12134**) bei seiner Photometrie von NGC 2264 als Haufenobjekte angenommene Sterne Feldsterne sind. Das von Walker abgeleitete extrem geringe Alter dieses Haufens kann deshalb als gesichert gelten. Els.

14160. **C. M. Varsavsky,** The gravitational contraction times of stars in very young clusters. ApJ **132** 354—360 = Harv Repr Nr. 558. — Eine Gruppe von Sternen, die sich vermutlich im Stadium der Gravitationskontraktion befinden, wurde photoelektrisch beobachtet. Es zeigte sich, daß wegen des Einflusses der Emissionslinien die Farbe B—V für eine bestimmte effektive Temperatur etwa $0^{m}8$ zur blauen Seite der Relation für normale Sterne liegt. Berücksichtigt man diesen Effekt, so ergibt sich keine Diskrepanz zwischen dem beobachteten Farben-Helligkeitsdiagramm sehr junger Haufen und dem theoretischen Diagramm kontrahierender Sterne. Groth

14161. **M. F. Walker, W. P. Bidelman,** The reddest giants in M 11 and NGC 7789. Publ ASP **72** 50—51 = Contr. Lick Obs. (2) Nr. 103 II. — Zwei Sterne in dem ersten und ein Stern in dem zweiten Haufen werden spektrographisch untersucht. Es handelt sich bei diesen Mitgliedern offener Haufen um: M3 II—III, K2 II—III, M0 III - Sterne mit M_V um $-1^{m}3$. B—V von interstellarer Verfärbung befreit liegt um $1^{m}5$. Dv.

14162. **Å. Wallenquist,** On numerical methods for the determination of space densities in stellar clusters. Ann. Acad. Regiae Sci. Upsaliensis Kungl. Vetenskapssamhällets i Uppsala Årsbok 4/1960 S. 82—91 = Uppsala Astr. Obs. Medd. Nr. 127. — Es wird eine Übersicht gegeben, wie die analytischen Verfahren zur Bestimmung der räumlichen Dichteverteilung kugelsymmetrischer Systeme aus ihrer Projektion an die Sphäre in eine sukzessive Auflösung linearer Gleichungen verwandelt werden können. Koeffizientenschemata für verschiedene Arten der Intervalleinteilung werden angegeben. Als Beispiel werden die Lösungen nach den beschriebenen Verfahren für M 37 verglichen. Haug

14163. **G. Wallerstein,** Radial velocities of the brighter stars in M 25. ApJ **132** 37—39 = Berkeley Repr. Nr. 176. — Nach Spektren vom 60″-Teleskop auf Mt. Wilson folgt, daß die zwei G-Riesen in M 25 Haufenmitglieder, die zwei M-Riesen dagegen fast sicher keine sind. Els.

14164. Possible white dwarf belonging to the Pleiades. Harv Card 1474.

14165. Coma Berenices cluster and white dwarfs. Sky Tel. **19** 339. — Ref. AAS.

14166. Über den Aufbau offener Sternhaufen. VdS Nachr. **9** 74—75. — Ref.

14167. Der ungewöhnliche Sternhaufen M 71. VdS Nachr. **9** 134—135. — Ref.

§ 142

Kugelförmige Sternhaufen

14201. **J. B. Alexander,** Variable stars in NGC 2257. MN **121** 97—102 = Commun. Radcliffe Obs. Nr. 54. — In dem am Rande der Großen Magellanschen Wolke stehenden Kugelhaufen NGC 2257 wurden auf 66 Platten, die 1953—59 im Newton-Fokus des 74zölligen Radcliffe-Spiegels erhalten wurden, 28 Veränderliche entdeckt, die wahrscheinlich alle der RR Lyrae-Gruppe angehören. Für 6 dieser Veränderlichen werden Elemente des Lichtwechsels und Lichtkurven mitgeteilt. Eine photographische Aufsuchungskarte ermöglicht eine sichere Identifizierung der Sterne. Bey.

* * **G. Alter, J. Ruprecht, V. Vanýsek,** Catalogue of star clusters and associations. Supplement 2. Vgl. Ref. **14101**.

14202. **H. Arp, S. van den Bergh,** A new faint globular cluster. Publ ASP **72** 48. — Der von van den Bergh entdeckte Haufen bei $\alpha = 16^h09^m20^s$, $\delta = +15°03'$ (1960) ist nach Aufnahmen und vorläufigen lichtelektrischen Messungen am 200inch-Teleskop ein entfernter Kugelsternhaufen mit geringer Konzentration. O. G.

* * **P. Bouvier,** Sur la densité de masse dans un amas stellaire. Vgl. Ref. **14109**.

14203. **W. Bronkalla,** Die Periodenänderungen von 27 Veränderlichen des Kugelhaufens M 15. AN **285** 181—190 = Mitt. Sternw. Babelsberg Nr. 10. — 72 Platten des Kugelhaufens M 15, die mit dem 122cm-Spiegel der Babelsberger Sternwarte in den Jahren 1925 und 1933 aufgenommen wurden, dienten zur Neubearbeitung der Elemente von 27 Veränderlichen des Kugelhaufens. Die Helligkeiten, Perioden und Phasen der Veränderlichen 1—5, 10—15, 17, 18, 22—25, 30—32, 35, 38—40, 42, 43, 52 wurden bestimmt. Aus der Diskussion des gesamten Beobachtungsmaterials (1896—1956) wurden säkulare Periodenänderungen abgeleitet. Bei 19 Veränderlichen ändert sich die Periode linear mit der Zeit. Drei Veränderliche zeigen keine Änderung. Bei den restlichen fünf ist die Änderung unregelmäßig. Verf.

* * **E. A. Dibaj, F. A. Zizin, A. S. Scharow,** On the application of the virial theorem to the dynamics of star clusters. Vgl. Ref. **4309**.

14204. **O. J. Eggen,** The two-colour relation for horizontal branch stars in globular clusters. MN ASSA **19** 115—117. — Verf. untersucht in Kugelhaufen die Zweifarbenbeziehung für Sterne des horizontalen Zweiges und die Variation des Ultraviolettexzesses zwischen den Haufen. Dazu wird das (U—B/B—V)-Diagramm von NGC 6397 und ω Cen mit dem von M 13 und NGC 4147 verglichen. NGC 6397 und M 13 zeigen nahezu den gleichen UV-Exzeß δ (U—B) = $0^m\!.25$ für Sterne mit B—V röter als $+0^m\!.3$. Daraus schließt Verf. auf einen Entfernungsmodul von $11^m\!.2$ für NGC 6397, der demnach der nächste Kugelsternhaufen wäre. ω Cen wird in erster Linie mit NGC 4147 verglichen. In beiden Haufen ist der UV-Exzeß der röteren Sterne ähnlich dem von NGC 6397 und

M 13. Der horizontale Zweig dieser vier Haufen weicht jedoch augenscheinlich nicht systematisch von der (U—B, B—V)-Beziehung ab, die für Sterne frühen Typs der älteren Population I gilt. Gli.

14205. **E. E. Epstein,** Test for variability of stars near the RR Lyrae gap in M 5. ApJ **131** 517—518 = Harv Repr Nr. 550. — Die photographische Untersuchung einiger Sterne in M 5, die nahe dem RR Lyrae-Gebiet im Farben-Helligkeitsdiagramm liegen, zeigen keine Helligkeitsänderung > 0ᵐ1. Thi.

14206. **M. W. Feast, A. D. Thackeray, A. J. Wesselink,** 47 Tucanae: the membership of two RR Lyrae variables. MN **120** 64—71 = Commun. Radcliffe Obs. Nr. 52. — Die Harvard-Veränderlichen 810, Typ RRa, und 814, Typ RRc, werden als die einzigen bisher in 47 Tucanae bekannten RR Lyrae-Sterne nachgewiesen. Die Perioden sind mit 0ᵈ737 und 0ᵈ371 relativ lang. C. H.

14207. **M. W. Feast, A. D. Thackeray,** 47 Tucanae: radial velocities and spectral types of individual stars. MN **120** 463—482 = Commun. Radcliffe Obs. Nr. 53. — Für 32 Sterne von 47 Tuc wurden Spektraltypen im MK-System und Radialgeschwindigkeiten bestimmt. Die spektralen Merkmale der roten Riesen liegen näher bei der normalen Population I als bei der extremen Population II. Der Entfernungsmodul von 47 Tuc wird mit zwei Annahmen über die absoluten Helligkeiten der RR Lyrae-Sterne abgeleitet. Die Radialgeschwindigkeit (RG) des Haufens ist —14.2 km/sec. Nach Diskussion einer gefundenen Abhängigkeit der RG der roten Riesen vom Spektraltyp wird aus der Streuung der RG die Masse von 47 Tuc nach dem Virialsatz und dazu das Masse-Leuchtkraft-Verhältnis berechnet. Ein normaler B8 III-Stern ist wahrscheinlich ein Haufenmitglied. Die beobachteten RG und spektralen Besonderheiten einiger Veränderlicher von 47 Tuc werden besonders diskutiert. O. G.

* * **M. Hénon,** L'amas isochrone. III. Fonction de distribution. Vgl. Ref. **4312.**

* * **H. S. Hogg,** Star clusters. Vgl. Ref. **14122.**

* * **H. L. Johnson,** On the determination of photometric distance moduli for star clusters. Vgl. Ref. **14127.**

14208. **T. D. Kinman,** Globular clusters, II. The spectral types of individual stars and of the integrated light. Vgl. AJB **59** Ref. **14213** = Commun. Radcliffe Obs. Nr. 48.

14209. **T. D. Kinman,** Globular clusters, III. An analysis of the cluster radial velocities. Vgl. AJB **59** Ref. **14214** = Commun. Radcliffe Obs. Nr. 49.

14210. **G. E. Kron, N. U. Mayall,** Photoelectric photometry of galactic and extragalactic star clusters. AJ **65** 581—620 = Lick Obs. Bull. Nr. 569. — Lichtelektrische Photometrie von 187 meist kugelförmigen Sternhaufen der Milchstraße, der Magellanschen Wolken und der Nebelgruppe um M 31 im photographischen und visuellen, bei 117 Objekten außerdem im infraroten Farbbereich, zum Teil mit mehreren Blenden und mit einem Photometer von besonders großem Gesichtsfeld. Ermittelt wurden Gesamthelligkeiten und Winkeldurchmesser des kreisförmigen Feldes, aus dem 90 % der Helligkeit stammen. Das Verhältnis der selektiven zur Gesamtabsorption wird mit Hilfe von Standardsternen, der Farbenexzeß der Haufen aus empirischen Zusammenhängen von Farbe und Spektraltyp und Entfernungen mit der Annahme bestimmt, daß die photographische Absoluthelligkeit der RR Lyrae-Veränderlichen 0ᵐ0 beträgt. — Im Zwei-Farben-Diagramm werden offene und Kugelhaufen der Milchstraße deutlich getrennt. Für den Farbenexzeß der galaktischen Kugelhaufen ergibt sich wie bei

Stebbins und Whitford Proportionalität zum cosec der galaktischen Breite, für die absolute Helligkeit $-7^{m}.7$ (phot.) und $-8^{m}.2$ (vis.), für die korrigierte Farbe $(P-V)_c$ ungefähr $0^{m}.5$. Auch bei Berücksichtigung der interstellaren Absorption sind die Kugelhaufen von M 31 um $0^{m}.2$ bis $0^{m}.3$ röter als die der Milchstraße. Aus der Verteilung der scheinbaren Haufenhelligkeiten verglichen mit ihrer Leuchtkraftfunktion in der Milchstraße werden für M 31 $23^{m}.5 - 24^{m}.0$ und für die Magellanschen Wolken 19^{m} als Entfernungsmodul abgeleitet. Für das Milchstraßenzentrum wird eine Entfernung von 12.0 bis 12.5 kpc abgeschätzt. Haug

14211. **B. W. Kukarkin,** Preliminary results of investigation of variables in the globular cluster NGC 6171. AC Nr. 216 S. 17—18 (russ.).

14212. **B. W. Kukarkin,** Identification of two variables in globular cluster M 3. AC Nr. 216 S. 29 (russ.).

14213. **R. Kurth,** Über die Bahnformen der kugelförmigen Sternhaufen. ZfA **50** 215—224. — Die Bahnen der Kugelsternhaufen werden als ungestörte Kepler-Bahnen um eine im galaktischen Zentrum angenommene Punktmasse betrachtet. Im Gegensatz zu andersartigen Auffassungen, die in der Literatur vorkommen, ergeben sich nur in Ausnahmefällen elliptische Bahnen merklicher Exzentrizität. FS

14214. **G. Mannino,** Periodi e curve di luce di 12 stelle variabili dell'ammasso globulare NGC 6229. Mem SA It (NS) **31** 187—194 = Pubbl. Oss. Astr. Univ. Bologna **7** Nr. 13. — Perioden und Lichtkurven für 12 Veränderliche des Kugelsternhaufens NGC 6229 werden an Hand von 46 von Baade erhaltenen und 92 eigenen Beobachtungen abgeleitet. Letztere wurden in den Jahren 1956—1958 mittels des 120 cm-Reflektors von Asiago gewonnen. Für vier weitere Veränderliche (Nr. 3, 4, 17, 21) werden nur Helligkeiten gegeben. B. C.

14215. **B. E. Markarjan,** Bestimmung der Populationsnatur von Sternsystemen aus Partialleuchtkräften. Mitt. Obs. Bjurakan Nr. 28 S. 51—74 (russ. mit armen. Ref.). — Es wird der Versuch gemacht, die Verteilung der partiellen Leuchtkräfte von einigen Kugelhaufen und Galaxien auf Grund der Sechsfarbenphotometrie von Stebbins und Whitford abzuleiten. Dabei zeigt sich, daß bei der Untersuchung der Kugelhaufen gelbe Sterne die Hauptrolle spielen. Die Leuchtkraftfunktion von M 92 wird eingehend behandelt. Von Galaxien werden in bezug auf die Verteilung der partiellen Leuchtkräfte M 31, M 32, M 33, M 51 und M 101 in Verbindung mit Populationsfragen einzeln untersucht. Loh.

14216. **D. Mikuličić,** Kuglasti skupovi — čudne nakupine zvijezda. ZiS **3** 17—19.

14217. **M. S. Roberts,** Dust and gas in globular clusters. AJ **65** 457—466 = Berkeley Repr. Nr. 178. — Es wird die Möglichkeit der Existenz von Gas und Staub in Kugelhaufen diskutiert und nachgewiesen, daß die einzige Beobachtungsmöglichkeit dieser Materie in der Entdeckung von Staubwolken besteht. Derartige Staubansammlungen wurden in einer Reihe von Kugelhaufen tatsächlich beobachtet. Es wird gezeigt, daß die Absorptionsgebiete nicht allein durch vorgelagerte interstellare Wolken und Fluktuationen in der Sternverteilung erklärt werden können. Die interglobulare Materie dürfte von Sternen stammen, die bei ihrer Entwicklung zu weißen Zwergen Materie abgeben. Auf diese Weise beträgt der Anteil der interglobularen Materie an der Gesamtmasse eines Haufens etwa 0.5 %, da jeweils beim Passieren der galaktischen Ebene die Materie aus dem Haufen gefegt wird. Es wird gezeigt, daß die interglobulare Materie zu Sternen kondensieren kann, wodurch die Hauptreihensterne oberhalb des Abknickpunkts im Farben-Helligkeitsdiagramm verstanden werden können. Sm.

14218. **L. Rosino,** Problems of variable stars in globular clusters. Vgl. AJB **57** Ref. 1181 S. 55—59 = Oss. Astr. Padova Comun. Rassegne Nr. 3.

14219. **A. Sandage, G. Wallerstein,** Color-magnitude diagram for the disk globular cluster NGC 6356 compared with halo clusters. ApJ **131** 598—609. — Im Integralspektrum des Haufens, der in Richtung nur 11° vom galaktischen Zentrum absteht, sind die Metallinien stärker als in den Spektren der meisten anderen Kugelhaufen. Die aus Aufnahmen am 200″-Hale-Teleskop mit photoelektrisch bestimmter Standardsequenz ermittelten Helligkeiten ($14^m5 \leq V \leq 19^m2$) und Farben ($0^m70 \leq B—V \leq 2^m22$) ergeben ein Farben-Helligkeitsdiagramm, dessen roter Riesenast weniger steil ist als bei M 3 und M 92 und zwischen diesen und dem von M 67 verläuft. Die Gabelung des Riesenastes ist hinreichend deutlich zu erkennen. Der wahre Entfernungsmodul des Haufens beträgt 15^m3, der Durchmesser 11 pc und die absolute Integralhelligkeit -7^m1. Der Verlauf der Riesenäste von 16 Kugelhaufen ist mit der Metallhäufigkeit korreliert: je stärker letztere ist, umso flacher verläuft der Riesenast. Dadurch verlieren die sich auf die Helligkeit der n hellsten Sterne und des roten Endes des Riesenastes stützenden Entfernungsbestimmungen (noch mehr) an Wert. Loh.

14220. **J. Smak,** Zagadnienia fizyki gwiazd w gromadach kulistych. Postępy Astr. **8** 197—209. — Verf. umreißt die Probleme der Physik der Sterne in kugelförmigen Sternhaufen (Spektren, Farben, chemische Zusammensetzung und das Farben-Helligkeitsdiagramm). E. R.

14221. **O. Struve,** Gas and dust in globular clusters. Sky Tel. **19** 456—458.

14222. **B. Takase, N. Matsunami, M. Simoda,** Note on the evolution of globular clusters. Publ. Astr. Soc. Japan **12** 293—296 = Tokyo Astr. Obs. Repr. Nr. 199. — Die Resultate einer früheren Arbeit über das gleiche Thema (vgl. AJB **59** Ref. **14221**) werden mit verbesserten Hypothesen revidiert. Es ergeben sich merkliche quantitative Abweichungen, die qualitativen Resultate der früheren Arbeit bleiben unberührt. FS

14223. **A. D. Thackeray,** A W Vir variable in Omega Centauri. Obs **80** 226—227.

14224. **H. L. Vanderlinden,** Escape velocity in globular clusters. Meded. K. Vlaamse Acad. Wet. **21** Nr. 12, 10 S., 1959 (fläm.). — Ref. in Phys. Abstr. (A) **63** 1850.

* * **Å. Wallenquist,** On numerical methods for the determination of space densities in stellar clusters. Vgl. Ref. **14162**.

14225. **H. Wilkens,** Luminosidad y diámetro de los cúmulos globulares. Obs. Astr. Univ. Nacional La Plata (Circular) Nr. 16, 14 S. — Zwischen der scheinbaren Gesamthelligkeit m und dem scheinbaren Durchmesser ω der Kugelhaufen besteht eine einfache lineare Beziehung von der Form: Const. $+ 0.54 \frac{m}{5} = \lg \omega$. Aus dieser folgt ohne weiteres die ebenfalls lineare Beziehung zwischen absoluter Helligkeit $W = M + 10$ und linearem Durchmesser Dm (in pc) in der Form: const. $- \frac{W}{5} = \lg$ Dm. Der Wert von const. ergibt sich zu 2.20 ± 0.01. Voraussetzung ist die Verbesserung der Beobachtungsdaten (R = Entfernung in kpc) wegen interstellarer Absorption S in Größenklassen je Kiloparsec nach den Formeln $\frac{m_s}{5} - \frac{S}{5} = \frac{m}{5}$; $\lg R_s - \frac{S}{5} = \lg R$; $\lg \omega_s + \frac{S}{10} = \lg \omega$ und die Abschätzung der scheinbaren Durchmesser ω auf Grund der scheinbaren Verteilung der veränderlichen Sterne, welche die Kugelhaufen und ihre Umgebung bevölkern. Nur 55 von 65 gut sichtbaren Haufen zeigen eindeutig die obigen Beziehungen, während weitere 43 Haufen zu schlecht sichtbar sind, um berücksichtigt werden zu können. Verf.

14226. Das Farbenhelligkeitsdiagramm der Kugelhaufen NGC 361 und NGC 419 in der Kleinen Magellanschen Wolke und ihrer Umgebung. Sterne **36** 30—31. — Ref.

14227. Messier 71. Urania København **17** 15—16.

14228. Materia międzygwiazdowa w gromadach kulistych. Urania Kraków **31** 236—237. — Bemerkungen über das mögliche Vorhandensein interstellarer Materie in Kugelsternhaufen. E. R.

§ 143

Sternassoziationen

* * **G. Alter, J. Ruprecht, V. Vanýsek,** Catalogue of star clusters and associations. Supplement 2. Vgl. Ref. **14101.**

14301. **W. Buscombe,** The Scorpio-Centaurus association. ASP Leaflet Nr. 370, 8 S.

14302. **W. Buscombe, P. M. Morris,** The Scorpio-Centaurus association. I. Radial velocities of 120 bright stars. MN **121** 263—278. — Auf Spektren des Dreiprismenspektrographen des 30″-Reflektors von Mt. Stromlo wurden Radialgeschwindigkeiten von 2 O-, 104 B- und 14 A-Sternen heller als $7^m_.0$ zwischen 200° und 300° (alter) galaktischer Länge gemessen. In Tabellen werden die Mittelwerte für Sterne konstanter Radialgeschwindigkeit und Einzelwerte für Sterne variabler Radialgeschwindigkeit, außerdem für den Doppelstern HD 79351 verbesserte Bahnelemente angegeben. Weiter werden Bemerkungen über die Bahnelemente von $\varkappa$ Vel und θ Oph gemacht. Haug

14303. **D. L. Crawford,** H-Beta photometry for the association I Lacertae. AJ **65** 487. — Ref. AAS.

14304. **N. H. Dieter,** Neutral hydrogen in OB associations. ApJ **132** 49—57. — Die Analyse von Profilen der 21 cm-Linie ergibt bei 40 untersuchten Assoziationen in 31 Fällen eine deutliche Kondensation neutralen Wasserstoffs mit der gleichen Geschwindigkeit wie optisch gemessen. Die auf Grund der galaktischen Rotation (Kreisbahnen) ermittelten Entfernungen stimmen häufig nicht mit den photometrisch bestimmten Entfernungen der Assoziationen überein. Voigt

14305. **M. W. Dolidse,** On the composition of stellar associations. AC Nr. 208 S. 15—17 (russ.). — Eine vorläufige Spektraldurchmusterung im Roten ergab in Übereinstimmung mit anderen Autoren, daß alle Gebiete der früher (AC Nr. 195) mitgeteilten Liste I T-Assoziationen sein dürften. Hierzu gehören auch Gebiete mit feinfasrigen Emissionsnebeln sowie Sternen mittleren und späten Spektraltyps mit Emissionslinien. Sowohl für diese, als intermediäre «OT-Assoziationen» anzusprechenden Gebilde, als auch für reine, durch frühe Sterne hoher Leuchtkraft ausgezeichnete O-Assoziationen sind kühle Überriesen (cM und cMe) charakteristisch. WR-Sterne einerseits und «späte» Sterne mit Emissionslinien andererseits schließen einander in den Assoziationen dagegen offenbar aus. Nicht alle mit O-Assoziationen verbundenen T-Assoziationen hängen mit Nebeln zusammen. Dies gilt auch für T-Assoziationen in Spiralarmen. Petri

14306. **M. W. Dolidse,** On the distribution of components in mixed O- and T-associations. AC Nr. 213 S. 11—12 (russ.).

14307. **R. H. Hardie, C. K. Seyfert, I. S. Gulledge,** A study of the I Geminorum association. ApJ **132** 361—365. — Am Dyer-Observatory wurden 57 Sterne frühen Spektraltyps aus dem Bereich der Assoziation im UBV-System lichtelektrisch gemessen. Die Resultate werden zusammen mit abgeleiteten Daten (Farbenexzeß, Entfernungsmodul etc.) in einer Tabelle aufgeführt. Weiter werden Angaben über 12 auf Objektivprismenaufnahmen gefundene Be-Sterne gemacht. — Die erhaltenen Entfernungen verteilen sich ziemlich gleichmäßig auf den Bereich von 800 bis 2500 pc; 11 Überriesen zeigen eine gewisse Konzentration und ergeben für die Assoziation eine vorläufige Entfernung von 1660 pc. Haug

* * **R. H. Hardie,** Photometry of the brighter stars in the Scorpius region. Vgl. Ref. **10317**.

14308. **G. H. Herbig, E. E. Mendoza V.,** Wolf-Rayet stars in the vicinity of the association VI Cygni. Bol. Obs. Tonantzintla y Tacubaya Nr. 19 S. 21—23. — Beobachtungen von 12 schwachen Sternen mit Emissionsspektrum, darunter 2 vom WC- und 1 vom WN-Typ, mit Objektivprisma in Tonantzintla und am Lick-Observatorium werden mitgeteilt. Gü.

14309. **D. H. P. Jones,** The radial velocities of five stars in the ζ Persei aggregate. MN **120** 43—50. — Als ein Beitrag zur Überprüfung der Expansion der Gruppe werden für 5 Sterne nach Platten des 36″-Yapp-Reflektors bei 122 Å/mm (bei Hγ) Dispersion abgeleitete Radialgeschwindigkeiten mitgeteilt: 40 Per, GC 4649, ζ Per haben konstante, o Per, GC 4734 veränderliche Radialgeschwindigkeit. Dv.

* * **E. A. Kreiken,** Some remarks on the motions of the stars in the Perseus group. Vgl. Ref. **14130**.

* * **D. H. McNamara,** Rotational velocities of B stars in the Orion association. Vgl. Ref. **10601**.

14310. **J. Meurers,** Sternaggregate und Bewegungsverhältnisse im Bereich des M 35 und des Doppelhaufens im Perseus. ZfA **49** 221—228 = Mitt. Univ.-Sternw. Bonn Nr. 33. — Es werden an Gruppen heller Sterne im Bereich des M 35 und in der Umgebung von h und χ Persei Expansionen und Kontraktionen nachgewiesen. Der Zusammenhang dieser Ergebnisse mit der Frage der Expansion der Sternassoziationen wird untersucht. Verf.

14311. **P. Pişmiş,** On the recession of stellar associations from the galactic center. AJ **65** 56. — Ref. AAS.

14312. **P. Pişmiş,** Sobre el alejamiento de las asociaciones estelares del centro galáctico. Bol. Obs. Tonantzintla y Tacubaya Nr. 19 S. 3—6. — Für 23 Assoziationen mit bekannten Radialgeschwindigkeiten wird der K-Term bestimmt. Es ergibt sich eine merkliche Abhängigkeit von der galaktischen Länge, die auf eine galaktische Expansion zurückgeführt werden kann, wobei sich der Nachbararm wahrscheinlich um 3 bis 4 km/sec vom galaktischen Zentrum entfernt. Außerdem zeigt der K-Term auch hier wieder eine Abnahme mit zunehmender Entfernung. Gü.

14313. **K. Serkowski,** Photographic measurements of polarization in the region of the association III Cephei. AA **10** 227—235 = Astr. Obs. Warsaw Univ. Repr. Nr. 105. — 1956 hat Verf. die ersten Versuche von Polarisationsmessungen an der Warschauer Sternwarte auf photographischem Weg mit Hilfe zweier gekreuzter Kalzitplättchen durchgeführt. 1957 folgten Beobachtungen in Göttingen, wobei das Zentralgebiet der Assoziation Cepheus III Forschungsgegenstand war. Es wurden die Polarisationen von 70 Sternen ermittelt. Für die Nichtmigtlieder der Assoziation ergab sich eine gute Korrelation zwischen Polarisation und Absorption. E. R.

14314. **C. K. Seyfert, R. H. Hardie, R. T. Grenchik,** A study of the II Persei association. ApJ **132** 58—65. — Für 134 B- und A-Sterne um ζ Persei wurden Spektraltypen (MK-System) und lichtelektrische Größen (U, B, V) bestimmt. Verfärbung führt zu individuellen Absorptionsbeträgen. Hertzsprung-Russell- und Farben-Helligkeitsdiagramm zeigen starke Streuung. Die Hauptreihe für das Alter Null wurde den schwächeren Sternen angepaßt, woraus ein Abstand von 400 pc folgt. Der sehr unsicher zu bestimmende Punkt, an dem die frühen Sterne von der Hauptreihe abbiegen, führt zu Altersschätzungen zwischen 4 und 7 $\times 10^6$ Jahren. Für hellere B-Sterne mit bekannter Leuchtkraftklassifikation werden absolute Größen mitgeteilt. Dv.

14315. **K. Steins, M. Abele,** Über die Expansion der Assoziationen. Abh. Lett. Univ. Riga **28** 145—146, 1959 (russ. mit lett. Ref.). — Ref. in RJ UdSSR 1961 Nr. 3 S. 43.

* * **P. J. Treanor,** Stellar rotation in galactic open clusters. Vgl. Ref. **10603**.

14316. Sternketten. Orion Schaffhausen **5** 860.

14317. Rotation of stars in Orion. Sky Tel. **20** 263. — Ref. in VdS Nachr. **10** 64.

14318. Oriona Asociācija izplešas. Zvaigžņotā Debess 1960. gada pavasaris S. 34—35. — Ref.

§ 144

Milchstraßensystem

Aufbau

* * **R. A. Bartaja, E. K. Charadse,** Ergebnisse der spektroskopischen Untersuchung von Sternen in drei Gebieten der Milchstraße. Vgl. Ref. **10406**.

14401. **L. Biermann, L. Davis jr.,** Considerations bearing on the structure of the Galaxy. ZfA **51** 19—31. — Die Neudiskussion des galaktischen Halos als eines Speichers für relativistische Elektronen und Partikel der kosmischen Strahlung führt zu neuen Einschränkungen des möglichen Bereiches galaktischer Modelle. Erstens folgt aus der Diskussion der nichtthermischen Radioemission und dem auf der Erde zu beobachtenden Fluß relativistischer Elektronen eine untere Grenze für das Magnetfeld im Halo (5×10^{-6} Gauß) und in der Scheibe (2×10^{-5} Gauß). Zweitens zeigt sich, daß Magnetfelder, kosmische Strahlung, thermischer Druck und kinetische Energie des Gases im Gleichgewicht mit der Gravitation stehen. Für ein galaktisches Modell folgen zwei Alternativen: 1.) Magnetfelder der oben angegebenen Größe; vernachlässigbare Gravitationsenergie des Halos; Rotationsgeschwindigkeit des Gases in der Scheibe um etwa 15 km/sec kleiner als die gravitative Kreisbahngeschwindigkeit. 2.) Halo-Gasdichte 10^{-2} Teilchen/cm^3; das Gas wird ausschließlich durch hydromagnetische Wellen getragen; keine Abweichung von der Kreisbahngeschwindigkeit. — Eine Entscheidung darüber, welche der beiden Alternativen möglich ist, erfordert detailliertere dynamische Untersuchungen und weiteres Beobachtungsmaterial. Stu.

14402. **A. Blaauw,** Optical determinations of the galactic pole. (Paper IV). MN **121** 164—170. — Die Richtung zum galaktischen Pol wird aus der räumlichen Verteilung von OB-Sternen und Cepheiden erschlossen. Die so ermittelte Milchstraßenebene stimmt befriedigend mit der aus Radiobeobachtungen gewonnenen Hauptebene überein. Da sich die optischen Beobachtungen zwangsläufig nur auf einen kleinen Teil der Milchstraßenebene beschränken, wird das neue galaktische Koordinatensystem nur auf Grund der Daten der Radiostrahlung festgelegt. W. F.

14403. **R. Bouigue,** Sur la mesure photoélectrique des distances galactiques et extra-galactiques. Vgl. Ref. **1318** S. 444—450.

14404. **T. Breider,** Kumovska slama — naš zvjezdani grad. ZiS **2** 11—13, 1959.

14405. **J. Dufay,** La condensation centrale de la Galaxie. Vgl. Ref. **1318** S. 451—464 = Publ. Obs. Haute-Provence **5** Nr. 5.

14406. **H. Elsässer, U. Haug,** Über eine lichtelektrische Flächenphotometrie der südlichen und nördlichen Milchstraße in zwei Farben und die Struktur des galaktischen Systems. ZfA **50** 121—144 = Mitt. Astr. Inst. Univ. Tübingen Nr. 48. — Aus Registrierungen in zwei Farben, die mit einem lichtelektrischen Nachthimmelphotometer (60/300 mm) an der Boyden Station/Südafrika und auf dem Jungfraujoch gewonnenen wurden, wird die Helligkeits- und Farbenverteilung der Milchstraße abgeleitet und in Isophotenkarten angegeben (Auflösungsvermögen etwa 3°). Die Helligkeitsverteilung längs des galaktischen Äquators zeigt mehrere Maxima, die annähernd symmetrisch zur Richtung zum galaktischen Zentrum angeordnet sind. Unter der Voraussetzung, in diesen Richtungen verlaufe der Sehstrahl tangential entlang der Spiralarme, wird ein Modell der galaktischen Spiralstruktur abgeleitet, das, abgesehen von der Sonnenumgebung, mit den 21 cm-Resultaten befriedigend übereinstimmt. Es wird ohne kinematische Annahmen gewonnen und zeigt, daß die Spiralarme mit der konvexen Seite nach vorn rotieren. Els.

14407. **J. A. Galt, C. H. Slater, W. L. H. Shuter,** An attempt to detect the galactic magnetic field using Zeeman splitting of the hydrogen line. MN **120** 187—192 = Contr. Dominion Obs. Ottawa **4** Nr. 1 = Astr. Contr. Univ. Manchester (2) Jodrell Bank Repr. Nr. 199. — Ref. in VdS Nachr. **10** 106—107. — Messungen des longitudinalen Zeeman-Effektes an der 21 cm-Absorptionslinie von neutralen Wasserstoffmassen in Richtung der Radioquelle Cassiopeia A (unter 45° zur Achse des Spiralarms) ergaben keinen positiven Effekt; die Longitudinalkomponente des Feldes muß danach $< 5 \times 10^{-5}$ Oersted sein. Thi.

14408. **S. Grzędzielski,** Pole magnetyczne a budowa spiralna. Postępy Astr. 8 265—268. — In Hinblick hauptsächlich auf die Arbeit von Hoyle und Ireland (vgl. Ref. **14410**) wird das Problem des Zusammenhangs zwischen dem spiraligen Aufbau der Galaxis und den vorhandenen Magnetfeldern erörtert. E. R.

* * **G. Haro, W. J. Luyten,** Systematic search for faint blue stars near the south galactic pole. Vgl. Ref. **10318.**

* * **G. Haro, E. Chavira,** Variables eruptivas en el halo galáctico. Vgl. Ref. **12415.**

14409. **F. J. Heyden,** The Milky Way. Vgl. Ref. **1339** S. 17—20.

14410. **F. Hoyle, J. G. Ireland,** On the magnetic field of the Galaxy. MN **120** 173—186. — Unter der Annahme, daß die Spiralarme sich aufdrehende magnetische Kraftröhren sind, folgt, da nach 400×10^6 Jahren bereits der augenblickliche Zustand der Milchstraße erreicht wird, daß ein weiteres Aufwinden durch

Einsetzen von Instabilität beendet wird, die magnetische Gebilde, Ringe etc. in den Halo sendet. Die der Bahnbewegung in der Milchstraße entnommene Energie, welche über magnetische Energie in Turbulenzenergie des interstellaren Mediums überführt wird, kompensiert gerade die durch Dissipation verschwindende Turbulenzenergie. Thi.

14411. **F. Hoyle, J. G. Ireland,** Note on the transference of angular momentum within the Galaxy through the agency of a magnetic field. MN **121** 253—259. — Die radioastronomisch beobachtete Auswärtsbewegung von Gasmassen im zentralen Gebiet des Milchstraßensystems läßt sich nur dann mit Hilfe des galaktischen Magnetfeldes (parallel zum Spiralarm) verstehen, wenn in größerer Entfernung eine entsprechende Einwärtsströmung von Gas stattfindet. Da letztere nicht beobachtet worden ist, entstehen Zweifel an der Richtigkeit des bisherigen Bildes des galaktischen Magnetfeldes. Thi.

14412. **C. Iwaniszewska,** Interstellar extinction and distribution of stars in the Sagitta field. Studia Soc. Sci. Torunensis (F) **3** Nr. 2 S. 1—31 = Bull. Astr. Obs. Toruń Nr. 24. — Im Rahmen einer größeren Arbeit, die die interstellare Extinktion und die Verteilung der Sterne betrifft, wird ein Gebiet im Sternbild Sagitta untersucht. Es zeigt sich, daß sich in diesem Bereich wahrscheinlich zwei Wolken in Abständen von 100 bzw. 500 pc mit Extinktionsbeträgen von 1^m—2^m bzw. 1^m—$1\overset{m}{.}5$ befinden. Jedoch war es wegen der großen Extinktionsbeträge nicht möglich, die Sternverteilung zu ermitteln. Sm.

14413. **W. Iwanowska,** Some remarks on the problem of stellar populations. AJ **65** 348. — Ref. AAS.

14414. **H. M. Johnson,** An absolute isophotometry of the southern Milky Way and two fields in Orion. Mem. Mt. Stromlo Obs. **3** Nr. 15, 76 S. — Mit der 8″-Schmidt-Kamera des Mount Stromlo wurden 78 Felder (Durchmesser $11\overset{\circ}{.}5$) entlang der Milchstraße von 187° bis 9° Länge (Ohlsson) im Roten (Hα), Gelben (6070 Å) und Grünen (Hβ) aufgenommen. Die auf jedem Feld gezeichneten Isophoten verschiedener Intensitätsgrade (1—5) werden abgebildet. Die Feldplatten wurden mit Kalibrierungsplatten von extrafokal aufgenommenen G2 V-Sternen verglichen. Der Einfluß der atmosphärischen Extinktion und des Nachthimmelleuchtens wird diskutiert. Als Beispiele werden die η Carinae-Region und Nebelregionen im Orion behandelt. Einige Nebelspektrogramme südlicher H II-Regionen wurden mit dem Zeiß-Nebelspektrographen des 74″-Reflektors aufgenommen. Gli.

14415. **S. Laustsen,** Mælkevejssystemets centrale dele. NAT 1960 S. 94—99.

14416. **J. Lequeux,** Les régions centrales de la Galaxie. BSAF **74** 439—452.

14417. **W. J. Luyten,** A search for faint blue stars. XXII. The star density in high galactic latitude. Sonderdruck Obs. Univ. Minnesota, 5 S. — Sternzählungen im Blauen und Gelben (B—V) auf 5 Platten, die mit dem 48″-Schmidt-Spiegel des Mount Palomar in galaktischen Breiten südlich −50° aufgenommen wurden, zeigen bis zur Grenzgröße $m_{pg} = 19$ viel mehr Sterne mit kleinem Farbenindex, als erwartet wurde. Offensichtlich dürfte in diesen Breiten die Dichteabnahme der Sterne mit etwas größerer Leuchtkraft als die Sonne geringer sein, als bisher geglaubt wurde. In großen Entfernungen von der galaktischen Ebene ist demnach die Leuchtkraftfunktion sehr verschieden von der in Sonnennähe. Eine eventuelle Rotverfärbung könnte nur sehr gering sein. Gli.

14418. **J. N. Parijskij,** Neues über den Kern unserer Galaxis. Priroda **49** Nr. 7 S. 81—82 (russ.).

* * **M. Petit,** Le type de population des Céphéides galactiques; critères de distinction des types et catalogue. Vgl. Ref. **12333.**

* * **M. Petit,** La répartition galactique des Céphéides. Vgl. Ref. **12334.**

14419. **S. B. Pikelner,** About the genetic relation of stars of different subsystems. RH **41** 128—132 (tschech.).

14420. **I. I. Pronik,** The space distribution of stars in a region with the center $l = 343°$, $b = 0°$ ($\alpha = 18^h 10^m$, $\delta = -15°$). Mitt. Astrophys. Obs. Krim **23** 46—59 (russ. mit engl. Ref.). — Bei der Untersuchung der räumlichen Verteilung der Sterne in einem Gebiet der südlichen Milchstraße werden die O—B3-Sterne besonders diskutiert als mögliche anregende Sterne der diffusen Nebel des Gebiets. Nach Bestimmung des prozentualen Anteils der Riesen und Überriesen wird die Änderung der räumlichen Dichte der B5—M-Sterne mit der Entfernung von der Sonne angegeben. Die gefundene Verteilung führt zu dem Schluß, daß von etwa 500 pc bis 3000 pc der Sehstrahl längs eines Spiralarms der Milchstraße verläuft. Für einige Gruppen von hellen Sternen wird geprüft, ob es sich um wirkliche Sternhaufen handelt. O. G.

14421. **F. E. Roach, L. R. Megill,** The distribution of integrated starlight in galactic coordinates. AJ **65** 352. — Ref. AAS.

14422. **V. C. Rubin,** Structure and evolution of the galactic system. Phys. Today **13** Nr. 12 S. 32—35 = Georgetown Obs. Repr. (2) Nr. 5. — Ref. in Phys. Abstr. (A) **64** 774.

14423. **V. C. Rubin,** Galactic studies. Vgl. Ref. **1339** S. 72—75.

14424. **H. Schäfer,** Stellarstatistische Untersuchungen auf Grund einer Dreifarbenphotometrie. Veröff. Univ.-Sternw. Bonn Nr. 58, 30 S. — In 4 ausgewählten Feldern der galaktischen Länge $l = 24°$ und der Breiten $-25°$, $-10°$, $0°$ und $+10°$ wurden mit Hilfe einer Dreifarbenphotometrie im RGU-System Untersuchungen über den Verlauf der interstellaren Absorption und die Verteilung der Sterne durchgeführt. Die Aufnahmen wurden mit dem Schmidt-Teleskop des Observatoriums Hoher List der Univ.-Sternwarte Bonn (340/500/1375) gewonnen und mit dem Irisblendenphotometer der Firma Sartorius ausgemessen. Mit Hilfe des sog. Eigenfarbenindex $\Delta I = FI_K - \alpha \times FI_L$ konnten trotz komplexer Absorptionsverhältnisse frühe B- und A0—A4-Sterne der Hauptreihe sowie Riesen der Leuchtkraftklasse III isoliert werden. Die Bearbeitung der frühen A-Sterne lieferte im wesentlichen den Verlauf der Absorption mit der Entfernung. Hierzu wurde eine graphische Methode entwickelt und benutzt. Der Dichteverlauf der Riesen und in erster Näherung auch der A0—A4-Sterne wurde ermittelt. Für die wenig zahlreichen frühen B-Sterne wurden individuelle Entfernungen bestimmt. Es ergibt sich, daß zwischen dem Vorhandensein von Wasserstoff, interstellarem Staub und frühen A-Sternen eine enge Korrelation besteht. Die Riesen zeigen eine andere Verteilung. Überraschend ist das Auftreten von B-Sternen in großer Höhe über der galaktischen Ebene, wahrscheinlich verbunden mit dem Vorkommen von staubförmiger Materie. Verf.

14425. **Z. Sekanina,** The apparent and space distribution of bright B-stars. Vgl. AJB **59** Ref. **14432** = Publ. Inst. Astr. Univ. Prague (2) Nr. 26.

14426. **G. A. Starikowa,** A determination of the expected number of stars in different regions of the sky. AJ UdSSR **37** 671—676 (russ. mit engl. Ref.). — Die Sternzahl A (m_V, C_0) wird aus der Lösung der Integralgleichung der Stellarstatistik mit Rücksicht auf die Helligkeitsklasse abgeleitet. Es wird bestätigt, daß die Orion-Assoziation einen Überschuß an O- bis A4- und F0- bis F4-Sternen enthält. Perek

* * **W. Takayanagi,** Mean absolute magnitudes, motions, distributions of S-type stars. Vgl. Ref. **10524.**

* * **A. R. Upgren jr.,** A list of relatively cool stars in the vicinity of the north galactic pole. Vgl. Ref. **104104.**

14427. An Atlas of H-Alpha Emission in the Southern Milky Way. Bearbeitet von A. W. Rodgers, C. T. Campbell, J. B. Whiteoak, H. H. Bailey, V. O. Hunt. Canberra, Mount Stromlo Observatory, 1960. Preis £ 4.00 bzw. $ 11.00. — Besprechung in Ann d'Astrophys **24** 262.

14428. Present Problems Concerning the Structure and Evolution of the Galactic System. The Hague, Netherlands Universities Foundation for International Co-operation (NUFFIC), 1960. 275 S. — Lecture notes of the 1960 NUFFIC International Summer Course in Science, Nijenrode Castle, Breukelen, The Netherlands, July 28—August 16. — Besprechung in Coelum **29** 154.

14429. Stellar populations. Sky Tel. **20** 24. — Ref. AAS.

14430. Magnetic field of the Galaxy. Sky Tel. **20** 81.

14431. Unterteilung der Populationen. Sterne **36** 213—214. — Ref.

Kinematik und Dynamik

14432. **J. C. Brandt,** On the distribution of mass in galaxies. II. A discussion of the mass of the Galaxy. ApJ **131** 553—557. — Zur Ableitung der Masse der Milchstraße aus ihren Rotationseigenschaften muß die Entfernung R_0 der Sonne vom Zentrum der Milchstraße bekannt sein. Unter Verwendung von Formeln aus Teil I dieser Untersuchungen (vgl. Ref. **14511**) wird gezeigt, daß die sonst noch gebrauchte Größe θ_0 (mittlere Umlaufsgeschwindigkeit in der Nachbarschaft der Sonne) mit den Oortschen Konstanten A und B eliminiert werden kann. Die Masse bis zur Entfernung R_0 ist im wesentlichen proportional R_0^3. Die Fortsetzung der Rotationskurve über R_0 hinaus bestimmt den Beitrag der äußeren Teile zur Gesamtmasse. Verf. schließt, daß wegen der unvollständigen Kenntnis des Verlaufs der Rotationskurve und der Unsicherheit von R_0 die Gesamtmasse der Milchstraße zur Zeit nur größenordnungsmäßig bekannt ist. O. G.

* * **J. C. Brandt,** Mass and mass distribution in the Andromeda nebula and the Galaxy. Vgl. Ref. **14510.**

14433. **W. Buscombe, P. M. Morris,** Southern stars of high velocity. Mem. Mt. Stromlo Obs. **3** Nr. 14 S. 37—40. — Die Publikation ist ein erstes Supplement zu dem 1958 veröffentlichten Katalog (vgl. AJB 58 Ref. **12331**). 11 Sterne sind nach den neuesten Kenntnissen auszuschließen, 36 andere hinzuzufügen. Für 94 Sterne der ersten Liste werden hier Ergänzungen oder Verbesserungen auf Grund neuer Meßwerte gegeben. Gli.

14434. **O. J. Eggen,** Stellar groups, VI. Space motions of the dwarf A-type and giant M-type stars in the solar neighbourhood. MN **120** 448—462. — Es wird die Verteilung der Raumgeschwindigkeiten von 111 A-Zwergen heller als $5^m\!.0$ betrachtet, für die sichere Beobachtungsdaten vorliegen. Die Geschwindigkeitsvektoren, projiziert in die galaktische Ebene und in eine dazu senkrechte Ebene, zeigen, daß die Darstellung der Geschwindigkeitsverteilung durch ein Ellipsoid nur eine erste grobe Näherung ist. Die Mitglieder der Hyaden und der Sirius-Gruppe werden herausgestellt. Weitere Gruppen annähernd gleicher Geschwindigkeiten findet Verf. unter diesen A-Sternen angedeutet. Weiterhin wird die Geschwindigkeitsverteilung von 113 M-Riesen heller als $5^m\!.0$ untersucht.

Unter der Annahme, daß die Geschwindigkeiten der M-Riesen der älteren Population I in demselben Bereich liegen wie die der A-Zwerge und daß die M-Riesen mit größeren Geschwindigkeiten zur Scheibenpopulation gehören, zeigt sich, daß jeweils etwa die Hälfte der betrachteten M-Riesen einer dieser beiden Populationen angehört. Die zu Grunde gelegten Beobachtungsdaten sind für jeden Stern tabuliert. Gli.

* * **O. J. Eggen,** Space motions of the subdwarfs. Vgl. Ref. **10201**.

14435. S. Gąska, The motions of giant stars of populations I and II. Studia Soc. Sci. Torunensis (F) **3** Nr. 1 S. 1—7 = Bull. Astr. Obs. Toruń Nr. 23. — Es werden die Raumgeschwindigkeiten zweier Gruppen von Riesensternen untersucht: Population I, vertreten durch 139 M-Sterne absolut heller als $+3^M$ und Population II, vertreten durch 141 Riesen der Typen F, G und K. Beide Gruppen zeigen Unterschiede in der Sonnenbewegung und im Achsenverhältnis ihrer Geschwindigkeitsellipsoide. Beziehungen zwischen Zahl der Sterne und Geschwindigkeitsrichtung, zwischen absoluter Helligkeit und Richtung der Geschwindigkeit und zwischen absoluter Helligkeit und dem Betrag der Raumgeschwindigkeit treten bei dem geringen Material nur unklar oder nicht hervor. Gli.

14436. E. R. Hill, The component of the galactic gravitational field perpendicular to the galactic plane, K_z. BAN **15** 1—44. — Ref. in JBAA **71** 81—82, Nature **188** 111—112. — Neubestimmung an Hand von K-Riesen. Sternzählungen bis zu $m_{pg} = 13$ in höheren galaktischen Breiten geben die Dichteverteilung der K-Riesen senkrecht zur galaktischen Ebene. Der Anteil der Zwergsterne und Unterriesen wurde zuvor durch eine Untersuchung der Eigenbewegungsverteilung eliminiert. In einer Analyse der Geschwindigkeitsverteilung der K-Riesen senkrecht zur galaktischen Ebene (Z-Komponente) wird diese als Summe der Verteilung von 3 Gruppen dargestellt: die mit starken Linien, mit schwachen Linien und die Schnelläufer-Gruppe. Auf Grund der Dispersion von Z und der Dichte Δ (z) wird die Funktion K_z neu hergeleitet. Ihre Werte dürften bis etwa z = 500 pc zuverlässig sein. Aus K_z ergibt sich die Dichte in Sonnenumgebung zu 0.13 Sonnenmassen pro Kubikparsec, also ein um den Faktor 1.5 größerer Wert als der Oortsche von 1932. Gli.

14437. K. Ishida, Statistical study of carbon stars. Publ. Astr. Soc. Japan **12** 214—225 = Tokyo Astr. Obs. Repr. Nr. 198. — 287 Kohlenstoffsterne wurden entsprechend ihrer Variabilität in fünf Klassen eingeteilt, die sich durch ihre kinematischen Eigenschaften und ihre galaktische Verteilung unterscheiden. Aus dem differentiellen Effekt der galaktischen Rotation auf die Radialgeschwindigkeiten wurden die mittleren Entfernungen und mittleren absoluten Helligkeiten der Sterne der einzelnen Klassen gewonnen. Irreguläre und halbregelmäßige Veränderliche sowie nichtveränderliche N-Sterne zeigen die stärkste Konzentration zur galaktischen Ebene im Gegensatz zu den nichtveränderlichen R-Sternen und den Schnelläufern. Die 33 Mira-Sterne ordnen sich offenbar entlang des Orion-Armes und des Perseus-Armes an. Ee.

14438. J.-P. Massonie, Estimation de la vitesse d'évasion des étoiles dans le plan galactique; résultats. CR **251** 1966—1968. — Die Entweichgeschwindigkeit in der Milchstraßenebene, gemessen vom lokalen Zentroid, wird nach der Methode von Nahon (vgl. Ref. **14444**) numerisch ermittelt. Die Verteilungsfunktion der Geschwindigkeiten von Fricke wird der Untersuchung zu Grunde gelegt und das Beobachtungsmaterial den Katalogen des Dunlap Observatory, von Evans und von Wilson entnommen. Die sich ergebenden Werte für die Entweichgeschwindigkeit sind größer als der bisher angenommene Wert von 65 km/sec. W. F.

14439. **A. Michałowska, J. Smak,** A study of the kinematical properties of high velocity stars. AA **10** 179—187 = Astr. Obs. Warsaw Univ. Repr. Nr. 101. — Die vorliegende Untersuchung stützt sich auf den Katalog von Roman (vgl. AJB **55** Ref. **12348**). Es zeigt sich, daß die spektroskopischen Parallaxen zur Bestimmung der absoluten Größe nicht ausreichen. Verf. arbeiten eine Methode zur Bestimmung der kinematischen Parameter von Schnelläufern aus, denen keine Langsamläufer beigemengt sind. Nach Ermittlung der Bewegung des Zentroids und der Geschwindigkeitsdispersion von Sterngruppen in verschiedenen Teilen des Hertzsprung-Russell-Diagramms wird die Korrelation zwischen der Exzentrizität der galaktischen Bahnen und der Lage im Hertzsprung-Russell-Diagramm diskutiert. E. R.

14440. **L. W. Mirsojan,** Die Größe der Oortschen Konstanten A und die Geschwindigkeit der Sonnenbewegung aus den O—B0-Sternen. Sitzber. Akad. Wiss. Armen. SSR **30** Nr. 1 S. 55—59 (russ. mit armen. Ref.). — Ref. in RJ UdSSR **1961** Nr. 2 S. 35.

14441. **N. Missana, C. Nervo, A. Pareti,** Velocità del Sole sul piano galattico rispetto alle stelle O et B e considerazioni sul termine K. Mem SA It (NS) **31** 169—185 = Contr. Oss. Astr. Torino (NS) Nr. 29. — Aus dem «General Catalogue of Stellar Radial Velocities» werden die O- und B-Sterne ausgewählt und bearbeitet, um die Koordinaten des Antapex sowie den Wert des K-Terms zu bestimmen. Die Sterne werden je nach ihrer Entfernung in 3 Gruppen (0—570, 570—1000 und 1000—2460 pc) eingeteilt. Für die O-B3-Sterne ergeben sich für das K-Glied die Werte +2.7, —3.7 und —8.9 km/sec; für die B4—B9-Sterne erhält man für die Entfernungen 0—570 und 570—2460 pc K = —1.1 und —9.0. Im 2. Teil wird bewiesen, daß die Sterne einer Assoziation, deren Zentrum fest ist in bezug auf die Gesamtheit aller O-B-Sterne, eine wesentlich positive mittlere Radialgeschwindigkeit besitzen. Unter der Annahme, daß alle O-B3-Sterne Assoziationen mit einem mittleren Radius von 160 pc und einer Expansionsgeschwindigkeit von 10 km/sec angehören, wird der Beitrag ΔK zum K-Term berechnet. Durch Anbringen der Korrektionen —ΔK erhält man ähnliche Werte von K für die beiden Klassen; auch der positive Wert für die Sterne innerhalb 570 pc verschwindet. B. C.

14442. **G. Münch, L. Münch,** On the rotation of the inner parts of the galactic system. ApJ **131** 253—264. — Für 18 OB-Sterne mit Entfernungen größer als 2 kpc wurden Radialgeschwindigkeiten abgeleitet. Mit den von anderen Autoren bestimmten Entfernungen und unter der Annahme, die Sterne würden sich auf kreisförmigen Bahnen bewegen, folgt für 6 kpc Entfernung vom galaktischen Zentrum eine um 10 km/sec höhere Rotationsgeschwindigkeit als nach den 21 cm-Daten, während bei 4 kpc die stellaren Werte um 25 km/sec niedriger sind als die 21 cm-Werte. Es ist kaum anzunehmen, daß diese Diskrepanzen durch Fehler in den Entfernungen bedingt sind. Els.

14443. **G. Münch,** On the interpretation of the spiral structure in the galactic system. Vgl. Ref. **1318** S. 403—409.

14444. **F. Nahon,** La théorie des valeurs extrêmes et l'estimation de la vitesse d'évasion des étoiles dans le plan galactique. CR **251** 1963—1965. — Zur Bestimmung der Grenzfläche des Geschwindigkeitskörpers der Sterne in der galaktischen Ebene werden durch mathematisch-statistische Überlegungen einige Formeln hergeleitet, die berücksichtigen, daß die Grenzfläche aus einer Verteilungsfunktion der Geschwindigkeiten gefunden werden muß. W. F.

14445. **J. H. Oort,** Note on the determination of K_z and on the mass density near the sun. BAN **15** 45—53. — Ref. in Nature **188** 112. — Dem von Hill (vgl. Ref. **14436**) benutzten Material an Beobachtungsdaten wird als Bedingung die Erfüllung der Poissonschen Gleichung hinzugefügt; so läßt sich die Kraft K_z bis in Entfernungen von mehr als 1000 pc von der galaktischen Ebene bestimmen. Die Gesamtmassendichte für z = 0 ergibt sich zu 10.0×10^{-24} g/cm³ mit einer Unsicherheit von etwa 10%. Vorausgesetzt wurde dabei, daß die z-Verteilung der Gesamtsterndichte dieselbe wie die der K-Riesen ist. Eine Figur (4) zeigt die Änderung der totalen Sterndichte mit z. Gli.

14446. M. W. Ovenden, The radial velocities of late-type stars and the stream constants. Vgl. AJB **57** Ref. **4424** = Glasgow Univ. Obs. Repr. Nr. 49.

* * **A. G. Pacholczyk, J. S. Stodółkiewicz,** On the gravitational instability of some magnetohydrodynamical systems of astrophysical interest. Vgl. Ref. **5153**.

14447. K. Pilowski, Lokaler Geschwindigkeitszustand der Sterne. Entwicklung und Altersbestimmung. Techn. Hochschule Hannover Astr. Station Geod. Inst. 1960, 41 S.

14448. P. J. van Rhijn, The ellipsoidal velocity distribution of the A stars as a function of the distance from the galactic plane. Publ. Kapteyn Astr. Lab. Univ. Groningen Nr. 61, 39 S. — Aus Eigenbewegungen der A0—A5-Sterne der scheinbaren Helligkeit 9^m—13^m in ausgewählten Feldern wurden die Dispersionen in den Richtungen der drei Achsen des Geschwindigkeitsellipsoids in Abhängigkeit von der Entfernung von der galaktischen Ebene bestimmt. Die Dispersionen vergrößern sich mit wachsender z-Koordinate, die Abweichung des Vertex dagegen ist konstant und beträgt 26°. Die Korrelation zwischen den Dispersionen und der z-Koordinate kann wahrscheinlich nicht durch einen erhöhten Anteil von schnellen Sternen in größeren Entfernungen von der galaktischen Ebene erklärt werden. Verf. vertritt die Meinung, daß der beobachtete Effekt dadurch entsteht, daß die untersuchten Sterne aus zwei Gruppen bestehen, deren Geschwindigkeitsstreuungen verschieden sind. Diese Hypothese wird durch eine Untersuchung der Radialgeschwindigkeiten von A-Sternen in einem ausgewählten Gebiet unterstützt. Ond.

14449. K. Rudnicki, Metoda badania werteksu mało liczebnych grup gwiazd na podstawie ruchów własnych. Postępy Astr. **8** 45—46. — Auf Grund der dem GC entnommenen Eigenbewegungen von 45 Kohlenstoffsternen wurde ihr Vertex unter drei Annahmen über ihre Entfernungen berechnet. Die Ergebnisse lassen nicht vermuten, daß die Vertexrichtung senkrecht zur galaktischen Hauptebene steht. E. R.

14450. A. J. Rutgers, Spiraalstructuur der Galaxieën. Med. Koninkl. Vlaamse Acad. Wetensch. Kl. Wetensch. **22** Nr. 1, 3 S. = Univ. Gent Sterrenkundig Inst. Nr. 23. — Das in Maxwells Untersuchung über die Stabilität der Saturnringe aufgestellte Kriterium für die dynamische Stabilität eines Systems einen Zentralkörper umlaufender Massen wird auf die das galaktische Zentrum umlaufenden Sterne angewandt. Da das Kriterium hier nicht erfüllt ist, müssen die Sterne um ihr umlaufendes Zentroid mit zunehmender Amplitude oszillieren, was zu radialen Kondensationen führt. Durch die differentielle galaktische Rotation bilden sich hieraus die Spiralarme. Gü.

14451. R. B. Schazowa, The dispersion of the logarithms of tangential velocities of stars in the lower part of the spectrum — luminosity diagram. AJ UdSSR **37** 344—347 (russ. mit engl. Ref.). — Mittlere Geschwindigkeiten und ihre Streuung wachsen in der Folge: rote Zwerge mit Emission, gewöhnliche rote Zwerge, weiße Zwerge, Unterzwerge. Die Streuung der Logarithmen der Geschwindigkeiten bleibt aber beinahe konstant. Verf.

schließt, daß das Verhältnis der Dispersion zu dem mittleren Wert der tangentialen Geschwindigkeiten konstant ist. Perek

14452. **T. Shimizu,** Stellar orbits in the Galaxy. (I. Two-dimensional case). Publ. Astr. Soc. Japan **12** 238—266. — Es werden zweidimensionale Sternbahnen in der galaktischen Ebene unter der Voraussetzung von Rotationssymmetrie des Gravitationspotentials betrachtet. Dieses wird als Taylor-Reihe entwickelt, deren Koeffizienten auf Grund moderner Beobachtungsdaten und unter Heranziehung von Schmidts Modell (vgl. AJB **56** Ref. **4422**) numerisch berechnet werden. Die 1. Approximation der Bahnen gibt 3 Formen: Spiralbahnen (hyperbolisch), parabolische Bahnen und den besonders interessanten Fall der periodischen Bahnen. Es werden die Bahnparameter für 11 nahe Sterne gegeben. Verf. macht dann weitere Approximationen und findet für die Kraftfunktion einen Ansatz, der zwischen 3 kpc $\leqq \overline{\omega} \leqq$ 15 kpc gelten könnte. Gli.

14453. **A. M. Sinzi,** On the galactocentric distance of the sun and its rotation velocity. Contr. Marine Res. Lab. Hydrograph. Office Japan **2** 43—49. — Aus den kinematischen Daten von Cepheiden werden $R_0 = 8.6$ kpc und $\omega_0 = 29.0$ km sec^{-1} kpc^{-1} abgeleitet, wobei keine besonderen Annahmen über die anderen galaktischen Konstanten gemacht werden müssen. Trotz des geringen Umfanges des verwendeten Materials ergibt sich dabei eine bessere Übereinstimmung mit den neueren Werten für die Kreisbahngeschwindigkeit. T. L.

* * **D. G. Wentzel,** The distortion of a magnetized cloud by differential galactic rotation. Vgl. Ref. **5225**.

14454. Our place amongst the spirals. Some recent galactic investigations. Southern Stars **18** 173—175.

14455. Die Verteilung der O- und B-Stern-Gruppen und die Spiralstruktur der Galaxis. Sterne **36** 90—92. — Ref.

14456. Leuchtkraft und Raumverteilung der helleren Emissions-B-Sterne. Sterne **36** 92—93. — Ref.

Radiostrahlung

14457. **R. Hanbury Brown, C. Hazard,** The non-thermal emission from the disk of the Galaxy. Obs **80** 137—145 = Astr. Contr. Univ. Manchester (2) Jodrell Bank Repr. Nr. 220. — Im Anschluß an eine Arbeit von Mills (vgl. AJB **59** Ref. **14476**) wird an Hand mehrerer Modelle der galaktischen Spiralstruktur gezeigt, wie die Abhängigkeit der Radiostrahlung von der galaktischen Länge zu erwarten ist, wenn es sich um Synchrotronstrahlung relativistischer Elektronen im Magnetfeld der Spiralarme handelt. Die Autoren kommen zu dem Schluß, daß die von Mills beobachteten Stufen im Intensitätsverlauf längs des galaktischen Äquators durch Synchrotronstrahlung hervorgerufen sein können, wenn das Magnetfeld längs der Arme läuft, aber geringe Irregularitäten aufweist, die auch durch optische Polarisationsmessungen angedeutet sind. Ein Teil dieser Stufen kann aber auch durch die thermische Komponente bedingt sein. Els.

14458. **C. H. Costain,** The spectrum of the galactic radio emission. MN **120** 248—255. — Mit 90°-Winkelantenne (corner reflector) und thermisch kalibriertem Phasenwechsel (phase switching)-Empfänger wurde der Untergrund des kosmischen Rauschens bei 1.7 und 7.9 m gemessen. Die Ergebnisse werden mit Baldwins Messungen bei 3.7 m verglichen. Abgesehen von einer Gegend längs des galaktischen Äquators 60° um das galaktische Zentrum und einer etwas zu kleinen Intensität für $\lambda = 1.7$ m bei $\delta = +20°$ und $\alpha = 12^h\!.0$ bis $16^h\!.5$ weicht der λ-Spektralindex x der Antennentemperatur nirgends merklich von seinem Mittelwert 2.37 ± 0.04 ab. Der mögliche Beitrag einer außergalaktischen Komponente wird mit den dafür angenommenen Werten x = 2.8, 3.0 und 3.2 abgeschätzt. Gü.

14459. **C. H. Costain,** On the spectrum of the galactic radio emission. Publ ASP **72** 351. — Ref. ASP.

14460. **G. Courtès, P. Cruvellier,** Détection optique de l'hydrogène ionisé dans la direction du bulbe galactique. CR **251** 2470—2472 = Publ. Obs. Haute-Provence **5** Nr. 26. — Beobachtungen von Hα-Emissionsgebieten nahe dem galaktischen Zentrum werden beschrieben. Die mit Hilfe einer lichtstarken Interferometeranordnung gemessenen Radialgeschwindigkeiten von im Mittel —185 km/sec stimmen nahe mit den an der 21 cm-Linie gemessenen Werten für den neutralen Wasserstoff überein und scheinen zu zeigen, daß die beobachteten Emissionsgebiete dem zentralen Teil des galaktischen Systems zuzuordnen sind. J. P. M.

14461. **R. D. Davies, C. H. Slater, W. L. H. Shuter, P. A. T. Wild,** A new limit to the galactic magnetic field set by measurements of the Zeeman splitting of the hydrogen line. Nature **187** 1088—1089 = Astr. Contr. Univ. Manchester (2) Jodrell Bank Repr. Nr. 231. — Aus Registrierungen der Wasserstoff-Absorptionslinienprofile in den Radioquellen Cas A, Tau A und Sgr A (entsprechend zwei Wolken im Perseus-Arm, zwei im Orion-Arm und einer im 3 kpc-Arm) wurde geschlossen, daß die Stärke des galaktischen Magnetfeldes kleiner als etwa 2×10^{-5} Γ ist, also kleiner als die meisten Theorien verlangen. Stu.

14462. **R. D. Davies,** A study of neutral hydrogen in the solar neighbourhood of the Milky Way. MN **120** 483—497 = Astr. Contr. Univ. Manchester (2) Jodrell Bank Repr. Nr. 204. — Die Verteilung des interstellaren neutralen Wasserstoffs wurde zwischen den Deklinationen +90° und —32° aus Radiobeobachtungen abgeleitet. Es zeigt sich, daß eine Anzahl von Wasserstoffwolken mit Dunkelwolkenkomplexen zusammenfallen. Die auffälligste Erscheinung der Verteilung ist der Überschuß des H I im Gouldschen Gürtel. Das lokale System scheint eine spätere Bildung in unserem Spiralarm zu sein. In Cepheus ist wahrscheinlich ein ähnliches Gebiet zu finden. Sm.

14463. **W. C. Erickson, H. L. Helfer,** H-line profiles at high galactic latitudes. AJ **65** 1—20. — Mitteilung umfangreicher Beobachtungen von H-Profilen (21 cm-Linie) mäßiger Genauigkeit in hohen galaktischen Breiten und einer Karte der Verteilung des neutralen Wasserstoffs. Hinweis auf einige interessante Stellen, etwa eine scharfe Spitze bei $l^{I} = 330°$, $b^{I} = +40°$ etc. Voigt

14464. **G. B. Field,** Radio continuum emission by spiral arms. Publ ASP **72** 303—307. — Die von B. Y. Mills (vgl. AJB **59** Ref. **14476**) beobachteten Stufen in der kontinuierlichen Radioemission der Scheibenkomponente der Milchstraße in tangentialer Richtung der Spiralarme lassen sich durch Synchrotronstrahlung erklären. Relativistische Elektronen mit isotroper Geschwindigkeitsverteilung in den Spiralarmen ergeben bei Bewegung in einem Magnetfeld, das im wesentlichen parallel zu den Armen gerichtet ist, die beobachteten Intensitäten. Bk.

14465. **B. H. Grahl,** 21 cm-Untersuchungen zur Struktur und Dynamik der Milchstraße zwischen 100° und 120° galaktischer Länge. Forschungsber. Nordrhein-Westfalen Nr. 423, 77 S. = Mitt. Univ.-Sternw. Bonn Nr. 28. — Ref. in Weltraumfahrt **11** 94. — Ausführliche Mitteilung der Beobachtung von 61 Linienprofilen zwischen l = 100° und 120° und bei b = +2°, 0°, —2°, und ihrer Reduktion durch additive Gauß-Profile. Abschätzung der H I-Dichte.

Beobachtete Pekuliarbewegungen der H I-Wolken: 8 bis 15 km/sec. Folgende H I-Regionen werden getrennt: Lokale Struktur ($r \approx 0.1$ kpc); Orion-Arm (0.8 kpc); Perseus-Arm (2.4 kpc); Zwischenarm (4.4 kpc); Entfernter Arm (7 kpc). Der Perseus- und der entfernte Arm bestehen aus zwei Komponenten mit verschiedener Geschwindigkeit. Voigt

14466. **S. Grzędzielski,** Nowe badania rozmieszczenia i ruchów wodoru w Galaktyce. Postępy Astr. 8 123—128. — Bericht über den Stand der Untersuchungen über die Verteilung und Bewegung des interstellaren Wasserstoffs auf Grund der Beobachtungen der 21 cm-Linie in Anlehnung an die neueren Arbeiten der holländischen Astronomen Muller, Rougoor, Oort und Westerhout. E. R.

14467. **S. Grzędzielski,** Gaz w centralnych częściach Galaktyki. Postępy Astr. 8 255—262. — Verf. berichtet über Verteilung und Bewegung des neutralen Wasserstoffs in den Zentralgebieten der Galaxis in Anlehnung an die Arbeiten von Rougoor-Oort, Drake und Münch aus den Jahren 1959 und 1960. E. R.

14468. **C. S. Gum, F. J. Kerr, G. Westerhout,** A 21-cm determination of the principal plane of the Galaxy. (Paper II). MN **121** 132—149. — Die Lage der HI-Hauptebene wird aus den 21 cm-Beobachtungen von Leiden und Sydney ermittelt. Die Fläche maximaler Wasserstoffdichte erweist sich innerhalb von $R < 7000$ pc vom galaktischen Zentrum mit hinreichender Genauigkeit als eine Ebene, welche als Hauptebene des neuen galaktischen Koordinatensystems angenommen wird. In den äußeren Teilen der Milchstraße weicht die H I-Verteilung systematisch von der ebenen Verteilung ab, indem in Richtung $l^{II} = 90°$ Abweichungen bis $z = +800$ pc und in Richtung $l^{II} = 270°$ Abweichungen bis $z = -800$ pc auftreten. W. F.

14469. **C. S. Gum, J. L. Pawsey,** Radio data relevant to the choice of a galactic coordinate system. (Paper III). MN **121** 150—163. — Ein Vergleich der Beobachtungsdaten über die Verteilung von H I und die Verteilung der kontinuierlichen Radiostrahlung zeigt, daß H I die Milchstraßenebene mit größter Genauigkeit zu lokalisieren gestattet. Die Quellen der kontinuierlichen Strahlung folgen der Verteilung des neutralen Wasserstoffs. Die Richtung zum galaktischen Zentrum kann aus der H I-Verteilung, der kontinuierlichen Strahlung und mit größter Genauigkeit aus dem Ort der Quelle Sgr A ermittelt werden. W. F.

14470. **B. Höglund,** Vätets 21 cm linje. PAT **41** 150—160. — Eine eingehende, populär gehaltene Übersicht der radioastronomischen Resultate, die aus Beobachtungen der 21 cm-Wasserstofflinie folgen. Nach einer kurzen und knappen historischen Einleitung werden besprochen: 1. die Bestimmung der Struktur des Milchstraßensystems, 2. die Untersuchung von außergalaktischen Systemen, 3. Absorptionsmessungen (Punktquelle Cas A), 4. interstellare Magnetfelder, 5. Zeeman-Effekt. C. L. J.

14471. **H. C. van de Hulst,** La estructura galáctica y la línea de la microonda de 21 centímetros. El Universo **14** 179—189.

14472. **H. C. van de Hulst,** Die Struktur der Galaxis und die 21 cm-Linie. Phys. Blätter **16** 105—112.

14473. **T. M. Jegorowa, N. F. Ryshkow,** A new method of detection of narrow spectral lines in radio frequency range. Mitt. Astr. Hauptobs. Pulkowo **21** Nr. 5 (164) S. 140—152 (russ. mit engl. Ref.). — Verf. beschreiben zunächst im Detail die technischen Konstruktionsdaten für Antenne, Modulator und Empfänger, sowie die Besonderheiten der Arbeit bei einer Empfangsfrequenz entsprechend einer Wellenlänge von 91.6 cm. Bei dieser Wellenlänge gibt es einen Übergang des neutralen Wasserstoffatoms zwischen den Hauptquantenzahlen 272 und 271. Nach dieser Linie wurde in der galaktischen Strahlung gesucht. Das Resultat war negativ bei einer Genauigkeit von 0°.05 für die Antennentemperatur. Oster

14474. **F. J. Kerr,** The possibility of detecting a gravitational red shift in 21-cm radiation from the Galaxy. Nature **188** 216—217 = Division Radiophys. C.S.I.R.O. Chippendale. — Die von Landovitz und Marshall (vgl. Ref. **14475**) vorgeschlagene Prüfung stößt auf weitere Schwierigkeiten wegen der Nord-Süd-Asymmetrie in den Geschwindigkeiten der Wasserstoffwolken und wegen einer Expansionsgeschwindigkeit der Sonnenumgebung und eines gleichen Effektes im Milchstraßenkern. Die in galaktischer Breite vorhandenen Asymmetrien geben, als Effekt des Gravitationspotentials gedeutet, eine um zwei Größenordnungen zu hohe Masse. Dv.

14475. **L. F. Landovitz, L. Marshall,** Gravitational red shift of hydrogen 21-cm radiation as a method to measure galactic gravitational potential. Nature **187** 223—224. — Die sich als Rot- oder Violettverschiebung äußernden Frequenzunterschiede der in Bereichen verschiedenen Gravitationspotentials entstehenden 21 cm-Strahlung werden möglicherweise durch Faltung der gemessenen Frequenzen mit passenden Gewichtsfunktionen entlang ausgewählter Bereiche galaktischer Längen symmetrisch zu einer Vorzugsrichtung meßbar. Dv.

14476. **J. H. Oort, G. W. Rougoor,** The position of the galactic centre. (Paper V). MN **121** 171—173. — Zahlreiche Gründe sprechen dafür, daß die Radioquelle Sgr A das Zentrum des Milchstraßensystems bildet. Die Gründe werden diskutiert, und der Ort von Sgr A wird als Richtung zum Zentrum im neuen galaktischen Koordinatensystem angenommen. W. F.

14477. **J. L. Pawsey, E. Harting,** An attempt to detect linear polarization in the galactic background radiation at 215 MHz. Australian J. Phys. **13** 740—742 = Division Radiophys. C.S.I.R.O. Chippendale. — Ein Streifen von 1^h30^m bis 10^h Rektaszension um 34° S Deklination wurde bei 215 MHz mit Bandbreiten von 1 MHz, 700 und 300 kHz auf lineare Polarisation hin untersucht. Das negative Ergebnis setzt für den Grad linearer Polarisation eine obere Grenze von 1 Prozent. Bk.

14478. **W. I. Pronik,** The maximum of galactic thermal radio emission at l = 353°, b = 0°. AJ UdSSR **37** 436—438 (russ. mit engl. Ref.). — Verf. zeigt, daß das Gebiet des Maximums der thermischen Radiostrahlung in der galaktischen Ebene bei l = 353° durch H II-Zonen hervorgerufen werden kann, wenn man annimmt, daß diese Zonen mit dem Gebiet starker Konzentration des neutralen Wasserstoffs in einer Entfernung von 12—14 kpc zusammenhängen. Zur Erklärung der beobachteten Radioemission würde eine H II-Masse genügen, die nur 3% der Masse von H I im genannten Gebiet beträgt. Ond.

14479. **V. Radhakrishnan,** Self-absorption in the 21-cm radiation from galactic neutral hydrogen. Publ ASP **72** 296—302. — Ein ausgedehntes Gebiet in der Nähe der Radioquelle IC 443 zeigt Selbstabsorption in der 21 cm-Strahlung. Die Temperatur dieser kühlen H I-Region ist nicht größer als 60°. Es werden räumliche Struktur und Geschwindigkeitsverteilung der Absorption angegeben; es besteht gute Übereinstimmung der Lage der H I-Region mit der stärksten Dunkelwolke in dieser Gegend. Bk.

* * **G. W. Rougoor, J. H. Oort,** Distribution and motion of interstellar hydrogen in the galactic system with particular reference to the region within 3 kpc of the center. Vgl. Ref. **13331**.

14480. **R. W. Wilson, J. G. Bolton,** A survey of galactic radiation at 960 MHz. Publ ASP **72** 331—347. — Die Resultate der Durchmusterung, die umfassender ist als frühere Unternehmungen dieser Art, werden in Karten niedergelegt. FS

§ 145

Galaxien

Galaxien und Mehrfachgalaxien

14501. **J. E. Baldwin, C. H. Costain,** The radio spectrum of the Andromeda nebula. MN **121** 413—417. — Durch neuere Beobachtungen des Andromeda-Nebels bei 178 MHz konnte eine Anzahl von Punktquellen entdeckt werden, deren Strahlung der des Nebels überlagert ist. Ein Vergleich der Anzahl dieser Quellen mit der benachbarter Gebiete läßt vermuten, daß sie nicht zum Nebel selbst gehören. Eine Kombination der Beobachtungen bei 38, 178 und 408 MHz zeigt: Alle Teile des Nebels haben ein ähnliches Spektrum, und ihre Helligkeitstemperatur schwankt um $\nu^{-2.5 \pm 0.1}$, ein Wert, der nahe dem unserer Milchstraße liegt. HHR

14502. **W. A. Baum, R. Minkowski,** Observations of a large redshift. AJ **65** 483. — Ref. AAS.

14503. **S. van den Bergh,** The extragalactic distance scale. AJ **65** 57—58. — Ref. AAS.

14504. **S. van den Bergh,** A preliminary luminosity classification of late-type galaxies. ApJ **131** 215—223. — Ref. in Sterne **36** 214—215. — Ein Klassifikationssystem für Sc-Spiralen und irreguläre Nebel nach dem Aussehen dieser Objekte auf den Blättern des Palomar-Atlasses wird beschrieben. Die Unterscheidung der Leuchtkraftklassen I bis V wird durch Abbildungen verdeutlicht. Das System wird durch einen Katalog von klassifizierten Nebeln repräsentiert. Nach Kalibrierung der Leuchtkraftklassen wird gezeigt, daß aus der Klassifikation bis zu Rotverschiebungen von +2000 km/sec die absolute Helligkeit auf etwa 0^m5 erhalten wird. O. G.

14505. **S. van den Bergh,** A preliminary luminosity classification for galaxies of type Sb. ApJ **131** 558—573. — Das für Galaxien späten Typs entwickelte Klassifikationssystem (vgl. Ref. **14504**) wird auf Spiralnebel vom Typ Sb erweitert. Dabei treten nur die Leuchtkraftklassen I—III auf. Sie werden mit Hilfe von Abbildungen definiert. Ein Katalog von klassifizierten Sb-Nebeln repräsentiert das DDO-System, das auch kurz mit anderen Systemen verglichen wird. Von den Shapley-Ames-Galaxien nördlich von $\delta = -27°$ wird für 3 Intervalle des Entfernungsmoduls die scheinbare Verteilung in Abbildungen dargestellt. Der in der geringsten Entfernung hervortretende Canes Venatici-Haufen wird mit den Nebelhaufen in Coma und Virgo verglichen. Ein Superhaufen, der sich von Ursa Major bis Virgo erstreckt, ist angedeutet. O. G.

14506. **S. van den Bergh,** The extragalactic distance scale. J RAS Canada **54** 49—57. — Nach einer Zusammenstellung der jüngsten Werte für die absoluten Helligkeiten von δ Cephei-Sternen und RR Lyrae-Sternen wird der Entfernungsmodul des Andromeda-Nebels diskutiert. Aus den Distanzmoduln von 5 Mitgliedern der lokalen Gruppe wird die Hubble-Konstante zu H = 120 km/sec/Mpc (mit einer Unsicherheit von +25, —20) hergeleitet. Gli.

14507. S. van den Bergh, A reclassification of the northern Shapley-Ames galaxies. Publ. David Dunlap Obs. **2** 159—199. — Ref. in Sky Tel. **20** 189. — Entsprechend dem vom Verf. aufgestellten System werden die nördlich —27° liegenden Galaxien des Shapley-Ames Katalogs nach dem Palomar Sky Atlas neu klassifiziert. Der Katalog gibt für 935 nach NGC- und IC-Nummern geordnete Systeme sphärische Koordinaten, Typ und Leuchtkraftklasse und, soweit vorhanden, mittlere Spektraltypen nach Humason und anderen, Konzentrationsklasse nach Morgan, Farbenindizes nach Holmberg, Durchmesser in Bogenminuten, Entfernungsmoduln. Es werden die räumliche Verteilung entsprechend verschiedenen Entfernungsmodulgruppen und die Verteilungsfunktionen der Typen und Leuchtkräfte untersucht. Dv.

14508. S. van den Bergh, The extragalactic distance scale. ZfA **49** 198—200. — Die vom Verf. entwickelte Methode der Leuchtkraftklassifikation von Galaxien späten und mittleren Typs wird auf 5 Mitglieder der lokalen Gruppe angewandt; die aus der absoluten Größe der Novae folgende Eichung der Methode ist mit einer Hubble-Konstanten von 100 km/sec/Mpc verträglich. Dv.

14509. J.-H. Bigay, Observations photoélectriques en trois couleurs (U. B. V.) de galaxies des classes D et E. CR **251** 515—517 = Publ. Obs. Haute-Provence **5** Nr. 20. — Von etwa 20 Galaxien der Typen D und E (neue Morgansche Klassifikation) werden Helligkeiten (und Farben) im U, B, V-System gemessen. Die Totalhelligkeiten folgen aus der Extrapolation der Messungen mit Diaphragmen wachsender Größe. Der Nachthimmelsuntergrund macht sich besonders im violetten Bereich störend bemerkbar, so daß für U—B nur eine Genauigkeit von $\pm$ 0ᵐ07 erreicht werden konnte. Im (U—B)-(B—V)-Diagramm gruppieren sich die gemessenen Objekte um eine Gerade. J. P. M.

* * **R. Bouigue,** Sur la mesure photoélectrique des distances galactiques et extra-galactiques. Vgl. Ref. **14403**.

14510. J. C. Brandt, Mass and mass distribution in the Andromeda nebula and the Galaxy. AJ **65** 50. — Ref. AAS.

14511. J. C. Brandt, On the distribution of mass in galaxies. I. The large-scale structure of ordinary spirals with applications to M 31. ApJ **131** 293—303. — Ref. in Sky Tel. **20** 143, VdS Nachr. **10** 51—52. — Ausgehend von Untersuchungen von E. M. Burbidge, G. R. Burbidge und K. H. Prendergast (vgl. AJB **59** Ref. **14513**) wird die Ableitung der Massenverteilung in einer Galaxie und der Gesamtmasse aus der Rotationskurve für den Fall sehr starker Abplattung diskutiert. Dann werden Korrektionen für endliche Dicke der Systeme entwickelt. Ein Vergleich der Ergebnisse für M 31, die nach den abgeleiteten Formeln und nach den Methoden anderer Autoren erhalten werden, ergab (nach Reduktion auf gleiche Verhältnisse) sehr befriedigende Übereinstimmung. O. G.

14512. E. M. Burbidge, G. R. Burbidge, K. H. Prendergast, The barred spiral galaxy NGC 7479. AJ **65** 342—343. — Ref. AAS.

14513. E. M. Burbidge, G. R. Burbidge, Distortion of the plane of the occulting matter in NGC 5866. ApJ **131** 224—226 = Contr. McDonald Obs. Nr. 318. — Die dünne Staubschicht des S0-Nebels NGC 5866 zeigt eine Neigung von etwa 2° gegen die Symmetrieebene des Nebels. Nach radioastronomischen Beobachtungen ist im Milchstraßensystem die Ebene der Gaswolken gegen die Hauptebene ähnlich geneigt. Kahn und Woltjer versuchen, dies als Wirkung durchströmenden intergalaktischen Gases zu erklären. Verf. kommen in einer Diskussion zu dem Schluß, daß bei NGC 5866 eine solche Erklärung zwar nicht unmöglich ist, daß aber erst andere Effekte geprüft werden sollten, bevor das intergalaktische Gas angenommen wird. O. G.

14514. **E. M. Burbidge, G. R. Burbidge, K. H. Prendergast,** The rotation, mass distribution, and mass of NGC 5055. ApJ **131** 282—292 = Contr. McDonald Obs. Nr. 319. — Spektrogramme von NGC 5055, bei deren Aufnahme der 290″ lange Spalt entlang der Hauptachse orientiert war, zeigen Hα-Emission bis etwa 210″ vom Zentrum. Ihre Ausmessung ergab die Rotationskurve, aus der die Dichteverteilung und die Gesamtmasse abgeleitet werden. Die Masse bleibt etwas unsicher, weil die Entfernung von NGC 5055 nicht genau bekannt ist. Zur Untersuchung des Verhältnisses Masse zu Leuchtkraft wurden photometrische Messungen von Lindblad und Delhaye herangezogen. O. G.

14515. **E. M. Burbidge, G. R. Burbidge, K. H. Prendergast,** The rotation and approximate mass of NGC 3556. ApJ **131** 549—552 = Contr. McDonald Obs. Nr. 321. — Die Rotationskurve für den zentralen Teil von NGC 3556 wurde aus Messungen der Hα-Emissionslinie erhalten und dann zur Massenbestimmung etwas extrapoliert. Die mit zwei Werten für die Neigung der Hα-Linie und 3 Werten für das Achsenverhältnis c/a erhaltenen Massen liegen zwischen 1.1×10^{10} und 1.7×10^{10} $M_\odot$. Die entsprechenden Verhältnisse Masse : Leuchtkraft sind 1.1 bis 1.6. Weil die Rotationskurve in der Mitte flach verläuft, wird die Größe des Turbulenzdruckes abgeschätzt. O. G.

14516. **E. M. Burbidge, G. R. Burbidge,** A chain of galaxies. ApJ **131** 742 = Contr. McDonald Obs. Nr. 323. — Eine Aufnahme einer wenig gekrümmten Kette von 5 Nebeln wird abgebildet. Die kurze Diskussion ergibt, daß die 5 Nebel wahrscheinlich zusammengehören, aber kein für lange Zeit stabiles System bilden. O. G.

14517. **E. M. Burbidge, G. R. Burbidge,** Motions in barred spiral galaxies. I. The nuclei of NGC 1097 and NGC 1365. ApJ **132** 30—36 = Contr. McDonald Obs. Nr. 324. — Die Kerne der beiden Spiralnebel und die erhaltenen Spektrogramme werden abgebildet und beschrieben. Die aus Messungen der Emissionslinien Hα und [N II] λ 6583 erhaltenen Rotationskurven werden in Tabellen gegeben. Es wird erläutert, wie die Orientierung der Hauptebenen und die Lage der Knotenlinien bestimmt wurden. Zur Berechnung der Massen der Kerne und der entsprechenden mittleren Dichten wurden folgende Annahmen gemacht: starre Rotation eines homogenen Ellipsoids (mit zwei Werten für die Abplattung) und bei NGC 1097 wegen der diskontinuierlichen Rotationskurve auch Punktmasse im Zentrum. Die Kernregionen haben mittlere Dichten von der Größenordnung 10^{-21} g cm^{-3}. Sie enthalten offenbar einen großen Teil der Gesamtmasse. O. G.

14518. **E. M. Burbidge, G. R. Burbidge, K. H. Prendergast,** The rotation, mass distribution, and mass of NGC 2903. ApJ **132** 640—653 = Contr. McDonald Obs. Nr. 330. — Längs zweier Positionswinkel wird die Rotationskurve des Sc-Nebels (Hα- und [N II]-Emission) bis zu 140″ Abstand bestimmt. Sie reicht über den Umkehrpunkt hinaus. Die Orientierung des Nebels wird diskutiert. Das Achsenverhältnis ist für die inneren Teile und die äußeren Arme verschieden. Unter Annahme homogener Sphäroide und einer Entfernung von 6 bzw. 7.9×10^6 pc ergibt sich eine Masse von 3.7 bzw. 4.9×10^{10} $M_\odot$. Voigt

14519. **E. M. Burbidge, G. R. Burbidge, K. H. Prendergast,** Motions in barred spiral galaxies. II. The rotation of NGC 7479. ApJ **132** 654—660 = Contr. McDonald Obs. Nr. 331. — Messung der Rotationskurve bei der SBb-Spirale ergibt längs des Balkens einen etwa linearen Verlauf der Geschwindigkeit, außerhalb fällt sie sehr schnell ab. Unter der Annahme eines gestreckten Sphäroids gleichförmiger Dichte und einer Rotation um eine kleine Achse mit der beobachteten Geschwindigkeit ergibt sich eine Masse von 2.2×10^{10} $M_\odot$. Die Rotverschiebung liefert mit H = 75 km/sec Mpc eine Entfernung von 35.2×10^6 pc. Die Länge des Balkens wird dann 18.5 kpc. Voigt

14520. **E. M. Burbidge, G. R. Burbidge, K. H. Prendergast,** Motions in barred spiral galaxies. III. The rotation and approximate mass of NGC 3504. ApJ **132** 661—666 = Contr. McDonald Obs. Nr. 332. — Aus zahlreichen Emissionslinien (H, NII, OIII, SII) wird die Rotationskurve des SBb-Nebels (vermutlich handelt es sich um ein Zwischengebilde zwischen Balken- und normaler Spirale) bis etwa 50″ abgeleitet, mit einer Lücke von 6″ bis 25″ ohne sichtbare Emission. Der Kern zeigt starre Rotation. Mit einer plausiblen Interpolation ergibt eine Massenabschätzung $2.5 \times 10^9 \leq M \leq 9 \times 10^9 M_\odot$. Voigt

14521. **B. F. C. Cooper, E. E. Epstein, S. J. Goldstein jr., J. V. Jelley, M. A. Kaftan-Kassim,** Harvard 21-cm maser observations of galaxies. AJ **65** 486. — Ref. AAS.

14522. **P. Couderc,** Observations des galaxies et modèles cosmologiques. Vgl. Ref. **1318** S. 397—402.

14523. **G. Courtès, P. Cruvellier,** Les nuages d'hydrogène interstellaire de la nébuleuse spirale M 33. BSAF **74** 437—438.

* * **G. Courtès, P. Cruvellier,** Recherche de l'émission monochromatique dans les régions de forte concentration stellaire. Vgl. Ref. **2316.**

14524. **M. W. Dolidse,** Emission objects in the high northern galactic latitudes. AC Nr. 212 S. 7—8 (russ.).

14525. **M. W. Dolidse,** Cold stars and emission galaxies in Virgo. AC Nr. 215 S. 16 (russ.).

14526. **R. Duflot-Augarde,** Vitesse de rotation et masse de la partie centrale de la galaxie NGC 2782. CR **250** 2516—2518 = Publ. Obs. Haute-Provence **5** Nr. 14. — Aus drei Spektren des NGC 2782, die mit Hilfe der elektronischen Kamera in Haute-Provence gewonnen wurden, werden die Fluchtgeschwindigkeit und die Rotationsgeschwindigkeit der Galaxie gemessen. Aus den Messungen wird unter plausiblen Annahmen über die Entfernung, den Projektionswinkel der Rotationsebene und den Aufbau der Galaxie die Gesamtmasse des Kernes zu 15×10^{10} Sonnenmassen abgeleitet. J. P. M.

14527. **M. S. Eigenson,** Außergalaktische Astronomie. Einführung in die Erforschung der Galaxien. Moskau, Phys.-Math. Staatsverlag, 1960. 414 S. Preis 12 R. 55 Kop. (russ.).

14528. **J. Fouchet,** Galaxies en collision à 6 milliards d'années-lumière. La Nature **88** 420—422.

14529. **H. D. Greyber,** On energy production in colliding galaxies. AJ **65** 345. — Ref. AAS.

14530. **S. Grzędzielski,** Radiowa struktura galaktyki M 31. Postępy Astr. 8 263. — Ref. der in AJB **59** Ref. **14527** zitierten Arbeit von Large, Mathewson und Haslam. E. R.

* * **G. A. Harrower,** Cosmic radio sources as intergalactic collisions. Vgl. Ref. **13414.**

14531. **O. Heckmann,** The aberration of extragalactic nebulae. Vgl. Ref. **1318** S. 410—415 = Mitt. Sternw. Hamburg-Bergedorf **10** Nr. 110.

14532. **D. S. Heeschen,** A color-absolute magnitude diagram for extragalactic radio sources. AJ **65** 346. — Ref. AAS.

14533. **D. S. Heeschen,** A color-absolute magnitude diagram for extragalactic radio sources. Publ ASP **72** 368—376 = National Radio Astr. Obs. Green Bank Repr. (B) Nr. 6. — Ref. in Sky Tel. **21** 27. — Beobachtung der Radiostrahlung bei 68.2 und 21.4 cm Wellenlänge von 7 Radiogalaxien ergibt eine Korrelation zwischen der Radiofarbe $C = (m_{21.4}—m_{68.2})$ und der absoluten Radiohelligkeit $M_{68.2}$, während 11 beobachtete normale Galaxien dies nicht zeigen. Ob diese Korrelation reell oder durch eine zufällige Kombination von Auswahleffekten, systematischen und zufälligen Fehlern vorgetäuscht ist, kann noch nicht endgültig entschieden werden. Voigt

14534. **W. A. Hiltner,** Colors and magnitudes of clusters in M 31 and M 33. ApJ **131** 163—167 = Contr. McDonald Obs. Nr. 317. — Mitteilung der Ergebnisse von lichtelektrischen Beobachtungen an je 23 Sternhaufen von M31 und M33 im UBV-System. Während die Haufen von M31 im gleichen Bereich des UBV-Diagramms liegen wie die galaktischen Kugelhaufen, sind diejenigen von M33 blauer und weniger hell. Verf. neigt zu der Auffassung, daß es sich bei den letzteren um sternreiche offene Haufen mit Absoluthelligkeiten zwischen $-7^{m}.0$ und $-7^{m}.5$ handelt. Els.

14535. **P. W. Hodge,** The extragalactic distance scale. Nature **186** 622 = Harv Repr Nr. 549. — Auffallende Unterschiede in den Farben-Helligkeitsdiagrammen von Kugelhaufen in der Milchstraße und in der Großen und der Kleinen Magellanschen Wolke zeigen, daß die Entwicklungswege von Riesensternen in verschiedenen extragalaktischen Systemen verschieden sind, so daß die bisher gefundenen Entfernungsskalen noch gründlicher Überarbeitung bedürfen. Dv.

14536. **S. G. Iskudarjan,** Über ein vermutliches System vom Sculptor-Typ. Ber. Akad. Wiss. Armen. SSR **29** Nr. 3 S. 103—110, 1959 (russ. mit armen. Ref.). — Ref. in RJ UdSSR 1961 7A291.

14537. **O. Jensen,** The distribution of light around the nucleus in the spiral galaxies NGC 4258 and NGC 7331. Stockholms Obs. Ann. **21** Nr. 1, 19 S. — Detaillierte photometrische Untersuchung der Helligkeitsverteilung in den Kernen der SBc-Spirale NGC 4258 und der Sb-Spirale NGC 7331 in drei Farben (UV, Blau und Rot) mit Darstellung von Isophotenkarten und Helligkeitsverteilungen längs der großen Achsen. Voigt

14538. **M. Karpowicz,** Galaktyka w Andromedzie (I). Urania Kraków **31** 354—358. — Beschreibung des Andromeda-Nebels. E. R.

* * **G. E. Kron, N. U. Mayall,** Photoelectric photometry of galactic and extragalactic star clusters. Vgl. Ref. 14210.

14539. **A. Lallemand, M. Duchesne, M. F. Walker,** The rotation of the nucleus of M 31. Publ ASP **72** 76—84 = Contr. Lick Obs. (2) Nr. 106. — Ref. in JBAA **71** 34—35, Nature **188** 28. — Im Coudé-Fokus des 120″-Spiegels am Lick Observatorium wurden Spektren vom Kern des Andromeda-Nebels gewonnen (Skala 1″.9/mm). Als Spektrographenkamera diente eine von Lallemand und Duchesne gebaute elektronische Kamera, mit der eine Dispersion von 65 Å/mm auf der Platte erzielt wird. Auf dem Spalt erscheint der Kern von M31 nahezu sternförmig mit schwachem Halo; auf der Platte ist der Kerndurchmesser 4″.4. Aus der Neigung der Linien H und K wurden Radialgeschwindigkeiten gemessen, die auf eine Rotationsgeschwindigkeit des Kerns von 87.0 km/sec in 2″.2 Abstand vom Zentrum führen. Meßpunkte in 2″.97 und 4″.2 Abstand vom Zentrum zeigen ein Wiederabsinken der Rotationsgeschwindigkeit. Eine Diskussion dieser Beobachtungen führt zum Schluß, daß der Kern einem großen Kugelhaufen ähnlich ist und mit einer Rotationsdauer von 5×10^5 Jahren wesentlich schneller als die kernnahen Partien des Nebels rotiert. W. F.

14540. **P. R. R. Leslie,** Radio emission from normal galaxies. Obs **80** 216—219. — Von 35 Galaxien, die nach dem Shapley-Ames-Katalog heller als $11^{m}_{.}0$ sind, konnten 11 als Radioquellen bei 178 MHz identifiziert werden. Die wichtigsten Beobachtungsdaten (Radiohelligkeit, -durchmesser etc) sind in einer Tabelle zusammengestellt. Für die übrigen 24 Systeme sind obere Grenzen des Strahlungsstromes angegeben. Es scheint keine deutliche Abhängigkeit der Radioemission vom Typ der Galaxie zu bestehen. Els.

14541. **D. N. Limber, W. G. Mathews,** The dynamical stability of Stephan's quintet. ApJ **132** 286—305. — Eine Diskussion der dynamischen Stabilität des als «Stephansches Quintett» bekannten Nebelhaufens ergibt im Gegensatz zu gegenteiligen Behauptungen, daß das System stabil ist. FS

14542. **B. Lindblad,** The importance of methods of electronic photography for certain problems concerning the structure and dynamics of galaxies. Vgl. Ref. **1318** S. 373—374.

* * **P. O. Lindblad,** Matematikmaskiner och spiralnebulosor. Ett försök att med hjälp av datamaskiner illustrera uppkomsten och utvecklingen av galaxernas spiralstruktur. Vgl. Ref. **1505.**

14543. **P. Maffei,** Su alcune galassie peculiari. Mem SA It (NS) **31** 361—364. — Beschreibung von 9 eigentümlichen Galaxien (NGC 3239, 4038—39, 4490—85, 3628, 4654, 4676, 4656, 5033, 3190), von denen mittels des 60 cm-Reflektors von Lojano photographische Aufnahmen gewonnen wurden. Die Hauptkennzeichen der einzelnen Galaxien sind in einer Tabelle zusammengestellt. B. C.

14544. **B. Margetić,** Klassifikacija galaktika. ZiS **3** 73—79.

* * **B. E. Markarjan,** Bestimmung der Populationsnatur von Sternsystemen aus Partialleuchtkräften. Vgl. Ref. **14215.**

14545. **A. Marks,** Galaktyka M 33 (NGC 598) w Trójkącie. Urania Kraków **31** 23—24. — Kurze populäre Beschreibung.

14546. **A. Marks,** Galaktyki M 81 i M 82 (NGC 3031, NGC 3034). Urania Kraków **31** 316. — Kurze Beschreibung.

14547. **N. U. Mayall,** Advantages of electronic photography for extragalactic spectroscopy. Vgl. Ref. **1318** S. 344—359 = Lick Obs. Bull. Nr. 566.

14548. **B. Y. Mills,** On the identification of extragalactic radio sources. Australian J. Phys. **13** 550—577 = Division Radiophys. C. S. I. R. O. Chippendale. — Verf. benutzt Resultate einer Radioüberwachung des Himmels zwischen den Deklinationen +10° und –20° bei 3.5 m in Sydney und einen Katalog von Radioquellen von Cambridge im selben Gebiet an der Sphäre zu einem Vergleich mit optischen Quellen an Hand des Mt. Palomar-Atlasses. Aus dem Gesamtmaterial von rund 1150 Radioquellen ließen sich 44 mit Doppelgalaxien und 55 mit Haufen identifizieren. Offenbar sind aber auch Galaxien mit anderweitig «normalem» Aussehen starke Radioquellen, so daß es fraglich erscheint, ob es eine Klasse von «Radiogalaxien» überhaupt gibt. Auch scheint die hauptsächliche Emission in den Haufen von Doppelgalaxien zu stammen. Verf. leitet eine provisorische Leuchtkraftfunktion ab, wobei die Anzahl von Radioquellen pro Volumeneinheit mit wachsender Leuchtkraft rasch abnimmt. Oster

14549. **R. Minkowski,** Problems of extragalactic spectroscopy. Vgl. Ref. **1318** S. 385—396.

14550. **G. Münch,** Motions of the gas near the nucleus of M 31. AJ **65** 55. — Ref. AAS.

14551. **G. Münch,** Expanding motions of interstellar gas in the nuclear region of Messier 31. ApJ **131** 250—252. — Ref. in Sterne **36** 215. — Messungen der 21 cm-Linie haben das Vorkommen von radialer Expansion des interstellaren Gases in der Nähe des Kerns der Milchstraße angezeigt (vgl. AJB **57** Ref. **12680**). Um zu prüfen, ob sich bei M 31 in der Nähe des Kerns eine ähnliche radiale Bewegungskomponente des interstellaren Gases nachweisen läßt, wurde auf Spektrogrammen, die mit dem Nebelspektrographen des Hale-Teleskops (Dispersion 67 Å/mm) aufgenommen wurden, das in Emission auftretende [OII]-Doublett bei 3726—3729 Å ausgemessen. In der H II-Region des Kerns von M 31 ergab sich eine Expansion von ähnlicher Größe wie in der Milchstraße. O. G.

14552. **D. E. Osterbrock,** Interstellar matter in elliptical galaxies. II. ApJ **132** 325—340. — Ref. in Sterne **37** 129. — Es wird über Beobachtungen von interstellaren Emissionslinien in elliptischen Sternsystemen berichtet. Die stärkste Linie ist λ 3727 [O II], die bei etwa 15 % aller untersuchten elliptischen Nebel auftritt. Das Linienprofil dieser Linie ist bei NGC 4486 (Radioquelle Virgo A) doppelt. Für NGC 4278, der starke Emissionslinien zeigt, werden Masse, Rotations- und Turbulenzgeschwindigkeit des interstellaren Gases sowie die relativen Häufigkeiten der beobachteten Komponenten des Gases abgeschätzt. Weiterhin werden Betrachtungen über die Herkunft der Ionisationsenergie angestellt und ein Vergleich zwischen den interstellaren Wolken in elliptischen Galaxien und den Wolken in den Kernen des Milchstraßensystems, M 31 und M 81 gezogen. Sm.

14553. **T. Page,** Average masses and mass-luminosity ratios of the double galaxies. ApJ **132** 910—912. — Für 52 Doppel- und Mehrfachgalaxien mit bekannten Radialgeschwindigkeiten werden unter Annahme von Punktmassen auf Kreisbahnen die mittleren Massen und das M/L-Verhältnis bestimmt. Ir- und S-Nebel unterscheiden sich deutlich von E- und S0-Nebeln. Mit $H = 100$ km/sec $\times$ Mpc ergibt sich für 31 S- und Ir.: $M = 2.1 \times 10^{10} M_\odot$, $M/L = 0.33$, und für 27 E- und S0-Nebel: $M = 59.3 \times 10^{10} M_\odot$, $M/L = 94$. Voigt

14554. **V. C. Reddish,** On analysing the physical evolution of galaxies. Proc. Roy. Soc. Edinburgh (A) **65** 207—222. — Ref. in Phys. Abstr. (A) **63** 1851.

14555. **L. Rosino,** Galassie. Coelum **28** 65—69, 97—101.

14556. **L. Rosino,** Bright Nova in M 31. UAI Circ 1747. — Ref. in Orion Schaffhausen **6** 66, VdS Nachr. **10** 60.

14557. **A. A. Rostowskaja,** On types of blue galaxies. AJ UdSSR **37** 439—442 (russ. mit engl. Ref.). — Von den Haroschen blauen Galaxien (vgl. AJB **56** Ref. **12416**) schätzte Verf. Helligkeit (pg) und Typ unter Benutzung des Palomar-Sternatlasses. Von diesen Galaxien gehören nur wenige zu den Typen Ir und Sc, die meisten vielmehr zu E bis Sa⁻. Von den letzteren besitzen 50 % starke Emissionen. Eine Überprüfung dieser Ergebnisse an Hand von Negativen erscheint wünschenswert, weil die Objekte auf den Palomar-Karten überbelichtet sind. Loh.

14558. **R. A. Saakjan,** Über die Deformation von Galaxien bei Zusammenstößen. Sitzber. Akad. Wiss. Armen. SSR **31** Nr. 1 S. 19—27 (russ. mit armen. Ref.). — Ref. in RJ UdSSR 1961 4A406.

14559. **I. S. Schklowskij,** Radio galaxies. AJ UdSSR **37** 945—960 (russ. mit engl. Ref.). — In ausführlicher Diskussion wird gezeigt, daß die Radioquelle Cyg A wohl kaum mit der Annahme zu erklären ist, daß zwei Galaxien zusammenstoßen. Abschätzungen der zeitlichen Abnahme der Intensität von Synchrotronstrahlung bei der Expansion einer Wolke von relativistischen Partikeln sprechen für die Vermutung, daß die ausgedehntere Radioquelle Cen A einem späteren Entwicklungszustand von Cyg A entspricht. Beobachtungen an Cyg A, Cen A und

Vir A sind verständlich, wenn die Radioemission von expandierenden Plasmawolken mit einer großen Zahl von relativistischen Partikeln ausgeht. Diese Wolken, die aus den Kerngebieten der Radiogalaxien ausgestoßen werden (etwa in Richtung der Rotationsachsen der Galaxien), haben eine Lebensdauer von 10^7—10^8 Jahren. Die relativistischen Partikel sind wahrscheinlich bei Supernovaausbrüchen gebildet worden. Im Frühstadium der Entwicklung einer Riesengalaxie ist in ihrem Kerngebiet die Häufigkeit der Supernovaausbrüche so groß, daß die Galaxie als Radioquelle erscheint. O. G.

14560. **J. L. Sérsic,** Fotometria de galaxias australes. VI. Cuatro galaxias peculiares. Bol. Inst. Mat. Astr. Fis. Córdoba **1** Nr. 3 S. 11—18.

14561. **J. L. Sérsic,** Las regiones H II de las galaxias. Bol. Inst. Mat. Astr. Fis. Córdoba **1** Nr. 3 S. 19—32.

14562. **J. L. Sérsic,** The HII regions in galaxies. ZfA **50** 168—177 = Obs. Astr. Córdoba Tirada Aparte Nr. 74. — Für 80 Galaxien wurden auf Platten vom 200″- und 100″-Teleskop die Durchmesser der größten Emissionsnebel gemessen und daraus Entfernungsmoduln für mehrere Gruppen von Galaxien abgeleitet. Als Hubble-Konstante ergibt sich daraus H = 125 km/sec Mpc. Es scheint eine Korrelation zwischen dem Durchmesser der H II-Regionen und dem Typ der Galaxie zu bestehen; die größten Werte fanden sich in Sc-Nebeln. Els.

14563. **J. L. Sérsic,** The distance of NGC 5128. ZfA **51** 64—69 = Obs. Astr. Córdoba Tirada Aparte Nr. 76. — Das mit starken Absorptionsbanden durchsetzte Objekt gehört zur Radioquelle Centaurus A. Die in einer Figur markierten und in einer Tabelle vereinigten 34 H II-Regionen werden zusammen mit der Radialgeschwindigkeit und dem vermuteten Zusammenhang mit der Centaurus-Gruppe heller Nebel zur Ableitung des wahren Entfernungsmoduls benutzt: $27^m.8 \pm 0^m.2$. Aus den hellsten Sternen, dem Vergleich mit anderen Radioquellen und der Gesamthelligkeit wird der scheinbare Modul $28^m.9 \pm 0^m.4$ gefunden. Allgemeine Absorption in dem Gebiet wird nach verschiedenen Quellen zu $0^m.9 \pm 0^m.2$ abgeschätzt. Wahrscheinlichste Entfernung 4 Mpc, absolute photographische Größe $-20^M.8$, korrigiert wegen der inneren Absorptionen $-21^M.2$. Dv.

* * **J. Smak,** O ewolucji układów galaktyk — galaktyk wielokrotnych i gromad. Vgl. Ref. **5522**.

14564. **H. E. C. Tunmer,** On the dimensions, spatial density, and power of the extragalactic radio sources. MN **120** 360—366. — Obwohl die Mehrzahl der diskreten Radioquellen noch nicht identifiziert werden konnte, nimmt man an, sie seien zumeist sehr entfernte extragalaktische Objekte, z. B. Sternsysteme mit wenigen sichtbaren Sternen. Die physikalischen Bedingungen in großen Gaswolken werden untersucht, und wenn diese die Hauptklasse der Radioquellen bilden, kann man für ihre Radiostrahlungsleistung — wie sich zeigen läßt — eine untere Grenze angegeben. Wenn ein großer Teil der Masse zu Sternen verdichtet ist, können die Stabilitätsbedingungen für die Gravitation (die hier einen Teil der Beweisführung bilden) nicht vorhanden sein. Doch sogar dann muß anscheinend die Radiointensität bei 80 MHz den Wert 10^{25} Watt · Hz^{-1} · $ster^{-1}$ übersteigen. HHR

14565. **G. de Vaucouleurs,** L'exploration des galaxies voisines par les méthodes optiques et radio-électriques. Vgl. AJB **58** Ref. **12443**. — Weitere Besprechung in AJ UdSSR **38** 200—201 (K. F. Ogorodnikow), NAT 1960 S. 76—77 (H. Jørgensen), Nature **189** 867 (J. B. Alexander).

14566. **G. de Vaucouleurs,** Photographic dimensions of the brighter galaxies. Vgl. AJB **59** Ref. **14545** = Harv Repr (2) Nr. 157.

14567. **G. de Vaucouleurs,** Color classification of galaxies. AJ **65** 51. — Ref. AAS.

14568. **G. de Vaucouleurs,** Integrated colors of bright galaxies in the U, B, V system. ApJ **132** 914. — Ref. zu einer in ApJ Suppl. **5** Nr. 48 (1961) erscheinenden Arbeit.

14569. **G. de Vaucouleurs,** Galaxies. Vgl. Ref. **1339** S. 76—80.

14570. **H. Vogt,** Außergalaktische Sternsysteme und Struktur der Welt im Großen. Leipzig, Akademische Verlagsgesellschaft Geest & Portig K.-G., 1960. 7 + 147 S. Preis DM 20.00. — Besprechung in AJ **66** 156, Coelum **29** 24, 156, Gaz astr **42** 56—58, Obs **81** 108—109 (B. E. J. Pagel), Sky Tel. **21** 111, VdS Nachr. **10** 34 (J. Herrmann), ZfA **52** 228 (H. Elsässer).

14571. **B. A. Woronzow-Weljaminow,** Ring galaxies. AJ UdSSR **37** 381—386 (russ. mit engl. Ref.). — Auf dem Palomar-Atlas entdeckte Verf. einige hundert Galaxien, welche nicht als Typ S oder SB klassifiziert werden können, sondern eine ausgeprägte Ringform aufweisen. Reproduktionen einiger typischer Objekte werden gezeigt. Verf. führt für Ringsysteme die vorläufige Bezeichnung SR ein, wobei man noch, ähnlich wie bei Spiralsystemen, die Untertypen a, b, c zu unterscheiden hat. Es wird gezeigt, daß zwischen den SR- und den S-, SB-Systemen ein kontinuierlicher Übergang besteht. Ond.

14572. **B. A. Woronzow-Weljaminow,** The problem of comparison of diameters of galaxies. AJ UdSSR **37** 778—780 (russ. mit engl. Ref.). — Ein Vergleich der linearen Durchmesser von Galaxien ist nicht nur durch die Unsicherheit der Entfernungsskala erschwert. Die Winkeldurchmesser sind bekanntlich je nach der Art der Messung verschieden groß. Verf. schlägt vor, bei Spiralnebeln die Durchmesser der deutlich sichtbaren Spiralstruktur zu vergleichen. Für den Vergleich elliptischer Galaxien untereinander ist es naheliegend, aber unzureichend, die Durchmesser durch bestimmte Isophoten zu definieren. Ein Größenvergleich von Spiralnebeln mit elliptischen Nebeln ist sinnlos, wenn nicht genau festgelegt wird, welches Gebiet der Galaxien betrachtet werden soll. O. G.

14573. **B. A. Woronzow-Weljaminow,** Interaction of galaxies. Vgl. Ref. **1318** S. 379—384.

14574. **F. Zwicky,** Relative distances from counts of galaxies. Vgl. Ref. **1337** S. 463—468.

14575. Interstellar matter in elliptical nebulae. JBAA **70** 63—64.

14576. Die Bewegung der Wasserstoffwolken im Andromeda-Nebel. Priroda **49** Nr. 10 S. 114 (russ.). — Ref.

14577. Unusual irregular galaxy. Sky Tel. **19** 146. — Ref. in NAT 1960 S. 29. — Betrifft M 82.

14578. Gas motions in the central part of M 31. Sky Tel. **19** 285. — Ref. AAS.

14579. Rotation und Masse von NGC 2146. Sterne **36** 211. — Ref.

14580. Katalog von Zwerggalaxien. VdS Nachr. **9** 134. — Ref.

14581. Gasbewegungen im Kern von M 31. VdS Nachr. **9** 135. — Ref.

Magellansche Wolken

14582. **H. Arp,** Southern hemisphere photometry. VIII. Cepheids in the Small Magellanic Cloud. AJ **65** 404—444 = Publ. Goethe Link Obs. Nr. 38. — Die Arbeit enthält die photometrischen Daten in B und V von

69 Cepheiden, die in einem 1° × 1° großen Feld bei NGC 371 liegen. Lichtkurven sind für 64 Objekte angegeben. Auf Grund des Beobachtungsmaterials wird ausführlich diskutiert, wie groß die wahren Abweichungen von einer mittleren Periode-Leuchtkraftbeziehung sein können, bzw. mit Hilfe welcher Parameter Gruppen von Cepheiden auszusondern sind, die eine sehr gut definierte P-L-Beziehung zeigen. Eine solche findet Verf. für die von Absorption befreiten Sterne mit den größten Amplituden. Die Entwicklung der Cepheiden scheint nach diesem Material nicht längs einer horizontalen Linie im FHD, sondern längs einer Linie konstanter Periode zu verlaufen. Els.

* * **B. J. Bok, P. F. Bok,** Four standard sequences in the southern hemisphere. Vgl. Ref. **10303.**

14583. **O. J. Eggen, A. R. Sandage,** Photometry in the Magellanic Clouds: I. Standard sequences. MN **120** 79—88. — Lichtelektrische Photometrie im UBV-System von je einer Primärskala in der Großen und Kleinen Wolke, die schon von Arp (vgl. AJB **58** Ref. **9403**) benutzt wurden, und daran angeschlossene Skalen in zwei Feldern der Großen Wolke. Die Arbeit enthält die Bestimmung des Farbensystems an Hand von 20 Standardsternen, die B, V-Helligkeiten der Skalensterne, deren Vergleich mit anderen Autoren und Identifizierungskarten. Els.

14584. **H. Elsässer,** The luminosity function in the Small Magellanic Cloud. Vgl. AJB **59** Ref. **1316** S. 122—129 = Mitt. Astr. Inst. Univ. Tübingen Nr. 43.

14585. **M. W. Feast, A. D. Thackeray, A. J. Wesselink,** The brightest stars in the Magellanic Clouds. MN **121** 337—385. — Spektroskopische und lichtelektrische Beobachtungen von 155 Objekten der Großen und Kleinen Wolke sind zusammengestellt und werden diskutiert. Die Zugehörigkeit zu den Wolken ergab sich auf Grund von Radialgeschwindigkeiten und spektralen Kriterien. Die Diskussion der Beobachtungen bezieht sich auf: Vergleich der Farben mit denen von galaktischen Überriesen, Hertzsprung-Russell-Diagramm der Wolkensterne, die größten beobachteten Absoluthelligkeiten ($M_{bol} \geq -11^m\!.2$), Vergleich der Spektren mit denen von galaktischen Standardsternen, interstellare Linien und Absorption für Sterne der Wolken und der Galaxis. Els.

14586. **M. W. Feast,** Note on the interpretation of colour-magnitude diagrams in the Small Magellanic Cloud. Obs **80** 104—106 = Radcliffe Obs. Repr. Nr. 16. — Verf weist an Hand der Arpschen Farben-Helligkeitsdiagramme von vier Sternhaufen und einem Feld der Kleinen Magellanschen Wolke darauf hin, daß die von Arp geäußerte Ansicht, die Kleine Wolke wäre ein metallarmes System, nicht als gut begründet angesehen werden kann. Els.

* * **G. Haro, W. J. Luyten,** Systematic search for faint blue stars near the south galactic pole. Vgl. Ref. **10318.**

14587. **P. W. Hodge,** A color-magnitude diagram for a portion of the Large Magellanic Cloud. AJ **65** 347. — Ref. AAS.

14588. **P. W. Hodge,** Studies of the Large Magellanic Cloud. I. The red globular clusters. ApJ **131** 351—357 = Harv Repr Nr. 544. — Auf B- und V-Platten (Grenzhelligkeit in beiden Farben $18^m\!.5$) fanden sich in einem 125°° großen Feld 35 Sternhaufen der Großen Magellanschen Wolke, deren Farben-Helligkeitsdiagramme dem eines roten Kugelhaufens entsprechen. Die Arbeit enthält eine Liste der Objekte und Identifizierungskarten. Els.

14589. **P. W. Hodge,** Studies of the Large Magellanic Cloud. II. The globular cluster NGC 1846. ApJ **132** 341—345 = Harv Repr Nr. 556. —

Von Platten, die mit dem ADH-Teleskop des Boyden Observatoriums aufgenommen wurden, ist aus der Photometrie von 71 Sternen ein B, V-Farben-Helligkeitsdiagramm abgeleitet worden, das den Riesenast zeigt. Er verläuft mit zunehmenden B—V weniger steil als bei Kugelhaufen des galaktischen Halos, eine Erscheinung, die von Sandage und Wallerstein (vgl. Ref. **14219**) auch bei einem Kugelhaufen des galaktischen Kerns, NGC 6356, beobachtet wurde. NGC 6356 scheint durch eine hohe Metallhäufigkeit ausgezeichnet zu sein. Els.

14590. **P. W. Hodge,** Studies of the Large Magellanic Cloud. III. The globular cluster NGC 1978. ApJ **132** 346—350 = Harv Repr Nr. 557. — B, V-Farben-Helligkeitsdiagramm aus 35 photographisch photometrierten Sternen, die auf dem Riesenast liegen. Das Diagramm hat große Ähnlichkeit mit dem von NGC 1846. Els.

14591. **P. W. Hodge,** Studies of the Large Magellanic Cloud. IV. The globular cluster Anonymous 4. ApJ **132** 351—353 = Harv Repr. Nr. 555. — Ein sehr sternarmer Haufen, für den B, V-Helligkeiten von 9 Sternen mit $V \leq 18^{m}1$ photographisch gemessen wurden. Das Farben-Helligkeitsdiagramm zeigt einen Riesenast, der praktisch mit dem von NGC 1978 zusammenfällt. Els.

14592. **P. W. Hodge,** NGC 2209: an unusual cluster of the Large Magellanic Cloud. Publ ASP **72** 308—311 = Harv Repr Nr. 566. — Eine Stelle auffallend geringer Sterndichte nahe dem Zentrum dieses Kugelhaufens wird durch Sternzählungen auf Platten vom 60″-Reflektor des Boyden-Observatory untersucht. Für den Fall, daß die Absorption durch Staub im Haufen erfolgt, wird die Masse der gas- und staubförmigen Materie zu 700 Sonnenmassen abgeschätzt; jedoch wird auch Absorption durch Staub, der sich auf den Haufen projiziert, in Erwägung gezogen. Im vorläufigen Farben-Helligkeitsdiagramm fehlen im Vergleich zu M 3 und NGC 1846 die hellen Sterne des Riesenastes. Haug

14593. **H. M. Johnson,** The structure of the Small Magellanic Cloud. AJ **65** 492. — Ref. AAS.

14594. **J. Landi Dessy,** Studies of variables in the Magellanic Clouds: II. Statistics of three hundred and six Córdoba variables in region «a» of the Small Cloud. Vgl. AJB **59** Ref. **14561** = Obs. Córdoba Tirada Aparte Nr. 73.

14595. **J. Landi Dessy,** Distribución de períodos en dos regiones de la Nube Menor de Magallanes. Vgl. Ref. **1323** S. 37—38.

14596. **E. M. Lindsay, H. Shapley,** A nebulous oval in the Large Magellanic Cloud. Obs **80** 223—224 = Armagh Obs. Leaflet Nr. 54. — Es wird darauf hingewiesen, daß es sich bei diesem Objekt um eine expandierende Supernovahülle handeln kann, die die Bildung neuer Sterne auslöst. Els.

* * **W. J. Luyten, J. H. Anderson,** A search for faint blue stars. XVIII. The far southern hemisphere. XIX. The region of the Horsehead nebula. XX. The Rho Ophiuchi region. Vgl. Ref. **10323**.

14597. **B. Regel,** Die Große Magellansche Wolke. VdS Nachr. **9** 90—91.

14598. **A. R. Sandage, O. J. Eggen,** Photometry in the Magellanic Clouds, III. The cluster NGC 1783. MN **121** 232—237. — Für 58 Sterne dieses Haufens, der seiner Erscheinung nach als typischer Kugelhaufen anzusehen ist, wurden photographisch B, V-Helligkeiten bestimmt. Das damit gewonnene Farben-Helligkeitsdiagramm zeigt einen gut ausgebildeten Riesenast, der aber viel weniger steil mit zunehmendem B—V verläuft als bei Kugelhaufen des galaktischen Halos ($\Delta V/\Delta$ (B—V) = 1.25, bei M 3 etwa 2.9). Außerdem erstreckt er sich wesentlich weiter ins Rote, bis B—V = 2ᵐ.4, als die galaktischen Objekte. Die Neigung des Riesenastes ist etwa dieselbe wie bei NGC 6356, einem Kugelhaufen des galaktischen Kerns, der nach spektroskopischen Beobachtungen hohe Metallhäufigkeit hat. Verf. weisen darauf hin, daß bisher in den Magellanschen Wolken kein Kugelhaufen gefunden wurde, der auch in den Details mit galaktischen Objekten übereinstimmt. Els.

14599. **H. Shapley,** Variable stars of the Magellanic Clouds. ASP Leaflet Nr. 372, 8 S.

145100. **G. de Vaucouleurs,** Rotation and mass of the Large Magellanic Cloud. ApJ **131** 265—281 = Harv Repr Nr. 542. — Aus neuen optischen Radialgeschwindigkeitsmessungen mit dem 74″-Teleskop vom Mt. Stromlo an Emissionsnebeln der Großen Wolke und älteren optischen Beobachtungen wird eine Rotationskurve abgeleitet. Ein entsprechendes Massenmodell führt auf eine Gesamtmasse des Sternsystems von $2.6 \times 10^9 \mathfrak{M}_\odot$. Eine ältere Massenbestimmung von Kerr und de Vaucouleurs (vgl. AJB **55** Ref. **12454**) auf Grund einer aus 21 cm-Beobachtungen gewonnenen Rotationskurve (mit kleineren Radialgeschwindigkeiten) ergab eine 8mal kleinere Gesamtmasse. Ein Faktor 1.4 ist dabei auf die jetzt zu 63 kpc (gegenüber 45 kpc vorher) angenommene Entfernung der Wolke zurückzuführen. Verf. diskutiert im einzelnen, daß die komplexe Struktur der 21 cm-Profile systematische Verfälschungen der abgeleiteten Rotationsgeschwindigkeiten zur Folge haben können. Nach Berücksichtigung verschiedener möglicher Fehlerquellen gibt er für die Gesamtmasse, die gleichzeitig den optischen und radioastronomischen Beobachtungen am ehesten gerecht wird, $1.3 \times 10^9 \mathfrak{M}_\odot$ an. Das Masse-Leuchtkraftverhältnis in Sonneneinheiten wäre dann 4, der Massenanteil des H I-Gases an der Gesamtmasse 9%. Els.

145101. **G. de Vaucouleurs,** Magnitudes and colors of the Magellanic Clouds. ApJ **131** 574—584 = Harv Repr Nr. 548. — Es werden mehrere neuere photographische und lichtelektrische Flächenphotometrien der Magellanschen Wolken miteinander verglichen, auf das B, V-System reduziert und integrale Helligkeiten und Farben für beide Wolken abgeleitet. Els.

145102. **B. Westerlund,** An infrared survey of the Magellanic Clouds. I. Four regions in the Large Cloud. AJ **65** 58. — Ref. AAS.

145103. **B. Westerlund,** An infrared survey of the Magellanic Clouds. I. Four regions in the Large Cloud. Nova Acta Reg. Soc. Sci. Upsaliensis (4) **17** Nr. 8, 15 S. = Uppsala Astr. Obs. Ann. **4** Nr. 7. — Für 303 rote Sterne werden Infrarothelligkeiten und Infrarot minus Rot-Farbenindizes aus Platten des 20/26″-Uppsala-Schmidt-Teleskops (Mt. Stromlo) bestimmt. Die im Clevelandschen System liegenden Spektraltypen ergeben für 225 Sterne M0 und später. 9 Sterne haben ein Kontinuum wie Kohlenstoffsterne, 30 Sterne sind veränderlich. Für Überriesen werden absolute Infrarotgrößen abgeleitet. Abbildungen nach Infrarot- und Ultraviolettaufnahmen sind beigefügt. Farben-Helligkeitsdiagramme werden gegeben. Zur Identifizierung dienen Karten. Dv.

145104. **R. v. d. R. Woolley,** Photometry in the Magellanic Clouds. II. Some colour-magnitude arrays. MN **120** 214—219. — Farben-Helligkeitsdiagramme (V, B—V) für vier Felder der Großen Wolke nach Platten vom 74″-Teleskop in Pretoria und dem Doppelastrographen des Cape Observatory. Neben Feldsternen wurden 3 Haufen (NGC 2004, 1818 und 1810) photometriert. Alle FHD zeigen eine überraschend große Zahl sehr blauer Sterne. Els.

145105. Obrót i masa Wielkiego Obłoku Magellana. Urania Kraków **31** 371. — Ref. über Rotation und Masse der Großen Magellanschen Wolke. E. R.

145106. Gromady kuliste w Wielkim Obłoku Magellana. Urania Kraków **31** 371—372. — Ref. über die Entdeckung von Kugelsternhaufen in der Großen Magellanschen Wolke. E. R.

* * Das Farben-Helligkeitsdiagramm der Kugelhaufen NGC 361 und NGC 419 in der Kleinen Magellanschen Wolke und ihrer Umgebung. Vgl. Ref. **14226**.

Galaxienhaufen

145107. **G. O. Abell,** The luminosity functions and relative distances of rich clusters of galaxies. AJ **65** 481. — Ref. AAS.

145108. **G. O. Abell,** Extragalactic distances by luminosity methods. Vgl. Ref. **1337** S. 459—462.

145109. **G. B. van Albada,** Formation and evolution of clusters of galaxies. BAN **15** 165—198. — Ausführliche theoretische Untersuchung der Bildung und Entwicklung von Nebelhaufen als Folge von Gravitationsinstabilität in einem homogenen, expandierenden Universum unter Einschluß der Änderung der Geschwindigkeitsverteilung der Galaxien. Aufsammlungsprozesse und Stöße zwischen Protogalaxien haben vermutlich eine Rolle gespielt. Die großräumige Homogenität des Universums kann eventuell auf den Strahlungsdruck in einem früheren Zustand des Kosmos zurückgeführt werden. Stets wird angenommen, daß der Anteil unsichtbarer Materie im Weltall die Masse der Galaxien etwa um das 10fache übersteigt. Voigt

145110. **S. van den Bergh,** The radial velocities of galaxies in the Virgo cluster. AJ **65** 502—503. — Ref. AAS.

145111. **S. van den Bergh,** An analysis of the radial velocities of galaxies in the Virgo cluster. MN **121** 387—391. — Die 95 von Humason, Mayall und Sandage (vgl. AJB **56** Ref. **12417**) im Bereich des Virgo-Haufens beobachteten Radialgeschwindigkeiten von Galaxien zeigen annähernd eine Gauß-Verteilung mit einer Streuung von 600 km/sec. Diesen Wert erhält man auch für die massereicheren ($\mathfrak{M} > 10^{11}\,\mathfrak{M}_{\odot}$) und massearmeren Systeme getrennt, d. h. es herrscht kein Energiegleichgewicht. — Eine statistische Betrachtung der Geschwindigkeitsdifferenzen von Systemen mit Abständen $< 10\!\overset{\prime}{.}0$ ergibt, daß diese mindestens teilweise physische Doppelsysteme sein dürften. Daran wird eine neue Abschätzung des Masse-Leuchtkraft-Verhältnisses zu $\leqslant 280$ geknüpft, während eine Abschätzung mit Hilfe des Virialsatzes etwa 700 liefert. Haug

145112. **S. van den Bergh,** The local supercluster of galaxies. Publ ASP **72** 312—313. — Es wird darauf hingewiesen, daß die Gruppen extragalaktischer Systeme näher als 10 Mpc (bei einer Hubble-Konstante von 120 km/sec Mpc) und nördlich $\delta = -33°$ fast alle in den Rektaszensionsbereich zwischen 10^h und 13^h fallen, in dem auch der Virgo-Haufen liegt, und daß sie zwischen diesem Haufen und der lokalen Gruppe ziemlich gleichmäßig verteilt sind. Dies wird als weiteres Argument für die Vorstellung eines Überhaufens von Sternsystemen gewertet, dessen Zentrum der Virgo-Haufen ist und zu dem auch die lokale Gruppe gehört. Haug

145113. **G. S. Hawkins,** The red shift in clusters of galaxies. AJ **65** 346. — Ref. AAS.

145114. **P. W. Hodge,** Dwarf members of a southern cluster of galaxies. II. Publ ASP **72** 188—193 = Harv Repr Nr. 563. — Fortsetzung einer früheren Arbeit (vgl. AJB **59** Ref. **14582**) durch Mitteilung von Einzelheiten über die Zwerg-Mitglieder des in Fornax gelegenen Haufens. Zusammenhänge zwischen scheinbarer Größe und Winkeldurchmesser werden dargestellt. Das schwache Ende der Häufigkeitsfunktion der Leuchtkräfte extragalaktischer Systeme scheint noch nicht erreicht zu sein. Dv.

145115. **K. Just,** Zur Wechselwirkung zwischen Nebelhaufen. ZfA **49** 19—24. — Die anscheinend geringe Wechselwirkung zwischen Nebelhaufen ist mit der allgemeinen Relativitätstheorie im Rahmen eines aus der kugelsymmetrischen Lösung der Feldgleichungen entwickelten inhomogenen Weltmodells verträglich. Dv.

145116. **M. H. Liller,** The distribution of intensity in elliptical galaxies of the Virgo cluster. ApJ **132** 306—324. — Die Verteilung der Flächenhelligkeit wurde für 24 Nebel des Virgo-Haufens, darunter 15 elliptische, bestimmt. Die relative Intensitätsverteilung längs der reduzierten großen Halbachse der elliptischen Systeme variiert systematisch mit der Elliptizität. Es ist aber nicht möglich, die Helligkeitsverteilung in den nahezu kreisförmig erscheinenden Systemen als Helligkeitsverteilung stark abgeflachter, jedoch in Richtung der kleinen Achse gesehener Systeme aufzufassen. Die größten elliptischen Nebel des Virgo-Haufens haben etwa kugelförmige Gestalt. Die abgeflachten Systeme sind von kleinerer Gesamthelligkeit. Thi.

145117. **R. Minkowski,** A new distant cluster of galaxies. ApJ **132** 908—910. — Ref. in Nature **189** 713. — In der Position der Radioquelle 3C 295 (vgl. AJB **59** Ref. **13408**), die der Cyg A-Quelle ähnlich ist, konnten Aufnahmen mit dem 200″-Reflektor einen Haufen von etwa 60 Galaxien 21. Größe und schwächer zeigen. Spektrogramme ergaben eine Rotverschiebung $\Delta\lambda/\lambda_0 = 0.4614 \pm 0.0002$ für die hellste der Haufengalaxien, die möglicherweise aus zwei kollidierenden Galaxien besteht. Gli.

145118. **R. Minkowski,** A new distant cluster of galaxies. Publ ASP **72** 354—356. — Ref. ASP.

145119. **A. Poveda, C. Cruz, G. Batiz,** The mass-luminosity ratio of the local cluster of galaxies. AJ **65** 497—498. — Ref. AAS.

145120. **J. P. Pskowskij,** Some systematic effects and the calibration of the scale of extragalactic distances. AJ UdSSR **37** 856—863 (russ. mit engl. Ref.). — Ein Vergleich der mittleren absoluten Integralhelligkeiten von elliptischen und Spiralsystemen zeigt unter den Voraussetzungen der Isotropie und der linearen Abhängigkeit der Rotverschiebung von der Entfernung, daß diese Helligkeiten im allgemeinen weder vom Typ des Systems noch auch von der Entfernung abhängen. Nur bei Rotverschiebungen unter 2000 km/sec machen sich die von A. Hnatek (vgl. AJB **58** Ref. **12414**) entdeckten Effekte der Expansion und differentiellen Rotation des örtlichen Übersystems bemerkbar. Auch ist bei Rotverschiebungen unter 600 km/sec eine Korrektur wegen Entfernung anzubringen, die bei 300 km/sec -1^m beträgt. — Für den Virgo-Haufen wird der Entfernungsmodul $m-M = 29^m\!.8 \pm 0^m\!.7$ abgeleitet — entsprechend einer Vergrößerung der Hubbleschen Entfernungsskala um den Faktor 4 ± 1. — Der Helligkeitsunterschied zwischen 1. und 10. Haufenmitglied nimmt mit der Entfernung ab, da die Aussonderung einzelner Vordergrundsysteme dann immer schwieriger wird. Nach einer empirischen Formel gehört bereits bei einer Rotverschiebung von 50000 km/sec das der Helligkeit nach an 10. Stelle stehende System in Wirklichkeit auf den 6.5ten Platz. Petri

145121. **J. P. Pskowskij,** The first order anisotropic effect from observations of red shifts of 310 galaxies («the method of antipodes»). AJ UdSSR **37** 1056—1060 (russ. mit engl. Ref.). — Aus den beobachteten

Rotverschiebungen und den relativen Entfernungen von 310 Galaxien in 62 Paaren von jeweils am Himmel gegenüberliegenden Feldern werden die Komponenten des Tensors der Deformationsgeschwindigkeit in erster Näherung berechnet. Es zeigt sich zwar eine Anisotropie des allgemeinen extragalaktischen Geschwindigkeitsfeldes, aber weder für das ursprüngliche Gesamtmaterial noch bei Ausschluß von 6 Feldpaaren mit niedriger galaktischer Breite entsprechen die Ergebnisse gleichzeitig der scheinbaren Verteilung der Galaxien und der Hypothese der Rotation eines Superhaufens. Ausgehend von hypergalaktischen Koordinaten nach de Vaucouleurs wurden für das lokale Übersystem von Galaxien die Richtung L_0 zum Rotationszentrum und der Rotationsparameter A in grober Übereinstimmung mit früheren Abschätzungen gefunden. O. G.

145122. **I. Semeniuk,** Zagadnienie Supergalaktyki. Postępy Astr. 8 133—143. — Verf. gibt in Anlehnung an Untersuchungen de Vaucouleurs einen Überblick über das Problem der Supergalaxis. E. R.

145123. **G. de Vaucouleurs,** The local supercluster of galaxies. Vgl. AJB **59** Ref. **14589.** — Engl. Übersetzung in Soviet Astr. AJ **3** 897—912 = Harv Repr (2) Nr. 168.

145124. **G. de Vaucouleurs,** The apparent density of matter in groups and clusters of galaxies. ApJ **131** 585—597 = Harv Repr Nr. 551. — Für 7 Nebelgruppen und Nebelhaufen wird durch Anwendung des Virialsatzes die Gesamtmasse und daraus die mittlere Masse $\mathfrak{M}^*$ einer Galaxie und die mittlere scheinbare Materiedichte ϱ^* berechnet. Die Werte für $\mathfrak{M}^*$ streuen wenig, die ϱ^* sind mit den Haufenradien negativ korreliert. Daran werden Abschätzungen von ϱ^* für größere Raumgebiete angeschlossen. Die mit dem Virialsatz abgeleiteten Massen von Galaxien liegen $1^1/_2$ Größenordnungen höher als aus der Rotation abgeleitete Massen. Eine Diskussion verschiedener Beobachtungen für den Coma-Haufen ergibt, daß kein zur Erklärung der Diskrepanz ausreichender Anteil von intergalaktischer Materie (Gas, Staub, Sterne) angenommen werden kann. Auch die Annahme eines großen Wertes für das Verhältnis Masse : Leuchtkraft bei E- und S0-Nebeln bringt für die meisten Nebelgruppen und -haufen keine Lösung des Widerspruchs. Die Nebelhaufen (vielleicht mit wenigen Ausnahmen) sind wahrscheinlich instabil. Der Virialsatz ist also auf sie nicht anwendbar. O. G.

145125. **C. M. Wade,** A possible new radio galaxy in the Virgo cluster. Obs **80** 235—236 = National Radio Astr. Obs. Green Bank Repr. (B) Nr. 12.

145126. **F. Zwicky,** Characteristic dimensions of cosmic aggregates of matter. AJ **65** 504. — Ref. AAS.

145127. **F. Zwicky, M. L. Humason,** Spectra and other characteristics of interconnected galaxies and of galaxies in groups and in clusters. I. ApJ **132** 627—639. — Für 4 Doppelgalaxien mit intergalaktischer Materiebrücke und umgebender leuchtender intergalaktischer Materie werden Dimensionen, Leuchtkräfte und Massen abgeleitet. Sie liegen innerhalb relativ enger Grenzen und geben zu der Vermutung Anlaß, daß nur Galaxien bestimmter Größe und Masse derartige intergalaktische Formationen bilden können. Dies könnte zur Festlegung der extragalaktischen Entfernungsskala von Bedeutung sein. Voigt

145128. **F. Zwicky,** The age of large globular clusters of galaxies. Publ ASP **72** 365—367. — Ref. ASP.

145129. Expandierende Systeme extragalaktischer Nebel? Sterne **36** 166—169. — Ref.

Intergalaktische Materie

145130. **A. Brun,** Y a-t-il de la matière obscure dans l'espace intergalactique? BSAF **74** 219—220.

145131. **S. Grzędzielski,** Gaz międzygalaktyczny w Lokalnej Grupie Galaktyk. Postępy Astr. **8** 171—173. — Ref. der in AJB **59** Ref. 14597 zitierten Untersuchung von Kahn und Woltjer. E. R.

145132. **S. Hayakawa,** Possible methods for detecting intergalactic hydrogen. Progr. Theoret. Phys. **24** 1131—1132.

Nachtrag

§ 1

105. Ferner: Vol. **21** Nr. 1—2.

117. Ferner: Vol. **7** Nr. 2—4.

131. Ferner: Tom **13** Nr. 2, 3.

133. Ferner: Série G Nr. 10.

137. Ferner: Vol. **2** Nr. 7—9, 10—12.

1199. Anales de la Academia Argentina de Geografía. Buenos Aires. — Band **3**, 1959.

1200. De Meteoor. Redactie-Secretariaat: Sterrenwacht Utrecht. — **16**e Jaargang Nr. 1—6.

1201. Sitzungsberichte. Österreichische Akademie der Wissenschaften. Mathematisch-naturwissenschaftliche Klasse. Abteilung II, Mathematik, Astronomie, Physik, Meteorologie und Technik. Wien, Springer-Verlag. — Band **169** Heft 1—4.

§ 2

2114. **K. Ferrari d'Occhieppo, E. Neumann,** Astronomische und kunstgeschichtliche Bedeutung zweier Armillarsphären des Kunsthistorischen Museums in Wien. Mitt. Inst. Österreich. Geschichtsforschung **67** 135—148, 1959. — Inv.-Nr. 9843 ist eine um 1550 in Südfrankreich hergestellte, vom Verfertiger P. de Fobis signierte Sphäre, die als Horoskopgerät ungewöhnlich reich ausgestattet ist. Inv.-Nr. 848, österreichische oder süddeutsche Arbeit aus der Mitte des 17. Jahrhunderts scheint als geschickt und übersichtlich konstruiertes Lehrgerät für den Prinzenunterricht bestimmt gewesen zu sein. Beide Geräte waren mit Uhrwerksantrieb ausgestattet und sind auch künstlerisch hochwertig. Verf.

2115. **B. L. van der Waerden,** Drei umstrittene Mondfinsternisse bei Ptolemaios. Museum Helveticum **15** 106—109, 1958.

2116. **B. L. van der Waerden,** Babylonische Methoden in ägyptischen Planetentafeln. VJ Naturforsch. Ges. Zürich **105** 97—144. — In Proc. K. Nederl. Akad. Wet. (B) **50** 536, 782 habe ich den Nachweis erbracht, daß gewisse ägyptische Planetentafeln aus der römischen Kaiserzeit nach babylonischen Methoden berechnet sind. Damals gelang es mir nur, den allgemeinen Charakter der Rechenmethode aufzuklären. Seitdem ist es aber durch die Heranziehung von indischen Texten und babylonischen Lehrtexten gelungen, viel tiefer in die Einzelheiten der Rechnung einzudringen, insbesondere für Venus und Mars. Eine erneute, ausführliche Darstellung der babylonisch-ägyptisch-indischen Planetenrechnung erscheint daher angebracht. Verf.

§ 4

407. **Asiago**

Ferner: Contributi Nr. 113—115.

494. **Los Angeles**

University of California, Los Angeles, Astronomical Papers Nr. 25—30.
University of California, Los Angeles, Astronomical Papers Vol. **2** Nr. **6**, Vol. **3** Nr. 1, 3, 4.

498. **Madrid**

Boletín Astronómico del Observatorio de Madrid **5** Nr. 5.

4100. **Manchester**

Ferner: Contributions, Series II, Jodrell Bank Reprints Nr. 209, 223, 225.

4110. **Mount Stromlo**

Quarterly J. RAS **1** 202 — 210 = Mt. Stromlo Obs. Ann. Rep.
Ferner: Reprints Nr. 19, 30, 31.

4112. **München**

Mitt. Max-Planck-Gesellschaft 1960 S. 313—315. Die Einweihungsfeier des Max-Planck-Institutes für Physik und Astrophysik am 9. Mai 1960 in München. — Ref. in Phys. Ber. **40** 1606.

4115. **Nashville**

Ferner: Reprints Nr. 12, 13.

4120. **Oslo**

Ferner: Reprints Nr. 34, 35.
Ferner: Småtrykk Nr. 36, 37.

4122. **Oxford**

Ferner: Communications Nr. 73—76.

4127. **Philadelphia**

Ferner: Reprint Nr. 127.

4139. **Roma**

Ferner: Contributi Scientifici Serie III Nr. 8.

4150. **Sydney**

AJ **65** 189—193 = Sydney Obs. Papers Nr. 39.
Sydney Observatory, New South Wales, Australia. Astrographic Catalogue 1900.0. Vol. XLIII, XLV.
Sydney Observatory Papers Nr. 35—39.

4162. **Trieste**

Ferner: Nr. 299, 300.

4175. **Washington**

Astronomical Papers prepared for the use of the American Ephemeris and Nautical Almanac. Vol. **16** Part 1. — Vgl. Ref. 8213.

4178. **Wien**

Mitteilungen der Universitäts-Sternwarte Wien Band **10** Nr. 9, 10.

4180. **Wrocław** (Breslau)

Ferner: Reprints Nr. 22—24.

4181. **Zürich**

Ferner: Astronomische Mitteilungen Nr. 234.

4209. **Kraków**

Cracow Observatory Reprints Nr. 39, 40, 1959, Nr. 41—44.

4210. **Lille**

Contributions du Laboratoire d'Astronomie de Lille Nr. 10.

4211. **Tortosa**

Boletín del Observatorio del Ebro Vol. **47**, 1959. Heliofísica.
Publicaciones del Observatorio del Ebro. Miscelánea Nr. 18, 19.

§ 7

787. **K. W. Kostylew,** Seminar über radiotechnische Methoden zur Beobachtung der Meteorionisation. Bote Akad. Wiss. UdSSR 1960 Nr. 9 S. 101—102 (russ.). — Moskau, 1960 Juli 8—11. — Ref. in RJ UdSSR 1961 10 A 501.

§ 8

888. **S. Herrick, R. M. L. Baker jr.,** Astrodynamics: State of the art, 1959. Astronautics **4** 30, 180—181, 1959 = Astr. Papers Univ. California Los Angeles **2** Nr. 6.

§ 13

1344. Third International Symposium on Earth Tides. Boll. Geofis. **2** Nr. 5 S. 5—284. — Triest, 1959 Juli 6—11.

§ 14

1408. **D. E. Barton, F. N. David,** Models of functional relationship illustrated on astronomical data. Bull. Inst. International Statist. **37** Nr. 3 S. 9—33.

§ 16

1634 = Commun. Univ. Obs. Oxford Nr. 74.

16102. **Y. Öhman,** On the possibility of measuring radiation by using thermomagnetic effects below and close to the Curie point. Optica Acta **6** 372—377, 1959. — Ref. in Phys. Ber. **40** 1079.

§ 17

17109. **R. M. Leger,** Effects of launching time on space navigation problems. Navigation Washington **7** 183—192. — Ohne die benötigten Formeln im Einzelnen auszuführen, gibt die Arbeit die Schritte eines Programms an, die die Führung einer Raumrakete auf ihre definitive Entweichbahn benötigt; dabei wird ein einfach zu programmierendes Formelsystem angestrebt. Frlb.

17110. **P. R. Westlake,** Computation methods used in mid-course and terminal guidance of instrumented interplanetary probes. Navigation Washington **7** 193—203. — Die aus dem Jet Propulsion Lab. Cal. I. T. stammende Arbeit beschäftigt sich mit Bahnberechnungsfragen bei Raumfahrzeugen, die beim Abschuß nicht genau die Bahn erlangen, die zu einem Ziel im Planetensystem führt. Sie müssen daher Beobachtungsgeräte mitführen, die z. B. mit Hilfe von Sternen Abweichungen von der erforderlichen Bahn zeigen, aus denen sich die im Verlauf der Reise und vor allem an ihrem Ende erforderlichen Berichtigungsschübe ergeben. Die notwendige Mechanisierung der Berechnungen wird grundsätzlich, ohne Einzelheiten zu geben, besprochen. Frlb.

§ 18

18210. Besprechung in Sky Tel. **20** 228.

18252. **Lunik 2**

Meteoor **16** 14—15. Lunik II bij de maan waargenomen?
Space Research S. 515—517. Observations of the Russian moon rockets Lunik II and III. J. G. Davies, A. C. B. Lovell. — Vgl. Ref. **1330.**

18254. **1959 ϑ (Lunik 3)**

Space Research S. 515—517. Vgl. Lunik 2.

18266. **1960 ι (Echo 1)**

Raketentechn. Raumfahrtforsch. **4** 143—146. Die ersten Funk-Relais-Satelliten Echo I und Courier I B. — Ref. in Phys. Ber. **40** 1032.

18268. **1960 λ (Sputnik 5)**

Raketentechn. Raumfahrtforsch. **4** 147—148. Erdsatellit Sputnik V. — Ref. in Phys. Ber. **40** 1032.

18270. **1960 ν (Courier 1 B)**

Raketentechn. Raumfahrtforsch. **4** 143—146. Vgl. Echo I.

18276. **S. W. Fordyce,** Velocity requirements for the establishment of artificial satellites in geocentric circular orbits. Navigation Washington **7** 229—231. — Ableitung der Formel für die bei Kreisbahnen künstlicher Satelliten benötigten Geschwindigkeiten, wenn die endgültige Bahn in zwei Stufen erreicht wird, sowie für das Maximum der Summe dieser beiden Geschwindigkeiten bei einer bestimmten hierdurch ausgezeichneten Bahn. Frlb.

18277. **S. Herrick, L. G. Walters, C. G. Hilton,** Differential expressions for low-eccentricity geocentric orbits. Astr. Papers Univ. Calfornia Los Angeles Nr. 28, 15 S. — Beitrag aus Ref. **1322.**

18278. De vorm der kunstmanen. Meteoor **16** 4—13.

§ 19

1948. **G. Eriksen,** Radarastronomi. Syn og Segn **66** Nr. 9, 7 S. = Inst. Teoret. Astrofys. Blindern-Oslo Småtrykk Nr. 36.

§ 21

2166. **G. Land,** De eeuwige parabool. Meteoor **16** 24—26, 47—48, 61—63.

* * **W. S. Matjagin,** Über die Berücksichtigung des Untergrundes bei der fokalen photographischen Photometrie der Sterne. Vgl. Ref. **2514.**

2167. **L. Peeters,** Astrofotografie. Meteoor **16** 28—29.

2168. **A. A. Sherwood,** Ronchi test charts for parabolic mirrors. Atti Fondaz. Ronchi **15** 340—346. — Ref. in Phys. Ber. **40** 852.

2169. **B. J. Vastenholt,** Het registreren van de lichtvalkromme tijdens een sterbedekking. Meteoor **16** 72—75.

§ 22

22150. **P. Beckmann,** Probleme der Nachrichtenübertragung im Weltall. Wiss. Z. Elektrotechn. Ilmenau **5** 177—179, 1959. — Ref. in Phys. Ber. **40** 908.

22151. **L. J. Lantwaard,** „Der Schiefspiegeler". Meteoor **16** 32—34.

22152. **A. A. Latypow,** Die chromatische Aberration des photographischen Objektivs des Taschkenter Normalastrographen. Nachr. Akad. Wiss. Usbek. SSR (Phys.-Math.) 1960 Nr. **3** S. 57—59 (russ.). — Ref. in RJ UdSSR 1961 11A132.

22153. Een protuberansenkijker voor amateurs? Meteoor **16** 68.

§ 23

2377 = Commun. Univ. Obs. Oxford Nr. 76.

23122. **Ø. Elgarøy,** Maseren, et elektronikkens vidunderbarn. Naturen 1960 S. 543—555 = Inst. Teoret. Astrofys. Blindern-Oslo Småtrykk Nr. 37.

§ 24

2465. **L. J. Lantwaard,** Dag en nacht een continu tijdsein. Meteoor **16** 29—31.

2466. **F. Stamm,** Der heutige Stand der Präzisionsuhrentechnik. Monatsschr. Feinmech. Optik **77** 262—267. — Ref. in Phys. Ber. **40** 1235.

§ 31

3155. **A. A. Kisselew,** The influence of the error of the adopted optical center on astrographic measurements. Mitt. Astrophys. Hauptobs. Pulkowo **22** Nr. 1 (166) S. 165—175 (russ. mit engl. Ref.).

3156. **J. Meeus,** Een sterbedekking van zeer lange duur. Meteoor **16** 26—27. — Betrifft die Bedeckung von BD—21° 5359 durch Saturn am 30. April/ 1. Mai 1960.

§ 32

3235. Astrographic Catalogue 1900.0. Sydney Section, Dec. —51° to —65°. From photographs taken at the Sydney Observatory, New South Wales, Australia. Vol. XLIII. R.A. 12^h to 18^h, Dec. —61° to —63°, plate centres Dec. —62°. Herausgegeben von H. Wood. 65 S.

3236. Astrographic Catalogue 1900.0. Sydney Section, Dec. —51° to —65°. From photographs taken at the Sydney Observatory, New South Wales, Australia. Vol. XLV. R.A. 0^h to 6^h, Dec. —62° to —64°, plate centres Dec. —63°. Herausgegeben von H. Wood. 25 S.

§ 36

3657. G. R. Marner, Plotting the future course of marine celestial navigation. Navigation Washington **7** 213—225. — Neben Betrachtungen über die Verbindung von astronomischer und Trägheitsnavigation und die Anwendung des Radiosextanten behandelt der Aufsatz vor allem die Frage der navigatorischen Nutzung künstlicher Satelliten. Die Vorteile und Nachteile dreier möglicher Methoden werden einander gegenübergestellt: Messung von Richtungen, Entfernung und Entfernungsänderung; sie werden in Beziehung zu verschiedenen Bahnhöhen und Bahnlagen gesetzt. Die grundlegende Untersuchung veranschaulicht die Ergebnisse durch sehr übersichtliche Diagramme. Frlb.

3658. A. B. Moody, Can navigational requirements be met by means of satellites? Navigation Washington **7** 204—212. — Der Referent der US Marine für Satellitennavigation gibt eine zusammenfassende Übersicht über die Möglichkeiten einer Standortbestimmung auf der Erde durch Beobachtung künstlicher Satelliten, nämlich ihrer Höhe oder Richtung, der Höhen- oder Azimutänderung, der Entfernung oder der Entfernungsänderung. Die instrumentellen Möglichkeiten werden nur angedeutet, die Aussichten ihrer Verwirklichung werden sehr vorsichtig beurteilt. Frlb.

3659. J. W. Newton, Jet navigation around the world. Navigation Washington **7** 163—167. — Planungen für Düsenflugzeuge, die sich aus dem Einbeziehen von Australien in ein weltumspannendes Flugnetz ergeben. Die Arbeit widmet der astronomischen Navigation eine von knapp zwei Seiten über die Navigation überhaupt. Die astronomische Ortsbestimmung ist auf wenig beflogenen Ozeanrouten besonders wichtig, sie wird mit der Spezialtafel Hydr. Off. 249 ausgeführt, nimmt aber für einen Ort aus 3 Sternen noch immer fast 15 Minuten Zeit in Anspruch, wovon 6 auf die Beobachtung entfallen. Das Fliegen in großer Höhe erlaubt Tagbeobachtungen der Venus und in besonderen Fällen sogar des Sirius und Jupiter, wenn eine Voreinstellung mit der Azimutskala des Periskopsextanten erfolgt. Frlb.

3660. N. A. Ortenberg, Eine neue Methode zur Reduzierung astronomischer Koordinaten und ihre Anwendung im Verfahren der gleichen Höhen. Geod. Kartogr. 1960 Nr. 9 S. 21—31 (russ.). — Ref. in RJ UdSSR 1961 10A117.

§ 41

4140 = Oss. Astr. Trieste Nr. 299.

4162. E. J. Aiton, The vortex theory of the planetary motions. II. III. Ann. Sci. **14** 132—147, 1958, 157—172.

4163. G. N. Duboschin, The mutual potential of a sphere and a solid of revolution. Bote Univ. Moskau (Math., Mech., Astr., Phys., Chem.) 1959 Nr. 4 S. 55—60 (russ.). — Ref. in Math. Rev. **22** 1486.

4164. **H. Fieber,** Zu den Lagrange'schen Lösungen des n-Körperproblems. Monatsh. Math. **64** 1—14. — Ref. in Math. Rev. **22** 1564.

4165. **Z. Kopal,** Numerical problems of contemporary celestial mechanics. Frontiers Numerical Math. 1960 S. 45—58.

4166. **E. Leimanis,** Qualitative mathods in general dynamics and celestial mechanics. Appl. Mech. Rev. **12** 665—670, 1959.

§ 42

4214. **S. Herrick,** Observation requirements for precision orbit determination. Astronautics and Aeronautics 1960 S. 417—434 = Astr. Papers Univ. California Los Angeles **3** Nr. 4.

§ 44

4465. **G. S. Malkiel,** Über langsame und schnelle Prozesse des Neutroneneinfangs in der Theorie der Entstehung der Elemente. J. Experim. Theoret. Phys. **39** 1637—1640 (russ. mit engl. Ref.). — Ref. in RJ UdSSR 1961 11A582.

4466. **J. Pachner,** Dynamics of the universe. Acta phys. Polon. **19** 663—673. — Ref. in Phys. Abstr. (A) **64** 1125.

§ 51

5185. **H. Friedman,** Electromagnetic radiation from extra-terrestrial sources. American J. Phys. **28** 622—626.

5186. **A. W. Gurewitsch,** Zur Frage nach der Menge beschleunigter Teilchen in einem ionisierten Gas bei verschiedenen Beschleunigungsmechanismen. J. Experim. Theoret. Phys. **39** 1597—1607 (russ.). — Ref. in Phys. Ber. **40** 968.

5187. **Y. Ôno, S. Sakashita, H. Yamazaki,** Propagation of shock waves in inhomogeneous gases. II. Hydromagnetic shock. Progr. Theoret. Phys. **24** 155—160. — Ref. in Phys. Abstr. (A) **64** 1038.

§ 52

5206 = Contr. Oss. Astrofis. Asiago Nr. 115.

§ 54

5457. **H.-y. Chiu, P. Morrison,** Neutrino emission from black-body radiation at high stellar temperatures. Phys. Rev. Letters **5** 573—575. — Ref. in Phys. Ber. **40** 1520.

§ 62

6211. Sonnenfinsternis 1955 Dezember 14

Indian J. Meteorol. Geophys. **11** 363—370. Vgl. Ref. **6220**.

6220. Sonnenfinsternis 1955 Juni 20

Indian J. Meteorol. Geophys. **11** 363—370. Movements in the F region of the ionosphere during solar eclipses. B. N. Bhargava, R. V. Subrahmanyam. — Ref. in Phys. Abstr. (A) **64** 1464.

§ 63

BMI **2** Nr. 7—9, 117 S., Nr. 10—12, 107 S.

Bol. Astr. Obs. Madrid **5** Nr. 5 S. 1—15. Observaciones de manchas solares. I. Numeros relativos de Wolf. E. Gullón, M. López Arroyo.

Bol. Astr. Obs. Madrid **5** Nr. 5 S. 17—60. Observaciones de manchas solares en 1959. II. Estadística de manchas y superficie de las mismas. E. Gullón, M. López Arroyo.

Bol. Obs. Ebro **47,** 75 S. 1959. Heliofísica.

Rep. Ionosphere Space Res. Japan **14** 73—131, 321—383. Catalogue of disturbances in ionosphere, geomagnetic field, field intensity of radio wave, cosmic ray, solar phenomena and other related phenomena. — Ref. in Phys. Abstr. (A) **64** 1461.

Rev. Geofis. **19** 427—439 (span.). Note on solar geomagnetic and ionospheric activity. J. O. Cardús. — Ref. in Phys. Abstr. (A) **64** 1002—1003.

Sitzber. Österreich. Akad. Wiss. Math.-naturwiss. Kl. Abt. II **169** 1—25 = Mitt. Sonnenobs. Kanzelhöhe Nr. 17.

§ 64

6423 = Commun. Univ. Obs. Oxford Nr. 75.

6467. P. Maltby, A search for differences in temperature between the poles and the equator of the sun. Astrophys. Norvegica **7** 89—98.

§ 65

6542 = Inst. Theoret. Astrophys. Blindern-Oslo Repr. Nr. 34.

6569 = Commun. Univ. Obs. Oxford Nr. 73.

6581. T. S. Ringnes, E. Jensen, On the relation between magnetic fields and areas of sunspots in the interval 1917—56. Astrophys. Norvegica **7** 99—121.

§ 66

* * **N. S. Kaminer,** Der Einfluß kleiner chromosphärischer Eruptionen auf die Intensität der harten Komponente der kosmischen Strahlung. Vgl. Ref. **68167.**

* * **Y. Ôno, S. Sakashita, H. Yamazaki,** Propagation of shock waves in inhomogeneous gases. II. Hydromagnetic shock. Vgl. Ref. **5187.**

§ 68

6846 = Cracow Obs. Repr. Nr. 44.

68167. N. S. Kaminer, Der Einfluß kleiner chromosphärischer Eruptionen auf die Intensität der harten Komponente der kosmischen Strahlung. Publ. Jakut. Abt. Akad. Wiss. UdSSR (Phys.) 1960 Nr. 3 S. 92—98 (russ.). — Ref. in RJ UdSSR 1961 11A280.

68168. A. I. Kusmin, Über die hauptsächlichen Eigenschaften der sonnentäglichen Variation der kosmischen Strahlung. Publ. Jakut. Abt. Akad. Wiss. UdSSR (Phys.) 1960 Nr. 3 S. 99—110 (russ.). — Ref. in RJ UdSSR 1961 11A281.

* * **L. R. McNarry,** The observation of a solar event in white light from Resolute N. W. T. on August 30, 1957. Vgl. Ref. **6432.**

68169. **T. Obayashi, Y. Hakura,** Propagation of solar cosmic rays through interplanetary magnetic field. J. Radio Res. Lab. **7** 379—388. — Ref. in Phys. Abstr. (A) **64** 1302.

§ 71

7179. **H. F. Michielsen,** Fifth harmonic of Earth's gravitational field. J. American Rocket Soc. **30** 976—978.

§ 72

7251. **S. B. Mathur, A. P. Mitra,** The upper atmosphere and outer space. I. Densities, temperatures and concentrations of atmospheric constituents from 130 to 1000 km. J. Sci. Industr. Res. **19A** 311—317.

§ 73

7339. **F. Fürstenberg,** Bestimmung der Extinktion in der Erdatmosphäre bei 20 cm und 3.2 cm Wellenlänge. Berlin, Techn. Univ., 1959. — Diss.

7340. **I. D. Kupo,** Über ein Verfahren zur Berechnung der atmosphärischen Durchlässigkeit bei der Bestimmung spektralphotometrischer Gradienten. Publ. Sektor Astrobotanik Akad. Wiss. Kasach. SSR 8 236—239 (russ.).

§ 74

7468. **V. Hisdal,** On the relative spectral distribution of the radiation from the zenith sky. Arch. Meteorol. Wien (B) **10** 59—68, 1959.

7469. **K. Lenz,** Messungen der spektralen Energieverteilung des Himmelslichtes. Monatsber. Deutsch. Akad. Wiss. Berlin **2** 720—721.

§ 75

7517 = Publ. Obs. Ebro Miscelánea Nr. 19.

7586. **E. A. Benediktow,** Über eine radioastronomische Methode zur Bestimmung der Absorption von Radiowellen in der Ionosphäre. Radiotechn. Elektronik Akad. Wiss. UdSSR **4** 1201—1202, 1959 (russ.).

7587. **S. N. Ghosh, S. Nand,** Ionization of E-layer by Röntgen-rays. Indian J. Phys. **34** 516—526. — Ref. in Phys. Abstr. (A) **64** 1462—1463.

7588. **H. Shibata, S. Watanabe,** Analysis of the variation of f_0E and index of solar activity. J. Radio Res. Lab. **7** 621—635. — Ref. in Phys. Abstr. (A) **64** 1464.

§ 76

76195. **J. O. Cardús,** PSC, bahias y pulsaciones. Urania Barcelona **43** 51—90, 1958 = Publ. Obs. Ebro Miscelánea Nr. 18.

76196. **L. Harang, A. Omholt,** Luminosity curves of high aurorae. Geofys. Publ. **22** Nr. 2, 11 S. = Inst. Theoret. Astrophys. Blindern-Oslo Repr. Nr. 35.

76197. **O. Lucke,** Zur Theorie der magnetischen Stürme. Abh. Geomagn. Inst. Potsdam Nr. 25 S. 1—25. — Ref. in Phys. Ber. **40** 1199.

76198. **F. Mariani, F. Molina,** Geomagnetic, auroral, ionosphere and cosmic ray disturbances: interdependence and relation with solar activity. Ann. Geofis. **13** 135—230 (italien.).

76199. **F. W. Ward jr.,** Atmospheric temperatures and solar activity. I. 100 mb in the northern hemisphere auroral zone. J. Meteorol. **17** 130—134. — Ref. in Phys. Abstr. (A) **64** 1458.

§ 81

* * **T. Obayashi, Y. Hakura,** Propagation of solar cosmic rays through interplanetary magnetic field. Vgl. Ref. **68169.**

§ 82

8206. **Merkurdurchgang 1960 November 7**

Meteoor **16** 45—46. De overgang van Mercurius op 7 november 1960. J. Meeus.

§ 83

Sternbedeckungen

83111. **Vorausberechnungen**

Meteoor **16** 2—3, 43—45. Rakende sterbedekkingen, 1960 januari—december. J. Meeus.

Meteoor **16** 16, 36, 67, 80. Werkgroep Sterbedekkingen. P. de Bruijn.

Meteoor **16** 54—59. Rakende sterbedekkingen in 1961. J. Meeus.

83112. **Beobachtungen und Reduktionen**

J. Roy. Soc. New South Wales **93** 25—26, 1959 = Sydney Obs. Papers Nr. 35. Occultations observed at Sydney Observatory during 1958. K. P. Sims.

Meteoor **16** 31. Waarneming van een rakende sterbedekking. J. Meeus. — λ Gem, 1959 Nov. 20.

83203. **Mitteilungen über einzelne Mondformationen**

Meteoor **16** 19—20. De ringberg Alphonsus. T. de Vries.

83204. **K. von Bülow,** Bau und Werdegang der Mondkruste. Raketentechn. Raumfahrtforsch. **4** 93—97. — Ref. in Phys. Ber. **40** 805.

83205. **S. J. Fricker, R. P. Ingalls, W. C. Mason, M. L. Stone, D. W. Swift,** Computation and measurement of the fading rate of moon-reflected UHF signals. J. Res. National Bureau Standards **64 D** 455—465. — Ref. in Phys. Ber. **40** 908.

83206. **T. B. A. Senior, K. M. Siegel,** A theory of radar scattering by the Moon. J. Res. National Bureau Standards **64 D** 217—229. — Ref. in Phys. Ber. **40** 1320.

83207. **W. G. Teifel,** Über die Farbkontraste auf der Mondoberfläche im visuellen Spektralgebiet. Bote Akad. Wiss. Kasach. SSR 1960 Nr. 2 S. 77—84 (russ. mit kasach. Ref.). — Vgl. AJB **57** Ref. **7381.**

§ 85

8524. Beobachtungen und Berechnungen Kleiner Planeten

Bol. Astr. Obs. Madrid **5** Nr. 5 S. 61—64. Observaciones fotográficas de Pequeños Planetas. J. M. Torroja.

J. Roy. Soc. New South Wales **93** 11—17, 1959 = Sydney Obs. Papers Nr. 36. Minor Planets observed at Sydney Observatory during 1958. W. H. Robertson.

J. Roy. Soc. New South Wales **93** 121—126 = Sydney Obs. Papers Nr. 37. Precise observations of Minor Planets at Sydney Observatory during 1957 and 1958. W. H. Robertson.

J. Roy. Soc. New South Wales **94** 71—75 = Sydney Obs. Papers Nr. 38. Minor Planets observed at Sydney Observatory during 1959. W. H. Robertson.

Meteoor **16** 22—24. Heldere planetoïden in 1960. J. Meeus. — Betrifft die Kleinen Planeten 2, 3, 6, 8, 9, 16, 30, 39, 40, 52, 89.

Meteoor **16** 75—79. Heldere planetoïden in 1961. J. Meeus. — Betrifft die Kleinen Planeten 1, 2, 3, 4, 5, 6, 7, 8, 11, 14, 15, 17, 22, 25, 27, 31, 129, 471.

8525. **N. W. Fattschichin,** The precision of measurements of Minor Planets on plates obtained with the Pulkowo normal astrograph. Mitt. Astr. Hauptobs. Pulkowo **22** Nr. 1(166) S. 151—156 (russ. mit engl. Ref.).

§ 87

8727. Saturnus in 1960. Meteoor **16** 19.

§ 92

9244. Komet 1955 VII (= 1909 III) P/Perrine-Mrkos

AA **9** 165—174, 1959 = Cracow Obs. Repr. Nr. 39.

AA **9** 223—225, 1959 = Cracow Obs. Repr. Nr. 40. — Vgl. AJB **59** Ref. **9241**.

9246. Komet 1957 III (= 1956 h) Arend-Roland

Bote Univ. Kiew 1958 Nr. 1 (Astr., Math., Mechan.) S. 153—157 (ukrain. mit russ. Ref.). Die Beschleunigung im Schweif des Kometen 1956 h (Arend-Roland). G. K. Nasartschuk. — Ref. in RJ UdSSR 1961 11A533.

9250. Komet 1957 VIII (= 1954 IX) P/Encke

Meteoor **16** 70—71. De komeet van Encke in 1961. J. Meeus.

9262. Komet 1959 k Burnham

Meteoor **16** 17—19. De komeet Burnham (1959 k). J. Meeus.

§ 93

9306 AJB **59** = Astr. Papers Univ. California Los Angeles Nr. 27.

9307 AJB **59** = Astr. Papers Univ. California Los Angeles Nr. 29.

9317 = Astr. Contr. Univ. Manchester (2) Jodrell Bank Repr. Nr. 223.

9394. Beobachtungen und Mitteilungen über einzelne Meteore

Meteoor **16** 64—66. De vuurbol van 6 september 1958.

93104. Quadrantiden

Meteoor **16** 71. Quadrantiden 1961. G. Comello.

93106. **E. I. Fialko,** Eine Methode zur Bestimmung des Diffusionskoeffizienten in der Meteorzone. Radiotechn. Elektronik Akad. Wiss. UdSSR **4** 1208—1210, 1959 (russ.).

93107. **H. D. Gulmedow, K. A. Ljubarskij, I. N. Latyschew,** Die Abhängigkeit der Meteorhöhen von der Sonnenaktivität. Nachr. Akad. Wiss. Turkmen. SSR (Phys.-Techn., Chem., Geol.) 1960 Nr. 6 S. 141 (russ.). — Ref. in RJ UdSSR 1961 10A491.

93108. **A. D. Wheelon,** Amplitude distribution for radio signals reflected by meteor trails. I. J. Res. National Bureau Standards **64 D** 449—454. — Ref. in Phys. Ber. **40** 908.

93109. **Geminiden**

Meteoor **16** 59—61. Geminidencampagne 1960. G. Comello.

§ 94

94163. **K. R. Dawson, J. A. Maxwell, D. E. Parsons,** A description of the meteorite which fell near Abee, Alberta, Canada. Geochim. Cosmochim. Acta **21** 127—144.

94164. **T. Hara, E. B. Sandell,** Meteoritic abundance of ruthenium. Geochim. Cosmochim. Acta **21** 145—150.

94165. **V. R. Murthy,** Isotopic composition of silver in an iron meteorite. Phys. Rev. Letters **5** 539—541. — Ref. in Phys. Ber. **40** 1502.

94166. **J. P. Shedlovsky,** Cosmic-ray produced manganese-53 in iron meteorites. Geochim. Cosmochim. Acta **21** 156—158.

94167. Nieuws over meteorieten. Meteoor **16** 53—54.

§ 103

10303 = Mt. Stromlo Obs. Repr. Nr. 19.

10327 = Cracow Obs. Repr. Nr. 41.

§ 104

104115. **A. A. Wyller,** Problems related to the spectral classification of carbon stars: vibrational temperatures and C^{13} abundances. Astrophys. Norvegica **7** 13—88.

§ 105

10510 AJB **59** = Astr. Papers Univ. California Los Angeles Nr. 25.

§ 107

10706 = Wrocław Astr. Obs. Repr. Nr. 22.

10707 = Wrocław Astr. Obs. Repr. Nr. 23.

10711. **J. W. Glagolewskij,** Spektralphotometrie magnetischer Sterne. Publ. Sektor Astrobotanik Akad. Wiss. Kasach. SSR **8** 181—190 (russ.). — Ref. in RJ UdSSR 1961 10A197.

§ 111

11128. **A. N. Deutsch,** An investigation of the motion of the dark companion of 61 Cygni. Mitt. Astr. Hauptobs. Pulkowo **22** Nr. 1 (166) S. 138—150 (russ. mit engl. Ref.).

§ 112

11219 = Oss. Astr. Roma Contr. Sci. (3) Nr. 8.

11225 = Wrocław Astr. Obs. Repr. Nr. 24.

11250. J. Hopmann, Die Genauigkeit dynamischer Parallaxen. Die Systemkonstanten von sechs langperiodischen Doppelsternen. Sitzber. Österreich. Akad. Wiss. Math.-naturwiss. Kl. Abt. II **169** 35—89 = Mitt. Univ.-Sternw. Wien **10** Nr. 9.

§ 122

12201 = Oss. Astr. Trieste Nr. 300.

12219 = Flower and Cook Obs. Repr. Nr. 127.

12257 = Mitt. Univ.-Sternw. Wien **10** Nr. 10.

12266 = Cracow Obs. Repr. Nr. 42.

12267 = Cracow Obs. Repr. Nr. 43.

12279. S. W. Nekrassowa, Photoelectric observations of AH Cep. VS Bull **13** 157—165 (russ. mit engl. Ref.). — AN Cep wurde im Gelben und Blauen beobachtet (J. D. 2434979—5012) und neue Lichtwechselelemente abgeleitet. Die Bahnelemente wurden nach der U- und der D-Hypothese ermittelt. Loh.

12280. D. M. Popper, Rediscussion of eclipsing binaries. IV. RX Herculis and other A stars. ApJ **129** 659—667, 1959 = Astr. Papers Univ. California Los Angeles Nr. 26.

12281. D. M. Popper, Basic data on absolute dimensions from eclipsing binaries. Vgl. AJB **59** Ref. **1316** S. 96—100 = Astr. Papers Univ. California Los Angeles **3** Nr. 1.

12282. P. F. Tschugajnow, Three-colour photoelectric observations of the eclipsing variable CQ Cep. VS Bull **13** 148—156 (russ. mit engl. Ref.). — Dieser Bedeckungsveränderliche wurde 1958 und 1959 photoelektrisch im UBV-System beobachtet. Er ist während des Helligkeitsmaximums in der dritten Quadratur im B- und V-Bereich etwas voller als in der ersten. Im U-Bereich zeigt sich dies nicht. Eine Diskussion der Tiefen des primären Minimums in Verbindung mit spektroskopischen Beobachtungen von Hiltner, Bappu und Sinvhal ergibt noch keine befriedigende Erklärung ihres Verhaltens. Loh.

§ 123

12340 = Contr. Lab. Astr. Lille Nr. 10.

12349. M. S. Frolow, A study of the dependence between the form of the light curve and the length of the period for Cepheids of the galactic spherical component. VS Bull **13** 77—83 (russ. mit engl. Ref.). — Verf. untersucht 12 Cepheiden mit Perioden $4^d \leq P \leq 14^d$. Die Buckel auf den Lichtkurven haben die Tendenz, sich mit Vergrößerung der Periode auf dem absteigenden Ast der Lichtkurven nach oben zu verschieben. Die charakteristischen Größen ε, G_a und C sind im Mittel größer als bei den Cepheiden des flachen Untersystems. Loh.

12350. W. M. Grigorewskij, O. E. Mandel, Some regularities in the light variations of DY Peg. VS Bull **13** 190—220 (russ. mit engl. Ref.). — Aus Beobachtungen in Odessa und allen sonst vorhandenen wurden neue Lichtwechselelemente ermittelt. DY Peg zeigt den Blashko-Effekt. Soweit sekundäre Perioden (P_s) von RR Lyrae-Sternen bekannt sind, wurden diese graphisch gegen die Hauptperioden (P) aufgetragen und eine positive Korrelation festgestellt. Die Beziehungen log P-Spektrum und log P_s-Spektrum sind, wie ebenfalls graphisch gezeigt wird, ähnlich. Loh.

* * **N. E. Kurotschkin,** New variable stars in the remote neighborhood of M3. Vgl. Ref. **14230.**

12351. I. N. Latyschew, A study of the Blashko effect. VS Bull **13** 112—119 (russ. mit engl. Ref.). — Die Untersuchung erstreckt sich auf SX Phe und DY Her. Bei SX Phe wird der Blashko-Effekt durch die Existenz einer äußeren Zone mit einer Schwingungsperiode von etwa $0\overset{d}{.}056$ und einer inneren von $0\overset{d}{.}042$ erklärt. Die innere Zone regt die äußere an. Stoßwellen spielen eine große Rolle. Ein Zurückbleiben der Atmosphäre gegenüber der Photosphäre ist vorhanden. Der Radius von SX Phe ist 3×10^5 km. DY Her gehört zu einem anderen Sterntyp; er unterscheidet sich von SX Phe sowohl bezüglich der Leuchtkraft als auch dem Charakter der Pulsation. Verf. (ü.)

12352. O. Struve, N. E. Kurotschkin, On the motions of RR Lyr variables. VS Bull **13** 120—124 (russ. mit engl. Ref.). — Es wird von Struve versucht, die physikalische und kinematische Realität der Beziehung zwischen Perioden und Radialgeschwindigkeiten der RR Lyrae-Sterne zu bestätigen. Diese Beziehung kann befriedigend als Ergebnis einer »Verunreinigung« (Kontamination) der Gesetzmäßigkeit bzw. Sequenz bei kurzen und langen Perioden durch veränderliche Sterne erklärt werden, die nicht die Eigenschaften des gewöhnlichen, genähert sphärischen Untersystems der RR Lyr-Sterne besitzen. Kurotschkin fügt hierzu eine (längere) Bemerkung an. Verf. (ü.)

§ 124

12401 AJB **59** = Astr. Papers Univ. California Los Angeles Nr. 30.

12465. G. S. Badaljan, Über eine Gruppe veränderlich-verdächtiger Sterne vom T Tauri-Typ. Ber. Akad. Wiss. Armen. SSR **31** 261—266 (russ. mit armen. Ref.). — Ref. in RJ UdSSR 1961 10A188.

12466. W. A. Worobjewa, On the cycle-amplitude relation for U Gem type stars. VS Bull **13** 72—76 (russ. mit engl. Ref.). — Die Schaffung des Palomar-Atlasses ermöglichte es, die Helligkeiten von Sternen bis zur 19. und 20. Größe zu bestimmen. Für 12 U Gem-Sterne konnten daher auch Helligkeiten im Minimum abgeleitet werden. Auf diese Weise konnte die Perioden-Amplitudenbeziehung dieser Sterne verbessert werden. Dazu dienten die Daten für 19 Sterne als Grundlage. Die erhaltene Abhängigkeit $A = 1.06 + 1.55 \log P$ stimmt praktisch mit der von Kukarkin und Parenago 1937 erhaltenen überein. Verf. (ü.)

§ 125

12548. Weitere Beobachtungen und Mitteilungen

Andromeda

XZ VS Bull **13** 125, 221
AB VS Bull **13** 130

Cassiopeia

RZ VS Bull **13** 221
Meteoor **16** 79
PW VS Bull **13** 144
V375 VS Bull **13** 125

Cepheus

SU VS Bull **13** 221

Cygnus

CV VS Bull **13** 136
V465 VS Bull **13** 142

Draco

Z VS Bull **13** 125

Lyra

EW VS Bull **13** 125

Perseus

RT VS Bull **13** 221

Triangulum

X VS Bull **13** 221

12549. Verzeichnis der Beobachter und Berechner

A. S. Beljakowa
W. Schöneich

12550. W. P. Fedorowitsch, Variable stars in the ζ Ori region. VS Bull **13** 166—189 (russ. mit engl. Ref.). — Haro und Moreno haben 1953 (vgl. AJB **53** Ref. **9525**) eine Liste von 98 Sternen mit Hα-Emission in der Umgebung von ζ Per veröffentlicht. In der vorliegenden Arbeit werden Umgebungskarten, partielle Lichtkurven und Beobachtungen dieser Sterne mitgeteilt. Im gleichen Gebiet hat Kurotschkin vier Sterne als veränderlich festgestellt. Ergebnisse einer Untersuchung dieser Sterne werden mitgeteilt. Verf. (ü.)

12551. E. Gilson, A. Koeckelenbergh, J. Meeus, Waarnemingen van veranderlijke sterren in 1959. Meteoor **16** 37—43. — Betrifft: W And; T Ari; R, RX Boo; U Cam; α, γ Cas; W Cet; R Cnc; R CrB; W, RV, RX, SV, TT, AC, AF, AW, CH, V449, χ Cyg; R Leo; R Lyr; BQ Ori; Y Tau.

§ 126

12615. Nova Herculis 1960 (Hassel)

Meteoor **16** 48—50. Nova Herculis 1960. G. Comello.

12616. Nova RS Ophiuchi (1933)

Mem SA It (NS) **31** 251—277 = Contr. Oss. Astrofis. Asiago Nr. 113.

§ 131

13122 = Astr. Contr. Univ. Manchester (2) Jodrell Bank Repr. Nr. 225.

§ 133

13330 = Mt. Stromlo Obs. Repr. Nr. 31.

§ 134

13422 = Astr. Contr. Univ. Manchester (2) Jodrell Bank Repr. Nr. 209.

§ 135

13574. H. Aizu, Y. Fujimoto, S. Hasegawa, M. Koshiba, I. Mito, J. Nishimura, K. Yokoi, Heavy primary cosmic radiations. Prince Albert Project. Progr. Theoret. Phys. Suppl. Nr. 16 S. 54—168. — Ref. in Phys. Abstr. (A) **64** 1302.

13575. J. G. Schafer, A. W. Jarygin, Untersuchung der Variationen der primären kosmischen Strahlung mit Hilfe künstlicher Erdsatelliten. Publ. Jakut. Abt. Akad. Wiss. UdSSR (Phys.) 1960 Nr. 3 S. 5—14 (russ.).

13576. W. F. G. Swann, Processes involved in electromagnetic acceleration of particles to cosmic-ray energies. J. Franklin Inst. **270** 343—352. — Ref. in Math. Rev. **22** 1327.

13577. C. J. Waddington, The composition of the primary cosmic radiation. Progr. Nuclear Phys. 8 1—45.

13578. S. N. Wernow, Kosmische Strahlung und kosmischer Raum. Bote Akad. Wiss. UdSSR 1960 Nr. 8 S. 10—26 (russ.). — Ref. in RJ UdSSR 1961 11A277.

§ 141

14168. **R. A. Bozula, A. S. Scharow,** A search for variable stars in open stellar clusters and associations. VS Bull **13** 101—111 (russ. mit engl. Ref.). — Die Suche nach hellen Veränderlichen erstreckt sich auf die Praesepe, die Plejaden und die Assoziationen I Lac sowie ζ Per. Es wurden keine Sterne mit Schwankungen über $0^m_{.}02$ bis $0^m_{.}03$ entdeckt. Loh.

§ 142

14229. **N. E. Kurotschkin,** New variable stars in the remote neighborhood of M 3. VS Bull **13** 84—100 (russ. mit engl. Ref.). — In dem $10^\circ \times 10^\circ$ großen Feld wurden 12 neue Veränderliche, darunter 8 RR Lyr-Sterne gefunden. Die räumliche Verteilung wird von 14 RR Lyr-Sternen ermittelt. Es zeigt sich, daß die Dichte im Gebiet $r < 2500$ pc um den Haufen etwa doppelt so groß ist wie im Gebiet $2500 < r < 6000$ pc. Ferner wird unter plausiblen Annahmen gezeigt, daß aus dem Haufen etwa 0.33×10^{-8} Sterne/pc^2 $\times$ 10^6 a entweichen. Das ergibt im Verlauf von 10^9 Jahren aus 125 Haufen rund 32000 Veränderliche. Daraus folgt, daß etwa ein Fünftel aller RR Lyr-Sterne im größeren galaktischen Raum kugelförmigen Sternhaufen entstammen kann. Loh.

§ 143

14302 = Mt. Stromlo Obs. Repr. Nr. 30.

14307 = Arthur J. Dyer Obs. Repr. Nr. 13.

14314 = Arthur J. Dyer Obs. Repr. Nr. 12.

* * **R. A. Bozula, A. S. Scharow,** A search for variable stars in open stellar clusters and associations. Vgl. Ref. **14168.**

§ 145

14543 = Contr. Oss. Astrofis. Asiago Nr. 114.

145108 = Astr. Papers Univ. California Los Angeles **3** Nr. 3.

Namenverzeichnis

Die in den kleineren Verzeichnissen S. 421, 524—525 und 618 bereits genannten Verfasser sind hier nicht nochmals aufgeführt.

Sachverzeichnis

Subject Index

FSC
www.fsc.org
MIX
Papier | Fördert gute Waldnutzung
FSC® C083411

Kolibri 360 GmbH
Ferdinand-Jühlke-Straße 7
99095 Erfurt, Deutschland
produktsicherheit@kolibri360.de